Handbuch der Lebensmitteltoxikologie

Herausgegeben von
Hartmut Dunkelberg,
Thomas Gebel und
Andrea Hartwig

200 Jahre Wiley – Wissen für Generationen

John Wiley & Sons feiert 2007 ein außergewöhnliches Jubiläum: Der Verlag wird 200 Jahre alt. Zugleich blicken wir auf das erste Jahrzehnt des erfolgreichen Zusammenschlusses von John Wiley & Sons mit der VCH Verlagsgesellschaft in Deutschland zurück. Seit Generationen vermitteln beide Verlage die Ergebnisse wissenschaftlicher Forschung und technischer Errungenschaften in der jeweils zeitgemäßen medialen Form.

Jede Generation hat besondere Bedürfnisse und Ziele. Als Charles Wiley 1807 eine kleine Druckerei in Manhattan gründete, hatte seine Generation Aufbruchsmöglichkeiten wie keine zuvor. Wiley half, die neue amerikanische Literatur zu etablieren. Etwa ein halbes Jahrhundert später, während der „zweiten industriellen Revolution" in den Vereinigten Staaten, konzentrierte sich die nächste Generation auf den Aufbau dieser industriellen Zukunft. Wiley bot die notwendigen Fachinformationen für Techniker, Ingenieure und Wissenschaftler. Das ganze 20. Jahrhundert wurde durch die Internationalisierung vieler Beziehungen geprägt – auch Wiley verstärkte seine verlegerischen Aktivitäten und schuf ein internationales Netzwerk, um den Austausch von Ideen, Informationen und Wissen rund um den Globus zu unterstützen.

Wiley begleitete während der vergangenen 200 Jahre jede Generation auf ihrer Reise und fördert heute den weltweit vernetzten Informationsfluss, damit auch die Ansprüche unserer global wirkenden Generation erfüllt werden und sie ihr Zeil erreicht. Immer rascher verändert sich unsere Welt, und es entstehen neue Technologien, die unser Leben und Lernen zum Teil tiefgreifend verändern. Beständig nimmt Wiley diese Herausforderungen an und stellt für Sie das notwendige Wissen bereit, das Sie neue Welten, neue Möglichkeiten und neue Gelegenheiten erschließen lässt.

Generationen kommen und gehen: Aber Sie können sich darauf verlassen, dass Wiley Sie als beständiger und zuverlässiger Partner mit dem notwendigen Wissen versorgt.

William J. Pesce
President and Chief Executive Officer

Peter Booth Wiley
Chairman of the Board

Handbuch der Lebensmitteltoxikologie

Belastungen, Wirkungen, Lebensmittelsicherheit, Hygiene

Band 5

Herausgegeben von
Hartmut Dunkelberg, Thomas Gebel und
Andrea Hartwig

WILEY-VCH Verlag GmbH & Co. KGaA

Herausgeber
Prof. Dr. Hartmut Dunkelberg
Universität Göttingen
Bereich Humanmedizin
Abt. Allgemeine Hygiene und Umweltmedizin
Lenglerner Straße 75
37039 Göttingen

Dr. Thomas Gebel
Bundesanstalt für Arbeitsschutz
und Arbeitsmedizin
Fachbereich 4
Friedrich-Henkel-Weg 1–25
44149 Dortmund

Prof. Dr. Andrea Hartwig
TU Berlin, Sekr. TIB 4/3-1
Institut für Lebensmitteltechnologie
Gustav-Meyer-Allee 25
13355 Berlin

Bibliografische Information der Deutschen Nationalbibliothek
Die Deutsche Nationalbibliothek verzeichnet diese Publikation in der Deutschen Nationalbibliografie; detaillierte bibliografische Daten sind im Internet über http://dnb.d-nb.de abrufbar.

Printed in the Federal Republic of Germany
Gedruckt auf säurefreiem Papier

Satz K+V Fotosatz GmbH, Beerfelden
Druck Strauss Druck, Mörlenbach
Bindung Litges & Dopf GmbH, Heppenheim

ISBN 978-3-527-31166-8

Inhalt

Handbuch der Lebensmitteltoxikologie. H. Dunkelberg, T. Gebel, A. Hartwig (Hrsg.)

ISBN: 978-3-527-31166-8

Verunreinigungen

Band 5

Geleitwort

Ohne Essen und Trinken gibt es kein Leben und Essen und Trinken, so heißt es, hält Leib und Seele zusammen. Lebensmittel sind Mittel zum Leben; sie sind einerseits erforderlich, um das Leben aufrecht zu erhalten, und andererseits wollen wir mehr als nur die zum Leben notwendige Nahrungsaufnahme. Wir erwarten, dass unsere Lebensmittel bekömmlich und gesundheitsförderlich sind, dass sie das Wohlbefinden steigern und zum Lebensgenuss beitragen.

Lebensmittel liefern das Substrat für den Energiestoffwechsel, für Organ- und Gewebefunktionen, für Wachstum und Entwicklung im Kindes- und Jugendalter und für den Aufbau und Ersatz von Körpergeweben und Körperflüssigkeiten. Das macht sie unentbehrlich. Hunger und Mangel ebenso wie vollständiges Fasten oder Verzicht oder Entzug von Essen und Trinken sind nur für begrenzte Zeit ohne gesundheitliche Schäden möglich.

Art und Zusammensetzung der Lebensmittel haben auch ohne spezifisch toxisch wirkende Stoffe erheblichen Einfluss auf die Gesundheit. Ihr Zuviel oder Zuwenig kann Fettleibigkeit oder Mangelerscheinungen hervorrufen. Sie können darüber hinaus einerseits durch ungünstige Zusammensetzung oder Zubereitung die Krankheitsbereitschaft des Organismus im Allgemeinen oder die Anfälligkeit für bestimmte Krankheiten, insbesondere Stoffwechselkrankheiten, fördern und andererseits die Abwehrbereitschaft stärken und zur Krankheitsprävention und zur Stärkung und aktiven Förderung von Gesundheit beitragen.

Aussehen, Geruch und Geschmack von Lebensmitteln, die Kenntnis von Bedingungen und Umständen ihrer Herstellung, ihres Transports und ihrer Vermarktung und ganz gewiss auch die Art ihrer Zubereitung und wie sie aufgetischt werden, können Lust- oder Unlustgefühle hervorrufen und haben eine nicht zu unterschätzende Bedeutung für Wohlbefinden und Lebensqualität.

Neben den im engeren Sinne der Ernährung, also dem Energie- und Erhaltungsstoffwechsel, dienenden (Nähr)Stoffen enthalten gebrauchsfertige Lebensmittel auch Stoffe, die je nach Art und Menge Gesundheit und Wohlbefinden beeinträchtigen können und die zu einem geringen Teil natürlicherweise, zum größeren Teil anthropogen in ihnen vorkommen. Mit diesen Stoffen beschäftigt sich die Lebensmitteltoxikologie und um diese Stoffe geht es in diesem Handbuch. Die Stoffe können aus sehr unterschiedlichen Quellen stammen und werden nach diesen Quellen typisiert, bzw. danach, wie sie in das Lebensmittel ge-

Handbuch der Lebensmitteltoxikologie. H. Dunkelberg, T. Gebel, A. Hartwig (Hrsg.)

ISBN: 978-3-527-31166-8

langt sind. Je nach Quelle und Typus sind unterschiedliche Akteure beteiligt. Typische Quellen sind

- die Umwelt: Stoffe können aus Luft, Boden oder Wasser in und auf Pflanzen gelangen und von Tieren direkt oder über Futterpflanzen und sonstige Futtermittel aufgenommen werden. Diese Schadstoffe können aus umschriebenen oder aus diffusen Quellen stammen und verursachende Akteure sind die Adressaten der Umweltpolitik, also beispielsweise Betreiber von Feuerungsanlagen, Industrie- und Gewerbebetrieben, aber auch alle Teilnehmer am Straßenverkehr. Gegen diese Verunreinigungen können sich die landwirtschaftlichen Produzenten nicht schützen; sie treffen konventionell und biologisch wirtschaftende Landwirte in gleicher Weise. In diesem Fall ist die Umweltpolitik Akteur des Verbraucherschutzes.
- die agrarische Urproduktion: Hierzu zählen Stoffe, die in der Landwirtschaft als Pflanzenbehandlungsmittel (z. B. Insektizide, Rodentizide, Herbizide, Wachstumsregler), als Düngemittel oder Bodenverbesserungsmittel (z. B. Klärschlamm, Kompost), in Wirtschaftsdünger oder Gülle ausgebracht oder in der Tierzucht (z. B. Arzneimittel, Masthilfsmittel) verwendet werden. Akteure sind naturgemäß in erster Linie die Landwirte selbst, aber auch die Hersteller und Vertreiber von Saatgut, Agrochemikalien, Futtermitteln, Düngemitteln, veterinär-medizinischen Produkten, und ebenso Tierärzte, Berater und Vertreter. Das Geflecht von Interessen, dem die Landwirte sich ausgesetzt sehen, ist kaum überschaubar.
- die verarbeitende Industrie und das Handwerk: Die in diesem Bereich eingesetzten Stoffgruppen sind besonders zahlreich. Als Beispiele seien genannt Aromastoffe und Geschmacksverstärker, Farbstoffe und Konservierungsmittel, Süßstoffe und Säuerungsmittel, Emulgatoren und Dickungsmittel, Pökelsalze und Backhilfsmittel; die Liste ließe sich beliebig verlängern. Stoffe dieser Gruppe werden Zusatzstoffe genannt, und die Zutatenliste fertig verpackter Lebensmittel gibt in groben Zügen Auskunft über sie. Dazu kommen aus den Quellen Lebensmittelindustrie und Handwerk Stoffe, die bei bestimmten Verfahren entstehen (z. B. Räuchern, Mälzen, Gären, Sterilisieren, Bestrahlen) oder die bei bestimmten Verfahren verwendet werden (z. B. beim Entzug von Alkohol aus Bier). Die Akteure sind vor allem die Lebensmittelindustrie und das verarbeitende Handwerk, aber auch die chemische Industrie, Brauereien, Kellereien, Abfüllbetriebe, Molkereien etc.
- Transport und Vermarktung: Hier geht es um Schadstoffe, die aus Verpackungsmaterialien in Lebensmittel übergehen können oder die bei unsachgemäßer Lagerung auf unverpackten Lebensmitteln auftreten können. Akteure sind vor allem die Verpackungsindustrie und der Einzelhandel.
- die küchentechnische Zubereitung der Lebensmittel: Bei den Prozessen des Kochens, Garens, Backens oder Bratens können Inhaltsstoffe zerstört werden oder andere entstehen. Beides kann Auswirkungen auf die Gesundheitsverträglichkeit und Bekömmlichkeit der Lebensmittel haben. Akteure sind einerseits alle Verbraucher, die in ihren Küchen tätig sind und andererseits Betreiber von Gaststätten, Kantinenpächter etc.

- die Natur: Es gibt in bestimmten Lebensmitteln Inhaltsstoffe, die toxikologisch relevant sein können, wenn sie nicht durch geeignete Verfahren der Zubereitung umgewandelt werden.
- Innovation: Auf der Suche nach neuen Märkten hat die Lebensmittelindustrie sog. funktionelle Lebensmittel entwickelt, die auch neue Probleme der Stoffbeurteilung aufwerfen. Akteure sind neben der Lebensmittelindustrie vor allem die für sie tätigen Wissenschaftler und die Werbebranche.

Neben den bei den jeweiligen Quellen genannten Akteuren gibt es in dem Feld, das dieses Handbuch abdeckt, viele weitere relevante Akteure, von denen einige im Folgenden genannt werden sollen.

- Wissenschaft: Die Lebensmitteltoxikologie und – soweit verfügbar – die Epidemiologie erarbeiten die Datenbasis und stellen Erklärungsmodelle bereit als Voraussetzung für eine Risikoabschätzung für alle relevanten Stoffe und erarbeiten Vorschläge für gesundheitsbezogene Standards als Voraussetzung für jeweilige Grenzwerte, Höchstmengen etc.
- Internationale Organisationen: Die Weltgesundheits- und die Welternährungsorganisation (WHO und FAO), bzw. deren Ausschüsse und Expertengremien erarbeiten auf der Grundlage der genannten Datenbasis Empfehlungen, welche Mengen der einzelnen Stoffe bei lebenslanger Exposition pro Tag oder pro Woche ohne gesundheitliche Beeinträchtigung aufgenommen werden können. Auch Expertengremien der EU sind mit derartigen Aufgaben befasst.
- Gesundheits- und Verbraucherpolitik: Die Politik organisiert zusammen mit ihren nachgeordneten Bundesanstalten und -instituten den Prozess der Risikobewertung und legt in entsprechenden Regelwerken Höchstmengen, Grenzwerte etc. für die einzelnen Stoffe in Lebensmitteln und gegebenenfalls auch dazu gehörende Analyseverfahren fest.
- Überwachung und Beratung: Die Bundesländer organisieren die Überwachung dieser Vorschriften und die Beratung der land- und viehwirtschaftlichen Produzenten.
- Verbraucherorganisationen wie die Verbraucherzentralen in den Ländern oder deren Bundesverband sind ebenfalls wichtige Akteure, die bisher zu wenig in die Prozesse der Risikobewertung und der Normsetzung eingebunden sind.

In ihrem „Handbuch der Lebensmitteltoxikologie" haben Hartmut Dunkelberg, Thomas Gebel und Andrea Hartwig mit ihren Autorinnen und Autoren die vorhandenen toxikologischen Daten und die derzeitigen Erkenntnisse über die in Lebensmitteln vorkommenden und bei ihrer Erzeugung verwendeten oder entstehenden Stoffe zusammengetragen, ihre Risikopotenziale abgeschätzt und Daten und Empfehlungen zur Risikominimierung bereit gestellt. Sie haben sich dabei bemüht, in die für Verbraucher und Öffentlichkeit verwirrende Vielfalt möglicher Schadstoffe und Akteure eine gewisse Ordnung und Systematik zu bringen. Vorausgeschickt werden Übersichten über rechtliche Regelungen und Standards, über Untersuchungsmethoden und Überwachung und vor allem über Modelle und Verfahren der toxikologischen Risiko-Abschätzung.

Eine derartige umfassende Übersicht über den Stand des lebensmitteltoxikologischen Wissens fehlte bisher im deutschen Sprachraum. Angesprochen werden neben Wissenschaftlern in Forschung, Behörden und Industrie Fachleute in Ministerien, Untersuchungsämtern und in der Lebensmittelüberwachung, in der landwirtschaftlichen Beratung, in der Lebensmittelverarbeitung und in Verbraucherorganisationen, dem Verbraucherschutz verpflichtete Politiker und Journalisten, Studierende der Lebensmittelchemie, aber auch die interessierte Öffentlichkeit.

Dank gilt den Herausgebern und der Herausgeberin für die Initiative zu diesem Handbuch und allen Autorinnen und Autoren für die immense Arbeit. Ich wünsche dem Werk die gute Aufnahme und weite Verbreitung, die es verdient. Möge all denen, die darin lesen oder nachschlagen werden, deutlich werden, was in der Lebensmitteltoxikologie gewusst wird, und wo die Grenzen des Wissens liegen.

Speisen und Getränke sollen den Körper stärken und die Seele bezaubern. Die große Zahl anthropogener Stoffe in, auf und um Lebensmittel kann Verbraucher leicht verunsichern. Unsicherheit ist ein Vorläufer von Angst, und Angst vor Chemie (= „Gift“) im Essen fördert wahrlich nicht das Vergnügen daran. Zum seelischen Genuss gehört die Gewissheit, dass das Angebot der Lebensmittel geprüft und frei von Inhaltsstoffen ist, die je nach Art oder Menge der Gesundheit abträglich sein können. In diesem „Handbuch der Lebensmitteltoxikologie“ wird beschrieben, mit welchen Modellen und Daten die Wissenschaft die Voraussetzungen für Verbrauchersicherheit schafft. Möge es dazu beitragen, Verbrauchern trotz der großen Zahl relevanter Stoffe mehr Vertrauen und Sicherheit zu geben.

Prof. Dr. Georges Fülgraff
Em. Professor für Gesundheitswissenschaften,
Ehrenvorsitzender Berliner Zentrum Public Health
Ehemaliger Präsident des Bundesgesundheitsamtes (1974–1980)

Vorwort

Lebensmittelerzeugung, Lebensmittelversorgung und Ernährungsverhalten tangieren medizinische, kulturelle, gesellschaftliche, wirtschaftliche und ökologische Sachgebiete und Problembereiche. Was im weitesten Sinne unter Lebensmittel- und Ernährungsqualität zu verstehen ist, lässt sich demnach aus ganz verschiedenen wissenschaftlichen oder lebensweltlichen Perspektiven beleuchten. Einen für die Gesundheit des Menschen wichtigen Zugang zur Lebensmittelbewertung und Lebensmittelsicherheit bietet die Lebensmitteltoxikologie.

Mit der vorliegenden Buchveröffentlichung sollen die wesentlichen lebensmitteltoxikologischen Erkenntnisse und Sachverhalte auf den aktuellen Wissensstand gebracht und verfügbar gemacht werden. Für die Zusammenstellung der Beiträge zu dieser nun in 5 Bänden vorliegenden Veröffentlichung war die umfassende und kritische Darstellung des jeweiligen Stoffgebietes bestimmend und maßgebend. Ziel war es, einen möglichst profunden Wissensstand zum jeweiligen Kapitel vorzulegen, ohne dabei durch ein zu enges Gliederungsschema auf die individuellen Schwerpunktsetzungen der Autoren verzichten zu müssen.

Die Herausgeber danken den Autorinnen und Autoren der Buchkapitel für ihre mit großer Sorgfalt und Expertise verfassten Buchbeiträge, die trotz größter Zeitknappheit und meist umfangreicher anderer Verpflichtungen zu erstellen waren, und damit auch für ihre engagierte Mitwirkung und die Unterstützung dieses Buchprojektes. Gedankt sei ihnen nicht weniger für die in einigen Fällen im besonderen Maße zu erbringende Geduld, wenn es um die Verschiebung des Zeitplans bis zur endgültigen Fertigstellung dieses Sammelwerkes ging. Wir fühlen uns ebenso den Ratgebern im Bekannten- und Freundeskreis verbunden und zu Dank verpflichtet, die uns bei verschiedenen und auch unerwarteten Fragen mit guten Ideen und Lösungsvorschlägen wirksam geholfen haben.

Nicht zuletzt trug ganz wesentlich der Wiley-VCH-Verlag durch eine kontinuierliche und zügige verlagstechnische Hilfestellung und durch eine angenehme Betreuung zum Gelingen dieses Buchprojektes bei.

Hartmut Dunkelberg,
Thomas Gebel und
Andrea Hartwig

Handbuch der Lebensmitteltoxikologie. H. Dunkelberg, T. Gebel, A. Hartwig (Hrsg.)

ISBN: 978-3-527-31166-8

Autorenverzeichnis

em. Prof. Dr. Manfred Anke
Am Steiger 12
07743 Jena
Deutschland

Dr. Magdalena Adamska
University of Zürich
Institute of Pharmacology
and Toxicology
Department of Toxicology
Winterthurerstraße 190
8057 Zürich
Schweiz

Prof. Dr. Michael Arand
University of Zürich
Institute of Pharmacology
and Toxicology
Department of Toxicology
Winterthurerstraße 190
8057 Zürich
Schweiz

Dr. Volker Manfred Arlt
Institute of Cancer Research
Section of Molecular Carcinogenesis
Brookes Lawley Building
Cotswold Road
Sutton, Surrey SM2 5NG
United Kingdom

Dr. Christiane Aschmann
Universitätsklinikum
Schleswig-Holstein
Institut für Toxikologie
und Pharmakologie
für Naturwissenschaftler
Campus Kiel
Brunswiker Straße 10
24105 Kiel
Deutschland

Dr. Ursula Banasiak
Bundesinstitut für Risikobewertung
Berlin (BfR)
Fachgruppe Rückstände von Pestiziden
Thielallee 88–92
14195 Berlin
Deutschland

Alexander Bauer
Universität Leipzig
Institut für Pharmakologie und
Toxikologie
Johannis-Allee 28
04103 Leipzig
Deutschland

Prof. Dr. Detmar Beyersmann
Universität Bremen
Fachbereich Biologie/Chemie
Leobener Straße, Gebäude NW2
28359 Bremen
Deutschland

Handbuch der Lebensmitteltoxikologie. H. Dunkelberg, T. Gebel, A. Hartwig (Hrsg.)

ISBN: 978-3-527-31166-8

Julia Bichler
Medizinische Universität Wien
Universitätsklinik für Innere Medizin I
Institut für Krebsforschung
Borschkegasse 8 a
1090 Wien
Österreich

Prof. Dr. Hans K. Biesalski
Universität Hohenheim
Institut für Biologische Chemie
und Ernährungswissenschaft
Garbenstraße 30
70593 Stuttgart
Deutschland

Prof. Dr. Marianne Borneff-Lipp
Martin-Luther-Universität
Halle-Wittenberg
Institut für Hygiene
Johann-Andreas-Segner-Straße 12
06108 Halle/Saale
Deutschland

Prof. Dr. Regina Brigelius-Flohe
Deutsches Institut
für Ernährungsforschung
Arthur-Scheunert-Allee 114–116
14558 Potsdam-Rehbrücke
Deutschland

Dr. Marc Brulport
Universität Leipzig
Institut für Pharmakologie und
Toxikologie
Johannis-Allee 28
04103 Leipzig
Deutschland

Prof. Dr. Michael Bülte
Justus-Liebig-Universität Gießen
Institut für
Tierärztliche
Nahrungsmittelkunde
Frankfurter Straße 92
35392 Gießen
Deutschland

Dr. Christine Bürk
Lehrstuhl für Hygiene
und Technologie der Milch
Schönleutner Straße 8
85764 Oberschleißheim
Deutschland

Dr. Peter Butz
Bundesforschungsanstalt für
Ernährung und Lebensmittel (BFEL)
Institut für Chemie und Biologie
Haid-und-Neu-Straße 9
76131 Karlsruhe
Deutschland

Prof. Dr. Hans-Georg Claßen
Universität Hohenheim
Fachgebiet Pharmakologie,
Toxikologie und Ernährung
Institut für Biologische Chemie
und Ernährungswissenschaft
Fruwirthstraße 16
70593 Stuttgart
Deutschland

Dr. Ulf G. Claßen
Universitätsklinikum des Saarlandes
Institut für Rechtsmedizin
Kirrbergerstraße
66421 Homburg/Saar
Deutschland

Dr. Annette Cronin
University of Zürich
Institute of Pharmacology
and Toxicology
Department of Toxicology
Winterthurerstraße 190
8057 Zürich
Schweiz

Dr. Gerd Crößmann
Im Flothfeld 96
48329 Havixbeck
Deutschland

Prof. Dr. Wolfgang Dekant
Universität Würzburg
Institut für Toxikologie
Versbacher Straße 9
97078 Würzburg
Deutschland

Dr. Henry Delincée
Bundesforschungsanstalt
für Ernährung und Lebensmittel
Institut für Ernährungsphysiologie
Haid-und-Neu-Straße 9
76131 Karlsruhe
Deutschland

Prof. Dr. Hartmut Dunkelberg
Universität Göttingen
Bereich Humanmedizin
Abteilung Allgemeine Hygiene
und Umweltmedizin
Lenglerner Straße 75
37079 Göttingen
Deutschland

Matthias Dürr
Martin-Luther-Universität
Halle-Wittenberg
Institut für Hygiene
Johann-Andreas-Segner-Straße 12
06108 Halle/Saale
Deutschland

Veronika A. Ehrlich
Medizinische Universität Wien
Universitätsklinik für Innere Medizin I
Institut für Krebsforschung
Borschkegasse 8a
1090 Wien
Österreich

Prof. Dr. Bernd Elsenhans
Ludwig-Maximilians-Universität
München
Walther-Straub-Institut
für Pharmakologie und Toxikologie
Goethestraße 33
80336 München
Deutschland

Dr. Harald Esch
The University of Iowa
College of Public Health
Department of Environmental
& Occupational Health
Iowa City
IA 52242-5000
USA

Dr. Thomas Ettle
Technische Universität München
Fachgebiet Tierernährung
und Leistungsphysiologie
Hochfeldweg 6
85350 Freising-Weihenstephan
Deutschland

Prof. Dr. Ulrich Ewers
Hygiene-Institut des Ruhrgebietes
Rotthauser Straße 19
45879 Gelsenkirchen
Deutschland

Dr. Eric Fabian
BASF Aktiengesellschaft
Experimentelle Toxikologie
und Ökologie
Gebäude Z 470
Carl-Bosch-Straße 38
67056 Ludwigshafen
Deutschland

Franziska Ferk
Medizinische Universität Wien
Universitätsklinik für Innere Medizin I
Abteilung Institut für Krebsforschung
Borschkegasse 8 a
1090 Wien
Österreich

Prof. Dr. Heidi Foth
Martin-Luther-Universität Halle
Institut für Umwelttoxikologie
Franzosenweg 1 a
06097 Halle/Saale
Deutschland

Dr. Frederic Frère
University of Zürich
Institute of Pharmacology
and Toxicology
Department of Toxicology
Winterthurerstraße 190
8057 Zürich
Schweiz

Dr. Thomas Gebel
Universität Göttingen
Bereich Humanmedizin
Abteilung Allgemeine Hygiene
und Umweltmedizin
Lenglerner Straße 75
37079 Göttingen
Deutschland

Prof. Dr. Hans Rudolf Glatt
Deutsches Institut
für Ernährungsforschung (DIfE)
Potsdam-Rehbrücke
Arthur-Scheunert-Allee 114–116
14558 Nuthetal
Deutschland

Prof. Dr. Werner Grunow
Bundesinstitut für
Risikobewertung (BfR)
Thielallee 88–92
14195 Berlin
Deutschland

Dr. Rainer Gürtler
Bundesinstitut für
Risikobewertung (BfR)
Thielallee 88–92
14195 Berlin
Deutschland

Prof. Dr. Andreas Hahn
Leibniz Universität Hannover
Institut für Lebensmittelwissenschaft
Wunstorfer Straße 14
30453 Hannover
Deutschland

Prof. Dr. Andreas Hartwig
TU Berlin, Sekr. TIB 4/3-1
Institut für Lebensmitteltechnologie
Gustav-Meyer-Allee 25
13355 Berlin
Deutschland

Dr. Thomas Heberer
Bundesinstitut für
Risikobewertung (BfR)
Thielallee 88–92
14195 Berlin
Deutschland

Dr. Regine Heller
Friedrich-Schiller-Universität Jena
Universitätsklinikum
Institut für Molekulare Zellbiologie
Nonnenplan 2
07743 Jena
Deutschland

Dr. Angelika Hembeck
Bundesinstitut für
Risikobewertung (BfR)
Thielallee 88–92
14195 Berlin
Deutschland

Prof. Dr. Jan G. Hengstler
Universität Leipzig
Institut für Pharmakologie
und Toxikologie
Johannis-Allee 28
04103 Leipzig
Deutschland

Dr. Kurt Hoffmann
Deutsches Institut
für Ernährungsforschung
Arthur-Scheunert-Allee 114–116
14558 Nuthetal
Deutschland

Dr. Karsten Hohgardt
Bundesamt für Verbraucherschutz
und Lebensmittelsicherheit (BVL)
Referat Gesundheit
Messeweg 11/12
38104 Braunschweig
Deutschland

Christine Hölzl
Medizinische Universität Wien
Universitätsklinik für Innere Medizin I
Institut für Krebsforschung
Borschkegasse 8a
1090 Wien
Österreich

Prof. Dr. Gerhard Jahreis
Friedrich-Schiller-Universität
Institut für Ernährungswissenschaften
Lehrstuhl für Ernährungsphysiologie
Dornburger Straße 24
07743 Jena
Deutschland

Dr. Hennike G. Kamp
BASF Aktiengesellschaft
Experimentelle Toxikologie
und Ökologie
Gebäude Z 470
Carl-Bosch-Straße 38
67056 Ludwigshafen
Deutschland

Dr. Sebastian Kevekordes
Universität Göttingen
Bereich Humanmedizin
Abteilung Allgemeine Hygiene
und Umweltmedizin
Lenglerner Straße 75
37079 Göttingen
Deutschland

Dr. Horst Klaffke
Bundesinstitut für
Risikobewertung (BfR)
Thielallee 88–92
14195 Berlin
Deutschland

Dr. Annett Klinder
27 Therapia Road
London SE22 0SF
United Kingdom

Prof. Dr. Siegfried Knasmüller
Medizinische Universität Wien
Universitätsklinik für Innere Medizin I
Institut für Krebsforschung
Borschkegasse 8a
1090 Wien
Österreich

Prof. Dr. Josef Köhrle
Institut für Experimentelle
Endokrinologie
Campus Charité Mitte
Charitéplatz 1
10117 Berlin
Deutschland

Dr. Jana Kraft
Friedrich-Schiller-Universität
Institut für Ernährungswissenschaften
Lehrstuhl für Ernährungsphysiologie
Dornburger Straße 24
07743 Jena
Deutschland

Prof. Dr. Johannes Krämer
Institut für Ernährungs-
und Lebensmittelwissenschaften
Rheinische
Friedrich-Wilhelms-Universität Bonn
Meckenheimer Allee 168
53115 Bonn
Deutschland

Prof. Dr. Hans A. Kretzschmar
Zentrum für Neuropathologie
und Prionforschung (ZNP)
Institut für Neuropathologie
Feodor-Lynen-Straße 23
81377 München
Deutschland

Prof. Dr. Sabine Kulling
Universität Potsdam
Institut für Ernährungswissenschaft
Lehrstuhl für Lebensmittelchemie
Arthur-Scheunert-Allee 114–116
14558 Nuthetal
Deutschland

Dr. Iris G. Lange
Technische Universität München
Weihenstephaner Berg 3
85345 Freising-Weihenstephan
Deutschland

Prof. Dr. Eckhard Löser
Schwelmerstraße 221
58285 Gevelsberg
Deutschland

Dr. Gabriele Ludewig
The University of Iowa
College of Public Health
Department of Environmental
& Occupational Health
Iowa City
IA 52242-5000
USA

Dr. Angela Mally
Universität Würzburg
Institut für Toxikologie
Versbacher Straße 9
97078 Würzburg
Deutschland

Prof. Dr. Doris Marko
Institut für Angewandte
Biowissenschaften
Abteilung für Lebensmitteltoxikologie
Universität Karlsruhe (TH)
Fritz-Haber-Weg 2
76131 Karlsruhe
Deutschland

Prof. Dr. Edmund Maser
Universitätsklinikum
Schleswig-Holstein
Institut für Toxikologie
und Pharmakologie
für Naturwissenschaftler
Campus Kiel
Brunswiker Straße 10
24105 Kiel
Deutschland

Prof. Dr. Manfred Metzler
Universität Karlsruhe
Institut für Lebensmittelchemie
und Toxikologie
Kaiserstraße 12
76128 Karlsruhe
Deutschland

Prof. Dr. Heinrich D. Meyer
Technische Universität München
Weihenstephaner Berg 3
85345 Freising-Weihenstephan
Deutschland

PD Dr. Michael Müller
Universität Göttingen
Institut für Arbeits- und Sozialmedizin
Waldweg 37
37073 Göttingen
Deutschland

a.o. Prof. Dr. Michael Murkovic
Technische Universität Graz
Institut für Lebensmittelchemie
und -technologie
Petersgasse 12/2
8010 Graz
Österreich

Prof. Dr. Heinz Nau
Stiftung Tierärztliche Hochschule
Hannover
Institut für Lebensmitteltoxikologie
und Chemische Analytik
Bischofsholer Damm 15
30173 Hannover
Deutschland

Dr. Armen Nersesyan
Medizinische Universität Wien
Universitätsklinik für Innere Medizin I
Institut für Krebsforschung
Borschkegasse 8 a
1090 Wien
Österreich

em. Prof. Dr. Karl-Joachim Netter
Universität Marburg
Institut für Pharmakologie
und Toxikologie
Karl-von-Frisch-Straße 1
35033 Marburg
Deutschland

em. Prof. Dr. Diether Neubert
Charité Campus
Benjamin Franklin Berlin
Institut für Klinische Pharmakologie
und Toxikologie
Garystraße 5
14195 Berlin
Deutschland

Dr. Lars Niemann
Bundesinstitut für
Risikobewertung (BfR)
Thielallee 88–92
14195 Berlin
Deutschland

Dr. Donatus Nohr
Universität Hohenheim
Institut für Biologische Chemie
und Ernährungswissenschaft
Garbenstraße 30
70593 Stuttgart
Deutschland

Gisbert Otterstätter
Papiermühle 17
37603 Holzminden
Deutschland

Dr. Rudolf Pfeil
Bundesinstitut für
Risikobewertung (BfR)
Thielallee 88–92
14195 Berlin
Deutschland

Dr. Beate Pfundstein
Deutsches Krebsforschungszentrum
(DKFZ)
Abteilung Toxikologie
& Krebsrisikofaktoren
Im Neuenheimer Feld 517
69120 Heidelberg
Deutschland

Dr. Annette Pöting
Toxikologie der Lebensmittel
und Bedarfsgegenstände
BGVV
Postfach 330013
14191 Berlin
Deutschland

Prof. Dr. Beatrice Pool-Zobel
Friedrich-Schiller-Universität Jena
Institut für Ernährungswissenschaften
Lehrstuhl für Ernährungstoxikologie
Dornburger Straße 25
07743 Jena
Deutschland

Dr. Gerhard Pröhl
GSF-Forschungszentrum
für Umwelt und Gesundheit
Ingolstädter Landstraße 1
85758 Neuherberg
Deutschland

Dr. Larry Robertson
The University of Iowa
College of Public Health
Department of Environmental
& Occupational Health
Iowa City
IA 52242-5000
USA

Dr. Maria Roth
Chemisches und
Veterinäruntersuchungsamt Stuttgart
Schaflandstraße 3/2
70736 Fellbach
Deutschland

Dr. Corinna E. Rüfer
Bundesforschungsanstalt
für Ernährung und Lebensmittel
Institut für Ernährungsphysiologie
Haid-und-Neu-Straße 9
76131 Karlsruhe
Deutschland

Dr. Heinz Schmeiser
Deutsches Krebsforschungszentrum
(DKFZ)
Abteilung Molekulare Toxikologie
Im Neuenheimer Feld 517
69120 Heidelberg
Deutschland

Ulrich-Friedrich Schmelz
Universität Göttingen
Bereich Humanmedizin
Abteilung Allgemeine Hygiene
und Umweltmedizin
Lenglerner Straße 75
37079 Göttingen
Deutschland

Prof. Dr. Ivo Schmerold
Veterinärmedizinische Universität
Wien
Abteilung für Naturwissenschaften
Institut für Pharmakologie
und Toxikologie
Veterinärplatz 1
1210 Wien
Österreich

Hanspeter Schmidt
Rechtsanwalt am OLG Karlsruhe
Sternwaldstraße 6a
79102 Freiburg
Deutschland

Dr. Heiko Schneider
Bundesinstitut für
Risikobewertung (BfR)
Thielallee 88–92
14195 Berlin
Deutschland

Dr. Lutz Schomburg
Institut für Experimentelle
Endokrinologie
Campus Charité Mitte
Charitéplatz 1
10117 Berlin
Deutschland

Prof. Dr. Klaus Schümann
Technische Universität München
Lehrstuhl für Ernährungsphysiologie
Am Forum 5
85350 Freising-Weihenstephan
Deutschland

Dr. Tanja Schwerdtle
TU Berlin
Fachgebiet Lebensmittelchemie
Institut für Lebensmitteltechnologie
und Lebensmittelchemie
Gustav-Meyer-Allee 25
13355 Berlin
Deutschland

Dr. Albrecht Seidel
Prof. Dr. Gernot Grimmer-Stiftung
Biochemisches Institut
für Umweltcarcinogene (BIU)
Lurup 4
22927 Großhansdorf
Deutschland

Dr. Mathias Seifert
Bundesforschungsanstalt
für Ernährung und
Lebensmittel – BfEL
Institut für Biochemie von
Getreide und Kartoffeln
Schützenberg 12
32756 Detmold
Deutschland

Dr. Roland Solecki
Bundesinstitut für
Risikobewertung (BfR)
Thielallee 88–92
14195 Berlin
Deutschland

Dr. Bertold Spiegelhalder
Deutsches Krebsforschungszentrum (DKFZ)
Abteilung Toxikologie
& Krebsrisikofaktoren
Im Neuenheimer Feld 517
69120 Heidelberg
Deutschland

Prof. Dr. Wilhelm Stahl
Heinrich-Heine-Universität Düsseldorf
Institut für Biochemie
und Molekularbiologie I
Postfach 101007
40001 Düsseldorf
Deutschland

Prof. Dr. Christian Steffen
Bundesinstitut für Arzneimittel
und Medizinprodukte
Kurt-Georg-Kiesinger-Allee 3
53639 Bonn
Deutschland

Prof. Dr. Pablo Steinberg
Universität Potsdam
Lehrstuhl für Ernährungstoxikologie
Arthur-Scheunert-Allee 114–116
14558 Nuthetal
Deutschland

Prof. Dr. Roger Stephan
Institut für Lebensmittelsicherheit
und -hygiene
Winterthurerstraße 272
8057 Zürich
Schweiz

Dr. Barbara Stommel
Bundesinstitut für Arzneimittel
und Medizinprodukte
Kurt-Georg-Kiesinger-Allee 3
53639 Bonn
Deutschland

Irene Straub
Chemisches und
Veterinäruntersuchungsamt
Weißenburgerstr. 3
76187 Karlsruhe
Deutschland

Prof. Dr. Rudolf Streinz
Universität München
Institut für Politik
und Öffentliches Recht
Prof.-Huber-Platz 2
80539 München
Deutschland

Prof. Dr. Bernhard Tauscher
Bundesforschungsanstalt
für Ernährung und Lebensmittel
Haid-und-Neu-Straße 9
76131 Karlsruhe
Deutschland

Dr. Abdel-Rahman Wageeh Torky
Martin-Luther-Universität Halle
Institut für Umwelttoxikologie
Franzosenweg 1 a
06097 Halle/Saale
Deutschland

Prof. Dr. Fritz R. Ungemach
Veterinärmedizinische Fakultät
der Universität Leipzig
Institut für Pharmakologie,
Pharmazie und Toxikologie
An den Tierkliniken 15
04103 Leipzig
Deutschland

Prof. Dr. Burkhard Viell
Bundesinstitut für
Risikobewertung (BfR)
Thielallee 88–92
14195 Berlin
Deutschland

Prof. Dr.
Gert-Wolfhard von Rymon Lipinski
Schlesienstraße 62
65824 Schwalbach a. Ts.
Deutschland

Prof. Dr. Martin Wagner
Veterinärmedizinische Universität
Wien (VUW)
Abteilung für öffentliches
Gesundheitswesen
Experte für Milchhygiene
und Lebensmitteltechnologie
Veterinärplatz 1
1210 Wien
Österreich

Dr. Götz A. Westphal
Universität Göttingen
Institut für Arbeits- u. Sozialmedizin
Waldweg 37
37073 Göttingen
Deutschland

Dr. Dieter Wild
Bundesanstalt für Fleischforschung
E.-C.-Baumann-Straße 20
95326 Kulmbach
Deutschland

Dr. Detlef Wölfle
Bundesinstitut für
Risikobewertung (BfR)
Thielallee 88–92
14195 Berlin
Deutschland

Dr. Maike Wolters
Mühlhauser Straße 41 A
68229 Mannheim
Deutschland

Herbert Zepnik
Universität Würzburg
Institut für Toxikologie
Versbacher Straße 9
97078 Würzburg
Deutschland

Dr. Björn P. Zietz
Universität Göttingen
Bereich Humanmedizin
Abteilung Allgemeine Hygiene
und Umweltmedizin
Lenglerner Straße 75
37079 Göttingen
Deutschland

Dr. Claudio Zweifel
Institut für Lebensmittelsicherheit
und -hygiene
Winterthurerstraße 272
8057 Zürich
Schweiz

55
Eisen

Thomas Ettle, Bernd Elsenhans und Klaus Schümann

55.1
Allgemeine Substanzbeschreibung

In der Erdkruste ist Eisen das vierthäufigste Element und liegt in oxidierter Form als Erz vor, z. B. als Hämatit (Fe_2O_3), Limonit ($Fe_2O_3 \cdot 3\,H_2O$), Magnetit (Fe_3O_4), und Siderit ($FeCO_3$), das industriell abgebaut und verhüttet wird. Reines Eisen (Fe) ist ein silberweißes, malleables Metall (atomare Masse: 55,847; Dichte 7,9 g/cm^3). Im Periodensystem steht es in der 4. Periode der 8. Hauptgruppe, benachbart zu Cobalt und Nickel. Abhängig von der Temperatur kann Eisen vier allotrope Strukturen annehmen: α-Eisen ist ferromagnetisch und zeigt eine geringe Aufnahmefähigkeit für Kohlenstoff. Zwischen 770–928 °C wandelt es sich in β-Eisen mit paramagnetischen Eigenschaften. In der γ-Struktur (928–1398 °C) und δ-Struktur (1398–1535 °C (= Schmelzpunkt)) ist Eisen nicht magnetisch. Metallisches Eisen ist ein sehr reaktives Metall; in trockener Luft und kohlendioxidfreiem Wasser weist es jedoch dank einer Oxidhaut hohe Beständigkeit auf. Eisen tritt in Oxidationsstufen von –2 bis +6 auf, wobei für biologische Systeme lediglich Fe^{2+} und Fe^{3+} von Bedeutung sind [47]. In wässrigem Milieu oxidiert Fe^{2+} spontan zu Fe^{3+}, das unter physiologischen pH-Bedingungen kaum löslich ist (K_{free} Fe(III) = 10^{-18} M) und Eisenhydroxide bildet.

Bereits im Altertum wurden dem Eisen therapeutische Wirkungen zugeschrieben, obgleich seine Bedeutung als Mikronährstoff unbekannt war [266]. Nach unspezifischer Nutzung im Sinne der Signaturenlehre im 16. Jahrhundert [157, 162] beschrieb der englische Arzt Sydenham im 17. Jahrhundert die heilende Wirkung von Eisenpräparaten auf die „Bleichsucht" (= Anämie) junger Frauen. Lemery und Geoffy wiesen 1713 Eisen im Blut nach und Menghini zeigte 1746, dass eisenreiche Nahrung den Eisengehalt im Blut erhöht [190]. Boussingault beschrieb 1872 Eisen erstmals als essenziellen Nährstoff [33]. Entsprechend gab es in der Volksheilkunde seit dieser Zeit Eisenpräparationen, wie die „Borsdorfer Äpfel" in Norddeutschland, die mit Hufnägeln gespickt wurden. In Weißrussland tranken Patienten Molke, in die zuvor Hufnägel eingelegt worden waren. Die Eisenkomplexe mit Äpfelsäure, Citrat, Vitamin C, Aminosäuren

Handbuch der Lebensmitteltoxikologie. H. Dunkelberg, T. Gebel, A. Hartwig (Hrsg.)

ISBN: 978-3-527-31166-8

und Peptiden, die sich dabei bilden, weisen dabei eine hohe Bioverfügbarkeit auf, wenn die Dosierung auch unkontrolliert war.

55.2
Diätetische Eisenzufuhr

55.2.1
Art und Menge der Eisenzufuhr

Hämeisen kommt fast ausschließlich in Fleisch, Fisch und Geflügel vor [24]. Obwohl mit einer gemischten Kost pro Tag nur etwa 1,5 mg Hämeisen aufgenommen werden (Nonhämeisen ca. 5–15 mg/d) ist sein Beitrag zur Eisenversorgung doch erheblich, da Hämeisen 2–3-mal besser resorbiert wird als Nonhämeisen [117]. Je nach Zusammensetzung der Diät werden 20–35% des Bedarfes durch Hämeisen gedeckt [176], nach anderen Angaben etwas weniger [242]; der Rest wird als Nonhämeisen aufgenommen.

Der Eisengehalt der mitteleuropäischen Diät liegt bei etwa 6 mg Fe/1000 kcal. Die diätetische Eisenaufnahme in vier europäischen Ländern überschreitet bei Männern jedoch häufig die Zufuhrempfehlungen (Tab. 55.1). Für Deutschland gibt es mehrere Erhebungen zur diätetischen Eisenaufnahme. Laut Nationaler Verzehrsstudie [58] nehmen Männer 13–14 mg Fe/d und Frauen 11–12 mg Fe/d zu sich; etwa 75% der jungen Frauen im gebärfähigen Alter erreichen die Zufuhrempfehlungen nicht. Die 1996–1998 in Potsdam und Heidelberg durchgeführte EPIC-Studie [226] zeigte für Männer eine Zufuhr von 14,6–15,1 mg Fe/d und für Frauen 11,6–12,3 mg Fe/d. Eine Ernährungserhebung von 1998 [168, 169] zeigte ebenfalls, dass Männer die Zufuhrempfehlung deutlich überschreiten, während die Hälfte der Frauen die für sie höhere Zufuhrempfehlung (15 mg Fe/d) (Abschnitt 55.8) nicht erreichten. Aufgrund der Sicherheitsmarge, die in diesen Empfehlungen enthalten ist, müssen diese Frauen keinen Eisenmangel aufweisen. Entsprechend fand die VERA-Studie [267] nur bei 9% der Frauen und 3% der Männer entleerte Eisenspeicher (Serumferritinwerte <12 µg/L), während 35% der Frauen und 18% der Männer mit Werten < 200 µg/L hochnormale Eisenspeicherbestände hatten (Abschnitt

Tab. 55.1 Eisenaufnahme [mg/d] aus der Nahrung und Nahrungsergänzungsmitteln in vier europäischen Ländern [156].

Land	*n*	Mittelwert	97,5 Perzentile
Österreich [63]	2488	12,7	25,2
Italien [264]	2734	13	22
Niederlande [103]	5958	10,8	19,1
England [92]	1987	13,2	27,1

n = Anzahl der Proben.

55.4.2). In den USA überschreitet die mittlere Eisenaufnahme von Männern ebenfalls die dortigen Zufuhrempfehlungen (RDAs), während sie bei Frauen den RDAs entspricht [4].

55.2.2
Einflüsse auf die Bioverfügbarkeit von Eisen

Die Bioverfügbarkeit von Nonhämeisen wird durch Komplexbildung mit Nahrungsliganden wie Ascorbat, Citrat, Fumarat und Aminosäuren (z. B. Cystein) und Oligopeptiden aus der Hämolyse von Fleisch erhöht [179]. Diese Komplexe verhindern die Bildung von Eisenhydroxiden im Darmlumen und halten das Nahrungseisen für die Resorption verfügbar. Alkohol scheint die Eisenresorption durch Steigerung der gastrischen Säuresekretion zu steigern [96]. Andererseits verschlechtern die sehr stabilen Eisenkomplexe z. B. mit Phytaten, Phosphaten oder Oxalaten aus Getreide und Gemüse oder mit Polyphenolen aus Kaffee, schwarzem Tee oder Rotwein die Resorption von Nonhämeisen dramatisch [281]. Auch die Resorption von Calcium, Zink, Cobalt, Cadmium, Kupfer und Mangan interagiert in Abhängigkeit vom molaren Verhältnis der Metallionen in der Nahrung wechselseitig mit der von Eisen [175]. In Abhängigkeit der Konzentration solcher Nahrungsbestandteile kann die Resorption von Nonhämeisen um das 10fache schwanken [98, 216]. Die Resorption von Hämeisen ist mit Ausnahme der Beeinträchtigung durch hohe luminale Ca-Konzentrationen [99] wesentlich weniger durch Nahrungsliganden beeinflusst.

Zahlreiche Medikamente bilden im Lumen des Magen-Darmtraktes Komplexe mit Eisen, was die Resorption beider Komplexpartner beeinträchtigen kann [39]. Als Beispiele seien Antazida und der Lipidsenker Cholestyramin genannt, aber auch Antibiotika (Tetracyclin, Gyrasehemmstoffe, Penicillin und das Tuberkulostatikum Rifampizin), Antihypertonika (α-Methyldopa, Captopril) und Analgetika (Paracetamol, Acetylsalicylsäure und Indometacin) sowie Levodopa, Thyroxin und Folsäure.

55.3
Eisengehalte in Lebensmitteln und Eisen als Lebensmittelzusatzstoff

55.3.1
Eisengehalte in Lebensmitteln

Der Eisengehalt von Nahrungsmitteln schwankt in Abhängigkeit von Bodenbeschaffenheit, klimatischen Bedingungen, Verarbeitungsbedingungen und Verarbeitungsgrad erheblich. So enthielt z. B. brauner Rohzucker 49 mg Fe/kg Trockensubstanz (TS) und raffinierter, granulierter weißer Zucker nur 0,1 mg Fe/kg TS. Lebensmittel mit hohem Eisengehalt sind Innereien wie Leber, Milz und Nieren, Schokolade und Zuckerrohrmelasse. Arm an Eisen sind dagegen beispielsweise Milch und Milchprodukte (ca. 12 mg Fe/kg TS), raffiniertes Mehl und Kar-

Tab. 55.2 Verbreitung von Eisen in der Umwelt [116] und Eisengehalte einiger Lebensmittel und Getränke [8, 241].

Vorkommen	Eisengehalt
Umwelt	
Eisenerze	20–70%
Böden	0,7–4,7%
Grundwasser	<0,5–100 mg L^{-1}
Trinkwasser	<0,3 mg L^{-1}
Meerwasser	0,01–0,14 mg L^{-1}
Lebensmittel und Getränke	
Fleisch	10–23 mg kg^{-1}
Blutwurst	88 mg kg^{-1}
Leberwurst	53 mg kg^{-1}
Schweineleber	180 mg kg^{-1}
Fisch	4–13 mg kg^{-1}
Hühnerei	20 mg kg^{-1}
Milchprodukte	1,2–3,0 mg kg^{-1}
Linsen	72 mg kg^{-1}
Getreideprodukte	14–28 mg kg^{-1}
Gemüse	3–6 mg kg^{-1}
Obst	2–4 mg kg^{-1}
Rotwein	5–6 mg L^{-1}
Pils	0,3 mg L^{-1}
Bantu Bier	40–80 mg L^{-1}
Kaffeebohnen	40 mg kg^{-1}
Teeblätter	170 mg kg^{-1}
Schokoladenpulver	220 mg kg^{-1}

toffeln (34 mg Fe/kg TS) sowie frisches Obst (11–23 mg Fe/kg TS). Muskelfleisch, Geflügel, Fisch (44–86 mg Fe/kg TS) und grünes Gemüse weisen einen mittleren Eisengehalt auf [9, 177]. Angaben zum Gehalt von Eisen in der Umwelt und in einigen Lebensmitteln und Getränken gibt Tabelle 55.2 wieder.

55.3.2
Eisen als Lebensmittelzusatzstoff und zur Fortifikation von Lebensmitteln

Eisenoxide und -hydroxide (E 172) können Nahrungsmitteln als Farbstoff zugesetzt werden, ebenso wie Eisengluconat (E 579) und -lactat (E 585) zur „Dunklung" von Oliven durch Oxidation (Höchstmenge: 150 mg Fe/kg). Ferrocyanide (z. B. E 535/E 536/E 538) werden dem Kochsalz zugesetzt, um es besser rieselfähig zu halten. Die EU-Richtlinie 2000/15/EG lässt die in Tabelle 55.3 aufgeführten Eisenverbindungen zur Fortifikation für diätetische Zwecke zu (Anlage 2/12. Änderung der Diätverordnung; 31. 3. 2003), womit eine entsprechende EU-Richtlinie (2002/46 EG) national umgesetzt wird. Die Bioverfügbarkeit der

Tab. 55.3 Zulässige Eisenverbindungen, ihre Synonyme und weitere Charakteristika [27].

Eisenverbindung	Synonyme	Molekülformel	E-Nr. (Fundstellenliste 1998, ZZulV)	Richtlinien (2003/46/EG und 2001/15/EG)	Verfügbarkeit
Eisencitrat	Eisen-(II)-citrate	C_6-H_8-O_7×-Fe		++	mäßig
Eisenfumarat	Eisen-(II)-fumarat	C_4-H_4-O_4×Fe		++	gut
Eisengluconat	Eisen-(II)-gluconat, Eisendigluconat	C_{12}-H_{22}-Fe-O_{14}	E 579	++	gut
Eisenlactat	Eisen-(II)-lactat	C_3-H_6-O_3×1/2 Fe	E 585	++	gut
Eisensulfat	Eisen-(II)-sulfat	Fe×H_2-O_4-S		++	gut
Eisendiphosphat (Eisenpyrophosphat)	Eisen-(III)-pyrophosphat	Fe×3/4H_4-O_7-P_2		++	gering (hohe Variabilität)
Eisensaccharat	Eisen-(III)-saccharat; saccharated ferric oxide	unbekannt		++	gut
Eisencarbonat	Eisen-(II)-carbonat	C-H_2-O_3×Fe		++	mäßig
Eisenammoniumcitrat	Eisen-(III)-ammoniumcitrat	C_6-H_8-O_7×-Fe ×-H_3-N		++	mäßig
Eisennatriumdiphosphat	Eisen-(III)-natriumpyrophosphat	Fe×H_4-O_7-P_2×Na		++	gering
Elementares Eisen		Fe		++	
Carbonyleisen					gering (sehr variabel)
elektrolytisches Eisen					mäßig
wasserreduziertes Eisen					gering bis gut
Eisenoxide und Eisenhydroxide:[a)]			E 172		
a) Eisenoxide, gelb		a) FeO(OH) ×H_2O			
b) Eisenoxide, rot	b) Eisen-(III)-oxid	b) Fe_2-O_3			
c) Eisenoxide, schwarz		c) FeO×Fe_2O_3			
Natriumferrocyanid[a)]	Natriumhexacyanoferrat, Gelbes Sodaprussiat	$Na_4Fe(CN)_6$ ×10 H_2O	E 535		
Kaliumferrocyanid[a)]	Kaliumhexacyanoferrat, Gelbes Pottaschenprussiat	$K_4Fe(CN)_6$ ×3 H_2O	E 536		
Calciumferrocyanid[a)]	Calciumhexacyanoferrat, Gelbes Kalkprussiat	$Ca_2Fe(CN)_6$ ×12 H_2O	E 538		

a) Nur für Kochsalz bzw. Kochsalzersatz zugelassen.

genannten Eisensalze ist in Abhängigkeit von der Wasserlöslichkeit gut, mäßig oder schlecht.

Über den Nutzen von eisenfortifizierten Lebensmitteln und Würzmitteln zur Senkung der Prävalenz von Eisenmangel und Eisenmangelanämien in der 3. Welt (Abschnitte 55.6.1.1 und 55.6.1.2) besteht wenig Zweifel [254]. Die Schwierigkeit liegt darin, die optimale Nahrungsmatrix für den entsprechenden Kulturkreis zu finden und das richtige Eisensalz zu wählen [230]. Während des 2. Weltkrieges wurde die Eisenfortifikation von Weizenmehl und Brot in den USA gesetzlich vorgeschrieben, was ab den 1950er Jahren von der Industrie für werbeträchtige aber ungerechtfertigte Aussagen zu gesundheitlichen Vorteilen dieser Fortifikation genutzt wurde (=unsupported health claims). 1989–1991 wurden etwa 25% der täglichen Eisenaufnahme mit fortifizierten Frühstückszerealien aufgenommen. Mit dem „Dietary Supplement Health and Education Act" von 1994 sind solche ungerechtfertigten Aussagen nicht mehr zulässig [14].

Ob eine gesetzlich vorgeschriebene Eisenfortifikation in Industrieländern mit geringer Prävalenz von Eisenmangel und relativ häufiger Eisenüberladung noch gerechtfertigt ist erscheint zweifelhaft, bei allem Respekt für die Erfolge dieser Maßnahmen während des 2. Weltkrieges [14]. In Dänemark wurde Mehl von 1954 bis 1987 obligatorisch mit 30 mg elementarem Eisen angereichert. Nach Beendigung dieser Maßnahme sank die durchschnittliche Eisenaufnahme von 17 mg Fe/d auf 12 mg Fe/d. Gleichwohl blieb die Prävalenz des Eisenmangels unverändert niedrig [174], während der Anteil der Bevölkerung mit Hinweisen auf grenzwertige Eisenüberladung (Serumferritin >300 µg/L) von 11% auf 19% stieg [174]. Die dortige Eisenversorgung ist also offensichtlich auch ohne Fortifikation ausreichend. Außerdem scheint die Höhe der täglichen Eisenzufuhr nicht mit der Höhe der Eisenspeicherbestände zu korrelieren, was auf Unterschiede der Eisenverfügbarkeit in der Nahrung, unterschiedliche Blutverluste mit der Menstruation oder durch Blutspende oder auf fehlerhafte Einschätzung der diätetischen Eisenzufuhr oder Eisensupplementierung zurückgehen kann [108, 172, 195, 242].

55.4 Eisenanalytik und -diagnostik

55.4.1 Eisenanalytik

Für die Eisenbestimmung in organischen Materialien gibt es eine Vielzahl verschiedener Methoden [121]. Die gebräuchlicheren davon beruhen auf der Analyse von Fe-Ionen in wässrigem Medium. Um Eisen zu diesem Zweck in Lösung zu bringen, werden grundsätzlich zwei verschiedene Verfahren angewandt. Zum einen kann Eisen aus dem Probenmaterial durch Elutionsmittellösungen herausgelöst werden. Durch Variation der zugesetzten Verbindungen wie z. B. Säuren, Salze und Komplexbildner lassen sich damit u. U. verschiedene Eisenverbindungen bzw. Eisen aus unterschiedlichen Kompartimenten isolieren – zu diesen Verfahren gehören auch chromatographische Trennungen. Bei Einhaltung geeigneter, schonender Bedingungen wird angenommen, dass einige der so isolierten Verbindungen die Form des Eisens in biologischem Material widerspiegeln, so wie z. B. bei der Unterscheidung von Häm- und Nonhämeisen in rohem und erhitztem Fleisch [105]. Solche und andere Verfahren dienen der sog. Speziierung des Eisens in biologischen Matrices und ökologischen Kompartimenten [171]. Zum anderen wird Eisen nach weitgehender Zerstörung der organischen oder biologischen Matrix bestimmt. Dazu werden die Proben entweder trocken oder nass verascht, d. h. mineralisiert. Trockenveraschung in Muffelöfen bei 450 °C oder Nassveraschung offen unter Normaldruck oder geschlossen in Druckgefäßen mit Mineralsäuren, ihren Gemischen und Zusätzen von Oxidationsmitteln (z. B. H_2O_2) gelten für die Bestimmung von Eisen und anderen Spurenelementen in biologischen Matrices als Standard- und Referenzmethoden. Sie stellen jedoch arbeitsintensive und zeitaufwändige Verfahren dar. Heute hat sich die weniger aufwändige Nassveraschung mittels Mikrowellen als gleichwertiges Verfahren etabliert [3].

In pflanzlichen, tierischen und humanen Geweben liegt der Gehalt an Eisen meist über 1 mg/kg Feuchtgewicht, ein Konzentrationsbereich, in dem eine Reihe von Methoden zur Bestimmung geeignet ist. Dabei ist neben dem Aufwand die Nachweisgrenze (Tab. 55.4) für die Auswahl entscheidend. Zur routinemäßigen Analyse werden kolorimetrische Verfahren angewandt, die mithilfe chromogener Komplexbildner wie z. B. Bathophenanthrolin oder Ferrozin eine quantita-

Tab. 55.4 Typische Nachweisgrenzen für die Bestimmung von Eisen in biologischen Proben.

Analysenverfahren	**Nachweisgrenze [µg/L oder µg/kg]**	**Anmerkung**
Kolorimetrie	20	Routineverfahren für Gesamteisen, auch Fe(II)/Fe(III)
Flammenatomabsorptionsspektrometrie	3–10	Routineverfahren für Gesamteisen
Elektrothermische Atomabsorptionsspektrometrie	0,1	Routineverfahren für Gesamteisen
Atomemissionsspektrometrie (ICP-AES)	0,1–1,5	Routineverfahren für Multielementanalyse
Massenspektrometrie (ICP-MS)	0,3	Routineverfahren für Multielementanalyse, Isotopenverteilung
Voltammetrie	0,03	Fe(II)/Fe(III)
Röntgenstrahlfluoreszenzspektrometrie	0,1	Multielementanalyse
Neutronenaktivierungsanalyse	5	Multielementanalyse

tive spektrophotometrische Bestimmung von Eisen gestatten; außerdem können damit Fe(II) und Fe(III) in einer Probe getrennt bestimmt werden. Dies ist auch mit elektrochemischen Analysenmethoden wie der Voltammetrie möglich. Die Verfahren sind allerdings empfindlich gegenüber organischen und anorganischen Kontaminationen, was ihre Anwendung einschränkt. Ähnlich gebräuchlich und universell einsetzbar wie die Kolorimetrie sind die Methoden der Atomabsorptions- (AAS) und Atomemissionsspektrometrie (AES). Bei AAS-Verfahren unterscheidet man die Flammentechnik (FAAS) von der wesentlich empfindlicheren sog. Graphitrohrtechnik (elektrothermales Verfahren, ETAAS) [274]; beide werden für die Eisengesamtbestimmung eingesetzt. Atomemissions- und massenspektrometrische Methoden, die auf der Ionisierung der Elemente durch ein induktiv-gekoppeltes Plasma (ICP) beruhen, dienen meist einer Multielementanalyse, selten nur einer Eisenbestimmung. Weitere, spezielle Verfahren sind z. B. die Neutronenaktivierungsanalysen (NAA) sowie die verschiedenen Methoden der Röntgenstrahlfluoreszenzspektrometrie (XRF). Letztere können z. T. eingesetzt werden, um in mikroskopischen Proben die Verteilung von Elementen in den unterschiedlichen Strukturen zu bestimmen.

55.4.2
Diagnostik von Eisenstoffwechselkrankheiten

Das rote Blutbild erfasst Hämatokrit, Hämoglobinkonzentration, Erythrozytenzahl und Erythrozytenindizes als Indikatoren einer fortgeschrittenen Störung der Eisenutilisation. Um die Eisenspeicher und den Eisenaustausch zwischen den Kompartimenten zu erfassen, kommt die Bestimmung von Serumeisenkonzentration, Transferrinsättigung und Serumferritingehalt hinzu, die im Eisenmangel erniedrigt und bei Eisenüberladung erhöht sind [60]. Für die Erfassung von Formen des funktionellen Eisenmangels, wie sie bei Entzündungen (Anämie chronischer Erkrankungen, ACD, „anemia of chronic disease") oder bei der Behandlung mit Erythropoetin auftreten, genügt diese einfache Diagnostik jedoch nicht [252].

55.4.2.1 Serumeisen, Transferrinsättigung und Eisenbindungskapazität

Der Verdacht auf eine Eisenstoffwechselstörung gilt als Indikation für die Messung der Eisenkonzentration im Serum oder Plasma (eine zirkadiane Rhythmik bewirkt morgens um ca. 4–5 μmol/L höhere Werte als abends). Die Referenzwerte für Serumeisen liegen bei 11–29 μmol/L (60–160 μg/dL) für Frauen, bei 14–32 μmol/L (80–180 μg/dL) für Männer und bei 4–24 μmol/L (22–125 μg/dL) für Kinder im Alter von 2–12 Jahren. Für Erwachsene deuten Werte <7 μmol/L auf einen Eisenmangel und Werte >36 μmol/L auf eine Eisenüberladung hin. Da Serumeisen vornehmlich an Transferrin gebunden ist, lässt sich über eine immunologische Bestimmung des Transferrins dessen prozentuale Absättigung mit Eisen errechnen: (Serumeisen [μmol/L]/Transferrin [g/L]) $\times$ 3,98 = Transferrinsättigung in %.

Dieser Parameter, der zur Absicherung eines marginalen Eisenmangels dient, lässt sich auch über eine Bestimmung der totalen und freien Eisenbindungskapazität des Serums ermitteln. Er spiegelt die Eisenbeladung des zirkulierenden Transferrins wider, die beim Erwachsenen zwischen 30 und 50% liegt. Bei Werten unter 16–20% geht man davon aus, dass die Versorgung des blutbildenden Systems ungenügend ist, was sowohl bei einem ernährungsbedingten Eisenmangel als auch bei ACD der Fall ist. Für eine differentialdiagnostische Klärung dient die Messung des Transferrinrezeptors (Abschnitt 55.4.2.3). Eine Eisenüberladung liegt vor, wenn die prozentuale Transferrinsättigung 50–60% überschreitet.

55.4.2.2 **Serumferritin**

Körperzellen speichern Eisen im Ferritin. Das im Serum vorhandene Ferritin steht mit den Speichereisenbeständen im Gleichgewicht, wobei im erwachsenen Organismus 1 µg/L Serumferritin 8 mg Speichereisen repräsentiert [269]. Die Normalwerte für das Serumferritin variieren mit Alter und Geschlecht. Männer haben eine Serumferritinkonzentration von 35–200 µg/L, während Frauen Werte von 20–110 µg/L aufweisen. Im Eisenmangel sinkt die Ferritinkonzentration im Serum unter 15 µg/L ab; einige Arbeitsgruppen geben 10 oder 12 µg/L als Grenzwert für den Eisenmangel an. Da Ferritin auch ein Akutphaseprotein ist und seine Expression bei Entzündung trotz niedriger Speichereisenbestände steigt, findet sich bei ACD häufig eine erhöhte Serumferritinkonzentration.

55.4.2.3 **Weitere Diagnoseparameter**

Mit der immunologischen Messung des löslichen Transferrinrezeptors im Serum (sTfR) steht ein integraler Messwert für die Aktivität des erythropoetischen Systems und seiner Versorgung mit Eisen zur Verfügung [250]. Die Normwerte liegen bei 4–9 µg/L; sie steigen bei ungenügender Eisenversorgung der Erythropoese an und fallen ab bei Patienten mit hypoproliferativer Erythropoese (z. B. bei renaler Anämie). Somit ermöglicht die sTfR-Messung eine Unterscheidung zwischen Eisenmangelanämie und ACD. Die sTfR-Spiegel reagieren nicht auf Entzündungsvorgänge. Im Eisenmangel ist dagegen ein 2–4facher Anstieg zu verzeichnen.

Ein relativ neuer Test ist die Messung des Hämoglobingehalts der Retikulozyten (CHr) [252]. Da Retikulozyten nur etwa 24 h im Blutkreislauf zirkulieren, gilt dieser Parameter als unmittelbarer Indikator für eine rasche Beurteilung eines funktionellen Eisenmangels.

Die fluoreszenzspektrometrische Erfassung des Zink-Protoporphyrins in den Erythrozyten ist ein weiterer sensitiver Indikator für einen Eisenmangel [140], der mit sehr kleinen Blutmengen durchgeführt werden kann. Die Normalwerte liegen unter 0,53 µmol/L (30 µg/dL), und steigen im Mangel auf über 1,77 µmol/L (100 µg/dL) an, da das Protoporphyrin ohne Eisen nicht adäquat in Häm überführt werden kann. Auch nach Bleiexposition kann der Protoporphyrinspiegel wegen der durch Blei verursachten Hemmung der Hämsynthetase erhöht sein. Für die differenzialdiagnostische Abklärung weiterer, seltener Anämieformen sei auf Lehrbücher der Inneren Medizin und der Hämatologie verwiesen.

55.4.2.4 **Eisenüberladung, hereditäre Hämochromatose**

In der Regel ermöglicht die kombinierte Bestimmung der prozentualen Transferrinsättigung und des Ferritinspiegels ein verlässliches Screening für die Hämochromatose auch in der präzirrhotischen Phase. Eine Erhöhung der hepatischen Eisenspeicher lässt sich zudem über die Bestimmung der chelatisierbaren Eisenspeicher nach Verabreichung von Deferroxamin und die Computertomographie bzw. Magnetresonanztomographie nachweisen. Eine weitere Absicherung der Diagnose kann mit Hilfe einer Leberbiopsie und der Bestimmung der hepatischen Eisenkonzentration zusammen mit der Berechnung des hepatischen Eisenindexes (= hepat. Eisenkonz. [μmol/g Trockengewicht]/Alter des Patienten [a]) erfolgen [15]. Wird bei der Genanalyse eine C282Y-Homozygotie oder C282Y/H63D-Compound-Heterozygotie festgestellt, ist eine HFE-assoziierte Hämochromatose nachgewiesen; andere seltenere Mutationen können ebenfalls vorliegen [189] (Abschnitt 55.6.1.3).

55.5 Resorption, Verteilung, Metabolismus und Elimination bei Menschen

Je nach Körpergewicht beträgt der Körpereisenbestand des Menschen bei adäquater Zufuhr 2,2–3,8 g (Tab. 55.5) [156]. Homöostatische Mechanismen halten diesen Bestand in weiten Grenzen auch in Mangel- und Überversorgungssituationen konstant. Im Mangel verteilen diese Mechanismen das vorhandene Eisen bevorzugt in die funktionellen Kompartimente, also z. B. in die Erythropoese. Andererseits sequestrieren sie freies Eisen in intrazelluläre Speichermoleküle wie Ferritin und sein Degradationsprodukt Hämosiderin, um seine Verfügbarkeit für die Katalyse freier Radikale zu begrenzen.

Tab. 55.5 Verteilung des Körpereisenbestandes adäquat ernährter erwachsener Männer [156].

Funktionseisen		
Hämoglobin	2300 mg	61%
Myoglobin	320 mg	8%
Hämeisen-Enzyme	80 mg	2%
Nonhämeisen-Enzyme	100 mg	3%
Speichereisen		
Ferritin	700 mg	18%
Hämosiderin	300 mg	8%
Summe	3800 mg	100%

55.5.1
Intestinale Eisenresorption

Der Körpereisenbestand wird in erster Linie durch bedarfsgerechte Anpassung der duodenalen Nonhämeisenresorption reguliert. Die Eisenaufnahme aus dem Darmlumen wird durch den divalenten Metalltransporter-1 (divalent metal transporter, DMT-1 = DCT1 = Nramp2) in der duodenalen Bürstensaummembran vermittelt [72, 94], dessen Expression im Eisenmangel steigt [74]. Dieser Aufnahmeschritt scheint für die Regulation der Eisenresorption die größte Rolle zu spielen [229]. Der DMT-1-Gehalt in der Bürstensaummembran wird durch vorausgegangene hohe Eisendosen unabhängig vom Eisenstatus rasch reduziert [78, 191], was als „mucosa block" bezeichnet wird und einen relativen Schutz gegen Eisenüberladung bei kurzfristig hohem Angebot bildet. Die Mukosabarriere kann bei sehr hoher Eisenzufuhr jedoch überwunden werden, wie zum Beispiel bei einer akuten Intoxikation durch Überdosen pharmazeutischer Eisenpräparate [62] (Abschnitt 55.6.1.2).

Da der DMT-1 Nonhämeisen ausschließlich als 2-wertiges Eisen transportiert, muss das überwiegend 3-wertige Nonhämeisen vor der Aufnahme durch eine Cytochrom-b-haltige Ferrireduktase (= Dcytb) reduziert werden [166]. Nach der Aufnahme wird Eisen im Enterozyten entweder an Ferritin gebunden oder durch den Transporter Ferroportin (= IREG1, = MTP1) [1, 59, 167] über die basolaterale Membran an das Plasma abgegeben. Ferroportin exportiert Eisen auch aus anderen Zellen, z. B. in der Milz. Da das Plasmaprotein Transferrin Eisen nur in 3-wertiger Form bindet, wird das 2-wertige Eisen durch Hephaestin in der basolateralen Membran zu 3-wertigem Eisen oxidiert. Diese kupferabhängige Ferroxidase ist weitgehend homolog mit dem Ceruloplasmin [268], das die Oxidation beim basolateralen Export von Eisen ebenfalls fördern kann [109].

Hämeisen wird dagegen unabhängig von der DMT-1-Regulation in die Mukosa aufgenommen [211, 251], wahrscheinlich durch einen eigenen, jüngst klonierten Carrier in der duodenalen Bürstensaummembran (McKie, persönliche Mitteilung). Hier wird das Eisen durch eine Hämoxigenase aus dem Porphyrinring des Häms gelöst und dann, wie frisch aufgenommenes Nonhämeisen, entweder in Ferritin eingelagert oder über die basolaterale Membran in den Kreislauf geschleust.

55.5.2
Eisenverteilung im Organismus, Eisenausscheidung und Verluste

Ein Molekül des Plasmaproteins Transferrin (Molekulargewicht: 80 kDa) bindet je zwei Moleküle Eisen als Fe^{3+} mit hoher Affinität ($K_d \sim 10^{-23}$ M bei neutralem pH). Die totale Eisenbindungskapazität (total iron binding capacity = TIBC) des Transferrins beträgt etwa 56 µmol/L und ist im eisenadäquaten Zustand bzw. im Eisenmangel zu etwa 30% bzw. 10% gesättigt. Der Plasmaeisengehalt beträgt etwa 3 mg; der tägliche Turnover des Eisens im Plasmakompartiment liegt dagegen über 30 mg/d, so dass der Pool an Plasmaeisen täglich etwa 10-mal

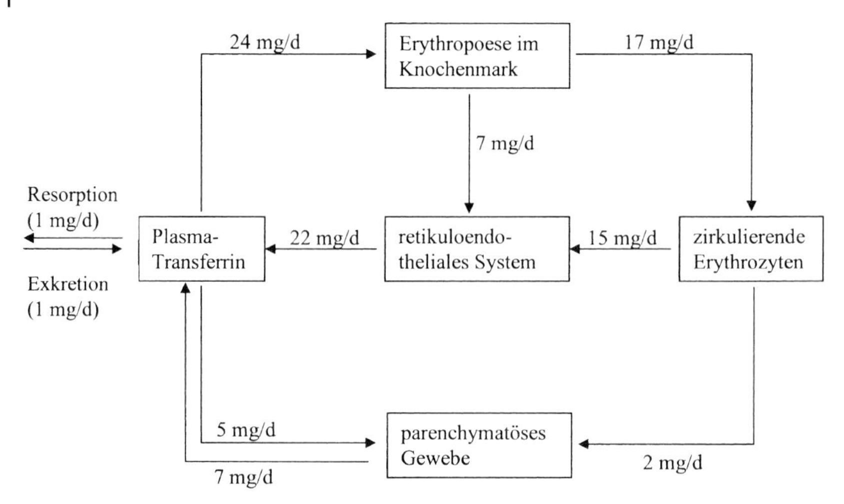

Abb. 55.1 Täglicher Austausch von Eisen zwischen den Kompartimenten eines 70 kg schweren Mannes in eisenadäquatem Zustand [156].

umgesetzt wird [31]. Aus dem Plasma wird das Eisen in die verschiedenen Gewebe verteilt (Tab. 55.5). Abhängig von Eisenstatus, Gewicht und Geschlecht enthält der Körper 40–50 mg Fe/kg Körpergewicht. Etwa 30 mg Fe/kg davon befinden sich im Hämoglobin der Erythrozyten, etwa 4 mg/kg im Myoglobin und etwa 2 mg in Form anderer eisenabhängiger Proteine im Gewebe; diese Mengen zählen zum funktionellen Eisenpool. Die Speichereisenbestände von durchschnittlich 10–12 mg Fe/kg bei Männern und 5 mg/kg bei Frauen sind in Ferritin und Hämosiderin von Leber, Milz, Muskulatur und blutbildendem Knochenmark sequestriert und stehen als Reserve für Mangelsituationen bereit. Zirkulierende Erythrozyten haben eine Lebensdauer von ca. 120 Tagen. Entsprechend wird das Eisen aus dem Hämoglobin abgebauter Erythrozyten durch die Monozyten des phagozytären Systems freigesetzt und in das System rezirkuliert, bevorzugt in die Erythropoese (Abb. 55.1).

Täglich gehen etwa 0,8–1,0 mg Fe, also etwa 0,025–0,05% des Gesamteisenbestandes mit der Zellmauserung verloren, größtenteils über den Magen-Darm-trakt [90]. Frauen im gebärfähigen Alter verlieren Eisen mit der Menstruation (25–60 mL/Regelblutung = 12,5–30 mg Fe alle 28 Tage). Im Durchschnitt werden dafür weitere 0,5 mg Fe/d veranschlagt, was die Gesamtverluste für Frauen auf ca. 1,5 mg Fe/d steigert.

55.5.2.1 **Eisenverteilung in der Schwangerschaft**

Während einer Schwangerschaft gehen auf 280 Tage verteilt etwa 230 mg Fe mit der Zellmauserung verloren; Menstruationsverluste entfallen in dieser Zeit. Ca. 450 mg Fe werden für die gesteigerte Erythropoese der Mutter benötigt;

270–300 mg Fe nimmt der Fetus und 50–90 mg die Plazenta auf. Es werden also ca. 15% des mütterlichen Eisenbestandes an die Frucht abgegeben, davon das meiste im 2. und 3. Trimenon. In der Summe wird für die Schwangerschaft etwa 1 g Eisen zusätzlich benötigt. Das Eisen der zusätzlich gebildeten Erythrozyten wird nach der Geburt wieder in die mütterlichen Speicher zurückgeführt, soweit es nicht durch peripartale Blutungen verloren ging [95].

55.5.2.2 Zelluläre Eisenaufnahme und Speicherung

Die zelluläre Eisenaufnahme aus dem Plasma erfolgt in erster Linie über Transferrinrezeptoren (TfR1) an der Zelloberfläche [204], die anschließend in endozytotischen Vesikeln internalisiert werden [41]. Die Expression des TfR und damit die Eisenaufnahme ist durch das IRE/IRP System reguliert (s. u.). Unter sauren Bedingungen (pH 5,5) wird das Eisen in den Phagolysosomen vom Transferrin freigesetzt. Transferrin und Transferrinrezeptor kehren für den nächsten Zyklus zur Zelloberfläche zurück. Das Eisen wird unter Vermittlung von DMT-1 aus den Phagolysosomen in das Zytosol geschleust [71] und in eisenabhängige Enzyme und Metalloproteine eingebaut.

In Hepatozyten, erythroiden Zellen und den Enterozyten der Dünndarmkrypten wird ein Transferrinrezeptor 2 (TfR2) exprimiert, dessen Affinität zum Transferrin 30-mal niedriger ist als bei TfR1, dessen Fehlen aber für eine Form der hereditären Hämochromatose verantwortlich ist (Abschnitt 55.6.1.3) [38]. Die polaren Epithelien der Niere nutzen einen dritten Mechanismus für die Aufnahme von transferringebundenem Eisen im proximalen Tubulus über eine magalin- und cubilinabhängige Endozytose [139]. Zudem scheint auch nicht transferringebundenes Eisen (Non-Transferrin-Bound-Iron = NTBI) auf bisher nicht näher beschriebenem Weg aus dem Plasma aufgenommen zu werden [257].

Überschüssiges intrazelluläres Eisen wird in Form von Fe^{3+}-Hydroxyphosphatmizellen im Speicherprotein Ferritin (500 kDa) gespeichert. Jedes Ferritinmolekül ist ein Hohlkörper aus 24 L (= light)- oder H (= heavy)-Ketten, deren mengenmäßiges Verhältnis zueinander von Organ zu Organ wechselt und die separat exprimiert werden [106]. Eisen wird zunächst als Fe^{2+} in das Ferritin aufgenommen und durch eine dinucleäre Ferroxidase der H-Ketten unter Produktion von molekularem H_2O_2 zu Fe^{3+} oxidiert. Ein Ferritinmolekül kann bis zu etwa 4500 Fe(III)-Ionen speichern. Die Nucleation des mineralischen Kerns von Fe(III) erfolgt an der Innenoberfläche des Moleküls durch die L-Ketten. Hämosiderin ist ein eisenhaltiges Abbauprodukt des Ferritins [204], aus dem die Eisenfreisetzung nicht so gut reguliert ist wie aus intaktem Ferritin [270].

55.5.2.3 Regulation des zellulären Eisenstatus

TfR1 und Ferritin sind Schlüsselproteine für die Kontrolle der zellulären Eisenhomöostase, deren Expression gegenläufig ist, aber durch dieselben zytosolischen „Iron-Regulatory Proteine" (= IRPs) posttranskriptional reguliert wird

[110]. Bei normalen zellulären Eisenkonzentrationen enthält das IRP-1 ein 4Fe-4S-Cluster und weist Aconitaseaktivität auf. Im Eisenmangel verliert das IRP-1-Molekül das 4Fe-4S-Cluster und bildet eine Spalte aus, die mit hoher Affinität ($k_d \sim 10^{-12}$ M) an spezifische Basenschleifen der mRNAs einiger Schlüsselproteine des Eisenstoffwechsels bindet. IRP2 wird dagegen bei Eisen- oder Sauerstoffmangel vermehrt synthetisiert und bei Normalisierung der Eisen- und Sauerstoffversorgung verstärkt protosomal abgebaut, was auf ein zusätzliches, 73 Aminosäuren langes Motiv in der Nähe des *N*-Terminus zurück zu gehen scheint [132, 280]. IRP1 und IRP2 scheinen sich gegenseitig in gewissem Umfang ersetzen zu können, da IRP1- und IRP2-Knockout-Mäuse durchaus lebensfähig sind. Geringgradige Störungen des Eisenmetabolismus bei IRP1-Knockout scheinen sich auf die Niere und das braune Fett zu beziehen [170] und bei IRP2-Knockout auf die intestinale Mukosa und möglicherweise auf das ZNS, obwohl die Befunde hier widersprüchlich sind [81, 141].

Die spezifischen Basenschleifen der mRNA von Proteinen des Eisenmetabolismus heißen „Iron-Regulatory Elements (=IREs)". Sie umfassen ~30 Nucleotide mit der Konsensussequenz 5′-CAGUGN-3′, die an die IRPs binden. Diese IREs sind evolutionär konservativ und finden sich in Vertebraten, Insekten und Bakterien [127]. Sie finden sich z. B. in der 3′UTR- oder der 5′UTR-Position der mRNAs des TfR1 (nicht aber des TfR2) und der Ferritin-H- und L-Ketten (Abschnitt 55.5.2.2). Durch Bindung des IRP-1 an der 3′UTR-Position wird die TfR1-mRNA stabilisiert, während die Ferritin-mRNA im Eisenmangel nicht translatiert wird. Als Folge sinken die zelluläre Eisenaufnahme und Eisensequestrierung in das Ferritin, und die freie Eisenkonzentration im Zytosol steigt. Daneben wird die IRP-Aktivität durch $NO^{\bullet}$ und H_2O_2 induziert sowie durch Hypoxie, z. B. im Hypoxie-Reperfusionsstress bei Infarkten [104, 217] (Abschnitte 55.6.1.3 und 55.6.2.2). Die H_2O_2-Aktivierung des IRP1 läuft über eine nicht näher bekannte Signalkaskade [196, 228] und kann durch gesteigerte Eisenaufnahme über TfR1 und reduzierte Sequestrierung durch Ferritin den freien Eisengehalt in der Zelle steigern. Dieser Signalweg ist für die Interaktion zwischen Eisenhomöostase und der Induktion von Entzündungen von Interesse. Er wird z. B. durch Hypochlorsäure blockiert [180], die bei der Myeloperoxidasereaktion in Phagozyten freigesetzt wird. Ähnlich wie das Zytokinsystem integriert IRP1 somit verschiedenartige, z. T. gegenläufige Signalwege bei entzündlichen Reaktionen. Weitere Proteine der Eisen- und Energie-Homöostase werden ebenfalls durch RNAs mit einem IRE-Motiv codiert, wie z. B. die Aminolävulinsäure-Synthase-2 (ALAS2) in der Erythropoese, die mitochondriale Aconitase und der Eisenexporter Ferroportin; alle haben 5′UTR wie Ferritin und werden bei Eisenüberschuss verstärkt exprimiert, um das Eisen z. B. vermehrt zu exportieren (Ferroportin) oder intrazellulär zu sequestrieren (Ferritin). Der Eisentransporter DMT1 hat ein 3′UTR wie TfR [127].

55.5.3
Regulation des Körpereisenstatus

Bei entleerten hepatischen Eisenspeichern erhöht sich die Eisenresorption, während sie bei gefüllten Eisenspeichern absinkt. Dieser Zusammenhang wurde als „stores regulator" bezeichnet [68] und steigert die Eisenresorption im Mangel um das 2–3fache. Die Anpassung der Resorption erfolgt in aller Regel so exakt, dass Körpereisenbestände, die mit Hilfe der Plasmaferritinkonzentration bestimmt wurden, zur Vorhersage der Eisenresorptionsrate aus einer Kost mit bekannter Eisenverfügbarkeit verwendet werden können [158]. Daneben wird ein „erythropoetic regulator" beschrieben, der die Resorption bei Vorliegen einer Anämie unabhängig vom Eisenstatus um 20–40 mg Fe/d steigern kann [68]. Bei Schwangeren ist die Eisenresorption darüber hinaus um bis zu 66% erhöht; sie sinkt jedoch nach der Entbindung innerhalb von 16–24 Wochen wieder auf das Normalmaß ab. Der Mechanismus dieser Adaptation ist nicht bekannt [17].

55.5.3.1 Kapazität der Regulation

Der Set-Point der homöostatischen Regulation der Eisenresorption scheint bei einer Serumferritinkonzentration von etwa 60 μg Fe/L zu liegen, was einem Speichereisenbestand von etwa 400–500 mg entspricht [97]. Die Kapazität dieser homöostatischen Mechanismen ist jedoch nicht unbegrenzt. Bei mangelhafter Eisenaufnahme, wie in der 3. Welt, kommt es häufig zu Anämien (Abschnitt 55.6.1.1). Nach oben hin kann der Eisenstatus gesunder Männer bei einer zusätzlichen Zufuhr von bis zu ca. 15 mg Fe/d konstant gehalten werden [16, 225]. Bei einer Zufuhr von 30 mg Fe/d und darüber scheint der Eisenstatus dann zu steigen, wobei der Einfluss resorptionsfördernder Liganden zu berücksichtigen ist [70]. Zum Vergleich: Die Eisenaufnahme von Männern über 51 Jahren in der oberen 90 Prozent-Perzentile beträgt 34 mg Fe/d [75]. Bei Probanden mit hohem Eisenstatus steigern Eisensupplemente die Serumferritinkonzentration und damit die Speichereisenbestände entsprechend weiter [218]. Die Gabe von 50 mg Fe/d als $FeSO_4$ reduziert zwar die Resorption von Nonhämeisen, nicht aber die von Hämeisen [117].

55.5.3.2 Mechanismus der Regulation

Die Eisenresorption korreliert invers mit der Eisenversorgung der duodenalen Kryptenzellen aus dem Plasma; auch zeitlich stimmt das Intervall bis zur Anpassung der Eisenresorption bei verändertem Eisenstatus mit der Dauer überein, die die Kryptenzellen brauchen, um zu reifen und ihre Resorptionsfunktion an den duodenalen Zottenspitzen anzutreten [232]. Deshalb wurde die Plasmaeisenkonzentration als Regelgröße für die Anpassung der Eisenresorption an den Bedarf diskutiert [220]. Nach neueren Erkenntnissen scheint die Information über den Körpereisenstatus jedoch durch Hepcidin vermittelt zu werden [187], einem erst vor wenigen Jahren für diese Funktion entdeckten hepatischen

Signalpeptid. Das aus 84 Aminosäuren bestehende Prohepcidin wird in der Leber gebildet und ist vom HAMP-Gen auf dem Chromosom 19q13 codiert. Wirksam sind die *N*-terminalen 20–25 Aminosäuren, die enzymatisch freigesetzt werden [82]. Die Hepcidinexpression steigt bei hoher hepatischer Eisenbeladung sowie gesteigerter Erythropoese [78, 187] und ist durch Lipopolysaccharide und das proinflammatorische Zytokin IL-6 induzierbar [186, 219].

Hepcidin reguliert die Eisenresorption herunter. Entsprechend entwickeln Knockout-Mäuse, die kein Hepcidin produzieren, eine ausgeprägte Hämochromatose [187]. Eine Mutation, die das Hepcidin im Menschen inaktiviert, führt bei der „juvenilen Hämochromatose“ ebenfalls zu einer massiven Eisenüberladung [213]. Auch bei anderen Formen der hereditären Hämochromatose ist die Hepcidinexpression gehemmt [34, 84] (Abschnitt 55.6.1.3). Eine genetische Überexpression in transgenen Mäusen führt dagegen zum Eisenmangel [187]. Beim Menschen ist die Hepcidinexpression auch bei der Anämie chronischer Entzündungen gesteigert [273]. Hepcidin erfüllt also Funktionen des „stores regulator“ und des „erythroid regulator“. Da Knochenmark und Leber nicht benachbart sind, muss man einen Signalstoff annehmen, der bei Anämie und Entzündungen die Hepcidinfreisetzung in der Leber induziert. Dieses Signal und der Mechanismus, über den das Hepcidin in der Mukosa wirkt, sind derzeit nicht bekannt.

55.6 Wirkungen und Mangelerscheinungen

55.6.1 Mensch

55.6.1.1 Essenzielle Wirkungen von Eisen

Hämeisenabhängige Effekte

Häm besteht aus einem Porphyrinring, der in Zytosol und Mitochondrien unter Vermittlung der 5-Aminolävulinsäure-Synthase (ALAS 1 und 2) aus 5-Aminolävulinsäure (ALA) synthetisiert wird [203, 221]. In den Mitochondrien katalysiert die Ferrochelatase die Aufnahme von Fe^{2+} in das Hämmolekül, das dann in das Zytosol transferiert und dort in die verschiedenen Hämproteine eingebaut wird. Dazu gehören als quantitativ bedeutendste Vertreter Hämoglobin und Myoglobin, die in Erythrozyten und Muskulatur als Sauerstofftransporter dienen. In den Zytochromen a, b und c transferiert die Hämgruppe Elektronen, und ist z. B. in Zytochrom c und b5 an der oxidativen Phosphorylierung und am Proteinmetabolismus beteiligt. In der Zytochromoxidase und dem Zytochrom P450 aktiviert die Hämgruppe das jeweilige Substrat und ist in der zweitgenannten Funktion essenziell für den Abbau von Medikamenten und anderen Fremdstoffen. Hämgruppen finden sich auch in Oxygenasen, Peroxidasen, NO-Synthasen und in der Guanylatcyclase, wo sie als NO-Sensor agiert. Die Aminosäuremonoxygenase katalysiert die Bildung der Neurotransmitter 5-Hydroxytryptophan und L-Dopa. Der Hämabbau wird von drei Homologen der Hämoxygenase (HO-1, -2 und -3) katalysiert [221]; das freigesetzte Fe(II) wird dann rezirkuliert (Abb. 55.1). Als Abbauprodukte entstehen weiter CO, Biliverdin und das antioxidativ wirksame Bilirubin.

Nonhämeisenabhängige Effekte

Als Nonhämeisen ist Eisen in Eisen-Schwefel-Clustern (z. B. 2Fe-2S, 3Fe-4S und 4Fe-4S) die am weitesten verbreitete Form in Metalloproteinen [22] und ist z. B. am Elektronentransfer (Rieske-Protein im Komplex III der Atmungskette), an der transskriptiven Regulation (bakterielle SoxR- und FNR-Transkriptionsfaktoren), an der Strukturstabilisierung (bakterielle Endonuclease III) oder an katalytischen Vorgängen beteiligt (z. B. Aconitase im Citratcyclus; Ribonucleotidreduktase als geschwindigkeitsbestimmender Schritt der DNA-Synthese) [272]. Mononucleare Eisenzentren nehmen z. B. in Cyclooxigenase und Lipoxigenase am Arachidonsäuremetabolismus teil [197]. Nonhämeisen ist über den „Hypoxie-Induzierbaren Faktor“ (= HIF) auch am Mechanismus des „Sauerstoff-sensing“ beteiligt und an der Transkription von Genen, die an Erythropoese, Angiogenese, Zellproliferation und Apoptose, Glykolyse und der Regulation von Eisenmetabolismus und Entzündungen in Abhängigkeit von der Sauerstoffverfügbarkeit beteiligt sind [36].

Eisenmangelerscheinungen

Eisenmangelanämie Eisenmangel reduziert die Funktion der eisenabhängigen Enzyme und Proteine [21]. Am häufigsten ist die hypochrome, mikrozytäre Eisenmangelanämie, bei der die Hämoglobinkonzentration durch eisendefizitäre Hämatopoese reduziert ist. Die Eisenmangelanämie ist eine der am weitesten verbreiteten Mangelerscheinungen weltweit. Die Zahlenangaben zur Prävalenz der Eisenmangelanämie sind in den einschlägigen Angaben zwischen 1985 und 2000 durch Verwechselung von Eisenmangel, i. e. reduzierter Konzentration an Serumferritin, und Eisenmangelanämie, i. e. niedrige Hämoglobinkonzentration bei reduziertem Serumferritin, sowie durch falschen Bezug von Extrapolationen widersprüchlich [247]. Unter dem Strich scheinen etwa 2 Milliarden Menschen weltweit von Anämien betroffen. Nur etwa die Hälfte aller Anämien scheint jedoch auf Eisenmangel zurückzugehen [6, 231, 248]. Die andere Hälfte scheint durch Hämoglobinopathien, Malaria und Mangel an anderen Mikronährstoffen bedingt (z. B. Vitamin A, B_2, B_{12}, Folsäure) [6]. Die Prävalenz der Anämie ist bei Frauen im gebärfähigen Alter sowie bei Kleinkindern am höchsten. In den Entwicklungsländern sind 35–75% und in den Industrieländern etwa 18% der Schwangeren anämisch [277]. In der dritten Welt sind schätzungsweise 25–46% aller Säuglinge betroffen [54, 57]. In Deutschland tritt Anämie bei Männern und Frauen in einer Häufigkeit von 2% bzw. 5% auf [267] (Abschnitt 55.2.1).

Mangel an Hämoglobin und Myoglobin reduziert die physische und intellektuelle Leistung. Die physische Leistungsfähigkeit wird im Eisenmangel zusätzlich durch eine reduzierte Aktivität des Cytochrom C eingeschränkt, was die Bereitstellung von zellulärem ATP vermindert. Als Folge ist das Einkommen guatemaltekischer Feldarbeiter, die Tee und Kaffee in großen Höhen im Akkord ernten, direkt proportional zu ihrem Eisenstatus [49]. Die Anämie hat bei Kleinkindern im Alter von 12–18 Monaten einen negativen Einfluss auf die psychomotorische und die geistige Entwicklung [88, 153]. Der Eisenmangel scheint die Myelinisierung im ZNS zu stören [5, 46]. Inwieweit diese Entwicklungsstörung später aufgeholt werden kann, wurde widersprüchlich beurteilt [5, 119, 120, 153]. Auch gilt es zusätzliche Einflüsse auf die Intelligenzentwicklung zu berücksichtigen, wie soziale Bedingungen, Bildungsstand der Eltern, und die eingeschränkte „Entdeckungsfreude" der durch Eisenarmut geschwächten Kinder [202].

Eine Eisenmangelanämie erhöht die Gefahr von Früh- und Fehlgeburten sowie niedrigen Geburtsgewichten [6, 20]. In einer Studie in Jamaika senkte Eisensupplementierung in der Schwangerschaft das Risiko im ersten Lebensjahr zu sterben um 50% [91]. Prophylaktische orale Eisensupplementierungsprogramme sollten jedoch möglichst schon vor Schwangerschaftsbeginn begonnen werden [240]. Der Eisenstatus scheint dagegen keinen Einfluss auf die Müttersterblichkeit zu haben [6]. Eine zu hohe Hämoglobinkonzentration erhöht die perinatale Mortalität ebenfalls, wahrscheinlich weil sie für eine mangelhafte Expansion des Plasmavolumens in der Schwangerschaft steht [6].

Andere Symptome des Eisenmangels Der Mangel an eisenabhängiger Ribonucleotidreduktase reduziert die RNA-Synthese und führt bei ausgeprägtem Eisenmangel zu den heute seltenen Symptomen wie Zungenatrophie, Mundwinkelrhagaden, Uhrglasnägeln und „blauen Skleren" bei Säuglingen, die von der dünnen Sklera-Schicht über dem uvealen Gewebe herrühren [129]. Auch die zelluläre Immunantwort ist abhängig vom Ribonucleotidreduktasemangel reduziert und die Thermoregulation ist bei starkem Eisenmangel beeinträchtigt [21].

55.6.1.2 **Akute toxische Effekte beim Menschen**

Akute Eisenintoxikation

Akute Überdosierung oraler Eisenpräparate verursacht akute Verätzungen und Erosionen der Mukosa in Magen und Darm. Vor der Blister-Verpackung oraler Eisenpräparate waren insbesondere Kleinkinder gefährdet, die die zuckerüberzogenen, bunten Eisendragees der erneut schwangeren Mutter für Süßigkeiten hielten und große Mengen auf einmal verschluckten [7]. Nach einem symptomfreien Intervall von ca. 12–24 h führen hohe resorbierte Eisenmengen am nächsten Tag zu Schocksymptomen durch Dilatation der Arteriolen, Kapillarschädigungen mit Volumenverlust und Herzinsuffizienz. Hohe Eisenkonzentrationen führen zur Schädigung hepatischer Mitochondrien und hepatozellulären Nekrosen mit Gerinnungsstörungen und Leberversagen [64]. Darüber hinaus werden Schädigungen von ZNS, Nieren und Erythron beobachtet [7]. Therapeutisch werden oral und systemisch spezifische Eisenchelatoren wie Desferrioxamin eingesetzt, die das Eisen extrazellulär komplexieren und renal zur Ausscheidung bringen. Die Einführung dieser Therapieform hat die Mortalität der akuten Eisenintoxikation von ~50% auf ~2% gesenkt [152].

Nebenwirkungen oraler Eisenpräparate

Als Nebenwirkungen oraler Eisenpräparate bei bestimmungsgemäßen Eisendosen treten Übelkeit, Erbrechen, Sodbrennen und epigastrische Schmerzen auf. Diese Nebenwirkungen im oberen Gastrointestinaltrakt sind Folge der mukosalen Irritation durch hohe lokale Eisenkonzentrationen und treten bei bestimmungsgemäßer Dosierung bei etwa 1/3 der Patienten auf. Hinzu kommen in 2–6% dosisunabhängig Durchfälle und Obstipation [35, 44, 80, 83, 100, 145].

Neben der direkten ätzenden Wirkung der Eisenionen verursachen wahrscheinlich Schäden der Mukosa durch oxidativen Stress diese Wirkung (Abschnitt 55.6.2.2). So steigert die experimentelle Exposition der menschlichen Dünndarmmukosa gegenüber 80 mg Eisen als $FeSO_4$ durch eine Verweilsonde die luminale Konzentration an TBARS signifikant etwa um den Faktor 50 [258]. Orale Eisenpräparate verursachen systemische oxidative Reaktionen bei Mensch und Tier, z. B. den Anstieg von Alkanen in der abgeatmeten Luft [135, 136] oder den Anstieg von Plasma-TBARS nach Einnahme von 60 mg Fe täglich bei Schwangeren (Viteri und Casanueva, persönliche Mitteilung). Bei Gabe von 120 mg Fe/d für sieben Tage stieg die TBARS-Konzentration im Urin sowie die Plasmakonzentration der Zytokine IL-4 und TNF-α [231]. Diese Reaktionen liegen nicht im pathologischen Bereich, zeigen aber, dass Eisen bereits in therapeutischen Dosen in das oxidative Gleichgewicht und die inflammatorische Regulation eingreift.

Nebenwirkungen von Eisensupplementierung und -fortifikation in der 3. Welt

Durch Eisensupplementierung und -fortifikation wird versucht, die hohe Prävalenz der Eisenmangelanämie mit weltweit ca. 1 Milliarde Fällen zu senken [230] (Abschnitt 55.6.1.1). Weltbank und UNICEF schätzen, dass für einen US-Dollar, der in den Entwicklungsländern für Eisensupplementierung oder -fortifikation ausgegeben wird, 25 US-$ bzw. 84 US-$ eingespart werden, wenn man die Kosten für die Versorgung von Früh- und Fehlgeburten, für die Störungen der physischen und intellektuellen Entwicklung der Kinder und für die Reduktion der Arbeitsleistung bei den Erwachsenen bedenkt [265].

Schädliche Nebenwirkungen sind selbst bei den geringen Dosierungen zwischen 10 mg Fe/d und 10–30 mg Fe einmal wöchentlich nicht ausgeschlossen. So schränkt Eisensupplementierung Wachstum und Gewichtszuwachs bei eisenadäquat versorgten Kindern ein, nicht aber im Eisenmangel [120, 160]. Unter den Kindern, die die nationalen Fortifikationsprogramme erreichen, werden jedoch immer auch eisenadäquat versorgte sein. Eisen ist auch für pathogene Darmbakterien essenziell. Das mag der Grund sein, warum orale Eisensupplementierung die Prävalenz von Durchfallerkrankungen bei Kindern häufig steigert [85]. Auch scheint Eisen bei gleichzeitiger Gabe mit anderen Mikronährstoffen die Reduktion der Durchfallprävalenz durch Zink zu verhindern [199].

Bei Multimikronährstoffmangel durch extrem einseitige Ernährung, z. B. in der Folge des kambodschanischen Bürgerkriegs, scheinen Eisensupplemente auch die Häufigkeit von akuten Infekten des Respirationstraktes zu steigern, wenn sie nicht zusammen mit anderen Mikronährstoffen gegeben werden, die die antioxidative Kapazität wiederherstellen (Schümann et al., in Vorbereitung). Entsprechend war das Akutphaseprotein Anti-Chymotrypsin nach Supplementierung von 20 mg Fe/d erhöht [215]. Diese Befunde zeigen, dass Nebenwirkungen auch bei niedrigen Eisendosen auftreten können und Supplementierungsprogramme entsprechend überwacht werden sollten.

55.6.1.3 Chronisch toxische Effekte beim Menschen

Sekundäre Eisenüberladung

Patienten, die über viele Jahre ohne entsprechende Indikation 160–1200 mg/d als orale Eisenpräparate aufnahmen, entwickelten eine sekundäre Hämochromatose. Das ging mit Eisenüberladungen in Leber, Pankreas und Herz einher, und die Patienten starben an Zirrhose der Leber, Diabetes oder Herzinsuffizienz [89, 128, 263]. In den wenigen vorliegenden Fallbeschreibungen lagen keine genetischen Daten zum Ausschluss einer hereditären Hämochromatose vor. Allerdings waren keine nahen Verwandten von der Erkrankung betroffen, was gegen eine genetische Veranlagung spricht [126].

Häufiger ist eine sekundäre Eisenüberladung durch Transfusionsbehandlung verschiedener Anämieformen, wie Thalassämie, sideroblastische, aplastische oder hämolytische Anämie [201]. Ein Milliliter Erythrozytenkonzentrat belastet den Patienten mit ca. 1 mg Fe. Hinzu kommt die Steigerung der Eisenresorption durch die Anämie („erythropoetic regulator", Abschnitt 55.5.3). Wenn es durch die retikuloendothelialen Zellen nicht mehr abgefangen werden kann, verursacht das überflüssige Eisen Schäden in den parenchymatösen Organen. Bei erblichen Anämieformen kann es in jungen Jahren durch thyroide Dysfunktion oder defekte Synthese des „insulin-like growth factor" zu Wachstumsstörungen kommen, zu verspäteter Pubertät und Hypogonadismus. Bei Erwachsenen finden sich eingeschränkte Glucoseintoleranz, Hypoparathyreoidismus, und ggf. Osteoporose. In Entwicklungsländern sterben die Thalassämie-Patienten letztlich meist an Herzversagen bei kardialer Eisenüberladung [208]. Die sekundäre Eisenüberladung durch die Transfusionen wird durch Gabe von Chelatoren (z. B. Desferrioxamin) behandelt [40].

Bantu-Siderose

Die „Bantu-Siderose" beschreibt die exzessive orale Aufnahme von Eisen durch Sauerbier, das in Schwarzafrika in eisernen Behältern für den Eigenbedarf gebraut wird. Regelmäßiger Konsum dieses Bieres führt zu Leberzirrhose [124] und Diabetes [235]. Die Bioverfügbarkeit des Eisens aus solchem Bier beträgt etwa 1/3 der Bioverfügbarkeit von Fe(II)-Ascorbat, liegt für Nahrungseisen also ungewöhnlich hoch. Es wird diskutiert, dass ein Gendefekt, der sich von dem für die Typ-1-Hämochromatose verantwortlichen Gendefekt unterscheidet, die intestinale Eisenresorption bei den Betroffenen steigern könnte [87, 164]. Die gleichzeitige Alkoholaufnahme aus dem Bier könnte die Entwicklung einer Zirrhose darüber hinaus begünstigen [178, 260]. Anderseits ist die Eisenresorption bei den an Bantu-Siderose Erkrankten nicht höher als bei gesunden weißen Probanden [32], was einer genetischen Veränderung der Eisenresorption entgegensteht. Auch wenn offen bleibt, ob erbliche Veranlagung und Alkoholkonsum als zusätzliche Faktoren erforderlich sind, ist sicher, dass sich die Erkrankung nicht ohne exzessive Eisenzufuhr entwickelt.

Hereditäre Hämochromatosen

Der Begriff „hereditäre Hämochromatose" beschreibt einen genetischen Defekt, der in homozygoter Form über eine mangelhafte Hemmung der Eisenresorption zur Eisenüberladung wichtiger Organe führt. Man unterscheidet vier Typen: Alle sind autosomal rezessiv bis auf Typ 4, der autosomal dominant vererbt wird. Typ 1 geht überwiegend auf eine C282Y- und/oder H63D-Mutation des HFE-Gens auf dem kurzen Arm des Chromosoms 6 zurück, das ein MHC-I-Molekül codiert [273]; weitere seltene Mutationen des HFE-Gens sind beschrieben [77]. Typ 2 ist die „juvenile Hämochromatose", die unbehandelt bereits in jungen Jahren zum Tode führen kann. Der Subtyp 2A ist durch Mutation des HJV-Gens auf dem Chromosom 1q verursacht, das das Protein Hämojuvelin codiert. Typ 2B zeigt eine noch schwerere Verlaufsform und ist durch erbliche Mutation des HAMP-Gens und eine Funktionsstörung des Hepcidin verursacht (Abschnitt 55.5.3.2). Typ 3 zeigt Mutationen des TfR2, der selektiv in der Leber exprimiert wird. Die wenigen Beschreibungen dazu stammen aus Italien, vor allem aus Sizilien. Typ 4 zeigt Mutationen des Ferroportins (Gen SLC40A1 – vormals FRN1 oder IREG1), eines Eisenexportproteins, das u.a. bei dem Transfer von Eisen aus den resorbierenden Enterozyten in den Kreislauf eine Rolle spielt (Abschnitt 55.5.1). Bisher sind vier Mutationen beschrieben, die mit intensiver Eisenbeladung der retikuloendothelialen Makrophagen einhergehen. Eine gestörte Hepcidinfunktion und damit eine zu geringe Hemmung der intestinalen Eisenaufnahme scheint im Pathomechanismus fast aller dieser Hämochromatoseformen eine Rolle zu spielen. Das Hyperferritin-Katarakt-Syndrom, in dem die Expression des L-Ferritin durch Mutation des entsprechenden IRE gestört ist (Lokus 19q13), geht mit einer Hyperferritinämie und Entwicklung eines Katarakts einher. Diese Form ist autosomal dominant und zählt nicht unmittelbar zu den hereditären Hämochromatosen [77].

Die homozygote Form der hereditären Hämochromatose Bei weitem am häufigsten ist die hereditäre Hämochromatose vom Typ 1; sie macht bei Nordeuropäern >90% und bei Nordamerikanern >80% der Hämochromatosen aus. Typ 1 ergibt sich aus einem Defekt des HFE-(früher: HLA-)Gens, das ein „nicht klassisches" MHC-I-Oberflächenprotein codiert [273]. Die Prävalenz dieses genetischen Defekts wird auf 0,3–0,5% der weißen Bevölkerung geschätzt [207]. Durch mangelnde Hemmung der Eisenresorption kommt es ohne Behandlung im 3.–4. Lebensjahrzehnt zu einer chronischen Eisenüberladung, die mit Lebervergrößerung und -zirrhose, entzündlichen Gelenkveränderungen, Diabetes mellitus mit dermalen Eiseneinlagerungen (= Bronzediabetes) und Herzversagen einhergeht. Leberfibrosen werden bei Konzentrationen über 400 µmol Fe/g Trockenmasse beobachtet [18] und steigern das Risiko für Leberzellkarzinome. Unter den Homozygoten beträgt das Verhältnis zwischen Männern und Frauen 1:1, bei fortgeschrittener Manifestation beträgt das Verhältnis ohne Behandlung 5:1 [193], was sich u.a. aus den permanent höheren Eisenverlusten weiblicher Personen durch die Menstruation ergibt. Jedoch wird die Penetranz des genetischen Defektes, i.e. seine klinische Manifestation, auch ohne diese Erklärung auf nur etwa 25% geschätzt [65]. Die Erkrankung führt unbehandelt über Jahrzehnte zum Tode; ein erhöhtes kardiovaskuläres Risiko wurde nicht beschrieben.

Therapeutisch wird dem Körper durch regelmäßige Aderlässe bilanziert Hämoglobin und damit Eisen entzogen. Das normalisiert die Lebenserwartung, wenn die Behandlung vor Ausbildung der Organschäden beginnt. Bei Typ 4 sollte die Phlebotomie trotz hoher Ferritinwerte weniger aggressiv betrieben werden. Zur Früherkennung werden die Verwandten der genetischen Merkmalsträger auf genetische und biochemische Veränderungen untersucht (erhöhte Transferrinsättigung, erhöhtes Serumferritin; Abschnitt 55.4.2.2).

Die heterozygote Form der hereditären Hämochromatose Die heterozygote Form der hereditären Hämochromatose betrifft in Europa etwa 13% (9,5–18%) der Menschen nordeuropäischer Abstammung [184]. Die Betroffenen haben durchschnittlich einen leicht erhöhten Eisenstatus, entwickeln jedoch nicht das homozygote Krankheitsbild (s.o.). In einer Reihe von Studien wurde die Frage verfolgt, ob der leicht erhöhte Eisenstatus das kardiovaskuläre Risiko steigert, leider ohne die Frage endgültig entscheiden zu können. Roest et al. [212] fanden das relative Risiko für akute Myokardinfarkte in Holland bei Heterozygoten gegenüber Kontrollpersonen um das 2,4fache gesteigert, bei zusätzlichen Risikofaktoren (Raucher und Hypertoniker) sogar um das 18,9fache. Eine finnische Untersuchung [261] fand das Risiko für akute Myokardinfarkte (=AMI) bei den Heterozygoten unter Berücksichtigung weiterer 13 Einflussfaktoren beinahe verdoppelt. Auch in dieser Untersuchung war das Risiko durch Rauchen stärker erhöht. Eine Fall-Kontrollstudie an Männern und Frauen mittleren Alters fand ein erhöhtes Risiko für koronare Herzerkrankungen bei Heterozygoten für die C282Y-Mutation (relatives Risiko (=RR): 1,6). Nach Einschluss von Alter, Geschlecht, Rauchen, Diabetes, Bluthochdruck, und Hyperlipidämieformen wurde der Zusammenhang noch deutlicher (RR 2,70) [209]. Diesen Untersuchungen steht eine vergleichbare Zahl ähnlich gut kontrollierter Studien entgegen, die keinen Zusammenhang zwischen heterozygoter Hämochromatose und dem kardiovaskulären Risiko fanden (z. B. [19, 45, 111]).

Eisen und kardiovaskuläres Risiko

Epidemiologische Beobachtungen Die Frage, ob hohe diätetisch zugeführte Eisenmengen gesundheitliche Schäden verursachen können, ist stark politisch besetzt. Eine positive Antwort kollidiert potenziell mit dem Interesse der Lebensmittelindustrie, Nahrungsmitteln durch Fortifikation gesundheitsförderliche Eigenschaften zu geben, die dann als „functional foods“ in den Industrieländern gewinnbringend vermarktet werden können. Alternativ können als Lebensmittel deklarierte Supplemente in Tablettenform für den selben Zweck verkauft werden, wie heute bereits in den USA weit verbreitet. Eisen ist ein für diesen Zweck viel versprechender Mikronährstoff, weil es z. B. durch Behebung von Mangelsituationen bei Kindern die physische und intellektuelle Leistung steigern, den Schwangerschaftsausgang verbessern und auch bei Erwachsenen die Leistungsfähigkeit verbessern kann (Abschnitt 55.6.1.1). Wenn eine hohe Eisenzufuhr aber schädliche Wirkungen zeigen würde und z. B. das Risiko für Kolonkrebs und kardiovaskuläre Erkrankungen nachweislich steigerte, würde das die Unbedenklichkeit einer nicht ärztlich überwachten diätetischen Supplementierung infrage stellen, denn das Risiko einer Überdosierung durch reichen Konsum wohlschmeckender, aber fortifizierter Lebensmittel ist schwer kalkulierbar.

Dieser Hintergrund beeinflusst die sehr kontroverse und emotionale Diskussion über den möglichen Zusammenhang zwischen hoher diätetischer Eisenzufuhr und gesteigertem kardiovaskulären Risiko. Sie begann mit einer 1992 bzw. 1994 veröffentlichten Studie [222, 223] in Ostfinnland, laut der das relative Risiko einen akuten myokardialen Infarkt (= AMI) zu erleiden bei hochnormalem Eisenstatus (Serumferritin >200 µg/L) um das 2,2fache steigt. Solche Werte weisen etwa 18% der Männer in den USA und in Deutschland auf [75, 267]; 14% der Teilnehmer an einer Schweizer Untersuchung hatten sogar Serumferritinkonzentrationen >300 µg/L [45]. Die Studie von Salonen et al. [222, 223] war gut kontrolliert und berücksichtigte zusätzliche Risiken wie Rauchen, Hypertonie, Blutglucose, und Blutfettwerte. Die Leukozytenzahl war allerdings der einzige Kontrollparameter für Begleitentzündungen, die ebenfalls die Serumferritinkonzentration beeinflussen können. Kritisiert wurde zudem, dass ein Grenzwert für Serumferritin verwendet wurde, statt das kardiovaskuläre Risiko auf ein Kontinuum von Ferritinwerten, z. B. in Terzentilen, zu beziehen.

In den Folgejahren wurde der Zusammenhang zwischen Eisenstatus und kardiovaskulärem Risiko in einer beträchtlichen Zahl von Studien mit unterschiedlichem Design und unterschiedlicher Qualität der Kontrollen untersucht; die Ergebnisse waren kontrovers (Tab. 55.6). Die meisten epidemiologischen Studien korrelieren das kardiovaskuläre Risiko direkt mit dem Körpereisenbestand, wobei dessen Höhe durch Serumparameter abgeschätzt wurde. Dabei präsentieren Transferrinsättigung und Serumeisengehalt z. B. eher den Turnover des Hämoglobineisen-Pools als die Größe der Speichereisenbestände [31] (Abschnitt 55.5.2). Zusammen mit der totalen Eisenbindungskapazität zeigten diese beiden Parameter entsprechend eine niedrige Korrelation zum kardiovaskulären Risiko [133]. Die Serumferritinkonzentration reflektiert die Höhe der Eisenspeicher dagegen direkt; sie ist aber auch von inflammatorischen Prozessen abhängig (Ab-

Tab. 55.6 Ausgewählte Studien zur Assoziation zwischen Eisen und kardiovaskulärem Risiko (eine umfassende, jedoch ebenfalls unvollständige Auflistung findet sich bei [75]).

Quelle	Wichtige Ergebnisse
[222]	Serumferritin >200 µg/L → Risiko für AMI ↑ 2,2fach 1 mg Fe-Aufnahme/d → Risiko für AMI ↑ 5%
[12]	hohe Hämeisenaufnahme → Infarktrisiko ↑ (RR: 1,68, 95% CI, 1,23–2,29) hohe Hämeisenaufnahme → tödliche koronare Erkrankungen ↑ (RR: 2,33, 95% CI, 1,36–3,98)
[181]	300 Teilnehmer mit AMI in der Vorgeschichte Beginn der koronaren Herzerkrankung vor dem 46. Lebensjahr → Serumferritin 234 µg/L×150 Fälle Beginn der koronaren Herzerkrankung vor dem 74. Lebensjahr → Serumferritin 136 µg/L×150 Fälle Ergebnis: Höhere Eisenbestände (Serumferritin) sind mit höherem Risiko für *frühzeitiges* Auftreten von AMI korreliert
[262]	TfR/Ferritin (200 µg/L) → oberste Terzile: Risiko ↑ 2,9fach → mittlere Terzile: Risiko ↑ 2,0fach hohe LDL-Cholesterinwerte, Rauchen und Diabetes → Risiko ↑ Einnahme von Aspirin und antioxidativer Vitamine → Risiko ↓
[50]	570 CHD-Fälle, Ferritinbasiswerte über und unter 200 µg/L → RR: 1,0 6194 CHD für Transferrinsättigung → kombiniertes Risiko von 0,9 für den Vergleich zwischen der obersten und der untersten Terzile totale Eisenbindungskapazität, Serumeisenkonzentration, absolute Nahrungseisenaufnahme → kombinierte Risiko-Verhältnisse von 1,0, 0,8 und 0,8
[133]	Serumferritin >200 µg/L → Risiko für AMI ↑ 1,8fach + Terzilen → Risiko ↑ 1,3fach Hämeisenaufnahme → Risiko ↑ 1,3fach Rauchen (OR: 1,68), Hypercholesterinämie (OR: 1,43), Diabetes (OR: 2,5) → AMI-Risiko Geschlecht, Alter, BMI und systolischer Blutdruck → keine Assoziation
[236]	U-förmige Verteilung im Risikozuwachs für den niedrigsten und den höchsten Bereich des Eisenstatus bei weißen Frauen und schwarzen Männern Beobachtungszahl in diesen Gruppen zu gering, um Signifikanzen aufzudecken
[45]	Serumferritin >300 µg/L → erhöhtes Risiko für AMI (RR: 2,9, CI: 1,2–7,3, p=0,02) Adjustment für Rauchen, Bluthochdruck, Diabetes, BMI, Gesamtcholesterin → keine Signifikanzen mehr

schnitte 55.5.3.2 und 55.4.2.2). Daher verwendeten die besser kontrollierten Untersuchungen Parameter wie C-reaktives Protein (CRP), Leukozyten, Blutsenkung oder Leberenzyme, um den möglichen Einfluss von Entzündungen abzuschätzen (z. B. [133]). Die Serum-TfR-Konzentration ist durch Entzündungen weniger beeinflusst. Da dieser Parameter besser auf eisendefizitäre Situationen als auf eine Eisenüberladung reagiert, kann er zur Kontrolle erhöhter Serumferritinkonzentrationen bei niedrigem Eisenstatus verwendet werden. Bei Entzündungen sollten beide Parameter erhöht sein; im Eisenmangel wäre das Ferritin niedrig und der TfR erhöht [262]. Daher scheinen die beiden letztgenannten Untersuchungen den zuverlässigsten Satz von Parametern verwendet zu haben und beide finden einen Zusammenhang zwischen hohem Eisenstatus und Infarkthäufigkeit [227]. Trotz aller Kontrollen ist jedoch die Abschätzung der Körpereisenspeicher durch die genannten interferierenden Faktoren beeinflusst. Insbesondere ist es kaum möglich, den entzündlichen Reiz einer floriden Arteriosklerose auf die Serumferritinkonzentration abzuschätzen, der die Korrelation zwischen hohen Serumferritinwerten und gesteigertem Arteriosklerose-Risiko ebenfalls erklären könnte [69].

Aufgrund der komplexen Problematik bei der Einschätzung des Eisenspeichers wurde der Versuch unternommen, das kardiovaskuläre Risiko direkt auf die diätetische Eisenzufuhr zu beziehen. Die Korrelation zwischen BMI und Serumferritin lässt vermuten [173], dass eine hohe Nahrungs- und damit Eisenaufnahme die Körpereisenbestände erhöht. Dem scheint jedoch die homöostatische Adaptation der Eisenresorption (Abschnitt 55.5.3) entgegenzuwirken. Dementsprechend sind die Ergebnisse von Beobachtungen über die Korrelation zwischen der diätetischen Eisenaufnahme und dem Infarktrisiko widersprüchlich (Abschnitt 55.6.1.4). Wenn die Eisenaufnahme mit der Nahrung rückblickend über vier Tage erfasst wird, scheint das Infarktrisiko mit jedem zusätzlich aufgenommenen mg Eisen um ca. 5% bzw. 8,4% zu wachsen [222, 262]. Bei Abschätzung der Nahrungszufuhr über das vorangegangene Jahr hinweg fand sich aber keine Assoziation mit dem Infarktrisiko. Die Hämaufnahme scheint jedoch signifikant mit dem myokardialen Risiko assoziiert [133]. Parallel dazu fand eine US-Studie ein erhöhtes Infarktrisiko bei hoher Hämeisenaufnahme (relatives Risiko: 1,68), wobei die Assoziation mit tödlichen koronaren Erkrankungen noch höher war (RR 2,33) [12]. Die Assoziation zwischen Infarktrisiko und der Hämeisenaufnahme mag durch höhere Cholesterinaufnahmen infolge des erhöhten Fleischkonsums beeinflusst sein. Sie könnte aber auch mit der höheren Bioverfügbarkeit des Hämeisens in Verbindung stehen, sowie mit der Tatsache, dass eine hohe Hämeisenresorption weniger stark homöostatisch reguliert wird als die von Nonhämeisen (Abschnitt 55.5.1).

Leider fehlen Interventionsstudien, die das kardiovaskuläre Risiko als Reaktion auf eine konstant hohe oder normale Eisenzufuhr prospektiv untersuchen. Ob solche Untersuchungen angesichts des deutlichen Verdachts auf einen kausalen Zusammenhang zwischen hohem Eisenstatus und kardiovaskulärem Risiko ethisch vertretbar sind, bleibt zu fragen. Zurzeit herrscht bezüglich dieser Thematik kein Konsens.

Mechanistische Vorstellungen Plasmaeisen ist mit hoher Affinität an Transferrin gebunden ($k_d = 10^{-23}$). Dennoch wurde freies, nicht an Transferrin gebundenes Eisen im Plasma nachgewiesen (Beschreibung der Methode: [112]). Dieses „Non-Transferrin-Bound-Iron“ (= NTBI) tritt sicher auf, wenn die Eisenbindungskapazität des Transferrin z. B. nach i. v. Eisengabe überschritten wird [138]. NTBI wurde aber auch bei Transferrinsättigung im normalen Bereich beobachtet [52, 151]. In beiden Fällen scheint das Eisen im Plasma unspezifisch gebunden zu sein, überwiegend an niedermolekulare Liganden [112]. Es wird hypothetisch angenommen, dass NTBI die LDL-Lipoproteine oxidiert und so die Kaskade der Arterogenese mit der Entstehung von Schaumzellen und arterosklerotischen Plaques in der Gefäßwandung einleitet. Entsprechend findet sich bei hohem Eisenstatus ein verändertes, ungünstigeres Risikoprofil der Plasmalipide [101]. Als Citratkomplex bindet Eisen *in vitro* nicht an die Apo-B-Proteine des LDL [53], so dass man Bindung an andere Liganden außer Citrat annehmen muss. Alternativ könnte NTBI über die Fentonreaktion das NO der Endothelzellen zu Peroxynitrit wandeln, einem starken Oxidans, das Lipoproteine im Subendothel oxidieren könnte [51]. Die Rolle von NTBI bei der Arterogenese wird kontrovers diskutiert.

Eisen und Krebsrisiko

Im Gegensatz zu Arsen, Chrom oder Nickel wird Eisen von der IARC nicht als karzinogen eingestuft. Dennoch scheint das Krebsrisiko mit Eisenüberladungszuständen korreliert [115]. So haben Homozygote für die hereditäre Hämochromatose mit Eisenüberladung und Zirrhose der Leber ein erhöhtes Risiko für Leberzellkarzinome [206]; etwa 30% der entsprechenden Patienten sind betroffen [56]. Oxidativer Stress scheint die Apoptose von Hepatozyten zu begünstigen und über Aktivierung der Stellazellen die Synthese extrazellulärer Matrixproteine und damit die Fibrogenese zu fördern [200]. In Lebern von hämochromatotischen Patienten korreliert eine gesteigerte Lipidperoxidation mit häufigeren Mutationen des Tumor-Suppressor-Gens p53 [118]. Auch bei Schwarzafrikanern mit hepatischer Eisenüberladung bei Bantu-Siderose war das Risiko für Leberzellkarzinome erhöht, wobei die Belastung durch Alkoholkonsum, Hepatitis B und C oder Aflatoxin B1 kontrolliert wurde [161].

Zwei Untersuchungen fanden kein gehäuftes Auftreten extrahepatischer Malignome bei hereditärer Hämochromatose [114, 188]. Eine dritte Untersuchung fand dagegen bei homozygoten Hämochromatotikern ein relatives Risiko für extrahepatische Krebsformen von 1,9 nach Korrektur für Alkoholmissbrauch, Rauchen und der Häufigkeit von Krebs in der Familie [76]. In der Gesamtbevölkerung beschreiben Stevens et al. [245, 246] eine erhöhte Krebshäufigkeit in Ösophagus, Blase und im kolorektalen Bereich bei einer Transferrinsättigung über 40%. Eine Reihe von Studien fand vor allem einen Zusammenhang zwischen kolorektalem Krebs und steigender Eisenbeladung [130, 134, 144, 182, 183]. Zwei dieser Studien kontrollierten auch den Einfluss von erhöhtem Fleischkonsum, einem wichtigen Confounding-Faktor, der einerseits die Bioverfügbarkeit des Eisens steigert, zugleich aber selbst Einfluss auf die Prävalenz von Kolontumoren nehmen könnte [55, 259]. Umgekehrt war die Serumeisenkonzentration bei Patienten mit kolorektalem Krebs signifikant erhöht [279]. Das Auftreten von Tumorerkrankungen im oberen Verdauungstrakt, vor allem im Magen, scheint dagegen negativ mit dem Eisenstatus und der diätetischen Eisenzufuhr assoziiert zu sein [79, 284]. Insgesamt deuten diese Ergebnisse auf die Bedeutung hoher luminaler Eisenkonzentrationen für das Risiko von Dickdarmkarzinomen hin, kaum jedoch auf einen Einfluss hoher Körpereisenbestände. Ein Zusammenhang zwischen Eisenstatus und extrahepatischen Krebserkrankungen erscheint bisher nicht zwingend belegt.

55.6.1.4 **Dosis-Wirkungsabschätzungen**

Akute Eisenintoxikation

Bei einer akuten Eisenintoxikation kann eine orale Dosis von 180–300 mg Fe/kg Körpergewicht tödlich sein. Orale Dosen unterhalb von 10–20 mg Fe/kg Körpergewicht verursachen dagegen keine systemische Toxizität und scheinen bezüglich dieser Symptomatik den NOAEL darzustellen [62]. Eine Zufuhr in dieser Höhe ist nur mit pharmazeutischen Eisenpräparaten möglich.

Nebenwirkungen bei oraler Eisenzufuhr

Der Prozentsatz an Patienten mit Nebenwirkungen durch orale Eisenpräparate steigt mit der Höhe der Dosis an [210]. Dosen von 50 mg Fe/d [35] bis 60 mg Fe/d [80] scheinen den „lowest observed adverse effect level", LOAEL, für gastrointestinale Nebenwirkungen darzustellen. Dieser Endpunkt bezieht sich auf Einzeldosen oraler Eisenpräparate und nicht auf die Eisenzufuhr mit der Nahrung. Dennoch wurde dieser Endpunkt für die Ableitung der Obergrenze der diätetischen Eisenzufuhr [= „upper (safe) level" (UL)] im Rahmen der „US dietary reference intakes" gewählt, da in den USA auch Supplemente in Tablettenform (dose-form iron) in Mengen unterhalb des UL unter die Lebensmittelregulation fallen.

Sekundäre Hämochromatose

Eine Eisenaufnahme von 160–200 mg Fe/d mit gut bioverfügbaren pharmazeutischen Eisenpräparaten [89] liegt weit oberhalb der Eisenzufuhr mit der Nahrung (Tab. 55.1). Darüber hinaus beschreiben die Berichte über die sekundäre Hämochromatose „Todesfälle" als Endpunkt und haben die Möglichkeit einer zusätzlichen genetischen Veranlagung (= hereditäre Hämochromatose) nicht sicher ausgeschlossen. Aus diesen Gründen sind solche Daten zur Ableitung eines „upper safe level" wenig geeignet.

Bantu-Siderose

Die chronische Aufnahme von 50–100 mg Fe/d mit Bier, also mit einem Nahrungsmittel, verursacht bei der Bantu-Siderose Leberzirrhosen und Diabetes [32]. Für die Ausbildung einer Zirrhose fand sich ein Schwellenwert von

5 mg Fe pro g Feuchtgewicht in der Leber [30], was mit dem Schwellenwert für die Zirrhoseentwicklung bei hereditärer Hämochromatose fast identisch ist [18]. Die Schäden an Leber und Pankreas könnten bei der Bantu-Siderose jedoch durch chronischen Alkoholkonsum und durch genetische Defekte mit verursacht sein. Aus diesem Grunde ist die Bantu-Siderose für die Ableitung eines UL nur von eingeschränktem Wert.

Eisenzufuhr, Eisenspeicher und Krebsrisiko

Die unbehandelte hereditäre Hämochromatose Typ I steigert das Risiko für Leberzellkarzinome. Ein Zusammenhang zwischen hohem diätetischen Eisenangebot und dem Risiko für kolorektale Karzinome ist wahrscheinlich, kann aber für die Ableitung eines „upper safe levels" nicht ausreichend mit quantitativen Daten belegt werden. Ein Zusammenhang zwischen erhöhtem Körpereisenstatus und anderen Krebserkrankungen ist nicht gesichert.

Eisenzufuhr, Eisenspeicher und kardiovaskuläres Risiko

Die epidemiologischen Daten zum Zusammenhang zwischen hoher Eisenzufuhr, hohem Eisenstatus und Infarktrisiko sind widersprüchlich (Abschnitt 55.6.1.3). Nach einigen Beobachtungen soll 1 mg Fe/d zusätzlicher Eisenzufuhr das Infarktrisiko um 5% bzw. 8,4% steigern [222, 262]. Ohne gesicherte Ursache-Wirkungsbeziehung ist es jedoch nicht sinnvoll Dosis-Wirkungsbeziehungen abzuleiten. Obwohl es Hinweise auf eine Ursache-Wirkungsbeziehung zwischen verfügbarem Eisen und oxidativem Stress *in vitro* und aus Tierversuchen gibt, bestehen beträchtliche Unsicherheiten, in welchem Umfang diese Daten auf den Menschen extrapoliert werden können (Abschnitte 55.6.2.2, 55.6.2.3 und 55.6.4).

55.6.2
Wirkungen auf Versuchstiere

Versuche zum Mechanismus der Eisenhomöostase wurden seit den 1950er Jahren in reicher Zahl an Ratten und Mäusen durchgeführt; beide Spezies sind ebenso wie Menschen omniphor. Entsprechend sind die mechanistischen Ergebnisse sehr ähnlich wie beim Menschen [31] (Abschnitt 55.5.3) und sollen hier nicht separat besprochen werden. Bezüglich der genetischen Expression der Schlüsselproteine der Eisenhomöostase sei auf die wachsende Zahl von transgenen Mäusen und murinen Knockout-Modellen verwiesen. Diese Erfahrungen sind ebenfalls gut auf den Menschen übertragbar [110] (Abschnitt 55.5), wobei Mäuse von Stamm zu Stamm erhebliche Unterschiede aufweisen [71] und die Ausscheidung im Vergleich zu Mensch und Ratte etwa doppelt so hoch liegt [142].

55.6.2.1 Akute Toxizität bei Tieren

Die akute Toxizität nach oraler Gabe von Eisen(II)-fumarat, -sulfat, -succinat und -gluconat wurde an Mäusen untersucht, wobei sich LD_{50}-Werte von 630, 560, 320 bzw. 230 mg Fe/kg Körpergewicht ergaben. Das Wachstum männlicher

Ratten wurde durch 12-wöchige orale Verabreichung von 50 und 100 mg Fe/kg Körpergewicht in der Reihenfolge Eisen(II)-sulfat > -succinat > -fumarat > -gluconat verringert. Ähnliche Untersuchungen wurden durchgeführt, um emetische Wirkungen und gastrointestinale Schäden durch orale Eisenzufuhr bei Katzen und Kaninchen zu quantifizieren [25]. Allerdings können diese Ergebnisse kaum auf den Menschen übertragen werden, da beträchtliche speziesund rassenspezifische Unterschiede zwischen Ratten und Mäusen und zwischen verschiedenen Mäusestämmen bestehen [73, 276].

55.6.2.2 Eisen und oxidativer Stress

Wenn die reaktiven Sauerstoffspezies (= ROS), deren Bildung durch freies Eisen nach der Fentonreaktion katalysiert wird (Abschnitt 55.6.4), die antioxidative Kapazität überschreiten, spricht man von oxidativem Stress, der z. B. bei chronischen Entzündungen, bei Ischämie-Reperfusionsgeschehen nach Infarkten oder bei Neurodegeneration auftritt [125]. Diese Zusammenhänge wurden in Tierversuchen belegt. Die Eisenkonzentration im Koronarblut spiegelt die Verfügbarkeit von endogenem Eisen im Herzmuskel wider. Dieser Parameter stieg mit steigender Dauer einer experimentellen koronaren Ischämie bei Ratten an, und im selben Umfang nahm die kardiale Kontraktionskraft als Ausdruck einer Herzmuskelschädigung ab [26]. Umgekehrt senkte die Gabe des Eisenchelators Desferrioxamin vor einer experimentellen Koronarligatur signifikant die Entstehung freier Radikale im Herzgewebe von Ratten [244]. Desferramin, das freies Eisen bindet, reduziert auch die Einschränkungen der myokardialen Funktion bei Hunden [29] und die Reduktion der ventrikulären Druckleistung nach Koronarligaturen bei Kaninchen [278]. Die Gabe des lipophilen Chelators Excocholin reduzierte entsprechend die kardiale Hydroxylradikalkonzentration und verbesserte den Anstieg der koronaren Durchflussrate und der Druckleistung nach vorübergehender Koronarligatur bei Kaninchen [113]. Desferrioxamingabe reduzierte auch die Lipidperoxidation bei experimentell reduzierter Blutversorgung der Rattenhinterpfote als Modell für die „claudicatio intermittens“ (= Raucherbein) [67]. Der cerebrale O_2-Metabolismus und die elektrophysiologische Aktivität im Hirn von Lämmern waren bei Ligatur der Arteria carotis nach Desferrioxamingabe weniger stark eingeschränkt [237]. Leider hat Desferrioxamin eine kurze Halbwertszeit und wirkt selbst kardiodepressiv [11], so dass es bei Infarkten nicht therapeutisch einsetzbar ist. Die Befunde belegen aber die Rolle von freiem Eisen für die Radikalbildung und für funktionelle Schäden, die daraus resultieren.

55.6.2.3 Eisen und Karzinogenität

Eisenüberladung könnte das Krebsrisiko steigern [115]. Die Mechanismen dieses Vorgangs gehen mit einem gestörten Redox-Gleichgewicht und chronischem oxidativen Stress einher, der auf bisher wenig charakterisierte Weise in die Signalkaskaden der malignen Transformation eingreift [23]. Dadurch scheinen kritische „Gatekeeping“- und DNA-Reparatur-Gene zu mutieren.

HFE-Knockout-Mäuse als Modell der hereditären Hämochromatose Typ 1 entwickeln selbst nach 18 Monaten eisenreicher Fütterung keine Leberzirrhose [142]. Entsprechend gibt es derzeit kein Tiermodell für das eiseninduzierte hepatozelluläre Karzinom bei der hereditären Hämochromatose. Oxidative Schädigungen der DNS durch Eisen führen bei Ratten zu renalen Adenokarzinomen [192]. Nach intraperitonealer Injektion von löslichen Fe-NTA-Komplexen findet Eisen ideale Bedingungen für Fenton-Reaktionen im Lumen der proximalen renalen Tubuli vor, wohin es nach glomerulärer Filtration gelangt. In den Tubuli war die Lipidperoxidation eindeutig mit der Induktion von renalen Karzinomen assoziiert [256]. Lipidperoxidation und Tumorigenese werden durch Vitamin E-Gabe signifikant reduziert [282], was die Beteiligung von oxidativen Mechanismen bei der Tumorigenese suggeriert [165]. Dabei kommt es zu Mutationen im 5q32 Chromosom [249], wo die zu den Tumorsuppressoren zählenden cyclinabhängigen Kinaseinhibitoren p15 INK4B (P15) und p16 INK4A codiert sind. Diese Befunde zeigen, dass einige Abschnitte des Genoms gegenüber der eisenabhängigen Fentonreaktion besonders empfindlich sind [255].

Im Kolon der Ratte bewirkten 100 mg Fe/kg Futter einen geringen, aber signifikanten Anstieg der Zellproliferation [154]. Die Verfütterung von Diäten mit etwa 30 und 100 mg Fe/kg erhöhte die Lipidperoxidation im Kolon und Caecum von Ratten. Im Kolonlumen wirkt Eisen als Katalysator für die Produktion freier Radikale durch Bakterien [7]. Nach Induktion durch Dimethylhydralazin- oder Azoxymethanexposition promoviert Eisen Tumore im Kolon der Maus [239]. Dabei wirkt gleichzeitig verabreichtes Phytat infolge seiner Eisenbindungskapazität im Lumen protektiv [185]. Entsprechend scheinen diätetisch zugeführte Phytate das Kolon des Schweins vor Lipidperoxidation zu schützen [205].

55.6.3 **Wirkungen auf andere biologische Systeme**

55.6.3.1 **Pflanzen**

Wie Stickstoff und Phosphor ist Eisen ein limitierender Nährstoff für das Pflanzenwachstum. Er wird für Photosynthese, die Atmung und die Stickstoff-Fixierung benötigt. Eisenmangel äußert sich bei Pflanzen als Chlorose und führt zu vergilbenden, ausbleichenden Blättern [93]. Andererseits kann die Eisenkonzentration besonders als Fe^{2+} in wasserreichen, sauren Böden mit geringer Sauerstoffverfügbarkeit phytotoxische Konzentrationen erreichen. Ein Überschuss an freiem Eisen katalysiert die Produktion reaktiver Sauerstoffspezies, wenn es nicht ausreichend durch pflanzliches Ferritin sequestriert wird [93]. Die Anpassung an Veränderungen von Eisenstatus und oxidativem Stress scheint durch das Phytohormon Abscisinsäure moduliert zu werden [150].

Pflanzen haben zwei unterschiedliche Strategien entwickelt, um Eisenhydroxide aus dem Boden zu mobilisieren. Fe^{3+} ist in Böden bei pH-Werten von 4 und darüber nahezu nicht verfügbar; eine Senkung des pH-Wertes z. B. von 4 auf 3 steigert die Löslichkeit jedoch um den Faktor 1000. So erhöhen Dikotyledonen die Acidität von Böden mit Hilfe einer H^+-ATPase, um sich Eisen verfügbar zu machen [93]. Soja und Tomaten geben darüber hinaus phenolische Eisenchelatoren wie Coffeinsäure (Sojabohnen) oder Alfafuran (Alfalfa) an den Boden ab [47]. Das Transportprotein IRI-I vermittelt die Aufnahme des gelösten Fe^{2+} in den Wurzeln, ein Vorgang der durch hohe Konzentrationen von Cd, Co, Mn und Zn inhibiert wird [61]. An der Aufnahme und dem Transfer von Eisen und Cadmium in den Wurzeln scheinen Gene der Nramp-Familie [253] beteiligt zu sein, die im Eisenmangel verstärkt exprimiert werden [48].

Gräser haben eine alternative „Strategie II“ entwickelt, um Eisen aus dem Boden zu mobilisieren. Sie geben Phytosiderophoren wie die Mugineinsäure ab, die Eisen auch bei sehr hohen Bicarbonatkonzentrationen, also unter alkalischen Verhältnissen, im Boden chelieren können [122]. Der geschwindigkeitslimitierende Schritt der Mugineinsäure-Synthese in Wurzeln wird durch die Nicotinaminsynthase katalysiert, deren Aktivität im Eisenmangel gesteigert ist [238]. In stark bicarbonatgepufferten Böden ist die Solubilisierung des Fe(III) über eine aktive Protonenabgabe durch die Wurzeln (Strategie I) unzureichend, so dass Gräser auf diesen Böden einen ökologischen Vorteil besitzen. In den Wurzelzellen der Strategie I- und -II-Pflanzen wird Eisen durch eine NADPH-abhängige Reduktase reduziert [243].

Pflanzliches Ferritin sequestriert Eisen insbesondere in Trieben, den Vegetationspunkten der Wurzeln, und in Samen. Ein Übergangspeptid am *N*-terminalen Ende ermöglicht es den Ferritinmolekülen, diese Pflanzenteile zu erreichen und in sie einzudringen [107]. Ozonbehandlung, eine gestörte Photosynthese sowie Eisenüberladung erhöhen die Ferritinkonzentration in den Chloroplasten. Ferritin versorgt die eisenabhängigen Enzyme Nitrogenase und Leghämoglobin, die für die Stickstoff-Fixierung benötigt werden, mit Eisen. Im Gegensatz zum tierischen Organismus scheint die Ferritinexpression in Pflanzen transkriptiv reguliert zu sein [143]. Ferritingebundenes Eisen in den Samen wird während der Keimung mobilisiert. In Maispflanzen wird es in junge, rasch wachsende Blattabschnitte verlagert [150], wo es in Cytochrome und Eisen-Schwefelproteine eingebaut wird, die an der Photosynthese beteiligt sind.

55.6.3.2 **Umwelt**

Eisen in Gewässern und Böden ist essenziell für Flora und Fauna. Ein Mangel kann zu Engpässen im Metabolismus führen. Die Eisenkonzentrationen im küstennahen Bereich der antarktischen Ozeane sind z. B. so niedrig, dass das Phytoplankton weniger als 10% der verfügbaren Makronährstoffe metabolisch nutzen kann [163]. Nach der „Eisenlimitationshypothese“ hängt die atmosphärische CO_2-Aufnahme durch maritimes Phytoplankton von nanomolaren Veränderungen der Eisenkonzentration des Meerwassers ab. Nach dieser Hypothese könnte eine vulkanisch bedingte Eisendüngung zu einer massiven Algenvermehrung und dadurch zu einer Reduktion des Treibhauseffektes durch atmosphärisches CO_2 geführt haben, was die Eiszeiten zumindest mit ausgelöst haben könnte [271]. Obwohl Satellitenaufnahmen nach experimenteller Eisendüngung einen massiven Anstieg der Algenblüte in der betreffenden Meeresregion zeigten [2], wird diese Hypothese kontrovers diskutiert. So scheinen auch die Verfügbarkeit von Phosphor und Stickstoff wachstumsbegrenzend zu sein [224] und Bohrkerne aus dem Vostok-Gletscher zeigten keine Übereinstimmung von CO_2-Anstieg und der Menge vulkanischer Aschen [159].

Eisen- und Manganhydroxide in Sedimenten von Gewässern sind in der Lage, andere Schwermetalle zu binden und zu immobilisieren [275, 283]. Solche Hydroxide binden z. B. toxisches As(V) im Grundwasser [131] und reduzieren die Pb-Mobilisation aus dem Boden in die Biosphäre [146]. Weiterhin vermindern verschiedene Eisenverbindungen die prozentuale Mobilisierbarkeit von As, Cu, Pb und Zn aus verschiedenen Gemüsesorten [37] sowie die Cd- und Pb-Mobilisation aus Mais und Gerste [43]. Daraus leitet sich ein protektiver Effekt von mäßig hohen Eisenkonzentrationen in Böden und Gewässern für die Umwelt ab. Andererseits können hohe Eisenkonzentrationen das Ökosystem auch schädigen. In Seen steigern sie den oxidativen Stress bei Fischen, schädigen die DNA und reduzieren die Vitamin A-Konzentration, was z. B. zu deutlichen Hautbleichungen bei Forellen führte [198]. Eisenhaltiges Abwasser aus verlassenen Minenschächten ist häufig sauer und schädigt das Wachstum von Mikrovertebraten [42].

55.6.3.3 **Eisen und Mutagenität**

Eisen(II)-lactat, Eisen(II)-pyrophosphat und -ortophosphat sowie Natrium-Eisen (II)-pyrophosphat zeigten keine Mutagenität bei dem *Saccharomyces cerevisiae*-Stamm D-4 und bei den Salmonellen-Stämmen TA-1535, TA-1537 sowie TA-1538 ohne Aktivierung in Platten- und Suspensionstests. Eisen(II)-sulfat war in Suspensionstests mit Aktivierung mutagen [147–149]. Eisen und Hämoglobin induzieren Brüche der DNS-Stränge und oxidieren Basen in der menschlichen Tumorzellinie HAT 29, Klon 19A (Einzelzell-Mikroelektrophorese = comet assay) [86]. In dieser Untersuchung wurden Eisenkonzentrationen verwendet, die man in menschlichen Faeces nach oraler Supplementation von etwa 20 mg Fe/d findet und die die Lipidperoxidation um 40% steigern [155]. Das mutagene Potenzial von Eisen ist somit gering; lokale mutagene Effekte, z. B. im Magen-Darmtrakt, können jedoch bei hoher diätetischer Exposition nicht ausgeschlossen werden.

55.6.4
Wichtige Mechanismen toxischer Eisenwirkungen

Der Rolle des Eisens in Enzymen und Metalloproteinen liegt die Fähigkeit von Fe(II) und Fe(III) zugrunde, als Elektronendonor bzw. als Elektronenakzeptor zu fungieren. Durch die Fähigkeit zwischen 2- und 3-wertigem Zustand zu oszillieren kann freies Eisen nach den von Fenton und Haber-Weiss beschriebenen Mechanismen jedoch auch die Bildung schädlicher Sauerstoffradikale katalysieren (Abb. 55.2 a). Zu diesen „reactive oxygen species“ (= ROS) oder „reactive oxygen intermediates“ (= ROI) gehören vor allem das kurzlebige, aggressive

a)

$Fe(II) + H_2O_2 \rightarrow Fe(III) + OH^- + OH^\bullet$ (Fenton)

$Fe(III) + O_2^{\bullet-} \rightarrow Fe(II) + O_2$

Nettoreaktion:

$H_2O_2 + O_2^{\bullet-} \xrightarrow{Fe} OH^- + OH^\bullet + O_2$ (Haber-Weiss)

b)

$Fe(II) + ROOH \rightarrow Fe(III) + OH^- + RO^\bullet$

$Fe(III) + ROOH \rightarrow Fe(II) + H^+ + ROO^\bullet$

$RSH + OH^\bullet \rightarrow RS^\bullet + H_2O$

$RSH + ROO^\bullet \rightarrow RS^\bullet + ROOH$

$RS^\bullet + O_2 \rightarrow ROO^\bullet$

c)

$Heme\text{-}Fe(II)\text{-}O_2 + H_2O_2 \rightarrow$

$Heme\text{-}Fe(IV)\text{-}OH^\bullet + O_2 + OH^-$

$Heme\text{-}Fe(IV)\text{-}OH^\bullet + ROOH \rightarrow$

$Heme\text{-}Fe(III) + ROO^\bullet + H_2O_2$

d)

$Fe(II) + H_2O_2 \rightarrow Fe(II)\text{-}O + H_2O$

$Fe(II) + O_2 \rightarrow [Fe(II)\text{-}O_2 \rightarrow Fe(III)\text{-}O_2^{\bullet-}] \rightarrow$

$Fe(III)\text{-}O_2^{\bullet-}$

Abb. 55.2 a) Durch Eisen katalysierte Erzeugung von Hydroxyradikalen (Fenton-Reaktion) und Netto-Haber-Weiss-Reaktion; b) durch Eisen katalysierte Erzeugung von organischen Radikalen; c) durch Häm katalysierte Erzeugung von Sauerstoffradikalen über Oxoferrylzwischenstufen; d) direkte Interaktion von Eisen mit Sauerstoff.

Hydroxylradikal ($OH^\bullet$), das aus dem Superoxidanion ($O2^{\bullet-}$) oder aus Wasserstoffperoxid (H_2O_2) gebildet wird [102]. Dabei sind ROS Nebenprodukte der aeroben oxidativen Phosphorylierung. Sie entstehen aber auch bei enzymatischen Reaktionen in Peroxisomen, dem endoplasmatischen Retikulum, im Zytoplasma oder durch den NADPH-Oxidase-Komplex in neutrophilen Phagozyten oder Makrophagen. Hier tragen sie zur Desintegration phagozytierter Bakterien bei. Als Teil der unspezifischen Immunabwehr wird der NADPH-Oxidase-Komplex vermehrt bei Infektionen gebildet und generiert in zellulären Subkompartimenten hohe Superoxidkonzentrationen („respiratory burst"). Hier wird Superoxid durch spontane Reaktion mit NO in Peroxynitrit ($ONOO^-$) und Wasserstoffperoxid und Chlorid unter Vermittlung der eisenabhängigen Myeloperoxidase in Hypochlorit (OCl^-) umgewandelt, um das bakterizide und zytotoxische Potenzial der Phagozyten zu steigern [125]. Redoxaktives Eisen katalysiert auch die Bildung von Peroxyl- ($RSOO^\bullet$), Alkoxyl- ($RO^\bullet$), Thiyl- (RS) und Thiyl-Peroxyl-Radikalen ($RSOO^\bullet$) (Abb. 55.2b). Auch Hämeisen kann über die Bildung von Oxoferrylprodukten Radikale bilden (Abb. 55.2c) [221]. Zudem wird Eisen durch die Hämoxigenase 1 aus dem Häm und unter oxidativem Stress auch aus Ferritin freigesetzt [28, 137]. Schließlich kann Eisen unter Bildung von Ferryl- (Fe^{2+}-O) oder Perferryl-Verbindungen (Fe^{2+}-O_2) auch direkt an Sauerstoff binden (Abb. 55.2d), besonders wenn das Verhältnis $O_2/H_2O_2 > 100$ liegt [115].

Neben der direkten ätzenden Wirkung hoher Eisenkonzentrationen im Magen-Darmtrakt erklären Schäden durch Lipidperoxidation die Nebenwirkungen und lokalen toxischen Wirkungen oraler Eisenpräparate [258] und das möglicherweise gesteigerte Risiko für Mutagenese und Krebs im Kolon bei hoher oraler Eisenzufuhr [154, 155] (Abschnitte 55.6.1.2, 55.6.2.3 und 55.6.3.3).

55.7
Bewertung des Gefährdungspotenzials

Auf die Risiken des Eisenmangels wurde bereits eingegangen (Abschnitt 55.6.1.1). Ein Zusammenhang zwischen hoher oraler Eisenzufuhr und akuter toxischer Schädigung von Darm, Leber und Kreislauf bei der akuten Eisenintoxikation ist gesichert (Abschnitt 55.6.1.2), die Dosisabhängigkeit ist etabliert (Abschnitt 55.6.1.4). In geringen Dosen verursacht Eisen dosisabhängige Nebenwirkungen im oberen Gastrointestinaltrakt (Abschnitte 55.6.1.2 und 55.6.1.4). Chronische Schäden von Leber, Pankreas und Herz treten bei chronischer Eisenüberladung im pharmakologischen Dosisbereich auf (sekundäre Hämochromatose, Bantu-Siderose) und bei der hereditären Hämochromatose, wobei Eisen hier Leberzellkarzinome verursachen kann (Abschnitte 55.6.1.3 und 55.6.1.4). Ein erhöhtes Risiko für Kolonkarzinome und kardiovaskuläre Ereignisse lässt sich aus den vorliegenden epidemiologischen und mechanistischen Daten nicht ableiten; es ist jedoch auch nicht möglich, einen solchen Zusammenhang mit Sicherheit auszuschließen (Abschnitte 55.6.1.3 und 55.6.1.4). Deshalb scheint es angeraten, langfristig die Eisenaufnahme in Mengen jenseits der Zufuhrempfehlungen zu vermeiden. Männer, Frauen in der Postmenopause, und vor allem sensitive Subpopulationen wie homozygote Träger eines Hämochromatose-Gens (Abschnitt 55.6.1.3) sollten Eisensupplemente und stark eisensupplementierte Nahrung vermeiden. Weiterhin scheint ein erhöhtes Infarktrisiko für heterozygote Hämochromatotiker zu bestehen, die rauchen. Diese Einschränkungen gelten jedoch nicht für die Behandlungen mit pharmazeutischen Eisenpräparaten, die zeitlich begrenzt unter ärztlicher Überwachung für gezielte Indikationen angewandt werden, wie z.B. nach Blutverlusten oder in der Schwangerschaft.

55.8
Grenzwerte, Richtwerte, Empfehlungen, gesetzliche Regelungen

Ein 70 kg schwerer Mann verliert etwa 1 mg Fe/d mit abgeschilferten Epithelzellen, überwiegend über den Darm [90]. Unter der Annahme einer Resorptionsrate von 10% sind zum Ersatz dieser basalen Verluste 10 mg Fe/d nötig, was sich in den Empfehlungen für männliche Erwachsene widerspiegelt (Deutsche Gesellschaft für Ernährung (DGE & DACH): 10 mg Fe/d; US Food and Nutrition Board: 8 mg Fe/d; EU Scientific Committee on Food (SCF): 9,1 mg Fe/d) [10, 75, 234]. Eisenverluste mit der Menstruation liegen bei 95% der Frauen unterhalb von 1,6 mg Fe/d. Zusammen mit den basalen Verlusten ergibt sich daraus ein maximaler Verlust von etwa 2,5 mg Fe/d [20]. Unterstellt man im Eisenmangel eine Resorptionsrate von 10–20%, so erscheint für Frauen eine Eisenaufnahme von 15–20 mg/d empfehlenswert (DACH: 15 mg Fe/d; US-RDA: 15–18 mg/d; SCF: 20 mg Fe/d). Während des ersten Lebensjahres benötigt der Körper für Metabolismus und Wachstum etwa 260 mg Fe, was 0,6–0,8 mg Fe/d entspricht. Diese Daten bilden die Grundlage für Empfehlungen zur Eisenversorgung von Kindern von 1 mg Fe/kg Körpergewicht zwischen dem vierten Lebensmonat und dem 3. Lebensjahr [194]. Während der Schwangerschaft werden für die erhöhte Erythropoese der Mutter etwa 450 mg Fe benötigt. 270–300 mg bzw. 50–90 mg werden zusätzlich zum Fetus und in die Plazenta transferiert, so dass sich insgesamt ein zusätzlicher Bedarf von 770–840 mg ableiten lässt. Dieser zusätzliche Bedarf entspricht bei einer Schwangerschaft von 40 Wochen etwa 3 mg Fe/d, was durch orale Zufuhr von etwa 30 mg Fe/d gedeckt werden kann. Diese Zahlen sind die Grundlage der höheren Empfehlungen zur Eisenversorgung für Schwangere (DACH: 30 mg Fe/d; US-RDA: 27 mg Fe/d).

Der „upper (safe) level“ (= UL) beschreibt die Obergrenze für die tägliche Aufnahme eines Nährstoffes, die nach aller Erfahrung keine gesundheitlichen Risiken für 97,5% der normalen Bevölkerung bergen sollte. Personen, die bezüglich einer Eisenüberladung zu den Risikogruppen zählen (z. B. hereditäre Hämochromatose, Thalassämie, Alkoholabusus, Lebererkrankungen), werden bei diesen Überlegungen nicht berücksichtigt [75]. Obwohl die Datenlage zur Ableitung eines UL unzureichend erscheint (Abschnitt 55.6.1.4) [66] hat das US Food and Nutrition Board einen UL vorgelegt [75]. Ausgehend von einem „lowest observed adverse effect level“ (LOAEL) von 70 mg Fe/d, bezogen auf den Endpunkt „gastrointestinale Nebenwirkungen oraler Eisenpräparate“ wurde unter Berücksichtigung eines Sicherheitsfaktors von 1,5 ein UL von 45 mg/d Eisen für Erwachsene, Schwangere, stillende Mütter und Heranwachsende (14–18 Jahre) abgeleitet. Für Kinder (1–13 Jahre) beträgt der UL 40 mg Fe/d [75]. Dieser Wert berücksichtigt allerdings nur die akuten Nebenwirkungen oraler Eisenpräparate. Er ist für Eisen in der Nahrung wenig zutreffend, da die beschriebene Nebenwirkung von der freien Eisenkonzentration im Darmlumen abhängt (Abschnitt 55.6.1.2). Er lässt zudem alle potenziellen Risiken chronischer Eisenüberladung unberücksichtigt (Abschnitt 55.6.1.3 und 55.6.1.4), was unbefriedigend erscheint [227].

In Entwicklungsländern mit hoher Prävalenz für Eisenmangel (Abschnitt 55.6.1.1) ist die Eisenfortifikation von Nahrungsmitteln weit verbreitet. Fortifikationsprogramme erscheinen hier sinnvoll, um die Folgen des Eisenmangels in Wachstum und Schwangerschaft zu reduzieren. Daneben wird auch in Industriestaaten wie Großbritannien, USA, Kanada und Schweden Mehl obligatorisch mit Eisen fortifiziert [14], in Großbritannien z. B. mit 16,5 mg Fe/kg. Solche gesetzlichen Vorschriften erscheinen angesichts der Ernährungslage in den Industrienationen nicht mehr sinnvoll (Abschnitte 55.2 und 55.3.2). Darüber hinaus werden viele Frühstückszerealien auf freiwilliger Basis mit 70–120 mg Fe/kg fortifiziert [66]. In Deutschland ist die Eisenfortifikation zu ernährungsphysiologischen Zwecken bisher nur bei bestimmten diätetischen Lebensmitteln zugelassen, nicht jedoch bei Lebensmitteln des allgemeinen Verzehrs. Weiterhin dürfen Eisen- bzw. Eisenverbindungen für lebensmittel-technologische Zwecke eingesetzt werden (EU-Richtlinie 2002/46/EG) [27] (Tab. 55.3). Da das Bundesinstitut für Risikobewertung bisher die Auffassung vertreten hat, dass herkömmliche Lebensmittel nicht mit Eisen angereichert werden sollten, sind bis heute nur wenige Ausnahmegenehmigungen bzw. Allgemeinverfügungen für den Zusatz von Eisen zu ernährungsphysiologischen Zwecken zu Frühstückszerealien erteilt worden [27]. Da eine steigende orale Versorgung mit Eisen zunehmend kritisch beurteilt wird, schlägt das BfR vor, die Verwendung von Eisen in Einzelprodukten weiterhin bis zu einer vorläufigen Höchstmenge von 5 mg Fe/Tagesration Nahrungsergänzungsmittel zumindest solange zu tolerieren, bis die Beratungen in der EU bezüglich Eisen abgeschlossen sind.

55.9 Zusammenfassung

Eisen ist das vierthäufigste Metall in der Erdkruste und stellt selten ein ökologisches Risiko dar. Aufgrund seiner hohen Reaktivität ist es Bestandteil einer Vielzahl von Enzymen und Metalloproteinen und ist für Mensch und Säugetier, aber auch für Pflanzen und Mikroorganismen, essenziell. Beim Menschen äußert sich ein Mangel vor allem als Anämien. Betroffen sind insbesondere Länder der 3. Welt, und hier vor allem Frauen im gebärfähigen Alter sowie Kinder. Eine Eisenmangelanämie erhöht die Gefahr von Früh- und Fehlgeburten sowie von niedrigem Geburtsgewicht, führt zu verringerter physischer Leistungsfähigkeit und kann auch die intellektuelle Entwicklung beeinträchtigen. Andererseits kann freies reaktives Eisen die Bildung reaktiver Sauerstoffspezies katalysieren, was bei Überschreitung der antioxidativen Kapazität zu oxidativem Stress führen kann. Ein Zusammenhang zwischen einer erhöhten Eisenexposition und Krebsrisiko sowie kardiovaskulären Ereignissen ist aufgrund mechanistischer Überlegungen wahrscheinlich. Auf Basis der vorliegenden epidemiologischen Daten sind solche Zusammenhänge derzeit aber weder zu sichern noch auszuschließen. Aus Gründen des vorbeugenden Gesundheitsschutzes sollten daher insbesondere gefährdete Gruppen (z. B. hereditäre Hämochromatose, Thallasämie) Eisensupplemente und stark eisensupplementierte Nahrung vermeiden. Diese Überlegungen gelten jedoch nicht für Behandlungen mit pharmazeutischen Eisenpräparaten, die zeitlich begrenzt unter ärztlicher Überwachung für gezielte Indikationen angewandt werden.

Abkürzungen

AAS	Atomabsorptionsspektrometrie
ACD	Anämie chronischer Erkrankungen
AES	Atomemissionsspektrometrie
ALA	Aminolävulinsäure
ALAS	Aminolävulinsäure-Synthase
AMI	akute Myokardinfarkte
ATP	Adenosintriphosphat
BMI	body mass index
CHr	Hämoglobingehalt der Retikulozyten
CRP	C-reaktives Protein
DACH	gemeinsam herausgegebene Verzehrempfehlungen aus Deutschland, Österreich und der Schweiz
Dcytb	Reduktase in der Bürstensaummembran des Duodenums
DMT	divalent metal transporter
ETAAS	Graphitrohrtechnik der Atomabsorptionsspektrometrie
FAAS	Flammentechnik der Atomabsorptionsspektrometrie
Fe	Eisen
HAMP	Gen des Hepcidin
HFE	(=HLA=high iron) defektes Gen bei der Hämochromatose Typ 1
HIF	Hypoxie-Induzierbarer Faktor
IARC	International Association of Research in Cancer
ICP	induktiv-gekoppeltes Plasma
i. v.	intravenös
IL-6	Interleukin 6
IRE	iron responsive element
IREG	(=FRN1=IREG1,=MTP1=Ferroportin)=Exporter für Eisen in der basolateralen Membran duodenaler Enterozyten
IRP	iron-regulatory protein
LDL	low density-lipoprotein
LOAEL	lowest observed adverse effect level
mRNA	messenger Ribonucleinsäure
NAA	Neutronenaktivierungsanalysen
NOAEL	no observed adverse effect level
NTA	Nitrilotriacetylsäure
NTBI	non-transferrin-bound-iron
RDA	recommended dietary allowance (=tägliche Zuführempfehlung)
ROI	reactive oxygen intermediates
ROS	reactive oxygen species
RR	relatives Risiko
TBARS	thiobarbitursäurereaktive Substanzen
TfR	Transferrinrezeptor
TIBC	total iron binding capacity
TNF-α	Tumor-Nekrose-Faktor-α

TS	Trockensubstanz
UL	upper (safe) level
UTR	untranslated Region einer mRNA
XRF	Röntgenstrahlfluoreszenzspektrometrie
ZNS	zentrales Nervensystem

55.10 Literatur

1 Abboud S, Haile DJ (2000) A novel mammalian iron-regulated protein involved in intracellular iron metabolism, *J Biol Chem* **275**: 19906–19912.

2 Abraham ER, Law CS, Boyd PW, Lavender SJ, Maldonado MT, Bowie AR (2000) Importance of stirring in the development of an iron-fertilized phytoplankton bloom, *Nature* **407**: 727–730.

3 Adams ML, Chaudri AM, Rousseau I, McGrath SP (2002) A practical evaluation of microwave and conventional wet digestion techniques for the determination of Cd, Cu and Zn in wheat grain, *Int J Environ Anal Chem* **83**: 307–314.

4 Alaimo K, McDowell MA, Briefel RR, Bischof AM, Caughman CR, Loria CM, Johnson CL (1994) Dietary intake of vitamins, minerals, and fiber of persons ageing 2 month and over in the United States: Third National Health and Nutrition Examination Survey, Phase 1, 1988–1991.

5 Algarin C, Reirano P, Garrido M, Pizarro F, Lozoff B (2003) Iron deficiency anemia in infancy: long-lasting effects on auditory and visual system functioning, *Pediatr Res* **53**: 217–223.

6 Allen LH, Rosado JL, Caserline JE, Lopez P, Munoz E, Garcia OP, Martinez H (2000) Lack of hemoglobin response to iron supplementation in anemic Mexican preschoolers with multiple micronutrient deficiencies, *Am J Clin Nutr* **71**: 1485–1494.

7 Anderson AC (1994) Iron poisoning in children, *Curr Opin Pediatr* **6**: 289–294.

8 Anke M (2001) Eisen, in: Erbersdobler HF, Meyer AH (Hrsg) Praxishandbuch Functional Food, Akt Lfg. Behr'sg, Hamburg, 1–25.

9 Anke M, Schümann K (1999) Spurenelemente, in: Biesalski HK et al (Hrsg) Ernährungsmedizin, Thieme, Stuttgart, 173–186.

10 Arbeitsgruppe: Referenzwerte für die Nährstoffzufuhr (2000) Umschau Braus, Frankfurt, 174–179.

11 Arona SA, Gores GJ (1996) The role of metals in ischemia/reperfusion injury of the liver, *Semin Liver Dis* **16**: 31–38.

12 Ascherio A, Willett WC, Rimm EB, Giovannucci EL, Stampfer MJ (1994) Dietary iron intake and risk of coronary disease among men, *Circulation* **89**: 969–974.

13 Babbs CF (1990) Free radicals and the etiology of colon cancer, *Free Radic Biol Med* **8**: 191–200.

14 Backstrand JR (2002) The history and future of food fortification in the United States. A public health perspective, *Nutr Rev* **60**: 15–26.

15 Bacon BR (2001) Hemochromatosis: diagnosis and management, *Gastroenterology* **120**: 718–725.

16 Ballot DE, MacPhail AP, Bothwell TH, Gillooly M, Mayet FG (1989) Fortification of curry powder with NaFe(III) EDTA in an iron-deficient population: Report of a controlled iron-fortification trial, *Am J Clin Nutr* **49**: 156–161.

17 Barrett JFR, Whittaker PG, Eilliams JG, Lind T (1994) Absorption of non-haem iron from food during normal pregnancy, *Br Med J* **309**: 79–82.

18 Bassett ML, Halliday JW, Powell LW (1986) Value of hepatic iron measurements in early haemochromatosis and determination of the critical iron level associated with fibrosis, *Hepatology* **6**: 24–29.

19 Battiloro E, Ombres D, Pascale E, D'Ambrosio E, Verna R, Arca M (2000) Hae-

mochromatosis gene mutations and risk of coronary artery disease, *Eur J Hum Gen* **8**: 389–392.

20 Baynes RD, Bothwell TH (1990) Iron deficiency, *Ann Rev Nutr* **10**: 133–148.

21 Beard JL, Dawson HD (1997) Iron, in: O'Dell BL, Sunde RA (Hrsg) Handbook of nutritionally essential elements, Marcel Dekker Inc, New York, 275–334.

22 Beinert H, Holm RH, Münck E (1997) Iron-sulfur cluster: nature's modular, multipurpose structures, *Science* **277**: 635–659.

23 Benhar M, Engelberg D, Levitzki A (2002) ROS, stress-activated kinases and stress signaling in cancer, *EMBO Rep* **3**: 420–425.

24 Benito P, Miller D (1998) Iron absorption and bioavailability: an update review, *Nutr Res* **18**: 581–603.

25 Berenbaum MC, Child KJ, Davis B, Sharpe HM, Tomich EG (1960) Animal and human studies on ferrous fumarate, an oral hematinic, *Blood* **15**: 540–550.

26 Berenshtein E, Mayer B, Goldberg C, Kitrossky N, Chevion M (1997) Patterns of metabolization of copper and iron following myocardial ischemia: Possible predictive criteria for tissue injury, *J Mol Cell Cardiol* **29**: 3025–3034.

27 BfR-Wissenschaft (2004) Domke A, Großklaus R, Niemann B, Przymbel H, Richter K, Schmidt E, Weißenborn A, Wörner B, Ziegenhagen R (Hrsg) Verwendung von Mineralstoffen in Lebensmitteln – Toxikologische und ernährungsphysiologische Aspekte, Berlin, Dahlem.

28 Biemond P, Eijk HGN, Swaak AJG, Koster JF (1984) Iron mobilization from ferritin by superoxide derived from stimulated polymorphonuclear leukocytes – possible mechanism in inflammation diseases, *J Clin Invest* **73**: 1576–1579.

29 Bolli R, Patel BS, Zhu W (1987) The iron chelator desferrioxamine attenuates postischemic ventricular dysfunction, *Am J Physiol* **253**: 1372–1380.

30 Bothwell TH, Bradlow BA (1960) Siderosis in Bantu, *Arch Pathol* **70**: 279–292.

31 Bothwell TH, Charlton RW, Cook JD, Finch CA (1979) Internal iron kinetics, in: Iron metabolism in man, Blackwell Scientific Publishers, Oxford, London, 327–353.

32 Bothwell TH, Seftel H, Jacob P, Torrance JD, Baumslag N (1964) Iron overload in Bantu subjects, *Am J Clin Nutr* **14**: 47–51.

33 Boussingault JB (1872) Du fer contenu dans le sang et dans les aliments, *CR Acad Sci Paris* **74**: 1353–1359.

34 Bridle KR, Frazer DM, Wilkins SJ, Dixon JL, Purdie DM, Crawford DH, Subramaniam VN, Powel LW, Anderson GJ, Ram GA (2003) Disrupted hepcidin regulation in HFE-associated haemochromatosis and the liver as a regulator of body iron homeostatis, *Lancet* **361**: 669–673.

35 Brock C, Curry H, Hama C, Knipfer M, Taylor L (1985) Adverse effects of iron supplementation: A comparative trial of wax-matrix iron preparation and conventional ferrous sulfate tablets, *Clin Ther* **7**: 568–573.

36 Bruick RK (2003) Oxigen sensing in the hypoxic response pathway: regulation of the hypoxia-inducible transcription factor, *Genes Dev* **17**: 2614–2623.

37 Bunzl K, Trautmannsheimer M, Schramel P, Reifenhauser W (2001) Availability of arsenic, copper, lead, thallium, and zinc to various vegetables grown in slag-contaminated soils, *Environ Qual* **30**: 934–939.

38 Camaschella C, Roetto A, Cali A, deGobbi A, Garozzo G, Carella M, Majorano N, Totaro A, Gasparini P (2000) The gene TFR2 is mutated in a new type of hemochromatosis mapping to 7q22, *Nat Genet* **25**: 14–15.

39 Campbell NRC, Hasinoff BB (1991) Iron supplements: a common cause of drug interactions, *Br J Clin Pharmacol* **31**: 251–255.

40 Chaston TB, Richardson DR (2003) Iron chelators for the treatment of iron overload disease: relationship between structure, redox activity, and toxicity, *Am J Hematol* **73**: 200–210.

41 Cheng Y, Zak O, Aisen P, Harrison SC, Walz T (2004) Structure of the human transferrin receptor-transferrin complex, *Cell* **116**: 565–576.

42 Cherry DS, Currie RJ, Soucek DJ, Latimer HA, Trent GC (2001) An integrative

assessment of a watershed impacted by abandoned mined land discharges, *Environ Pollut* **111**: 377–388.

43 Chlopecka A, Adriano DC (1997) Influence of zeolite, apatite and Fe-oxide on Cd and Pb uptake by crops, *Sci Total Environ* **207**: 195–206.

44 Choplin M, Schuette S, Leichtmann G, Lasher B (1991) Tolerability of iron: A comparison of bis-glycino iron(II) and ferrous sulfate, *Clin Ther* **13**: 606–612.

45 Claeys D, Walting M, Julmy F, Wuillermin WA, Mayer BJ (2002) Haemochromatosis mutations and ferritin in myocardial infarction: a case-control study, *Eur J Clin Invest* **32** (Suppl 1): 2–8.

46 Connor JR, Menzies SL (1996) Relationship of iron to oligodendrocytes and myelination, *GLIA* **17**: 83–93.

47 Crichton R (2001) Inorganic biochemistry of iron metabolism, 2nd ed. J. Wiley & Sons, Chichester.

48 Curie C, Alonso JM, Le Jean M, Ecker JR, Briat JF (2000) Involvement of NRAMP1 from Arabidopsis thaliana in iron transport, *Biochem J* **347**: 749–755.

49 Dallman PR (1982) Manifestations of iron deficiency, *Semin Hematol* **19**: 19–30.

50 Danesh J, Appleby P (1999) Coronary heart disease and iron status: Meta-analysis of prospective studies, *Circulation* **99**: 852–854.

51 Darley-Usmar V, Halliwell B (1996) Blood radicals: reactive nitrogen species, reactive oxygen species, transition metal ions, and the vascular system, *Pharm Res* **13**: 649–662.

52 De Valk B, Addicks MA, Gosriwatana I, Hider RC, Marx JJM (2000) Non-transferrin-bound iron is present in serum of hereditary haemochromatosis heterozygotes, *Eur J Clin Invest* **30**: 248–251.

53 De Valk B, Lens FR, Voorbij HAM, Marx JJM (2002) Iron does not bind to the Apo-B protein of low-density lipoprotein, *Eur J Clin Invest* **32** (Suppl 1): 17–20.

54 DeMaeyer E, Adiels-Tegman M (1985) The prevalence of anemia in the world, *Rapp Trimest Statist Sanit Mond* **38**: 302–316.

55 Deneo-Pellegrini H, De Stefani E, Boffetta P, Ronco A, Mendilaharsu M (1999) Dietary iron and cancer of the rectum: a case-control study in Uruguay, *Eur J Cancer Prev* **8**: 501–508.

56 Deugnier Y, Turlin B (2001) Iron and hepatocellular carcinoma, *J Gastroenterol Hepatol* **16**: 491–494.

57 Dewey KG, Romero-Abal ME, Quan de Serrano J, Bulux J, Pearson JM, Engle P, Solomons NW (1997) Effects of discontinuing coffee intake on iron status of iron-deficient Guatemalan toddlers: a randomized intervention study, *Am J Clin Nutr* **66**: 168–176.

58 DGE (1996) (Hrsg) Ernährungsbericht, Frankfurt 1996.

59 Donovan A, Brownlie A, Zhou Y, Shepard J, Pratt SJ, Maynihan J, Paw BH, Drejer A, Barut B, Zapata A, Law TC, Brugnara C, Lux SE, Pinkus GS, Pinkus JL, Kingsley PD, Palis J, Fleming MD, Andrews NC, Zon LI (2000) Positional cloning of zebrafish ferroportin 1 identifies a conserved vertebrate iron exporter, *Nature* **403**: 776–781.

60 Dörner K (Hrsg) (1999) Klinische Chemie und Hämatologie, 3. Aufl. Enke, Stuttgart, 271–296.

61 Eide D, Broderius M, Fett J, Guerinot ML (1996) A novel iron-regulated metal transporter from plants identified by functional expression in yeast, *Proc Natl Acad Sci USA* **93**: 5624–5628.

62 Ellenham MJ, Barceloux DG (1988) Iron, in: Medical Toxicology, Elsevier, New York, Amsterdam, London, 1023–1030.

63 Elmadfa I, Burger P, Derndorfer E, Kiefer I, Kunze M, König J, Leimüller G, Manafi M, Mecl M, Papathanasiou V, Rust P, Vojir F, Wagner KH, Zarfl B (1999) Österreichischer Ernährungsbericht 1998, Bundesministerium für Gesundheit, Arbeit und Soziales und Bundesministerium für Frauenangelegenheiten und Verbraucherschutz (Hrsg), Wien.

64 Engle JP, Polin KS, Stile IL (1987) Acute iron intoxication: treatment controversies, *Drug Intell Clin Pharm* **21**: 153–159.

65 European Haemochromatosis Consortium (2002) Letter to the Editor, *The Lancet* **360**: 412.

66 Expert group on vitamins and minerals (2003) Save upper levels for vitamins

and minerals, Food Standards Agency (Hrsg), UK.

67 Fantini GA, Yoshioka T (1993) Desferoxamine prevents lipid peroxidation and attenuates reoxygenation injury in postischemic skeletal muscle, *Am J Physiol* **264**: H1953–H1950.

68 Finch C (1994) Regulators of iron balance in humans, *Blood* **84**: 1697–1702.

69 Fleming DJ, Jacques PF, Massaro JM, D'Agostino RB, Wilson PWF, Wood RJ (2001) Aspirin and the use of serum ferritin as a measure of iron status, *Am J Clin Nutr* **74**: 219–226.

70 Fleming DJ, Tucker KL, Jaques PF, Dallal GE, Wilson PWF, Wood RJ (2002) Dietary factors associated with the risk of high iron stores in the elderly Framingham Heart Study Cohort, *Am J Clin Nutr* **76**: 1375–1384.

71 Fleming MD, Romano MA, Su MA, Garrick LM, Garrick MD, Andrews NC (1998) Nramp2 is mutated in the anemic Belgrade (b) rat: evidence of a role for Nramp2 in endosomal iron transport, *Proc Natl Acad Sci USA* **95**: 1148–1153.

72 Fleming MD, Trenor CCI, Su MA, Foernzler D, Beier DR, Dietrich WF, Andrews NC (1997) Microcytic anaemia mice have a mutation in Nramp2, a candidate iron transporter gene, *Nat Genet* **16**: 383–386.

73 Fleming RE, Holden CC, Tomatsu S, Waheed A, Brunt EM, Britton RS, Bacon BR, Roopernian DC, Sly WS (2001) Mouse strain differences determine severity of iron accumulation in Hfe knockout model of hereditary hemochromatosis, *PNAS* **98**: 2707–2711.

74 Fleming RE, Migus MC, Zhou XY, Jiang J, Britton RS, Brunt EM, Tomatsu S, Waheed A, Bacon BR, Sly WS (1999) Mechanism of increased iron absorption in murine model of hereditary hemochromatosis: Increased duodenal expression of the iron transporter DMT-1, *PNAS* **96**: 3143–3148.

75 Food and Nutrition Board, Institute of Medicine (2001) Dietary Reference Intakes: Vitamin A, Vitamin K, Arsenic, Boron, Chromium, Copper, Iodide, Iron, Manganese, Molybdenum, Nickel, Silicon, Vanadium and Zinc, National Academy Press, Washington D.C.

76 Francanzani AL, Conte D, Fraquelli M, Toioli E, Mattioli M, Fargion S (2001) Increased cancer risk in a cohort of 230 patients with hereditary hemochromatosis in comparison to matched control patients with non-iron-related chronic liver diseases, *Hepatology* **33**: 647–651.

77 Franchini M, Veneri D (2005) Recent advances in hereditary hemochromatosis, *Ann Hematol* **84**: 347–352.

78 Frazer DM, Wilkins SJ, Becker EM, Murphy TL, Vulpe CD, McKie AT, Anderson GJ (2003) A rapid decrease in the expression of DMT1 and Dcytb but not IREG1 or hephaestin explains the mucosal block phenomenon of iron absorption, *Gut* **52**: 340–346.

79 Freng A, Daae LN, Engeland A, Norum KR, Sander J, Solvoll K, Tretli S (1998) Malignant epithelial tumours in the upper digestive tract: a dietary socio-medical case-control and survival study, *Eur J Clin Nutr* **52**: 271–278.

80 Frykman E, Bystrom M, Jansson U, Edberg A, Hansen T (1994) Side effects of iron supplements in blood donors: Superior tolerance of heme iron, *J Lab Clin Med* **123**: 561–564.

81 Galy B, Ferring D, Minana B, Bell O, Janser HG, Muckenthaler M, Schümann K, Hentze MW (2005) Altered body iron distribution and Microcytosis in mice deficient for iron regulatory protein 2 (IRP2). *Blood*, June 14, Epub ahead of print.

82 Ganz T (2003) Hepcidin, a key regulator of iron metabolism and mediator of anemia of inflammation, *Blood* **102**: 783–788.

83 Ganzoni AM, Töndung G, Rhymer K (1974) Orale Eisenmedikation, *Dtsch med Wschr* **99**: 1175–1178.

84 Gehrke SG, Kulaksiz H, Herrmann T, Riedel HD, Bents K, Veltkamp C, Stremmel W (2003) Expression of hepcidin in hereditary hemochromatosis: evidence for a regulation in response to serum transferrin saturation and non-transferrin-bound iron, *Blood* **102**: 371–376.

85 Gera G, Sachdev HPS (2002) Effect of iron supplementation on incidence of in-

fectious illness in children: systematic review, *BMJ* **325**: 1142–1152.
86 Glei M, Latunde-Dada GO, Klinder A, Becker TW, Hermann U, Voigt K, Pool-Zobel B (2002) Iron-overload induces oxidative DNA damage in the human colon carcinoma cell line HT29 clone 19A, *Mut Res* **519**: 151–161.
87 Gordeuk U, Mukiibi J, Hasstedt SJ (1992) Iron overload in Africa. Interaction between a gene and dietary iron control, *N Engl J Med* **326**: 95–100.
88 Grantham-McGregor S, Ani C (2001) A review of studies on the effect of iron deficiency on cognitive development in children, *J Nutr* **131**: 649S–668S.
89 Green P, Evitan JM, Sivota P, Avidor I (1989) Secondary hemochromatosis due to prolonged iron ingestion, *Isr J Med Sci* **25**: 199–201.
90 Green R, Charlton R, Seftel H, Bothwell TH, Maget F (1968) Body iron excretion in man. A collaborative study, *Am J Med* **45**: 336–353.
91 Greenwood R, Golding J, McCaw-Binns A, Keeling J, Ashley D (1994) The epidemiology of perinatal death in Jamaica, *Paediatr Perinat Epidemiol* **8**: 143–157.
92 Gregory J, Foster K, Tyler HH, Wiseman M (1990) The dietary and nutritional survey of British adults, HMSO, London.
93 Guerinot ML, Yi Y (1994) Iron: nutritious, noxious and not readily available, *Plant Physiol* **104**: 815–820.
94 Gunshin H, Mackenzie B, Berger UV, Gunshin Y, Romero MF, Boron WF, Nussberger S, Gollan JL, Hediger MA (1997) Cloning and characterization of a mammalian proton-coupled metal-ion transporter, *Nature* **388**: 482–488.
95 Hallberg L (1988) Iron balance in pregnancy, in: Berger H (Hrsg) Vitamins and Minerals in Pregnancy and Lactation, Nestle Ltd, New York, 115–127.
96 Hallberg L, Hulthen L (2000) Prediction of dietary iron absorption: an algorithm for calculating absorption and bioavailability of dietary iron, *Am J Clin Nutr* **71**: 1147–1160.
97 Hallberg L, Hulthen L, Garby L (1997) Iron stores in man in relation to diet and iron requirements, *Eur J Clin Nutr* **52**: 623–631.
98 Hallberg L, Rossander L (1984) Improvement of iron nutrition in developing countries: comparison of adding meat, soy protein, ascorbic acid, citric acid, and ferrous sulphate on iron absorption from a simple Latin American-type of meal, *Am J Clin Nutr* **39**: 577–583.
99 Hallberg L, Rossander L, Hulthen L, Brune M, Gleerup A (1992) Inhibition of haem-iron absorption in men by calcium, *Br J Nutr* **69**: 533–540.
100 Hallberg L, Ryttinger L, Söllvell L (1966) Side-effects of oral iron therapy, *Acta med Scand* **459** (Suppl): 3–10.
101 Halle M, König D, Berg A, Keul J, Baumstark MW (1997) Relationship of serum ferritin concentration with metabolic cardiovascular risk factors in men without evidence for coronary artery disease, *Atherosclerosis* **128**: 235–240.
102 Halliwell B, Gutteridge JMC (1990) The role of free radicals and catalytic metal ions in human disease: an overview, *Methods Enzymol* **186**: 1–85.
103 Halshof KFAM, Kruizinga AG (1999) TNO-Report 99.516, Zeist.
104 Hanson ES, Leibold EA (1999) Regulation of the iron regulatory proteins by reactive nitrogen and oxygen species, *Gene Expr* **7**: 367–376.
105 Harrington CF, Elahi S, Merson SA, Ponnampalavanar P (2001) A method for the quantitative analysis of iron speciation in meat by using a combination of spectrophotometric methods and high-performance liquid chromatography coupled to sector field inductively coupled plasma mass spectrometry, *Anal Chem* **73**: 4422–4427.
106 Harrison PM, Arosio P (1996) The ferritin molecular properties, iron storage function and cellular regulation, *Biochim Biophys Acta* **1275**: 161–203.
107 Heijne G von, Steppuhn J, Herrmann RG (1989) Domain-structure of mitochondrial and chloroplast targeting peptides, *Eur J Biochem* **180**: 535–545.
108 Heitmann LB, Milman N, Hansen LG (1996) Relationship between dietary iron intake, corrected for diet reporting error, and serum ferritin in Danish

women aged 35–65 years, *Br J Nutr* **75**: 905–913.

109 Hellman NE, Gitlin JD (2002) Ceruloplasmin metabolism and function, *Annu Rev Nutr* **22**: 439–458.

110 Hentze MW, Muckenthaler MU, Andrews NC (2004) Balancing acts; molecular control of mammalian iron metabolism, *Cell* **117**: 285–297.

111 Hetet G, Elbaz A, Gariepy J, Nicaud V, Arveiler D, Morrison C, Kee F, Evans A, Simon A, Amarenco P, Cambien F, Grandchamp B (2001) Association studies between haemochromatosis gene mutations and the risk of cardiovascular diseases, *Eur J Clin Invest* **31**: 382–388.

112 Hider R (2002) Nature of non-transferrin-bound iron, *Eur J Clin Invest* **32** (Suppl 1): 50–54.

113 Horowitz LD, Sherman NA, Kong Y, Pike AW, Goblin J, Fennessey PV, Horowitz MA (1998) Lipophilic siderophores of Mycobacterium tuberculosis prevent cardiac perfusion injury, *Proc Ntl Acad Sci USA* **95**: 5263–5268.

114 Hsing AW, Mc Laughlin JK, Olsen JH, Mellemkjan L, Wacholder S, Fraumeni JF (1995) Cancer risk following primary hemochromatosis. A population-based cohort study in Denmark, *Int J Cancer* **60**: 160–162.

115 Huang X (2003) Iron overload and its association with cancer risk in humans: evidence for iron as a carcinogenic metal, *Mutat Res* **533**: 153–171.

116 Huebers HA (1991) Iron, in: Merian E (Hrsg) Metals and their Compounds in the Environment, VCH, Weinheim, 945–957.

117 Hunt JR, Roughead LZK (2000) Adaptation of iron absorption in men consuming diets with high or low iron bioavailability, *Am J Clin Nutr* **71**: 94–102.

118 Hussain SP, Raja K, Amstad PA, Sawyer M, Trudel LJ, Wogan GN, Hofseth LJ, Shields PG, Billiar TR, Trautwein C, Hohler T, Galle PR, Philips DH, Markin R, Marrogi AJ, Harris CC (2000) Increased p53 mutation load in nontumorous human liver of Wilson disease and hemochromatosis: oxidoradical overload diseases, *Proc Natl Acad Sci USA* **97**: 12770–12775.

119 Idjradinata P, Politt E (1993) Reversal of developmental delays in iron-deficiency anemic infants treated with iron, *Lancet* **341**: 1–4.

120 Idjradinata P, Watkins WE, Politt E (1994) Adverse effects of iron supplementation on weight gain of iron-replete young children, *Lancet* **343**: 1252–1254.

121 Ihnat M (2004) Analytical chemistry of element determination (non-nuclear and nuclear), in: Merian E, Anke M, Ihnat M, Stoeppler M (Hrsg) Elements and their Compounds in the Environment, 2nd ed., vol. 3. Wiley-VCH, Weinheim, 1525–1641.

122 Inoue K, Hiradate S, Takagi S (1993) Interaction of mugineic acid with synthetically produced iron-oxides, *Soil Sci Am J* **57**: 1254–1260.

123 Iron metabolism in man (1979) Bothwell TH, Charlton RW, Cook JD, Finch C (Hrsg), Blackwell Sci Publications, Oxford.

124 Isaacson C, Seftel HC, Keeley KJ, Bothwell TH (1961) Siderosis in the Bantu: the relationship between iron overload and cirrhosis, *J Lab Clin Med* **58**: 845–853.

125 Ischiropoulos H, Beckman JS (2003) Oxidative stress and nitration in neurodegeneration: cause, effect, or association? *J Clin Invest* **111**: 163–169.

126 Jalil SS, Barlow AM (1984) Haemochromatosis following prolonged iron ingestion, *JR Soc Med* **77**: 690–692.

127 Johansson HE, Theil EC (2002) Iron-responsive element (IRE) structure and combinatorial RNA regulation, in: Templeton DM (Hrsg) Molecular and cellular iron transport, Marcel Dekker, New York, 237–253.

128 Johnson BF (1968) Haemochromatosis resulting from prolonged oral iron therapy, *N Engl J Med* **278**: 1100–1101.

129 Kalra L, Hamlyn AN, Jones BJM (1986) Blue sclera: a common sign of iron-deficiency? *Lancet* **2**: 1267–1268.

130 Kato I, Dnistrian AM, Schwartz M, Toniolo P, Koenig K, Shore RE, Zeleniuch-Jacquotte A, Akhmedkhanor A, Riboli E (1999) Iron intake, body iron stores and colorectal cancer risk in women: a nested case-control study, *Int J Cancer* **80**: 693–698.

131 Kim MJ, Nriagu J (2000) Oxidation of arsenite in groundwater using ozone and oxygen, *Sci Total Environ* **247**: 71–79.

132 Kim S, Wing SS, Ponka P (2004) S-nitrolysation of IRP2 regulates its stability via the ubiquitin-proteosome pathway, *Mol Cell Biol* **24**: 330–337.

133 Klipstein-Grobusch K, Koster JF, Grobbee DE, Lindemans J, Boeing H, Hofman A, Witteman JCM (1999) Serum ferritin and risk of myocardial infarction in the elderly: the Rotterdam study, *Am J Clin Nutr* **69**: 1231–1236.

134 Knekt P, Reunanen A, Takkunen H, Aromaa A, Heliöavaara M, Hakulinen T (1994) Body iron stores and risk of cancer, *Int J Cancer* **56**: 379–382.

135 Knutson MD, Walter PB, Ames BN, Viteri FE (2000) Both iron deficiency and daily iron supplementation increase lipid peroxidation in rats, *J Nutr* **130**: 621–628.

136 Knutson MD, Walter PB, Mendoza C, Ames BN, Viteri FE (1999) Effects of daily oral iron supplementation on iron status and lipid peroxidation in women, *FASEB J* **13**: 698.

137 Koistinako J, Miettinen S, Keinanen R, Vartiainen N, Roivainen R, Laitinen JT (1996) Long-term induction of haem oxygenase-1 (HSP-32) in astrocytes and microglia following transient focal brain ischemia in the rat, *Eur J Neuro Sci* **8**: 2265–2272.

138 Kooistra MP, Kersting S, Gosriwatana I, Lu S, Nijhoff-Schutte J, Hider RC, Marx JJM (2002) Nontransferrin-bound iron in the plasma of haemodialysis patients after intravenous iron saccharate infusion, *Eur J Clin Invest* **32** (Suppl 1): 36–41.

139 Kozyraki R, Fyfe J, Verroust PJ, Jacobsen C, Dautry-Vasat A, Gburek J, Willnow TE, Christensen EJ, Moestrup SK (2001) Megalin-dependent cubilin-mediated endocytosis is a major pathway for the apical uptake of transferrin in polarized epithelia, *Proc Natl Acad Sci* **96**: 12491–12496.

140 Labbé RF, Dewanji A (2004) Iron assessment tests: transferrin receptor vis-a-vis zinc protoporphyrin, *Clin Biochem* **37**: 165–174.

141 LaVaute T, Smith S, Cooperman S, Iwai K, Land W, Meyron-Holtz E, Drake SK, Miller G, Abu-Asab M, Tsokos M, Switzer III R, Grinberg A, Love P, Tresser N, Rouault TA (2001) Targeted deletion of iron metabolisms and neurodegenerative disease in mice, *Nat Genet* **27**: 209–214.

142 Lebeau A, Frank J, Biesalski HK, Weiss G, Srai SKS, Simpson RJ, McKie AT, Bahram S, Gilfillan S, Schümann K (2002) Long-term sequels of HFE deletion on C57BL/6 x 129/01a mice, an animal model for hereditary haemochromatosis, *Eur J Clin Invest* **32**: 603–612.

143 Lescure AM, Proudhon D, Pesey H, Ragland M, Theil EC, Briat JF (1991) Ferritin gene-transcription is regulated by iron in soybean cell-cultures, *Proc Natl Acad Sci* **88**: 8222–8226.

144 Levi F, Pasche C, Lucchini F, La Vecchia C (2000) Selected micronutrients and colorectal cancer. A case-control study from canton Vaud, Switzerland, *Eur J Cancer* **36**: 2115–2119.

145 Liguori L (1993) Iron protein succinylate in the treatment of iron deficiency: Controlled, double blind, multicenter clinical trial on over 1000 patients, *Int J Clin Pharmacol Ther Toxicol* **31**: 103–123.

146 Lin Z, Harsbo K, Ahlgren M, Qvarfort U (1998) The source and fate of Pb in contaminated soils at the urban area of Falun in central Sweden, *Sci Total Environ* **209**: 47–58.

147 Litton Bionetics (1975) Mutagenic evaluation of compound FDA 73–28. Sodium ferric pyrophosphate. Unpublished reports from the United States Food and Drug Administration. Submitted to the World Health Organisation by the United States Food and Drug Administration.

148 Litton Bionetics (1976) Mutagenic evaluation of compound FDA 75–36. Ferric pyrophosphate. Unpublished reports from the United States Food and Drug

Administration. Submitted to the World Health Organisation by the United States Food and Drug Administration.

149 Litton Bionetics (1976) Mutagenic evaluation of compound FDA 75–56. Ferrous lactate powder. Unpublished reports from the United States Food and Drug Administration. Submitted to the World Health Organisation by the United States Food and Drug Administration.

150 Lobreaux S, Thoiron S, Briat JF (1995) Induction of ferritin synthesis in maize leaves by an iron-mediated oxidative stress, *Plant J* **8**: 443–449.

151 Loreal O, Gosriwatana I, Guyader D, Porter J, Brissot P, Hider RC (2000) Determination of non-transferrin-bound iron in genetic hemochromatosis using a new HPLC-based method, *J Hepatol* **32**: 727–733.

152 Lovejoy FH (1982) Chelation therapy in iron poisoning, *J Toxicol Clin Toxicol* **19**: 871–874.

153 Lozoff B, Jimenez E, Wolf AW (1991) Long-term developmental outcome of infants with iron deficiency, *N Engl J Med* **325**: 687–694.

154 Lund EJ, Wharf SG, Fairweather-Tait SJ, Johnson IT (1998) Increases in the concentration of available iron in response to dietary iron supplementation are associated with changes in crypt cell proliferation in rat large intestine, *J Nutr* **128**: 175–179.

155 Lund EJ, Wharf SG, Fairweather-Tait SJ, Johnson IT (1999) Oral ferrous sulfate supplements increase the free radical generating capacity of feces from healthy volunteers, *Am J Clin Nutr* **69**: 250–255.

156 Lynch SR (1984) Iron, in: Solomons NW, Rosenberg ICH (Hrsg) Absorption and Malabsorption of Mineral Nutrients, Alan R Liss Inc, New York, 89–124.

157 MacKay C (1841) Memoires of Extraordinary Popular Delusions. Richard Bently, London.

158 Magnusson B, Bjorn-Rasmussen E, Hallberg L, Rossander L (1981) Iron absorption in relation to iron status. A model proposed to express results of food absorption measurements, *Scand J Haematol* **27**: 201–209.

159 Maher BA, Dennis PF (2001) Evidence against dust-mediated control of glacial-interglacial changes in atmospheric CO_2, *Nature* **411**: 176–180.

160 Majumdar I, Paul P, Talib VH, Ranga S (2003) The effect of iron therapy on growth of iron-repleted and iron-depleted children, *J Tropical Pediatr* **49**: 84–88.

161 Mandishona E, MacPhail AP, Gordeuk VR, Kedda MA, Paterson AC, Rouault TA, Kew MC (1998) Dietary iron overload as a risk factor for hepatocellular carcinoma in Black Africans, *Hepatology* **27**: 1563–1566.

162 Marks G, Beatty WK (1975) The Precious Metal of Medicine. Charles Scribner, New York.

163 Martin JH, Gordon RM, Fitzwater SE (1990) Iron in arctic water, *Nature* **345**: 156–158.

164 McNamara L, MacPhail AP, Gordeuk VR, Hasstedt SJ, Rouault T (1998) Is there a link between African iron overload and the described mutations of the hereditary haemochromatosis gene, *Br J Haematol* **102**: 1176–1178.

165 McCord JM (1998) Iron, free radicals, and oxidative injury, *Semin Hematol* **35**: 5–12.

166 McKie AT, Barrow D, Latunde-Dada GO, Rolfs A, Sayer G, Mudaly E, Mudaly M, Richardson C, Barlow D, Bomford A, Peters TJ, Raja K, Shiralis S, Hediger MA, Farzaneh F, Simpson RJ (2001) An iron-regulated ferric reductase associated with the absorption of dietary iron, *Science* **291**: 1755–1759.

167 McKie AT, Marciani P, Rolfs A, Brennan K, Wehr K, Barrow D, Miret S, Bomford A, Peters TJ, Farzaneh F, Hediger MA, Hentze MW, Simpson RJ (2000) A novel duodenal iron-regulated transporter IREG1, implicated in the basolateral transfer of iron to the circulation, *Mol Cell* **5**: 299–309.

168 Mensink GB (2002) Was essen wir heute? Ernährungsverhalten in Deutschland. Beiträge zur Gesundheitsberichterstattung des Bundes. Robert Koch-Insitut, Berlin.

169 Mensink GB, Thamm M, Haas K (1999) Die Ernährung in Deutschland 1998, *Gesundheitswesen* **61**, Sonderheft 2: S200–S206.

170 Meyron-Holtz EG, Ghosh MC, Iwai K, LaVaute T, Brazzolotto X, Berger UV, Land W, Ollivierre Wilson H, Grinberg A, Love P, Rouault TA (2004) Genetic ablation of iron regulatory proteins 1 and 2 reveal why iron regulatory protein2 dominates iron homeostasis, *EMBO J* **23**: 386–395.

171 Michalke B (2004) Element speciation analysis, in: Merian E, Anke M, Ihnat M, Stoeppler M (Hrsg) Elements and their Componds in the Environment, 2nd ed., vol. 3. Wiley-VCH, Weinheim, 1643–1673.

172 Milman N, Byg KE, Oversen L, Kirchoff M, Jürgensen KSL (2002) Iron status in Danish men 1984–94: a cohort comparison of changes in iron stores and the prevalence of iron deficiency and iron overload, *Eur J Haematol* **68**: 332–340.

173 Milman N, Kirchhoff M (1999) Relationship between serum ferritin and risk factors for ischemic heart disease in 2235 Danes aged 30–60 years, *J Int Med* **245**: 423–433.

174 Milman N, Oversen L, Byg KE, Graudal N (1999) Iron status in Danes updated 1994. I. Prevalence of iron deficiency and iron overload in 1332 men aged 40–70 years. Influence of blood donation, alcohol intake and iron supplementation, *Ann Hematol* **78**: 393–400.

175 Monsen ER (1988) Iron nutrition and absorption: dietary factors which impact iron bioavailability, *J Am Diet Assoc* **88**: 786–790.

176 Monsen ER, Hallberg L, Layrisse M, Hegsted M, Cook JD, Merz W, Finch CA (1978) Estimation of available dietary iron, *Am J Clin Nutr* **31**: 134–141.

177 Morris ER (1987) Iron, in: Mertz W (Hrsg) Trace Elements in Human and Animal Nutrition, Vol. 1, Academic Press Inc, San Diego, 79–142.

178 Moyo VM, Mandishona E, Hasstedt S, Gangaidzo IT, Gomo ZAR, Khumalo H, Saungweme T, Kiire CF, Paterson AC, Bloom P, MacPhail AP, Rouault T, Gordeuk VR (1998) Evidence of genetic transmission in African iron overload, *Blood* **91**: 1076–1082.

179 Mulvihill B, Kirwan FM, Morrissey PA, Flynn A (1998) Effects of myofibrillar muscle protein on the in vitro bioavailability of non-haem iron, *Int J Food Sci Nutr* **49**: 187–192.

180 Mütze S, Hebling U, Stremmel W, Wang J, Arnhold J, Pantopoulos K, Müller S (2003) Myeloperoxidase derived hypochlorous acid antagonizes the oxidative stress-mediated activation of iron regulatory protein 1, *J Biol Chem* **278**: 40542–40549.

181 Nassar BA, Zayed EM, Title LM, O'Neill BJ, Bata IR, Kirkland SA, Dunn J, Dempsey GI, Toon MH, Johnstone DE (1998) Relation of HFE gene mutations, high iron stores and early onset coronary artery disease, *Can J Cardiol* **14**: 215–220.

182 Nelson RL, Davis FG, Persky V, Becker E (1995) Risk of neoplastic and other diseases among people with heterozygosity for hereditary hemochromatosis, *Cancer* **76**: 875–879.

183 Nelson RL, Davis FG, Sutter E, Sobin LH, Kikendall JW, Bowen P (1994) Body iron stores and risk of colonic neoplasia, *J Natl Cancer Inst* **86**: 455–460.

184 Nelson RL, Persky V, Davis F, Becker E (2001) Is hereditary hemochromatosis a balanced polymorphism: an analysis of family size among hemochromatosis heterozygotes, *Hepato-Gastroenterol* **48**: 523–526.

185 Nelson RL, Yoo JC, Tanure JC, Andrianopoulos G, Misumi A (1989) Effect of iron on experimental colorectal carcinogenesis, *Anticancer Res* **9**: 1477–1482.

186 Nemeth E, Rivera S, Gabayan V, Keller C, Taudorf S, Pedersen BK, Ganz T (2004) IL-6 mediates hypoferremia of inflammation by inducing the synthesis of the iron regulatory hormone hepcidin, *J Clin Invest* **113**: 1271–1276.

187 Nicolas G, Bennoun M, Devaux I, Beaumont C, Grandchamp B, Kahn A, Vaulont S (2001) Lack of hepcidin gene expression and severe tissue iron overload in upstream stimulatory factor 2 (USF2) knockout mice, *PNAS* **98**: 8780–8785.

188 Niederau C, Fischer R, Sonnenberg A, Stremmel W, Trampisch HJ, Strohmeyer G (1985) Survival and causes of death in cirrhotic and non-cirrhotic patients with primary hemochromatosis, *N Engl J Med* **313**: 1256–1262.

189 Njajou OT, Alizadeh BZ, van Dujin CM (2004) Is genetic screening for hemochromatosis worthwhile? *Eur J Epidemiol* **19**: 101–108.

190 NRC (1980) Mineral Tolerance of Domestic Animals, Natl Acad Press, Washington, DC.

191 Oates PS, Trinder D, Morgan EH (2000) Gastrointestinal function, divalent metal transporter-1 expression and gastrointestinal iron absorption, *Pflügers Arch – Eur J Physiol* **440**: 496–502.

192 Okada S, Midorikawa O (1982) Induction of renal adenocarcinoma by Fe-nitrilotriacetate (Fe-NTA), *Jpn Arch Intern Med* **29**: 385–401.

193 Olynyk JK, Bacon BR (1994) Hereditary hemochromatosis. Detecting and correcting iron overload, *Postgrad Med* **96**: 151–165.

194 Oski FA (1993) Iron deficiency in infancy and childhood, *N Engl J Med* **329**: 190–193.

195 Osler M, Milman N, Heitmann BL (1998) Dietary and non-dietary factors associated with iron status in a cohort of Danish adults followed for 6 years, *Eur J Clin Nutr* **52**: 459–463.

196 Pantopoulos K, Hentze MW (1995) Rapid response to oxidative stress mediated by iron regulatory protein, *EMBO J* **24**: 2917–2924.

197 Papanikolaou G, Pantopoulos K (2005) Iron metabolism and Toxicity, *Toxicol Appl Pharmacol* **202**: 199–211.

198 Payne JF, French B, Hamoutene D, Yeats P, Rahimtula A, Scruton D, Andrews C (2001) Are metal mining effluent regulations adequate: identification of a novel bleached fish syndrome in association with iron-ore mining effluents in Labrador, Newfoundland, *Aqua Toxicol* **52**: 311–317.

199 Penny ME, Marin RM, Duran A, Peerson JM, Lanata CF, Lönnerdal B, Black RE, Brown KH (2004) Randomized controlled trial of the effect of daily supplementation with zinc or multiple micronutrient on the morbidity, growth, and micronutrient status of young Peruvian children, *Am J Clin Nutr* **79**: 457–465.

200 Pietrangelo A (1996) Metals, oxidative stress, and hepatic fibrogenesis, *Semin Liver Dis* **16**: 13–30.

201 Pippart MJ (1994) Secondary iron overload, WB Saunders Comp Ltd, London.

202 Politt E (2001) The developmental and probabilistic nature of the functional consequences of iron-deficiency anemia in children, *J Nutr* **131**: 669S–675S.

203 Ponka P (1997) Tissue-specific regulation of iron metabolism and heme synthesis: distinct control mechanisms in erythroid cells, *Blood* **89**: 1–25.

204 Ponka P, Beaumont C, Richardson DR (1998) Function and regulation of transferrin and ferritin, *Semin Hematol* **35**: 35–54.

205 Porres JM, Stahl CH, Cheng WH, Fu Y, Roneker KR, Pond WG, Lei XG (1999) Dietary intrinsic phytate protects colon from lipid peroxidation in pigs with a moderately high iron intake, *Proc Soc Exp Biol Med* **221**: 80–86.

206 Powell LW (1970) Tissue damage in haemochromatosis: An analysis of the roles of iron and alcoholism, *Gut* **11**: 980.

207 Powell LW, Jazwinska E, Halliday JW (1994) in: Brock JH, Halliday JW, Pippard MJ, Powell LW (Hrsg) Iron Metabolism in Health and Disease. Primary iron overload, WB Saunders Co Ltd, London, 227–270.

208 Raiola G, Galati MC, DeSanctis V, Caruso Nicoletti M, Pintor C, DeSimone M, Arcuri VM, Anastasi S (2003) Growth and puperty in thalassemia major, *J Pediatr Endocrinol Metab* **16** (Suppl 2): 259–266.

209 Rasmussen ML, Folsom AR, Catelier DJ, Tsai MY, Garg U, Eckfeldt (2001) A prospective study of coronary heart disease and the hemochromatosis gene (HFE) C282 mutation: the Atherosclerosis Risk in Communities (ARIC) study, *Atherosclerosis* **154**: 739–746.

210 Reddajah VP, Prasanna P, Ramachandran K, Nath LM, Sood SU, Madan N, Rusia U (1989) Supplementary iron

dose in pregnant anemia prophylaxis, *Ind J Pediatr* **65**: 109–114.

211 Roberts ST, Henderson RW, Young GP (1993) Modulation of uptake of heme by rat small intestinal mucosa in iron deficiency, *Am J Physiol* **265**: G712–G718.

212 Roest M, van der Schouw YT, de Valk B, Marx JJM, Tempelman MJ, de Groot PG, Sixma JJ, Banga JD (1999) Heterozygosity for a hereditary hemochromatosis gene is associated with cardiovascular mortality in women, *Circulation* **100**: 1268–1273.

213 Roetto A, Papanikolaou G, Politou M, Alberti F, Girelli D, Christakis J, Loukopoulos D, Camaschelle C (2003) Mutant antimicrobial peptide hepcidin is associated with severe juvenile hemochromatosis, *Nat Genet* **33**: 21–22.

214 Rooyakkers TM, Stroes ESG, Kooistra MP, van Faassen EE, Hider RC, Rabelink TJ, Marx JJM (2002) Ferric saccharate induces oxygen radical stress and endothelial dysfunction in vivo, *Eur J Clin Invest* **32** (Suppl 1): 9–16.

215 Rosales FJ, Kang Y, Pfeiffer B, Rau A, Romero-Abal ME, Erhardt JG, Solomons NW, Biesalski HK (2004) Twice the recommended daily allowance of iron is associated with increase in plasma α-1 antichymotrypsin concentrations in Guatemalan school-aged children, *Nutr Res* **24**: 875–887.

216 Rossander L (1987) Effect of dietary fiber on iron absorption in man, *Scand J Gastroenterol* **22** (Suppl 129): 68–72.

217 Rouault T, Klausner R (1997) Regulation of iron metabolism in eukariotes, *Curr Top Cell Regul* **35**: 1–19.

218 Roughead ZK, Hunt JR (2000) Adaptation in iron absorption: iron supplementation reduces nonheme-iron but not heme-iron absorption from food, *Am J Clin Nutr* **72**: 982–989.

219 Roy CN, Custodio AO, DeGraaf J, Schneider S, Akpan I, Montross LK, Sanchez M, Gaudino A, Hentze MW, Andrews NC, Muckenthaler MU (2004) An HFE-dependent pathway mediates hyposiderinämia in response to lipopolysaccharide-induced inflammation in mice, *Nat Genet* **36**: 481–485.

220 Roy CN, Enns CA (2000) Iron homeostasis: new tales from the crypt, *Blood* **96**: 4020–4027.

221 Ryter SW, Tyrrell RM (2000) The heme synthesis and degradation pathways: role in oxidant sensitivity. Heme oxigenase has both pro- and antioxidant properties, *Free Radical Biol Med* **28**: 289–309.

222 Salonen JT, Nyyssönen K, Korpela H, Tuomilehto J, Seppänen R, Salonen R (1992) High stored iron levels are associated with excess risk of myocardial infarction in eastern Finnish men, *Circulation* **86**: 803–811.

223 Salonen JT, Nyyssönen K, Salonen R (1994) Body iron stores and risk of coronary heart disease (letter), *N Engl J Med* **334**: 1159.

224 Sanudo-Wilhelmy SA, Kustka AB, Gobler CJ, Hutchins DA, Yang M, Lwiza K, Burns J, Capone DG, Raven JA, Carpenter EJ (2001) Phosphorus limitation of nitrogen fixation by Trichodesmium in the central Atlantic Ocean, *Nature* **411**: 66–69.

225 Sayers MH, English G, Finch CA (1994) The capacity of the store regulator in maintaining iron balance, *Am J Hematol* **47**: 194–197.

226 Schulze MB, Linseisen J, Kroke A, Boeing H (2001) Macronutrient, vitamin, and mineral intakes in the EPIC-Germany cohorts, *Ann Nutr Metab* **45**: 181–189.

227 Schümann K, Borch-Iohnsen B, Hentze MW, Marx JJM (2002) Tolerable upper intakes for dietary iron set by the US Food and Nutrition Board, *Am J Clin Nutr* **76**: 499–500.

228 Schümann K, Brennan K, Weiss M, Pantopoulos K, Hentze MW (2004) Rat duodenal IRP1 activity and iron absorption in iron deficiency after H_2O_2 perfusion, *Eur J Clin Invest* **34**: 275–282.

229 Schümann K, Elsenhans B, Forth W (1999) Kinetic analysis of ^{59}Fe movement across the intestinal wall in duodenal rat segments ex vivo, *Am J Physiol* **276**: G431–G440.

230 Schümann K, Elsenhans B, Mäurer A (1998) Iron supplementation, *J Trace Elements Med Biol* **12**: 129–140.

231 Schümann K, Kroll S, Weiss G, Frank J, Biesalski HK, Daniel H, Friel J, Solomons NW (2005) Monitoring of haematological, inflammatory and oxidative reactions of acute oral iron exposure in human volunteers: Preliminary screening for selection of potentially-responsive biomarkers, *Toxicology* **212**: 10–23.

232 Schümann K, Moret R, Künzle H, Kühn LC (1999) Iron regulatory protein as an endogenous sensor of iron in rat intestinal mucosa. Possible implications for the regulation of iron absorption, *Eur J Biochem* **260**: 362–372.

233 Schümann K, Romero-Abal ME, Mäurer A, Luck T, Beard J, Murray-Kolb L, Bulux J, Mena I, Solomons NW (2005) Hematological response to heme iron or ferrous sulphate mixed with refried black beans in moderately anemic Guatemelan preschool children, *Publ Health Nutr* **8**: 572–581.

234 Scientific Committee on food (Reports, 31st series) (1993) Iron, Commission of the European Community, Luxembourg, 177–189.

235 Seftel HC, Keeley KJ, Isaacson C, Bothwell TH (1961) Siderosis in the Bantu: the clinical incidence of hemochromatosis in diabetic subjects, *J Lab Clin Med* **58**: 837–844.

236 Sempos CT, Looker AC, Gillum RF, McGee DL, Vuong CV, Johnson CL (2000) Serum ferritin and death from all causes and cardiovascular diseases: The NHANES II mortality study, *Ann Epidemiol* **10**: 441–448.

237 Shadid M, Moison R, Steendijk P, Hildermann L, Berger HM, van Bel F (1998) The effect of antioxidative combination therapy on posthypoxic-ischemic perfusion, metabolism, and electrical activity of the newborn brain, *Pediatr Res* **44**: 119–124.

238 Shojima S, Nishizawa NK, Fushiya S, Nozoe S, Irifune T, Mori S (1990) Biosynthesis of phytosiderophores – in vitro biosynthesis of 2′-deoxymugineic acid from l-methionine and nicotianamine, *Plant Physiol* **93**: 1497–1503.

239 Siegers CP, Bumann D, Baretton G, Younes M (1988) Dietary iron enhances the tumor rate in dimethyldihydrazine-induced colon carcinogenesis in mice, *Cancer Lett* **41**: 251–256.

240 Solomons NW, Schümann K (2004) Intramuscular administration of iron dextrane is inappropriate for treatment of moderate pregnancy anemia, both in intervention research on underprivileged women and in routine prenatal care provided by public health service, *Am J Clin Nutr* **79**:1–3.

241 Souci SW, Fachmann W, Kraut H (2000) in Scherz H (Hrsg) Die Zusammensetzung der Lebensmittel, Nährwert-Tabellen, medpharm Scientific Publ, Stuttgart.

242 Soustre Y, Dop MC, Galan P, Hercberg S (1986) Dietary determinants of the iron status in menstruating women, *Int J Vitamin Nutr Res* **56**: 281–286.

243 Sparla F, Bagnaresi P, Scagliarini S, Trost P (1997) NADH:Fe(III)-chelate reductase of maize roots is an active cytochrome b(5) reductase, *FEBS Lett* **414**: 571–575.

244 Spencer KT, Lindower PD, Buettner GR, Kerber RE (1998) Transition metal chelators reduce directly measured myocardial free radical reduction during reperfusion, *J Cardiovasc Pharmacol* **32**: 343–348.

245 Stevens RG, Jones Y, Micozzi MS, Taylor PR (1988) Body iron stores and the risk of cancer, *N Engl J Med* **319**: 1047–1052.

246 Stevens RG, Graubard BI, Micozzi MS, Neriishi K, Blumberg BS (1994) Moderate elevation of body iron level and increased risk of cancer occurrence and death, *Int J Cancer* **56**: 364–369.

247 Stoltzfus RJ (2001) Defining iron-deficiency anemia in public health terms: a time for reflection, *J Nutr* **131**: 565S–567S.

248 Straubli Asobayire F, Adou P, Davidsson L, Cook JD, Hurrell RF (2001) Prevalence of iron deficiency with and without concurrent anemia in population groups with high prevalences of malaria and other infections: a study in Cote d'Ivoire, *Am J Clin Nutr* **74**: 776–782.

249 Tanaka T, Iwasa Y, Kondo S, Hisai H, Toyokuni S (1999) High incidence of allelic loss on chromosome 5 and inactivation of p151INK4B and p161INK4A tumor suppressor genes in oxystress-induced renal cell carcinoma of rats, *Oncogene* **18**: 3793–3797.

250 Tarng DC, Huang TP (2002) Determinants of circulating soluble transferrin receptor level in chronic hemodialysis patients, *Nephrol Dial Transplant* **17**: 1063–1069.

251 Tenhunen R, Gräsbeck R, Kouronen I, Landberg M (1980) An intestinal receptor for heme: its partial characterization, *Int J Biochem* **12**: 713–716.

252 Thomas L, Thomas C, Heimpel H (2005) Neue Parameter zur Diagnostik von Eisenmangelzuständen, *Dtsch Ärztebl* **102**: A 580–586.

253 Thomine S, Wang RC, Ward JM, Crawford NM, Schroeder JI (2000) Cadmium and iron transport by members of a plant metal transporter family in Arabidopsis with homology to Nramp genes, *Proc Natl Acad Sci USA* **97**: 4991–4996.

254 Thuy PV, Berger J, Davidsson L, Khan NC, Lam NT, Cook JD, Hurrell RF, Khoi HH (2003) Regular consumption of NaFe-EDTA-fortified fish sauce improves iron status and reduces the prevalence of anemia in anemic Vietnames women, *Am J Clin Nutr* **78**: 284–290.

255 Toyokuni S (2002) Iron and carcinogenesis. From Fenton reaction to target genes, *Redox Rep* **7**: 189–197.

256 Toyokuni S, Uchida K, Okamoto K, Hattori Y, Nakakuki Y, Hiai H, Stadtmann ER (1994) Formation of 4-hydroxy-2-nonenal-modified proteins in the renal proximal tubules of rats treated with a renal carcinogen ferric nitrilotriacetate, *Proc Natl Acad Sci USA* **91**: 2616–2620.

257 Trenor CC, Campagna DR, Sellers VM, Andrews NC, Fleming MD (2000) The molecular defect of hypotransferrinemic mice, *Blood* **96**: 1113–1118.

258 Troost FJ, Saris WHM, Haenen GRMM, Bast A, Brummer R-JM (2003) New method to study oxidative damage and antioxidants in the human small bowe: effects of iron application, *Am J Gastrointest Liver Physiol* **285**: G354–359.

259 Tseng M, Greenberger ER, Sandler RS, Baron JA, Haile RW, Blumberg BS, McGlynn KA (2000) Serum ferritin concentration and recurrence of colorectal adenoma, *Cancer Epidemiol Biomarker Prev* **9**: 625–630.

260 Tsukamoto H, Horne W, Kamimura S, Niemelä O, Parkkila S, Ylä-Herttuala S, Brittenham GM (1995) Experimental liver cirrhosis induced by alcohol and iron, *J Clin Invest* **96**: 620–630.

261 Tuomainen T-P, Kontula K, Nyyssönen K, Lakka TA, Heliö T, Salonen JT (1999) Increased risk of acute myocardial infarction in carriers of the hemochromatosis gene Cys282Tyr mutation, *Circulation* **100**: 1274–1279.

262 Tuomainen T-P, Punnonen K, Nyyssönen K, Salonen JT (1998) Association between body iron stores and the risk of acute myocardial infarction in men, *Circulation* **97**: 1461–1466.

263 Turnberg LA (1965) Excessive oral iron therapy causing haemochromatosis, *Br Med J* **1**: 1360.

264 Turrini A, National Survey (1994–1996) INRAN, Rome.

265 UNICEF (1999) Prevention of iron deficiency in women and children. Technical Workshop, New York, Ch. 2, 13–17.

266 Vannotti A, Delachaux A (1949) Iron metabolism and its clinical significance. Grune & Stratton, New York.

267 VERA-Schriftenreihe. Kübler W, Anders HJ, Heeschen W (Hrsg) Eisenstatus, Wissenschaflicher Fachverlag Dr Fleck, Niederkleen, 1995, Band V, B11–B110.

268 Vulpe CD, Kuo YM, Murphy TL, Cowley L, Askwith C, Libina N, Gitschier J, Anerson GJ (1999) Hephaestin, a ceruloplasmin homologue implicated in intestinal iron transport in the sla mouse, *Nat Genet* **21**: 195–199.

269 Walthers GO, Miller FM, Worwood M (1973) Serum ferritin concentration and iron stores in normal subjects, *J Clin Path* **26**: 770–772.

270 Ward RJ, Legssyer R, Henry C, Crichton RR (2000) Does the haemosiderin iron core determine its potential for chelation and the development of iron-induced tissue damage? *J Inorg Biochem* **79**: 311–317.

271 Watson AJ, Bakker DCE, Ridgwell AJ, Boyd PW, Law CS (2000) Effect of iron supply on southern ocean CO_2 uptake and implications for glacial atmospheric CO_2, *Nature* **407**: 730–733.

272 Webb EC (1992) Enzyme Nomenclature. Academic Press, San Diego.

273 Weiss G (2002) Pathogenesis and treatment of anemia of chronic disease, *Blood Rev* **16**: 954–965.

274 Welz B, Sperling M (Hrsg) (1999) Atomic Absorption Spectrometry, 3rd ed., Wiley-VCH, Weinheim.

275 Wen X, Allen HE (1999) Mobilization of heavy metals from Le An river sediment, *Sci Total Environ* **227**: 101–108.

276 Whittaker P, Dunkel VC, Bucci TJ, Kusewitt DF, Thurman JD, Warbritton A, Wolf GL (1997) Genome-linked toxicity responses to dietary iron overload, *Toxicol Pathol* **25**: 556–564.

277 WHO (1992) The prevalence of anemia in women: a tabulation of available information, 2nd ed. WHO, Geneva.

278 Williams RE, Zeier JL, Flaherty JT (1991) Treatment with desferoxamine during ischemia improves functional and metabolic recovery and reduces reperfusion-induced oxygen radical generation in rabbit hearts, *Circulation* **83**: 1006–1014.

279 Wurzelmann JI, Silver A, Schreinemachers DM, Sandler RS, Everson RB (1996) Iron intake and the risk of colorectal cancer, *Cancer Epidemiol Biomark Prev* **5**: 503–507.

280 Yamanaka K, Ishikawa H, Megumi Y, Tokunaga F, Kanie M, Rouault TA, Morishima I, Minato N, Ishimori K, Iwai K (2003) Identification of the ubiquitin-protein ligase that recognizes oxidised IRP2, *Nat Call Biol* **5**: 336–340.

281 Yip R (2001) Iron, in: Bowman BA, Russell RM (Hrsg) Present knowledge in nutrition. ILSI Press, Washington DC, 311–328.

282 Zhang D, Okada S, Yu Y, Pingdong Z, Yamaguchi R, Kasai H (1997) Vitamin E inhibits apoptosis, DNA modification and cancer induced by iron-mediated peroxidation in Wastar rat kidney, *Cancer Res* **57**: 2410–2414.

283 Zhang W, Yu L, Hutchinson SM (2001) Diagnosis of magnetic minerals in the intertidal sediments of the Yangtze estuary, China, and its environmental significance, *Sci Total Environ* **266**: 169–175.

284 Zhang ZF, Kurtz RC, Yu GP, Sun M, Gargon N, Karpek M, Fein JS, Harlap S (1997) Adenocarcinomas in the esophagus and gastric cardia: the role of diet, *Nutr Cancer* **27**: 298–309.

56
Iod

Manfred Anke

56.1
Allgemeine Substanzbeschreibung

56.1.1
Historischer Überblick

Die Geschichte des Iods (I) begann mit der Entstehung des tierischen Lebens und setzte sich über die „prähistorischen Menschen", deren Entwicklung vor etwa 3,5 Millionen Jahren anfing und historisch gesehen vor 10 000–30 000 Jahren endete, fort. Die Neandertaler (Cromagnon, *Homo Neanderthalensis*) starben vor 30 000 Jahren aus und der *Homo sapiens* beherrschte die Erde. Die „Fundstücke" beider Hominidenarten demonstrieren die biologische Bedeutung des Nichtmetalls Iod als essentieller und toxischer Körperbestandteil [91].

Der moderne Mensch lebte am Anfang der historischen Zeit als Jäger von Wild und Sammler von Pflanzen und Wildfrüchten. Mit dem Sesshaftwerden und der Entwicklung des Pflanzenbaus verschlechterte sich das Iodangebot des Menschen. Im antiken China (2800–2500 v. Chr.) kannte man bereits die Kropfbildung verhindernde Wirkung des Seetangs. Später (770–220 v. Chr.) brachte man die Schilddrüsenvergrößerung mit der schlechten Qualität des Wassers und während der Han-Dynastie (206 v. Chr.) mit dem Leben im Gebirge in Verbindung. Die Chinesen benutzten neben Saragossatang und Braunalgen (Ge-Khun 320–400 n. Chr.) auch die Schilddrüsen von Tieren zur Behandlung des Iodmangelkropfes (Shen Shi-Fan 420–500 v. Chr.). Der Gebrauch von Meeresfrüchten und Tierschilddrüsen zur Iodmangelkropfbehandlung beschränkte sich über viele Jahrhunderte nicht auf China, sondern war auch in der Hinduliteratur (Atharva-Veda, 2000 v. Chr.), dem antiken Ägypten, der griechisch-römischen Antike und dem Alpenraum Europas bekannt und Bestandteil der Literatur.

Die „erste" überlieferte bildliche Darstellung des Kropfes und goitrogener Kretins wird im „Reuner Musterbuch" aus dem Jahr 1215 von der Zisterzienserabtei in Reun, nahe Graz in der Steiermark Österreichs, gegeben. Dieses Bild demonstrierte schon 300 Jahre vor der Feststellung von Paracelsius, dass zwi-

Handbuch der Lebensmitteltoxikologie. H. Dunkelberg, T. Gebel, A. Hartwig (Hrsg.)

ISBN: 978-3-527-31166-8

schen der Kropfentstehung und Kretinismus Beziehungen bestehen müssen [140].

Das 19. Jahrhundert brachte eine Eskalation des Interesses an dem Spurenelement Iod oder besser an der Verhinderung dieser Volkskrankheit. Napoleon ordnete die systematische Untersuchung der Ursachen des Kropfes und Kretinismus an, da diese Krankheit zahlreiche junge Männer vom Militärdienst ausschloss.

Iod wurde 1811 durch Courtois während der Reinigung von „Kelppfannen" mit heißer schwefliger Säure in der Braunalge (*Fucus vesicularis*), deren Asche (Soda) zur Schießpulverherstellung benutzt wurde, entdeckt. Er registrierte die Entwicklung eines violetten Dampfes, der an den kühleren Teilen der Pfanne kristallisierte. Courtois nahm von dem unbekannten Material Proben und übergab sie Wissenschaftlern. Davy und Gay-Lussac identifizierten in ihnen das neue Element. Gay-Lussac nannte es wegen seiner violetten Farbe griechisch „iode" (violett gefärbt) und veröffentlichte die ersten Befunde über das Iod 1814 [187].

Die Lebensnotwendigkeit und Toxizität des Iods wurden 1820 bekannt, als Coindet [81] in einem Vortrag der Schweizer Naturwissenschaft in Genf Iod zur Behandlung des Kropfes vorschlug. Er hatte die an 150 Patienten verabreichte Iodmenge sehr sorgfältig ausgewählt und fand keine toxischen Nebenwirkungen, die aber bei anderen Anwendern durch die Gabe von zu viel Iod als Herzerkrankungen, Abmagerung, Schwäche bzw. gestörter Menstruationen auftraten und zu heftiger Opposition gegen Coindet und die Iodtherapie führten. Prevost (1790–1850) beobachtete schließlich, dass 0,9–2 mg Iod ausreichen, um den Kropf zu verhindern bzw. zu beseitigen. Boussingault [74a, b] empfahl, nachdem er in Südamerika die hilfreiche Wirkung des iodreichen Speisesalzes bei der Kropfprophylaxe erlebt hatte, 1831 die Iodierung des Speisesalzes. Die erste kontrollierte Studie bei kropfkranken Familien erfolgte mit 100–500 mg KI/kg Speisesalz in Frankreich. Neben der hilfreichen Wirkung bei der Kropfprophylaxe wurden aufgrund der zu reichlichen Iodierung auch Nebenwirkungen registriert und kontroverse Diskussionen entfacht [140].

Die Einführung der Stickstoff- und Kaliumdüngung landwirtschaftlicher und gärtnerischer Kulturen durch Justus von Liebig (1842) verbesserte die Iodversorgung des Menschen durch die Düngung mit Chilesalpeter, der bis zu 1 g Iod/kg enthalten kann, ebenso wie der Import und die Verfütterung von Fischmehl an landwirtschaftliche Nutztiere, erheblich. Der Erste Weltkrieg und das raubbaubedingte Ausbleiben des Anchovis im Stillen Ozean in den 1970er Jahren verschärften in Deutschland und Europa den Iodmangel erneut [11]. Die Substitution des Fischmehls durch Rapsextraktionsschrot verstärkten den Iodmangel bei Tier und Mensch.

Nach WHO-Angaben leidet weltweit ein Drittel der Bevölkerung an Iodmangel. Als Referenzwert des Iodmangels wurde die renale Ausscheidung von <100 µg I/L Urin gewählt [6].

56.1.2
Chemisch-physikalische Eigenschaften

Iod mit einer Atommasse von 129,9044 ist ein nichtmetallisches Element der Halogenfamilie. Die elektronische Konfiguration des Iodatoms ist $[Kr]4d^{10}5s^25p^5$. Die relative Atommasse des einzigen stabilen Iodisotopes beträgt 127. Das Iod bildet 22 künstliche Isotope mit einer Masse zwischen 117 und 139. Die Halbwertszeit der Iodisotope ist sehr unterschiedlich. Die kürzeste von 86 Sekunden besitzt ^{136}Iod und die längste ^{129}Iod ($1,6 \cdot 10^7$ a). Die bedeutendsten Iodisotope sind ^{131}Iod mit einer Halbwertszeit von 8 Tagen (Tschernobyl) und ^{125}Iod mit einer Halbwertszeit von 60 Tagen. Beide werden als radioaktive Elemente von der Medizin genutzt.

Die Oxidationsstadien des Iods sind –1, +1, +3, +5 und +7. Iod verbindet sich mit Ausnahme der Edelgase, des Schwefels und Selens, mit allen Elementen, wobei es nur indirekt mit Kohlenstoff, Stickstoff, Sauerstoff und verschiedenen Edelmetallen reagiert [187].

56.1.3
Vorkommen und Gewinnung

Die 16 km starke Erdkruste enthält etwa 200 µg I/kg [95]. In der Natur kommt Iod hauptsächlich in den Mineralien Bruggenit $Ca(IO_3)_2 \cdot H_2O$, Dietzeit $Ca_2(IO_3)_2 \cdot CrO_4$, Iodargyrit AgI, Iodembolit Ag(Cl, Br, I), Lautarit $(CaIO_3)_2$ und Marshit CuI vor [187]. Das wichtigste Iodmineral ist Lautarit.

Der Iodgehalt der Gesteine schwankt zwischen 10 und 6000 µg/kg. Am meisten Iod kann Schiefer mit viel organischer Masse enthalten, auch Muschelkalk, Dolomit und Sandstein können mit 500–3000 µg I/kg reichlicher Iod als Granit und Gneis (200–500 µg/kg) speichern. In den verschiedenen Böden der Erde kommen 100–10 000 µg I/kg vor. Sie enthalten weltweit im Mittel 2800 µg I/kg [154]. Die Iodkonzentrationen der Böden werden durch iodreiche Niederschläge und damit auch durch die Küstennähe oder -ferne stark beeinflusst.

Der durchschnittliche Iodgehalt des Trinkwassers in Deutschland schwankt in Abhängigkeit von der Entfernung zur Küste zwischen 8 µg/L nahe der Nord- und Ostsee und <1 µg/L in Alpennähe [15, 108, 109]. Meereswasser ist signifikant iodreicher (50 µg/L) [82]. Das Iod der verwitternden Gesteine wird nur von der organischen Substanz und dem Glei gebunden und gelangt mit dem Wasser der Flüsse in die Weltmeere. Es konzentriert sich dort in Seelebewesen (Schwämme, Algen, Tang und Meerestiere). Schilddrüsen und Leberöl dieser Organismen können 500–70 000 mg I/kg enthalten. Braunalgen der nördlichen Hemisphäre speichern 300–4500 mg I/kg [82].

Weltweit existieren drei Verfahren zur Iodgewinnung:

- Erzeugung des Iods aus Meeresgewächsen (engl.: kelp, seaweed) von 1817–1959,
- Ioderzeugung als Nebenprodukt der Natriumnitratproduktion in Chile seit 1852,
- Gewinnung des Iods aus der Sole der Erdöl- und Gasgewinnung seit 1854.

Chile ist der einzige Standort, wo Iod bergmännisch abgebaut wird. Iod kommt als Calciumiodat im Chilesalpeter vor und wird als Nebenprodukt der Nitratproduktion gewonnen. Die Lagerstätten in Chile speichern ein Drittel der drei Millionen Tonnen des Weltvorrates an Iod.

Die Ioderzeugung aus Sole erfolgte historisch betrachtet mit Hilfe von sechs verschiedenen Verfahren, von denen noch drei verwendet werden [187]. Iod kommt als Kalium- oder Natriumiodid in der Sole der Erdöl- und Gasvorkommen in Oklahoma (150–1200 mg/kg) [84], Kalifornien (30–70 mg/kg) und Michigan (30 mg/kg) vor [186]. In Japan wird Iod hauptsächlich im südlichen Kento Gasfeld (Chiba, Tokio, Kanagawa) (7–110 mg/kg) [101] und in Indonesien zusammen mit Brom aus der Sole der Ölfelder (50 mg/kg) [282] gewonnen. In der Sole der Petroleumfelder am Kaspischen Meer (Aserbaidschan) kommen 67 mg I/kg vor, nahe dem Schwarzen Meer (Slavyganska-Troiska) wurden 80–120 mg/kg gefunden und in Turkmenistan (Nebit-Dag) werden 250 mg/kg aus der Sole erzeugt [187].

Kommerziell sind hauptsächlich Iodide (KI, NaI, NH_4I) und Iodate gefragt.

56.1.4
Verwendung

Iod wird zu außerordentlich verschiedenen Zwecken in der Industrie, Landwirtschaft und im Gesundheitswesen verwendet. Kaliumiodid wurde erstmals 1916 als Arzneimittel gegen den Kropf angeboten und als Iodtinktur bzw. Iodoform zur Desinfektion von Hautabschürfungen und Schnittwunden verwendet.

Die Hauptmenge des industriell genutzten Iods wird im Monsantoverfahren als Katalysator zur Erzeugung von Essigsäure verwendet. In diesem Prozess katalysiert ein iodgeförderter Rhodiumkomplex die Essigsäuresynthese aus Methanol. Iodkatalysatoren (Titantetraiodid, Aluminiumiodid) werden zur Dehydration von Butan bzw. Butadien und zur Herstellung von Polymeren verwendet. Außerdem findet Iod als Stabilisator bei der Nylonherstellung und bei der Umwandlung von Kolophonium Verwendung.

In Jodmangelgebieten spielt Jod als Futterzusatz in Form von Mineralstoffgemischen für Rind, Schaf, Schwein, Huhn und Pferd eine erhebliche Rolle. In den USA wird es als Ethylendiamindihydroiodid in den Mineralstoffgemischen landwirtschaftlicher Nutztiere eingesetzt.

Iod wirkt bakterizid und virizid. Es wird in der Nahrungsmittelindustrie, in Labors und Restaurants zur Wasserdesinfektion ohne Kochen (Militär) sowie in Schwimmbecken, wo es intensiver desinfiziert als Chlor, verwendet [187].

Schließlich wird Iod zur Herstellung von Röntgenkontrastmitteln verwendet. Kaliumiodid kam früher als Expektorans zum Einsatz.

Die beim Fotografieren verwendeten Silbersalze bestehen bis zu 7% aus Iod.

Iod ist Bestandteil verschiedener Farbstoffe (4′,5′-Diiodfluorescein, Rose Bengal und Erythrosin). Erythrosin enthält 58% Iod und ist Bestandteil von Softdrinks, Gelatinedesserts, Speiseeis und Kleintierfutter. 4′,5′-Diiodfluorescein wird zum Färben von Druckbaumwolle, Jute und Stroh verwendet. Fluoriodkohlenstoffe ($CF_3(CF_2)_7I$) wirken wasser- und ölabstoßend und sind Bestandteil von Feuerlöschschaum.

Iod spielt bei der Auslösung von künstlichem Regen eine bedeutende Rolle. Weltweit werden jährlich etwa 11 000 kg Silberiodid in Mengen von 10–50 g per Wolke zum Abregnen benutzt [187].

Die Weltjahresproduktion an Iod betrug 2001 mehr als 19 600 t, von denen 10 500 t in Chile, 500 t in China, 70 t in Indonesien, 6100 t in Japan und 570 t in Russland produziert wurden. Die Rohioderzeugung der USA ist nicht publiziert [187].

56.2 Regeln des Iodvorkommens in Futter- und Lebensmitteln

Der Iodgehalt der Flora unterliegt extremen Schwankungen, die von 10–1500 µg/kg Trockenmasse reichen und in extremen Fällen auch 10 000 µg/kg Trockenmasse betragen können [46]. Die große Schwankungsbreite des Iodgehaltes der Vegetation wird durch die geologische Herkunft des Standortes und seines wechselnden Iodgehaltes, die Meeresentfernung bzw. die Iodkonzentration der Niederschläge, das Pflanzenalter, die Pflanzenart und dem in die Ernährung eingebundenen Pflanzenteil (Blätter, Knollen, Samen etc.) verursacht.

56.2.1 Iod in der Flora

56.2.1.1 Der Einfluss der geologischen Herkunft und des Iodgehaltes der Niederschläge

Das im Gestein vorkommende Iod ist gut wasserlöslich, so dass das bei der Verwitterung frei werdende Iod nur zum Teil im Boden und an Kolloide gebunden wird und mit dem Wasser die Ozeane erreicht. Unterwegs wird es nur in bescheidenem Umfang von den Bodenkolloiden gebunden. Seine partielle Anreicherung in Sedimentgesteinen und den daraus entstandenen Böden erfolgt durch den Einbau des Iods in Plankton und anderen organischen Bodenbestandteilen. Auch die Bodenmikroben binden Iod in beträchtlichem Umfang.

Mitteleuropäische Böden enthalten 0,5–10 mg I/kg. Humusreiche Böden (Moor, Torf) können bis 100 mg I/kg speichern. Der Feinerdeanteil beeinflusst den Iodgehalt des Bodens. Torfreiche Böden binden im Mittel mehr Iod (7 mg/kg) als sandreiche (2 mg/kg). In Mitteldeutschland wurden 0,4–38 mg I/kg, im Mittel 3,1 mg I/kg Boden gefunden [208, 235].

Aufgrund seiner Wasserlöslichkeit wurde ein Teil des Iods der gletschertransportierten Schuttmassen der Eiszeit (Norddeutsche Tiefebene, Alpen) während des Abtauens ausgewaschen und den Weltmeeren zugeführt, wo es sich in verschiedenen Algenarten, den Sedimenten und im Wasser anreicherte.

Andererseits ist das organische Iod der Meere die Quelle des atmosphärischen Iods. Die Photooxidation des organischen Iods in der Luft zu löslichen anorganischen Formen des Iods in der Aerosolphase führt zur Ablagerung des Iods auf Land und Meer. Dieser atmosphärische Eintrag bringt dem Land das für Tier und Mensch lebenswichtige Iod zurück. Hauptquelle des anorganischen Iods in der Atmosphäre ist Diiodmethan (CH_2I_2), das von Makroalgen und polaren Mikroalgen gebildet wird [79, 281]. In Meeresnähe ist der Regen und damit auch das Trinkwasser in Europa besonders iodreich. Mit zunehmender Entfernung von den Küsten Deutschlands sinkt der Iodgehalt des Trinkwassers, so dass es in der Nähe von Nord- und Ostsee 8 µg I/L und im Alpen- und Bodenseeraum nur 1 µg I/L enthält (Tab. 56.1).

Auf diesem Weg erhalten die norddeutschen Endmoränengebiete, deren Geschiebelehme ebenso wie deren diluviale Sande besonders iodarm sind, ihren Iodnachschub [281]. Die gleichermaßen iodverarmten Böden des Alpenraumes bekommen über den Regen, der in Norddeutschland abregnet, nur einen Bruchteil an Iod zurück und sind wie die meisten Hochgebirgsböden iodverarmt. Sie repräsentieren Iodmangelgebiete für Mensch und Tier [16].

Den Einfluss des Iodgehaltes im Regen auf den Iodanteil des Trinkwassers zeigt eine Analyse auf diluvialen Sanden in unterschiedlicher Entfernung zur Ostsee (Tab. 56.2) [109].

Der Iodtransfer über Luft und Regen überlagert die geologisch und glazial bedingten Unterschiede im Iodangebot der Vegetation und auch die eiszeitbedingten Iodverarmungen in Norddeutschland und im Alpenraum.

Zur Testung der Iodversorgung der Flora wurde der Iodgehalt von Roggen in der Blüte, Ackerrotklee in der Knospe und Weizen im Schossen verwendet [8]. Die drei genannten Pflanzenarten wuchsen auf 1 m^2. Die Probennahme erfolgte zur Roggenblüte. Zu dieser Zeit befanden sich Weizen und Ackerrotklee in den genannten Wachstumsstadien. Der Iodgehalt der drei Arten korrelierte mit $r = 0{,}99–0{,}71$ signifikant (Tab. 56.3) und zeigt ihre Eignung als Indikatorpflanzen

Tab. 56.1 Der Iodgehalt des Trinkwassers verschiedener Lebensräume Deutschlands [µg/L].

Lebensraum	***n***	**Iodgehalt [µg/L]**	
		x	***s***
Hamburg, Flensburg, Kiel, Rostock, Stralsund	8	8,0	2,1
Münster, Hannover, Berlin, Cottbus	26	4,3	2,2
Trier, Köln, Erfurt, Gera, Dresden	22	2,9	1,5
Kaiserslautern, Heidelberg, Nürnberg	13	1,7	1,0
Freiburg, Garmisch, Rosenheim, Passau	15	1,1	0,9
Fp	–	<0,001	
%[a)]	–	14	

a) Hamburg, ... = 100%, Freiburg, ... = *x*%.
n = Anzahl, *x* = Arithmetischer Mittelwert, *s* = Standardabweichung,
Fp = Signifikanzniveau bei der einfaktoriellen oder einfach mehrfaktoriellen Varianzanalyse.

Tab. 56.2 Der Iodgehalt des Trinkwassers von Geschiebelehm und diluvialem Sand in Abhängigkeit von der Meeresentfernung [µg/L].

Meeresentfernung [km]	x	s
0–50	8	4
51–100	7	5
101–200	6	5
201–300	2	1
p	<0,05	

x=Arithmetischer Mittelwert, s=Standardabweichung,
p=Signifikanzniveau beim t-Test nach Student.

Tab. 56.3 Regressionsgleichungen und Korrelationskoeffizienten (r) für den Iodgehalt [µg/kg Trockenmasse zweier Pflanzenarten gleicher Standorte (1 m^2).

Pflanzenarten	n	p	Regressionsgleichung	r
Weizen : Roggen	22	<0,001	$y^{a)} = 40{,}10 + 0{,}84\ x^{b)}$	0,71
Ackerrotklee : Roggen	22	<0,001	$y = -0{,}35 + 0{,}60\ x$	0,94
Ackerrotklee : Weizen	22	<0,001	$y = -13{,}41 + 0{,}50\ x$	0,99

a) y=Iodgehalt der zweiten Pflanzenart;
b) x=Iodgehalt der ersten Pflanzenart.
n=Anzahl, p=Signifikanzniveau beim t-Test nach Student,
r=Korrelationskoeffizient.

der Iodversorgung. Mit ihrer Hilfe wurde die Iodversorgung der Flora überprüft (Tab. 56.4) und festgestellt, dass die alluvialen Auen tatsächlich die iodreichste Pflanzenwelt aufweisen, da das iodreiche Oberflächenwasser immer wieder Iod aus den verwitternden Gesteinen liefert.

Der nord- und nordostdeutsche Geschiebelehm und seine diluvialen Sande der Eiszeit produzieren durch ihre Meeresnähe und den hohen Iodgehalt des Regens eine ähnlich iodreiche Vegetation.

Mit zunehmender Meeresentfernung nimmt der Iodgehalt der Pflanzen ab und beträgt auf den 300 km vom Meer entfernten Lebensräumen der Triasformation (Buntsandstein, Muschelkalk und Keuper) bzw. des Granits nur noch zwei Drittel bzw. die Hälfte der auf den alluvialen Auen bzw. in Meeresnähe gefundenen Iodkonzentrationen. Selbst in Großbritannien (Derbyshire) nimmt der Iodtransfer zur Fauna und zum Menschen mit zunehmender Meeresferne ab [240].

Um den Einfluss der geologischen Herkunft des Standortes auf den Iodgehalt der Vegetation von dem des aerogen gelieferten Iods in Küstennähe abzugrenzen, wurde der Iodgehalt von Ackerrotklee in der Knospe, Roggen in der Blüte und Weizen im Schossen in einer Entfernung von 10–320 km von der Küste wachsend untersucht (Tab. 56.5) [116]. Die Meeresentfernung vermindert den

Tab. 56.4 Der Iodgehalt der Flora und des Trinkwassers in Abhängigkeit von der geologischen Herkunft des Lebensraumes und der Meeresentfernung (geographische Lage).

Geologische Herkunft des Standortes	Relativzahl der Flora	Meeres-entfernung in km	Iodgehalt des Wassers [µg/L]	
			x [a]	s [b]
Alluviale Ablagerungen	100	–	4,0	2,0
Geschiebelehm	94	150	9,0	5,0
Diluvialer Sand	95	180	4,0	3,0
Phyllitverwitterungsböden	92	380	2,0	2,0
Löss	83	300	4,0	1,0
Gneisverwitterungsböden	80	410	0,9	0,3
Schieferverwitterungsböden (Devon, Silur, Kulm)	73	280	2,0	0,9
Verwitterungsböden des Rotliegenden	71	380	2,0	2,0
Buntsandsteinverwitterungsböden	71	340	3,0	2,0
Muschelkalkverwitterungsböden	65	340	2,0	1,0
Keuperverwitterungsböden	61	340	1,0	1,0
Granitverwitterungsböden	54	410	1,0	1,0

a) x = Arithmetischer Mittelwert;
b) s = Standardabweichung.

Tab. 56.5 Der Iodgehalt der Indikatorpflanzen auf Geschiebelehm und diluvialem Sand in unterschiedlicher Entfernung zur Küste wachsend [µg I/kg Trockenmasse] (n = 34, 49, 72).

Entfernung zum Meer [km]	Ackerrotklee	Grünroggen	Grünweizen	Fp [a]	% [b]
10–50	272	179	89	<0,01	33
51–100	218	131	90	<0,01	41
101–200	137	79	77	<0,001	56
201–320	132	101	57	<0,001	43
Fp	<0,001	<0,001	>0,05		–
% [c]	49	56	64		–

a) Ackerrotklee = 100%; Grünroggen = x%;
b) Fp = Signifikanzniveau bei der einfaktoriellen oder einfach mehrfaktoriellen Varianzanalyse;
c) 10–50 km = 100%, 201–320 km = x%.

Tab. 56.6 Der Iodgehalt verschiedener Futter- und Nahrungsmittel der Triasformation (Buntsandstein, Muschelkalk und Keuper) in Thüringen und in Deutschland [μg I/kg Trockenmasse.

Futter- bzw. Nahrungsart	$(n; n)$ [a]	Deutschland		Thüringen		% [d]
		s [b]	x [c]	x	s	
Gerste	(17; 8)	69	95	62	11	65
Weizen	(9; 8)	27	98	69	9	70
Grünweizen	(216; 8)	54	74	68	18	92
Wiesenschwingel	(10; 8)	46	102	31	9	30
Grünroggen	(201; 8)	74	103	77	13	75
Ackerrotklee	(143; 9)	80	133	113	29	85
Wiesenrotklee	(129; 8)	72	135	116	24	86
Luzerne	(11; 8)	51	197	158	50	80
Weißklee	(9; 8)	76	238	215	66	90
Grünmais	(5; 8)	98	346	261	74	75
Rübenblatt	(9; 16)	88	446	240	64	54
Kartoffeln	(10; 8)	31	110	85	30	77
Zuckerrüben	(10; 8)	81	230	169	46	73
Futterrüben	(9; 8)	45	319	221	69	69

a) Anzahl der Proben;
b) Standardabweichung;
c) arithmetisches Mittel;
d) Deutschland = 100%, Thüringen = x%.

Iodgehalt der drei Pflanzenarten Anfang Juni (Roggenblüte) um ein Drittel (Weizen) bzw. um etwa die Hälfte (Grünroggen, Ackerrotklee) und zeigt den in der Regel signifikanten Einfluss der aerogenen Iodversorgung der eigentlich iodarmen eiszeitlichen Böden. Die zusätzliche Iodversorgung küstennaher Regionen wurde wiederholt beschrieben [109, 150, 280].

Die Analyse des Iodgehaltes verschiedener Futter- und Nahrungsmittelrohstoffe Deutschlands und Thüringens (Tab. 56.6) [114] der Triasformation (Küstenentfernung 300–400 km) zeigt bei allen untersuchten Arten den Einfluss der aerogenen Iodversorgung auf den Iodbestand der Pflanzen, der in Thüringen und in Mittel- und Süddeutschland nur sehr begrenzt stattfindet und die Iodversorgung von Tier und Mensch minimiert.

56.2.1.2 **Der Einfluss des Pflanzenalters auf den Iodgehalt der Flora**

Neben dem Iodangebot beeinflusst das Alter der Pflanzen ihren Iodbestand hoch signifikant und im Vergleich zu anderen Spurenelementen besonders umfangreich (Tab. 56.7). Das gilt ganz besonders für alle Gramineenarten. Die untersuchten Leguminosenarten verminderten ihren Iodanteil innerhalb von sieben Wochen auf etwa 40%, die Grasarten auf 10% [18]. Junger Grünraps nimmt über

Tab. 56.7 Der Iodgehalt verschiedener Pflanzenarten in Abhängigkeit vom Entwicklungsstadium [µg/kg Trockenmasse] ($n=144$).

Art	30.04.	12.05.	26.05.	16.06.	KGD [a]	%
Luzerne	358	293	158	149	93	42
Ackerrotklee	294	250	113	103	60	35
Wiesenrotklee	225	223	116	90	59	40
Wiesenschwingel	184	66	33	20	39	11
Roggen	305	197	77	43	81	14
Weizen	215	168	68	18	46	8

a) KGD = Kleinste Grenzdifferenz.

die Wurzel mehr Iod als älterer auf. Die Wurzel des jungen Rapses selektiert das Iod der Nährlösung und wandelt Iodat in Iodid um. Ältere Pflanzenwurzeln absorbieren weniger Iod als jüngere. Iod wird in der Flora als Iodid gespeichert [211].

56.2.1.3 Der Einfluss des Pflanzenteiles und der Pflanzenart auf den Iodgehalt

Die Iodeinlagerung in die verschiedenen geästen, verfütterten oder verzehrten Pflanzenteile ist sehr unterschiedlich. Körner aller Getreidearten sind regelmäßig extrem iodarm und erzeugen bei alleinigem Angebot beim Konsumenten Iodmangel. Das gilt ganz besonders für Weizen, Gerste und Reis (Tab. 56.8). Auch Obst, Leguminosensamen, geschälte Kartoffeln und Früchte enthalten regelmäßig wenig Iod. Im Gegensatz zu Samen, Früchten und zur Reproduktion der Pflanzenarten dienenden Pflanzenteilen enthalten Blätter, Stängel und Stiele der Pflanzen mehr Iod, so dass blattreiche Pflanzenarten (Grünmais, Weißkraut, Rübenblatt, Kopfsalat) relativ iodreich sind. Im Mittel enthalten Blüten, Samen und Früchte vieler Pflanzenarten signifikant weniger Iod als Blätter und Stängelverdickungen, die in die Ernährung eingehen.

Das Stroh des Getreides liefert den Wiederkäuern erstaunlicherweise relativ viel Iod. Sein absolut hoher Iodgehalt wird durch Staub, der dem Stroh anhaftet, verursacht. Diese Nanopartikel enthalten je kg 1000–10 000 µg I/kg und versorgen die Konsumenten zusätzlich mit Iod [16, 17, 22, 103, 111, 112, 133, 137].

Diese Aussage gilt auch für Heilpflanzen, die entweder als ganze Pflanze (Kraut) oder deren Wurzel, Blätter, Blüten und Früchte verwendet werden. Die Analyse von 51 verschiedenen Pflanzenarten zeigt ebenfalls, dass Blüten und Früchte im Vergleich zu Blättern und Wurzeln weniger Iod enthalten und der Lebensraum den Iodgehalt artabhängig signifikant beeinflusst (Tab. 56.9).

Die auf alluvialen Auen wachsenden Heilkräuter oder Heilkräuterteile speicherten ein Viertel bzw. ein Drittel mehr Iod als die auf Muschelkalk- bzw. Granitverwitterungsböden gesammelten [46].

Tab. 56.8 Der Iodgehalt verschiedener Pflanzenteile bzw. Pflanzenarten [µg/kg Trockenmasse, TM].

Samen, Früchte		Knollen, Wurzelverdickungen, Stängel		Blattreiche Arten	
Art (*n*) [a]	***x*[b] ± *s*[c]**	**Art (*n*)**	***x* ± *s***	**Art (*n*)**	***x* ± *s***
Weizen (175)	15 ± 11	Kartoffeln, geschält (15)	31 ± 18	Weidegras (15)	49 ± 24
Gerste (6)	18 ± 6	Kohlrabi (15)	49 ± 24	Ackerrotklee (26)	55 ± 19
Äpfel (16)	19 ± 6	Kartoffeln, ungeschält (8)	85 ± 30	Luzerne (6)	55 ± 30
Mais (14)	21 ± 6	Zwiebeln (15)	126 ± 31	Grünmais (34)	66 ± 27
Reis (15)	21 ± 6	Blumenkohl (6)	126 ± 36	Weißkraut (6)	90 ± 19
Weiße Bohnen (15)	21 ± 12	Zuckerrüben (8)	169 ± 46	Petersilie (15)	182 ± 37
Apfelsinen (15)	24 ± 21	Weizenstängel (8)	200 ± 113	Schnittlauch (15)	192 ± 51
Tomaten (15)	31 ± 34	Futterrüben (8)	221 ± 69	Rübenblatt (18)	196 ± 97
Gurken (15)	43 ± 19	Feigenkaktus (14)	272 ± 122	Kopfsalat (15)	237 ± 171
Hirse (14)	75 ± 37	Weizenstroh (8)	391 ± 349	Dill (15)	388 ± 112
Mittelwert	29	Mittelwert	163	Mittelwert	151

a) *n* = Anzahl;
b) *x* = arithmetischer Mittelwert;
c) *s* = Standardabweichung.

Tab. 56.9 Der Iodgehalt von „Heilpflanzen" bzw. Teilen von Heilpflanzen in Abhängigkeit von der geologischen Herkunft des Standortes [µg/kg Trockenmasse] (*n* = 156).

Pflanzenteil	*x*	Geologische Herkunft				
		Alluviale Auen	Muschelkalk	Phyllit	Granit	% [a]
Blüten	580	1040	750	200	490	100
Blätter	790	840	860	610	680	121
Wurzeln	980	1670	1200	1060	280	170
Kräuter	990	1210	980	1150	840	169
x	–	1200	910	860	720	–
% [b]	–	100	76	72	60	–

a) Blüten 100%, Blätter, Wurzeln, Kräuter = *x*%;
b) alluviale Auen = 100%, Muschelkalk, Phyllit, Granit = *x*%.

56.2.1.4 **Der Einfluss von Nanopartikeln auf den Iodgehalt der Pflanzen**

Der extrem hohe Iodbestand des Getreidestrohs (Tab. 56.8) überrascht zunächst. Sein hoher Iodanteil wird durch Staub und Erde verursacht und ist damit technologiebedingt. Das Lagern des Strohs auf der Erde führt zur Anreicherung mit iodreicher Erde. Auch die gründliche Entfernung der Erdpartikel vor der Iodbestimmung änderte an dem hohen Iodgehalt des Strohs nur wenig. Erde und Staub enthalten im Mittel etwa 3000 µg I/kg (1–10 mg I/kg) [154]. Auf diese

Tab. 56.10 Der Iodgehalt verschiedener Grünfutterarten und daraus hergestellter Silagen [μg I/kg Trockenmasse].

Futtermittel	n	Grünfutter		Silage		p	%
		s	x	x	s		
Rotkleegras	6; 12	16	58	111	28	<0,001	191
Rübenblatt	18; 47	97	196	383	145	<0,001	185
Gras	24; 106	24	59	104	42	<0,001	176
Mais	34; 78	27	66	91	113	<0,001	138

n = Anzahl; x = arithmetischer Mittelwert; s = Standardabweichung; p = Signifikanzniveau beim t-Test nach Student.

Weise kommt es bei der Verfütterung von Silage, die mit Erde verunreinigt ist, immer zu einer Verbesserung der Iodversorgung, die besonders im Winter deutlich wird und sich auch im Iodgehalt der Milch zeigt [109]. Der Vergleich des Iodanteiles im sauber „skalpellgeernteten" Ausgangsmaterial für die Gärfutterbereitung und die Silage (Tab. 56.10) demonstriert den statistisch gesicherten erhöhten Iodgehalt des Konservates.

56.3 Verbreitung in Lebensmitteln

56.3.1 Die Analyse des Iods in biologischem Material

Die Iodbestimmung in biologischem Material erfolgte während der vergangenen 60 Jahre auf der Basis der Sandell-Kolthoff-Technik [242] modifiziert durch Groppel et al. [123]. Die Mineralisation des biologischen Materials für die Iodanalyse erfolgte dabei durch alkalische Veraschung bei 600 °C. Die Analyse des Iods geschah nach Sandell-Kolthoff durch Reduktion von gelbem Ce^{2+} zu farblosem Ce^{3+} durch As^{3+} in schwefelsaurer Lösung mit Iod als Katalysator.

Heute wird Iod hauptsächlich mit Hilfe von ICP-MS oder energie-dispersiver X-ray Fluorescence Analyse (EDXRF) bestimmt [293].

Außerdem kommt eine neue HPLC-(High performance liquid chromatography-)Methode zur Bestimmung der Iod-Isotope $^{129}I/^{127}I$ zur Anwendung [252]. Die Nachweisgrenze für dieses Verfahren beträgt bei Standardaddition 1 nM (0,2 ppb) mit <3% relativer Standardabweichung.

Tab. 56.11 Der Iodgehalt verschiedener Getränke [μg/L].

Art (*n*)	*x*	Art (*n*)	*x*
Trinkwasser (128)	0,9–8,8	Bier (15)	10
Korn (15)	2,6	Pilsner Bier (15)	11
Branntwein (15)	2,6	Weißwein (15)	11
Limonade (15)	5,0	Rotwein (15)	12
Sekt (15)	6,6	Wermut (15)	17
Cola (15)	6,8	Eierlikör (15)	146

n = Anzahl; *x* = arithmetischer Mittelwert.

56.3.2 Der Iodgehalt der Lebensmittel

56.3.2.1 Getränke

Das in Deutschland angebotene Trinkwasser enthält zwischen <1 und >10 μg I/L. Sein Iodgehalt nimmt in Nord-Süd-Richtung hoch signifikant ab und beträgt an der Nord- und Ostsee etwa 8 μg I/L und in Freiburg, Garmisch, Rosenheim etwa 1 μg I/L (Tab. 56.1 und 56.11) [15].

Erwartungsgemäß enthalten Destillate wenig Iod, während Limonade, Cola und Bier ihren Iodbestand aus dem regionalen Trinkwasser und den Zuschlagsstoffen erhalten. Sie liefern im Mittel 5–10 μg I/L. In Mecklenburg-Vorpommern gebrautes Bier besaß 14–18 μg I/L, in Thüringen erzeugtes 4 μg I/L. Auch der Iodgehalt häuslich hergestellter Getränke (Tee, Kaffee) unterscheidet sich regional erheblich [17, 114].

Weintrauben sind wie die meisten Früchte und Getreide iodarm, deshalb sind auch daraus hergestellte Getränke relativ iodarm (Bier, Wein).

Eierlikör erhält seinen hohen Iodgehalt über das zugesetzte Eigelb, welches erhebliche Iodmengen in das Getränk liefert.

Getränke können lokal und individuell erheblich zur Iodversorgung beitragen. In Hamburg oder Norddeutschland gebrautes Bier liefert beträchtlich mehr Iod als in Bayern erzeugtes [15, 19, 111, 116].

56.3.2.2 Pflanzliche Lebensmittel

Die Wiedervereinigung Deutschlands und sein weltoffener Handel hatten auf den Iodgehalt der pflanzlichen Lebensmittel erwartungsgemäß keinen Einfluss. Die in den lokalen Geschäften der DDR gekauften einheimischen Lebensmittel unterschieden sich hinsichtlich ihres Iodgehaltes nicht von den in Supermärkten der BRD erstandenen. Das war auch nicht zu erwarten, da die in der Pflanzenproduktion in beiden Teilen Deutschlands eingesetzten Düngemittel sich im Iodgehalt nicht unterschieden.

Tab. 56.12 Der Iodgehalt verschiedener stärke- und zuckerreicher Lebensmittel (% Trockenmasse, µg I/kg Trockenmasse, TM).

Art (*n*)	TM [%]	Iod [µg/kg TM]	Art (*n*)	TM [%]	Iod [µg/kg TM]
Zucker (15)	98,9	8	Kloßmehl (15)	88,1	43
Schokoladenpudding (15)	87,0	15	Weizenmehl (15)	85,5	44
Weizenstärke (9)	88,9	16	Hafermark (15)	89,2	46
Erbsen, geschält (6)	89,3	21	Nudeln (15)	89,9	49
Kaffee (15)	96,2	23	Makkaroni (15)	87,1	50
Weiße Bohnen (15)	88,3	23	Graupen (15)	88,2	51
Reis (15)	87,7	23	Kakao (15)	90,7	52
Grieß (15)	88,8	23	Konfitüre (15)	55,5	56
Haferflocken (15)	88,5	28	Milchschokolade (15)	95,1	70
Linsen (6)	87,3	29	Eierkuchenmehl (15)	88,6	110
Bienenhonig (6)	71,0	35	Schwarzer Tee (6)	93,3	122
Fertigsuppen (15)	89,5	39	Pfeffer (15)	88,7	157
Maisan (6)	88,4	41	Kochsalz, iodiert (15)	100,0	2206

n = Anzahl.

Alle stärke- und zuckerreichen Lebensmittel sowie Hülsenfrüchte, Fertigsuppen, Nudeln, Kakao, Kaffee und Konfitüre liefern dem Menschen mit 10–50 µg I/kg TM extrem wenig Iod (Tab. 56.12). Eierkuchenmehl, schwarzer Tee, Pfeffer und iodiertes Speisesalz enthalten >100 µg I/kg TM. Ihr reichlicher Iodgehalt beruht auf iodreichen Zuschlagsstoffen (z. B. Eier) oder sie sind artspezifisch iodreich (junge Teeblätter).

Erwartungsgemäß sind auch alle Backwaren mit Ausnahme des Kuchens iodarm und enthalten nur 25–55 µg I/kg TM (Tab. 56.13). Streuselkuchen bekommt über die zugesetzte Butter nur wenig Iod, während Rührkuchen und Eierschecke ihren Iodbestand über Eier wesentlich erhöhen.

Tab. 56.13 Der Iodgehalt der Backwaren ohne Iodergänzung (% Trockenmasse, µg I/kg Trockenmasse, TM).

Art (*n*)	TM [%]	Iod [µg/kg TM]	Art (*n*)	TM [%]	Iod [µg/kg TM]
Mischbrot (9)	62,4	24	Cornflakes (6)	96,6	47
Zwieback (9)	94,0	27	Knäckebrot (9)	93,8	54
Toastbrot (9)	67,5	33	Streuselkuchen (9)	81,0	55
Roggenvollkornbrot (6)	53,9	33	Rührkuchen (9)	76,6	95
Brötchen (9)	75,9	35	Eierschecke (6)	37,2	157

n = Anzahl.

Tab. 56.14 Der Iodgehalt von Gemüse, Kartoffeln, Obst und Gewürzen (% Trockenmasse, µg I/kg Trockenmasse, TM).

Art (*n*)	TM [%]	Iod [µg/kg TM]	Art (*n*)	TM [%]	Iod [µg/kg TM]
Äpfel (15)	12,1	19	Zwiebeln (15)	12,0	126
Kartoffeln (15)	18,3	23	Weißkraut (15)	9,1	171
Stachelbeeren (6)	13,0	57	Petersilie (15)	17,8	182
Apfelsinen (6)	13,5	69	Zitronen (15)	10,1	182
Süßkirschen (6)	17,0	72	Möhren (15)	7,0	228
Tomaten (15)	5,8	82	Feigenkaktus (14)	10,0	272
Kohlrabi (15)	10,4	82	Gurken (15)	5,2	336
Chili (14)	88,2	104	Kopfsalat (15)	6,5	610
Blumenkohl (6)	8,0	125	Koriander (14)	9,9	709

n = Anzahl.

Kartoffeln liefern dem Menschen in Deutschland ebenso wie Äpfel und verschiedene andere Früchte (Stachelbeeren, Apfelsinen, Kirschen, Tomaten) <100 µg I/kg TM (Tab. 56.14).

Blumenkohl, Zwiebeln, Weißkraut, Petersilie, Möhren und mexikanischer Feigenkaktus akkumulieren 100–300 µg I/kg TM, verbessern aber die Iodversorgung nicht wesentlich, da die von diesen verzehrten Mengen nicht umfangreich sind. Gurken und Kopfsalat speichern aufgrund ihres niedrigen Alters viel Iod [14, 15, 17, 19, 22, 112, 114, 133].

56.3.2.3 Tierische Lebensmittel

Tierische Pflanzenfresser leiden stärker als Fleischfresser an Iodmangel, da Letztere sich über ihre Beutetiere mit Iod versorgen. Unter diesem Aspekt muss der Iodversorgung landwirtschaftlicher Nutztiere, der Haustiere und des Wildes der Iodmangelregionen Aufmerksamkeit geschenkt werden. Ohne zusätzliche Iodergänzung ernährte Nutz- und Wildtiere liefern dem Menschen Fleisch mit einem Iodgehalt von 100–300 µg I/kg TM (Tab. 56.15), wobei das Schaffleisch mit etwa 100 µg I/kg TM am wenigsten Iod speichert, das Schweinefleisch mit 150 µg I/kg TM mehr Iod enthält, das Rindfleisch mit 200 µg I/kg TM gut versorgt und Hähnchenfleisch mit 275 µg I/kg TM relativ iodreich ist.

Fett von Pflanze und Tier (Margarine, Butter) ist iodarm, so dass fettreiche Wurst <100 µg I/kg TM enthält. Die Ausnahme von der Regel ist die Bockwurst, deren Iodgehalt durch die Mitverarbeitung der Schilddrüse mit >600 µg/kg TM mehr Iod enthält als alle anderen Fleischarten und Wurstwaren. Das Hühnerei liefert ohne Iodergänzung des Hühnerfutters mit 175 µg I/kg eine Iodmenge, die nicht mehr ausreicht, um eine normale Entwicklung des Kükens zu ermöglichen. Die Kuhmilch ist mit etwa 200 µg I/kg TM oder 24 µg I/l Milch in Deutschland ohne Iodergänzung iodarm. Diese Iodmenge deckt den

Tab. 56.15 Der Iodgehalt verschiedener tierischer Lebensmittel ohne Iodergänzung des Futters (% Trockenmasse, μg/kg Trockenmasse, TM).

Art (*n*)	TM [%]	Iod [μg/kg TM]	Art (*n*)	TM [%]	Iod [μg/kg TM]
Margarine (15)	77	28	Quark (15)	18	192
Butter (15)	85	36	Kuhmilch (15)	12	195
Camembert (15)	46	76	Hähnchen (15)	31	274
Blutwurst (15)	52	77	Forelle (15)	29	404
Leberwurst (15)	50	91	Bockwurst (15)	45	632
Hammelfleisch (15)	33	102	Schrimps (8)	34	955
Schweinefleisch (15)	28	159	Zuchtlachs (6)	40	1276
Hühnerei (15)	25	177	Hering (15)	35	1280
Rind (15)	27	187	Makrelenfilet (6)	40	2067

n = Anzahl.

Iodbedarf des Kalbes nicht. Kälber werden unter diesen Bedingungen häufig mit einer Struma connata geboren. Der aus Kuhmilch hergestellte Käse und Quark ist mit 75–200 μg I/kg TM iodärmer als die Milch selbst, da ein Teil des Iods mit der Molke beide Milchprodukte verlässt. Schafsmilch und Schafskäse enthalten in der Regel mehr Iod als Kuhmilch und daraus hergestellter Käse [134]. Ziegenmilch ist besonders iodreich [23, 295].

Süßwasserfische (Forellen) enthalten in Deutschland etwa 400 μg I/kg TM. Meeresfisch liefert 1000–2000 μg I/kg TM [14–17, 19, 22, 25, 112, 114, 157, 158].

56.3.2.4 Der Einfluss der Iodsupplementierung landwirtschaftlicher Nutztiere auf den Iodgehalt tierischer Lebensmittel

Um den Iodbedarf der landwirtschaftlichen Nutztiere in Deutschland zu befriedigen, war es notwendig, die verschiedenen Mineralstoffmischungen landwirtschaftlicher Nutztiere mit 10 mg I/kg Mineralstoffgemisch zu ergänzen. Dies geschah im Osten Deutschlands Mitte der 1980er Jahre und nach der Wiedervereinigung in ganz Deutschland. Stanbury [263] empfahl den Einsatz von Iodat bei Mensch und Tier. Durch diese Maßnahme verschwanden bei Rind, Schaf, Ziege, Schwein, Huhn und Pferd in Deutschland die Iodmangelerscheinungen vollständig.

Entgegen den Erwartungen reicherte sich das Iod nicht signifikant in Fleisch und Innereien der damit ernährten Tiere, sondern nur in der Milch und den Eiern statistisch gesichert an [14, 23, 32, 85, 87, 125, 147, 148, 171, 249].

Das mit 10 mg I/kg angereicherte Mineralfutter verdreizehnfachte im Mittel den Iodbestand des Hühnereies und verfünffachte den Iodgehalt des Eierlikörs (Tab. 56.16). Der Iodanteil der Kuhmilch verfünffachte sich gleichermaßen und erhöhte die Iodkonzentration der verschiedenen Käsearten um das Doppelte bis Fünffache. Auch der Iodbestand der Bockwurst stieg in Deutschland um etwa

Tab. 56.16 Der Iodgehalt von Hühnereiern, Milch, Molkereiprodukten, Milchschokolade und Bockwurst ohne und mit Iodergänzung (10 mg I/kg) des Mineralfutters landwirtschaftlicher Nutztiere [µg/kg TM].

Lebensmittel	(*n*)	Iodierung des Mineralfutters		*p*	% [a]
		ohne	mit		
Hühnerei	(31)	177	2237	<0,001	1264
Eierlikör	(15)	146	786	<0,001	538
Kuhmilch	(23)	195	1020	<0,001	523
Schmelzkäse	(15)	125	605	<0,001	484
Gouda Käse	(15)	66	230	<0,001	348
Camembert Käse	(15)	76	201	<0,001	264
Milchschokolade	(15)	78	147	<0,001	188
Bockwurst	(18)	632	923	<0,001	146

a) ohne Iodierung=100%, mit Iodierung=*x*%.

50% und erreichte nahezu 1000 µg/kg TM. Der Seefisch ist damit als Hauptlieferant des Iods durch das Hühnerei, die Milch und Molkereierzeugnisse abgelöst. Ein normalgewichtiges Ei von 60 g versorgt den Menschen mit 35 µg Iod oder der Hälfte seines normativen Iodbedarfs. Damit sind Milch und Eier die hauptsächlichen Iodlieferanten des Mischköstlers und Ovo-Lakto-Vegetariers ohne iodergänztes Speisesalz.

56.3.2.5 Der Einfluss der Supplementierung des Speisesalzes mit 20 mg I/kg

Die Iodierung des gewerblich genutzten Speisesalzes mit 20 mg I/kg eröffnete die Möglichkeit einer massiven Iodanreicherung von konserviertem Gemüse, gekochten Kartoffeln, Backwaren, Wurst, Pökelfleisch und Fertigsuppen. Die genannten Lebensmittelgruppen enthalten zum Teil erhebliche Mengen an Kochsalz, mit denen reichlich Iod die Nahrungskette der Mischköstler und Vegetarier erreicht. Die Verwendung des iodierten Speisesalzes verfünfzehnfacht den Iodgehalt von Brot und Brötchen, verzwanzigfacht den der Wurst und vervierzigfacht den der gekochten Kartoffeln (Tab. 56.17). Diese Vervielfachung des Iodangebotes durch die Verwendung von iodiertem Speisesalz ist bei der „Kalkulation" der Iodversorgung dringend zu beachten. Die deklarierte Iodmenge des Speisesalzes muss in diesem vorkommen und beachtet werden [10, 11, 15, 27, 29, 136, 151, 237].

Europa- und weltweit werden zur Iodierung des Speisesalzes sowohl Kaliumiodat (KIO_3), welches heute in Deutschland zur Iodierung verwendet wird, als auch Iodid (KI) (Frankreich) benutzt.

Die Verwendung beider Iodsalze zur Erzeugung von Teilfertigstufen von Lebensmitteln führt zu Verlusten von etwa 15% des zugesetzten Iods [237]. Beim

Tab. 56.17 Der Einfluss der Iodierung des gewerblich genutzten Speisesalzes mit 20 mg I/kg auf den Iodgehalt verschiedener Lebensmittel [µg/kg Trockenmasse, TM].

Lebensmittel	(*n*; *n*)	Speisesalz		*p*	Vervielfachung
		ohne Iod	mit Iod		
Brötchen	(9; 40)	35	529	$<0{,}001$	15
Mischbrot	(9; 40)	24	414	$<0{,}001$	17
Lyoner Wurst	(9; 40)	70	1192	$<0{,}001$	17
Salami	(9; 50)	47	1075	$<0{,}001$	23
Grüne Bohnen, gekocht	(6; 6)	72	2903	$<0{,}001$	40
Kartoffeln, geschält und gekocht	(6; 6)	27	1127	$<0{,}001$	42

Kochen von Gemüse mit iodiertem Speisesalz gehen 12–27% des zugesetzten Iods mit dem Wasserdampf verloren [51]. Die Hauptmenge des Iods befindet sich im Kochwasser.

56.4
Kinetik und innere Exposition (Absorption, Verteilung, Vorkommen, Stoffwechsel und Ausscheidung)

56.4.1
Aufnahme, Transport und Vorkommen in der Flora

Wasserlösliche Formen des Iods werden von der Pflanze umfangreich aufgenommen. Aus diesem Grund enthalten terrestrische Pflanzen in der Regel weniger Iod als Meeresgewächse, die 50–8800 mg I/kg TM akkumulieren [260]. Organisch gebundenes Iod wird erst nach mikrobieller Zersetzung pflanzenverfügbar [259]. Atmosphärisches Iod kann von der Flora direkt aus der Atmosphäre über die Blattoberfläche und aus den Nanopartikeln (Staub) von der Oberfläche behaarter Blätter aufgenommen werden.

56.4.2
Absorption, Verteilung und Vorkommen in der Fauna

Das Iod des Futters und der Nahrung liegt meist in anorganischer Form vor und wird im Verdauungskanal bzw. über die Haut absorbiert. Schon im Magen wird ein Teil des Iods von den Zellen des Verdauungskanals absorbiert. Die Majorität des Iods wird im Dünndarm inkorporiert, wo auch die verschiedenen anorganischen Formen des Iods in Iodid umgewandelt werden. In dieser Spezifikation wird das Iod ähnlich den Chloridionen transferiert. Die Absorptionsrate des Iods kann bei Gaben in anorganischer Form 100% erreichen [273]. Bei Wiederkäuern erfolgt die Iodabsorption hauptsächlich im Pansen.

Das absorbierte Iod gelangt schnell ins Blut und wird bis zu 100% von der Schilddrüse abgefangen, konzentriert, schnell oxidiert und durch Bindung an Thyrosin zu organischem Iod umgewandelt. In der Schilddrüse kommt Iod als Monoiodthyrosin (MIT), Diiodthyrosin (DIT), Triiodthyrosin (T_3) und Tetraiodthyrosin (Thyroxin, T_4) vor. Thyreoglobulin ist ein iodiertes Glykoprotein, die Speicherform des Hormons, und enthält 90% des Gesamtschilddrüseniods. Iod kommt während des Follikelwachstums auch reichlich im Ovar vor, in denen die legende Henne ähnliche Iodmengen wie die Schilddrüse bindet.

Während der Trächtigkeit passiert das Iod die Plazenta und wird von den Geweben des Fetus inkorporiert, ebenso wie Thyroxin. Laktierende Wirbeltiere scheiden von der Schilddrüse nicht abgefangenes Iod über das Euter mit der Milch aus. Die Milch (100% TM) von Ziegen mit 780 µg I/kg Futter-TM (normaler Bedarf 200 µg I/kg Futter-TM) enthält extrem viel Iod.

Nach Schilddrüse und Milch inkorporieren auch das Deckhaar und die Blutgefäße reichlich Iod (Tab. 56.18). Lunge, Uterus, Ovar, Milz, Nieren und Pankreas der weiblichen Ziegen akkumulieren mit 300–400 µg I/kg TM mittlere Iodmengen, während Leber, Muskel und Herz 150–200 µg I/kg TM inkorporieren und Großhirn und die verschiedenen Skelettteile nur 50–100 µg I/kg TM speichern [107, 109, 114, 117–119, 121].

Unter Iodmangelbedingungen (<70 µg I/kg Futtertrockenmasse und bei 780 µg I/kg Futtertrockenmasse der Kontrolltiere) zeigten die weiblichen Iodmangelziegen und ihre Lämmer nach Erschöpfung ihrer Iodvorräte Iodmangelsymptome. Ihr Iodspiegel sank am stärksten in ihrer Milch (Tab. 56.19). Sie lieferte nur 2–3% der Iodmenge an ihre Lämmer wie die Milch der Kontrollziegen. Ihr Blutserum und ihre Schilddrüsen besaßen nur 8–10% der Iodmenge, die in den gleichen Geweben der Kontrollziegen gefunden wurden.

Alle untersuchten Organe und Gewebe der Ziege einschließlich des Großhirnes und Skeletts speicherten statistisch gesichert weniger Iod als die der

Tab. 56.18 Der Iodgehalt verschiedener Gewebe [µg/kg Trockenmasse] der Ziege mit 780 µg I/kg Futtertrockenmasse ($n=25$ Proben je Gewebe) [11].

Gewebe	*s*	*x*	Gewebe	*x*	*s*
Milch, reif	298	1903	Nieren	301	100
Deckhaar, weiß	106	668	Pankreas	297	147
Aorta	165	604	Leber	214	56
Lunge	122	413	Muskel	211	70
Uterus	83	396	Herz	162	60
Ovar	106	372	Großhirn	102	27
Milz	143	320	Rippen	61	21

x = Arithmetischer Mittelwert; s = Standardabweichung.

Tab. 56.19 Die Wirkung der Iodergänzung (780 μg/kg Futtertrockenmasse) auf den Iodgehalt [μg/kg Trockenmasse] der Gewebe, der Milch und des Serums [μg/L] der Ziege (n=25 Proben je Gewebe) [11, 109].

Gewebe, Körperflüssigkeit	Kontrollziegen 780 μg/kg Futter-TS		Mangelziegen 70 μg/kg Futter-TS		*p*	%
	s	*x*	*x*	*s*		
Reife Milch	298	1903	38	20	<0,001	2,0
Kolostralmilch	693	4953	133	78	<0,001	2,7
Blutserum	140	2325	178	77	<0,001	7,7
Lunge	122	413	53	19	<0,01	13
Pankreas	147	297	62	39	<0,01	21
Milz	143	320	67	33	<0,01	21
Uterus	83	396	105	33	<0,01	27
Nieren	100	301	80	38	<0,01	27
Leber	56	214	60	18	<0,01	28
Aorta	165	604	169	37	<0,01	28
Deckhaar, weiß	106	668	197	11	<0,001	29
Ovar	106	372	107	30	<0,01	29
Herz	60	162	58	22	<0,01	36
Skelettmuskel	70	211	104	34	<0,01	49
Großhirn	27	102	55	18	<0,01	54
Karpalknochen	17	67	46	22	<0,01	69
Rippen	21	61	44	13	<0,01	72

Tab. 56.20 Grenzwerte einer bedarfsdeckenden Iodkonzentration in verschiedenen Geweben und Organen von landwirtschaftlichen Nutztieren [μg/kg TM] [109].

Gewebe, Blutserum	Ziegen-, Schaflämmer, Kälber		Mastrinder	Erwachsene Ziegen, Schafe
	1. Lebenstag	75. bis 100. Lebenstag		
Schilddrüse	1200	1200	680	680
Leber	250	130	120	120
Nieren	220	130	120	150
Lunge	250	130	100	120
Milz	250	100	120	120
Muskel	200	130	130	100
Herz	220	130	100	100
Blutserum, μg/L	65	55	40	45

Kontrollziegen, so dass es relativ einfach ist, einen Iodmangel bei landwirtschaftlichen Nutztieren zu identifizieren [110].

Für Ziegen- und Schaflämmer, Kälber, Mastbullen, erwachsene Ziegen und Schafe gelten die von Groppel [109] festgelegten Grenzbereiche für einen beginnenden Iodmangel (Tab. 56.20). Lämmer und Kälber müssen einen Iodvorrat mitbringen, um die Milchperiode ohne Struma zu überleben. Erwachsene Rinder, Schafe und Ziegen können mit geringeren Iodreserven in der Schilddrüse leben. Auch die Gewebe erwachsener Wiederkäuerarten bedürfen zur Geburt eines Iodvorrates, um den Nachkommen genug Iod über die Milch zu liefern.

Bei laktierenden Nutz- und Haustieren gibt der Iodgehalt der Milch sichere Informationen über ihre Iodversorgung und die ihrer Nachkommen. Die Ziege reagiert auf einen Iodmangel bzw. eine Iodbelastung besonders intensiv mit einer verminderten oder vervielfachten Iodausscheidung über das Gemelk. Bei einem Konsum von 40 µg I/kg Futtertrockenmasse schied sie nur 27 µg I/kg Kolostralmilchtrockenmasse bzw. 5 µg I/kg reife Milchtrockenmasse aus (Tab. 56.21).

Die Belastung der Ziege mit 780 µg I/kg Futtertrockenmasse vervielfachte ihre Iodausscheidung um das ~200fache und gefährdet damit die Konsumenten dieser iodreichen Milch. Ziegen sind offenbar in der Lage, sehr hohe Iodmengen über die Milch zu exkretieren [23, 229]. Die Kuhmilch gibt gleichermaßen Aufschluss über die Iodversorgung des Rindes [289]. In den 1970er Jahren verschlechterte sich die Iodversorgung der landwirtschaftlichen Nutztiere durch den Einfuhrstopp von peruanischem Fischmehl. Neugeborenenstruma bei Ferkeln, Kälbern und Lämmern kam gehäuft vor. Im Jahr 1985 enthielt die in Ostdeutschland erzeugte Milch im Mittel 17 µg I/L. Sie zeigte die mangelhafte Iodversorgung der Rinder. Die Ergänzung der Mineralstoffmischungen des Rindes mit 10 mg I/kg führte innerhalb von zehn Jahren zur Auffüllung der Ioddepots in der Schilddrüse und zum allmählichen Anstieg des Iodgehaltes der Kuhmilch auf ~100 µg/L, was die obere Grenze des Normalgehaltes dieses essentiellen Spurenelementes in der Kuhmilch repräsentiert (Tab. 56.22).

In derselben Zeit (1982) enthielt die Frauenmilch in der DDR im Mittel 14 µg I/L. Die Supplementierung der Mineralstoffmischungen landwirtschaftli-

Tab. 56.21 Der Einfluss der Iodsupplementierung auf den Iodgehalt der Ziegenmilch [µg/L] [23].

I-Gehalt des Futters [mg/kg TM]	Kolostralmilch		Milch		*p*	%
	s	*x*	*x*	*s*		
0,04	16	27	5,1	2,2	<0,05	19
0,13	5,7	111	34	2,2	<0,001	31
0,50	225	1181	225	73	<0,01	19
0,70	3619	5377	902	768	<0,001	17
Fp	<0,001		<0,001			
Vervielfachung	199		177			–

cher Nutztiere (Rinder, Geflügel) verbesserte die Iodversorgung des Menschen und erhöhte in Verbindung mit der Ergänzung des Küchenspeisesalzes den Iodgehalt der Frauenmilch (10. bis 20. Laktationstag) langsam von 14 auf 36 μg/L [109] und später wesentlich rascher auf im Mittel ~100 μg I/L (Tab. 56.23). Auch die Frauenmilch versiebenfachte ähnlich der Kuhmilch ihren Iodgehalt. Wünschmann et al. [291] fanden mit 85 μg I/L ähnliche Iodkonzentrationen in der Frauenmilch Deutschlands.

Bei der Interpretation des Iodgehaltes der Frauenmilch ist zu beachten, dass ihr Iodgehalt im Trend mit zunehmender Laktationsdauer abnimmt und von etwa 90 μg I/L am 14. Laktationstag auf 65 μg I/L im Mittel um etwa ein Viertel sinkt (Tab. 56.24). Die kommerzielle Säuglingsnahrung in Deutschland bedarf hinsichtlich ihres Iodgehalts der Standardisierung [159].

Tab. 56.22 Der Iodgehalt [μg/L] der Kuhmilch 1985 und nach der Ergänzung ihrer Mineralstoffmischungen mit Iod in Deutschland [11].

Parameter	1985	1987	1989	1996	2001	*Fp*	% [a)]
x	17	53	81	96	124	<0,001	729
s	9,9	35	11	35	62		

a) 1985=100%, 2001=x%.

Tab. 56.23 Der Iodgehalt [μg/L] der Frauenmilch vom 10. bis 20. Laktationstag in Deutschland 1982 und nach dem Beginn (1985) der Iodierung des Speisesalzes und der Mineralstoffgemische des Rindes [11].

Parameter	1982	1987	1991	1992	1994	1995	1996	1997	*Fp*	% [a)]
x	14	19	38	36	86	95	89	95	<0,001	679
s	8,2	7,7	20	26	65	32	25	43		

a) 1982=100%, 1997=x%.

Tab. 56.24 Der Iodgehalt der Frauenmilch (1996/97) in Deutschland in Abhängigkeit vom Laktationstag [μg/L] [11].

Parameter	14. Tag	28. Tag	42. Tag	56. Tag	70. Tag	84. Tag	98. Tag	*Fp*	% [a)]
x	89	86	73	73	66	68	77	<0,05	74
s	25	35	34	40	37	28	25		

a) 14. Tag=100%; 98. Tag=x%.

56.4.3
Aufnahme, Absorption, Verteilung beim Menschen

Historisch gesehen sind Deutschland und Mitteleuropa Iodmangelregionen, wobei sich der Iodmangel in den meeresfernen Gebieten besonders bemerkbar macht [67, 68, 99, 132, 202, 203, 205, 243, 255]. Nach Einfuhr und Düngung des iodhaltigen Chilesalpeters in der 2. Hälfte des 19. Jahrhunderts bis zum 1. Weltkrieg, der die Einfuhr stoppte, verbesserte sich das Iodangebot. Der Umfang der Iodmangelerscheinungen bei Mensch und Tier verminderte sich. Die chemische Synthese des Stickstoffdüngers vor und nach dem 1. und 2. Weltkrieg minimierte erneut den Iodtransfer in die Nahrungskette der landwirtschaftlichen Nutztiere und des Menschen und führte zu Iodmangelerscheinungen. In Ostdeutschland blieben diese bis zum Ende der 1970er Jahre unbekannt bzw. traten nur bei Ziervögeln in Erscheinung. Der Import von Fischmehl aus Südamerika, das in begrenzten Mengen an Hühner, Schweine und andere landwirtschaftliche Nutztierarten verfüttert wurde, verhindert unbewusst den Iodmangel. Ende der 1970er Jahre blieben die Fischmehllieferungen aus. Es wurde versucht, die entstandene Eiweißlücke durch Rapsextraktionsschrot zu schließen, der wie alle Samen iodarm ist und reichlich strumigene Glucosinolate enthält [245, 246]. Als Folge des Iodmangels entwickelte sich von Ende 1970–1984 die Neugeborenenstruma (Struma connata) bei Ferkeln, Lämmern, Kälbern, Hunden und Babys [20, 24, 26, 30, 31, 55, 107, 160, 162, 199, 224, 228].

Nach der Supplementierung der Mineralstoffmischungen von Rind und Schaf mit 10 mg I/kg und des Haushaltssalzes mit 20 mg I/kg 1985 stieg die renale Iodausscheidung der Mischköstler von <30 µg/Tag (19,9 µg I/g Kreatinin [65]) auf 50 bzw. 60 µg/Tag bei Frauen und Männern. Der Iodverzehr Erwachsener in Ostdeutschland erreichte 1988, gemessen mit der Duplikatmethode über sieben Tage, 50 bzw. 60 µg I/Tag. Nach der Wiedervereinigung Deutschlands erhöhte sich der Iodkonsum bis zur Jahrtausendwende bei Frauen und Männern auf >80 bzw. 110 µg I/Tag (Tab. 56.25).

In Mexiko verzehren Erwachsene ländlicher Lebensräume verschiedener geologischer Herkunft (Basalt-, Kreideverwitterungsboden) signifikant höhere Iodmengen als in Deutschland (Tab. 56.25). Die Ursache für die unterschiedliche Iodaufnahme in Deutschland und Mexiko war die vor Jahrzehnten begonnene und systematisch durchgeführte Iodierung des gewerblich genutzten Speisesalzes wie in den USA [103]. Es ist zu erwarten, dass in Deutschland dieser Iodverzehr bis 2010 gleichermaßen erreicht wird.

Ovo-Lakto-Vegetarier konsumieren im Mittel etwa die gleichen Iodmengen wie die Mischköstler. Dieses Ergebnis entspricht den Erwartungen, da beide Kostformen Milch und Eier als Eiweißquelle benutzen. In den USA und Großbritannien können Ovo-Lakto-Vegetarier gleichermaßen an Iodmangel leiden [96, 221]. Veganer (ohne Milch- und Eiprodukte) verzehren weniger Iod, wenn sie nicht „seaweed“, was häufig der Fall ist, konsumieren. In der Slowakei nahmen 80% der Veganer weniger Iod als empfohlen auf [163]. In Deutschland wurde Ähnliches registriert [233].

Tab. 56.25 Der Iodverzehr erwachsener Mischköstler und Ovo-Lakto-Vegetarier Deutschlands und Mexikos in Abhängigkeit von Zeit und Geschlecht [μg/Tag].

Diätform	Land, Zeit (*n*; *n*)	Frauen		Männer		*p*	%
		s	*x*	*x*	*s*		
Mischköstler (Mk)	D[a] 1988 (196; 196)	36	51	57	35	<0,001	112
	D 1992 (294; 294)	30	47	66	52	<0,001	140
	D 1996 (217; 217).	47	83	113	59	<0,001	136
	M[b] 1996 (98; 98).	118	150	195	134	<0,001	130
Vegetarier (V)	D 1996 (70; 70)	52	80	123	80	<0,001	154
%	D 1988: 96	163		198			–
	D 1996: 96	181		173			–
	D 1996: 96	96		109			–

a) Deutschland;
b) Mexiko.

Der signifikant höhere Iodkonsum der Männer resultiert aus ihrer 24% größeren Trockenmasse- und Energieaufnahme [12, 29] und der Bevorzugung iodreicher Lebensmittel (Eier, Käse, Fleisch) im Vergleich zu den Frauen, die mehr Gemüse konsumieren.

Erstaunlicherweise ist der Iodverzehr beider Geschlechter (Mischköstler) im Winter um etwa 40% signifikant umfangreicher als im Sommer (Tab. 56.26). Ursache dieses überraschenden Befundes ist, dass im Winter mehr tierische Lebensmittel (Käse, Eier) als im Sommer verzehrt werden, während im Sommer mehr Gemüse und Obst gegessen wird, das iodarm ist. Es kommt hinzu, dass im Winter die Milch der Kühe mehr Iod als im Sommer enthält.

Auch das Alter beeinflusst den Iodverzehr der Mischköstler signifikant (Tab. 56.27). Die über Fünfzigjährigen verzehren im Trend ein Drittel mehr Iod als jüngere Frauen und Männer.

Neben dem Geschlecht, der Jahreszeit und dem Alter beeinflusst erwartungsgemäß auch das Körpergewicht den Iodkonsum der Mischköstler statistisch gesichert (Tab. 56.28). Gewichtige Frauen und Männer (81–90 kg) essen im Mittel ein bis zwei Drittel mehr Iod als weniger Gewichtige.

Der Einfluss des Lebensraumes und der Zeit beeinflussen natürlich auch den Iodkonsum der Mischköstler (Tab. 56.29). Beide Einflüsse variierten den Iodverzehr der Frauen zwischen 30 und 110 μg I/Tag und den der Männer zwischen 40 und 146 μg I/Tag. In der Regel verzehrten die Mischköstlerinnen und Mischköstler am Ende des letzten Jahrhunderts am meisten Iod. Andererseits zeigte sich, dass die Erwachsenen aus Bad Langensalza, einer Keuperregion im Triasbecken Thüringens, besonders wenig und die aus Jena 1996 besonders viel Iod aufnahmen. Bei Letzteren spielt sicher auch eine Rolle, dass die „Werbung" für eine iodreiche Ernährung durch die Universität Wirkung zeigte [19, 110, 120, 191].

Tab. 56.26 Der Einfluss der Jahreszeit auf den Iodverzehr erwachsener Mischköstler Deutschlands [μg/d].

Jahreszeit	(*n*; *n*)	Frauen		Männer		*Fp*	%
		s	*x*	*x*	*s*		
Sommer	(385; 385)	38	51	65	45	<0,001	127
Winter	(315; 315)	42	70	94	63		134
Fp		<0,001				–	
%		137	145				

Tab. 56.27 Der Einfluss des Lebensalters auf den Iodverzehr der Mischköstler Deutschlands [μg/d].

Alter	(*n*; *n*)	Frauen		Männer		*Fp*	%
		s	*x*	*x*	*s*		
20–29 Jahre	(182; 161)	32	50	68	53	<0,001	136
30–39 Jahre	(168; 140)	43	60	84	60		140
40–49 Jahre	(154; 140)	37	55	79	56		144
50–69 Jahre	(203; 266)	46	71	80	54		113
Fp		<0,001				–	
%		142		119			

Tab. 56.28 Der Einfluss des Körpergewichts auf den Iodverzehr erwachsener Mischköstler Deutschlands [μg/d].

Körpergewicht [kg]	(*n*; *n*)	Frauen		Männer		*Fp*	%
		s	*x*	*x*	*s*		
<60	(252; 35)	38	57	52	35	<0,001	91
61–70	(231; 105)	45	58	88	59		152
71–80	(133; 308)	38	60	73	55		122
81–90	(63;189)	44	75	84	54		112
Fp			<0,001				–
%		132		162			–

Tab. 56.29 Der Einfluss des Lebensraumes, der Zeit und des Geschlechts auf den Iodverzehr erwachsener Mischköstler Deutschlands [µg/d] [11, 14, 15, 29, 32, 237].

Ort, Jahr	(*n*; *n*)	Frauen		Männer		*Fp*	%
		s	*x*	*x*	*s*		
Bad Langensalza, 1988	(49; 49)	23	30	40	31	>0,05	133
Bad Langensalza, 1992	(49; 49)	23	36	42	20	>0,05	117
Bad Liebenstein, 1992	(49; 49)	20	31	57	37	<0,001	184
Chemnitz, 1992	(49; 49)	30	42	70	50	<0,01	167
Wusterhausen, 1988	(49; 49)	40	58	57	26	>0,05	98
Jena, 1988	(49; 49)	36	54	63	33	>0,05	117
Greifswald, 1992	(49; 49)	26	57	62	61	>0,05	109
Steudnitz, 1996	(49; 49)	39	54	77	43	<0,01	143
Vetschau, 1988	(49; 49)	36	64	66	43	>0,05	103
Wusterhausen, 1992	(49; 49)	32	57	78	58	<0,05	137
Freiberg, 1992	(49; 49)	35	59	85	59	<0,05	144
Rositz, 1996	(49; 49)	38	80	102	46	<0,05	127
Ronneburg, 1996	(49; 49)	48	80	115	62	<0,01	144
Jena, 1996	(70; 70)	46	109	146	58	<0,001	134
p			<0,001		<0,001		–
%		363		365			–

56.4.4
Absorption, Exkretion und Bilanz des Iods

In zahlreichen Duplikatstudien wurden bei Stillenden, Mischköstlern und Ovo-Lakto-Vegetariern neben dem Iodverzehr auch die Ausscheidungen, die scheinbare Absorption und Bilanz des Iods bei Erwachsenen in Deutschland bestimmt. Die Iodaufnahme der Testteams schwankte zwischen 64 und 312 µg/Tag bei den Frauen und 90–123 µg/Tag bei den Männern (Tab. 56.30).

Mischköstler und Ovo-Lakto-Vegetarier unterscheiden sich hinsichtlich ihres Iodverzehrs nicht. Beide Kostformen exkretieren im Mittel 82% des Iods renal und 18% fäkal. Dies bedeutet, dass nicht die Gesamtmenge des absorbierten Iods renal ausgeschieden wird, wie viele Jahrzehnte angenommen wurde, weil die renale Iodausscheidung gleich dem Iodverzehr gesetzt wurde. Stillende geben 36% des verzehrten Iods über die Milch an den Säugling weiter und exkretieren 48% renal bzw. 16% fäkal.

Die scheinbare Absorption des Iods, welche durch die Iodausscheidung über Galle, Pankreas, Speichel in das Intestinum beeinflusst wird, das auch zu einer zweiten Absorption zur Verfügung steht, ist beim Menschen etwa 15% niedriger als die tatsächliche.

Die Iodbilanz der stillenden Mischköstler, der Mischköstler und Ovo-Lakto-Vegetarier schwankte zwischen –15% und +27%. Die Schilddrüse kann viel Iod

Tab. 56.30 Verzehr, Exkretion, scheinbare Absorption und Bilanz von Mischköstlern und Ovo-Lakto-Vegetariern (97 Frauen, 69 Männer).

Parameter		Frauen						Männer	
		Mischköstler					Ovo-Lakto-Vegetarier	Mischköstler	Ovo-Lakto-Vegetarier
		Stillende		Nicht Stillende					
		1	2	1	2	3			
Verzehr [µg/Tag]		146	312	64	103	251	80	123	90
Exkretion	Milch, µg/Tag	66	75	–	–	–	–	–	–
	Urin, µg/Tag	62	163	51	72	159	76	93	70
	Kot, µg/Tag	10	81	16	20	23	16	17	16
Exkretion	Milch, %	48	24	–	–	–	–	–	–
	Urin, %	45	51	76	78	87	83	85	81
	Kot, %	7	25	24	22	13	17	15	19
Scheinbare Absorption, % [a)]		93	74	75	81	91	80	86	82
Bilanz, µg/Tag		+8	–7	–3	+11	+68	–12	+13	+4
%		+5	–2	–4	+11	+27	–15	+11	+4

a) $\text{Scheinbare Absorption} = \frac{\text{Verzehrtes Iod} - \text{fäkale Iodausscheidung} \times 100}{\text{Verzehrtes Iod}}$

speichern und mit diesem Iod eine ausreichende Iodversorgung auch bei einer negativen Iodbilanz gewährleisten.

Die Exkretion des Iods erfolgt über die Nieren und die Milchdrüse, die mit der Schilddrüse um das Plasmaiod konkurrieren. Nieren und Milchdrüse verfügen über keine Möglichkeiten zur Iodspeicherung. Die Iodausscheidung über Harn und Milch korreliert mit der Plasmaiodkonzentration und der Iodaufnahme. Die Reabsorption des Iods erfolgt proportional zur Chloridaufnahme in einem Diffusionsprozess. Tubuläre Iodsekretionen sind möglich. Sie sind die Ursache für Iodverluste bei erhöhtem Aldosteronspiegel [218].

Die normale renale Iodexkretion Erwachsener mit einem Iodverzehr von 1 µg I/kg Körpergewicht (normativer Bedarf) beträgt 35–50 µg I/Tag. Bei einem Iodverzehr von 2 µg I/Tag erreicht die renale Iodausscheidung 70–110 µg/Tag. Stillende mit einem Iodkonsum von 150 oder 300 µg/Tag scheiden 60 bzw. 160 µg I/Tag mit dem Urin aus [15]. Zwei Testpopulationen mit einer Iodaufnahme von 34 µg/Tag (Frauen) und 48 µg/Tag (Männer) exkretierten 21 und 28 µg I/Tag renal und 15 und 18 µg/Tag fäkal. Unter diesen Bedingungen wurden 42 und 39% des verzehrten Iods mit dem Kot ausgeschieden [15]. Der Kot scheint generell eine relativ konstante Menge an Iod zu enthalten. Auch Katzen mit einem sehr unterschiedlichen Iodkonsum exkretierten eine „konstante“ Iodmenge (13 ± 4 µg/kg Körpermasse/Tag) [230]. Auch das Pferd eliminiert unabhängig von der oralen Aufnahme und renalen Ausscheidung des Iods eine fast gleich bleibende Iodmenge fäkal [286]. Das fäkal exkretierte Iod des Intestinums stammt meist von der Galle [175] und ist organisch gebunden. Nur sehr wenig anorganisches Iod kommt im Kot vor. Bei einer Iodaufnahme von 30–100 µg/Tag werden vom Menschen etwa 15 µg I/Tag fäkal ausgeschieden.

56.4.5
Stoffwechsel des Iods bei Tier und Mensch

Die Synthese der Schilddrüsenhormone Thyroxin und Triiodthyronin ist die derzeit einzige bekannte Aufgabe des Iods. Dazu werden täglich vom Menschen 60–65 µg Iod benötigt. Die Schilddrüse des Menschen speichert 70–80% seines Iodbestandes (15–20 mg). Die Follikelzellen der Schilddrüse trennen das Iod vom Blut in Abhängigkeit von der Aktivität des schilddrüsenstimulierenden Hormons (TSH). Das in der Schilddrüse eingelagerte Iod wird durch die Peroxydase an der luminalen Zelloberfläche oxidiert. Das oxidierte Iod diffundiert in das Zelllumen und bildet Thyroidhormonvorstufen, Mono- und Diiodthyrosine, die letztlich T_4, T_3 und begrenzte Mengen von 3,3′,5′-Triiodthyronin (Reserve T_3) bilden. Das vollständig iodierte Thyreoglobulin gelangt unter Kontrolle des TSH durch Pinozytose in die Zelle. Das TSH stimuliert alle Phasen der T_4- und T_3-Biosynthese einschließlich ihrer Freisetzung von der Schilddrüse.

Das Hypothalamusneuropeptid Thyrotropinreleasing Hormon (TRH) steuert die hypophysäre TSH-Synthese und -Sekretion. Ein peripherer Mangel führt über eine erhöhte TSH-Sekretion zu einer Hyperplasie der Follikelzellen und einer Schilddrüsenvergrößerung.

Neben dieser Steuerung existieren weitere Autoregulationen der Schilddrüsenfunktion. Erhöhte organische Iodkonzentrationen der Schilddrüse vermindern die Sensitivität der Schilddrüse gegenüber TSH (Wolff-Chaikoff-Effekt). Sie vermindern die Aufnahme und den Transport des Iods [143]. Die Aufnahme des Iods durch die Schilddrüse wird durch das TSH stimuliert, aber durch ein erhöhtes Iodangebot und die Sättigung der Schilddrüse mit Iod, Thiocyanat, Brom, Nitrat und Thiocarbamiden (welche die Oxidation des Iods verhindern und die Iodierung des MIT, Monoiodthyroxins, hemmen) vermindert (Abb. 56.1). Natürliche Quellen solcher strumigenen Thyreostatika (Goitrogene) sind Weißkraut, Raps, Markstammkohl und andere Kreuzblütlerarten, Cassava, Sojabohnen, Baumwollsaatmehl, Zwiebeln, Knoblauch, die Alkaloide der Mimose und eine reichliche Aufnahme von Arsen, Fluor bzw. Calcium.

Glucosinolate und Thiocyanate der Kreuzblütler vermindern die Verwertbarkeit des Iods zur Schilddrüsenhormonproduktion [24, 26, 31, 145, 174, 185, 247, 248]. Diese Strumigene hemmen die Umwandlung von Iodid zu Iodat, die Iodierung der MIT, die Kopplung von DID-Molekülen zu Thyroxin (T_4). Möglicherweise beeinflusst auch das Rauchen (SCN^--Ionen) das Schilddrüsenvolumen und die renale Iodausscheidung [135, 298].

Über 99% des T_4 und T_3 im Plasma sind an Proteine gebunden (Thyroid-Binding Protein, TBP), die den Transport von der Schilddrüse zu anderen Geweben

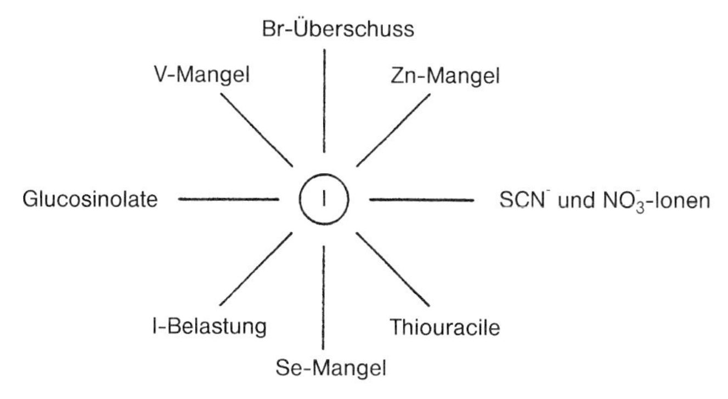

Abb. 56.1 Interaktionen verschiedener Nahrungsbestandteile mit dem Iod.

übernehmen [236]. Die freien Hormone T_3 (fT_3) und T_4 (fT_4) sind die eigentlich stoffwechselwirksamen Hormone. Das an TBP gebundene T_3 und T_4 repräsentiert eine Hormonreserve bis zur Übernahme des T_3 und T_4 durch die Zellen.

Heute ist bekannt, dass das T_4, von dem täglich 110 mmol gebildet werden, durch Deiodasen zu T_3 und reserve-T_3 deiodiert werden muss. Die Deiodierung des T_4 zu T_3 erfolgt durch verschiedene selenabhängige Deiodasen (DI1, DI2, DI3). Mehr als 90% des Plasma-T_3 wird durch DI1 in Leber, Nieren und Muskeln gebildet. Die Hirnanhangdrüse und das Gehirn, aber auch braunes Fettgewebe, enthalten DI2 und DI3, welche die 5′- und 5-Deiodierung katalysieren. Das Schilddrüsengewicht der Ratte wurde durch Selengaben nicht verändert. Iod- und Selenergänzungen normalisierten das Schilddrüsengewicht. Die physiologische Aufgabe des DI2 ist es, intrazellulär T_3 zu erzeugen, während die des DI3 darin besteht, fetales Gewebe vor großen Mengen T_3 während der Entwicklung durch Umwandlung in das biologisch inaktive rT_3 zu schützen [266]. Zur Beseitigung des Iodmangels ist nicht nur T_4, sondern auch T_3 erforderlich. Dazu ist eine bedarfsdeckende Versorgung mit Iod und Selen notwendig. Dies zeigte sich im endemischen Iod- und Selenmangelgebiet Thüringen, wo Stillende in der 5. Laktaktionswoche 146 µg I/Tag aufnahmen und einen normalen Serum-T_4-Anteil besaßen, jedoch weiterhin einen erniedrigten fT_3-Gehalt im Blutserum aufwiesen (Tab. 56.31). Erst eine zusätzliche Gabe von 50 µg Se/Tag und 100 µg I/Tag (vom Ende des 7. Monats der Schwangerschaft bis zum 35. Laktationstag) normalisierte die Serum-fT_3-Konzentration. Die Serumglutathionperoxidase-Aktivität (GSH-Px-Aktivität) blieb von der Selengabe unbeeinflusst (170 U/L), die TSH-Werte (2,0–2,5 mEqL) waren normal. Die Selenergänzung erhöhte die Iodthyronin-5′-Deiodinase-Aktivität und normalisierte die fT_3-Konzentration. Eine Normalisierung des SDH-Stoffwechsels ist nur möglich, wenn sowohl der Iod- als auch der Selenbedarf befriedigt werden [13].

Tab. 56.31 Die Iod- und Selenaufnahme Stillender und ihr Iod-, Thyroxin- und fT3-Gehalt des Blutserums.

Parameter		Placebo		Präparat		*p*	% [a)]
		s	*x*	*x*	*s*		
Verzehr	I µg/Tag	88	146	312	127	<0,001	214
	Se µg/Tag	6,2	14	69	4,6	<0,001	493
Serum	I µg/L	6	63	59	28	>0,05	94
	T_4 nmol/L	13	98	92	10	>0,05	94
	fT_3 pmol/L	0,3	2,0	4,7	0,5	<0,001	235

a) Placebo = 100%, Präparat = *x*%.

56.5 Wirkung

56.5.1 Lebensnotwendigkeit des Iods

56.5.1.1 Flora

Iod scheint nach dem gegenwärtigen Erkenntnisstand weder lebensnotwendig zu sein noch auf das Pflanzenwachstum stimulierend zu wirken. Mengel und Kirkby [206] berichten lediglich über eine insignifikante stimulierende Wirkung von 100 µg I/L in einer Nährlösung und toxische Effekte, die bei einer Iodkonzentration von 500–1000 µg/L auftraten. Toxizitätserscheinungen bei Pflanzen sind unter natürlichen Feldbedingungen nicht registriert. Lediglich eine Erkrankung des Reises wurde unter dem Namen „Akagare“ beschrieben [292], wenn der Reisanbau auf einem mit Iod angereicherten Boden erfolgte [154].

56.5.1.2 Fauna

Rind, Schaf und Pferd leiden ernährungsbedingt häufiger unter Iodmangel als Schwein und Huhn [5, 130]. Iodmangelerkrankungen in Form von Schilddrüsenvergrößerungen kommen in jedem Land Europas vor. Wiederkäuende Wild- und Haustierarten ernähren sich von lokal produziertem Futter, so dass bei ihnen Iodmangelerkrankungen häufiger als beim Menschen auftreten. Vor dem Einsatz iodierter Mineralstoffmischungen in der Tiernahrung befanden sich die bekanntesten Iodmangelregionen in den Hochgebirgsregionen der Alpen, des Himalaja und der Anden. Ungeachtet dessen kam und kommt Iodmangel beim Tier nicht nur im Hochland, sondern weltweit auch im Flachland vor, insbesondere in seefernen Regionen ohne aerogenen Iodtransfer und mit großer Iodauswaschung des Bodens.

Die Iodmangelsymptome der wiederkäuenden Tierarten sind ziemlich ähnlich. Tabelle 56.32 präsentiert die Symptome des Ioddefizits weiblicher Ziegen. Iodkonzentrationen von <100 µg I/kg Futtertrockensubstanz vermindern bei ihnen die Futteraufnahme signifikant. Ein Angebot von 40 µg/kg Futter-TM senkt in den ersten 252 Lebenstagen ihre Futter-, Energie- und Proteinaufnahme um ein Drittel und verursacht ein Minderwachstum von einem Viertel der bei den Kontrollziegen gefundenen Zunahmen. Der Unterschied ist hoch signifikant. Die iodarme Ernährung mit 40 µg I/kg Futter-TM drosselt auch den Erstbesamungserfolg statistisch gesichert von 73% bei den Kontrollziegen auf 27% bei den Iodmangelziegen.

Wiederholte Verpaarungen normalisieren die Konzeptionsrate. Der Iodmangel erhöhte die Abortrate auf nahezu 50% und verlängerte die Trächtigkeitsdauer der Ziegen um sechs Tage. Diese iodmangelbedingte Verlängerung der Trächtigkeitsdauer wurde auch bei Rind, Schwein und Schaf registriert [109, 113, 121, 122, 124, 129]. Die hohe Abortrate der Lämmer ist eines der wichtigsten Ergebnisse der experimentellen Untersuchungen des Iodmangels. Nur 0,9 Lämmer der Iodmangel-

Tab. 56.32 Der Einfluss des Iodmangels auf den Futterverzehr, das Wachstum, die Fortpflanzungsleistung, Sterblichkeit und den Iodgehalt der Schilddrüse und Milch [9, 11].

Parameter		Kontroll-ziegen	I-Mangel-ziegen	*p*	% [a)]
Iod, µg/kg Futter-TM		500	40	<0,001	8
Futterverzehr, g/Tag		653	459	<0,001	70
Wachstum, g/Tag		110	81	<0,05	74
Fortpflanzungsleistung					
Erstbesamungserfolg %		73	27	<0,001	
Konzeptionsrate %		83	79	>0,05	
Abortrate %		0	47	<0,01	
Dauer der Trächtigkeit, Tage		152	158	<0,01	
Lämmer pro trächtiger Ziege		1,7	1,4	>0,05	
Geschlechtsreife Lämmer		1,7	0,9	<0,01	
Sterblichkeit der Lämmer, %		27	88	<0,05	
Schilddrüsengewicht	Lämmer	218	8195	<0,001	3759
Körpergewicht, mg/kg	Erwachsene Ziege	44	1174	<0,001	2668
I-Gehalt der	Lämmer	704	14	<0,001	2,0
Schilddrüse	Erwachsene Ziegen	1678	137	<0,001	8,2
I-Gehalt des Blutserums d. Lämmer, µg/L		74	3,2	<0,001	4,3
I-Gehalt der Biestmilch, µg/L		1252	34	<0,001	2,7
I-Gehalt der reifen Milch, µg/L		228	4,6	<0,001	3,4
I-Gehalt, weißes Deckhaar, µg/kg TM		552	197	<0,001	36

a) Kontrollziegen = 100%, Iodmangelziegen = x%.

ziegen erlebten die Geschlechtsreife, während 1,7 Lämmer der Kontrolltiere diese erreichten (Tab. 56.32). Die Lämmersterblichkeit bei den Kontrolltieren betrug 27% und lag damit im Normalbereich dieser Art, während 88% der Iodmangellämmer mit unübersehbaren Iodmangelerscheinungen verstarben.

Die verschiedenen Haustierarten und ihre Nachkommen mit <100 μg I/kg Futtertrockenmasse entwickelten schon intrauterin Schilddrüsenvergrößerungen. Bei den Iodmangellämmern war die Schilddrüse zur Geburt im Vergleich zu den Kontrollziegenlämmern 40fach vergrößert (Abb. 56.2, 56.3 und 56.4), während die ihrer Mütter 27fach vergrößert war. Bei Schafen und ihren Lämmern mit <100 μg I/kg Futter-TM hypertrophierte die Schilddrüse um das 15fache, bei Kälbern und Mastrindern nur um das 2–5fache.

Die Schilddrüsen der Iodmangeltiere mit <100 μg I/kg Futter-TM speicherten grundsätzlich extrem wenig Iod. Die der Lämmer besaßen nur 2%, die ihrer Mütter nur 8% der Iodmenge, die bei Kontrolltieren gefunden wurde.

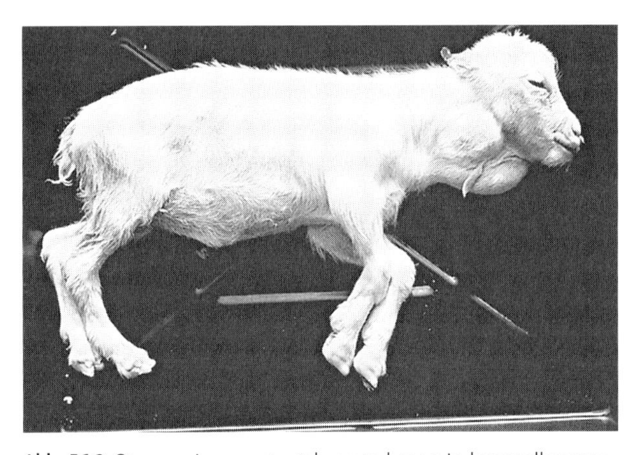

Abb. 56.2 Struma eines postnatal verstorbenen Iodmangellammes.

Abb. 56.3 Struma einer erwachsenen Ziege.

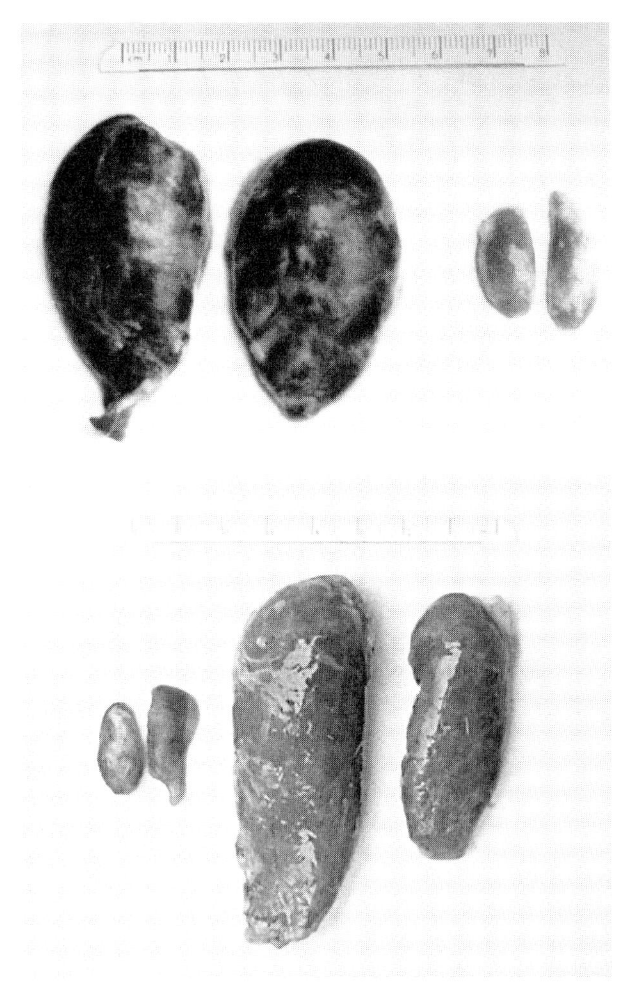

Abb. 56.4 Schilddrüsen eines Iodmangel- und eines Kontrolllammes.

Das Blutserum, ein guter Indikator des Iodstatus, der Lämmer von Ziege und Schaf mit <100 µg I/kg Futter-TM, bleibt unter 15 µg I/L und zeigt den Iodmangel. Der Iodgehalt des Blutserums und der Milch korrelierte mit $r=0{,}97$ am besten von allen untersuchten Substraten. In der Milchdrüse wird das Iod vom Blut zur Milch transferiert, wobei Kühe 8% des konsumierten Iods und Ziegen 22% mit der Milch ausscheiden [71, 180]. Ziegen mit unterschiedlichem Iodverzehr und zeitlichem Iodmangel erzeugten Milch mit 32–62 µg I/L. Die Milch iodsupplementierter Ziegen enthielt 142 µg I/L [272]. Die Iodkonzentration von Milch und Urin der Kühe korrelierte in Südböhmen mit $r=0{,}91$ [166].

Die Iodkonzentration des Deckhaares reflektiert den Iodstatus gleichermaßen gut [28].

Typische Iodmangelsymptome bei jungen Wiederkäuern sind schwache, z. T. blind geborene Lämmer, die haarlos zur Welt kommen und häufig sterben. Bei ihnen wird häufig eine Verlangsamung des Gehirnwachstums beschrieben [227]. Ihr Haar-, Borsten- und Wollwachstum ist vermindert. Die Vergrößerung der Schilddrüse während der intrauterinen Entwicklung und ihre Haarlosigkeit zur Geburt sind die bekanntesten Mangelsymptome. Neben der verminderten weiblichen Fruchtbarkeit (Tab. 56.32) leidet auch die männliche Fortpflanzungsleistung unter dem Iodmangel. Mit Iod unterversorgte Bullen litten sowohl an einer mangelhaften Libido sexualis als auch an einer herabgesetzten Spermaqualität [80].

Bei erwachsenen Rindern reichen die Iodvorräte der Schilddrüse für die Thyroxinproduktion eines Jahres. Erst dann kommt es zu Iodmangelerscheinungen [268]. Lang anhaltender Iodmangel induziert auch beim Rind eine gedrosselte Futteraufnahme, herabgesetzte Milchleistung und Hypothyreoidismus [138, 167]. Bei Mutterschafen verursachen Iodantagonisten (Rapsextraktionsschrot, Nitrate) goitrogene Wirkungen, die durch Iod- und Selenergänzungen der Mineralstoffmischungen beseitigt werden konnten [121, 174, 271]. Das gilt auch für Kühe, deren Supplementation mit 3 mg I/Tag ihre Gesundheit wiederherstellte und den Iodgehalt ihrer Milch normalisierte [165, 166, 170–173].

Auch monogastrische Haus- und Nutztiere erkranken an Iodmangel. Beim Pferd leiden hauptsächlich Fohlen an Iodmangel. Sie verarmen intrauterin an Iod, werden tot geboren und sind zu schwach zum Stehen und Saugen. Iodmangelstuten leiden an anomalem Östrus und Hengste an Libidoschwäche [86]. Beim Schwein und Zwergschwein führt Iodmangel zur Geburt von toten, borstenlosen Ferkeln mit einer fetten, verdickten Haut und vergrößerten Schilddrüsen. Beim Zwergschwein mit 60 μg I/kg Futter-TM kann es zur Schilddrüsenvergrößerung kommen [115]. Die Trächtigkeitsdauer der Sau verlängert sich. Wachsende Schweine mit goitrogenen Rationen entwickeln vergrößerte Schilddrüsen, verkürzte Gliedmaßen und Zwergwuchs. Ihr Zinkstoffwechsel ist gestört [20, 21, 100, 161, 261].

Ratten, Mäuse, Hamster und andere Nagetiere erkranken, wenn sie iodarm ernährt werden, gleichermaßen an Iodmangel. Dies gilt auch für Hunde, die neben der Schilddrüsenvergrößerung in Regionen mit endemischer Strumavergrößerung an Kretinismus erkranken [228, 257]. Katzen mit Iodmangel sind selten. Der Iodmangel zeigt sich neben der Schilddrüsenvergrößerung in Lethargie, Alopezie, Wachstums- und Fruchtbarkeitsstörungen, Gewichtsverlust und Ödembildung. Mithilfe des Blutplasmaspiegels von T_3 und T_4 kann der Iodmangel festgestellt werden [37]. In kommerziellen Alleinfuttermitteln für Katzen variiert der Iodgehalt von 218–6356 μg/kg TM. Der Iodbedarf der Katze beträgt nach Ranz [230] 21 μg/kg Körpermasse und Tag.

Legehennen produzieren Iodmangelsymptome mit 25 μg I/kg Futter-TM, ihre Eiererzeugung und die Eigröße sinken. Bei Küken kommt es zu Wachstumseinschränkungen. Iodantagonisten (Thioharnstoffe) senken die Schilddrüsenhormonerzeugung und stoppen die Eiproduktion [253]. Schilddrüseninsuffizienz kann beim Küken beträchtliche Gefiederveränderungen verursachen. Braune Legehornhähne besaßen kleine Hoden, die frei von Spermien waren. Sie verloren ihr männliches Gefieder, ihr Kamm verkleinerte sich [274]. Goitrogene Substanzen induzieren beim Huhn rasch Iodmangelerscheinungen [168, 197].

Auch bei Fischen verursachte ein Iodmangel „Kröpfe“ in Form von Schilddrüsenhyperplasie und erhöhter Sterblichkeit [34]. Polychloride und Biphenyle verursachten schwere endemische Schilddrüsenvergrößerungen bei Raubfischen in den „Großen Seen“ (Great Lakes), USA [193].

56.5.1.3 **Mensch**

Erste Hinweise auf das „Kropfleiden“ gab es bereits vor mehr als 4000 Jahren in China, Indien und Ägypten. Das Wort „Kropf“ wird auf das altdeutsche „chroph“, womit der Vormagen der Vögel, in dem ihr Futter gesammelt, eingeweicht und auf seine Zerkleinerung und Verdauung vorbereitet wird, zurückgeführt. Das Synonym „Struma“ (struere=aufschichten) führten Heister (1718) und von Haller (1708–1777) in den medizinischen Sprachgebrauch ein. Im „englischen“ Sprachraum wird der Kropf oder die Struma als „Goiter“ bezeichnet. Alle drei Namen charakterisieren eine vergrößerte Schilddrüse ohne Berücksichtigung der Ursache und des Funktionszustandes. Kropf, Struma und Goiter sind polyätiologische Symptome [200]. Aus diesem Grund haben Hetzel et al. [141, 142] vorgeschlagen, die iodmangelbedingten Schilddrüsenvergrößerungen als „Iodine Deficiency Disorders (IDD)“ zu bezeichnen [11, 63, 200]. Auf diese Weise ist eine sprachliche Abgrenzung der primären bzw. sekundären Iodmangelkrankheiten von verschiedenen anderen Krankheitsprozessen, die mit Iod oder T_4- bzw. T_3-Mangel unmittelbar nichts zu tun haben, möglich.

Tritt innerhalb einer Region bei mehr als 10% der Bevölkerung eine Struma auf, dann spricht man von endemischer, sonst von sporadischer Struma [200].

Das Spektrum der Iodmangelerkrankungen umfasst:

- Fetus: Iodmangel beim Neugeborenen ist das Ergebnis mütterlichen Iodmangels.
  Abort, Totgeburt, angeborene Anomalien, erhöhte postnatale Sterblichkeit, gesteigerte Kindsmortalität, neurologischer Kretinismus (mentale Defizite, Gehörschäden, Schielen, sporadische Lähmungen), hypothyroiter Kretinismus (Zwergwuchs, mentale Schäden), psychomotorische Schäden.
- Neugeborene: Struma connata (angeborene Struma), neonatale Schilddrüsenerkrankung.
- Kinder und Jugendliche: Pubertätstruma, verminderte geistige Leistung und körperliche Entwicklung.
- Erwachsene: Struma und seine Komplikationen, Kropf, verminderte mentale Leistung [142], gegebenenfalls Hypothyreose.

Um Iodmangel von Schwangeren, ihren Ungeborenen, ihren Neugeborenen, Kindern, Jugendlichen und den Erwachsenen fern zu halten, ist es notwendig, die Anzahl der Iodmangelerkrankungen, einschließlich der tastbaren und sichtbaren Schilddrüsenerkrankungen nach den Kriterien der WHO zu erfassen [42, 73, 139,

296], die Harniodexkretion zu ermitteln, die Blut-TSH-Menge zu messen und die Schilddrüsengröße mittels der Ultrasonographie standardisiert festzustellen. Hetzel und Wellby [143] klassifizieren den Iodmangel nach drei Schweregraden:

1. Milder Iodmangel mit Uriniodwerten von 50–99 μg I/L. Bei dieser Harniodkonzentration ist der normative Iodbedarf von 1 μg/kg Körpergewicht häufig bereits befriedigt.
2. Moderater Iodmangel mit Harniodwerten von 20–49 μg I/L. Bei dieser Iodexkretion im Urin ist mit IDD in jedem Fall zu rechnen.
3. Schwerer Iodmangel, mit der Gefahr erheblicher Schilddrüsenvergrößerung und endemischen Kretinismus mit Uriniodwerten von <20 μg/L.

Die renale Ausscheidung von 50 μg I/L entspricht dem Verzehr von 65 μg I/Tag im Wochenmittel. In der Vergangenheit wurde die fäkale Iodausscheidung nicht in die Iodbilanzen aufgenommen. Ein Konsum von 65 μg/Tag deckt den individuellen normativen Iodbedarf Erwachsener (bei einem Gewicht von 65 kg) von 1 μg/kg Körpergewicht. Unter diesen Bedingungen ist IDD nicht zu erwarten. Die Bestimmung des Iodgehaltes in einzelnen, spontan abgegebenen Harnproben ist außerdem nicht repräsentativ für die individuelle Iodaufnahme einer Woche, wie im Folgenden dargestellt wird.

Bei 219 Frauen und Männern Deutschlands war es möglich, den mittleren wöchentlichen Iodverzehr mit dem individuellen täglichen Iodkonsum von 1533 Tagesduplikaten zu vergleichen (Tab. 56.33).

Dabei zeigte sich, dass 10% der Frauen und 6% der Männer eine tägliche Iodaufnahme von <20 μg aufwiesen und damit an einem schweren Iodmangel litten. Im Wochenmittel verzehrte jedoch keiner dieser Erwachsenen <20 μg I/Tag. 20–49 μg I/Tag konsumierten etwa die gleichen Prozentsätze von Frauen

Tab. 56.33 Der Prozentsatz von Mischköstlern und Vegetariern in Deutschland mit mangelhaftem und bedarfsdeckendem Iodverzehr (*n*=763, 770; 110, 109)

Verzehr [μg/Tag]	Frauen		Männer	
	je Tag	je Tag, Wochenmittel	je Tag	je Tag, Wochenmittel
<20	10	0	6	0
20–49	39	38	29	25
50–99	34	50	34	45
100–149	13	10	18	22
150–199	3	2	7	5
200–299	1	0	4	2
300–399	0	0	2	1
400–499	0	0	0	0
>500	0	0	0	0
Summe	100	100	100	100

Tab. 56.34 Der Prozentsatz von Frauen und Männern ländlicher Basalt- und Kreideverwitterungsböden in Mexiko mit unterschiedlichem Iodverzehr (μg/Tag und Tag/Wochenmittel) (n=98, 98; 10, 10).

Verzehr [μg/Tag]	Frauen		Männer	
	je Tag	je Tag, Wochenmittel	je Tag	je Tag, Wochenmittel
<20	0	0	0	0
20–49	5	0	1	0
50–99	22	7	14	0
100–149	33	50	26	22
150–199	27	36	26	57
200–299	11	7	18	14
300–399	0	0	9	0
400–499	1	0	4	7
>500	1	0	2	0
Summe	100	100	100	100

und Männern. Fasst man die Prozentsätze von Frauen und Männern mit schwerem und moderatem Iodmangel je Tag und im Wochenmittel/Tag zusammen, dann überschätzt die einmalige Iodbestimung im Harn den Umfang des Iodmangels um etwa 10%.

Auch in Mexiko mit einem mittleren Konsum von 150 und 195 μg I/Tag verzehrten noch 5% der Frauen und 1% der Männer <50 μg I/Tag, aber kein Erwachsener konsumierte im Tagesmittel der Woche <50 μg I (Tab. 56.34). Bei dieser reichlichen Iodaufnahme war ein hoher Verzehr an Iod besonders interessant. 2% der Frauen und 15% der Männer konsumierten >300 μg I/Tag, aber keine der Frauen und nur 7% der Männer nahmen im Wochenmittel je Tag >300 μg I auf. Von diesen Befunden wird abgeleitet, dass die einmalige, individuelle Bestimmung des Iodverzehrs oder der renalen Iodausscheidung (Spontanurin) nicht zur Errechnung von Prozentsätzen an Probanden benutzt werden kann, die an einem Iodmangel oder einem Iodüberschuss leiden.

Die Aussagekraft des Iodgehaltes im Spontanurin wird durch die Analyse einer begrenzten, aber gut ausgewählten Anzahl von Personen, deren Spontanharn an sieben Wochentagen ermittelt wurde, wesentlich verbessert. Der Prozentsatz von Probanden im Iodmangel- bzw. Iodbelastungsbereich vermindert sich durch diese Bestimmungsmethode um 5–10% und kommt der tatsächlichen Iodversorgung signifikant näher.

WHO, UNICEF, JCCJD [40, 42, 89, 90] haben als unteren Grenzwert für die renale Iodausscheidung 100 μg I/L angesetzt. Diese Exkretion entspricht einem Iodverzehr von ~115 μg/Tag oder 1,6 μg I/kg Körpergewicht Erwachsener. Eine Erhöhung des Grenzwertes auf 200 μg I/L Urin ist, wie verschiedentlich gefordert, keinesfalls notwendig. Der normative Iodbedarf von 1 μg I/kg Körpergewicht deckt den Iodbedarf und ermöglicht auch die Auffüllung der Iodspeicher in der Schilddrüse. Die empfohlene Iodaufnahme von 2 μg I/kg Körpergewicht führt bereits zu einer signifikanten renalen Mehrausscheidung des Iods über den Harn und bei Stillenden über die Milch [15, 39].

Neben der Bestimmung der renalen Iodausscheidung je Tag im Mittel von sieben Tagen ist die Messung der Blutserum-TSH-Konzentration mit einem normalen Referenzwert von 0,35–4,5 mU/L ein weiterer wichtiger Parameter für eine bedarfsdeckende Iodversorgung (Pschyrembel 1990, normaler, basaler TSH-Spiegel im Serum 1–6 U/L).

Die Iodierung der Mineralstoffmischungen landwirtschaftlicher Nutztiere mit 10 bzw. 5 mg I/kg, des in den individuellen Küchen verwendeten und gewerblich genutzten Speisesalzes mit 20 mg I/kg liefert den Mischköstlern und Ovo-Lakto-Vegetariern im Wochenmittel, wie die Beispiele der USA und Mexiko zeigen, in Durchschnittspopulationen 150 μg I/Tag (Frauen) und 200 μg I/Tag (Männer). Dieser Iodverzehr ist 2008 auch in Deutschland zu erwarten. In der parenteralen Ernährung hat das Iod seinen Platz gleichermaßen gefunden [219].

Der normative Iodbedarf landwirtschaftlicher Nutztiere beträgt 200–300 μg I/kg Futter-TM. Hochleistungskühe sollten trotz ihrer hohen Milchproduktion nicht >600 μg I/kg Futter-TM erhalten, da weltweit die Milch nur bis zu einem Iodgehalt von 500 μg/L handelsfähig ist. Die zur Säuglings- und Formulaherstellung verwendete Milch darf nur ~100 μg I/L enthalten.

Der Kampf gegen die IDD wird im neuen Jahrhundert weltweit geführt und schränkt ihr Auftreten wesentlich ein. Der normative Iodbedarf von 1 μg/kg Körpergewicht und die Empfehlung zur Iodaufnahme von 2 μg/kg Körpergewicht werden zunehmend befriedigt und erhöhen die renale Iodausscheidung, die beim Verzehr von 1 μg I/kg Körpergewicht etwa 50 μg I/L Harn oder 1 g Kreatinin erreicht und eine normale mentale und körperliche Entwicklung ermöglicht [41]. Trotz vielfältiger Anstrengungen ist die Iodversorgung des Menschen weltweit noch nicht bedarfsdeckend, wie die Analyse der renalen Iodausscheidung in Deutschland [190] 1996 und im 21. Jahrhundert zeigt (Tab. 56.35). Die renale Iodausscheidung von Populationen aus der Türkei, Dänemark (ohne Iodsupplement), Neuseeland und Australien blieb auch im neuen Jahrhundert im Mittel unter 100 μg I/L Urin und zeigt ein individuelles Iodmangelrestrisiko. In anderen Ländern (z. B. Iran, Lesotho, Südtirol) führte die Iodierung des Speisesalzes mit 20 mg I/kg zu einem hoch signifikanten Anstieg der renalen Iodausscheidung auf 100–300 μg/L, wobei individuell auch zu reichlicher Iodkonsum registriert wurde. Die Wege zur Verbesserung der Iodversorgung in Entwicklungsländern beschränken sich nicht auf die Iodierung des Speisesalzes, sondern führten auch zu bedenklicher Iodanreicherung von Nahrungsmitteln (Fischtunke, Trinkwasser) [226] und Kosmetika (Salben).

Die historische Entwicklung der Iodversorgung von Tier und Mensch in Ostdeutschland wurde von Bauch [55, 57, 60] in drei Tagungsbänden und zahlreichen Publikationen dokumentiert [56–58, 61, 62, 64–67]. Die Iodmangelbeseitigung in der Bundesrepublik Deutschland war auch Gegenstand einer human-

Tab. 56.35 Die gegenwärtige renale Iodausscheidung von Kindern und Erwachsenen.

Land	Autor	Alter	Gehalt [µg/L]; 1 g Kreatinin
Türkei (Westküste)	Darcan et al. [88]	6–12	53
Dänemark	Rasmussen et al. [231]	Erwachsene	61
Türkei (Erzurum)	Akarsu et al. [3]	20–70	65
Neuseeland	Skeaff et al. [262]	6–24	67
Australien (Melbourne)	McDonnell et al. [196]	5–12	70
Australien (New South Wales)	Guttikonda et al. [131]	5–13	82
Indien	Kapil et al. [156]	Schulkinder	103
Australien (Sydney)	McElduff et al. [198]	Schwangere	109
Deutschland (Erlangen)	Rauh et al. [232]	6–7	111
Deutschland	Hampel et al. [135]	Erwachsene	125
Tschechische Republik	Zamrazil et al. [294]	0–98	120–140
Israel	Benbassat et al. [69]	Schwangere	143
Pakistan (Swat)	Akhtar et al. [4]	8–10	159
Deutschland	Bühling et al. [75]	Schwangere	181 µg/g Kreatinin
Deutschland (Würzburg)	Juhran [153]	7–17	183
Hong Kong	Kung et al. [169]	Schulkinder	190
Deutschland	Zöllner et al. [297]	Erwachsene	197
Lesotho	Sebotsa et al. [256]	Schulkinder	215
Südtirol	Oberhofer et al. [217]	6–14	259
Iran (Yazd Region)	Mozaffari et al. [210]	6–11	264 ± 123
Iran (Teheran)	Roudsari et al. [239]	Schulkinder	275
Lesotho	Sebotsa et al. [256]	Junge Frauen	280
Iran (4 Städte)	Azisi et al. [50]	Schulkinder	312, 250, 202, 193
Iran (4 Städte)	Azisi et al. [50]	Schwangere	338, 212, 186, 90

medizinischen Dissertation anhand der Unterlagen des Arbeitskreises Iodmangel, München [164]. Die Iodversorgung in Deutschland und Europa verdient noch Aufmerksamkeit [278].

56.5.2 Toxizität des Iods

56.5.2.1 **Flora**

Über Iodintoxikation bei Pflanzen ist bisher kaum berichtet worden. Lediglich Gough et al. [106] teilten mit, dass große Mengen Seetang, als Gründünger in Küstennähe eingepflügt, Symptome einer Iodintoxikation – welche der einer Bromvergiftung ähneln, nämlich Chlorose an älteren Blatträndern, während die jüngeren Blätter sich dunkelgrün färben – auslösten. Auf die keimtötende Wirkung des Iods in Desinfektionsmitteln sei hingewiesen [105].

56.5.2.2 Fauna

Die orale LD_{50} der Iodate variiert zwischen 110 und 500 mg/kg bei der Maus, Iodide erweisen sich als dreimal toxischer als Iodate [77, 104, 284]. Die parenterale mediane letale Iodmenge beträgt 100–120 mg/kg bei der Maus [283]. Bei Kaninchen erreicht die niedrigste parenterale letale Dosis 75 mg/kg [104].

Hunde sterben nach oraler Aufnahme von 200–250 mg Kaliumiodat. Ein überlebender Hund entwickelte irreversible retinale Degenerationen [285]. Bei einmaliger Verabreichung von Natrium- oder Kaliumiodverbindungen nahm das Kation keinen Einfluss auf die Toxizität [214, 215].

Vier Wochen über Trinkwasser verabreichtes Iodat verursachte bei Mäusen in Mengen von 300 mg/kg und mehr Hämolyse und renale Schäden mit einem „no observed effect level“ (NOEL) von etwa 120 mg/kg. Meerschweinchen auf dem gleichen Weg mit Iodat belastet, tolerierten nahezu 300 mg/kg scheinbar ohne Wirkung [284]. Retinale Degenerationen wurden nicht registriert. Hunde, oral über 66–192 Tage mit 6–100 mg I/kg und Tag belastet, entwickelten keine retinalen Schäden, obwohl verschiedene Tiere Verdauungsstörungen und andere Anomalitäten (Hämolyse) aufwiesen [285].

Der Einfluss einer Iodbelastung bei landwirtschaftlichen Nutztieren wurde ähnlich wie bei Labornagetieren schon vor 30–50 Jahren geprüft [33, 47, 48, 54, 194, 195, 209, 212, 279]. Dabei zeigte sich, dass eine Iodbelastung den Futterverzehr, das Wachstum, die weiblichen und männlichen Fortpflanzungsleistungen, die Milchleistung, Eiproduktion, Sterblichkeit und, für die menschliche Gesundheit von entscheidender Bedeutung, den Iodgehalt von Milch und Eiern erhöht, wobei sowohl an die Beseitigung des Iodmangels als auch an die Iodbelastung iodsensibler Personen zu denken ist. Besonders gründlich wurde die Auswirkung einer Iodintoxikation beim Huhn untersucht, deren Legehennenfutter ohne Iodergänzung <150 µg I/kg bzw. 350 µg I/kg [179] enthielt. Überschüssiges Futteriod (350–3000 mg/kg TM) vermindert den Futterverzehr, das Wachstum und die sexuelle Reife bei weiblichen und männlichen Jungtieren, ohne deren Futterverwertung zu verschlechtern. Legehennen drosseln ihre Eiproduktion bis zu 2500 mg I/kg Futter-TM, bei höheren Iodgaben ist die Ovulation gehemmt, die Eiproduktion wird eingestellt. Mit der verminderten Eierzeugung sinkt der Futterverzehr, das Eigewicht, der Cholesterolgehalt des Eigelbs vermindern sich und das Körpergewicht der Hennen steigt. Die Schlupfrate der Küken aus befruchteten Eiern fällt, die Brutzeit der Eier bis zum Schlüpfen verlängert sich, die Embryosterblichkeit steigt an und der Prozentsatz von Küken, welche die Eischale nicht durchbrechen können (Steckenbleiber) erhöht sich. Eine Iodbelastung der Hähne führt zu einer großen Anzahl toter Spermien. Es kommt zu einer spontanen autoimmunen Thyreoiditis [270]. Alle iodüberschussbedingten Schäden (Futterverzehr, Körpergewicht, Reproduktionsstörungen) verschwanden innerhalb von sieben Tagen nach Verfütterung von Futter mit normalem Iodgehalt [182].

Die verschiedenen Spezies unterscheiden sich hinsichtlich ihrer Empfindlichkeit gegenüber einer Iodbelastung. Pferde sind besonders sensibel und reagieren bereits auf Gaben von 5–40 mg/kg Futter-TM, Rind und Schaf tolerieren

50 mg/kg TM, Hühner vertragen 300 mg/kg TM und Schweine 400 mg/kg TM [34]. Eine Iodbelastung von Stuten und Fohlen vergrößert bei beiden die Schilddrüse. Die Erkrankung wird sowohl durch Iodid und Iodat als auch durch hohe Mengen von getrocknetem Tang verursacht [54].

Rinder reagieren auf eine Iodbelastung des Futters mit 50–100 mg/kg Futter-TM. Kälber, Jungrinder und „trockenstehende" Kühe sind empfindlicher gegenüber Iodbelastungen als laktierende Kühe, die das überschüssige Iod über die Milch ausscheiden. Nicht wiederkäuende Kälber vertragen über fünf Wochen einen Iodgehalt von 50 mg/kg in der Milchaustauscher-TM [149]. Zeichen der Iodintoxikation sind verminderter Futterverzehr, Schwerfälligkeit, Gleichgültigkeit, übermäßiger Tränenfluss, Schuppenbildung, Schorf der Haut, Schwierigkeiten beim Schlucken und trockener Husten. Iodbelastungen schädigen das Immunsystem und mindern die Antikörperbildung gegen Krankheiten. Die Rinder erholen sich rasch von der Iodintoxikation nach der Iodentlastung des Futters [38]. Während des „Trockenstehens" der Kühe kann es zu fetaler Resorption, Abort, Totgeburten und hohen Kälberverlusten kommen [194]. Kühe mit 5 mg I/kg Lebendmasse brachten 25% anomale Kälber zur Welt [97]. Iodgaben von 68–600 mg/Kuh und Tag führten zu verminderter Milcherzeugung, Husten, Nasen- und Augenausfluss. Die iodreichen Rationen wurden einen Monat bis sieben Jahre verfüttert. Die Verminderung des Iodverzehrs auf 12 mg/Kuh und Tag beseitigte die Intoxikationen.

Bei Schafen induzierten Iodgaben von >50 mg I/kg Futter-TM Depressionen des Futterverzehrs, Appetitlosigkeit, Untertemperaturen und ungenügende Gewichtszunahmen [195]. Andererseits induzierten höhere Iodgaben (133 mg I als KI) beim Schaflamm über 22 Tage keine Verminderung der Futteraufnahme und des Wachstums.

Die Eier der Hühner und die Milch der Kühe sind aus menschlicher Sicht auch für die Iodversorgung von besonderer Bedeutung. Beide Arten bedürfen der Iodergänzung, die aber nicht so hoch sein darf, dass die Milch >500 µg I/L enthält. Auf die Steigerung des Iodgehalts der Milch durch Desinfektion des Euters der Kuh mit iodhaltigen Desinfektionsmitteln wurde mehrfach hingewiesen [146]. In Kalifornien (USA) erzeugte Milch enthielt zwischen 22 und 4048 µg I/L bei einem Mittelwert von 328 µg/L. Die Zulage von 25–30 mg Ethylendiamidhydroiodid pro Kuh kann bei normalem Futteriodangebot den Iodgehalt der Milch auf 500 µg I/L erhöhen [70]. Sammelmilchproben aus Wisconsin (USA) enthielten 466 µg I/L, 11% der Proben akkumulierten 1000 µg/L. Swanson et al. [269] fanden, dass die Erhöhung des Iodgehalts von 800 µg I/kg Futter-TM (der Iodbedarf der Kuh ist damit doppelt gedeckt) mit 1800, 1200 oder 4000 µg/kg Futter-TM zu einem Anstieg des Iodgehalts der Milch von 205 µg/L auf 404, 477 und 757 µg/L führte. Die Steigerung des Iodgehalts im Fleisch der Kühe war wie in Deutschland nicht signifikant [287]. Der Iodgehalt der Milch in Deutschland schwankt auch unter dem Einfluss der Zitzen- und Klauendesinfektion zwischen 125 und 818 µg/L [32], so dass es dringend geboten erscheint, das Iodangebot von Rind und Huhn auf 400 bis maximal 500 µg/kg TM zu begrenzen, wobei deren normativer Iodbedarf auch bei einer sehr hohen

Tab. 56.36 Iodkonzentrationen, die bei Nutztieren zu einer Beeinträchtigung von Gesundheit und Leistung führen.

Nutztiere	I-Konzentration [mg/kg Futter-TM]	Wirkung
Küken	>350	Futterkonsum vermindert, Wachstum gedrosselt, sexuelle Reife verschoben
Hennen, Hähne	>350	Eiproduktion vermindert, Ovulation gehemmt, Eiproduktion hört auf, kleine Eier, Körpergewicht steigt, Brutdauer verlängert, Embryosterblichkeit erhöht, tote Spermien, autoimmune Thyreoiditis
Kälber, Jungrinder, Kühe	>50	Futterkonsum vermehrt, Apathie, Tränenfluss, Schorf der Haut, Schluckbeschwerden, trockener Husten, Immunsystem geschädigt, Abort, Totgeburt, Kälberverluste
Schafe	>50	Niedriger Futterverzehr, Wachstum gehemmt
Pferde, Fohlen	>5	Schilddrüsenvergrößerung, Apathie
Schweine	>400	Niedriger Futterverzehr, Wachstum gehemmt

Milch- bzw. Eierleistung 300 µg/Tag nicht überschreitet. Dies gilt auch für die Ziege, die besonders viel Iod, schon bei einem niedrigen Iodangebot, in die Milch transferieren kann.

Abschließend wird herausgestellt, dass Iod auch für Fische konzentrationsabhängig extrem toxisch sein kann. Das hat für den Einsatz iodhaltiger Desinfektionsmittel in Aquarien besondere Bedeutung [181].

Tabelle 56.36 fasst die Auswirkungen einer Iodbelastung landwirtschaftlicher Nutztiere und die auslösenden Iodmengen zusammen.

56.5.2.3 **Mensch**

Der Verzehr des iodierten Speisesalzes ist in den Iodmangelgebieten mit dem Auftreten einer iodinduzierten Hyperthyreose bei einer begrenzten Zahl älterer Personen verbunden [264]. Diese erhöhte Hyperthyreosehäufigkeit wurde in allen Ländern von Argentinien bis Zimbabwe beschrieben, kommt auch in Deutschland und allen Nachbarländern vor und betrifft etwa 5% der Bevölkerung [55, 78, 83, 89, 102, 152, 184, 201, 204, 205, 222, 223, 254, 265]. In den USA, einem Land mit jahrzehntelanger reichlicher Iodversorgung, wurde der Verzehr von 2000 µg I/Tag als toxikologisch relevant eingestuft [290], in Japan, einem Land mit teilweise überreichlichem Iodangebot (Hokkaido), kommt es zur Aufnahme von 50000 µg I/Tag [267] und einer renalen Iodausscheidung von 20 mg I/Tag [213] oder der 100fachen Iodausscheidung des Normalen. Ungeachtet dieser überreichlichen Iodaufnahme wird in Europa eine Iodaufnahme von mehr als 1000 µg/Tag als Iodexzess, der zu gesundheitlichen Schäden führen kann, bezeichnet. Der „Arbeitskreis Iodmangel" hat 2004 für Deutschland 500 µg I/Tag als zulässige Höchstmenge vorgeschlagen, da es nicht erforderlich ist, die Bevölkerung mit einem Iodangebot von 1000 µg/Tag zu belasten und bei einem begrenzten Teil eine iodinduzierte Hyperthyreose, die medizinisch zu behandeln ist, auszulösen. Der normale Iodgehalt der Lebensmittel lässt eine Begrenzung auf diese Iodaufnahme zu. Der normative Iodbedarf Erwachsener beträgt 1 µg/kg Körpergewicht und ist zu mehr als 90% erreicht. Es wird der Konsum von 2 µg I/kg Körpergewicht empfohlen. Um eine Aufnahme von 500 µg I/Tag zu erreichen, wäre der Verzehr von 7 µg I/kg Körpergewicht (70 kg) erforderlich.

56.5.2.3.1 Iodinduzierte Hyperthyreose, insbesondere bei Vorliegen einer funktionalen Autonomie

Bei bedarfsdeckender und/oder überhöhter Iodzufuhr kann es in Iodmangelgebieten zu einer Hyperthyreose der Schilddrüse kommen. 90% der Patienten sind euthyroid [59]. Häufig wird die Hyperthyreose durch eine reichliche Iodaufnahme, z.B. Röntgenkontrastmittel (5000 mg I), iodhaltige Medikamente, sehr iodreiche Nahrungsmittel (iodreiche Meeresalgen) [92, 144, 220, 264] und die Einführung der Iodprophylaxe in kurzer Zeit bedingt. Die iodinduzierte Hyperthyreose wird vor allem bei älteren Patienten (>40 Jahre) mit einer renalen Iodausscheidung von 200–1600 µg/L ausgelöst. In Abhängigkeit vom Entwicklungsstadium der Autonomie und der Ioddosis muss mit Hyperthyreosen gerechnet werden [183, 244]. In Deutschland ist die Iodaufnahme und -ausscheidung älterer Bürger signifikant umfangreicher als die jüngerer (>100 µg I/Tag und Liter Urin) und im Winter höher als im Sommer. Frauen konsumieren statistisch gesichert weniger Iod als Männer. Die Häufigkeit iodinduzierter Hyperthyreosen nimmt mit zunehmender Verbesserung der Iodversorgung ab [52, 223].

56.5.2.3.2 Immunthyreopathie (Morbus Basedow)

Der Morbus Basedow beruht auf einer Fehlsteuerung des Immunsystems. Er stellt eine Autoimmunerkrankung der Schilddrüse dar und wird durch eine genetische Disposition, Umwelteinflüsse, zu denen auch die Iodversorgung gehört, und Virusinfektionen ausgelöst. Bisher nicht im Einzelnen geklärte Autoimmunprozesse führen dazu, dass die Schilddrüse unkontrolliert große Mengen an Schilddrüsenhormonen produziert. Bei diesen Patienten sind stimulierende Auto-Antikörper gegen TSH-Rezeptor bzw. Natriumiodid-Symporter (NIS) nachweisbar, die die Wirkung des TSH nachahmen [1, 2]. Die Häufigkeit des Morbus Basedow scheint von der Iodversorgung beeinflusst zu werden [176, 177, 178]. Der Morbus Basedow tritt gehäuft bei Frauen im 3. und 4. Dezennium auf. Die Prävalenz dieser Hyperthyreose beträgt in Deutschland 2,5%.

56.5.2.3.3 Autoimmunthyreoiditis (Hashimoto-Thyreoiditis)

In einer deutschen Studie wurden Strumapatienten ohne Hinweis für eine Autoimmunthyreoiditis 200 µg Iodid/Tag über zwölf Monate verabreicht. Die Schilddrüsengröße verminderte sich, drei Patienten entwickelten eine lymphozytäre Thyreoiditis, wobei zwei Probanden an einer Hypothyreose und ein Patient an einer Hyperthyreose litten. Nach dem Absetzen der Iodergänzung normalisierten sich die Schilddrüsenfunktionen, die Antikörpertiter und die lymphozytären Infiltrate [155]. Die Mechanismen, die zu anomalen Immunreaktionen und der Autoimmunothyreoiditis durch eine Iodbelastung führen, sind nicht geklärt. Iodmengen, die dem normativen Bedarf des Menschen oder den Empfehlungen zur Iodaufnahme von 1 bzw. 2 µg/kg Körpergewicht entsprechen, lösen keine Immunthyreoiditis aus.

56.5.2.3.4 Pharmakologisch wirksame Iodmengen von >1000 µg Iodid/Tag

Gaben von mehr als 1 mg I/Tag können die Iodaufnahme der Schilddrüse blockieren. Reichliche intrathyreoidale Iodmengen hemmen die Organifikation des Iods und auch die Sekretion von Schilddrüsenhormonen. Fortbestehende Iodbelastungen führen zur Abnahme des Natrium-Iodid-Symporter (NIS) und der Thyroid-Peroxydase (TPO) mRNA, wodurch sich über längere Zeiträume eine Hypothyreose und eine Struma entwickeln können [93, 216, 238]. Thyreosepatienten leiden an Nervosität, Herzklopfen, Schweißausbrüchen, Hungergefühl bei gegebener Gewichtsabnahme, Durchfall und Schlafstörungen [94]. Perinatale Iodbelastungen können bei Neugeborenen zu einer vorübergehenden Hypothyreose führen [216].

56.5.2.3.5 Dermatitis herpetiformis During, Iodallergie, pseudoallergische Reaktionen

Eine Iodbelastung kann zur Dermatitis herpetiformis During führen, einer Autoimmunerkrankung, die häufig mit Zöliakie, einer glutensensitiven Enteropathie, einhergeht, welche durch eine glutenfreie Diät, die stark juckende Hautschäden zurückbildet, behandelt wird. Die Dermatitis, Akne, bullöse Mucinose der Haut wird durch Halogene (Iod, Brom) provoziert, die dazu benötigten Iodmengen betragen ein Vielfaches des normativen Bedarfs bzw. der Empfehlungen zur Iodaufnahme [64, 72, 207, 225, 234, 251].

Personen mit Iodallergie müssen eine Belastung mit größeren Iodmengen, wie z. B. Röntgenuntersuchungen mit iodhaltigem Kontrastmittel oder iodhaltigen Lösungen und die Aufnahme hoher Iodmengen (1 mg/Tag), meiden. Das Iod des Speisesalzes löst keine Iodallergie aus und verschlimmert keine vorhandene [126, 207, 255, 258]. Die Intoleranzreaktionen in Verbindung mit iodhaltigen Kontrastmitteln oder Erythrosin sind eine pseudoallergische Reaktion. Das Erythrosin ist ein Lebensmittelfarbstoff [288], der in der Europäischen Union als Lebensmittelfarbstoff nur zum Färben bestimmter Lebensmittel (Bigarreauxkirschen in Sirup, Obstcocktails) zugelassen ist und zu 5% aus Iod besteht, das aber nicht bioverfügbar ist [128].

56.6 Bewertung des Gefährdungspotentials

Iod ist ein Spurenelement, welches für die Pflanzenwelt nach dem gegenwärtigen Erkenntnisstand nicht lebensnotwendig ist. Von Meerespflanzen (Algen, Tang) abgesehen enthält die Vegetation wenig Iod. Besonders die Samen bzw. Früchte und verschiedene Speicher für Stärke und Zucker sind arm an Iod, während Blätter mehr Iod inkorporieren. Für die Fauna und den Menschen ist das Iod essentiell und dosisabhängig toxisch. Der Mensch erhält die Majorität des Iods über tierische Erzeugnisse (Tab. 56.37), die etwa drei Viertel des täglich konsumierten Iods liefern. Die pflanzlichen Lebensmittel bringen dem Mischköstler nur 16% des Iods und die Getränke nur etwa 10% [10, 127]. Ovo-Lakto-Vegetarier nehmen etwa die gleiche Menge Iod wie Mischköstler auf. Auch die Verteilung auf die drei Lebensmittelgruppen ist ähnlich, da Milch und Eier Hauptlieferanten an Iod sind. Die Gefahr eines Iodmangels ist bei Veganern, die keine tierischen Erzeugnisse verzehren, größer als bei Mischköstlern und Ovo-Lakto-Vegetariern.

Deutschland ist ein endemisches Iodmangelgebiet, das mit Ausnahme der Zeit zwischen 1860 und dem 1. Weltkrieg durch Düngung mit iodreichem Chile-Salpeter und in Ostdeutschland von 1950–1980 durch die Verfütterung von iodreichem Fischmehl „bedarfsdeckend" mit Iod versorgt wurde.

Die notwendige Versorgung von Tier und Mensch mit Iod erfolgt durch die Ergänzung der Mineralstoffmischungen landwirtschaftlicher Nutztiere mit 10 mg I/kg, des Speisesalzes für die individuelle Küche und die gewerbliche Lebensmittelproduktion mit 20 mg I/kg. Diese Maßnahmen liefern Erwachsenen 1 bis 2 µg I/kg Körpergewicht und befriedigen deren normativen Iodbedarf und die Empfehlung zur Iodaufnahme.

Die höchste zulässige Tagesdosis des Erwachsenen von 500 µg I/Tag im Wochenmittel oder der Verzehr von 7 µg I/kg Körpergewicht gibt ausreichend Spielraum für 100 µg I/Tag als Höchstmenge für Nahrungsmittelergänzungsstoffe.

Tab. 56.37 Beteiligung der tierischen bzw. pflanzlichen Lebensmittel und der Getränke am Iodverzehr erwachsener Mischköstler ohne Iodsalz in Deutschland in Prozent [10].

Lebensmittel, Gruppe	Frauen	Männer	Beide Geschlechter
Tier	75	73	74
Pflanze	17	15	16
Getränke	8	12	10

Das Gefährdungspotential des Iods kommt von iodhaltigen Medikamenten (z. B. Amiodaron, iodhaltige Kontrastmittel und iodhaltige Desinfektionsmittel [144, 238]), iodreichen Algenerzeugnissen und von Euter- und Klauendesinfektionsmitteln der Kühe, die den Iodgehalt der Milch signifikant erhöhen. All diese Iod liefernden Präparate können die Iodaufnahme Erwachsener auf über 500 µg/Tag erhöhen, eine Hyperthyreose auslösen und verdienen Beachtung. Die Überversorgung der Nutztiere mit Iod durch eine unkontrollierte Iodierung des Mineralstoffgemisches bzw. Futtermittels ist in Deutschland durch die Festlegung von 4 mg I/kg Futtermittel-TM als Höchstmenge kaum möglich [45].

56.7 Grenzwerte, Richtwerte, Empfehlungen, gesetzliche Regelungen

Die US Occupational Safety and Health Administration (OSHA) hat den maximalen Iodgehalt in der Arbeitsatmosphäre auf 0,1 mg/m^3 festgelegt. Die American Conference of Government and Industrial Hygienists (ACGIH) bestätigte 0,1 mg als die TLV (TWA) für Iod. Der MAK-Wert für Iod beträgt gleichermaßen 0,1 mg [187].

Die Abgabe von ^{131}Iod in die Atmosphäre nach den Reaktorunfällen von 1979 und 1986 führte zu einer Gefährdung des Menschen und seiner Nachkommen [276, 277]. Die Einnahme von Iod in Form von Kaliumiodid vermindert die radioaktive Belastungsmenge der Schilddrüse bis zu 90%, wenn die Einnahme vor oder kurz nach der Belastung mit ^{131}Iod erfolgte (130 mg KI für Erwachsene). Wenn die Kaliumiodidgabe vier Stunden nach der Belastung verabreicht wird, vermindert sie die ^{131}Iod-Aufnahme der Schilddrüse. Die gleiche Maßnahme drosselt auch bei der Kuh den Einbau von ^{131}Iod in die Milch [275]. Die United States Federal Emergency Management Agency lieferte eine Richtlinie für die Verteilung von KI zum Einsatz in der Nähe von Kernkraftwerken [35]. Die US Food and Drug Administration empfiehlt den Einsatz von KI bei Beschäftigten, die >10–20 rad in der Schilddrüse aufweisen [36].

In Weißrussland spielt die Iodversorgung in den Jahren 1986–1994 [49] bei der Entwicklung des Schilddrüsenkrebses der Kinder vermutlich keine große Rolle. Chronische Iodbelastungen reduzieren die organische Bindung des Iods in der Schilddrüse.

Brom kann das Iod an der Position 5 von T_4 und T_3 ersetzen, ohne deren Aktivität zu mindern [53].

56.8 Vorsorgemaßnahmen

Die Gefahr eines Iodmangels ist bei Mischköstlern, Ovo-Lakto-Vegetariern und insbesondere Veganern gegeben. Schwangere und Neugeborene bedürfen der besonderen Fürsorge. Iodmangel allein verursacht keinen Schilddrüsenkrebs, begünstigt aber eine schlechtere Prognose. Die Aussage gilt auch für den Hund [228]. Bei limitierter Iodversorgung des Hundes in den 1980er Jahren war die Inzidenz bösartiger Geschwulste mit 30 Fällen pro Jahr extrem hoch und ging erst nach der Erhöhung des Iodgehaltes im Futter in den 1990er Jahren deutlich zurück [228].

Durch die thyreodale funktionelle Autonomie besteht die Gefahr der Manifestation einer latenten Hyperthyreose. Auslösende Faktoren sind häufig eine Exposition mit Ioddosen von mehr als 500 µg I/Tag im Wochenmittel oder 7 µg I/kg Körpergewicht bei Erwachsenen mit einer funktionellen Autonomie, die im Iodmangel aufgewachsen sind, sowie eine genetische Disposition für eine Autoimmunthyreoiditis [44, 76, 102]. Bei einem wöchentlichen Iodverzehr von 1 µg I/kg Körpergewicht und Tag besteht kein Risiko für empfindliche Individuen mit unerkannter funktioneller Autonomie oder autoimmunen Erkrankungen der Schilddrüse.

Die Gefahr, dass eine Iodunterversorgung des Menschen zum weltweiten Kretinismus führt, wie es Dobson [91] für das Aussterben der Neandertaler postuliert, deren Skelette denen humaner Kretins gleichen, ist nicht zu erwarten. Die Gefahr einer individuellen Iodbelastung von Menschen mit 1–2 µg I/kg Körpergewicht und verschiedenen genetischen Defekten ist nicht auszuschließen.

56.9 Zusammenfassung

Iod ist nach dem gegenwärtigen Erkenntnisstand für die Fauna und den Menschen ein essentielles Element, das zu reichlich aufgenommen toxisch wirkt. Das Iodangebot beeinflusst seit Jahrtausenden die Entwicklung von Tier und Mensch. Zur Jahrtausendwende 2000 betrug die Weltjahresproduktion an Iod 19600 t.

Der Boden enthält im Mittel 0,5–10 mg I/kg TM. Im Laufe der Jahrmillionen reicherte sich das Iod in den Weltmeeren an, aus denen es über Diiodmethan und dem Regen auf die Kontinente zurückkommt. Das Trinkwasser in Küstennähe enthält in Deutschland 8 µg I/L, in Thüringen und Bayern weniger als 1–2 µg/L. Natürlicherweise ist die Vegetation der alluvialen Auen relativ iodreich, die der Triasstandorte iodarm. Der Iodgehalt der Flora nimmt mit zunehmendem Alter ab, Blüten, Früchte und Samen sind ebenso wie Kartoffeln iodarm, so dass alle Backwaren wenig Iod enthalten. Ohne Iodsalz bezieht der Mensch sein Iod zu 74% über tierische Lebensmittel (Milch, Eier), zu 16% über pflanzliche Nahrungsmittel und zu 10% über Getränke. Gegenwärtig verzehren im Durchschnitt die Frauen etwa 100 und Männer 120 µg I/Tag, im Sommer wird signifikant weniger, im Winter mehr Iod aufgenommen. Ältere Erwachsene verzehren mehr Iod als Jüngere. Der Iodbedarf Erwachsener beträgt 1 µg/kg Körpergewicht, empfohlen wird die Aufnahme von 2 µg/kg Körpergewicht. Bei einem Konsum von 7 µg/kg treten toxische Nebenwirkungen auf, die bei einem schnellen Übergang vom Iodmangel zu einer bedarfdeckenden Iodversorgung

(Strumaprophylaxe), häufig sind es ältere Frauen, zu einer Hyperthyreose führen. Personen mit einer Immunthyreopathie (Morbus Basedow), mit einer subklinischen Autoimmunthyreoiditis (Hashimoto) und mit Dermatitis herpetiformis bzw. Iodallergien, bedürfen der besonderen Fürsorge bei der Normalisierung der Iodversorgung.

56.10
Literatur

1 Ajjan RA, Findlay C, Metcalfe RA, Watson PF, Crisp M, Ludgate M, Weetman AP (1998) The modulation of the human sodium iodide symporter activity by Graves' disease sera. *J Clin Endocrinol Metab* **83**: 1227–1221.

2 Ajjan RA, Kemp EH, Waterman EA, Watson PF, Endo T, Onaya T, Weetman AP (2000) Detection of binding and blocking autoantibodies to the human sodium-iodid symporter in patients with autoimmune thyroid disease. *J Clin Endocrinol Metab* **85**: 2020–2027.

3 Akarsu E, Akcay G, Capoglu E, Ünüvar N (2005) Iodine deficiency and goiter prevalance of the adult population in Erzurum. *Acta Medica (Hradec Krălove)* **48**: 39–42.

4 Akhtar T, Zahoor U, Paracha PL, Lutfullah G (2004) Impact assessment of salt iodization on the prevalence of goiter in district Swat. *Pak J Med Sci* **20**: 303–307.

5 Allman RT, Hamilton TS (1949) Nutritional Deficiences in Liverstock, FAO Agricultural. Studies No. 5, Washington, D.C., USA.

6 Andersson M, Takkouche B, Egli I, Allen HE, de Benjoist B (2005) Current global iodine status and progress over the last decade towards the elimination of iodine deficiency. *Bulletin of the World Health Organization* **83**: 518–525.

7 Andrási E, Bélavári C, Stibilj V, Dermelj M, Gawlik D (2004) Iodine concentration in different human brain parts. *Anal Bioanal Chem* **378**: 129–133.

8 Anke M (2004) Transfer of macro, trace and ultratrace elements in the food chain, in Merian E, Anke M, Ihnat M, Stoeppler M (Hrsg) Elements and their Compounds in the Environment, Wiley-VCH, Weinheim, 101–126.

9 Anke M (2004) Essential and toxic effects of macro, trace and ultratrace elements in the nutrition of animal, in Merian E, Anke M, Ihnat M, Stoeppler M (Hrsg) Elements and their Compounds in the Environment, Wiley-VCH, Weinheim, 305–341.

10 Anke M (2004) Essential and toxic effects of macro, trace and ultratrace elements in the nutrition of man, in Merian E, Anke M, Ihnat M, Stoeppler M (Hrsg) Elements and their Compounds in the Environment, Wiley-VCH, Weinheim, 343–367.

11 Anke M (2004) Iodine, in Merian E, Anke M, Ihnat M, Stoeppler M (Hrsg) Elements and their Compounds in the Environment, Wiley-VCH, Weinheim, 1457–1495.

12 Anke M, Dorn W, Müller R, Röhrig B, Gonzales D, Arnhold W, Illing-Günther H, Wolf S, Holzinger S, Jaritz M (1997) Der Chromtransfer in der Nahrungskette, 4. Mitteilung. Der Chromverzehr Erwachsener in Abhängigkeit von Zeit, Geschlecht, Alter, Körpermasse, Jahreszeit, Lebensraum, Leistung, *Mengen- und Spurenelemente* **17**: 912–927.

13 Anke M, Drobner C, Angelow L, Schäfer U, Müller R (2003) Die biologische Bedeutung des Selens – Selenverzehr, Selenbilanz und Selenbedarf der Mischköstler und Vegetarier, in Schmitt Y (Hrsg) Ernährung und Selbstmedikation mit Spurenelementen, Wiss. Verlagsgesellschaft, Stuttgart, Germany, 1–17.

14 Anke M, Glei M, Groppel B, Rother C, Gonzales D (1998) Mengen-, Spuren- und Ultraspurenelemente in der Nahrungskette. *Nova Acta Leopoldina* NF **79**: 157–190.

15 Anke M, Glei M, Rother C, Vormann J, Schäfer U, Röhrig B, Drobner B, Scholz C, Hartmann E, Möller E, Sülzle A (2000) Die Versorgung Erwachsener Deutschlands mit Iod, Selen, Zink bzw. Vanadium und mögliche Interaktionen dieser Elemente mit dem Iodstoffwechsel, in Bauch K-H (Hrsg) Interdisziplinäres Iodsymposium. Aktuelle Aspekte des Iodmangels und Iodüberschusses, Blackwell Wissenschafts-Verlag, Berlin, Wien, 147–175.

16 Anke M, Groppel B, Angelow L, Scholz E (1995) Der Transport des Iods in der Nahrungskette, in Haas J (Hrsg) Mechanismen des Transports von Mengen- und Spurenelementen, Wissenschaftliche Verlagsgesellschaft, Stuttgart, 1–19.

17 Anke M, Groppel B, Bauch K-H (1993) Iodine in the food chain, in Delange F, Dunn JT, Glinoer D (Hrsg) Iodine Deficiency in Europe, Plenum Press, New York, USA, 151–158.

18 Anke M, Groppel B, Glei M (1994) Der Einfluß des Nutzungszeitpunktes auf den Mengen- und Spurenelementegehalt des Grünfutters, *Das Wirtschaftseigene Grünfutter* **40**: 304–319.

19 Anke M, Groppel B, Gürtler H, Bauch K (1993) Iodmangel in Thüringen. *Ärzteblatt Thüringen* **4**: 250–253.

20 Anke M, Groppel B, Honsa B, Gürtler H, Schwarz S (1984) Iod-, Zink- und Kupferergänzung von rapsextraktionsschrothaltigem Schweinemastfutter, 1. Mitteilung, Futterverzehr, Wachstum, Schilddrüsenentwicklung und Mengen- bzw. Spurenelementstatus. *Mengen- und Spurenelemente* **4**: 505–512.

21 Anke M, Groppel B, Krause U, Jahreis G, Arnhold W, Schwarz S (1989) Sekundärer Iodmangel – Zinkmangel und Iodstatus, in Bauch KH (Hrsg) 2. Symposium interdisziplinäre Probleme des Iodmangels, der Iodprophylaxe, des Iodexzesses und antithyreoidaler Substanzen, 117–123.

22 Anke M, Groppel B, Müller M, Scholz E, Krämer K (1995) The iodine supply of humans depending on site, food offer and water supply, *Z Anal Chem* **352**: 97–101.

23 Anke M, Groppel B, Scholz E, Hennig U (1994) Die Bedeutung des Iodgehalts der Milch, Molkereierzeugnisse und des Fleisches für die Iodversorgung des Menschen in Deutschland. *Rekasan J* **1**, Heft 2: 19–20.

24 Anke M, Groppel B, Schwarz S, Krause U, Arnhold W, Jahreis G (1988) Der Einfluß des Zinkmangels auf den Iodstatus des Schweines. *Mengen- und Spurenelemente* **8**: 385–396.

25 Anke M, Heinrich H, Wenk G, Groppel B, Bauch K-H (1989) Die Wirkung der Iodierung verschiedener Mineralstoffmischungen landwirtschaftlicher Nutztiere auf die Iodversorgung von Tier und Mensch, in 2. Symposium, interdisziplinäre Probleme des Iodmangels, der Iodprophylaxe, des Iodexzesses und antithyreoidaler Substanzen. Berlin Chemie, Berlin, Germany, 41–48.

26 Anke M, Hennig A, Groppel B, Seffner W, Kronemann H (1982) Der Einfluss von Jod und Zink auf den Jod- bzw. Zinkstatus und die Schilddrüsenfunktion von wachsenden Schweinen mit glukosinolatreichem Rapsextraktionsschrot im Alleinfutter, *Mengen- und Spurenelemente* **2**: 395–406.

27 Anke M, Hötzel D, Rother C, Glei M, Scholz E, Trüpschuch A (2006) Der Einfluss des gemeinsamen Einsatzes von Iodid und Iodat im Speise- bzw. Pökelsalz auf den Iodgehalt der Lebensmittel. Unveröffentlichte Ergebnisse.

28 Anke M, Risch MM (1979) Haaranalyse und Spurenelementstatus. Fischer, Jena, Germany.

29 Anke M, Rother C, Arnhold W, Hötzel D, Gürtler H, Peiker G, Bauch K, Glei M, Scholz E, Gonzales D, Müller M, Hartmann E, Röhrig B, Pilz K, Cibis M, Holzinger S (1997) Die Iodversorgung Erwachsener Deutschlands in Abhängigkeit von Geschlecht, Zeit, Jahreszeit, Lebensraum, Stillperiode, Alter, Körpermasse und Form des Iodzusatzes, in Köhrle J (Hrsg) Mineralstoffe und Spurenelemente, Wissenschaftliche Verlagsgesellschaft, Stuttgart, Germany, 209–233.

30 Anke M, Schwarz S, Groppel B, Grün M, Kronemann H, Janus S (1982) Der

Einfluß von Jod und Zink auf den Futterverzehr, die Lebendmassebildung und den Futteraufwand von wachsenden Schweinen mit glukosinolatreichem Rapsextraktionsschrot im Alleinfutter, *Mengen- und Spurenelemente* **2**: 381–393.

31 Anke M, Schwarz S, Hennig A, Groppel B, Grün M, Zenker O, Glös S (1980) Der Einfluß zusätzlicher Zink- und Jodgaben auf rapsextraktionsschrotbedingte Schäden beim Schwein, *Mh Vet-Med* **35**: 90–94.

32 Anke M, Wenk G, Heinrich H, Groppel B, Bauch K-H (1989) Die Wirkung jodierter Mineralstoffmischungen für Rind und Schwein auf die Jodversorgung und Strumaprophylaxe, *Z Ges Inn Med* **44**: 41–44.

33 Anonymous, NRC (1980) Mineral Tolerance of Domestic Animals, National Academy of Sciences – National Research Council, Washington D.C., USA.

34 Anonymous), NRC (1983) Nutrient Requirements of Domestic Animals, Nutrient Requirements of Warmwater Fishes and Shellfishes, 2nd ed. National Academy of Sciences – National Research Council, Washington D.C., USA.

35 Anonymous (1985) Federal Emergency Management Agency Federal Policy on Distribution of Potassium and Iodide Around Nuclear Power Sites for Use as a Thyroidal Blocking Agent, *Fed Regist* **119**: 25624–25625.

36 Anonymous (1985) Federal Emergency Management Agency Federal Policy on Distribution of Potassium and Iodide Around Nuclear Power Sites for Use as a Thyroidal Blocking Agent, *Fed Regist* **142**: 30258–30259.

37 Anonymous (1986) NRC Nutrient Requirements of Domestic Animals, Nutrient Rquirements of Cats, 3rd edn. National Academy of Sciences – National Research Council, Washington, D.C., USA.

38 Anonymous, NRC (1989) Nutrient Requirments of Domestic Animals. Nutrient Requirements of Dairy Cattle, 6th Ed. National Academy of Sciences – National Research Council, Washington D.C., USA.

39 Anonymous (1989) Food and Nutrition Board, National Academy of Sciences, National Research Council, Recommended Dietary Allowances, 10th edn., Washington D.C., USA.

40 Anonymous (1994) WHO Indicators for Assessing Iodine Deficiency Disorders and their Control through Salt Iodization. WHO/UNICEF/ICCIDD, Geneva

41 Anonymous W.H.O. (1996) Trace Elements in Human Nutrition and Health. W.H.O. Geneva, 60.

42 Anonymous (1999) W.H.O., U.N.I.C.E.F., I.C.C.I.D.D.: Progress Towards the Elimination of Iodine Deficiency Disorders (IDD) WHO Doc WHO/NHC/99.4, Geneva

43 Anonymous (2001) BgVV. BgVV warnt vor gesundheitlichen Risiken durch iodreiche Algenprodukte. Institut empfiehlt Höchstmengenfestsetzung auf EU-Ebene und Kennzeichnung. Pressedienst 13/2001. http://www.bfr.bund.de/cms/detail.php?template=internet_de_index_is

44 Anonymous (2002) Expert Group on Vitamins and Minerals, Revised Review of Iodine EVM/00/06. REVISEDAUG2002. http://www.foodstandards.gov.uk/multimedia/pdfs/evm0006p.pdf

45 Anonymous (2005) Opinion of the scientific panel on additives and products or substances used in animal feed on the request from the commission on the use of iodine in feedingstuffs, *The EFSA Journal* **168**: 1–42.

46 Antal DS, Anke M, Grün M, Csedö K (2005) The iodine content of medicinal plants from the Aninei Mountains, Romania, *Health Sciences Sveikatos mokslai* **39**: 86–91.

47 Arrington LR, Santa Cruz RA, Harms RH, Wilson HR (1967) Effects of excess dietary iodine upon pullets and laying hens, *J Nutr* **92**: 325–330.

48 Arrington LR, Taylor RN, Ammerman CB, Shirley RL (1965) Effects of excess dietary iodine upon rabbits, hamsters, rats and swine, *J Nutr* **87**: 394–398.

49 Astachowa LN, Mityukowa TA, Naliwko AS, Asentcik LD, Kobsew WF, Dawidowa EW, Dubowtsow AM (1998) in Köhrle J (Hrsg) Mineralstoffe und Spurenele-

mente, Wiss. Verlagsgesellschaft, Stuttgart, 149–153.

50 Azizi F, Aminorroya A, Hedayati M, Rezvanian H, Amini M, Mirmiran P (2003) Urinary iodine excretion in pregnant women residing in areas with adequate iodine intake, *Public Health Nutrition* **6**: 95–98.

51 Ballauf A, Rost-Reichert I, Kersting M, Weber P, Manz F (1987) Erhöhung der Jodzufuhr durch die Zubereitung von Kartoffeln, Nudeln und Reis mit jodiertem Speisesalz, *Ernährungs Umschau* **34**: 96–100.

52 Baltisberger BL, Minder CE, Bürgi H (1995) Decrease of incidence of toxic nodular goitre in a region of Switzerland after full correction of mild iodine deficiency, *Eur J Endocrinol* **123**: 546–549.

53 Baker DH (2004) Iodine toxicity and its amelioration, *Exp Biol Med* **229**: 473–478.

54 Baker HJ, Lindsay JR (1968) Equine goiter due to excess dietary iodine, *J Amer Vet Med Assoc* **153**: 1618.

55 Bauch K-H (1985) Aktuelle interdisziplinäre Probleme des Jodmangels und der Jodprophylaxe, Berlin Chemie, Berlin, Germany.

56 Bauch K-H (1989) Zur Entwicklung der interdisziplinären Jodprophylaxe in der DDR, in Bauch K-H (Hrsg) Interdisziplinäre Probleme des Jodmangels und der Jodprophylaxe, des Jodexzesses und antithyreodaler Substanzen, 2. Symposium, Berlin Chemie, Berlin, Germany, 20–28.

57 Bauch K-H (1989) 2. Symposium interdisziplinäre Probleme des Jodmangels, der Jodprophylaxe, des Jodexzesses und antithyreodaler Substanzen, Berlin Chemie, Berlin, Germany.

58 Bauch K-H (1991) Strumaprophylaxe in Deutschland vor und nach der Wiedervereinigung, *Ärzteblatt Sachsen* **10**: 380–386.

59 Bauch K (1998) Epidemiology of functional autonomy, *Exp Clin Endocrinol Diabetes* **106**: S16–S22.

60 Bauch K-H (2000) 3. Interdisziplinäres Iodsymposium. Aktuelle Aspekte des Iodmangels und Iodüberschusses, Blackwell, Berlin, Wien.

61 Bauch K-H, Anke M, Gürtler H, Hesse V, Knappe G, Körber R, Kozierowski F, Meng W, Thomas G (1987) Zur Entwicklung und Effektivität der Strumaprophylaxe in der DDR, *Z Ges Inn Med* **42**: 714–716.

62 Bauch K, Anke M, Gürtler H, Hesse V, Hiltscher A, Knappe G, Körber R, Meng M, Deckart H, Seitz W, Thomas F, Ulrich E, Förster S (1990) A 5 year interdisciplinary control of iodine deficiency in the GDR, Interdiciplinary Iodine Commission, Society for Endocrinology and Diseases of Metabolism, GDR, 3rd Thyroid Symposium AMA, Jg 17, Sonderheft.

63 Bauch K, Anke M, Seitz W, Förster S, Hesse V, Knappe G, Gutekunst R, Kibbanna J, Beckert J (1991) Iodine deficiency disease and interdisciplinary iodine prophylaxis in the eastern part of Germany before and after the German reunification, in Delange F, Dunn JT, Glinoer D (Hrsg) Iodine Deficiency in Europe, Plenum Press, New York, 335–340.

64 Bauch K, Neser F, Ortweiler W (1994) Schilddrüse; Aespus, Basel, Schweiz.

65 Bauch K-H, Seitz W, Bärenwald C, Seibt H, Münch A, Marx R, Pfefferkorn W, Dempe A, Seige K (1985) Strumahäufigkeit und Jodausscheidung im Bezirk Karl-Marx-Stadt, in Bauch K-H (Hrsg) Symposium Aktuelle Interdisziplinäre Probleme des Jodmangels, der Jodprophylaxe, Berlin Chemie, Berlin, Germany, 38–45.

66 Bauch K-H, Seitz W, Förster S, Keil U (unter Mitarbeit von Anke M, Gürtler H, Hesse V, Hiltscher A, Knappe G, Körber R, Meng W, Deckart H, Thomas G, Ulrich FE) (1991) Die Interdisziplinäre Iodprophylaxe der ehemaligen DDR nach der deutschen Wiedervereinigung und der Stellenwert des iodierten Paket-Speisesalzes für die Verbesserung der alimentären Iodversorgung, Ein Rück- und Ausblick, *Z Ges Inn Med* **46**: 615–620.

67 Bauch K-H, Weiss Ch, Bärenwald DF, Ulrich FE, Dempe A, Seige K (1979) Schilddrüsenveränderungen als stationär und ambulant behandlungspflichtige

und Arbeitsunfähigkeit bedingte Erkrankungen im Bezirk Karl-Marx-Stadt, *Dt Gesundheitswesen* **34**: 1740–1744.

68 Bauer H, Jünger H, Riccabona G (1971) Auswirkungen der Jodsalzprophylaxe auf den Kropf und seinen Jodstoffwechsel, *Wiener Klinische Wochenschrift* **5**: 73–75.

69 Benbassat C, Tsvetov G, Schindel B, Hod M, Blonder Y, Sela BA (2004) Assessment of iodine intake in the Israel coastal area, *The Israel Medical Association Journal* **6**: 75–77.

70 Berg JN, Padgitt D, McCarthy B (1988) Iodine concentrations in milk of dairy cattle fed various amounts of iodine as ethylenediamine dihydroiodide, *J Dairy Sci* **71**: 3283–3291.

71 Binnerts WT (1956) Het jodiumgehalte van melk. *Mededalingen van de Landbouwhogeschool te Wageningen/Nederland* **56**: 1–8.

72 Böckers M, Bork K (1986) Kontaktdermatitis durch PVP-Jod, *Dtsch med Wschr* **111**: 1110–1112.

73 Bohnet HG, Knuth UA, Seeler MJ (1995) Schilddrüsen-Funktionsstörung und -Erkrankungen in Schwangerschaft und Wochenbett, Prophylaxe, Diagnostik und Therapie, *Geburts- und Frauenheilk* **55**: 134–136.

74a Boussingault J-B (1825) Sur l'Existence de l'iode dans l'eau d'une saline de la province d'Antioquia, *Annales de chimie et de physique* **30**: 91–96.

74b Boussingault J-B (1831) Recherches sur la cause qui produit le Goître dans les Cordilières de la Nouvelle-Grenade, *Annales de chimie et de physique* **48**: 41–69.

75 Bühling KJ, Schaff J, Bertram H, Hansen R, Müller C, Wäscher C, Heinze T, Dudenhausen JW (2003) Iodversorgung in der Schwangerschaft – eine aktuelle Bestandsaufnahme in Berlin, *Z Geburtsh Neonatol* **207**: 12–16.

76 Bürgi H, Baumgartner H, Steiger G (1982) Gibt es eine obere Verträglichkeitsgrenze der alimentären Jodzufuhr? *Schweiz Med Wochenschr* **112**: 2–7.

77 Bürgi H, Schaffner Th, Seiler JP (2001) The toxicology of iodate: A review of the literature, *Thyroid* **11**: 449–455.

78 Bürgi M, Studer H (1986) Struma, *Schweiz med Wschr* **116**: 326–331.

79 Carpenter LJ (2003) Iodine in the marine boundary layer, *Chem Rev* **103**: 4953–4962.

80 Church DC (1971) Digestive Physiology and Nutrition of Ruminants, Vol. 2, Nutrition, in Church DC, Oregon State Univ Book Stores (Hrsg), Corvallis, Oregon, USA.

81 Coindet J-F (1820) Découverte d'un nouveau reméde contre le goitre, *Annales de chimie et de physique* **15**: 49–59.

82 Collins A (1975) Geochemistry of Oilfield Waters Elsevier Scientific Publishing Co., NY, 228.

83 Connolly RJ, Vidor GI, Stewart JC (1970) Increase in thyrotoxicosis in endemic goiter area after iodation of bread, *Lancet* **I**: 500–502.

84 Cotton HM (1978) Iodine, in Johnson KS, Russel JA (Hrsg) Iodine in N.W. Oklahoma, 13. Annual Forum on the Geology of Industrial Minerals, Norman, OK, 89–94.

85 Cressey PJ (2003) Iodine content of New Zealand dairy products, *Journal of Food Composition and Analysis* **16**: 25–36.

86 Cunha TJ (1990) Horse Feeding and Nutrition. Academic Press, NY

87 Dahl L, Opsahl JA, Meltzer HM, Julsham K (2003) Iodine concentration in Norwegian milk and dairy products, *British Journal of Nutrition* **90**: 679–685.

88 Darcan S, Unakt P, Yalman O, Lambrecht FY, Bibert FZ, Göksen D, Coker M (2005) Determination of iodine concentration in urine by isotope dilution analysis and thyroid volume of school children in the west coast Turkey after mandatory salt iodization, *Clinical Endocrinology* **63**: 543–548.

89 Delange F, De Benoist B, Bürgi H (2002) Determining median urinary iodine concentration that indicate adequate iodine intake at population level, *Bulletin of the WHO* **80**: 633–636.

90 Delange F, Dunn JT, Glinoer D (1993) Iodine Deficiency in Europe. Plenum Press, NY and London.

91 Dobson JE (1998) The iodine factor in health and evolution, *Geographical Review* **88**: 1–28.

92 Eliason BC (1998) Transient hyperthyroidism in a patient taking dietary supplements containing kelp, *J Am Board Fam Pract* **11**: 478–480.

93 Eng PH, Cardona GR, Fang SL, Previti SL, Alex S, Carrasco N, Chin WW, Braverman LE (1999) Escape from the acute Wolff-Chaikoff effect is associated with a decrease in thyroid sodium/iodide symporter messenger ribonucleic acid and protein, *Endocrinology* **140**: 3404–3410.

94 Fajfr R, Müller B, Diem P (2003) Hyperthyreose – Abklärung und Therapie, *Schweiz Med Forum* **5**: 103–108.

95 Falbe J, Regitz M (1989) Römpp Chemie Lexikon, Vol. 1, Thieme, Stuttgart, NY, 510.

96 Fields C, Dourson M, Borak J (2005) Iodine-deficient vegetarians: A hypothetical perchlorate-susceptible population? *Regulatory Toxicology and Pharmacology* **42**: 37–46.

97 Fish RE, Swanson EW (1983) Effects of excessive iodide administered in the dry period on thyroid function and health of dairy cows their calves in the periparturient period, *J Animal Sci* **56**: 217–230.

98 Foley TP Jr (1992) The relationship between autoimmune thyroid disease and iodine intake: A review, *Endkrynol Pol* **43**: 53–69.

99 Frey KW (1979) Früh- und Spätergebnisse der ^{131}Jod-Therapie der blanden Struma im Kropfendemiegebiet Südbayerns, *Fortschr Röntgenstr* **130**: 22172–22174.

100 Füssel A, Furcht G (1989) Zur Jodproblematik beim Schwein unter besonderer Berücksichtigung der graviden und laktierenden Sau, in Bauch K-H (Hrsg) Symposium Aktuelle interdisziplinäre Probleme des Jodmangels und der Jodprophylaxe, Berlin Chemie, Berlin, 139–142.

101 Fukuta O (1985) Iodine, in Schlitt WJ (Hrsg) Japanese Iodine – Geology and Geochemistry, Salts & Brines 85, NY, 151–168.

102 Gärtner R (2000) Gibt es Risiken der Iodmangelprophylaxe? *Ernährungs-Umschau* **47**: 84–91.

103 Gonzales D, Ramirez A, Perez E, Schäfer U, Anke M (1999) Der Iodverzehr erwachsener Mischköstler Mexikos, *Mengen und Spurenelemente* **19**: 85–94.

104 Gosselin RE, Hodge HC, Smith RP, Gleason MN (1976) Clinical Toxicology of Commercial Products, 4th ed. Williams and Wilkins, Baltimore, 11–77.

105 Gottardi W, Puritscher M (1986) Keimtötungsversuche mit wäßrigen, PVP-Jod enthaltenen Desinfektionslösungen: Einfluß des Gehalts an freien Jod auf das bakterizide Verhalten gegenüber Staphylococcus aureus, *Zbl Bakt Hyg B*: 372–380.

106 Gough LP, Shacklett HT, Case AA (1979) Element concentrations toxic to plants, animals and man, *M.S. Geol Surv Bull* **1466**: 80.

107 Groppel B (1982) Diagnose des Iodstatus, *Zbl Pharm* **121**: 442–427.

108 Groppel B (1983) Die Bedeutung des Jods für Schwein und Wiederkäuer, *Mengen- und Spurenelemente* **3**: 348–369.

109 Groppel B (1986) Jodmangelerscheinungen, Jodversorgung und Jodstatus des Wiederkäuers (Rind, Schaf, Ziege), Habilitationsschrift, Sektion Tierproduktion und Veterinärmedizin, Universität Leipzig, Deutschland.

110 Groppel B (1988) Iodversorgung von Mensch und Tier, *Zentrbl Pharm Pharmakother Lab Diag* **127**: 229–232.

111 Groppel B, Anke M (1986) Iodine content of foodstuffs, plants and drinking water in the GDR, in Anke M (Hrsg) 5. Spurenelement-Symposium, Universität Leipzig und Jena. Kongress- und Werbedruck Oberlungwitz, Germany, 19–29.

112 Groppel B, Anke M (1990) Iodine content in foodstuffs and iodine intake of adults in central Europe, in Momcilovich B (Hrsg) Trace Elements in Man and Animal, TEMA – 7, University of Zagreb, Croatia, 76–77.

113 Groppel B, Anke M, Hennig A (1988) Possibilities of diagnosing iodine deficiency in ruminants, in Hurley LS et al (Hrsg) Trace Elements in Man and Animal, TEMA-6, Plenum Press, New York London, 661–662.

114 Groppel B, Anke M, Hennig A (1989) Jodversorgung des Menschen, in Bauch KH (Hrsg) 2. Symposium Interdisziplinäre Probleme des Jodmangels, der Jodprophylaxe, des Jodexzesses und antithyreoidaler Substanzen, Berlin Chemie, Berlin, Germany, 48–56.

115 Groppel B, Anke M, Hennig A, Grün M (1981) Untersuchungen zum Jodstoffwechsel, 2. Mitteilung, Der Einfluss des Jodangebots auf die Reproduktion und die Entwicklung der Nachkommen von Ziegen und Zwergschweinen, *Arch Tierernähr* **31**: 153–160.

116 Groppel B, Anke M, Köhler B, Scholz E (1989) Jodmangel bei Wiederkäuern, 1. Mitteilung. Der Jodgehalt von Futtermitteln, Pflanzen und Trinkwasser, *Arch Anim Nutr* **39**: 211–220.

117 Groppel B, Anke M, Köhler B, Scholz E, Körber R, Jahreis G (1986) The effect of different iodine supply on the iodine content of blood serum, hair, milk and several extrathyroidal organs and tissues, in Anke M et al (Hrsg) 5. Spurenelement Symposium, Jod, University Leipzig and Jena, Kongress- und Werbedruck Oberlungwitz, Germany, 99–109.

118 Groppel B, Anke M, Kronemann H (1985) Influence of iodine supply on reproduction and the iodine content of milk, blood, hair and several other organs of ruminants, in Mills CF, Bremner I, Chesters JK (Hrsg) Trace Elements in Man and Animals, TEMA – 5, Commonwealth Agriculture Bureaux, Farnham Royal, Slough SL2 3BN, UK, 279–282.

119 Groppel B, Anke M, Kronemann H, Grün M (1981) The iodine content of hair and different parts of the body as indicators of iodine status, in Szentmihalyi S (Hrsg) The Hair as an Indicator of Macro and Trace Elements Supply, Symposium, Budapest, Hungary, 93–96.

120 Groppel B, Anke M, Müller M, Scholz E (1991) Die Iodaufnahme und Iodbilanz in den neuen Bundesländern, *Mengen- und Spurenelemente* **11**: 495–504.

121 Groppel B, Anke M, Scholz E, Köhler B (1986) The influence of different iodine supply on reproduction and the intrathyroidal iodine content of goats and sheep, in Anke M et al (Hrsg) Jod, 5. Spurenelementsymposium, Universität Leipzig und Jena, 72–79.

122 Groppel B, Hennig A, Grün M, Anke M (1981) Untersuchungen zum Jodstoffwechsel, 2. Mitteilung, Der Einfluss des Jodangebots auf die Reproduktion und die Entwicklung der Nachkommen von Ziegen und Zwergschweinen, *Arch Tierernähr* **31**: 153–160.

123 Groppel B, Köhler B, Scholz E (1989) Methodik der Jodanalyse, in Bauch K-H (Hrsg) Interdisziplinäre Probleme des Jodmangels, Jodprophylaxe und des Jodexzesses und antithyreoidaler Substanzen, 2. Symposium, Berlin Chemie, Berlin, Germany, 69–73.

124 Groppel B, Körber R, Anke M, Hennig A (1983) Iodine deficiency in goats, sheep and cattle, in Anke M, Baumann W, Bräunlich H, Brückner Chr (Hrsg) 4. Spurenelement-Symposium, Jena, 164–170.

125 Groppel B, Rambeck WA, Gropp J (1991) Iodanreicherung in Organen und Geweben von Mastkühen nach Iodsupplementation des Futters, *Mengen- und Spurenelemente* **11**: 300–308.

126 Großklaus R (1994) Iodierung von Lebensmitteln, *Ernährungs-Umschau* **41**: 55–59.

127 Großklaus R (1999) Aktuelle Aspekte der Bedarfsdeckung mit den wichtigsten Nährstoffen: Iod und Zink, in Kluthe R, Kasper H (Hrsg) Lebensmittel tierischer Herkunft in der Diskussion, Thieme, Stuttgart, New York, 24–38.

128 Großklaus R (2003) Iod – Iodmangelkrankheiten, in Schauder P, Ollenschläger G (Hrsg) Ernährungsmedizin, Prävention und Therapie, 2. Auflage, Urban & Fischer, München, Jena, 123–236.

129 Gürtler H, Körber R, Pethes G (1983) Parameter der Schilddrüsenfunktion bei Milchkühen mit Jodmangel und derer Kälbern im Zeitraum nach der Geburt, in Anke M, Baumann W, Bräunlich H, Brückner Chr (Hrsg) 4. Spurenelement-Symposium, Jena, 172–178.

130 Gürtler H, Körber R, Pethes G (1985) Parameter der Schilddrüsenfunktion bei Kälbern von Muttertieren mit Jodmangel, in Bauch K-H (Hrsg) Symposium Aktuelle interdisziplinäre Probleme des Jodmangels und der Jodprophylaxe, Berlin Chemie, Berlin, Germany, 136–139.

131 Guttikonda K, Travers C, Lewis PR, Boyages S (2003) Iodine deficiency in urban primary school children: a cross-sectional analysis; *The Medical Journal of Australia* **179**: 346–348.

132 Habermann J, Horn K, Scriba PC (1977) Alimentary iodine deficiency in the Federal Republic of Germany, Current inefficiency of goitre prophylaxis, *Nutr Metab* **21**: 45–47.

133 Haldimann M, Alt A, Blanc A, Blondeau K (2005) Iodine content of food groups, *Journal of Food Composition and Analysis* **18**: 461–471.

134 Hampel K, Schöne F, Böhm V, Leiterer M, Jahreis G (2004) Zusammensetzung und ernährungsphysiologische Bedeutung von Schafmilch und Schafmilchprodukten, *Deutsche Lebensmittel Rundschau* **100**: 425–430.

135 Hampel R, Zöllner H, Glass Ä, Schönbeck R (2003) Kein relevanter Zusammenhang zwischen Nitraturie und Strumaendemie in Deutschland, *Med Klin* **98**: 547–551.

136 Harris MJ, Jooste PL, Charlton KE (2003) The use of iodised salt in the manufacturing of processed food in South Africa: bread and bread premixes, margarine and flavourants of salty snacks, *Int J Food Sciences and Nutrition* **54**: 13–19.

137 Hassanein M, Anke M, Hussein L (2000) Determination of iodine content in traditional Egyptian foods before and after a salt iodination programme, *Pol J Food Nutr Sci* **9**: 25–29.

138 Hemken RW, Fox JD, Hicks CL (1981) Milk iodine content as influenced by feed sources and sanitizer residues, *J Food Protect* **44**: 476–487.

139 Hesse V (1994) Folgen des Iodmangels aus pädiatrischer Sicht, in Großklaus R, Somogyi A (Hrsg) Notwendigkeit der Iodsalzprophylaxe, bga-Schriften 3/94, MMV, München, 15–27.

140 Hetzel BS (1989) The Story of Iodine Deficiency. An International Challenge in Nutrition, Oxford University Press, UK.

141 Hetzel BS (1991) The international public health significance of iodine deficiency, in Momcilovich B (Hrsg) Trace Elements in Man and Animals, TEMA – 7, IMI Zagreb, Croatia, 71–73.

142 Hetzel BS, Dunn TJ, Stanbury JB (1987) The Prevention and Control of Iodine Deficiency Disorders, Elsevier, Amsterdam.

143 Hetzel BS, Wellby ML (1997) Iodine, in O'Dell BL, Sunde RA (Hrsg) Handbook of Nutritionally Essential Mineral Elements, Marcel Dekker Inc. NY, Basel, Hong Kong, 557–581.

144 Heufelder AE, Wiersinga WM (1999) Störung der Schilddrüsenfunktion durch Amiodaron. Pathogenese, Diagnostik und Therapie, *Deutsches Ärzteblatt* **96**: 853–860.

145 Iwarsson K (1973) On the iodine content of milk and the goitrogenic properties of rapeseed meal fed to cattle, Doctoral thesis, Royal Veterinary College, Stockholm, Sweden.

146 Iwarsson K, Ekman L (1976) Iodophor teat dipping and the iodine concentration in milk, *Nord Vet-Med* **26**: 31–38.

147 Jahreis G (2005) Milch – wichtige Quelle für Iod, *Phoenix* **4**: 6–8.

148 Jahreis G, Leiterer M, Franke K, Maichrowitz E, Schöne F, Hesse V (1999) Iodversorgung bei Schulkindern und Iodgehalt der Milch, Untersuchungen in Thüringen, *Kinderärztliche Praxis* **3**: 172–181.

149 Jenkins KJ, Hidiriglou M (1990) Iodine, *J Dairy Sci* **73**: 804.

150 Johnson CH, Fordyce F, Stewart A (2003) What do you mean by iodine deficiency? A geochemical perspective, *IDD Newsletter* **19**: 29–31.

151 Jooste PL, Weight MJ, Lombard CJ (2001) Iodine concentration in houshold salt in South Africa, *Bulletin of the WHO* **79**: 534–540.

152 Joseph K (1989) Langzeituntersuchungen bei der thyreoidalen funktionellen Autonomie, in Bauch K-H (Hrsg) 2. Symposium interdisziplinärer Probleme des Jodmangels, der Jodprophylaxe, des Jodexzesses und antithyreoidaler Substanzen, Berlin Chemie, Berlin, Germany, 150–160.

153 Juhran N (2001) Epidemiologie des Iodmangels im Würzburger Raum: Schilddrüsenvolumina und Iodausscheidung bei Schulkindern in Würzburg, Dissertation Medizinische Fakultät Würzburg.

154 Kabata-Pendias A, Pendias H (2001) Trace Elements in Soils and Plants, 3rd edn. CRC Press, Boca Raton, 126–128.

155 Kahaly G, Dienes HP, Beyer J, Hommel G (1997) Randomized, double blind, placebo controlled trial of low dose iodide in endemic goiter, *J Clin Endocrinol Metab* **82**: 4049–4053.

156 Kapil U, Singh P, Pathak P (2004) Rapid survey of status of salt iodization and urinary iodine excretion levels in Karnataka, India, *Current Science* **87**: 1058–1060.

157 Karl H, Basak S, Ziebell S, Quast P (2005) Changes of the iodine content in fish during household preparation and smoking, *Deutsche Lebensmittel-Rundschau* **101**: 431–436.

158 Karl H, Münkner W (1999) Iod in marinen Lebensmitteln, *Ernährungs-Umschau* **46**: 288–291.

159 Köhler S, Remer T (2005) Iodzufuhr durch kommerzielle Säuglingsnahrung, *Ernährungs-Umschau* **52**: 406–408.

160 Körber R, Groppel B (1986) Epizoologische Erhebungen und äthiologische Untersuchungen zum Jodmangelsyndrom der Nutztiere Rind, Schaf und Schwein, in Anke M, Baumann W, Bräunlich H, Brückner Chr, Groppel B (Hrsg) 5. Spurenelement-Symposium. Jod, Boden, Pflanze, Tier, Mensch. Universität Leipzig und Jena, 84–90.

161 Körber R, Gürtler H, Pethes G, Frucht G, Wenzel P, Rudas P, Spielke W (1983) Untersuchungen zur Schilddrüsenfunktion bei Ferkeln mit Jodmangelsymptomen sowie zur oralen Jodtherapie tragender und säugender Sauen, *Mh Vet-Med* **38**: 694–699.

162 Körber R, Wenzel R, Gürtler H, Pethes G (1985) Parameter der Schilddrüsenfunktion bei Jodmangel im Schweinezuchtbestand, in Bauch K-H (Hrsg) Symposium Aktuelle interdisziplinäre Probleme des Jodmangels und der Jodprophylaxe, Berlin Chemie, Berlin, Germany, 67–71.

163 Krajcovicova-Kudlackova M, Buckova K, Klimes I et al (2003) Iodine deficiency in vegetarians and vegans, *Annals of Nutrition and Metabolism* **47**: 183–185.

164 Krömer R (2001) Die Entwicklung und Durchsetzung der Iodmangelbeseitigung in der Bundesrepublik Deutschland unter besonderer Berücksichtigung der Rolle des „Arbeitskreis Jodmangel“, Dissertation Technische Universität München, Medizinische Fakultät, Deutschland.

165 Kroupová V, Matousková E, Blahová B, Soch M (2000) Ökologische Aspekte der Spurenelementsupplementierung bei Mutterkühen, *Mengen- und Spurenelemente* **20**: 1158–1163.

166 Kroupová V, Travnicek J, Kurså J (1996) Der Iodgehalt in der Milch und im Harn beim Rind, *Mengen- und Spurenelemente* **16**: 365–368.

167 Kroupová V, Travnicek J, Kurså J (2002) Ecological and physiological views of supplementation with minerals in beef cows, *Mengen- und Spurenelemente* **21**: 1428–1434.

168 Kroupová V, Travnicek J, Kurså J, Kratochvil P (1997) Der Aktuelle Stand des Iodgehaltes der Hühnereier in der Tschechischen Republik, *Mengen- und Spurenelemente* **17**: 753–755.

169 Kung JW, Lao TT, Chau MT, Tam SCF, Low LCK, Kung AWC (2001) Mild iodine deficiency and thyroid disorders in Hong Kong, *Hong Kong Medicinal Journal* **7**: 414–420.

170 Kursa J, Herzig J, Travnicek J, Kroupová V (2004) The effect of higher iodine supply in cows in the Czech Republic on the iodine content in milk, *Mengen- und Spurenelemente* **22**: 1080–1086.

171 Kursa J, Herzig J, Trávnicek V, Kroupová V (2005) Milk as a food source of iodine for human consumption in the Czech Republic, *Acta Vet Brno* **74**: 255–264.

172 Kursá J, Kroupová V (1996) Iodmangel beim Rind in der Tschechischen Republik, *Mengen- und Spurenelemente* **16**: 283–287.

173 Kursá J, Kroupová V, Ther R, Travnicek J, Sachova E (1999) The functional parameters of the thyroid gland in sheep during load caused by glucosinolates and nitrates, *Mengen- und Spurenelemente* **19**: 760–767.

174 Kursá J, Travnicek J, Rambeck WA, Kroupová V, Vitovec J (2000) Goitrogenic effects of extracted rapeseed meal and nitrates in sheep and their progeny, *Vet Med – Czech* **45**: 129–140.

175 Langer P (1993) Discussion to iodine in the food chain, in Delange F et al (Hrsg) Iodine Deficiency in Europe, Plenum Press, New York, 158.

176 Laurberg P, Nohr SB, Pedersen KM, Hreidarsson AB, Andersen S, Bülow Pedersen I, Knudsen N, Perrild H, Jorgensen T, Ovesen L (2000) Thyroid disorders in mild iodine deficiency, *Thyroid* **10**: 951–963.

177 Laurberg P, Pedersen KM, Hreidarsson A, Sigfusson N, Iversen E, Knudsen PR (1998) Iodine intake and the pattern of thyroid disorders: a comparative epidemiological study of thyroid abnormalities in the elderly in Iceland and in Jutland, Denmark, *J Clin Endocrinol Metab* **83**: 765–769.

178 Laurberg P, Pedersen K, Vestergaard H, Sigurdsson G (1991) High incidence of multinodular toxic goitre in the elderly population in a low iodine intake area vs. high incidence of Graves' disease in the young in a high iodine intake area: comparative surveys of thyrotoxicosis epidermology in East-Jutland Denmark and Iceland, *J Intern Med* **229**: 415–420.

179 Leeson S, Summers JD (2001) Minerals – Iodine, in Scott's Nutrition of the Chicken, 4th ed. Ont. University Books, Guelph, 408–412.

180 Lengemann FW (1970) Metabolism of radioiodine by lactating goats given iodine 131 for extended periods, *J Dairy Sci* **53**: 165–169.

181 LeValley MJ (1982) Acute toxicity of iodine to channel catfish (Ictalurus punctatus), *Bull Environ Contam Toxicol* **29**: 7–11.

182 Lewis PD (2004) Responses of domestic fowl to excess iodine: a review, *British Journal of Nutrition* **91**: 29–39.

183 Livadas DP, Koutras DA, Souvatzoglou A, Beckers C (1977) The toxic effects of small iodine supplements in patients with autonimous thyroid nodules, *Clin Endocrinol* **7**: 121–127.

184 Lobbers W, Kleinau E, Blottner A, Breitkreuz K (1989) Verhalten verschiedener Hormonparameter vor und nach der Iodprophylaxe (Epidemiologische Studie), in Bauch K-H (Hrsg) 2. Symposium Interdisziplinäre Probleme des Iodmangels, der Iodprophylaxe, des Iodexzesses und antithyroidaler Substanzen, Berlin Chemie, Berlin, Germany, 184–187.

185 Lüdke H, Schöne F, Hennig A (1982) Untersuchungen zum Einsatz von Iod, Kupfer und Zink in Rationen mit hohem Rapsextraktionsschrotanteil für Mastschweine, 1. Mitteilung, Einfluss auf die Mastleistung, *Mengen- und Spurenelemente* **2**: 407–417.

186 Lyday PA (1985) Mineral facts and problems, *BuMines Bulletin (Washington)* **675**: 377–384.

187 Lyday PA (2002) Iodine and iodine compounds, in Anonymous (Hrsg) Ullmann's Encyclopedia of Industrially Chemistry, Whiley-VCH, Weinheim, Germany.

188 Mann K (1994) Iodinduzierte Hyperthyreose unter Berücksichtigung des Morbus Basedow, in Großklaus R, Somogyi A (Hrsg) Notwendigkeit der Iodsalzprophylaxe, bga-Schriften 3/94, MMV, München, 50–54.

189 Mann K, Dralle H, Gärtner R, Grußendorf M, Grüters-Kielich A, Meng W, von zur Mühle A, Reiners C (1997) Schilddrüse, in Ziegler R, Landgraf R, Müller OA, von zur Mühle A (Hrsg) Therapie in der Endokrinologie, Thieme, Stuttgart, New York, 35–102.

190 Manz F, Anke M, Bohnet HG, Gärtner R, Großklaus R, Klett M, Schneider R (1998) Iod-Monitoring 1996, Repräsentative Studie zur Erfassung des Iodversorgungszustandes der Bevölkerung

Deutschlands, Schriftenreihe des BMG, Bd 110, Nomos, Baden-Baden.

191 Manz F, Wiese B, Dickmann L, Kalhoff H, Anke M (1993) Iodine balance in preterm infants fed a cow's milk formula, in Anke M, Meissner D, Mills CF (Hrsg) Trace Elements in Man and Animal – TEMA-8, Dresden, Germany, 1040–1043.

192 Mariotti S, Loviselli A, Cambosu A, Velluzi E, Atzeni F, Martino E, Bottazo G (1996) The role of iodine in autoimmune thyroid disease in humans, in Naumann J, Glinoer D, Braverman LE, Hostalek U (Hrsg) Thyroid and Iodine, Schattauer, Stuttgart, New York, 155–168.

193 Matovinovic J, Towerbridge FL (1980) in Stanbury JB, Hetzel BS (Hrsg) Endemic Goiter and Endemic Cretinism, J Wiley, New York, 37–49.

194 McCauley EH, Johnson DW, Alhadja J (1972) Disease problems in cattle associated with rations containing different levels of iodide, *Bovine Pract* **7**: 22.

195 McCauley EH, Lim JG, Goodrich RD (1973) Iodine, *Am J Vet R* **37**: 65.

196 McDonnell CM, Harris M, Zacharin MR (2003) Iodine deficiency and goitre in school children in Melbourne, 2001, *Medical Journal of Australia* **178**: 159–162.

197 McDowell LR (1992) Minerals in Animals and Human Nutrition, Academic Press INC, Harcourt Brace Jovanovich Publishers, San Diego, 224–245.

198 McElduff A, McElduff P, Gunton JE, Hams G, Wiley V, Wilcken BM (2002) Neonatal thyroid-stimulating hormone concentration in northern Sydney: further indications of mild iodine deficiency? *MJA* **176**: 317–320.

199 Meng W (1985) Jodmangelkrankheiten in der DDR aus der Sicht der Humanmedizin, in Bauch K-H (Hrsg) Symposium Aktuelle interdiziplinäre Probleme des Jodmangels und der Jodprophylaxe, Berlin Chemie, Berlin, Germany, 26–31.

200 Meng W (1992) Schilddrüsenerkrankungen, Fischer, Jena, Stuttgart.

201 Meng W, Meng S, Hampel R, Kirsch G, Krabbe et al (1989) Autoimmunthyreoiditis und Jodapplikation, 2. Symposium Interdisziplinäre Probleme des Jodmangels, der Jodprophylaxe, des Jodexzesses und antithyreoidaler Substanzen, Berlin Chemie, Berlin, Germany, 165–188.

202 Meng W, Schindler A (1997) Iodversorgung in Deutschland, *Münch Med Woschr* **139**: 603–607.

203 Meng W, Schindler A (1997) Alimentäre Iodversorgung in Deutschland, Ergebnisse der prophylaktischen Maßnahmen, *Z Ärztl Fortbildung Qual Sich* **91**: 751–756.

204 Meng W, Schindler A, Spieker K, Krabbe S, Behnke N, Schulze W, Blümel Chr (1999) Iodtherapie der Iodmangelstruma und Autoimmunthyreoiditis, *Med Klinik* **94**: 597–602.

205 Meng M, Scriba PC (2002) Iodversorgung in Deutschland, *Deutsches Ärzteblatt* **99**: 2185–2191.

206 Mengel K, Kirkby EA (1978) Principles of Plant Nutrition, International Potash Institute Worblaufen-Bern, Schwitzerland, 593.

207 Merk HF (1994) Iodallergie bzw. iodinduzierte Hautveränderungen im Zusammenhang mit jodiertem Salz? in Großklaus R, Somogyi A (Hrsg) Notwendigkeit der Iodsalzprophylaxe, bga-Schriften 3/94, MMV, München, 55.

208 Merzweiler A (1983) Vorkommen und Bedeutung von Jod im Boden, *Arch Acker- und Pflanzenbau und Bodenkunde, Berlin* **27**: 663–669.

209 Miller JK, Swanson EW (1973) Metabolism of ethylenediamine dihydroiodide and sodium or potassium iodide by dairy cows, *J Dairy Sci* **56**: 378.

210 Mozaffari H, Dehghani A, Afkhami M, Galali BA, Ehrampush MH (2005) Goiter prevalence, urinary iodine excretion and household salt iodine after 10 years of salt iodization in Yazd province, Iran, *Pak J Med Sci* **21**: 298–302.

211 Muramatsu Y, Christoffers D, Ohmomo Y (1983) Influence of chemical forms on iodine uptake by plant, *J Radiat Res* **24**: 326–338.

212 Murray MM, Pochin EE (1953) The effects of administration of sodium iodate to man and animals, *Bull WHO* **9**: 211–216.

213 Nagataki S (1987) Effects of iodine supplement in thyroid diseases, in

Vichayanrat A, Nitiyanant W, Eastman C, Nagataki S (Hrsg) Recent Progress in Thyroidology, Crystal House Press, Bangkok, 31–37.

214 Newton GL, Barrick ER, Harvey RW, Wise MB (1974) Iodine toxicity: Physiological effects of elevated dietary iodine on calves, *J Anim Sci* **38**: 449–455.

215 Newton GL, Clawson AJ (1974) Iodine toxicity: Physiological effects of elevated dietary iodine on pigs, *J Anim Sci* **39**: 879–884.

216 Nishiyama S, Mikeda T, Okada T, Nakamura K, Kotani T, Hishinuma A (2004) Transient hypothyroidism or persistent hyperthyrotropinemia in neonates born to mothers with excessive iodine intake, *Thyroid* **14**: 1077–1083.

217 Oberhofer R, Leimgruber K, Amor H (2003) Ergebnisse von 20 Jahren freiwilliger Iodsalzprophylaxe in Südtirol, *Dtsch Med Wschr* **128**: 315–316.

218 Oberleas D, Harland BF, Bobilya DJ (1999) Minerals, Nutrition and Metabolism, Vantage Press, New York, 162–167.

219 Odne MAL, Lee SC, Jeffrey LP (1978) Rationale for adding trace elements to total parenteral nutrient solutions – a brief review, *Am J Hosp Pharm* **35**: 1057–1059.

220 Pennington JAT (1990) A review of iodine toxicity reports, *J Am Diet Assoc* **90**: 1571–1591.

221 Phillips F (2005) Vegetarian nutrition, *British Nutrition Foundation Bulletin* **30**: 132–167.

222 Pickardt CR (1989) Jod- und Schilddrüsenautonomie, in Bauch K-H (Hrsg) 2. Symposium Interdisziplinäre Probleme des Jodmangels, der Jodprophylaxe, des Jodexzesses und antithyreoidaler Substanzen, Berlin Chemie, Berlin, Germany, 189–194.

223 Pickardt CR (1994) Iodinduzierte Hyperthyreose unter Berücksichtigung der Autonomie der Schilddrüse, in Großklaus R, Somogyi A (Hrsg) Notwendigkeit der Iodsalzprophylaxe bga-Schriften 3/94, MMV, München, 46–49.

224 Pilz K, Anke M (2002) Iodverzehr, Iodausscheidung und Iodbilanz erwachsener Mischköstler Sachsens und Thüringens nach der deutschen Wiedervereinigung, *Mengen- und Spurenelemente* **21**: 988–993.

225 Plewig G, Strzeminski YA (1985) Jod und Hauterkrankungen, *Dtsch Med Wschr* **110**: 1266–1269.

226 Pongpaew P, Saowakontha S, Tungtrongchitr R, Mahaweerawat U, Schelp FP (2002) Iodine deficiency disorder – an old problem tacked again: a review of a comprehensive operational study in the northeast of Thailand, *Nutrition Research* **22**: 137–144.

227 Potter BJ, Mano MT, Balling GB, Rogers PS, Matin DM, Hetzel BS (1981) Reversal of brain retardation in iodine-deficient fetal sheep, in McHowell I, Gawthorne JM, White CL (Hrsg) Trace Elements Metabolism in Man and Animals, TEMA – 4, Australian Academy of Science, Canberra, 313–316.

228 Prange H, Anke M, Jahreis G, Schöne F (2002) Iodmangel als Ursache von Schilddrüsengeschwülsten beim Hund, *Mengen- und Spurenelemente* **20**: 979–993.

229 Puskás Á, Lakner Z (2003) The effects of iodine supplementation on milk composition of milking goats, in Ermidou-Pollet S, Pollet S (Hrsg) 4th International Symposium on Trace Elements in Human: New Perspectives, Entypossis, Athens, 1255–1260.

230 Ranz D (2000) Untersuchungen zur Iodversorgung der Katze, Dissertation, Tierärztliche Fakultät, Ludwig-Maximilians-Universität München, Germany.

231 Rasmussen LB, Ovesen L, Bülow I, Jørgensen T, Knudsen N, Laurberg P, Perrlid H (2002) Dietary iodine intake and urinary iodine excretion in a Danish Population: effect of geography, supplements and food choice, *British Journal of Nutrition* **87**: 61–69.

232 Rauh M, Verwied-Jorky S, Gröschl M, Sönnichsen A, Koletzko B, Dörr HG (2003) Aktueller Stand der Iodversorgung bei Erlanger Schulanfängern, *Monatsschr Kinderheilknd* **151**: 957–961.

233 Remer T, Neubert A, Manz F (1999) Increased risk of iodine deficiency with

vegetarian nutrition, *Br J Nutr* **81**: 45–49.

234 Reunala T (1991) The role of diet in dermatitis herpetiformis, *Curr Publ Dermatol* **20**: 166–175.

235 Richter D, Merzweiler A (1986) Jodgehalt landwirtschaftlich genutzter Böden in der DDR, 5. Spurenelementsymposium der Universitäten Leipzig und Jena, Band 1, 13–18.

236 Robbins J, Bartalena L (1986) Plasma transport of thyroid hormones, in Hennermann G (Hrsg) Thyroid Hormone Metabolism, Marcel Dekker, New York, 3–38.

237 Rother C (1997) Iodversorgung und Iodstatus Erwachsener in Abhängigkeit von Geschlecht, Zeit, Lebensraum, Jahreszeit, Kostform, Stillperiode, Körpergewicht, Alter und eingesetzter Iodverbindung, Dissertation, Biologisch-Pharmazeutische Fakultät, Friedrich-Schiller-Universität Jena, Germany.

238 Roti E, Uberti ED (2001) Iodine excess and hyperthyroidism, *Thyroid* **11**: 493–500.

239 Roudsari SHR, Kazemzadeh SR, Sendi H, Rezaeie R, Derakhshan M, Zonoobian V, Hoseini N (2003) Assessment of urine iodine in school children from urban and rural areas of Teheran in 2001, *Pak J Med Sci* **20**: 131–136.

240 Saikat SQ, Carter JE, Mehra A, Smith B, Stewart A (2004) Goitre and environmental iodine deficiency in the U.K. – Derbyshire: a review, *Environmental Geochemistry and Health* **25**: 295–401.

241 Saller B, Fink H, Mann K (1998) Kinetics of acute and chronic iodine excess, *Exp Clin Endocrinol Diabetes* **106**: 34–38.

242 Sandell EB, Kolthoff IM (1937/38) Microdetermination of iodine by a catalytic method, *Mikrochim Acta* **1–3**: 9–16.

243 Sauerbrey G, Andree B, Kunze M, Mey W (1989) Untersuchungen über die endemische Struma und ihre Beziehung zu verschiedenen Trinkwasserfaktoren in vier Gemeinden des Bezirkes Suhl, *2. Gesamte innere Med* **44**: 267–270.

244 Schambach H, Bauch K (1986) Welche Auswirkungen sind von der obligaten Jodsalzprophylaxe in der DDR zu erwarten? *Mengen- und Spurenelemente* **6**: 191–198.

245 Schöne F, Jahreis G, Lüdke H (1989) Die Beeinflussung der Reproduktion und des Stoffwechselstatus des Schweines durch strumigene Nahrungsbestandteile, in Bauch K-H (Hrsg) Symposium Aktuelle interdisziplinäre Probleme des Jodmangels und der Jodprophylaxe, Berlin Chemie, Berlin, Germany, 162–165.

246 Schöne F, Leiterer M, Rudolph B, Jahreis G (1998) Wirkung von Iod und Glucosinolaten auf Mutterschweine und ihre Nachkommen, in Köhrle J (Hrsg) Mineralstoffe und Spurenelemente, Wissenschaftliche Verlagsgesellschaft, Stuttgart, 155–160.

247 Schöne F, Lüdke H, Jahreis G, Steinbach G, Paetzelt H (1982) Untersuchungen zum Einsatz von Iod, Kupfer und Zink in Rationen mit hohem Rapsextraktionsschrotanteil für Mastschweine, 2. Mitteilung, Einfluss auf Schilddrüsenfunktion und Immunantwort, *Mengen- und Spurenelemente* **2**: 419–427.

248 Schöne F, Tischendorf F, Leiterer M, Hartung H, Bargholz J (2001) Effects of rapeseed-press cake glucosinolates and iodine on the performance, the thyroid gland and the liver vitamin a status of pigs, *Arch Anim Nutr* **55**: 333–350.

249 Schöne F, Zimmermann Ch, Quanz G, Richter G, Leiterer M (2006) A high dietary iodine increases thyroid iodine stores and iodine concentration in blood serum but has little effect on muscle iodine content in pigs, *Meat Science* **72**: 365–372.

250 Schuppert F, Ehrenthal D, Frilling A, Suzuki A, Napolitano G, Kohn LD (2000) Increased major histocompatibility complex (MHC) expression in nontoxic goiters is associated with iodide depletion, enhanced ability of the follicular thyroglobuline to increase MHC gene expression, and thyroid autoantibodies, *J Clin Endocrinol Metab* **85**: 858–867.

251 Schuppli R, Forrer J (1981) Eine ungewöhnliche Form von bullöser Mucinose der Haut bei Hashimoto-Thyreoiditis, *Dermatologica* **162**: 307–312.

252 Schwehr KA, Santschi PH (2003) Sensitive determination of iodine species, including organoiodine, for freshwater and seawater samples using high performance liquid chromatography and spectrophotometric detection, *Analytical Clinica Acta* **482**: 59–71.

253 Scott ML, Nesheim MC, Young RJ (1982) Nutrition of the chicken, in Scott ML and Associates, Ithaca, New York.

254 Scriba PC, Gärtner R (2000) Risiken der Iodprophylaxe? *Dtsch Med Wschr* **125**: 671–675.

255 Scriba PC, Pickardt CR (1995) Iodprophylaxe in Deutschland. Gibt es ein Risiko? *Dt Ärzteblatt* **92**: A1529–A1531.

256 Sebotsa MLD, Dannhauser A, Jootse PL, Joubert G (2005) Iodine status as determined by urinary iodine excretion in Lesotho two years after introducing legislation on universal salt iodization, *Nutrition* **21**: 20–24.

257 Seffner W (1985) Zur subchronischen Wirkung von Nitrat im Trinkwasser auf morphologisch bestimmbare Funktionsparameter der Rattenschilddrüse, in Bauch K-H (Hrsg) Symposium Aktuelle interdisziplinäre Probleme des Jodmangels und der Jodprophylaxe, Berlin Chemie, Berlin, Germany, 151–155.

258 Seif FJ (1991) Hyperthyreosen nach iodhaltigem Speisesalz? *Dtsch Med Wschr* **116**: 794–795.

259 Selezniev YM, Tiuriukanov AN (1971) Some factors of changing iodine compound forms in soils, *Biol Nauki* **14**: 128–203.

260 Shacklette HAT, Cuthbert ME (1967) Iodine content of plant groups as influenced by variation in rock and soils type, *Geol Soc Am Spec Pap* **90**: 31–34.

261 Sihombing DTH, Cromwell GL, Hays VW (1974) Effects of prosource, goitrogens and iodine level on performance and thyroid status of pigs, *J Animal Sci* **39**: 1106–1110.

262 Skeaff SA, Ferguson EL, McKenzie JE, Valeix P, Gibson RS, Thomson CD (2005) Are breast- fed infants and toddlers in New Zealand at risk of iodine deficiency, *Nutrition* **21**: 325–331.

263 Stanbury JB (1991) The safety of iodine as a salt additive, JDD Newsletters 7.

264 Stanbury JB, Ermans AE, Bourdoux P, Todd C, Oken E, Tonglet R, Vidor G, Braverman LE, Medeiros-Neto G (1998) Iodine-induced hyperthyroidism: Occurrence and epidemiology, *Thyroid* **8**: 83–113.

265 Stewart JC, Vidor GI, Buttheld ICH, Hetzel BS (1971) Epidemic thyrotoxicosis in Northern Tasmania: studies of clinical features and iodine nutrition, *Austral NZ J Med* **1**: 203–211.

266 Sunde RA (1997) Handbook of Nutritionally Essential Mineral Elements, Marcel Dekker Inc, New York, Basel, Hong Kong, 493–556.

267 Suzuki H (1980) Etiology of endemic goiter and iodide excess, in Stanbury JB, Hetzel BS (Hrsg) Endemic Goiter and Endemic Cretinism, Wiley, New York, 237–254.

268 Swanson EW (1972) Effect of dietary iodine on thyroxine secretion rates of lactating cows, *J Dairy Sci* **55**: 1763–1770.

269 Swanson EW, Miller JK, Mueller FJ, Patton CS, Bacon JA, Ramsey N (1990) Iodine in milk and meat of dairy cows fed different amounts of potassium iodide or ethylenediamine dihydroiodide, *J Dairy Sci* **73**: 398–405.

270 Trávnicek J, Kursá J, Kroupová V (2000) The effect of excessive iodine intake on the activity of leukocytes and the level of plasmatic proteins in laying hens, *Scientia Agricultural Bohemica* **31**: 273–284.

271 Trávnicek J, Kursá J, Kroupová V, Blahova B, Matouskova E (1999) Hämatologische Parameter bei Nitrat- und Glukosinolatbelastung von Schafen, *Mengen- und Spurenelemente* **19**: 754–759.

272 Trávnicek J, Ther R, Kursá J (2000) Concentrations of iodine in milk and goats in South Bohemia, *Mengen- und Spurenelemente* **20**: 909–914.

273 Underwood EJ (1977) Iodine. Trace Elements in Human and Animal Nutrition, 4th ed. Academic Press, New York, 271–301.

274 Underwood EJ (1981) The Mineral Nutrition of Liverstock, Commonwealth Agricultural Bureaux, London, England.

275 Vandecasteele CM, Hess MV, Hardeman F, Voigt G, Howard BJ (2000) The true absorption of ^{131}I, and its transfer to milk in cows given different stable iodine diets, *J Environm Radioactivity* **47**: 301–317.

276 Van Middlesworth L (2000) Radioactivity fallout during Eisenbud's career, *Technology* **7**: 473–477.

277 Van Middlesworth L, Handl J (1997) I in animal thyroids after the Chernobyl nuclear accident, *Health Phys* **73**: 647–650.

278 Vitti P, Rago T, Aghini-Lombardi F, Pinchera A (2001) Iodine deficiency disorders in Europe, *Public Health Nutrition* **4**: 529–535.

279 Vogt H (1970) Jod: Bedarf und Einsatz in der Geflügelfütterung, *Archiv für Geflügelkunde* **6**: 228–235.

280 Voland B (1989) Zur Geochemie des Jods, in Bauch K (Hrsg) Aktuelle interdisziplinäre Probleme des Jodmangels und der Jodprophylaxe, Berlin-Chemie, Berlin, Germany, 75–86.

281 Voland B, Metzner I, Erler C (1989) Methodische Aspekte der Jodverteilung in Böden der DDR, in Bauch K-H (Hrsg) Aktuelle interdisziplinäre Probleme, Jodmangel, Jodprophylaxe, Jodexzess, Antithyreoidale Substanzen, Berlin Chemie, Berlin, Germany, 65–69.

282 Von Bemmelen RW (1949) Geology of Indonesia, Vol. 2, The Hague, Netherlands, 103–111.

283 Webster SH, Rice ME, Highman B, Stohlman EE (1959) The toxicology of potassium and sodium iodates. II. Subacute toxicity of potassium in mice and guinea pigs, *Toxicology* **1**: 87–96.

284 Webster SH, Rice ME, Highman B, Von Oettingen WF (1957) The toxicology of potassium iodate acute toxicity in mice. *J Pharmacol Exp Ther* **120**: 171–192.

285 Webster SH, Stohlman EE, Highman B (1966) The toxicology of potassium and sodium iodates. III. Acute and subacute oral toxicity of potassium iodate in dogs, *Toxicol Appl Pharmacol* **8**: 185–192.

286 Wehr U, Englschalk B, Kienzle E, Rambeck WA (2002) Iodine balance in relation to iodine intake in ponies, *J Nutr* **132**: 1767–1768.

287 Wenk G, Heinrich H (1989) Die Jodversorgung von Rind, Schaf und Schwein in Abhängigkeit von der geologischen Herkunft des Standortes, dem Pflanzenalter, der Futterart und Futterkonservierung, in Bauch K-H (Hrsg) 2. Symposium Interdisziplinäre Probleme des Jodmangels, der Jodprophylaxe, des Jodexzesses und antithyreoidaler Substanzen, Berlin Chemie, Berlin, Germany, 61–69.

288 Wenlock RW, Buss DH, Moxon RE, Bunton NG (1982) Trace nutrients, Iodine in British food, *Br J Nutr* **47**: 381–390.

289 Wiechen A, Kock B (1985) Zum Jodgehalt von Molkereisammelmilch in der Bundesrepublik Deutschland, *Milchwirtschaft* **40**: 522–525.

290 Wolff J (1969) Iodide goiter and the pharmacologic effects of excess iodine, *Am J Med* **47**: 101–108.

291 Wünschmanns S, Fränzle S, Kühn I, Heidenreich H, Markert B (2002) Verteilung chemischer Elemente in der Nahrung und Milch stillender Mütter, Teil 1 Iod, *Z Umweltchem Ökotox* **14**: 221–227.

292 Yuita K (1979) Transfer of radioiodine from the environment to animals and plants. 1. From soil to plant, in Latest Topics of Radioiodine Released to the Environment Proc of 7th NIRS Seminar Research, Chiba, Japan, 91–98.

293 Zaichick VY, Zaichick SV (1999) Energy-dispersive X-ray fluorescence analysis of iodine in thyroid puncture biopsy specimens, *J Trace and Microprobe Techniques* **17**: 219–232.

294 Zamrazil V, Bilek R, Cerovska J, Delange F (2004) The elimination of iodine deficiency in the Czech Republic: The steps toward success, *Thyroid* **14**: 49–56.

295 Zimmermann Ch, Leiterer M, Engler K, Jahreis G, Schöne F (2005) Iodine in camembert: Effects of iodised salt and milk origin – cow *versus* goat, *Milchwissenschaft* **60**: 403–406.

296 Zimmermann Ch (2004) Assessing iodine status and monitoring progress of iodized salt programs, *J Nutr* **134**: 1673–1677.

297 Zöllner H, Als C, Gerber H, Hampel R, Kirsch G, Kramer A (2001) Iodmangelscreening – Iodkonzentration oder Kreatininquotient im Spontanurin? *G.J.T. Labor-Fachzeitschrift* **45**: 164–165.

298 Zöllner H, Below H, Franke G, Meng W, John J, Kramer A (2003) Einfluss des Rauchens auf das Schilddrüsenvolumen und die renale Thiocyanat- und Iodidausscheidung bei Erwachsenen in Vorpommern, *Ernährungs-Umschau* **50**: 300–308.

57
Fluorid

Thomas Gebel

57.1
Allgemeine Substanzbeschreibung

Elementares Fluor ist unter Normalbedingungen ein schwach grünlich-gelbes, stechend riechendes, giftiges, stark ätzendes Gas aus F_2-Molekülen. In seinen Verbindungen, den Fluoriden, ist Fluor stets negativ einwertig; es ist das elektronegativste Element. Unter allen Elementen zeigt Fluor die stärkste chemische Aktivität.

57.2
Vorkommen

Infolge seiner außergewöhnlich starken Reaktionsfähigkeit kommt Fluor in der Natur nur in Verbindungen vor, und zwar beträgt sein Anteil an der obersten, 16 km dicken Erdkruste etwa 0,065%; es steht somit in seiner Häufigkeit an 13. Stelle [129].

Das wichtigste Fluormineral ist Calciumfluorid (Fluorit, Flussspat); ferner findet sich Fluor in Kryolith (Na_3AlF_6) sowie in Apatit, Topas, Glimmer und vielen anderen Silikaten.

Bereits 1529 beschrieb Agricola die Verwendung von Flussspat als Flussmittel beim Schmelzen von Erzen; von dieser Verwendung stammt auch der Name (fluere: lat. fließen) [129].

Die wichtigsten Fluoride für die Verwendung in Verbraucherprodukten sind die gut wasserlöslichen Verbindungen Natrium- und Kaliumfluorid. Sie werden als Nahrungsmittelzusatzstoffe genutzt (z. B. für Speisesalz), für Dentalpflegeprodukte und zur Trinkwasserfluoridierung. Sie sind sowohl gemäß 2001/15/EG [82] zur Verwendung für diätetische Lebensmittel zugelassen, als auch gemäß Nahrungsergänzungsmittel-Richtlinie 2002/46/EG [83]. Die EU-Kosmetikrichtlinie 76/768/EG nennt in ihrer aktuellen Form 20 Verbindungen von Fluorid, die in oralen Hygieneprodukten bis zu einer maximalen Konzent-

Handbuch der Lebensmitteltoxikologie. H. Dunkelberg, T. Gebel, A. Hartwig (Hrsg.)

ISBN: 978-3-527-31166-8

ration von 0,15% F (1500 ppm) eingesetzt werden dürfen [85]. 90% der in der EU erhältlichen Zahnpasten sind fluoridiert. In Deutschland enthalten Zahnpasten in der Regel 1000 ppm in Produkten für Erwachsene und 500 ppm in Produkten für Kinder. Weiter werden verschiedene kosmetische Dentalprodukte mit Fluorid und auch andere Supplemente vermarktet. In der Europäischen Union ist fluoridiertes Speisesalz in Belgien, Deutschland, Frankreich, Österreich, Tschechien, Spanien und der Schweiz käuflich erhältlich. In Deutschland ist seit 1992 Speisesalz für den häuslichen Verbrauch im Verkehr, das sowohl fluoridiert als auch iodiert ist, es enthält 0,25 mg Fluorid je g Salz.

57.3 Verbreitung in Lebensmitteln

In Meerwasser liegt der Gehalt an Fluorid zwischen 1,2 und 1,6 mg F/L, im Grundwasser meist unter 0,1 mg F/L, in Flüssen unter 0,5 mg F/L [2]. Regenwasser enthält zwischen 2 und 20 μg/L. Die Konzentrationen von Fluorid in Trinkwasser variieren in Europa regional, sie sind zum einen abhängig von natürlichen Gegebenheiten und zum anderen von einer Fluoridierung des Trinkwassers, die im Vereinigten Königreich, Irland und Spanien praktiziert wird. In Irland wurden die Empfehlungen zu Fluoridgehalten im Trinkwasser 2002 von 0,8–1,0 mg F/L auf 0,6–0,8 mg F/L revidiert [35].

Eine Fluoridierung des Trinkwassers wurde auch in der Schweiz seit 1962 praktiziert (0,7–0,9 mg F/L). Dies wurde 2003 aufgegeben, die Gehalte an Fluorid in Trinkwasser liegen damit auf natürlichen Gehalten von 0,1–0,2 mg F/L [52].

In Deutschland sind die Gehalte von Fluorid im Grundwasser in der Regel niedrig. In einer Studie mit 1040 Proben ergab sich eine mittlere Fluoridkonzentration von 0,1 mg F/L; der Maximalwert betrug 1,1 mg/L [95]. Es gibt jedoch auch in Deutschland Regionen, in denen aufgrund besonderer geogener Bedingungen erhöhte Gehalte an Fluorid im Trinkwasser von Einzelwasserversorgungen dokumentiert sind [80].

In einer Untersuchung von in Deutschland erhältlichen Mineral- und Tafelwässern ($n=150$) zeigte sich eine mittlere Konzentration an Fluorid von 0,58 ± 0,71 mg F/L. Davon lagen 24% der Proben unter 0,1 mg F/L, 43% bei bis zu 0,3 mg F/L und 31% zwischen 0,3 und 0,6 mg F/L. Acht Proben (5%) lagen über 1,5 mg F/L, der Maximalwert fand sich bei 4,5 mg/L [98]. In einer ähnlichen Arbeit aus Schweden ($n=33$) ergab sich eine mediane Fluoridkonzentration von 0,19 mg F/L (Streubereich 0–3,05 mg F/L) [90].

Tee verschiedener Sorten, insbesondere Schwarzer Tee, kann sehr hohe Fluoridgehalte haben. Die Gehalte in der Blattmasse können bis einige 100 mg F/kg betragen. Im Aufguss fanden sich 0,34–5,2 mg F/L [8, 96, 118]. Lösliche Teeprodukte enthielten nach Zubereitung mit destilliertem Wasser bis zu 6,5 mg F/L [126].

Die Aufnahme von Fluorid aus Nahrungsmitteln ist generell niedrig, außer wenn eine Zubereitung mit Wasser erfolgt, das höhere Fluoridkonzentrationen enthält. Eine Übersicht zu Gehalten an Fluorid in Nahrungsmitteln findet sich

Tab. 57.1 Fluoridgehalte in Nahrungsmitteln, nach [46].

Art des Nahrungsmittels	Fluorid [mg F/kg Frischgewicht]	Literatur
Milch und Milchprodukte	0,001–0,8	[5, 18, 93]
Fleisch und Geflügel	0,01–1,7	[5, 18, 93]
Fisch	0,06–4,57	[18, 119]
Getreide und Getreideprodukte	0,04–1,85	[5, 9, 18, 93]
Gemüse	0,01–1,34	[5, 9, 18, 93]
Früchte und Fruchtsäfte	0,01–2,8	[18, 51, 93]
Getränke	0,003–1,28	[18, 40, 93]
Teeblätter	82–371	[93, 118]
Teeaufguss	0,05–4,97	[5, 9, 18]

in Tabelle 57.1. Tendenziell finden sich in Fisch und anderen Meeresprodukten höhere Gehalte an Fluorid als in terrestrischen Nahrungsmitteln.

Gestillte Säuglinge erhalten mit der Muttermilch wenig Fluorid, da die Konzentrationen mit 2–10 µg F/L vergleichsweise niedrig sind [5, 30]. Mit der Ausnahme von Produkten, welche auf Sojaprotein basieren, hat Säuglingsanfangs- und Folgenahrung einen niedrigen Gehalt an Fluorid, falls die Nahrung mit destilliertem Wasser zubereitet wird. Dass heißt, der Fluoridgehalt in Säuglingsnahrung wird durch den Fluoridgehalt des verwendeten Trinkwassers bestimmt.

Dentalpflegeprodukte (Zahnpasta, Mundspülung, Dentalgele), die Fluorid enthalten, können, insbesondere bei unsachgemäßem Umgang, die tägliche Aufnahme von Fluorid beträchtlich erhöhen. Dies ist insbesondere bei kleineren Kindern unter 7 Jahren der Fall, da 10–100% der beim Putzvorgang verwendeten Zahnpasta geschluckt werden [4, 38, 73, 91, 102].

Der analytische Nachweis von Fluorid erfolgt mittels ionensensitiver Elektrode, ist aber auch spektralphotometrisch, durch Gas- oder Ionenchromatographie oder auch Atomabsorptionsspektrometrie zu bewerkstelligen [46].

57.4 Kinetik und innere Exposition

Aus Tabelle 57.2 ist ersichtlich, dass die tägliche Aufnahme an Fluorid maßgeblich durch die Fluoridgehalte des Trinkwassers und/oder fluoridiertes Speisesalz bestimmt ist. Eine weitere maßgebliche, lebensmittelbedingte Quelle kann allerdings auch Mineralwasser sein. Dies ist aus Tabelle 57.2 nicht direkt ersichtlich, da diese Schätzungen auf mittleren Verzehrsgewohnheiten und mittleren Gehalten von Fluorid in Mineralwasser beruhen.

Bei beruflich nicht besonders exponierten Personen wird Fluorid in erster Linie über den Gastrointestinaltrakt resorbiert, die Aufnahme über die Mundschleimhaut ist gering [120]. Die Resorption, die bis zu 100% betragen kann,

Tab. 57.2 Geschätzte Aufnahme von Fluorid [mg/d] in der Allgemeinbevölkerung bei verschiedenen Altersgruppen, erstellt durch das Wissenschaftliche Gremium für diätetische Produkte, Ernährung und Allergien [75], verändert.

Lebensmittel	Alter (Jahre)		
	1–1,9	**12–14,9**	**Erwachsene**
1. Milch, Fleisch, Eier, Getreide, Gemüse, Kartoffeln, Früchte	0,04	0,1	0,12
2. Fruchtsäfte, Softgetränke, Mineralwasser, Tee (Erwachsene)	0,01	0,07	0,26
3. *Summe 1 & 2*	*0,05*	*0,18*	*0,38*
4. Trinkwasser 0,013 mg F/L	0,06	0,07	0,07
5. *Summe 3 & 4*	*0,11*	*0,25*	*0,45*
6. Trinkwasser 1 mg F/L	0,46	0,56	0,50
7. *Summe 3 & 6*	*0,51*	*0,74*	*0,88*
8. Fluoridiertes Speisesalz, 0,25 g F/kg, 3 g/d	–	0,75	0,75
9. *Summe 5 & 8*		*1,00*	*1,30*
10. *Summe 7 & 8*		*1,49*	*1,63*

hängt von der jeweiligen Fluoridverbindung, dem pH-Wert der Lösung und der Zusammensetzung des Mageninhaltes ab.

Fluorid wird zum größten Teil undissoziiert als Fluorwasserstoff durch passive Diffusion in Magen und Dünndarm resorbiert. Niedrige pH-Werte im Magen erhöhen die Resorptionsraten, da bei Aufnahme in ionischer Form durch Magensäure HF gebildet wird und Fluorid in Form der schwachen Säure HF ($pKa = 3{,}45$) aufgenommen wird [121]. Da die ungeladenen Moleküle die biologischen Membranen rasch passieren können, hängt die Resorptionsrate vom Säuregehalt des Magens ab [123]. Wurde Natriumfluorid in Tablettenform morgens bei leerem Mageninhalt mit Wasser aufgenommen, erfolgte eine quantitative Resorption. Bei gleichzeitiger Aufnahme von Milch sanken die Resorptionsraten auf 70%, bei Aufnahme mit einer Mahlzeit sank die Resorption auf 60% [23, 100, 114]. Dies verdeutlicht, dass die Verfügbarkeit von Fluorid aus verschiedenen Nahrungsmitteln einer gewissen Variabilität unterliegt [56, 115]. Schwerer lösliche Fluoridverbindungen wie Calcium-, Magnesium- oder Aluminiumfluorid werden nicht vollständig resorbiert, Natriumfluoridmonophosphat muss vor enteraler Resorption dephosphoryliert werden.

Die Fluoridkonzentrationen in Gewebsflüssigkeiten und Geweben der Weichteile unterliegen keinem homöostatischem Kontrollmechanismus, sie spiegeln die aktuelle Exposition wider [24]. Aufnahme und Verteilung erfolgen rasch, im Plasma zeigte sich zum Beispiel nach Aufnahme von 1,5–10 mg NaF bereits nach 30 Minuten der maximale Gehalt von 70–450 µg F/L [115]. Im Körper ist Fluorid aufgrund seiner Affinität zu Calcium in Knochen und Zähnen gebunden, insbesondere in der Wachstumsphase wird ein größerer Teil des aufgenommenen Fluorids in Skelettknochen eingebaut. 99% der gesamten Körperlast an Fluorid finden sich in Knochen und Zähnen.

Im Gegensatz zu Skelettknochen und Dentin, welche Fluorid lebenslang abhängig vom Ausmaß des verfügbaren Fluorids akkumulieren, spiegeln die Gehalte von Fluorid im Zahnschmelz vor allem die Menge an verfügbarem Fluorid zur Zeit der Zahnbildung wider [125]. Die Reifung des Zahnschmelzes in Milchzähnen ist im Alter zwischen 2 und 12 Monaten abgeschlossen. Bei den bleibenden Zähnen ist sie im Alter von 7–8 Jahren abgeschlossen außer in den dritten Molaren, wo sie bis zum Alter von 12–16 Jahren dauert. Eine posteruptive topische Aufnahme von Fluorid führt zu höheren Fluoridgehalten in den äußeren Schichten des Zahnschmelzes [125]. Sie ist abhängig von den Fluoridgehalten in Speichel, Nahrung und dentalem Plaque.

Das Mineral im Zahnschmelz ist im Allgemeinen Hydroxylapatit, $Ca_{10}(PO_4)_6(OH)_2$. Im Hydroxylapatit können aber Fremdionen wie Carbonat, Magnesium und Fluorid in das Kristallgitter eingebaut werden, somit kommt es sehr häufig zu Abweichungen von dieser Idealform [29]. Präeruptiv als auch posteruptiv findet mit der Mund- oder Plaqueflüssigkeit ein Ionenaustausch statt. Mit diesen Abweichungen von reinem Hydroxylapatit ändern sich Eigenschaften des Schmelzes wie zum Beispiel das Löslichkeitsverhalten. Der Einbau von Hydrogenphosphat, Carbonat oder Magnesiumionen in das Hydroxylapatitgitter führt zu einem leichter löslichen Apatit. Carboniertes Apatit ist gegenüber einem kariösen Angriff weniger resistent als Hydroxylapatit. Fluoridionen dagegen können anstelle der Hydroxylgruppen in das Kristallgitter eingebaut werden und bewirken eine Stabilisierung der Apatitstruktur [29]. Dabei entsteht Fluorapatit, $Ca_{10}(PO_4)_6(OH)_2$ oder Fluorhydroxylapatit, $Ca_{10}(PO_4)_6(OH)_{2-x}F_x$, je nachdem, ob die Hydroxylgruppen vollständig oder, wie in der Regel der Fall, nur teilweise durch Fluorid ersetzt werden [15]. Reines Fluorapatit kommt dagegen praktisch nicht vor.

Die Plasmagehalte an Fluorid sind doppelt so hoch wie die der Blutzellen [119], über das Plasma wird Fluorid in alle Gewebe verteilt. Weichteilgewebe können 40–90% der Fluoridplasmakonzentration enthalten. Ausnahme sind Niere, Gehirn, Zirbeldrüse und Fettgewebe. Die Niere zum Beispiel kann Fluorid im Vergleich zu Plasma akkumulieren [110].

Im Speichel sind die Fluoridkonzentrationen proportional zu den Konzentrationen im Plasma, allerdings liegen sie generell um etwa ein Drittel niedriger [22, 124]. Die Fluoridgehalte in Speichel werden durch die Verwendung von fluoridhaltigen Zahnpflegeprodukten beeinflusst.

Fluorid ist plazentagängig, die Konzentration im Serum von Feten beträgt 75% des Gehaltes des mütterlichen Blutes [100].

Die Ausscheidung erfolgt über die Niere mit einer Clearance von 12,4–71,4 mL/min und ist abhängig vom pH-Wert des Urins [94]. Im Zustand einer Azidose (pH 5,0–6,2) kann HF die Tubuluszellen passieren und wird rückresorbiert, bei Alkalose (pH 7–8) hingegen liegt das Fluorid hauptsächlich in ionischer Form vor und wird vermehrt ausgeschieden [122].

Bei Teenagern und Erwachsenen werden 50% des resorbierten Fluorids über die Nieren ausgeschieden, bei Kindern und Kleinkindern können dies lediglich 20% sein, bei älteren Personen kann der Wert über 50% liegen [25, 94, 104]. Dies liegt an einer höheren Akkumulation von Fluorid in Knochen und Zähnen des wachsenden Organismus. 10–25% des täglich aufgenommenen Fluorids werden über die Faeces ausgeschieden [125].

Die analytische Quantifizierung von Fluorid in Körperflüssigkeiten wie Harn oder Plasma spiegelt die aktuelle Expositionssituation wider, gibt aber keine Information zur Gesamtkörperlast an Fluorid. Die Fluoridkonzentration in calcifizierten Geweben hingegen reflektiert die kumulative Gesamtkörperlast. Allerdings ist Fluorid in Hartgeweben nicht gleichverteilt [1]. Dentin akkumuliert Fluorid während der Lebenszeit kontinuierlich, unterliegt aber nicht wie Knochen Resorptionsvorgängen. Dentin stellt vermutlich den besten biologischen Marker der chronischen Fluoridaufnahme dar.

57.5 Wirkungen

57.5.1 Mensch

Die letale Dosis liegt bei Fluorid für Erwachsene im Bereich von 32–64 mg/kg Körpergewicht. Aufgrund von drei Vergiftungen bei dreijährigen Kindern ist eine letale Dosis von 5 mg/kg Körpergewicht in der Literatur genannt [120]. Die Symptome äußern sich in Übelkeit, Erbrechen, Diarrhö, Benommenheit, Kopfschmerz, Polyurie, Koma, Krämpfen und Herzstillstand.

Die vorliegenden epidemiologischen Untersuchungen zielten im Schwerpunkt auf berufliche Exposition in Aluminiumhütten und durch Trinkwasser erhöht mit Fluorid exponierte Bevölkerungskreise ab (Übersichten in [46, 75]).

In verschiedenen arbeitsepidemiologischen Studien sind erhöhte Inzidenzen und Mortalitätsraten an Lungen- und Blasenkrebs dokumentiert, die in einigen dieser Studien anderen Expositionsursachen zugeordnet werden konnten. Allerdings ergaben sich Hinweise auf erhöhte Inzidenzen an Fluorosteopathie [20, 49]. Dies äußert sich in Gliederschwere, Steifheit der Wirbelsäule und des Brustkorbs, Kurzatmigkeit und Parästhesien. Bevölkerungsepidemiologische Studien ergaben keine Hinweise auf eine erhöhte Inzidenz oder Mortalität an Krebs [31, 43, 45, 62, 63, 69, 72, 133].

Auch bei chronischer hoher Aufnahme an Fluorid über das Trinkwasser besteht die Gefahr der Entstehung einer Fluorosteopathie. Obwohl die Dichte des Knochens zunimmt, ist dieser bei einer schweren Fluorosteopathie frakturanfälliger. Fälle von Fluorosteopathie, die mit dem Konsum fluoridierten Trinkwassers assoziiert sind, sind in der Literatur dokumentiert [47, 61, 132]. Eine klimatisch bedingte hohe Aufnahme an Trinkwasser kann eine bedeutende Rolle in der Genese dieser Krankheit spielen.

Umweltepidemiologische Studien, welche den Zusammenhang von der Fluoridexposition im Trinkwasser und Raten an Knochenbrüchen untersuchten, sind zahlreich. Eine Studie zum Beispiel wies auf eine signifikante Korrelation von Hüftgelenksfrakturen mit den Trinkwassergehalten hin [57]. Eine signifikante Korrelation von Hüftgelenksfrakturen mit den Trinkwassergehalten an Fluorid lag bei einem Trinkwassergehalt von mehr als 1,5 mg F/L nur für Frauen vor. Andere Befunde zeigten, dass bei Trinkwassergehalten von 4 vs. 1 mg F/L das relative Risiko bei Frauen im Alter von 55–80 Jahren für Frakturen an Hüfte, Handgelenk oder Wirbeln 2,2 betrug (95% Konfidenzintervall 1,07–4,69) [103]. In einer weiteren Studie an 8266 Chinesen, die chronisch durch Trinkwasser im Bereich von 0,25–8 mg F/L exponiert waren, zeigten sich bei den niedrigst (0,73 mg F/d) und höchst (14 mg F/d) exponierten Untergruppen signifikant erhöhte Odds ratios für Hüftgelenks- und andere Frakturen [59]. Dieser bimodale Effekt von Fluorid ist biologisch plausibel und unterstreicht, wie schmal der Dosisbereich zwischen erwünschter und adverser Wirkung ist. In anderen epidemiologischen Studien konnten erhöhte Raten an Knochenbrüchen nicht bestätigt werden [48, 55]. Die Fluoridexposition im Trinkwasser lag in diesen Studien im Bereich von 1–4,5 mg F/L.

Klinische Studien fanden mit einer Ausnahme [88] keine Effekte auf erhöhte Raten an Knochenfrakturen bei täglicher Fluoridexposition von 4,5–57 mg F/d von bis zu 4 Jahren [16, 32, 36, 37, 89, 99]. Es gibt andererseits sowohl aus klinischen als auch aus einer umweltepidemiologischen Studie Hinweise auf eine protektive Wirkung von Fluorid in Bezug auf Knochenbrüche [76, 78, 81]. Bei Reginster [81] zum Beispiel waren 84 Personen (mittleres Alter 64 Jahre) 4 Jahre mit 20 mg F/d behandelt worden. In der Kontrollgruppe fanden sich 8 vs. 2 Wirbelbrüche bei den mit Fluorid Behandelten im Vergleich zu den Kontrollen.

Aufgrund der Erfahrungen bei beruflich exponierten Personen ist der Zusammenhang von Exposition gegenüber Fluor und Fluorosteopathie unstrittig. Insgesamt stellt sich die Datenlage hinsichtlich eines erhöhten Risikos an Knochenbrüchen bei erhöhter umweltbedingter Fluoridaufnahme nicht eindeutig dar, scheint aber bei hoher und sehr niedriger Exposition möglich und ist biologisch plausibel.

Wirkungen von Fluorid auf Zähne

Präeruptiv wird systemisch verfügbares Fluorid während der Mineralisation der kindlichen Zähne fest in das Kristallgitter eingebaut, so dass Fluorhydroxylapatit entsteht. Zahnschmelz mit einem höheren Gehalt an Fluorid weist eine geringere Säureempfindlichkeit und Löslichkeit auf.

Weiter spielt eine lokale posteruptive Behandlung von Zähnen bei den De- und Remineralisationsvorgängen eine große Rolle, welche bis vor wenigen Jahren scheinbar unterschätzt wurde [42]. Durch lokale Applikation von Fluoriden (Natriumfluorid, Aminfluoride) kommt es primär zur Reaktion mit der Schmelzoberfläche, wobei sich ein calciumfluoridähnliches Präzipitat ausbildet. Die Fluoridkonzentration bei frisch durchgebrochenen Zähnen fällt von der

Schmelzoberfläche zum Inneren hin ab, steigt aber zur Schmelz-Dentingrenze wieder an. Im Dentin nimmt die Konzentration pulpawärts kontinuierlich ab. Nach dem Zahndurchbruch besteht die Möglichkeit, durch lokale Fluoridierungsmaßnahmen die Fluoridkonzentration an der Oberfläche und damit die Säureresistenz zu erhöhen [97, 107]. Fluorid hat einen karieshemmenden Effekt auf durchgebrochene Zähne von Kindern und Erwachsenen. Eine präeruptive Wirkung auf den sich entwickelnden Zahnschmelz ist ebenfalls belegt, allerdings ist es schwierig, beide Effekte hinsichtlich ihres Stellenwertes zu gewichten, da meist eine Situation der Mischexposition (topisch und systemisch) vorliegt.

Die Prävalenz der dentalen Karies war in verschiedenen Studien negativ mit dem Fluoridgehalt im Trinkwasser korreliert, die Dentalfluorose hingegen war positiv korreliert [19, 27, 28, 44, 68, 113]. Eine gute Versorgung mit Fluorid schützt vor Karies, allerdings bleibt zu betonen, dass Karies keine Fluoridmangelkrankheit ist.

Werden während der Zahnentwicklung (13. bis 14. Fetalwoche bis 8. Lebensjahr) über längere Zeit erhöhte ($>>0,1$ mg F/kg Körpergewicht/d) Fluoridmengen aufgenommen, kommt es zu einer Mineralisationsstörung des Zahnschmelzes (Fluorose). Diese Störung der Schmelzbildung ist klinisch nach dem Zahndurchbruch in Form weißer Flecken oder Linien sichtbar. Die Dentalfluorose äußert sich durch gefleckte Zähne, die durch Porositäten, also eine Häufung oberflächlicher nichtmineralisierter Mikrobezirke im Schmelz verändert sind. Es werden verschiedene Mechanismen diskutiert, durch die Ameloblasten vermehrt Proteine einbauen bzw. nicht mehr rückresorbieren. Beim Zahndurchbruch erkennt man diese mindermineralisierten Stellen als weißliche, kreidige Depigmentationen, welche eine geringere Härte besitzen. Die bräunlichen Verfärbungen beruhen auf sekundärer Einlagerung organischer Stoffe aus der Mundflüssigkeit [53].

57.5.2
Wirkungen auf Versuchstiere

Die LD_{50} in Ratten liegt für Natriumfluorid nach oraler Gabe im Bereich von 31–101 mg F/kg Körpergewicht und Tag [3]. Symptome umfassen Speichel- und Tränenfluss, Diarrhö und Atemstillstand.

Zusammengefasst treten bei wiederholter Applikation von Fluorid im Tierversuch Wirkungen auf die Skelettknochen auf, die sich in Hemmung der Bildung, Regeneration und Mineralisierung der Knochen, in verzögerter Heilung von Frakturen, erniedrigten Knochenvolumina und reduzierter Kollagensynthese äußern (Übersicht in [46, 75]).

In Knochen ändert eine Substitution von Hydroxylgruppen durch Fluorid die mineralische Struktur. Bei Ratten gibt es Hinweise auf einen expositionsabhängig bimodalen Effekt von Fluorid auf die Knochenstabilität. Bei einer Aufnahme von 16 mg F/L über das Trinkwasser für eine Dauer von 16 Wochen war die Knochenstabilität erhöht, bei höherer Exposition gegenüber Fluorid (bis zu 128 mg F/L im Trinkwasser) war sie reduziert [116]. Die Fluoridgehalte in den Knochen betrugen bei niedriger Exposition bis zu 1200 mg/kg, im Fall hoher Exposition bis zu 10 000 mg/kg.

In längerfristigeren Studien fanden sich daneben weitere Effekte. So waren zum Beispiel in einer Studie mit sechsmonatiger Gabe von Fluorid im Bereich von 4,5–270 mg F/L über das Trinkwasser an F344-Ratten und B6C3F_1-Mäuse bei der höchsten Dosis Dentalfluorosen aufgetreten [74]. Als histopathologische Befunde wurde akute Nephrosen mit multifokaler Degeneration und Tubulusnekrose festgestellt. Eine multifokale Degeneration zeigte sich auch im Myokard, in den Lebern lag Megaloblastose vor. Aus anderen Studien gibt es Hinweise, dass Fluorid die Iodaufnahme in die Schilddrüse hemmt, wobei es zu Veränderungen in den Konzentrationen an T3 und T4 sowie auch zu Kropfbildung kam [6, 135].

Genotoxizität

Die relevanten Befunde zur Genotoxizität *in vivo* stellen sich wie folgt dar: So liegen zum einen Chromosomenaberrationstests an Knochenmarkszellen von Swiss-Mäusen nach oraler, intraperitonealer oder subkutaner Applikation vor (4,5–18 mg F/kg Körpergewicht) [77]. Nur nach intraperitonealer Applikation zeigte sich ein positiver Befund.

Ein Chromosomenaberrationstest an BALB/c-Mäusen war in Spermatozyten nach drei- bis sechswöchiger Gabe von Fluorid über das Trinkwasser (0, 1, 5, 10, 50, 100, 200 mg F/L) in der höchsten Behandlungskonzentration positiv [71]. In anderen Studien mit Swiss-Mäusen wurden bei Applikation von Fluorid über das Trinkwasser (50 mg F/L) oder die Nahrung (bis zu 50 mg F/kg) für mindestens sieben Generationen keine erhöhten Raten an chromosomalen Aberrationen in Zellen des Knochenmarks oder der Testes festgestellt [54, 64].

In Sprague-Dawley-Ratten zeigten sich bei Gabe von maximal 50 mg F/L über das Trinkwasser keine erhöhten Raten an Schwesterchromatidaustauschen [21]. Auch in Chinesischen Hamstern lagen nach 24-wöchiger Fluoridbehandlung über das Trinkwasser (0, 1, 10, 50, 75 mg F/L) keine erhöhten Raten an Schwesterchromatidaustauschen vor [60]. Nach Verabreichung von Fluorid über das Trinkwasser (0, 100, 200, 400 mg F/L) für 6 Wochen an Mäuse wurden weder erhöhte Raten an chromosomalen Aberrationen in Knochenmarkszellen noch an Mikrokernen in peripheren Erythrozyten festgestellt [134]. Insgesamt scheint Fluorid damit kein relevantes genotoxisches Potential zuzukommen.

Kanzerogenität

Zur kanzerogenen Wirkung von Fluorid liegt unter anderem eine Studie vor, die im Rahmen des National Toxicology Program der USA an F344-Ratten und B6C3F1-Mäusen durchgeführt wurde. Die Ratten erhielten 0,2 (Kontrolle); 0,8; 2,5 oder 4,1 mg F/kg Körpergewicht und Tag über das Trinkwasser (NTP, 1990). Bei den Ratten wurden nur bei den männlichen Tieren in den beiden höheren

Behandlungsdosen je ein und vier Osteosarkome gefunden. Diese Befunde lagen oberhalb des Bereiches der historischen Kontrollen des NTP und sind damit als positiv anzusehen. Bei den Mäusen traten Osteosarkome als Einzelbefunde und nicht dosisabhängig auf. Für Tumoren weiterer Lokalisationen sind keine relevanten Befunde aufgetreten [74].

In einer weiteren Kanzerogenitätsstudie wurden Sprague-Dawley-Ratten mit Fluorid über das Futter mit 0,1; 1,8; 4,5 oder 11,3 mg F/kg Körpergewicht/d behandelt [66]. Es wurden bei den männlichen Tieren Knochentumoren in Inzidenzen von 0/70, 0/58, 2/70 (1 Chordom und 1 Chondrom) und 1/70 (1 fibroblastisches Sarkom) gefunden und bei den weiblichen Tieren 0/70, 2/52 (1 Osteosarkom and 1 Chondrom), 0/70 und 0/70. In dieser Studie waren im Gegensatz zur Studie des NTP [74] nicht alle Knochen auf Tumoren untersucht worden. Die Fluoridgehalte in den Knochen lagen in der Studie des NTP um einen Faktor 3 niedriger als die entsprechenden Gehalte an Fluorid in Knochen der Sprague-Dawley-Ratten.

Eine weitere Studie mit Applikation von Fluorid über das Futter wurde mit CD-1-Mäusen durchgeführt [65]. Die Tiere erhielten 1,8; 4,5 oder 11,3 mg F/kg Körpergewicht/d. Die Inzidenzen gutartiger Osteome lagen bei den weiblichen Tieren bei 2/50, 4/42, 2/44 und 13/50 und bei den männlichen Tieren bei 1/50, 0/42, 2/44 und 13/50. Die Mäuse waren allerdings infiziert mit einem Typ C Retrovirus. Weiter wurde kontrovers diskutiert, ob Osteome als Neoplasmen angesehen werden müssen. Die Fluoridgehalte in den Knochen der Tiere lagen bei der höchsten Dosis mehr als um den Faktor zwei über der Hochdosisgruppe der NTP-Studie.

Insgesamt besteht damit wegen der Osteosarkome bei den männlichen Ratten der NTP-Studie ein gewisser Verdacht für Fluorid, kanzerogen wirken zu können.

Reproduktionstoxizität

Weibliche Mäuse, welche oral 5,2 mg F/kg/d von Tag 6–15 nach der Verpaarung erhielten, zeigten keine Implantationen [79]. Eine Reduzierung der Fertilität wurde nach 30-tägiger Applikation von Fluorid bei männlichen Mäusen (4,5 mg F/kg/d) und männlichen Mäusen und Kaninchen (je 9 mg F/kg/d) festgestellt [12–14]. Dies ging einher mit reduzierter Spermienmotilität und -viabilität. Reversible histopathologische Veränderungen sind für Testes bei oraler Applikation an Mäuse (4,5 und 9 mg F/kg/d für 30 Tage) und Kaninchen (4,5 mg F/kg/d für 18–29 Monate) dokumentiert [10, 11, 108]. Bei den vorgenannten Studien, die zum größten Teil aus einem Labor stammten, überrascht, dass die Effekte bei Vergleich zu den im Folgenden beschriebenen Studien in sehr niedrigen Dosierungen aufgetreten sind.

In einer älteren Generationenstudie an Swiss Mäusen aus dem Jahr 1973 wurde Fluorid über das Trinkwasser in Konzentrationen von 0, 50, 100 oder 200 mg F/L dargeboten [70]. Bei den beiden höheren Konzentrationen zeigten sich reduzierte Reproduktionsraten sowie Anämie bei den Muttertieren. Eine weitere ältere 3-Generationenstudie an Swiss-Mäusen von 1976 mit Gabe von Fluorid über die Nahrung (0,5; 2, 100 mg F/kg Nahrung) hingegen zeigte keine Reproduktionstoxizität [109].

In einer 1-Generationenstudie an Sprague-Dawley-Ratten mit Gabe von Fluorid über das Trinkwasser (0, 25, 100, 175, 250 mg F/L) wurden keine Effekte auf Gewicht und Histopathologie der Testes, Samenbläschen und Prostata oder verschiedene Spermienparameter festgestellt. Auch bei den *in utero* und 14 Wochen nach der Geburt mit Fluorid exponierten Tieren der Filialgeneration zeigten sich keine adversen Effekte [105, 106].

Zwei Pränataltoxizitätsstudien an Ratten und eine an Kaninchen mit Applikation von Fluorid über das Trinkwasser oder die Nahrung waren auch bei Expositionen, die systemische Toxizität bei den Muttertieren zur Folge hatten, negativ [17, 41].

Damit scheint Fluorid keine pränatale Toxizität zuzuordnen zu sein. In Bezug auf die Beeinflussung der Fertilität stellen sich die Daten weniger einheitlich dar. Es gibt Hinweise auf eine Beeinflussung der Fertilität und Testestoxizität, die bei Mäusen und Kaninchen vorlag und sich vor allem bei den männlichen Tieren äußerte. Allerdings traten diese Effekte bei vergleichsweise sehr niedrigen Dosierungen auf und lassen Zweifel an der Validität der Befunde aufkommen. Weiter konnten diese Erkenntnisse durch eine umfassende und valide durchgeführte Untersuchung [109, 110] nicht bestätigt werden.

57.5.3
Wirkungen auf andere biologische Systeme

Fluorid ist negativ hinsichtlich der Induktion von Mutationen in bakteriellen und Säugerzellen, induzierte aber chromosomale Aberrationen in verschiedenen Untersuchungen an Säugerzellen *in vitro* (Übersicht in [46]). Die chromosomalen Aberrationen waren vor allem Brüche und Deletionen.

57.5.4
Zusammenfassung der wichtigsten Wirkungsmechanismen

Die in Bezug auf die Fluoridexposition der Allgemeinbevölkerung relevante Wirkung ist die Substitution von Hydroxylgruppen im Apatit mit der Bildung von Fluorhydroxylapatit. Dies führt zum einen zur Stabilisierung von Skelettknochen, zum anderen werden Zähne gegenüber organischen Säuren unempfindlicher. Andererseits wird die Fragilität von Skelettknochen bei zu hohen Anteilen an Fluorid erhöht. Bei zu hoher Aufnahme von Fluorid kommt es bei der Zahnbildung zu einer Mineralisationsstörung des Zahnschmelzes. Es werden verschiedene Mechanismen diskutiert, durch die die Ameloblasten vermehrt Proteine einbauen bzw. nicht mehr rückresorbieren. Fluorid beeinflusst die Aktivitäten verschiedenster Enzyme, es scheint auch einen Einfluss auf die Signaltransduktion zu haben [50]. Weiter scheint Fluorid die DNA- und Proteinsynthese hemmen zu können und inhibiert die Zellproliferation [26, 33, 34]. Die proliferative Wirkung von Fluorid auf Osteoblasten kann zumindest teilweise an einer Hemmung von Phosphotyrosylphosphatasen liegen [58, 111].

57.6 Gesundheitliche Bewertung

Die im Vordergrund stehende Wirkung von Fluorid ist die Wirkung auf Skelettknochen und Zähne. Bei Expositionen in einem vergleichsweise engen Dosisfenster scheinen sowohl Skelettknochen als auch Zähne in einem Zustand hoher Widerstandsfähigkeit zu sein. Für Skelettknochen bedeutet dies zum einen eine langfristig hohe Stabilität, die mit einer entsprechenden Duktilität einhergehen muss, um das Risiko von Knochenbrüchen insbesondere im hohen Alter zu vermeiden. Für Zähne ist eine zu geringe Versorgung mit Fluorid mit einer erhöhten Anfälligkeit gegenüber der Karies verbunden, bei zu hoher Fluoridexposition kommt es bei der Bildung der Zähne zu Mineralisationsstörungen des Zahnschmelzes. Adverse Wirkungen von Fluorid können schon bei chronischen Belastungen auftreten, die eine Größenordnung oder gar weniger über den Expositionen liegen, bei denen eine maximale gesundheitsförderliche Wirkung von Fluorid vorliegt.

Es liegen Erkenntnisse aus Tierversuchen auf kanzerogene und die männliche Fruchtbarkeit beeinflussende Eigenschaften vor. Hinsichtlich eines kanzerogenen Potentials sind in einer Studie Osteosarkome bei männlichen Ratten in niedriger Inzidenz, allerdings oberhalb historischer Kontrollen, aufgetreten. In Bezug auf die Beeinflussung der Fertilität gibt es gewisse Hinweise auf histopathologische Befunde in den Testes und Effekte in Verpaarungsstudien. Dies konnte allerdings in anderen Studien nicht bestätigt werden. Es gibt bisher keine Hinweise, dass diese Wirkungen auch beim Menschen vorliegen könnten.

57.7 Grenzwerte, Richtwerte, Empfehlungen, gesetzliche Regelungen

WHO-Leitlinien, EU-Trinkwasserrichtlinie und deutsche Trinkwasserverordnung setzen einen empfohlenen Richt- beziehungsweise Grenzwert von 1,5 mg F/L fest [87, 117, 130]. Natürliche Mineralwässer dürfen laut entsprechender Richtlinien der EU im Gegensatz zu Trinkwasser höhere Gehalte an Fluorid enthalten. In Deutschland sind EU-Trinkwasser- (98/83/EG [87]) und Mineralwasserrichtlinie (80/777/EG [84]) gesetzlich verbindlich über Trink- [117] beziehungsweise Mineralwasser- und Tafelwasserverordnung [136] in deutsches Regelwerk umgesetzt. Laut EU-Richtlinie 2003/40/EG [84], welche die Richtlinie 80/777/EG [86] novelliert, müssen Gehalte über 1,5 mg/L bei Mineralwasser durch die Angabe „Enthält mehr als 1,5 mg/L Fluorid: Für Säuglinge und Kinder unter 7 Jahren nicht zum regelmäßigen Verzehr geeignet" gekennzeichnet werden. Weiter muss der tatsächliche Gehalt an Fluorid angegeben werden. Bei

Gehalten über 5 mg/L muss das Mineralwasser mit einem Warnhinweis versehen werden, dass es nur in begrenzten Mengen verzehrt werden darf. Letzteres ist nur bis zum 1. 1. 2008 statthaft.

Für Mundpflegemittel erlaubt die Verordnung über kosmetische Mittel den Zusatz von 20 verschiedenen Fluoridverbindungen, wobei die Maximalkonzentration auf 0,15%, berechnet als Fluor, beschränkt ist. Fluoridzusätze sind deklarationspflichtig. Die gebräuchlichsten Fluoridverbindungen in Zahn- und Mundpflegemitteln sind Natriumfluorid, Natriummonofluorphosphat, Zinnfluorid und Aminfluoride [129].

Kaliumfluorid und Natriumfluorid dürfen laut Nahrungsergänzungsmittel-Richtlinie 2002/46/EG [83] bei der Herstellung von Nahrungsergänzungsmitteln verwendet werden.

Das Wissenschaftliche Gremium für diätetische Produkte, Ernährung und Allergien der EFSA schloss aus den epidemiologischen Daten auf eine Tagesdosis von 0,6 mg F/kg Körpergewicht/d als Dosis, die mit einer signifikanten Erhöhung des Risikos der Ausbildung von Knochenfrakturen assoziiert ist [75]. Dieses Komitee empfahl weiter eine Tagesdosis von 0,1 mg F/kg Körpergewicht/d für Kinder im Alter bis zu 8 Jahren nicht zu überschreiten, um Symptome einer moderaten Dentalfluorose in den bleibenden Zähnen zu vermeiden [75] (Tab. 57.3).

Die verschiedenen Empfehlungen verschiedener Fachgesellschaften zur Fluoridsupplementierung bei Kindern waren in der letzten Dekade hinsichtlich der Gabe von Fluoridtabletten, Verwendung von fluoridierter Zahnpasta und Beginn der Fluoridsupplementierung in Bezug auf das Alter zahlreich und wandelten sich, teils waren sie widersprüchlich. Im Jahr 2000 veröffentlichte die Deutsche Gesellschaft für Zahn-Mund- und Kieferheilkunde (DGZMK) im Internet [128] Empfehlungen zur Fluoridsupplementierung, die – vor allem was die Praxis der Verwendung von Fluoridtabletten und fluoridhaltiger Kinderzahnpasta in den ersten Lebensjahren betrifft – eine Abkehr von den erst 1996 beschlossenen und 1998 im Rahmen der Empfehlungen zur Salzfluoridierung bestätigten Empfehlungen bedeuteten. Diese Empfehlung der DGZMK war nicht wie vormals üblich zwischen der DGZMK, der Deutschen Gesellschaft für Kinderheilkunde und der Deutschen Gesellschaft für Ernährung abgestimmt worden. Die

Tab. 57.3 Empfehlungen des Wissenschaftlichen Gremiums für diätetische Produkte, Ernährung und Allergien zur maximalen akzeptablen Aufnahme von Fluorid [75].

Alter in Jahren	Tolerierbare Menge (UL, upper level) [mg F/d]
1–3	1,5
4–8	2,5
9–14	5
≥15	7

Bundeszahnärztekammer hat in der Folge, gemeinsam mit der Deutschen Gesellschaft für Zahnerhaltung, eine Gruppe von Wissenschaftlern mit der Erstellung einer Leitlinie zum Thema „Wirksamkeit unterschiedlicher Fluoridierungsmaßnahmen in der Kariesprävention", beauftragt. Diese Leitlinie befindet sich zur Zeit (Stand 02/2006) im Status der Anmeldung bei der Arbeitsgemeinschaft der wissenschaftlich medizinischen Fachgesellschaften [127], wo derartige evidenzbasierte Empfehlungen abgestimmt und veröffentlicht werden. Die zentralen Empfehlungen dieses Leitlinienentwurfes lauten [118]:

1. Verwendung fluoridhaltiger Zahnpasta ist eine wirksame kariespräventive Maßnahme.
2. Wirksamkeit von Zahnpasten mit niedrigerem Fluoridgehalt (250–500 ppm Fluorid) ist bisher nicht klinisch ausreichend gesichert; vorliegende Ergebnisse sind uneinheitlich.
3. Speisesalzfluoridierung ist eine wirksame kariespräventive Maßnahme. Anwendung von fluoridiertem Speisesalz wird generell empfohlen.
4. Fluoridtabletten sind kariespräventiv wirksam. Da ein kariespräventiver Effekt bei durchgebrochenen Zähnen auf der lokalen Wirksamkeit des Fluorids beruht, sind sie zu lutschen. Nur eine Form der systemischen Fluoridzufuhr (Tablette oder Speisesalz) wird empfohlen.
5. Bei Verwendung von Fluoridtabletten für Kinder unter sechs Jahren ist eine Fluoridanamnese nötig, um überhöhte Fluoridaufnahmen durch andere Quellen zu vermeiden.
6. Keine Einnahme von Fluoridtabletten während der Schwangerschaft. Fluoridtablettengabe hat keinen Einfluss auf Kariesprävalenz im Milchgebiss.
7. Fluoridlack- und -gelapplikation sind wirksame kariespräventive Maßnahmen, sie können unabhängig von anderen Fluoridierungsmaßnahmen durchgeführt werden.
8. Bei Personen mit erhöhtem Kariesrisiko führt kontrollierte Anwendung von Mundspüllösungen zu Reduktion des Kariesanstiegs, deshalb wird dies unabhängig von der Anwendung anderer Fluoridpräparate empfohlen.

Insbesondere wird seit einigen Jahren der posteruptiven topischen Applikation der bleibenden Zähne ein weit höherer Stellenwert im Rahmen der Zahngesundheit zugeordnet als vormals, was sich im Leitlinienentwurf niederschlägt. Von der bis zum Jahr 2000 geäußerten Empfehlung der generellen Verwendung von Fluoridtabletten wird weiter abgesehen.

Das „Scientific Committee on Cosmetic Products and Non-Food Products Intended for Consumers (SCCNFP)" der EU gab 2003 an, dass die Menge an Zahnpasta, die ein Kind unter 6 Jahren für den Zahnputzvorgang verwendet, zwischen 0,05 und 0,8 g variieren kann [92]. Es wurde von dem Komitee empfohlen, dass eine erbsengroße Menge an fluoridhaltiger Zahnpasta (0,25 g) von Kindern dieses Alters verwendet werden soll, um die erwünschte Fluoridaufnahme hinsichtlich der Menge zu erzielen.

57.8 Vorsorgemaßnahmen

Hinsichtlich der Prävention von durch Fluorid bedingten Erkrankungen steht im Vordergrund, dass das Dosisfenster beim Menschen, in dem Fluorid seine gesundheitsförderlichen Wirkungen entfaltet, vergleichsweise eng zu sein scheint. Insbesondere Eltern von kleineren Kindern haben daher bei Fluorid im Hinblick auf eine optimale Dosierung die Parameter Fluorid im genutzten Trink- und Mineralwasser, Aufnahme von Fluorid über Zahnpasta, Verwendung von fluoridiertem Speisesalz und Alter des Kindes zu beachten. Dies ist in der Praxis selbst bei qualifizierter professioneller Unterstützung schwierig. Insbesondere ist darauf zu achten, keine Zahnpasta zu benutzen, die wohlschmeckend und gleichzeitig fluoridhaltig ist, da es dadurch zu hohen Expositionen wegen Schlucken von Zahnpasta kommen kann. Insgesamt kann aufgrund der dauerhaften Schädigung der bleibenden Zähne eine Fluoridüberversorgung schwerwiegende Konsequenzen haben. Eine extreme Unterversorgung mit Fluorid tritt in Mitteleuropa nicht auf, daher ist dieser Punkt von untergeordneter Bedeutung. Die topische Fluoridbehandlung von Kinderzähnen nach deren Durchbruch scheint nach der aktuellen wissenschaftlich-zahnmedizinischen Auffassung einen hohen Stellenwert in Bezug auf die Zahngesundheit zu haben.

In Bezug auf ein erhöhtes Risiko von Knochenbrüchen, insbesondere im hohen Alter und bei chronisch zu hoher Fluoridexposition, scheinen generell in Mitteleuropa keine besonderen Präventionsmaßnahmen erforderlich. Probleme können sich bei hohen Gehalten an Fluorid im Trinkwasser und/oder in Mineralwasser, beides verbunden mit sehr hohem täglichem Konsum sowie auch bei hohem Konsum von Tee ergeben, wobei mehrere Faktoren zusammentreffen und chronisch vorliegen müssen.

57.9 Zusammenfassung

Die Aufnahme des ubiquitären Elementes Fluor erfolgt bei beruflich nicht besonders exponierten Personen als Fluorid. Maßgebliche Quellen sind Trinkwasser und Mineralwasser. Weitere Quellen sind fluoridiertes Speisesalz und Fluorid aus Dentalpflegeprodukten. Die im Vordergrund stehende Wirkung von Fluorid ist die Wirkung auf Skelettknochen und Zähne. Diese ist die Substitution von Hydroxylresten im Apatit von Skelettknochen und Zähnen unter Bildung von Fluorhydroxylapatit. Bei Expositionen in einem vergleichsweise engen Dosisfenster scheinen sowohl Skelettknochen als auch Zähne in einem Zustand hoher Widerstandsfähigkeit zu sein. Für Skelettknochen bedeutet dies zum einen eine langfristig hohe Stabilität, die mit einer entsprechenden Duktilität einhergehen muss, um das Risiko von Knochenbrüchen insbesondere im höheren Alter zu vermeiden. Für Zähne ist eine zu geringe Versorgung mit Fluorid mit einer erhöhten Anfälligkeit gegenüber der Karies verbunden, bei zu hoher Fluoridexposition kommt es bei der Bildung der Zähne zu Mineralisationsstörungen des Zahnschmelzes. Hinsichtlich der Prävention von durch Fluorid bedingten Erkrankungen steht im Vordergrund, dass das Dosisfenster beim Menschen, in dem Fluorid seine gesundheitsförderlichen Wirkungen entfaltet, vergleichsweise eng zu sein scheint. Die mittleren täglichen Aufnahmen an Fluorid liegen je nach Altersgruppe, regionalen Gegebenheiten (z. B. Trinkwassergehalt an Fluorid) und Verhalten (z. B. Verwendung von fluoridiertem Speisesalz, Teekonsum) im Mittel nur um etwa den Faktor 2–4 unter den Empfehlungen zur maximalen täglichen Aufnahme, welche das Wissenschaftliche Gremium für diätetische Produkte, Ernährung und Allergien der Europäischen Lebensmittelagentur 2005 publiziert hat. Insbesondere Eltern von kleineren Kindern haben daher bei Fluorid im Hinblick auf eine optimale Dosierung die Parameter Fluorid im genutzten Trink- und Mineralwasser, Aufnahme von Fluorid über Zahnpasta, Verwendung von fluoridiertem Speisesalz und Alter des Kindes zu beachten. Dies ist in der Praxis selbst bei qualifizierter professioneller Unterstützung schwierig. Es scheint allerdings eher darauf zu achten zu sein, Überdosierungen zu vermeiden, als dass Mangelerscheinungen auftreten.

57.10 Literatur

1. Alhava EM, Olkkonen H, Kauranen P, Kari T (1980) The effect of drinking water fluoridation on the fluoride content, strength and mineral density of human bone. *Acta orthop scand* **51**: 413–420.
2. Arad A (1988) B, F and SR as Tracers in carbonate aquifers and in karstic geothermal systems in Israel. *IAHS Publication* No. **176**: 922–934.
3. ATSDR (Agency for Toxic Substances and Disease Registry) (1993) Toxicological profile for fluorides, hydrogen fluoride and fluorine. US Department of Health and Human Services, Atlanta, Georgia, (TP-91/17).
4. Barnhart WE, Hiller LK, Leonard GJ, Michaels SE (1974) Dentifrice usage and ingestion among four age groups. *J Dent Res* **53**: 1317–1322.
5. Bergmann R (1994) Fluorid in der Ernährung des Menschen. Biologische Bedeutung für den wachsenden Organismus. Habilitationsschrift, Freie Universität Berlin.
6. Bobek S, Kahl S, Ewy Z (1976) Effect of long-term fluoride administration on thyroid hormones level in blood in rats. *Endocrinol Exp* **10**: 289–295.
7. Cerklewski FL (1997) Fluoride bioavailability – nutritional and clinical aspects. *Nutr Res* **17**: 907–927.
8. Chan JT, Koh SH (1996) Fluoride content in caffeinated, decaffeinated and herbal teas. *Caries Res* **30**: 88–92.
9. Chen YX, Lin MQ, He ZL, Chen C, Min D, Liu YQ, Yu MH (1996) Relationship between total fluoride intake and dental fluorosis in areas polluted by airborne fluoride. *Fluoride* **29**: 7–12.
10. Chinoy NJ Sequeira E (1989) Effects of fluoride on the histoarchitecture of reproductive organs of the male mouse. *Reprod Toxicol* **3**: 261–267.
11. Chinoy NJ, Sequeira E (1989) Fluoride induced biochemical changes in reproductive organs of male mice. *Fluoride* **22**: 78–85.
12. Chinoy NJ, Sharma A (1998) Amelioration of fluoride toxicity by vitamins E and D in reproductive functions of male mice. *Fluoride* **31**: 203–216.

13 Chinoy NJ, Narayana MV, Dalal V, Rawat M, Patel D (1995) Amelioration of fluoride toxicity in some accessory reproductive glands and spermatozoa of rat. *Fluoride* **28**: 75–86.

14 Chinoy NJ, Sequeira E, Narayana MV (1991) Effects of vitamin C and calcium on the reversibility of fluoride-induced alterations in spermatozoa of rabbits. *Fluoride* **24**: 29–39.

15 Chow LC, Guo MK, Hsieh CC, Hong YC (1980) Reactions of powdered human enamel and fluoride solutions with and without intermediate $CaHPO_4 \times 2H_2O$ formation. *J Dent Res Aug* **59(8)**: 1447–1452.

16 Christiansen C, Christensen MS, McNair P, Hagen C, Stocklund KE, Transbol I (1980) Prevention of early postmenopausal bone loss: controlled 2-year study in 315 normal females. *Eur J Clin Invest* **10**: 273–279.

17 Collins TFX, Sprando RL, Shackelford ME, Black TN, Ames MJ, Welsh JJ, Balmer MF, Olejnik N, Ruggles DI (1995) Developmental toxicity of sodium fluoride in rats. *Food Chem Toxicol* **33**: 951–960.

18 Dabeka RW, McKenzie AD (1995) Survey of lead, cadmium, fluoride, nickel, and cobalt in food composites and estimation of dietary intakes of these elements by Canadians in 1986–1988. *J AOAC Int* 1995 Jul–Aug; **78(4)**: 897–909.

19 Dean HT (1942) The investigation of physiological effects by the epidemiological method. In: Fluorine and Dental Health. Moulton FR (Hrsg.) American Association for the Advancement of Science, Washington, 23–31.

20 Derrybery OM, Bartholomew MD, Fleming RB (1963) Fluoride exposure and worker health. The health status of workers in a fertilizer manufacturing plant in relation to fluoride exposure. *Arch Environ Health* **6**: 503–14

21 Dunipace AJ, Brizendine EJ, Wilson ME, Zhang W, Katz BP, Stookey GK (1998) Chronic fluoride exposure does not cause detrimental, extraskeletal effects in nutritionally deficient rats. *J Nutr* **128**: 1392–1400.

22 Ekstrand J (1977) Fluoride concentrations in saliva after single oral doses and their relation to plasma fluoride. *Scand J Dent Res* **85**: 16–17.

23 Ekstrand J, Ehrnebo M (1979) Influence of milk products on fluoride bioavailability in man. *Eur J Clin Pharmacol* **16**: 211–215.

24 Ekstrand J, Alván G, Boréus LO, Norlin A (1977) Pharmacokinetics of fluoride in man after single and multiple oral doses. *Eur J Clin Pharmacol* **12**: 311–317.

25 Ekstrand J, Spak CJ, Ehrnebo M (1982) Renal clearance of fluoride in a steady state condition in man: influence of urinary flow and pH changes by diet. *Acta Pharmacol Toxicol* **50**: 321–325.

26 Elsair J, Khelfat K (1988 Subcellular effects of fluoride. *Fluoride* **21**: 93–99.

27 Fejerskov O, Baelum V, Richards A (1996) Dose-response and dental fluorosis. In: Fluoride in Dentistry, 2. Auflage. Fejerskov O, Ekstrand J, Burt BA (Hrsg) Munksgaard, Copenhagen, 153–166.

28 Fejerskov O, Richards A, DenBesten P (1996) The effect of fluoride on tooth mineralisation. In: Fluoride in Dentistry, 2. Auflage. Fejerskov O, Ekstrand J, Burt A (Hrsg.) Munksgaard, Copenhagen, 112–152.

29 Fischer C, Lussi A, Hotz P (1995) Kariostatische Wirkungsmechanismen der Fluoride. *Schweiz Monatsschr Zahnmed* **105(3)**: 311–317.

30 Fomon SJ, Ekstrand J, Ziegler EE (2000) Fluoride intake and prevalence of dental fluorosis: trends in fluoride intake with special attention to infants. *J Publ Health Dent* **60**: 131–139.

31 Freni SC, Gaylor DW (1992) International trends in the incidence of bone cancer are not related to drinking water fluoridation. *Cancer* **70**: 611–618.

32 Gambacciani M, Spinetti A, Taponeco F, Piaggesi L, Cappagli B, Ciaponi M, Rovati LC, Genazzani AR (1995) Treatment of postmenopausal vertebral osteopenia with monofluorophospate: a long-term calcium-controlled study. *Osteoporos Int* **5**: 467–471.

33 Gilman A (1987 G proteins: transducers of receptor-generated signals. *Annu Rev Biochem* **56**: 615–649.

34 Godfrey P, Watson S (1988) Fluoride inhibits agonist-induced formation of inositol phosphates in rat cortex. *Biochem Biophys Res Commun* **155**: 664–669.

35 Government of Ireland 2002 Forum on fluoridation. www.fluoridationforum.ie

36 Grove O Halver B (1981) Relief of osteoporotic backache with fluoride, calcium, and calciferol. *Acta Med Scand* **209**: 469–471.

37 Hansson T, Roos B (1987) The effect of fluoride and calcium on spinal bone mineral content: a controlled, prospective (3 years) study. *Calcif Tissue Int* **40**: 315–317.

38 Hargreaves JA, Ingram GS, Wagg BJ (1972) A gravimetric study of the ingestion of toothpaste by children. *Caries Res* **6**: 237–243.

39 Harrison JE, Hitchman AJW, Hasany SA, Hitchman A, Tam CS (1984) The effect of diet calcium on fluoride toxicity in growing rats. *Can J Physiol Pharmacol* **62**: 259–265.

40 Heilman JR, Kiritsy MC, Levy SM, Wefel JS (1999) Assessing fluoride levels of carbonated soft drinks. *J Am Dent Assoc* **130**: 1593–1599.

41 Heindel JJ, Bates HK, Price CJ, Marr MC, Myers CB, Schwetz BA (1996) Developmental toxicity evaluation of sodium fluoride administered to rats and rabbits in drinking water. *Fundam Appl Toxicol* **30**: 162–177.

42 Hellwig E, Lennon AM (2004) Systemic versus topical fluoride. *Caries Res* **38(3)**: 258–262.

43 Hoover RN, Devesa SS, Cantor KP, Lubin JH, Fraumeni JF (1991) Fluoridation of drinking water and subsequent cancer incidence and mortality. Appendix E in Review of Fluoride Benefits and Risks. Report of the ad-hoc Subcommittee on Fluoride of the Committee to Coordinate Environmental Health and Related Programs. Washington, DC: US Public Health Service.

44 Horowitz HS, Driscoll WS, Meyers RJ, Heifetz SB, Kingman A (1984) A new method for assessing the prevalence of dental fluorosis – the tooth surface index of fluorosis. *J Am Dent Assoc* **109**: 37–41.

45 Hrudey SE, Soskolne CL, Berkel J, Fincham S (1990) Drinking water fluoridation and osteosarcoma. *Can J Public Health* **81**: 415–416.

46 International Programme on Chemical Safety (IPCS) (2002) Fluorides. Environmental Health Criteria 227, World Health Organization, Geneva.

47 Jha M, Susheela AK, Krishna N, Rajyalakshmi K, Venkiah K (1982) Excessive ingestion of fluoride and the significance of sialic acid: glycosaminoglycans in the serum of rabbit and human subjects. *J Toxicol Clin Toxicol* **19**: 1023–1030.

48 Jones G, Riley M, Couper D, Dwyer T (1999) Water fluoridation, bone mass and fracture: aquantitative overview of the literature. *Aust N Z J Public Health* **23**: 34–40.

49 Kaltreider NL, Elder MJ, Cralley LV, Colwell MO (1972) Health survey of aluminum workers with special reference to fluoride exposure. *J Occup Med* **14(7)**: 531–41.

50 Kaminsky L, Mahoney M, Leach J, Melius J, and Miller M (1990) Fluoride: Benefits and risks of exposure. *Crit Rev Oral Biol Med* **1**: 261–281.

51 Kiritsy MC, Levy SM, Warren JJ, Guhachowdhury M, Heilman JR, and Marshall T (1996) Assessing fluoride concentrations of juices and juice-flavoured drinks. *J Am Dental Assoc*, **127**: 895–902.

52 KL BS (Kantonslaboratorium Basel) (2003) Jahresbericht 2003, 88–92.

53 König KG (1987 Karies und Parodontopathien: Ätiologie und Prophylaxe. Thieme, Stuttgart.

54 Kram D, Schneider EL, Singer L, Martin GR (1978) The effects of high and low fluoride diets on the frequencies of sister chromatid exchanges. *Mutat Res* **57**: 51–55.

55 Kröger H, Alhava E, Honkanen R, Tuppurainen M, Saarikoski S (1994) The effect of fluoridated drinking water on axial bone mineral density – a population-based study. *Bone Miner* **27**: 33–41.

56 Kühr J, Helbig J, Anders G, Münzenberg KJ (1987) Interactions between fluorides and magnesium. *Magnesium-Bulletin* **9**: 110–113.

57 Kurttio P, Gustavsson N, Vartiainen T, Pekkanen J (1999) Exposure to natural fluoride in well water and hip fracture: a cohort analysis in Finland. *Am J Epidemiol* **150**: 817–824.

58 Lau KH, Baylink DJ (1998) Molecular mechanism of action of fluoride on bone cells. *J Bone Miner Res* **13**: 1660–1667

59 Li Y, Liang C, Slemenda CW, Ji R, Sun S, Cao J, Emsley CL, Ma F, Wu Y, Ying P, Zhang Y, Gao S, Zhang W, Katz BP, Niu S, Cao S, Johnston CC Jr (2001) Effect of long-term exposure to fluoride in drinking water on risks of bone fractures. *J Bone Miner Res* **16**: 932–939.

60 Li YM, Zhang W, Noblitt TW, Dunipace AJ, Stookey GK (1989) Genotoxic evaluation of chronic fluoride exposure: sister-chromatid exchange study. *Mutat Res* **227(3)**: 159–65.

61 Liang C, Ji R, Cao S (1997) Epidemiological analysis of endemic fluorosis in China. *Environ Carcinogen Ecotoxicol Rev C* **15**: 123–138.

62 Lynch CF (1984) Fluoride in drinking water and State of Iowa cancer incidence (Ph.D. thesis). University of Iowa, Iowa City.

63 Mahoney MC, Nasca PC, Burnett WS, Melius JM (1991) Bone cancer incidence rates in New York State: time trends and fluoridated drinking water. *Am J Public Health* **81**: 475–479.

64 Martin GR, Brown KS, Matheson DW, Lebowitz H, Singer L, Ophaug R (1979) Lack of cytogenetic effects in mice or mutations in Salmonella receiving sodium fluoride. *Mutat Res* **66**: 159–167.

65 Maurer J, Cheng M, Boysen B, Squire R, Strandberg J, Weisbrode J, Anderson R (1993) Confounded carcinogenicity study of sodium fluoride in CD-1 mice. *Regul Toxicol Pharmacol* **18**: 154–168.

66 Maurer JK, Cheng MC, Boysen, BG, Anderson RL (1990) Two-year carcinogenicity study of sodium fluoride in rats. *J Natl Cancer Inst* **82**: 1118–1126.

67 McClure FJ, Mitchell HH, Hamilton TS, Kinser CA (1945) Balances of fluorine ingested from various sources in food and water by five young men. Excretion of fluorine through the skin. *J Ind Hyg Toxicol* **27**: 159–170.

68 McDonagh MS, Whiting PF, Wilson PM, Sutton AJ, Chestnutt I, Cooper J, Misso K, Bradley M, Treasure E, Kleijnen J (2000) Systematic review of water fluoridation. *Br Med J* **321**: 855–859.

69 McGuire SM, Vanable ED, McGuire MH, Buckwalter JA, Douglass CW (1991) Is there a link between fluoridated water and osteosarcoma? *J Am Dent Assoc* **122**: 39–45.

70 Messer HH, Armstrong WD, Singer L (1973) Influence of fluoride intake on reproduction in mice. *J Nutr* **103**: 1319–1326.

71 Mohamed AH, Chandler ME (1982) Cytological effects of sodium fluoride on mice. *Fluoride* **15**: 110–118.

72 Moss ME, Kanarek MS, Anderson HA, Hanrahan LP, Remington PL (1995) Osteosarcoma, seasonality, and environmental factors in Wisconsin, 1979–1989. *Arch Environ Health* **50**: 235–241.

73 Naccache H, Simard PL, Trahan L, Demers M, Lapointe C, Brodeur JM (1990) Variability in the ingestion of toothpaste by preschool children. *Caries Res* **24**: 359–363.

74 NTP (National Toxicology Program) (1990) Technical Report on the toxicology and carcinogenesis studies of sodium fluoride in F344/N rats and B6C3F1 mice (Drinking water studies), Technical Report Series No 393.

75 Opinion of the Scientific Panel on Dietetic Products, Nutrition and Allergies on a request from the Commission related to the Tolerable Upper Intake Level of Fluoride (Request N° EFSA-Q-2003-018) *The EFSA Journal* 2005 **192**: 1–65.

76 Pak CYC, Sakhaee K, Adams-Huet B, Piziak V, Peterson RD, Poindexter JR (1995) Treatment of postmenopausal osteoporosis with slow-release sodium fluoride. Final report of a randomized controlled trial. *Ann Intern Med* **123**: 401–408.

77 Pati PC, Bhunya SP (1987) Genotoxic effect of an environmental pollutant, sodium fluoride, in mammalian in vivo test system. *Caryologia* **40**: 79–87.

78 Phipps KR, Orwoll ES, Mason JD, Cauley JA (2000) Community water fluorida-

tion, bone mineral density, and fractures: prospective study of effects in older women. *Br J Med* **321**: 860–864.

79 Pillai KS, Mathai AT, Deshmukh PB (1989) Effect of fluoride on reproduction in mice. *Fluoride* **22**: 165–168.

80 Queste A, Lacombe M, Hellmeier W, Hillermann F, Bortulussi B, Kaup M, Ott K, Mathys W (2001) High concentrations of fluoride and boron in drinking water wells in the Muenster region – results of a preliminary investigation. *Int J Hyg Environ Health* **203(3)**: 221–224.

81 Reginster JY, Meurmans L, Zegels B, Rovati LC, Minne HW, Giacovelli G, Taquet AN, Setnikar I, Collette J, Gosset C (1998) The effect of sodium monofluorophosphate plus calcium on vertebral fracture rate in postmenopausal women with moderate osteoporosis. A randomized, controlled trial. *Ann Intern Med* **129**: 1–8.

82 Richtlinie 2001/15/EG der Kommission vom 15. Februar 2001 über Stoffe, die Lebensmitteln, die für eine besondere Ernährung bestimmt sind, zu besonderen Ernährungszwecken zugefügt werden dürfen. *Amtsblatt der Europäischen Gemeinschaften L* **52**: 19–25.

83 Richtlinie 2002/46/EG des Europäischen Parlaments und des Rates vom 10. Juni 2002 zur Angleichung der Rechtsvorschriften der Mitgliedstaaten über Nahrungsergänzungsmittel. *Amtsblatt der Europäischen Gemeinschaften L* **183**: 51–57.

84 Richtlinie 2003/40/EG der Kommission vom 16. Mai 2003 zur Festlegung des Verzeichnisses, der Grenzwerte und der Kennzeichnung der Bestandteile natürlicher Mineralwässer und der Bedingungen für die Behandlung natürlicher Mineralwässer und Quellwässer mit ozonangereicherter Luft. *Amtsblatt der Europäischen Union L* **126**: 34–39.

85 Richtlinie 76/768/EWG des Rates vom 27. Juli 1976 zur Angleichung der Rechtsvorschriften der Mitgliedstaaten über kosmetische Mittel. *Amtsblatt der Europäischen Gemeinschaften L* **262**: 169.

86 Richtlinie 80/777/EWG des Rates vom 15. Juli 1980 zur Angleichung der Rechtsvorschriften der Mitgliedstaaten. *Amtsblatt der Europäischen Gemeinschaften L* **229**: vom 30. 8. 1980, 1.

87 Richtlinie 98/83/EG des Rates vom 3. November 1998 über die Qualität von Wasser für den menschlichen Gebrauch. *Amtsblatt der Europäischen Gemeinschaften L* **330**: 32–55.

88 Riggs BL, Hodgson SF, O'Fallon WM, Chao EYS, Wahner HW, Muhs JM, Cedel SL, Melton LJ 3rd (1990) Effect of fluoride treatment on the fracture rate in postmenopausal women with osteoporosis. *N Engl J Med* **322**: 802–809.

89 Riggs BL, Seeman E, Hodgson SF, Taves DR, O'Fallon WM (1982) Effect of the fluoride/calcium regimen on vertebral fracture occurrence in postmenopausal osteoporosis. Comparison with conventional therapy. *N Engl J Med* **306**: 446–450.

90 Rosborg I (2002) Mineralämnen i bordsvatten. *Vår Föda* **5**: 22–26.

91 Salama F, Whitford GM, Barenie JT (1989) Fluoride retention by children from toothbrushing. *J Dent Res* **68**: 335 (Abstract).

92 SCCNFP (Scientific Committee on Cosmetic Products and Non-Food Products Intended for Consumers) (2003) The safety of fluorine compounds in oral hygiene products for children under the age of 6 years. Geäußert am 24.–25. Juni 2003. Europäische Kommission, Luxemburg.

93 Schamschula R, Duppenthaler J, Sugar E, Toth K, Barmes D (1988) Fluoride intake and utilization by Hungarian children: associations and interrelationships. *Acta Physiol Hung* **72**: 253–261.

94 Schiffl H, Binswanger U (1982) Renal handling of fluoride in healthy man. *Renal Physiol* **5**: 192–196.

95 Schleyer R, Kerndorf H (1992) Die Grundwasserqualität westdeutscher Trinkwasserreserven. VCH, Weinheim.

96 Schmidt CW, Funke U (1984) Renale Fluoridausscheidung nach Belastung mit Schwarzem Tee. *Z ärztl Fortbild* **78**: 364–367.

97 Schroeder HE (1992) Orale Strukturbiologie. Thieme, Stuttgart New York.

98 Schulte A, Schiefer M, Stoll R, Pieper K (1996) Fluoridkonzentration in deutschen Mineralwässern. *Dtsch Zahnärztl Z* **51**: 763–767.

99 Sebert JL, Richard P, Mennecier I, Bisset JP, Loeb G (1995) Monofluorophosphate increases lumbar bone density in osteopenic patients: a double-masked randomized study. *Osteoporos Int* **5**: 108–114.

100 Shen YW, Taves DR (1974) Fluoride concentrations in the human placenta and maternal and cord blood. *Am J Obstet Gynecol* **119**: 205–207.

101 Shulman E, Vallejo M (1990) Effects of gastric contents on the bioavailability of fluoride in humans. *Pediatr Dent* **12**: 237–240.

102 Simard PL, Lachapelle D, Trahan L, Naccache H, Demers M, Brodeur JM (1989 The ingestion of fluoride dentifrice by young children. *J Dent Child* **56**: 177–181.

103 Sowers MR, Wallace RB, Lemke JH (1986) The relationship of bone mass and fracture history to fluoride and calcium intake: a study of three communities. *Am J Clin Nutr* **44**: 889–898.

104 Spencer H, Osis D, Lender M (1981) Studies of fluoride metabolism in man. A review and report of original data. *Sc Total Environ* **17**: 1–12.

105 Sprando RL, Collins TFX, Black T, Olejnik N, Rorie J (1998) Testing the potential of sodium fluoride to affect spermatogenesis: a morphometric study. *Food Chem Toxicol* **36**: 1117–1124.

106 Sprando RL, Collins TFX, Black TN, Rorie J, Ames MJ, O'Donnell M (1997) Testing the potential of sodium fluoride to affect spermatogenesis in the rat. *Food Chem Toxicol* **35**: 881–890.

107 Staehle HJ, Koch MJ (1996) Kinder- und Jungendzahnheilkunde. Deutscher Ärzte-Verlag Köln.

108 Susheela AK, Kumar A (1991) A study of the effect of high concentrations of fluoride on the reproductive organs of male rabbits, using light and scanning electron microscopy. *J Reprod Fert* **92**: 353–360.

109 Tao S, Suttie JW (1976) Evidence for a lack of an effect of dietary fluoride level on reproduction in mice. *J Nutr* **106**: 1115–1122.

110 Taves DR, Forbes N, Silverman D, Hicks D (1983) Inorganic fluoride concentrations in human and animal tissues. In: Fluorides: Effects on Vegetation, Animals and Humans. Shupe, Peterson H, Leone N (Hrsg.) Paragon Press, Salt Lake City, Utah, 189–193.

111 Thomas AB, Hashomoto H, Baylink D, and Lau K-H (1996) Fluoride at mitogenic concentrations increases the steady state phosphotyrosyl phosphorylation level of cellular proteins in human bone cells. *J Clin Endocrinol Metab* **81**: 2570–2578.

112 Thylstrup A (1978) Distribution of dental fluorosis in the primary dentition. *Community Dent Oral Epidemiol* **6**: 329–337.

113 Thylstrup A, Fejerskov O (1978) Clinical appearance of dental fluorosis in permanent teeth in relation to histologic changes. *Community Dent Oral Epidemiol* **6**: 315–328.

114 Trautner K, Einwag J (1987) Factors influencing the bioavailability of fluoride from calcium rich, health-food products and CaF_2 in man. *Arch Oral Biol* **32**: 401–406.

115 Trautner K, Siebert G (1983) Die Bewertung der Fluoridzufuhr mit der Nahrung. Studien zur Bioverfügbarkeit. *Dtsch Zahnaerztl Z* **38**: 50–53.

116 Turner C, Akhter M, Heaney R (1992) The effects of fluoridated water on bone strength. *J Orthop Res* **10**: 581–587.

117 Verordnung zur Novellierung der Trinkwasserverordnung. *Bundesgesetzblatt* (2001) Teil I Nr. **24**, ausgegeben zu Bonn am 28. Mai 2001, 959–980.

118 Wei SHY, Hattab FN, Mellberg JR (1989) Concentration of fluoride and selected other elements in teas. *Nutrition* **5**: 237–240.

119 Whitford G (1996) The metabolism and toxicity of fluoride, 2. Auflage. Basel, Karger, (Monographs in Oral Science, Volume 16).

120 Whitford GM (1994) Intake and metabolism of fluoride. *Adv Dent Res* **8**: 5–14.

121 Whitford GM, Ekstrand (1988) J Fluoride toxicity. Fluoride in Dentistry. Munksgaard Kopenhagen.

122 Whitford GM, Pashley DH, Stringer GI (1976) Fluoride renal clearance:

A pH-dependent event. *Am J Physiol* **230**: 527.

123 Whitford GM, Pashley DH (1994) Fluoride absorption: The influence of gastric acidity. *Calcif Tissue Int* **36**: 302.

124 Whitford GM, Thomas JE, Adair SM (1999) Fluoride in whole saliva, parotid ductal saliva and plasma in children. *Arch Oral Biol* **44**: 785–788.

125 WHO (World Health Organization) (1994) Report of an Expert Committee on Oral Health Status and Fluoride Use. Fluorides and Oral Health. WHO Technical Report Series No 846, Geneva.

126 Whyte MP, Essmyer K, Gannon FH, Reinus WR (2005) Skeletal fluorosis and instant tea. *Am J Med* **118**: 78–82.

127 www.awmf-online.de

128 www.DGZMK.de

129 www.roempp.com/index.shtml

130 www.who.int/water_sanitation_health/naturalhazards/en/index2.html

131 www.zzq-koeln.de

132 Xu RQ, Wu DQ, Xu RY (1997) Relations between environment and endemic fluorosis in Hobot region, Inner Mongolia. *Fluoride* **30**: 26–28.

133 Yang CY, Cheng MF, Tsai SS, Hung CF (2000) Fluoride in drinking water and cancer mortality in Taiwan. *Environ Res* **82**: 189–193.

134 Zeiger E, Gulati DK, Kaur P, Mohamed AH, Revazova J, Deaton TG (1994) Cytogenetic studies of sodium fluoride in mice. *Mutagenesis* **9(5)**: 467–471.

135 Zhao W, Zhu H, Yu Z, Aoki K, Misumi J, Zhang X (1998) Long-term effects of various iodine and fluorine doses on the thyroid and fluorosis in mice. *Endocrine Regul* **32**: 63–70.

136 Zweite Änderung der Mineral- und Tafelwasserverordnung. *Bundesgesetzblatt* Jahrgang 2003 Teil I Nr. **10**, ausgegeben zu Bonn am 19. März 2003, 352–353.

58
Selen

Lutz Schomburg und Josef Köhrle

58.1
Allgemeine Substanzbeschreibung

Das Spurenelement Selen (Se) ist für die menschliche Gesundheit von außerordentlicher Bedeutung, und zwar als essenzieller Bestandteil der Ernährung, als potenziell hilfreiche Ergänzung in der Prävention und Therapie bestimmter Krankheiten und auch als gefährliche und wohl zu dosierende Substanz mit toxikologischem Potenzial [12, 230]. Angesichts einer zunehmenden, unkontrollierten und maßlosen Tendenz zur Selbstmedikation durch Nahrungsergänzungsmittel ist gerade für dieses Spurenelement die Jahrhunderte alte Erkenntnis von Paracelsus „Dosis facet venenum" hochaktuell und erwiesenermaßen gültig [69, 116, 166]. Ein grundlegendes Wissen um die Eigenschaften, Toxikologie und Biochemie von Selen und seinen Verbindungen ist nötig, um das gesundheitliche Potenzial dieses in unseren Breiten nur begrenzt vorkommenden Spurenelementes zu erkennen und zu nutzen. Denn gerade Selen hat eine außerordentliche Wandlung in der allgemeinen Wertschätzung vom Gift über ein Karzinogen zum essenziellen Spurenelement mit gesundheitsfördernden Eigenschaften durchgemacht (Abb. 58.1).

Selen gehört in die VI. Hauptgruppe des Periodensystems der Elemente und weist sowohl metallische als auch nichtmetallische Eigenschaften auf. Es bildet mit Sauerstoff, Schwefel, Tellur und Polonium die Gruppe der Chalkogene (chalkos, griech. Erz; gennan, griech. erzeugen; Chalkogene, Erzbildner). Natürliche Kupfer-, Blei-, Zink- und Golderze enthalten zwar hauptsächlich Metalloxide und -sulfate, sind aber auch gute Quellen von Metallseleniden und -telluriden [98]. Schwefel, Selen und Tellur sind in vielen chemischen Eigenschaften ähnlich, unterscheiden sich aber deutlich in ihrer Häufigkeit (Selen ist als Spurenelement um ca. drei Größenordnungen seltener als Schwefel, Tellur wiederum ca. 10-mal seltener als Selen) und den bevorzugt eingenommenen Oxidationszuständen. Schwefel und Selen kommen sowohl in der anorganischen als auch der belebten Welt vergesellschaftet vor, wobei sie ähnliche Bindungen eingehen können und somit in vielen Molekülen äquivalente Positionen ausfüllen.

Handbuch der Lebensmitteltoxikologie. H. Dunkelberg, T. Gebel, A. Hartwig (Hrsg.)

ISBN: 978-3-527-31166-8

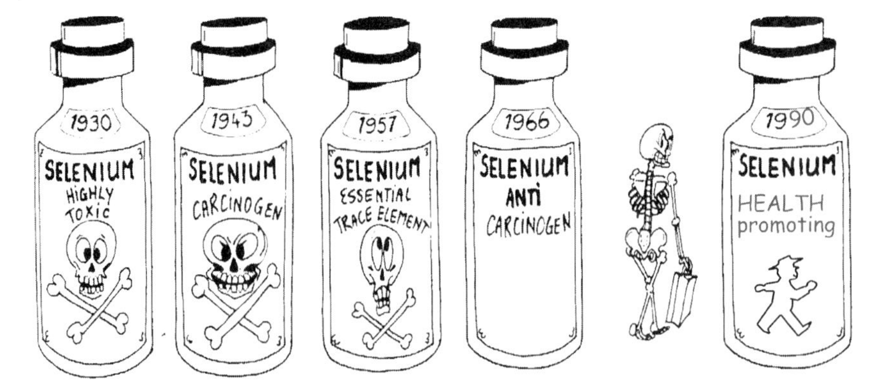

Abb. 58.1 Selen: Ein- und Wertschätzung eines Spurenelementes im Wandel der Zeit, Cartoon nach Vernie [218] und Köhrle [115]. Selen war zunächst weiten Bevölkerungskreisen nur aufgrund seiner toxischen Wirkungen bekannt und wurde ähnlich wie Arsen als Gift angesehen. Im Laufe des letzten Jahrhunderts änderte sich das Bild dieses Spurenelementes grundlegend, so dass heute die essentiellen, potentiell chemopräventiven und gesundheitsfördernden Aspekte im Vordergrund des Interesses stehen.

Die Entdeckung des Selens durch den schwedischen Chemiker Jöns Jakob Berzelius (1779–1848) wird auf das Jahr 1817 datiert. Da kurz zuvor der österreichische Mineraloge Franz Joseph von Reichenstein (1742–1825) das Element Tellur entdeckte (1782) und nach der Erde (lat. tellus) benannt hatte, wählte Berzelius die Mondgöttin (griech. Selene) als Namenspatronin, nicht zuletzt aufgrund des silbrig-matten Glanzes von elementarem Selen.

58.2 Vorkommen

Während Berzelius Selen als metallische Ablagerung im Bleikammerschlamm einer Schwefelsäurefabrik gefunden hatte [72], werden heute zur industriellen Gewinnung die Anodenschlämme von Kupfer-Raffinationselektrolysen chemisch oder durch Röstung aufbereitet. Das entstehende Se IV (als Na_2SeO_3 oder SeO_2) wird durch Reaktion mit Schwefeldioxid (SO_2) zu elementarem Selen reduziert. Elementares Selen kommt wie Schwefel in unterschiedlichen Farben und Formen vor (rot, schwarz oder metallisch-grau, amorph, glasartig oder kristallin). Im flüssigen Zustand ist Selen schwarz, der gelbliche Dampf enthält Se_8-Ringe. Die Kristalle leiten den elektrischen Strom nur schlecht, können aber durch Unregelmäßigkeiten (z. B. durch Halogeniddotierung) in gute Halbleiter überführt werden. Das metallisch-graue Selen zeichnet sich durch eine lichtabhängige Leitfähigkeit aus, d. h., je stärker es bestrahlt wird desto geringer ist der elektrische Widerstand (zuerst beschrieben durch Willoughby Smith im Jahre 1873). Diese bemerkenswerte Eigenschaft wird für die Herstellung von Selen-Gleichrichtern oder Selen-Photoelementen genutzt. In der Metallindustrie wird Selen als Legierungsbestandteil (ca. 0,25%) den Automatenstählen und Kupferlegierungen beigefügt, in der chemischen Industrie oder für die Glas- und Keramikherstellung wird Selen als Pigmentfarbstoff oder Entfärbemittel eingesetzt und in der Kunststoffchemie beschleunigt es als Selenac (Selen-diethyl-dithiocarbamat) die Vulkanisierungsprozesse [12]. In US-amerikanischen Haushalten ist es als 2–4%ige selenige Säure auch bei der Gewehrreinigung verbreitet („gun blueing solution").

Sechs stabile Isotope von Selen kommen natürlicherweise vor, mindestens sieben weitere können durch Neutronen-Aktivierung dargestellt werden. Von diesen werden ^{75}Se, ^{77m}Se und ^{81}Se für quantitative Bestimmungen genutzt, ^{75}Se wird überdies gerne in der Medizin als langlebiges Selennuklid (Halbwertszeit: 120 Tage) für Nebennieren- oder Pankreas-Szintigraphie sowie in der biologischen Forschung für die Analyse des Selenstoffwechsels und der Selenoproteine (s. u.) eingesetzt.

58.3 Verbreitung und Nachweis

Selen kommt in der Natur ubiquitär vor und findet sich gewöhnlich dort, wo auch Schwefel anzutreffen ist. In der Erdkruste ist es mit ca. 0,05 ppm bis 0,09 ppm seltener als Silber, und nur unwesentlich häufiger als Gold. Selen findet sich in Mineralien, Steinen, Vulkan- und Mondproben, fossilen Brennstoffen, in Binnenseen und Ozeanen, in allen Erdreichen, Pflanzen und tierischen Geweben; allerdings unterscheiden sich die relativen Konzentrationen drastisch. Natürliche Sulfide wie Eisen- oder Kupferkies (Pyrit, FeS_2 oder $CuFeS_2$) oder Zinkblende (ZnS) sind mitunter besonders selenreich, die Weltmeere hingegen weisen im Schnitt nur eine Konzentration von 2 nmol/L (0,1–0,15 ppb) auf, jedoch sind bestimmte Bereiche, z. B. die hydrothermalen Quellen (Schwarze Raucher) 50- bis 100fach selenreicher [164]. Die Verbrennung fossiler Energieträger und vulkanische Aktivitäten sind Hauptquellen für Seleneintragungen in die Atmosphäre als Flugaschenbestandteil. In bodennaher Luft sind Selengehalte von 0,1 ng bis 10 ng Se/m^3 normal, an Eintragungsorten können die lokalen Konzentrationen aber auch auf 500 ng Se/m^3 ansteigen [190]. In Rohöl sind die Selengehalte sehr variabel, je nach Quellregion. In Petroleum wurden Gehalte von 0,5 mg bis 1,65 mg Se/kg ermittelt, selbst in den Abwässern aus amerikanischen Ölraffinerien werden noch Gehalte von 0,156 mg Se/L bestimmt [12]. In Binnenseen können Werte von 25 µg Se/L bereits dazu führen, dass die Population größerer Fische (z. B. Barsche) halbiert wird [53].

Es gibt Selen anreichernde und selenarme Pflanzen [105]. Generell unterscheidet sich der Selengehalt von Pflanzen drastisch zwischen verschiedenen Anbaugebieten, spiegelt dabei aber nicht nur den Selengehalt des entsprechenden Erdreichs wider, sondern stellt auch eine für die Pflanzenart typische Größe dar [87]. In Amerika schwankt der Selengehalt der meisten Böden zwischen 0,1 ppm und 2 ppm [66], kann aber in selenreichen Gebieten von South Dakota,

Tab. 58.1 Selengehalte ausgewählter Nahrungsmittel.

Nahrungsmittel	Se-Gehalt [μg/kg]	Land	Literatur
Paranuss	2540	Großbritannien	[120]
Cashew-Kerne	270	Großbritannien	[120]
Niere, Schwein	1460	Großbritannien	[120]
Krabbenfleisch	840	Großbritannien	[120]
Leber, Schwein	420	Großbritannien	[120]
Entenfleisch	220	Großbritannien	[120]
Parmesan	120	Großbritannien	[120]
Vollkornbrot	90	Großbritannien	[120]
Gouda	80	Großbritannien	[120]
Schokolade	41	Großbritannien	[120]
Tofu	37	Großbritannien	[120]
Vollmilch	15	Großbritannien	[120]
Gemüse	<20	Großbritannien	[120]
Milchprodukte	<20	Großbritannien	[120]
fettarme Milch	10	Großbritannien	[120]
Trockenfrüchte	295	Spanien	[13]
Hülsenfrüchte	112	Spanien	[13]
Getreide	28	Spanien	[13]
Getreide	10–310	Australien	[208]
Brot	60–150	Australien	[208]
Reis	50–80	Australien	[208]
Nudeln	10–100	Australien	[208]
Hühnerfleisch	81–142	Australien	[208]
Schweinefleisch	32–198	Australien	[208]
Rindfleisch	42–142	Australien	[208]
Lammfleisch	33–260	Australien	[208]
Gemüse	1–22	Australien	[208]
Früchte	1–22	Australien	[208]

Die hier angegebenen Zahlen stellen exemplarische Werte dar, da der Selengehalt von Pflanzen und Tieren regional und saisonal stark schwanken kann und von der jeweiligen Verfügbarkeit des Spurenelementes im Boden abhängt. Die Selengehalte der landwirtschaftlichen Produkte in Europa sind generell eher einheitlich gering, Importprodukte (z. B. bestimmte Nüsse) sind mitunter sehr selenreich. In Australien sind starke Schwankungen abhängig von der jeweiligen Anbauregion auffällig.

Montana, Wyoming, Nebraska, Kansas, Utah, Colorado oder Neu Mexiko Spitzenwerte von über 100 ppm erreichen [101]. Da das Futter der landwirtschaftlichen Nutztiere meist durch regionale Nahrungsquellen gedeckt wird, unterscheidet sich der Selengehalt von Fleischprodukten ähnlich stark wie bei Pflanzen (außer wenn selenreiche Kraftfutterzusätze oder Düngemittel eingesetzt werden) (Tab. 58.1).

Unter den Pflanzen, die effektiv Selen direkt als Selenit oder Selenat aufnehmen und metabolisieren, findet man häufig Vertreter der Genera Astragalus,

Machaeranthera, Oonopsis, Stanleya oder Xylorhiza. Sekundäre Selenakkumulatoren gehören den Gattungen Aster, Atriplex, Castillaya, Comandra, Gatierreaia, Grindelia oder Haplopus an. Diese Pflanzen erreichen Selengehalte von über 100 mg Se/kg Pflanzenmasse und setzen sich in selenbelasteten Böden gegen selensensitive Pflanzen durch [99]. Hierbei speichern die akkumulierenden Pflanzen das Selen in der Form von nicht proteinogenen Aminosäurederivaten (Methylselenocystein, Selenocystathion, o. ä.) [205], während sonst in Pflanzen die aufgenommenen Selensalze hauptsächlich in Selenomethionin überführt und bei der Proteinbiosynthese genutzt werden [184]. Deutsche Böden weisen im Schnitt nur Selengehalte von 0,12 ppm auf [87]. Eine weltweite Übersicht, der sog. Selenium World Atlas, wurde von der Selenium-Tellurium Development Association, Grimbergen, Belgien (www.stda.be), unter Federführung von J. E. Oldfield erstellt [150].

Ein qualitativer Nachweis von Selen wird aufgrund der ubiquitären Verbreitung heutzutage nur noch in Ausnahmefällen durchgeführt. Hierzu kann Selen zunächst über die stabile Se IV Oxidationsstufe durch geeignete Reduktionsmittel (Thioharnstoff, Hydroxylamin-Hydrochlorid, o. ä.) in elementares Selen überführt und gravimetrisch bestimmt werden. Diese Methoden sind aber aufgrund ihrer Unempfindlichkeit (Nachweisgrenze ca. 5 μg/mL) für biologische Proben nicht geeignet. Als Schnelltest, z. B. beim Verdacht einer Selenvergiftung, kann eine auf Gaschromatographie-beruhende Atemluftanalyse mit nachfolgender elementspezifischer Detektion als qualitativer Nachweis sinnvoll sein [211]. Für empfindliche und quantitative Bestimmungen von Selen werden spektroskopische Methoden oder Neutronen-Aktivierungsanalysen durchgeführt [67]. Hier kann grundsätzlich zwischen der Selen-Gesamtbestimmung einer Probe unabhängig von der Art der selenhaltigen Moleküle oder spezifizierend unter Berücksichtigung der chemischen Form bzw. der Oxidationsstufe des Selens in den Selenverbindungen unterschieden werden [35]. Erstere, also die Gesamt-Selengehaltsbestimmung, kann mit einer Totalhydrolyse des Analyten bzw. der Mineralisierung der Matrix begonnen werden. Durch eine Atomabsorptionsspektroskopie (AAS) erfolgt dann die elementspezifische quantitative Analyse. In der Routine haben sich die Graphitrohr-AAS (GFAAS) und die Hydrid-AAS (HGAAS) durchgesetzt [160]. Für die GFAAS werden dem Analyten zunächst palladiumhaltige Modifier zugesetzt, die ein vorzeitiges Verdampfen von Selen verhindern und damit eine quantitative Erfassung ermöglichen (z. B. Pd/Mg, Pd/Ni, Pd/Rh/Ir). Das beheizte Graphitrohr atomisiert die Probe, eine Hohlkathodenlampe erzeugt Licht der gewünschten elementspezifischen Wellenlänge und über die gemessene Absorption wird die Selenkonzentration des Analyten bestimmt (Nachweisgrenze ca. 10 μg Se/L Plasma). Für eine HGAAS wird Selen quantitativ mit Natriumborhydrid in flüchtigen Selenwasserstoff überführt und im Strahlengang des AAS thermisch zersetzt (Nachweisgrenze 0,1–1 μg Se/L).

Für die Neutronenaktivierungsanalyse (NAA) ist keine besondere Probenvorbereitung nötig. Die NAA zeichnet sich durch eine sehr hohe Sensitivität aus, Selen wird unabhängig vom Oxidationszustand oder der Molekülform quantitativ erfasst. Die NAA erlaubt überdies die gleichzeitige Bestimmung anderer Spuren- und Massenelemente und kann simultan bis zu 30 einzelne Elemente nach einer einmaligen Neutronenbestrahlung erfassen. Allerdings eignet sich die NAA nur bedingt für Routineanalysen, da die Durchführung der Analyse sehr zeitaufwändig und auf die Verfügbarkeit einer geeigneten Neutronen-Strahlungsquelle angewiesen ist. Außerdem unterliegt sie als kerntechnische Methode besonderen instrumentellen, gesetzlichen und labortechnischen Voraussetzungen. Da es sich bei der NAA um eine absolute Bestimmung handelt, liegt die Nachweisgrenze von Selen bei 1–10 pg pro Probe. Alternativ und mit deutlich geringerem instrumentellen Aufwand können auch photometrische oder fluorimetrische Selenbestimmungen durchgeführt werden. Hier macht man sich die spektroskopischen Eigenschaften von Piazselenolen (Komplexe aus Se IV und *ortho*-Diaminen) zunutze. Verbreitet für die Analyse biologischer Proben (Vollblut, Plasma, Urin, Gewebe, etc.) ist die fluorimetrische Bestimmung von Selen-Diaminonaphtalin-Komplexen (Anregung bei 366 nm und Detektion bei 520 nm). Hierzu wird das Material zunächst in einer konzentrierten Säuremischung (Salpeter-/Perchlorsäure) hydrolysiert, danach wird durch konzentrierte Salzsäure Selen quantitativ in Se IV überführt. 2,3-Di-Aminonaphtalin (DAN) wird in wässriger Lösung zugesetzt, bildet die Piazselenol-Komplexe und kann dann nach Überführung in eine organische Phase (z. B. Cyclohexan) spezifisch und quantitativ über die Fluoreszenzintensität bestimmt werden. Vorteilhaft bei dieser Methode sind die für biologische Proben gut geeignete Nachweisgrenze (1–10 ng/mL) und die Möglichkeit der simultanen Bearbeitung großer Probenzahlen. Nachteilig wirken sich die zeit- und finanzintensive analytisch-chemische Probenvorbereitung und das nicht ungefährliche Arbeiten mit stark ätzenden Lösungen bei hohen Temperaturen und unter massiver Druckentwicklung in den Probevorbereitungsröhrchen aus. Als weitere Selenbestimmungsmethoden werden noch die Massenspektrometrie (MS) oder die Atomemissionsspektrometrie (AES) nach Anregung durch induktiv gekoppeltes Plasma (ICP) angewendet. Hierbei werden die Selenatome durch so hohe thermische Energien angeregt, dass sie charakteristische Strahlung und Elektronen abgeben (ICP-AES) bzw. danach als Ion nach Masse aufgetrennt und als Impuls gezählt werden können (ICP-MS). Vorteilhaft ist hier erneut die hohe Empfindlichkeit (ca. 0,1 µg Se/L), allerdings können Masseninterferenzen die Genauigkeit beeinträchtigen und als Einzelmessungen sind keine großen Probendurchsätze erreichbar. Eine biologisch bedeutsame Spezifizierung der Selenform in der Probe betrifft die Unterscheidung von anorganischem Selenit (Se IV) oder Selenat (Se VI) und den biologischen Selenmetaboliten. Hier erlaubt die selektive Reduktion von Se IV mit Natriumtetrahydroborat zu Dihydrogenselenid eine quantitative Erfassung mittels AAS, ICP-AES oder ICP-MS. Wird zuvor auch das Se VI zu Se IV reduziert, so können über eine Differenzbildung die Einzelanteile von Selenit und Selenat bestimmt werden. Die Analyse biologischer Selenverbindungen bedient sich meist einer vorgeschalteten Auftrennung der selenhaltigen Moleküle über Ionenaustauscher oder Hochdruck-Flüssigkeitschromatographie (High Performance Liquid Chromatographie,

HPLC). Hier kann die anschließende selenspezifische Detektion und Quantifizierung über AAS, ICP-AES oder ICP-MS die Selenverbindungsprofile aufklären und den unterschiedlichen Selenverbindungen ihre relativen Anteile am Gesamtselengehalt der Probe zuweisen [131].

58.4 Kinetik und innere Exposition

Der Mensch nimmt Selen überwiegend mit der festen Nahrung auf. Je nach Lebensraum und Ernährungsgewohnheit enthält der menschliche Körper insgesamt 3–20 mg dieses Spurenelementes [65]. Der Selengehalt von Trinkwasser liegt im ppb-Bereich und darf nach der deutschen Trinkwasserverordnung den Grenzwert von 0,01 mg Se/L nicht überschreiten, d.h. der mittlere Tagesbedarf eines Erwachsenen (ca. 1 µg/kg Körpergewicht, s.u.) kann selbst bei einer Trinkwasserzufuhr von 3 L nicht erreicht werden. Der Selengehalt in sowohl pflanzlicher als auch tierischer Nahrung ist starken Schwankungen unterworfen und hängt bei den Pflanzen von deren Düngung und der bioverfügbaren Selenmenge im Boden ab, bei den Tieren von der Ernährungszusammensetzung, dem Einsatz von Mineral- und Vitaminsupplementen, vom Selengehalt des Futters und damit indirekt wiederum von der Qualität des Bodens im Futteranbaugebiet. Nahrungsergänzungsmittel nutzen entweder Selenomethionin oder Natriumselenit als Spurenelementquelle, selenreiche Hefe enthält neben Selenomethionin noch eine Vielzahl unterschiedlicher selenhaltiger Komponenten und kann Konzentrationen von 1–2 mg/g Trockengewicht erreichen [184]. Die Verbindungen, in denen Selen in der belebten und unbelebten Natur vorkommt, sind ebenso mannigfaltig wie seine biologischen Wirkungen (Abb. 58.2),

Die Aufnahme von Selen in den menschlichen Körper ist abhängig von der chemischen Verbindung. Elementares Selen, Selendioxid und Selensulfid werden nur schlecht, Selenit, Selenat oder die selenhaltigen Aminosäurederivate werden generell gut aufgenommen und verwertet [126]. Die Aufnahme erfolgt überwiegend im Zwölffinger- und Dünndarm und scheint, anders als bei anderen Spurenelementen, unabhängig vom Selenstatus des Konsumenten zu sein [233]. Mit vergleichbarer Effizienz (70–95%) werden anorganische (Selenit, Selenat) und biologische (Selenoaminosäuren und deren Derivate) Selenverbindungen resorbiert, wobei allerdings unterschiedliche Aufnahmemechanismen genutzt werden [233]. Selenat wird über einen Na^+-Cotransporter oder ein OH^--Antiportsystem akkumuliert, Selenit über einem Na^+-unabhängigen passiven Transportweg und die selenhaltigen Aminosäuren werden analog zu den schwefelhaltigen Aminosäuren über spezialisierte Na^+-abhängige Aminosäure-Carriersysteme aufgenommen. Für den weiteren Weg des Selens vom Zytosol in die Blutbahn liegen nur teilweise gesicherte Detailerkenntnisse vor [108]. Selenationen und Selenomethionin können weitgehend unverändert in die Zirkulation gelangen, während Selenit intrazellulär intensiv metabolisiert wird [228]. Selenocystein bzw. Selenocystin erscheinen nur in geringen Konzentrationen unver-

Selenwasserstoff	H_2Se
Selen	Se
Selenit	SeO_3^{2-}
Selenat	SeO_4^{2-}
Monomethyl-Selenid	H—Se—CH_3
Dimethyl-Selenid	HC_3—Se—CH_3
Trimethyl-Selenonium-Ion	$(CH_3)_2$ / H_3C—Se^+
Dimethyl-Diselenid	HC_3—Se—Se—CH_3
Selenocystein	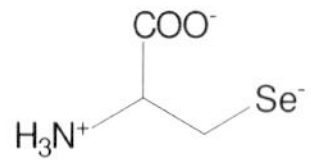 COO^-, H_3N^+, Se^-
Se-Methylselenocystein	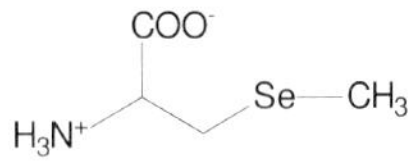 COO^-, H_3N^+, Se—CH_3
γ-Glutamyl-Se-Methyl-Selenocystein	H_3C, Se, COO^-, O, N H, NH_3^+, COO^-
Selenocystin	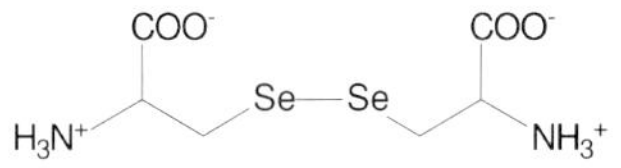 COO^-, H_3N^+, Se—Se, COO^-, NH_3^+
Selenocystamin	H_2N, Se—Se, NH_2
Selenomethionin	COO^-, H_3N^+, Se—CH_3
Selenohomocystein	COO^-, H_3N^+, Se^-
Selenocystathionin	COO^-, H_3N^+, Se, NH_3^+, COO^-

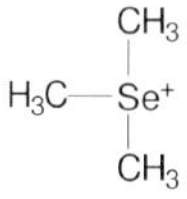

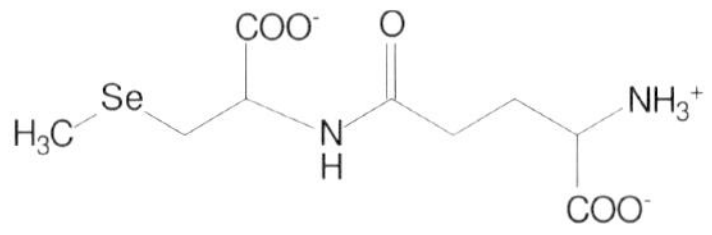

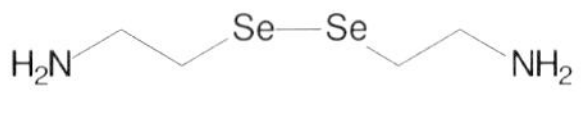

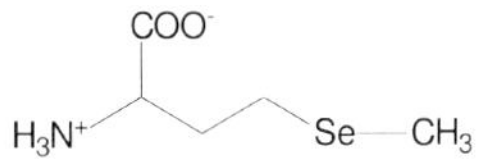

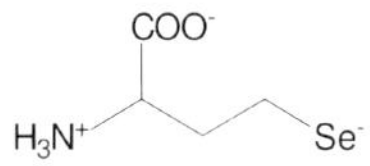

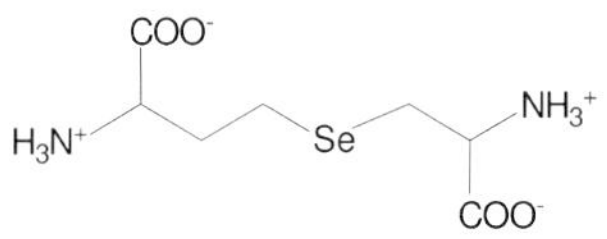

Abb. 58.2 (Teil 1)

Se-Betain

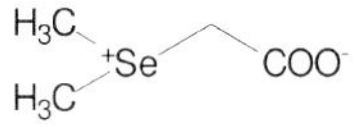

Se-Adenosyl-Selenohomocystein

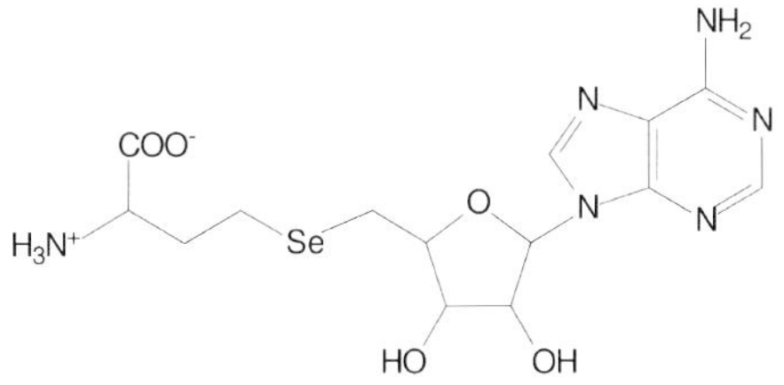

Selenocysteinyl-tRNA

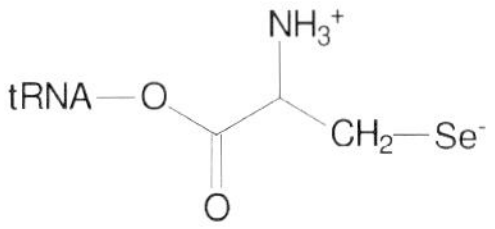

Methyseleno-*N*-Acetyl-Galactosamin (A)
Glutathionyl-Seleno-*N*-Acetyl-Galactosamin (B)

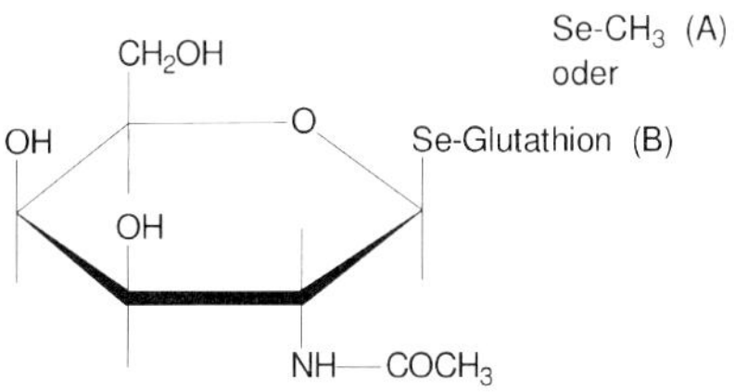

Ebselen

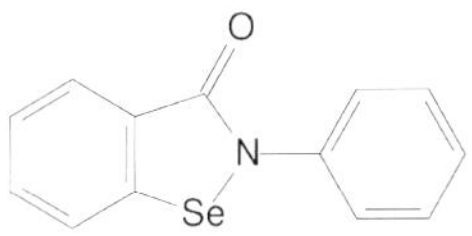

1,4-Phenyl-bis(Methylen-)Selenocyanat (*p*-XSC)

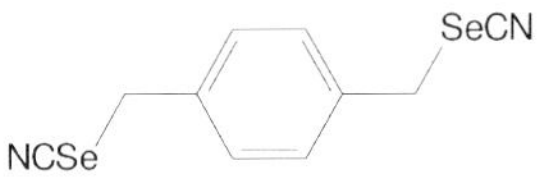

Abb. 58.2 Übersicht selenhaltiger Verbindungen und biologischer Selenoprodukte. Die Selenozucker wurden erst kürzlich als wichtiges hepatisches Selenoderivat, welches ein Hauptausscheidungsprodukt von Selen darstellt, erkannt [113]. Ebselen wird bereits heute in der Klinik als Glutathionperoxidase-Mimetikum z. B. in der Gehirnschlagnachsorge verwendet [135]; *p*-XSC stellt ein synthetisches Selenopräparat dar, welches sich als sehr effektives Krebspräventivum in Tierversuchen erwies [62].

ändert im Blutplasma, der Großteil gelangt nach einer Konjugation mit Glutathion als gemischtes Disulfid zur Leber, wo es aufgenommen und weiter metabolisiert wird [89].

Menschliche Zellen können grundsätzlich drei Arten von selenhaltigen Proteinen synthetisieren, deren relative Mengen teilweise von der Form des mit der Nahrung aufgenommenen Selens abhängen [34]. Selenomethionin wird von der methioninspezifischen Aminoacyl-tRNA Synthetase als Substrat erkannt und über die Methionyl-tRNA wie die essenzielle Aminosäure Methionin bei den entsprechenden Methionin-Codons (AUG) in die wachsende Peptidkette in stöchiometrischem Verhältnis eingebaut. Hierbei unterscheidet die eukaryontische Synthesemaschinerie, also die Aminoacyl-tRNA Synthetase, die Ribosomen, Elongationsfaktoren usw., nicht zwischen schwefel- und selenhaltigem Methionin [54]. Dies führt dazu, dass bei hoher Aufnahme auch der relative Gehalt von Selenomethionin in neu synthetisierten Proteinen, wie z. B. bei Albumin im Plasma, ansteigt [34]. Hierdurch werden dann vermehrt selenomethioninhaltige Proteine synthetisiert, denen aber keine besondere biologische Bedeutung beigemessen wird. Selenocystein hingegen wird in einem selenocysteinspezifischen Prozess in eine kleine und genau definierte Anzahl unterschiedlicher Proteine an exakt definierten Positionen inseriert. Diese selenocysteinhaltigen Proteine stellen die Gruppe der eigentlichen Selenoproteine dar und werden nur durch wenige Gene codiert (25 im Menschen, 24 im Nager, 3 in der Fruchtfliege *Drosophila melanogaster*) [123]. Die biologischen Aktivitäten der Selenoproteine werden für (fast) alle biochemischen und physiologischen Wirkungen des Selens auf die Zelle und den Organismus verantwortlich gemacht (Tab. 58.2). Bei den bisher gut charakterisierten, enzymatisch aktiven Selenoproteinen stellt der Selenocysteinrest einen zentralen Bestandteil des aktiven Zentrums dar und partizipiert über Änderungen der Koordination und Ladung des Selenatoms direkt an Redoxreaktionen [102]. Zusätzlich gibt es noch eine bislang nur wenig charakterisierte Gruppe von sog. selenbindenden Proteinen, die durch Selenmarkierungsversuche gefunden wurden, deren genaue Funktion im Metabolismus des Spurenelementes aber noch weitgehend unbekannt ist [11].

Selenhaltige Proteine unterliegen ebenso wie alle anderen Proteine einem proteinspezifischen Turnover, der vermutlich nicht konstant ist, sondern auch durch externe Stimuli wie Selenverfügbarkeit und Ernährungslage reguliert wird. Selenomethionin kann ebenso wie schwefelhaltiges Methionin nach der proteolytischen Freisetzung aus dem abgebauten Protein über die Aktivierung und tRNA-Beladung direkt wieder zur Synthese von selenomethioninhaltigen Proteinen genutzt werden. Alternativ kann das Selen des Selenomethionin in katabolen Prozessen aus der Aminosäure freigesetzt und für die Synthese von Selenocystein genutzt werden [45]. Der Metabolismus von Selenocystein hingegen ist durch einen einzigartigen, eigentümlichen und faszinierenden Stoffwechselweg gekennzeichnet. Die Synthese erfolgt nicht an der freien Aminosäure, sondern ausgehend von einer serylbeladenen tRNA [27]. Das Spurenelement wird aus den unterschiedlichen selenhaltigen Molekülen freigesetzt, zum Selenid reduziert und durch enzymatische Phosphorylierung aktiviert. Hierbei dient hauptsächlich Glutathion als Reduktionssystem für Selenit während Selenomethionin zu Selenocystein transseleniert wird und eine selenocysteinspezifische *ß*-Lyase Selen aus Selenocystein abspaltet [138]. Selen wird dann über Dihydrogenselenid durch eine ATP-abhängige Phosphorylierung zu Selenophosphat aktiviert [202]. Eine Selenocysteinyl-Synthetase katalysiert dann den Austausch der endständigen Hydroxylgruppe des Serylrestes an der tRNA durch

Tab. 58.2 Auflistung aller genetisch codierten 25 humanen selenocysteinhaltigen Selenoproteine [123]. Bei 14 dieser Selenoproteine können definierte biologische Funktionen zugeordnet werden. Dabei katalysieren elf Enzyme ähnliche Reaktionen und zeigen strukturelle Verwandtschaft, so dass diese in drei Familien zusammengefasst werden können. Für die elf letztgenannten Proteine liegen teilweise Expressionsdaten vor, eine spezifische Bedeutung für bestimmte physiologische Prozesse ist für diese Selenoproteine noch nicht gefunden.

Glutathion-Peroxidasen (GPx)		
zelluläre GPx	cGPx, GPx-1	Abbau von Peroxiden im Zytosol der Zellen aller Organe
gastrointestinale GPx	GI-GPx, GPx-2	Abbau von Peroxiden im Magen-Darm-Trakt
plasma GPx	pGPx, GPx-3	Abbau von Peroxiden im Blut
Phospholipid-Hydroperoxid GPx	PH-GPx, GPx-4	Abbau von Membran-Peroxiden, Arachidonsäurestoffwechsel
Riechepithel-GPx	GPx-6	Peroxid-Abbau im Embryo und im Riechepithel
Thioredoxin-Reduktasen (TrxR)		
zytosolische TrxR	TrxR1	Bestandteil des zytosolischen Redoxsystems
mitochondriale TrxR	TrxR2	Bestandteil des mitochondrialen Redoxsystems
hodenspezifische TrxR	TrxR3	Bestandteil des testikulären Redoxsystems
Iod-Thyronin-Deiodasen (DIO)		
5'-DIO, Typ 1	DIO1, 5'D1	Aktivierung von Thyroxin zu T3 in Leber, Niere, usw.
5'-DIO, Typ 2	DIO2, 5'D2	Aktivierung von Thyroxin zu T3, besonders im Gehirn
5-DIO, Typ 3	DIO3, 5D3	Inaktivierung von Thyroxin und T3 zu rT3 bzw. T2
Selenophosphat-Synthetase 2	SPS2	Selen-Aktivierung durch ATP zu Selenophosphat
Methionin-Sulfoxid-Reduktase B	MsrB	Reduktion von Methioninsulfoxid zu Methionin
Selenoprotein P	SePP	Plasmatransport und Speicherung von Selen
Selenoprotein 15, H, I, K, M, N, O, S, T, V und W		Selenoproteine mit noch unbekannter biologischer Funktion

eine Selenylgruppierung, womit die Synthese der Selenocysteinyl-tRNA als Baustein für Selenoproteine abgeschlossen ist [91].

Die Synthese von Selenoproteinen bedarf neben der oben erwähnten, auf Selen spezialisierten Enzyme und Stoffwechselwege [27], auch einer hierfür speziell entwickelten Proteinsynthesemaschinerie, die nur z.T. auf allgemeine Komponenten der Translation zurückgreift (Abb. 58.3). Selenocystein enthaltende Proteine werden durch mRNA-Transkripte mit speziellen Strukturmerkma-

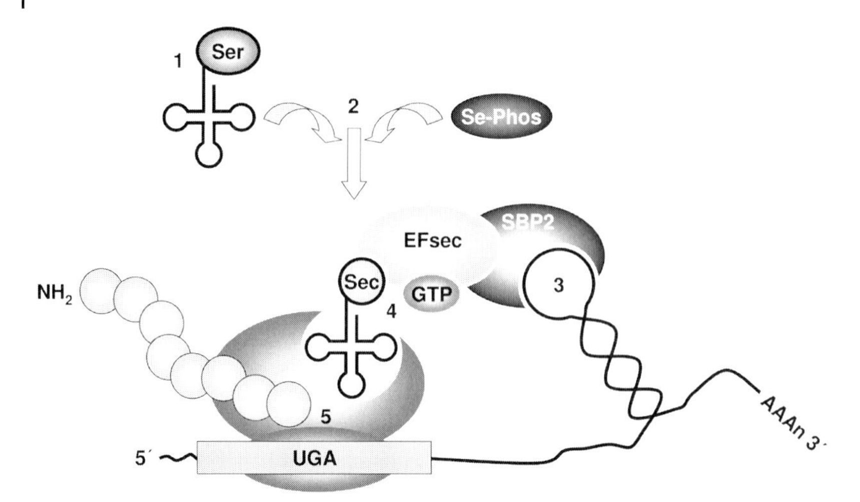

Abb. 58.3 Schematische Darstellung der Selenoprotein-Synthese. Die selenocysteinspezifische tRNA^{sec} wird zunächst mit einem Serylrest beladen (1). Selenid wird durch eine ATP-abhängige Reaktion zu Selenophosphat aktiviert und dient als Substrat, um die endständige Hydroxylgruppe der Seryl-tRNA^{sec} gegen eine Selenidgruppe zu ersetzen, wodurch eine Selenocysteinyl-tRNA^{sec} generiert wird (2). Selenoproteine werden durch Transkripte codiert, die sich durch eine Haarnadelstruktur im 3'untranslatierten Bereich der mRNA auszeichnen (sog. Selenocystein-Insertions-Sequenzen, SECIS-Elemente). Diese Strukturelemente werden durch SECIS-bindende Proteine (SBP) erkannt (3) und rekrutieren selenocysteinspezifische Elongationsfaktoren (EFsec), die Selenocysteinyl-tRNA^{sec} binden und an das Ribosom dirigieren (4). Dieses Zusammenspiel spezifischer Translationsfaktoren ermöglicht den Selenocystein-Einbau in die wachsende Peptidkette und eine eindeutige Decodierung des UGA-Codons als Selenocystein-Insertionssignal (5). Bei Selenmangel kann das UGA-Codon als Translationsterminationssignal fehlinterpretiert werden und einen Abbau der mRNA einleiten (sog. Nonsense-Mediated Decay, NMD).

len codiert. Dazu gehört das selenspezifische Codon UGA, welches in diesen Transkripten nicht für den üblichen Translationsstopp, sondern für die Insertion der 21ten proteinogenen Aminosäure Selenocystein in die wachsende Proteinkette codiert [23, 91]. Damit befindet sich dieses UGA-Codon nicht am Ende eines offenen Leserasters und codiert den Translationsstopp, sondern es spezifiziert im codierenden Bereich der mRNA den Einbau eines Selenocysteinylrestes in die wachsende Peptidkette des entstehenden Selenoproteins. Die Decodierung des zweideutigen UGA-Codons als Selenocystein-Insertionssignal erfolgt durch das Zusammenspiel einer Haarnadelstruktur im 3′-untranslatierten Bereich des Transkriptes (sog. SECIS-Element, Selenocystein-Insertions-Sequenz) mit spezifischen RNA-bindenden Transfaktoren (sog. SECIS-bindende Proteine, SBP) [23]. Neben diesen Eigentümlichkeiten gibt es für den erfolgreichen Einbau des Selenocysteins in die wachsende Peptidkette noch einen spezifischen Elongationsfaktor, EFsec oder SelB genannt [64]. Nur das reibungslose Zusammenspiel dieser selenocysteinspezifischen Komponenten ermöglicht eine effektive Synthese von Selenoproteinen. Da das UGA-Codon auch als Stoppcodon bei der Translation interpretiert werden kann, konkurriert der Selenocysteineinbau mit dem Kettenabbruch [22] und kann dadurch auch den Abbau der mRNA über einen sog. *nonsense-mediated decay*-Mechanismus einleiten [200].

Zwei hierarchische Prinzipien sind in der Biologie des Selens besonders bemerkenswert und für die Physiologie und Toxikologie relevant. Die Synthese der unterschiedlichen Selenoproteine wird nicht gleichermaßen reduziert, wenn ein Selenmangelzustand vorliegt, d.h., einige Selenoproteine werden präferentiell mit dem limitierenden Spurenelement versorgt, während die Synthese der anderen unverändert effektiv weitergeführt wird [20, 80]. Hieraus kann man versuchen, teleologisch auf die Wichtigkeit der einzelnen Selenoproteine zu schließen [231]. Diese Hierarchie kann nur Teilaspekte einer zweiten und physiologisch noch bedeutsameren Hierarchie erklären, nämlich die auffälligen Unterschiede, mit welcher einzelne Gewebe bzw. Organe ihren Selengehalt in Mangelzeiten aufrechterhalten, während andere Kompartimente fast ihren kompletten Selengehalt einbüßen [17]. Hierbei erweisen sich das Gehirn und die endokrinen Organe als besonders effektiv in der Selenverwertung und Retention, während Leber, Niere oder Plasma schnell ihre Selenspeicher entleeren und nach kurzen Depletionsphasen eine nur noch mangelhafte Selenoprotein-Expression aufweisen. Zumindest für das Gehirn konnte kürzlich die Bedeutung eines speziellen Selenspeicher- und Transportproteins, Selenoprotein P, für die hierarchische Versorgung herausgearbeitet werden [188], während andere zentrale Aspekte dieses eigentümlichen Spurenelementmetabolismus noch völlig ungeklärt sind [183].

Die Exkretion von Selen kann über die Lungen durch die Atemluft oder über die Niere durch den Urin erfolgen. Hierzu wird, gerade bei übermäßigem Selenangebot, wie es meist in experimentellen Studien, bei übermäßiger Supplementation oder bei akuten Intoxikationen der Fall ist, Selen methyliert und als flüchtiges Dimethylselenid ausgeatmet [90] bzw. als Trimethylselenonium-Ion im Urin ausgeschieden [146]. Bei normaler Selen-Versorgungslage überwiegt im Urin als Hauptselenausscheidungsprodukt ein seleniertes Zuckerderivat, i. e., 1-*β*-Methylseleno-*N*-Acetyl-D-Galactosamin bzw. die Vorstufe, ein Glutathion-Seleno-N-Acetyl-D-Galactosamin [113]. Mit den Faeces wird hauptsächlich diätetisch aufgenommenes, aber nicht absorbiertes Selen wieder ausgeschieden (Abb. 58.4).

Zusammenfassend lässt sich also festhalten, dass Selen im Körper durch sehr ausgefeilte Stoffwechselwege verteilt wird. Der Aufnahmemodus, die Anreicherung und die Bioverfügbarkeit sind für die verschiedenen Selenformen unterschiedlich. Selen-Mangelzustände wirken sich nicht gleichermaßen schwerwiegend auf alle Selenoproteine und Gewebe aus. Die lebenswichtigen Organe wie Gehirn und endokrine Drüsen bleiben auch in Mangelzeiten durch spezifische Regulationsmechanismen präferentiell versorgt. Die beiden hierarchischen Prinzipien der Selenversorgung im Organismus, i. e., eine Hierarchie der Organe und eine Hierarchie der Selenoproteine, sind wahrscheinlich dafür verantwortlich, dass man trotz deutlich unterschiedlicher Selenversorgung in verschiede-

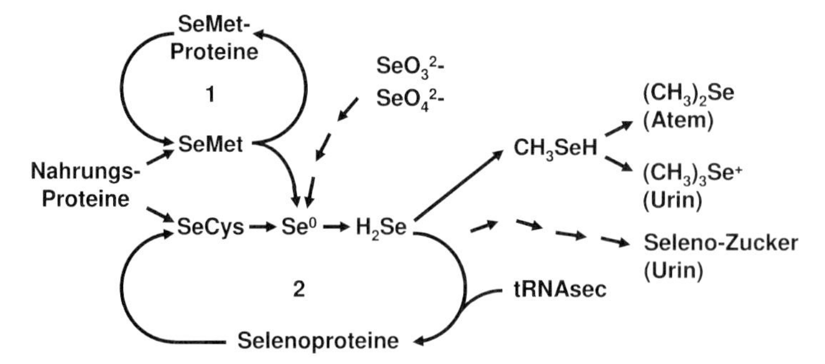

Abb. 58.4 Metabolismus von Selen im menschlichen Körper. Selen wird über die Nahrung als Selenoxidanion (Selenit oder Selenat) oder in Form selenhaltiger Proteine als Selenomethionin oder Selenocystein aufgenommen. Selenomethionin kann anstelle von Methionin direkt für die Biosynthese körpereigener Proteine genutzt und nach deren Proteolyse wieder verwendet werden (1, Selenomethionin-Cyclus). Es kann aber auch zu Selenocystein transseleniert bzw. über eine Eliminierungsreaktion zu Methyl-Selenocystein konvertiert werden. Selenocystein wird nicht direkt zur Proteinsynthese genutzt, sondern das Selen muss erst zu Dihydrogenselenid reduziert, durch ATP aktiviert und auf einen Serylrest an einer tRNA transferiert werden. Diese Selenocysteinyl-tRNA kann dann für die Synthese von Selenoproteinen bei spezifischen UGA-Codons in der Translation genutzt werden (2, Selenocystein-Cyclus). Überschüssiges Selen wird als Selenozucker über den Urin ausgeschieden bzw. kann als flüchtiges Dimethylselenid abgeatmet oder als Trimethylselenonium-Ion mit dem Urin ausgeschieden werden.

nen Regionen der Welt bzw. selbst bei intermittierend sehr schlechter Selenversorgung (vegetarische, parenterale oder sehr einseitige Ernährung) keine akuten gesundheitlichen Ausfälle und Mangelsymptome beobachtet. Die Ausscheidung von Selen kann an die nutritive Zufuhr angepasst werden, allerdings ist dieser Zusammenhang recht komplex und nicht durch eine einfache lineare Korrelation modellierbar [104].

58.5 Wirkungen

Für Selen sind sowohl Vergiftungen als auch durch einen Mangel bedingte Pathologien bekannt, jedoch ist das Auftreten selenspezifischer Erkrankungen sehr selten. Die Regionen der Welt, in denen ein extremer Selenmangel spezifische Krankheiten begünstigt, wie in ländlichen Gebieten Chinas oder Tibets, werden durch geeignete Supplementationsansätze seltener und kleiner. Versehentliche Vergiftungen mit selenhaltigen Präparaten, Supplementen oder selenreichen Speisen kommen aufgrund des per se schlechten Rufs der Gefährlichkeit von Selen kaum vor. Moderater Selenmangel wird hingegen als Prädisposition für eine Plethora von Krankheiten angesehen. Generell wird angenommen, dass Selen seine Wirkungen erst als Selenocysteinrest nach Einbau in spezifische Selenoproteine entfaltet. Damit ist das Wirkspektrum von Selen untrennbar mit der Funktion der selenocysteinhaltigen Proteine, also der Selenoproteine, verbunden (Tab. 58.2). Die Gruppe der Selenoproteine wird im Menschen von 25 Genen codiert [123]. Bisher konnte nur für die Hälfte der Selenoproteine eine spezifische biologische Funktion definiert werden. Hierzu zählt die Familie der Glutathion-Peroxidasen, die schon 1973 als erste Selenoproteine des Säugers identifiziert werden konnten [70]. Diese Enzyme katalysieren den glutathionabhängigen Abbau von Peroxiden und verringern damit den Tonus von reaktiven Sauerstoffspezies, welche sonst nach Überführung in Sauerstoffradikale unspezifische Schäden an Membranen, Proteinen oder der DNA verursachen können [8, 214]. Eine zweite Familie von bedeutsamen Selenoproteinen stellen die Thioredoxin-Reduktasen dar, welche den intrazellulären Redoxstatus und damit viele zentrale Aspekte des Energiemetabolismus, der Differenzierung und der Signalaktivität kontrollieren [79, 136, 147]. Die Funktionen der selenabhängigen Glutathion-Peroxidasen und der Thioredoxin-Reduktasen werden allgemein als „antioxidative Schutzfunktion von Selen" zusammengefasst, obwohl diese Bezeichnung nicht die biochemischen Funktionen treffend charakterisiert. Als dritte Familie von selenabhängigen Enzymen sind die Iod-Thyronin-Deiodasen von zentraler Bedeutung für die Aktivierung der Schilddrüsenhormone und deren Abbau [24, 114, 197]. In der Hierarchie der verschiedenen Selenoproteine werden die Iod-Thyronin-Deiodasen präferenziell versorgt [19, 80], so dass ein moderater Selenmangel sogar bei schweren Begleiterkrankungen wie einer Sepsis nicht direkt eine Störung der Expression dieser Enzyme verursacht und sich damit nicht unmittelbar auf die Schilddrüsenhormonkonzentration auswirkt [6]. Dennoch konnte bei älteren Patienten eine Korrelation von Selenstatus und Thyroxinspiegeln beobachtet und durch Selensupplementation beeinflusst werden [151]. Ebenso wurde bei Kindern eine Hypothyreose auf einen Selenmangel zurückgeführt, die dann entsprechend durch Supplementation korrigiert werden konnte [158]. Einige Kliniker argumentieren deshalb, dass selbst das psychische Wohlbefinden von Patienten in Selenmangelzeiten durch eine verringerte Expression der Iod-Thyronin-Deiodasen und deren Auswirkung auf die Schilddrüsenhormonspiegel beeinträchtigt wird [166, 191]. Zu diesem Thema stehen kontrollierte prospektive Studien aber noch aus. Neben diesen drei Familien von biochemisch gut charakterisierten Selenoenzymen gibt es noch einzelne Selenoproteine mit bereits gut definierter Funktion. Für die Aktivierung von Selenid durch ATP in der Biosynthese von Selenocystein sind zwei Isoenzyme bekannt, von denen die Selenocystein-Synthetase 2 selbst ein Selenocystein im aktiven Zentrum trägt und damit in der Feedback-Regulation des Selenmetabolismus eine zentrale Rolle einnehmen könnte [202]. Ebenso ist eine der beiden menschlichen Methionin-Sulfoxid-Reduktasen (MsrB) ein Selenoenzym und katalysiert die reversible Reduktion von oxidierten Methioninresten in Proteinen zu ihrer ursprünglichen Thioetherform [143]. Im Muskel scheinen zwei Selenoproteine von besonderer Bedeutung, nämlich das relativ häufige, kleine, selenresponsive 9 kDa Selenoprotein W [229] und Selenoprotein N, das als einziges Selenoprotein bisher mit humanen Erbkrankheiten assoziiert werden konnte [140, 201]. Zum Transport, zur Verteilung und zur Speicherung von Selen dient ein von der Leber synthetisiertes Plasmaprotein, Selenoprotein P, das als Langzeitindikator im Plasma für das Monitoring des Selenstatus genutzt werden kann [95, 157]. Die physiologische Bedeutung der anderen Selenoproteine ist noch weitgehend unbeschrieben.

Eine Mangelversorgung mit Selen kann sich vermutlich durch die reduzierte Expression dieser Selenoproteine durch ein großes Spektrum von physiologischen, biochemischen und medizinischen Effekten darstellen. Für wenige spezifische Krankheitsbilder des Menschen konnte ein Selenmangel definitiv als Mitursache erkannt werden, für viele Erkrankungen mit multifaktorieller Genese erscheint der Selenspiegel als wichtiger Prädispositionsparameter. Bei den folgenden drei Pathologien ist ein Selenmangel von kausaler Bedeutung; hier haben sich Selensupplementationen zweifelsfrei als effektive Präventionsmaßnahmen erwiesen:

- Die Keshan-Krankheit beschreibt eine Kardiomyopathie, die in den selenarmen Gebieten Chinas gerade bei werdenden und stillenden Müttern und ihren Kindern endemisch auftreten kann [78]. Neben einem manifesten Selenmangel als Voraussetzung wird als Cofaktor für den Ausbruch der Krankheit eine zusätzliche Infektion mit Coxsackie-Viren angenommen [16]. Entsprechende Versuche mit selenarmen Nagern legen nahe, dass durch den Selenmangel das Immunsystem geschwächt wird und die Konzentration von reaktiven Sauerstoffspezies, und damit die Mutationsrate der Viren, erhöht ist [16]. Die minimal nötige Selenaufnahme, die in diesen Gebieten den Ausbruch der Krankheit verhindert, wird als Möglichkeit zur Bestimmung eines Referenzwertes für die Mindestselenversorgung diskutiert [207].
- Der myxödematöse Kretinismus ist ein schweres Krankheitsbild, bei dem sowohl die körperliche als auch die geistige Entwicklung stark beeinträchtigt sind. Hier liegt neben dem Selenmangel eine Iodmangelversorgung mit starker Strumaausprägung und entsprechend reduzierten Schilddrüsenhormonspiegeln, gerade während der Entwicklungsphase, zugrunde [240]. Der Selenmangel dürfte hier sowohl die Schilddrüsenhormonsynthese, den Schilddrüsenhormonmetabolismus als auch das Immunsystem und den enzymatischen Schutz gegen Sauerstoffradikale beeinträchtigen [50]. Eine zusätzliche Belastung der Schilddrüsenfunktion durch goitrogene Thiocyanationen, wie sie z. B. in der Cassava-Pflanze vorkommen, wird als dritter Risikofaktor angesehen [51]. Eine präventive oder therapeutische Selensupplementation muss bei diesen Patienten unbedingt mit einer Verbesserung der Iodversorgung kombiniert werden [217].
- Die Ursachen der Kashin-Beck-Krankheit, einer dystrophischen Osteoarthrose, sind weit weniger gut aufgeklärt [4]. Diese Krankheit trifft wiederum in erster Linie eine schlecht ernährte Landbevölkerung in Tibet, Sibirien oder China. Neben einem ausgeprägten Selenmangel werden hier zusätzlich wiederum eine Unterversorgung mit Iod, eine schlechte Trinkwasserqualität mit organischen Verunreinigungen wie Fulvinsäure, und eine durch Schimmelpilze verursachte Mykotoxinbelastung der Getreideprodukte gesehen [199]. Therapeutisch und präventiv wertvoll erscheint auch hier wiederum nur eine kombinierte Supplementation mit Iod und Selen [141].

Diese drei Pathologien verdeutlichen, dass selbst bei starkem Selenmangel zusätzliche Faktoren hinzukommen müssen, um eine Ausprägung klinischer Symptome in einem ansonsten gesunden Individuum zu bewirken. Daneben gibt es eine Reihe gut definierter klinischer Konstellationen, in denen sich durch unausgewogene Ernährung (parenteral, phenylketonurieabgestimmt oder proteinarm), angeborene, akute oder chronische Störungen des Magen-Darm-Traktes (Kurzdarmsyndrom, extensive Diarrhö oder Morbus Crohn) oder durch manifeste Erkrankungen (Dialysepflicht, Cystische Fibrose, AIDS) ein Selenmangel einstellen kann. Heutzutage wird deshalb davon ausgegangen, dass eine isolierte Selenunterversorgung nicht zwingend eine Krankheit auslöst, dass sich aber bei bestimmten Erkrankungen ein Selenmangel entwickeln kann. Für viele Volkskrankheiten (Krebs, Demenz, Artherosklerose, Autoimmunerkrankung, Infektion, Sepsis, AIDS, etc.) ergeben sich gute Korrelationen zwischen Prädisposition und Prognose mit dem Selenstatus [16, 49, 55, 75 159, 191, 193]. Aus diesem Grund wird Selen von manchen Wissenschaftlern und Ernährungsexperten bereits in die Gruppe der funktionellen Ernährungsstoffe, also der pharmakologisch aktiven Nahrungsbestandteile mit nützlichen Wirkungen, den sog. Nutriceuticals, eingeordnet [148]. Ein Selenmangel sollte durch ausgewogene Ernährung bzw. eine geeignete Spezialdiät bei Patienten verhindert werden. Die potenziellen Gefahren einer selbstgewählten und eigendosierten Supplementation sind aber zurzeit noch unabsehbar, und ein toxisches Potenzial von Selen ist offensichtlich.

Die Symptome einer Selenvergiftung oder Selenose sind aus dem Nutztierbereich gut bekannt. Die vermutlich erste Beschreibung stammt aus dem 13. Jahrhundert von Marco Polo, der bei seinen Lasttieren nach dem Verzehr ihnen unbekannter, asiatischer, vermutlich selenakkumulierender Pflanzen Übelkeit, Hufaufweichung und Haarverlust beobachtete. Ähnliche Symptome kennt man seit dem Beginn des letzten Jahrhunderts auch bei Rindern, Schafen, Schweinen oder Pferden, die je nach Spezies und Region als Alkali- oder Taumelkrankheit (Alkali disease, blind staggers) bezeichnet werden. Allerdings ist fraglich, ob die neurologischen Ausfälle direkt auf eine Selenose zurückzuführen sind [149]. Beim Menschen sind Selenvergiftungen sehr selten und meist auf Einzelfälle beschränkt [230]. In China gab es 1961–1964 eine systematische Vergiftung der Bevölkerung (248 Opfer) in fünf kleinen Dörfern, die einen selenreichen Kohlenkalk als Dünger auf ihre Böden brachten und damit ihre Nahrungskette übermäßig mit Selen anreicherten [238]. In Indien gab es einen Gasunfall mit Selenwasserstoff [10]. Ein einzelner Bericht beschreibt eine reversible Selenvergiftung nach einem 14 Tage dauernden Konsum von selenhaltigen Tabletten als Nahrungsergänzungsmittel [42]. Ein Herstellungsirrtum für ein Selensupplement, der in einer 182fach höheren Konzentration als angegeben resultierte, führte innerhalb weniger Wochen zu vorübergehenden Vergiftungserscheinungen in den USA [92]. Häufiger sind Fälle von versuchter Selbsttötung durch Verschlucken selenhaltiger Lösungen, wie z. B. von Selensalzen, Selenpräparationen aus dem chemischen Labor oder selenhaltigen Gewehrreinigungslösungen [77, 110, 127, 161]. Die akuten Symptome stimmen in den Berichten weitgehend überein und äußern sich durch Atembeschwerden, gastrointestinale Verätzung, deutlich nach Knoblauch bzw. faulem Rettich riechende Atemluft, Rotpigmentierung von Haar und Haut, kardiovaskuläre Dysrhythmie und Blutdruckabfall mit potenziell fataler Konsequenz [12]. Neben dem Selenmangel, der Selenvergiftung und der supplementierten Überversorgung gibt es noch einen klinischen Umstand, nämlich die Schwermetallvergiftung, in der eine akute therapeutische Gabe von einer vergleichsweise hohen Selendosis diskutiert wird. Das zugeführte Selen bildet mit Schwermetallen wie Quecksilber- oder Cadmiumionen schwer lösliche Selenidkomplexe, die in Organen wie Niere oder Hypophyse akkumulieren [210] und damit als biologisch inaktive Formen abgelagert werden [84]. Langzeitbeobachtungen, fundierte Dosierungsempfehlungen oder klinische Erfahrungen gibt es für dieses Vorgehen aber nicht.

58.5.1
Wirkungen auf den Menschen

Selen stellt ein essenzielles Spurenelement dar [185]. Entwicklung, Gehirnfunktion, Schilddrüsenhormonmetabolismus, das Herz-Kreislaufsystem, männliche Fertilität und ein effektives Immunsystem erscheinen direkt selenabhängig und zeigen Funktionsbeeinträchtigungen, wenn ein ausgeprägter Selenmangel vorliegt [165]. Die Unverzichtbarkeit von Selen für die menschliche Gesundheit zeigte sich z. B. besonders deutlich, als eine einfache Selensupplementation bei einem parenteral ernährten Patienten, der im Laufe der langen künstlichen Ernährungsphase eine Muskeldystrophie entwickelte, erfolgreich war und die Symptome effektiv behob [216]. Heutzutage werden Selensupplemente als fester Bestandteil von parenteralen Diäten angesehen [72]. Neben den oben ausgeführten Erkrankungen, die ursächlich mit einem Selenmangel einhergehen bzw. denen eine Selenvergiftung zugrunde liegt, gibt es eine Vielzahl von Studien, die positive Gesundheitseffekte von Selen auf viele der uns alle bedrohenden Volkskrankheiten belegen. Eine Auswahl eindrücklicher Beispiele, die augenblicklich Gegenstand intensiven Forschens darstellen, wird im Folgenden wiedergegeben.

Selen und Krebserkrankungen

Epidemiologische Studien legen nahe, dass ein niedriger Serum-Selenspiegel bzw. eine geringe tägliche Selenaufnahme ein erhöhtes Risiko für Lungen-, Prostata- oder Dickdarmkrebs bedingt [40, 68, 88, 103, 112, 176, 225]. Neben diesen assoziativen Daten markierte 1996 die Publikation einer placebokontrollierten prospektiven Interventionsstudie einen Wendepunkt in der allgemeinen Akzeptanz von Selen als potenziellem Chemopräventivum [41]. Untersucht wurde in der sog. NPC-Studie (Nutritional Prevention of Cancer Trial) der Effekt von einer täglichen Supplementation mit Selenhefe (200 µg Selen/Tag) auf die Hautkrebsrate in einem Hautkrebsrisikokollektiv von 1312 Patienten. Hier zeigte sich zwar kein Effekt auf das primäre Studienziel, das Auftreten von Nicht-Melanom Rezidiven, aber bei den mit Selen supplementierten Patienten waren nach 4,5 Jahren die Krebsraten für Prostata-, Lungen- und Dickdarmkrebs drastisch reduziert, ebenso die krebsbedingte Mortalitätsrate [41]. Nach weiteren drei Jahren erfolgte eine erneute Auswertung der Studienteilnehmer. Hier war der chemopräventive Effekt für die Prostata- und Darmkrebsinzidenz bei der Teilgruppe von Patienten nicht zu beobachten, die initial mit einer relativ hohen Serumselenkonzentration in die Studie eintraten. Die Studienteilnehmer mit durchschnittlicher oder eher am unteren Ende der Normalverteilung liegender Plasma-Selenkonzentration hingegen profitierten deutlich von der Selensubstitution bei Prostatakrebs [59] und Darmkrebs [60]. Ebenso zeigten sich auch bei der Lungenkrebsinzidenz signifikante chemopräventive Effekte nur bei den Patienten, die mit initial geringen Selenspiegeln im Plasma in die Studie gingen [168]. Die Auswertungen ergaben aber auch, dass es geschlechtsspezifische Unterschiede bei der chemopräventiven Wirkung von Selen gibt, und männliche Teilnehmer deutlich besser profitierten [60]. Dieser Befund scheint sich als generelle Beobachtung abzuzeichnen, wenn in einer Metaanalyse die verfügbaren Supplementationsstudien mit selenhaltigen Präparaten verglichen werden [224]. Da besonders die Patienten mit initial niedrigen Plasma-Selenspiegeln profitierten, könnten diese Ergebnisse gerade für den nur relativ gering mit Selen versorgten europäischen Raum von besonderer Bedeutung sein. Das untere (!) Tertil der Selenkonzentration im Plasma der US-Studienteilnehmer lag bei > 100 μg Se/L [168], ein Wert, der in Europa nur in Finnland und der Schweiz als Durchschnittswert erreicht wird [82]. In den meisten anderen europäischen Staaten werden bei normaler Ernährungslage Selenkonzentrationen von 100 μg Se/L nur sehr vereinzelt als Spitzenwert bei wenigen Individuen beobachtet [2, 28, 124, 209], während das Gros der Bevölkerung deutlich geringere Selenspiegel aufweist (Tab. 58.3).

Der Mechanismus der Selenwirkung in der Krebsprävention ist noch weitgehend ungeklärt, da man annimmt, dass eine supraphysiologische Versorgung die Expressionsspiegel der Selenoproteine nicht über einen Plateauwert hinaus erhöht [156]. Diskutiert wird, dass sich eine konstante Maximalexpression der Glutathion-Peroxidasen, Thioredoxin-Reduktasen und der Methioninsulfoxid-Reduktase, die am Abbau von aktivierten und reaktiven Sauerstoffspezies bzw. deren Oxidationsprodukten beteiligt sind, chemopräventiv auswirkt [57]. Auch eine spezifische selenoproteinunabhängige Wirkung von selenhaltigen Stoffwechselprodukten bzw. synthetischen Organo-Selenoverbindungen wird gerade für die Reduktion des Wachstums von Tumoren bzw. für die Stimulation der körpereigenen Immunabwehr und die Hemmung der Tumor-Angiogenese angenommen und untersucht [44, 100, 194]. Hier könnte der selektiven Induktion von Apoptose bei Tumorzellen durch monomethylierte Selenverbindungen eine zentrale Rolle zukommen [73].

Allerdings gibt es auch Daten, die keine Korrelation von Selenkonzentration und Krebsinzidenz nahe legen, wie z. B. die Auswertung der 60 000 Teilnehmer umfassenden Nurse's Health Study. Hier wurde die Langzeitversorgung mit Selen über die Konzentrationsbestimmung in Fußnagelproben bestimmt und mit der Krebsinzidenz verglichen. Es ergaben sich keine Korrelationen von Selen-

Tab. 58.3 Plasma- bzw. Serum-Selenkonzentrationen von Einwohnern verschiedener Länder.

Land	Se [μg/L]	Literatur
USA	100–350	[101]
Japan	146	[107]
Kanada	143	[125]
Grönland (Inuit)	79–140	[86]
Venezuela	58–115	[31]
Großbritannien	92	[155]
Deutschland	89–98	[153]
Australien	57–87	[208]
Kroatien	67	[222]
Chile	65	[170]
Neuseeland	46–80	[232]
Ungarn	47–68	[3]
Polen	50–55	[223]
Tschechien	38–67	[18]
Schottland	30–60	[192]
Tibet	5–25	[142]
Finnland, vor 1984 [a)]	25–70	[7]
Finnland, um 1989 [a)]	43–119	[7]
China [b)]	8–7800	[101]

Die aufgeführten Werte sind nur als Orientierung nützlich, da nicht die gleiche Analytik verwendet wurde und keine Unterscheidung nach Alter, Geschlecht oder dem Einsatz von Serum versus Plasma getroffen wurde (Vollblut weist im Durchschnitt ca. 1,3fach höhere Selenkonzentrationen auf). Die Werte stellen z.T. Mittelwerte und zum Teil die Schwankungsbreite der Mittelwerte verschiedener Regionen eines Landes dar. Diese Tabelle verdeutlicht, wie sehr die Selenmengen im Blut von den ortsüblichen Nahrungsquellen und damit indirekt von der lokalen Selenverfügbarkeit in der Landwirtschaft abhängen. Als Konzentrationsangabe des Selengehaltes ist neben [μg/L] auch die Einheit [μmol/L] geläufig (100 μg/L = 1,26 μmol/L).

a) In Finnland wurde ab 1984 Natriumselenat den Düngemitteln zugesetzt [7].

b) Die immense Größe Chinas mit ihren extrem unterschiedlichen Regionen erlaubt keine Verallgemeinerungen, da es die selenreichsten und selenärmsten Gebiete in seinen Grenzen beheimatet.

wert und Krebsinzidenz für Uterus-, Kolorektal- oder Lungenkrebs [74]. Allerdings handelte es sich hier ausschließlich um Daten von Amerikanerinnen, deren Aussagekraft vermutlich a) geschlechtsspezifisch ist, und b) nur für Frauen mit basal sehr hohen US-typischen Selenwerten relevant sein dürfte. Darüber hinaus sind Selenbestimmungen aus Haaren und Nägeln methodisch problematisch und schwer standardisierbar [121]. Zurzeit sind mehrere unabhängige groß angelegte Studien begonnen worden, die der potenziellen chemopräventiven Wirkung einer Selensupplementation nachgehen, z.B. die SU.VI.MAX-Studie (Supplementation en Vitamines et Mineraux Antioxydants) in Frankreich [94] und die SELECT-Studie (Selenium and Vitamin E Cancer Prevention Trial) in den USA [111]. Die SU.VI.MAX-Studie untersucht an 13000 Franzosen den

Effekt, den eine Supplementation mit Vitaminen, Antioxidantien und Mineralien auf die Krebsinzidenz und auf kardiovaskuläre Erkrankungen von Männern und Frauen hat. Die ersten Ergebnisse deuten darauf hin, dass ein chemoprotektiver Effekt dieses Mineral- und Vitaminsupplementes wiederum hauptsächlich bei den männlichen Teilnehmern zu beobachten ist [93]. Bei der SELECT-Studie steht die Prostata-Krebsinzidenz im Zentrum des Interesses. Hier sollen 32400 männliche US-Amerikaner über einen Zeitraum von 12 Jahren täglich mit Selen, Vitamin E, einer Kombination von Selen und Vitamin E bzw. einem Placebopräparat behandelt werden [111]. Hierbei dürften sich tatsächlich die gesundheitlichen Auswirkungen einer supraphysiologischen Versorgung mit Selen offenbaren, da die Studienteilnehmer bereits mit US-typischen hohen Selenwerten in die Studie treten. Dieses Vorgehen ermöglicht dann auch in Detailanalysen, die Auswirkungen der erhöhten Selenzufuhr auf die kardiale Funktion oder zentralnervöse Degeneration zu eruieren, wie es z. B. die PREADVISE-Teilstudie (Prevention of Alzheimer's Disease with Vitamin E and Selenium) vorsieht [122].

Selen und das Immunsystem

Eine ausreichende Selenversorgung ist Grundvoraussetzung für ein funktionierendes Immunsystem, die Mechanismen dieser Wirkung sind allerdings noch weitgehend unerforscht, auch wenn viele potenzielle Ansatzpunkte identifiziert werden konnten [137]. Suboptimale Selenaufnahme, und damit der verringerte Spiegel bestimmter Selenoproteine, könnte ursächlich mit einer verminderten Immunkompetenz in selenarmen Konditionen einhergehen [196]. Gerade bei dem erhöhten Tonus reaktiver Sauerstoffspezies, der bei der Abwehr fremder Pathogene generiert wird, wirkt sich eine reduzierte Expression der selenabhängigen Glutathion-Peroxidasen in Neutrophilen Zellen für den Verlauf der Immunabwehr negativ aus [9]. In einer Doppel-Blind-Studie wurde in Großbritannien der Einfluss von einer 18-wöchigen Selensupplementation auf die Immunabwehr gegen ein inaktiviertes Poliovirus in Freiwilligen mit niedrigem Basal-Selenwert getestet. Die Supplementation verstärkte die Immunabwehr signifikant, die Zytokin-Werte stiegen stärker (z. B. Interferon-gamma), die T-Zellproliferation war beschleunigt und die Anzahl von T-Helfer-Zellen war erhöht [30]. Ähnliche immunstimulierende Wirkungen einer Selensupplementation (200 µg/Tag) wurden auch bei Krebspatienten in einer australischen Studie während ihrer Therapie (Operation bzw. Bestrahlung) beobachtet [109]. Analog korrelieren bei dem Verlauf einer HIV-Infektion eine negative Prognose, die Geschwindigkeit des Krankheitsverlaufs und die Mortalitätsrate mit niedrigen Selenspiegeln [15]. Auch hier zeigen Supplementationsstudien positive Effekte auf die humorale Immunantwort, allerdings erschwert der HIV-Virus durch selbstcodierte Selenoproteine die selektive Stärkung des Wirtes gegen das Pathogen [154, 203]. Deutlich positive Effekte werden ebenso bei der Selensupplementation von Sepsispatienten [75] oder bei Autoimmunerkrankungen der Schilddrüse [61, 76] beobachtet. Hier zeigten sich Reduktionen der Morbidität und Mortalität bzw. der Autoantikörperkonzentationen, und die Zeit auf der Intensivstation bzw. im Krankenhaus konnte erfolgreich reduziert werden.

Selen und das Zentralnervensystem

Die Funktion von Selen als katalytisch wirksamer Bestandteil der Glutathion-Peroxidasen, Thioredoxin-Reduktasen oder der Methionin-Sulfoxidreduktase B legt nahe, dass ein Selenmangel den Tonus reaktiver Sauerstoffspezies im Gehirn erhöht und dadurch zu Funktionsausfällen, beschleunigter Alterung oder Degeneration führen kann [21]. Versuche, die Selenkonzentrationen aus Plasma, Haaren oder Fußnägeln mit neurologischen Ausfällen, Krankheitsverläufen oder Inzidenzraten zu korrelieren, haben bisher wenig bzw. keine signifikanten Resultate geliefert [37]. Dieser fehlende Zusammenhang scheint aber nicht überraschend, angesichts der oben beschriebenen hierarchischen Versorgung der unterschiedlichen Organe und Selenoproteine mit dem limitierenden Spurenelement. Durch gewebespezifische Mechanismen bleibt auch in Mangelsituationen die Selenversorgung des Gehirns und dort wiederum der zentralen Selenoproteine gesichert, und konsequenterweise werden keine neurologischen Phänotypen beobachtet [186]. Eine andere Situation liegt offenbar bei angeborenen Metabolismus-Defekten vor, die nicht nur zu niedrigen Selenspiegeln im Blut, sondern auch zu neurologischen Ausfällen wie Ataxien oder epileptischen Anfällen führen können [163]. Bei diesen Ausfällen kann eine hoch dosierte Selensupplementation zu therapeutischen Erfolgen führen und den Krankheitsverlauf positiv beeinflussen [163]. Noch schwerwiegender kann sich eine defekte Selenaufnahme durch angeborene Darmfunktionsstörungen auf die Gehirnfunktion auswirken [97]. Die Mechanismen der Selenaufnahme in das Zentralnervensystem und der Selenmetabolismus im Gehirn sind noch weitgehend unerforscht, hängen aber entscheidend von dem zentralen Selenotransport- und Speicherprotein (Selenoprotein P) ab [33, 171, 182, 188]. Ein aussagekräftiger Parameter für die Selenversorgung des zentralen Nervensystems wäre sicher die Analyse der Zerebrospinalflüssigkeit, allerdings ist deren Gewinnung aufwändig und mit Risiken für den Patienten verbunden und deshalb nur in Ausnahmefällen angezeigt.

Selen und das kardiovaskuläre System

Der Zusammenhang von Selendefizienz und Coxsackie-Virus-Infektion, der in selenarmen Regionen Chinas zum Ausbruch der endemischen Keshan-Krankheit führt, ist oben bereits erwähnt. Die Keshan-Krankheit ist eine Kardiomyopathie, die durch nekrotische Veränderungen im Myokard mit progressiver zellulärer Infiltration und Calcifizierung einhergeht [81]. Dem Ausbruch der Krankheit kann durch eine geeignete Selensupplementation begegnet werden [207]. Ebenso entwickeln parenteral ernährte Patienten eine Serumselendefizienz, die sich in einer Verschlechterung der Herzfunktionen niederschlägt. Diese Komplikation lässt sich durch Selensubstitution vermeiden bzw. revertieren [178]. In epidemiologischen Analysen zeigte sich, dass Herzinfarktraten und sogar die Mortalitätsrate bei kardiovaskulären Erkrankungen mit niedrigen Selenspiegeln korrelieren [180]. Entsprechend ließ sich bei 722 gesunden finnischen Männern in der KIHDRF-Sudie (Kuopio Ischaemic Heart Disease Risk Factor Study) ein vermutlich ursächlicher Zusammenhang von erhöhtem Blutdruck und niedrigen Selenwerten beobachten [179]. Ähnliche Resultate lieferte auch eine dänische Studie an gesunden Männern, in der eine Korrelation von geringer Serumselenkonzentration mit dem Risiko für Herzinfarkt gezeigt wurde [198]. Auch niedrige Aktivitäten der selenabhängigen Erythrozyten-GPx (GPx-1) sind mit einem erhöhten Risiko für kardiovaskuläre Ereignisse bei Patienten mit koronaren Herzerkrankungen assoziiert [26]. Neben diesen positiven Ergebnissen finden aber andere Studien in Norwegen, Finnland oder den USA (PHS, Physicians' Health Study) keine Korrelation zwischen Serumselenwerten und Herzinfarktrisiko bzw. kardiovaskulären Erkrankungen [117, 172, 181]. Vielleicht liegen die Widersprüche darin begründet, dass eine Korrelation der Selenwerte mit kardiovaskulären Risiken wiederum nur dann statistisch auffällig wird, wenn Studienteilnehmer mit geringen Spiegeln, also einem tendenziellen Selenmangel, getrennt vom Gesamtkollektiv analysiert und betrachtet werden. Auch hier könnte sich zusätzlich ein geschlechtsspezifischer Unterschied der Wirksamkeit verbergen. In einer europäischen Multicenterstudie war z.B. die Korrelation von geringer Fußnagel-Selenkonzentration mit erhöhtem Herzinfarktrisiko besonders in Berlin signifikant ausgeprägt, der Stadt mit den geringsten Selenwerten der Probanden bei den Teilnehmerzentren [106]. Auch hier werden die Ergebnisse der zurzeit laufenden groß angelegten prospektiven Supplementationsstudien weitere Klarheit liefern.

Selen und Fertilität

Eine ausreichende Selenversorgung scheint für die Fertilität von Männern, sowohl für die Testosteronproduktion als auch für die Spermienreifung und -stabilität, essenziell [85]. Bei der Behandlung infertiler Männer konnte gezeigt werden, dass eine sechsmonatige Selensupplementation mehrere Fertilitätsparameter (Spermienqualität, Spermienanzahl, Spermienbeweglichkeit) im Ejakulat erhöhte [219]. Eine britische Studie berichtete sogar eine Erfolgsquote (Vaterschaft) von mehr als 10% bei der Therapie infertiler Männer durch eine Selensupplementation der ansonsten selenarmen schottischen Ernährung [189]. Allerdings gibt es auch Berichte, die keine Zusammenhänge zwischen Selenspiegeln und Spermienqualität finden [175]. Diese Diskrepanz könnte wiederum durch einen unterschiedlichen Grundversorgungsstatus mit Selen erklärbar sein. Mechanistisch könnte ein Zusammenhang über die selenabhängige Expression der Phospholipid-Hydroperoxid Glutathionperoxidase (PH-GPx) bestehen. Dieses Selenoenzym ist im Hoden sehr prominent exprimiert und macht während der Spermienreifung eine Funktionswandlung vom Enzym zum Strukturprotein durch, welches für die Stabilität der Spermien entscheidend ist [213]. Eine Analyse der Spermien infertiler Männer legt nahe, dass die Expressionsrate der testikulären PH-GPx und die Spermienqualität direkt korrelieren und damit die PH-GPx als Markerenzym für Fertilität angesehen werden kann [71, 134]. Die Zusammenhänge zwischen weiblicher Fertilität und Selenspiegeln sind weniger deutlich, aber es gibt Hinweise auf eine erhöhte Abortneigung bei geringen Selenplasmaspiegeln [1, 14]. Ebenso gibt es einen Bericht aus England, nach dem ein Selenmangel als Risikofaktor für Eklampsie gesehen werden muss [165]. Bezüglich einer potenziell toxischen Wirkung während Konzeption und Schwangerschaft zeigte eine Analyse der Geburten- und Abortraten in der norditalienischen Reggio Emilia, wo die Bewohner 16 Jahre lang mit selenatverunreinigtem Trinkwasser (7–10 µg/L) versorgt waren, keine teratogenen oder antikonzeptiven Wirkungen nach dieser überhöhten Selenzufuhr [221]. Diese Beobachtung deckt sich mit den Erfahrungen aus den selenreichen, überversorgten Regionen Chinas.

58.5.2
Wirkungen auf Versuchstiere

Die Auswirkungen von Selenmangel und Selenintoxikation auf Versuchstiere entsprechen weitgehend den Effekten, die auch für Menschen beschrieben sind (s. o.) [118]. Dies beinhaltet sowohl die tumorrelevanten Wirkungen als auch immunologische, fertilitätsbezogene, neurologische und kardiovaskuläre Aspekte. Die Mechanismen der Selenwirkung und Details über die verantwortlichen Selenoproteine konnten in Versuchstieren jedoch besser herausgearbeitet werden. Schon 1975 wurde erkannt, dass eine Myopathie beim Schwein, die sog. White Muscle Disease, durch einen reversiblen Selenmangel begründet ist und sich entsprechend auch beim Schaf oder Lamm entwickeln kann [5].

Auch sind die Symptome einer Selenvergiftung bei grasenden Tieren sehr ähnlich zu denen, die man vom Menschen kennt. So treten neben kardiovaskulären auch gastrointestinale Probleme auf, ebenso verlieren die Hufe bzw. Nägel an Festigkeit und Haarausfall kann sich einstellen [162]. Auch unbeabsichtigte Überdosierungen können bei der Nutztierhaltung vorkommen, die sich wiederum in den typischen Selenose-Symptomen wie Lahmheit, Hufauflösung und Alopezia äußern [227]. Die chemopräventive Wirkung von supraphysiologischen Selengaben konnte in mehreren Nagermodellen verifiziert werden, wobei der Bildung von monomethylierten Selenmetaboliten besondere Bedeutung zukommen könnte [73]. Die Datenlage zu einer erhöhten Krebsinzidenz durch Selenmangelzustände ist weniger einheitlich [46], da ein Selenmangel auch eine Wachstumsbeeinträchtigung bedingt, die ihrerseits die Tumorausbreitung und das Tumorwachstum verringert [226].

Besonders aufschlussreich sind die Studien, die den Effekt eines Selenmangels auf virale Infektionsereignisse untersuchen. Hier zeigte sich, dass apathogene Coxsackie- oder Influenza-Viren nur in selendefizienten Wirten zum Krankheitsausbruch führen [16]. Der zugrunde liegende Mechanismus beinhaltet sowohl eine Reduktion der Immunantwort als auch eine erhöhte Mutationsrate der Viren, die wahrscheinlich durch einen erhöhten Tonus reaktiver Sauerstoffspezies bedingt ist [16]. Weitere eindeutige Ergebnisse zu der biologischen Wirkung von Selen über spezifische Selenoproteine konnten durch transgene Mausmodelle gewonnen werden, in denen die selenocysteinspezifische tRNA ubiquitär [29] oder gewebespezifisch [144] deletiert wurde. Der generelle Verlust der selenocysteinspezifischen tRNA und damit die Inaktivierung aller Selenoproteine ist für die Maus nicht mit dem Leben vereinbar und schon embryonal letal [29], während die gewebespezifische Inaktivierung selektiv in Brust oder Leber mit der Entwicklung und dem Überleben in der Abwesenheit weiterer spezifischer Stressoren vereinbar ist [144]. Ebenso führt die genetische Inaktivierung des Gens für die zytosolische ubiquitäre GPx-1 nicht direkt zu auffälligen Ausfallerscheinungen, außer wenn zusätzliche Noxen abgewehrt werden müssen, wie z.B. eine Vergiftung durch das oxidativ-wirksame, radikalbildende Herbizid Paraquat [38]. Das Gleiche gilt für das gastrointestinal-spezifische Enzym GPx-2, dessen Fehlen per se keine auffälligen Phänotypen verursacht. Aber in der Kombination mit einem zusätzlichen GPx-1-Verlust entwickelt sich verstärkt eine gastrointestinale Kolitis [63]. Nachfolgend kann durch diesen entzündlichen Prozess eine erhöhte intestinale Krebsanfälligkeit beobachtet werden [39]. Dieses Modell erscheint insofern für das Studium der Selenwirkungen beim Übergang eines entzündlichen Darmes in einen Darmkrebs besonders geeignet, und dürfte als Mechanismus auch für die protektive Wirkung von Selen bei der Kolonkrebsentstehung im Menschen relevant sein. Der Verlust anderer Selenoenzyme führt im transgenen Mausmodell direkt zu intrauteriner Sterblichkeit, wie für die PH-GPx [239] oder die Thioredoxin-Reduktasen [48] gezeigt. Diese Mausmodelle unterstreichen die Essentialität von Selenoproteinen, erlauben aber nur eingeschränkte Möglichkeiten der analytischen Betrachtung. Als besonders aufschlussreich erwies sich die genetische Deletion des Selentransport- und Speicherproteins, Selenoprotein P (SePP) [33, 183]. Diese Mäuse entwickelten einen Selenmangel im Gehirn, der durch ernährungsmäßigen Entzug in Nagern sonst nicht erreicht werden kann [96, 182]. Dadurch entwickelten diese Tiere Ataxien und epileptische Anfälle, die denen ähneln, die bei bestimmten Patienten beobachtet wurden, und die ebenso durch geeignete Selensubstitution behandelt werden konnten [163, 187]. Insofern eignen sich diese Tiere besonders gut, um gehirnspezifische Aspekte der Selenbiologie zu untersuchen und zu verstehen [186]. Eine zellspezifische Inaktivierung aller Selenoproteine kann durch die gezielte Deletion der selenocysteinspezifischen tRNA durch die sog. Cre-Lox-Technologie erfolgen und liefert Ergebnisse zur Bedeutung des Spurenelements für die Entwicklung, Funktion und Bedeutung einzelner Organe und Gewebe [144]. Zusammengefasst erlauben diese transgenen Mausmodelle eine analytische Verknüpfung von biologischen Selenwirkungen mit der Expression und Funktion spezifischer Selenoproteine.

58.5.3
Wirkungen auf andere biologische Systeme

Die Wirkungen von Selen auf ganze Ökosysteme sind komplex. Generell scheint Selen als Spurenelement essenziell für die meisten Lebensformen vom Phytoplankton über Bakterien bis zu Säugetieren, auch wenn interessanterweise z. B. Hefen keine spezifischen Selenoproteine exprimieren. Der essenzielle Selenbedarf ist gering, hohe Konzentrationen wirken generell toxisch. Deshalb gibt es eine Reihe von Studien, welche die Auswirkungen von Seleneintragungen in Ökosysteme, hier besonders in Binnenseen und Flüsse, als Folge natürlicher, industrieller oder landwirtschaftlicher Prozesse untersuchen [83]. Die Aschen aus Kohlekraftwerken können z. B. nahe gelegene Seen derart belasten, dass es zu einer massiven Bioakkumulation von Selen in der Nahrungskette kommt. Solch ein Vorgehen führte z. B. in dem Zeitraum von 1974–1985 zu Selenwerten von mehr als 20 μg/L in einem Süßwasserreservoir in North Carolina (Belews Lake) und verursachte Fertilitätsstörungen und teratogene Schäden bei Fischen und Vögeln [128]. Bei juvenilen Sonnenfischen (Centrarchidae) entwickelte sich überdies ein häufig fatales Winter-Stress-Syndrom (erhöhter permanenter oxidativer Stress, der in Kälteperioden nicht durch ausreichende Nahrungszufuhr ausgeglichen wird und durch Energiemangel tödlich enden kann). Trotz der Beendigung dieser Praxis zeigte dieses Ökosystem noch zehn Jahre später erhöhte Selenwerte und entsprechende Anreicherungen und negative Auswirkungen bei Bakterien, Kleintieren, Vögeln und Fischen [129]. Pflanzenarten unterscheiden sich drastisch in ihrer Sensitivität gegenüber Selen, viele werden schon von geringen Konzentrationen in ihrem Wachstum beeinträchtigt und auf entsprechend belasteten Böden zurückgedrängt [205]. Toxische Effekte wie Minderwuchs, Entwicklungsdefizite oder verringerte Lebensspannen wurden auch bei Insekten beobachtet, gerade wenn sie als Prädatoren von selenakkumulierenden Bakterien oder Kleininsekten leben [220]. Selenakkumulierende Pflanzen hingegen können problemlos Selen tolerieren, anreichern und verdampfen. Diese Eigenschaft lässt sich zur Sanierung selenverunreinigter Böden oder Gewässer nutzen und wird Phytoremediation genannt. Bei Selen hat sich die Senfpflanze *Brassica juncea* bewährt, die mit molekülspezifischer Kinetik verschiedene Selenformen aufnehmen und als Dimethylselenid abatmen kann [56]. Aufgrund dieser Charakteristika bestehen zur Zeit auch Bestrebungen, Pflanzen – und hier besonders Feldfrüchte (Tomate, Erdbeere, Rettich oder Kopfsalat) – zu finden, die effektiv und gut kontrollier- und steuerbar Selen aufnehmen und es in organische Selenformen überführen, um diese dann als Selenquellen für Nahrungssupplementationszwecke zu nutzen [36].

58.6 Bewertung des Gefährdungspotenzials

Selen wurde zunächst aufgrund seiner toxischen Wirkungen als Gift angesehen, und vereinzelt auch zum Zwecke einer gezielten Vergiftung (Selbsttötung bzw. Mordanschlag) eingesetzt [77, 177]. Diese Gefährlichkeit ist in der Öffentlichkeit ähnlich gut bekannt wie bei Arsen, obwohl Letzteres in realen und fiktiven Kriminalgeschichten eine deutlich häufigere Verbreitung gefunden hat. Als akute Selenvergiftung ist der Fall einer 48-jährigen Japanerin dokumentiert, die sich nach einer einmaligen Einnahme von 2 g Selendioxid im Krankenhaus mit Schwindelgefühlen und Hämatemesis (blutiges Erbrechen) vorstellte. In der Endoskopie wies sie perforationsfreie Verätzungen von Mund, Rachen, Speiseröhre und Magen auf, allerdings verbesserte sich ihr Zustand nach Magenspülung und Hämodialyse schnell, so dass sie nach 16 Tagen beschwerdefrei entlassen werden konnte [110]. Wie oben erwähnt, wird Selendioxid nur schlecht aufgenommen, kann allerdings durchaus auch bei einmaliger akuter und hoch dosierter Dosis fatal wirken [119]. Ähnliches gilt natürlich auch für die anderen Selenformen, die zum Teil deutlich besser im Gastrointestinaltrakt resorbiert werden. Insofern kann Selen bei akuter massiver Überdosierung gesundheitsschädliche Auswirkungen haben und zu einem qualvollen und langsamen Tod führen. Chronische unbeabsichtigte Überdosierungen sind aber selten, leicht detektierbar und reversibel. Sie äußern sich zunächst durch Unwohlsein, nach Knoblauch riechender Atemluft, durch Haut- und Haarveränderungen und Herz-Kreislaufprobleme. In einer Krebs-Präventionsstudie wurde über mehr als 4 Jahre eine Tagesdosis von 200 µg Selen als Selenhefe zusätzlich zur selenreichen US-amerikanischen Ernährung eingesetzt, also ein Mehrfaches der normalen europäischen Nahrungszufuhr [41]. Es zeigten sich keinerlei klinisch fassbare, negative Nebenwirkungen. Ebenso liegt in bestimmten selenreichen Gebieten Chinas die durchschnittliche tägliche Selenaufnahme etwa 20fach über der europäischen (bei 1,5 mg/Tag), wobei nur tendenzielle Anzeichen von Selenose (Brüchigkeit der Fingernägel) auftreten, die überdies durch einfache Verringerung der Zufuhr reversibel sind [237]. Demnach gibt es für Selen ein deutliches toxikologisches Gefährdungspotenzial, das aber aufgrund der schlechten Reputation von Selen bekannt, wenn nicht gar eher überbewertet wird. Die Folgen einer moderaten Selenvergiftung sind weitgehend reversibel und wirken sich auch bei grober Missachtung der empfohlenen Grenzwerte nur in seltenen Fällen fatal aus. Als Mechanismus wird hierbei eine selenvermittelte nicht enzymatische Erhöhung des Tonus reaktiver Sauerstoffspezies diskutiert [195], welche sich besonders bei Selenit, nicht aber in demselben Maß bei Selenat oder Selenomethionin, einstellt [204]. Zusätzlich bewirkt eine hohe intrazelluläre Selenkonzentration eine Depletion reduzierter Glutathionmoleküle und eine vermehrte Modifizierung freier Thiolgruppen von Cysteinyl-Seitenketten durch die Bildung gemischter Disulfide (-S-Se-Bindungen), welches die Proteinfunktionen beeinträchtigt [136]. Spätfolgen chronischer Überversorgung mit Selen sind weder bekannt noch völlig auszuschließen. Nichtsdestotrotz liegt die therapeutische Breite von Selen bei etwa einem Zehnerfaktor und ist damit relativ gering (empfohlene Tagesmenge zur Krebsprophylaxe, bei der noch keine Nebenwirkungen auftreten: 120 µg/Tag, empfohlene Mindestzufuhr: ca. 20 µg/Tag, höchste unbedenkliche Tagesdosis: ca. 800 µg/Tag, s. u.). Nahrungsergänzungsmittel in Form von Selenpillen, Multivitamintabletten oder selenreichen Hefepräparationen enthalten je nach Hersteller zwischen 10 und 200 µg Se/Einheit und können somit bei sachgerechter Verwendung (Einnahme: 1×wöchentlich bis 1×täglich) als unbedenklich eingestuft werden. Dennoch sollten diese Präparate wie Medikamente behandelt und vor dem Zugriff Dritter (Kinder oder senile bzw. debile Mitbewohner) gesichert aufbewahrt werden. Die tägliche Zufuhr an Selen bestimmt weitgehend linear den Plasma-Selenspiegel, dessen Wert folglich durch eine Supplementation beeinflusst werden kann und der sich entsprechend deutlich regional auf der Welt unterscheidet (Tab. 58.3).

58.7
Grenzwerte, Richtwerte, Empfehlungen

Die durchschnittliche tägliche Aufnahme von Selen unterscheidet sich drastisch in verschiedenen Regionen der Erde. In Deutschland sind die landwirtschaftlichen Nutzflächen relativ selenarm [87] und die mittlere Selenaufnahme bei normaler Diät liegt bei nur 38 µg/Tag (Frauen) bzw. 47 µg/Tag (Männer) [152]. In China können in selenreichen Gebieten Spitzenwerte im mg-Bereich/Tag erreicht werden. In Mangelgebieten, in denen die selenabhängige Keshan-Krankheit endemisch ist [234], wird nur ein Bruchteil davon im einstelligen µg-Bereich/Tag aufgenommen (Tab. 58.4).

Diese Daten zeigen, dass die tägliche Selenaufnahme regional stark schwankt und eine chronisch hohe oder geringe Zufuhr nicht zwangsweise zu klinischen Symptomen führt. Ebenso zeigen die Erfahrungen in unserem Jahrhundert internationaler Mobilität, dass auch der Reisende bei intermittierend akut sehr geringer bzw. übermäßiger Versorgung mit Selen keine gesundheitlichen Auswirkungen zu befürchten hat. Allerdings legen epidemiologische und tierexperimentelle Studien nahe, dass die Prädisposition für bestimmte Erkrankungen bei niedriger Selenversorgung mit resultierenden geringen Selen-Plasma- und Gewebespiegeln erhöht ist [165], und dass eine Supplementation von 200 µg Se/Tag protektive Effekte auf Krebserkrankungen haben könnte [41]. Vor diesem Hintergrund der noch immer bestehenden Unsicherheiten der idealen Selenzufuhr erscheint es zurzeit (noch) unmöglich, verbindliche Empfehlungen für die anzustrebende Aufnahmemenge abzuleiten [25].

Anhand der klinischen Beschreibungen von Patienten aus sehr selenreichen Regionen kann extrapoliert werden, dass erste negative Nebenwirkungen ab einer täglichen Aufnahme von 1540±653 µg Se/Tag auftreten dürften [228]. Die amerikanische Nahrungsmittelbehörde FDA (Food and Drug Administration) stuft eine tägliche Maximaldosis von 891±126 µg Se/Tag als gerade noch unbedenklich ein. Bei einer solchen Versorgung dürfte sich eine dazu korrespondie-

Tab. 58.4 Se-Tagesaufnahme in verschiedenen Ländern. Diese Werte stammen aus Beobachtungen, offiziellen Statisken oder Hochrechnungen anhand von Fragebogenaktionen zum Ernährungsverhalten ausgewählter Bevölkerungsgruppen. Es ergeben sich tendenzielle Unterschiede zur Liste der Plasma-Selenkonzentrationen, da beide Werte nicht parallel ermittelt wurden, i. e., keine identischen Kollektive zur Analyse gelangten. Anhand der umfassenden Daten zum Selenstatus in verschiedenen Regionen Chinas [237] kann die resultierende Plasma-Selenkonzentration aber als Funktion der tägliche Aufnahme gemäß folgender Formel abgeschätzt werden [207]: $\log Y = 1{,}623 \cdot \log X + 3{,}433$ (Y = Plasma-Selenkonzentration [μg/L], X = tägliche Selenaufnahme [μg/Tag]). Beunruhigenderweise nimmt die durchschnittliche Selenaufnahme in vielen europäischen Ländern in den letzten Jahren deutlich ab [165].

Land	Se [μg/Tag]	Literatur
Venezuela	200–350	[45]
Kanada	113–220	[206]
USA	60–160	[132]
Japan	128	[139]
Mexiko	61–73	[215]
Belgien	28–61	[173]
Neuseeland	19–80	[174]
Deutschland	38–47	[152]
Schottland	43	[192]
Großbritannien	31	[13]
Finnland, vor 1980	12–23	[145]
Finnland, seit 1986	69–82	[145]
China:		
Mangelgebiete	2–36	[133]
Hochselen-Gebiete	240–6990	[238]

rende Selen-Plasmakonzentration von 1000 μg/L einstellen [169]. Auch das Expertengremium der EU erachtet 850 μg Se/Tag als kritische Obergrenze der täglichen Selenaufnahme basierend auf den Daten aus den selenreichen Regionen Chinas [235, 237]. Dort zeigten sich bei der Bevölkerung erste Anzeichen von Selenvergiftung bei einer täglichen Selenzufuhr ab 800–900 μg Se/Tag, die aber reversibel waren [236]. Um den verbleibenden Unbestimmtheiten dieser Beobachtungen und der Übertragungsunschärfe Rechnung zu tragen, empfehlen sowohl die FDA als auch das EU-Gremium, einen Unsicherheitsfaktor von 3 einzuführen. Damit ergibt sich als noch unbedenkliche tägliche Selenaufnahme ein oberer Grenzwert von 300 μg/Tag (UL, tolerable upper intake level) [47]. Da keine gegenteiligen Berichte vorliegen, gilt dieser Wert für Frauen ebenso wie für Männer und auch für Schwangere und Stillende. Aus dieser Abschätzung lassen sich über das mittlere Körpergewicht auch entsprechende UL-Werte für Kinder und Heranwachsende ableiten (Tab. 58.5).

Die EU empfiehlt, Selenomethionin oder entsprechende selenreiche Hefe als Supplementationsform der Wahl zu meiden, da dessen Aufnahme und Einbau

Tab. 58.5 Gerade noch unbedenkliche maximale Tagesaufnahme für Selen. Diese Werte sind aus den Erfahrungen in den selenreichen Gebieten Chinas abgeleitet. Ein unterschiedliches Ausmaß von Aufnahme, Bioverfügbarkeit und Metabolisierung der unterschiedlichen Selenformen wurde hierbei nicht berücksichtigt. Zurzeit werden therapeutische Selensupplementierungen bei Patienten mit Prostatakrebs getestet, deren Dosierung 5–10fach über diesen Werten liegt. Hier waren auch nach zwölf Monaten Therapie noch keine Anzeichen von Selenose feststellbar [169], so dass die hier angegebene Höchstgrenze eine eher vorsichtige Abschätzung darstellt.

Altersgruppe	Se-Menge [μg/Tag]
Heranwachsende:	
1–3 Jahre	60
4–6 Jahre	90
7–10 Jahre	130
11–14 Jahre	200
15–17 Jahre	250
Erwachsene:	
Frauen	300
Männer	300
Schwangere	300
Stillende	300

Tab. 58.6 Altersgerechte empfohlene Se-Tagesaufnahme, beispielhaft in Deutschland und Australien. Die Empfehlungen der Gesundheitsbehörden und Gremien verschiedener Länder unterscheiden sich nur geringfügig, da der Selenbedarf zurzeit noch von der Menge abgeleitet wird, die ausreicht, um Mangelerscheinungen zu verhindern. Eine zusätzliche Zufuhr bei Schwangeren oder Stillenden ist umstritten. Sollten sich die Studien zur chemopräventiven Potenz supraphysiologischer Selensupplementationen positiv bestätigen, so dürften entsprechende Empfehlungen in den Größenordnungen der gerade noch unbedenklichen Tagesaufnahmen erfolgen (s. Tab. 58.5).

Altersstufe	Se-Menge [μg/Tag] (Deutschland) [212]	Altersstufe	Se-Menge [μg/Tag] (Australien) [208]
0–4 Monate	5–15	0–6 Monate	10
4–12 Monate	7–30	7–12 Monate	15
1–4 Jahre	10–40	1–3 Jahre	25
4–7 Jahre	15–45	4–7 Jahre	30
7–10 Jahre	20–50	8–11 Jahre	50
10–15 Jahre	25–60	12–18 Jahre	85
>15 Jahre	30–70	19–64 Jahre	
Männer	30–70	Männer	85
Frauen	30–70	Frauen	70
Schwangere	30–70	Schwangere	+10
Stillende	30–70	Stillende	+15

keiner Sättigung unterliegt und sich somit potenziell toxische Spiegel akkumulieren könnten. Diese Meinung ist aber keineswegs unumstritten, da in den bisherigen Supplementationsversuchen mit Selenomethionin bzw. selenreicher Hefe keine solchen Effekte beobachtet wurden [167] und sich die von Selenit bekannte ungewollte Erhöhung des Tonus reaktiver Sauerstoffspezies bei Selenomethionin kaum ausprägt [204]. Die Mindestmenge der täglichen Selenaufnahme lässt sich aus den Erfahrungen in China zur Prävention der selenabhängigen Keshan-Krankheit ableiten und beträgt danach ca. 20 µg Se/Tag [207]. Wenn maximale Expressionen der Glutathion-Peroxidasen [130], der Iod-Thyronin-Deiodasen [58] oder von Selenoprotein P [157] als Kriterium herangezogen werden, so ergibt sich ein täglicher Mindestbedarf von 35–50 µg Se/Tag [207]. Extrapoliert man von den Krebspräventionsstudien, so ergeben sich protektive Effekte bei einer mittleren täglichen Selenaufnahme von 120 µg Se/Tag [43]. Empfohlen wird derzeit von der FDA eine tägliche Aufnahme von 70 µg Se/Tag (Männer) bzw. 55 µg Se/Tag (Frauen) [52] bzw. geschlechtsunabhängig 55 µg Se/Tag [32], in Australien sind es 85 µg Se/Tag (Männer) und 70 µg Se/Tag (Frauen) [207]. In Deutschland empfehlen die Deutsche Gesellschaft für Ernährung, die DACH bzw. das Bundesumweltamt eine tägliche Aufnahme von 30–70 µg Se/Tag oder 1 µg Se/(Tag×kg Körpergewicht), und liegen damit eher am unteren Rand des Konsens [212] (Tab. 58.6).

58.8 Vorsorgemaßnahmen

Bei normaler und ausgewogener mitteleuropäischer Ernährung sind bezüglich der Selenversorgung zur Vermeidung der Ausprägung von Mangelsymptomen oder Vergiftungserscheinungen keine besondere Vorsorgemaßnahmen angezeigt, da die verschiedenen Ernährungskomponenten zwar unterschiedliche Gehalte aufweisen, in ihrer Mischung aber eine ausreichende und gleichzeitig begrenzte Selenversorgung sicherstellen. Für Risikogruppen, die sich durch ungewöhnliche Ernährungsweisen auszeichnen, wie Vegetarier, Veganer, dialysepflichtige oder parenteral ernährte Patienten und Personen, die unter Ess- oder Trinkstörungen leiden (Bulimie, Anorexia nervosa, Alkoholiker) ist es ratsam, den Selenspiegel kontrollieren zu lassen. Ebenso erscheint eine Überprüfung des Selenstatus sinnvoll, wenn davon ausgegangen werden muss, dass über längere Zeiten ein erheblicher Verlust des Spurenelementes über den Stuhl (durch Diarrhö, Maldigestion, Malabsorption oder Laxantienabusus), den Urin (bei Nierenschaden, negativer Stickstoffbilanz, nephrotischem Syndrom, Diabetes insipidus, Diuretikatherapie) oder durch Blutverlust oder Stillzeit erfolgte. Auch bei Frühgeborenen, Kindern mit angeborenen Stoffwechselstörungen oder chronisch erkrankten Personen sollte eine Überprüfung des Selenstatus vorgenommen werden, um Langzeitschäden und Entwicklungsdefekte zu vermeiden bzw. eine ungestörte Funktion des Immunsystems adjunktiv zu den medikamentösen Therapieansätzen sicherzustellen.

58.9 Zusammenfassung

Selen stellt für den Menschen ein essenzielles Spurenelement dar. Es zeichnet sich durch einige Besonderheiten aus, die das Studium der Selenbiologie und seiner Wirkungen interessant, faszinierend und unvergleichbar machen. Es ist das einzige Spurenelement, für dessen Verwertung und Nutzen sich ein eigenes Codon mitsamt einer hoch spezialisierten Translationsmaschinerie in unseren Genen entwickelt hat. Die kleine Gruppe der Selenoproteine katalysiert (über-)lebenswichtige Reaktionen mit einer Effektivität und Spezifität, wie sie nicht von anderen Enzymen übernommen werden kann. Der Metabolismus von Selen ist durch spezifische Mechanismen hierarchisch abgestimmt, so dass auch in Mangelversorgungszeiten keine gesundheitlichen Beeinträchtigungen auftreten. Allerdings wirken sich zusätzliche Belastungen, Infektionen oder Noxen bei einer unzureichenden Selenversorgung deutlich schwerwiegender aus. Insofern sollte eine ausreichende Zufuhr dieses Spurenelementes angestrebt werden. In unseren Breiten tritt bei regulärer Ernährung gewöhnlich kein Selenmangel auf, eine mäßige Selensupplementation der Diät kann aber in besonderen Situationen und bei bestimmten Erkrankungen sinnvoll sein. Regional unterscheiden sich die Selenkonzentrationen in Böden, Pflanzen und Tieren drastisch, ausgeprägte Mangel- oder Überschussgebiete sind jedoch nur sehr wenige bekannt. Während die Essentialität und ein Mindestversorgungsanspruch gut definiert sind, mehren sich die Anzeichen, dass eine zusätzliche Selensupplementation für die Erhaltung der Gesundheit bzw. als adjuvante Therapieoption bei Erkrankungen mit immunologischer Komponente sinnvoll sein könnte. Hierzu stehen aber die Ergebnisse von groß angelegten Studien noch aus, so dass zurzeit noch keine entsprechenden Empfehlungen gegeben werden können. Aber ebenso, wie es dem Menschen gelungen ist, den Mond zu betreten und seine Schattenseite zu erhellen, dürfen wir hoffen, in naher Zukunft auch einige weitere Schleier des geheimnisvollen Elementes der Mondgöttin gelüftet zu sehen, so dass uns Risiken und Nebenwirkungen, die pathophysiologische Relevanz und das therapeutische Potenzial des Selens offenbar und einer kontrollierten Nutzung zugänglich werden.

58.10 Literatur

1 Al-Kunani AS, Knight R, Haswell SJ, Thompson JW, Lindow SW (2001) The selenium status of women with a history of recurrent miscarriage. *Biog*, **108(10)**: 1094–1097.

2 Alegria A, Barbera R, Clemente G, Farre R, Garcia MJ and Lagarda MJ (1996) Selenium and glutathione peroxidase reference values in whole blood and plasma of a reference population living in Valencia, Spain. *J Trace Elem Med Biol*, **10(4)**: 223–228.

3 Alfthan G, Bogye G, Aro A and Feher J (1992) The human selenium status in Hungary. *J Trace Elem Electrolytes Health Dis*, **6(4)**: 233–238.

4 Allander E (1994) Kashin-Beck disease. An analysis of research and public

health activities based on a bibliography 1849–1992. *Scand J Rheumatol Suppl*, **99**: 1–36.

5 Ammerman CB, Miller SM (1975) Selenium in ruminant nutrition: a review. *J Dairy Sci*, **58(10)**: 1561–1577.

6 Angstwurm MW, Schopohl J, Gaertner R (2004) Selenium substitution has no direct effect on thyroid hormone metabolism in critically ill patients. *Eur J Endocrinol*, **151(1)**: 47–54.

7 Aro A, Alfthan G, Varo P (1995) Effects of supplementation of fertilizers on human selenium status in Finland. *Analyst*, **120(3)**: 841–843.

8 Arthur JR (2000) The glutathione peroxidases. *Cell Mol Life Sci*, **57**(13–14): 1825–1835.

9 Arthur JR, McKenzie RC, Beckett GJ (2003) Selenium in the immune system. *J Nutr*, **133** (5 Suppl 1): 1457S–1459S.

10 Banerjee BD, Dwivedi S, Singh S (1997) Acute hydrogen selenide gas poisoning admissions in one of the hospitals in Delhi, India: case report. *Hum Exp Toxicol*, **16(5)**: 276–278.

11 Bansal MP, Mukhopadhyay T, Scott J, Cook RG, Mukhopadhyay R, Medina D (1990) DNA sequencing of a mouse liver protein that binds selenium: implications for selenium's mechanism of action in cancer prevention. *Carcinogenesis*, **11(11)**: 2071–2073.

12 Barceloux DG (1999) Selenium. *J Toxicol Clin Toxicol*, **37(2)**: 145–172.

13 Barclay MN, MacPherson A and Dixon J (1995) Selenium content of a range of UK foods. *J Food Composition Analysis*, **8**: 307–318.

14 Barrington JW, Lindsay P, James D, Smith S, Roberts A (1996) Selenium deficiency and miscarriage: a possible link? *Br J Obstet Gynaecol*, **103(2)**: 130–132.

15 Baum MK, Miguez-Burbano MJ, Campa A, Shor-Posner G (2000) Selenium and interleukins in persons infected with human immunodeficiency virus type 1. *J Infect Dis*, **182** Suppl 1: S69–S73.

16 Beck MA, Levander OA, Handy J (2003) Selenium deficiency and viral infection. *J Nutr*, **133** (5 Suppl 1): 1463S–1467S.

17 Behne D, Hilmert H, Scheid S, Gessner H and Elger W (1988) Evidence for specific selenium target tissues and new biologically important selenoproteins. *Biochim Biophys Acta*, **966(1)**: 12–21.

18 Benes B, Spevackova V, Cejchanova M, Smid J, Svandova E (2001) Retrospective study of concentration levels of Pb, Cd, Cu and Se in serum of the Czech population in time period 1970–1999. *Cent Eur J Public Health*, **9(4)**: 190–195.

19 Bermano G, Nicol F, Dyer JA, Sunde RA, Beckett GJ, Arthur JR, Hesketh JE (1996) Selenoprotein gene expression during selenium-repletion of selenium-deficient rats. *Biol Trace Elem Res*, **51(3)**: 211–223.

20 Bermano G, Nicol F, Dyer JA, Sunde RA, Beckett GJ, Arthur JR, Hesketh JE (1995) Tissue-specific regulation of selenoenzyme gene expression during selenium deficiency in rats. *Biochem J*, **311** (Pt 2): 425–430.

21 Berr C (2000) Cognitive impairment and oxidative stress in the elderly: results of epidemiological studies. *Biofactors*, **13**(1–4): 205–209.

22 Berry MJ, Harney JW, Ohama T, Hatfield DL (1994) Selenocysteine insertion or termination: factors affecting UGA codon fate and complementary anticodon:codon mutations. *Nucleic Acids Res*, **22(18)**: 3753–3759.

23 Berry MJ, Martin GW (1997) 3rd and Low SC, RNA and protein requirements for eukaryotic selenoprotein synthesis. *Biomed Environ Sci*, **10(2–3)**: 182–189.

24 Bianco AC, Salvatore D, Gereben B, Berry MJ and Larsen PR (2002) Biochemistry, cellular and molecular biology, and physiological roles of the iodothyronine selenodeiodinases. *Endocr Rev*, **23(1)**: 38–89.

25 Biesalski HK, Berger MM, Brätter P, Brigelius-Flohé R, Fürst P, Köhrle J, Oster O, Shenkin A, Viell B, Wendel A (1997) Kenntnisstand Selen – Ergebnisse des Hohenheimer Konsensusmeetings. *Akt Ernaehr*, **22**: 224–231.

26 Blankenberg S, Rupprecht HJ, Bickel C, Torzewski M, Hafner G, Tiret L, Smieja M, Cambien F, Meyer J, Lackner KJ (2003) Glutathione peroxidase 1 activity and cardiovascular events in patients with coronary artery disease. *N Engl J Med*, **349(17)**: 1605–1613.

27 Bock A, Forchhammer K, Heider J, Baron C (1991) Selenoprotein synthesis: an expansion of the genetic code. *Trends Biochem Sci*, **16(12)**: 463–467.

28 Bonomini M, Forster S, Manfrini V, De Risio F, Steiner M, Vidovich MI, Klinkmann H, Ivanovich P and Albertazzi A (1996) Geographic factors and plasma selenium in uremia and dialysis. *Nephron*, **72(2)**: 197–204.

29 Bosl MR, Takaku K, Oshima M, Nishimura S, Taketo MM (1997) Early embryonic lethality caused by targeted disruption of the mouse selenocysteine tRNA gene (Trsp). *Proc Natl Acad Sci USA*, **94(11)**: 5531–5534.

30 Broome CS, McArdle F, Kyle JA, Andrews F, Lowe NM, Hart CA, Arthur JR, Jackson MJ (2004) An increase in selenium intake improves immune function and poliovirus handling in adults with marginal selenium status. *Am J Clin Nutr*, **80(1)**: 154–162.

31 Burguera JL, Burguera M, Gallignani M, Alarcon OM, Burguera JA (1990) Blood serum selenium in the province of Merida, Venezuela, related to sex, cancer incidence and soil selenium content. *J Trace Elem Electrolytes Health Dis*, **4(2)**: 73–77.

32 Burk RF (2002) Selenium, an antioxidant nutrient. *Nutr Clin Care*, **5(2)**: 75–79.

33 Burk RF, Hill KE (2004) Selenoprotein P: An Extracellular Protein with Unique Physical Characteristics and a Role in Selenium Homeostasis. *Annu Rev Nutr.*

34 Burk RF, Hill KE, Motley AK (2001) Plasma selenium in specific and non-specific forms. *Biofactors*, **14(1–4)**: 107–114.

35 Cappon CJ, Smith JC (1981) Mercury and selenium content and chemical form in fish muscle. *Arch Environ Contam Toxicol*, **10(3)**: 305–319.

36 Carvalho KM, Gallardo-Williams MT, Benson RF, Martin DF (2003) Effects of selenium supplementation on four agricultural crops. *J Agric Food Chem*, **51(3)**: 704–709.

37 Chen J, Berry MJ (2003) Selenium and selenoproteins in the brain and brain diseases. *J Neurochem*, **86(1)**: 1–12.

38 Cheng W, Fu YX, Porres JM, Ross DA, Lei XG (1999) Selenium-dependent cellular glutathione peroxidase protects mice against a pro-oxidant-induced oxidation of NADPH, NADH, lipids, and protein. *Faseb J*, **13(11)**: 1467–1475.

39 Chu FF, Esworthy RS, Chu PG, Longmate JA, Huycke MM, Wilczynski S, Doroshow JH (2004) Bacteria-induced intestinal cancer in mice with disrupted Gpx1 and Gpx2 genes. *Cancer Res*, **64(3)**: 962–968.

40 Clark LC (1985) The epidemiology of selenium and cancer. *Fed Proc*, **44(9)**: 2584–2589.

41 Clark LC, Combs GF, Jr, Turnbull BW, Slate EH, Chalker DK, Chow J, Davis LS, Glover RA, Graham GF, Gross EG, Krongrad A, Lesher JL, Jr., Park HK, Sanders BB, Jr., Smith CL, Taylor JR (1996) Effects of selenium supplementation for cancer prevention in patients with carcinoma of the skin. A randomized controlled trial. Nutritional Prevention of Cancer Study Group. *Jama*, **276(24)**: 1957–1963.

42 Clark RF, Strukle E, Williams SR, Manoguerra AS (1996) Selenium poisoning from a nutritional supplement. *Jama*, **275(14)**: 1087–1088.

43 Combs GF Jr (2005) Current evidence and research needs to support a health claim for selenium and cancer prevention. *J Nutr*, **135(2)**: 343–347.

44 Combs GF Jr, Clark LC, Turnbull BW (2001) An analysis of cancer prevention by selenium. *Biofactors*, **14(1–4)**: 153–159.

45 Combs GF Jr, Combs SB (1984) The nutritional biochemistry of selenium. *Annu Rev Nutr*, **4**: 257–280.

46 Combs GF Jr, Gray WP (1998) Chemopreventive agents: selenium. *Pharmacol Ther*, **79(3)**: 179–192.

47 Commission E, Opinion of the Scientific Committee on Food on the Tolerable Upper Intake Level of Selenium. SCF/CS/NUT/UPPLEV/25 Final, 2000.

48 Conrad M, Jakupoglu C, Moreno SG, Lippl S, Banjac A, Schneider M, Beck H, Hatzopoulos AK, Just U, Sinowatz F, Schmahl W, Chien KR, Wurst W, Bornkamm GW, Brielmeier M (2004) Essential role for mitochondrial thioredoxin reductase in hematopoiesis, heart development, and heart function. *Mol Cell Biol,* **24(21)**: 9414–9423.

49 Constans J, Seigneur M, Blann AD, Renard M, Resplandy F, Amiral J, Guerin V, Boisseau MR, Conri C (1998) Effect of the antioxidants selenium and *beta*-carotene on HIV-related endothelium dysfunction. *Thromb Haemost,* **80(6)**: 1015–1017.

50 Contempre B, de Escobar GM, Denef JF, Dumont JE, Many MC (2004) Thiocyanate induces cell necrosis and fibrosis in selenium- and iodine-deficient rat thyroids: a potential experimental model for myxedematous endemic cretinism in central Africa. *Endocrinology,* **145(2)**: 994–1002.

51 Contempre B, Vanderpas J, Dumont JE (1991) Cretinism, thyroid hormones and selenium. *Mol Cell Endocrinol,* **81(1–3)**: C193–195.

52 Council NR (1989) Subcommittee n the tenth edition of the RDA's. National Academy Press, Washington DC.

53 Crane M, Flower T, Holmes D, Watson S (1992) The toxicity of selenium in experimental freshwater ponds. *Arch Environ Contam Toxicol,* **23(4)**: 440–452.

54 Daniels LA (1996) Selenium metabolism and bioavailability. *Biol Trace Elem Res,* **54(3)**: 185–199.

55 Davis CD, Uthus EO (2004) DNA methylation, cancer susceptibility, and nutrient interactions. *Exp Biol Med (Maywood),* **229(10)**: 988–995.

56 de Souza MP, Pickering IJ, Walla M, Terry N (2002) Selenium assimilation and volatilization from selenocyanate-treated Indian mustard and muskgrass. *Plant Physiol,* **128(2)**: 625–633.

57 Diwadkar-Navsariwala V, Diamond AM (2004) The link between selenium and chemoprevention: a case for selenoproteins. *J Nutr,* **134(11)**: 2899–2902.

58 Duffield AJ, Thomson CD, Hill KE, Williams S (1999) An estimation of selenium requirements for New Zealanders. *Am J Clin Nutr,* **70(5)**: 896–903.

59 Duffield-Lillico AJ, Dalkin BL, Reid ME, Turnbull BW, Slate EH, Jacobs ET, Marshall JR, Clark LC (2003) Selenium supplementation, baseline plasma selenium status and incidence of prostate cancer: an analysis of the complete treatment period of the Nutritional Prevention of Cancer Trial. *BJU Int,* **91(7)**: 608–612.

60 Duffield-Lillico AJ, Reid ME, Turnbull BW, Combs GF, Jr., Slate EH, Fischbach LA, Marshall JR, Clark LC (2002) Baseline characteristics and the effect of selenium supplementation on cancer incidence in a randomized clinical trial: a summary report of the Nutritional Prevention of Cancer Trial. *Cancer Epidemiol Biomarkers Prev,* **11(7)**: 630–639.

61 Duntas LH, Mantzou E, Koutras DA (2003) Effects of a six month treatment with selenomethionine in patients with autoimmune thyroiditis. *Eur J Endocrinol,* **148(4)**: 389–393.

62 El-Bayoumy K, Das A, Boyiri T, Desai D, Sinha R, Pittman B, Amin S (2003) Comparative action of 1,4-phenylenebis(methylene)selenocyanate and its metabolites against 7,12-dimethylbenz[a]-anthracene-DNA adduct formation in the rat and cell proliferation in rat mammary tumor cells. *Chem Biol Interact,* **146(2)**: 179–190.

63 Esworthy RS, Aranda R, Martin MG, Doroshow JH, Binder SW, Chu FF (2001) Mice with combined disruption of Gpx1 and Gpx2 genes have colitis. *Am J Physiol Gastrointest Liver Physiol,* **281(3)**: G848–G855.

64 Fagegaltier D, Carbon P and Krol A (2001) Distinctive features in the SelB family of elongation factors for selenoprotein synthesis. A glimpse of an evolutionary complexified translation apparatus. *Biofactors,* **14(1–4)**: 5–10.

65 Fan AM, Book SA, Neutra RR, Epstein DM (1988) Selenium and human health implications in California's San Joaquin Valley. *J Toxicol Environ Health,* **23(4)**: 539–559.

66 Fishbein L (1983) Environmental selenium and its significance. *Fundam Appl Toxicol,* **3(5)**: 411–419.

67 Fishbein L (1984) Overview of analysis of carcinogenic and/or mutagenic metals in biological and environmental samples. I. Arsenic, beryllium, cadmium, chromium and selenium. *Int J Environ Anal Chem*, **17(2)**: 113–170.

68 Fleet JC (1997) Dietary selenium repletion may reduce cancer incidence in people at high risk who live in areas with low soil selenium. *Nutr Rev*, **55(7)**: 277–279.

69 Flohé L, Andreesen JR, Brigelius-Flohe R, Maiorino M, Ursini F (2000) Selenium, the element of the moon, in life on earth. *IUBMB Life*, **49(5)**: 411–420.

70 Flohé L, Gunzler WA and Schock HH (1973) Glutathione peroxidase: a selenoenzyme. *FEBS Lett*, **32(1)**: 132–134.

71 Foresta C, Flohe L, Garolla A, Roveri A, Ursini F and Maiorino M (2002) Male fertility is linked to the selenoprotein phospholipid hydroperoxide glutathione peroxidase. *Biol Reprod*, **67(3)**: 967–971.

72 Foster LH and Sumar S (1997) Selenium in health and disease: a review. *Crit Rev Food Sci Nutr*, **37(3)**: 211–228.

73 Ganther HE (1999) Selenium metabolism, selenoproteins and mechanisms of cancer prevention: complexities with thioredoxin reductase. *Carcinogenesis*, **20(9)**: 1657–1666.

74 Garland M, Morris JS, Stampfer MJ, Colditz GA, Spate VL, Baskett CK, Rosner B, Speizer FE, Willett WC, Hunter DJ (1995) Prospective study of toenail selenium levels and cancer among women. *J Natl Cancer Inst*, **87(7)**: 497–505.

75 Gärtner R, Albrich W and Angstwurm MW (2001) The effect of a selenium supplementation on the outcome of patients with severe systemic inflammation, burn and trauma. *Biofactors*, **14(1–4)**: 199–204.

76 Gärtner R, Gasnier BC, Dietrich JW, Krebs B and Angstwurm MW (2002) Selenium supplementation in patients with autoimmune thyroiditis decreases thyroid peroxidase antibodies concentrations. *J Clin Endocrinol Metab*, **87(4)**: 1687–1691.

77 Gasmi A, Garnier R, Galliot-Guilley M, Gaudillat C, Quartenoud B, Buisine A, Djebbar D (1997) Acute selenium poisoning. *Vet Hum Toxicol*, **39(5)**: 304–308.

78 Ge K, Xue A, Bai J, Wang S (1983) Keshan disease-an endemic cardiomyopathy in China. *Virchows Arch A Pathol Anat Histopathol*, **401(1)**: 1–15.

79 Gromer S, Urig S and Becker K (2004) The thioredoxin system – from science to clinic. *Med Res Rev*, **24(1)**: 40–89.

80 Gross M, Oertel M, Köhrle J (1995) Differential selenium-dependent expression of type I 5'-deiodinase and glutathione peroxidase in the porcine epithelial kidney cell line LLC-PK1. *Biochem J*, **306** (Pt 3): 851–856.

81 Gu BQ (1983) Pathology of Keshan disease. A comprehensive review. *Chin Med J* (Engl), **96(4)**: 251–261.

82 Haldimann M, Venner TY, Zimmerli B (1996) Determination of selenium in the serum of healthy Swiss adults and correlation to dietary intake. *J Trace Elem Med Biol*, **10(1)**: 31–45.

83 Hamilton SJ (2004) Review of selenium toxicity in the aquatic food chain. *Sci Total Environ*, **326(1–3)**: 1–31.

84 Hansen JC (1988) Has selenium a beneficial role in human exposure to inorganic mercury? *Med Hypotheses*, **25(1)**: 45–53.

85 Hansen JC, Deguchi Y (1996) Selenium and fertility in animals and man – a review. *Acta Vet Scand*, **37(1)**: 19–30.

86 Hansen JC, Deutch B, Pedersen HS (2004) Selenium status in Greenland Inuit. *Sci Total Environ*, **331(1–3)**: 207–214.

87 Hartfiel W, Bahners N (1988) Selenium deficiency in the Federal Republic of Germany. *Biol Trace Elem Res*, **15**: 1–12.

88 Hartman TJ, Taylor PR, Alfthan G, Fagerstrom R, Virtamo J, Mark SD, Virtanen M, Barrett MJ, Albanes D (2002) Toenail selenium concentration and lung cancer in male smokers (Finland). *Cancer Causes Control*, **13(10)**: 923–928.

89 Hasegawa T, Mihara M, Okuno T, Nakamuro K, Sayato Y (1995) Chemical form of selenium-containing metabolite in small intestine and liver of mice following orally administered selenocystine. *Arch Toxicol*, **69(5)**: 312–317.

90 Hassoun BS, Palmer IS, Dwivedi C (1995) Selenium detoxification by methylation. *Res Commun Mol Pathol Pharmacol,* **90(1)**: 133–142.

91 Hatfield DL, Gladyshev VN (2002) How selenium has altered our understanding of the genetic code. *Mol Cell Biol,* **22(11)**: 3565–3576.

92 Helzlsouer KJ, Jacobs R, Morris S (1985) Acute selenium intoxication in the United States. *Federation Proc,* **44**: 1670.

93 Hercberg S, Galan P, Preziosi P, Bertrais S, Mennen L, Malvy D, Roussel AM, Favier A, Briancon S (2004) The SU.VI.MAX Study: a randomized, placebo-controlled trial of the health effects of antioxidant vitamins and minerals. *Arch Intern Med,* **164(21)**: 2335–2342.

94 Hercberg S, Galan P, Preziosi P, Roussel AM, Arnaud J, Richard MJ, Malvy D, Paul-Dauphin A, Briancon S, Favier A (1998) Background and rationale behind the SU.VI.MAX Study, a prevention trial using nutritional doses of a combination of antioxidant vitamins and minerals to reduce cardiovascular diseases and cancers. SUpplementation en VItamines et Mineraux AntioXydants Study. *Int J Vitam Nutr Res,* **68(1)**: 3–20.

95 Hill KE, Xia Y, Akesson B, Boeglin ME, Burk RF (1996) Selenoprotein P concentration in plasma is an index of selenium status in selenium-deficient and selenium-supplemented Chinese subjects. *J Nutr,* **126(1)**: 138–145.

96 Hill KE, Zhou J, McMahan WJ, Motley AK, Atkins JF, Gesteland RF, Burk RF (2003) Deletion of selenoprotein P alters distribution of selenium in the mouse. *J Biol Chem,* **278(16)**: 13640–13646.

97 Hirato J, Nakazato Y, Koyama H, Yamada A, Suzuki N, Kuroiwa M, Takahashi A, Matsuyama S, Asayama K (2003) Encephalopathy in megacystis-microcolon-intestinal hypoperistalsis syndrome patients on long-term total parenteral nutrition possibly due to selenium deficiency. *Acta Neuropathol (Berl),* **106(3)**: 234–242.

98 Holleman AF, Wiberg E, Wiberg N (1995) Lehrbuch der Anorganischen Chemie, de Gruyter, Berlin.

99 Huang ZZ and Wu L (1991) Species richness and selenium accumulation of plants in soils with elevated concentration of selenium and salinity. *Ecotoxicol Environ Saf,* **22(3)**: 251–266.

100 Ip C, Ganther HE (1992) Comparison of selenium and sulfur analogs in cancer prevention. *Carcinogenesis,* **13(7)**: 1167–1170.

101 Jackson ML (1988) Selenium: geochemical distribution and associations with human heart and cancer death rates and longevity in China and the United States. *Biol Trace Elem Res,* **15**: 13–21.

102 Jacob C, Giles GI, Giles NM, Sies H (2003) Sulfur and selenium: the role of oxidation state in protein structure and function. *Angew Chem Int Ed Engl,* **42(39)**: 4742–4758.

103 Jacobs ET, Jiang R, Alberts DS, Greenberg ER, Gunter EW, Karagas MR, Lanza E, Ratnasinghe L, Reid ME, Schatzkin A, Smith-Warner SA, Wallace K, Martinez ME (2004) Selenium and colorectal adenoma: results of a pooled analysis. *J Natl Cancer Inst,* **96(22)**: 1669–1675.

104 Janghorbani M, Xia Y, Ha P, Whanger PD, Butler JA, Olesik JW, Daniels L (1999) Metabolism of selenite in men with widely varying selenium status. *J Am Coll Nutr,* **18(5)**: 462–469.

105 Kabata-Pendias A (1998) Geochemistry of selenium. *J Environ Pathol Toxicol Oncol,* **17(3–4)**: 173–177.

106 Kardinaal AF, Kok FJ, Kohlmeier L, Martin-Moreno JM, Ringstad J, Gomez-Aracena J, Mazaev VP, Thamm M, Martin BC, Aro A, Kark JD, Delgado-Rodriguez M, Riemersma RA, van 't Veer P, Huttunen JK (1997) Association between toenail selenium and risk of acute myocardial infarction in European men. The EURAMIC Study. European Antioxidant Myocardial Infarction and Breast Cancer. *Am J Epidemiol,* **145(4)**: 373–379.

107 Karita K, Hamada GS, Tsugane S (2001) Comparison of selenium status between Japanese living in Tokyo and Japanese brazilians in Sao Paulo, Brazil. *Asia Pac J Clin Nutr,* **10(3)**: 197–199.

108 Kato T, Read R, Rozga J, Burk RF (1992) Evidence for intestinal release of absorbed selenium in a form with high hepatic extraction. *Am J Physiol*, **262** (5 Pt 1): G854–G858.

109 Kiremidjian-Schumacher L, Roy M, Glickman R, Schneider K, Rothstein S, Cooper J, Hochster H, Kim M, Newman R (2000) Selenium and immunocompetence in patients with head and neck cancer. *Biol Trace Elem Res*, **73(2)**: 97–111.

110 Kise Y, Yoshimura S, Akieda K, Umezawa K, Okada K, Yoshitake N, Shiramizu H, Yamamoto I, Inokuchi S (2004) Acute oral selenium intoxication with ten times the lethal dose resulting in deep gastric ulcer. *J Emerg Med*, **26(2)**: 183–187.

111 Klein EA, Thompson IM, Lippman SM, Goodman PJ, Albanes D, Taylor PR, Coltman C (2001) SELECT: the next prostate cancer prevention trial. Selenum and Vitamin E Cancer Prevention Trial. *J Urol*, **166(4)**: 1311–1315.

112 Knekt P, Aromaa A, Maatela J, Alfthan G, Aaran RK, Hakama M, Hakulinen T, Peto R, Teppo L (1990) Serum selenium and subsequent risk of cancer among Finnish men and women. *J Natl Cancer Inst*, **82(10)**: 864–868.

113 Kobayashi Y, Ogra Y, Ishiwata K, Takayama H, Aimi N, Suzuki KT (2002) Selenosugars are key and urinary metabolites for selenium excretion within the required to low-toxic range. *Proc Natl Acad Sci USA*, **99(25)**: 15932–15936.

114 Köhrle J (2000) The deiodinase family: selenoenzymes regulating thyroid hormone availability and action. *Cell Mol Life Sci*, **57(13–14)**: 1853–1863.

115 Köhrle J (1999) The trace element selenium and the thyroid gland. *Biochimie*, **81(5)**: 527–533.

116 Köhrle J, Brigelius-Flohe R, Bock A, Gartner R, Meyer O, Flohe L (2000) Selenium in biology: facts and medical perspectives. *Biol Chem*, **381(9–10)**: 849–864.

117 Kok FJ, de Bruijn AM, Vermeeren R, Hofman A, van Laar A, de Bruin M, Hermus RJ, Valkenburg HA (1987) Serum selenium, vitamin antioxidants, and cardiovascular mortality: a 9-year follow-up study in the Netherlands. *Am J Clin Nutr*, **45(2)**: 462–468.

118 Koller LD, Exon JH (1986) The two faces of selenium-deficiency and toxicity are similar in animals and man. *Can J Vet Res*, **50(3)**: 297–306.

119 Koppel C, Baudisch H, Beyer KH, Kloppel I, Schneider V (1986) Fatal poisoning with selenium dioxide. *J Toxicol Clin Toxicol*, **24(1)**: 21–35.

120 Krebsgesellschaft DKuD, Ernährung bei Krebs. Ausgabe, 2003. 9: p. ISSN 0946–4816.

121 Kruse-Jarres JD (2000) Limited usefulness of essential trace element analyses in hair. *Am Clin Lab*, **19(5)**: 8–10.

122 Kryscio RJ, Mendiondo MS, Schmitt FA, Markesbery WR (2004) Designing a large prevention trial: statistical issues. *Stat Med*, **23(2)**: 285–296.

123 Kryukov GV, Castellano S, Novoselov SV, Lobanov AV, Zehtab O, Guigo R, Gladyshev VN (2003) Characterization of mammalian selenoproteomes. *Science*, **300** (5624): 1439–1443.

124 Kvicala J, Zamrazil V, Cerovska J, Bednar J, Janda J (1995) Evaluation of selenium supply and status of inhabitants in three selected rural and urban regions of the Czech Republic. *Biol Trace Elem Res*, **47(1–3)**: 365–375.

125 Lalonde L, Jean Y, Roberts KD, Chapdelaine A, Bleau G (1982) Fluorometry of selenium in serum or urine. *Clin Chem*, **28(1)**: 172–174.

126 Leblondel G, Mauras Y, Cailleux A, Allain P (2001) Transport measurements across Caco-2 monolayers of different organic and inorganic selenium: influence of sulfur compounds. *Biol Trace Elem Res*, **83(3)**: 191–206.

127 Lech T (2002) Suicide by sodium tetraoxoselenate(VI) poisoning. *Forensic Sci Int*, **130(1)**: 44–48.

128 Lemly AD (2002) Symptoms and implications of selenium toxicity in fish: the Belews Lake case example. *Aquat Toxicol*, **57(1–2)**: 39–49.

129 Lemly AD (1985) Toxicology of selenium in a freshwater reservoir: implications for environmental hazard evalua-

tion and safety. *Ecotoxicol Environ Saf,* **10(3)**: 314–338.

130 Levander OA, Alfthan G, Arvilommi H, Gref CG, Huttunen JK, Kataja M, Koivistoinen P, Pikkarainen J (1983) Bioavailability of selenium to Finnish men as assessed by platelet glutathione peroxidase activity and other blood parameters. *Am J Clin Nutr,* **37(6)**: 887–897.

131 Lobinski R, Edmonds JS, Suzuki KT, Uden PC (2000) Species-selective determination of selenium compounds in biological meterials. *Pure Appl. Chem.,* **72(3)**: 447–461.

132 Longnecker MP, Taylor PR, Levander OA, Howe M, Veillon C, McAdam PA, Patterson KY, Holden JM, Stampfer MJ, Morris JS et al. (1991) Selenium in diet, blood, and toenails in relation to human health in a seleniferous area. *Am J Clin Nutr,* **53(5)**: 1288–1294.

133 Luo XM, Wei HJ, Yang CL, Xing J, Qiao CH, Feng YM, Liu J, Liu Z, Wu Q, Liu YX et al. (1985) Selenium intake and metabolic balance of 10 men from a low selenium area of China. *Am J Clin Nutr,* **42(1)**: 31–37.

134 Maiorino M, Bosello V, Ursini F, Foresta C, Garolla A, Scapin M, Sztajer H, Flohe L (2003) Genetic variations of gpx-4 and male infertility in humans. *Biol Reprod,* **68(4)**: 1134–1141.

135 Martinez-Vila E, Sieira PI (2001) Current status and perspectives of neuroprotection in ischemic stroke treatment. *Cerebrovasc Dis,* **11** Suppl 1: 60–70.

136 McKenzie RC, Arthur JR, Beckett GJ (2002) Selenium and the regulation of cell signaling, growth, and survival: molecular and mechanistic aspects. *Antioxid Redox Signal,* **4(2)**: 339–351.

137 McKenzie RC, Rafferty TS, Beckett GJ (1998) Selenium: an essential element for immune function. *Immunol Today,* **19(8)**: 342–345.

138 Mihara H, Kurihara T, Watanabe T, Yoshimura T, Esaki N (2000) cDNA cloning, purification, and characterization of mouse liver selenocysteine lyase. Candidate for selenium delivery protein in selenoprotein synthesis. *J Biol Chem,* **275(9)**: 6195–6200.

139 Miyazaki Y, Koyama H, Nojiri M, Suzuki S (2002) Relationship of dietary intake of fish and non-fish selenium to serum lipids in Japanese rural coastal community. *J Trace Elem Med Biol,* **16(2)**: 83–90.

140 Moghadaszadeh B, Petit N, Jaillard C, Brockington M, Roy SQ, Merlini L, Romero N, Estournet B, Desguerre I, Chaigne D, Muntoni F, Topaloglu H, Guicheney P (2001) Mutations in SEPN1 cause congenital muscular dystrophy with spinal rigidity and restrictive respiratory syndrome. *Nat Genet,* **29(1)**: 17–18.

141 Moreno-Reyes R, Mathieu F, Boelaert M, Begaux F, Suetens C, Rivera MT, Neve J, Perlmutter N, Vanderpas J (2003) Selenium and iodine supplementation of rural Tibetan children affected by Kashin-Beck osteoarthropathy. *Am J Clin Nutr,* **78(1)**: 137–144.

142 Moreno-Reyes R, Suetens C, Mathieu F, Begaux F, Zhu D, Rivera MT, Boelaert M, Neve J, Perlmutter N, Vanderpas J (1998) Kashin-Beck osteoarthropathy in rural Tibet in relation to selenium and iodine status. *N Engl J Med,* **339(16)**: 1112–1120.

143 Moskovitz J, Stadtman ER (2003) Selenium-deficient diet enhances protein oxidation and affects methionine sulfoxide reductase (MsrB) protein level in certain mouse tissues. *Proc Natl Acad Sci USA,* **100(13)**: 7486–7490.

144 Moustafa ME, Kumaraswamy E, Zhong N, Rao M, Carlson BA, Hatfield DL (2003) Models for assessing the role of selenoproteins in health. *J Nutr,* **133** (7 Suppl): 2494S–2496S.

145 Mussalo-Rauhamaa H, Vuori E, Lehto JJ, Akerblom H, Rasanen L (1986) Increase in serum selenium levels in Finnish children and young adults during 1980–1986: a correlation between the serum levels and the estimated intake. *Eur J Clin Nutr,* **47(10)**: 711–717.

146 Nahapetian AT, Janghorbani M, Young VR (1983) Urinary trimethylselenonium excretion by the rat: effect of level and source of selenium-75. *J Nutr,* **113(2)**: 401–411.

147 Nalvarte I, Damdimopoulos AE, Nystom C, Nordman T, Miranda-Vizuete A, Olsson JM, Eriksson L, Bjornstedt M, Arner ES, Spyrou G (2004) Overexpression of enzymatically active human cytosolic and mitochondrial thioredoxin reductase in HEK-293 cells. Effect on cell growth and differentiation. *J Biol Chem*, **279(52)**: 54510–54517.

148 Neve J (2002) Selenium as a 'nutraceutical': how to conciliate physiological and supra-nutritional effects for an essential trace element. *Curr Opin Clin Nutr Metab Care*, **5(6)**: 659–663.

149 O'Toole D, Raisbeck MF (1995) Pathology of experimentally induced chronic selenosis (alkali disease) in yearling cattle. *J Vet Diagn Invest*, **7(3)**: 364–373.

150 Oldfield JE (1995) Selenium in Maps. *The Bulletin of Selenium-Tellurium*, **951**: 1–7.

151 Olivieri O, Girelli D, Azzini M, Stanzial AM, Russo C, Ferroni M, Corrocher R (1995) Low selenium status in the elderly influences thyroid hormones. *Clin Sci (Lond)*, **89(6)**: 637–642.

152 Oster O, Prellwitz# W (1989) The daily dietary selenium intake of West German adults. *Biol Trace Elem Res*, **20(1–2)**: 1–14.

153 Oster O, Schmiedel G, Prellwitz W (1988) Correlations of blood selenium with hematological parameters in West German adults. *Biol Trace Elem Res*, **15**: 47–81.

154 Patrick L (1999) Nutrients and HIV: part one – *beta* carotene and selenium. *Altern Med Rev*, **4(6)**: 403–413.

155 Pearson DJ, Day JP, Suarez-Mendez VJ, Miller PF, Owen S, Woodcock A (1990) Human selenium status and glutathione peroxidase activity in north-west England. *Eur J Clin Nutr*, **44(4)**: 277–283.

156 Persson-Moschos M, Alfthan G, Akesson B (1998) Plasma selenoprotein P levels of healthy males in different selenium status after oral supplementation with different forms of selenium. *Eur J Clin Nutr*, **52(5)**: 363–367.

157 Persson-Moschos M, Huang W, Srikumar TS, Akesson B, Lindeberg S (1995) Selenoprotein P in serum as a biochemical marker of selenium status. *Analyst*, **120(3)**: 833–836.

158 Pizzulli A, Ranjbar A (2000) Selenium deficiency and hypothyroidism: a new etiology in the differential diagnosis of hypothyroidism in children. *Biol Trace Elem Res*, **77(3)**: 199–208.

159 Prummel MF, Strieder T, Wiersinga WM (2004) The environment and autoimmune thyroid diseases. *Eur J Endocrinol*, **150(5)**: 605–618.

160 Pyrzynska K (1998) Speciation of Selenium Compounds. *Anal Sciences*, **14**: 479–483.

161 Quadrani DA, Spiller HA, Steinhorn D (2000) A fatal case of gun blue ingestion in a toddler. *Vet Hum Toxicol*, **42(2)**: 96–98.

162 Raisbeck MF (2000) Selenosis. *Vet Clin North Am Food Anim Pract*, **16(3)**: 465–480.

163 Ramaekers VT, Calomme M, Vanden Berghe D, Makropoulos W (1994) Selenium deficiency triggering intractable seizures. *Neuropediatrics*, **25(4)**: 217–223.

164 Rathgeber C, Yurkova N, Stackebrandt E, Beatty JT, Yurkov V (2002) Isolation of tellurite- and selenite-resistant bacteria from hydrothermal vents of the Juan de Fuca Ridge in the Pacific Ocean. *Appl Environ Microbiol*, **68(9)**: 4613–4622.

165 Rayman MP (2002) The argument for increasing selenium intake. *Proc Nutr Soc*, **61(2)**: 203–215.

166 Rayman MP (2000) The importance of selenium to human health. *Lancet*, **356** (9225): 233–241.

167 Rayman MP (2004) The use of high-selenium yeast to raise selenium status: how does it measure up? *Br J Nutr*, **92(4)**: 557–573.

168 Reid ME, Duffield-Lillico AJ, Garland L, Turnbull BW, Clark LC, Marshall JR (2002) Selenium supplementation and lung cancer incidence: an update of the nutritional prevention of cancer trial. *Cancer Epidemiol Biomarkers Prev*, **11(11)**: 1285–1291.

169 Reid ME, Stratton MS, Lillico AJ, Fakih M, Natarajan R, Clark LC, Marshall JR (2004) A report of high-dose selenium

supplementation: response and toxicities. *J Trace Elem Med Biol*, **18(1)**: 69–74.

170 Reyes H, Baez ME, Gonzalez MC, Hernandez I, Palma J, Ribalta J, Sandoval L, Zapata R (2000) Selenium, zinc and copper plasma levels in intrahepatic cholestasis of pregnancy, in normal pregnancies and in healthy individuals, in Chile. *J Hepatol*, **32(4)**: 542–549.

171 Richardson DR (2005) More roles for selenoprotein P: local selenium storage and recycling protein in the brain. *Biochem J*, **386** (Pt 2): e5–7.

172 Ringstad J, Jacobsen BK, Thomassen Y, Thelle DS (1987) The Tromso Heart Study: serum selenium and risk of myocardial infarction a nested case-control study. *J Epidemiol Community Health*, **41(4)**: 329–332.

173 Robberecht HJ, Hendrix P, Van Cauwenbergh R, Deelstra HA (1994) Actual daily dietary intake of selenium in Belgium, using duplicate portion sampling. *Z Lebensm Unters Forsch*, **199(4)**: 251–254.

174 Robinson MF (1989) Selenium in human nutrition in New Zealand. *Nutr Rev*, **47(4)**: 99–107.

175 Roy AC, Karunanithy R, Ratnam SS (1990) Lack of correlation of selenium level in human semen with sperm count/motility. *Arch Androl*, **25(1)**: 59–62.

176 Russo MW, Murray SC, Wurzelmann JI, Woosley JT, Sandler RS (1997) Plasma selenium levels and the risk of colorectal adenomas. *Nutr Cancer*, **28(2)**: 125–129.

177 Ruta DA, Haider S (1989) Attempted murder by selenium poisoning. *Bmj*, **299** (6694): 316–317.

178 Saito Y, Hashimoto T, Sasaki M, Hanaoka S, Sugai K (1998) Effect of selenium deficiency on cardiac function of individuals with severe disabilities under long-term tube feeding. *Dev Med Child Neurol*, **40(11)**: 743–748.

179 Salonen JT (1991) Dietary fats, antioxidants and blood pressure. *Ann Med*, **23(3)**: 295–298.

180 Salonen JT, Alfthan G, Huttunen JK, Pikkarainen J, Puska P (1982) Association between cardiovascular death and myocardial infarction and serum selenium in a matched-pair longitudinal study. *Lancet*, **2** (8291): 175–179.

181 Salvini S, Hennekens CH, Morris JS, Willett WC, Stampfer MJ (1995) Plasma levels of the antioxidant selenium and risk of myocardial infarction among U.S. physicians. *Am J Cardiol*, **76(17)**: 1218–1221.

182 Schomburg L, Schweizer U, Holtmann B, Flohe L, Sendtner M, Köhrle J (2003) Gene disruption discloses role of selenoprotein P in selenium delivery to target tissues. *Biochem J*, **370** (Pt 2): 397–402.

183 Schomburg L, Schweizer U, Köhrle J (2004) Selenium and selenoproteins in mammals: extraordinary, essential, enigmatic. *Cell Mol Life Sci*, **61(16)**: 1988–1995.

184 Schrauzer GN (2000) Selenomethionine: a review of its nutritional significance, metabolism and toxicity. *J Nutr*, **130(7)**: 1653–1656.

185 Schwarz K, Foltz CM (1957) Selenium as an integral part of Factor 3 against dietary necrotic liver degeneration. *J Am Chem Soc*, **79**: 3292.

186 Schweizer U, Brauer AU, Köhrle J, Nitsch R, Savaskan NE (2004) Selenium and brain function: a poorly recognized liaison. *Brain Res Brain Res Rev*, **45(3)**: 164–178.

187 Schweizer U, Schomburg L, Savaskan NE (2004) The neurobiology of selenium: lessons from transgenic mice. *J Nutr*, **134(4)**: 707–710.

188 Schweizer U, Streckfuss F, Pelt P, Carlson BA, Hatfield DL, Köhrle J, Schomburg L (2005) Hepatically-derived selenoprotein P is a key factor for kidney but not for brain selenium supply. *Biochem J*, .

189 Scott R, MacPherson A, Yates RW, Hussain B, Dixon J (1998) The effect of oral selenium supplementation on human sperm motility. *Br J Urol*, **82(1)**: 76–80.

190 Shamberger RJ (1981) Selenium in the environment. *Sci Total Environ*, **17(1)**: 59–74.

191 Sher L (2001) Role of thyroid hormones in the effects of selenium on mood, behavior, and cognitive function. *Med Hypotheses*, **57(4)**: 480–483.

192 Shortt CT, Duthie GG, Robertson JD, Morrice PC, Nicol F, Arthur JR (1997) Selenium status of a group of Scottish adults. *Eur J Clin Nutr*, **51(6)**: 400–404.

193 Sole MJ, Jeejeebhoy KN (2002) Conditioned nutritional requirements: therapeutic relevance to heart failure. *Herz*, **27(2)**: 174–178.

194 Soriano-Garcia M (2004) Organoselenium compounds as potential therapeutic and chemopreventive agents: a review. *Curr Med Chem*, **11(12)**: 1657–1669.

195 Spallholz JE (1994) On the nature of selenium toxicity and carcinostatic activity. *Free Radic Biol Med*, **17(1)**: 45–64.

196 Spallholz JE, Boylan LM, Larsen HS (1990) Advances in understanding selenium's role in the immune system. *Ann N Y Acad Sci*, **587**: 123–139.

197 St Germain DL, Galton VA (1997) The deiodinase family of selenoproteins. *Thyroid*, **7(4)**: 655–668.

198 Suadicani P, Hein HO, Gyntelberg F (1992) Serum selenium concentration and risk of ischaemic heart disease in a prospective cohort study of 3000 males. *Atherosclerosis*, **96(1)**: 33–42.

199 Sudre P, Mathieu F (2001) Kashin-Beck disease: from etiology to prevention or from prevention to etiology? *Int Orthop*, **25(3)**: 175–179.

200 Sun X, Maquat LE (2002) Nonsense-mediated decay: assaying for effects on selenoprotein mRNAs. *Methods Enzymol*, **347**: 49–57.

201 Tajsharghi H, Darin N, Tulinius M, Oldfors A (2005) Early onset myopathy with a novel mutation in the Selenoprotein N gene (SEPN1). *Neuromuscul Disord*, **15(4)**: 299–302.

202 Tamura T, Yamamoto S, Takahata M, Sakaguchi H, Tanaka H, Stadtman TC, Inagaki K (2004) Selenophosphate synthetase genes from lung adenocarcinoma cells: Sps1 for recycling L-selenocysteine and Sps2 for selenite assimilation. *Proc Natl Acad Sci USA*, **101(46)**: 16162–16167.

203 Taylor EW, Cox AG, Zhao L, Ruzicka JA, Bhat AA, Zhang W, Nadimpalli RG, Dean RG (2000) Nutrition, HIV, and drug abuse: the molecular basis of a unique role for selenium. *J Acquir Immune Defic Syndr*, **25** Suppl 1: S53–S61.

204 Terada A, Yoshida M, Seko Y, Kobayashi T, Yoshida K, Nakada M, Nakada K, Echizen H, Ogata H, Rikihisa T (1999) Active oxygen species generation and cellular damage by additives of parenteral preparations: selenium and sulfhydryl compounds. *Nutrition*, **15(9)**: 651–655.

205 Terry N, Zayed AM, De Souza MP, Tarun AS (2000) Selenium in Higher Plants. *Annu Rev Plant Physiol Plant Mol Biol*, **51**: 401–432.

206 Thompson JN, Erdody P, Smith DC (1975) Selenium content of food consumed by Canadians. *J Nutr*, **105(3)**: 274–277.

207 Thomson CD (2004) Assessment of requirements for selenium and adequacy of selenium status: a review. *Eur J Clin Nutr*, **58(3)**: 391–402.

208 Tinggi U (2003) Essentiality and toxicity of selenium and its status in Australia: a review. *Toxicol Lett*, **137(1–2)**: 103–110.

209 Torra M, Rodamilans M, Montero F, Corbella J (1997) Serum selenium concentration of a healthy northwest Spanish population. *Biol Trace Elem Res*, **58(1–2)**: 127–133.

210 Tubbs RR, Gephardt GN, McMahon JT, Pohl MC, Vidt DG, Barenberg SA, Valenzuela R (1982) Membranous glomerulonephritis associated with industrial mercury exposure. Study of pathogenetic mechanisms. *Am J Clin Pathol*, **77(4)**: 409–413.

211 Uden PC, Boakye HT, Kahakachchi C, Tyson JF (2004) Selective detection and identification of Se containing compounds – review and recent developments. *J Chromatogr A*, **1050(1)**: 85–93.

212 Umweltbundesamtes KH-Bd (2002) Selen und Human-Biomonitoring. *Bundesgesundhbl – Gesundheitsforsch – Gesundheitsschutz*, **45(2)**: 190–195.

213 Ursini F, Heim S, Kiess M, Maiorino M, Roveri A, Wissing J, Flohe L (1999) Dual function of the selenoprotein PHGPx during sperm maturation. *Science*, **285** (5432): 1393–1396.

214 Ursini F, Maiorino M, Brigelius-Flohe R, Aumann KD, Roveri A, Schomburg D, Flohe L (1995) Diversity of glutathione peroxidases. *Methods Enzymol*, **252**: 38–53.

215 Valentine JL, Cebrian ME, Garcia-vargas GG, Faraji B, Kuo J, Gibb HJ and Lachenbruch PA (1994) Daily selenium intake estimates for residents of arsenic-endemic areas. *Environ Res*, **64(1)**: 1–9.

216 van Rij AM, Thomson CD, McKenzie JM, Robinson MF (1979) Selenium deficiency in total parenteral nutrition. *Am J Clin Nutr*, **32(10)**: 2076–2085.

217 Vanderpas JB, Contempre B, Duale NL, Deckx H, Bebe N, Longombe AO, Thilly CH, Diplock AT, Dumont JE (1993) Selenium deficiency mitigates hypothyroxinemia in iodine-deficient subjects. *Am J Clin Nutr*, **57** (2 Suppl): 271S–275S.

218 Vernie LN (1984) Selenium in carcinogenesis. *Biochim Biophys Acta*, **738(4)**: 203–217.

219 Vezina D, Mauffette F, Roberts KD, Bleau G (1996) Selenium-vitamin E supplementation in infertile men. Effects on semen parameters and micronutrient levels and distribution. *Biol Trace Elem Res*, **53(1–3)**: 65–83.

220 Vickerman DB, Trumble JT (2003) Biotransfer of selenium: effects on an insect predator, Podisus maculiventris. *Ecotoxicology*, **12(6)**: 497–504.

221 Vinceti M, Cann CI, Calzolari E, Vivoli R, Garavelli L, Bergomi M (2000) Reproductive outcomes in a population exposed long-term to inorganic selenium via drinking water. *Sci Total Environ*, **250(1–3)**: 1–7.

222 Vucelic B, Buljevac M, Romic Z, Milicic D, Ostojic R, Krznaric Z (1994) Differences in serum selenium concentration in probands and patients with colorectal neoplasms in Zagreb, Croatia. *Acta Med Austriaca*, **21(1)**: 19–23.

223 Wasowicz W, Gromadzinska J, Rydzynski K, Tomczak J (2003) Selenium status of low-selenium area residents: Polish experience. *Toxicol Lett*, **137(1–2)**: 95–101.

224 Waters DJ, Chiang EC, Cooley DM, Morris JS (2004) Making sense of sex and supplements: differences in the anticarcinogenic effects of selenium in men and women. *Mutat Res*, **551(1–2)**: 91–107.

225 Watson RR, Leonard TK (1986) Selenium and vitamins A, E, and C: nutrients with cancer prevention properties. *J Am Diet Assoc*, **86(4)**: 505–510.

226 Weindruch R, Albanes D, Kritchevsky D (1991) The role of calories and caloric restriction in carcinogenesis. *Hematol Oncol Clin North Am*, **5(1)**: 79–89.

227 Wendt M, Jacobs M, Muhlum A, Matschullat G, Vogel R (1992) Selenium poisoning in fattening swine. *Tierarztl Prax*, **20(1)**: 49–54.

228 Whanger P, Vendeland S, Park YC, Xia Y (1996) Metabolism of subtoxic levels of selenium in animals and humans. *Ann Clin Lab Sci*, **26(2)**: 99–113.

229 Whanger PD, Selenoprotein W (2000) A review. *Cell Mol Life Sci*, **57(13–14)**: 1846–1852.

230 Wilber CG (1980) Toxicology of selenium: a review. *Clin Toxicol*, **17(2)**: 171–230.

231 Wingler K, Bocher M, Flohe L, Kollmus H, Brigelius-Flohe R (1999) mRNA stability and selenocysteine insertion sequence efficiency rank gastrointestinal glutathione peroxidase high in the hierarchy of selenoproteins. *Eur J Biochem*, **259(1–2)**: 149–157.

232 Winterbourn CC, Saville DJ, George PM, Walmsley TA (1992) Increase in selenium status of Christchurch adults associated with deregulation of the wheat market. *N Z Med J*, **105** (946): 466–468.

233 Wolffram S (1995) Mechanisms of intestinal absorption of selenium. *Med Klin (Munich)*, **90** Suppl 1: 1–5.

234 Xu LQ, Sen WX, Xiong QH, Huang HM, Schramel P (1991) Selenium in Kashin-Beck disease areas. *Biol Trace Elem Res*, **31(1)**: 1–9.

235 Yang G, Yin S, Zhou R, Gu L, Yan B, Liu Y (1989) Studies of safe maximal daily dietary Se-intake in a seleniferous area in China. Part II: Relation between Se-intake and the manifestation of clinical signs and certain biochemical alterations in blood and urine. *J Trace Elem Electrolytes Health Dis,* **3(3)**: 123–130.

236 Yang G, Zhou R (1994) Further observations on the human maximum safe dietary selenium intake in a seleniferous area of China. *J Trace Elem Electrolytes Health Dis,* **8(3–4)**: 159–165.

237 Yang G, Zhou R, Yin S, Gu L, Yan B, Liu Y, Li X (1989) Studies of safe maximal daily dietary selenium intake in a seleniferous area in China. I. Selenium intake and tissue selenium levels of the inhabitants. *J Trace Elem Electrolytes Health Dis,* **3(2)**: 77–87.

238 Yang GQ, Wang SZ, Zhou RH, Sun SZ (1983) Endemic selenium intoxication of humans in China. *Am J Clin Nutr,* **37(5)**: 872–881.

239 Yant LJ, Ran Q, Rao L, Van Remmen H, Shibatani T, Belter JG, Motta L, Richardson A, Prolla TA (2003) The selenoprotein GPX4 is essential for mouse development and protects from radiation and oxidative damage insults. *Free Radic Biol Med,* **34(4)**: 496–502.

240 Zimmermann MB, Köhrle J (2002) The impact of iron and selenium deficiencies on iodine and thyroid metabolism: biochemistry and relevance to public health. *Thyroid,* **12(10)**: 867–878.

59
Zink

Andrea Hartwig

59.1
Allgemeine Substanzbeschreibung

Zink (chem. Symbol Zn) ist ein zweiwertiges metallisches Element mit der Ordnungszahl 30 und einem Atomgewicht von 65,39. Der Schmelzpunkt liegt bei 419,5 °C, der Siedepunkt bei 907 °C. Aufgrund seiner Stellung im Periodensystem (12. Gruppe, II. Nebengruppe) gehört es zu den Übergangsmetallen, hat aber mit seiner abgeschlossenen 3d-Elektronenschale und mit zwei 4s-Elektronen eine relativ stabile Elektronenkonfiguration. Im Gegensatz zu anderen Übergangsmetallionen ist Zink daher nicht redoxaktiv und liegt in seinen Verbindungen immer zweiwertig vor. Die meisten Salze wie die Halogenide und Zinksulfat sind wasserlöslich, während Zinkoxid und Zinksulfid wasserunlöslich sind. Als essenzielles Spurenelement erfüllt Zink eine Vielzahl von Funktionen beim Menschen, in Tieren, Pflanzen und Mikroorganismen. Es dient als Bestandteil oder Aktivator einer Vielzahl von Enzymen und Proteinen in allen wichtigen Stoffwechselwegen, hat vielfältige Funktionen bei der Genexpression und der Aufrechterhaltung der genetischen Stabilität und erfüllt wichtige Funktionen im Immunsystem.

59.2
Vorkommen

Zink steht in der Häufigkeitsliste der in der Erdkruste vorkommenden Elemente an 24. Stelle. Die wichtigsten Zinkerze sind Zinkblende (ZnS) und Zinkspat ($ZnCO_3$), in denen es meistens mit Blei und Cadmium vergesellschaftet vorkommt. Die größten Zinkvorkommen der Welt befinden sich in Kanada, den USA, Australien, der ehemaligen Sowjetunion, Peru und Südafrika; in Deutschland werden keine Zinkerze mehr gefördert. Industriell wird Zink überwiegend zum Verzinken von Stahl als Rostschutz verwendet; weitere Einsatzgebiete sind die Herstellung von Zinklegierungen (Messing, Rotguss, Neusilber) und von

Handbuch der Lebensmitteltoxikologie. H. Dunkelberg, T. Gebel, A. Hartwig (Hrsg.)

ISBN: 978-3-527-31166-8

korrosionsschützenden Farben. ZnO dient darüber hinaus u.a. als Grundstoff zur Herstellung von Pulvern und Salben in der Pharmazie und Kosmetik.

Als natürlich vorkommendes Element ist Zink in allen Umweltkompartimenten (Luft, Boden, Wasser) verbreitet, wobei jedoch anthropogene Einflüsse eine nicht unerhebliche Rolle spielen. So schwanken die Zinkgehalte im Schwebstaub in den Mitgliedsstaaten der Europäischen Gemeinschaft zwischen 60 und 8280 ng/m^3, während in der Arktis und in abgelegenen Seegebieten lediglich 0,03–11,3 ng/m^3 gemessen werden; in Deutschland zeigt die Zinkbelastung abnehmende Tendenz. Entsprechende Verteilungsmuster zeigen sich auch in Böden: Während der Zinkgehalt in unbelasteten Gebieten durchschnittlich 40–100 mg/kg beträgt, weisen Belastungsgebiete Spitzenwerte bis zu 10000 mg/kg auf. Der Zinkgehalt in Meerwasser liegt zwischen 0,003 und 0,6 µg/L, im Grundwasser und im Trinkwasser in der Regel in Deutschland unterhalb von 0,2 mg/L. Stehendes Wasser in verzinkten Rohren kann 2–5 mg/L aufweisen (zusammengefasst in [62]).

59.3 Verbreitung in Lebensmitteln

Die Aufnahme von Zink erfolgt fast ausschließlich über die Nahrung, wobei – von Ausnahmen abgesehen – tierische Lebensmittel höhere Zinkgehalte aufweisen (Tab. 59.1). Lebensmittel mit überdurchschnittlich hohem Zinkgehalt sind Kalbs- (8,4 mg/100 g) und Schweineleber (6,5 mg/100 g), Austern (22 mg/100 g), Sojabohnen (4,2 mg/100 g), Haferflocken (4,4 mg/100 g), Mohn (8,1 mg/100 g), Weizenkeime (17 mg/100 g), Bierhefe (8 mg/100 g), Paranüsse (4 mg/100 g) sowie Kakaopulver (8,2 mg/100 g). Die Analytik erfolgt nach Veraschung der Proben mittels Atomabsorptionsspektrometrie bei 213,9 nm.

Tab. 59.1 Typische Zinkgehalte einiger Lebensmittelgruppen (aus [58]).

Lebensmittel	Zinkgehalt [mg/100 g]
Milch und Milchprodukte	0,4–0,5
Käse	3–5
Eier	1,3
Fleisch	2–4
Fisch	0,4–0,6
Nüsse	2–3
Gemüse	0,2–0,6
Obst	0,06–0,2
Getreide	2–3
Tee (schwarz)	3,2
Pilze	0,5–0,8
Brot und Teigwaren	1–1,5

Zu berücksichtigen sind neben dem Zinkgehalt allerdings auch die chemische Verbindungsform sowie die Lebensmittelmatrix. Generell ist die Bioverfügbarkeit von Zink aus tierischen Lebensmitteln höher als die aus pflanzlichen. Komplexbildner wie die Aminosäuren Histidin und Cystein erhöhen die Bioverfügbarkeit, wohingegen Phytinsäure Zink bindet und die Absorption vermindert. Zur Abspaltung von Zink aus dem Phytinkomplex wird eine mikrobiell gebildete Phytase benötigt, über die der Mensch nicht verfügt. Allerdings verzehren Vegetarier etwa ein Drittel mehr Zink im Vergleich zu Mischköstlern. Bei Milch ist die Bioverfügbarkeit von Zink aus Frauenmilch wesentlich höher als aus Kuhmilch; der Grund liegt auch hier wieder an adsorptionsfördernden Liganden wie Peptiden, Aminosäuren und Citrat in der Frauenmilch im Gegensatz zu hemmenden Liganden wie Casein und Calcium in der Kuhmilch [52, 54–56]. Insgesamt wird die Bioverfügbarkeit von Zink bei einer gemischten Diät in westlichen Ländern auf 20–30% geschätzt [23].

59.4 Kinetik und innere Exposition

Wie bei allen Spurenelementen wird die Bioverfügbarkeit von Zink auf mehreren Ebenen reguliert, je nachdem ob in der Zelle eine Limitierung oder ein Überschuss an Zink herrscht. Die hierfür verfügbaren Mechanismen sind vielfältig: Sie reichen von der kontrollierten Aufnahme und Abgabe von Zink im Gastrointestinaltrakt über verschiedene Transportmechanismen, die die intrazelluläre Verteilung und die Abgabe von Zink an die Gewebe regulieren. Der zelluläre Zinkstatus wird über metallresponsive Elemente gesteuert und Metallothionein dient als intrazellulärer Zinkspeicher. Obwohl die genauen Mechanismen auf molekularer Ebene noch nicht vollständig aufgeklärt sind, haben Forschungsergebnisse der letzen Jahre interessante Fortschritte auf dem Gebiet der Zinkhomöostase erbracht (Tab. 59.2).

59.4.1 Zinkabsorption und -exkretion im Gastrointestinaltrakt

Die Zinkhomöostase wird hauptsächlich über den Gastrointestinaltrakt reguliert. Entscheidend sind vor allem die Absorption im Dünndarm und die Ausscheidung von endogenem Zink über die Faeces. Die Absorption erfolgt über die Aufnahme in Enterozyten und die Abgabe über die basolaterale Membran ins Blut, wobei etwa 15–40% des Nahrungszinks resorbiert werden. Die Zusammensetzung der Nahrung kann sich sowohl hemmend als auch fördernd auf die Aufnahme und damit die Bioverfügbarkeit von Zink auswirken. So erhöhen Proteine tierischer Herkunft die Effizienz der Zinkaufnahme, ebenso wie die schwefelhaltigen Aminosäuren und Histidin. Besonders effektiv wird Zink aus der Muttermilch aufgenommen. Demgegenüber wird Zink durch Inositol-Hexa- und Pentaphosphate (Phytinsäure) gebunden und die Absorption reduziert. Da Phytate in vergleichs-

Tab. 59.2 Die verschiedenen Ebenen der Zinkhomöostase.

Ebene der Regulation	Art der Regulation	Beeinflussende Faktoren
Gastrointestinaltrakt	• Absorption von Zink aus Lebensmitteln im Dünndarm	• schwefelhaltige Aminosäuren, Histidin (fördernd) • Phytate, Eisen, Calcium (hemmend)
	• Abgabe von endogenem Zink über Pankreassekrete und intestinale Rückresorption	• niedriger Zinkstatus bewirkt geringe intestinale Rückresorption und umgekehrt
Gewebe	• Zinktransporter – Zip: Erhöhung des verfügbaren intrazellulären Zinkgehalts durch Aufnahme von extrazellulärem Zink oder durch Zinkfreisetzung aus intrazellulären Vesikeln – ZnT: Erniedrigung des verfügbaren intrazellulären Zinkgehalts durch Zinkexport aus der Zelle oder durch Zinktransport in intrazelluläre Vesikel	• Zinkangebot in Lebensmitteln (Gastrointestinaltrakt); extrazellulärer und intrazellulärer Zinkgehalt bzw. Zinkbedarf der jeweiligen Gewebe
Molekulare Zinkhomöostase	• Speicherung durch Bindung an Metallothioneine	• Zinkfreisetzung für essentielle Funktionen durch milde Oxidantien

weise hohen Mengen in pflanzlichen Produkten vorkommen, gilt eine Ernährung auf Pflanzenbasis als wesentlicher Faktor für mögliche Zinkdefizienzen. Darüber hinaus interferieren hohe Gehalte an Eisen und Calcium mit der Zinkaufnahme; im Fall von Eisen sind weniger deren Gehalte in Lebensmitteln als vielmehr isolierte Nahrungsergänzungsmittel problematisch [36, 61]; für Calciumsupplementierung sind die Ergebnisse von Interventionsstudien widersprüchlich [46, 63].

Nach der Mahlzeit werden vergleichsweise große Mengen an Zink hauptsächlich über die Pankreassekrete abgegeben. Ein Teil des auf diesem Wege abgegebenen Zinks wird je nach Zinkstatus rückresorbiert. Studien mit stabilen Zinkisotopen haben ergeben, dass dies der wahrscheinlich wichtigste Weg der Zinkhomöostase und der schnellen Adaptation an die Zinkversorgung ist. So variieren die Zinkgehalte der Faeces sowohl mit der Zinkabsorption als auch mit dem Zinkstatus um bis zu eine Größenordnung, wobei eine niedrige Zinkversorgung mit einer hohen intestinalen Rückresorption einhergeht. Demgegenüber wird die Ausscheidung von Zink über Haut und Nieren nur bei extremem Zinkmangel vermindert [30].

Nach der Absorption erfolgt der Transport im Blut zur Leber. Hierbei ist Zink an unterschiedliche Transportproteine gebunden, darunter α_2-Macroglobulin

(Zink nicht austauschbar), Albumin (Zink austauschbar) und Transferrin (Zink leicht austauschbar). Die Verteilung von Zink im Körper wird von der Leber spezifisch durch die Bindung an und Freisetzung aus Metallothionein reguliert. Höchste Zinkkonzentrationen finden sich im Muskel und in den Knochen, gefolgt von der Haut und dem Gastrointestinaltrakt (zusammengefasst in [37]).

59.4.2 Molekulare Mechanismen der Zinkhomöostase

Obwohl die Essentialität von Zink seit langem bekannt ist, ist das Verständnis der Zinkhomöostase Gegenstand intensiver Forschung und noch nicht vollständig geklärt. Wichtige Fragen sind hierbei die Transportmechanismen, die intrazelluläre Speicherung und die Regulation der Freisetzung von Zink für essenzielle Funktionen.

59.4.2.1 Zinktransporter

Als kleines, hydrophiles und hoch geladenes Ion kann Zink biologische Membranen nicht durch passive Diffusion überwinden. Eine steigende Anzahl von Zinktransportern wurde in den letzten Jahren identifiziert und charakterisiert, die für die Zinkaufnahme in unterschiedlichen Organen, den Efflux und die Zinkspeicherung in intrazellulären Vesikeln verantwortlich sind. Dabei können zwei Familien unterschieden werden: die Zip (zinc/iron-regulated transporter-like proteins) und die ZnT (zinc transporter). Obwohl sie teilweise noch nicht vollständig charakterisiert sind, deuten die bisherigen Daten auf unterschiedliche Funktionen in der Zinkhomöostase hin: ZnT-Transporter erniedrigen den cytoplasmatischen Zinkgehalt entweder durch Zink-Efflux oder durch den Transport in intrazelluläre Vesikel, wohingegen Zip-Transporter den verfügbaren intrazellulären Zinkgehalt entweder durch Aufnahme von extrazellulärem Zink oder durch Zink-Freisetzung aus intrazellulären Vesikeln erhöhen [41]. Bislang wurden neun ZnT (ZnT1–ZnT9) identifiziert, von denen die physiologischen Funktionen aber nur teilweise bekannt sind. ZnT-1 befindet sich in allen Geweben in der Plasmamembran und vermittelt wahrscheinlich den Efflux von Zink, z. B. aus den Enterozyten in das Blut. ZnT-2 ist dagegen für den Export oder die Aufnahme von Zink aus bzw. in Vesikel in Darm, Nieren und Hoden verantwortlich. ZnT-3 wird mit dem Transport von Zink in Vesikel im Gehirn und im Hoden assoziiert, wohingegen ZnT-4 als Exportprotein an der Plasmamembran von Brüstdrüse und Gehirn lokalisiert ist [22, 41, 47]. Für die Zinkaufnahme in Enterozyten wurde ferner ein Zinktransporter hZTL1/ZnT5 postuliert, der an der apikalen Membran lokalisiert ist und dessen Expression durch extrazelluläres Zink reguliert wird [11]. Darüber hinaus wurden bislang 15 Zinktransporter der Zip-Familie beschrieben (hZIP1–hZIP15) [22, 41]). Mutationen in hZIP4 sind mit dem genetischen Defekt Acrodermatitis enteropathica, einer Absorptionsstörung von Zink aus der Nahrung, verbunden [38, 60]. Ob es sich bei den hZIP-Transportern um aktive Transportprozesse handelt, ist noch unklar; denkbar wäre auch eine Zinkaufnahme entlang des Konzentrationsgradienten, da zwar der Gesamt-Zinkgehalt der Zelle mit ca. 200 μM vergleichsweise hoch ist, aber nur nanomolare Konzentrationen an Zink in „freier" bzw. labil gebundener Form vorliegen (zusammengefasst in [22]).

59.4.2.2 **Intrazelluläre Zinkhomöostase**

Als intrazellulärer Zinksensor dient der metallresponsive elementbindende Transkriptionsfaktor 1 (MTF-1), der die Expression von Genen koordiniert, die an der Zinkhomöostase, der Protektion gegenüber toxischen Metallionen und oxidativem Stress beteiligt sind. Hierzu gehören die Gene für Metallothioneine, für den Zinktransporter ZnT1 sowie für die schwere Kette der γ-Glutamylcystein-Synthetase (γGCS_{hc}), dem limitierenden Enzym der Glutathion-Synthese. Metallresponsive Elemente (MRE) sind DNA-Sequenzen in den Promotoren von zinkregulierten Genen. Bei MTF-1 handelt es sich um ein konstitutiv exprimiertes Protein, welches sechs Zinkfingerstrukturen vom Typ Cys_2His_2 (s. u.) sowie mehrere Domänen für die Transkriptionsaktivierung enthält. In Gegenwart von Zn(II) bilden sich jeweils 25 Aminosäuren umfassende Proteindomänen aus, in denen Zink durch zwei Cysteinreste eines aus zwei antiparallelen Strängen bestehenden β-Faltblatts und zwei Histidinresten einer α-Helix tetraedrisch koordiniert ist. Die Genaktivierung erfolgt dann durch die spezifische Bindung von vier der Zinkfingerdomänen an das MRE. Interessanterweise wird MTF-1 auch durch reaktive Sauerstoffspezies (ROS) und Cd(II) aktiviert; hier wird ein indirekter Mechanismus vermutet, indem sowohl ROS als auch Cd(II) Zink aus zellulären Bindungsstrukturen freisetzen (zusammengefasst in [25]).

Eine zentrale Rolle bei der zellulären Zinkhomöostase spielen die Metallothioneine. Die menschlichen Metallothioneine umfassen eine Familie von mindestens 17 eng verwandten Genprodukten, die aus 60–68 Aminosäuren bestehen, davon 20 hochkonservierte Cysteine. Man unterscheidet zwei Domänen, in denen drei bzw. vier Zinkatome jeweils tetraedrisch an vier Cysteine gebunden sind [59]. Charakteristisch ist zwar die hohe thermodynamische Stabilität, aber die kinetische Labilität, die eine wesentliche Voraussetzung für die Funktion der Metallothioneine ist: Sie dienen einerseits als zellulärer Zinkspeicher, andererseits muss sichergestellt werden, dass gebundenes Zink für essenzielle Funktionen bioverfügbar ist. Wesentliche Erkenntnisse diesbezüglich sind von Maret und Mitarbeitern veröffentlicht worden: Aufgrund des niedrigen Redox-Potenzials der Cystein-Zink-Cluster werden die zinkkomplexierenden SH-Gruppen bereits durch milde zelluläre Oxidantien oxidiert, was mit einer Zinkfreisetzung einhergeht. Somit verleiht die Cystein-Bindung in Metallothionein Zink eine Redoxaktivität, die empfindlich auf Änderungen des zellulären Redoxstatus reagieren kann und den Zinktransfer vom thermodynamisch stabilen Metallothionein zu Bindungsstellen mit niedrigerer Affinität ermöglicht [43, 44].

59.5 Wirkungen

59.5.1 Biochemische Funktionen

Zink spielt eine wesentliche Rolle bei praktisch allen Stoffwechselwegen. Es ist Bestandteil von mehr als 300 Enzymen und Proteinen. Hierbei nimmt es sowohl strukturelle als auch katalytische Funktionen ein. Obwohl es selbst nicht direkt an Redoxreaktionen durch die Aufnahme oder Abgabe von Elektronen teilnimmt, hat es eine hohe Affinität für Elektronendonatoren wie Thiolate und Amine und bildet bevorzugt Komplexe mit Amino-, Carboxy- und Thiolgruppen von Aminosäuren und Proteinen. Zinkabhängige Enzyme finden sich in praktisch allen Gruppen, darunter Oxidoreduktasen, Transferasen, Hydrolasen, Lyasen und Ligasen. Zink hat entweder katalytische Funktionen direkt im aktiven Zentrum inne oder aber strukturelle Funktionen wie z. B. in der Alkohol-Dehydrogenase, der Aspartat-Transcarbamylase und der Protein-Kinase C, wo es eine für die katalytische Wirkung essenzielle Enzymfaltung stabilisiert (zusammengefasst in [37]). Darüber hinaus ist Zink an der Ausbildung so genannter „Zinkfinger" und verwandter Strukturen beteiligt, in denen Zink vier Cysteine und/ oder Histidine komplexiert; hierdurch wird eine Proteindomäne gefaltet, die Protein-DNA- oder Protein-Protein-Wechselwirkungen vermittelt. Seit der ersten Beschreibung einer derartigen Zinkfingerstruktur im Transkriptionsfaktor IIIA des südafrikanischen Krallenfrosches 1985 ist inzwischen bekannt, dass mindestens 2–3% aller Gene für derartige Zinkfingerproteine codieren. Als Bestandteile von Transkriptionsfaktoren, DNA-Reparaturproteinen und Tumorsuppressor-Proteinen wie p53 sind zinkbindende Strukturen an nahezu allen Vorgängen der DNA-Prozessierung und des Zellwachstums beteiligt und spielen eine herausragende Rolle bei der Aufrechterhaltung der genomischen Stabilität [42]. Darüber hinaus gibt es zunehmend Hinweise auf eine direkte Beteiligung von Zink bei Signalübertragungsprozessen [1].

59.5.2 Wirkungen beim Menschen

Wie bei allen essenziellen Spurenelementen, kann man drei wesentliche Bereiche unterscheiden: den der Unterversorgung, wo entweder schwerwiegende oder latente Mangelzustände auftreten können; einen Bereich ausreichender Zinkversorgung, in dem die essenziellen Funktionen durch die oben beschriebene homöostatische Kontrolle aufrechterhalten werden und einen Bereich der Toxizität (Tab. 59.3). Letzterer wird im Fall von Zink durch Umweltexpositionen und durch normale Ernährung nicht erreicht, kann aber bei übermäßigem Gebrauch von Nahrungsergänzungsmitteln und beruflicher Exposition eine Rolle spielen.

Tab. 59.3 Biochemische Funktionen sowie wichtigste Auswirkungen chronischer Unter- und Überversorgung mit Zink.

Biochemische Funktionen	• essentieller Bestandteil von mehr als 300 Enzymen und Proteinen in praktisch allen Stoffwechselwegen, darunter Oxidoreduktasen, Transferasen, Hydrolasen, Lyasen, Ligasen, DNA-Polymerasen • Ausbildung von sog. „Zinkfingern“ und verwandten Strukturen in Transkriptionsfaktoren, DNA-Reparaturproteinen und Tumorsuppressor-Proteinen; wichtige Funktion bei der Aufrechterhaltung der Stabilität des Genoms
Auswirkungen eines latenten Zinkmangels	• vermindertes Wachstum • erhöhte Infektanfälligkeit infolge eines gestörten Immunsystems • neuronale Störungen unterschiedlicher Ausprägung • Störungen des Insulinstoffwechsels
Toxische Effekte bei chronischer und subchronischer Überversorgung	• Störungen des Kupferhaushalts und Beeinträchtigung kupferabhängiger Enzyme • Störungen des Lipoprotein-Stoffwechsels • Störungen des Immunsystems • Metalldampffieber bei beruflicher Exposition gegenüber Zinkoxid-Rauch

59.5.2.1 **Essenzielle Wirkungen und Mangelzustände**

Die Essentialität von Zink ergibt sich aus den vielfältigen Beteiligungen in nahezu allen Stoffwechselprozessen. Besonders empfindlich gegenüber einer unzureichenden Zinkversorgung sind daher der schnell wachsende Embryo und Fetus sowie Kinder und Jugendliche. Schwere Zinkdefizienz tritt bei Patienten mit dem seltenen, autosomal rezessiv vererbbaren genetischen Defekt Acrodermatitis enteropathica auf, bei dem die Zinkabsorption aus dem Gastrointestinaltrakt gestört ist (s. Abschnitt 59.4.2.1). Klinisch betroffene Organe sind insbesondere das Immunsystem, die Haut, der Gastrointestinaltrakt, die Knochen und das Zentrale Nervensystem [28]. Erst in den 1970er Jahren wurden Störungen im Zinkmetabolismus als Ursache für die Krankheit erkannt [49] und konnten durch Zink-Supplementierung behandelt werden; zuvor verstarben die Patienten im späten Kindesalter [29]. Zahlenmäßig häufiger trat schwere Zinkdefizienz bei Patienten mit vollständig parenteraler Ernährung auf, bei denen noch in den 1970er Jahren kein Zink zugesetzt wurde [29]. Von größerer Bedeutung für die Allgemeinbevölkerung sind jedoch latente Mangelzustände, bei denen ähnliche, wenn auch weniger stark ausgeprägte Symptome auftreten; hierzu gehören insbesondere Appetitlosigkeit, erhöhte Infektanfälligkeit, Hautentzündungen, Haarausfall, Potenzstörungen, Durchfall, fetale und kindliche Entwicklungsstörungen sowie Skelettdeformationen. So ergab eine Metaanalyse der seit den 1970er und 1980er Jahren in vielen Ländern durchgeführten Interventionsstudien mit Kindern, dass eine mäßige Zink-Supplementierung mit schnellerem Längenwachstum und Gewichtszunahme korreliert [7]. Darüber hinaus haben biochemische Untersuchungen der vergangenen Jahre erheblich zum Verständnis spezifischer Wirkungen auf einzelne Organsysteme beigetragen.

Immunsystem

Zinkdefizienz geht einher mit einem erhöhten Risiko gegenüber Infektionserkrankungen. Zink beeinflusst sowohl die zelluläre als auch die humorale Immunantwort, wobei insbesondere die Lymphozyten-Proliferation und die T-Zell-Differenzierung beeinflusst werden. Ein für die Regulation dieser Prozesse zentrales Peptidhormon ist Thymulin, welches Zink als essenziellen Strukturfaktor benötigt [14]. Es reguliert nicht nur die Differenzierung von unreifen T-Zellen im Thymus und die Funktion von reifen T-Zellen im peripheren Blutsystem, sondern moduliert auch die Cytokin-Freisetzung durch periphere mononucleäre Zellen (PBMC), induziert die Proliferation von $CD8^+$-T-Zellen in Kombination mit Interleukin 2 (IL-2) und vermittelt die Expression des IL-2-Rezeptors auf reifen T-Zellen. Insgesamt resultiert eine Verschiebung des $T4^+:T8^+$-Verhältnisses und eine reduzierte IL-2-Aktivität; diese Effekte sind reversibel nach Zink-Supplementation. Effekte auf die B-Lymphozyten sind weniger ausgeprägt; eine Störung der Antikörperproduktion wird dennoch beobachtet (zusammengefasst in [33]).

Neuronales System

Schwere Zinkdefizienz führt zu neuronalen Störungen wie Tremor, Gedächtnisverlust und verminderten intellektuellen Leistungen; diese Effekte sind nach oraler Zinkgabe reversibel [31]. Latenter Zinkmangel ist mit weniger auffälligen Symptomen verbunden; aber auch hier wurden eingeschränkte neuromotorische und kognitive Funktionen beobachtet [50]. Neben seinen vielfältigen Funktionen in Zinkfinger-Proteinen in neuronalen Zellen hat Zink eine zusätzliche Funktion als neurosekretorisches Ion. Zink ist hoch konzentriert in synaptischen Vesikeln in so genannten „zinkhaltigen" Neuronen, einer Untergruppe von glutamatergischen Neuronen, was auf eine noch ungeklärte Funktion bei der Aufnahme, Speicherung oder Ausschüttung von Glutamat hindeutet (zusammengefasst in [21]).

Kohlenhydratstoffwechsel und Diabetes

Zink spielt eine wichtige Rolle bei der Synthese und Wirkung von Insulin und bei der Pathologie von Diabetes. So geht Diabetes einher mit einem deutlich abgesenkten Zinkgehalt im Serum [24, 34], der hauptsächlich auf eine vermehrte Ausscheidung mit dem Urin und möglicherweise auch auf eine verminderte Absorption im Gastrointestinaltrakt zurückzuführen ist. Zink ist notwendig für die Dimerisierung, Speicherung und Sekretion von Insulin-Monomeren in Beta-Zellen der pankreatischen Inseln; Zinkdefizienz führt zu einer verminderten Insulin-Ausschüttung. Darüber hinaus kann Zinkmangel die Ausprägung von Typ-I-Diabetes verstärken; diskutiert wird hierbei u. a. die verminderte antioxidative Abwehr, die die bei diesem Krankheitsbild auftretende Zerstörung der Beta-Zellen durch Autoimmunreaktionen verstärkt. Auch bei Typ-2-Diabetes konnte durch Zinkgabe die Bildung thiobarbiturreaktiver Substanzen als Indikator für oxidativen Stress deutlich gesenkt werden [53]. Insgesamt sind die molekularen Zusammenhänge aber auch hier noch nicht vollständig geklärt (zusammengefasst in [10]).

59.5.2.2 Toxische Wirkungen

Akut toxische Wirkungen von Zink sind vergleichsweise selten; über Todesfälle wurde nur vereinzelt in älteren Arbeiten berichtet. So verstarb eine Patientin nach intravenöser Infusion von 7,4 g Zinksulfat an Lungenödem. Darüber hinaus erkrankten mehrere Patienten bei der Verwendung von Trinkwasser mit Zinkgehalten von beispielsweise 6,25 mg/L während der Dialyse; Symptome waren Übelkeit, Erbrechen und Fieber gefolgt von schweren Anämien. Diese Gefahr besteht heutzutage durch die Aufbereitung des Wassers durch Umkehrosmose nicht mehr. Eine tödliche Wirkung wurde für die orale Zufuhr von 28 g Zinksulfat beschrieben. Vergiftungserscheinungen traten darüber hinaus beim Konsum von Speisen und Getränken auf, die in verzinkten Gefäßen aufbewahrt wurden; Zinkgehalte betrugen hier bis zu 2,2 g/L in Fruchtsäften; Symptome waren Kopfschmerzen, Übelkeit, Erbrechen, Magen-Darm-Spasmen und blutige Durchfälle (zusammengefasst in [62]).

Im Gegensatz zu akut toxischen Wirkungen sind Fälle von chronischer und subchronischer Toxizität vielfach belegt. Von Bedeutung sind hier insbesondere die orale Einnahme von Zink-Supplementen im Bereich zwischen 50 mg/Tag und 300 mg/Tag, die u.a. mit Störungen des Kupferhaushalts, des Lipoprotein-Stoffwechsels und des Immunsystems einhergehen, sowie das Einatmen zinkhaltiger Stäube aufgrund beruflicher Exposition, die das sog. Metalldampffieber hervorrufen können. Darüber hinaus spielt Zink eine Rolle bei verschiedenen pathologischen neuronalen Dysfunktionen.

Störungen des Kupfer-Haushalts und Effekte auf kupferabhängige Enzyme

Eine Reihe von kurzfristigen und längerfristigen Interventionsstudien hat gezeigt, dass Störungen des Kupferhaushalts der empfindlichste Parameter für eine chronische Zink-Überversorgung sind (zusammengefasst in [57]). Wichtig in diesem Zusammenhang scheint die vermehrte Synthese von Metallothionein in den Darmmukosazellen durch hohe Zinkkonzentrationen zu sein. Aufgrund der höheren Affinität von Metallothionein für Kupfer im Vergleich zu Zink wird Kupfer vermehrt als Metallothionein-Komplex in den Darmmukosazellen zurückgehalten und nicht in ausreichendem Maße ins Blut abgegeben. Durch Abschuppung der Darmmukosazellen gelangt Kupfer-Metallothionein schließlich wieder in das Darmlumen, wodurch die Kupferausscheidung über die Faeces erhöht ist [19, 51]. Ab wann eine Störung des Kupferhaushalts auftritt, scheint von der Dauer der erhöhten Zinkaufnahme sowie von der gleichzeitigen Kupferversorgung abzuhängen. So haben Kurzzeit-Balancestudien mit männlichen Probanden eine erhöhte Kupfer-Retention bereits bei 18,5 mg Zink/Tag, also bei 8,5 mg über den derzeit gültigen Zufuhrempfehlungen der DACH, ergeben [17], während die Gabe von 53 mg Zink/Tag über 90 Tage in menopausalen Frauen keinen Einfluss zeigte, vorausgesetzt die Kupferversorgung war hoch genug (3 mg/Tag) [48]. Darüber hinaus ergaben mehrere Zink-Supplementationsstudien eine Verminderung der Superoxid-Dismutase-Aktivität in Erythrozyten, wenn auch der Zusammenhang zu einem erniedrigten Kupferspiegel im Serum widersprüchlich ist (zusammengefasst in [57]). Widersprüchlich sind ebenfalls die Ergebnisse bezüglich einer Beeinflussung des Lipoprotein- und Cholesterol-Metabolismus bei Zinkaufnahmen zwischen 40 und 160 mg/Tag [57].

Metalldampffieber bei beruflicher Exposition

Das Einatmen von Zinkoxid-Rauch wird mit dem so genannten Metalldampffieber (Zinkfieber) in Verbindung gebracht. Symptome sind Fieber, Schüttelfrost, Husten, Rachenreizung, Schwächegefühl sowie Schmerzen in der Muskulatur und in den Gliedern, die zwischen drei und zehn Stunden nach der Exposition auftreten und nach derzeitigem Kenntnisstand keine gesundheitlichen Schäden hinterlassen. Hierbei handelt es sich um eine akute Reaktion, die durch eine Invasion von Neutrophilen in die Atemwege und eine Freisetzung von Cytokinen, darunter Interleukin 6 und Interleukin 8, gekennzeichnet ist [35]. Schwere Symptome traten im Rahmen von Militärübungen beim Abbrennen von Nebelkerzen in geschlossenen Räumen auf; ein leichter Temperaturanstieg wurde bei freiwilligen Probanden aber auch noch bei Expositionen von 2,5–5 mg/m^3 beobachtet [18]. Bei wiederholter Exposition tritt eine Adaptation ein, die wahrscheinlich auf die Synthese von Metallothionein zurückzuführen ist; daher auch die Bezeichnung „Monday morning fever" [35].

Weitere potenzielle adverse Effekte

Weitere in Supplementations-Studien untersuchte potenzielle adverse Effekte betreffen den Lipoprotein- und Cholesterol-Stoffwechsel sowie eine Beeinträchtigung des Immunsystems, jedoch lassen die publizierten Daten keine eindeutigen Rückschlüsse zu.

So zeigten zwei Studien mit männlichen Probanden eine Abnahme an Lipoproteinen hoher Dichte (high density lipoprotein; HDL) bei Gabe von 50 mg/Tag oder 75 mg/Tag über 12 Wochen [2] und 160 mg/Tag über sechs Wochen [32]. Demgegenüber ergaben andere Studien keine Beeinflussung des Lipoprotein-Stoffwechsels bei Verabreichung von 40 mg/Tag bzw. 20 mg/Tag [4, 5]; 53 mg/Tag verabreicht über einen Zeitraum von 90 Tagen bewirkten sowohl eine Absenkung des Cholesterolgehaltes insgesamt sowie von LDL-Cholesterol [48].

Eine sehr hohe Aufnahme von Zink (300 mg/Tag, verabreicht über sechs Wochen) führte zu einer Störung des Immunsystems; konkret wurden eine Reduktion der Lymphozyten-Stimulierung als Antwort auf Phytohemagglutinin sowie eine verminderte Phagozytose von Bakterien durch polymorphonucleäre Leukozyten beobachtet [8]. Bei niedrigeren Konzentrationen überwiegt aber der immunstimulierende Effekt von Zink (zusammengefasst in [3]).

Darüber hinaus wird vielfach diskutiert, inwiefern unter pathologischen Bedingungen ein Zusammenhang zwischen Zink und verschiedenen neurodegenerativen Erkrankungen besteht. Wie oben dargelegt, führt ausgeprägter oder latenter Zinkmangel zu neuronalen Störungen. Andererseits existieren viele Hinweise, dass synaptisch freigesetztes Zink zu toxischen Gehirnschäden nach epileptischen Anfällen, Schlaganfall und Gehirntrauma beiträgt. Unterstützt wird diese These durch eine Reduzierung der Schäden durch Zinkchelatoren; Zinkfreisetzung erfolgt vermutlich aus präsynaptischen Vesikeln, postsynaptischen zinkchelatierenden Proteinen und eventuell auch mitochondrialen Pools (zusammengefasst in [12, 20, 40]).

59.5.3
Wirkungen auf Versuchstiere

59.5.3.1 Essenzielle Wirkungen

Die essenziellen Wirkungen von Zink in Versuchstieren werden ebenso wie beim Menschen dadurch bestimmt, dass Zink praktisch an allen Vorgängen beteiligt ist, die mit Zellteilung, Genexpression, Proteinsynthese und Wachstumsprozessen in Zusammenhang stehen. Entsprechend vielseitig sind auch die Effekte, die bei Zinkmangelzuständen beobachtet werden. Eine zinkdefiziente Diät führt zu einem schnellen Abfall an Plasma-Zinkgehalten, gefolgt von Appetitverlust und vermindertem Wachstum innerhalb weniger Tage. Weitere Symptome sind Dermatitis, Fellverlust, testikuläre Atrophie, Störungen des Immunsystems und verzögerte Wundheilung. Darüber hinaus treten Fehlsteuerungen von pankreatischen Funktionen auf, darunter eine deutliche Einschränkung der Insulinausschüttung. Ferner ist Zinkdefizienz embryotoxisch und eine adäquate Zinkversorgung ist notwendig für die Organbildung und das embryonale Wachstum sowie für die Entwicklung des Gehirns; ein Mangel an Zink führt zu Verhaltensstörungen bei Ratten (zusammengefasst in [16]).

59.5.3.2 Toxische Wirkungen

Die akute orale Toxizität von Zink ist vergleichsweise gering und hängt von der Verbindungsform ab; $ZnCl_2$ ist wegen seiner ätzenden Eigenschaft toxischer als ZnO. Der LD_{50} für $ZnCl_2$ lag bei Ratten zwischen 237 und 623 mg/kg Körpergewicht und bei Mäusen zwischen 86 und 605 mg/kg Körpergewicht, der LD_{50} für ZnO bei kleineren Labortieren liegt zwischen 6800 und 8000 mg/kg Körpergewicht. Nach parentaler oder intraperitonaler Applikation ist der LD_{50} mit 30–250 mg/kg Köpergewicht deutlich niedriger [15, 62]. Zinkvergiftungen bei Nutztieren können in seltenen Fällen in der Nähe von Zinkemittenten, bei Gabe von zinkkontaminiertem Futter sowie bei Verwendung stark zinkhaltiger Dünger oder Fungizide auftreten; kritisch sind Zinkgehalte im Futter von 1000–7300 mg/kg Trockengewicht. Vergiftungssymptome umfassen verminderte Futteraufnahme und Gewichtszunahme, gastrointestinale Störungen, Arthritis, Paresen und Anämien. Pathologische Veränderungen treten in der Leber, der

Niere und der Bauchspeicheldrüse auf. Diskutierte Gründe sind durch hohe Zinkkonzentrationen ausgelöster Eisen- und Kupfermangel [62]. Zink führt darüber hinaus in Abhängigkeit von der jeweiligen Verbindung und untersuchten Spezies zu Hautreizungen; diese Effekte wurden auf Wechselwirkungen mit epidermalem Keratin zurückgeführt [39]. Teratogene Effekte in Form von Skelett-Anomalien waren auf für das Muttertier toxische Konzentrationen in Mäusen beschränkt [9].

59.5.3.3 **Wirkungen auf andere biologische Systeme**

In der Mehrzahl der Testsysteme hat sich Zink als nicht mutagen in Bakterien und Säugerzellen erwiesen. Auch Hinweise auf klastogene Effekte in Mäusen, die in einer Studie beobachtet wurden, traten erst bei sehr hohen, gleichzeitig toxischen Konzentrationen auf (zusammengefasst in [16, 26]).

59.6 Bewertung des Gefährdungspotenzials

Als essenzielles Spurenelement muss sowohl ein potenzieller Zinkmangel als auch ein Überschuss bei der Bewertung des Gefährdungspotenzials berücksichtigt werden. In den westlichen Industrieländern tritt ein klinischer Zinkmangel selten auf. Die in Deutschland durchgeführte VERA-Studie erbrachte bei Frauen bezüglich der Zinkzufuhr einen Median von 9,7 mg/Tag und bei Männern von 12,1 mg/Tag. Die DACH-Zufuhrempfehlungen betragen bei männlichen Jugendlichen und Erwachsenen 10 mg/Tag, bei weiblichen Jugendlichen und Erwachsenen 7 mg/Tag [13]. Damit liegt im Allgemeinen eine ausreichende Zinkversorgung vor. Bei Vegetariern wird die verminderte Bioverfügbarkeit aus pflanzlichen Lebensmitteln in der Regel durch eine aufgrund einer erhöhten Aufnahme an Trockenmasse erhöhten Zinkaufnahme ausgeglichen [52]. Allerdings enthält der Körper keine großen Zinkspeicher, die bei einer Mangelversorgung mobilisiert werden könnten. Zinkmangel kommt in den westlichen Ländern im Wesentlichen bei Malabsorptionssyndromen wie Acrodermatitis enteropathica, parenteraler Ernährung sowie einer Behandlung mit Chelatbildnern vor. Diese allgemein gute Versorgungslage in den Industrienationen darf allerdings nicht darüber hinwegtäuschen, dass in den industriell weniger entwickelten Ländern der Erde aufgrund der allgemein schlechteren Ernährungssituation Zinkmangel wesentlich häufiger auftritt. So gehen Schätzungen davon aus, dass global gesehen bis zu 40% der Bevölkerung keine ausreichende Zinkversorgung aufweisen [6].

Der Status der individuellen Zinkversorgung ist allerdings nur schwierig zu beurteilen. So sind zwar die Plasma- und Serumgehalte an Zink einfach zu bestimmen, variieren aber stark im Tagesverlauf, sprechen wenig auf verminderte Zinkzufuhr an und sind somit nur sehr begrenzt aussagefähig bezüglich des zellulären Zinkstatus. Leukozyten und Lymphozyten reagieren demgegenüber empfindlicher auf die aktuelle Zinkversorgung. Ein weiterer Ansatz besteht in der Analyse der Expression zinkabhängiger Gene, wie etwa der des Zinktransporters hZip1. Insgesamt kann eine verminderte Aktivität zinkabhängiger Funktionen wesentlich eher als verminderte Plasma-Zinkgehalte auftreten; daher ist es notwendig, zukünftig andere Parameter zur Abschätzung des individuellen Zinkstatus zu etablieren (zusammengefasst in [45]).

Akute Zinkvergiftungen durch den Genuss von Lebensmitteln sind aufgrund der geringen akuten Toxizität nicht zu erwarten. Allerdings gewinnt die Frage nach einer chronischen Überversorgung mit Zink zunehmend an Bedeutung. Insbesondere wirft die steigende Tendenz zur Anreicherung von verarbeiteten Lebensmitteln mit Mikronährstoffen sowie die Verbreitung von Nahrungsergänzungsmitteln auch die Frage nach aus toxikologischer Sicht sicheren täglichen Obergrenzen auf, die nicht überschritten werden sollten. Von einer Überversorgung könnten gerade die besonders gesundheitsbewussten Verbraucher betroffen sein, die neben Vitamin- und Mineralstofftabletten täglich verschiedene mit Mineralstoffen angereicherte Produkte wie Müsli, Erfrischungsgetränke, Snacks etc. konsumieren. Laut VERA-Studie liegen die 97,5 Perzentile in Deutschland bei 16,0 mg/Tag bzw. 20,5 mg/Tag für Männer bzw. Frauen; demgegenüber wurde von verschiedenen Gremien ein „Upper Limit" (UL), d.h. der Wert, bei dem keine Gesundheitsgefahren zu erwarten sind, von 25 mg/Tag abgeleitet (s.u.); entscheidend waren hierfür Interferenzen mit dem Kupferhaushalt und als Folge eine verminderte Aktivität kupferabhängiger Enzyme bei vergleichsweise niedrigen Zinkkonzentrationen. Wie an den Zahlen ersichtlich, ist die Spanne zwischen der Versorgung über Lebensmittel und dem UL sehr gering, so dass laut Einschätzung des Bundesinstituts für Risikobewertung (BfR) Zink zu der höchsten Risikokategorie bezüglich einer möglichen Überversorgung durch Nahrungsergänzungsmittel zuzuordnen ist; von einer Anreicherung von Lebensmitteln wird generell abgeraten [27]. Darüber hinaus wird in vielen Nahrungsergänzungsmitteln die vom BfR empfohlene Höchstmenge von 2,25 mg Zink pro Nahrungsergänzungsmittel deutlich überschritten; Präparate mit 30 mg Zink pro Nahrungsergänzungsmittel sind keine Seltenheit. Wichtig in diesem Zusammenhang ist auch die Bioverfügbarkeit der als Nahrungsergänzungsmittel angebotenen Zinkverbindung; liegt hier eine höhere Bioverfügbarkeit als die aus Lebensmitteln vor (im Mittel 30%), ist die Spanne zwischen möglichen toxischen Effekten noch geringer.

59.7
Grenzwerte, Richtwerte, Empfehlungen

Aufgrund der vergleichsweise geringen Toxizität existieren nur wenige Grenzwerte (Tab. 59.4). Der Grenzwert der Trinkwasserverordnung wurde wegen fehlender Toxizität in einem Bereich, der noch nicht zu geschmacklichen Veränderungen führt, aufgehoben; der Richtwert beträgt 4 mg/L. Für landwirtschaftlich genutzten Klärschlamm liegt der Grenzwert nach Klärschlammverordnung

Tab. 59.4 Ausgewählte Richtwerte, Empfehlungen und Grenzwerte.

Referenzwerte für die Zinkzufuhr in Deutschland, Österreich und der Schweiz [mg/Tag]			
	M		W
Säuglinge			
0–4 Monate		1,0	
4–12 Monate		2,0	
Kinder			
1 bis unter 4 Jahre		3,0	
4 bis unter 7 Jahre		5,0	
10 bis unter 13 Jahre		7,0	
13 bis unter 15 Jahre	9,0		7,0
Jugendliche und Erwachsene	9,5		7,0
ab 15 Jahre	10,0		7,0
Schwangere ab 4. Monat			10,0
Stillende			11,0
Empfehlungen zur Begrenzung der täglichen Zinkzufuhr („Upper Limits", Höchstmengen für einzelne Nahrungsergänzungsmittel)			
European Food Safety Authority (EFSA)	25 mg/Tag Gesamtzinkzufuhr		
US-Food National Board (FNB)	40 mg/Tag Gesamtzinkzufuhr		
Bundesinstitut für Risikobewertung (BfR)	2,25 mg/Nahrungsergänzungsmittel; keine Supplementierung bei Jugendlichen bis zum vollendeten 17. Lebensjahr		
Grenzwerte in der Umwelt und am Arbeitsplatz			
Trinkwasserverordnung	Grenzwert aufgehoben; Richtwert 4 mg/L		
Klärschlammverordnung	2500 mg/kg		
MAK-Wert Zinkoxid-Rauch	1 mg/m^3 (einatembarer Staubanteil)		

bei 2500 mg/kg. Am Arbeitsplatz gilt ein MAK-Wert von 1 mg/m^3 für Zinkoxid-Rauch bezogen auf den einatembaren Staubanteil.

Die von der DACH empfohlenen Referenzwerte für die tägliche Zinkzufuhr betragen für erwachsene Frauen und Männer 7,0 bzw. 10 mg/Tag, für Säuglinge und Kinder entsprechend weniger.

Vor dem Hintergrund einer möglichen Überversorgung mit Vitaminen und Mineralstoffen durch Nahrungsergänzungsmittel und angereicherte Lebensmittel wurde im Jahr 2000 ein Vorschlag für eine Richtlinie des europäischen Parlaments und des Rates zur Angleichung der Rechtsvorschriften der Mitgliedstaaten über den Zusatz von Nährstoffen zu Lebensmitteln veröffentlicht; inzwischen haben verschiedene europäische und außereuropäische Gremien Höchstwerte für die tägliche Zufuhr einiger Vitamine und Mineralstoffe abgeleitet. So empfiehlt das US-Food National Board (FNB) ein „Upper Limit" für die gesamte Zinkzufuhr für Erwachsene von 40 mg/Tag; die „European Food Safety Authority“ (EFSA) von 25 mg/Tag. Da die 97,5 Perzentil-Werte für die tägliche Zufuhr in Deutschland für Frauen und Männer durch Lebensmittel ohne Supplemente bereits bei 16,0 mg/Tag bzw. 20,5 mg/Tag liegen, hat das BfR einen Höchstwert für einzelne Nahrungsergänzungsmittel von 2,25 mg abgeleitet. Von einer Supplementierung von Kindern und Jugendlichen bis zum vollendeten 17. Lebensjahr wird generell abgeraten [27].

59.8 Vorsorgemaßnahmen

In westlichen Industrienationen ist für die Normalbevölkerung mit keiner Unterversorgung an Zink zu rechnen; mögliche Risikogruppen sind oben beschrieben. Demgegenüber ist von einer Überversorgung mit Nahrungsergänzungsmitteln abzuraten. Falls Supplemente konsumiert werden, sollte der vom BfR empfohlene Wert von 2,25 mg/Nahrungsergänzungsmittel eingehalten werden, insbesondere auch im Hinblick darauf, dass oft Präparate mit hoher Bioverfügbarkeit angeboten werden.

59.9 Zusammenfassung

Zink ist ein essenzielles Spurenelement und als solches an einer Vielzahl von Stoffwechselprozessen beteiligt. Für die nicht beruflich exponierte Bevölkerung erfolgt die Aufnahme fast ausschließlich über die Nahrung, wobei tierische Lebensmittel in der Regel höhere Zinkgehalte mit höherer Bioverfügbarkeit aufweisen. Die Versorgungslage ist in den westlichen Industrienationen bei normaler Ernährung ausreichend; Zinkmangel ist hier im Wesentlichen auf Malabsorptionssyndrome wie Acrodermatitis enteropathica, auf parenterale Ernährung sowie auf eine Behandlung mit Chelatbildnern beschränkt. Die Bioverfügbarkeit von Zink wird auf mehreren Ebenen reguliert; wichtige Faktoren sind die kontrollierte Aufnahme und Abgabe von Zink im Gastrointestinaltrakt sowie unterschiedliche Transportmechanismen, die die intrazelluläre Verteilung und die Abgabe von Zink an die Gewebe regulieren. Der zelluläre Zinkstatus wird über metallresponsive Elemente gesteuert und Metallothionein dient als intrazellulärer Zinkspeicher. Mangelerscheinungen äußern sich in Störungen des Immunsystems, neuronalen Störungen sowie einer Beeinflussung des Kohlenhydratstoffwechsels und damit einer verstärkten Ausprägung von Diabetes. Toxische Wirkungen durch zinkhaltige Lebensmittel sind bei normaler Ernährung nicht zu erwarten. Allerdings ist der Bereich zwischen durchschnittlicher Zinkaufnahme durch Lebensmittel und beginnender toxischer Wirkung sehr gering, so dass schnell eine Überversorgung durch Nahrungsergänzungsmittel und/oder angereicherte Lebensmittel auftreten kann. Empfindlichster Parameter ist hierbei eine Interferenz mit dem Kupferstoffwechsel.

59.10 Literatur

1 Beyersmann D, Haase H (2001) Functions of zinc in signaling, proliferation and differentiation of mammalian cells, *Biometals* **14**: 331–341.
2 Black MR, Medeiros DM, Brunett E, Welke R (1988) Zinc supplements and serum lipids in young adult white males, *Am J Clin Nutr* **47**: 970–975.
3 Bogden JD (2004) Influence of zinc on immunity in the elderly, *J Nutr Health Aging* **8**: 48–54.
4 Bonham M, O'Connor JM, McAnena LB, Walsh PM, Downes CS, Hannigan BM, Strain JJ (2003) Zinc supplementation has no effect on lipoprotein metabolism, hemostasis, and putative indices of copper status in healthy men, *Biol Trace Elem Res* **93**: 75–86.
5 Boukaiba N, Flament C, Acher S, Chappuis P, Piau A, Fusselier M, Dardenne M, Lemonnier D (1993) A physiological amount of zinc supplementation: effects on nutritional, lipid, and thymic status in an elderly population, *Am J Clin Nutr* **57**: 566–572.
6 Brown K, Wuehler S, Peerson JM (2001) The importance of zinc in human nutrition and estimation of the global prevalence of zinc deficiency, *Food Nutr Bull* **22**: 113–125.
7 Brown KH, Peerson JM, Allen LH (1998) Effect of zinc supplementation on children's growth: a meta-analysis of intervention trials, *Bibl Nutr Dieta* 76–83.
8 Chandra RK (1984) Excessive intake of zinc impairs immune responses, *Jama* **252**: 1443–1446.
9 Chang CH, Mann DE, Jr, Gautieri RF (1977) Teratogenicity of zinc chloride, 1,10-phenanthroline, and a zinc-1,10-phenanthroline complex in mice, *J Pharm Sci* **66**: 1755–1758.
10 Chausmer AB (1998) Zinc, insulin and diabetes, *J Am Coll Nutr* **17**: 109–115.
11 Cragg RA, Christie GR, Phillips SR, Russi RM, Kury S, Mathers JC, Taylor PM, Ford D (2002) A novel zinc-regulated human zinc transporter, hZTL1, is localized to the enterocyte apical membrane, *J Biol Chem* **277**: 22789–22797.
12 Cuajungco MP, Lees GJ (1997) Zinc metabolism in the brain: relevance to human neurodegenerative disorders, *Neurobiol Dis* **4**: 137–169.
13 D-A-CH (Ed.) (2000) Referenzwerte für die Nährstoffzufuhr, Umschau Braus-Verlag.
14 Dardenne M, Savino W, Berrih S, Bach JF (1985) A zinc-dependent epitope on the molecule of thymulin, a thymic hormone, *Proc Natl Acad Sci USA* **82**: 7035–7038.
15 Domingo JL, Llobet JM, Paternain JL, Corbella J (1988) Acute zinc intoxication: comparison of the antidotal efficacy of several chelating agents, *Vet Hum Toxicol* **30**: 224–228.
16 EHC Environmental Health Criteria 221: Zinc, Geneva, 2001.
17 Festa MD, Anderson HL, Dowdy RP, Ellersieck MR (1985) Effect of zinc intake on copper excretion and retention in men, *Am J Clin Nutr* **41**: 285–292.
18 Fine JM, Gordon T, Chen LC, Kinney P, Falcone G, Beckett WS (1997) Metal fume fever: characterization of clinical and plasma IL-6 responses in controlled human exposures to zinc oxide fume at and below the threshold limit value, *J Occup Environ Med* **39**: 722–726.
19 Fischer PW, Giroux A, L'Abbe MR (1983) Effects of zinc on mucosal copper binding and on the kinetics of copper absorption, *J Nutr* **113**: 462–469.
20 Frederickson CJ, Maret W, Cuajungco MP (2004) Zinc and excitotoxic brain injury: a new model, *Neuroscientist* **10**: 18–25.
21 Frederickson CJ, Suh SW, Silva D, Thompson RB (2000) Importance of zinc in the central nervous system: the zinc-containing neuron, *J Nutr* **130**: 1471S–1483S.
22 Gaither LA, Eide DJ (2001) Eukaryotic zinc transporters and their regulation, *Biometals* **14**: 251–270.
23 Gallaher DD, Johnson PE, Hunt JR, Lykken GI, Marchello MJ (1988) Bioavailability in humans of zinc from beef: intrinsic vs extrinsic labels, *Am J Clin Nutr* **48**: 350–354.

24 Garg VK, Gupta R, Goyal RK (1994) Hypozincemia in diabetes mellitus, *J Assoc Physicians India* **42**: 720–721.
25 Giedroc DP, Chen X, Apuy JL (2001) Metal response element (MRE)-binding transcription factor-1 (MTF-1): structure, function, and regulation, *Antioxid Redox Signal* **3**: 577–596.
26 Greim H (Ed.) (2002) Zinc chloride and zinc chloride fume, Wiley-VCH, Weinheim.
27 Grossklaus R, Ziegenhagen R (2006) (Vitamins and minerals in food supplements. Up-to-date risk assessment), *Bundesgesundheitsblatt Gesundheitsforschung Gesundheitsschutz* **49**: 202–210.
28 Hambidge KM, Walravens PA (1982) Disorders of mineral metabolism, *Clin Gastroenterol* **11**: 87–117.
29 Hambidge M (2000) Human zinc deficiency, *J Nutr* **130**: 1344S–1349S.
30 Hambidge M, Krebs NF (2001) Interrelationships of key variables of human zinc homeostasis: relevance to dietary zinc requirements, *Annu Rev Nutr* **21**: 429–452.
31 Henkin RI, Patten BM, Re PK, Bronzert DA (1975) A syndrome of acute zinc loss. Cerebellar dysfunction, mental changes, anorexia, and taste and smell dysfunction, *Arch Neurol* **32**: 745–751.
32 Hooper PL, Visconti L, Garry PJ, Johnson GE (1980) Zinc lowers high-density lipoprotein-cholesterol levels, *Jama* **244**: 1960–1961.
33 Ibs KH, Rink L (2003) Zinc-altered immune function, *J Nutr* **133**: 1452S–1456S.
34 Isbir T, Tamer L, Taylor A, Isbir M (1994) Zinc, copper and magnesium status in insulin-dependent diabetes, *Diabetes Res* **26**: 41–45.
35 Kaye P, Young H, O'Sullivan I (2002) Metal fume fever: a case report and review of the literature, *Emerg Med J* **19**: 268–269.
36 Krebs NF (2000) Overview of zinc absorption and excretion in the human gastrointestinal tract, *J Nutr* **130**: 1374S–1377S.
37 Kruse-Jarres JD (1999) Pathobiochemistry of zinc metabolism and diagnostic principles in zinc defiency, *J Lab Med* **23**: 141–155.
38 Kury S, Dreno B, Bezieau S, Giraudet S, Kharfi M, Kamoun R, Moisan JP (2002) Identification of SLC39A4, a gene involved in acrodermatitis enteropathica, *Nat Genet* **31**: 239–240.
39 Lansdown AB (1991) Interspecies variations in response to topical application of selected zinc compounds, *Food Chem Toxicol* **29**: 57–64.
40 Lees GJ, Cuajungco MP, Leong W (1998) Effect of metal chelating agents on the direct and seizure-related neuronal death induced by zinc and kainic acid, *Brain Res* **799**: 108–117.
41 Liuzzi JP, Cousins RJ (2004) Mammalian zinc transporters, *Annu Rev Nutr* **24**: 151–172.
42 Mackay JP, Crossley M (1998) Zinc fingers are sticking together, *Trends Biochem Sci* **23**: 1–4.
43 Maret W (2000) The function of zinc metallothionein: a link between cellular zinc and redox state, *J Nutr* **130**: 1455S–1458S.
44 Maret W (2001) Zinc biochemistry, physiology, and homeostasis – recent insights and current trends, *Biometals* **14**: 187–190.
45 Maret W, Sandstead HH (2006) Zinc requirements and the risks and benefits of zinc supplementation, *J Trace Elem Med Biol* **20**: 3–18.
46 McKenna AA, Ilich JZ, Andon MB, Wang C, Matkovic V (1997) Zinc balance in adolescent females consuming a low- or high-calcium diet, *Am J Clin Nutr* **65**: 1460–1464.
47 McMahon RJ, Cousins RJ (1998) Mammalian zinc transporters, *J Nutr* **128**: 667–670.
48 Milne DB, Davis CD, Nielsen FH (2001) Low dietary zinc alters indices of copper function and status in postmenopausal women, *Nutrition* **17**: 701–708.
49 Moynahan EJ (1974) Letter: Acrodermatitis enteropathica: a lethal inherited human zinc-deficiency disorder, *Lancet* **2**: 399–400.
50 Penland JG (2000) Behavioral data and methodology issues in studies of zinc nutrition in humans, *J Nutr* **130**: 361S–364S.
51 Richards MP, Cousins RJ (1976) Metallothionein and its relationship to the

metabolism of dietary zinc in rats, *J Nutr* **106**: 1591–1599.

52 Röhrig B, Anke M, Drobner C, Jaritz M, Holzinger S (1998) Zinc intake of German adults with mixed and vegetarian diets, *Trace Elements and Electrolytes* **15**: 81–86.

53 Roussel AM, Kerkeni A, Zouari N, Mahjoub S, Matheau JM, Anderson RA (2003) Antioxidant effects of zinc supplementation in Tunisians with type 2 diabetes mellitus, *J Am Coll Nutr* **22**: 316–321.

54 Sandstrom B, Cederblad A (1980) Zinc absorption from composite meals. II. Influence of the main protein source, *Am J Clin Nutr* **33**: 1778–1783.

55 Sandstrom B, Cederblad A, Lonnerdal B (1983) Zinc absorption from human milk, cow's milk, and infant formulas, *Am J Dis Child* **137**: 726–729.

56 Sandstrom B, Arvidsson B, Cederblad A, Bjorn-Rasmussen E (1980) Zinc absorption from composite meals. I. The significance of wheat extraction rate, zinc, calcium, and protein content in meals based on bread, *Am J Clin Nutr* **33**: 739–745.

57 SCF (2003) Opinion of the scientific committee on food on the tolerable upper intake level of zinc.

58 Scherz H, Senser F (Eds.) (2000) Souci-Fachmann-Kraut: Die Zusammensetzung der Lebensmittel. Nährwert-Tabellen, Medpharm, Stuttgart.

59 Vasak M, Hasler DW (2000) Metallothioneins: new functional and structural insights, *Curr Opin Chem Biol* **4**: 177–183.

60 Wang K, Zhou B, Kuo YM, Zemansky J, Gitschier J (2002) A novel member of a zinc transporter family is defective in acrodermatitis enteropathica, *Am J Hum Genet* **71**: 66–73.

61 Whittaker P (1998) Iron and zinc interactions in humans, *Am J Clin Nutr* **68**: 442S–446S.

62 Wilhelm M, Ohnesorge FK (2006) Metalle/Zink, in: HE Wichmann, H-W Schlipköter and G. Fülgraff (Eds.), Handbuch der Umweltmedizin, ecomed.

63 Wood RJ, Zheng JJ (1997) High dietary calcium intakes reduce zinc absorption and balance in humans, *Am J Clin Nutr* **65**: 1803–1809.

60
Chrom

Detmar Beyersmann

60.1
Allgemeine Substanzbeschreibung

Bezeichnung: Chrom, Chromverbindungen, Chromate. Unter Chromaten werden in der Regel Verbindungen des sechswertigen Chroms verstanden. Wo dies aus dem Zusammenhang nicht eindeutig ersichtlich ist, wird die Bezeichnung „Chromat(VI)" verwendet.

Stoffdaten: Das Element Chrom wurde 1797 von dem französischen Chemiker Vauquelin entdeckt. Seinen Namen verdankt es dem griechischen Wort Chroma wegen der Farbigkeit seiner Verbindungen. Chrompigmente sind Bestandteile klassischer Künstlerfarben (Chromgrün, -gelb, -orange und -rot) und industrieller Produkte, z. B. Zinkchromat als Rostschutzpigment.

Unter den Elementen der Erdkruste steht Chrom mit 125 mg/kg an zwanzigster Stelle zusammen mit Vanadium, Zink, Nickel, Kupfer und Wolfram. Die Chromkonzentrationen in Gesteinen sind im Allgemeinen gering (zwischen 5 und 2000 mg/kg). Eine Ausnahme bildet das wichtigste Chromerz, der Chromit ($FeCr_2O_4$), und seltener vorkommend, der Krokoit ($PbCrO_4$) [33]. Chrom kommt in den Oxidationsstufen –II bis +VI vor, wobei +III und +VI die häufigsten sind. Cr(II)-Verbindungen, die starke Reduktionsmittel sind, und Cr(VI)-Verbindungen, die starke Oxidationsmittel sind, sind unter physiologischen Bedingungen nicht stabil. Cr(III) ist die unter Umwelt- und physiologischen Bedingungen stabilste Oxidationsstufe. Cr(VI)-Verbindungen werden durch organische Moleküle in der Regel zu Cr(III) reduziert und kommen in Lebensmitteln praktisch nicht vor. Die Reduktion von Cr(VI)- zu Cr(III)-Verbindungen wird durch ein saures Milieu beschleunigt. Cr(VI)-Verbindungen, die durch industrielle Tätigkeiten in die Umwelt gelangen, können in der Oxidationsstufe VI nur in kohlenstoffarmen Gewässern persistieren. Cr(III)-Salze sind nur in saurem Milieu löslich und sie bilden oberhalb von pH 6 schwer lösliche Hydroxide, falls Cr(III) nicht durch Komplexbildung mit geeigneten Liganden in Lösung gehalten wird. Ausgewählte Stoffdaten für Chrom und einige wichtige Chromverbindungen sind in Tabelle 60.1 zusammengestellt.

Handbuch der Lebensmitteltoxikologie. H. Dunkelberg, T. Gebel, A. Hartwig (Hrsg.)

ISBN: 978-3-527-31166-8

Tab. 60.1 Ausgewählte Stoffdaten für Chrom und einige Chromverbindungen [33].

Substanz	Formel	CAS-Nr.	Atom-/Molekularmasse	Löslichkeit in Wasser
Chrom	Cr	7440-47-3	52,00	unlöslich, löslich in verd. Salzsäure
Chrom(III)-oxid („Chromgrün“)	Cr_2O_3	1308-38-9	152,00	unlöslich
Chrom(III)-acetat	$Cr(CH_3CO_2)_2$	1066-30-4	229,14	löslich bei saurem pH
Chrom(III)-chlorid	$CrCl_3$	10025-73-7	158,36	löslich bei saurem pH
Chrom(VI)-trioxid	CrO_3	1333-82-0	99,99	625 g/L bei 20 °C
Ammonium-chromat(VI)	$(NH_4)_2CrO_4$	7788-98-9	152,07	405 g/L
Ammonium-dichromat(VI)	$(NH_4)_2Cr_2O_7$	7789-09-5	252,06	308 g/L bei 15 °C
Bleichromat(VI) („Chromgelb“)	$PbCrO_4$	7758-97-6	323,18	0,58 mg/L bei 25 °C
Basisches Bleichromat(VI) („Chromorange“)	$PbO \cdot PbCrO_4$	1344-38-3	546,37	unlöslich, löslich in Säuren
Zinkchromat(VI)	$ZnCrO_4$	13530-65-9	181,37	unlöslich

60.2 Vorkommen

Abgesehen von Chromerzen im engeren Sinne liegen die Chromkonzentrationen in Gesteinen zwischen 5 mg/kg in Graniten und 2 g/kg in Serpentinen. Es handelt sich dabei überwiegend um Cr(III)-Verbindungen, aus denen Cr(VI)-Verbindungen in der Regel erst durch menschliche Tätigkeiten entstehen. In Böden wurden zwischen 2 und 60 mg Cr/kg gemessen, abgesehen von Böden in der Nachbarschaft von Metallwerken [33, 34]. Klärschlämme in Deutschland enthielten 25–75 mg Cr/kg TM [50]. Die Konzentrationen in Gewässern betragen in Quell- und Grundwässern weniger als 0,5 µg Cr/L, im Tiefenwasser der Ozeane 0,2 µg Cr/L, und in Flüssen 0,5–1 µg Cr/L [68]. Höhere Konzentrationen fanden sich nur in Flüssen mit Abwasserfrachten. Cr(VI)-Verbindungen in Abwässern werden in der Regel durch die organischen Bestandteile von Klärschlämmen zu Cr(III)-Verbindungen reduziert. In einem mit Chromaten(VI) kontaminierten Boden konnten die Chromate durch Zugabe von Kompost oder organischem Dünger zu Cr(III)-Verbindungen reduziert werden [11]. Die umgekehrte Reaktion, die Oxidation von Cr(III) zu Cr(VI), ist in natürlichen Wasserläufen nur in Gegenwart von Mangandioxid als Oxidans beobachtet worden [10, 52]. Kürzlich wurde gezeigt, dass Chrom(III) durch Wasserstoffperoxid zu Chrom(VI) oxidiert werden kann und dieses auch unter einem physiologischen Milieu nachgestellten Reaktionsbedingungen [44]. In 90% der untersuchten

Trinkwasserproben aus der BRD wurden 1981 weniger als 0,5 µg Cr/L gemessen, und in 1,4% waren mehr als 50 µg Cr/L enthalten [37]. Luftproben enthalten sehr geringe Chrommengen in der Partikelfraktion, in Deutschland wurden 1,8–8,5 ng Cr/m^3 gemessen, wobei die oberen Werte in Ballungsgebieten registriert wurden [62]. Deutlich höhere Werte finden sich in der Abluft von Metallwerken und Müllverbrennungsanlagen.

Die Chromproduktion beträgt weltweit jährlich etwa 11 Millionen Tonnen, wovon der größte Teil in die Produktion von hitze- und korrosionsbeständigen Legierungen geht [68]. Chromverbindungen werden hauptsächlich für galvanische Betriebe, Pigmente, Ledergerberei und Holzkonservierung gebraucht. In der Lebensmitteltechnologie und im Haushalt ist Chrom-Nickel-Stahl („rostfreier Stahl", „Edelstahl") wegen seiner hohen Korrosions- und Hitzebeständigkeit der meistverwendete Werkstoff für Behälter, Fermenter, Rohrleitungen, Mahl- und Schneidwerkzeuge. Tabelle 60.2 gibt typische Zusammensetzungen von für Kochtöpfe und Essbestecke verwendeten Legierungen an.

Chrom(III)-Verbindungen werden, insbesondere in den USA, als Nahrungsergänzungsmittel propagiert. Weil anorganische Chrom(III)-Salze nur schlecht durch Biomembranen transportiert werden, wird als Nahrungsergänzungsmittel häufig das besser bioverfügbare, aber gesundheitlich bedenkliche Chrompicolinat angeboten (s. Abschnitt 60.6).

Tab. 60.2 Typische Legierungsbestandteile (Gewichtsprozent) bei Stählen für Kochtöpfe und Essbestecke (Eisen, Kohlenstoff, Silicium und Spurenbestandteile nicht genannt) [1, 28].

Material	Chrom	Nickel	Mangan	Molybdän
Kochtöpfe	17–19	0,1–11	0,5–1,8	0,1–2
Essbestecke	13–18	0,7–9,9	0,4–3,3	keine Angaben

Tab. 60.3 Chromgehalte einiger Pflanzen aus industriell nicht belasteten Gebieten (mg/kg TM) nach [8].

Pflanzen	mg Cr/kg TM
Ackerpflanzen	
Weizen (grüne Pflanze)	0,53–0,93
Quecke	0,45–0,69
Klee	0,22–0,37
Luzerne	0,43–0,44
Gemüsepflanzen	
Gurkenpflanze	0,69
Tomatenpflanze	0,34
Grüner Salat	1,03
Porree	0,38

Pflanzen nehmen Chrom aus Böden in Abhängigkeit von der Konzentration auf. Allerdings ist die Bioverfügbarkeit von Cr(III) schlecht, und es wurden in den grünen Teilen von Pflanzen aus industriell unbelasteten Gegenden nicht mehr als 0,03 mg Cr/kg Feuchtmasse oder 1 mg/kg Trockenmasse (TM) gemessen (Tab. 60.3), in belasteten Gebieten nicht mehr als 2 mg/kg [7]. Der größte Anteil des aufgenommenen Chroms bleibt in den Wurzeln. Mit dem Ziel, Pflanzen mit höherer Konzentration an dem essenziellen Spurenelement Chrom zu kultivieren, wurden die besser bioverfügbaren Chromate(VI) in Nährlösungen eingesetzt. Im Versuch mit Maiskulturen wirkten aber bereits 0,25 mmol Na_2CrO_4/L toxisch [56].

60.3
Verbreitung in Lebensmitteln und Trinkwasser

60.3.1
Analytischer Nachweis

Die Spurenanalytik des Chroms steht vor drei besonderen Herausforderungen. Erstens kommt Chrom in der Umwelt und Nahrung des Menschen nur in sehr niedrigen Konzentrationen vor (wenige ng/m^3 in der Umgebungsluft, <0,5 µg/L im Trinkwasser, wenige µg/kg in Lebensmitteln und 0,1–1 µg/L in menschlichem Blutserum und Urin). Zweitens kann Chrom aus dem Edelstahl von Behältern, Fermentern, Messern und Mühlen eingebracht werden, ist in Spuren in vielen Laborreagenzien und -geräten enthalten und wird durch Staub eingeschleppt, soweit nicht unter Reinraumbedingungen gearbeitet wird. Drittens ist es für toxikologische Untersuchungen erforderlich, nach Verbindungen des drei- und des sechswertigen Chroms zu spezifizieren, weil Chromate mit Cr(VI) wesentlich toxischer sind als Cr(III)-Verbindungen.

Die Nachweisgrenze für Chromanalysen in biologischen Materialien sollte im Bereich weniger ng/L oder absolut im pg-Bereich liegen [63]. Wie schwierig die Erreichung dieses Ziels war, illustrieren am besten die bis 1980 publizierten Chromkonzentrationen in biologischem Material. Die Chromkonzentration in menschlichem Serum wurde bis 1960 mit etwa 100 µg/L angegeben, bis 1970 mit etwa 10 µg/L und erreichte erst zu Anfang der 1980er Jahre den heute akzeptierten Wert von etwa 1 µg/L [64]. Als Standardmethode der Chromanalytik hat sich die Atomabsorptionsspektrometrie mit pyrolytisch beschichteten Graphitrohren und Zeeman-Untergrund-Kompensation bewährt. In entsprechend ausgerüsteten Laboratorien sind auch die Neutronenaktivierungsanalyse bzw. Röntgenfluoreszenzanalyse und die Polarographie erfolgreich eingesetzt worden. Für Multielementanalysen kann die Optische Emissionsspektrometrie mit induktiv gekoppeltem Plasma (ICP-OES) verwendet werden. In der Regel muss organisches Material zuvor verascht werden, um Interelement-Wechselwirkungen zu minimieren. Unerlässlich ist die Verwendung von zertifizierten, matrixspezifischen Referenzmaterialien als Standards, weil in der Vergangenheit erhebliche Variationen zwischen Daten aus verschiedenen Analysenlaboratorien aufgetreten sind [34, 63, 64].

Für toxikologische Fragestellungen, z. B. bei Besorgnis wegen des Vorkommens von Chromaten im Trinkwasser, ist eine Differenzierung („Speciation") von Cr(VI)- und Cr(III)-Verbindungen erforderlich. Denn die Toxizität von Chromaten(VI) ist um mehrere Zehnerpotenzen größer als die von Cr(III)-Verbindungen. Möglichkeiten der Speciation sind die selektive Komplexierung von Cr(III) mit hydrophoben Liganden und Extraktion mit organischen Lösungsmitteln, die Polarographie oder die Ionenchromatographie, Letztere allerdings mit geringerer Empfindlichkeit. Ein großes Problem bei der Speciation nach Oxidationsstufen von Chrom aus biologischem Material und klinischen Proben ist die Reduktion von Cr(VI) zu Cr(III) durch organische Stoffe schon bei der Probenlagerung und -vorbereitung. Dieses Problem kann durch Arbeiten in basischem Milieu vermindert werden. Detaillierte Angaben zur Chromanalytik finden sich an anderen Orten [26, 34, 60].

60.3.2
Chromgehalt in Lebensmitteln

Wegen der Bedeutung von Chrom als essenziellem Spurenelement findet der Chromgehalt (und die Verbindungsform des Chroms) in Lebensmitteln besondere Beachtung. Die Chromgehalte einiger wichtiger Lebensmittel sind in Tabelle 60.4 aufgeführt. Es fällt die große Spannbreite der in der Literatur berichteten Konzentrationen in einigen Lebensmitteln auf, die wahrscheinlich auf unterschiedliche Böden, unterschiedliche Tierernährung und unterschiedliche Aufbereitung zurückzuführen ist. Letzterer Aspekt wird sehr deutlich an den niedrigen Chromgehalten in Mehl- und Zuckerraffinaden. Die tägliche Chromzufuhr mit der Nahrung in Deutschland wurde in Abhängigkeit von Geschlecht und Ernährungsweise untersucht (Tab. 60.5) [9]. Männer nehmen mehr Chrom auf als Frauen, entsprechend dem um 25% höheren Nahrungskonsum von Männern. Bei vegetarischer Ernährung ist die Chromzufuhr (wie auch die der meisten anderen Spurenelemente) leicht erhöht. Dies ist aus den Chromkonzentrationen in Pflanzen (Tab. 60.3) und vegetarischen Speisen (Tab. 60.5) nicht ohne weiteres ableitbar.

In den USA wurde die mit der Nahrung aufgenommene tägliche Chrommenge für Männer mit 33 (22–48) µg Cr/d und für Frauen mit 25 (13–36) µg Cr/d deutlich niedriger geschätzt [6]. Ebenfalls in den USA wurde der Chromgehalt pro Verzehrportion zu 0,6 µg Cr bei Molkereiprodukten, 2 µg Cr bei Fleisch und Fisch und 0,25–35 µg Cr bei Frühstückszerealien ermittelt [5]. In menschlicher Brustmilch wurden in den USA 0,3 (0,06–1,56) µg Cr/L gemessen, in Finnland 0,49 (0,37–0,57) µg Cr/L und in Belgien 0,18 µg Cr/L, wobei letzterer Wert einer täglichen Zufuhr von nur 0,1 µg Cr entspricht [34].

Für die Beurteilung der Zufuhr ist es wichtig, dass die Chromkonzentrationen in zubereiteten Speisen gemessen werden, weil diese nicht nur das Chrom der Rohmaterialien, sondern auch das bei der Zubereitung aus Schneidwerk-

Tab. 60.4 Chromgehalte einiger wichtiger Lebensmittel (µg Cr/kg Frischgewicht) [nach 4, 30, 34].

Lebensmittel	Mittelwert	niedrigster Literaturwert	höchster Literaturwert
Getreide		40	220
Weizenmehl, Vollkorn	50		
Weizenmehl, Raffinade	20		
Reis, geschält	7		
Haselnüsse	140		
Zucker, Raffinade	20		
Kartoffeln	30		
Gemüse		20	140
Obst		10	190
Trinkmilch		10	120
Fleisch		10	230
Leber	500		
Nieren	200		
Fisch		10	130
Hühnerei		20	100

Tab. 60.5 Chromzufuhr mit der Nahrung in Deutschland [9].

Chromgehalt in der Nahrung	Frauen µg Cr/kg Trockenmasse	Männer µg Cr/kg Trockenmasse
gemischte Kost	212 ± 91	225 ± 102
vegetarische Kost	221 ± 46	207 ± 46
Chromzufuhr pro Tag	Frauen µg Cr/d	Männer µg Cr/d
gemischte Kost	61 ± 31	84 ± 55
vegetarische Kost	85 ± 25	99 ± 40
Chromzufuhr bezogen auf Körpergewicht	Frauen µg Cr/kg KG	Männer µg Cr/kg KG
gemischte Kost	0,94 ± 0,5	1,1 ± 0,88
vegetarische Kost	1,5 ± 0,48	1,4 ± 0,59

zeugen und Kochtöpfen aus Edelstahl freigesetzte Chrom enthalten. Es ist nur in Einzelfällen möglich, diese beiden Komponenten separat zu bewerten, weil die Produkte der Nahrungsmittelindustrie in aller Regel schon durch Edelstahlwerkzeuge bearbeitet und in Edelstahlbehältern aufbewahrt und transportiert werden und weil die Speisen in Industrienationen in der Regel in Kochtöpfen aus Edelstahl zubereitet werden. Durch einen Vergleich der Zubereitung in Edelstahltöpfen mit der in Glasgeschirr bei elf verschiedenen Gerichten (alle im Bereich von pH 7 bis pH 8,5) wurde die zusätzliche Chromfreisetzung aus den Stahltöpfen ermittelt [1]. Der Chromgehalt der (pH-neutralen) Speisen hing hauptsächlich von den Zutaten ab. In Glasgeschirr gekochte Menüs wiesen

7–47 µg Cr/kg auf, die in Edelstahltöpfen gekochten Menüs 11–57 µg Cr/kg. Das Kochen stärker saurer Speisen wie Aprikosen- oder Rhabarberkompott (je pH 3,5) führte zu einer stärkeren Mobilisierung von Chrom (und Nickel) aus den Edelstahltöpfen [24].

Der Anteil des Trinkwassers und der Atemluft an der Chromzufuhr des Menschen ist sehr gering: 90% aller in der BRD untersuchten Trinkwasserproben enthielten weniger als 0,5 µg Cr/L [37]. Die Luft (Staubfraktion) in Deutschland enthält im Mittel nur 4 ng Cr/m^3 [63]. Damit ist die Chromzufuhr mit Wasser und Luft bei der Allgemeinbevölkerung vernachlässigbar klein.

Vergleicht man die durchschnittlich mit Nahrung und Trinkwasser zugeführte Chrommenge mit der für notwendig gehaltenen Zufuhr von 25 µg Cr/d für Männer und 35 µg Cr/d für Frauen [45], so ist mindestens in Deutschland kein Mangel ersichtlich. Ob dies auch für bestimmte Patientengruppen mit Hyperglykämie und/oder Diabetes gilt, ist nicht sicher (s. Abschnitt 60.5.1).

60.4 Kinetik und innere Exposition

Berufliche Expositionen: Expositionen gegen Chromverbindungen wurden registriert an Arbeitsplätzen bei der Chromverhüttung, der Herstellung von Chromlegierungen, der Produktion von Chromaten, bei dem Spritzen von Chromatpigmenten, der elektrolytischen Verchromung von Metallteilen, der Herstellung und schweißtechnischen Verarbeitung von Edelstählen, der Herstellung und Verwendung von Zement und der Gerberei von Häuten [33].

Umweltexposition: Die Chromkonzentrationen in Luft, Gewässern und Böden sind in der Regel sehr gering mit Ausnahme der Umgebung von Betrieben der Herstellung oder Verarbeitung von Chrom und seinen Verbindungen, von Zementfabriken und Feuerungsanlagen.

Resorption und Metabolismus: Die folgende Darstellung beschränkt sich auf den gastrointestinalen Pfad, weil der inhalative Pfad wegen der niedrigen Konzentrationen von Chrom in der Umwelt nur bei beruflicher Exposition zu berücksichtigen ist, die an anderen Orten diskutiert wird [26, 33, 34]. Grundsätzlich werden Chromate(VI) wegen ihres anionischen Charakters besser resorbiert als Chrom(III)-Verbindungen. Oral mit dem Trinkwasser zugeführtes [^{51}Cr]-Na_2CrO_4 wurde von Versuchspersonen zu 2,1 ± 1,5% resorbiert, während [^{51}Cr]-$CrCl_3$ nur zu 0,5 ± 0,3% resorbiert wurde [21]. [^{51}Cr]-$CrCl_3$ wurde besser resorbiert, wenn es zusammen mit Speisen eingenommen wurde. Die Resorption wird in der Regel aus dem mit dem Urin ausgeschiedenen [^{51}Cr] berechnet, wobei wegen der Vernachlässigung der Erfassung der Exkretion über die Faeces, welche gering ist, die resorbierte Menge wahrscheinlich etwas unterschätzt wird. Ein anderer Ansatz besteht im Vergleich der durchschnittlich mit der Nahrung aufgenommenen Chrommenge von 60 µg Cr/d mit der Ausscheidung im Urin von 0,22 µg Cr/d, aus dem eine Mindestresorption von 0,44% geschätzt wurde [3]. Durch eine zusätzliche Chromgabe von 200 µg Cr/d konnte die

Chromresorption auf 0,99 µg Cr/d gesteigert werden, was aber den relativen Anteil kaum erhöht. In der Absicht, die Chromresorption bei chromdefizienten Patienten zu steigern, wurde der Einfluss von Pharmaka auf die Chromresorption untersucht. Durch Gabe von Ascorbinsäure wurde die Chromkonzentration im Blutplasma bei weiblichen Patienten gesteigert [47]. Im Tierversuch erhöhte Aspirin die Resorption von [^{51}Cr]-$CrCl_3$ bei Ratten, aber nicht bei anderen untersuchten Tierarten [19]. Generell war die Chromresorption in Tierversuchen besser, wenn Cr(III) in Form von Komplexen mit Aminosäuren oder Peptiden gegeben wurde oder wenn ein mit Chrom angereicherter Hefeextrakt verfüttert wurde (s.a. Abschnitt 60.5.2). Auch synthetische Komplexe des Chroms mit hydrophoben Liganden wie Chrompicolinat [$Cr(Picolinat)_3$], das als Nahrungsergänzungsmittel vertrieben wird, werden gut im Darm resorbiert, sind aber wegen ihrer Toxizität bedenklich (s. Abschnitt 60.4).

Die schlechte Resorption von Cr(III)-Salzen beruht einerseits auf der Schwerlöslichkeit der in neutraler Lösung vorherrschenden Hydroxide und andererseits auf der relativen Undurchlässigkeit von Biomembranen für dreifach positiv geladene Ionen. Zwar können Cr(III)-Verbindungen auch durch Endocytose aufgenommen werden, aber dieser Mechanismus ist sehr langsam [26]. Effizienter ist die Aufnahme von Cr(III) in Form des Komplexes mit dem Eisentransport-Protein Transferrin. Der Cr(III)-Transferrin-Komplex wird durch die spezifische Transferrin-Endocytose in Säugerzellen geschleust [65]. Biochemische Mechanismen der Aufnahme und Verteilung von Chromverbindungen werden in Abschnitt 60.5.4 diskutiert.

Verteilung

Das im Magen-Darmtrakt resorbierte Chrom wird über das Blut auf die Organe verteilt und in allen untersuchten Organen gefunden. In Körperflüssigkeiten des Menschen wurden folgende Chromkonzentrationen gemessen: Blutplasma: 1–1,5 µg Cr/L, in Blutserum 1,7–2,2 µg Cr/L, in Erythrozyten 5–34 µg Cr/L und im Urin 0,4 µg Cr/L oder 0,47 µg Cr/g Kreatinin [34]. Bei beruflich inhalativ gegen Chromate(VI) Exponierten fanden sich deutlich höhere Werte im Urin, z. B. bei Galvanisierern in Deutschland 9,5 µg Cr/L [34]. Anhand von Autopsien bei im Alter von 30–40 Jahren Verstorbenen (beruflich nicht exponiert) wurde die in Tabelle 60.6 dargestellte Verteilung von Chrom auf die untersuchten Organe ermittelt.

Andere Autoren geben die Konzentration in der menschlichen Lunge mit durchschnittlich 0,22 mg/kg Feuchtmasse an [45]. In Tierversuchen, in der Regel bei Ratten, konnten die für den Menschen erschlossenen Prinzipien der Aufnahme und Verteilung von Chrom weitgehend bestätigt und um mechanistische Erkenntnisse erweitert werden. Wie beim Menschen werden Chromate (VI) gut resorbiert (zu 3–6%), Cr(III)-Verbindungen dagegen schlecht (je nach Verbindungsform zu 0,5–3%). ^{51}Cr aus [^{51}Cr]-$CrCl_3$ wurde vom Magen-Darmtrakt in das Blut transportiert und dort an Transferrin und Albumine gebunden [32]. Die Aufnahme war drei- bis fünfmal besser, wenn Cr(III) in organisch ge-

Tab. 60.6 Verteilung von Chrom auf menschliche Organe [53].

Organ	mg Cr/kg Asche
Lunge	15,6
Aorta	9,1
Pankreas	6,5
Herz	3,8
Hoden	3,1
Niere	2,1
Leber	1,8
Milz	1,7

bundener Form angeboten wurde, nämlich als Komplex mit Aminosäuren, mit Oligopeptiden, mit Picolinsäure oder als Glucose-Toleranzfaktor (ein Chromkomplex mit Nicotinsäure und Glutathion) [65]. Wiederkäuer resorbieren im Mittel 0,76% und Hühner 1,5% des mit dem Futter angebotenen $CrCl_3$ [34]. Nach intravenöser Injektion von $[^{51}Cr]$-$CrCl_3$ bei Ratten wurde eine Verteilung des Chroms auf alle untersuchten Organe gefunden einschließlich des maternal-fetalen Transports [31]. Die Versuche mit $CrCl_3$ sind allerdings stets mit der Einschränkung zu bewerten, dass die Resorption dieses Salzes deutlich schlechter ist als die von Chrom in organisch gebundener Form, wie es in biologischem Material vorkommt.

Eliminierung

Die Hauptmenge des resorbierten Chroms wird über die Nieren und den Urin ausgeschieden, während der nicht resorbierte Teil in die Faeces geht [60]. Dabei konnten zwei kinetische Phasen identifiziert werden, von denen die schnelle mit $t_{1/2}=3{,}5$ h die Clearance aus dem Blut und die langsame mit $t_{1/2}=7$ d die Clearance aus den Geweben widerspiegelt [40]. Mangels anderer Möglichkeiten zur Ermittlung der Chromresorption wird im Allgemeinen angenommen, dass die Ausscheidung von Chrom mit dem Urin ein Maß für die resorbierte Menge darstellt. Dies trifft angenähert für die Allgemeinbevölkerung zu, bei der keine Chromakkumulation im Laufe des Lebens zu verzeichnen ist [34], gilt aber nicht für gegen Chromat exponierte Arbeiter, bei denen das ins Gewebe aufgenommene Chromat(VI) zum Cr(III) reduziert wird und intrazellulär akkumuliert.

60.5 Wirkungen

60.5.1 Mensch

60.5.1.1 Essenzielle Wirkungen

Chrom ist ein für den Menschen essenzielles Spurenelement, dessen biochemische Funktion aber erst ansatzweise aufgeklärt ist. Die Klassifizierung von Chrom als essenziell beruht vor allem auf Erfahrungen bei Patienten bei totaler parenteraler Ernährung mit unzureichender Chromzufuhr [25, 36]. Bei diesen Patienten wurden trotz Insulingaben Hyperglykämie, Gewichtsverlust und periphere Neuropathie beobachtet. Nachdem die Zufuhr zwei Wochen lang auf 250 µg Cr/d und in der Folge auf 20 µg Cr/d eingestellt worden war, normalisierte sich der Gesundheitszustand der Patienten, und die zusätzliche Insulinzufuhr war entbehrlich. Auch bei Diabetikern mit gestörter Glucose-Toleranz bewirkte eine Erhöhung des Chromgehalts der Diät in der Regel eine Wiederherstellung der Glucose-Toleranz, so dass sie nach Challenge mit Glucose nicht mehr mit erhöhten Blutzuckerwerten und Insulinwerten reagierten [4, 48]. Epidemiologische Studien erbrachten darüber hinaus Hinweise auf vermehrtes Auftreten von Hyperglykämie in chromarmen Gegenden [4]. In einer Metaanalyse dieser Studien stellte sich dieser Zusammenhang aber als nicht gesichert heraus [2]. Nachdem sich aus epidemiologischen Studien auch Hinweise auf ein erhöhtes Risiko für Herz-Kreislauf-Erkrankungen in Gegenden mit Chrommangel ergeben hatten [4], wurden Wirkungen von Chromgabe bei Patienten und Versuchstieren untersucht. Chromsupplementation sowohl bei Patienten (200 µg Cr/d als $CrCl_3$) als auch bei Versuchstieren senkte die Werte für Insulin, Gesamt-Cholesterol, und erhöhte die HDL-Cholesterolwerte [4].

Eine Auswertung der Daten über Chrom-Mangelerkrankungen beim Menschen führte zu Empfehlungen für eine adäquate Zufuhr an Chrom. Die deutschen, österreichischen und schweizerischen Gesellschaften für Ernährung empfehlen eine tägliche Chromzufuhr bei Jugendlichen und Erwachsenen von 30–100 µg Cr/d [18]. Die Weltgesundheits-Organisation diskutiert ein Minimum der Chromzufuhr von 15 µg Cr/d und empfiehlt die Aufnahme von 33 µg Cr/d, aber nicht mehr als 250 µg Cr/d [69]. Das Food and Nutrition Board der National Academy of Sciences der USA empfiehlt als adäquate Zufuhr bei Frauen 25 µg Cr/d und bei Männern 35 µg Cr/d [45]. Nach Anderson [4] werden diese Mengen in den USA nur zu 50% durch die in den USA übliche Ernährung abgedeckt. Es ist aber umstritten, ob der angenommene Chrommangel durch Nahrungsergänzung ausgeglichen werden sollte, weil er auch durch eine ausgewogenere Ernährung behoben werden könnte [46]. In Europa ist keine Unterversorgung mit Chrom zu verzeichnen [9] (vgl. Tab. 60.5).

Hinsichtlich der letztendlich physiologisch wirksamen Chromspezies liegen folgende Daten vor. Wie bereits in Abschnitt 60.4 besprochen, ist Chrom in Form von $CrCl_3$ schlechter bioverfügbar als in Form von Komplexen mit organischen Liganden. Letztere bewahren das Cr(III) vor der Ausfällung als Hydroxid und erleichtern den Transport in das Gewebe. Viele Jahre lang wurde in der Literatur diskutiert, ob es einen bestimmten physiologischen Komplex des Chroms gibt (den so genannten Glucose-Toleranz-Faktor), der wie ein Vitamin fungiert [4]. In Tierversuchen (s. Abschnitt 60.5.2) erwiesen sich Komplexe des Cr(III) mit Aminosäuren und Oligopeptiden, mit Nicotinsäure und Glutathion als wirksam bei experimentell erzeugter Hyperglykämie. Allerdings konnte diese Wirkung nicht an einem definierten Glucose-Toleranzfaktor festgemacht werden. Chrom ist auch gut bioverfügbar in Form des Cr(III)-Picolinat-Komplexes, der als Nahrungsergänzungsmittel vertrieben wird, aber wegen seiner Toxizität abzulehnen ist (s. Abschnitte 60.5.1.2 und 60.6). Eine andere Frage ist die nach der ultimal im Organismus wirksamen Verbindungsform des Chroms und nach dem Wirkungsmechanismus bei der Aufrechterhaltung der Glucose-Toleranz. Vincent und Mitarbeiter [65] konnten zeigen, dass ein Oligopeptid-Komplex des Chroms (das so genannte Chromodulin) die Aktivierung der Tyrosinkinase des Insulinrezeptors bei der Insulinwirkung unterstützt (s. Abschnitt 60.5.4).

60.5.1.2 Toxische Wirkungen

Die Toxizität von Chrom hängt stark von seiner Oxidationsstufe ab. Die Toxizität von Chrom(VI)-Verbindungen ist *in vivo* und *in vitro* um mehrere Zehnerpotenzen höher als die von Chrom(III)-Verbindungen. Da Expositionen gegen Chrom(VI)-Verbindungen in der Regel nur in der Arbeitswelt vorkommen, wird hier auf die Toxizität von Chromaten(VI) nur soweit eingegangen, wie es zum Verständnis der Toxizität von Chrom generell hilfreich ist.

Akute Toxizität

Während Chromate(VI) bei Unfällen und Suizidversuchen akute Vergiftungen bewirkt haben, sind keine Fälle von akuten Vergiftungen durch Chrom(III)-Verbindungen beschrieben worden. Überlebende von Unfällen mit Chromaten(VI) wiesen unter anderen folgende Symptome auf: unmittelbar Erbrechen, Durchfall, Darmblutungen, kardiovaskulärer Schock, verzögert Lebernekrose, Nekrose der Nierentubuli und Störungen der Hämatopoese. Es kann aber kein spezifischer Indikator für Chromatvergiftungen benannt werden [34].

Chronische Toxizität

Die orale Toxizität von Chrom(III)-Verbindungen beim Menschen ist sehr gering. Dies kann darauf zurückgeführt werden, dass dreiwertiges Chrom in neutralem Milieu schwerlösliche Hydroxide bildet und schlecht bioverfügbar ist (s. Abschnitt 60.5.4). Patienten, die zur Therapie von Hyperglykämie über viele Jahre oral 1 mg $CrCl_3$/d erhielten, zeigten keine Anzeichen toxischer Wirkungen [4]. Hingegen wurden toxische Wirkungen bei Mensch und Versuchstier beobachtet bei Chrompicolinat [Cr(Picolinat)$_3$], das als Nahrungsergänzungsmittel vertrieben wird. Dieser Komplex wird gut im Darm resorbiert und vermag durch Plasmamembranen in Zellen zu penetrieren. In Fallbeschreibungen über

Patientinnen, die zur Unterstützung von Schlankheitskuren oder von Muskelaufbau hohe Dosen von Chrompicolinat eingenommen hatten, wurden Nierenversagen [67], Leberschäden [17], Hautausschläge [70] und schwere Myopathie [42] diagnostiziert. Aufgrund von experimentellen Daten ist Chrompicolinat auch als genotoxisch einzustufen (s. Abschnitte 60.5.4 und 60.6). Zu den toxischen Wirkungen scheinen sowohl die Chrom- als auch die Picolinsäure-Komponente des Chrompicolinats beizutragen (s. Abschnitt 60.5.4).

Reproduktionstoxizität

Es sind keine Daten zu möglichen reproduktionstoxischen Effekten von Chrom(III)- oder Chrom(VI)-Verbindungen beim Menschen verfügbar, weder bezüglich einer Beeinträchtigung der Fertilität noch bezüglich teratogener Eigenschaften. Reproduktionstoxische Wirkungen von Chromverbindungen bei Versuchstieren nach oraler Gabe sind nicht bekannt, wohl aber nach parenteraler Zufuhr (s. Abschnitt 60.5.2).

Sensibilisierende Wirkungen

In einigen Berufen waren und sind die Beschäftigten einem Hautkontakt gegen Chromate ausgesetzt. Dazu gehörten der Umgang mit Zement, mit Chromatpigmenten, mit chromathaltigen Leder-Gerbstoffen, mit Chromatlaugen in Verchromungsanlagen und chromathaltigen Holzkonservierungsmitteln. Bei Arbeitern, die anhaltenden (mehrmonatigen) Hautkontakt mit Chromaten hatten, wurde gehäuftes Auftreten von allergischer Kontaktdermatitis beobachtet [34]. Gegen Chrom sensibilisierte Personen reagierten noch fünf bis sieben Jahre nach Beendigung der Exposition auf eine erneute Provokation mit Chromaten. Gleichzeitige Beanspruchung der Haut durch Detergentien verstärkte die sensibilisierende Wirkung von Chromaten [35]. Technische Arbeitsschutzmaßnahmen wie der Ersatz von Cr(VI)- durch Cr(III)-Salze in der Ledergerberei und der Zusatz von Eisen(II)-Salzen zum Zement zur Reduktion des Cr(VI) führten zu einem Rückgang der Chromallergien [71]. Zwar wirken auch Cr(III)-Salze sensibilisierend, aber in weit geringerem Ausmaß als Chromate(VI) [26]. Ungeklärt ist, ob einmal gegen Chrom sensibilisierte Menschen durch oral aufgenommenes Chrom zu erneuten Reaktionen provoziert werden können, so wie es bei Nickel gefunden wurde. Dies ist allerdings bei Lebensmitteln wegen der geringen Chromkonzentrationen wenig wahrscheinlich.

Kanzerogenität/Genotoxizität

Verbindungen des sechswertigen Chroms sind aufgrund von Erfahrungen aus der Arbeitswelt und tierexperimentellen Daten als kanzerogen eingestuft, wobei sich diese Bewertung auf inhalative Exposition bezieht. Bei durch die Luft am Arbeitsplatz gegen Chrom(VI)-Verbindungen exponierten Arbeitern traten vermehrt Lungentumoren auf [33]. Die vorliegenden epidemiologischen Daten schließen eine mögliche kanzerogene Wirkung von inhalierten Chrom(III)-Verbindungen nicht vollständig aus, wenn diese auch wenig wahrscheinlich ist. Inhalationsversuche an Ratten erhärteten die Klassifizierung von Chrom(VI)-Verbindungen als kanzerogen, während Chrom(III)-Verbindungen in keinem der oralen oder inhalativen Kanzerogenese-Versuche bei Ratten signifikant erhöhte Tumorinzidenzen erzeugten [33] (s. Abschnitt 60.5.2). Die Kanzerogenität von Cr(VI) ist im Zusammenhang mit genotoxischen Wirkungen zu sehen. Bei gegen Chromate(VI)- aber nicht bei gegen Cr(III)-Verbindungen exponierten Arbeitern wurden vermehrt Chromosomenaberrationen und Schwesterchromatidaustausche gefunden [33]. Diese Schlussfolgerungen werden durch die Ergebnisse von Tierversuchen (Abschnitt 60.5.2) und in vitro-Daten (Abschnitt 60.5.4) bestätigt.

60.5.2 Wirkungen auf Versuchstiere

60.5.2.1 Essenzielle Wirkungen

Bei verschiedenen Nutztieren wirkte sich ein Zusatz von Cr(III) zum Futter wachstumsfördernd aus, so der Zusatz von 0,2–1,2 mg Cr/kg Futter bei Hühnern [51] und die Gabe von 0,2–1 mg/kg Futter bei Schweinen, bei denen auch eine erhöhte Geburtenziffer beobachtet wurde [41]. In Versuchen an sechs Tierarten einschließlich des Schweins hat sich die essenzielle Funktion von Chrom bestätigt. Auch die biochemischen Mangelsymptome sind ähnlich wie beim Menschen, insbesondere das Auftreten einer verminderten Glucosetoleranz [7]. Als ausreichende Zufuhr von Chrom in Form von $CrCl_3$ bei Ratten wurden 200 μg Cr/kg Futter entsprechend einer Zufuhr von 2,5 μg Cr/kg KG und Tag ermittelt [7].

60.5.2.2 Toxizität von Chromverbindungen bei Versuchstieren

Bei oraler Gabe von Kaliumdichromat lag der LD_{50}-Wert bei 149 mg/kg KG für weibliche und 177 mg/kg KG für männliche Ratten [34]. Eine niedrige Toxizität von Cr(III)-Verbindungen wurde auch in Tierversuchen bestätigt. Ratten tolerierten die Gabe von 25 mg $CrCl_3$/L Trinkwasser ein Jahr lang ohne Anzeichen von Vergiftungen [34]. Bei Ratten war nach lebenslanger Gabe von 5 mg Chrom(III)acetat/L Trinkwasser die Überlebensrate von weiblichen Tieren nicht beeinträchtigt und die von männlichen Tieren erhöht. Bei Mäusen war nach lebenslanger Gabe von 5 mg Chrom(III)acetat/L Trinkwasser die Überlebensrate bei den weiblichen Tieren auch nicht beeinflusst, während die von männlichen Mäusen auf 60% vermindert war [54]. In Ermangelung von LD_{50}-Daten für orale Zufuhr wurden in Tabelle 60.7 die minimalen letalen Dosen nach intravenöser Injektion von Cr(III)-Salzen ermittelt.

Wegen der Bedeutung des inhalativen Pfades für berufliche Expositionen wurden detaillierte Tierversuche mit Inhalation von Chromverbindungen durchgeführt [27]. Natriumdichromat erzeugte im Inhalationsversuch bei Ratten dosisabhängig Lungenläsionen und -tumoren und war bei einer LC_{50} von 28,1 mg/m^3 letal. Cr_2O_3 dagegen wirkte im chronischen Inhalationsversuch bei Ratten (4 Monate, 5 h/d, 5 d/Woche) nur bei der sehr hohen Konzentration von 42 mg/m^3 toxisch [33].

Tab. 60.7 Minimale letale Dosen (MLD) von Chrom(III)-Salzen nach intravenöser Injektion bei Mäusen [33].

Substanz	MLD [g/kg KG]
$CrCl_3$	0,4–9,8
$Cr(CH_3COO)_3$	2,3
$Cr_2(SO_4)_3$	0,09–0,25

Reproduktionstoxizität

Auch aus Tierversuchen sind keine Daten über mögliche reproduktionstoxische Wirkungen von Chromverbindungen nach oraler Gabe bekannt [33]. Bei parenteraler Zufuhr (intravenös) wirkten Chrom(VI)-Verbindungen bei Hamstern und Mäusen teratogen. Dagegen ist es fraglich, ob Chrom(III)-Verbindungen teratogen wirken können. In einem einzigen, bisher nicht reproduzierten Versuch mit intraperitonealer Injektion hoher Dosen von $CrCl_3$ (9,8–24,4 mg/kg KG) bei trächtigen Mäusen (am achten Tag der Gestation) wurden bei der höchsten Dosis Missbildungen bei den Nachkommen gefunden (Exenzephalie, Anenzephalie und Rippenfusionen) [43].

60.5.3 Wirkungen auf andere biologische Systeme

Chromate(VI) erzeugten bei Säugerzellen *in vitro* DNA-Schäden, Genmutationen und Chromosomenaberrationen. Dagegen sind Cr(III)-Verbindungen im Allgemeinen nicht genotoxisch. Cr^{3+}-Ionen können zwar mit isolierter DNA reagieren, Cr(III)-Verbindungen werden aber nur sehr langsam in lebende Zellen aufgenommen. Eine Ausnahme bilden Cr(III)-Komplexe mit hydrophoben Liganden wie $[Cr(III)Bipyridin_2Cl_2]Cl$ und $[Cr(III)Phenanthrolin_2Cl_2]Cl$, die Zellmembranen penetrieren [38] und in bakteriellen Tests Genmutationen erzeugen können [66]. Chrompicolinat $[Cr(Picolinat)_3]$, das als Nahrungsergänzungsmittel vertrieben wird, penetriert durch Zellmembranen, erzeugt Mutationen bei *Drosophila melanogaster* [29], Chromosomenschäden [59] und Genmutationen [58] bei kultivierten Hamsterzellen und DNA-Brüche bei isolierter DNA [57]. Der Mechanismus der Genotoxizität von Chrompicolinat ist nicht vollends geklärt. Es werden die hohe Membrangängigkeit und Stabilität dieses Komplexes, mögliche Redoxreaktionen unter Beteiligung von Chrom und reaktiven Sauerstoffspezies sowie Reaktionen der Picolinsäure diskutiert.

Anders als biochemisch gebundenes oder anorganisches Cr(III) ist das als Nahrungsergänzungsmittel verwendete Chrompicolinat $[Cr(III)(Picolinat)_3]$ aus toxikologischer Sicht also bedenklich. Zu den oben genannten Effekten tragen wahrscheinlich beide Komponenten, sowohl das intrazellulär frei gesetzte Chrom als auch das Picolinat, bei.

60.5.4
Zusammenfassung wichtiger Wirkungsmechanismen

Abbildung 60.1 zeigt schematisch verschiedene Möglichkeiten der Aufnahme und Metabolisierung von Chrom in Säugerzellen. Die schlechte Resorption von Cr(III)-Salzen beruht einerseits auf der Schwerlöslichkeit der in neutraler Lösung vorherrschenden Hydroxide und andererseits auf der relativen Undurchlässigkeit der Kationenkanäle von Biomembranen für dreifach positiv geladene Ionen. Durch Komplexierung des Cr^{3+}-Ions mit hydrophoberen, membrangängigen Liganden wie 1-Phenanthrolin oder Bipyridin lässt sich die Aufnahme von Cr(III) steigern [38]. Dieser Mechanismus ist auch für die vergleichsweise gute Resorption von Oligopeptid-Komplexen des Cr(III) anzunehmen. Eine weiterer Aufnahmeweg ist die Bindung von Cr(III) an Transferrin (Tf) und dessen Aufnahme durch Endocytose [32, 65]. Die schnelle Aufnahme des Chromat(VI)-Anions beruht auf der effizienten Schleusung durch die unspezifischen Anionenkanäle in Säugerzellen. Intrazellulär wird sechswertiges Chrom in der Regel durch reduzierende Stoffe, vor allem Glutathion, zu Cr(III) reduziert. Diese Reduktion erfolgt in drei Einelektronen-Übertragungen, sodass intermediär die sehr reaktiven Zwischenstufen Cr(V) und Cr(IV) gebildet werden, die für die hohe Toxizität der Chromate verantwortlich gemacht werden [39, 49]. Das ultimal

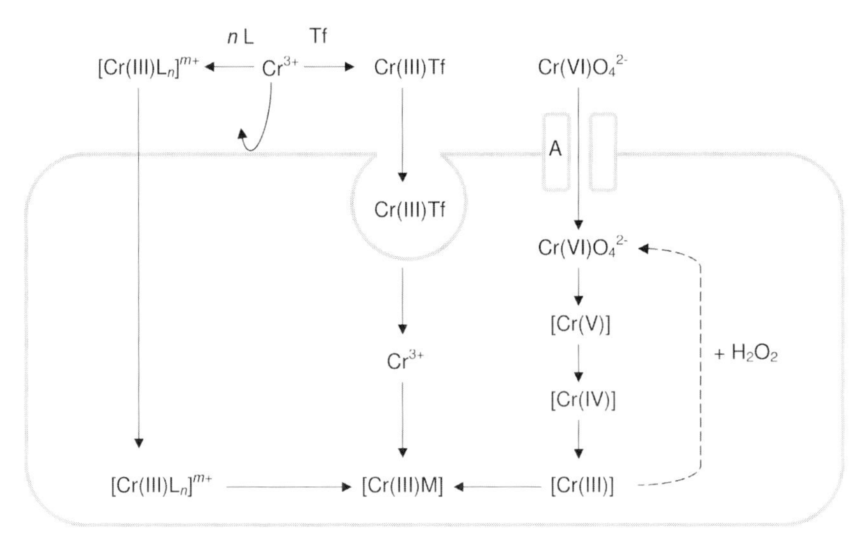

Abb. 60.1 Schema der Aufnahme und Metabolisierung von Chromverbindungen in Säugerzellen. Chrom(III) penetriert als Cr^{3+}-Ion nur sehr langsam durch Zellmembranen. Seine Aufnahme wird erleichtert durch Bindung an Transferrin (Tf) und Endocytose mit diesem Träger oder Komplexierung mit hydrophoben Liganden (L). Dagegen bedient sich Chromat(VI) relativ unspezifischer Anionentransporter (A). Chrom(VI) wird intrazellulär über Cr(V) und Cr(IV) zu Cr(III) reduziert und an zelluläre Makromoleküle (M) gebunden. In Gegenwart von höheren Konzentrationen an H_2O_2 kann Cr(III) auch zu Cr(VI) oxidiert werden.

aus Cr(VI) gebildete Cr(III) ist in der Zelle gefangen und akkumuliert in Form von Komplexen mit Proteinen und Nucleinsäuren. Kontrovers wird die Frage diskutiert, ob Cr(III) auch unter physiologischen Bedingungen zu Cr(VI) oxidiert werden kann. Kürzlich wurde gezeigt, dass Chrom(III) durch Wasserstoffperoxid in einem physiologischen Milieu nachgestellten Puffer zu Chrom(VI) oxidiert werden kann [44].

Sensibilisierung: Die stärker sensibilisierende Wirkung von Chromaten(VI) kann auf die bessere Hautpenetration des anionischen Chroms zurückgeführt werden. Dieses wird durch Sulfhydrylgruppen der Hautproteine zu Cr(III) reduziert, welches mit Proteinen Komplexe bildet, die als die letztlich antigen wirkenden Strukturen fungieren. Ergebnisse von Tierversuchen bestätigen die beim Menschen gemachten Beobachtungen. Meerschweinchen konnten sowohl mit Chromaten(VI) als auch mit Cr(III)-Verbindungen sensibilisiert werden und reagierten nach Provokation sowohl mit Cr(VI) als auch Cr(III), auch in einer Kreuzreaktion [34].

Kanzerogenität/Genotoxizität: Ergebnisse von Genotoxizitätsuntersuchungen bestätigen die Einordnung von Chrom(VI)- aber nicht Chrom(III)-Verbindungen als kanzerogen [33].

60.6
Bewertung des Gefährdungspotenzials

Chrom ist ein essenzieller Nahrungsbestandteil, der als unterstützender Faktor bei der Insulinfunktion und möglicherweise als präventiver Faktor bei kardiovaskulären Erkrankungen wirkt. Der Chrombedarf des Menschen wird auf 30 μg/d geschätzt, eine Menge, die bei der Bevölkerung in Europa durch Nahrungsbestandteile und zusätzliche Freisetzung aus Kochtöpfen zugeführt wird. Unterversorgung oder Chrommangel-Symptome sind bei der Allgemeinbevölkerung nicht bekannt. Chromsupplementation unterstützt die Insulinfunktion bei Diabetes-Patienten mit mangelhafter Insulinsynthese oder gestörter Insulinverwertung [4, 48]. Die Einnahme von Chrompräparaten, insbesondere von Chrompicolinat, wird aber von Herstellern nicht nur für Patienten mit bestimmten Diabetesformen propagiert, sondern vor allem mit der unbewiesenen Behauptung, die Chromzufuhr unterstütze den Abbau von Fettgewebe und den Aufbau von Muskeln bei Schlankheitskuren und Bodybuilding-Programmen [46] (s. a. Abschnitt 60.5.1.2).

Die Toxizität von anorganischen Chrom(III)-Salzen ist sehr gering. Patienten, die wegen Hyperglykämie über lange Jahre oral 1 mg $CrCl_3$/d erhielten, zeigten keine Anzeichen toxischer Wirkungen [4]. Bei Versuchstieren war Chrom(III)-chlorid erst im Bereich von mehreren g/kg KG letal. Es besteht also ein großes Fenster zwischen der geschätzten minimalen Chromzufuhr und toxischen Dosen von Chrom(III)-Salzen. Diese generelle Aussage gilt nicht für das als Nahrungsergänzungsmittel vertriebene Chrompicolinat [Cr(III)$(Picolinat)_3$]. Bei Patientinnen, die zur Unterstützung von Schlankheitskuren hohe Dosen von

Chrompicolinat über mehrere Wochen bis Monate eingenommen hatten, wurden Nierenversagen und Leberschäden diagnostiziert [17, 67]. Diese Verbindung ist auch aufgrund von Tierversuchen und in vitro-Daten als genotoxisch anzusehen (s. Abschnitt 60.5.3). Die Verwendung von Chrompicolinat als Nahrungsergänzungsmittel wird daher vom Bundesinstitut für Risikobewertung abgelehnt [12].

60.7 Grenzwerte, Richtwerte, Empfehlungen und gesetzliche Regelungen

In Tabelle 60.8 sind Grenzwerte, Richtwerte, Empfehlungen und gesetzliche Regelungen zu Chrom zusammengefasst, die mittelbar oder direkt mit der Regelung von Chrom als essenziellem oder toxischem Element in Lebensmitteln zu tun haben. Die für den Ernährungsaspekt relevante Oxidationsstufe ist Chrom(III). Weil aber Kontaminationen von Umweltmedien und Nahrungsmitteln durch Chrom(VI) und die Oxidation von Chrom(III) zu Chrom(VI) nicht vollständig ausgeschlossen werden können, wurden auch einige Regelungen zu Chrom(VI) aufgenommen.

Tab. 60.8 Grenzwerte, Richtwerte, Empfehlungen und gesetzliche Regelungen.

Lebensmittel		
Deutsche, österreichische und schweizerische Gesellschaften für Ernährung 2000 [18]	Schätzwerte für eine angemessene Zufuhr	Säuglinge 0 bis <4 Monate: 1–10 g/d Säuglinge 4 bis <12 Monate: 20–40 g/d Kinder 1 bis <4 Jahre: 20–60 g/d Kinder 4 bis <7 Jahre: 20–80 g/d Kinder 7 bis <15 Jahre: 20–100 g/d Jugendliche und Erwachsene: 30–100 μg/d
Bundesinstitut für Risikobewertung/bgvv 2002 [12]	Höchstmenge für Chrom in der Tagesration von Nahrungsergänzungsmitteln (NEM)/Einzelprodukten	60 μg/Tagesration NEM
Scientific Committee on Food (SCF) der EU 1999 [55]	Tolerable Upper Intake Level	Festsetzung zur Zeit noch nicht möglich
Trinkwasser		
TrinkwV [16]		20 μg/L
Europäische Trinkwasserrichtlinie 98/83/EG		
Grenzwert für Chrom [22]		50 μg/L

Tab. 60.8 (Fortsetzung)

Boden		
BbodSchV 1999 [15]	Prüfwerte [mg Cr/kg TM]	200 (Kinderspielflächen) 400 (Wohngebiete) 1000 (Park- u. Freizeitanlagen) 1000 (Industrie- u. Gewerbegrundstücke)
BbodSchV 1999 [15]	Prüfwerte zur Beurteilung des Wirkungspfads Boden-Grundwasser	50 μg Cr/L
KlärschlammV [13] BioabfallV [14]		945 mg Cr/kg TM 77 oder 110 mg Cr/kg TM
Luft		
Technische Anleitung Luft [61]	Immissionsgrenzwert Emissionsgrenzwert	
Besondere Einstufungen		
IARC 1990 [33]	Klassifikation als Kanzerogen Gruppe 1 (kanzerogen beim Menschen)	Chrom(VI)
	Klassifikation als Kanzerogen Gruppe 3 (nicht klassifizierbar)	Chrommetall, Chrom(III)-Verbindungen
Deutsche Forschungsgemeinschaft [20]	Klassifikation als Kanzerogen Kategorie 1 (beim Menschen Krebs erzeugend)	Zinkchromat
	Klassifikation als Kanzerogen Kategorie 2 (aufgrund von Tierversuchen als Krebs erzeugend für den Menschen anzusehen)	Chrom(VI)-Verbindungen, ausgenommen Blei- und Bariumchromat
	Klassifikation als Kanzerogen Kategorie 3B (Anhaltspunkte für eine Krebs erzeugende Wirkung)	Bleichromat
	Klassifikation als sensibilisierend bei Hautkontakt	Chrom(VI)-Verbindungen
RL 67/548/EG [23]	Klassifikation als Kanzerogen Kategorie 1 (beim Menschen Krebs erzeugend)	Zinkchromate, einschließlich Zinkkaliumchromat, Chromtrioxid
	Klassifikation als Kanzerogen Kategorie 2 (aufgrund von Tierversuchen als Krebs erzeugend für den Menschen anzusehen)	andere Chrom(VI)-Verbindungen mit Ausnahme von Bariumchromat
	Klassifikation als sensibilisierend bei Hautkontakt	Chrom(VI)-Verbindungen mit Ausnahme von Bariumchromat

60.8 Vorsorge

Chrommangel-Symptome sind bei der Allgemeinbevölkerung nicht registriert worden. Da die Zufuhr von Chrom durch die Chromgehalte in Rohstoffen und die zusätzliche Freisetzung von Chrom aus Edelstahlgeräten bei der Lebensmittelproduktion und Zubereitung höher ist als die empfohlene Mindestzufuhr, ist eine Vorsorge in Form von Nahrungsergänzungsmitteln nicht notwendig. Aus Vorsorgegründen hat das BGVV (heute: Bundsinstitut für Risikobewertung) eine Höchstmenge von 60 μg Cr/Tagesration Nahrungsergänzungsmittel festgelegt. Ob eine Chromsupplementierung bei definierten Krankheiten sinnvoll ist, kann nur im Einzelfall unter Berücksichtigung des Chromstatus der Patienten entschieden werden. Eine Supplementation mit Chrompicolinat ist jedoch wegen seiner Toxizität abzulehnen.

60.9 Zusammenfassung

Chrom ist ein Element, das im Hinblick auf die Toxizität der Chromate(VI) seit Jahrzehnten eingehend untersucht worden ist, das aber erst in neuerer Zeit in Form des dreiwertigen Chroms als essenzielles Spurenelement erkannt wurde. Chrom kommt in der Umwelt und in biologischem Material nur in sehr niedrigen Konzentrationen vor. Die Konzentrationen in der Luft liegen in der Regel unter 0,1 μg/m^3, in Trinkwasser unter 0,5 μg/L und in Lebensmitteln meist zwischen 10 und 100 μg/kg. Daraus ergeben sich hohe Anforderungen an die Empfindlichkeit der Analytik. Die geforderten Nachweisgrenzen von wenigen ng/L oder pg absolut werden von modernen Methoden der Spurenanalytik erfüllt, wenn Kontaminationen durch Luftstaub, Laborgeräte und Reagenzien vermieden werden. Auch ist die Verwendung von zertifizierten Referenzmaterialien als Standards unerlässlich. Die Differenzierung (Speciation) nach Cr(III)- und Cr(VI)-Verbindungen ist nur mit hohem Aufwand durchführbar, weil Cr(VI) durch organisches Material bei der Probenaufbereitung leicht zu Cr(III) reduziert wird.

Die Chromzufuhr durch Lebensmittel, insbesondere zubereitete Speisen, ist in der Regel ausreichend, um die notwendige Chromzufuhr zu gewährleisten. Folgende Konzentrationen wurden berichtet: in Gemüse und Obst 5–50 μg Cr/kg Frischgewicht, in Fleisch und Fisch 10–100 μg Cr/kg Frischgewicht, in Trinkmilch und Molkereiprodukten 10–100 μg Cr/kg Frischgewicht. Die höchsten Konzentrationen fanden sich in Eigelb mit 200–1000 μg Cr/kg, die niedrigsten in Raffinaden von Mehl und Zucker mit weniger als 20 μg Cr/kg. In menschlicher Brustmilch wurden nur 0,1–1,5 μg/L gemessen. Zubereitete Speisen enthalten eine zusätzliche Menge an Chrom, die aus Schneidwerkzeugen und Töpfen in der Lebensmittelindustrie und im Haushalt abgegeben wird. Die gesamte, mit Lebensmitteln zugeführte Chrommenge wird in den USA mit 33 μg/d bei Männern und 25 μg/d bei Frauen angegeben. Sie entspricht dort knapp der von der National Academy of Sciences der USA empfohlenen Mindestzufuhrmenge von 35 µg/d bei Männern und 25 µg/d bei Frauen. In Deutschland wird die tägliche Chromaufnahme je nach Ernährungsweise für Männer mit 84–99 µg/d und für Frauen mit 61–85 µg/d angegeben, übersteigt also die geschätzte notwendige Zufuhr.

Die Resorption von oral zugeführten anorganischen Chrom(III)-Verbindungen beim Menschen ist mit etwa 0,5% sehr gering, weil Chrom(III) in neutraler wässriger Lösung schwerlösliche Hydroxide bildet und weil Cr^{3+}-Ionen sehr schlecht durch Biomembranen penetrieren. Dagegen werden organische Chromverbindungen aus Lebensmitteln mit etwa 1% besser resorbiert. In Tierversuchen wurde Chrom aus $CrCl_3$ zu 1%, Cr(III)-Komplexe mit Aminosäuren oder Oligopeptiden aber zu 3–6% resorbiert. Ebenfalls höhere Resorption findet sich bei Chrom aus oral verabreichtem (toxischem) Chromat(VI), das leicht durch Anionenkanäle von Biomembranen penetriert und nach seiner Aufnahme in Geweben zu Cr(III) reduziert wird. Als Nebenprodukte der Chromat(VI)-Reduktion können toxische reaktive Sauerstoffspezies entstehen.

Die Klassifizierung von Chrom als essenziell beruht auf Erfahrungen bei Patienten und Versuchstieren mit Chrom-Mangelerkrankungen, die durch Hyperglykämie bzw. verminderte Glucosetoleranz auffielen. Bei der Suche nach der biologisch wirksamen Form des Chroms wurde aus Hefe ein Chromkomplex mit Nicotinsäure und Glutathion isoliert, der als Glucose-Toleranzfaktor aktiv war. Die Suche nach dem Wirkungsmechanismus führte zu der Hypothese, dass ein Oligopeptid-Komplex des Chroms („Chromodulin") die Signaltransduktion über den Insulinrezeptor unterstützt.

Die Toxizität von Verbindungen des sechswertigen Chroms ist um mehrere Größenordnungen höher als die von Chrom(III)-Verbindungen. Chromate(VI) sind akut und chronisch toxisch und erzeugen bei Menschen und Versuchstieren Tumoren der Atemwege. Dagegen sind beim Menschen keine akuten Vergiftungen durch Cr(III)-Verbindungen beschrieben worden. Anhaltender Hautkontakt mit auch geringen Konzentrationen an Cr(VI)- oder hohen Konzentrationen an Cr(III)-Verbindungen erzeugte bei Mensch und Versuchstier eine allergische Kontaktdermatitis. Auch Sensibilisierungen der Atemwege wurden bei inhalativ gegen Cr(VI)-Verbindungen Exponierten beobachtet. Cr(VI)-, aber nicht Cr(III)-Verbindungen erzeugen nach Inhalation bei Menschen und Versuchstieren Tumore der Atemwege. Cr(VI)-Verbindungen sind durchweg genotoxisch, Cr(III) dagegen nur in Form von Komplexen mit einigen hydrophoben Liganden, die durch Biomembranen penetrieren können.

Die Chromzufuhr durch Lebensmittel bei der Bevölkerung in Deutschland ist ausreichend, um den geschätzten Bedarf von etwa 30 µg/d zu decken und eine zusätzliche Supplementation durch Nahrungsergänzungsmittel ist nicht erforderlich. Eine Überversorgung durch anorganische Chrom(III)-Salze oder aus biologischem Material angereicherte organische Chromverbindungen ist nicht bekannt. Dagegen ist die Einnahme von Chrompicolinat gesundheitlich bedenklich, da dieses in hoher Dosierung beim Menschen schwere Organschäden hervorruft und in experimentellen Systemen Mutationen erzeugt.

60.10 Literatur

1 Accominotti M, Bost M, Hauderechy P, Mantout B, Cunat PJ, Comet F, Mouterde C, Plantard F, Chambon P, Vallon JJ (1998) Contribution of chromium and nickel enrichment during cooking of foods in stainless steel. *Contact Dermatitis* **38**: 305–310.

2 Althuis MD, Jordan NE, Ludington EA, Wittes JT (2002) Glucose and insulin responses to dietary chromium supplements: a metaanalysis. *Am J Clin Nutr* **76**: 148–155.

3 Anderson RA (1987) Chromium. In: Mertz W (Hrsg) Trace elements in human and animal nutrition. Academic Press, San Diego, 225–244.

4 Anderson RA (1997) Chromium as an essential nutrient for humans. *Regul Toxicol Pharmacol* **26**: S35–S41.

5 Anderson RA, Bryden NA, Polansky MM (1992) Dietary chromium intake: freely chosen diets, institutional diets, and individual foods. *Biol Trace Elem Res* **32**: 117–121.

6 Anderson RA, Kozlovski AS (1985) Chromium intake, absorption and excretion of subjects consuming self-selected diets. *Am J Clin Nutr* **41**: 1177–1183.

7 Anke M (2004) Essential and toxic effects of macro, trace and ultratrace elements in the nutrition of animals. In: Merian E, Anke M, Ihnat M (Hrsg) Elements and their compounds in the environment. Wiley-VCH, Weinheim, 305–341.

8 Anke M (2004) Transfer of macro, trace and ultratrace elements in the food chain. In: Merian E, Anke M, Ihnat M (Hrsg) Elements and their compounds in the environment. Wiley-VCH, Weinheim, 101–126.

9 Anke M (2004) Essential and toxic effects of macro, trace and ultratrace elements in the nutrition of man. In: Merian E, Anke M, Ihnat M (Hrsg) Elements and their compounds in the environment. Wiley-VCH, Weinheim, 341–366.

10 Bartlett RJ, James BR (1979) Behavior of chromium in soils: III. Oxidation. *J Environ Qual* **8**: 31–35.

11 Bolan NS, Adriano DC, Natesan R, Koo B (2003) Effects of organic amendments on the reduction and phytoavailability of chromate in mineral soil. *J Environ Qual* **32**: 120–128.

12 Bundesinstitut für gesundheitlichen Verbraucherschutz und Veterinärmedizin (bgvvv) (2002) Toxikologische und ernährungsphysiologische Aspekte der Verwendung von Mineralstoffen und Vitaminen in Lebensmitteln. Teil I: Mineralstoffe (einschließlich Spurenelemente). bgvv, Berlin.

13 Bundesrepublik Deutschland (1992) Klärschlammverordnung. BGBl I, S. 912.

14 Bundesrepublik Deutschland (1998) Bioabfallverordnung. Bundesgesetzblatt I, 2962–2969.

15 Bundesrepublik Deutschland (1999) Bundes-Bodenschutz- und Altlasten-Verordnung (BBodSchV). BGBl I, S. 1554.

16 Bundesrepublik Deutschland (2001) Trinkwasserverordnung. BGBl I, S. 959.

17 Cerulli J, Grabe DW, Gauthier I, Malone M, McGoldrick MD (1998) Chromium picolinate toxicity. *Ann Pharmacother* **12**: 428–431.

18 DACH (Deutsche Gesellschaft für Ernährung, Österreichische Gesellschaft für Ernährung, Schweizerische Gesellschaft für Ernährungsforschung, Schweizerische Vereinigung für Ernährung) (2000) Referenzwerte für die Nährstoffzufuhr. Umschau/Braus, Frankfurt a.M., 179–184.

19 Davis ML, Seaborn CD, Stoeckler B (1995) Effects of over-the-counter drugs on 51chromium retention and urinary excretion in rats. *Nutr Res* **15**: 201–210.

20 Deutsche Forschungsgemeinschaft (2004) MAK- und BAT-Werte-Liste. Wiley-VCH, Weinheim.

21 Donaldson RM, Barreras RF (1966) Intestinal absorption of test quantities of chromium. *J Lab Clin Med* **68**: 484–493.

22 Europäische Richtlinie 98/83/EG des Rates vom 3. November 1998 über die Qualität von Wasser für den menschlichen Gebrauch.

23 Richtlinie 67/548/EWG des Rates vom 27. Juni 1967 zur Angleichung der Rechts- und Verwaltungsvorschriften für die Einstufung, Verpackung und Kennzeichnung gefährlicher Stoffe, Stand 30. Anpassung von 2005.

24 Flint GN, Packirisamy S (1997) Purity of food cooked in stainless steel utensils. *Food Additives and Contamination* **14**: 115–126.

25 Freund H, Atamian S, Fischer JE (1979) Chromium deficiency during total parenteral nutrition. *JAMA* **241**: 496–498.

26 Gauglhofer J, Bianchi V (1991) Chromium. In: Merian E (Hrsg) Metals and their compounds in the environment. VCH Weinheim, 853–878.

27 Glaser U, Hochrainer D, Klöppel H, Oldiges H (1986) Carcinogenicity of sodium dichromate and chromium[VI/III] oxide aerosols inhaled by male Wistar rats. *Toxicology* **42**: 219–232.

28 Hausch M (1996) Metallässigkeit von Bestecken. *Deutsche Lebensmittel-Rundschau* **92**: 69–77.

29 Hepburn DDD, Xiao H, Bindom S, Vincent JB, O'Donnell J (2003) Nutritional supplement chromium picolinate causes sterility and lethal mutations in *Drosophila melanogater. Proc Natl Acad Sci USA* **100**: 3766–3771.

30 Hertl M, Merk HF (1994) VI-3 Chrom, in Wichmann HE, Schlipköter HW, Füllgraf G (Hrsg) Handbuch der Umweltmedizin, ecomed, Landsberg.

31 Hopkins LL (1965) Distribution in the rat of physiological amounts of injected Cr-51(III) with time. *Am J Physiol* **209**: 731–735.

32 Hopkins LL, Schwarz K (1964) Chromium(III) binding to serum proteins, specifically siderophilin. *Biochim Biophys Acta* **90**: 484–491.

33 International Agency for Research on Cancer (IARC) (1990) Chromium, nickel and welding. IARC monographs on the evaluation of carcinogenic risks to humans 49, IARC, Lyon, 49–256.

34 International Programme on Chemical Safety (IPCS) (1988) Chromium. Environmental Health Criteria 61. World Health Organization, Genf.

35 Iyer VJ, Banerjee G, Govindram CB, Kamath V, Shinde S, Gaikwad A, Jerajani HR, Raman G, Cerian KM (2002) Role of different valence states of chromium in the elicitation of allergic contact dermatitis. *Contact Dermatitis* **47**: 357–360.

36 Jeejeebhoy KN, Chu RC, Marliss EB, Greenberg GR, Bruce-Robertson A (1977) Chromium deficiency, glucose intolerance, and neuropathy reversed by chromium supplementation, in a patient receiving long-term parenteral nutrition. *Am J Clin Nutr* **30**: 531–538.

37 Kempf T, Sonneborn M (1981) Chemische Zusammensetzung von Trinkwässern in verschiedenen Gebieten der Bundesrepublik Deutschland. *Vom Wasser* **57**: 83–94.

38 Kortenkamp A, Beyersmann D, O'Brien P (1987) Uptake of chromium(III) complexes by erythrocytes. *Toxicological and Environmental Chemistry* **14**: 23–32.

39 Kortenkamp A, Ozolins Z, Beyersmann D, O'Brien P (1989) Generation of PM2 DNA breaks in the course of reduction of chromium(VI) by glutathione. *Mutat Res* **216**: 19–26.

40 Lim TH, Sargent T, Kusubov N (1983) Kinetics of trace element chromium(III) in the human body. *Am J Physiol* **244**: R445–R454.

41 Lindemann MD, Wood CM, Harper AF, Kornegay ET, Anderson RA (1995) Dietary chromium picolinate additions improve gain: feed and carcass characteristics in growing-finishing pigs and increased litter size in reproducing sows. *J Anim Sci* **73**: 457–465.

42 Martin WR, Fuller RE (1998) Suspected chromium picolinate-induced rhabdomyolysis. *Pharmacotherapy* **18**: 860–862.

43 Matsumoto N, Ijima S, Katsunuma H (1976) Placental transfer of chromic chloride and its teratogenic potenzial in embryonic mice. *J Toxicol Sci* **2**: 1–13.

44 Mulyani I, Levina A, Lay PA (2004) Biomimetic oxidation of chromium (III): Does the antidiabetic drug chromium (III) involve carcinogenic chromium (VI)? *Angew Chem Int Ed Engl* **43**: 4504–4507.

45 National Academy of Sciences (USA) (2001) Dietary reference intakes for vitamin A, arsenic, boron, chromium, copper, iodine, iron, manganese, molybdenum, nickel, silicon, vanadium, and zinc. Report of the Food and Nutrition Board, 197–223.

46 Nielsen FH (1996) Controversial chromium. Does the superstar mineral of the Mountebanks receive appropriate attention from clinicians and nutritionists? *Nutrition Today* **31**: 226–233.

47 Offenbacher EG 1994 Promotion of chromium absorption by ascorbic acid. *FASEB J* **8**: A195.

48 Ravina A, Slezak L, Rubal A, Mirsky N (1995) Clinical use of the trace element chromium (III) in the treatment of diabetes mellitus. *J Trace Elem Exper Med* **8**: 183–190.

49 Rossi SC, Wetterhahn KE (1989) Chromium(V) is produced upon reduction of chromate by mitochondrial electron transport chain complexes. *Carcinogenesis* **10**: 913–920.

50 Ruedel H, Hammel W, Wenzel A (2001) Verteilung und Wirkung von Chrom (VI) am Beispiel unterschiedlich belasteter Böden: Forschungsbericht 29873247. Umweltbundesamt, Berlin.

51 Sahin K, Sahin N, Onderci M, Gusu F, Cikim G (2002) Optimal dietary concentration of chromium for alleviating the effect of heat stress on growth, carcass qualities, and some serum metabolites of broiler chickens. *Biol Trace Elem Res* **89**: 53–64.

52 Salem FY, Parkerton TF, Lewis RV, Huang JH, Dickson KL (1989) Kinetics of chromium transformations in the environment. *Sci Total Environ* **86**: 25–41.

53 Schroeder HA, Balassa JJ, Tipton IH (1962) Abnormal trace metals in man: chromium. *J Chron Dis* **15**: 941–964.

54 Schroeder HA, Vinton WH, Balassa JJ (1963) Effects of chromium, cadmium, and other trace elements on the growth and survival of mice. *J Nutr* **89**: 39–47.

55 Scientific Committee on Food (SCF) (1999) Opinion on substances for nutritional purposes which have been proposed for use in the manufacture of foods for particular nutritional purposes. Report SCF/CS/ADD/NUT/20/Final 12/05/99.

56 Sharma DC, Sharma CP, Tripathi RD (2003) Phytotoxic lesions of chromium in maize. *Chemosphere* **51**: 63–68.

57 Speetjens JK, Collins RA, Vincent JB, Woski SA (1999) The nutritional supplement chromium(III) tris(picolinate) cleaves DNA. *Chem Res Toxicol* **12**: 483–487.

58 Stearns DM, Silveira SM, Wolf KK, Luke AM (2002) Chromium(III)tris(picolinate) is mutagenic at the hypoxanthine (guanine) phosphoribosyltransferase locus in Chinese hamster ovary cells. *Mutat Res* **513**: 135–142.

59 Stearns DM, Wise JP, Patierno SR, Wetterhahn KE (1995) Chromium(III) picolinate produces chromosome damage in Chinese hamster ovary cells. *FASEB J* **9**: 1643–1648.

60 Stoeckler B (2004) Chromium. In: Merian E, Anke M, Ihnat M, Elements and their compounds in the environment. Wiley-VCH, Weinheim, 709–729.

61 TA Luft (Technische Anleitung zur Reinhaltung der Luft), Gemeins. Min. Bl. 2002, Heft 25–29, S. 511–605.

62 Umweltbundesamt (2004) Daten zur Umwelt. www.umweltbundesamt.de

63 Veillon C (1989) Analytical chemistry of chromium. *Sci Total Environ* **86**: 65–68.

64 Versieck J (1985) Trace elements in human body fluids and tissues. *CRC Crit Rev Clin Lab Sci* **22**: 97–184.

65 Vincent JB (2000) The biochemistry of chromium. *J Nutr* **130**: 715–718.

66 Warren G, Shultz D, Bancroft K, Bennett K, Abbott EH, Rogers S (1981) Mutagenicity of a series of hexacoordinate chromium(III) compounds. *Mutat Res* **90**: 111–118.

67 Wasser WG, D'Agati VD (1997) Chronic renal failure after ingestion of over-the-counter chromium picolinate. *Ann Intern Med* **126**: 410.

68 Wedepohl KH (2004) The composition of earth's upper crust, natural cycles of elements, natural resources. In: Merian E, Anke M, Ihnat M, Elements and their compounds in the environment. Wiley-VCH, Weinheim, 3–16.

69 World Health Organization (WHO) (1996) Trace elements in human nutri-

tion and health. A report of a re-evaluation of the role of trace elements in human health and nutrition. WHO, Genf.

70 Young PC, Turiansky GW, Bonner MW, Benson PM (1999) Acute exanthematous pustulosis induced by chromium picolinate. *J Am Acad Dermatol* **41**: 820–823.

71 Zachariae CO, Agner T, Menne T (1996) Chromium allergy in consecutive patients in a country where ferrous sulfate has been added to cement since 1981. *Contact Dermatitis* **35**: 83–85.

61
Mangan

Christian Steffen und Barbara Stommel

61.1
Allgemeine Substanzbeschreibung

Mangan (Mn) ist ein metallisches Element und das nach Eisen häufigste Schwermetall.

Mangan (Mn) wurde 1774 von dem Schweden Johann Gahn entdeckt. Es ist ein chemisches Element der Nebengruppe VII a des Periodensystems mit der Ordnungszahl 25 und einer Atommasse von 54,93.

Mangan kommt insgesamt in elf Oxidationsstufen von –3 bis +7 vor, wobei die wichtigsten Oxidationsstufen +2 und +7 sind. Das graugrüne Mangan(II)-oxid (MnO) geht beim Erhitzen an der Luft in das braune Mangan(III)-oxid (Mn_2O_3) über. Mangan(IV)-oxid (MnO_2) wird als Oxidationsmittel, bei der Glasherstellung und in Trockenbatterien verwendet. Kaliumpermanganat bildet dunkelviolette Kristalle und wird in der Analytik verwendet (Manganometrie).

61.2
Vorkommen

Mangan ist Bestandteil vieler Mineralien wie Braunstein (Pyrolusit, MnO_2), Braunit ($Mn_7[O_8|SiO_4]$), Manganit ($Mn_2O_3 \cdot H_2O$), Hausmannit ($Mn^{II}Mn_2^{III}O_4$), und Rhodochrosit ($MnCO_3$). Es kommt in der Natur nicht gediegen vor. Am Tiefseeboden finden sich Manganknollen, die neben 20–30% Mangan auch hohe Konzentrationen von Eisen und Nickel enthalten.

Handbuch der Lebensmitteltoxikologie. H. Dunkelberg, T. Gebel, A. Hartwig (Hrsg.)

ISBN: 978-3-527-31166-8

61.3
Verbreitung in Lebensmitteln und Trinkwasser

61.3.1
Analytischer Nachweis

Die übliche Methode zum Nachweis von Mangan ist die Atomabsorptionsspektrophotometrie [4, 81].

61.3.2
Mangangehalt in Lebensmitteln

Mangan ist ein essenzielles Spurenelement. Es ist vor allem in pflanzlichen Lebensmitteln weit verbreitet, so z. B. in Getreide, Reis, Hülsenfrüchten, Nüssen, Kakao, Bananen, grünem Blattgemüse und in schwarzem Tee. Die durchschnittliche Manganaufnahme wird für Erwachsene in Deutschland auf 2–6 mg/d geschätzt, für Kinder auf 1,5–2,2 mg/d.

In England wurde eine tägliche Manganzufuhr von 4,6–6,2 mg täglich in den Jahren 1983–2000 gemessen. Die durchschnittlichen Zufuhrwerte sind in Tabelle 61.1 angegeben [11]. Da diese Werte über längere Zeit recht konstant sind und toxische Effekte nicht beschrieben wurden, wird von ihrer Unbedenklichkeit ausgegangen, auch wenn geringe neurotoxische Effekte bei dieser Zufuhrmenge in empfindlichen Populationen nicht ausgeschlossen werden können [30].

Stark erhöhte Mangankonzentrationen in Gemüse als Folge hoher Bodenkonzentrationen sind in Einzelfällen beschrieben [8, 9].

In Trinkwasser gemessene Werte liegen zwischen 1 und 100 µg/L, meist jedoch um 10 µg/L [35]. In Einzelfällen wurden hohe Konzentrationen im Trinkwasser als Ursache von Intoxikationen diskutiert [29, 90]. Die Trinkwasserverordnung gibt einen Grenzwert von 0,05 mg/L für Mangan vor [26].

Tab. 61.1 Mittlere tägliche Manganzufuhr in England, bezogen auf das Körpergewicht [11].

Alter	Mittelwerte	Hohe Werte
1,5–4,5 Jahre	132 µg/kg	235 µg/kg
4–18 Jahre	101 µg/kg	195 µg/kg
Erwachsene	67 µg/kg	118 µg/kg
Vegetarier	65 µg/kg	123 µg/kg

61.4
Exposition und Kinetik

61.4.1
Berufliche Exposition

Bereits 1837 wurden von J. Couper die ersten Vergiftungen bei Arbeitern beschrieben, die Staub bei der Verarbeitung von Braunstein inhalierten [3]. Auch später sind überwiegend gewerbliche Vergiftungen beschrieben [86], wobei diese eher selten auftraten. Hauk beschrieb auf einem Gewerbekongress 1907 zwanzig Fälle von Manganvergiftung, die als Braunsteinmüllerkrankheit bezeichnet wurde [73].

61.4.2
Umweltexposition

Die Konzentrationen von Mangan in Wasser und Boden können in Einzelfällen stark erhöht sein und zu gesundheitlich bedenklicher Aufnahme führen.

In ländlichen Gegenden enthält die Luft 0,01–0,07 µg Mn/m^3, in der Nähe von industriellen Emissionen kann sie 0,22–0,3 µg Mn/m^3 betragen [28].

Die Mn-Konzentration im Meerwasser ist niedrig (ca. 2 µg/L), im Süßwasser beträgt sie 1–200 µg Mn/L [77].

Mangan kommt im Boden ubiquitär vor. Die Konzentrationen betragen im Durchschnitt 40–900 mg Mn/kg, die Maximalwerte 7000 mg Mn/kg [77, 79].

61.4.3
Resorption, Verteilung und Elimination

Die Resorptionsrate des Mangans ist abhängig von der intestinalen Mangankonzentration und der vorliegenden Manganoxidationsform und -verbindung. Nur ein kleiner Prozentsatz des mit der Nahrung aufgenommenen Mangans wird resorbiert. Meist wurden solche Untersuchungen mit ^{54}Mn durchgeführt.

Die prozentuale Resorption einer Tracer-Dosis von ^{54}Mn, zu einer Mahlzeit gegeben, betrug bei Männern 1,35 ± 0,51 (MW ± SD) und bei Frauen 3,55 ± 2,11 [32], extrapoliert aus Retentionswerten zwischen Tag 10 und 20. Die Resorptionsquote aus Nahrungsmitteln ist unterschiedlich. Die Resorptionsquote aus Sojamilch wurde mit 0,7 ± 0,2% angegeben, aus Muttermilch mit 8,2 ± 2,9% [18].

Die Retention bei Frühgeborenen ist deutlich höher als bei Neugeborenen und bei diesen wiederum höher als bei Erwachsenen [62], zitiert nach [25].

Einige Studien weisen darauf hin, dass der Manganaufnahme ein aktiver, carriervermittelter Transportmechanismus im Duodenum und Ileum zugrunde liegt [39], andere Studien wiederum gehen von einem passiven Transportweg per diffusionem aus [6]. Ein homöostatischer Regelmechanismus wird vermutet. Bei Ratten führte eine Ernährung mit 0,01 µmol Mn/g Futter zu einer Erniedrigung der Mn-Konzentrationen in verschiedenen Organen und zu einer Abnahme der fäkalen Ausscheidung um den Faktor 70 im Vergleich zur Kontrolle, die 1,5 µmol Mn/g Futter erhielt [61]. Hohe Mengen von Eisen können die Resorption von Mangan vermindern [1].

Im Portalblut wird Mangan an Albumin, Transferrin [19] und möglicherweise auch α_2-Makroglobulin gebunden [72] zu den extrahepatischen Organen transportiert. Mangan hat – im Unterschied zur Absorptionsrate, welche beim Mann niedriger ist als bei der Frau – bei Männern eine längere Halbwertszeit als bei Frauen [32].

Mangan wird in Leber, Niere, Pankreas, Gehirn, Knochenmark und in pigmentreichen Geweben wie dunklen Haaren oder pigmentierter Haut gespeichert. Mangan penetriert rasch die Blut-Hirn-Schranke [72] und kann im Gehirn und in mitochondrienreichen Geweben wie Leber und Pankreas akkumulieren; MRT-Aufnahmen von Menschen mit einer Manganintoxikation zeigen, dass Mangan hier vor allem im Globus pallidus, im Striatum und der Substantia nigra lokalisiert ist. Die Halbwertszeit des Mangans beträgt 12,5–13,5 d, wobei individuelle Unterschiede bestehen können (Gesamtmanganbelastung, vorliegender Eisenmangel). Die Mechanismen des Mn-Transports durch die Blut-Hirn-Schranke wurden kürzlich ausführlich untersucht [14–16, 91, 92].

Bei nasaler Exposition ist auch ein direkter Transport von Mangan über olfaktorische Neurone innerhalb von Stunden oder Tagen in das Gehirn beschrieben, wobei eine Beteiligung von metallbindenden Molekülen wie Carnosin (*β*-Alanyl-L-Histidin) diskutiert wird [80].

In verschiedenen Studien zeigte sich eine gewisse Abhängigkeit der Mn-Serumkonzentrationen von der Zufuhr. Die Serumkonzentrationen betrugen zwischen 0,80 µg/L und 2,12 µg/L, während die tägliche Zufuhr 0,52 bis 15 mg täglich betrug [20, 37, 42]. Im Blut sind die Konzentrationen deutlich höher. Sie lagen in einer Studie zwischen 5,4 und 17,1 µg/L. Dieser Wert fiel unter einer Beschränkung der täglichen Manganzufuhr auf 1,2 mg ab und betrug nach 39 Tagen 4,4 bis 7,6 µg/L [38]. Bei einem Patienten mit progressiver Myelopathie und Leberzirrhose wurde ein Wert von 3,48 µmol/L beschrieben, der um den Faktor 10 über dem Normalwert liegt [41].

Mangan wird hauptsächlich biliär eliminiert und über die Faeces ausgeschieden. Daher sind potenzielle Risiken einer Mn-Intoxikation bei einer niedrigen biliären Ausscheidung zu erwarten, wie sie bei Neugeborenen oder auch bei Leberinsuffizienz vorkommt [44]. Bei Ratten ließ sich allerdings kein Anstieg des Mangangehalts im Gehirn zehn Tage nach Gallengangsligatur nachweisen [21].

Die Ausscheidung im Urin ist mit 0,04–0,14% zu vernachlässigen [36]. Bei Ausdauersportlern, die täglich $16{,}5 \pm 6{,}3$ mg Mangan zu sich nahmen, wurde in Abhängigkeit vom Hydratationszustand eine tägliche Ausscheidung von 21–54 µg Mangan im Urin gemessen [93].

61.5 Wirkungen

Mangan ist ein Bestandteil oder Aktivator einer Vielzahl von Enzymen, wie beispielsweise Peptidasen, Phosphatasen, Carboxylasen, Hydrolasen und Kinasen und als solches involviert in die Knochen- und Kollagensynthese, die Entwicklung des zentralen Nervensystems, die Blutgerinnung sowie in den Aminosäure-, Cholesterol- und Carbohydratmetabolismus. Einige Enzyme enthalten Mangan, darunter Arginase und Mangan-Superoxiddismutase, andere werden durch Mangan aktiviert, wobei die Aktivierung auch durch höhere Konzentrationen von anderen Ionen wie Magnesium 2^+ oder Calcium 2^+ erfolgen kann [46]. Eine umfangreiche Übersicht über die biologischen Funktionen von Mangan gibt Wedler [88].

61.5.1 Mensch

61.5.1.1 Essenzielle Wirkungen

Beim Menschen ist ein klinisch manifester, ernährungsbedingter Manganmangel nur in experimentellen Studien beschrieben worden und nicht eindeutig belegbar.

Ein Proband, der über 6,5 Monate eine Vitamin K- und manganarme Diät (0,34 mg/d) erhielt, zeigte einen Vitamin K- und Mn-Mangel mit einer Hypocholesterinämie, Haut- und Haarveränderungen und einer Abnahme der Vitamin K-abhängigen Gerinnungsproteine. Nach Vitamin K-Gabe waren die Symptome nicht reversibel und verschwanden erst langsam nach Beendigung des Versuchs [24]. Da in dieser Studie die tatsächliche Mn-Zufuhr nicht gemessen wurde, wurde bezweifelt, ob die beobachteten Veränderungen durch einen Manganmangel verursacht waren [25].

In einer anderen Studie mit einer täglichen Zufuhr von 10–110 μg Mn trat ein juckendes Exanthem mit feiner Schuppung auf, das als Miliaria cristallina beschrieben wurde. Die Autoren beschreiben, dass diese Hautveränderungen während der Gewinnung von Hautschuppen zur Mn-Bestimmung auftraten und nach zwei Tagen verschwanden, bevor eine erhöhte Mn-Zufuhr erfolgte. Diese Hautveränderungen stehen daher wohl nicht mit einem Mn-Mangel in Verbindung, sondern mit der Art der Gewinnung des Probenmaterials [38].

61.5.1.2 Bedarf und Bedarfsdeckung

Da sich aus tierexperimentellen Daten kein oraler NOAEL ermitteln ließ, verzichtete der Wissenschaftliche Lebensmittelausschuss der EU (SCF) auf die Nennung einer Obergrenze für die Gesamtzufuhr von Mangan. Er erklärte, dass der Abstand zwischen der mit der Nahrung aufgenommenen Menge und der Dosis, die in empfindlichen Populationen unerwünschte Wirkungen auslösen kann, sehr gering sei [78].

Tab. 61.2 Geschätzter Bedarf an Mangan [46].

Alter	Täglicher Bedarf (m)	Täglicher Bedarf (w)
0–6 Monate	0,003 mg	0,003 mg
7–12 Monate	0,6 mg	0,6 mg
1–3 Jahre	1,2 mg	1,2 mg
4–8 Jahre	1,5 mg	1,5 mg
9–13 Jahre	1,9 mg	1,6 mg
14–18 Jahre	2,2 mg	1,6 mg
Erwachsene	2,3 mg	1,8 mg
Schwangere		2,0 mg
Stillende		2,6 mg

Auch das Food and Nutrition Board der USA setzte mangels ausreichender Daten einen tolerable upper intake level (UL) von 11 mg täglich auf der Basis eines NOAL der üblichen Diät fest. Eine ausreichende Zufuhr wurde auf der Basis von empirischen Zufuhrwerten geschätzt (Tab. 61.2).

Da die durchschnittliche Zufuhr den Bedarf deutlich überschreitet, wird von einem Zusatz von Mangan zu Lebensmitteln oder Nahrungsergänzungsmitteln abgeraten [7].

61.5.1.3 Toxische Wirkungen beim Menschen

Die toxikologischen Eigenschaften von Manganverbindungen sind abhängig von der chemischen Form und Verbindung, der Löslichkeit, dem Applikationsweg, der Expositionsdauer sowie von der individuellen Empfindlichkeit. Durch zweiwertiges Mangan ist mit zwei- bis dreimal stärkeren toxischen Effekten zu rechnen als durch dreiwertiges Mangan. Permanganat gilt aufgrund der hohen Löslichkeit und der oxidierenden Wirkung als die toxischste Manganverbindung.

61.5.1.3.1 Akute Toxizität

Orale Vergiftungen mit Kaliumpermanganat sind durch die starke lokale Wirkung gekennzeichnet. Die Ingestion konzentrierter Kaliumpermanganatlösung führt zu starken lokalen Verätzungen mit Schmerzen im Mund-, Brust- und Magenbereich, Übelkeit und Erbrechen sowie Glottisödem mit Dyspnoe und Stridor. Ein Patient, der in suizidaler Absicht 8 g Kaliumpermanganat eingenommen hatte, entwickelte neben starken epigastrischen Schmerzen und Erbrechen eine Pylorusstenose [17]. Pankreatitiden traten nach Intoxikationen mit Kaliumpermanganat und anderen Mn-Salzen auf [64, 82].

61.5.1.3.2 **Chronische Toxizität**

Chronische Manganintoxikationen treten vor allen Dingen bei Mangan exponierten Arbeitern im Bergbau, in Schmelzhütten und in der Metall verarbeitenden Industrie auf. Das Symptombild einer chronischen Manganintoxikation wird auch als Manganismus bezeichnet. Das ZNS und die Lunge sind die Hauptzielorgane einer chronischen Manganexposition. Die Neurotoxizität zeigt sich bei einem Teil der Patienten zunächst durch unspezifische und subklinische neurologische Symptome wie Anorexie, Apathie, Arthralgien, Asthenie, Lethargie und Schwäche der unteren Extremitäten. Danach entwickeln sich Bewegungs- und Gangbildstörungen, feinschlägiger Tremor, mimisch starre Gesichtszüge (Maskengesicht) und Sprachstörungen. Im chronischen Stadion imponiert eine Manganintoxikation mit parkinsonoiden Symptomen im Sinne einer generalisierten Akinese, Rigor und grobschlägigem Tremor. Nach Beendigung der Manganexposition können sich die neurologischen Symptome bessern, jedoch ist auch über eine Persistenz bzw. eine Verschlimmerung der Symptome über einen Zeitraum von zehn Jahren berichtet worden. Pathomorphologisch wurden Veränderungen in den Basalganglien und dem Hypothalamus beobachtet. Begleitend zu den genannten neurologischen Symptomen kann sich eine Manganpsychose mit Apathie, Somnolenz, Konfusion, Halluzinationen, Affektlabilität, Gedächtnisverlust, Ängstlichkeit und Impotenz entwickeln.

Die Lunge ist neben dem ZNS ebenfalls ein Zielorgan bei inhalativer Exposition. Inhalation von Manganstäuben führt zu einer erhöhten Inzidenz an Erkältungen und Bronchitiden mit einer akuten Exazerbation einer Pneumonie, der so genannten Mangan-Pneumonie, die durch eine hohe Mortalitätsrate gekennzeichnet ist.

Eine aktuelle Übersicht über die Toxikologie von Mangan geben Barceloux [3] sowie Keen et al. [51]. Die möglichen neurotoxischen Effekte kleiner Mengen, die nur durch neurophysiologische oder psychometrische Testverfahren erfasst werden können, wurden von Mergler und Baldwin [63] bewertet.

61.5.1.3.3 **Vergiftungen durch Nahrungsmittel**

Toxische Effekte durch die Zufuhr von Mangan mit der Nahrung sind selten. Bei Einwohnern von Angurugu, Groote Eylandt, Australien, wurden neurologische Ausfälle beobachtet, die mit erhöhten Mangankonzentrationen im Blut assoziiert waren. Bei den Patienten wurden im Vollblut 600–700 nmol/L gefunden, bei Gesunden 150–200 nmol/L [9]. In Angurugu wurden sowohl im Boden wie in lokal angebautem Gemüse stark erhöhte Mangankonzentrationen gefunden (in Yams 720 ppm), so dass die Exposition wahrscheinlich über die Nahrung erfolgte und nicht durch berufliche Exposition beim Abbau von Manganerz [8].

61.5.1.3.4 **Vergiftungen durch Trinkwasser**

Die in Trinkwasser gemessenen Werte liegen zwischen 1 und 100 µg/L, meist jedoch um 10 µg/L [35]. Die Trinkwasserverordnung gibt einen Grenzwert von 0,05 mg/L für Mangan vor. Verunreinigungen des Trinkwassers führen gelegentlich zu erhöhten Mangankonzentrationen, die Kausalität der beobachteten Symptome ist jedoch nicht immer nachzuweisen. In wenigen Fällen wurden toxische Effekte durch Trinkwasser beschrieben: Die Nutzung einer Quelle mit einem Gehalt von 1,21 ppm Mn über einen Zeitraum von fünf Jahren führte bei einem Zehnjährigen zu erhöhten Mn-Konzentrationen in Vollblut, Urin und Haar. Es wurden Gedächtnis- und Konzentrationsstörungen festgestellt, die den bekannten toxischen Effekten von Mangan ähnelten [90]. Neurologische Störungen durch sehr hohe Mangankonzentrationen im Trinkwasser wurden in Japan [50] und Griechenland [56] beschrieben. Weitere Einzelfälle werden in [29] diskutiert.

61.5.1.3.5 **Vergiftungen durch Säuglingsnahrung**

Der Gehalt an Mangan in der Muttermilch ist deutlich geringer als in der Kuhmilch. Gemessene Konzentrationen in der Muttermilch lagen zwischen 2 und 7 µg/L, die geschätzte tägliche Aufnahme zwischen 1,5 und 5,4 µg [46].

Bei verschiedenen kommerziellen Säuglingsnahrungen betrug die deklarierte Mn-Konzentration bis zu 946 mg/L [10]. Eine Ernährung mit solchen Säuglingsnahrungen führte zu deutlich erhöhten Haarkonzentrationen gegenüber Säuglingen, die gestillt wurden. Bei Kindern (Alter 7–10 Jahre) mit Lernstörungen wurden gegenüber Kontrollen erhöhte Mn-Konzentrationen im Haar nachgewiesen [10, 12, 71], so dass ein Zusammenhang zwischen erhöhter kindlicher Manganaufnahme und Leistungsstörungen möglich erscheint.

61.5.1.3.6 **Vergiftungen durch parenterale Ernährung**

Parenterale Ernährung kann bei Kindern zu stark erhöhten Blut- und Gewebespiegeln von Mangan führen [75]. Kinder, denen 0,8–1 µmol Mangan täglich für mehr als zwei Wochen infundiert wurde, wiesen in der Mehrzahl Blutwerte auf, die über dem Referenzwert lagen. Höhere Manganwerte korrelierten mit erhöhten AST- und Bilirubinwerten im Serum. Unter einer manganfreien parenteralen Ernährung verminderten sich die Manganwerte im Blut in vier Monaten um 643 nmol/L (Median) und das Bilirubin um 70 µmol/L [31].

Andere Autoren konnten jedoch keine unterschiedliche Häufigkeit erhöhter Bilirubinwerte bei Kindern feststellen, die mit hohen (0,8 µmol/kg·d) bzw. niedrigen (0,018 µmol/kg·d) Manganmengen parenteral ernährt wurden [5]. Fok et al. führten eine prospektive randomisierte Studie durch, in der zwei parenterale Lösungen mit hoher (1 µmol/kg d) und niedriger (0,00182 µmol/kg d) Mn-Zufuhr verglichen wurden. Die Häufigkeit des Auftretens von Cholestase (Bilirubin > 50 µmol/L) war nicht unterschiedlich, jedoch wurde signifikant häufiger eine ausgeprägte Cholestase (Bilirubin > 100 µmol/L) in der Gruppe mit hoher Mn-Zufuhr beobachtet [33]. Bei einem Kleinkind, das 16 Monate lang täglich 1,1 mg Mn (82 μg/kg) intravenös erhalten hatte, wurden Tremor und Krämpfe beobachtet, die nach Beendigung der parenteralen Manganzufuhr innerhalb von 3 Monaten verschwanden [54].

Die empfohlene Manganzufuhr für Kinder bei parenteraler Ernährung beträgt 0,018 μmol Mn/kg täglich [2], möglicherweise sind niedrigere Werte ausreichend [34].

Auch bei Erwachsenen wurden unter parenteraler Ernährung erhöhte Mn-Werte beobachtet. Vier von sechs Patienten, die nach Pankreatoduodenektomie 20 μmol/kg d Mn erhielten, hatten deutlich erhöhte Mn-Werte, die erst nach 2–3 Monaten in den Normbereich zurückkehrten. Bei Patienten mit Gastrektomie und Operationen von Kolon und Rektum wurde kein Anstieg des Mangans unter Supplementierung beobachtet. Erhöhte Blutwerte korrelierten mit einem verstärkten MRI-Signal in den Basalganglien [47].

Bei Erwachsenen mit chronischen Lebererkrankungen unterschieden sich die Mn-Werte im Blut nicht von denen gesunder Erwachsener. Patienten, die nach Darmresektionen regelmäßig intravenös ernährt wurden und 0,06 μmol/kg d (Median) Mn erhielten, wiesen erhöhte Mn-Werte im Blut auf, jedoch keine Zeichen von Cholestase. Die Mn-Plasmakonzentration korrelierte mit der Mn-Zufuhr sowie den Werten der alkalischen Phosphatase und der γ-Glutamyltransferase [87].

Die Gabe von 3–5 mg Mn oral und von 20 mg intravenös in Form von $MnCl_2$ führte bei einem Diabetiker zu einer ausgeprägten Blutzuckersenkung [76]. Ein solcher Effekt ist anscheinend bisher nicht reproduziert worden.

Manganhaltige Kontrastmittel wie Mangafodipir-Trinatrium [13] können ebenfalls zur Belastung mit Mangan führen [65].

61.5.2 Wirkungen auf Versuchstiere

61.5.2.1 Essenzielle Wirkungen

Die Essentialität von Mangan für Wachstum, Entwicklung und Fortpflanzung wurde 1931 für Ratten und Mäuse beschrieben [52, 70].

In verschiedenen Tierspezies war ein Manganmangel assoziiert mit Wachstumsretardierung, beeinträchtigter Reproduktionsfunktion, Störungen der Knochenbildung, einer beeinträchtigten Glucosetoleranz [59] und Veränderungen im Kohlenhydrat- und Fettstoffwechsel [35].

Über den Umfang der notwendigen Zufuhr liegen wenige Untersuchungen vor. Ratten, die täglich eine Diät mit Mn-Gehalten von 1,3–82,4 mg/kg erhielten, gediehen mit 1,4 mg/kg und 2,8 mg/kg gleich gut oder besser als bei höherer Mn-Konzentration [60]. 0,55 mg/kg Futter führte in einer anderen Studie zu einer Erniedrigung der Mn-Konzentrationen in verschiedenen Organen [61].

61.5.2.2 Toxische Wirkungen beim Versuchstier

Eine aktuelle Zusammenfassung tierexperimenteller Daten bietet [29].

61.5.2.2.1 Akute Toxizität

Die LD_{50} für $MnCl_2 \cdot 4\ H_2O$ beträgt bei der Ratte 7,5 mmol/kg oral und 0,70 mmol/kg i.p., für MnO_2 oral $\gg$40 mmol/kg [45]. Bis zu 50 g $MnSO_4 \cdot H_2O$ pro kg Futter über 14 Tage führten bei Ratten und Mäusen nur zu einem Gewichtsverlust [68].

61.5.2.2.2 Chronische Toxizität

Neurotoxische Effekte wurden auch in tierexperimentellen Studien beobachtet. Die Symptome waren abhängig von der Art der Exposition und der Manganverbindung. Die intraperitoneale Applikation führte merklich schneller zu klinischen Zeichen als die perorale oder inhalative Exposition. Histologische Untersuchungen der Gehirne zeigten einen deutlichen Nervenzellverlust im Globus pallidus, biochemische Analysen ergaben stärkste Veränderungen im Globus pallidus und im Putamen. Besonders empfindlich waren junge Tiere. Eine Zufuhr von 50–500 μg Mn vom 1. bis zum 21. Lebenstag bei neugeborenen Ratten führte zu Veränderungen des Dopamingehaltes beim ausgewachsenen Tier, die auch noch beim erwachsenen Tier nachweisbar sind. Es wurde eine signifikante Korrelation zwischen der Mn-Zufuhr und dem Dopamingehalt im Striatum gemessen [83].

Tierexperimentell wurden nach Manganexposition histopathologische und biochemische Schädigungen der Leber, der Niere sowie der Hoden bei Ratte und Kaninchen beobachtet. Auch eine Kropfbildung wurde bei weiblichen Mäusen beschrieben [49].

Beim Rhesusaffen wurden 18 Monate nach täglicher Gabe von 6,9 mg Mn/kg KG Muskelschwäche und Degeneration der Substantia nigra [43] sowie der Tubuli seminiferi beobachtet [67].

61.5.2.2.3 Reproduktionstoxizität

Mangan passiert in allen Spezies die Plazenta. Aus tierexperimentellen Studien und aus Humandaten gibt es Hinweise, dass Mangan reproduktionstoxikologische Effekte induzieren könnte, jedoch ist die Datenlage zu gering, um daraus ableiten zu können, dass solche Effekte in der menschlichen Population als Ergebnis einer Manganexposition auftreten können [3].

Die homöostatischen Regulationsmechanismen von Mangan sind während der Schwangerschaft und Stillzeit verändert. In tierexperimentellen Studien wurde eine Verdopplung der intestinalen Manganaufnahme bei trächtigen Tieren nachgewiesen [53]. Tierexperimentelle Studien bezüglich möglicher teratogener Effekte durch Mangan erbrachten keine Hinweise auf induzierte gravierende Fehlbildungen.

Eine Manganexposition kann jedoch zu Störungen der zerebralen Entwicklung führen [55].

Bei der Ratte bewirkte Mangan in hohen Konzentrationen degenerative Veränderungen der Testes, eine Abnahme der Spermienzahl und hormonelle Veränderungen. Es wurde über eine signifikante Abnahme der Fertilität berichtet. Die in diesen Versuchen verwendeten Dosen waren allerdings mit bis zu 3,5 g/kg Futter (entsprechend 158–316 mg täglich) sehr hoch [57, 58]. Beim Rhesusaffen führte die chronische Gabe von 6,9 mg Mn/kg KG zu einer Erhöhung des Hodengewichts mit interstitiellem Ödem und Degeneration der Tubuli seminiferi [67].

61.5.2.2.4 **Kanzerogenität/Genotoxizität**

In einer Studie an Ratten über zwei Jahre fanden sich neben einer Nephropathie und einer Niereninsuffizienz bei den männlichen Tieren gering vermehrt Hyperplasien und Tumore des Pankreas. Bei Mäusen traten gehäuft follikuläre Hyperplasien und Adenome der Schilddrüsen auf [68]. Für den Menschen liegen keine Hinweise auf ein tumorerzeugendes Potenzial von Mangan vor, jedoch sind die vorliegenden Erfahrungen begrenzt.

Die vorliegenden in vitro-Daten zur Mutagenität von Mangan erbrachten widersprüchliche Ergebnisse; es zeigten sich sowohl negative als auch positive Resultate bezüglich einer Induktion von Genmutationen durch Mangan. Die vorliegenden Untersuchungen erlauben keine eindeutige genotoxische Aussage hinsichtlich des genotoxischen Risikos von Mangan beim Menschen [78].

In in vitro-Untersuchungen an *Salmonella typhimurium*-Stämmen (Ames-Test) zeigte Mangansulfat mit oder ohne metabolische Aktivierung keine mutagenen Effekte [66, 89].

in vitro-Untersuchungen an Säugerzellen zeigten eine Erhöhung der Gen- und Chromosomenmutationsrate durch Mangan. In kultivierten CHO-Zellen induzierte Mangansulfat mit oder ohne metabolische Aktivierung einen Austausch von Schwesterchromatiden [68]. Manganchlorid zeigte stark positive Effekte im L5178 Maus Lymphoma-Assay in einem Dosisbereich von 5–100 μg/mL [69].

De Méo et al. [22] untersuchten die mutagene Wirkung verschiedener Manganverbindungen in einer Reihe von in vitro-Systemen und folgerten, dass Mn^{2+} das größte mutagene Potenzial besitze. Der Ersatz von Mg^{2+} durch Mn^{2+} in der DNA-Polymerase kann zu Fehlern in der DNA-Replikation führen [27, 40, 84].

In in vivo-Untersuchungen wurden weder durch Mangansulfat [85] noch durch Manganchlorid [74] Mutationen bei *Drosophila melanogaster* induziert. Bei Mäusen konnten Chromosomenaberrationen in Knochenmarkszellen dosisabhängig durch orale Gabe von $MnSO_4$ und $KMnO_4$ induziert werden [48].

61.6
Bewertung des Gefährdungspotenzials

Der Abstand zwischen oral effektiven Dosen von der geschätzten Zufuhr mit der Nahrung ist gering. Da Mangan neurotoxisch ist und möglicherweise Teile der Bevölkerung eine erhöhte Empfindlichkeit aufweisen, kann die Zufuhr von Mangan ein Risiko darstellen, wenn die üblicherweise in der Nahrung und in Getränken vorhandenen Mengen überschritten werden [78].

61.7
Grenzwerte, Richtwerte, Empfehlungen und gesetzliche Regelungen

Aus der durchschnittlichen täglichen Manganzufuhr leitete der US Food and Nutrition Board einen Grenzwert für die sichere tägliche Aufnahme von 11 mg ab, während das Scientific Committee on Food der Europäischen Kommission die vorliegenden Daten als nicht ausreichend ansah, um einen sicheren Grenzwert abzuleiten (Tab. 61.3).

Tab. 61.3 Grenzwerte, Richtwerte, Empfehlungen und gesetzliche Regelungen.

Lebensmittel		**mg Mangan/d**	
D-A-CH [23]	Schätzwerte für eine angemessene Zufuhr	Säuglinge 0 bis <4 Monate	–
		Säuglinge 4 bis <12 Monate	0,6–1,0
		Kinder 1 bis <4 Jahre	1,0–1,5
		Kinder 4 bis <7 Jahre	1,5–2,0
		Kinder 8 bis <10 Jahre	2,0–3,0
		Kinder 10 bis <15 Jahre	3,0–5,0
		Jugendliche, Erwachsene	3,0–5,0
US National Academy of Sciences [46]	Tolerable upper intake level	Säuglinge 0 bis <12 Monate	–
		Kinder 1 bis 3 Jahre	2
		Kinder 4 bis 8 Jahre	3
		Kinder 9 bis 13 Jahre	6
		Jugendliche 14 bis 18 Jahre	9
		Erwachsene	11
Scientific Committee on Food [78]	Tolerable upper intake level	Nicht festlegbar	
Trinkwasser			
Europa [26]	Grenzwert	50 µg/L	

61.8 Vorsorge

Die mit der Nahrung zugeführten Mengen an Mangan übersteigen den geschätzten Bedarf. Vergiftungen durch Quellwasser sind beschrieben. Toxikologisch bedenkliche Mengen können bei Einhaltung der Grenzwerte der Trinkwasserverordnung nicht zugeführt werden. Vergiftungen sind im gewerblichen Bereich durch Inhalation möglich.

61.9 Zusammenfassung

Mangan ist ein essenzielles Spurenelement, das infolge seines ubiquitären Vorkommens in ausreichendem Umfang zugeführt wird. Mangan wird partiell resorbiert und hauptsächlich biliär eliminiert. Die akute Toxizität von Mangan ist gering, die chronische Zufuhr hoher Dosen führt zu neurotoxischen Effekten.

61.10 Literatur

1 Anonym (1993) Do diets high in iron impair manganese status?, *Nutr Rev* **51**: 86–88.

2 ASCN (1988) Guidelines for pediatric clinical nutrition, *American Journal of Clinical Nutrition* **48**: 1324–1342.

3 Barceloux DG (1999) Manganese, *Clinical Toxicology* **37**: 293–307.

4 Baruthio F, Guillard O, Arnaud J, Pierre F, Zawislak R (1988) Determination of manganese in biological materials by electrothermal atomic absorption spectroscopy, *Clinical Chemistry* **34**: 227–234.

5 Beath S, Gopalan S, Booth I (1996) Letter to the editor, *Lancet* **347**: 1773–1774.

6 Bell J, Keen CL, Lönnerdal B (1989) Higher retention of manganese in suckling than in adult rats is not due to maturation differences in manganese, *Journal of Toxicology and Environmental Health* **26**: 387–398.

7 BgVV (2002) Toxikologische und ernährungsphysiologische Aspekte der Verwendung von Mineralstoffen und Vitaminen in Lebensmitteln. Teil I: Mineralstoffe (einschließlich Spurenelemente) Vorschläge für Regelungen und Höchstmengen zum Schutz des Verbrauchers vor Überdosierung beim Verzehr von Nahrungsergänzungsmitteln (NEM) und angereicherten Lebensmitteln. Bundesinstitut für gesundheitlichen Verbraucherschutz und Veterinärmedizin, Berlin.

8 Cawte J, Florence M (1987) Environmental source of manganese on Groote Eylandt, Northern Australia, *Lancet* **1**(8548): 1484.

9 Cawte J, Hams G, Kilburn C (1987) Manganism in a neurological ethnic complex in northern Australia, *Lancet* **1**(8544): 1257.

10 Collipp PJ, Chen SY, Maitinsky S (1983) Manganese in infant formulas and learning disability, *Annals of Nutrition and Metabolism* **27**: 488–494.

11 COT (2003) COT Statement on twelve metals and other elements in the 2000 total diet study. COT statement 2003/07: Committee on toxicity of chemicals in food, consumer products and the environment.

12 Crinella FM, Cordova E, Ericson J, Swanson J (1997) Manganese, Aggression, and ADHD. In: 15th Annual Conference on Neurotoxicology; 1997, Little Rock, AR.

13 Crossgrove J, Zheng W (2004) Manganese toxicity upon overexposure, *NMR in Biomedicine* **17**: 544–553.

14 Crossgrove JS, Allen DD, Bukaveckas BL, Rhineheimer SS, Yokel RA (2003) Manganese distribution across the blood-brain barrier. I. Evidence for carrier-mediated influx of managanese citrate as well as manganese and manganese transferrin, *Neurotoxicology* **24**: 3–13.

15 Crossgrove JS, Yokel RA (2004) Manganese distribution across the blood-brain barrier III. The divalent metal transporter-1 is not the major mechanism mediating brain manganese uptake, *Neurotoxicology* **25**: 451–460.

16 Crossgrove JS, Yokel RA (2005) Manganese distribution across the blood-brain barrier. IV. Evidence for brain influx through store-operated calcium channels, *Neurotoxicology* **26**: 297–307.

17 Dagli A, Golden D, Finkel M, Austin E (1973) Pyloric stenosis following ingestion of potassium permanganate, *American Journal of Digestive Diseases* **18**: 1091–1094.

18 Davidsson L, Cederblad B, Lönnerdal B, Sandström B (1989) Manganese absorption from human milk, cow's milk, and infant formulas in humans, *American Journal of Disease of Children* **143**: 823–827.

19 Davidsson L, Lönnerdal B, Sandström B, Kunz C, Keen CL (1989) Identification of Transferrin as the major plasma carrier protein for manganese introduced orally or intravenously or after in vitro addition in the rat, *Journal of Nutrition* **119**: 1461–1464.

20 Davis CD, Greger JL (1992) Longitudinal changes of manganese-dependent superoxide dismutase and other indexes of manganese and iron status in women, *American Journal of Clinical Nutrition* **55**: 747–752.

21 Davis CD, Schafer DM, Finley JW (1998) Effect of biliary ligation on manganese accumulation in rat brain, *Biological Trace Elements Research* **64**: 61–74.

22 De Méo M, Laget M, Castegnaro M, Dumenil G (1991) Genotoxic activity of potassium permanganate in acidic solutions, *Mutation Research* **260**: 295–306.

23 DGE (2000) Referenzwerte für die Nährstoffzufuhr. Umschau/Braus, Frankfurt/M.

24 Doisy EJ (1973) Micronutrients controls on biosynthesis of clotting proteins and cholesterol. In: Hemphill D (ed) Trace substances in Environmental Health. University of Missouri, Columbia, MO, 193–199.

25 Dörner K, Dziadzka S, Sievers E (1990) Manganbilanzen beim Menschen. In: Wolfram G, Kirchgessner M (Hrsg) Spurenelemente und Ernährung. Wissenschaftliche Verlagsgesellschaft, Stuttgart, 123–134.

26 EG (1998) Richtlinie 98/83/EG des Rates vom 3. November 1998 über die Qualität von Wasser für den menschlichen Gebrauch, *Amtsblatt der Europäischen Gemeinschaften* **L 330**: 32–54.

27 El-Deiry WS, Downey KM, So AG (1984) Molecular mechanisms of manganese mutagenesis, *Proceedings of the National Academy of Sciences USA* **81**: 7378–7382.

28 EPA (1975) Scientific and Technical Assessment Report on Manganese. EPA-600/6-75-002. US Environmental Protection Agency, Washington, DC

29 EVM (2002) Review of Manganese – revised version EVM/99/22.REVISEDAUG 2002, Expert Group on Vitamins and Minerals www.foodstandards.gov.uk/multimedia/pdfs/evm9922p.pdf

30 EVM (2003) Safe upper levels for vitamins and minerals. Report of the expert group on vitamins and minerals. Expert Group on Vitamins and Minerals www.food.gov.uk/multimedia/pdfs/vitamin2003.pdf

31 Fell J, Reynolds A, Meadows N et al (1996) Manganese toxicity in children receiving long-term parenteral nutrition, *Lancet* **347**: 1218–1221.

32 Finley JW, Johnson P, Johnson LK (1994) Sex affects manganese absorption and retention by humans from a diet ade-

quate in manganese, *American Journal of Clinical Nutrion* **60**: 949–955.
33 Fok TF, Chui KK, Cheung R, Ng PC, Cheung KL, Hjelm M (2001) Manganese intake and cholestatic jaundice in neonates receiving parenteral nutrition: a randomized controlled study, *Acta Paediatrica* **90**: 1009–1015.
34 Forbes A, Jawhari A (1996) Letter to the editor, *Lancet* **347**: 1773–1774.
35 Freeland-Graves JH (1994) Derivation of manganese estimated safe and adequate daily dietary intakes. In: Mertz W, Abernathy C, Olin S (Hrsg) Risk assessment of essential elements. ILSI Press, Washington, DC, 237–252.
36 Freeland-Graves JH, Behmardi F, Bales CW, et al. (1988) Metabolic balance of manganese in young men consuming diets containing five levels of dietary manganese, *Journal of Nutrition* **118**: 764–773.
37 Freeland-Graves JH, Lin PH (1991) Plasma uptake of manganese as affected by oral loads of manganese, calcium, milk, phosphorus, copper, and zinc, *Journal of the American College of Nutrition* **10**: 38–43.
38 Friedman BJ, Freeland-Graves JH, Bales CW et al (1987) Manganese balance and clinical observations in young men fed a manganese-deficient diet, *Journal of Nutrition* **117**: 133–143.
39 Garcia-Aranda JA, Wapnir RA, Lifshitz F (1983) In vivo intestinal absorption of manganese in the rat, *Journal of Nutrition* **113**: 2601–2607.
40 Goodman M, Keener S, Guidotti S (1983) On the enzymatic basis for mutagenesis by manganese, *Journal of Biological Chemistry* **258**: 3469–3475.
41 Gospe SM, Jr., Caruso RD, Clegg MS et al (2000) Paraparesis, hypermanganesaemia, and polycythaemia: a novel presentation of cirrhosis, *Archives of Diseases in Childhood* **83**: 439–442.
42 Greger JL (1999) Nutrition versus toxicology of manganese in humans: evaluation of potenzial biomarkers, *Neurotoxicology* **20**: 205–212.
43 Gupta S, Murthy R, Chandra S (1980) Neuromelanin in manganese-exposed primates, *Toxicology Letters* **6**: 17–20.
44 Hauser R, Zesiewicz T, Rosenmurgy A, Martinez C, Olanow CW (1994) Manganese intoxication and chronic liver failure, *Annals of Neurology* **36**: 871–875.
45 Holbrook DJ Jr, Washington ME, Leake HB, Brubaker PE (1975) Studies on the evaluation of the toxicity of various salts of lead, manganese, platinum, and palladium, *Environmental Health Perspectives* **10**: 95–101.
46 Io M (2005) Manganese: Institute of Medicine, National Academy of Sciences, National Academies Press, Washington.
47 Iwase K, Higaki J, Mikata S et al (2002) Manganese deposition in basal ganglia due to perioperative parenteral nutrition following gastrointestinal surgeries, *Digestive Surgery* **19**: 174–183.
48 Joardar M, Sharma A (1990) Comparison of clastogenicity of inorganic Mn administered in cationic and anionic forms in vivo, *Mutation Research* **240**: 159–163.
49 Kawada J, Nishida M, Yoshimura Y, Yamashita K (1985) Manganese ion as a goitrogen in the female mouse, *Endocrinologia Japonica* **32**: 635–643.
50 Kawamura R, Ikuta H, Fukuzumi S (1941) Intoxication by manganese in well water, *Kitasato Archives of Experimental Medicine* **18**: 145–169.
51 Keen CL, Ensunsa JL, Clegg MS (2000) Manganese metabolism in animals and humans including the toxicity of manganese, *Metal Ions in Biological Systems* **37**: 89–121.
52 Kemmerer A, Elvehjem C, Hart E (1931) Studies on the relation of manganese on the nutrition of the mouse, *Journal of Biological Chemistry* **92**: 623–630.
53 Kirchgeßner M, Sherif Y, Schwarz F (1982) Absorptionsveränderungen von Mangan während Gravidität und Laktation, *Annals of Nutrition & Metabolism* **26**: 83–89.
54 Komaki H, Maisawa S, Sugai K, Kobayashi Y, Hashimoto T (1999) Tremor and seizures associated with chronic manganese intoxication, *Brain & Development* **21**: 122–124.
55 Komura J, Sakamoto M (1992) Effects of manganese forms on biogenic amines in the brain and behavioural alterations in the mouse: long term administration of

several manganese compounds, *Environmental Research* **57**: 34–44.

56 Kondakis X, Makris N, Leotsinidis M, Prinou M, Papapetropoulos T (1989) Possible health effects of high manganese concentration in drinking water, *Archives of Environmental Health* **44**: 175–178.

57 Laskey J, et al. (1982) Effect of chronic manganese (Mn_3O_4) exposure on selected reproductive parameters in rats, *Journal of Toxicology and Environmental Health* **9**: 677–687.

58 Laskey JW, Rehnberg GL, Hein JF, Carter SD (1982) Effects of chronic manganese (Mn_3O_4) exposure on selected reproductive parameters in rats, *Journal of Toxicology and Environmental Health* **9**: 677–687.

59 Leach R, Lilburn M (1978) Manganese metabolism and its function, *World Reviews of Nutrition and Diet* **32**: 123–134.

60 Lee DY, Johnson PE (1988) Factors affecting absorption and excretion of ^{54}Mn in rats, *Journal of Nutrition* **118**: 1509–1516.

61 Malecki EA, Huttner DL, Greger JL (1994) Manganese status, gut endogenous losses of manganese, and antioxidant enzyme activity in rats fed varying levels of manganese and fat, *Biological Trace Elements Research* **42**: 17–29.

62 Mena I (1981) Manganese. In: Brommer F, Coburn J (Hrsg) Mineral metabolism. Academic Press, New York, 233–270.

63 Mergler D, Baldwin M (1997) Early manifestations of manganese neurotoxicity in humans: an update, *Environmental Research* **73**: 92–100.

64 Middleton S, Jacyna M, McLaren D, Robinson R, Thomas H (1990) Haemorrhagic pancreatitis – cause of death in severe potassium permanganate poisoning, *Postgraduate Medical Journal* **66**: 657–658.

65 Misselwitz B, Mühler A, Weinmann H (1995) A toxicological risk for using manganese complexes? A literature survey of existing data through several medicinal specialities, *Investigative Radiology* **30**: 611–630.

66 Mortelmans K, Haworth S, Lawlor T, Speck W, Tainer B, Zeiger E (1986) Salmonella mutagenicity tests: II. Results from the testing of 270 chemicals, *Environmental Mutagenesis* **8** (Suppl 7): 1–119.

67 Murthy R, Srivastava R, Gupta S, Chandra S (1980) Manganese induced testicular changes in monkeys, *Experimental Pathology (Jena)* **18**: 240–244.

68 NTP (1993) NTP Toxicology and carcinogenesis studies of manganese (II) sulfate monohydrate (CAS No. 10034-96-5) in F344/N rats and B6C3F1 mice (feed studies), National Toxicology Program Technical Report Series 428: 1–275.

69 Oberly TJ, Piper CE, McDonald DS (1982) Mutagenicity of metal salts in the L5178Y mouse lymphoma assay, *Journal of Toxicology and Environmental Health* **9**: 367–376.

70 Orent E, McCollum E (1931) Effects of deprivation of manganese in the rat, *Journal of Biological Chemistry* **92**: 651–678.

71 Pihl R, Parkes M (1977) Hair element content in learning disabled children, *Science* **198**: 204–206.

72 Rabin O, Hegedus L, Bourre J, Smith Q (1993) Rapid brain uptake of manganese (II) across the blood-brain barrier, *Journal of Neurochemistry* **61**: 509–517.

73 Rambousek J (1911) Manganverbindungen. Vorkommen der Manganvergiftung. In: Gewerbliche Vergiftungen. von Veit & Comp., Leipzig, 68–70.

74 Rasmuson A (1985) Mutagenic effects of some water-soluble metal compounds in a somatic eye-color test system in Drosophila melanogaster, *Mutation Research* **157**: 157–162.

75 Reynolds A, Kiely E, Meadows N (1994) Manganese in long term paediatric parenteral nutrition, *Archives of Disease in Childhood* **71**: 527–528.

76 Rubenstein AH, Levin NW, Elliott GA (1962) Hypoglycaemia induced by manganese, *Nature* **194**: 188–189.

77 Saric M (1986) Manganese. In: Friberg L, Nordberg G, Vouk V (Hrsg) Handbook on the toxicology of metals. Elsevier Science Publishing Co, Amsterdam, 354–386.

78 SCF (2000) Opinion of the Scientific Committee on Food on the tolerable upper intake level of manganese. SCF/CS/NUT/UPPLEV/21. Final, 28 November 2000.

79 Schroeder W, Dobson M, Kane D, Johnson N (1987) Toxic trace elements associated with airborne particular matter: a review, *Journal of the Air Pollution Control Association* **37**: 1267–1285.

80 Sunderman FW Jr (2001) Nasal toxicity, carcinogenicity, and olfactory uptake of metals, *Annals of Clinical and Laboratory Science* **31**: 3–24.

81 Taylor A (1996) Detection and monitoring of disorders of essential trace elements, *Annals of Clinical Biochemistry* **33**: 486–510.

82 Taylor P, Price J (1982) Acute manganese intoxication in a patient treated with a contaminated dialysate, *Canadian Medical Association Journal* **126**: 503–505.

83 Tran TT, Chowanadisai W, Lonnerdal B et al (2002) Effects of neonatal dietary manganese exposure on brain dopamine levels and neurocognitive functions, *Neurotoxicology* **23**: 645–651.

84 Vaisman A, Ling H, Woodgate R, Yang W (2005) Fidelity of Dpo4: effect of metal ions, nucleotide selection and pyrophosphorolysis, *EMBO Journal* **24**: 2957–2967.

85 Valencia R, Mason JM, Woodruff RC, Zimmering S (1985) Chemical mutagenesis testing in Drosophila. III. Results of 48 coded compounds tested for the National Toxicology Program, *Environmental Mutagenesis* **7**: 325–348.

86 von Jaksch R (1907) Über Mangantoxikosen und Manganophobie, *Münchener Medizinische Wochenschrift* **54**: 969–972.

87 Wardle CA, Forbes A, Roberts NB, Jawhari AV, Shenkin A (1999) Hypermanganesemia in long-term intravenous nutrition and chronic liver disease, *Journal of Parenteral and Enteral Nutrition* **23**: 350–355.

88 Wedler FC (1993) Biological significance of manganese in mammalian systems, *Progress in Medicinal Chemistry* **30**: 89–133.

89 Wong P (1988) Mutagenicity of heavy metals, *Bulletin of Environmental Contamination and Toxicology* **40**: 597–603.

90 Woolf A, Wright R, Amarasiriwardena C, Bellinger D (2002) A child with chronic manganese exposure from drinking water, *Environmental Health Perspectives* **110**: 613–616.

91 Yokel RA, Crossgrove JS (2004) Manganese toxicokinetics at the blood-brain barrier, Research Report/Health Effects Institute 7–58; discussion 59–73.

92 Yokel RA, Crossgrove JS, Bukaveckas BL (2003) Manganese distribution across the blood-brain barrier. II. Manganese efflux from the brain does not appear to be carrier mediated, *Neurotoxicology* **24**: 15–22.

93 Zorbas YG, Federenko YF, Naexu KA (1994) Urinary excretion of microelements in endurance-trained volunteers during restriction of muscular activity and chronic rehydration, *Biological Trace Elements Research* **40**: 189–202.

62
Molybdän

Manfred Anke

62.1
Allgemeine Substanzbeschreibung

Molybdän (Mo) wurde 1778 von Scheele in „Molybdänglanz" (Wasserblei) entdeckt. Die griechische Bezeichnung *molybdaena* verwendeten schon Plinius und Dioskorides für verschiedene bleiähnlich färbende Stoffe (Bleiglanz, später Graphit und Molybdänglanz). Im Gegensatz zum ähnlichen Graphit ließ sich aus dem oft damit verwechselten Molybdänglanz mithilfe von Salpetersäure ein weißes Oxid (Molybdäntrioxid) gewinnen, aus dem Hjelm 1781 elementares Molybdän darstellte [64].

Molybdän kommt als MoS_2 (Molybdänit) in Quarzadern vor und war bis zum 1. Weltkrieg mehr eine Laborkuriosität als ein industriell genutztes Element. Das änderte sich im 1. Weltkrieg, als sich zeigte, dass Molybdänzusatz die Zähigkeit und Festigkeit des Stahls bei hohen Temperaturen erheblich verbessert und damit sein Einsatz zur Panzerung von Tanks und Flugzeugen begann [131].

Während des 19. Jahrhunderts lieferte die „Knaben-Mine" in Norwegen handverlesenes Molybdänit. Im 1. Weltkrieg übernahm das Climax-Bergwerk (Colorado, USA) diese Funktion und ersetzte das Handverlesen der molybdänreichen Erze durch die Schaumflotation. In den 1930er Jahren begann die Nutzung des Molybdäns als Beiprodukt der Kupfer- und Wolframgewinnung. Während des 2. Weltkrieges deckten die USA etwa 50% des Weltmolybdänbedarfes. Neben den USA verfügen Mexiko, Chile, Norwegen, Kanada und Russland über abbauwürdige Molybdänvorkommen. Am Ende der 1980er Jahre wurden 80000–90000 t Mo/Jahr produziert und verarbeitet [131].

Molybdän mit der Ordnungszahl 42 und dem Atomgewicht 95,94 besteht aus den natürlichen Isotopen Mo^{92} (14,84%), Mo^{94} (9,25%), Mo^{95} (15,92%), Mo^{96} (16,68%), Mo^{97} (9,55%), Mo^{98} (24,13%) und Mo^{100} (9,63%). Molybdän kann außerdem 13 künstliche Isotope mit Halbwertszeiten zwischen 40 Sekunden und >100 Jahren bilden. Molybdän tritt in den Oxidationsstufen 0, +2, +3, +4, +5 und +6 auf, wobei die Mo^{6+}-Verbindungen am beständigsten sind.

Handbuch der Lebensmitteltoxikologie. H. Dunkelberg, T. Gebel, A. Hartwig (Hrsg.)

ISBN: 978-3-527-31166-8

Molybdän ist hart, spröde und zinnweiß, hat eine relative Dichte von 10,22 g/cm^3 und einen Schmelzpunkt von 2620 °C. Reines Molybdän behält seine große Festigkeit auch bei hohen Temperaturen. Es ist etwas weicher als Stahl und hämmerbar, seine Wärmeleitfähigkeit ist etwa doppelt so groß wie die des Stahles.

Der Molybdängehalt der 16 km dicken Erdkruste wird auf etwa 1,4 mg Mo/kg geschätzt. Es kommt hauptsächlich als Molybdänit oder Molybdänglanz (MoS_2) vor. Molybdänglanz ist die primäre Molybdänquelle. Bei steigendem Molybdänbedarf können auch Wulfenit, Powellit und Ferrimolybdit abgebaut werden. Weitere Molybdänmineralien ohne kommerzielle Bedeutung sind: Achrematit, Belonesit, Chillagit, Eosit, Ilsemannit, Jordisit, Koechlinit, Lindgrenit und Paterit [56].

Neben der Stahlveredelung, die den größten Teil des Molybdäns nutzt, wird Molybdän von der Elektroindustrie, in Elektronik, von der Hochtemperatur- und Vakuumhochofentechnik, der Glas- und Keramikindustrie, den Gießereien, bei der Oberflächenveredelung und in der Nukleartechnologie verwendet [103]. Molybdänverbindungen werden bei der Katalyse einer großen Zahl von Oxiden und Sulfiden, als Schmiermittel, Korrosionsschutz, Flammenschutzstoff, zur Rauchunterdrückung, als Pigment und in der Landwirtschaft als Dünger verwendet [144]. Etwa 40% des benötigten Molybdäns werden bergmännisch gewonnen, ~55% sind Nebenprodukt der Kupfererzeugung, 3% kommen aus China und 2% werden bei der Benzinkatalyse zurück gewonnen [59].

Das biologische Interesse am Molybdän ist viel älter als das industrielle. Es begann schon 1830, als Boussingoult fand, dass Rotklee und Erbsen ihren Stickstoffgehalt erhöhten, obwohl sie auf stickstofffreiem Sand wuchsen [58]. Hellriegel und Wilfarth [80] zeigten schließlich die biologische N_2-Bindung der Leguminosen mit Hilfe der Knöllchenbakterien und des Molybdäns.

Molybdänmangelversuche beim Tier erfolgten wesentlich später und führten durch den Einsatz des Molybdänantagonisten Wolfram beim Hühnerküken zu sekundärem Molybdänmangel und bei der Ziege nach intrauteriner Molybdänverarmung zu Molybdänmangelerscheinungen [26, 78].

Molybdänvergiftungen (Molybdänose) beim Rind wurden schon 1938 in England beschrieben [69], während Pferde von der Molybdänose auf den gleichen Weiden verschont blieben. Die Wirkung reichlicher Molybdänaufnahme durch die Fauna ist artspezifisch. Molybdänosesymptome treten bei den einzelnen Arten nach Aufnahme von 3–1000 mg Mo/kg Futtertrockenmasse auf [11]. Die Gefahr einer Molybdänbelastung der Umwelt ist durch die anthropogene Verwendung von ~100 000 t Mo/Jahr nicht kleiner geworden.

62.2
Regeln des Molybdänvorkommens in Futter- und Lebensmitteln

Der Molybdängehalt der Flora, des Futters und der pflanzlichen Lebensmittel wird im Wesentlichen durch den Molybdängehalt der Gesteine, aus dem die Verwitterungsböden und die pleistozänen und holozänen Bildungen entstanden sind, und ihrem pH-Wert bestimmt. Außerdem beeinflussen das Pflanzenalter, die Pflanzenart und die zum Verzehr kommenden Pflanzenteile die Molybdänaufnahme der Pflanzenfresser. Die Fauna selektiert die Äsung, das Futter, die Lebensmittel artspezifisch, wobei zwischen Herbivoren, Omnivoren und Carnivoren unterschieden werden kann. Die Herbivoren teilen sich weiterhin in die wiederkäuenden Arten mit unterschiedlich ausgeprägten Vormägen- und Pansensystemen (Rind, Schaf, Ziege, Reh, Rothirsch etc.), welche sich hauptsächlich von mikrobiell gebildeten flüchtigen Fettsäuren (Essigsäure, Propionsäure, Buttersäure etc.) und den Mikroben ernähren, und in die monogastrischen Grasfresser (Pferd, Hase, Kaninchen etc.), die über eine ausgeprägte mikrobiologische Blinddarmverdauung verfügen. Dabei unterscheiden sich die Herbivoren in naschende Spezies, die ganztags kleine Futtermengen aufnehmen (Ziege, Reh), und solche, die große Futtervolumen in rascher Folge konsumieren (Rind, Schaf, Rotwild) und sich dadurch im pH-Wert-Pufferungsvermögen des Vormagensystems unterscheiden [17].

62.2.1 Molybdän in der Flora

62.2.1.1 Der Einfluss der geologischen Herkunft des Standortes

Der Molybdängehalt magmatischer Gesteine schwankt zwischen 0,2 bzw. 0,3 mg/kg in ultramafischen Bildungen und 1,0 bzw. 2,0 mg Mo/kg im Basalt, Syenit und Granit. Sedimentgesteine speichern zwischen 2,0 und 2,6 mg/kg, Schiefer 0,7–2,6 mg/kg, Sandstein 0,2–0,8 mg/kg, Muschelkalk und Dolomit 0,16–0,40 g/kg [94]. In den verschiedenen Verwitterungsböden kommt hauptsächlich Molybdänglanz (MoS_2), gemeinsam mit Eisen- und Titanmineralien, vor. US-amerikanische Böden enthalten 0,08 bis >30 mg Mo/kg, die mediane Molybdänkonzentration beträgt etwa 1 mg/kg. Der Weltmittelwert an Bodenmolybdän erreicht 1,8 mg/kg. Verwitterungsböden des Granits und der Schiefer mit reichlich organischer Masse enthalten viel Molybdän, während Muschelkalk- und Keuperverwitterungsböden, diluviale Sande, Geschiebelehm und Löss viel weniger Molybdän speichern [94, 138, 155].

Der Molybdängehalt der Vegetation wird durch die Molybdänmenge des Bodens und seiner Bioverfügbarkeit, welche vom Boden-pH-Wert und der geologischen Herkunft des Standortes beeinflusst wird, bestimmt. Bei einem sauren Boden-pH-Wert ist die Pflanzenverfügbarkeit des Molybdäns niedrig [74, 110, 115, 129, 140].

Als Indikatorpflanzen für die Ermittlung des pflanzenverfügbaren Molybdäns kommen nur Arten in Frage, die ubiquitär vorkommen, leicht bestimmbar sind, deren Alter einfach definierbar ist und deren Molybdängehalt signifikant korreliert. Dazu wurden Ackerrotklee in der Knospe, Wiesenrotklee in der Blüte, Weizen im Schossen und Roggen in der Blüte ausgesucht. Als Zeitpunkt für die Probenahme wurden die Roggenblüte und das Schossen des Weizens gewählt. Zu diesem Zeitpunkt ist der Ackerrotklee in der Knospe und der Wiesenrotklee in der Blüte. Tabelle 62.1 zeigt, dass der Molybdängehalt der auf 1 m^2 wachsenden Pflanzenarten mit $r=0,85$ bis $r=0,60$ signifikant korreliert und die Molybdänversorgung der Flora des gleichen Habitats gesichert anzeigt.

Tab. 62.1 Der Korrelationskoeffizient des Molybdängehaltes von zwei Pflanzenarten des gleichen Habitats (1 m^2) (x=erste Art, y=zweite Art).

Pflanzenart (*n*)		***p***	***y***	***r***
Luzerne: Ackerrotklee	(24)	<0,001	–0,05+1,81*x*	0,85
Weizen: Ackerrotklee	(18)	<0,01	0,28+1,25*x*	0,64
Roggen: Ackerrotklee	(28)	<0,001	0,10+1,75 *y*	0,60
Roggen: Weizen	(40)	<0,001	0,19+0,60*y*	0,67

n=Anzahl; *p*=Signifikanzniveau des t-Tests nach Student; *r*=Korrelationskoeffizient.

Tab. 62.2 Korrelationskoeffizient der Indikatorpflanzenarten der gleichen geologischen Herkunft.

Pflanzenart (*n*)		***p***	***y***	***r***
Wiesenrotklee: Ackerrotklee	(17)	<0,001	0,12+0,73*x*	0,86
Wiesenrotklee: Weizen	(15)	<0,01	0,11+0,36*x*	0,67
Wiesenrotklee: Roggen	(14)	>0,05	–	–
Ackerrotklee: Roggen	(21)	<0,01	0,15+0,30*x*	0,57
Ackerrotklee: Weizen	(21)	<0,01	0,115+0,41*x*	0,62
Roggen: Weizen	(23)	<0,05	0,21+0,58*x*	0,47

n=Anzahl; *p*=Signifikanzniveau des t-Tests nach Student; *r*=Korrelationskoeffizient.

Die geologische Herkunft des Standortes korreliert gleichermaßen mit dem Molybdänanteil der untersuchten Pflanzenarten (Tab. 62.2).

Der Molybdängehalt von Wiesenrotklee und Roggen korrelierte nicht, die Korrelationskoeffizienten variierten bei den anderen Indikatorpflanzenarten zwischen 0,47 bzw. 0,86 und demonstrierten die Eignung dieser Arten. Die fehlende Signifikanz der Beziehung des Molybdängehaltes von Wiesenrotklee und Roggen wird mit großer Sicherheit durch Unterschiede im Boden-pH-Wert von Acker- (Roggen) und Dauergrünland (Wiesenrotklee) verursacht [13].

Die geologische Herkunft der Böden (Tab. 62.3) beeinflusst den Molybdängehalt der Vegetation hochsignifikant. Aus Gründen der Übersichtlichkeit und Verständlichkeit wurde die höchste Molybdänkonzentration der Indikatorpflanzenarten gleich 100 gesetzt und der Molybdänanteil der anderen Indikatorpflanzenarten auf den verschiedenen Bodenherkünften dazu relativiert. Die Ergebnisse zu diesen Untersuchungen stimmen gut überein [25, 81]. Die Verwitterungsböden des Granits erzeugen in Mitteleuropa die molybdänreichste Flora, die Gneisstandorte produzieren eine gleichermaßen molybdänreiche Vegetation. Auf Löss und diluvialen Sanden wachsen um 35% molybdänärmere Pflanzen als auf Granitverwitterungsböden.

Die Keuper- und Muschelkalkstandorte liefern nur die Hälfte der Molybdänmenge wie die Granitstandorte. Auf Muschelkalk- und Keuperverwitterungsbö-

Tab. 62.3 Der Einfluss der geologischen Herkunft des Standortes auf den relativen Molybdängehalt der Flora.

Geologische Herkunft des Standortes	Relativzahl		
	1983	1999	Mittel
Granit- und Porphyrverwitterungsböden	100	100	100
Gneisverwitterungsböden	100	78	89
Verwitterungsböden des Rotliegenden	96	71	84
Phyllitverwitterungsböden	73	88	80
Moor, Torf	85	71	78
Buntsandsteinverwitterungsböden	67	78	72
Geschiebelehm	61	80	70
Schieferverwitterungsböden (Culm, Devon, Silur)	88	51	70
Löss	67	63	65
Diluviale Sande	62	64	63
Alluviale Auen	79	47	63
Keuperverwitterungsböden	51	47	49
Muschelkalkverwitterungsböden	54	38	46

den leiden Luzerne und Blumenkohl ohne Düngung von 2 kg Natriummolybdat/ha (alle fünf Jahre) bzw. der Anhebung des Boden-pH-Wertes durch Kalkung häufig an Molybdänmangel [5, 6, 19, 50, 51, 139, 141, 154]. Im Gegensatz dazu erkranken Wiederkäuer (Rinder) verschiedener Granitstandorte (z. B. Vogtland, Lauterbach-Bergener Granitverwitterungsboden) an Molybdänose [7].

62.2.1.2 Der Einfluss des Pflanzenalters auf den Molybdängehalt

Die Molybdänaufnahme der Pflanze eilt der Stoffbildung (Assimilation) voraus. Ende April geerntete Pflanzen enthalten signifikant mehr Molybdän als im Mai und Juni geschnittene (Tab. 62.4). Der Alterseinfluss auf den Molybdängehalt

Tab. 62.4 Der Molybdängehalt verschiedener Pflanzenarten in Abhängigkeit vom Entwicklungsstadium (µg/kg Trockenmasse, TM) [21].

Art	30. 04.	02. 05.	26. 05.	16. 06	KGD [a)]	% [b)]
Luzerne	624	520	279	177	236	28
Ackerrotklee	1149	416	520	377	480	33
Wiesenrotklee	1308	1281	1094	886	–	68
Wiesenschwingel	485	614	692	282	320	58
Roggen	398	263	278	261	–	66
Weizen	378	324	386	118	230	31

a) Kleinste Grenzdifferenz;
b) 30. 04. = 100%, 16. 06. = x%.

der Pflanzenwelt ist regelmäßig signifikant. Die Gefahr einer Molybdänbelastung des Rindes ist deshalb im Frühjahr zu Weidebeginn besonders groß.

62.2.1.3 Der Einfluss des Pflanzenteils und der Pflanzenart auf den Molybdängehalt

Im Allgemeinen speichern die Leguminosen reichlich Molybdän in den Wurzelknöllchen. Ihre Molybdänkonzentration wird durch die bioverfügbare Molybdänmenge im Boden und die Pflanzenart signifikant beeinflusst. Die Luzerne sammelt z. B. viel Molybdän in den Wurzelknöllchen, während Blätter und Stängel relativ molybdänarm bleiben. Rot- und Schwedenklee inkorporieren weniger Molybdän in den Knöllchen (5–23 mg Mo/kg Trockenmasse, TM). Ihre Blätter können wesentlich größere Molybdänmengen akkumulieren. Leguminosen in Molybdänmangelgebieten bilden nur kleine bzw. keine Wurzelknöllchen. Die Wurzeln der Leguminosen (ohne Knöllchen) enthalten mit 0,30–2,7 mg Mo/kg TM wenig Molybdän [73].

Molybdänmangelkranke, „gelbe" Luzerne enthielt 0,04 mg Mo/kg TM (Tab. 62.5), gesund aussehende Luzerne speicherte 0,12 mg Mo/kg TM und mit 4 kg Natriummolybdat/ha gedüngte akkumulierte 1,70 mg Mo/kg TM. Luzerne mit <0,10 mg Mo/kg TM erhöhte ihre Wachstumsintensität und ihren Rohproteinanteil nach Molybdändüngung, Luzerne mit 0,11–0,30 mg Mo/kg TM vermehrte nach Molybdändüngung nur noch ihren Rohproteinbestand [40].

Die gesund aussehende Luzerne und weitere mit ihr zusammenwachsende Arten (Tab. 62.5) inkorporierten die 3- bzw. 0,8–5,5fache Molybdänmenge in ihren oberirdischen Aufwuchs im Vergleich zur molybdänmangelkranken Luzerne und ihrer unmittelbaren Nachbarpflanzen. Die Düngung von 4 kg Natriummolybdat/ha erhöhte den Molybdängehalt der Luzerne des 1. Wiesenschnittes um das 42fache, des Welschen Weidelgrases und des Wiesen- bzw. Ackerrotklees um das 37–60fache, während Löwenzahn, Weiß- und Gelbklee ihn mehr als verhundertfachten (Tab. 62.5). Futter mit 10–40 mg Mo/kg TM erzeugt bei Rind und Schaf Molybdänose. Die Molybdändüngung mit Löwenzahn „verunkrauteter" Luzerne erhöht die Gefahr einer Molybdänose beim Rind. Die Luzerne vermehrt ihren oberirdischen Molybdänbestand nur bis 2 mg/kg TM [18].

Tab. 62.5 Der Molybdängehalt von molybdänmangelkranker, gesunder und molybdängedüngter Luzerne und anderen Arten des gleichen Standortes (mg/kg Trockenmasse (n=40, 58, 40)).

Symptome	Luzerne	Weiche Trespe	Welsches Weidegras	Ackerrotklee	Wiesenrotklee	Weißklee	Gelbklee	Löwenzahn
1. Mo-Mangel	0,04	0,03	0,08	0,15	0,14	0,06	0,06	0,31
2. Ohne Mangel	0,12	0,08	0,15	0,12	0,24	0,30	0,33	0,28
3. 4 kg-Molybdat/ha	1,70	2,65	2,93	6,84	8,40	8,81	16,03	37,35
1:2 Vervielfachung	3,0	2,7	1,9	0,8	1,7	5,0	5,5	0,90
1:3 Vervielfachung	42	88	37	46	60	147	267	120

Generell speicherten die Leguminosen mehr Molybdän als „Kräuter" und Gräser (Tab. 62.6). Kräuter und Gräser des Dauergrünlandes akkumulierten auf den Buntsandsteinstandorten nur ein Viertel und auf den Muschelkalkverwitterungsböden nur die Hälfte der Molybdänmenge, die in den Leguminosen gefunden wurde. Leguminosen, Kräuter und Gräser der Wiesen und Weiden auf mittlerem Buntsandstein und oberem Muschelkalk der Triasformation demonstrieren auch den signifikanten Einfluss der geologischen Herkunft des Standortes besonders eindrucksvoll (Tab. 62.6). Die Muschelkalkstandorte lieferten an die Leguminosen nur 20%, an die Kräuter 40% und an die Gräser lediglich 34% der Molybdänmenge, die in der Vegetation des Buntsandsteines gefunden wurde [6].

Neben dem Alter, der Art und der Bioverfügbarkeit des Molybdäns variiert auch der Pflanzenteil das Molybdänangebot von Mensch und Tier. Der Molybdängehalt der Leguminosensamen ist artspezifisch größer als der der Samen des Getreides und der Früchte (Tab. 62.7). Getreidekörner und Früchte speichern nur 10% der Molybdänmenge, die in Leguminosensamen vorkommen [39]. Zwischen dem Molybdängehalt des Getreides und dem verschiedener Früchte bestanden keine statistisch gesicherten Unterschiede. Lediglich Tomaten erwiesen sich als relativ molybdänreich.

Tab. 62.6 Der Molybdängehalt von Leguminosen, Kräutern und Gräsern des Dauergrünlandes (μg/kg Trockenmasse, TM).

Art (*n*) [a]	Buntsandstein	Muschelkalk	% [b]
Medicago lupulina; Hopfenklee (13)	2630	240	9,1
Vicia sepium; Zaunwicke (6)	1310	290	22
Lathyrus pratensis; Wiesenplatterbse (14)	1060	390	37
Trifolum repens; Weißklee (22)	1040	300	29
Trifolum pratense; Wiesenrotklee (23)	1030	240	23
Leguminosen *x*	**1414**	**292**	**21**
Leguminosen %	**100**	**100**	–
Tragopogon pratensis; Wiesenbocksbart (11)	610	80	13
Rumex acetosella; Kleiner Sauerampfer (18)	320	70	22
Taraxacum officinale; Gemeiner Löwenzahn (25)	320	280	88
Anthriscus silvestris; Wiesenkerbel (16)	220	160	73
Achillea millefolium; Schafgarbe (14)	190	80	42
Kräuter *x*	**332**	**134**	**40**
Leguminosen = 100%, Kräuter *x*%	**23**	**46**	–
Festuca pratensis; Wiesenschwingel (17)	610	120	20
Lolium perenne; Deutsches Weidegras	480	150	31
Festuca rubra; Rotschwingel (22)	370	80	22
Dactylis glomerata; Knaulgras (22)	260	170	65
Arrhenatherum pratensis; Glatthafer (12)	260	160	62
Gräser *x*	**396**	**136**	**34**
Leguminosen = 100%, Gräser = *x*%	**28**	**47**	–

a) *n* = Anzahl;
b) Buntsandstein = 100%, Muschelkalk = *x*%.

Tab. 62.7 Der Molybdängehalt von Leguminosensamen, Getreidekörnern und Früchten (μg/kg Trockenmasse, TM).

Leguminosensamen (*n*)		**Getreidekörner (*n*)**		**Früchte (*n*)**	
Speisebohnen (6)	5480 ± 3370	Hafer (23)	341 ± 183	Tomaten (12)	564 ± 246
Lupinen (6)	4006 ± 381	Roggen (16)	330 ± 223	Kirschen, sauer (7)	95 ± 76
Ackerbohnen (6)	1530 ± 1140	Weizen (12)	235 ± 83	Birnen (9)	93 ± 52
Speiseerbsen (6)	1450 ± 647	Gerste (39)	134 ± 114	Äpfel (21)	65 ± 44
Buschbohnen (6)	1320 ± 821	Mais (10)	107 ± 72	Kirschen, süß (9)	44 ± 27
Mittel	2757	Mittel	229	Mittel	172

n = Anzahl.

Tab. 62.8 Der Molybdängehalt des Gemüses und verschiedener Wiederkäuerfuttermittel (μg/kg Trockenmasse, TM).

Knollen, Wurzeln, Stängel		**Blattreiches Gemüse, Kräuter**		**Rinder- und Schaffutter**	
Kohlrabi (21)	704 ± 353	Petersilie (11)	1318 ± 516	Wiesengras (77)	1161 ± 1114
Rettich (6)	621 ± 185	Kopfsalat (14)	1220 ± 903	Wiesenheu (11)	743 ± 421
Spargel (13)	602 ± 246	Dill (10)	1007 ± 486	Silage (21)	620 ± 349
Kartoffel (48)	262 ± 145	Schnittlauch (5)	750 ± 324	Rübenblatt (30)	447 ± 395
Möhre (18)	137 ± 104	Spinat (5)	632 ± 202	Grünmais (12)	403 ± 352
Mittel	465	Mittel	985	Mittel	675

Knollen, Wurzel- und Stängelgemüse (Tab. 62.8) liefern gleichermaßen ein molybdänarmes Gemüse, während blattreiches Gemüse und Kräuter etwa die doppelte Molybdänmenge wie das Wurzel- und Stängelgemüse anbieten. Grünfutter und Silage landwirtschaftlicher Nutztiere sind ähnlich molybdänreich wie das blattreiche Gemüse.

Im Gegensatz dazu variiert der Molybdängehalt der Winteräsung des wiederkäuenden Schalenwildes außerordentlich (Tab. 62.9). Ihr Molybdängehalt schwankt während des Winters bei den mehrjährigen Pflanzenarten Heide- und Heidelbeerkraut und den verschiedenen Rinden bzw. Zweigspitzen in den molybdänreichen Lebensräumen zwischen 150 und 700 μg Mo/kg TM und auf den molybdänarmen zwischen 100 und 400 μg Mo/kg TM.

Lediglich Drahtschmiele, die Winteräsung des Waldes und Grünroggen bzw. Grünraps der Feldflur liefern den Wildwiederkäuerarten der molybdänreichen Standorte >1000 μg Mo/kg TM und den der molybdänarmen ~500 μg Mo/kg TM. Als Regel kann für das wiederkäuende Schalenwild gelten, dass lediglich die auf extrem sauren Standorten wachsenden Heide- und Heidelbeerarten 100–200 μg Mo/kg TM enthalten.

Der Molybdänbedarf des Wiederkäuers von 100 μg/kg TM wird auch durch die Winteräsung des wiederkäuenden Schalenwildes befriedigt [38].

Tab. 62.9 Der Molybdängehalt verschiedener Winteräsung auf molybdänarmen und -reichen Standorten (µg/kg Trockenmasse, TM).

Art (*n*, *n*)	Mo-reich		Mo-arm		*p*	%[a]
	s	*x*	*x*	*s*		
Heidekraut (14, 14)	165	162	186	62	>0,05	115
Heidelbeerkraut (18, 15)	110	166	93	61	<0,05	56
Kiefernrinde (25, 15)	129	194	148	88	>0,05	76
Himbeerschösslinge (25, 10)	181	211	98	39	>0,05	46
Fichtenzweige (24, 15)	153	265	121	45	<0,01	46
Kiefernzweige (25, 15)	169	268	210	116	<0,05	78
Fichtenrinde (23, 10)	345	392	120	33	<0,01	31
Eichenzweige (4, 5)	222	670	369	199	<0,05	55
Grünraps (5, 5)	479	1062	525	141	<0,05	49
Drahtschmiele (25, 15)	633	1139	611	445	<0,01	54
Grünroggen (5, 8)	394	1163	388	215	<0,001	33

n = Anzahl; *s* = Standardabweichung; *x* = arithmetischer Mittelwert;
p = Signifikanzniveau beim t-Test nach Student;
a) Mo-reich = 100%, Mo-arm = *x*%.

62.3 Verbreitung des Molybdäns in Lebensmitteln

62.3.1 Die Analyse des Molybdäns in biologischem Material

Pflanzliche und tierische Gewebe, Nahrungsmittel, Getränke, Duplikate, Urin und Faeces können für die Molybdänbestimmung sowohl durch Säuren als auch bei 450 °C trocken aufgeschlossen und deren Asche in 2,5%iger HCl zur Analyse gebracht werden. Zur Molybdänbestimmung in biologischem Material haben sich sowohl die Neutronenaktivierungsanalyse (NAA), die Atomabsorptionsspektroskopie (AAS) mit und ohne Flamme, die sequentielle optische Emissionsspektroskopie durch induktiv gekoppelte Plasmaanregung (ICP-OES), die Massenspektroskopie (ICP-MS) als auch die X-Ray-Fluoreszenzanalyse bewährt. Diese Molybdänbestimmungsverfahren verdrängten ältere Analysenverfahren mit Thiocyanat und die Dithiolmethode.

Die AAS ist empfindlich genug zur Molybdänbestimmung in biologischem Material. Eine heiße, reduzierende Flamme ist für die Molybdänanalyse erforderlich. Die Nachweisgrenze für die Molybdänbestimmung mit ICP-OES beträgt 10 µg/L [10].

62.3.2 Der Molybdängehalt der Lebensmittel und Getränke

62.3.2.1 Pflanzliche Lebensmittel

Die für die Ernährung des Menschen bedeutungsvollen Getreidearten und Getreideerzeugnisse unterscheiden sich hinsichtlich ihres Molybdängehaltes hochsignifikant (Tab. 62.10). Stärke, Mehl und Nährmittel liefern dem Menschen 50–500 μg Mo/kg TM, wobei Eierkuchenmehl und Eierteigwaren ihren höheren Molybdängehalt durch die Zuschlagstoffe erhalten. Es kommt hinzu, dass sich der Molybdängehalt von Vanillepuddingpulver, Eierkuchenmehl, Hafermark und Haferflocken zu ihrem Verkaufszeitpunkt in verschiedenen Jahren signifikant unterschied.

Weiße Bohnen, Erbsen und Linsen liefern im Gegensatz zu den Getreideerzeugnissen 3300–6100 μg Mo/kg TM, das heißt die zehnfache Molybdänmenge wie die Getreidenährmittel.

Tab. 62.10 Der Molybdängehalt von Getreideerzeugnissen, Hülsenfrüchten und Nährmitteln (μg/kg Trockenmasse, TM) bzw. verzehrbarem Anteil (μg/kg FM).

Lebensmittel (*n*)	Mo (μg/kg TM)		TM %	Mo (μg/kg FM)
	x	*s*		
Weizenstärke (9)	47	15	89	42
Vanillepuddingpulver (9)	59	37	86	51
Vanillepuddingpulver (6)	158	46	86	136
Maisstärke (15)	88	35	88	77
Kartoffelkloßmehl (15)	99	31	88	87
Weizengrieß (9)	102	19	86	88
Eierkuchenmehl (8)	130	39	89	116
Eierkuchenmehl (6)	385	221	88	339
Weizenmehl Type 405 (15)	156	46	88	137
Trockensuppen (23)	161	61	90	145
Gerstengraupen (15)	185	129	88	163
Hafermark (6)	263	104	88	231
Hafermark (9)	495	79	90	446
Haferflocken (6)	279	45	88	246
Haferflocken (9)	442	62	89	393
Reis (15)	357	72	88	314
Eierteigwaren (30)	388	182	89	345
Bohnen, Mexiko (14)	3364	2553	88	2980
Erbsen (15)	3776	1237	92	3474
Linsen (6)	4174	1466	87	3631
Bohnen, Deutschland (15)	6088	1892	89	5418

n = Anzahl; *x* = arithmetischer Mittelwert; *s* = Standardabweichung; FM = Frischmasse.

Tab. 62.11 Der Molybdängehalt von Zucker, zuckerreichen Lebensmitteln, Kakao und Kakaoerzeugnissen bzw. Kaffee und Schwarztee in µg Mo/kg Trockenmasse (TM) bzw. µg/kg verzehrbarem Anteil (µg/kg FM).

Lebensmittel (*n*)	Mo (µg/kg TM)		TM %	Mo (µg/kg FM)
	x	*s*		
Honig (4)	13	8	76	9,9
Bonbons, gemischt (9)	19	18	97	18
Zucker (12)	23	10	99	23
Schwarztee (13)	42	28	92	39
Pralinen, gemischt (15)	93	36	93	86
Vollmilchschokolade (9)	110	17	96	106
Vollmilchschokolade (6)	200	68	93	186
Nuss-Nougat-Creme (6)	111	24	96	107
Kaffee (16)	114	43	97	111
Schokoladenpuddingpulver (15)	121	39	87	105
Kakaopulver (8)	278	66	92	256

n = Anzahl; *x* = arithmetischer Mittelwert; *s* = Standardabweichung.

Zucker, zuckerreiche Lebensmittel, schwarzer Tee, Kaffee und Kakao bzw. Kakaoerzeugnisse enthalten nur extrem bescheidene Molybdänmengen (Tab. 62.11). Auch der Kakao, welcher reich an allen Schwermetallen ist, enthält im Mittel <300 µg Mo/kg. Zucker, Schwarzer Tee und Kaffee bringen im Mittel lediglich <100 µg Mo/kg TM in die Nahrungskette.

Der Molybdängehalt der Backwaren ist entsprechend dem Molybdängehalt des Getreides niedrig (Tab. 62.12). Er wird durch die Zuschlagstoffe der Backwaren signifikant erhöht. Dies zeigte sich insbesondere nach der Wiedervereinigung Deutschlands für die ostdeutschen Bundesländer in den 1990er Jahren, nachdem sich durch den weltoffenen Handel das Molybdänangebot erhöhte und der Molybdängehalt von Kuchen, Keks, Zwieback und Toastbrot um etwa das Dreifache anstieg.

Brötchen, Weiß-, Misch-, Knäcke- und Roggenvollkornbrot änderten ihren Molybdängehalt nicht. Brot und Brötchen liefern dem Menschen zwischen 250 und 500 µg Mo/kg TS, Knäcke- und Roggenvollkornbrot sind durch fehlende Ausmahlung besonders molybdänreich. Die Kleie des Getreidekorns enthält den Hauptteil des Molybdäns.

Erwartungsgemäß sind auch Obst und Früchte molybdänarm (Tab. 62.13). Der Molybdängehalt der zu Konfitüre verarbeiteten Früchte wird durch den Zuckerzusatz weiter verdünnt und macht diese besonders molybdänarm. Äpfel, Kirschen, Birnen und Ananas enthalten in der Regel <100 µg Mo/kg TM. Orangen und Äpfel der verschiedenen Anbaugebiete speichern je nach Molybdänangebot signifikant unterschiedliche Molybdänmengen. Kiwi, Bananen und Erdbeeren erwiesen sich mit 250–400 µg Mo/kg TS als molybdänreich.

Tab. 62.12 Der Molybdängehalt der Backwaren in µg/kg Trockenmasse (TM) bzw. in µg/kg verzehrbarem Anteil (FM).

Lebensmittel (*n*)	Mo (µg/kg TM)		TM	Mo (µg/kg FM)
	x	*s*	%	
Rührkuchen (9)	57	9	72	41
Rührkuchen (6)	238	87	83	198
Streuselkuchen (9)	72	22	85	61
Streuselkuchen (6)	426	123	85	362
Eierschecke (9)	83	11	34	28
Eierschecke (6)	192	76	42	81
Keks (9)	99	24	96	95
Keks (6)	175	27	99	173
Zwieback (9)	135	30	94	127
Zwieback (6)	283	97	94	266
Toastbrot (9)	137	29	70	96
Toastbrot (6)	308	99	64	197
Brötchen (15)	250	120	76	190
Weißbrot (6)	270	81	64	173
Mischbrot (14)	303	118	63	191
Knäckebrot (14)	490	216	94	461
Roggenvollkornbrot (6)	574	152	54	310

n = Anzahl; *x* = arithmetischer Mittelwert; *s* = Standardabweichung.

Tab. 62.13 Der Molybdängehalt von Obst und Früchten in µg/kg Trockenmasse (TM) bzw. µg/kg verzehrbarem Anteil (FM).

Lebensmittel (*n*)	Mo (µg/kg TM)		TM	Mo (µg/kg FM)
	x	*s*	%	
Marmeladen, verschiedene (18)	13	5	57	7
Apfel (9)	37	30	13	5
Apfel (45)	121	57	10	12
Kirsche, süß (8)	44	27	17	7
Apfelmus, Sterilkonserve (9)	47	13	17	8
Apfelsine (9)	55	18	16	9
Apfelsine (6)	202	122	10	20
Birne (9)	93	52	12	11
Kirsche, sauer (7)	95	76	15	14
Ananas, Sterilkonserve (4)	103	13	13	13
Zitrone (15)	110	99	10	11
Kiwi (5)	249	237	16	40
Banane (6)	354	167	18	64
Erdbeere (8)	405	215	10	40

n = Anzahl; *x* = arithmetischer Mittelwert; *s* = Standardabweichung.

Der Molybdängehalt von Küchenkräutern, Gewürzen und Gewürzzubereitungen (Tab. 62.14) ist für das Molybänangebot des Menschen relativ bedeutungslos, da die verzehrten Gewürzmengen außerordentlich bescheiden sind. Die aus Früchten und Samen hergestellten Gewürze liefern 30–400 µg Mo/kg TM, während blattreiche Kräuter 500 bis >3000 µg Mo/kg TM liefern. Dill, Petersilie, Zwiebellauch und Schnittlauch sind mit 1000 bis >3000 µg Mo/kg TM besonders reich an diesem Spurenelement.

Erwartungsgemäß liefert das Gemüse (Tab. 62.15) mit 250 bis >4000 µg Mo/kg TM viel mehr Molybdän als Lebensmittel aus Getreidekörnern, Früchten und Obst. Möhren, Kohlrabi, Pilze, Kartoffeln und Tomaten bringen 250–1000 µg Mo/kg TM in die Nahrungskette. Knollen, Wurzel- und Stängelverdickungen sind ebenso wie Tomaten relativ molybdänarm, während Spargel, Rettich, Kopfsalat, Zwiebeln, Porree, Blumenkohl und Weißkohl 500–1000 µg Mo/kg TM enthalten. Grüne Gurken (junges Gemüse) und erwartungsgemäß die Leguminosen liefern mit 2000 bis ~4300 µg Mo/kg TM beträchtlich mehr Molybdän.

Tab. 62.14 Der Molybdängehalt verschiedener Küchenkräuter, Gewürze und Gewürzzubereitungen in µg/kg Trockenmasse (TM) bzw. µg/kg verzehrbarem Anteil (FM).

Lebensmittel (*n*)	Mo (µg/kg TM)		TM %	Mo (µg/kg FM)
	x	*s*		
Speisesalz (17)	26	16	100	26
Zimt (15)	80	59	88	70
Paprika, scharf (6)	143	59	90	129
Paprika, scharf (9)	370	91	87	322
Paprika, edelsüß (6)	145	16	89	129
Paprika, edelsüß (8)	311	57	87	271
Senfkörner (15)	267	113	93	248
Pfeffer, schwarz (14)	330	172	89	294
Kümmel (15)	393	232	91	358
Speisesenf (15)	398	225	25	100
Chili (14)	500	484	90	450
Schnittlauch (5)	760	324	11	84
Schnittlauch (8)	2629	990	9,3	244
Majoran (13)	765	211	87	666
Dill (10)	1007	486	10	101
Dill (7)	1878	867	10	188
Petersilie (13)	1374	735	18	147
Petersilie (33)	3096	1795	18	557
Zwiebellauch (13)	1889	1200	10	189
Koriander (14)	2309	1650	90	2078

n=Anzahl; *x*=arithmetischer Mittelwert; *s*=Standardabweichung.

Tab. 62.15 Der Molybdängehalt des Gemüses in µg/kg Trockenmasse (TM) bzw. in µg/kg verzehrbarem Anteil (FM).

Lebensmittel (*n*)		Mo (µg/kg TM)		TM	Mo (µg/kg FM)
		x	*s*	%	
Möhren (37)		265	148	12	32
Möhren, Sterilkonserve (6)		273	136	7,0	19
Kohlrabi (9)		284	102	11	31
Kohlrabi (30)		1021	627	9,0	92
Mischpilze (6)		390	133	6,0	23
Champignons (6)		406	236	5,2	21
Tomaten	Deutschland (9)	413	184	5,9	24
	Mexiko (12)	438	344	5,9	26
	Deutschland (24)	820	411	4,6	38
Kartoffeln, geschält (44)		537	328	18	97
Spargel (13)		602	246	4,6	28
Rettich (6)		621	185	6,5	40
Spinat (5)		632	202	8,4	53
Kopfsalat (40)		665	405	6,1	41
Gurken, grün (9)		670	173	5,2	35
Gurken, grün (23)		1722	621	5,2	90
Gurken, grün (6)		3984	1296	5,2	207
Zwiebeln (29)		761	459	12	91
Rotkohl, Sterilkonserve (9)		772	281	8,2	63
Porree (14)		779	402	11	86
Sauerkraut, Sterilkonserve (23)		872	243	8,5	74
Blumenkohl (6)		875	511	8,0	70
Radieschen (7)		1157	186	5,6	65
Weißkohl (15)		1255	468	9,8	123
Bohnen, grün, Sterilkonserve (13)		1934	1172	6,7	130
Erbsen, grün, Sterilkonserve (15)		1994	791	22	439
Bohnen, grün (17)		4298	1924	9,7	417

n = Anzahl; *x* = arithmetischer Mittelwert; *s* = Standardabweichung.

Der Mischköstler verzehrt im Mittel etwa 70% des Molybdäns über pflanzliche Lebensmittel. Damit liefern die pflanzlichen Lebensmittel dem Mischköstler den höchsten Anteil dieses Spurenelementes. Dem Umfang nach kommen dem Molybdän im Verzehr Mangan mit 68%, Eisen mit 56% und Kupfer mit 55% am nächsten [9].

62.3.2.2 Tierische Lebensmittel

Generell kann festgestellt werden, dass, mit Ausnahme von Leber und Nieren, das Fleisch der verschiedenen Tierarten, Fisch und alle Milcherzeugnisse molybdänarm sind. Wurst mit Ausnahme von Leberwurst enthält im Mittel weniger als 100 µg Mo/kg TS. Tier- und Pflanzenfett sind grundsätzlich molybdänarm, so dass auch fettreiche Wurstarten molybdänarm sind.

Rind-, Schweine-, Hammel-, Ziegen- und Broilerfleisch enthalten ~75 bis ~150 µg Mo/kg TS (Tab. 62.16). Nieren verschiedener Tierarten speichern mit 1200–2500 µg Mo/kg TM weitaus mehr Molybdän als Fleisch. Der Molybdängehalt der Leber schwankt bei den untersuchten Tierarten zwischen 2000 und 4000 µg/kg TS. Die höchsten Molybdänkonzentrationen wurden in mexikanischen Schweinelebern ermittelt. Die Leber von Schaf, Rind und Schwein in Deutschland speichert 2000–3000 µg Mo/kg TM.

Das in der Tabelle 62.16 aufgeführte Hühnerei erwies sich mit 150–350 µg Mo/kg TM als relativ molybdänarm.

Meeres- und Süßwasserfisch ist extrem molybdänarm, wobei die Forelle besonders wenig Molybdän speichert (Tab. 62.17). Fisch ohne Zusatzstoffe enthält 40–100 µg Mo/kg TM.

Tab. 62.16 Der Molybdängehalt von Fleisch, Innereien, Wurst und Hühnereiern in µg/kg Trockenmasse (TM) bzw. in µg/kg verzehrbarem Anteil (FM).

Lebensmittel (*n*)		Mo (µg/kg TM)		TM	Mo (µg/kg FM)
		x	*s*	%	
Bockwurst (9)		40	19	45	18
Bockwurst (6)		128	49	45	58
Salami (4)		43	13	71	31
Salami (6)		91	31	56	51
Blutwurst (9)		51	22	53	27
Blutwurst (6)		125	44	50	62
Mortadella (6)		75	31	41	31
Rindfleisch (9)		76	27	27	21
Rindfleisch (6)		114	37	27	31
Schweinefleisch (10)		87	37	28	24
Schweinefleisch (13)		89	37	28	25
Hammelfleisch (15)		93	67	33	31
Huhn (Brathuhn), Broiler (15)		131	66	31	41
Huhn (Brathuhn), Broiler (13)		164	109	33	54
Hühnerei (9)		149	64	26	39
Hühnerei (19)		346	215	24	83
Leberkäse (6)		200	125	46	92
Leberwurst (15)		299	112	50	150
Nieren	Schaf, Deutschland (116)	1292	501	20	246
	Rind, Deutschland (164)	1279	1134	13	269
	Schwein, Deutschland (90)	2108	736	22	464
	Schwein, Mexiko (13)	2515	418	22	553
Leber	Schaf, Deutschland (140)	2197	1134	28	616
	Schwein, Deutschland (84)	2415	1040	30	724
	Schwein, Mexiko (13)	4066	1028	30	1220
	Rind, Deutschland (315)	2913	4033	30	874

n=Anzahl; *x*=arithmetischer Mittelwert; *s*=Standardabweichung.

Tab. 62.17 Der Molybdängehalt von Fisch in μg Mo/kg Trockenmasse (TM) bzw. in μg/kg verzehrbarem Anteil μg Mo/kg FM.

Lebensmittel (*n*)	Mo (μg/kg TM)		TM %	Mo (μg/kg FM)
	x	*s*		
Forelle, geräuchert (9)	38	6	29	11
Salzhering (5)	41	10	38	16
Hering (4)	42	14	35	15
Bismarckhering (5)	43	33	29	12
Forelle, frisch (9)	50	13	29	14
Sardinen (4)	56	23	43	24
Rotbarschfilet (5)	69	51	24	17
Brathering (6)	101	41	30	30
Makrelenfilet (5)	116	95	40	46
Heringsfilet in Tomatensoße (7)	153	50	28	43

n=Anzahl; *x*=arithmetischer Mittelwert; *s*=Standardabweichung.

Tab. 62.18 Der Molybdängehalt von Milch und Milcherzeugnissen in μg Mo/kg Trockenmasse (TM) bzw. in μg/kg verzehrbarem Anteil (FM).

Lebensmittel (*n*)		Mo (μg/kg TM)		TM %	Mo (μg/kg FM)
		x	*s*		
Schmelzkäse (9)		79	24	41	32
Schmelzkäse (5)		276	12	45	124
Weichkäse (27)		96	24	46	44
Weichkäse (6)		295	188	46	136
Schnittkäse, fest (22)		113	35	55	62
Schnittkäse, fest (12)		198	84	59	117
Speisequark (14)		191	39	18	34
Kondensmilch (14)		260	114	20	52
Joghurt (5)		377	292	12	45
	Mexiko (14)	228	66	12	27
Milch	Deutschland (64)	567	481	12	68
	Deutschland (150)	620	66	12	74

n=Anzahl; *x*=arithmetischer Mittelwert; *s*=Standardabweichung.

Heringsfilet in Tomatensoße erhält seinen großen Molybdänvorrat von den Tomaten. Das Räuchern des Fisches vermindert seinen Molybdängehalt.

Der Molybdängehalt der Kuhmilch schwankt weltweit zwischen 200 und 600 μg Mo/kg Trockenmasse (Tab. 62.18). Er wird im Wesentlichen durch das Molybdänangebot der Kühe bestimmt.

Käse enthält grundsätzlich weniger Molybdän als Milch. Mit der Molke verlässt ein Teil des Molybdäns den Käse und Quark. Auch der Molybdängehalt des Käses änderte sich nach der Wiedervereinigung Deutschlands für die ostdeutschen Bundesländer beträchtlich. Er erhöhte sich signifikant (Tab. 62.18).

Tierische Lebensmittel liefern in Deutschland den Mischköstlern etwa 22% ihres Molybdänverzehrs [9].

62.3.2.3 **Getränke**

Die Getränke enthalten normalerweise zwischen 1 und 80 µg Mo/L. Sie liefern dem Mischköstler etwa 8% seines Molybdänkonsums (Tab. 62.19) [9]. Das Trinkwasser ist mit ~1 µg/L relativ molybdänarm. Limonaden, Wein und Bier bringen dem Menschen zwischen ~4 und ~10 µg Mo/L. Orangensaft, Apfelsaft und insbesondere Eierlikör erwiesen sich mit 20–80 µg/L als wesentlich molybdänreicher.

Tab. 62.19 Der Molybdängehalt verschiedener Getränke in µg/L.

Getränke (*n*)	**Mo (µg/L FM)**	
	x	s
Kornbranntwein (3)	0,7	0,5
Trinkwasser (32)	1,2	0,7
Limonaden (17)	3,7	3,3
Weinbrand (7)	5,3	3,3
Wermut (7)	6,1	3,2
Bier (21)	6,2	4,5
Bier (5)	12	7,7
Sekt (15)	6,8	3,4
Weißwein (14)	7,8	6,6
Rotwein (11)	9,1	5,7
Orangensaft (6)	18	18
Apfelsaft (6)	43	35
Eierlikör (15)	77	38

n = Anzahl; x = arithmetischer Mittelwert; s = Standardabweichung.

Tab. 62.20 Der Molybdängehalt verschiedener Arten von Invertebraten (µg/kg Trockenmasse, TM) ($n=52$).

Art (n)	$x \pm s$
Lithobius forficatus; Gemeiner Steinkriecher (2)	222 ± 101
Armadillidium vulgare, Kugelassel (4)	314 ± 151
Lumbricus terrestris; Regenwurm (9)	371 ± 156
Carabus hortensis; Gartenlaufkäfer (4)	640 ± 361
Araneus diadematus; Gemeine Kreuzspinne (3)	657 ± 370
Silpha obscura; Aaskäfer (4)	663 ± 299
Opilio parietinus; Weberknecht (2)	693 ± 310
Arion rufus; Rote Wegschnecke (8)	798 ± 146
Tettigonia viridissima; Großes Heupferd (6)	957 ± 316
Helix pomatia; Weinbergschnecke (10)	1048 ± 283

n = Anzahl; x = arithmetischer Mittelwert; s = Standardabweichung.

62.4 Kinetik und innere Exposition (Verzehr, Absorption, Verteilung, Stoffwechsel und Ausscheidung)

62.4.1 Invertebraten

Die Molybdänaufnahme der Invertebraten (Tab. 62.20) wurde bisher nicht ermittelt. Sie ist artspezifisch, wird durch die Form der Ernährung und die geologische Herkunft und/oder anthropogene Belastungen ihres Lebensraumes mit Molybdän bestimmt. Herbivore Invertebraten nehmen mit ihrer artspezifischen Nahrung zwischen 300 und 1500 µg Mo/kg Nahrungstrockenmasse auf, während carnivore Spezies weniger Molybdän verzehren, dies aber besser absorbieren. Der Regenwurm, welcher mit seiner Nahrung auch Erde konsumiert, speichert erstaunlicherweise weit weniger Molybdän als verschiedene pflanzenfressende Schneckenarten (~800–1000 µg Mo/kg TM) oder räuberisch lebende Spinnen (600–700 µg Mo/kg TM). Carnivore Invertebraten enthalten zwischen 200 und 1200 µg Mo/kg TM, wobei keine Gesetzmäßigkeiten der Molybdäninkorporation sichtbar werden.

62.4.2 Wirbeltiere

Der Molybdänverzehr landwirtschaftlicher Nutz- und Haustiere ist einigermaßen bekannt, nicht aber der der Wildtiere. Das gilt auch für die verschiedenen Arten der Echten Mäuse (Murinae) bzw. Wühlmäuse (Arvicolinae) [148] und Spitzmäuse (Sorex minutus und areanus), die keine verwandtschaftlichen Beziehungen zu den Nagetieren haben (Tab. 62.21). Ihre nächsten Verwandten sind Maulwurf und Igel. Echte Mäuse und Wühlmäuse sind in der Regel Herbivoren bzw. Omnivoren (Hausmaus), während die Spitzmäuse Carnivoren (Insektivoren) repräsentieren. Die verschiedenen Mäuse-, Wühlmaus- und Spitzmausarten wurden im gleichen Habitat (alluviale Auen mit Muschelkalkverwitterungsböden in der Umgebung) gefangen. Echte Mäuse und Wühlmäuse unterschieden sich im Molybdänbestand nicht. Sie inkorporierten im Mittel zwischen 350 und 650 μg Mo/kg TM, während räuberisch lebende Spitzmäuse 1500–2400 μg Mo/kg TM akkumulierten. Die Differenz ist signifikant. Offenbar ermöglicht die animalische Ernährung der Spitzmaus eine umfangreichere Molybdänabsorption als die pflanzliche der verschiedenen Mäusearten und -familien.

Tab. 62.21 Der Molybdängehalt von Wühlmäusen, Mäusen und Spitzmäusen (μg/kg Trockenmasse, TM).

Art (*n*)	$x \pm s$
Microtus agrestis [a]; Erdmaus (2)	357 ± 35
Mus musculus [b]; Hausmaus (15)	397 ± 213
Clethrionomys glareolus [a]; Rötelmaus (32)	489 ± 23
Apodemus sylvaticus [b]; Waldmaus (13)	511 ± 10
Apodemus flavicollis [b]; Gelbhalsmaus (9)	542 ± 57
Apodemus agrarius [b]; Brandmaus (1)	581
Microtus arvalis [a]; Feldmaus (53)	648 ± 22
Sorex minutus [c]; Zwergspitzmaus (5)	1440 ± 41
Sorex araneus [c]; Waldspitzmaus (30)	2398 ± 869

x = arithmetischer Mittelwert; *s* = Standardabweichung;
a) Wühlmäuse; **b)** Echte Mäuse; **c)** Spitzmäuse.

Tab. 62.22 Die Widerspiegelung des Molybdänmangels durch verschiedene Organe erwachsener weiblicher Ziegen (μg/kg Trockenmasse) (Kontrolltiere 533 μg Mo/kg Futter-TM; Molybdänmangeltiere 24 μg Mo/kg Futter-TM).

Organ (*n*, *n*)	**Kontrolltiere**		**Mo-Mangeltiere**		***p***	**%**
	s	***x***	***x***	***s***		
Milz (33, 20)	289	551	190	166	< 0,001	34
Leber (35, 16)	782	1211	432	408	< 0,001	36
Reife Milch (76, 48)	70	116	51	34	< 0,001	44
Nieren (33, 21)	436	901	404	183	< 0,001	45
Lunge (26, 21)	350	628	302	163	< 0,001	48
Großhirn (12, 5)	109	220	109	55	< 0,05	50
Skelettmuskel (31, 21)	51	66	34	19	< 0,01	52
Weißes Deckhaar (56, 44)	65	69	36	23	< 0,01	52
Herzmuskel (11, 5)	135	236	131	45	> 0,05	56

n = Anzahl; *s* = Standardabweichung; *x* = arithmetischer Mittelwert;
p = Signifikanzniveau beim t-Test nach Student.

Die natürliche Nahrung der Europäischen Hauskatze sind Mäuse, von denen sie täglich 10–12 zur Deckung ihres Energiebedarfes fressen muss (70 g TM/Tag) [41]. Bei einem Molybdängehalt der „Mäuse" von 450 µg/kg TM entspricht dies einem Molybdänkonsum von 32 µg Mo/Tag. Der normative Molybdänbedarf der Katze dürfte wesentlich niedriger sein und wie der der meisten Nutz- und Haustiere 100 µg/kg Futtertrockenmasse betragen [123].

Die Verteilung des Molybdäns in den verschiedenen Geweben des Wirbeltieres wird am Beispiel der Ziege (Tab. 62.22) dargestellt. Mit Ausnahme des Herzmuskels verminderten alle untersuchten Körperteile dieser Wiederkäuerart ihren Molybdänbestand unter Molybdänmangelbedingungen signifikant. Milz und Leber der weiblichen Ziegen drosselten ihren Molybdängehalt um zwei Drittel, die Milch um mehr als die Hälfte. Sie spiegeln den Molybdänmangel besonders gut wider [36].

Eine Molybdänbelastung von Ziegenböcken mit 1000 mg Mo/kg Futter-TM wurde von allen untersuchten Geweben signifikant angezeigt (Tab. 62.23), ohne dass die extrem molybdänreich ernährten Tiere klassische Molybdänosesymptome zeigten. Das Blutserum vertausendfachte seinen Molybdänbestand, die Leber versechzigfachte ihn. Alle Gewebe, auch der Herzmuskel, zeigten die Molybdänbelastung. Mengenmäßig besonders umfangreich inkorporierten Nieren (111 mg/kg TM), Milz (109 mg/kg TM) und Leber (70 mg/kg TM) Molybdän. Auch Rippen, Lunge und Hoden inkorporierten >50 mg Mo/kg TM. Skelettmuskulatur (9 mg Mo/kg TM), Großhirn und Herzmuskel (23 bzw. 24 mg Mo/kg) speicherten unter den Überschussbedingungen am wenigsten Molybdän/kg TM.

Tab. 62.23 Die Widerspiegelung einer Molybdänbelastung (1000 mg Mo/kg Futtertrockenmasse) durch verschiedene Organe erwachsener Ziegenböcke (mg/kg Trockenmasse).

Organ (*n*, *n*)	**Kontrolltiere**		**Mo-belastete Tiere**		***p***	**Vervielfachung**
	s	***x***	***x***	***s***		
Blutserum (4, 5)	0,003	0,018	21	8,7	<0,001	1167
Milz (33, 5)	0,29	0,55	109	23	<0,001	198
Rippe (23, 6)	0,49	0,33	55	28	<0,001	167
Skelettmuskel (31, 5)	0,051	0,067	9,0	3,1	<0,001	134
Nieren (33, 5)	0,44	0,90	111	35	<0,001	123
Hoden (5, 5)	0,24	0,49	52	14	<0,001	106
Großhirn (12, 5)	0,11	0,22	23	18	<0,001	105
Herzmuskel (11, 5)	0,14	0,24	24	10	<0,001	100
Pankreas (8, 5)	0,15	0,38	35	18	<0,001	92
Lunge (26, 5)	0,35	0,63	54	21	<0,001	86
Leber (35, 4)	0,78	1,2	70	74	<0,001	58

n = Anzahl; *s* = Standardabweichung; *x* = arithmetischer Mittelwert;
p = Signifikanzniveau beim t-Test nach Student.

Tab. 62.24 Der Molybdängehalt von Leber und Nieren von Haus- und Wildtieren (μg/kg Trockenmasse, TM).

Organ (*n*, *n*)	Leber		Niere		% [a)]
	s	*x*	*x*	*s*	
Pferd (152, 133)	5800	6300	1440	710	23
Schwarzwild (9, 10)	1392	3379	2084	1096	62
Hausschwein (84, 90)	1040	2415	2108	736	87
Kuh (315, 164)	4033	2913	1279	1134	44
Schaf (140, 116)	1134	2197	1232	501	56
Damwild (99, 100)	1169	1949	1621	923	83
Rotwild (35, 25)	619	1195	847	458	71
Rehwild (16, 3)	368	620	214	137	35

a) Leber=100%, Nieren=*x* %; *n*=Anzahl; *s*=Standardabweichung; *x*=arithmetischer Mittelwert.

Bei bedarfsdeckender, normaler Molybdänversorgung enthalten Leber und Nieren verschiedener Tierarten die in Tabelle 62.24 aufgeführten Molybdänkonzentrationen, die artspezifisch erheblich variieren. Das Pferd akkumulierte im Mittel am meisten Molybdän in beiden Organen, Schwarzwild und Hausschwein, beide monogastrische Tierarten, reicherten weniger Molybdän in Leber und Nieren an, während die Wiederkäuer Rind, Schaf, Dam- und Rotwild 3000–1000 μg Mo/kg TM in der Leber speicherten. Das Reh akkumulierte ähnlich anderen Elementen auch wenig Molybdän in Leber und Nieren [15, 16].

Grundsätzlich ist die Leber molybdänreicher als die Niere. Die Variationsbreite des Molybdängehaltes der Leber wird am Beispiel des Pferdes verschiedener Regionen Deutschlands in Tabelle 62.25 dargestellt. Am meisten speicherte die Leber der Pferde aus dem Raum Freiberg mit anthropogenen Molybdänbelastungen und aus der Lausitz mit Granitverwitterungsböden, während die Pferde Mecklenburgs (Geschiebelehm) und Jenas (Muschelkalk) nur einen Bruchteil dieser Molybdänmengen inkorporierten [37]. Das unterschiedliche Molybdänangebot der verschiedenen geologischen Herkünfte des Standortes wird deutlich [98].

Tab. 62.25 Der Molybdängehalt der Leber des Pferdes verschiedener Regionen Deutschlands (μg/kg Trockenmasse, TM) (*n*=27).

Parameter	Jena	Mecklenburg	Vogtland	Lausitz	Freiberg	*Fp*	%
x	2985	4910	7230	9093	15852	<0,001	531
s	875	1915	4134	8229	22474		

Fp=Signifikanzniveau bei der einfaktoriellen oder einfach mehrfaktoriellen Varianzanalyse; *x*=arithmetischer Mittelwert; *s*=Standardabweichung.

Grundsätzlich gilt, dass neugeborene Wiederkäuer signifikant weniger Molybdän in der Leber speichern als ihre Mütter (Tab. 62.26). Die Milch der Mütter liefert dem Nachwuchs bedarfsdeckende Molybdänmengen. Eine intrauterine Speicherung des Molybdäns, wie beim Kupfer gegeben, ist deshalb nicht notwendig [16].

Tab. 62.26 Der Molybdängehalt der Leber verschiedener Wildwiederkäuerarten (mg/kg Trockensubstanz).

Art (*n*, *n*)	Erwachsene		Neugeborene		*p*	% a)
	s	*x*	*x*	*s*		
Rappenantilope (4, 3)	0,958	1,508	0,280	0,141	<0,05	19
Spießbock (15, 15)	0,366	1,780	0,984	0,396	<0,001	55
Pampashirsch (5, 2)	0,628	1,892	1,290	0,139	>0,001	68
Axishirsch (8, 14)	0,852	1,947	1,120	3,389	<0,01	58
Gaur (3, 5)	0,875	2,085	1,132	0,271	>0,05	54
Schweinshirsch (7, 6)	0,927	2,179	1,233	0,379	<0,05	57
Sikahirsch (8, 6)	0,982	2,210	1,592	0,247	>0,05	72
Impala (4, 2)	0,782	2,288	0,405	0,019	<0,05	18
Schraubenziege (6, 4)	0,913	2,373	1,687	0,352	>0,05	71
Drehhörner (6, 6)	0,898	2,532	1,125	0,526	<0,01	44
Wisent (4, 5)	0,853	2,592	1,280	0,394	<0,05	49
Nilgai (4, 5)	0,241	2,594	0,850	0,515	<0,001	33
Kudu (4, 3)	0,102	2,658	1,092	0,189	<0,001	41
Barasingha (6, 8)	0,800	2,830	0,979	0,123	<0,001	35
Hirschziegenantilope (3, 17)	0,468	3,032	0,633	0,167	<0,001	21
Wildschaf (12, 12)	0,388	3,265	1,297	0,634	>0,001	40
Grantgazelle (6, 3)	0,889	3,814	0,941	0,532	<0,001	25
Steinbock (12, 17)	0,849	3,881	1,859	0,444	<0,001	48
Thomsongazelle (7, 3)	1,011	3,886	0,699	0,154	<0,001	18
Damagazelle (5, 6)	0,850	4,313	0,685	0,343	<0,001	16
Kropfgazelle (7, 8)	2,880	4,637	1,832	1,205	<0,05	40
Edmigazelle (8, 6)	2,109	4,673	0,835	0,354	<0,01	18
Sömmeringgazelle (5, 5)	1,065	5,153	1,308	0,182	<0,001	25
Fp	<0,001		<0,001		–	–
% b)	342		664			

a) Erwachsene, Rappenantilope = 100%, Sömmeringgazelle = *x*%
b) Neugeborene, Rappenantilope = 100%, Steinbock = *x*%.
n = Anzahl; *s* = Standardabweichung; *x* = arithmetischer Mittelwert; *p* = Signifikanzniveau beim t-Test nach Student; *Fp* = Signifikanzniveau bei der einfaktoriellen oder einfach mehrfaktoriellen Varianzanalyse.

62.4.3 Der Mensch

62.4.3.1 Molybdänverzehr

In Deutschland und Mexiko essen Erwachsene, mit Hilfe der Duplikatmethode über sieben aufeinanderfolgende Tage bestimmt, im Mittel zwischen ~60 und 210 µg Mo/Tag (Tab. 62.27). Die große Schwankungsbreite resultiert neben den individuellen Essgewohnheiten vor allem aus der signifikant unterschiedlichen Trockensubstanzaufnahme der Frauen und Männer, dem unterschiedlichen Molybdänangebot in den drei Testzeiträumen, dem differenten Molybdänangebot in Deutschland und Mexiko und dem unterschiedlichen Molybdänverzehr der Mischköstler und Ovo-Lakto-Vegetarier.

Grundsätzlich essen Mischköstler im Mittel 24% mehr Trockenmasse als Mischköstlerinnen. Bei Bezug der Aufnahme auf das Körpergewicht verschwindet der statistisch gesicherte Geschlechtsunterschied [12]. Die Männer aus Deutschland und Mexiko aßen im Mittel 22% mehr Molybdän als die Frauen. Keines der Geschlechter bevorzugte ein besonders molybdänreiches oder -armes Lebensmittel bzw. Getränk, wie das beispielsweise beim Nickel der Fall ist (Kakaoerzeugnisse und Schokolade werden von den Frauen bevorzugt).

Während der acht Testjahre erhöhte sich die Molybdänaufnahme der Mischköstler um ~ 45%. Das erste Testjahr erfolgte in der DDR mit lokaler Molybdänversorgung. Der weltoffene Handel nach der Wiedervereinigung verbesserte

Tab. 62.27 Der Molybdänverzehr Erwachsener Deutschlands und Mexikos in Abhängigkeit von Geschlecht, Kostform und Zeit (µg/Tag im Wochenmittel).

Kostform	Land	Jahr	Frauen		Männer		*Fp* *p*	%
			s	*x*	*x*	*s*		
	D [a)]	1.	36	58	74	62		128
Mischköstler	D	4.	48	69	81	63	<0,001	117
(Mk)	D	8.	98	89	100	66		112
	M [b)]	8.	146	162	208	177	>0,05	128
Vegetarier (V)	D	8.	131	179	170	92	>0,05	95
Fp	Mk [c)]: D	1.–8.	<0,001		<0,001		–	–
p	Mk D:M	8.	<0,001		<0,001			
	Mk D:V	8.	<0,001		<0,001		–	–
	Mk D	1.–8.	153		135		–	–
%	Mk D:M	8.	182		208		–	–
	Mk D:V	8.	201		170		–	–

a) D Deutschland, **b)** M Mexiko, **c)** Mk Mischköstler.
Fp = Signifikanzniveau bei der einfaktoriellen oder einfach mehrfaktoriellen Varianzanalyse; *s* = Standardabweichung; *x* = arithmetischer Mittelwert, *p* = Signifikanzniveau beim t-Test nach Student.

dort die Molybdänversorgung [30]. In ländlichen Gebieten Mexikos mit Kreide- und Basaltverwitterungsböden betrug die Molybdänaufnahme 160 µg/Tag bei den Frauen und ~210 µg/Tag bei den Männern und war damit fast doppelt so hoch wie in Deutschland. Der Einfluss des Molybdänangebots im Lebensraum auf den Molybdänbestand der Flora wird deutlich.

Eine vegetarische Ernährung liefert fast die doppelte Molybdänmenge einer Mischkost (Tab. 62.27).

Die individuelle Molybdänaufnahme der Mischköstlerinnen in Deutschland (Abb. 62.1 und 62.2) schwankt zwischen ~30 und 250 µg/Tag im Mittel der Woche, die der Männer zwischen ~30 und 225 µg/Tag. In diesem Bereich ist der normale Molybdänkonsum der Mischköstler anzusiedeln [9, 82–86]. Weltweit schwankt die Molybdänaufnahme in Deutschland, Indien und Österreich zwischen 30 und ~520 µg/Tag [118, 132].

Breigefütterte Babys verzehren weniger Molybdän als formulaernährte [86].

Der Wohnort beeinflusst den Molybdänverzehr statistisch gesichert (Tab. 62.28) und kann diesen um das Vier- bzw. Fünffache variieren. Der Einkauf im Supermarkt mit weltweit produzierten Lebensmitteln eliminiert regio-

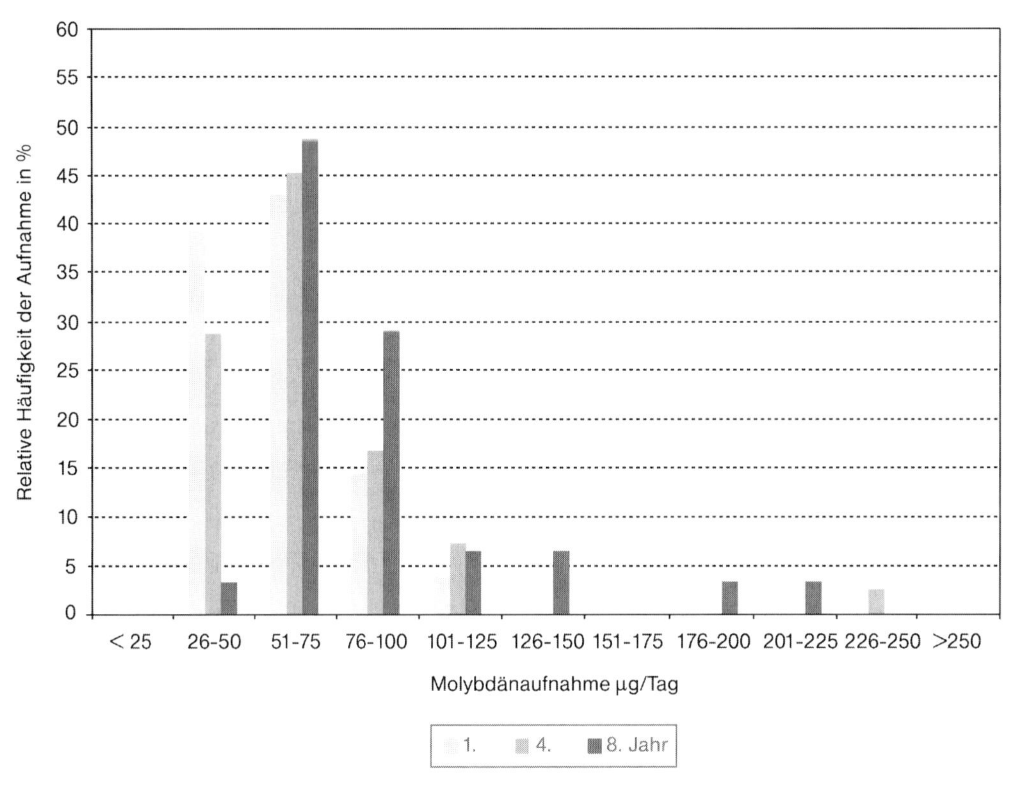

Abb. 62.1 Häufigkeitsverteilung des Molybdänverzehrs der Mischköstlerinnen/Tag im Mittel von sieben Tagen.

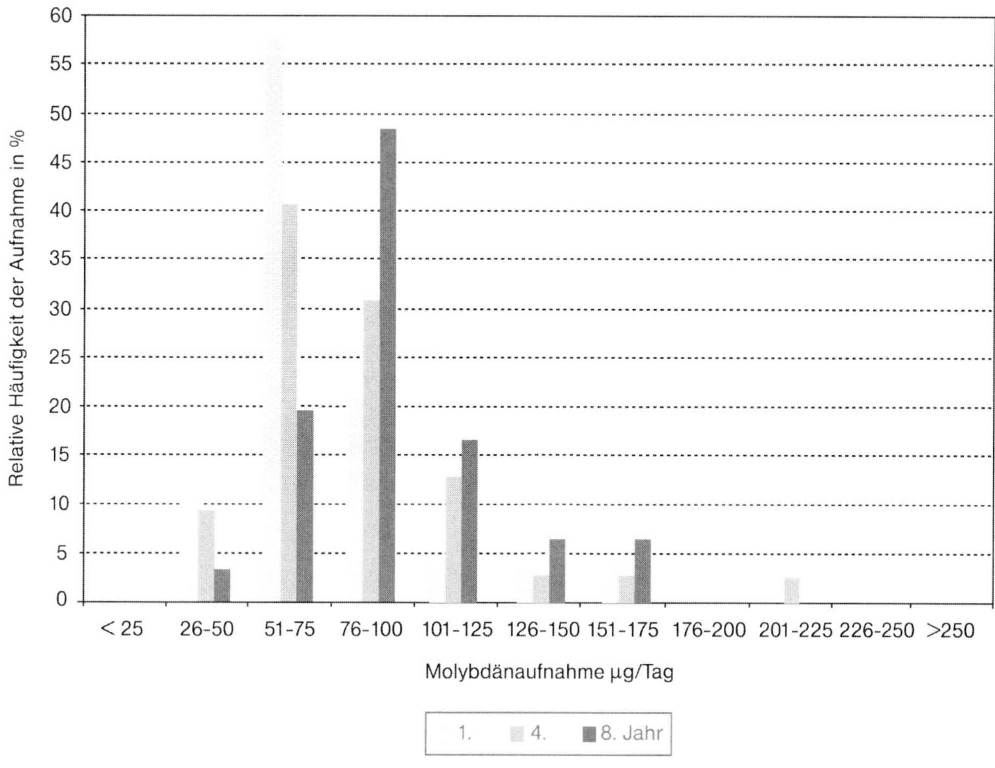

Abb. 62.2 Häufigkeitsverteilung des Molybdänverzehrs der Mischköstler/Tag im Mittel von sieben Tagen.

nale Einflüsse auch beim Molybdänangebot nicht vollständig. Da das Trinkwasser mit seinem in Deutschland niedrigen Molybdängehalt dafür nicht verantwortlich ist, kaufen und verkaufen die Supermärkte offenbar sehr viel regional erzeugte Lebensmittel. Ordnet man den Molybdänverzehr der ostdeutschen Bundesländer von Nord nach Süd, dann sieht man, dass in den eiszeitlichen Regionen von Mecklenburg-Vorpommern und Brandenburg ~20% weniger Molybdän als in Thüringen verzehrt werden (Tab. 62.29).

Die Bestimmung des Molybdänverzehrs kann nach der Duplikatmethode mit sieben bzw. besser zehn Frauen und der gleichen Zahl Männer einer Region im Alter von 20–69 Jahren und älter erfolgen (Tab. 62.30). Diese sammelten an sieben aufeinander folgenden Tagen tageweise alle verzehrten bzw. genaschten Aufnahmen als Duplikat. Gleichzeitig führten sie ein Ernährungsprotokoll tageweise zur „Kalkulation" des Molybdänverzehrs. Dabei zeigte sich, dass die Kalkulation den Molybdänverzehr um etwa 50% überschätzte. Die Basketmethode sollte daher nicht mehr verwendet werden [9].

Tab. 62.28 Die Molybdänaufnahme erwachsener Mischköstler in Abhängigkeit von Versuchsort und Versuchszeit (µg/Tag).

Versuchsort, Jahr (*n*, *n*)	**Frauen**		**Männer**		***Fp*** [a] **Geschlecht**	**%** [b]
	s	*x*	*x*	*s*		
Bad Langensalza, 1. (49, 49)	19	47	66	40		140
Wusterhausen, 4. (49, 49)	28	45*	76	40		169
Bad Liebenstein, 4. (49, 49)	37	59	63*	31		107
Freiberg, 4. (49, 49)	38	67	75	43		112
Vetschau, 1. (49, 49)	45	65	68	74		105
Jena, 1. (49, 49)	37	60	75	41		125
Greifswald, 4. (49, 49)	32	69	72	52	>0,05	104
Chemnitz, 4. (49, 49)	48	68	76	41		112
Wusterhausen, 1. (49, 49)	38	59	89	79		151
Ronneburg, 8. (49, 49)	29	69	91	58		132
Rositz, 8. (49, 49)	72	73	94	71		129
Steudnitz, 8. (49, 49)	113	83	96	59		116
Bad Langensalza, 4. (49, 49)	109	103	125**	115		121
Jena, 8. (70, 70)	125	116**	114	70		98
% [c]	258		189		–	
Fp Versuchsort		<0,01				

a) *Fp* = Signifikanzniveau bei der einfaktoriellen oder einfach mehrfaktoriellen Varianzanalyse;
b) % = Frauen = 100%, Männer = *x*%;
c) * = 100%, ** = *x*%; *s* = Standardabweichung; *x* = arithmetischer Mittelwert; *n* = Anzahl.

Tab. 62.29 Der Molybdänverzehr erwachsener Mischköstler Deutschlands in Abhängigkeit vom Bundesland [µg/Tag].

Bundesland (*n*, *n*)	**Frauen**		**Männer**		***Fp***	**%**
	s	*x*	*x*	*s*		
Brandenburg (196, 196)	37	59*	76	63		129
Sachsen (98, 98)	43	67	75*	42	<0,01	112
Thüringen (413, 413)	75	77**	89**	62		116
%	131		119		–	
Fp		<0,001				

n = Anzahl; *s* = Standardabweichung; *x* = arithmetischer Mittelwert; *Fp* = Signifikanzniveau bei der einfaktoriellen oder einfach mehrfaktoriellen Varianzanalyse. * = 100%, ** = *x*%;

Tab. 62.30 Der Molybdänkonsum erwachsener Mischköstler bestimmt nach der Duplikatmethode und kalkuliert nach der Basketmethode.

Methode	1. Messung			2. Messung		
	Frauen	Männer	%	Frauen	Männer	%
Duplikatmethode	58	74	128	69	81	117
Basketmethode	85	111	131	102	125	123
%	147	150	–	148	154	–

62.4.3.2 **Verteilung des Molybdäns beim Mensch**

Es ist sehr wahrscheinlich, dass das Molybdän im Körper des Menschen ähnlich verteilt wird wie in dem der Wirbeltiere. Der Molybdängehalt der Leber nimmt vom Neugeborenen bis zum Zehnjährigen zu, um dann auf einem ähnlichen Niveau zu bleiben. Alle gefundenen Unterschiede im Molybdängehalt sind zufällig (Tab. 62.31). Die biostatistische Verrechnung der Molybdänwerte in der Leber demonstriert, dass diese beim Mann im Mittel etwa 20% weniger Molybdän speichert als bei der Frau.

Der Molybdängehalt der Nieren wird durch das Geschlecht nicht signifikant beeinflusst (Tab. 62.32). Die Nieren der Frau speicherten mit ~1350 µg Mo/kg TM etwa 9% mehr Molybdän als die der Männer, welche ~1200 µg Mo/kg TM enthielten.

Tab. 62.31 Der Molybdängehalt der menschlichen Leber in Abhängigkeit von Geschlecht und Alter (µg/kg).

Alter, Jahr (*n*, *n*)	Frauen		Männer		%	*Fp* Geschlecht
	s	*x*	*x*	*s*		
<1 (4, 4)	411	2235	3016	2169	135	
1–3 (5, 8)	3151	4675	3844	1111	82	
4–10 (8, 7)	4180	7554	5000	1058	66	
11–20 (7, 8)	1751	4967	4867	2253	98	
21–30 (3, 6)	3181	3578	3365	1543	94	
31–40 (5, 6)	1407	3876	2860	2007	74	<0,05
41–50 (8, 6)	4354	5465	4001	1206	73	
51–60 (7, 7)	2212	5541	2866	961	52	
61–70 (5, 7)	2033	4825	4075	2767	84	
71–80 (5, 6)	653	3348	3978	1279	119	
>80 (5, 9)	2189	6994	3652	974	52	
Fp Alter	>0,05		>0,05		–	

n = Anzahl; *s* = Standardabweichung; *x* = arithmetischer Mittelwert; *Fp* = Signifikanzniveau bei der einfaktoriellen oder einfach mehrfaktoriellen Varianzanalyse.

Tab. 62.32 Der Molybdängehalt der menschlichen Niere in Abhängigkeit von Geschlecht und Alter (µg/kg).

Alter, Jahr (*n*, *n*)	Frauen		Männer		%	*Fp* Geschlecht
	s	*x*	*x*	*s*		
<1 (6, 4)	910	1365	1608	728	118	
1–3 (3, 8)	99	1472	1437	400	98	
4–10 (5, 9)	865	1610	1163	479	72	
11–20 (8, 7)	666	1257	1182	613	94	
21–30 (9,8)	456	1316	1035	303	79	
31–40 (6, 5)	369	1282	1599	383	125	>0,05
41–50 (5, 8)	1176	1595	1050	210	66	
51–60 (8, 10)	500	1265	1061	227	84	
61–70 (8, 11)	525	1248	1160	293	93	
71–80 (11 ,8)	1045	1512	1216	434	80	
>80 (8, 8)	128	792	846	300	107	
Fp Alter	>0,05		<0,05			–

n = Anzahl; *s* = Standardabweichung; *x* = arithmetischer Mittelwert; *Fp* = Signifikanzniveau bei der einfaktoriellen oder einfach mehrfaktoriellen Varianzanalyse.

Das Alter beeinflusst lediglich den Molybdänbestand der Nieren des Mannes schwach. Er nahm insbesondere im Alter von 80–89 Jahren bei beiden Geschlechtern ab (Tab. 62.32).

62.4.3.3 Absorption, Exkretion und Bilanz des Molybdäns

Im Laufe einer Woche mit einer täglichen Aufnahme von ~80–190 µg Mo/Tag exkretierten Stillende vom 29. bis 35. Laktationstag 11% des verzehrten Molybdäns über die Milch, 33% über den Harn und 56% über die Faeces. Mischköstler und Ovo-Lakto-Vegetarier beider Geschlechter schieden ein Drittel des verzehrten Molybdäns renal und zwei Drittel fäkal aus (Tab. 62.33).

Die scheinbare Absorption des Molybdäns erreichte bei stillenden Mischköstlerinnen im Mittel 44%, bei den Mischköstlern und Vegetariern ~35%. Die Absorption des Molybdäns ist damit für ein Schwermetall erstaunlich umfangreich. Bei der Interpretation dieses Befundes muss zusätzlich beachtet werden, dass die tatsächliche Absorption noch größer ist, da über die Galle exkretiertes Molybdän in die Faeces gelangt und dort zu einer zweiten Absorption zur Verfügung steht oder als „unsorbiert" mit dem Kot ausgeschieden wird.

Im Mittel der sieben Testpopulationen schwankte die Molybdänbilanz zwischen –4,8 und +7,5% oder +3% im Mittel aller Testgruppen.

Tab. 62.33 Verzehr, Exkretion, scheinbare Absorption und Bilanz von stillenden Mischköstlern, Mischköstlern und Ovo-Lakto-Vegetariern.

Parameter (*n*)		Mischköstler				Vegetarier Frauen	Vegetarier Männer	Mischköstler Männer
		Stillende	Frauen	Frauen	Frauen			
Verzehr, µg/d (721)		83,5	83,0	86,0	83,1	178,9	170,4	98,5
Exkretion	Milch µg/d (14)	9,4	–	–	–	–	–	–
	Urin µg/d (721)	27,6	27,0	37,0	22,2	46,8	52,1	28,1
	Kot µg/d (721)	46,5	60,0	53,0	55,7	112,0	106,1	63,0
Exkretion	Milch % (14)	11	–	–	–	–	–	–
	Urin % (721)	33	31	41	28	29	33	31
	Kot % (721)	56	69	59	72	71	67	69
Scheinbare	Absorption %	44	28	38	33	37	38	36
Bilanz	µg/d	±0,0	–4,0	–4,0	+5,2	+20,1	+12,2	+7,4
	%	±0,0	–4,8	–4,7	+6,3	+11	+7,2	+7,5

n = Anzahl.

62.4.3.4 **Stoffwechsel des Molybdäns bei Tier und Mensch**

Molybdän wird extrem schnell und umfangreich aus der Nahrung und anorganischen Verbindungen absorbiert. Sechswertiges wasserlösliches Natrium- und Ammoniummolybdat und das Futtermolybdän absorbieren die Wiederkäuer und monogastrische Tierarten gleichermaßen gut [28, 35]. Hennen absorbierten innerhalb drei Stunden nach der Gabe in den Kropf etwa ein Drittel des verabreichten $^{99}MoO_2$. Lediglich MoS_2 wird mutmaßlich schlechter in den Körper überführt. Die Molybdänabsorption wird nicht homöostatisch kontrolliert wie die des Zinks und Kupfers [102, 142]. Damit ist die Gefahr einer Molybdänintoxikation bei Arten mit einer niedrigen Molybdänausscheidung über die Galle besonders groß (Rind).

Molybdän passiert die Blut-Plazenta-Schranke ohne Schwierigkeiten [60], ebenso die Blut-Milch-Barriere [24]. Das Molybdän ist primär Bestandteil des Molybdän-Cofaktors der Molybdänenzyme in der löslichen Zellfraktion (Xanthindehydrogenase und Aldehydoxidase) und der mitochondrialen Außenmembran [93]. Die Leber von molybdän-cofaktorkranken Patienten ist extrem arm an Molybdän [126].

Injiziertes Molybdän wird in kleinen Mengen (~1%) von der Ratte und dem Menschen auch fäkal über die Galle ausgeschieden [104, 142].

Kühe exkretierten 16% des verzehrten Molybdäns über die Milch [149]. Stillende Mütter transferierten ~12% des konsumierten Molybdäns über die Milch und versorgten damit das Baby mit Molybdän, das zu 45% absorbiert wird. Die Frauenmilch enthält <2 bis 18 µg Mo/L [46].

Im Pansen der Wiederkäuer wird wahrscheinlich ein Teil des Molybdäns in eine biologisch weniger absorbierbare Form umgewandelt [111]. Schwefelgaben reduzierten die recyclierte Molybdänmenge [136]. Price et al. [122] lieferten auch Belege für die Thiomolybdatsynthese im Pansen des Schafes, das die Kupferabsorption drosselt.

62.5 Wirkungen

62.5.1 Essentialität des Molybdäns

62.5.1.1 Flora

Molybdän wird von der Pflanze als MoO_4^{2-} aufgenommen. Jährlich werden je ha im Mittel 4–10 g Mo vom Boden in die Vegetation überführt. Diese benötigt das Molybdän für ihren Eiweißstoffwechsel [4]. Die Nitrogenase-Enzyme verschiedener Arten von Mikroorganismen enthalten einen Eisen-Molybdän–Hämocitratfaktor [3], welcher für deren symbiotische Stickstoffbindung essenziell ist [55]. Die symbiotische Stickstoffbindung der Leguminosen, die Stickstofffixierung verschiedener Nicht-Schmetterlingsblütler (z. B. Schwarzerle (Alnus glutinosa)) und auch die frei lebender stickstoffsammelnder Bakterien benötigen Molybdän. Die Nitrogenase ist für den globalen Stickstoffkreislauf von großer Bedeutung, da dieses Enzym die Stickstoffbindungen in der Biosphäre und die Umwandlung des Nitratstickstoffs in Ammoniak ermöglicht, ohne direkt in den tierischen Stoffwechsel einzugreifen [107].

Die Unfähigkeit der Knöllchenbakterien zur bedarfsdeckenden Stickstoffbindung verursacht bei den Schmetterlingsblütlern Stickstoffmangel in Form hellgrüner, gelber und chlorotischer Blätter. Unter Molybdänmangelbedingungen vermindert sich die Anzahl der Wurzelknöllchen, sie sind klein und grün- oder braunfarbig anstelle von rosa, ihr Nitrat- und Amidgehalt ist umfangreich.

Die Leguminosen benötigen das Molybdän auch für die Nitratreduktion und andere enzymatische Reaktionen. Die Nitratreduktase, ein weiteres Molybdänenzym, katalysiert die reduktive Dehydroxylation von Nitrat und Nitrit [51, 73]. Die assimilatorische Form der Nitratreduktase ist entscheidend für den globalen Stickstoffkreislauf. Bakterien benutzen die Molybdänenzyme zum Wachstum auf verschiedenen Substraten, wobei diese den Elektronentransfer zu alternativen nicht sauerstoffakzeptierenden Substraten, einschließlich Nitrat, oder den Abbau von heterocyclischen Substanzen zur Energiegewinnung fördern [90].

Die Molybdänenzyme Xanthindehydrogenase (Mikroben, Pflanzen, Tiere), Aldehydoxidase (Tier) und Sulfitoxidase (Bakterien, Pflanzen, Tiere) katalysieren die umgekehrte Reaktion.

Die Molybdändüngung molybdänarmer Böden verbessert insbesondere das Wachstum der Leguminosen [108]. Durch Düngung von 400 g Mo/ha ließen sich ihr Proteingehalt und ihr Arginin-, Threonin-, Methylin- und Serinbestand signifikant steigern [75, 76].

62.5.1.2 Fauna

Nach der Entdeckung des Molybdäns in der Xanthindehydrogenase stieg das biologische Interesse am Molybdän beim Tier erheblich. Ratten mit 40 µg bzw. 250 µg Mo/kg Futterrohsubstanz entwickelten keine Molybdänmangelsymptome

[130]. Heute weiß man, dass 40 µg Mo/kg Futtertrockenmasse den Molybdänbedarf monogastrischer Tierarten decken [39]. Durch die Verabreichung von Wolfram, einem Molybdänantagonisten, im Verhältnis 1:1000 oder 1:200 (Mo:W) an Ratten und Küken ließ sich das Wachstum von Ratten und Küken drosseln [61, 78, 125]. Derart hohe Wolframkonzentrationen werden in Futtermitteln nicht gefunden und repräsentieren eine beachtliche Belastung, deren Auswirkungen Graupe bei Milchkühen demonstrieren konnte, die nach entsprechenden Wolframgaben anämisch wurden und verstarben [72]. Korzeniowski et al. postulierten schließlich, das Wolfram die bakterielle Nitratreduktionsaktivität im Pansen hemmt und zur Nitratvergiftung führt [97].

Molybdänmangelversuche über zehn Generationen von Ziegen mit 500 µg Mo/kg Futtertrockenmasse in der Kontrollration und 24 µg/kg TM in der Molybdänmangelration (Tab. 62.34) und intrauterinem Molybdänmangel zeigten schließlich die Lebensnotwendigkeit des Molybdäns [14, 22, 23, 26, 29].

Während der zehnmal wiederholten Molybdänmangelversuche mit weiblichen Ziegen, die bis zum natürlichen Lebensende im Versuch standen, verzehrten

Tab. 62.34 Der Einfluss des Molybdänmangels auf den Futterverzehr, das Wachstum, die Fortpflanzungsleistung und Sterblichkeit der Ziege.

Parameter		Kontroll-ziegen	Mo-Mangel-ziegen	*p*	%
Mo µg/kg Futtertrockenmasse		533	24	<0,001	5
Futterverzehr g/kg	Trockenmasse	661	470	<0,01	71
	Geburtsgewicht, kg	3,1	2,9	>0,05	94
Wachstum	91. Lebenstag, kg	10,2	8,9	<0,01	87
	101. bis 268. weiblich	92	67	<0,05	73
	Lebenstag, männlich, g/d	131	97	<0,05	74
	Erstbesamungserfolg, %	69	57	<0,05	–
	Konzeptionsrate, %	83	71	>0,05	–
Fortpflanzungs-leistung	Verpaarung je Trächtigkeit, %	1,5	1,9	<0,05	–
	Güste Ziegen, %	17	29	>0,05	–
	Abortrate, %	1	15	<0,01	–
	Lämmer pro ausgetragener Ziege	1,5	1,7	>0,05	–
	Geschlechtsverhältnis, weiblich=1	1:2,0	1:1,5	>0,05	–
Sterblichkeit	Verendete Lämmer, 7.–91. Tag, %	3,0	28	<0,001	–
	Verendete Mütter, 3. Lebensjahr, %	25	61	<0,001	–

p = Signifikanzniveau beim t-Test nach Student; g/d = Gramm/Tag.

die Molybdänmangeltiere im Mittel nur 24 µg Mo/kg Futtertrockenmasse (Tab. 62.34). Die Molybdänmangelziegen konsumierten im Mittel 29% weniger von der semisynthetischen Molybdänmangelration als die Kontrollziegen mit der molybdänbedarfsdeckenden Kontrollration. Die molybdänarme Ernährung verminderte die intrauterine Körpermassebildung der Lämmer nur insignifikant um 6%. Der Unterschied im Körpergewicht der Lämmer vergrößerte sich während der Säugezeit bis zum 91. Lebenstag auf 13% und wurde signifikant. Bis zum 268. Lebenstag vermehrte sich der Unterschied im Körpergewicht zwischen Kontroll- und Molybdänmangelziegen um ~25%. Molybdän wird fetal von den Molybdänmangellämmern nicht gespeichert und wird auch nicht durch die Milch ihrer Mütter geliefert.

Die 50 µg Mo pro kg Milchtrockenmasse deckten den Molybdänbedarf der Ziegenlämmer nicht; 100 µg Mo/kg TM befriedigten ihn [24]. Die Molybdänmangel-Lämmer speicherten in der Leber nur 32% der Molybdänmenge, die die Leber der Kontrolllämmer enthielt. Sie waren intrauterin molybdänverarmt. Die Milch ihrer Mütter (51 µg/kg TM) enthielt mehr Molybdän als ihr Futter (24 µg/kg TM). Die Mütter transportierten das noch im Körper vorhandene Molybdän über die Milch zu den Nachkommen und verstarben zu annähernd zwei Drittel im ersten Lebensjahr.

Der Molybdänmangel verminderte, trotz normaler Brunstsymptome, den Erstbesamungserfolg signifikant. Wiederholte Verpaarungen verbesserten die Konzeptionsrate und erhöhten die für eine Trächtigkeit notwendige Anzahl von Paarungen. Das Molybdändefizit steigerte die Abortrate auf 15%. Die Anzahl der Lämmer pro ausgetragener Ziege und das Geschlechterverhältnis blieben vom Molybdänmangel unbeeinflusst. Wenn man die güsten und abortierenden Ziegen zusammenfasst, dann brachten 44% der Molybdänmangelziegen keine lebensfähigen Lämmer zur Welt, ihnen standen 18% bei den Kontrollziegen gegenüber ($p<0{,}05$).

Der Molybdänmangel führt zu einer Sterblichkeit der Lämmer (7.–91. Lebenstag) von 28% und ihrer Mütter von 61%. Ein Molybdänangebot von 24 µg/kg Futter TM befriedigt den Molybdänbedarf der Wiederkäuer nicht. Er beträgt <100 mg/kg Futter TM [8, 14] und wird durch das Futter europaweit gedeckt, so dass kein primärer Molybdänmangel beim Tier zu erwarten ist.

62.5.1.3 **Mensch**

Ein ernährungsbedingter Fall von Molybdänmangel wurde bei einem Patienten mit langfristiger totaler parenteraler Ernährung registriert. Die klinischen Molybdänmangelsymptome waren: Entzündungen bis zum Koma, Tachykardie, Tachypnoe und Nachtblindheit. Eine verminderte Aufnahme von Proteinen und schwefelhaltigen Aminosäuren drosselte die Symptome, erhöhte Sulfitinfusion steigerte sie. Die Aktivität der Sulfitoxidase-Patienten war gedrosselt, die Thiosulfatextraktion 25fach vermehrt, die renale Sulfatausscheidung um 70% reduziert und der Plasmamethioningehalt erhöht. Die klinischen Symptome des Molybdänmangels verschwanden nach der Supplementation von 300 µg Mo/Tag [1].

Ein genetischer Defekt kann bei Säuglingen während der intrauterinen Entwicklung und des Stillens zu einer verminderten Sulfitoxidaseaktivität führen. Die zerebralen Veränderungen entsprechen den von Roth et al. [127] bei Molybdänmangel beschriebenen Krankheitsbildern. Die Kinder versterben im Alter von 2–3 Jahren [114]. Die genetische Krankheit verursacht schwere neurologische Veränderungen, mentale Schäden, Verschiebung der Augenlinsen und ist begleitet von einer hohen renalen Sulfit- bzw. Thiosulfat- und einer verminderten Sulfatausscheidung [88]. Seit der Beschreibung des ersten Patienten mit dem isolierten Sulfitoxidasemangel und normaler Xanthendehydrogenaseaktivität wurden mehr als 20 Patienten mit diesem Gendefekt registriert [92]. Die Ursache des Gendefekts ist eine spezifische Mutation eines Cysteinmoleküls in der Sulfitoxidase [71, 90].

Ein weiterer Gendefekt in Verbindung mit Sulfitoxidasemangel ist der Molybdäncofaktormangel [30]. Bei dieser Krankheit ist die Aktivität der Molybdänenzyme durch den Mangel an funktionalem Molybdopterin dramatisch vermindert. Der Mangel an Sulfitoxidase schädigt die Patienten am stärksten. Eine Reihe von Individuen mit Xanthinuria (spezifischer Mangel an Xanthindehydrogenase) und davon ausgehenden Mangelerscheinungen [133] wurde ebenso identifiziert wie eine kleine Anzahl von Kranken mit einem Mangel an Xanthindehydrogenase, Aldehydoxidase und milderen Krankheitssymptomen [124]. Der Mangel an Sulfitoxidase und Molybdäncofaktormangel (Molybdopterin) ist am gefährlichsten. Die Patienten entwickeln eine Enzephalopathie mit einer Atrophie der Gewebe im Gehirn und einer Vergrößerung des Ventrikels. Die Linsenverlagerung im Auge der Patienten tritt im Alter von 3–4 Jahren auf und wird wahrscheinlich durch Sulfitschäden am Fibrillin im Auge verursacht [128]. Bis heute ist keine Therapie des Sulfitoxidasemangels möglich. Eine pränatale Diagnose des Mangels der Molybdänenzyme ist gegeben [91].

62.5.1.4 **Molybdäncofaktor, Molybdänenzyme**

Molybdän ist integraler Bestandteil monomolekular aktiver Enzymgruppen, welche den Transfer von Sauerstoffatomen entweder zu oder von physiologischen Akzeptoren-Spendermolekülen katalysieren. Diese monomolekularen Molybdänenzyme können nach Hille [79] auf der Basis ihrer katalytischen Reaktionen in zwei Untergruppen eingeteilt werden. Die erste Gruppe katalysiert die Hydrolyse verschiedener Aldehyde und aromatischer Heterocyclen (Tab. 62.35). Zu diesen gehören sowohl die Xanthinoxidase als auch die Aldehydoxidase. Die Enzyme der Xanthinoxidasefamilie katalysieren die Reaktion

$$\mathrm{RH + H_2O \rightarrow ROH + 2\,H^+ + 2\,[e]}$$

Die Aldehydoxidase ist strukturell und chemisch mit der Xanthinoxidase eng verwandt und beeinflusst dennoch unterschiedliche katalytische Prozesse. Obwohl beide Enzyme die Oxidation von Hypoxanthin zu Xanthin katalysieren, erfolgt die Umwandlung von Xanthin zu Harnsäure nur durch die Xanthinoxida-

Tab. 62.35 Die Oxomolybdänenzyme.

Enzym	Vorkommen	Subeinheit	Cofaktor
Die Xanthinoxidasefamilie			
Xanthinoxidase	Kuhmilch	α_2	MPT
Aldehydoxidase	Kaninchenleber	α_2	(MPT)
Formaldehyddehydrogenase	*Alcaligenes eutrophus*	α_2	
Kohlenmonoxiddehydrogenase	*Pseudomonas carboxyl dovorans*	$\alpha\beta\gamma\delta$	–
Quinolin-2-Oxidoreductase	*Pseudomonas putida*	$\alpha_2\beta_2\gamma_2$	MCD
Isoquinolin-1-Oxidoreductase	*Pseudomonas diminuta*	$\alpha\beta$	MCD
Quinolin-4-Carboxylat-2-Oxidoreductase	*Agrobacterium sp.* 1B	$\alpha_2\beta_2\gamma_2$	MCD
Quinoline-4-Oxidoreductase	*Arthrobacter sp.*	$\alpha_2\beta_2\gamma_2$	MCD
Quinaldic-4-Oxidoreductase	*Serratia marcescens*		
Nicotinsäurehydroxylase	*Clostridium barkeri*	α_2	
6-Hydroxynicotinathydroxylase	*Bacillus niacini*	$\alpha\beta\gamma$	
Nicotindehydrogenase	*Arthrobacter oxidans*	$\alpha\beta\gamma$	
Picolinathydroxylase	*Arthrobacter picolinophilus*	$\alpha_2\beta_2\gamma_2$	MCD
Die Sulfitoxidasefamilie			
Sulfitoxidase	Rinderleber, Hühnerleber,	α_2	MPT
Nitratreductase	Rattenleber, Mensch		
Nitratreductase (assimilatorisch)	*Neurospora crassa*, Spinat	α_2	MPT
Die DMSO-Reduktasefamilie			
DMSO-Reduktase	*Rhodobacter sphaeroides*	α	MGD
Biotin-*S*-Oxidoreductase	*E. coli*		
Trimethylamin-*N*-Oxidoreductase	*E. coli*	α_2	
Nitratreductase	*E. coli* (NarGHI), NarZYV	$\alpha\beta\gamma$	MGD
Formatdehydrogenase	*E. coli* (FdhF)	α	MGD
	E. coli (FdnGHI), FdoGHI	$\alpha\beta\gamma$	MGD
Polysulfidreductase	*Wolinella succinogenes*	$\alpha\beta\gamma$	MGD
Arsenitoxidase	*Alcaligenes faecalis*	α	MGD

MPT = Molybdopterin; MCD = Molybdopterin-Cytosin-Dinucleotid; MGD = Molybdopterin-Guanin-Dinucleotid; DMSO = Dimethylsulfoxid.

se. Im Gegensatz zur Xanthinoxidase wird die Aldehydoxidase nicht durch Allopurinol inaktiviert.

Die zweite Untergruppe (Sulfitoxidasefamilie) besteht aus Enzymen, die den Transfer von einem Sauerstoffatom zu oder von einem Substrat ermöglichen. Sie besteht aus zwei Familien (Tab. 62.35). Die erste Familie wird von der Sulfitoxidase und der assimilatorischen Nitratreduktase gebildet. Ihre physiologische Funktion ist es, den Nitratstickstoff zu Nitritstickstoff, den ersten Schritt für die Ammoniakbildung, der von der Pflanze benötigt wird, umzuwandeln. Die zweite Familie wird von bakteriellen Enzymen, der Dimethylsulfoxid-(DMSO-)reduktase, der Biotin-*S*-Oxidoreduktase und der bakteriellen dissimilatorischen oder respiratorischen Nitratreduktase gebildet (Tab. 62.35) [79].

62.5.2
Toxizität des Molybdäns

62.5.2.1 Flora

Generell tolerieren die Pflanzen relativ hohe Molybdänmengen des Bodens ohne Schäden. Molybdänüberschusssymptome der Flora wurden in der Nähe metallurgischer Betriebe mit Molybdänemissionen, auf undränierten alkalischen Böden (Moor-, Torfböden mit hohem pH-Wert) und stark gekalkten Gleiböden registriert [51]. Molybdänüberschuss führt zu einer goldorangegelben Chlorose bei Tomaten, Sonnenblumen, Bohnen, Baumwolle und Flachs [54, 77, 89]. Die Blätter dieser Pflanzen können bis zu 2400 mg Mo/kg TM enthalten. Außerdem kommt es zu einer Hemmung des internodalen Wachstums, Verdickungen des Stängels und einem kräftigen Wachstum älterer Blätter. Luzerne reagiert auf eine Molybdänbelastung mit Wachstumshemmung, Chlorose und Nekrose. Bei einem Molybdängehalt von >300 mg/kg TM verfärben sich die Blätter hellgrün und später hellgelb oder bronzefarbig [65–67]. Auch wenn die Pflanzen nicht zerstört sind, schädigt ihr hoher Molybdänbestand Tier und Mensch. Junge Pflanzen können besonders viel Molybdän speichern. Die ertragsbezogenen Phytotoxizitätsgrenzwerte für die verschiedenen Pflanzenarten (70–1000 mg/kg TM) [96] sind viel höher als die untoxische Molybdänaufnahme der Fauna.

62.5.2.2 Fauna

Das Schwermetall Molybdän wurde für die Tierwelt interessant, als Ferguson [69] zeigte, dass der so genannte Weidedurchfall (Molybdänose) der Rinder in England durch einen zu hohen Molybdängehalt des Weidefutters verursacht wird. Auch nach anthropogener Molybdänemission kommt es zur Molybdänose beim Rind und anderen Tierarten [63, 134]. Die endemische Krankheit wird durch Durchfall bei Kühen, eine starke Mikrobenvermehrung im Pansen der Wiederkäuer (Abb. 62.3) und eine Kupferverarmung charakterisiert. In Gegenwart von Sulfit wird anorganisches Molybdän zu Thiomolybdat (z. B. Tetrathiomolybdat) umgewandelt. Das Thiomolybdat reagiert rasch mit verschiedenen organischen Substanzen und bindet das Kupfer. Auf diese Weise wird das Kupfer festgelegt und ist für das Tier unverfügbar. Der Kupfergehalt von Leber, Großhirn und Blutserum sinkt signifikant und zeigt den sekundären molybdäninduzierten Kupfermangel (Tab. 62.36).

Die Gabe von Molybdän und Schwefel an Mastrinder und Schweine beeinflusst den Kupfergehalt von Blutserum und Großhirn nicht, wohl aber den der Leber signifikant (Tab. 62.37).

Bei Rind und Schwein vermindert sich der Kupferbestand der Leber auf ein Drittel bzw. ein Viertel.

Neben der Mikrobenvermehrung im Pansen der Wiederkäuer und der dadurch verkürzten Passagezeit des Futters (Durchfall) und dem sekundären Kupfermangel kann ein Molybdänüberschuss zu Knochenschäden bei Rindern, Ka-

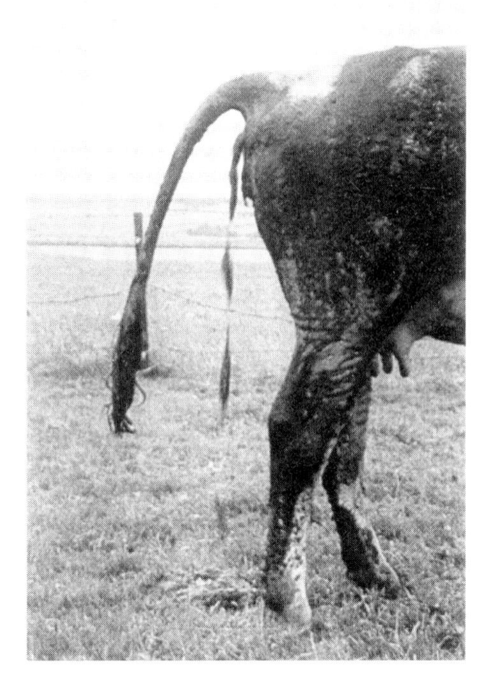

Abb. 62.3 Molybdänosekranke Kuh auf einer molybdänreichen kupferarmen Weide eines Granitstandortes.

Tab. 62.36 Der Kupfergehalt von Leber, Großhirn und Blutserum ohne und mit Molybdänbelastung (mg/kg TM bzw. mg/L).

Organ (*n*)		Unbelastet		Mo-belastet		*p*	%
		s	*x*	*x*	*s*		
Leber	(100, 15)	28	160	7,1	4,0	<0,001	4
Großhirn	(100, 15)	4,0	11	6,4	2,3	<0,001	58
Blutserum	(100, 15)	0,32	0,91	0,46	0,22	<0,001	51

n = Anzahl; *s* = Standardabweichung; *x* = arithmetischer Mittelwert; *p* = Signifikanzniveau beim t-Test nach Student.

ninchen und Ratten führen. Die Skelettschäden treten bei Rindern in Molybdänosegebieten auf [20] und können auch experimentell ausgelöst werden. Die Ursache für ihr Auftreten ist sekundärer Kupfermangel, wie bei Rind und Schwein gezeigt werden konnte [32–34]. Molybdänbelastungen reduzieren auch die Fortpflanzungsleistung verschiedener Tierarten. Molybdänüberschuss drosselte die Fertilität der Bullen [137], Färsen und Kühe [119–121], Ziegenböcke [31], Kaninchen [101, 105] und männlicher Ratten [117]. Ziegenböcke mit 1000 mg/kg Futter TM produzierten Sperma mit geringer Mobilität und Fruchtbar-

Tab. 62.37 Der Kupfergehalt verschiedener Körperteile von Mastrindern und Mastschweinen, mit Molybdän und Schwefelzulage (mg/kg TM).

Körperteil (*n*)			**10 g S/kg Futter TM**		**KGD %[a)] 0,05**	
			ohne Mo-Supplement	**+10 mg Mo/kg Futter TM**		
Blutserum, mg/L	Mastbulle	1,5±0,4	1,3±0,4	1,1±0,4	–	73
(8, 9, 9; 6, 6, 6)	Mastschwein	1,8±0,4	1,5±0,4	1,9±0,3	–	106
Großhirn mg/kg TM	Mastbulle	8,5±0,96	7,7±1,4	7,4±0,88	–	87
(8, 9, 9; 6, 6, 6)	Mastschwein	17±2,3	15±1,5	14±3,0	–	82
Leber mg/kg TM	Mastbulle	61±44	36±17	22±11	38	36
(8, 9, 9; 6, 6, 6)	Mastschwein	78±51	23±20	16±11	42	21

a) Kontrolltiere = 100%, S- + Mo-belastete Tiere = x%;
n = Anzahl.

keit [31, 68]. Die geschilderte Einflussnahme toxischer Molybdängaben auf die Fortpflanzungsleistung ist mehr auf das Molybdän als auf den sekundären molybdänüberschussbedingten Kupfermangel zurückzuführen. Die Verminderung des Umfangs der ovulatorischen Luteinisierungshormone demonstriert die Kontrolle des Östrogens und des sexuellen Interesses der männlichen Partner durch das Molybdän. Diese Molybdänwirkung zeigt die hemmende Wirkung des Molybdäns auf die Östrogen- und Androgenrezeptoraktivität, die in Zellkulturen registriert wurde. Die Wirkungen des Molybdäns auf die Östrogen-, Androgen- bzw. Glucocorticoidrezeptoren und cytosolbindende Proteine für Schilddrüsenhormone bzw. Glucocorticoidrezeptoren wurden umfassend beschrieben [31, 68]. Die Auswirkungen der Molybdänbelastung bei verschiedenen Haustierarten werden in Tabelle 62.38 zusammenfassend dargestellt.

Termiten sind möglicherweise besonders molybdänempfindlich. Der Mechanismus ihrer Sensibilität gegenüber Molybdän ist unklar [53]. Die einzelnen Tierarten sind gegenüber einer Molybdänbelastung unterschiedlich sensitiv. Rinder vertragen etwa 5–10 mg/kg Futter TM und Ziegen bzw. Maultierhirsche 1000 mg/kg Futter TM [31, 116, 147]. Hausschafe sind resistenter gegenüber Molybdän als Kühe. Schafe tolerieren Plasmamolybdänwerte von 100–200 µg/L oder die 20–40fache normale Molybdänmenge [135], während Ziegenböcke >1100 µg/L vertragen [37].

Das beim Weidegang aufgenommene Molybdän wirkt generell toxischer als dem Futter zugesetztes Molybdän in Form von Molybdänsalzen [70, 106].

Die in Deutschland festgelegten maximalen Immissionsmengen (MID-Werte) für landwirtschaftliche Nutztiere sind in Tabelle 62.39 zusammengefasst.

Die größte Empfindlichkeit gegenüber Molybdän zeigt das Rind. Pferd, Huhn, Schwein und Ziege sind wesentlich weniger empfindlich als das Rind. Ziegen fressen Luzerne mit 300 mg/kg TM, die beim Mufflon sofort Molybdä-

Tab. 62.38 Molybdänkonzentrationen (mg/kg Futter TM), die zu einer Beeinträchtigung der Leistungen und/oder Gesundheit führten [44 a].

Nutztier	Mo-Konzentration in mg/kg Futter TM	Wirkung
Rind	3–50	Durchfall, Skelettschäden, Fortpflanzungsstörungen, Anämie, Heinz-Körperchen
Schaf, Mufflon	50–200	Durchfall, Skelettschäden, sekundärer Kupfermangel, Fortpflanzungsstörungen, Anämie
Ziege	>250 (Luzerne) >1000 mg Mo/kg als Ammoniummolybdat	Verlust der Libido sexualis beim Bock Schäden an den Leydig-Zwischenzellen, Skelettschäden
Pferd	>100	Skelettschäden bei Nachkommen
Kaninchen	250 3000	Skelettschäden, Anämie Schilddrüsenveränderungen
Mastschwein	>1000	Verminderte Lebendmasseentwicklung
Masthähnchen	200	Verminderte Lebendmasseentwicklung

Tab. 62.39 Festgesetzte maximale Immissionsmengen [44 a].

Nutztier	Mo-Menge in mg/kg Körpermasse und Tag	Mo-Gehalt mg/kg Futter TM
Mastrind	0,20	10
Milchkuh	0,25	10
Schaf	2,0	50
Pferd, adult	2,5	100
Mastküken	15	250
Ziege	7,5	300
Mastschwein	15	500

nose (Durchfall) auslöst, ohne sichtbare andere Auswirkungen. Das Gleiche gilt für Rationen mit 1000 mg/kg Futter TM über mehrere Wochen.

Die große Molybdäntoleranz ist nicht das Ergebnis einer begrenzten Molybdänabsorption. Alle analysierten Organe der molybdänbelasteten Ziege akkumulierten reichlich Molybdän [24, 68, 98].

62.5.2.3 Mensch

Für den Menschen gibt es nur wenige, in der Regel nicht sehr aussagekräftige experimentelle Studien zur Molybdäntoxizität. In der Armenischen Republik (Ankavan) nehmen die Menschen die doppelte bis zehnfache Molybdänmenge (10–15 mg/Tag) gegenüber der in Deutschland auf. Sie besitzen eine erhöhte

Xanthindehydrogenase-Aktivität und erhöhte Harnsäurewerte im Blut. Bei ihnen wurde in Übereinstimmung mit ihrem umfangreichen Harnsäuregehalt im Blut vermehrt Gicht registriert [99, 100]. Verschiedene Studien über industrielle Molybdänbelastungen des Menschen in der früheren Sowjetunion liegen vor. Es werden Fälle von Pneumococcusinfektion bei 19 Beschäftigten, die mit metallischem Molybdän und seinen Oxiden arbeiteten und über 4–7 Jahre mit 1–19 mg/m^3 belastet waren, beschrieben [112]. In einer anderen Studie aus der früheren Sowjetunion wurden 73 Arbeiter einer Kupfer-Molybdän-Fabrik und zehn Kontrollpersonen verglichen. Arbeiter mit der erhöhten Molybdänbelastung hatten auch die höchsten Harnsäurewerte im Blut. 34 der 37 Beschäftigten besaßen erhöhte Blutharnsäurewerte [2]. Hyperurikämie wurde auch bei 85 Arbeitern einer Kupfer-Molybdän-Fabrik in Kadzaran (Russland) beschrieben [48]. Sie besaßen hohe Bilirubin-, Globulin- und Cholesterolwerte im Blut. In einer anderen Studie mit 500 Arbeitern eines Molybdän-Kupfer-Bergwerkes wurden lediglich unspezifische Symptome und Veränderungen im Zentralnervensystem mitgeteilt. Die Molybdänwerte in diesem Bergwerk erreichten in einigen Fällen die 10–100fache Molybdänmenge der erlaubten 6 mg/m^3 [62].

Bei 25 männlichen Beschäftigten einer Rösterei (Denver, USA) im Alter von 19–44 Jahren und einer mittleren Beschäftigungsdauer von 4 Jahren (0,5–20 Jahre), die Molybdänsulfid in Molybdänoxid umwandelten und mit 9,5 mg/m^3 belastet waren, wurden erhöhte Coeruloplasminwerte und ein Anstieg der Serumharnsäurewerte registriert, aber keine Gichterkrankungen festgestellt. Die renale Kupferausscheidung war in 13 von 14 Fällen normal [146].

Die Aufnahme von 300–800 µg Mo/Tag über 19 Tage führte bei einem Patienten zu einer akuten Psychose mit Halluzinationen. Ein Jahr nach der Molybdänvergiftung wurde bei diesem Patienten eine toxische Enzephalopathie festgestellt [113].

Die Bedeutung des Molybdäns für die Krebsentstehung ist in der Vergangenheit kontrovers diskutiert worden. Zunächst wurde in Südafrika ein gehäuftes Auftreten von Ösophaguskrebs beim Menschen mit dem niedrigen Molybdängehalt der Nahrungsmittel in Verbindung gebracht [57], in China mit einem zu hohen [150–153]. Weder die „International Agency for Research on Cancer" noch das „US Toxicology Program" betrachteten Molybdän als kanzerogen. Bis heute konnte keine kanzerogene Wirkung des Molybdäns beim Tier experimentell gesichtet werden [49], obwohl bei männlichen Ratten und Mäusen beiden Geschlechts nach Molybdäninhalation alveolare und bronchiale Adenome und Karzinome gefunden wurden [44 b].

62.5.2.4 **Zusammenfassung der wichtigsten Wirkungsmechanismen**

Schon 1930 zeigte Bortels die Lebensnotwendigkeit des Molybdäns für die Stickstoffbindung frei lebender stickstoffsammelnder Bakterien [52]. Zehn Jahre später demonstrierten Arnon und Stout die Essentialität des Molybdäns für die Flora [47]. Die Nitrogenase bindet den Luftstickstoff, während die Nitratreduktase die Umwandlung des Nitratstickstoffes im Ammoniak steuert [55].

Bei Tieren und Menschen wurde Molybdän als essenzieller Bestandteil der Enzyme Xanthindehydrogenase, Aldehydoxidase, Sulfitoxidase und verschiedener anderer Enzyme identifiziert. Molybdän-Mangelerscheinungen wurden beim Tier (Ziege) durch weniger als 25 µg Mo/kg Futter TM induziert. Molybdänmangel führte zu einer Verminderung des Futterverzehrs, des Wachstums, der Fortpflanzungsleistung bzw. der Lebenserwartung und erhöhte die Abort- und Mortalitätsrate. Der normative Molybdänbedarf dieser Wiederkäuerarten (100 µg/kg Futter TM), der monogastrischen Tierarten (50 µg/kg Futter TM) und des Menschen (25 µg/Tag) wird durch die Nahrung befriedigt, so dass, abgesehen von Gendefekten, kein Molybdänmangel bei Mensch und Tier vorkommt.

Beim Menschen kann ein Gendefekt die Bildung der Xanthindehydrogenase und der Sulfitoxidase vermindern. Er führt zu einem Mangel an Sulfitoxidase und innerhalb von 2–3 Jahren zum Exitus. Eine molybdänarme parenterale Ernährung kann gleichfalls Molybdänmangel induzieren.

Molybdänintoxikationen treten hauptsächlich bei Wiederkäuern, aber nicht nur bei diesen, auf. Sie führen zu einem verstärkten Mikrobenwachstum im Pansen, zu Durchfall (Molybdänose), Reproduktionsstörungen bei beiden Geschlechtern, sekundären Kupfermangelerscheinungen und Skelettschäden. Die verschiedenen Tierarten reagieren artspezifisch auf Molybdänbelastungen. Rinder sind am stärksten, Ziegen am wenigsten gefährdet. Für den Menschen liegen nur wenige auswertbare Berichte über Molybdänintoxikationen vor. Es wurden beim Menschen erhöhte Harnsäurewerte im Blut, Gichtfälle, Störungen im Zentralnervensystem und erhöhte Xanthindehydrogenase-Aktivitäten beschrieben. Molybdänbelastungen repräsentieren nur ein extrem begrenztes Krebsrisiko.

62.6
Bewertung des Gefährdungspotenzials

Das Molybdän ist für die Flora, Fauna und den Menschen gleichermaßen lebensnotwendig und toxisch. Alle Pflanzenarten bedürfen des Molybdäns, Leguminosen und andere stickstoffsammelnde Arten brauchen zur Bindung des Luftstickstoffs besonders viel Molybdän. Die unterschiedlichen Bodenherkünfte liefern über ihr Ausgangsgestein unterschiedliche Molybdänmengen in die Böden. Eine Molybdändüngung (2 kg/ha alle 5 Jahre) oder die Anhebung des Boden-pH-Wertes sind auf Muschelkalk- und Keuperverwitterungsböden, Löss und anderen Standorten bei Luzerne, Blumenkohl etc. von Zeit zu Zeit notwendig.

Der Molybdänbedarf von Tier und Mensch wird über die verschiedenen Nahrungsmittel befriedigt, so dass keine Molybdänergänzungen über Mineralstoffmischungen beim Tier und Nahrungsergänzungsmittel beim Menschen notwendig sind. Der Gendefekt des Menschen, bei dem die Synthese des Molybdopterins für die Bildung der Sulfitoxidase gestört ist, kann durch Molybdänergänzung nicht behoben werden.

Molybdänintoxikationen der Flora sind extrem selten und kommen meist nur nach anthropogenen Molybdänemissionen vor.

Tiere reagieren auf Molybdänbelastungen artspezifisch. Rinder vertragen höchstens 5–10 mg Mo/kg Futter TM, Schafe 50, Pferde 100, Hühnerküken 250 und Ziegen 300 mg Mo/kg Futter TM. In Salzform verabreichtes Molybdän ist weniger toxisch. Ziegen nehmen bis zu 1000 mg Mo/kg Futter TM ohne Schaden auf.

Der Mensch reagiert auf Molybdänbelastungen am Arbeitsplatz mit erhöhten Blutharnsäurewerten und Gicht, wobei 1–20 mg Mo/m^3 Luft gefunden wurden. Eine Substitution der Nahrungskette mit Molybdän ist nur durch Düngung von 2 kg Mo/ha landwirtschaftlicher Nutzfläche alle fünf Jahre auf Molybdänmangelflächen notwendig. In der Regel reicht die Kalkung dieser Standorte, um die Bioverfügbarkeit des vorhandenen Molybdäns zu erhöhen und den Pflanzenbedarf an Molybdän zu befriedigen.

62.7 Grenzwerte, Richtwerte, Empfehlungen, gesetzliche Regelungen

Die Bodenleitwerte für Molybdän schwanken zwischen 5 und 10 mg/kg [87, 95]. Höhere Molybdänkonzentrationen der Böden gefährden vor allem Wiederkäuer und müssen deshalb vermieden werden [143]. Städtischer Bioschlamm mit einem Molybdängehalt von 50 mg/kg TM kann unter diesen Bedingungen bis zu 10000 kg/ha und Jahr verwendet werden [87].

Wachstum und Rohproteingehalt der Leguminosen werden durch ihren Molybdängehalt beeinflusst. Bis zu einem Molybdängehalt von 100 µg/kg TM erhöht eine Molybdändüngung (2 kg/ha alle 5 Jahre) den Luzerneertrag und bei einem Molybdängehalt von 100–300 µg/kg TM den Rohproteingehalt. Ab 300 µg Mo/kg TM steigert eine Molybdändüngung weder die Grünmasseerträge noch den Eiweißgehalt [27, 40].

Der normative Molybdänbedarf monogastrischer Nutz- und Haustiere beträgt etwa 50 µg/kg Futter TM. Das Wild muss im gleichen Umfang Molybdän aufnehmen [8]. Der normative Molybdänbedarf der Fauna wird durch das natürliche Molybdänvorkommen befriedigt [39, 47].

Die Toxizität des Molybdäns wird durch die Tierart extrem stark variiert und schwankt zwischen 5–10 mg/kg Futter TM bzw. 300–1000 mg/kg Futter TM. Rinder beider Geschlechter und aller Altersklassen vertragen 5 bis maximal 10 mg Mo/kg Futter TM, Schafe 50 mg Mo/kg Futter TM, Pferde 100 mg Mo/kg Futter TM, Hühner 250 mg Mo/kg Futter TM, Ziegen >300 mg Mo/kg Futter TM und Schweine 500 mg Mo/kg Futter TM. Wenn das Molybdän in Salzform aufgenommen wird, vertragen die Tiere mehr Molybdän [44].

Der normative Molybdänbedarf Erwachsener beträgt etwa 25 µg/Tag [21, 142]. Erwachsenen wird die Aufnahme von 45 µg/Tag empfohlen und als obere Molybdänmenge 2 mg/Tag genannt [46]. Dieser Wert wurde von Tierversuchen abgeleitet [46]. Mertz bezeichnet eine Molybdänaufnahme von 500–1000 µg/Tag durch Erwachsene als sicher [109], während die U.S. National Academy of Sciences 150–500 µg/Tag als adäquat und sicher für Erwachsene bezeichnet [42].

Im Gegensatz zu diesen Angaben beschrieb Momcilovic die Aufnahme von 300–800 μg Mo/Tag über 19 Tage als gefährlich und krankmachend [113]. Vyskocik und Viau kalkulierten eine tägliche Molybdänaufnahme von 9 μg/kg Körpergewicht pro Tag als Grenzwert [145], während die Environmental Protection Agency 5 μg Mo/kg Körpergewicht pro Tag als zulässigen Höchstwert bezeichnet [45]. Die Aufnahme von 2 mg Mo/Tag ist im Vergleich zu den letztgenannten Grenzwerten für die Molybdänaufnahme Erwachsener extrem reichlich.

In den USA wurde die zulässige Arbeitsplatzkonzentration unlöslicher Molybdänverbindungen auf 10 mg/m^3, die löslicher Verbindungen auf 5 mg/m^3 begrenzt [43].

62.8 Vorsorgemaßnahmen

Die Gefahr eines Molybdänmangels bei Tier und Mensch besteht in Deutschland und Europa nicht. Das natürliche Molybdänangebot deckt den normativen Molybdänbedarf der Fauna und des Menschen. Die Flora verschiedener Lebensräume (z. B. Muschelkalk- und Keuperverwitterungsböden, Löss) bedarf der Molybdändüngung mit 2 kg Mo/ha alle fünf Jahre. Durch Kalkung verbessert sich die Bioverfügbarkeit des Bodenmolybdäns. Sie verdient wegen ihres langsameren Molybdäntransfers in die Vegetation den Vorzug vor der Düngung mit Molybdän, bei der häufig zu viel Molybdän verabreicht wird.

Geologisch bedingte (Granit-, Schiefer-, Moorstandorte) und anthropogen verursachte Molybdänbelastungen verursachen vor allem beim Weiderind Schäden (5 mg Mo/kg Futter TM) in Form von Weidedurchfall. Der Mensch verträgt wahrscheinlich 1500–2000 μg Mo/Tag, eine Molybdänmenge, die in Deutschland und Mexiko von keiner Testperson im Wochenmittel verzehrt wurde. Die zulässige Arbeitsplatzkonzentration an Molybdän von 5 bzw. 10 mg/m^3 für lösliches und unlösliches Molybdän muss unbedingt eingehalten werden.

62.9 Zusammenfassung

Molybdän ist für die Flora, Fauna und den Menschen gleichermaßen ein lebensnotwendiges Metall. Leguminosen und verschiedene andere stickstoffsammelnde Pflanzenarten benötigen Molybdän für die Stickstoffbindung und die Umwandlung des Nitratstickstoffs zu Ammoniakstickstoff. Der Molybdänbedarf von Tier und Mensch zur Bildung der Xanthindehydrogenase, der Aldehyd- und Sulfitoxidase wird durch das Futter und die Nahrung befriedigt. Es sind keine Molybdänsupplementationen erforderlich.

Tier und Mensch werden durch unterschiedliche Molybdänmengen gefährdet. Rinder erkrankten bereits durch die Aufnahme von 5–10 mg Mo/kg Futter TM, die Ziege und das Schwein erst durch >300 bzw. >500 mg Mo/kg Futter TM. Der Mensch verträgt 500–2000 μg Mo/Tag. In Deutschland schwankt der individuelle Molybdänverzehr erwachsener Mischköstler zwischen 30 und 250 μg Mo/Tag.

Die Molybdänbelastung am Arbeitsplatz ist auf 5 mg Mo/m^3 lösliches Molybdän und 10 mg Mo/m^3 unlösliches Molybdän begrenzt.

62.10 Literatur

1 Abumrad NN, Schneider AJ, Steel D, Rogers LS (1981) Amino acid intolerance during prolonged total parental nutrition reserved by molybdate therapy. *Am J Clin Nutr* **34**: 2551–2559.

2 Akopajan O (1963) Some biological shifts in the bodies of workers in contact with molybdenum dust, Second Scientific Conference of the Institute of Labor of Hygiene and Occupational Diseases on Problems of Labor Hygiene and Occupational Pathology, Erevan, 103–106.

3 Allen RM, Chatterjee R, Madden MS, Ludden PW, Shah VK (1994) Biosynthesis of the iron molybdenum cofactor of nitrogenase. *Crit Rev Biotechnol* **14**: 249–255.

4 Anderson AJ (1956) Molybdenum deficiencies in legumes in Australia. *Soil Sci* **81**: 173–182.

5 Anke M (1960) Molybdänmangel bei Luzerne in Thüringen. *Zeitschrift für Landwirtschaftliches Versuchs- und Untersuchungswesen* **6**: 39–49.

6 Anke M (1961) Der Spurenelementgehalt von Grünland- und Ackerpflanzen verschiedener Böden in Thüringen. *Zeitschrift für Acker- und Pflanzenbau* **112**: 113–140.

7 Anke M (1967) Der Mengen- und Spurenmengengehalt des Rinderhaares als Indikator der Calcium-, Magnesium-, Phosphor-, Kalium-, Natrium-, Eisen-, Zink-, Mangan-, Kupfer-, Molybdän- und Kobaltversorgung. 5. Mitteilung: Die Mineralstoffversorgung der Milchkühe auf Verwitterungsböden verschiedener geologischer Herkunft, gemessen am Mineralstoffgehalt des schwarzen Rinderdeckhaares und des Ackerrotklees. *Archiv für Tierernährung* **17**: 1–26.

8 Anke M (1977) Anorganische Bausteine. Enke, Stuttgart, 57–103.

9 Anke M (2004) Essential and toxic effects of macro, trace and ultratrace elements in the nutrition of man. In Merian E, Anke M, Ihnat M, Stoeppler M (eds) Elements and their Compounds in the Environment. Wiley-VCH, Weinheim, 343–367.

10 Anke M (2004) Molybdenum. In Merian E, Anke M, Ihnat M, Stoeppler M (eds) Elements and their Compounds in the Environment. Wiley-VCH, Weinheim, 1007–1037.

11 Anke M (2004) Essential and toxic effects of macro, trace and ultratrace elements in the nutrition of animals. In Merian E, Anke M, Ihnat M, Stoeppler M (eds) Elements and their Compounds in the Environment. Wiley-VCH, Weinheim, 305–341.

12 Anke M (2004) Transfer of macro, trace and ultratrace elements in the foodchain. In Merian E, Anke M, Ihnat M, Stoeppler M (eds) Elements and their Compounds in the Environment. Wiley-VCH, Weinheim, Germany, 101–126.

13 Anke M, Arnhold W, Groppel B, Krause U, Langer M (1991) Significance of the essentiality of fluorine, molybdenum, vanadium, nickel, arsenic and cadmium. *Acta Agron Hung* **40**: 201–215.

14 Anke M, Arnhold W, Müller R, Angelow L (2001) Nutrients, macro, trace and ultratrace elements in the foodchain of mouflons and their mineral status. Second part: trace elements. In Nahlik A, Uloth W (eds) Proceedings of the

Third International Symposium of Mouflon. Lover Print, Sopron, Hungary, 243–261.

15 Anke M, Arnhold W, Müller R, Schäfer U, Dorn W, Gunstheimer G, Jaritz M, Holzinger S, Glei M (2000) Der Kupfer- und Molybdänstatus des Ostdeutschen Rotwildes im Vergleich zu anderen Wildwiederkäuerarten. *Beiträge zur Jagd- und Wildforschung* **25**: 77–87.

16 Anke M, Dittrich G, Groppel B, Schäfer U, Müller R, Hoppe Chr (2006) Zusammensetzung und Aufnahme der Winteräsung durch das Reh-, Muffel-, Dam- bzw. Rotwild. *Beiträge zur Jagd- und Wildforschung* **31**, in Druck.

17 Anke M, Graupe B, Rother A (1960/61) Der Molybdängehalt verschiedener Ackerpflanzen nach einer Molybdändüngung. *Jahrbuch der Arbeitsgemeinschaft für Fütterungsberatung* **3**: 351–356.

18 Anke M, Graupe B, Trobisch S (1960) Molybdängehalt bei Luzerne, Rot- und Schwedenklee. *Die Deutsche Landwirtschaft* **11**: 230–233.

19 Anke M, Groppel B (1987) Toxic actions of essential trace elements (Mo, Cu, Zn, Fe, Mn). In Brätter P, Schramel P (eds) Trace element – Analytical Chemistry in Medicine and Biology, de Gruyter, Berlin, New York, 202–236.

20 Anke M, Groppel B (1988) Signifikanz der Essentialität von Fluor, Brom, Molybdän, Vanadium, Nickel, Arsen und Cadmium. *Zentralblatt für Pharmazie, Pharmakotherapie und Laboratoriumsdiagnostik* **127**: 197–205.

21 Anke M, Groppel B, Glei M (1994) Der Einfluß des Nutzungszeitpunktes auf den Mengen- und Spurenelementgehalt des Grünfutters. *Das wirtschaftseigene Futter* **40**: 304–319.

22 Anke M, Groppel B, Kronemann H, Grün M (1984) Die biologische Bedeutung des Molybdäns für den Wiederkäuer. *Wiss Z Karl-Marx-Univ Leipzig, Math.-Naturwiss Reihe* **33/2**: 148–156.

23 Anke M, Groppel B, Grün M (1985) Essentiality, toxicity, requirement and supply of molybdenum in human and animals. In Mills CF, Bremner J, Chesters JK (eds) Trace Elements in Man and Animals – TEMA 5, Commonwealth Agricultural Bureaux Farnham Royal, Sloug SL23BN, United Kingdom, 154–157.

24 Anke M, Groppel B, Kronemann H, Grün M (1985) Molybdenum supply and status in animals and human beings. *Nutr Res Suppl* **1**: 180–186.

25 Anke M, Groppel B, Kronemann H, Grün M, Szentmihalyi S (1983) Die Versorgung von Pflanze, Tier und Mensch mit Molybdän. *Mengen- und Spurenelemente* **3**: 22–36.

26 Anke M, Grün M, Partschefeld M, Groppel B (1978) Molybdenum defieciency in ruminants. In: Kirchgessner M (ed) Trace Element Metabolism in Man and Animals – 3, Techn. Universität München, Freising-Weihenstephan, Germany, 230–232.

27 Anke M, Gruhn K (1962) Der Einfluss des Molybdäns auf die Zusammensetzung der Pflanzen. *Landw. Versuchs- und Untersuchungswesen* **8**: 321–330.

28 Anke M, Hennig A, Diettrich M, Hoffmann G, Wicke G, Pflug D (1971) Resorption, Exkretion und Verteilung von ^{99}Molybdän nach oraler Gabe an laktierende Wiederkäuer. *Archiv für Tierernährung* **21**: 505–513.

29 Anke M, Kronemann H, Hoffmann G, Grün M, Groppel B (1981) Molybdenum metabolism in ruminants suffering from molybdenum deficiency. *Mengen- und Spurenelemente* **1**: 211–216.

30 Anke M, Lösch E, Glei M, Müller M, Illing H, Krämer K (1993) Der Molybdängehalt der Lebensmittel und Getränke Deutschlands. *Mengen- und Spurenelemente* **13**: 537–553.

31 Anke M, Masaoka T (1988) Toxizität essentieller Spurenelemente. *Zentralbl Pharm Pharmakother Laboriumsdiagnos* **127**: 205–211.

32 Anke M, Masaoka T, Arnhold W, Krause U, Groppel B, Schwarz S (1989) The influence of a sulphur, molybdenum or cadmium exposure on the trace element status of cattle and pigs. *Arch Anim Nutr* **7**: 657–666.

33 Anke M, Masaoka T, Groppel B, Janus S, Arnhold W (1987) Der Einfluß einer Schwefel-, Molybdän- und Cadmiumbelastung auf das Wachstum von Ziege, Rind und Schwein. *Mengen- und Spurenelemente* **7**: 326–334.

34 Anke M, Masaoka T, Müller M, Glei M, Krämer K (1993) Die Auswirkungen der Belastung von Tier und Mensch mit Schwefel, Molybdän und Cadmium. In Dörner K (ed) Akute und chronische Toxizität von Spurenelementen, Wissenschaftliche Verlagsgesellschaft, Stuttgart, Germany, 11–29.

35 Anke M, Reinhardt M, Hartmann G, Kirchner H, Hoffmann G (1971) Resorption und Verteilung von ^{99}Molybdän noch oralen Gaben an Legehennen in Abhängigkeit von der Zeit. *Arch Tierernähr* **21**: 705–711.

36 Anke M, Risch M (1979) Haaranalyse und Spurenelementstatus. Gustav Fischer Verlag, Jena, Germany.

37 Anke M, Risch MA (1989) Importance of molybdenum in animal and man. in Anke M et al. (eds) 6th International Trace Element Symposium, Vol 1, Molybdenum, Vanadium, Universität Leipzig und Jena, Germany, 303–321.

38 Anke M, Schwark H-J, Groppel B, Dittrich G (1986) Versorgung der Wildwiederkäuer mit Molybdän. *Beiträge zur Jagd- und Wildforschung* **14**: 122–128.

39 Anke M, Szentmihalyi S, Grün M, Groppel B (1984) Molybdängehalt und -versorgung der Flora und Fauna. *Wiss Z Karl-Marx-Univ Leipzig, Math-Naturwiss R* **33/3**: 135–147.

40 Anke M, Szentmihalyi S, Hennig A, Anke E (1963) Der Einfluß des Molybdäns auf den Futterwert der Luzerne verschiedener geologischer Formationen des Kreises Arnstadt. *Landwirtschaftl Versuchs- und Untersuchungswesen* **9**: 349–360.

41 Anke S (1997) Der Mangan- und Zinkgehalt des natürlichen und kommerziellen Katzenfutters und der Mangan- und Zinkstatus der Europäischen Hauskatze in Abhängigkeit von Geschlecht, Alter und Gesundheitszustand. Diss. Vet.-Med. Fakultät Leipzig, Germany.

42 Anonymous (1980) Mineral Tolerance of Domestic Animals, National Academy of Sciences, Washington, D.C.

43 Anonymous (1990) Threshold Limit Values and Biological Exposure Indices for 1989–1990, American Conference of Governmental Industrial Hygienists, Cincinnati, Ohio.

44 (a) Anonymous (1997) Maximale Immissionswerte für Molybdän zum Schutz der landwirtschaftlichen Nutztiere. VDI/DIN-Handbuch Reinhaltung der Luft Band 1a.

44 (b) Anonymous (1997) Toxicology and Carcinogenesis – Studies of Molybdenum Trioxide (CAS No. 1313-27-5) in F344/N Rats and B6C3F$_1$ Mice (Inhalation Studies), National Toxicology Program, P.O. Box 12233, Research Triangle Park, NC 27709, NIH Publication No. 97-3378, US Department of Health and Human Services, NIH.

45 Anonymous (1998) Environmental Protection Agency, IRIS-Molybdenum. EPA: Cincinnati, Ohio, USA.

46 Anonymous (2001) Dietary Reference Intakes for Vitamin A, Vitamin K, Arsenic, Boron, Chromium Copper, Iodine, Iron, Manganese, Molybdenum, Nickel, Silicon, Vanadium, and Zinc. National Academy Press, Washington, DC.

47 Arnon DJ, Stout PR (1939) Molybdenum as an essential element for higher plants. *Plant Physiol* **14**: 599–607.

48 Avakajan M (1966) A dynamic study of the experimental effect of molybdenum on some metabolic processes, Scientific Session on Problems of Labor Hygiene and Occupational Pathology in the Chemical and Mining Industries, Alastan, 1966.

49 Barceloux DG (1999) Molybdenum. *Clin Toxicol* **37**: 231–237.

50 Bergmann W (1959) Die Bedeutung der Mikronährstoffe, insbesondere des Molybdäns, in der Landwirtschaft und im Gartenbau. *Z Landwirtsch Vers Untersuchungswesen* **5**: 395–415.

51 Bergmann W (1992) Nutritional Disorders of Plants. Fischer, Jena, Stuttgart, New York, 321–324.

52 Bortels H (1930) Molybdän als Katalysator bei der biologischen Stickstoffbindung. *Arch Mikrobiol* **1**: 333–342.

53 Brill WJ, Ela SW, Breznak JA (1987) Termite killing by molybdenum and tungsten compounds. *Naturwissenschaften* **74**: 494–495.

54 Buchholz C (1965) Molybdänüberschuß bei Tomaten. *Landwirtsch Forsch* **19**: 206–213.
55 Burgess BK, Lowe DJ (1996) Mechanism of molybdenum nitrogenase. *Chem Rev* **96**: 2983–3011.
56 Burkin RA (2002) Molybdenum and molybdenum compounds. Occurrence. In Ullmann's Encyclopedia of Industrial Chemistry, Wiley-VCH, Weinheim.
57 Burrell R, Roach W, Shadwell A (1966) Esophageal cancer in the Bantu of the Transkei associated with mineral deficiency in garden plants. *J Nat Cancer Inst* **35**: 201–209.
58 Burris RH (1974) Biological nitrogen fixation, 1924–1974. *Plant Physiol.* **54**: 443–449.
59 Church DA (2002) Molybdenum and molybdenum compounds. Economic aspects. Ullmann's Encyclopedia of Industrial Chemistry. Wiley-VCH, Weinheim.
60 Cunningham IJ (1950) Copper and molybdenum in relation to diseases of cattle and sheep in New Zealand. In McElroy WD, Glass B (eds) A Symposium on Copper Metabolism. Johns Hopkins Press, Baltimore, Maryland, USA, 246–273.
61 De Renzo EC, Kaleita E, Heytler P, Oleson JJ, Hutchings BL, Williams JH (1953) Identification of the xanthine oxidase factor as molybdenum. *Arch Biochem Biophys* **45**: 247–250.
62 Eolajan S (1965) The effects of molybdenum on the nervous system, *Z Exp Klin Med* **5**: 70–73.
63 Erdman JA, Ebens RJ, Case AA (1978) Molybdenosis: a potential problem in ruminants grazing on coal mine spoils. *J Range Manage* **31**: 34–36.
64 Falbe J, Regitz M (1992) Römpp's Lexikon der Chemie, Bd. 6, Thieme, Stuttgart.
65 Falke H (1983) Der Einfluß steigender Molybdängaben auf den Molybdängehalt von Boden und Pflanze. *Mengen- und Spurenelemente* **3**: 18–21.
66 Falke H (1984) Untersuchungen über Düngewirkung und Wirkungsdauer unterschiedlicher Molybdängaben. *Mengen- und Spurenelemente* **4**: 310–314.
67 Falke H (1988) Der Einfluß steigender Molybdängaben auf den Molybdängehalt in Boden und Kopfsalat. *Mengen- und Spurenelemente* **8**: 346–350.
68 Falke H, Anke M (1987) Die Reaktion der Ziege auf Molybdänbelastungen. *Mengen- und Spurenelemente* **7**: 448–452.
69 Ferguson WS, Lewis AH, Watson SJ (1938) Action of molybdenum in nutrition of milking cattle. *Nature* **141**: 553.
70 Friberg L, Lener J (1986) Molybdenum. In Friberg L (ed) Handbook of Toxicology of Metals, 2nd edn, Vol 2, Elsevier, Amsterdam, Netherlands, 446–461.
71 Garrett RM, Bellisimo DB, Rajagopalan KV (1995) Molecular cloning of human liver sulfite oxidase. *Biochem Biophys Acta* **1262**: 147–149.
72 Graupe B (1965) Untersuchungen über die Wirkung einer Molybdändüngung auf Ertrag und Zusammensetzung von Luzerne und der Einfluß molybdängedüngten Futters auf den Mineralstoffhaushalt der Milchkühe. Dissertation, Friedrich-Schiller-Universität Jena, Germany.
73 Graupe B, Anke M, Rother A (1960/61) Die Verteilung der Mengen- und Spurenelemente in verschiedenen Ackerpflanzen. *Jahrbuch der Arbeitsgemeinschaft für Fütterungsberatung* **3**: 357–362.
74 Grün M, Podlesak W, Falke H, Witter B, Krause O (1989) Importance of molybdenum in plant nutrition. In Anke M, Baumann W, Bräunlich H, Brückner C, Groppel B, Grün M (eds) Proceedings of the 6th International Trace Element Symposium. Molybdenum. Vanadium 1. Universität Leipzig und Jena, Germany, 159–175.
75 Gruhn K (1961) Einfluß einer Molybdän-Düngung auf einige Stickstoff-Fraktionen von Luzerne und Rotklee. *Zeitschr für Pflanzenernährung, Düngung, Bodenkunde* **95**: 110–119.
76 Gruhn K (1961) Der Einfluß einer Kupferschlacken- und Molybdändüngung auf den Aminosäuregehalt verschiedener Ackerpflanzen. *Zeitschr für landwirtschaftl Versuchs- und Untersuchungswesen* **7**: 275–293.
77 Hecht-Buchholz C (1973) Molybdänverteilung und -verträglichkeit bei Tomate,

Sonnenblume und Bohne. *Pflanzenernährung und Bodenkunde* **136**: 110–119.

78 Higgins ES, Richert DA, Westerfeld WW (1956) Molybdenum deficiency and tungstate inhibitions studies. *J Nutr* **59**: 539–542.

79 Hille R (1996) The monomolecular molybdenum enzymes. *Chem Rev* **96**: 2757–2816.

80 Hellriegel H, Wilfarth H (1888) Untersuchungen über die Stickstoffnahrung der Gramineen und Leguminosen. Beilageheft zur Ztschr Ver. Rübenzucker-Industrie des Deutschen Reichs.

81 Holzinger S (1999) Die Molybdänversorgung des Menschen unter Berücksichtigung verschiedener Ernährungsformen. Thesis. Biologisch-Pharmazeutische Fakultät, Friedrich-Schiller-Universität Jena. Germany.

82 Holzinger S, Anke M, Jaritz M, Röhrig B (1997) Molybdenum transfer in the food chain of humans. In Ermidou-Pollet S (ed) International Symposium on Trace Elements in Human: New Perspectives, G. Morogianni: Acharnai. Greece, 209–223.

83 Holzinger S, Anke M, Jaritz M, Seeber O, Seifert M (1997) Die Molybdänaufnahme und Molybdänausscheidung erwachsener Mischköstler in der Bundesrepublik Deutschland. *Mengen- und Spurenelemente* **17**: 778–785.

84 Holzinger S, Anke M, Röhrig B (1996) Molybdän in der Nahrungskette des Menschen eines teerbelasteten Lebensraumes (Rositz, Thüringen). *Mengen- und Spurenelemente* **16**: 857–864.

85 Holzinger S, Anke M, Röhrig B, Gonzales D (1998) Molybdenum intake of adults in Germany and Mexico. *Analyst* **123**: 447–450.

86 Holzinger S, Anke M, Seeber O, Jaritz M (1998) Die Molybdänversorgung von Säuglingen und Erwachsenen. *Mengen- und Spurenelemente* **18**: 916–923.

87 Hornick SB, Baker DE, Guss SB (1977) Crop production and animal health problems associated with high soil molybdenum. In Molybdenum in the Environment, Vol 2, Marcel Dekker, New York, Basel.

88 Irreverre F, Mudd SH, Heizer WD, Laster L (1967) Sulfite oxidase deficiency: studies of a patient with mental retardation, dislocated ocular lenses and abnormal urinary excretion of S-sulfo-L-cysteine, sulfite and thiosulfate. *Biochem Med* **1**: 187–217.

89 Joham HE, Amin JV, Taylor DM (1966) Nutritional limitations and measurements of manganese and molybdenum availability to cotton. *Agr Chem* 18–20 und 72.

90 Johnson JL (1997) Molybdenum. In O'Dell BL, Sunde RA (eds) Handbook of Nutritionally Essential Mineral Elements, Marcel Dekker Inc, New York, Basel, Hong Kong, 413–438.

91 Johnson JL, Rajagopalan KV, Lanman JT et al (1991) Prenatal diagnosis of molybdenum cofactor deficiency by assay of sulphite oxidase activity in chorionic villus samples. *J Inher Metab Dis* **14**: 932–937.

92 Johnson JL, Wadman SK (1995) Molybdenum cofactor deficiency and isolated sulfite oxidase deficiency. In Scriver CR, Beaudet AL, Sly WS, Valle D (eds) The metabolic and molecular bases of inherited disease 7th edition, McGraw-Hill New York, 2271–2283.

93 Johnson JL, Jones HP, Rajagopalan KV (1977) In vitro reconstitution of demolybdosulfite oxidase by a molybdenum cofactor from rat liver and other sources. *J Biol Chem* **252**: 4994–5003.

94 Kabata-Pendias A, Pendias H (2001) Trace Elements in the Soils and Plants. 3rd edition. CRC Press, Boca Raton.

95 Kloke A (1980) Application of sewage sludge in agriculture. Proceedings of the Gottlieb-Duttweiler Institute, Rüschlikon Zürich, 58–87.

96 Kluge R (1983) Molybdäntoxizität bei Pflanzen. *Mengen- und Spurenelemente* **3**: 10–17.

97 Korzeniowski A, Geurink JH, Kemp A (1981) Nitrate poisoning in cattle. 6. Tungsten (wolfram) as a prophylactic against nitrate – nitrite intoxication in ruminants. *Nether J Agric Sci* **29**: 37–47.

98 Kosla T, Anke M, Lösch E (1989) Molybdänstatus, -bedarf und -versorgung des Pferdes. In: Anke M et al (eds) 6th International Trace Element Symposium Vol 1, Molybdenum, Vanadium, Universität Leipzig und Jena, Germany, 337–345.

99 Kovalslkij VVM (1977) Geochemische Ökologie der Organismen in den Subregionen der Biosphäre mit erhöhtem Molybdängehalt und Wechselwirkungen zwischen Molybdän und Kupfer. In Hennig A (ed) Geochemische Ökologie Biochemie, Fischer Verlag, Jena, 223–239.

100 Kovalskii V, Yarovaya G, Schmavonyan D (1961) Changes in purine metabolism in humans and animals living in biochemical areas with high molybdenum concentrations, *Z Obsc Biol* **22**: 179.

101 Kroupová V, Kursa J, Trávnicek J, Kratochvil P, Klein Z (1989) Der toxische Effekt der Molybdänbelastung bei Kaninchen. In Anke M et al (eds) 6th International Trace Element Symposium, Molybdenum, Vanadium, Universität Leipzig und Jena, Germany, 346–353.

102 Kung JC, Turnlund JR (1989) Human zinc requirements. In Mills CF (ed) Zinc in Human Biology, Springer, Berlin, Germany, 335–350.

103 Leichtfried G (2002) Molybdenum compound uses. In Ullmann's Encyclopedia of Industrial Chemistry. Wiley-VCH, Weinheim.

104 Lener J, Bibr B (1979) Biliary excretion and tissue distribution of penta- and hexavalent molybdenum in rats. *Toxicol Appi Pharmacol* **51**: 259–263.

105 McCarter A, Riddell PE, Robinson GA (1962) Molybdenosis induced in laboratory rabbits. *Can J Biochem Physiol* **40**: 1415–1425.

106 McDowell LR (1992) Minerals in Animal and Human Nutrition. Academic Press, San Diego. New York, Boston, London.

107 Mendel R, Stallmeyer B (1984) The molybdenum cofactor molecular analysis of biosynthesis in plants. *Mengen- und Spurenelemente* **14**: 233–240.

108 Merbach W, Götz R (1991) Einfluß einer Molybdängabe auf den Erfolg einer Impfung von Ackerbohnen mit Rhizobium leguminosarum. *Mengen- und Spurenelemente* **11**: 160–163.

109 Mertz W (1976) Defining Trace Elements Deficiencies and Toxicities in Man, Molybdenum in the Environment, vol 1, Chap 18, Marcel Dekker, New York.

110 Michael G, Trobisch S (1961) Der Molybdänversorgungsgrad mitteldeutscher Ackerböden. *Z Pflanzenernaehr Dueng Bodenkunde* **910**: 9–18.

111 Miller JK, Moss BR, Bell MC, Sneed NN (1972) Comparison of ^{99}Mo metabolism in young cattle and swine. *J Anim Sci* **34**: 846–850.

112 Mogilevskaja O (1967) Experimental studies on the effect on the organism of rare, dispersed and other metals and their compounds used in industry, in Izraelson ZI (ed) Toxicology of the rare metals, Israel Programs for Scientific Translations Ltd, Jerusalem.

113 Momcilovic B (1999) A case of acute human molybdenum toxicity from a dietary molybdenum supplement – A new member of the "Lucor Metallicum" family. *Arh hig rada toksikol* **50**: 289–297.

114 Mudd SH, Irreverre F, Laster L (1967) Sulfite oxidase deficiency in man: demonstration of the enzymatic defect. *Science* **156**: 1599–1602.

115 Müller K-H, Wuth E, Witter B, Ebeling R, Bergmann W (1964) Die Molybdänversorgung der Thüringer Böden und der Einfluß einer Molybdändüngung auf Ertrag, Rohprotein- und Mineralstoffgehalt von Luzerne. *Albrecht-Thaer-Archiv* **5**: 353–373.

116 Nagy JG, Chappell WR, Ward GM (1975) The effects of high molybdenum intakes in mule deer. *J Anim Sci* **41**: 412 (Abstr.).

117 Pandey R, Singh SP (2002) Effects of molybdenum on fertility of male rats. *Bio Metals* **15**: 65–72.

118 Parr RM, Crawley H, Abdulla M, Iyengar GV, Kumpulainen J (1992) Human Dietary Intake of Trace Elements. A Global Literature Survey Mainly for the Period 1970–1991. Nahres – 12. IAEA, Vienna.

119 Phillippo M, Humphries WR, Atkinson T (1985) The effect of fertility in the cow. *Proc Nutr Soc* **44**: 82A.

120 Phillippo M, Humphries WR, Bremner I, Young BW (1982) Possible effect of molybdenum on fertility in the cow. *Proc Nutr Soc* **41**: 80A.

121 Phillippo M, Humphries WR, Bremner I, Atkinson T, Henderson G (1985) Molybdenum induced infertility in cattle. In Mills CF, Bremner I, Chesters JH (eds) Trace Elements in Man and Animals, TEMA 5, Commonwealth Agricultural Bureaus Farnham Royal, London, 176–180.

122 Price J, Will AM, Paschaleris G, Chesters JK (1987) Identification of thiomolybdates in digesta and plasma from sheep after administration of ^{99}Mo-labelled compounds into the rumen. *Br J Nutr* **58**: 127–138.

123 Püschner A, Simon O (1977) Grundlagen der Tierernährung, Fischer Verlag, Jena, 102.

124 Reiter S, Simmonds HA, Zöllner N, Braun SL, Kendel M (1990) Demonstrating of a combined deficiency of xanthine oxidase and aldehyde oxidase in xanthinuric patients not forming oxypurinol. *Clin Chim Acta* **187**: 221–234.

125 Richert DA, Westerfeld WW (1953) Isolation and identification of the xanthine oxidase factor as molybdenum. *J Biol Chem* **203**: 915–923.

126 Roesel RA, Bowyer F, Blankenship PR, Hommes FA (1986) Combined xanthine oxidase defect due to a deficiency of molybdenum cofactor. *J Inher Metab Dis* **9**: 343–347.

127 Roth A, Nogues C, Mennet JP, Ogier H, Saudubray JM (1985) Anatomic-pathological findings in a case of combined deficiency of sulphite oxidase and xanthine oxidase with a defect of molybdenum cofactor. *Virchows Archiv (Pathol Anat)* **405**: 379–386.

128 Sakai LY, Keene DR, Glanville RW, Bächinger HP (1991) Purification and partial characterization of fibrillin, a cysteine-rich structural component of connective tissue microfibrils. *J Biol Chem* **266**: 14763–14770.

129 Schnorr H, Bergmann W (1968) Überblick über die Mikronährstoffversorgung der Böden der Bezirke Rostock, Schwerin und Neubrandenburg. 2. Mitteilung: Die Bor- und Molybdänversorgung. *Albrecht-Thaer-Archiv* **12**: 1113–1120.

130 Schroeder HA, Balassa JJ, Tipton IH (1970) Essential trace metals in man: molybdenum. *J Chron Dis* **23**: 481–499.

131 Sebenik RF, Burkin AR, Dorfler RR, Laferty JM, Leichtfried G et al (2002) Molybdenum and molybdenum compounds. Ullmann's Encyclopedia of Industrial Chemistry, Wiley-VCH, Weinheim, Germany.

132 Sima A, Wilplinger M, Zöhling S, Heumann S, Schaller U, Pfannhauser W (1998) Der Versorgungsstatus mit den essentiellen Spurenelementen Cr, Cu, Mo, Ni und Zn in Österreich. *Mengen- und Spurenelemente* **18**: 205–212.

133 Simmonds HA, Reiter S, Nishino T (1995) Hereditary xanthinuria. In Sciver CR, Beaudet AL, Sly WS, Valle D (eds) The Metabolic and Molecular Bases of Inherited Disease,. 7th edition. McGraw-Hill, New York, 1781–1797

134 Stone LR, Erdman JA, Feder GL, Holland HD (1983) Molybdenosis in an area underlain by uranium-bearing lignites in the northern Great Plains. *J Range Manage* **983**: 280–285.

135 Suttle NF (1975) The role of organic sulfur in the copper-molybdenum-sulfur interrelationship in ruminant nutrition. *Br J Nutr* **34**: 411.

136 Suttle NF, Grace ND (1978) A demonstration of marked recycling of molybdenum via the gastrointestinal tract of sheep at low sulphur intakes. *Proc Nutr Soc* **37**: 68A.

137 Thomas JW, Moss S (1951) The effect of orally administered molybdenum on growth, spermatogenesis and testes histology of young dairy bulls. *J Dairy Sci* **34**: 929–934.

138 Thomson J, Thornton J, Webb JS (1972) Molybdenum in black shales and the incidence of bovine hypocuprosis. *J Sci Food Agric* **23**: 879–891.

139 Trobisch S (1962) Die Molybdänversorgung der Thüringer Böden. *Tag-Ber Dt Akad Landwirtsch-Wiss Berlin* **56**: 55–64.

140 Trobisch S (1966) Beitrag zur Aufklärung der pH- und Düngungsabhängigkeit der Mo-Aufnahme. *Albrecht-Thaer-Archiv* **10**: 1087–1099.

141 Trobisch S, Germar R (1959) Ergebnisse eines Molybdändüngungsversuches zu Blumenkohl. *Die Deutsche Landwirtschaft* **10**: 189–191.

142 Turnlund JR, Keyes WR, Pfeiffer GL (1993) A stable isotope study of dietary molybdenum requirements of young men. In Anke M, Meissner D, Mills CF (eds) Trace Elements in Man and Animals, TEMA 8, Media Touristik, Gersdorf, Germany, 189–192.

143 Van Riper GG, Gilliland JC (2002) Molybdenum and molybdenum compounds. Environmental aspects. In Ullmann's Ecyclopedia of Industrial Chemistry. Wiley-VCH, Weinheim.

144 Vukasovich MS (2002) Molybdenum and molybdenum compounds. Uses of molybdenum compounds. In Ullmann's Ecyclopedia of Industrial Chemistry. Wiley-VCH, Weinheim.

145 Vyskocik A, Viau C (1999) Assessment of molybdenum toxicity in humans. *J Appl Toxicol* **19**: 185–192.

146 Walravens A, Moure-Eraso R, Solomons CC, Chappell WR, Bentley G (1979) Biochemical abnormalities in workers exposed to molybdenum dust. *Arch Environ Health* 302–308.

147 Ward GM, Nagy JG (1976) Molybdenum and copper in Colorado forages. Molybdenum toxicity in deer and copper supplementations in cattle. In Chappell WR, Petersen K (eds) Molybdenum in the Environment, Marcel Dekker, New York, 97–113.

148 Wilson DE, Reeder DM (eds) (1993) Mammal Species of the World. A Taxonomic and Geographic Reference. Smithsonian Institution Press, Washington London.

149 Wittenberg KM, Devlin TJ (1987) Effects of dietary molybdenum on productivity and metabolic parameters of lactating beef cows and their offspring. *Can J Anim Sci* **67**: 1055–1066.

150 Yang S et al (1981) Molybdenum deficiency and esophageal cancer in China. *Fed Proc Fed Am Soc Exp Biol* **40**: 918.

151 Yang S, Luo X, Wie H (1980) Inhibitory effects of molybdenum on esophageal and forestomach carcinogenesis in rats. *J Natl Cancer Inst* **17**: 75–80.

152 Yang, S, Luo X, Wie H (1985) Effects of molybdenum and tungsten on mammary carcinogenesis in S.D. rats, *J Natl Cancer Inst* **74**: 469–473.

153 Yang S, Luo X, Wie H, Sproat (1982) Effect of molybdenum on N-nitrosoarcosine ethyl ester-induced carcinogenosis in rats. *Fed Proc Am Soc Exp Biol* **41**: 280.

154 Zabel E, Bergmann W (1957) Auftreten, Erkennen und Bekämpfung von Molybdänmangel. *Die Deutsche Landwirtschaft* **8**: 133–138.

155 Zheng L, Qi-qing (1989) Status of molybdenum in soils of China. In Anke M et al (eds) 6th International Trace Element Symposium. Molybdenum, Vanadium, Vol 1, Universität Leipzig und Jena, Germany, 185–191.

63
Natrium

Angelika Hembeck

63.1
Allgemeine Substanzbeschreibung

Das zu den Alkalimetallen gehörende Natrium (Symbol: Na) ist das sechsthäufigste Element der Erdkruste, welches natürlich nur in gebundener Form vorkommt. Es hat ein Atomgewicht von 23, nimmt im Periodensystem die Ordnungszahl 11 ein und tritt überwiegend in der Wertigkeitsstufe +1 auf [28, 87]. Das weiche, mit dem Messer schneidbare Metall ist an frischen Schnittflächen silberweiß, läuft unter Bildung von Natriumhydroxid und -carbonat jedoch schnell matt an [87]. Der Schmelzpunkt liegt bei 97,81 ± 0,03 °C, der Siedepunkt bei 882,9 °C. Das Alkalimetall löst sich in flüssigem Ammoniak und vielen Aminen. Mit Wasser reagiert es heftig unter Bildung von NaOH und H_2, wobei durch Entzündung des Wasserstoffs Knallgasexplosionen ausgelöst werden können. Heftige Reaktionen treten auch mit Halogenen und vielen Chlorkohlenwasserstoffen auf. An der Luft erhitzt verbrennt Natrium mit gelber Flamme zu Natriumperoxid und Dinatriumoxid [85, 87].

Natrium ist für den Menschen essenziell und wird zu den Mineralstoffen gerechnet.

63.2
Vorkommen

Meerwasser enthält im Durchschnitt 27 kg Kochsalz (= Natriumchlorid (NaCl), entsprechend 10,6 kg Na) pro t, das sind 77% aller im Meerwasser enthaltenen Salze [28]. Der natürliche Natriumgehalt der Nahrung ist insgesamt relativ niedrig. Das meiste Natrium kommt erst bei der Lebensmittelverarbeitung und -zubereitung in Form von Natriumchlorid (NaCl) hinzu. Etwa 95% der Natriumzufuhr stammen aus Natriumchlorid [56]. Natriumchlorid dient nicht nur der Geschmacksbeeinflussung, sondern auch der Erzielung einer bestimmten Konsistenz mancher Lebensmittel. Darüber hinaus ist Kochsalz eines der ältesten

Handbuch der Lebensmitteltoxikologie. H. Dunkelberg, T. Gebel, A. Hartwig (Hrsg.)

ISBN: 978-3-527-31166-8

Konservierungsmittel und dient als Trägerstoff für die Spurenelemente Iod und Fluor.

In der Lebensmittelindustrie werden diverse Natriumsalze zu unterschiedlichen *technologischen* Zwecken als Hilfs- und Zusatzstoffe für die Be- und Verarbeitung von Lebensmitteln verwendet [104]. Die zulässigen Verbindungen sind in Deutschland u.a. in der Zusatzstoff-Zulassungsverordnung geregelt.

Ein Zusatz von Natriumsalzen zu *ernährungsphysiologischen* Zwecken war in Deutschland seit Jahren bei bestimmten diätetischen Lebensmitteln, nicht aber bei Lebensmitteln des allgemeinen Verzehrs, erlaubt. Mit Umsetzung der Richtlinie 2001/15/EG der Kommission vom 15. Februar 2001 über Stoffe, die Lebensmitteln, die für eine besondere Ernährung bestimmt sind, zu besonderen Ernährungszwecken zugefügt werden dürfen [77], wurde der Zusatz von Natriumsalzen in diätetischen Lebensmitteln zu ernährungsphysiologischen und diätetischen Zwecken europaweit harmonisiert. Danach dürfen die folgenden acht Natriumverbindungen verwendet werden (Anlage 2 der zwölften Verordnung zur Änderung der Diätverordnung vom 31. März 2003):

Natriumbicarbonat	Natriumgluconat
Natriumcarbonat	Natriumlactat
Natriumchlorid	Natriumhydroxid
Natriumcitrate	Natriumsalze der Orthophosphorsäure

Dieselben Natriumverbindungen wurden in der Richtlinie des Europäischen Parlaments und des Rates 2002/46/EG vom 10. Juni 2002 zur Angleichung der Rechtsvorschriften der Mitgliedstaaten über Nahrungsergänzungsmittel [78] aufgenommen, wodurch ihre Verwendung auch bei den Lebensmitteln des allgemeinen Verzehrs – zu denen die Nahrungsergänzungsmittel gehören – möglich ist.

In Tabelle 63.1 sind wichtige Natriumverbindungen und natriumhaltige Nährstoffverbindungen, die entweder als Zusatzstoffe i.S. der Zusatzstoff-Zulassungsverordnung oder als Nährstoffe zu ernährungsphysiologischen Zwecken verwendet werden dürfen, zusammengestellt. Diese Liste ist ergänzt durch die zugehörigen E-Nummern, Verwendungszwecke als Zusatzstoff und/oder Nährstoff, die Strukturformeln sowie dazugehörige CAS- und EINECS-Nummern. Verschiedene Verbindungen wie Natriumcarbonat, Natriumbicarbonat, Natriumgluconat, Natriumlactat, Natriumhydroxid, Natriumcitrate und Natriumorthophosphate dürfen sowohl zu technologischen als auch zu ernährungsphysiologischen Zwecken verwendet werden. Von den anderen natriumhaltigen Nährstoffverbindungen kann z.B. Natrium-L-ascorbat sowohl als Vitamin-C-Quelle als auch zu technologischen Zwecken eingesetzt werden.

Tab. 63.1 Übersicht über wichtige zulässige Natriumverbindungen und andere natriumhaltige Nährstoffverbindungen.

Natriumverbindung	Richtlinien (2003/46/EG und 2001/15/EG)	E-Nr. (Fundstellenliste 1998, ZZulV)	Verwendungszweck als Zusatzstoff	Molekülformel	CAS-Nummer	EINECS (RL 96/77/EG; 95/31/EG)
Natriumacetat		E 262 (i)	Allgemein zugelassen	$NaC_2H_3O_2$	127-09-3	204-823-8
(Rotsalz), Natriumdiacetat		E 262 (ii)		$NaC_4H_7O_4 \cdot nH_2O$		204-814-9
Natriumcarbonate		E 500	Allgemein zugelassen			
Natriumcarbonat („Soda“)	+	(i)		Na_2CO_3	497-19-8	207-838-8
Natriumbicarbonat (= Natriumhydrogencarbonat)	+	(ii)		$NaHCO_3$	144-55-8	205-633-8
Natriumsesquicarbonat (= Natriummonohydrogen-dicarbonat)		(iii)		$Na_2(CO_3) \cdot NaHCO_3 \cdot 2\ H_2O$		208-580-9
Natriumcitrate	+	E 331				
Mononatriumcitrat		(i)	Allgemein zugelassen	$C_6H_7O_7Na$		
Dinatriumcitrat		(ii)		$C_6H_6O_7Na_2$	6132-04-03	205-623-3
Trinatriumcitrat		(iii)		$C_6H_5O_7Na_3$	68-04-2	200-675-3
Natriumgluconat	+	E 576	Allgemein zugelassen	$NaC_6C_{11}O_7$	527-07-1	208-407-7
Natriumlactat	+	E 325	Allgemein zugelassen	$C_3H_5O_3Na$	72-17-3	200-772-0
Natriumchlorid	+			$NaCl$	7647-14-5	

Tab. 63.1 (Fortsetzung)

Natriumverbindung	Richtlinien (2003/46/EG und 2001/15/EG)	E-Nr. (Fundstellenliste 1998, ZZulV)	Verwendungszweck als Zusatzstoff	Molekülformel	CAS-Nummer	EINECS (RL 96/77/EG; 95/31/EG)
Natriummalate		E 350	Allgemein zugelassen			
Natriummalat		(i)		$C_4H_4Na_2O_5 \cdot 1/2\ H_2O$		
Natriumhydrogenmalat		(ii)		$C_4H_5NaO_5$		
Natriumsulfate		E 514	Allgemein zugelassen			
Natriumsulfat		(i)		Na_2SO_4	7757-82-6	
Natriumhydrogensulfat		(ii)		$NaHSO_4$	7681-38-1	
Natriumtartrate		E 335	Allgemein zugelassen			
Mononatriumtartrat		(i)		$C_4H_5O_6Na$		
Dinatriumtartrat		(ii)		$C_4H_4O_6Na_2$	6106-24-7	212-773-3
Natriumhydroxid	+	E 524	Alkalisch wirkender Stoff	NaOH	1310-73-2	215-185-5
Natriumhypochlorit			Bleichmittel	NaOCl	7681-52-9	
Natriumalginat		E 401	Dickungsmittel, Lösungsmittel und Trägerstoff für Farbstoffe	$(C_6H_7NaO_6)n$	9005-38-3	
Natriumsalze von Speisefettsäuren		E 470	Emulgator, Trennmittel		141-01-5	205-447-7

Tab. 63.1 (Fortsetzung)

Natriumverbindung	Richtlinien (2003/46/EG und 2001/15/EG)	E-Nr. (Fundstellenliste 1998, ZZulV)	Verwendungszweck als Zusatzstoff	Molekülformel	CAS-Nummer	EINECS (RL 96/77/EG; 95/31/EG)
Natriumverbindungen verschiedener Aminosäuren			Geschmacksbeeinflussende Stoffe			
Natriumglutamat		E 621		$NaC_5H_8NO_4 \cdot H_2O$	6106-04-3	205-538-1
Natriumhexacanoferrat (II)		E 535	Rieselmittel	$Na_4[Fe(CN)_6]$	13601-19-9	237-081-9
Natriumnitrit		E 250	Verschieden wirkende Stoffe	$NaNO_2$	7632-00-0	231-555-9
Natriumnitrat		E 251	Verschieden wirkende Stoffe	$NaNO_3$	7631-99-4	231-554-3
Natriumorthophosphate	+	E 339	Verschieden wirkende Stoffe			
Mononatriumorthophosphat		(i)		NaH_2PO_4	7558-80-7	231-449-2
Dinatriumorthophosphat		(ii)		Na_2HPO_4	7558-79-4	231-448-7
Trinatriumorthophosphat		(iii)		Na_3PO_4	7601-54-9	231-509-8
Natriumdiphosphate		E 450	Verschieden wirkende Stoffe			
Dinatriumdiphosphat		(i)		$Na_2H_2P_2O_7$	7782-85-6	231-835-0
Trinatriumdiphosphat		(ii)		$Na_3HP_2O_7$	10101-89-0	238-735-6
Tetranatriumdiphosphat		(iii)		$Na_4P_2O_7$	13472-36-1	231-767-1
Natriumsorbat		E 201	Konservierungsstoff	$NaC_6H_7O_2$		
Natriumbenzoat		E 211	Konservierungsstoff	$NaC_7H_5O_2$	532-32-1	208-534-8
Natriumverbindungen der *para*-Hydroxybenzoesäure („PHB-Ester“)		E 215 E 217 E 219	Konservierungsstoff	$NaC_9H_9O_3$ $NaC_{10}H_{11}O_3$ $NaC_8H_7O_3$		252-487-6 252-488-1

Tab. 63.1 (Fortsetzung)

Natriumverbindung	Richtlinien (2003/46/EG und 2001/15/EG)	E-Nr. (Fundstellenliste 1998, ZZulV)	Verwendungszweck als Zusatzstoff	Molekülformel	CAS-Nummer	EINECS (RL 96/77/EG; 95/31/EG)
Natriumformiat		E 237	Konservierungsstoff	$NaCHO_2$	141-53-7	
Natrium-*ortho*-phenylphenolat		E 232	Konservierungsstoff	$NaC_{12}H_9O \cdot 4\,H_2O$		205-055-6
Natriumsulfit		E 221	Schwefeldioxid	Na_2SO_3	7757-83-7	231-821-4
Natriumhydrogensulfit		E 222	entwickelnde Stoffe	$NaHSO_3$	7631-90-5	231-921-4
Natriumdisulfit		E 223		$Na_2S_2O_5$	7681-57-4	231-673-0
Benzoesäuresulfimid-Natrium („Saccharin“)		E 954	Süßstoff	$NaC_7H_4NO_3S \cdot 2\,H_2O$		204-886-1
Natriumcyclamat		E 952	Süßstoff	$NaC_6H_{12}NO_3S$	139-05-9	205-348-9
Natriumhaltige **Spurenelement**-verbindungen						
Eisennatriumdiphosphat	+					
Natriumjodid	+			NaJ	7681-82-5	
Natriumjodat	+		Zur Herstellung von iodiertem Speisesalz	$NaJO_3$	7681-55-2	
Natriumselenat	+					
Natriumhydrogenselenit	+					
Natriumselenit	+			Na_2SeO_3	10102-18-8	

Tab. 63.1 (Fortsetzung)

Natriumverbindung	Richtlinien (2003/46/EG und 2001/15/EG)	E-Nr. (Fundstellenliste 1998, ZZulV)	Verwendungszweck als Zusatzstoff	Molekülformel	CAS-Nummer	EINECS (RL 96/77/EG; 95/31/EG)
Natriummolybdat	+			Na_2MoO_4	7631-95-0	
Natriumfluorid	+			NaF	7681-49-4	
Natriumhaltige **Vitamin**verbindungen						
Riboflavin-5′-phosphat, Natrium (Vitamin B_2)	+					
Natrium-D-pantothenat (Pantothensäure)	+					
Natrium-L-ascorbat (Vitamin C)	+	E 301	Allgemein zugelassen	$C_6H_7O_6Na$	134-03-2	205-126-1

63.3
Verbreitung in Lebensmitteln und Nachweis

In Abschnitt 63.2 wurde bereits darauf hingewiesen, dass der natürliche Natriumgehalt der Nahrung insgesamt relativ niedrig ist und das meiste Natrium erst bei der Lebensmittelverarbeitung und -zubereitung in Form von Natriumchlorid (NaCl) hinzukommt.

Frische Gemüsesorten, Teigwaren, Reis, Kartoffeln und Obst tragen mit einem Natriumgehalt von weniger als 20 mg/100 g Produkt kaum zur Natriumzufuhr bei. Mittlere Natriummengen (<120 mg/100 g) enthalten Eier, frisches Fleisch, Milch und bestimmte Milchprodukte. Einen hohen Natriumgehalt (>400 mg/100 g) findet man in unter Verwendung von Kochsalz hergestellten Produkten wie z. B. Brot, verschiedenen Gebäcksorten, Gemüse- und Fischkonserven, Bücklingen und Makrelen. Zu den sehr salzreichen Lebensmitteln mit einem Natriumgehalt von >1000 mg/100 g gehören Dauerwurstwaren und Räucherschinken, bestimmte Käsesorten oder Salzheringe [67, 90, 104].

Nach den Ernährungsberichten der DGE [18–21] ist der Großteil der Salzaufnahme auf Brot- und Backwaren sowie Wurst- und Fleischwaren zurückzuführen (s. Abb. 63.1). Die Gruppe *„Gewürze und Zutaten* ist in der Abbildung nicht berücksichtigt, da sie nur in den Ernährungsberichten 1988 [20] und 1992 [21] erwähnt wird. Danach ist allerdings ein Anstieg um mehr als das 5fache festzustellen und nach dem Bericht 1992 trägt diese Gruppe mit 21% mehr zur Na-

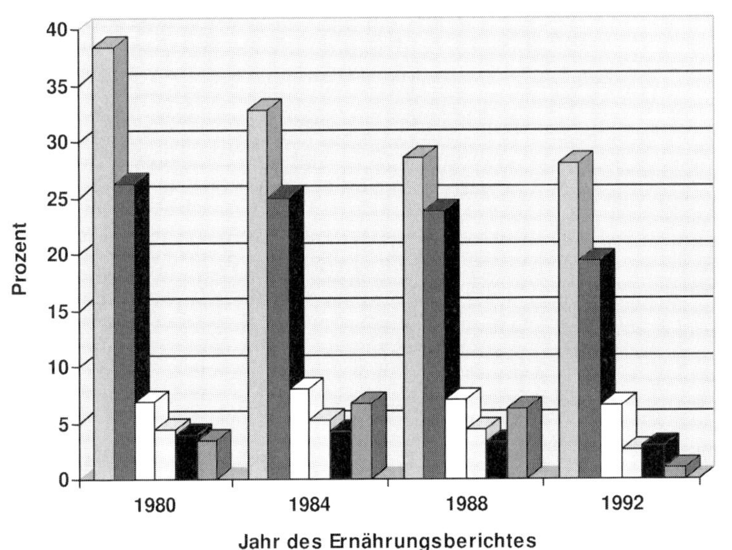

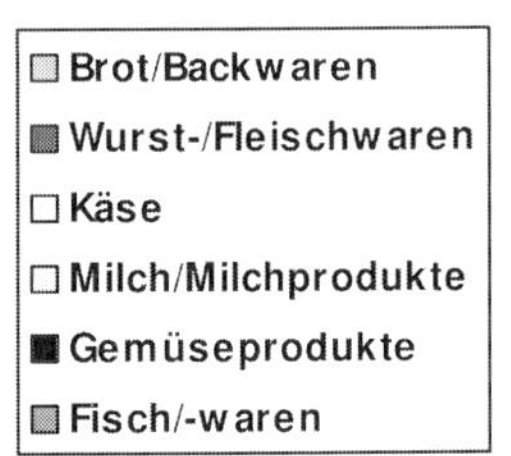

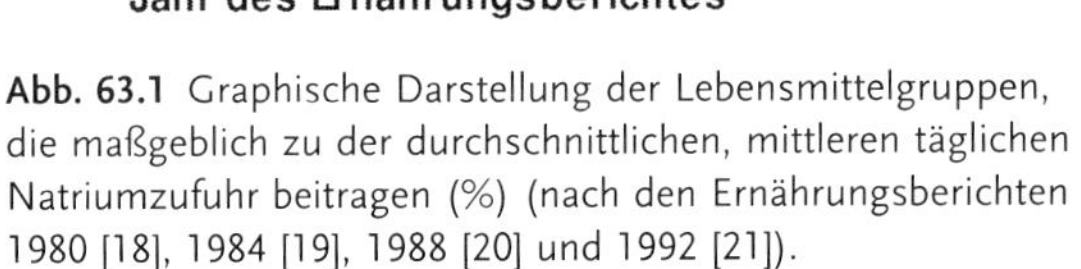
Abb. 63.1 Graphische Darstellung der Lebensmittelgruppen, die maßgeblich zu der durchschnittlichen, mittleren täglichen Natriumzufuhr beitragen (%) (nach den Ernährungsberichten 1980 [18], 1984 [19], 1988 [20] und 1992 [21]).

triumzufuhr bei als z. B. die Wurst- und Fleischwaren. Diese Einschätzung deckt sich mit den Ergebnissen des in Ergänzung zum Bundes-Gesundheitssurvey 1998 durchgeführten Ernährungssurveys [65], nach dem das meiste Natrium mit knapp 30% über Gewürze (einschließlich anderer Lebensmittelzutaten wie Speisesalz, Gewürzsoßen und Brühwürfel), über Brot (>20%), Wurstwaren und Milchprodukte (ca. 15%) sowie über Fleisch (knapp 10%) aufgenommen wird.

Daneben tragen auch Trink-, Mineral- und Tafelwasser zur Natriumaufnahme bei. Für den menschlichen Gebrauch bestimmtes Trinkwasser sieht die Trinkwasserverordnung 2001 einen Grenzwert für Natrium von 200 mg/L vor. In der Mineral- und Tafelwasser-Verordnung muss bei einem Natriumgehalt >200 mg/L die Angabe „natriumhaltig" gemacht werden, bei Hinweis auf eine „Eignung für eine natriumarme Ernährung" muss der Natriumgehalt <20 mg/L liegen. Eine andere Gruppe natriumhaltiger Getränke sind die sog. „functional drinks", „isotonen Getränke" oder Sportlergetränke, die speziell zur Rehydrierung nach sportlicher Ertüchtigung angeboten werden und deren Konzeption sich an der Natriumkonzentration im Schweiß orientiert. Bekannte Produktbeispiele sind *Gatorade*® und *Isostar*® Activator mit Natriumgehalten von 410 bzw. 700 mg/L [83].

Die gängigen Analysenmethoden zum Nachweis von Natrium in der Lebensmittel- und Klinischen Chemie sind Flammenspektroskopie (Natrium färbt die Flamme gelb) und potentiometrische Messung mit ionenselektiven Elektroden [75]. Von den flammenspektroskopischen Methoden ist die Emissionsspektroskopie gebräuchlich und empfindlicher als die Atomabsorptionsspektroskopie, wohingegen Letztere störanfälliger ist [105]. Die Mengen, die den Nahrungsmitteln als Kochsalz zugesetzt werden, können indirekt auch durch einfache Titration des Chloridions bestimmt werden [87].

63.4 Kinetik und innere Exposition

63.4.1 Bedarf

Bisher konnten keine konkreten Bedarfszahlen für Natrium formuliert werden. Nach den Referenzwerten der Deutschen Gesellschaft für Ernährung (DGE) [23] wird die minimale Natriumzufuhr auf 550 mg (24 mmol) pro Tag geschätzt. Dieser Wert entspricht knapp 1 mmol Natrium (23 mg) pro 100 kcal bzw. einer Kochsalzzufuhr von 1,4 g pro Tag. Es wird ferner empfohlen, dass die tägliche Zufuhr für Kochsalz beim Erwachsenen 6 g (entsprechend 2,3 g Natrium) oder weniger betragen sollte. Die Menge wird beim Verzehr einer ausgewogenen gemischten Kost durch den natürlichen Natriumgehalt der Lebensmittel sowie das den verarbeiteten Lebensmitteln zugesetzte Kochsalz leicht erreicht [23, 27]. Vom Food and Nutrition Board (FNB) [31] wurden erst kürzlich neue Referenzwerte abgeleitet und für Natrium Werte für eine „adäquate Zufuhr" festgesetzt. In Tabelle 63.2 sind die Referenzwerte der DGE [23] aus dem Jahr 2000, der National Academy of Sciences (NAS) aus 1989 [69], des Wissenschaftlichen Lebensmittelausschusses der EU (Scientific Committee on Food (SCF)) aus 1992 [17] und die neuesten Werte des Food and Nutrition Board (FNB) aus 2004 [31] zusammengestellt. Während sich bei den Schätzwerten für die minimale Natriumzufuhr zwischen verschiedenen Gremien (z. B. DGE [23] und NAS [69]) eine relativ gute Übereinstimmung abzeichnet, sind hinsichtlich der als akzeptabel bezeichneten Zufuhrwerte für Kochsalz größere Abweichungen festzustellen (z. B. zwischen DGE [23] und SCF [17]).

63.4.2
Zufuhr

Aufgrund diverser Natriumquellen und unterschiedlicher Zubereitungs- und Verarbeitungspraktiken ist die *Natriumaufnahme aus Lebensmitteln* großen Schwankungen unterworfen [55, 70]. Erschwerend kommt hinzu, dass sich die Natriumaufnahme aus der Summe des natürlichen Natriumgehaltes in Lebensmitteln, dem bei der Lebensmittelherstellung zugesetzten Natrium sowie der Salzverwendung in der Küche und bei Tisch ergibt. Andererseits können beim Kochen Natriumverluste von bis zu 75% auftreten, so dass die Natriumzufuhr schwierig abzuschätzen ist.

Zur Beurteilung der Natriumzufuhr stehen keine geeigneten klinisch-chemischen Parameter zur Verfügung. Es ist bekannt, dass sich die Natriumzufuhr nicht nachweisbar auf die *Natriumkonzentration im Blutserum* auswirkt und kein Maß für den Natriumbestand ist [35, 51]. Da mehr als 90% des zugeführten Natriums im Urin ausgeschieden werden, wird die *Natriumausscheidung im 24-h-Urin* derzeit als bester Marker für die Natriumzufuhr eingestuft [55, 70, 104]. Allerdings erlaubt aber auch diese keine vollständige Beurteilungsbasis. Zwar ist bekannt, dass bei Gesunden die Natriumausscheidung bei zunehmender Natriumzufuhr zunimmt; allerdings sind bei der Beurteilung von in Sammelurin bestimmten Messgrößen neben einer korrekten Durchführung der Urinsammlung die Einbeziehung weiterer Kontrollgrößen (z. B. der Flüssigkeitszufuhr, des Kreatiningehaltes des Urins) von Bedeutung [51].

Für Deutschland hat die Nationale Verzehrsstudie (NVS) in ihrer überarbeiteten Form [22] als mittlere tägliche Zufuhr bei Männern altersabhängig 3,2–3,4 g Natrium und bei Frauen 2,4–2,7 g Natrium/Tag ergeben. Die durchschnittliche mittlere Natriumzufuhr von 3,2 g bzw. 2,5 g Natrium für Männer bzw. Frauen entspricht einer Kochsalzzufuhr von 8 bzw. 6,3 g pro Tag, die damit über dem Referenzwert der DGE [23] für eine angemessene NaCl-Zufuhr liegt. Der in Ergänzung zum Bundes-Gesundheitssurvey 1998 durchgeführte Ernährungssurvey [65] erbrachte ähnliche Resultate. Der Richtwert für Natrium wurde bei den Männern in allen Altersklassen deutlich überschritten (3,0–4,1 g Natrium/Tag). Bei den Frauen wurde generell eine geringere, nur knapp über dem Richtwert liegende Natriumzufuhr (2,4–2,7 g/Tag) festgestellt. Grundsätzlich weisen die

Tab. 63.2 Referenzwerte für Natrium seitens der DGE [23], der National Academy of Sciences (NAS [69]), des SCF [17] und des FNB [31][a)].

Alter (Jahre)	Schätzwerte für eine minimale Zufuhr der *DGE* [mg/Tag]		Schätzwerte für einen minimalen Bedarf (NAS/USA) [mg/Tag]		Akzeptable Zufuhrbereiche des *SCF* [mg/Tag]		Referenzwerte für eine adäquate Zufuhr (FNB/USA) [mg/Tag]	
Kinder	1 bis unter 4	300	1 Jahr	225			1–3 Jahre	1000
	4 bis unter 7	410	2–5 Jahre	300			4–8 Jahre	1200
	7 bis unter 10	460	6–9 Jahre	400			9–13 Jahre	1500
	10 bis unter 13	510	10–18 Jahre	500			14–18 Jahre	1500
	13 bis unter 15	550						
Jugendliche		550					19–50 Jahre	1500
und			Über 18 Jahre	500	Erwachsene	575–3500	51–70 Jahre	1300
Erwachsene							>70 Jahre	1200
Schwangere		+69		+69				1500
Stillende		+138		+135				1500

a) Umrechnungsfaktoren:
1 mmol Natrium = 23 mg Natrium; 100 mmol Natrium = 2300 mg Natrium = 6 g NaCl; 1 g Natrium = 2,5 g NaCl.

Autoren aber darauf hin, dass das Zu- oder Nachsalzen von Speisen nicht erfasst werden konnte, so dass der tatsächliche Natrium- bzw. Natriumchloridkonsum die hier dargestellte Zufuhr wahrscheinlich übersteigt. In dem Ernährungsbericht 2004 [24] wurde die mittlere Natriumzufuhr anhand der geschätzten Lebensmittelverzehrdaten von Studienteilnehmern der Einkommens- und Verbraucherstichprobe (EVS) aus dem Jahr 1998 berechnet. Danach lag die durchschnittliche mittlere tägliche Natriumzufuhr in einer Größenordnung, die auch in den anderen, hier genannten Studien ermittelt wurde (Männer: 3,3 mg pro Person und Tag, Frauen: 2,6 mg pro Tag und Person). Über den Anteil und die Höhe der Natriumzufuhr aus Nahrungsergänzungsmitteln liegen keine zuverlässigen Informationen vor. Allerdings wurde in dem in Ergänzung zum Bundes-Gesundheitssurvey 1998 durchgeführten Ernährungssurvey [64] auch die Einnahme von Mineralstoffpräparaten abgeschätzt. Unter Berücksichtigung dieser Daten scheint in Deutschland eine Supplementierung mit Natrium keine Rolle zu spielen.

Zum Vergleich sei auf das japanische Ernährungsverhalten hingewiesen, das durch Produkte wie Sojasoße und Miso einen besonders hohen Salzgehalt aufweist; die durchschnittliche tägliche Natriumchloridzufuhr wurde hier auf 13,2 g geschätzt [50].

63.4.3
Bestand, Absorption und Elimination

Natrium ist das mengenmäßig wichtigste Kation des Extrazellulärraumes. Der Gesamtkörpernatriumbestand beim gesunden Menschen beträgt etwa 100 g bzw. 60 mmol/kg Körpergewicht. Hiervon finden sich 95% im Extrazellulär- und 5% im Intrazellulärraum. Etwa ein Drittel ist in gebundener Form im Knochen als Reserve eingelagert, so dass nur etwa 70% des Körpernatriums, entsprechend etwa 40 mmol/kg Körpergewicht, rasch austauschbar sind. Die Natriumkonzentration des Blutplasmas liegt normalerweise zwischen 135 und 145 mmol/L, entsprechend 3105–3335 mg Natrium/L [23, 28, 36, 54]. Das wichtigste Begleition von Natrium ist Chlorid, mit dem es zusammen den Wasserhaushalt und das extrazelluläre Volumen beeinflusst. Als wichtigster Gegenspieler des Natriums ist Kalium, überwiegend in Form von Bicarbonat, zu nennen [74, 106].

Natrium kann über die gesamte Länge des Darmes rasch resorbiert und im Extrazellulärraum verteilt werden. Neben einem passiven Mechanismus besteht auch die Möglichkeit einer aktiven Natriumresorption. Die Natrium-Kalium-Pumpe (Na^+-K^+-ATPase) ist verantwortlich für den gekoppelten aktiven Transport von Natrium aus und Kalium in die Zellen [17, 86, 87].

Die Ausscheidung von Natrium erfolgt hauptsächlich über die Nieren, wo es vollständig glomerulär filtriert und in den Tubuli bis zu 99% rückresorbiert werden kann [36, 74, 87]. In Abhängigkeit von der zugeführten Menge werden täglich durchschnittlich 100–150 mmol/24 h eliminiert, wobei die Ausscheidung einem 24-Stunden-Rhythmus unterliegt [27, 54]. Bei einer täglichen Natriumzufuhr von 120 mmol/Tag (etwa 2,8 g Natrium) und intakter Nierenfunktion mit normaler glomerulärer Filtrationsrate macht das im Urin ausgeschiedene Natrium 0,5% des glomerulär filtrierten Natriums aus. Wird die Natriumzufuhr verdoppelt, so verdoppelt sich die Ausscheidung auf 1% der glomerulär filtrierten Menge. Da diese Anpassung 3–5 Tage dauert, wird Natrium während dieser Zeit vorübergehend retiniert, d. h. positiv bilanziert. Über den Stuhl wird nur eine geringe Menge von etwa 5 mmol/24 h ausgeschieden. Die Verdauungssäfte enthalten zwar viel Natrium, da sie aber normalerweise im Darm reabsorbiert werden, geht dem Organismus kein Natrium verloren. Störungen der Reabsorption (z. B. Durchfälle) können dagegen zu Natriumverlusten führen. Schweiß enthält durchschnittlich 25 mmol Natrium/L. Bei starkem Schwitzen können mehr als 0,5 g Natrium pro Liter Schweiß verloren gehen, wobei die Natriummenge mit steigendem Schweißvolumen zunehmen, bei erfolgter Akklimatisierung aber auch abnehmen kann [23, 27, 35, 54, 74, 92].

63.4.4 Regulation

Der Natrium- und, damit verbunden, auch der Wasserhaushalt wird durch das Zusammenspiel verschiedener Hormone kontrolliert. Die Natriumkonzentration des Intrazellulärraumes wird über die Na^+-K^+-ATPase reguliert. Die Regulation der Natriumkonzentration des Extrazellulärraumes erfolgt dagegen über das Renin-Angiotensin-Aldosteron-System (RAAS) und das atriale natriuretische Peptid (ANP) [23, 54, 92].

Die Steuerung der Reninfreisetzung als Schlüsselregulator des RAAS erfolgt direkt durch die Größe des Extrazellulärvolumens und indirekt über Pressorsensoren des Hochdrucksystems und Volumensensoren des Niederdrucksystems. Das System wird über eine Reduktion des Extrazellulärvolumens (z. B. bei Natriummangel) oder bei starkem Druckabfall stimuliert. Das RAAS sorgt für eine Zunahme des Natriumbestandes, wobei das Angiotensin II eine zentrale Rolle einnimmt. Durch das Hormon werden Durstgefühl und Salzappetit ausgelöst und eine Freisetzung des Antidiuretischen Hormons (ADH) aus dem Hypophysenhinterlappen bewirkt. Obwohl die Durstschwelle auch beim Gesunden variiert, wird bereits ein Anstieg der Osmolalität um 1% als Durst wahrgenommen und führt zur ADH-Ausschüttung. Des weiteren wird durch das RAAS die Natriumresorption am proximalen Nierentubulus gesteigert und die Bildung des Mineralocorticoids Aldosteron in der Nebennierenrinde stimuliert. Neben einer gesteigerten Natriumretention bewirkt Aldosteron eine gesteigerte Kaliumausscheidung. Bei hohem Natriumangebot sinken die Aldosteronspiegel und überschüssiges Natrium wird renal ausgeschieden. Dagegen wird durch das atriale natriuretische Peptid (ANP), welches als Prohormon vor allem im rechten Herzvorhof gebildet wird, eine Senkung des Natriumbestandes des Körpers bewirkt. Auslösender Reiz für die Sekretion ist ein Anstieg des Vorhofdrucks z. B. durch eine Expansion des Plasmavolumens infolge einer vermehrten Kochsalzzufuhr [36, 54, 92].

Die Natriumkonzentration im Serum ist kein Maß für den Natriumbestand, sondern des Bestandes an freiem Wasser. Das heißt, dass eine Hyponatriämie nicht unbedingt auf einen Natriummangel hinweist, sondern lediglich aussagt, dass die Osmoregulation gestört bzw. das extrazelluläre Volumen erhöht ist [35].

63.4.5 **Interaktionen**

Neben Wechselwirkungen mit anderen Mineralstoffen wie Kalium und Calcium sowie mit Chlorid [32, 74, 88] bestehen diverse Interaktionen mit Arzneimitteln [7]. Beispielsweise ist bekannt, dass eine Natriumrestriktion die Wirkung verschiedener antihypertensiv wirkender Medikamente potenzieren kann. Eine Ausnahme bilden Calciumantagonisten (wie Verapamil), bei denen unter reduzierter Natriumaufnahme keine additiven Effekte festzustellen waren [76]. Diuretika vom Thiazidtyp in Kombination mit einer Natriumrestriktion können die renale Calciumausscheidung vermindern, was bei Neigung zur Bildung von calciumhaltigen Nierensteinen therapeutisch von Relevanz sein kann. Daneben liegen Informationen vor, dass eine Natriumrestriktion bei gleichzeitiger medikamentöser Therapie, z. B. mit Acetylsalicylsäure, nichtsteroidalen Antiphlogistika oder ACE-Hemmern (=Angiotensin-Converting-Enzym-Inhibitoren) die Nierenfunktion verschlechtern kann. Bei Patienten, die sich im Rahmen einer manischen Depression einer Lithiumtherapie unterziehen müssen, ist zu berücksichtigen, dass unter Kochsalzrestriktion infolge einer verstärkten tubulären Reabsorption von Lithium das Risiko einer Lithiumintoxikation erhöht sein kann [7, 68].

63.5 Wirkungen

63.5.1 **Wirkungen auf den Menschen**

In Verbindung mit anderen Elektrolyten wie Chlorid und Kalium spielt Natrium im menschlichen Körper bei einer Vielzahl von Vorgängen eine Rolle [28, 36, 54]. Die Hauptaufgaben liegen in der Aufrechterhaltung des Extrazellulären Volumens, der Einstellung des osmotischen Druckes, der Regulation des Säure-Basenhaushaltes, der Bildung von Magensalzsäure, der Aktivierung von Enzymen (z. B. α-Amylasen) und der Ausbildung von Membranpotenzialen, z. B. bei der Nervenleitung und Muskelerregung. Über die Kalium-Natrium-Pumpe ist Natrium auch in den aktiven Transport von Glucose in die Zellen eingebunden.

Bei intakter Osmoregulation bewirkt jede Abweichung vom normalen Natriumbestand eine entsprechende Änderung des extrazellulären Volumens. Bei einem Überangebot an Natrium lagert der Organismus vermehrt Wasser ein (Ödeme, Erhöhung des Körpergewichtes), bei Natriumverarmung geht dagegen vermehrt Wasser verloren (Exsikkose, Abnahme des Körpergewichtes) [35]. 1 Mol (58,5 g) Natriumchlorid hat einen osmotischen Effekt von etwa 2 osmol [87]. 3 g Natrium (etwa 8 g Natriumchlorid) können 1 L Wasser binden [106].

63.5.1.1 **„Relativer Mangel", Hyponatriämie**

Die Natrium konservierenden Mechanismen des menschlichen Organismus sind sehr effektiv, so dass es unter physiologischen Bedingungen und bei normaler Kost in der Regel nicht zu einem Natriummangel kommen kann [54]. Es werden verschiedene Formen der Hyponatriämie (laborchemisch: Serumnatriumgehalt von <130 mmol/L) unterschieden, die durch folgende Ursachen bedingt sein können [23, 27, 35, 36, 54]:

- *„Verlusthyponatriämie"*: Natriumdefizit durch Verluste über
  - den *Gastrointestinaltrakt* (z. B. durch anhaltendes Erbrechen oder starken Durchfall),
  - die *Niere* (z. B. Reabsorptionsstörungen der Niere („Salzverlust-Niere"), Polyurie oder Diuretika-Missbrauch, Hypoaldosteronismus (z. B. M. Addison)),
  - die *Haut* (z. B. bei starker Schweißproduktion >3 L/d, Verluste bei ausgedehnten Hautläsionen, Verluste bei Mukoviszidose durch abnorm hohe Natriumkonzentrationen im Schweiß).
- *„Verteilungshyponatriämie"*: „Innere Natriumverluste bei Third-space-Situationen", bei denen es zu einer Sequestration extrazellulärer Flüssigkeit in den Darm (Ileus), in große Körperhöhlen (z. B. Transsudate) oder in das subkutane Gewebe (Ödeme) kommt. Eine Hyponatriämie infolge einer gestörten Flüssigkeitshomöostase (*„Wasserüberschuss"* z. B. beim Schwartz-Bartter-Syndrom mit pathologisch erhöhter ADH-Sekretion) spricht nicht für entleerte Natriumspeicher und erlaubt keine Rückschlüsse auf das Gesamtkörpernatrium.

Das klinische Bild der Hyponatriämie hängt wesentlich von der Geschwindigkeit ab, mit der die Flüssigkeitsverschiebungen ablaufen. Bei der echten „Mangelhyponatriämie" werden je nach Ausmaß der Verluste unterschiedliche Symptome beschrieben. Bei einem leichten Mangel (NaCl-Verluste von etwa 20 g) kann es zum Auftreten von Apathie, Inaktivität, Kopfschmerzen, Appetitmangel und Wadenkrämpfen kommen. Ein mittelschwerer Mangel (NaCl-Verluste von ca. 35 g) kann mit Durst, allgemeiner Schwäche, Anorexie, Erbrechen, Hypotonie und Tachykardie einhergehen. Ein schwerer Mangel mit NaCl-Verlusten von bis zu 50 g NaCl kann zum Koma führen [9, 27].

In der Literatur werden infolge einer Kochsalzrestriktion verschiedene Veränderungen beschrieben, die selbst mit einer Erhöhung der kardiovaskulären Morbidität und Mortalität in Verbindung gebracht werden [13, 14, 26, 34, 45, 56, 57, 102], z. B.:

- Veränderungen im *Hormonstatus* im Sinne einer Gegenregulation (erhöhte Renin-, Aldosteron-, Noradrenalin- und Insulin-Spiegel),
- nachteilige Auswirkungen auf den *Cholesterinstoffwechsel* (Zunahme des LDL- und Gesamt-Cholesterins, Abnahme des HDL-Cholesterins),

– Erhöhung der *Blutviskosität* und der Thrombozytenaggregation,
– Auftreten einer *Hyperurikämie*.

63.5.1.2 „Relativer Überschuss" bzw. pathologische Natriumregulation

Durch Nahrung, d.h. selbst durch Verzehr einer sehr kochsalzreichen Kost, lässt sich normalerweise keine Hypernatriämie erzeugen. Ein erhöhter Natriumbestand ist überwiegend im Rahmen von Erkrankungen durch eine gestörte Ausscheidung über die Niere, seltener durch ein Überangebot durch die Nahrung bedingt. Eine Hypernatriämie ist üblicherweise mit einer unzureichenden Wasserzufuhr oder exzessiven Wasserverlusten assoziiert. Laborchemisch wird von einer Hypernatriämie bei Serumnatriumgehalten >150 mmol/L gesprochen. Folgende Ursachen kommen in Betracht [9, 35, 54, 86]:

- *„Primärer Hyperaldosteronismus (Conn-Syndrom)":* Das Krankheitsbild wird durch Adenome oder Karzinome von Mineralocorticoid bildenden Zellen der Nebennierenrinde verursacht. Infolge einer pathologisch erhöhten, autonomen Aldosteron-Sekretion ist die Natriumretention erhöht und die Kaliumausscheidung gesteigert.
- *„Sekundärer Hyperaldosteronismus":* Bei diesem Krankheitsbild steht eine gesteigerte Aldosteronproduktion und -sekretion durch die Nebennierenrinde als Folge einer Überaktivität im Renin-Angiotensin-System im Vordergrund. Derartige Zustände liegen beispielsweise bei ausgedehnten Ödemen (z. B. bei Herzinsuffizienz) oder bei ausgeprägter Aszites (z. B. bei Leberzirrhose) vor.
- *„Reninhypersekretion":* Eine klassische Situation stellt die Nierenarterienstenose dar.
- *„Diabetes insipidus":* Bei diesem Krankheitsbild kommt es durch einen Mangel an antidiuretischem Hormon (ADH) zu einer Polyurie bei gleichzeitigem Unvermögen zur Harnkonzentrierung.
- *„Wassermangel":* Störungen des Wasser- und Elektrolythaushaltes sind in der Geriatrie relativ oft anzutreffen. Beim älteren Menschen liegt häufig eine Hypernatriämie bei Flüssigkeitsmangel vor, was differentialdiagnostisch oft schwierig festzustellen ist [1, 63, 71, 96, 103].

Die Symptome können über eine Verminderung des Hautturgors, Schwäche, Müdigkeit, Durst, Fieber, Somnolenz, Verwirrtheitszuständen, Krämpfe, Tachykardie, Hypertonie bis hin zum Tod reichen.

63.5.1.3 Akute Toxizität

Die Toxizität von NaCl wird im Allgemeinen als gering eingeschätzt. Bedingt durch die große Ausscheidungskapazität ist eine Hypernatriämie auch bei exzessiver Natriumbelastung kaum zu befürchten. Jede exzessive Natriumzufuhr bedingt einen Anstieg der Natriumkonzentration der extrazellulären Flüssigkeit, die teilweise durch einen Anstieg des Flüssigkeitsvolumens ausgeglichen wird. Chronisch überhöhte Natriumzufuhren können zu Ödemen führen. Bei unvollkommen entwickelter renaler Ausscheidungsfunktion und fehlender hormoneller Regulation der renalen Natriumausscheidung kann eine erhöhte Natriumbelastung allerdings zu Intoxikationserscheinungen führen (z. B. bei Frühgeborenen).

Die verschiedenen Natriumverbindungen haben unterschiedliche Gefährdungspotenziale [87]. Akzidentielle Vergiftungen wurden sowohl bei Säuglingen [82] als auch bei Erwachsenen [47] durch versehentliche Überdosierung von Kochsalz bzw. durch Verwechslung von Zucker mit Kochsalz beobachtet. Des weiteren sind resorptive Vergiftungen durch Verschlucken von Meerwasser (NaCl-Konzentration etwa 450 mmol/L) bekannt. Kochsalz an sich oder in hypertoner Lösung wirkt lokal reizend und führt bei oraler Einnahme meist zu Erbrechen [87]. Während tödliche Zwischenfälle beim Einsatz von Natriumchlorid [6, 66] oder Meerwasser [12] als Emetika beobachtet worden sind, drohen durch den natürlichen Natriumgehalt der Nahrungsmittel keine Vergiftungen.

Für den gesunden Erwachsenen gelten 35–40 g NaCl pro Tag (entsprechen 14–16 g Natrium) als akut toxisch. Die akut tödliche Dosis für den Menschen wird mit 0,75 bis 3 g/kg Körpergewicht angegeben. Bei Serumkonzentrationen von >160 mmol/L drohen schwere klinische Folgen, Konzentrationen von >200 mmol/L wurden selten überlebt. Symptome sind schon kurz nach der Aufnahme akut toxischer Dosen festzustellen, die sich in starkem Durst, motorischer Unruhe, Übererregbarkeit der Muskulatur, Somnolenz, Tremor, Muskelrigidität, Ataxie, Tachypnoe, Dyspnoe, Koma bis hin zum Herzversagen äußern können [27, 87, 106].

63.5.1.4 **Chronische Toxizität**

Hypertonus, linksventrikuläre Hypertrophie und Mortalität

Die Natrium- bzw. Kochsalzzufuhr wird seit langem im Zusammenhang mit der primären Hypertonie diskutiert. Dabei ist von Bedeutung, dass Natrium offensichtlich nur in Form von Natriumchlorid, nicht aber in Form anderer Natriumverbindungen einen Einfluss auf den Blutdruck hat. Da allerdings 95% des Natriums aus Natriumchlorid stammen, ist dieser Aspekt kaum von praktischer Relevanz [56]. Ein Schwellenwert, ab dem Natriumchlorid den Blutdruck beeinflusst, ist nicht bekannt [30], d. h. es liegt keine Dosis-Wirkungsbeziehung vor. Nach Fodor et al. [29] ist bei Personen mit normalem Blutdruck eine deutliche Einschränkung der Natriumaufnahme um 100 mmol notwendig, um eine Senkung des systolischen Blutdrucks um 1 mm Hg zu erreichen. Bei Personen mit Hypertonus, die älter als 44 Jahre sind, werden größere Effekte beschrieben: systolische/diastolische Blutdruckänderung von 6,3/2,2 mm Hg pro 100 mmol Natrium.

Einige Personen reagieren empfindlicher auf Salz als andere („Salzsensitivität"). Offensichtlich ist diese Eigenschaft genetisch verankert. Als weitere Einflussfaktoren werden u. a. Lebensalter, Rasse, Geschlecht, Körpergewicht und hormonelle Einflüsse diskutiert. Dabei scheint eine enge Beziehung zwischen

Adipositas, Bluthochdruck, Insulinresistenz und Salzsensitivität zu bestehen. Allerdings gibt es bis heute weder eine allgemeine Definition der Salzempfindlichkeit noch eine Methode zur Identifizierung salzsensitiver Personen. Auch die pathophysiologischen Mechanismen für die unterschiedliche Natrium- bzw. Salzempfindlichkeit sind nicht bekannt. Der Anteil der salzsensitiven Personen unter den Normotonikern wird auf etwa 30% und unter den Hypertonikern auf ca. 50% geschätzt, ist in der schwarzen Bevölkerung größer als in der weißen und bei Frauen häufiger als bei Männern. Menschen im höheren Lebensalter (bei denen auch ein Hypertonus häufiger vorkommt) sind häufiger salzempfindlich als junge Personen. Da Kalium und Natrium als Gegenspieler bei der Blutdruckregulierung wirken, wird in letzter Zeit der Kaliumzufuhr bzw. dem Natrium-Kalium-Verhältnis in der Nahrung eine zunehmende Bedeutung beigemessen [57, 58, 84]. Neuerdings wird auch eine Beeinflussung des Blutdrucks durch andere Nährstoffe wie Vitamin C, β-Carotin, Nahrungscholesterin oder pflanzliches Eiweiß beschrieben [91].

Ob eine Kochsalzrestriktion als präventive Maßnahme die Entwicklung einer Hypertonie verhindern kann, wird seit Jahren kontrovers diskutiert [10]. Auch ist nicht bekannt, auf welche pathophysiologischen Mechanismen die blutdrucksteigernde Wirkung von Natriumchlorid zurückgeführt werden kann; neben einer verminderten renalen Fähigkeit zur Natriumausscheidung werden Anstiege der Natriumkonzentration im Plasma diskutiert, die für eine Zunahme des extrazellulären Volumens verantwortlich sind [25, 93]. Von verschiedener Seite wird die Auffassung vertreten, dass es keine Belege dafür gibt, dass der Entwicklung der multifaktoriellen Erkrankung Hypertonie durch eine bevölkerungsweite Kochsalzrestriktion präventiv begegnet werden könnte. Hinzu kommt, dass bereits einschneidende Restriktionen in der Zufuhr nur einen geringen Einfluss auf den normalen Blutdruck ausüben [4, 10, 29].

Aus einer umfassenden Meta-Analyse [49] randomisiert und kontrolliert durchgeführter Studien, die zwischen 1966 und Dezember 2001 publiziert wurden, wurde der Schluss gezogen, dass der kaukasischen, normotonen Bevölkerung aufgrund der nur geringen Effekte auf den Blutdruck keine generelle Einschränkung der Natriumzufuhr empfohlen werden sollte; eine kurzfristige Einschränkung der Natriumzufuhr hatte nur eine Abnahme des Blutdrucks von 1% zur Folge. Die Autoren vermuten, dass der nur begrenzte Einfluss auf den Blutdruck auf gleichzeitige hormonelle Veränderungen (Ansteigen der Renin-, Aldosteron- und Noradrenalin-Spiegel im Plasma) zurückgeführt werden könnte. Des weiteren wurden unter extremeren Einschränkungen der Natriumzufuhr um 200 mmol signifikante Erhöhungen des Plasma-Cholesterols, LDL-Cholesterols und der Plasma-Triglyceride beschrieben.

Ein weiterer kardiovaskulärer Risikofaktor, der mit einer hohen Natrium- bzw. Kochsalzaufnahme assoziiert zu sein scheint, ist die Linksherzhypertrophie [73]. Die Beobachtung einer Studiengruppe des National Health and Nutrition Examination Survey's ergab, dass eine hohe Natriumzufuhr ein unabhängiger Risikofaktor für die Entwicklung einer Herzinsuffizienz bei übergewichtigen, jedoch nicht bei normalgewichtigen Personen darstellte [40].

Zu der Beziehung Salzzufuhr und Mortalität liegen unterschiedliche Ergebnisse vor. In einer prospektiven finnischen Studie wurde über einen Zeitraum von fünf Jahren der Einfluss der Kochsalzzufuhr auf die kardiovaskuläre Mortalität bei mehr als 2000 Teilnehmern untersucht. Unabhängig von anderen kardiovaskulären Risikofaktoren wurde mit zunehmender Natriumausscheidung ein Ansteigen der Mortalität und Morbidität bei Männern, nicht jedoch bei Frauen festgestellt [99]. He et al. [39] stellten fest, dass bei übergewichtigen, nicht aber bei normalgewichtigen Personen eine signifikante Beziehung zwischen hoher Natriumzufuhr sowie kardiovaskulärem Erkrankungsrisiko und Gesamtmortalität besteht. Danach war eine um 100 mmol höhere Natriumzufuhr mit einer 32% höheren Schlaganfall-Inzidenz, einer 89% höheren Schlaganfall-Mortalität, einer 44% höheren Mortalität an KHK, einer 61% bzw. 39% höheren kardiovaskulären bzw. Gesamt-Mortalität assoziiert. Nach Auffassung der WHO [48] liegen überzeugende Hinweise dafür vor, dass eine hohe Natriumzufuhr als Risikofaktor für kardiovaskuläre Erkrankungen einzustufen ist. Es wird geschätzt, dass eine Reduktion der Natriumzufuhr um 50 mmol/Tag zu einer 50% Einsparung antihypertensiver Therapeutika führen und die Zahl der Todesfälle infolge von Schlaganfall bzw. kardiovaskulären Erkrankungen um 22 bzw. 16% reduzieren könnte.

Andere Veröffentlichungen weisen dagegen auf eine inverse Korrelation zwischen der Natriumzufuhr bzw. -ausscheidung und der kardiovaskulären Mortalität hin [2–4]. Diese Zusammenhänge werden auf die Beobachtung einer inversen Assoziation zwischen Kochsalzzufuhr und Plasma-Renin-Aktivität und dem Vorliegen hoher Reninspiegel bei erhöhtem Herzinfarktrisiko zurückgeführt. Gemäß einer umfassenden, systematischen Auswertung der bis Juli 2000 publizierten Studien, die randomisiert und kontrolliert über einen Zeitraum von mindestens sechs Monaten durchgeführt wurden, ist noch unklar, wie sich eine veränderte Kochsalz- bzw. Natriumzufuhr langfristig auf die kardiovaskuläre Mortalität und Morbidität auswirkt bzw. welcher Zusammenhang zwischen Kochsalzzufuhr und Mortalität besteht [42, 43].

Kanzerogenität

Ältere Studien aus dem asiatischen Raum haben den Konsum gesalzener Lebensmittel mit der Entstehung von Magenkarzinomen in Verbindung gebracht. Es wird vermutet, dass hohe Salzkonzentrationen die schützende Magenschleimhaut schädigen und so zur Tumorpromotion beitragen können [41, 94]. Andere epidemiologische Untersuchungen deuten auf einen Zusammenhang zwischen hohem Kochsalzkonsum und der Entstehung von nasopharyngealen sowie Kolonkarzinomen hin [30, 87].

Aus japanischen Studien wurde geschätzt, dass eine Abnahme der Salzzufuhr von 13,4 auf etwa 8 g/Tag die Inzidenz an Magenkrebs um etwa 65% reduzieren könnte. Cohen und Roe [15] kommen in ihrem Übersichtsartikel dagegen zu dem Schluss, dass es keine Hinweise für eine Assoziation zwischen der Kochsalzzufuhr und dem gastrointestinalen Karzinomrisiko gibt und daher kein Grund zur Annahme bestehe, dass sich eine Senkung der Natriumchloridzufuhr günstig auf die Karzinominzidenz auswirken könnte. Eine niederländische Kohortenstudie, die über einen Beobachtungszeitraum von 6,3 Jahren durchgeführt wurde, ergab ein nicht signifikant erhöhtes Risiko zwischen Kochsalzzufuhr (sowohl dem natürlich in Lebensmitteln enthaltenen als auch dem während der Lebensmittelverarbeitung zugesetzten Salz) und der Magenkarzinominzidenz [101]. Eine prospektive Studie aus Japan über elf Jahre zeigte eine signifikante, dosisabhängige Assoziation zwischen Salzzufuhr und Magenkrebs nur bei Männern, nicht jedoch bei Frauen auf [100].

Nephrolithiasis

Eine hohe Natriumchloridzufuhr wird über eine Zunahme der Calciumausscheidung als Risikofaktor für die Bildung von Nierensteinen angesehen. Pro 100 mmol (2300 mg) NaCl werden etwa 1 mmol Ca (40 mg) vermehrt ausgeschieden. Es wird angenommen, dass Personen, bei denen ohnehin eine Neigung zur Bildung von calciumhaltigen Nierensteinen besteht, infolge einer natriumreichen Ernährung einem erhöhten Risiko ausgesetzt sind, calciumoxalathaltige Konkremente auszubilden [62].

Osteoporose

Des weiteren wird eine höhere Kochsalzzufuhr über die damit verbundene zunehmende Calciumausscheidung mit einer Erhöhung des Osteoporoserisikos in Verbindung gebracht. Allerdings ist bisher kein eindeutiger Zusammenhang zwischen reduzierter Knochendichte und erhöhter Natriumchloridaufnahme belegt worden [11, 30]. Cohen und Roe [16] kommen in ihrem Übersichtsartikel aus dem Jahr 2000 zu dem Schluss, dass eine hohe Natrium- bzw. Kochsalzzufuhr kein wichtiger Risikofaktor für die Osteoporose ist und dass eine Reduktion der Salzzufuhr von 9 auf 6 g/Tag keine effektive Maßnahme im Hinblick auf die Osteoporoseprävention darstellt. Offensichtlich unterliegt auch die Calciurie nach Natriumzufuhr einer erheblichen individuellen Schwankungsbreite und ist von der jeweiligen Natrium- bzw. Salzsensitivität abhängig. Neuere Arbeiten weisen darauf hin, dass der „knochenresorptive" Effekt einer hohen Salzzufuhr durch die Verabreichung von Kaliumcitrat oder Kaliumbicarbonat abgeschwächt werden konnte [32, 37, 88].

Nierenschädigung

Eine hohe Salzzufuhr wird mit nachteiligen Effekten für die Nierenfunktion in Verbindung gebracht, speziell wenn bereits eine Nierenfunktionsstörung vorliegt [8, 81].

Belastung des Wasserhaushaltes

Die zusätzliche Zufuhr von 100 mmol NaCl beispielsweise belastet den Wasserhaushalt durch eine Erhöhung der obligaten Urinausscheidungsmenge um etwa 240 mL bei einer maximalen Urinosmolalität von 830 mosm/kg [61]. Eine milde Dehydratation stellt wahrscheinlich einen Risikofaktor für verschiedene Krankheiten dar, wie z. B. der Urolithiasis [89] oder der Obstipation [5].

63.5.2
Wirkungen auf Versuchstiere

63.5.2.1 Akute Toxizität
Die orale LD_{50} wird bei Ratten mit 3000 mg/kg und bei Mäusen mit 4000 mg/kg angegeben. Als LD_{50} nach intravenöser Gabe wurde bei Mäusen eine Dosis von 645 mg/kg ermittelt. Die niedrigsten letalen Dosen (LDL_0) nach intravenöser Verabreichung von Natriumchlorid betrugen bei Kaninchen, Meerschweinchen und Hunden 1100, 300 bzw. 2000 mg/kg [79]. Bei Schweinen, die salzreich ohne entsprechendes Flüssigkeitsangebot gefüttert wurden, kam es bei einem Anstieg des Serum-Natriums auf 180 mval/L zu Vergiftungszeichen wie Taumeln, Überregbarkeit, Krämpfe, Bewusstlosigkeit und Tod durch Atemlähmung [33].

63.5.2.2 Chronische Toxizität

Hypertonus, linksventrikuläre Hypertrophie und Mortalität
Überhöhte NaCl-Zufuhren mit der Nahrung wirken an vielen tierexperimentellen Modellen blutdrucksteigernd und lebensverkürzend [98]. Aus Rattenversuchen liegen Hinweise dafür vor, dass eine hohe Kochsalzaufnahme mit der Nahrung (8% NaCl) die Mortalität in einem Zeitraum von 15 Wochen auch bei Ausbleiben einer blutdrucksteigernden Wirkung erhöhen kann [97].

Innerhalb einer Spezies, z. B. der Ratte, lassen sich kochsalzsensitive und kochsalzresistente Stämme mit genetischer Hypertonie züchten. Die Dahl-Ratte wird häufig als Modell der kochsalzsensitiven Hypertonie verwendet [52]. Ebenfalls als Modell zur Untersuchung der salzsensitiven Hypertonie dient die einseitig nephrektomierte, mit Deoxycortisonacetat behandelte Ratte (DOCA), wohingegen die „two kidney one clip“ (2K1C)-Ratte als Modell der salzresistenten Hypertonie eingesetzt wird. An diesen Modellen konnte gezeigt werden, dass eine hohe Kochsalzaufnahme mit der Nahrung (21%) zu einer signifikanten Erhöhung des systolischen Blutdrucks bei der salzsensitiven DOCA-Ratte, nicht jedoch bei der salzresistenten 2K1C-Ratte führte. Dennoch führte die hohe Kochsalzzufuhr bei beiden Modellen zu glomerulären Läsionen und Schäden sowohl an den Nierenarterien und -arteriolen [53].

Eine ad libitum-Fütterung von Ratten mit Natriumchlorid bzw. Natriumcitrat angereichertem oder natriumfreiem Futter über vier Wochen zeigte zwar keinen Einfluss auf den systolischen Blutdruck, ergab aber, dass eine Natriumrestriktion der Entwicklung einer linksventrikulären Hypertrophie vorbeugen könnte [72]. Aus diesen Ergebnissen folgerten die Autoren, dass allein dem Natriumkation unabhängig vom Anion eine wichtige Rolle bei der Entwicklung der linksventrikulären Hypertrophie zukommt. An der salzsensitiven Dahl-Ratte konnte auch bereits gezeigt werden, dass die nachteiligen Effekte einer Kochsalzzufuhr mit der Nahrung (1% NaCl) auf den Blutdruck durch eine adäquate Kaliumzufuhr (2,6% KCl) antagonisiert werden können [60].

Kanzerogenität

In tierexperimentellen Untersuchungen kann Natriumchlorid als Cokanzerogen und Tumorpromotor bei der Entstehung von Magenkrebs wirken. Takahashi und Mitarbeiter [95] beschreiben dosisabhängig eine signifikante Zunahme von Adenokarzinomen und Adenomen des Magens bei Wistar-Ratten, deren Futter entweder 5 oder 10% Natriumchlorid enthielt. Ebenfalls bei der Wistar-Ratte konnten Iishi und Mitarbeiter [44] eine erhöhte Magenkrebsinzidenz unter Gabe von 2% Natriumchlorid nur bei gleichzeitiger Eiweißrestriktion beobachten.

Reproduktionstoxizität

Die intraperitoneale Verabreichung von 1710 mg Salz/kg führte bei trächtigen Ratten zum Absterben der Feten und zu Skelettfehlbildungen. Auch die subcutane Injektion von 1900 bis 13 440 mg NaCl pro kg hatte bei schwangeren Mäusen einen Abort zur Folge [79]. Trächtige Ratten, deren Futter eine Menge von 8,5% NaCl zugesetzt war, wiesen im Fruchtwasser höhere NaCl-Konzentrationen auf als Kontrollen. Obwohl die Milch NaCl-supplementierter Ratten vergleichbare NaCl-Konzentrationen wie die Milch der Kontrollen aufwies, war bei den Jungen eine höhere renale Natriumausscheidung festzustellen. Junge Ratten, deren Mütter „normales" Futter erhalten hatten, die aber von Müttern mit kochsalzreichem Futter gesäugt wurden und anschließend selbst kochsalzreiches Futter erhielten, entwickelten einen ausgeprägteren Hochdruck als die Jungen, die erst nach dem Abstillen kochsalzreich gefüttert wurden. Die schwerwiegendsten Hochdruckformen entwickelten die Tiere, die von der Konzeption an kontinuierlich mit viel Kochsalz konfrontiert waren [38].

63.6
Bewertung des Gefährdungspotenzials

Eine Reihe epidemiologischer Untersuchungen liefert Hinweise dafür, dass zwischen hoher Natriumzufuhr und bestimmten Erkrankungsrisiken eine Assoziation bestehen könnte. Beispielsweise kann aufgrund der vorliegenden Erkenntnisse derzeit nicht ausgeschlossen werden, dass infolge einer längerfristigen, über den Empfehlungen liegenden Zufuhr mit Natrium – speziell in Form von Natriumchlorid – das kardiovaskuläre, das Karzinom- oder das Osteoporoserisiko erhöht sein könnte.

Der vom US-amerikanischen FNB [31] kürzlich abgeleitete Wert zur sicheren Gesamttageszufuhr, dem „tolerable upper intake level" (UL) von 2,3 g Natrium/Tag für Erwachsene (s. Abschnitt 63.7), der der von der DGE [23] genannten wünschenswerten Zielgröße für die Kochsalzzufuhr entspricht, wird gemäß der für die Bundesrepublik zur Verfügung stehenden Verzehrsstudien [22, 65] im Mittel bereits erreicht bzw. sogar überschritten.

63.6.1
Risikogruppen bei zunehmender Supplementierung mit Natrium/Kochsalz

Als mögliche Risikogruppen für eine Supplementierung mit Natrium bzw. Steigerung der Kochsalzzufuhr sind grundsätzlich alle Patienten zu nennen, bei denen bereits ein Überschuss vorliegt bzw. alle pathologischen Zustände, die mit einer Natrium-Retention vergesellschaftet sind. In diesem Kontext sind auch Patienten mit salzsensitivem Hypertonus zu nennen, da umgekehrt bekannt ist, dass bestimmte Patienten mit arterieller Hypertonie von einer Reduktion der Kochsalzzufuhr profitieren können. Da eine hohe Kochsalzzufuhr zu einer gesteigerten Calciumausscheidung führen kann, können Risiken im Hinblick auf die Entwicklung einer Nephrolithiasis und Osteoporose nicht ausgeschlossen werden. Gemäß den Empfehlungen der DGE [23] sind von Zufuhren über 6 g Speisesalz/Tag, was einer Menge von 2,3 g Natrium entsprechen würde, keine Vorteile, wohl aber Nachteile zu erwarten. Unter Berücksichtigung der Zufuhrmengen, die in den Verzehrsstudien [22, 65] ermittelt wurden, wäre der überwiegende Teil der deutschen Bevölkerung bereits ohne Supplementierung Nachteilen ausgesetzt.

63.6.2
Risikogruppen für eine Unterversorgung

Risikogruppen für eine rein ernährungsbedingte Unterversorgung mit Natrium sind aus der gesunden Bevölkerung unter den üblichen Lebensgewohnheiten bisher nicht identifiziert worden. In der Schwangerschaft wird wegen der Zunahme der mütterlichen extrazellulären Flüssigkeit und in der Stillzeit wegen des Natriumgehaltes in der Frauenmilch von einem Mehrbedarf ausgegangen, der durch die Nahrung jedoch leicht gedeckt werden kann [23]. Bei Gesunden können allenfalls größere Natriumverluste durch den Schweiß aufgrund intensiver körperlicher Belastung oder den Aufenthalt in großer Hitze entstehen und so zu einer kritischen Versorgungslage beitragen. Eine Unterversorgung mit Natrium tritt in der Regel nur im Zusammenhang mit angeborenen (z. B. Mukoviszidose) oder erworbenen Erkrankungen infolge erhöhter Verluste auf, wenn keine entsprechende Substitution erfolgt.

63.7
Grenzwerte, Richtwerte, Empfehlungen, gesetzliche Regelungen

Von Seiten der Expertengremien der EU wurde noch keine Risikobewertung für Natrium vorgenommen. Der Wissenschaftliche Lebensmittelausschuss (SCF) der EU [17] äußerte sich 1992 dahingehend, dass eine exzessive Zufuhr von 200 mmol (=4,6 g) Natrium mit einem signifikanten Hypertonierisiko einhergehen würde. Aus diesem Grund wurde vorgeschlagen, dass Erwachsene zum Zwecke der Hypertonieprävention und der damit verbundenen Risiken die maximale Natriumaufnahme auf 150 mmol/Tag, entsprechend 3,5 g/Tag, begrenzen sollten. Es ist festzustellen, dass diese Empfehlung einer täglichen Menge von maximal 9 g Kochsalz entsprechen würde und damit 50% über der aktuellen DGE-Empfehlung [23] von maximal 6 g Kochsalz/Tag (entsprechend 2,3 g Natrium) liegt.

Das Expertenkomitee über Vitamine und Mineralstoffe aus Großbritannien [30] entschied aufgrund der unzureichenden Datenlage hinsichtlich der Toxizität von Chlorid eine Risikobewertung für die Verbindung Natriumchlorid vorzunehmen. Das Komitee sah sich nicht in der Lage, einen *„safe upper level"* festzulegen, folgerte jedoch, dass Natriumchlorid im Allgemeinen nicht als geeignet für die Verwendung in Nahrungsergänzungsmitteln angesehen werden kann.

Vom US-amerikanischen FNB [31] wurde für Heranwachsende (ab dem 14. Lebensjahr), Erwachsene jeder Altersgruppe sowie Frauen in Schwangerschaft und Stillzeit ein gemeinsamer *„Tolerable Upper Intake Level (UL)"*[1] von 2,3 g (100 mmol) Natrium pro Tag (entsprechend 5,8 g Natriumchlorid) festgesetzt. Von diesem Wert wurden unter Berücksichtigung der jeweiligen, mittleren Energiezufuhren folgende UL's für Kinder abgeleitet: 1,5 g (65 mmol)/Tag (1–3 Jahre), 1,9 g (3 mmol)/Tag (4–8 Jahre), 2,2 g (95 mmol)/Tag (9–13 Jahre). Aufgrund eines als erwiesen angesehenen direkten Effektes des zugeführten Natriums auf den Blutdruck sowohl bei hypertensiven als auch bei normotensiven Personen wurde der Blutdruck als kritischer Endpunkt ausgewählt. Unter Zugrundelegung der Studien von Johnson et al. [46], MacGregor et al. [59] und Sacks et al. [80] wurde ein LOAEL von 2,3 g Natrium (100 mmol)/Tag festgesetzt. Es ist festzustellen, dass der vom FNB definierte LOAEL bezogen auf Kochsalz der Menge entspricht, die von Erwachsenen nach Auffassung der DGE [23] täglich nicht überschritten werden sollte. Ein NOAEL konnte nicht bestimmt werden. Da ein Unsicherheitsfaktor (UF) von etwa 1,6 zu einem UL unterhalb des Referenzwertes für eine adäquate Zufuhr (s. Tab. 63.2) führen würde, wurde ein UF von 1 festgesetzt. Es wurde eingeräumt, dass ein Schwellenwert für Natrium nicht bekannt ist und der Blutdruck von zahlreichen anderen Faktoren abhängig ist, wie z. B. dem Lebensalter, der Rasse, dem Körpergewicht, dem Geschlecht, der genetischen Veranlagung oder anderen Nahrungsfaktoren. Ferner wurde auf methodische Probleme bei der Studiendurchführung hingewiesen.

Die unterschiedlichen Ausführungen und Empfehlungen spiegeln nicht zuletzt die unsichere Datenlage und die langwierige kontroverse Debatte um den Themenkreis Kochsalz bzw. Natrium und Blutdruck wieder. Vor dem Hintergrund der unterschiedlichen Salzsensitivität und der strittigen Effekte einer Natriumrestriktion bei Vorliegen eines normalen Blutdrucks stellt sich auch die Frage, ob der gewählte Endpunkt als überzeugend angesehen werden kann.

1) The tolerable upper intake level (UL) is the highest level of daily nutrient intake that is likely to pose no risk of adverse health effects in almost all individuals [31].

63.8 Vorsorgemaßnahmen

Präventionsmaßnahmen im Zusammenhang mit essenziellen Nährstoffen wie dem Natrium müssen einerseits die Sicherstellung einer angemessenen Versorgung berücksichtigen, andererseits ist einer übermäßigen Zufuhr vorzubeugen, sofern unerwünschte Effekte möglich sind. Nach derzeitigem Erkenntnisstand liegen keine Hinweise dafür vor, dass die Natriumzufuhr in der deutschen Bevölkerung suboptimal ist. Ein Erfordernis zum gezielten Zusatz von Natrium im ernährungsphysiologischen Sinne zur Verbesserung der Versorgung mit Natrium bzw. zum Schutz vor einer Unterversorgung besteht nicht. Dagegen kann aufgrund der vorliegenden Daten davon ausgegangen werden, dass für die deutsche Bevölkerung eine hohe Natriumzufuhr ein größeres Problem darstellt als eine zu niedrige. Es liegen Hinweise dafür vor, dass die von der DGE [23] genannte wünschenswerte Zielgröße für die Kochsalzzufuhr in der Praxis bereits überschritten wird. Der überwiegende Anteil des mit der Nahrung aufgenommenen Natriums stammt aus Kochsalz bzw. wird in dieser Form zugeführt. Auch gibt es derzeit keine Hinweise dafür, dass eine hohe Natriumzufuhr für die gesunde Bevölkerung unter hiesigen Lebensbedingungen mit einem gesundheitlichen Nutzen verbunden oder von Vorteil sein könnte. Stattdessen wird eine hohe Natriumzufuhr mit gesundheitlichen Risiken in Verbindung gebracht.

Aufgrund des ubiquitären Vorkommens und der weiten Verbreitung von Natrium, der Versorgungslage der deutschen Bevölkerung, der Maßgabe von Expertengremien wie der DGE [23], den Richtwert von 6 g NaCl/Tag nicht zu überschreiten, der potenziellen Risiken, die mit einer hohen Natriumzufuhr (speziell als NaCl) in Verbindung gebracht werden und zwecks Vorbeugung einer Kumulierung hoher Natriumdosen aus verschiedenen Produkten sind keine Gründe erkennbar, die für eine Ausweitung der gegenwärtigen Praxis sprechen würden. Natrium- und Natriumverbindungen dürfen Lebensmitteln in Deutschland bereits aus verschiedenen technologischen Gründen zugesetzt werden (vgl. Tab. 63.1). Ein zusätzlicher Zusatz von Stoffen wie Natrium zu ernährungsphysiologischen Zwecken, die in Lebensmitteln bzw. in der Ernährung bereits ausreichend vorhanden sind, erscheint nicht notwendig. Aus diesen Gründen sollte Natrium weder herkömmlichen Lebensmitteln zugesetzt noch in Nahrungsergänzungsmitteln verwendet werden dürfen. Ausnahmen könnten allenfalls für bestimmte Produkte gerechtfertigt sein, die gezielt zum Ersatz größerer Natrium- und Flüssigkeitsverluste bestimmt sein sollen, z. B. durch erhöhte Schweißverluste nach intensiver körperlicher Betätigung. Aufgrund der engen Verknüpfung mit dem Flüssigkeitshaushalt sollte eine Anreicherung mit Natrium an solche Produkte gekoppelt werden, die auch nennenswert zur Flüssigkeitszufuhr beitragen.

63.9 Zusammenfassung

Natrium wird zu den lebensnotwendigen Mineralstoffen gerechnet und spielt im Organismus in Verbindung mit anderen Elektrolyten wie Chlorid und Kalium bei einer Vielzahl von Funktionen eine Rolle. Der Natriumhaushalt ist eng mit dem Wasserhaushalt verbunden und in Abhängigkeit von diesem und anderen Elektrolyten großen Schwankungen unterworfen. Die Natrium konservierenden Mechanismen des menschlichen Organismus sind sehr effektiv, so dass es unter physiologischen Bedingungen und bei normaler Kost nicht zu einem signifikanten Natriummangel kommen kann. Die Natrium retinierende Fähigkeit des Körpers scheint entwicklungsgeschichtlich bedingt wesentlich besser ausgeprägt zu sein als diejenige, einen Überschuss auszuscheiden. Bei gesunden Personen wird der Natriumhaushalt durch Änderungen in der Ausscheidungsrate kontrolliert und kann nicht durch die Höhe der Zufuhr mit der Nahrung bestimmt werden.

Andererseits wird Natrium in Form seiner Hauptquelle Natriumchlorid seit langem mit verschiedenen Erkrankungen in Verbindung gebracht. Beispielsweise wird diskutiert, dass eine hohe Kochsalzzufuhr mit einem erhöhten Hypertonie-, Nephrolithiasis- oder Osteoporose-Risiko einhergeht und mit einer höheren kardiovaskulären und Gesamtmortalität assoziiert sein könnte. Der überwiegende Anteil des mit der Nahrung aufgenommenen Natriums stammt aus Kochsalz bzw. wird in dieser Form zugeführt. Daneben werden Lebensmitteln verschiedene Natrium- und Natriumverbindungen auch aus technologischen Gründen zugesetzt. Von Seiten verschiedener Gremien wird empfohlen, die Kochsalzzufuhr einzuschränken. Nach den Referenzwerten der DGE [23] soll die tägliche Kochsalzzufuhr beim Erwachsenen 6 g oder weniger betragen, was einer maximalen Natriummenge von 2,3 g entsprechen würde. Die für die Bundesrepublik vorliegenden Berechnungen zur Aufnahme von Natrium weisen darauf hin, dass die von der DGE genannte Zielgröße für die Kochsalzzufuhr in der Praxis bereits überschritten wird.

Wenngleich eine endgültige wissenschaftliche Absicherung für die diskutierten Zusammenhänge in Bezug auf die oben genannten Erkrankungen aussteht, sollten trotzdem Möglichkeiten genutzt werden, um die bereits mehr als ausreichend mit Natrium aus Kochsalz versorgte Bevölkerung vor einer – nach derzeitigem Erkenntnisstand – ernährungsphysiologisch nicht sinnvollen „Überversorgung" zu bewahren. Damit bestehen Vorbehalte gegen eine Anreicherung von herkömmlichen Lebensmitteln mit Natrium zu ernährungsphysiologischen Zwecken und insbesondere Natriumchlorid ist als nicht geeignet für die Verwendung in Nahrungsergänzungsmitteln anzusehen.

63.10 Literatur

1 Adrogué HJ, Madias NE (2000) Hypernatremia, *New England Journal of Medicine* **342**: 1493–1499.
2 Alderman MH, Madhavan S, Cohen H, Sealey JE, Laragh JH (1995) Low urinary sodium is associated with greater risk of myocardial infarction among treated hypertensive men, *Hypertension* **25**: 1144–1152.
3 Alderman MH, Cohen H, Madhavan S (1998) Dietary sodium intake and mortality: the national health and nutrition examination survey (NHANES I), *Lancet* **351**: 781–785.
4 Alderman M (2000) Salt, blood pressure, and human health, *Hypertension* **36**: 890–893.
5 Arnaud MJ (2003) Mild dehydration: a risk factor of constipation? *European Journal of Clinical Nutrition* **57**: S88–S95.
6 Barer J, Leighton Hill L, Hill RM, Martinez WM (1973) Fatal poisoning from salt used as an emetic, *American Journal of Diseases of Children* **125**: 889–890.
7 Bennett WM (1997) Drug interactions and consequences of sodium restriction, *American Journal of Clinical Nutrition* **65** (suppl): 678S–681S.
8 Boero R, Pignataro A, Quarello F (2002) Salt intake and kidney disease, *Journal of Nephrology* **15**: 225–229.
9 Bolte HD, Lüderitz B (1971) Störungen des Wasser- und Elektrolyt-Haushaltes (Natrium, Kalium), *Forschritte der Medizin* **89**: 877–882.
10 Bundesinstitut für gesundheitlichen Verbraucherschutz und Veterinärmedizin (BgVV) (2001) Gesundheitliche Bewertung des Salzgehalts industriell vorgefertigter Gerichte (Stellungnahme), http://www.bfr.bund.de/cms/detail.php?template=internet_de_index_js
11 Burger H, Grobbee DE, Drüeke T (2000) Osteoporosis and salt intake, *Nutrition, Metabolism & Cardiovascular Diseases* **10**: 46–53.
12 Casavant MJ, Fitch JA (2003) Fatal Hypernatremia from Saltwater Used as an Emetic, *Journal of Toxicology Clinical Toxicology* **41**: 861–863.
13 Chrysant GS, Bakir S, Oparil S (1999) Dietary salt reduction in hypertension – what is the evidence and why is it still controversial? *Progress in Cardiovascular Diseases* **42**: 23–28.
14 Chrysant GS (2000) High salt intake and cardiovascular disease: is there a connection? *Nutrition* **16**: 662–663.
15 Cohen AJ, Roe FJC (1997) Evaluation of the aetiological role of dietary salt exposure in gastric and other cancers in humans, *Food and Chemical Toxicology* **35**: 271–293.
16 Cohen AJ, Roe FJC (2000) Review of risk factors for osteoporosis with particular reference to a possible aetiological role of dietary salt, *Food and Chemical Toxicology* **38**: 237–253.
17 Commission of the European Communities (1992) Reports of the Scientific Committee for Food: Nutrient and Energy intakes for the European community, Thirty-first series.
18 Deutsche Gesellschaft für Ernährung e.V. (DGE) (1980), Ernährungsbericht 1980, Frankfurt/Main.
19 Deutsche Gesellschaft für Ernährung e.V. (DGE) (1984), Ernährungsbericht 1984, Frankfurt/Main.
20 Deutsche Gesellschaft für Ernährung e.V. (DGE) (1988), Ernährungsbericht 1988, Frankfurt/Main.
21 Deutsche Gesellschaft für Ernährung e.V. (DGE) (1994) VERA-Schriftenreihe, Band XII Lebensmittel- und Nährstoffaufnahme in der Bundesrepublik Deutschland, Ergänzungsband zum Ernährungsbericht 1992, Frankfurt/Main.
22 Deutsche Gesellschaft für Ernährung e.V. (DGE) (1996) Ernährungsbericht 1996, Frankfurt/Main.
23 Deutsche Gesellschaft für Ernährung (DGE), Österreichische Gesellschaft für Ernährung (ÖGE), Schweizerische Gesellschaft für Ernährungsforschung (SGE), Schweizerische Vereinigung für Ernährung (SVE) (2000) Referenzwerte für die Nährstoffzufuhr, 1. Auflage, Umschau-Braus, Frankfurt a. Main.

24 Deutsche Gesellschaft für Ernährung e.V. (DGE) (2004) Ernährungsbericht 2004, Bonn, 38–39.

25 De Wardner HE, He FJ, MacGregor GA (2004) Plasma sodium and hypertension, *Kidney International* **66**: 2454–2466.

26 Egan BM, Lackland DT (2000) Biochemical and metabolic effects of very-low-salt diets, *The American Journal of Medical Sciences* **320**: 233–239.

27 Elmadfa I, Leitzmann C (1990) Ernährung des Menschen, 2. überarb. Aufl. UTB Große Reihe. Ulmer, Stuttgart.

28 Falbe J, Regitz M (Hrsg.) (1998) Römpp Lexikon, Chemie, Band 4 M-Pk, 10. völlig überarb. Aufl. Thieme, Stuttgart.

29 Fodor JG, Whitmore B, Leenen F, Larochelle P (1999) Recommendations of dietary salt, *Canadian Medical Association Journal* **160** (9 Suppl): S29–S34.

30 Food Standards Agency (FSA), Expert Group on Vitamins and Minerals (2003) Safe Upper Levels for Vitamins and Minerals, Report of the Expert Group on Vitamins and Minerals, May 2003, 313–319.

31 Food and Nutrition Board (FNB) (2004) Dietary Reference Intakes for Water, Potassium, Sodium, Chloride and Sulfate, Chapter 6 Sodium and Chloride, Food and Nutrition Board, Institute of Medicine, National Academic Press, Washington D.C., 247–392.

32 Frassetto L, Morris RC, Sellmeyer DE, Todd K, Sebastian A (2001) Diet, evolution and aging. The pathophysiologic effects of the post-agricultural inversion of the potassium-to-sodium and base-to-chloride ratios in the human diet, *European Journal of Nutrition* **40**: 200–213.

33 Götze H (1962) Kochsalzvergiftung infolge übergroßer parenteraler Zufuhr, *Archiv für Toxikologie* **19**: 284–292.

34 Graudal NA, Galløe AM, Garred P (1998) Effects of sodium restriction on blood pressure, renin, aldosterone, catecholamines, cholesterols, and triglyceride. A Meta-analysis, *Journal of the American Medical Association* **279**: 1383–1391.

35 Greiling H, Gressner AM (Hrsg) (1989) Lehrbuch der Klinischen Chemie und Pathobiochemie, 2. überarb. Aufl. Schattauer, Stuttgart.

36 Grunewald RW (2003) Wasser und Mengenelemente, 4.2 Natrium, in Schauder P, Ollenschläger G (Hrsg) Ernährungsmedizin, Prävention und Therapie, 2. Aufl. Urban & Fischer, München.

37 Harrington M, Cashman KD (2003) High salt intake appears to increase bone resorption in postmenopausal women but high potassium intake ameliorates this adverse effect, *Nutrition Reviews* **61**: 179–183.

38 Hazon N, Parker C, Leonard R, Henderson IW (1988) Influence of an enriched dietary sodium chloride regime during gestation and suckling and post-natally on the ontogeny of hypertension in the rat, *Journal of Hypertension* **6**: 517–524.

39 He J, Ogden LG, Vupputuri S, Bazzano LA, Loria C, Whelton PK (1999) Dietary sodium intake and subsequent risk of cardiovascular disease in overweight adults, *Journal of the American Medical Association* **282**: 2027–2034.

40 He J, Ogden LG, Bazzano LA, Vupputuri S, Loria C, Whelton PK (2002) Dietary sodium intake and incidence of congestive heart failure in overweight US men and women, *Archives of Internal Medicine* **162**: 1619–1624.

41 Hirohata T, Kono S (1997) Diet/Nutrition and stomach cancer in Japan, *International Journal of Cancer. Supplement* **10**: 34–36.

42 Hooper L, Barlett C, Davey Smith G, Ebrahim S (2002) Systematic review of long term effects of advice to reduce dietary salt in adults, *British Medical Journal* **325**: 628–637.

43 Hooper L, Bartlett C, Davey Smith G, Ebrahim S (2003) Reduced dietary salt for prevention of cardiovascular disease (Cochrane Review). In: The Cochrane Library, Issue 3, Update Software, Oxford.

44 Iishi H, Tatsuta M, Baba M, Hirasawa R, Sakai N, Ynao H, Uehara H, Nakaizumi A (1999) Low-protein diet promotes sodium chloride-enhanced gastric carcinogenesis induced by *N*-methyl-*N'*-nitro-*N*-nitrosoguanidine in Wistar rats, *Cancer Letters* **141**: 117–122.

45 Iwaoka T, Umeda T, Ohno M, Inoue J, Naomi S, Sato T, Kawakami I (1988) The effect of low and high NaCl diets on oral

glucose tolerance, *Klinische Wochenschrift* **66**: 724–728.

46 Johnson AG, Nguyen TV, Davis D (2001) Blood pressure is linked to salt intake and modulated by the angiotensinogen gene in normotensive and hypertensive elderly subjects, *Journal of Hypertension* **19**: 1053–1060.

47 Johnston JG, Robertson WO (1977) Fatal ingestion of table salt by an adult, *The Western Jounal of Medicine* **126**: 141–143.

48 Joint FAO/WHO Expert Consultation (2003) Diet, nutrition and the prevention of chronic diseases, WHO Technical Report Series 916, WHO, Geneva.

49 Jürgens G, Graudal NA (2003) Effects of low sodium diet versus high sodium diet on blood pressure, renin, aldosterone, catecholamines, cholesterols, and triglyceride (Cochrane Review) In: The Cochrane Library, Issue 3, Update Software, Oxford.

50 Kawasaki T, Itoh K, Kawasaki M (1998) Reduction in blood pressure with a sodium-reduced, potassium- and magnesium-enriched mineral salt in subjects with mild essential hypertension, *Hypertens Research* **21**: 235–243.

51 Kübler W, Anders HJ, Heeschen W (Hrsg) (1995) VERA-Schriftenreihe, Band V: Versorgung Erwachsener mit Mineralstoffen und Spurenelementen in der Bundesrepublik Deutschland, Wissenschaftlicher Fachverlag Dr. Fleck, Niederkleen.

52 Kurtz TW, Morris RC Jr (1985) Hypertension in the recently weaned Dahl salt-sensitive rat despite a diet deficient in sodium chloride, *Science* **15**: 808–810.

53 Liu DT, Birchall I, Kincaid-Smith P, Whitworth JA (1993) Effect of dietary sodium chloride on the development of renal glomerular and vascular lesions in hypertensive rats, *Clinical and Experimental Pharmacology and Physiology* **20**: 763–772.

54 Löffler G, Petrides PE (Hrsg) (2003) Biochemie und Pathobiochemie, 7., völlig neu bearb. Aufl. Springer, Heidelberg, 934 ff.

55 Loria CM, Obarzanek E, Ernst ND (2001) Choose and prepare foods with less salt: dietary advise for all Americans, *Journal of Nutrition* **131**: 536S–551S.

56 Luft FC, Weber M, Mann J (1992) Kochsalzkonsum und arterielle Hypertonie, *Deutsches Ärzteblatt* **89**: B898–B903.

57 Luft FC (1993) Salzempfindlichkeit beim Gesunden und beim Hypertoniker, *Nieren- und Hochdruckkrankheiten* **22**: 448–454.

58 Luft FC, Weinberger MH (1997) Herterogenous responses to changes in dietary salt intake: the salt-sensitivity paradigm, *American Journal of Clinical Nutrition* **65** (suppl): 612S–617S.

59 MacGregor GA, Markandu ND, Sagnella GA, Singer DRJ, Cappuccio FP (1989) Double-blind study of three sodium intakes and long-term effects of sodium restricition in essential hypertension, *Lancet* **2**: 1244–1247.

60 Manger WM, Simchon S, Stier CT, Joscalzo J, Jan KM, Jan R, Haddy F (2003) Protective effects of dietary potassium chloride on hemodynamics of Dahl salt-sensitive rats in response to chronic administration of sodium chloride, *Journal of Hypertension* **21**: 2305–2313.

61 Manz F, Wentz A (2003) 24-h Hydration status: parameters, epidemiology and recommendations, *European Journal of Clinical Nutrition* **57**: S10–S18.

62 Massey LK, Whiting SJ (1995) Dietary salt, urinary calcium, and kidney stone risk, *Nutrition Reviews* **53**: 131–134.

63 McGee S, Abernethy WB, Simel DL (1999) Is this patient hypovolemic? *Journal of the American Medical Association* **281**: 1022–1029.

64 Mensink GBM, Ströbel A (1999) Einnahme von Nahrungsergänzungspräparaten und Ernährungsverhalten, *Gesundheitswesen* **61** (Sonderheft 2): S132–S137.

65 Mensink GBM (2002) Was essen wir heute? Ernährungsverhalten in Deutschland, Beiträge zur Gesundheitsberichterstattung des Bundes, Robert Koch-Institut, Berlin.

66 Moder KG, Hurley DL (1990) Fatal hypernatremia from exogenous salt intake: report of a case and review of the literature, *Mayo Clinic Proceedings* **65**: 1587–1594.

67 Muskat E (1985) Der Natriumgehalt in unseren Lebensmitteln, *Aktuelle Ernährungsmedizin* **10**: 80–81.

68 Mutschler E (1986) Arzneimittelwirkungen. Lehrbuch der Pharmakologie und Toxikologie, Wissenschaftliche Verlagsgesellschaft, Stuttgart.

69 National Academy of Sciences (NAS) (1989) Recommended Dietary Allowances, 10th edn, Chapter 11: Water and Electrolytes, 247–261.

70 Ovesen L, Boeing H for the EFCOSUM Group (2002) The use of biomarkers in multicentric studies with particular consideration of iodine, sodium, iron, folate, and vitamin D, *European Journal of Clinical Nutrition* **56** (Suppl 2): S12–S17.

71 Palevsky PM, Bhagrath R, Greenberg A (1996) Hypernatremia in hospitalized patients. *Annals of Internal Medicine* **124**: 197–203.

72 Pasquie JL, Jover B, du Cailar G, Mimran AJ (1994) Sodium but not chloride ion modulates left ventricular hypertrophy in two-kidney, one clip hypertension, *Hypertension* **12**: 1013–1018.

73 Perry IJ (2000) Dietary salt intake and cerebrovascular damage, *Nutrition, Metabolism & Cardiovascular Diseases* **10**: 229–235.

74 Preuss HG (2001) Chapter 29 Sodium, chloride, and potassium, in Bowman BA, Russell RM (Hrsg) Present knowledge in nutrition, ILSI Press, Washington DC, 302–310.

75 Rabe E (1983) Zur Natrium- und Kaliumbestimmung mit ionensensitiven Elektroden, *Zeitschrift für Lebensmittel-Untersuchung und -Forschung* **176**: 270–274.

76 Redón-Más J, Abellán-Alemán J, Aranda-Lara P, de la Figuera-von Wichmann M, Luque-Otero M, Rodicio-Diaz JL, Ruilope-Urioste LM, Veralsco-Quintana J for the VERSAL Study Group (1993) Antihypertensive activity of verapamil: impact of dietary sodium, *Journal of Hypertension* **11**: 665–671.

77 Richtlinie (2001)/15/EG der Kommission vom 15. Februar 2001 über Stoffe, die Lebensmitteln, die für eine besondere Ernährung bestimmt sind, zu besonderen Ernährungszwecken zugefügt werden dürfen, Amtsblatt der Europäischen Gemeinschaften vom 22. 2. 2001, L 52: 19–25.

78 Richtlinie (2002)/46/EG des Europäischen Parlaments und des Rates vom 10. Juni 2002 zur Angleichung der Rechtsvorschriften der Mitgliedsstaaten über Nahrungsergänzungsmittel, Amtsblatt der Europäischen Gemeinschaften vom 12. 7. 2002, L 183: 51–57.

79 RTECS – Registry of Toxic Effects of Chemical Substances 1998.

80 Sacks FM, Svetkey LP, Vollmer WM, Appel LJ, Bray GA, Harsha D, Obarzanek E, Conlin PR, Miller ER, Simons-Morton DG, Karanja N, Lin PH for the DASH-Sodium collaborative research group (2001) Effects on blood pressure of reduced dietary sodium and the Dietary Approaches to Stop Hypertension (DASH) diet, *New England Journal of Medicine* **344**: 3–10.

81 Sanders PW (2004) Salt intake, endothelial cell signaling, and progression of kidney disease, *Hypertension* **43**: 142–146.

82 Saunders N, Balfe JW, Laski B (1976) Severe salt poisoning in an infant, *The Journal of Pediatrics* **88**: 258–261.

83 Schek A (2000) Sportlergetränke – Anspruch und Realität, *Ernährungs-Umschau* **47**: 228–234.

84 Schorr-Neufing U (2000) Ursachen der Salzsensitiviät – Stand der Forschung, *Ernährungs-Umschau* **47**: 109–111.

85 Schröter W (1978) 11.3 Natrium und Natriumverbindungen, in Schröter W, Lautenschläger K-H, Bibrack H (Hrsg) Taschenbuch der Chemie 7. Aufl. Deutsch Frankfurt/Main.

86 Sean C, Sweetman SC (Hrsg) (2002) Martindale, The complete drug reference, 33rd edn, Pharmaceutical Press, London-Chicago.

87 Seeger R (1994) Giftlexikon Natrium (Na), *Deutsche Apotheker Zeitung* **134**: 29–41.

88 Sellmeyer DE, Schloetter M, Sebastian A (2002) Potassium citrate prevents increased urine calcium excretion and bone resorption induced by a high sodium chloride diet, *Journal of Clinical*

Endocrinology & Metabolism **87**: 2008–2012.

89 Siener R, Hesse A (2003) Fluid intake and epidemiology of urolithiasis, *European Journal of Clinical Nutrition* **57**: S47–S51.

90 Souci-Fachmann-Kraut (2000) Die Zusammensetzung der Lebensmittel Nährwert-Tabellen, 6. rev., erg. Aufl. medpharm, Scientific Publishers, CRC Press, Stuttgart.

91 Stamler J, Liu K, Ruth KJ, Pryer J, Greenland P (2002) Eight-Year Blood Pressure Cancer in Middle-Aged Men, Relationsip to Multiple Nutrients, *Hypertension* **39**: 1000–1006.

92 Stenger KO (1987) Indikationen für eine natriumarme Ernährung, *Ernährungs-Umschau* **34**: 132–136.

93 Strazzullo P, Galletti F, Barba G (2003) Altered renal handling of sodium in human hypertension, Short Review of the Evidence, *Hypertension* **41**: 1000–1005.

94 Sugimura T (2000) Nutrition and dietary carcinogens, *Carcinogenesis* **21**: 387–395.

95 Takahashi M, Nishikawa A, Furukawa F, Enami T, Hasegawa T, Hayashi Y (1994) Dose-dependent promotion effects of sodium chloride (NaCl) on rat glandular stomach carcinogenesis initiated with *N*-methyl-*N'*-nitro-*N*-nitrosamine, *Carcinogenesis* **15**: 1429–1432.

96 Thomas DR, Tariq SH, Makhdomm S, Haddad R, Moinuddin A (2003) Physician misdiagnosis of dehydration in older adults. *Journal of the American Medical Directors Association* **4**: 251–254.

97 Tobian L, Hanlon S (1990) High sodium chloride diets inure arteries and raise mortality without changing blood pressure, *Hypertension* **15**: 900–903.

98 Tobian L (1991) Salt and hypertension. Lessons from animal models that relate to human hypertension, *Hypertension* **17** (1 Suppl): I 52–58.

99 Toumilehto J, Jousilahti P, Rastenyte D, Moltchanov V, Tanskanen A, Pietinen P, Niessinen A (2001) Urinary sodium excretion and cardiovascular mortality in Finland: a prospective study, *Lancet* **357**: 848–851.

100 Tsugane S, Sasazuki S, Kobayashi M, Sasaki S for the JPHC Study Group (2004) Salt and salted food intake and subsequent risk of gastric cancer among middle-aged Japanese men and women, *British Journal of Cancer* **90**: 128–134.

101 Van den Brandt PA, Botterweck AAM, Goldbohm RA (2003) Salt intake, cured meat consumption, refrigerator use and stomach cancer incidence: a prospective cohort study (Netherlands), *Cancer Causes Control* **14**: 427–438.

102 Weder AB, Egan BM (1991) Potential deleterious impact of dietary salt restriction on cardiovascular risk factors, *Klinische Wochenschrift* **69** (Suppl XXV): 45–50.

103 Weinberg AD, Minaker KL (1995) Dehydration. Evaluation and management in older adults. Council of Scientific Affairs, American Medical Association, *Journal of the American Medical Association* **274**: 1552–1556.

104 Wirths W (1981) „Verborgenes" Natrium in Lebensmitteln – Erhebungen über die Zufuhr, *Aktuelle Ernährungsmedizin* **6**: 118–1122.

105 Yperman J, Carleer R, Reggers G, Mullens J, Van Poucke L (1993) Automation of Potentiometric Measurements: Determination of Water-Extractable Sodium in Bread Using a Sodium Ion Selective Electrode with Minimum Sample Preparation, *Journal of the Association of Official Analytical Chemists* **76**: 1138–142.

106 Zimmerli B, Sieber R, Tobler L, Bajo S, Scheffieldt P, Stransky M, Wyttenbach A (1992) Untersuchungen von Tagesrationen aus schweizerischen Verpflegungsbetrieben, V. Mineralstoffe: Natrium, Chlorid, Kalium, Calcium, Phosphor und Magnesium, *Mitteilungen aus dem Gebiet der Lebensmitteluntersuchung und Hygiene* **83**: 677–710.

Wirkstoffe in funktionellen Lebensmitteln und neuartige Lebensmittel nach der Novel-Food-Verordnung

64 Wirkstoffe in funktionellen Lebensmitteln und neuartigen Lebensmitteln

Burkhard Viell

64.1 Art der Stoffe und Lebensmittelgruppen

64.1.1 Wirkstoffe – Begriffsdefinition

Der Begriff Wirkstoff wird meist im arzneilichen Sinne gebraucht. Aber nicht nur Arzneistoffe „wirken", sondern auch Lebensmittel und Inhaltstoffe von üblichen Lebensmitteln. Kaffee wirkt anregend, Ballaststoffe „wirken" verdauungsfördernd, Vitamine wirken sogar doppelt: einerseits im Rahmen der Ernährung z. B. als Coenzyme im Stoffwechsel, andererseits, und meist in höherer Dosierung, therapeutisch gegen z. B. Skorbut (Vitamin C).

Schon mit solch einfachen Beispielen wird deutlich, dass der Begriff *Wirkstoff* keine einheitliche Substanzklasse beschreibt. Er wird anwendungsbezogen gehandhabt und mit Blick auf die rechtliche Regelung. Man hat zu unterscheiden zwischen arzneilicher Wirkung, die in der Regel in einem amtlichen Zulassungsverfahren überprüft wird, und der Vorstellung, dass ein aufgenommener Stoff im menschlichen Organismus etwas *bewirkt*. Diese Vorstellung wird in den letzten Jahren mehr und mehr für den Lebensmittelbereich in Anspruch genommen. Ein und derselbe Stoff können dann je nach Vorstellung (und Zweckbestimmung) sowohl dem Lebensmittel- als auch dem Arzneimittelrecht zugeordnet werden (s. das Beispiel Coffein).

In der vor kurzem erlassenen Verordnung über Nahrungsergänzungsmittel sind ergänzungsgeeignete Stoffe als *Nährstoffe oder sonstige Stoffe mit ernährungsspezifischer oder physiologischer Wirkung* beschrieben [29]. Diese Definition wird

Handbuch der Lebensmitteltoxikologie. H. Dunkelberg, T. Gebel, A. Hartwig (Hrsg.)

ISBN: 978-3-527-31166-8

auch in der in Vorbereitung befindlichen Verordnung zu angereicherten Lebensmitteln verwendet [23]. Mit beiden Verordnungen sollen die bei allgemeinen Lebensmitteln verwendeten Wirkstoffe einer einheitlichen Regelung zugeführt, und auch solche Stoffe eingeschlossen werden, die nicht als klassische Nährstoffe gelten. Ihnen wird gewissermaßen rechtlich eine Wirkung zuerkannt, die von der arzneilichen Wirkung zu unterscheiden ist. Aminosäuren, Fettsäuren (z. B. Omega-3-Fettsäuren) zählen dazu oder auch Carnitin, Taurin, Nucleotide, Cholin oder Inositol.

Die „Wirkung“ dieser *Stoffe mit ernährungsspezifischer oder physiologischer Wirkung* kann nicht als „Nährstoffwirkung“ im ernährungsphysiologischen Sinne verstanden werden. Sie wäre vielleicht als „gesundheitserhaltend“ zu umschreiben und damit von der arzneilichen Wirkung zu unterscheiden. Meist ist die Wirkung einer zusätzlichen Zufuhr („beyond nutrition“) gemeint, was sie ebenfalls von einer klassischen Nährstoffwirkung abhebt.

Berücksichtigt man, dass auch schon die allgemeine Ernährung der „Gesundheitserhaltung“ dient, sollte man die Wirkung einer zusätzlichen Zufuhr an Wirkstoffen besser als „gesundheitsförderlich“ beschreiben. Auch dieser Begriff hebt sich nicht sehr trennscharf von einer allgemeinen Nährstoffwirkung ab. Aber Phytosterine zur Cholesterinsenkung, Kreatin zur sportlichen Leistungsverbesserung oder Probiotika zur Stärkung der Abwehr passen dazu, wenn man Gesundheitsförderung nicht zu eng fasst. Auch Vitamine und Mineralstoffe als klassische Nährstoffe passen dazu, wenn die gesundheitsförderliche Wirkung von Mengen gemeint ist, die über der üblichen Zufuhr liegen.

Wenn Stoffe bei Zufuhr über die normalen gesundheitserhaltenden Mengen hinaus gesundheitsförderlich wirken, dann werden sie dabei eine bestimmte *Funktion* im menschlichen Organismus ausüben. Eine andere als diejenige, die mit üblicher Ernährung erreicht wird. Dementsprechend können solche Stoffe als „funktionell“ bezeichnet werden, und damit lässt sich ein in den letzten Jahren aufgekommener Begriffswirrwarr auflösen: Bei *Wirkstoffen* und *funktionellen Stoffen* handelt es sich praktisch um die gleichen *gesundheitsförderlichen Stoffe*. Die Begriffe werden im Folgenden deshalb synonym verwendet. Es wird darüber hinaus zu zeigen sein, dass inzwischen häufig auch mit Novel-Food-Stoffen dieselben Stoffe gemeint sind:

Wirkstoffe = gesundheitsförderliche Stoffe = funktionelle Stoffe = Novel Foods (Stoffe).

64.1.2
Neuartige Lebensmittel („Novel-Foods“-Stoffe)

Bei den Stoffen, aber auch bei den Lebensmitteln selber, hat sich in den letzten Jahren vieles verändert. Zahllose Importe aus fremden Ländern machen den Speisezettel immer reichhaltiger, aber auch unübersichtlicher. Die kompositorische Phantasie der Lebensmitteltechnologen hat völlig neue Lebensmittelkategorien entstehen lassen, wie etwa *Energy Drinks, Riegel* oder *Snacks*. Ihre Besonderheit liegt in bislang ungewohnten Zutaten, wie z. B. Taurin oder Glucuronolacton, in der Art ihrer Zusammenstellung, z. B. als „Müsli Drinks“ oder

„Flüssig-Riegel" und in der bislang unbekannten Art und Weise wie solche Produkte verzehrt werden. Energy Drinks werden vorzugsweise von Jugendlichen abends in der Disko als „Szenegetränk" konsumiert, nicht als Alternative zu Kaffee. Riegel oder Snacks fungieren häufig als Zwischenmahlzeit und werden von Berufstätigen oft als Ersatz für ganze Mahlzeiten gegessen. Hinsichtlich ihrer ernährungsphysiologischen Relevanz bleibt offen, ob der Riegel in der Mittagspause ein Schweineschnitzel oder den Pfannkuchen aus der Kantine ersetzt.

Hinzu kommt das Prinzip der Anreicherung. Vielen herkömmlichen Lebensmitteln werden immer häufiger Wirkstoffe zugesetzt, nicht nur Vitamine und Mineralstoffe [50], um Produkten einen neuen Charakter und größere Kaufanreize zu verleihen. Die Lebensmittelwelt wird immer variantenreicher und es wird schwierig, neue von herkömmlichen, angereicherte von nicht angereicherten oder neu zusammengesetzte Lebensmittel von solchen zu unterscheiden, die in ihrer natürlichen Zusammensetzung belassen sind. Ernährungserhebungen bzw. Expositionsabschätzungen für Risikoberechnungen, die sich bislang am Spektrum herkömmlicher Lebensmittel orientieren, treffen immer seltener die Realität.

Zwei größere Entwicklungslinien lassen sich jedoch ausmachen: *Novel Foods* und *funktionelle Lebensmittel*. *Novel Foods* sind Lebensmittel oder Stoffe, für die ein spezielles Zulassungsverfahren aufgebaut wurde, um Neuentwicklungen (es hatte sich anfangs um genetisch veränderte Lebensmittel gehandelt) oder um Importprodukte, für die bislang in EU-Ländern unzureichende Umgangserfahrung vorliegt, einem Zulassungsverfahren zu unterziehen. Für diese Produkte ist eine (Sicherheits-)Vorprüfung erforderlich, die bislang bei Lebensmitteln so nicht üblich war.

Novel Foods ist nicht mehr als ein regulatorischer Sammelbegriff, unter dem alle Lebensmittel und Lebensmittelzutaten (z. B. cholesterinsenkende Milchprodukte, bestimmte Säfte aus der Südsee) verstanden werden, die vor dem Inkrafttreten der „Verordnung (EG) Nr. 258/97 über neuartige Lebensmittel und neuartige Lebensmittelzutaten" (Novel-Food-Verordnung) am 15. Mai 1997 in der Europäischen Gemeinschaft noch nicht in nennenswertem Umfang verwendet wurden [46].

Eine solche Stich-Tag-Regelung ist zwar sehr klar; pauschal für alle Lebensmittel angewandt, wäre sie aber unpraktikabel. Jede neue Variante eines Speiseeises wäre einer Prüfung zu unterwerfen. Folglich wurde der Anwendungsbereich der Novel-Food-VO auf bestimmte Lebensmittelgruppen eingegrenzt. An vorderster Stelle stehen Lebensmittel aus gentechnisch veränderten Organismen. Ferner gehören Lebensmittel dazu, die aus dem Ausland (damit sind die Nicht-EU-Länder gemeint) importiert werden. Weiterhin gehören dazu Mikroorganismen, die bislang nicht für die Lebensmittelherstellung eingesetzt wurden und auch neue Herstellungsverfahren fallen unter den Geltungsbereich der Novel-Food-VO.

Inzwischen sind die rechtlichen Regelungen für gentechnisch veränderte Organismen (GVO) über das ursprüngliche Gentechnik-Gesetz für die Freisetzun-

Tab. 64.1 Lebensmittel und Lebensmittelzutaten, für die eine Genehmigung nach Novel-Food-Verordnung erforderlich ist.

Lebensmittelgruppen	Beispiele
• mit neuer oder gezielt modifizierter primärer Molekularstruktur	Fettersatzstoffe
• die aus Mikroorganismen, Pilzen oder Algen bestehen oder aus diesen isoliert werden	Öl aus Mikroalgen;
• die aus Pflanzen bestehen oder isoliert worden sind sowie aus Tieren isolierte Lebensmittelzutaten	z. B. Phytosterole
• Lebensmittel und Lebensmittelzutaten, die mit herkömmlichen Vermehrungs- oder Zuchtmethoden gewonnen wurden und erfahrungsgemäß als unbedenklich gelten, gehören nicht zum Geltungsbereich der Verordnung	
• bei deren Herstellung ein nicht übliches Verfahren angewandt worden ist, wenn das Verfahren eine bedeutende Veränderung der Zusammensetzung oder Struktur bewirkt hat, die sich auf den Nährwert, den Stoffwechsel oder auf die Menge unerwünschter Stoffe im Lebensmittel auswirkt	enzymatische Konversionsverfahren

gen von GVO hinaus weiterentwickelt worden. Lebensmittel als GVO (Anbau, Zucht, etc.) sind entsprechend [28] einer umfangreichen Sicherheitsüberprüfung mit formaler Konsultation der zuständigen nationalen Behörden zu unterziehen. Dabei werden auch agrarökonomische Aspekte und Auswirkungen auf die Umwelt berücksichtigt.[1)] Bei gentechnisch veränderten Lebensmitteln und Futtermitteln (z. B. Soja oder Gemüsemais, auch veränderte Probiotika in Joghurts würden dazu zählen) gilt zusätzlich die Verordnung (EG) Nr. 1829/2003 [45].

Handelt es sich nicht um GVOs, sondern lediglich um Stoffe, die aus GVO-Organismen hergestellt werden, gilt ebenfalls Verordnung (EG) Nr. 1829/2003 [45]. Für alle anderen neuen Stoffe, Mikroorganismen, neue Verfahren und auch neue Importe erfolgt die Bewertung aufgrund der nach wie vor gültigen Novel-Food-Verordnung von 1997 (s. Tab. 64.1). Zusatzstoffe, Aromen und Aromaextrakte sind vom Anwendungsbereich der Novel-Food-Verordnung ausgenommen, auch wenn sie völlig neu entwickelt wurden. Für solche Stoffe gelten seit einigen Jahren EU-weit spezielle Rechtsvorschriften mit den für Zusatzstoffe festgelegten Regeln für die Sicherheitsüberprüfung.

Regulatorisch ist damit die Bewertung von Produkten und Stoffen im Zusammenhang mit gentechnischen Manipulationen abgekoppelt von der Zulassung der anderen neuen (novel) Stoffe.

An der fachlichen Bewertung hat sich nichts verändert. Die Bewertungsmodalitäten sind lediglich der spezifischen Problematik angepasst, die die gentech-

1) Das Zulassungsverfahren obliegt der neuen Europäischen Behörde für Lebensmittelsicherheit (EFSA) und wird von dort aus unter Konsultation der Mitgliedsländer im Sinne der Richtlinie 2001/18/EG gemäß Artikel 6 (4) bzw. Artikel 18 (4) der Verordnung (EG) 1829/2003 durchgeführt.

nischen Manipulationen bieten. Die Bewertung gentechnisch veränderter Lebensmittel, bzw. Stoffe daraus wurde nach einem mehrjährigen Moratorium in der EU vor kurzem wieder aufgenommen. Eine Übersicht über die beantragten bzw. zugelassenen Novel-Food-Stoffe gibt Tabelle 64.2.

Tab. 64.2 Anträge auf *Zulassung* neuartiger Lebensmittel gemäß Artikel 4 der Verordnung (EG) Nr. 258/97 (Stand: Juli 2005, Näheres und ggfs. aktuelle Ergänzungen s. www.bfr.bund.de).

Produkt/Antragsteller	Verwendungszweck/Eigenschaften
Teile der Pflanze *Stevia rebaudiana*	Süßungsmittel
Phospholipide aus Eidotter	Säuglings- und Sondennahrung, Nahrungsergänzungsmittel
Phytosterinester	cholesterinsenkender Margarinezusatz
Fruchtzubereitungen	hochdruckkonserviert
Canarium indicum L.	Nangai-Nüsse aus Südpazifischem Anbau
Getreidekleie	Fettersatz- und Ballaststoff
Bakterielles Dextran	technologischer Backzusatz
Salatrim modifizierte Triglyceride	Fettersatz
Tahiti Noni-Saft aus *Morinda citrifolia*	Fruchtsaft
Phytosterin	Zutat in Wurstprodukten
Strukturierte Lipide (MCT) aus Sardinenöl	diätetische Lebensmittelzutat
SUN-TGA40S-Öl aus Mikroorganismen	Säuglings-Ergänzungsnahrung
Trehalose	Enzymatisch hergestelltes Disaccharid zur Stabilisierung u. Süßung
REDUCOL	Pflanzensterole als Zutat für Milchprodukte
Phytosterin	Zutat für Backwaren
Echium-Öl *Echium plantagineum*	diätetische Lebensmittelzutat
Koagulierte und hydrolysierte Kartoffelproteine	Zutat für Salatdressings, Backwaren und glutenfreie Lebensmittel
Gamma-Cyclodextrin	Lebensmittelzutat
Algenöl	DHA-reiches Öl mit mehrfach ungesättigten Fettsäuren
Phytosterin und Phytostanol	Zutat für Streichfette, Fruchtgetränke auf Milchbasis, joghurt- und käseartige Produkte
Phytosterin und Phytostanol	Zutat für milch- und joghurtartige Produkte, Streichfette, Gewürzsoßen
Phytosterin- und Phytostanolester	Zutat für Streichfette, Salatsoßen, Sojagetränke, milch- und käseartige Produkte
Rapsöl-Konzentrat	Lebensmittelzutat mit erhöhtem Vitamin E- und Phytosterolgehalt
Maiskeimöl-Konzentrat	Lebensmittelzutat mit erhöhtem Vitamin E- und Phytosterolgehalt
ENOVA	diacylglycerolreiches Öl

Tab. 64.2 (Fortsetzung)

Produkt/Antragsteller	Verwendungszweck/Eigenschaften
Phytosterinester	Zutat in milch- und joghurtartigen Produkten
Iodangereicherte Eier	Lebensmittel
Cetylester	Nahrungsergänzungsmittel
Betain	Lebensmittelzutat
Palmöl-Konzentrat	Lebensmittelzutat
Salvia hispanica	gemahlene und vollständige Pflanzen
Isomaltulose	Lebensmittelzutat
Lycopin aus *Blakeslea trispora*	Lebensmittelzutat
Blattextrakte von Luzernen	Lebensmittelzutat
Noni-Pulver	Lebensmittelzutat
Clinoptilolit	Nahrungsergänzungsmittel
Zeaxanthin	Lebensmittelzutat
Lycopin Oleoresin aus Tomaten	Lebensmittelzutat
Allanblackia-Öl	Lebensmittelzutat
α-Cyclodextrin	Lebensmittelzutat
Morinda citrifolia-Blätter	Lebensmittelzutat
Algenöl DHA-reich	Lebensmittelzutat für Backwaren, Speisefette und -öle, Riegelerzeugnisse, Getränke
Reisgetränk mit Phytosterinzusatz	Lebensmittel
Fruchtsäfte und -nektar mit Phytosterinzusatz	Lebensmittel

64.1.3 Funktionelle Lebensmittel

64.1.3.1 Definitorische Probleme

Novel Foods werden geprüft, um mögliche negative Eigenschaften neuartiger Lebensmittelentwicklungen frühzeitig erkennen zu können. Funktionelle Lebensmittel (FLM) sind unter anderem Blickwinkel zu betrachten. Bei ihnen stehen die gesundheitsförderlichen Wirkungen im Mittelpunkt des (regulatorischen) Interesses. Dies betrifft zwar auch die Sicherheit, aber vor allem den Schutz vor Täuschung.

Handelt es sich beispielsweise um einen gebräuchlichen, neuerdings biotechnologisch hergestellten Stoff (als Beispiel mag Sojaprotein aus gentechnisch verändertem Soja dienen), wäre zunächst nicht die Funktionalität des Stoffes das regulatorische Problem, sondern die Neuartigkeit. Er wäre nach VO 1829/2003 [45] zu beurteilen und zuzulassen. Dies sieht im Wesentlichen nichts anderes als die Prüfung auf ernährungsphysiologische Gleichwertigkeit vor und insofern geht es nicht um die Wirkung von Sojaprotein. Ein neuer Wirkstoff, beispielsweise ein Fettersatzstoff, müsste i.S. der Novel-Food-VO [46] hingegen sicherheitsbewertet werden (s. Tab. 64.2).

Damit wird deutlich, wie kompliziert die Stoffbewertung auf EU-Ebene inzwischen geworden ist. Bei Novel-Food-Stoffen ist die „Neuartigkeit“ die Klippe. Bei *funktionellen Stoffen* geht es um die gesundheitsförderliche Wirkung in Abhängigkeit von der jeweiligen Werbebehauptung. Mit den FLM ist die Vorstellung verbunden, man könne mit einer gezielten Wirkstoffzufuhr (meist über die übliche Nährstoffzufuhr hinaus) die Gesundheit verbessern, also gesundheitsförderliche Effekte „beyond nutrition“ erzielen. Die Entwicklung dieser Idee gilt es nachzuvollziehen, um das Functional-Food-Konzept, aber auch die damit verbundenen definitorischen Probleme zu verstehen.

64.1.3.2 Die Entwicklung der funktionellen Lebensmittel

Die Entwicklung der funktionellen Lebensmittel nahm ihren Anfang in Japan [12]. Ein in den 1980er Jahren vom japanischen Gesundheitsministerium einberufenes Expertengremium hatte unter anderem empfohlen, gezielt Lebensmittel mit speziellen Funktionen zu entwickeln, um die Gesundheit der immer älter werdenden japanischen Bevölkerung möglichst lange (und kostendämpfend) zu erhalten.

Solche Lebensmittel mit einem „added value“ eröffneten vielversprechende Perspektiven; deshalb fiel die Empfehlung auf sehr fruchtbaren Boden. Die japanische Lebensmittelindustrie entwickelte in kurzer Zeit zahlreiche *Functional Foods* und erwartete dann allerdings auch, ihre Produkte mit entsprechenden gesundheitsförderlichen Aussagen bewerben zu dürfen – was bislang rechtlich nicht zulässig war. Hinweise auf eine gesundheitliche Wirkung machten ein Produkt zu einem zulassungspflichtigen Arzneimittel.

Die japanische Industrie gründete ein wissenschaftliches Komitee zur Bewertung der von ihr entwickelten *Functional Foods* und untermauerte damit den wissenschaftlichen Anspruch ihrer Neuentwicklungen. Dies verstärkte den Druck auf die Behörden, zumal schon der Anstoß zur Entwicklung solcher Lebensmittel von regierungsamtlicher Seite gekommen war. Schließlich wurde Anfang der 1990er Jahre mit dem „Nutrition Improvement Law“ die Lebensmittelgruppe *„Foods for Special Dietary Uses“* geschaffen. Sie sieht fünf Kategorien vor. Eine davon wird von den „Foods for Specified Health Use“ (abgekürzt „FOSHU“) gebildet. Damit wurden in Japan aus den *Functional Foods* die rechtlich geregelten *FOSHU's*.

FOSHU's, (Näheres s. [12, 13]) sind „normale“ Lebensmittel, die im Rahmen der allgemeinen Ernährung gegessen werden sollen (damit unterscheiden sie sich von „Pillen“, also Nahrungsergänzungsmitteln). Sie weisen einen durch Zusatz gesundheitsförderlicher Stoffe begründeten gesundheitlichen Zusatznutzen auf und durchlaufen ein spezielles Zulassungsverfahren. Nur bei entsprechend lizenzierten Produkten sind Aussagen zum Gesundheitsnutzen auf dem Etikett erlaubt. Auch diese Aussagen werden geprüft und zugelassen. Die Produkte dürfen dann ein spezielles FOSHU-Logo des Ministeriums für Health and Welfare tragen.

Japan ist bislang das einzige Land, das funktionelle Lebensmittel gesetzlich geregelt hat. Dies liegt nicht daran, dass solche Produkte in anderen Ländern keine

Verbreitung gefunden hätten, im Gegenteil. Bei genauem Hinsehen lässt sich sogar feststellen, dass in Japan FOSHU's auf dem Markt sind, die in Deutschland schon lange als diätetische oder als allgemeine Lebensmittel angeboten werden.

Das regulatorische Problem des FLM-Konzepts – so hat sich in Japan deutlich gezeigt – sind weniger die Stoffe als die Werbeaussagen. Viele Vitamine und Mineralstoffe sind im Lebensmittelbereich seit Jahren üblich. Neu ist, dass ihnen eine Gesundheitswirkung zugeschrieben wird.

In den USA wurden im Zuge des dort 1990 erlassenen *Nutrition Labelling and Education Acts* (NLEA) die Möglichkeiten erweitert, Verbraucher auf Lebensmitteletiketten über die Wirkung von Lebensmitteln (bzw. der Inhaltsstoffe) zu informieren. Auf einen besonderen Gehalt kann mit so genannten *„nutrient claims"* (z. B. „enthält Calcium" oder „mit viel Eisen") hingewiesen werden. Es sind auch gesundheitsförderliche, bzw. sogar krankheitsbezogene Aussagen (so genannte „Health Claims") möglich, wenn diese behördlich bewertet werden. Solcherart zugelassene Aussagen gelten als *„generic health claims"* für alle Lebensmittel, die den betreffenden Stoff in wirksamen Mengen enthalten. Die Lebensmittel müssen lediglich hinsichtlich ihres allgemeinen Nährstoffgehalts („nutritional profile") bestimmte Voraussetzungen erfüllen.

Dies zeigt, dass die Entwicklung dahin geht, Werbeaussagen zu regulieren und getrennt davon den Zusatz von Stoffen unter Sicherheitsgesichtspunkten zu bewerten. „Funktionelle Lebensmittel" wird es als eigenständig geregelte Gruppe in den USA voraussichtlich nicht geben, auch nicht in der EU. In dieser Hinsicht nimmt die Entwicklung in der EU und damit auch in Deutschland einen ähnlichen Verlauf wie in den USA. Es sind Regelungen für Werbeaussagen in Vorbereitung [21] und getrennt davon solche für den Zusatz von Stoffen zu Lebensmitteln [23].

Die Situation in der EU ist allerdings dadurch kompliziert, dass in einzelnen EU-Ländern schon spezielle Regelungen für Health Claims existieren. So kennt Schweden schon seit 1990 – also vor den USA – eine Selbstverpflichtungsregelung der einheimischen Industrie für erlaubte Health Claims [42]. In den Niederlanden gibt es ein freiwilliges Überprüfungsverfahren für gesundheitliche Werbeaussagen bei Lebensmitteln. In Großbritannien bietet eine Joint Health Claim Initiative Unterstützung bei der wissenschaftlichen Bewertung und sachgerechten Formulierung von Werbeaussagen an [17]. In Deutschland werden FLM von den einschlägigen Fachgesellschaften wahrgenommen [24], sind aber auf dem Markt nicht als FLM erkennbar. Hier werden viele der in der Diskussion stehenden Werbeaussagen schon seit längerem toleriert (z. B. *„... macht dich fit, „für ein gesundes Frühstück", „macht munter" etc.*). Die Diskussion darüber, ob solche Aussagen gerechtfertigt sind, ist aber auch in Deutschland mit der anstehenden EU-Regelung in Gang gekommen.

Zwei Grundfragen sind zu lösen: Viele der zu diskutierenden gesundheitlichen Aussagen sind bislang dem Arzneimittelbereich vorbehalten und übrigens auch in der EU für Lebensmittel bislang verboten.[2] Die Diskussion um „Health

2) entsprechend § 12 des Lebensmittel- und Futtermittelgesetzbuches (LFGB).

Claims" ist daher nichts anderes als eine Auseinandersetzung um eine Neujustierung der Trennlinie zwischen Lebensmitteln und Arzneimitteln. Die andere Frage betrifft die Sicherheit und den wissenschaftlichen Nachweis der behaupteten Funktion. Damit ist die Evidenz gemeint, die für den Wirkungsnachweis eines Lebensmittels (mit Zusatz eines Wirkstoffes) für erforderlich gehalten wird, damit ein solches Lebensmittel entsprechend beworben werden darf [47]. Während die erste Frage gesellschaftlich gelöst werden muss, zielt die zweite Frage auf die Wissenschaftlichkeit. Sie muss von der Scientific Community beantwortet werden.

64.1.3.3 **Die Wissenschaftlichkeit des FLM-Konzepts**

In Japan und in den USA ist man – wenn auch auf verschiedene Art und mit unterschiedlichen Konsequenzen – den Weg einer amtlichen Beurteilung von „Health Claims" gegangen. Bei diesen Beurteilungen geht es zum Teil um die Abgrenzung zwischen zulässig und nicht zulässig (weil arzneilich) und zum anderen Teil um die Korrektheit der Aussage. Auf europäischer Ebene hat es in den letzten zehn Jahren verschiedene Initiativen zu den FLM gegeben, die zunächst einen möglichst breiten wissenschaftlichen Konsens über die wissenschaftlichen Anforderungen für Werbeaussagen bei FLM herbeizuführen suchten [2, 5, 8, 16]. Vor kurzem wurden auch von der Senatskommission zur Beurteilung der gesundheitlichen Unbedenklichkeit von Lebensmitteln der Deutschen Forschungsgemeinschaft Anforderungen an FLM formuliert [6].

Alle diese Initiativen kamen letztlich zu gleichartigen Anforderungen an die Wissenschaftlichkeit von FLM, ohne dass dies aber bislang erkennbar Eingang in die Marktpraxis gefunden hätte. Das Problem, Wissenschaftlichkeit beim FLM-Konzept umzusetzen, fängt bei der definitorischen Frage an, was genau unter FLM zu verstehen sein soll:

- Sind FLM einfach nur Produkte mit Zusatz gesundheitsförderlicher Substanzen? Damit wären praktisch alle angereicherten Lebensmittel FLM, weil zur Anreicherung in der Regel gesundheitsförderliche Stoffe eingesetzt werden.
- Sollen unter FLM alle Produkte zusammengefasst werden, die mit gesundheitlichen Aussagen beworben werden? Dann gehören dazu auch *Haferriegel*, die fit machen oder *Obst und Gemüse*, die vor Krebs schützen sollen.
- Soll sich die Definition für FLM auf Lebensmittel erstrecken, die zu besonderen Zwecken entwickelt wurden und aus denen Konsumenten einen nachweislichen Nutzen ziehen können? Diese Linie wäre am überzeugendsten.

Nach Auffassung der meisten damit befassten Arbeitsgruppen (Näheres s. [48]), wie auch in Übereinstimmung mit den rechtlichen Regelungen in Japan, handelt es sich bei *funktionellen Lebensmitteln* um übliche Lebensmittel wie Getränke, Joghurts, Riegel oder Margarine. Sie werden als Produkte aufgefasst, *„die einen zusätzlichen Nutzen für den Verbraucher aufweisen sollen, der über die reine Sättigung, die Zufuhr von Nährstoffen und die Befriedigung von Genuss und Geschmack hinausgeht. Dieser Zusatznutzen besteht in einer Verbesserung des individuellen Gesundheitszustandes oder des Wohlbefindens bzw. in einer Verringerung des Risikos an bestimmten Krankheiten zu erkranken"* [8].

FLM sind also Produkte, die im üblichen Rahmen der Ernährung verzehrt werden und die nur als Teil einer ausgewogenen abwechslungsreichen Nahrungsauswahl ihre Wirkung entfalten. Dies bedeutet, dass erstens der Nutzen eines FLM nicht darin bestehen kann, dass er eine „schlechte Ernährung" kompensiert. Zweitens geht es gar nicht anders als den Nutzennachweis am konkreten Produkt zu erbringen [5, 6], d.h. im Vergleich zu einem Standardprodukt. Ansonsten wäre ein Zusatznutzen über die übliche Ernährung hinaus kaum nachweisbar. Fände sich beispielsweise ein Lebensmittel-Inhaltsstoff mit cholesterinsenkender Wirkung, dann hängt die Aussage auf einem FLM davon ab, mit welcher Dosis über welchen Zeitraum welche Wirkung genau zu erzielen ist. Ohne solche Informationen könnten Verbraucher FLM nicht sachgerecht konsumieren und den versprochenen Nutzen erlangen.

Trotz des bislang nur konzeptionellen Charakters der *Functional Foods* [31, 32] erscheinen die Vorstellungen darüber in Europa, wo Energy Drinks oder Probiotika schon relativ lange auf dem Markt sind, konkreter als in den USA [8]. Es scheint hier sehr viel mehr technologische Ansätze für die Entwicklung von Functional Foods zu geben als in den USA, allen voran die zahlreichen probiotischen, präbiotischen und symbiotischen Varianten [11, 52].

Die Entwicklung der FLM – was immer darunter auch subsumiert werden wird – hängt davon ab, wie sehr Verbraucher vom Nutzen solcher Produkte überzeugt werden können. Deshalb ist die Diskussion, welcher Nachweis einer behaupteten gesundheitlichen Wirkung zu erbringen und wie genau dieser zu führen ist, so bedeutsam. Zu beantworten ist die Frage, wie eine Ernährungsaussage belegt sein muss, damit sie wissenschaftlich als bewiesen gelten kann. Einschätzungen von Experten mit „privilegiertem Zugang zur Erkenntnis" werden – anders als in der Vergangenheit – nicht mehr ausreichen. Auch Hinweise über positive Wirkungen von Stoffen aus epidemiologischen Studien – reichen nicht. Der konkrete Wirkungsnachweis, z.B. mit kontrollierten Studien und die Gesamtbeurteilung durch Gremien ist gefordert [5, 6, 48]. Viel zu oft wurden Schlüsse, dass eine Substanz gesundheitsförderlich ist, weil sie statistisch mit gesundheitsförderlichen Effekten assoziiert ist, durch systematische Untersuchungen widerlegt [33, 43].

Die Logik der bislang in den einschlägigen Konzepten sehr wissenschaftlich gehaltenen Anforderungen an FLM [5, 6, 8] kann aber nur durchgehalten werden, wenn trennscharf definiert wird. Beispielsweise können Lebensmittel durch andere Manipulationen als den Zusatz von Wirkstoffen gesundheitsförderlicher gemacht werden. So könnte der Gehalt an sekundären Pflanzenstoffen bei Weintrauben durch Züchtung oder gentechnische Veränderungen erhöht werden. Abgesehen von den sich dabei möglicherweise ergebenden Sicherheitsgesichtspunkten, würde sich z.B. die Frage stellen, ob dieselben Werbeaussagen gerechtfertigt wären wie bei Zusatz der sekundären Stoffe.

Ein anderes Beispiel sind allgemeine Anreicherungen. Wenn z.B. ein Vitaminsaft mit Vitamin C angereichert wird, und wenn sich die Anreicherung (z.B. 40 mg/100 mL) im Rahmen der üblichen Tageszufuhrempfehlung (RDA) für Vitamin C bewegt, entspricht ein solches Produkt der üblichen Ernährung.

Es ist kein FLM im Sinne des o.g. wissenschaftlichen Konzepts, denn es kann definitionsgemäß keinen *Effekt über die übliche Ernährung hinaus* bieten.

Auch eine Abreicherung z.B. von Fett, Cholesterin oder *trans*-Fettsäuren kann nicht als funktionell im Sinne des Functional-Food-Konzepts [5, 6, 8] gelten – so sinnvoll eine Abreicherung ernährungsmedizinisch auch sein mag. Es dürfte schwer fallen, den *Zusatznutzen* eines abgereicherten Produktes nachzuweisen. Theoretisch leuchtet es zwar ein, dass beispielsweise 10 g Fett mit einem Produkt weniger aufgenommen, gesundheitsförderlicher sind als 10 g Fett mehr. Aber im Sinne einer klaren Beweisführung müsste die gesamte übrige Ernährung standardisiert werden. Der wissenschaftliche Nachweis des Zusatznutzens („beyond nutrition") hängt von der übrigen Ernährung ab und kann im Produktvergleich nicht als „Nutzen" dargestellt werden. Zur Rechtfertigung entsprechender Werbeaussagen bei FLM [4] wird die zentrale Aufgabe darin bestehen, die Modalitäten und Kriterien für einen als einwandfrei zu akzeptierenden Beweis festzulegen.

64.1.3.4 Die eigentliche Herausforderung: der Wirksamkeitsnachweis und die Rechtfertigung einer wissenschaftlichen Aussage

Welche Bedeutung der Wissenschaftlichkeit bei FLM und der Notwendigkeit zukommen, sich über den Grad der wissenschaftlichen Evidenz zu einigen, mit dem eine Wirkungsbehauptung belegt und mit welcher Tiefe sie überprüft werden soll, wird aus folgendem Gedankengang ersichtlich:

Man stelle sich vor, dass ein Produkt mit Zusatz eines für gesundheitsförderlich gehaltenen Stoffes und mit entsprechenden Werbeaussagen „zugelassen" wird. Da es sich um eine „amtlich überprüfte" Aussage handelt, kommt die Vermarktung eines solchen Produktes praktisch einer amtlichen Aufforderung gleich, das Produkt aus gesundheitsförderlichen Gründen zu bevorzugen. Man stelle sich nun weiter vor, dass sich dieser Stoff bei weiterer wissenschaftlicher Prüfung nicht als gesundheitsförderlich, sondern als gesundheitsschädlich herausstellt, zumindest in höheren Dosierungen. Die Vermutung käme auf, dass die Zulassung des Stoffzusatzes und die begleitende gesundheitliche Aussage nicht fundiert genug waren. Dies wäre Anlass für den Vorwurf, dass die seinerzeit vorliegenden wissenschaftlichen Fakten vorschnell als hinreichend erachtet wurden, da sie sich doch schon bei einfacher Nachprüfung als falsch herausgestellt haben.

Dieser Gedanke macht verständlich, warum behördliche Empfehlungen zu gesundheitsförderlichen Eigenschaften von Wirkstoffen zurückhaltend sein müssen. Sie können im Prinzip erst dann abgegeben werden, wenn dies wissenschaftlich gerechtfertigt erscheint. Die Rechtfertigung einer wissenschaftlichen Aussage im Bereich der Ernährung ist wahrscheinlich das eigentliche Grundproblem, das die FLM aufwerfen. Es kann hier nur kurz gestreift werden.

Von einschlägigen Fachgesellschaften, z.B. in Deutschland seitens der Deutschen Gesellschaft für Ernährung [7], werden in regelmäßigen Abständen Empfehlungen für die tägliche Nährstoffzufuhr herausgeben. Von diesen, auf einem

Expertenkonsens beruhenden Referenzwerten (bekannter unter dem Kürzel RDA für *recommended dietary allowances*) wird angenommen, dass *sie nahezu alle Personen der jeweils angegebenen Personengruppen vor ernährungsbedingten Gesundheitsschäden schützen und bei ihnen für eine volle Leistungsfähigkeit sorgen. Darüber hinaus sind sie dazu bestimmt, eine gewisse Körperreserve zu schaffen, die bei unvermittelten Bedarfssteigerungen sofort und ohne gesundheitliche Beeinträchtigungen verfügbar ist* [7].

Wenn nun Lebensmittel mit Vitaminen und Mineralstoffen angereichert werden, die (gesundheitlich) *etwas darüber hinaus* bieten wollen, dann insinuiert dies, dass die bisherigen Tageszufuhrempfehlungen unzureichend sind. Somit stellt das FLM-Konzept das RDA-Konzept in Frage. Nach den Vorstellungen des FLM-Konzepts sollte es möglich sein, Lebensmittel in gesundheitlicher Hinsicht zu verbessern oder sie so zu konzipieren, dass Menschen bei lebenslangem Verzehr länger leben und gesünder alt werden, als dies bislang mit den derzeit verfügbaren, zufällig gegessenen Lebensmitteln der Fall ist.

Wenn aber mit den FLM das bisherige RDA-Konzept in Frage gestellt wird und wenn mit der Wissenschaftlichkeit für FLM von der bisherigen Experten-Konsensfindung im Bereich der Ernährung abgewichen werden soll, dann müssen die FLM selber höchstmögliche Wissenschaftlichkeit bieten. Als Träger der neuen Idee, Effekte *„beyond nutrition"* mit Lebensmitteln zu bieten, müssen diese die Frage beantworten, mit welcher Verlässlichkeit das Angebot für Effekte *„beyond nutrition"* gemacht wird, wie gut die Wissenschaftlichkeit der FLM ist und wie gerechtfertigt die entsprechenden Werbeaussagen sind.

Die wichtigste Frage bei den FLM wurde bisher noch nicht angesprochen. In den seitens der SKLM formulierten Anforderungen an FLM wird explizit ausgeführt, dass für funktionelle Wirkstoffe dieselben Voraussetzungen gelten wie für alle anderen Stoffe auch [6]. Die aus epidemiologischen Studien gewonnene Vorstellung über den Einfluss bestimmter Nahrungsinhaltsstoffe auf die Gesundheit kann kaum für Harmlosigkeit dieser Stoffe sprechen, mögen diese auch noch so ubiquitär in Lebensmitteln vorkommen. Schon wenige Fälle haben in der Vergangenheit ausgereicht, um zu zeigen, dass isolierte Stoffe anders zu betrachten sind als wenn diese in die Lebensmittelmatrix eingebunden sind [33, 38] – ganz zu schweigen von der Problematik mit Extrakten aus Lebensmitteln [34]. Die Sicherheit bei gesundheitsförderlichen Stoffen steht somit an oberster Stelle, wie bei allen andern Stoffen auch, die Lebensmitteln zugesetzt werden.

64.2 Die Sicherheitsbewertung der Wirkstoffe

64.2.1 Die Entwicklung eines zentralen Bewertungs- und Zulassungsverfahrens für Wirkstoffe in Europa

Bei den in letzter Zeit Lebensmitteln zugesetzten Stoffen dominieren nach wie vor Vitamine und Mineralstoffe, einschließlich der Spurenelemente (Tab. 64.3). Hinzukommen aber mehr und mehr auch andere Stoffe, z. B. Aminosäuren, Cholin oder Inositol.

Entsprechend den Zielvorstellungen zur Neuordnung des gesundheitlichen Verbraucherschutzes in der EU [19] und den damit einhergehenden Harmonisierungsbemühungen der EU-Kommission, werden alle diese Stoffe einer systematischen Sicherheitsüberprüfung unterzogen. Der regulatorische Ansatz dazu ist in den schon erwähnten drei Regelwerken der EU verankert, bei denen es um den Zusatz von Stoffen zu Lebensmitteln geht. [3)] Dort sind Positivlisten für

Tab. 64.3 Stoffe, die derzeit in marktgängigen Produkten in Deutschland zu finden sind und die Häufigkeit ihres Vorkommens (bezogen auf die Gesamtzahl der angereicherten Produkte), Näheres s. [50].

Stoffe	Beispiele und Bemerkungen	%
A Kategorien		
1. Vitamine	Säfte, Bonbons	37,57
2. Mineralstoffe (Calcium, Magnesium, Eisen)	Calcium und Magnesium in zahlreichen Getränken; Zusatz von z. B. Eisen in Cornflakes allgemein anerkannt: z. B. Iodsalz	18,22
Spurenelemente (Iod, Fluor, Zink, Kupfer, Mangan, Selen, Molybdän und Chrom)		9,14
3. Aminosäuren	Einzelfälle, z. B. in isotonen Getränken, im Wesentlichen in so genannter Sportlernahrung	2,59
4. Andere stickstoffhaltige Verbindungen	z. B. Energy Drinks oder Joghurts	1,55
Carnitin		2,97
Taurin		
5. Nucleotide	z. B. Säuglingsnahrung	nicht erfasst
6. Andere	z. B. Energy Drinks	
Cholin	isotone Getränke	0,42
Inositol		1,13

3) Dies ist bei der Richtlinie für diätetische Lebensmittel [27] und Nahrungsergänzungsmittel [29] umgesetzt und bei der (geplanten) Verordnung für angereicherte allgemeine Lebensmittel in Vorbereitung [23].

Tab. 64.4 Stoffe und Kategorien der Positivliste für Nährstoffe, die diätetischen Lebensmitteln zugesetzt werden dürfen. Eine entsprechende Positivliste ist für Nahrungsergänzungsmittel und angereicherte Lebensmittel vorgesehen.

	Bedarfs-schätzung [a)]	Nahrungser-gänzungsmittel	Herkömmliche LM	Diätetische LM
A Stoffkategorien				
1. Vitamine	ja	+	(+)	+
2. Mineralstoffe (einschl. Spuren-elementen) speziell Iod	ja	+	(+)	+
3. Aminosäuren	(nein)			+
4. Andere Stickstoff-haltige Verbindungen Carnitin/Taurin	(nein)			+
5. Nucleotide	(nein)			+
6. Andere Cholin Inositol	(nein)			+

a) In der Spalte Bedarfsschätzung ist angegeben, ob für diese Stoffe offizielle Tageszufuhrempfehlungen bzw. Schätzbereiche für eine angemessene Zufuhr vorliegen (entsprechend den Empfehlungen der DGE D-A-CH). Ein eingeschränktes (nein) bedeutet, dass es keine Zufuhrempfehlungen, aber Hinweise für einen konditionellen Bedarf (z. B. bei Säuglingen) gibt. Bei den anderen Spalten bedeutet +, dass der Zusatz erlaubt oder (+) dass er vorgesehen ist.

zulässige Stoffe erstellt worden (s. Tab. 64.4). Dies bedeutet im Umkehrschluss, dass alle nicht gelisteten Stoffe unzulässig sind. Derzeit umfassen die Positivlisten in der Nahrungsergänzungsmittel-Richtlinie [29] und der geplanten Anreicherungs-Verordnung [23] gängige Vitamine und Mineralstoffverbindungen, die bei der Harmonisierung der Diätverordnung überprüft worden waren [27, 36]. Alle bisher nicht gelisteten Stoffe und Verbindungen bedürfen der Überprüfung und Zulassung.

Die Regelung über Positivlisten ist insofern ein Richtungswandel, als Lebensmittel bis jetzt nicht systematisch einer ernährungswissenschaftlichen bzw. toxikologischen Bewertung unterzogen wurden. Mit Ausnahme der Zufallsbefunde, bei denen toxische Effekte bei Menschen bekannt wurden (z. B. durch Solanin in Nachtschattengewächsen, Blausäureglykoside in Mandeln oder mit Sojarohmehl), galten übliche Lebensmittel a priori als sicher.[4)] Diese Grundüberzeu-

4) So heißt es in einer Empfehlung der EU-Kommission von 1997 zur Bewertung von Novel Foods.

gung ist auch im deutschen Lebensmittelrecht verankert, indem Stoffe natürlichen Ursprungs explizit vom Zusatzstoffbegriff ausgenommen sind.[5]

Aber schon bei den Stoffen, die Lebensmitteln zu technologischen Zwecken zugesetzt werden (Zusatzstoffe), wurde das seit Jahrhunderten geltende Prinzip von Versuch und Irrtum nicht mehr akzeptiert. Vorprüfungen und Zulassungsverfahren sind in sehr differenzierter Form entwickelt worden, mit denen im Vorfeld sichergestellt wird, dass solche Stoffe keine gesundheitlichen Schäden verursachen.

Wirkstoffe der hier zu betrachtenden Art (Novel-Food-Stoffe, funktionelle Stoffe) sind etwas anderes als Zusatzstoffe. Sie dienen einem nichttechnologischen Zweck, sie haben Nährstoffcharakter bzw. eine physiologische Wirkung. Sie kommen – so wie die Vitamine und Mineralstoffe – natürlicherweise in Lebensmitteln vor. Sie werden extrahiert bzw. isoliert und Lebensmitteln mit entsprechenden Werbeaussagen zugesetzt.

Dass diese Stoffe inzwischen nicht mehr aus Lebensmitteln isoliert, sondern mit vielerlei (bio-)technologischem Know-how synthetisiert werden können, macht sie nicht unnatürlicher. Die zentrale Frage zielt mehr darauf, ob Wirkstoffe hinsichtlich ihrer Sicherheit überprüft werden müssen, und wenn ja, ob die bei Lebensmittelzusatzstoffen, Hilfsmitteln für die Lebensmittelverarbeitung oder bei Kontaminanten natürlichen und industriellen Ursprungs[6] entwickelten Verfahren übernommen werden können.

Dass sich die Sicherheitsfrage stellt, dazu haben die überraschenden negativen Effekte durch Überdosierungen mit natürlichen und bislang als gesundheitsförderlich angesehenen Stoffen, z.B. Tryptophan [43] oder β-Carotin [33] beigetragen. In der EU kamen die zahlreichen Auseinandersetzungen über Importprodukte hinzu, die in einem EU-Mitgliedsland rechtmäßig im Verkehr waren und deren Import in ein anderes Mitgliedsland auf gesundheitliche Bedenken stieß.

Eine einfache Möglichkeit, den Import eines Produktes mit einem gesundheitsbedenklichen Wirkstoff zu unterbinden, bestand – und besteht – in der Einstufung als zulassungspflichtiges Arzneimittel. Diese Praxis liegt deshalb nahe, weil die begleitenden gesundheitsförderlichen Werbeaussagen dem arzneilichen Regelungsbereich nahe kommen. Verweise auf eine nicht zulässige arzneiliche Auslobung können daher die Verkehrsfähigkeit als Lebensmittel (d.h. den Import) wirkungsvoll in Frage stellen. Gesundheitliche Argumente (Sicherheitsfragen) gehen so sehr häufig mit Einordnungsfragen einher, zuweilen werden sie sogar miteinander vermengt.

5) So hieß es in § 2 des ehemaligen Lebensmittel und Bedarfsgegenständegesetzes (LMBG), und daran hat der entsprechende § 2 des neuen Lebensmittel- und Futtermittelgesetzbuches (LFGB) im Prinzip nichts geändert.

6) So heißt es in einer Empfehlung der EU-Kommission von 1997 zur Bewertung von Novel Foods (Commission recommendation of 29 July 1997, 97/618/EC)

64.2.2
Einordnungsfragen

Die Einordnungsfrage – ob Arzneimittel oder Lebensmittel – für einen Wirkstoff ist für die Sicherheitsbewertung bedeutsamer, als es auf den ersten Blick erscheint. Sie hängt von Marktgebräuchen und der bisherigen Umgangskultur ab. Sie ist in den Ländern sehr unterschiedlich. Stoffe wie z. B. Kieselsäure, Lecithin oder Gelee Royale werden in Deutschland beispielsweise schon jahrzehntelang „gegessen", können aber auch als Arzneimittel gelten. Niemand stellt die „Sicherheitsfrage". In einigen EU-Mitgliedsländern dürften solche Stoffe dagegen nicht bekannt sein. Dort wird sich die „Sicherheitsfrage" schon eher stellen, je nachdem, wie sie dort neuerdings vermarktet werden. Umgekehrt werden Importe aus diesen Ländern nach Deutschland, z. B. Extrakte aus endemischen Kräutern, Fragen nach ihrer Sicherheit aufwerfen, neben denen nach der korrekten Einordnung.

In Zweifelsfällen, in denen ein Erzeugnis unter Berücksichtigung aller seiner Eigenschaften sowohl unter die Definition von „Arzneimitteln" als auch unter die Definition eines Erzeugnisses fallen kann, das durch andere gemeinschaftliche Rechtsvorschriften geregelt ist, ist die Richtlinie zur Harmonisierung der Humanarzneimittel heranzuziehen [30]. Hier ist inzwischen mehr Klarheit erreicht worden. Denn im Streitfall über die rechtliche Einordnung eines fraglichen Produktes (bzw. Stoffzusatzes) entscheidet die zuständige Arzneimittelbehörde.

Diese Regelung klärt nicht nur das Verfahren, sie dient auch dem Schutz potenzieller neuer Arzneistoffe. Es kann so verhindert werden, dass ein vielversprechender Stoff mit therapeutischem Potenzial gleichzeitig im Lebensmittelbereich vermarktet wird, obwohl der gleiche Stoff sich im arzneilichen Zulassungsverfahren befindet. Das Zulassungsverfahren für Arzneimittel ist letztlich geschaffen worden, um Qualität, Wirksamkeit und Sicherheit eines Arzneistoffes für die Patienten zu gewährleisten. Es sichert dem Antragsteller darüber hinaus einen gewissen Vermarktungsschutz, ohne den sich der Zulassungsaufwand kaum lohnen würde. Dieser sinnvolle Entwicklungsanreiz würde wegfallen, wenn „Trittbrettfahrer" arzneiliche Stoffe im Lebensmittelbereich vermarkten könnten, ohne die Zulassungsanforderungen an Qualität, Wirksamkeit und Sicherheit erfüllen zu müssen.

Zum Schutz der Anbieter, aber vor allem auch der Patienten, erscheint es geradezu geboten, die bisherigen Anforderungen, die der Arzneimittelmarkt setzt, beizubehalten, um die dort entwickelten wissenschaftlichen Anforderungen nicht zu schwächen. Andersherum formuliert: Solange die wissenschaftlichen Prüfbedingungen für Wirkstoffe nicht vergleichbar sind, erscheint es nicht gerechtfertigt, dass ein und derselbe Stoff in Lebensmitteln als „gesundheitsförderlich" und im Arzneimittelbereich „als therapeutisch wirksam" angeboten werden kann. Wirkungslose Stoffe, deren Zukunft im Arzneimittelsektor unsicher wird, dürfen keine Marktchancen im Lebensmittelmarkt gewinnen, nur weil die Anforderungen dort niedriger sind.

Die rechtliche Einordnung eines Wirkstoffes ist somit von großer Bedeutung für die Stoffbewertung. Umgekehrt wird die Stoffbewertung, insbesondere der zu entwickelnde Sicherheitsstandard, die Einordnung beeinflussen. Beispielsweise würde ein hoher Sicherheitsstandard im Lebensmittelbereich durchaus den Druck erhöhen, einen Wirkstoff eher im Arzneimittelbereich „auszuloten", als ihn im Lebensmittelbereich anzubieten.

64.2.3
Der Europäische Sicherheitsstandard

Der politische Wille, die Markthemmnisse innerhalb der EU zu beseitigen, führte zur Suche nach einheitlichem Vorgehen mit einheitlichem Sicherheitsniveau für *alle Stoffe*, die Lebensmitteln zugesetzt werden.[7] Es wurde bereits erwähnt, dass Stoffe oder Zutaten, die vor dem 15. 5. 1997 in Lebensmitteln Verwendung fanden, zulässig sind. Diese Novel-Food-Vorgabe teilt pragmatisch herkömmliche von neuartigen Stoffen. Das Prinzip der Positivlisten für den Stoffzusatz zu Lebensmitteln setzt eine etwas andere Trennlinie. Aber insgesamt gesehen kommt es zu einem einheitlichen Verfahren [49].

Beide Ansätze auf EU-Ebene folgen einem Sicherheitsstandard, der im Vergleich zu bisher gültigen Standards auf nationaler Ebene[8] erweitert wurde, und zwar um zwei wesentliche Punkte.

Erstens hat die Sicherheitsbewertung auf einer *„Risikobewertung"* zu beruhen (Abb. 64.1), die als ein wissenschaftlich untermauerter Vorgang definiert ist, mit den vier Stufen Gefahrenidentifizierung, Gefahrenbeschreibung, Expositionsabschätzung und Risikobeschreibung, s. Punkt 11 des Artikels 3 der Basisverordnung [44]. Dabei ist – auch dies ist festgeschrieben (s. Punkt 9 in Artikel 3, der EU Basisverordnung [44]) – das Risiko nach Möglichkeit in naturwissenschaftlich/technischer Form anzugeben (d.h. als *eine Funktion der Wahrschein-*

7) In der Begründung zum Vorschlag einer Anreicherungs-Verordnung heißt es unter Punkt 21 [23]: *„Es geht darum, die sichere Verwendung solcher Stoffe oder Zutaten im Rahmen der vorgeschlagenen Verordnungen zu regeln und erforderlichenfalls ihre Verwendung zu verbieten – unabhängig von der bisherigen Verkehrsfähigkeit der betreffenden Produkte und Stoffe."*

8) Der § 37 des alten Lebensmittel- und Bedarfsgegenständegesetzes (LMBG) setzte voraus, dass für die Erteilung von Ausnahmeregelungen (z. B. für Stoffe, die Lebensmitteln zugesetzt werden dürfen), *Tatsachen die Annahme rechtfertigen müssen, dass eine gesundheitliche Schädigung nicht zu erwarten ist.* Dieser Sicherheitsstandard schrieb somit konkrete Angaben vor, die im Einzelnen zu prüfen Angelegenheit der Behörden war. Demgegenüber war bei Importprodukten, die in einem EU-Mitgliedsland rechtmäßig als Lebensmittel im Verkehr sind, explizit nicht § 37, sondern § 47a LMBG anzuwenden (heute § 53 bzw. § 68 des Lebensmittel- und Futtermittelgesetzbuches (LFGB)). Er verlangt das Vorliegen so genannter zwingender Gründe des Gesundheitsschutzes, wenn ein Importverbot ausgesprochen werden soll. Die Beweislast liegt hier bei den Behörden.
Es ist offensichtlich, dass § 37 und § 47 unterschiedliche Sicherheitsstandards zugrunde legen und dass dies zu Konflikten führt. Inlandsprodukte werden nach dem Standard von § 37 LMBG bewertet. Sie sind gegenüber ausländischen Produkten „benachteiligt" (Inlandsdiskriminierung).
Nach der seit dem 1. 1. 2005 europaweit gültigen Basisverordnung zum Lebensmittelrecht [44] gilt nun europaweit ein einheitlicher Sicherheitsstandard.

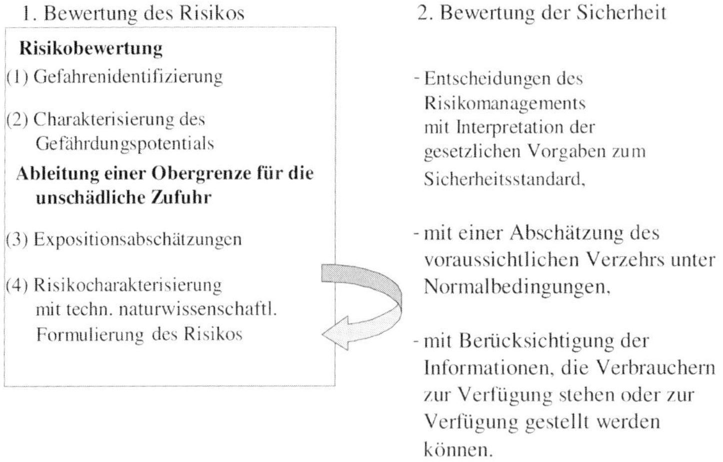

1. Bewertung des Risikos

Risikobewertung

(1) Gefahrenidentifizierung

(2) Charakterisierung des Gefährdungspotentials

Ableitung einer Obergrenze für die unschädliche Zufuhr

(3) Expositionsabschätzungen

(4) Risikocharakterisierung mit techn. naturwissenschaftl. Formulierung des Risikos

2. Bewertung der Sicherheit

- Entscheidungen des Risikomanagements mit Interpretation der gesetzlichen Vorgaben zum Sicherheitsstandard,

- mit einer Abschätzung des voraussichtlichen Verzehrs unter Normalbedingungen,

- mit Berücksichtigung der Informationen, die Verbrauchern zur Verfügung stehen oder zur Verfügung gestellt werden können.

Abb. 64.1 Allgemeine Sicherheitsbewertung laut Basisverordnung zum Europäischen Lebensmittelrecht [44].

lichkeit einer die Gesundheit beeinträchtigenden Wirkung und der Schwere dieser Wirkung als Folge der Realisierung einer Gefahr), also mit anderen Worten als Häufigkeit oder Wahrscheinlichkeit. Dies macht die Risikobewertung transparenter, besser einschätzbar und vergleichbarer, also wissenschaftlicher.

Der zweite Punkt betrifft die Sicherheitsbewertung selber, die sich an die Risikobewertung anzuschließen hat. Sie wird in der Regel nicht von der Risikobewertung, sondern vom Risikomanagement vorgenommen[9]. Sie hat das Ergebnis der Risikobewertung vor dem Hintergrund anderer Werte (*„legitimate factors"* wie z. B. ethnische Rücksichtsnahmen, wirtschaftliche Gesichtspunkte oder auch Machbarkeitserwägungen) zu beurteilen, Entscheidungen zu treffen und diese zu rechtfertigen [22].

Es wird nach EU-Recht nicht mehr lakonisch gefordert, dass Lebensmittel *nicht gesundheitsschädlich* oder *nicht für den Verzehr durch Menschen ungeeignet* sein dürfen. Es wird festgelegt, was das bedeutet. Nach der Basisverordnung [44] sind bei der Entscheidung, ob ein Stoff oder ein Lebensmittel als sicher gelten kann, die *normalen Verwendungsbedingungen* zu berücksichtigen. Extremer-

9) Die Trennung von Risikobewertung und Risikomanagement ist ein wesentliches Element der Reorganisation des gesundheitlichen Verbraucherschutzes, wie sie auf europäischer Ebene, und übrigens sehr konsequent auch in Deutschland vollzogen wurde (vgl. dazu [25]). Die Überlegung geht dahin, den Einfluss des Risiko-Managements auf die wissenschaftliche Bewertung durch konzeptionelle und institutionelle Trennung weit wie möglich zu unterbinden, um die wissenschaftliche Integrität der Risikobewertung zu erhalten. Daraus erwächst auch in umgekehrter Richtung eine große Herausforderung, weil es auch der wissenschaftlichen Risikobewertung „untersagt" ist, ihre Einschätzung mit Überlegungen zur Machbarkeit zu begründen. Die Risikobewertung hat strikt „evidence-basiert" vorzugehen, und die Entscheidung für oder gegen eine Risikobewertung den Risikomanagern zu überlassen.

nährer oder exotische Ernährungsweisen sollen nicht der Sicherheitsbewertung zugrunde gelegt werden. Auch zählen bei der Sicherheitsbewertung die *Verbrauchern vermittelten Informationen*, einschließlich der Angaben auf dem Etikett oder sonstige ihm normalerweise zugängliche Informationen über die Vermeidung bestimmter die Gesundheit beeinträchtigender Wirkungen eines bestimmten Lebensmittels oder einer bestimmten Lebensmittelkategorie.

Diese Festlegungen führen zum Einbezug der Verbraucher in die Risiko- und Sicherheitsbewertung: Verbraucher sollen nicht (mehr) blind darauf vertrauen, dass Lebensmittel völlig gefahrlos sind (der Nachweis dazu wäre kaum zu erbringen). Verbraucher müssen vielmehr lernen, mögliche Risiken einzuschätzen und mit ihnen umzugehen. Voraussetzung dazu ist allerdings, dass sie umfassend und sachgerecht informiert werden.

Die Anforderungen an die Lebensmittelsicherheit wurden vor dem Hintergrund der Auseinandersetzung um gentechnisch veränderte Lebensmittel und der BSE-Krise entwickelt. Insofern ist nicht verwunderlich, dass die Basisverordnung „verschärfende" Kriterien vorschreibt, die bei der Entscheidung der Frage zu berücksichtigen sind, ob ein Lebensmittel *gesundheitsschädlich* ist. Demnach sind abzuschätzen:

- die Folgen für nachfolgende Generationen,
- die wahrscheinlichen kumulativen toxischen Auswirkungen,
- die besondere gesundheitliche Empfindlichkeit bestimmter Verbrauchergruppen, falls das Lebensmittel für diese Verbraucher bestimmt ist.

Im Ergebnis wurde ein konsequenter und rigider Sicherheitsbegriff geschaffen. Es sehr darauf ankommen, wie genau er umgesetzt wird.

64.2.4
Ablauf der Bewertung

Viele Wirkstoffe werden nicht in klar definierter chemischer Form, sondern als einer (oder mehrere) von zahlreichen Inhaltsstoffen in Form von Gemischen oder Extrakten angeboten. Notwendig ist in jedem Fall eine genauest mögliche Spezifizierung (*„hazard characterization"*) als erster Schritt der 4-stufigen Risikobewertung, um die nachweisliche Wirkung verlässlich darauf beziehen zu können.

Viele Extrakte werden lebensmittelrechtlich anders eingeordnet als isolierte Inhaltsstoffe; Sojaextrakte etwa anders als Soja-Isoflavonoide. Dies verschafft Anbietern von Extrakten den Vorteil, dass diese nicht sicherheitsbewertet werden, sondern als einfache Lebensmittelzutat angesehen werden.

Die Sachlage wird aber noch komplexer, wenn man Extrakte unterschiedlicher Herkunft vergleicht, je nachdem, ob z. B. Extrakte aus Johannisbeeren, aus Johannisbeerkernen oder aus Johanniskraut vorliegen. Sicherheitsüberlegungen werden hier mehr von der rechtlichen Einstufung (oder Verkehrsauffassung) geleitet, weniger von der Art der betreffenden Wirkstoffe. Wenn aber Extrakte/ Stoffe besondere (gesundheitsfördernde) Eigenschaften haben sollen, dann müssen diese Eigenschaften nach einheitlichen Verfahren bewertet werden, nicht in Abhängigkeit von der Herkunft der Stoffe, ob aus einem Lebens- oder einem potenziellen Arzneimittel.

Ein weiteres, bislang ungelöstes Problem liegt in der Frage, inwieweit bei Wirkstoffen Sicherheitsabstände einzuhalten sind, und, wenn ja, wie groß diese Sicherheitsabstände sein sollten. Bei Zusatzstoffen und Pflanzenschutzmitteln sind Sicherheitsfaktoren von 100 oder sogar 1000 üblich. Sie sind durch die Unsicherheit begründet, dass die Ergebnisse von Tierversuchen nicht so ohne Weiteres auf die menschliche Situation extrapoliert werden können und dass im Zweifel ein größerer Sicherheitsabstand besser schützt als ein kleiner.

Aus Gründen der „Bewertungsgerechtigkeit" müsste bei isolierten Nährstoffen, neuen (Wirk-)Stoffen oder auch pflanzlichen Extrakten mit gleichem Sicherheitsabstand gearbeitet werden. Warum soll beispielsweise β-Carotin als Zusatzstoff mit einer anderen Sicherheitsphilosophie geprüft werden als β-Carotin als Wirkstoff? Auf der anderen Seite würde die Anwendung größerer Sicherheitsfaktoren gerade z. B. bei Vitaminen und Mineralstoffen in vielen Fällen zu Dosierungen führen, die als unsinnig niedrig empfunden würden. Sie lägen weit unter den Mengen, die mit üblicher Ernährung aufgenommen werden oder die zur täglichen Zufuhr empfohlen werden [7].

Die Diskrepanz entsteht wahrscheinlich dadurch, dass mit den Tageszufuhrempfehlungen für Nährstoffe und mit ihrer Sicherheitsbewertung zwei „verschiedene Bewertungswelten" aufeinandertreffen. Tageszufuhrempfehlungen sind das Resultat einer über Jahrzehnte fortgesetzten Arbeit von Expertengremien. Sie haben in regelmäßigen Abständen die verfügbare Literatur gesichtet und vor dem Hintergrund der aus Ernährungsstudien bekannten Aufnahmemengen plausible Nährstoff-Zufuhrempfehlungen entwickelt [7].

Die moderne Risikobewertung hat demgegenüber das Ziel, den Dosierungsbereich zu kalkulieren, innerhalb dessen es auch bei lebenslanger Zufuhr mit größtmöglicher Wahrscheinlichkeit nicht zu gesundheitlichen Problemen kommt. Es ist abzuschätzen, inwieweit die Bevölkerung (oder eine spezielle Gruppe) mit ihren Aufnahmemengen diesen Dosierungsbereich überschreitet. Beide Bewertungswelten greifen auf denselben Datenbestand zurück.

Für die bisher gebräuchlichen Wirkstoffe, dazu zählen an vorderster Stelle Vitamine und Mineralstoffe in ihren zahlreichen Verbindungen, liegt zwar eine Fülle an Daten über Bedarf, Wirkungsweise oder auch Wirkung vor, auch über Beobachtungen zu Nebenwirkungen bei Höherdosierungen; selten aber systematische toxikologische Studien. Solche systematischen Untersuchungen werden erst in jüngster Zeit für Wirkstoffe vorgenommen, wie z. B. bei der Zulassung von Phytosterinen in einer cholesterinsenkenden Margarine [18].

Der Aufarbeitungsprozess des bisherigen Erkenntnisstandes zu Vitaminen und Mineralstoffen lässt ein Grundraster für die Sicherheitsbewertung von Wirkstoffen erkennen, auf dem in Zukunft aufgebaut werden kann. So hat die vor kurzem vorgenommene Risikobewertung der Vitamine und Mineralstoffe [10, 14, 15, 41] Schrittmacherdienste für die Sicherheitsbewertung aller anderen gesundheitsförderlichen Stoffe geleistet. Obwohl die Vitamine und Mineralstoffe (einschließlich der Spurenelemente) in diesem Handbuch an anderer Stelle abgehandelt werden, besteht daher Anlass, ihre Sicherheitsbewertung an dieser Stelle etwas zu vertiefen.

64.2.5 Sicherheitsbewertung von Vitaminen und Mineralstoffen

Wie schon erwähnt, schreibt das europäische Lebensmittelrecht vor, dass die Sicherheitsbewertung von einer klaren Risikobewertung mit vier voneinander getrennten Schritten auszugehen hat. Das Verfahren besteht darin, nach der *„hazard identification"* (also der Beschreibung des *Gefahren*-Stoffes, um den es geht) im zweiten Schritt die Obergrenze zu ermitteln, bis zu der die Zufuhr als unbedenklich angesehen werden kann. Dieser *„hazard characterization"* (der Gefahrencharakterisierung) folgt im dritten Schritt die Einschätzung der tatsächlichen bzw. zu erwartenden Belastung der Bevölkerung (*exposure*). Sie wird in Beziehung zu der im zweiten Schritt ermittelten gesundheitlichen Obergrenze gesetzt, was dann eine gesundheitliche Abschätzung des Risikos im vierten Schritt (*risk characterization*) ermöglicht.

Risikobewertungen nach diesem 4-Stufen-Verfahren lagen für Vitamine und Mineralstoffe bis vor wenigen Jahren nicht vor. Es erschiene unangemessen, diese schon seit langem gebräuchlichen *Wirkstoffe* allein deshalb durch ein komplexes „Nach-Zulassungsverfahren" zu schleusen, weil nach BSE und Gentechnik die Sicherheitsstandards verschärft wurden. Es wäre ja auch unplausibel Kartoffeln, Kaffee oder Kiwis, die bekanntlich nicht immer Bestandteil der europäischen Ernährung waren, einer Sicherheitsbewertung nach dem Novel-Food-Verfahren unterziehen zu wollen, nur um Bewertungsgerechtigkeit herzustellen.

Zahlreiche Hinweise haben aber gezeigt, dass Vitamine oder Mineralstoffe überdosiert werden können. Außerdem geben Marktstudien zu erkennen, dass immer mehr Lebensmittel mit Wirkstoffen angereichert werden, was sehr schnell zu Unüberschaubarkeit und Möglichkeiten der Überdosierung führen kann [50]. Hier gilt es, entsprechend Punkt 3b des Artikels 14 der Basisverordnung [44], die den Verbrauchern vermittelten Informationen so ausgewogen zu gestalten, dass sie sachgerechte Entscheidungen treffen können. Es muss ihnen ein wissenschaftlich fundierter Dosierungsrahmen geboten werden, innerhalb dessen sie einen möglichen Nutzen erlangen könnten, und innerhalb dessen eine gesundheitliche Gefährdung unwahrscheinlich ist.

Angesichts dieser Entwicklung wurde vor einigen Jahren auf EU-Ebene ein retrospektives „Bewertungsverfahren" für alle gebräuchlichen Vitamin-, Mineralstoff- und Spurenelementverbindungen aufgelegt. Zunächst wurde die Eignung der verschiedenen gebräuchlichen *Verbindungen* beurteilt – damals mit dem Nahziel, die Positivlisten für diätetische Lebensmittel zu vereinheitlichen [36]. Per Expertenkonsens wurden in diesem „Aufwaschverfahren" einige Vitamin- und Mineralstoffverbindungen als für die Anwendung bei Lebensmitteln ungeeignet (schlechte Bioverfügbarkeit, keine hinreichenden Daten verfügbar) ausgesondert.

Der nächste Schritt bestand darin, die Vitamine und Mineralstoffe selber – unabhängig von ihren Verbindungen – einer einheitlichen gesundheitlichen Bewertung zu unterziehen. Dies war notwendig im Hinblick auf die für erforderlich gehaltene Höchstmengen-Festsetzung bei Nahrungsergänzungsmitteln [29] und bei angereicherten Lebensmitteln [23].

Schon Anfang der 1990er Jahre hatte der damalige Wissenschaftliche Lebensmittelausschuss der EU-Kommission (SCF) in einem umfangreichen Report nicht nur zu den Referenzwerten für eine angemessene Tageszufuhr, sondern gleichzeitig auch zu den gesundheitlich unbedenklichen Tageshöchstmengen Stellung genommen [35]. In den USA hat wenige Jahre später der Food and Nutrition Board (FNB) des Institutes of Medicine (IOM) bei der Neuberatung seiner Empfehlungen für die tägliche Nährstoffzufuhr (RDA) seine Aufgabenstellung erweitert. Es sollten nicht nur wie bisher Referenzwerte für die Bedarfsdeckung, sondern auch gesundheitlich definierte Obergrenzen, so genannte *„upper levels of tolerable intake"* (UL), für die Gesamttageszufuhr abgeleitet werden, und zwar in systematischer Weise, ähnlich dem Verfahren bei z. B. Zusatzstoffen oder Pflanzenschutzmitteln. Die Ergebnisse sind inzwischen veröffentlicht [14, 15].

Interessanterweise hat in Kenntnis der Arbeiten des Food and Nutrition Board auch der wissenschaftliche Lebensmittelausschuss der EU-Kommission (SCF) etwa zeitgleich begonnen, für alle Vitamine, essenziellen Mineralstoffe und Spurenelemente entsprechende UL's ebenfalls anhand der veröffentlichten Literatur abzuleiten [39]. Diese UL sind so definiert wie die des FNB. Die Arbeit des SCF ist von den wissenschaftlichen EFSA-Panels weitergeführt und inzwischen beendet worden [46].

Während dieser Zeit hat sich darüber hinaus ein *Expert Committee on Vitamins and Minerals* (EVM) in Großbritannien derselben Aufgabe gestellt [10]. Dieses Gremium hielt es für erforderlich, einen so genannten *„safe upper limit"* (SUL) zu definieren und darüber hinaus einen (weniger sicheren) *„guidance level"*. Er ist nach Einschätzung des Gremiums von geringerer Evidenz als der SUL.

Die auf den ersten Blick schwer verständliche, umfangreiche Parallelarbeit dreier verschiedener Gremien ist hinsichtlich der für gesundheitsförderliche Stoffe aufzulegenden Bewertungsarbeit ein wissenschaftlicher Glücksfall, da nun Vergleiche möglich sind. Allein schon das Ergebnis, dass die drei Gremien bei gleicher Datenlage für bestimmte Vitamine und Mineralstoffe (z. B. bei Magnesium und Vitamin B_6, s. Tab. 64.5) zu unterschiedlichen *„upper levels"* kommen, macht einen hohen Grad an wissenschaftlicher Unsicherheit deutlich, der so nicht erwartet worden war.

64.2.6
Verfahren zur Höchstmengenfestsetzung

Im Wesentlichen lassen sich bei den Ableitungen der drei Gremien zwei Grundprobleme ausmachen. Das erste betrifft das Ausmaß an Evidenz, das der Sicherheitsbeurteilung von Wirkstoffen zugrunde gelegt werden muss: Welche Evidenz (d.h. wie viele Daten und Fakten) ist notwendig, um die Sicherheit eines Stoffes hinreichend bewerten zu können, welche ist unzureichend? So sah sich das EVM in Großbritannien im Gegensatz zum FNB und SCF bei vielen Nährstoffen außerstande, einen SUL abzuleiten, weil es die vorliegenden Daten für nicht ausreichend hielt (vgl. Tab. 64.5).

Abhilfe wird hier die Festlegung eines *„gold standards"* bieten, wie er sich derzeit für die gesundheitliche Bewertung von Wirkstoffen im Zuge des allgemeinen Bewertungsverfahrens auf EU-Ebene entwickelt [1, 9, 26, 37].

Das zweite Grundproblem war schon angesprochen worden. Die Tatsache, dass die Ableitungen teilweise in Konflikt zu den seit Jahrzehnten entwickelten Vorstellungen über den menschlichen Bedarf (RDA) stehen, machen auf die unterschiedlichen Modellvorstellungen in den beiden verschiedenen Gedankengebäuden aufmerksam. Abhilfe könnte hier die Anwendung moderner Risiko-Nutzen-Analysen schaffen, bei denen sowohl für das Risiko als auch für den gesundheitlichen Nutzen vereinheitlichte Kriterien angewendet werden [51].

Auch die Ähnlichkeiten zu bisher angewandten Verfahren (wie z.B. das ADI-Verfahren für Zusatzstoffe oder Pflanzenschutzmittel) sollten nicht vergessen machen, dass der Verzehr gesundheitsförderlicher Stoffe von Verbrauchern anders verstanden wird als der von Zusatzstoffen oder Pflanzenschutzmittelrückständen. Eine auf allgemeinen Risiko-Nutzen-Modellvorstellungen aufbauende Festsetzung von Höchstmengen hat eine andere Öffentlichkeitswirkung als z.B. die Höchstmengenfestsetzung bei Zusatzstoffen.

Höchstmengenfestsetzungen bei Zusatzstoffen sind ein Kompromiss zwischen zwei entgegenstehenden Interessenslagen. Hersteller und Anbieter profitieren von den technologischen Vorteilen, Verbraucher von einem reichhaltigeren Angebot. Dies ist die eine Seite. Die andere Seite liegt in der möglichen Gesundheitsgefährdung. Deshalb schützt die Höchstmengenfestsetzung Verbraucher, soweit es wissenschaftliche Prüfungen geraten erscheinen lassen. In jedem Fall bleibt es der Entscheidung des Konsumenten überlassen, auszuwählen und ggfs. auf zusatzstofffreie Produkte zurückzugreifen, wenn er das unvermeidliche Restrisiko für zu hoch hält.

Diese Sichtweise lässt sich so nicht auf die Höchstmengenfestsetzung bei gesundheitsförderlichen Stoffen übertragen. Von diesen Wirkstoffen erwarten Verbraucher, dass ihr gesundheitlicher Nutzen zweifelsfrei bewiesen ist. Warum sollten sie sonst zugelassen werden? Eine Höchstmengenfestsetzung wird dann nicht als Interessensbalance verstanden, sondern gewissermaßen als behördliche Empfehlung.

Anders als bei den Zusatzstoffen, bei denen der technologische Vorteil (z.B. sehr viel längere Haltbarkeit) für jeden nachvollziehbar ist, kann aber der Vorteil durch Wirkstoffe von Verbrauchern nicht geprüft werden. Diejenigen, die ein Pro-

Tab. 64.5 Vergleichende Zusammenstellung der von drei verschiedenen Gremien abgeleiteten Obergrenzen für eine gesundheitlich unbedenkliche Zufuhr von Vitaminen und Mineralstoffen.

Vitamin/ Mineralstoff		SCF rprt[b] 93	FNB UL[c] low	FNB UL[c] high	SCF/ EFSA UL[d] low	SCF/ EFSA UL[d] high	EVM[e] 2003	EVM[e] SUL/GDL
Vitamin A/Ret.-Äq.	mg	7,5	0,9	3,0	1,1	3,0	1,5	GDL
β-Carotin	mg	–	–	–	–	–	7	SUL[a]
Vitamin D(D$_3$)	µg	50	50,0	50,0	25,0	50,0	25	GDL
Vitamin E	mg	2000	300,0	1000,0	120,0	300,0	540	SUL
Vitamin K	µg	–	–	–	–	–	1000	GDL
Vitamin B$_1$	mg	500	–	–	–	–	100	GDL
Vitamin B$_2$	mg	–	–	–	–	–	40	GDL
Nicotin-Äq.	mg	–	15,0	35,0	–	–	–	
Nicotinamid	mg	–	–	–	220,0–	900,0	500	GDL
Nicotinsäure	mg	500	–	–	3,0–	10,0	17	GDL
Pantothensäure	mg	–	–	–	–	–	200	GDL
Vitamin B$_6$	mg	–	40,0	100,0	7,0	25,0	10	SUL
Folsäure	µg	1000	400,0	1000,0	300,0	1000,0	1000	GDL
Vitamin B$_{12}$	µg	–	–	–	–	–	2000	GDL
Biotin	µg	–	–	–	–	–	900	GDL
Vitamin C	mg	1000	650,0	2000,0	–	–	1000	GDL
Calcium	mg	2500	–	2500,0	–	2500,0	1500	GDL
Magnesium	mg	500	110,0	350,0	250,0	250,0	400	GDL
Eisen	mg	100	40,0	45,0	–	–	17	GDL
Kupfer	mg	10	3,0	10,0	2,0	5,0	10	SUL
Iod	µg	1000	300,0	1100,0	250,0	600,0	500	GDL
Zink	mg	30	12,0	40,0	10,0	25,0	25	SUL
Mangan	mg	–	3,0	11,0	–	–	4	GDL
Selen	µg	450	150,0	400,0	90,0	300,0	450	SUL
Chrom	µg	–	–	–	–	–	10000	GDL
Molybdän	µg	–	0,6	2,0	0,2	0,6	–	–

a) nur für Nichtraucher.
b) SCF-rprt 93 Abschätzungen des SCF im Report von 1993 über Obergrenzen für die tägliche Zufuhr [35].
c) FNB-UL1997 *„Upper levels"* des Food and Nutrition Boards des Institutes of Medicine (*low* für den niedrigsten angegebenen UL (für Kinder ab 4 Jahren) *high* für den höchsten abgeleiteten Wert bei Erwachsenen) [14, 15].
d) SCF-EFSA UL *„Upper levels"* des Wissenschaftlichen Lebensmittelausschusses der EU-Kommission (SCF) und der Nachfolgeinstitution EFSA [41].
e) EVM Expert Group on Vitamins and Minerals der Food Standard Agency (UK). In der Spalte SUL/GDL ist angegeben, ob die Ableitung zu einem *„safe upper level"*=SUL oder zu einem *„guidance level"*=GDL geführt hat.

dukt mit einem Wirkstoff bis zur Höchstmenge verzehren, tun dies in der Erwartung, dass ihnen das gesundheitlich nützt und dass sie unterhalb der Höchstmenge selbst bei lebenslanger Einnahme geschützt sind. Die für Verbraucher nicht gegebene Nachvollziehbarkeit der gesundheitsförderlichen Wirkung wird auf die amtliche Beurteilung übertragen.

Es wäre fatal, wenn Verbraucher erfahren müssten, dass sie einen Wirkstoff einige Jahre gezielt eingenommen haben, der sich bei Nachprüfung als schädlich herausgestellt hat. Die Frage wäre nur schwer zu beantworten, mit welcher Sicherheit die Höchstmengenfestsetzung erfolgt war, wenn sich nun eine einfache Nachprüfung als das Gegenteil von gesundheitsförderlich erweist.

Diese Problematik bei gesundheitsförderlichen Stoffen ist wahrscheinlich der Grund dafür, dass beispielsweise in den USA bislang keine Höchstmengen für z. B. *„dietary supplements"* festgesetzt wurden. Dort dienen die vom FNB abgeleiteten UL der umfassenden Verbraucherinformation nicht einer rechtlichen Regelung. Sie bieten *„Supplement-Usern"* den aus derzeitiger wissenschaftlicher Sicht gegebenen Dosierungsrahmen für eine *mögliche Überdosierung*. Verbraucher können sich mit Blick auf ihre individuelle Situation selber entscheiden.

Ein solcher Umgang mit wissenschaftlichen Informationen zu gesundheitsförderlichen Stoffen würde sich mit den Vorgaben der Basisverordnung decken [44], wäre also auch in der EU möglich. Auch hier kann (und soll) bei der Frage, ob ein Lebensmittel (also auch ein Wirkstoff) sicher ist, berücksichtigt werden, inwieweit Verbraucher über die Schädlichkeit eines Lebenmittels/Stoffes informiert sind. Wahrscheinlich ist es nur eine Frage der Zeit, dass solche Gedanken in die Überlegungen zur Höchstmengenfestsetzung bei Nahrungsergänzungsmitteln und angereicherten Lebensmitteln Eingang finden.

64.2.7
Standardverfahren zur Sicherheitsbewertung gesundheitsförderlicher Stoffe und Extrakte

Die (retrospektive) Sicherheitsbewertung der Vitamine und Mineralstoffe seitens der verschiedenen Gremien war eine überaus wichtige Etappe auf dem Weg zu einer allgemein akzeptierten Sicherheitsbewertung gesundheitsförderlicher Stoffe. Die den Ableitungen zugrunde liegende Erfahrung lässt die Aufstellung eines Bewertungsstandards als möglich erscheinen, d.h. die verbindliche Zusammenstellung der für notwendig gehaltenen Batterie an Versuchen und anderen wissenschaftlichen Beobachtungen [1, 22].

Wesentliche Schritte in diese Richtung waren die dezidierten Vorschriften seitens des inzwischen in den EFSA-Panels aufgegangenen SCF, mit Vorgaben für die einzureichenden Unterlagen [20, 39]. Für die Risikobewertung von Nähr- und Wirkstoffen werden seitdem die üblichen biologischen und toxikologischen Daten gefordert. Sie sind ggfs. um spezifische Daten, beispielsweise zur Bioverfügbarkeit oder zur Auswirkung auf das intestinale Milieu, zu ergänzen [1].

Mit Blick auf mögliche Entwicklungen erscheint die Festlegung einer „Testbatterie" jedoch sehr statisch. Notwendig wird es sein, den rapiden Wissensfortschritt so zu integrieren, dass neue Beobachtungen berücksichtigt werden können. Bewertungen müssen so vorgenommen werden, dass sie nicht immer wieder neu aufgerollt werden müssen. Neue Erkenntnisse müssen zwanglos in die einzelnen Schritte bestehender Bewertungen eingefügt werden können und rasche Entscheidungen möglich machen.

Die vor kurzem veröffentlichten Ergebnisse des EU-Projektes *Food Safety in Europe* (FOSIE) weisen in diese Richtung [1, 9, 26]. Mit diesem Projekt wurden geeignete Methoden und Erkenntnisse zur Risikobewertung natürlicher Toxine, Zusatzstoffe und Kontaminanten, wie auch der von Mikronährstoffen, *„nutritional supplements"*, ganzen Lebensmitteln und Novel Foods zusammengestellt. Die Bewertung sieht beispielsweise für Mikronährstoffe ein anderes Schema vor als für Makronährstoffe und berücksichtigt damit das unterschiedliche stoffwechselphysiologische Schicksal der beiden Stoffgruppen. Die Sicherheitsbewertung hat demnach dem Stoffcharakter zu entsprechen.

64.3 Sicherheit und Wirksamkeit – zwei Seiten derselben Medaille

Das derzeitige regulatorische Ziel besteht darin, dass „Stoffe, die man isst, vor allem sicher sein sollen", ob sie wirken, ist „zweitrangig" und wird einem anderen Bereich (Werbeaussagen) zugeordnet. Die Wirksamkeitsprüfung erfolgt deshalb getrennt von Sicherheitsprüfungen. Toxikologische Bewertungen sollen für sich stehen. Obergrenzen für eine gesundheitlich unbedenkliche Zufuhr sollen ausschließlich anhand toxikologischer Erwägungen abgeleitet werden und nicht mit Blick auf die Nutzanwendung [23, 29]. Dem Sicherheitsgedanken soll bei gesundheitsförderlichen Stoffen derselbe Rang eingeräumt werden wie bei allen anderen Stoffen in Lebensmitteln (Zusatzstoffen, Rückstände, Kontaminanten etc.) auch. Dies war und ist der gemeinsame Nenner der EU-Harmonisierung. Überlegungen zur Nutzanwendung würden die Harmonisierung erschweren.

Es gibt aber – auch dies wurde bei den Vitaminen oder bei den Mineralstoffen gezeigt – inzwischen Hinweise, dass die Sicherheitsüberlegungen mit der Nutzanwendung kollidieren. So wäre es beispielsweise schwer zu vermitteln, wenn die toxikologisch abgeleiteten Obergrenzen (UL) für Vitamine bzw. Mineralstoffe im Bereich der Tageszufuhrempfehlungen liegen. Dies würde nämlich bedeuten, dass Verbraucher ihre Gesundheit schädigen könnten, wenn sie die Tageszufuhrempfehlungen erfüllen.

Interessanterweise haben der wissenschaftliche Lebensmittelausschuss der EU-Kommission und die Kommission selber seinerzeit bei der Zulassung einer phytosterolhaltigen Margarine nicht etwa den vollen toxikologisch möglichen Spielraum ausgenutzt. Vielmehr wurden (nur) solche Mengen zugelassen, die zur Erzielung des reklamierten cholesterinsenkenden Effekts notwendig erschienen [18]. Offensichtlich werden Unschädlichkeit und Nutzen regulatorisch verzahnt. Bezeichnenderweise hat vor kurzem auch die Senatskommission der DFG zur Lebensmittelsicherheit in ihrem Vorschlag zu den wissenschaftlichen

Anforderungen an funktionelle Lebensmittel, Sicherheit und gesundheitsförderliche Wirkung zusammen betrachtet [6].

Es stellt sich deshalb die Frage, ob die Entkoppelung von Sicherheits- und Wirksamkeitsbetrachtung bei gesundheitsförderlichen Stoffen ratsam ist. Es sei an β-Carotin erinnert, das vor Jahren eingehend als Zusatzstoff überprüft worden war. Es war damals für diesen Farbstoff aufgrund der vorliegenden Tierversuche ein relativ hoher ADI-Wert abgeleitet worden. Infolgedessen durfte β-Carotin als (technologischer) Lebensmittel-Farbstoff ohne Höchstmengenbeschränkung verwendet werden.

Erst die Verwendung als gesundheitsförderlicher Stoff hat β-Carotin „gefährlich" gemacht, weil es mit dieser Zweckbestimmung zu stärkeren Anreicherungen kam. Allerdings war die „β-Carotin-Story" dann auch ein wissenschaftlicher Triumph. Denn erst die kritische Überprüfung des angenommenen gesundheitsförderlichen Effektes (Krebsschutz) hat zu der Erkenntnis geführt, dass β-Carotin eben nicht gesundheitsförderlich ist, sondern schädlich sein kann. Die wissenschaftliche Lektion durch β-Carotin [33] und für ähnlich gelagerte Fälle [3] liegt darin, dass beides mit derselben „Evidence" eruiert werden sollte: Nutzen und Schädlichkeit.

Wirksamkeit und Sicherheit gehören bei gesundheitsförderlichen Stoffen somit zusammen, auch wenn sie konzeptionell getrennt angelegt sind. Kenntnisse über die tatsächliche Wirksamkeit und den dafür erforderlichen Dosisbereich schützen davor, immer höher dosieren zu wollen. Systematische Untersuchungen über Effekte bei Höherdosierungen runden das Bild über die gesundheitsförderliche Wirkung niedrigerer Dosen ab. Klare Risiko-Nutzen-Analysen mit vergleichbaren Endpunkten könnten hier ein kohärentes Bild über Möglichkeiten und Grenzen der Wirkstoffe in Lebensmitteln geben. Mit einer solchen Doppelstrategie wird die Wissenschaftlichkeit für Wirkstoffe zu sichern sein, werden sich Verbraucher von gesundheitsförderlichen Lebensmitteln überzeugen lassen.

64.4 Literatur

1 Barlow S, Dybing E, Edler L, Eisenbrand G, Kroes R, Van den Brandt P, Guest Editors (2002) Food Safety in Europe (FOSIE): Risk Assesssment of Chemicals in Food and Diet. *Food and Chemical Toxicology* **40**, 137–427.

2 Bellisle F, Diplock AT, Hornstra G, Koletzko B, Roberfroid M, Salminen S, Saris WHM (1998) Functional Food Science in Europe. *British Journal of Nutrition*, Supplement **1**, 3.

3 Charleux J.-L. (1996) Beta-Carotene, Vitamin C, and Vitamin E: the protective micronutrients. *Nutrition Reviews* **54**, S109–114.

4 Clydesdale FM (1996) What Scientific Data are Necessary? *Nutrition Reviews* **11**, 195–198.

5 Council of Europe's Policy Statements Concerning Nutrition, Food Safety and Consumer Health (2001) Technical Document. Guidelines Concerning Scientific Substantiation of Health

Related Claims for Functional Foods. www.coe.fr/soc-sp.

6 Deutsche Forschungsgemeinschaft (DFG) (2004) Kriterien zur Beurteilung Funktioneller Lebensmittel/Criteria for the Evaluation of Functional Foods – Sicherheitsaspekte/Safety Aspects Symposium/Kurzfassung Hrsg. Senatskommission zur Beurteilung der gesundheitlichen Unbedenklichkeit von Lebensmitteln, Wiley-VCH Verlag Weinheim, ISBN 3-527-27515-0.

7 Deutsche Gesellschaft für Ernährung (DGE), ÖGE, SGE, SVE (2000) Referenzwerte für die Nährstoffzufuhr. Frankfurt/M.: Umschau Braus.

8 Diplock AT, Aggett PJ, Ashwell M, Bornet F, Fern EB, Roberfroid MB (1999) Scientific Concepts of Functional Foods in Europe: Consensus Document. *British Journal of Nutrition* **81**, Supplement 1, 1–27.

9 Eisenbrand G, Pool-Zobel B, Baker V, Balls M, Blaauboer BJ, Boobis A, Carere A, Kevekordes S, Lhuguenot J-C, Pieterse R, Kleiner J (2002) Methods of in vitro toxicology, *Food and Chemical Toxicology* **40**, 193–236. (www.elsevier.com/locate/foodchemtox).

10 Food Standard Agency (2003) Safe Upper Levels for Vitamins and Minerals. Report of the Expert Group on Vitamins and Minerals (EVM) May 2003, http://www.food.gov.uk/multimedia/pdfs/vitmin2003.pdf (acc 030512).

11 Glinsmann, W.H. (1996) Functional Foods in North America. *Nutrition Reviews* **54**, S33–S37.

12 Goldberg I (1994) Functional Foods. Chapman & Hall, New York London.

13 Hüsing B, Menrad K, Menrad M, Scheef G (1999) Functional Food – Funktionelle Lebensmittel. Gutachten im Auftrag des Büros für Technikfolgen-Abschätzung beim Deutschen Bundestag. TAB report.

14 Institute of Medicine (IOM) Food and Nutrition Board (1998) Food and Nutrition Board, Committee on Diet and Health; National Research Council, Commission on Life Sciences (1998) Dietary Reference Intakes for Thiamin, Riboflavin, Niacin, Vitamin B6, Folate, Vitamin B 12, Pantothenic Acid, Biotin, and Choline. Institute of Medicine, National Academy Press Washington, DC.

15 Institute of Medicine (IOM) Food and Nutrition Board (2001) Dietary Reference Intakes for Vitamin A, Vitamin K, Arsenic, Boron, Chromium, Copper, Iodine, Iron, Manganese, Molybdenum, Nickel, Silicon, Vanadium, and Zinc. National Academy Press. Washington, DC.

16 International Life Sciences Institute (2002) Process for the Assessment of Scientific Support for Claims on Foods (PASSCLAIM). A European Commission (EC) Concerted Action Organised by International Life Sciences Institute – ILSI Europe. http://europe.ilsi.org/passclaim/structure/index.html (acc. on 27. 4. 2002).

17 Joint Health Claims Initiative (JHCI). http://www.jhci.co.uk (acc. on 6. 4. (2002)).

18 Kommission der Europäischen Gemeinschaften (2000) Entscheidung der Kommission 2000/500/EG: vom 24. Juli 2000 über die Genehmigung des Inverkehrbringens von „gelben Streichfetten mit Phytosterinesterzusatz" als neuartige Lebensmittel oder neuartige Lebensmittelzutaten gemäß der Verordnung (EG) Nr. 258/97 des Europäischen Parlaments und des Rates (bekannt gegeben unter Aktenzeichen K (2000) 2121) Amtsblatt nr. L 200 vom 08/08/2000 S. 0059–0060.

19 Kommission der Europäischen Gemeinschaften (2000) Weissbuch zur Lebensmittelsicherheit Brüssel, 12. Januar KOM (1999) 719 endg.

20 Kommission der Europäischen Gemeinschaften (2003) Administrative guidance for the request of authorisation of a food additive (updated). http://europa.eu.int/comm/food/fs/sfp/addit_flavor/flav16_en.pdf, (acc 17.09. 2003).

21 Kommission der Europäischen Gemeinschaften (2003) Proposal for a Regulation of the European Parliament and the Council on nutrition and health claims made on foods, Brussels, 16. 7. 2003-COM(2003) 424 final 2003/0165 (COD). http://europa.eu.int/comm/food/fs/fl/fl07_en.pdf

22 Kommission der Europäischen Gemeinschaften (2003) The Future of Risk

Assessment in the European Union. The second Report on the Harmonisation of Risk Assessement Procedures adopted by the Scientific Steering Committee at its meeting of 10–11 April 2003.

23 Kommission der Europäischen Gemeinschaften (2003) Vorschlag für eine Verordnung des Europäischen Parlaments und des Rates über den Zusatz von Vitaminen und Mineralien sowie bestimmten anderen Stoffen zu Lebensmitteln KOM(2003) 671 endgültig 2003/0262 (COD), http://europa.eu.int/eur-lex/de/com/pdf/2003/com2003_0671de01.pdf, (acc 18. 11. 2003).

24 Lebensmittelchemische Gesellschaft – Fachgruppe in der GDCh – in Zusammenarbeit mit der Deutschen Gesellschaft für Ernährung (2001) Funktionelle Lebensmittel – Lebensmittel der Zukunft. Erwartungen, Wirkungen, Risiken. Band 25 der Schriftenreihe *Lebensmittelchemie, Lebensmittelqualität*, Behr's Verlag, Hamburg.

25 Organisation des gesundheitlichen Verbraucherschutzes (Schwerpunkt Lebensmittel) (2001) Gutachten der Präsidentin des Bundesrechnungshofes als Bundesbeauftragte für Wirtschaftlichkeit in der Verwaltung, herausgegeben von der Präsidentin des Bundesrechnungshofes Stuttgart Berlin Köln: Verlag W. Kohlhammer (2001 (Schriftenreihe der Bundesbeauftragten für Wirtschaftlichkeit in der Verwaltung; Band 8). http://www.bundesrechnungshof.de/Org_gesundheitl_Vbrschutz.html

26 Renwick AG, Barlow SM, Hertz-Picciotto I, Boobis AR, Dybing E, Edler L, Eisenbrand G, Greig JB, Kleiner J, Lambe J, Muller DJ, Smith MR, Tritscher A, Tuijtelaars S, van den Brandt PA, Walker R, Kroes R (2003) Risk characterisation of chemicals in food and diet. *Food Chem Toxicol* **41(9)**, 1211–1271.

27 Richtlinie (2001)/15/EG der Kommission vom 15. Februar 2001 über Stoffe, die Lebensmitteln, die für eine besondere Ernährung bestimmt sind, zu besonderen Ernährungszwecken zugefügt werden dürfen. Amtsblatt der Europäischen Gemeinschaften Nr. L 52/19 vom 22. 2. 2001.

28 Richtlinie (2001)/18/EG des Europäischen Parlaments und des Rates vom 12. März 2001 über die absichtliche Freisetzung genetisch veränderter Organismen in die Umwelt und zur Aufhebung der Richtlinie 90/220/EWG des Rates Amtsblatt der Europäischen Gemeinschaften L 106/1 17. 4. 2001.

29 Richtlinie (2002)/46/EG des Europäischen Parlaments und des Rates vom 10. Juni 2002 zur Angleichung der Rechtsvorschriften der Mitgliedstaaten über Nahrungsergänzungsmittel (Text von Bedeutung für den EWR) http://europa.eu.int/eur-lex/de/dat/2002/l_183/l_18320020712de00510057.pdf (acc 17. 7. 2002).

30 Richtlinie (2004)/27/EG des Europäischen Parlaments und des Rates vom 31. März 2004 zur Änderung der Richtlinie 2001/83/EG zur Schaffung eines Gemeinschaftskodexes für Humanarzneimittel DE L 136/34 Amtsblatt der Europäischen Union 30. 4. 2004.

31 Roberfroid MB (1999) What is beneficial for health? The concept of functional food. *Food Chem Tox* **37**: 1039–1041.

32 Roberfroid, M.B. (1999) Concepts in functional foods: a European perspective. *Nutrition Today* **34 (4)**, 162–165.

33 Rowe PM (1996) Beta-carotene takes a collective beating. *The Lancet* **347**, January 27, 249.

34 Schilter B, Andersson C, Anton R, Constable A, Kleiner J, O'Brien J, Renwick AG, Korver O, Smit F, Walker R (2003) Guidance for the safety assessment of botanicals and botanical preparations for use in food and food supplements. *Food and Chemical Toxicology* **41**, 1625–1649.

35 Scientific Committee on Food (SCF) of the EU Commission (1993) Nutrient and energy intakes for the European Community. Reports of the Scientific Committee for Food, Thirty First Series. European Commission, Luxembourg.

36 Scientific Committee on Food (SCF) of the EU Commission (1999) Opinion on substances for nutritional purposes which have been proposed for use in the manufacture of foods for particular

nutritional purposes (‚PARNUTS') (expressed on 12. 5. 1999) SCF/CS/ADD/NUT/20/Final 12/05/99. http://www.europa.eu.int/comm/dg24/health/sc/scf/index_en.htmlEU KOM Parnuts RL (acc. on 27. 7. 2000).

37 Scientific Committee on Food (SCF) of the EU Commission (2000) Guidelines of the Scientific Committee on Food for the development of tolerable upper intake levels for vitamins and minerals SCF/CS/NUT/UPPLEV/11 Final 28 November 2000 (adopted on 19 October 2000), http://europa.eu.int/comm/food/fs/sc/scf/index_en.html

38 Scientific Committee on Food (SCF) of the EU Commission (2000) Opinion of the Scientific Committee on Food on the safety of use of beta carotene from all dietary sources (Opinion adopted by the SCF on 7 September 2000) SCF/CS/ADD/COL/159 Final. http://europa.eu.int/comm/food/fs/sc/scf/index_en.html

39 Scientific Committee on Food (SCF) of the EU Commission (2001) Guidance on submissions for safety evaluation of sources of nutrients or other ingredients proposed for use in the manufacture of foods (opinion expressed on 11 July 2001) /CS/ADD/NUT/21 Final 12 July 2001. http://www.europa.eu.int/comm/dg24/health/sc/scf/index_en.html (acc 23. 10. 2001).

40 Scientific Committee on Food (SCF) of the EU Commission (2001) Working plan 'Tolerable upper intake levels for vitamins and minerals' (updated on September 2001), http://europa.eu.int/comm/food/fs/sc/scf/out80_en.html (acc. on 16. 10. 2001).

41 Scientific Committee on Food (SCF) of the EU Commission and the Scientific Panel on Dietetic Products, Nutrition and Allergies of the European Food Safety Agency (2006) Tolerable Upper Intake Levels for Vitamins and Minerals European Food Safety Authority February 2006, *http://www.efsa.eu.int/science/nda/catindex_en.html* (acc 7. 4. 2006).

42 Sjölin K (2001) Zehn Jahre schwedisches Selbstregulierungsprogramm für „health claims" bei Lebensmitteln. *Bundesgesundheitsbl.- Gesundheitsforsch.- Gesundheitsschutz* **44**, 219–226.

43 Swygert LA, Maes EF, Sewell LE, Miller L, Falk H, Kilbourne EM (1990) Eosinophilia- myalgia syndrome – results of national surveillance. *The Journal of the American Medical Association* **264** (13), 1698–1703.

44 Verordnung (EG) Nr. 178/2002 des Europäischen Parlaments und des Rates vom 28. Januar (2002) zur Festlegung der allgemeinen Grundsätze und Anforderungen des Lebensmittelrechts, zur Errichtung der Europäischen Behörde für Lebensmittelsicherheit und zur Festlegung von Verfahren zur Lebensmittelsicherheit, Amtsblatt der Europäischen Gemeinschaften vom 1. 2. 2002 L 31/1.

45 Verordnung (EG) Nr. 1829/(2003) des Europäischen Parlaments und des Rates vom 22. September 2003 über genetisch veränderte Lebensmittel und Futtermittel, Amtsblatt der Europäischen Union L 268/ vom 18. 10. 2003.

46 Verordnung (EG) Nr. 258/97 des Europäischen Parlaments und des Rates vom 27. Januar (1997) über neuartige Lebensmittel und neuartige Lebensmittelzutaten. Amtsblatt der Europäischen Gemeinschaften Nr. L 043 vom 14. 2. 1997, p. 0001–0007, http://europa.eu.int/eur-lex/de/lif/dat/2000/de_300D0500.html (acc. on 16. 11. 2000).

47 Viell B (1999) Lebensmittelanreicherung und „health claims"– besondere Produkte oder nur Werbung im Gesundheitstrend? *Consumer Voice* **3**(4), 17–18.

48 Viell, B. (2001) Funktionelle Lebensmittel und Nahrungsergänzungsmittel – wissenschaftliche Gesichtspunkte. *Bundesgesundheitsbl.-Gesundheitsforsch.-Gesundheitsschutz* **44**, 193–204.

49 Viell B (2004) Regulatory Requirements for Functionality and Safety: A European View. Functional Food: Safety Aspects Proceedings of the Symposium herausg. by the Senate Commission on Food Safety SKLM Gerhard Eisenbrand (Chairman). Wiley-VCH Verlag GmbH 2004.

50 Viell B (2005) Anreicherung von Lebensmitteln und neue Produktkonzeptionen. Ernährungsbericht 2004 der Deutschen Gesellschaft für Ernährung e.V. Bonn.

51 Wilson, R. and Crouch, E.A.C (2001) Risk Benefit Analysis Center for Risk Analysis Harvard University – Harvard University Press.

52 Young J (1999) The influence of scientific research, market developments and regulatory issues on the future development of nutraceuticals and functional foods – a global overview. *Leatherhead Food RA Food Industry Journal* **2** (2), 100–113.

65
Phytoestrogene

Sabine E. Kulling und Corinna E. Rüfer

65.1
Allgemeine Substanzbeschreibung

65.1.1
Allgemeines

Phytoestrogene gehören aus chemischer Sicht zu den Polyphenolen und sind im Wesentlichen drei Strukturklassen zugeordnet: den Isoflavonen, den Lignanen und den Coumestanen (Abb. 65.1). In diesem Kapitel wird näher auf die Isoflavone eingegangen, in Kapitel II-44 werden die Lignane und Coumestane behandelt. Phytoestrogene besitzen eine dem menschlichen Estrogen ähnliche, jedoch nichtsteroidale Struktur. Eine gemeinsame biologische Eigenschaft aller Phytoestrogene ist ihre estrogene Aktivität, die auch zu ihrer Namensgebung geführt hat.

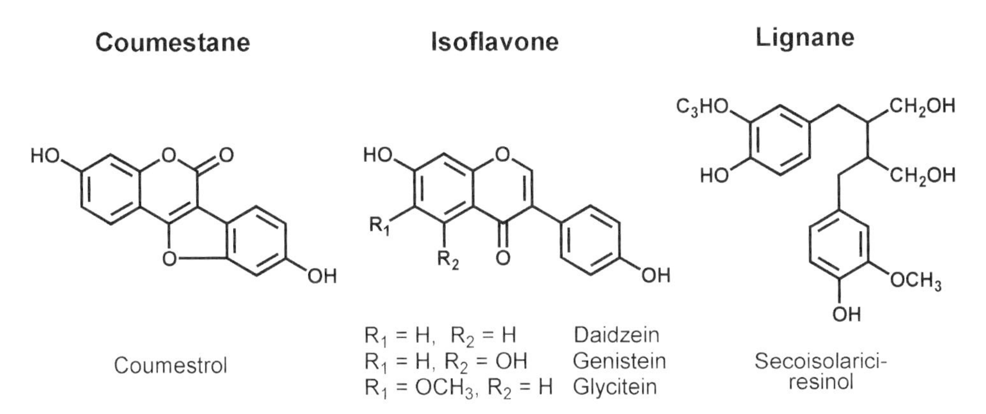

Abb. 65.1 Strukturklassen der Phytoestrogene.

Handbuch der Lebensmitteltoxikologie. H. Dunkelberg, T. Gebel, A. Hartwig (Hrsg.)

ISBN: 978-3-527-31166-8

65.1.2
Physikalische und chemische Eigenschaften der Isoflavone

Chemisch gesehen handelt es sich bei den Isoflavonen um 3-Phenylchromonderivate. Sie sind hydrophobe, schwer flüchtige, farblose bis gelbliche Verbindungen mit geringem Molekulargewicht. Die Schmelzpunkte liegen bei etwa 250–300 °C, die Absorptionsmaxima bei circa 260 nm. Während Isoflavone nur in organischen Lösungsmitteln löslich sind, erhöht eine Konjugation mit Glucose, Glucuronsäure- oder Sulfatgruppen die Wasserlöslichkeit. Von den über 870 bekannten Isoflavonen spielen nur sehr wenige eine Rolle in der menschlichen Ernährung, nämlich Daidzein, Genistein und Glycitein (s. Abb. 65.1) [34, 80].

65.1.3
Historischer Überblick

Genistein wurde erstmals 1899 aus Färberginster (*Genista tinctoria*) isoliert [183] und 1928 chemisch synthetisiert [22]. Nachdem Genistein und Daidzein 1931 aus Sojabohnen isoliert wurden, konnte erst über vier Jahrzehnte später, nämlich 1973, das dritte in Soja (*Glycine max*) enthaltene Isoflavon Glycitein identifiziert werden [174, 254]. Im Urin schwangerer Stuten wurde 1932 der Daidzeinmetabolit Equol entdeckt, dessen Entstehung 1968 auf die Mikroflora des

Tab. 65.1 Wichtige Forschungsergebnisse auf dem Gebiet der Isoflavone.

Jahr	Forschungsergebnisse
1899	Isolierung von Genistein aus *Genista tinctoria*
1926	Pflanzenextrakte zeigen estrogene Wirkung in Mäusen
1928	Chemische Synthese von Genistein
1931	Isolierung von Genistein und Daidzein aus Sojabohnen
1932	Identifizierung von Equol aus dem Urin schwangerer Stuten
1946	Fertilitätsprobleme von australischen Schafen, die auf Wiesen mit hohem Kleeanteil weideten
1953	Genistein zeigt estrogene Effekte in Nagern
1964	Nachweis der antioxidativen Kapazität der Isoflavone
1966	Genistein zeigt antiestrogene Effekte in Nagern
1968	Aufklärung des bakteriellen Ursprungs von Equol
1973	Identifizierung von Glycitein in Sojabohnen
1976	Isoflavone werden mit cholesterinsenkenden Eigenschaften assoziiert
1982	Identifizierung von Equol im menschlichen Urin
1984	Identifizierung von Daidzein im menschlichen Urin
1987	Nachweis der Hemmwirkung der Proteintyrosinkinasen durch Genistein *in vitro*
1997	Isoflavone zeigen eine stärkere Bindungsaffinität an den Estrogen-Rezeptor-β als an -α

Darmes zurückgeführt werden konnte [153, 226]. Bereits 1926 vermuteten Dohrn und Mitarbeiter, dass in Pflanzen „Stoffe mit sexualhormonartiger Wirkung" vorkommen. Sie hatten Extrakte aus Zuckerrübensamen, Kartoffeln und Petersiliewurzeln an Mäuse verabreicht und nach einigen Tagen eine „Massezunahme der Gebärmutter" beobachtet [60]. Weitere Hinweise auf die biologische Aktivität von Phytoestrogenen stammen aus dem Bereich der landwirtschaftlichen Nutztierhaltung. In Australien traten Ende der 1940er Jahre bei Schafen, die über längere Zeit Klee der Spezies *Trifolium subterraneum* aufnahmen, eine Reihe von Krankheitssymptomen auf, die unter dem Begriff „clover disease" zusammengefasst wurden. Die dabei beobachteten histologischen Veränderungen an den Uteri und Ovarien führten bis zur Infertilität. Es stellte sich heraus, dass diese Kleespezies reich an Isoflavonen ist [26]. In den 1950er und 1960er Jahren stand aufgrund dieser Beobachtung die Forschung über die Wirkung der Isoflavone auf die Reproduktion im Vordergrund [62, 156]. Dabei stieß man auch auf die antiestrogenen und antioxidativen Eigenschaften der Isoflavone [69, 78]. In neueren Arbeiten wird darüber hinaus die Wirkung der Isoflavone in Bezug auf koronare Herzerkrankungen, hormonabhängige Krebserkrankungen, Osteoporose, menopausale Beschwerden, etc. untersucht, worauf in Abschnitt 65.5 näher eingegangen wird.

Tabelle 65.1 fasst die wichtigsten Forschungsergebnisse auf dem Gebiet der Isoflavone zusammen.

65.2 Vorkommen

65.2.1 Vorkommen der Isoflavone

Isoflavone unterscheiden sich als 3-Phenylchromonderivate von den in der Pflanzenwelt weit verbreiteten Flavonen nur durch die Position der Verknüpfung von Chromon- und Phenylring (s. Abb. 65.2).

Isoflavone kommen bei den Schmetterlingsblütlern (Leguminosae) vor allem in der Familie der Fabaceae vor [79]. Wichtigstes Nahrungsmittel für die Aufnahme dieser Verbindungen ist die Sojabohne, die die drei Isoflavone Genistein, Daidzein und Glycitein etwa im Verhältnis 10:8:1 enthält (s. Abb. 65.3). Gentechnisch veränderte Sojabohnen, beispielsweise Roundup Ready®, unterscheiden sich nicht von herkömmlichen Sorten hinsichtlich des Isoflavongehalts [204]. Zwei weitere Isoflavone, die vereinzelt in Lebens- und Futtermitteln auftreten, sind Formononetin und Biochanin A. Bei diesen Verbindungen handelt es sich um die 4′-*O*-Methylderivate von Daidzein und Genistein (s. Abb. 65.3), die man vor allem in Rotklee, Klee- und Alfalfasprossen findet. In den meisten Obst- und Gemüsesorten sind Isoflavone – wenn überhaupt – nur in sehr geringen Konzentrationen vorhanden (s. Abschnitt 65.3).

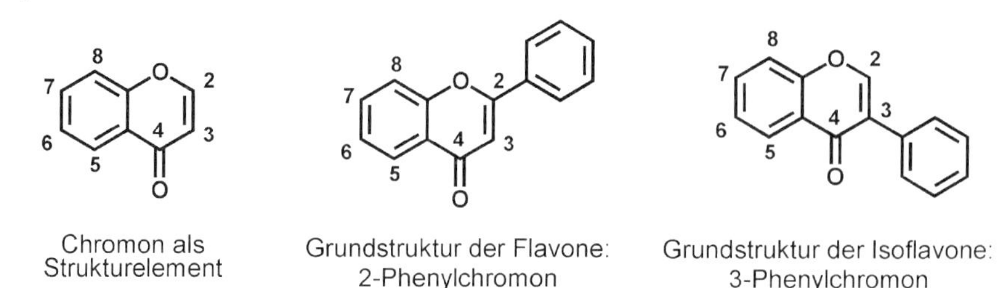

Abb. 65.2 Chromon als Strukturelement der Flavone und Isoflavone.

Abb. 65.3 Strukturformeln der wichtigsten Isoflavone.

Isoflavone liegen in der Pflanze meist als Zuckerkonjugate vor. In der Sojabohne dominieren die 6″-*O*-Malonyl-7-*o*-*β*-D-Glucoside und die 7-*o*-*β*-D-Glucoside, während der Anteil an Aglykonen relativ niedrig ist (s. Abb. 65.4).

In nativen Sojaprodukten, wie Sojamilch und Tofu, findet sich ein ähnliches Isoflavonmuster wie in der Sojabohne selbst. In wärmebehandelten Produkten, beispielsweise gerösteten Sojabohnen, ist der Anteil an den 6″-*O*-Acetyl-7-*o*-*β*-Glucosiden erhöht, da diese aus den hitzelabilen Malonylglucosiden durch Decarboxylierung entstehen [256, 261]. Demgegenüber überwiegen in fermentierten Sojaprodukten, wie Miso oder Sojasauce, die Aglykone, da der Zuckerrest durch die für die Fermentation eingesetzten Mikroorganismen enzymatisch abgespalten wird (s. Tab. 65.2) [50, 146]. Ferner werden in fermentierten Produkten hydroxylierte Verbindungen von Daidzein und Genistein nachgewiesen, z. B. 8-Hydroxygenistein sowie 6- und 8-Hydroxydaidzein. Deren Bildung wird auf mikrobielle Cytochrom-P450-Enzyme zurückgeführt [66, 119].

In der Sojabohne liegen die Isoflavone unterschiedlich verteilt vor: Im Hypokotyl findet man eine fünf- bis sechsfach höhere Konzentration als im Keimblatt. Daidzein, Glycitein und ihre Glucoside sind im Hypokotyl angereichert,

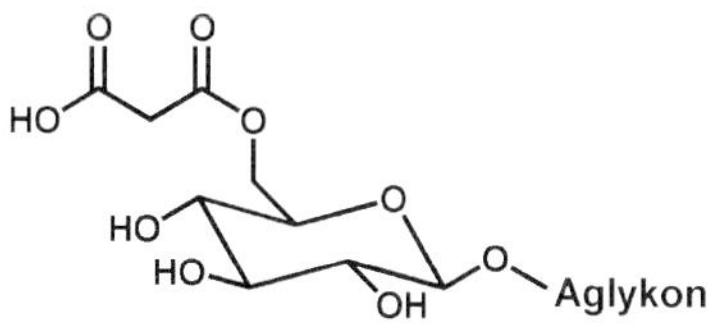

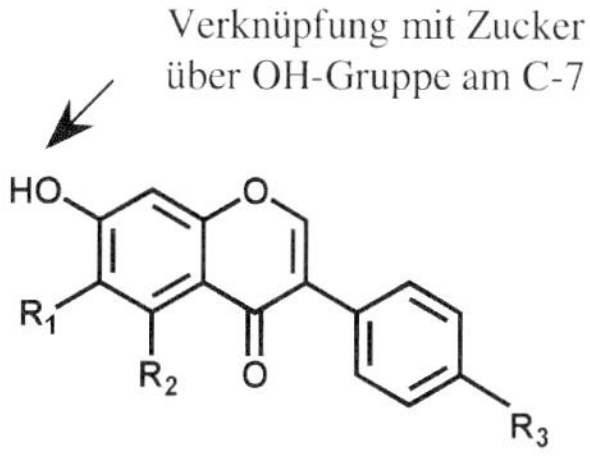

Abb. 65.4 Wichtige Zuckerkonjugate der Isoflavone.

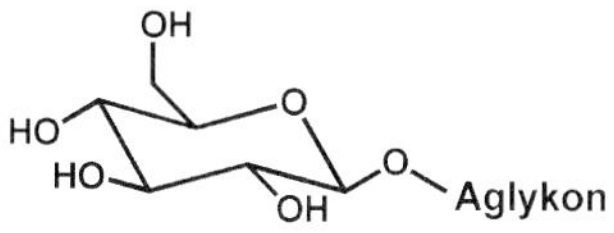

Tab. 65.2 Prozentualer Anteil der Isoflavon-Aglykone und -Konjugate von Genistein, Daidzein und Glycitein in ausgewählten Sojaprodukten (nach [256] und [232]).

Produkt	Aglykon %	Glucosid %	Malonylglucosid %	Acetylglucosid %
Sojabohne	2,7	57,5	39,4	0,4
Sojamehl	2,2	29,6	66,6	1,6
Geröstete Sojabohnen	6,0	40,5	6,8	46,7
Tofu	20,7	22,0	50,2	7,1
Sojamilch	1,2	31,5	42,5	24,7
Miso	36,5	54,6	5,6	3,1

Genistein und seine Derivate liegen dagegen in der Bohne gleichmäßig verteilt vor. Die Samenschale enthält nur geringe Mengen an Isoflavonen [64, 136].

Obwohl Isoflavone fast ausschließlich in der Sojabohne in nennenswert hohen Konzentrationen auftreten, sind diese Verbindungen inzwischen aufgrund der breiten Verwendung von Sojamehl, -proteinen und -lecithin in einer großen Zahl von Lebensmitteln nachweisbar. Besonders Sojaprotein findet wegen seiner günstigen funktionellen Eigenschaften bei Be- und Verarbeitungsprozessen von Lebensmitteln, beispielsweise zur Stabilisierung von Emulsionen oder zur Erhöhung des Wasserbindungsvermögens und der daraus resultierenden Qualitätssteigerung des Endprodukts, Anwendung. So kommen Isoflavone nicht nur in den traditionellen asiatischen Sojaprodukten wie Tofu oder Miso vor, sondern auch in zahlreichen verarbeiteten Produkten, z. B. Backwaren, Soßen, Suppen, Sportlernahrung, Speiseeis etc. Nach Angaben der American Soybean Association sind Sojaprodukte mittlerweile in ca. 30 000 Lebensmitteln enthalten. Für Tierfutter werden Samen, Grünmasse und Sojapresskuchen verwendet. Darüber hinaus bildet die Sojabohne auch Grundlage für viele industrielle Erzeugnisse, z. B. Lacke, Farben, Klebstoffe etc. [25, 92, 261].

65.2.2
Biosynthese der Isoflavone in der Pflanze

Die Biosynthese der Isoflavone erfolgt in Pflanzen über den Shikimatweg [197]. Dabei wird zunächst Phenylalanin aus Shikimat gebildet, welches nach Kondensation von Erythrose-4-phosphat und Phosphoenolpyruvat und darauffolgender Cyclisierung entsteht. Eine anschließende Desaminierung durch das Enzym Phenyl-Ammonium-Lyase führt zur Zimtsäure, die der Grundkörper der einfachen Phenylpropane ist. Phenylpropane sind der Ausgangspunkt der Biosynthese von Ligninbausteinen, Zimtsäurederivaten und Flavonoiden. Im letzteren Fall reagiert Coumaryl-CoA, ein Phenylpropan, mit drei Molekülen Malonyl-CoA zu Chalkonen, die mittels der Chalkon-Flavonon-Isomerase in die Flavonoid-Grundkörper überführt werden. Anschließend erfolgt eine Isomerisierung durch die Isoflavon-Synthase zu den Isoflavonen [87, 120]. Isoflavone sind in höheren Pflanzen weit weniger verbreitet als die Flavonoide. Dies ist darauf zurückzuführen, dass vielen Pflanzen die Isoflavon-Synthase fehlt [87].

65.2.3
Funktion der Isoflavone in der Pflanze

Isoflavone werden in allen Teilen der Pflanze gebildet und sind an dem pflanzlichen Abwehrsystem, der Signaltransduktion und Zell-Zell-Kommunikation beteiligt. Darüber hinaus wirken Isoflavone in den Wurzeln der Sojapflanze bei der Induktion der so genannten *nod*-Gene von Stickstoff fixierenden Bakterien mit, so dass es zum Einschluss dieser Bakterien in die Wurzeln und damit zur Stickstofffixierung kommt. Dabei wird Stickstoff der Luft gebunden und zu löslichen, für die Pflanzen verwertbaren Ammoniumverbindungen reduziert [125, 196]. Darüber hinaus dienen Isoflavone den Pflanzen als induzierbare Abwehrtoxine, so genannte Phytoalexine. Dabei handelt es sich um niedermolekulare Verbindungen, die von der Pflanze synthetisiert und akkumuliert werden, wenn diese mit Mikroorganismen (Viren, Bakterien, Pilzen) oder stressauslösenden Umweltfaktoren (Chemikalien, UV-Licht, mechanischen Schäden) konfrontiert wird. Ihre Schutzwirkung entfalten sie durch antivirale, bakterizide und fungizide Effekte [228].

65.3
Verbreitung in Lebensmitteln und analytischer Nachweis

65.3.1
Verbreitung in Lebensmitteln

Die Sojabohne liefert den größten Beitrag an Isoflavonen für die Ernährung des Menschen. Darüber hinaus sind Lebensmittel, die aus Sojabohnen hergestellt werden, bspw. Miso oder Tempeh, ebenfalls von Bedeutung. Sojaöl hingegen enthält nur Spuren an Isoflavonen, da die hydrophilen Isoflavonglucoside sich nicht im lipophilen Öl anreichern [92, 113, 205, 249, 255, 256]. Die Konzentrationen der Isoflavone in den Produkten können jedoch beträchtlich schwanken, da der Isoflavongehalt abhängig ist von der Sorte, der geographischen Lage der Anbaugebiete, dem Erntezeitpunkt und sonstigen Umwelteinflüssen [65, 255]. In Obst, Gemüse und Nüssen können nur geringe Mengen an Isoflavonen nachgewiesen werden. Tabelle 65.3 gibt einen Überblick.

Formononetin und Biochanin A spielen in der menschlichen Ernährung nur eine untergeordnete Rolle. Formononetin findet man hauptsächlich in Kleesprossen (22,8 mg/kg Frischgewicht) und Alfalfasprossen (3,4–39 mg/kg Frischgewicht), Biochanin A in Garbanzobohnen (15,2–28,2 mg/kg trockene Samen), Kleesprossen (4,4 mg/kg Frischgewicht) und Alfalfasprossen (bis 0,67 mg/kg Frischgewicht) [92]. Rotklee (Trifolium pratense) enthält mit 7,6–9,8 g Formononetin/kg Trockenmasse und 4,0–7,4 g/kg Biochanin A/kg Trockenmasse sehr hohe Gehalte [206].

Tab. 65.3 Isoflavongehalte in Lebensmitteln (mg/kg Nassgewicht) [92, 113, 146, 148, 175, 205, 249, 256].

Lebensmittel	Genistein	Daidzein	Glycitein
Sojabohne	648–954	240–600	79–107
Sojamilch [µg/mL]	52–168	26–126	1–16
Tofu	80–112	63–106	23–29
Miso	62–398	47–363	12–53
Sojaöl	0–3	0–0,8	n. b.
Sojasauce [µg/mL]	1–3	5–9	1–2
Sojamehl	1013–1453	412–1092	149–212
Sojaproteinisolat	635–1106	200–540	154–221
Tempeh	294–422	176–405	21–38
Natto	215–425	160–315	69–130
Sojakäse (Cheddar)	9–83	0–62	20–52
Sojanudeln	37–56	9–15	19–39
Säuglingsnahrung	73–388	27–352	33–88
Obst, Gemüse, Nüsse		0–0,2 [a]	

n. b. = nicht bestimmt,

a) Summenwert Genistein, Daidzein und Glycitein.

65.3.2 Isoflavonaufnahme

Die tägliche Aufnahme an Isoflavonen ist abhängig von der Art und Zusammensetzung der Lebensmittel, die von den Menschen unterschiedlicher Herkunft konsumiert werden. Soja spielt seit Jahrhunderten eine große Rolle in der Ernährung der Asiaten, und zwar sowohl als Lebensmittel als auch als Heilmittel [163]. Die tägliche Aufnahme an Isoflavonen in der asiatischen Bevölkerung wird auf 15–50 mg/Tag geschätzt, so dass Plasma-Gesamtisoflavonkonzentrationen (Summe aus Daidzein, Genistein und Equol) von durchschnittlich 870 nM erreicht werden [7, 17, 40, 173]. Die Isoflavonaufnahme in der Bevölkerung der westlichen Industrienationen ist dagegen deutlich niedriger: Das VENUS- (Vegetal Estrogens in Nutrition and Skeleton) Projekt ermittelte eine mittlere Aufnahme von 726 μg Isoflavonen pro Tag in Irland, 554 μg/Tag in Italien, 913 μg/Tag in den Niederlanden und 718 μg/Tag in Großbritannien [250]. Daten aus der Framingham-Studie ergaben eine mittlere Aufnahme von 154 μg Isoflavonen pro Tag in der amerikanischen Bevölkerung [54]. Die 1998 UK Total Diet Study (TDS) ermittelte eine Aufnahme von Isoflavonen von 3 mg/Tag [41]. Dabei wurden viele verarbeitete Produkte mit einbezogen, bspw. Fleisch- und Fischprodukte. Bei vegetarischer oder veganer Ernährung kann die Aufnahme an Isoflavonen das Zehn- bis Hundertfache betragen [74]. Durch Einnahme von Nahrungsergänzungsmitteln auf Soja- oder Rotklee-Basis, die bei Frauen in der Postmenopause zur Linderung von Wechseljahrsbeschwerden eingesetzt werden, können diese Werte ebenfalls deutlich ansteigen. Die von den Herstellern empfohlenen Dosierungen liegen zwischen 40 und 150 mg/Tag. Problematisch ist dabei auch, dass die auf der Verpackung angegebenen Gehalte zum Teil beträchtlich von den tatsächlichen abweichen [93, 158, 178, 213]. Eine herkömmliche westliche Ernährungsweise führt zu Plasmakonzentrationen von durchschnittlich ca. 10 nM [5, 73]. Säuglinge, die mit Anfangs- oder Folgenahrung auf Sojaproteinbasis ernährt werden, nehmen täglich etwa 22–45 mg Isoflavone auf, was 6–11 mg/kg Körpergewicht und Tag entspricht und zu Plasmakonzentrationen bis zu 4 μM führt. Dies ist in etwa die zehnfache Dosis, die bei Frauen in der Prämenopause zu einer Verlängerung des Menstruationszyklus und der follikulären Phase führt sowie bei Frauen zur Linderung von Wechseljahrsbeschwerden eingesetzt wird [37]. Die Isoflavon-Plasmakonzentrationen bei den mit Sojaprodukten ernährten Säuglingen liegt um den Faktor 10 000 höher als die des endogenen Steroidhormons 17β-Estradiol (<80 pg/mL). Säuglinge, die mit Muttermilch gestillt werden, erhalten dagegen weniger als 0,01 mg Isoflavone pro Tag (Plasmakonzentration ca. 20 nM) [221]. Bei asiatischen Neugeborenen, deren Mütter sich traditionell asiatisch ernähren, liegen die Plasmakonzentrationen ungefähr zehnmal höher [9], die Dosis für das Baby ist damit aber im Vergleich zur Aufnahme sojahaltiger Säuglingsnahrung sehr niedrig und entspricht in etwa der der Säuglinge aus den westlichen Industrienationen [221].

65.3.3 Analytischer Nachweis

Isoflavone liegen in der Regel in sehr geringen Mengen in Lebensmitteln vor und müssen deswegen vor der Analyse von Bestandteilen der Matrix abgetrennt werden. Um die Verluste während der Aufarbeitung ausgleichen zu können, ist die Zugabe eines internen Standards erforderlich. Dafür gibt es drei Möglichkeiten: Substanzen, die ähnliche Eigenschaften und eine ähnliche Struktur besitzen wie der Analyt selbst, deuterierte oder Kohlenstoff-13-markierte stabile Isotope des Analyten. Die anschließende Extraktion kann sowohl auf Flüssig-Flüssig-Basis als auch mittels einer Festphasenextraktion durchgeführt werden. Die gebräuchlichsten Techniken zur Auftrennung und Quantifizierung der Phytoestrogene sind:

- Reversed-Phase Hochleistungsflüssigkeitschromatographie mit UV-Absorption zur Detektion (HPLC/UV),
- Flüssigkeitschromatographie mit massenspektrometrischer Detektion (LC/MS),
- Gaschromatographie mit massenspektrometrischer Detektion (GC/MS),
- Immunoassays.

Tabelle 65.4 gibt einen Überblick über die in der Literatur beschriebenen Aufarbeitungsschritte.

Die gebräuchlichste Methode zur Analyse der Isoflavone ist die HPLC, da bei dieser die Proben keiner aufwändigen Aufarbeitung unterworfen werden

Tab. 65.4 Methoden zur Analyse von Isoflavonen aus unterschiedlicher biologischer Matrix.

Matrix	Probenaufarbeitung	Detektion	Literatur
Lebensmittel	Suspendierung in Wasser, Zugabe des internen Standards, enzymatische Hydrolyse, Extraktion mit Ether, saure Hydrolyse, Ionenaustauscher-Chromatographie	GC/MS	[159]
Nahrungsergänzungsmittel	Extraktion mit Methanol/Wasser, Filtration, saure Hydrolyse, Zentrifugation, Ethylacetat-Extraktion	LC/MS	[47]
Lebensmittel und Nahrungsergänzungsmittel	Zugabe des internen Standards, Zugabe von Acetonitril und Wasser, Zentrifugation, Filtration	LC/MS	[77]
Urin	Festphasenextraktion, enzymatische Hydrolyse, Extraktion mit Ether, Ionenaustauscher-Chromatographie	GC/MS	[84]
Urin und Plasma	Zugabe des internen Standards, enzymatische Hydrolyse, Extraktion mit Ether	Fluoroimmunoassay	[244]

müssen. Problematisch ist allerdings die Empfindlichkeit, die insbesondere bei der Detektion durch UV-Absorption unzureichend sein kann. Im Unterschied dazu ist die massenspektrometrische Detektion im Allgemeinen hinreichend sensitiv. Der Vorteil der LC/MS-Methode gegenüber GC/MS ist, dass keine flüchtigen Verbindungen hergestellt werden müssen und dass konjugierte Formen analysiert werden können. Immunoassays, wie Radio- und Fluoroimmunoassays, sind für Screeningzwecke geeignet und besitzen eine ausreichend große Empfindlichkeit, um auch geringe Mengen quantifizieren zu können. Probleme bestehen noch bezüglich Kreuzreaktionen mit anderen Komponenten aus der Matrix, beispielsweise Steroiden [90].

65.4 Kinetik und innere Exposition

65.4.1 Allgemeines

Bisher konnten Resorption, Verteilung, Metabolismus und Exkretion von Isoflavonen noch nicht abschließend geklärt werden. Die meisten Informationen liegen zu Daidzein und Genistein vor, nur sehr wenige Daten gibt es zu Glycitein, Formononetin und Biochanin A.

65.4.2 Pharmakokinetik und Bioverfügbarkeit

In einer großen Zahl an Studien wurden die Pharmakokinetik und Bioverfügbarkeit von Isoflavonen sowohl am Menschen als auch am Tier untersucht. Viele der bekannten Tierexperimente sind aufgrund der verwendeten pharmakologischen Dosen schwierig zu interpretieren. Tabelle 65.5 gibt einen Überblick über die Ergebnisse aus Humanstudien zur Aufnahme von Isoflavonen nach Gabe einer Einmaldosis eines sojahaltigen Lebensmittels, eines Extraktes oder einer Reinsubstanz.

Einige Humanstudien geben Hinweise darauf, dass Isoflavone sehr schnell resorbiert werden. Rowland und Mitarbeiter konnten 15 min nach einmaliger Gabe von Sojaprotein bereits einen Anstieg an Isoflavonen im Plasma nachweisen [199]. Maximale Konzentrationen im Plasma werden nach sechs bis neun Stunden erreicht (s. Tab. 65.5). Einige Autoren berichten über einen nichtlinearen Anstieg der maximalen Plasmakonzentrationen und der AUC bei Verabreichung einer Einmaldosis [214, 219, 263], woraus geschlossen werden kann, dass die Resorption der limitierende Faktor ist und einer Sättigung unterliegt. Andere Studien berichten hingegen über eine lineare Zunahme bei Gabe steigender Dosen [29, 35, 227]. Die Plasmakurven zeigen in den meisten Studien einen biphasischen Verlauf, wobei im zweiten Peak die Maximalkonzentration detektiert wird [116, 192, 213, 219, 258, 263, 268]. Diese Erscheinung ist typisch für Sub-

Tab. 65.5 Übersicht über Humanstudien, die die Pharmakokinetik von Isoflavonen nach einer Einmalgabe als Lebensmittel, Extrakt oder Reinsubstanz untersuchen (angegeben sind jeweils die Mittelwerte).

Probanden	Sojaerzeugnis	Dosis	Sammelperiode	Blutparameter				Wiederfindung [%]		Literatur
				$t_{1/2}$ [h]	C_{max} [μM]	t_{max} [h]	*AUC* [μM/h]	Urin	Faeces	
$n=12$ pre	Sojamilchpulver	0,7 mg/kg KG	Plasma: 0, 6,5, 24 h		D: 0,79 G: 0,74			D: 19,6 G: 5,3	ges.: 0,8	[263]
		1,3 mg/kg KG	Urin: 0, 0–24 h		D: 1,22 G: 1,07			D: 23,7 G: 11,0	ges.: 1,0	
		2,0 mg/kg KG (D : G = 1,3 : 1)	Faeces: 0–GTT		D: 2,24 G: 2,15			D: 20,8 G: 10,0	ges.: 2,8	
$n=6$ ♂	Sojamehl	0,67 mg/kg D	Plasma und Urin: 0–35 h	D: 4,71 G: 5,74	D: 3,14 G: 4,09	D: 7,4 G: 8,0		D: 6,0 G: 22,0		
		0,97 mg/kg G			♀ D: 1,04 ♀ G: 1,70 ♀ Gly: 0,20 ♂ D: 1,29 ♂ G: 1,78 ♂ Gly: 0,22			D: 48,6 G: 27,6 Gly: 55,3		[268]
	Sojakeimlinge	1,1 mg/kg KG (D : G = 3,3 : 1,0 : 3,1)			♀ D: 1,63 ♀ G: 0,51 ♀ Gly: 0,73 ♂ D: 1,16 ♂ G: 0,47 ♂ Gly: 0,85			D: 43,8 G: 29,7 Gly: 54,5		

Tab. 65.5 (Fortsetzung)

Probanden	Sojaerzeugnis	Dosis	Sammelperiode	Blutparameter				Wiederfindung [%]		Literatur
				$t_{1/2}$ [h]	C_{max} [µM]	t_{max} [h]	*AUC* [µM/h]	Urin	Faeces	
n=6 post	Sojakeimling-extrakt	1 mg/kg KG Glykoside: D:G:Gly= 0,5:0,1:0,4 Aglykone: D:G:Gly= 0,4:0,1:0,5	Plasma und Urin: 0–34 h	D: 6,8 G: 17,8 Gly: 4,6 D: 6,7 G: 16,6 Gly: 9,6	D: 3,5 G: 0,8 Gly: 1,0 D: 3,3 G: 0,8 Gly: 1,0	D: 9,2 G: 7,3 Gly: 8,2 D: 8,3 G: 8,2 Gly: 7,2	D: 80 G: 21 Gly: 11 D: 44 G: 20 Gly: 11	D: 56 G: 20 Gly: 38 D: 50 G: 18 Gly: 29		[192]
n=7 ♂	Kinako (Sojabohnen-pulver gebacken)	26,1 mg D 30,2 mg G	Plasma: 0–72 h Urin: 0–24 h Faeces: 0–3 d		D: 1,56 G: 2,48	D: 8 G: 8		D: 35,8 G: 17,6	D: 4,4 G: 2,5	[258]
n=6 pre	D	50 mg	Plasma: 0–48 h	D: 9,3	D: 0,76	D: 6,6	D: 11,6			[213]
n=4 pre	D-Glucosid	50 mg		D: 4,6	D: 1,55	D: 9,0	D: 17,7			
n=6 pre	G	50 mg		G: 6,8	G: 1,26	G: 9,3	G: 16,7			
n=3 pre	G-Glucosid	50 mg		G: 7,0	G: 1,26	G: 9,3	G: 18,3			
n=1 ♂	Rotklee	40 mg			D: 0,06	D: 12				
n=1 ♂	Gly-Glucosid	25 mg			G: 0,13	G: 2				
				Gly: 8,9	Gly: 0,72	Gly: 4	Gly: 2,5			
n=8 pre	[^{13}C]D	0,4 mg/kg KG	Plasma und	8,2	0,31		5,02	29,5		[219]
		0,8 mg/kg KG	Urin: 0–72 h	7,2	0,71		8,70	25,6		
n=8 pre	[^{13}C]G	0,4 mg/kg KG		7,5	0,55		6,01	8,9		
		0,8 mg/kg KG		7,4	0,88		9,77	8,3		

Abkürzungen: n, Probandenzahl; ♂, männlich; ♀, weiblich; pre, Frauen vor der Menopause; post, Frauen nach der Menopause; GTT, Zeit der Darmpassage (bestimmt als Zeit, die nötig ist, um 1 g Karminrot auszuscheiden); D, Daidzein; G, Genistein; GLY, Glycitein; KG, Körpergewicht; C_{max}, Plasma-Maximalkonzentration; t_{max}, Zeit, um C_{max} zu erreichen; $t_{1/2}$, Halbwertszeit der Elimination; *AUC*, Fläche unter der Kurve.

stanzen, die dem enterohepatischen Kreislauf unterliegen (s.u.). Eine weitere mögliche Erklärung ist, dass zunächst eine geringe Resorption im Magen-Duodenum-Jejunum-Bereich und anschließend eine vermehrte im Kolon erfolgt. Bei Verabreichung äquimolarer Mengen an Daidzein und Genistein erreicht Genistein eine höhere Plasmakonzentration, da Daidzein in größerem Umfang einer Umverteilung in die peripheren Gewebe unterliegt und eine höhere Clearance-Rate besitzt [213, 219]. Die Plasmaspiegel fallen nach Erreichen des Maximalwertes nach einer Kinetik erster Ordnung ab. Dabei werden Halbwertszeiten für die Elimination zwischen fünf und neun Stunden ermittelt (s. Tab. 65.5). 48 Stunden nach einer einmaligen Aufnahme von Soja sind die Plasmaspiegel wieder auf das Ausgangsniveau abgesunken [213, 258].

Die weitaus größte Menge der Isoflavone wird renal, nur eine geringe Menge biliär ausgeschieden. Für Daidzein liegt die Wiederfindung im Urin zwischen 20 und 50%, für Genistein zwischen 5 und 20% und für Glycitein zwischen 30 und 55%. Die Wiederfindung im Faeces beim Menschen liegt unter 5% (s. Tab. 65.5), bei Ratten hingegen bei bis zu 20%. Bei diesen werden auch größere Mengen an Steroiden mit dem Stuhl ausgeschieden [115].

Gelangen Isoflavone mit der Gallenflüssigkeit in den Darm, können die Konjugate (s. Abschnitt 65.4.4) durch Glucuronidasen und Sulfatasen der Darmflora gespalten und die Aglykone erneut resorbiert werden. Somit unterliegen die Isoflavone – ähnlich den körpereigenen Steroidhormonen – einem enterohepatischen Kreislauf [23, 223].

Glycitein zeigt die geringste Bioverfügbarkeit, was jedoch wegen der wenigen vorhandenen Daten noch nicht abschließend geklärt ist [192, 213, 258, 268].

65.4.3 Aufnahme

Wie bereits in Abschnitt 65.2 vorgestellt wurde, liegen Isoflavone in nicht fermentierten Sojaerzeugnissen v.a. in glucosidisch gebundener Form vor, während in fermentierten Produkten vermehrt die Aglykone zu finden sind. Bei Flavonoiden, bspw. Quercetin, gibt es Hinweise, dass die Glucoside mittels eines spezifischen Glucosetransporters aktiv aufgenommen werden können [76, 91]. Dies scheint für Isoflavone nicht der Fall zu sein. Im in vitro-Zellkulturmodell an Darmzellen (Caco-2) konnte gezeigt werden, dass die Glucoside von Genistein und Daidzein nicht die Darmzelle penetrierten, während die Aglykone gut aufgenommen wurden [169]. Auch im Tiermodell am isolierten Rattendünndarm wurde dies bestätigt: Nur 1,3% der eingesetzten Dosis an Genisteinglucosid konnte die Darmwand passieren, was *in vivo* jedoch keine Signifikanz besitzen dürfte [16]. Darüber hinaus wurden nach Gabe einer Einmaldosis von Genistein- bzw. Daidzeinglucosid keine Isoflavonaglucoside im humanen Plasma detektiert [216]. Man geht davon aus, dass Isoflavonaglykone wegen ihrer Lipophilie und ihres geringen Molekulargewichts passiv im Darm resorbiert werden, wobei die Resorption hauptsächlich im Dünn- und Dickdarm stattfindet. Die Hydrolyse der Isoflavonglucoside erfolgt entweder im Dickdarm durch bakterielle β-Glucosidasen bzw. Glucuronidasen (z. B. von *Lactobacilli, Bifidobacteria, Bacteroides* oder *Fusobacterium*) oder im Dünndarm durch unspezifische, cytosolische Glucosidasen [52, 53, 95, 96]. Für die Beteiligung letzterer Enzyme spricht die sehr schnelle Resorption und die Tatsache, dass keimfrei gehaltene Ratten (die keine intestinale Darmflora besitzen) nach Gabe von Isoflavonglucosiden in Form von Sojaprotein große Mengen an Genistein und Daidzein mit dem Urin ausscheiden [213]. Darüber hinaus gibt es Hinweise, dass eine Hydrolyse der Glucoside im Speichel möglich ist: In einem Ex-vivo-Modell konnte gezeigt werden, dass 70% der eingesetzten Dosis an Genisteinglucosid nach 90 min durch humane Speichelproben zu Genistein hydrolysiert wurden [14]. Eine saure Hydrolyse der Isoflavonglucoside im Magen konnte im Tierversuch ausgeschlossen werden [186].

65.4.4
Metabolismus von Isoflavonen

Metabolismus durch die intestinale Mikrobiota

Der Metabolismus der Isoflavone findet sowohl im Darm – durch Enzyme der Darmwand sowie durch Darmbakterien – als auch in der Leber statt. Die Metabolisierung durch die Darmbakterien ist für Daidzein und Genistein *in vitro* und *in vivo* sowohl am Tier als auch am Menschen umfangreich untersucht worden [2, 39, 44, 45, 83, 84, 108, 112]. So wird Daidzein zunächst zu Dihydrodaidzein reduziert, welches dann entweder durch Spaltung des C-Ringes zu *O*-Demethylangolensin oder unter Erhalt des C-Ringes zu dem Isoflavon Equol verstoffwechselt wird (s. Abb. 65.5). Da Equol ein chirales Zentrum im Molekül besitzt, kann es in zwei enantiomeren Formen, *S*-(–)-Equol und *R*-(+)-Equol, vorliegen. *In vivo* wird allerdings nur *S*-(–)-Equol gebildet [170, 218]. Nur etwa 1/3 der Bevölkerung der westlichen Industrienationen und 50% der Asiaten sind in der Lage, Equol zu bilden. Die Einteilung in „Equolproduzenten“ und „Nicht-Equolproduzenten“ erfolgt über die Plasmakonzentration bzw. über die ausgeschiedene Menge an Equol mit dem Urin: So haben „Equolproduzenten“ nach einmaliger Isoflavonaufnahme in Abhängigkeit von der Dosis einen Plasmaspiegel von mehr als 83 nmol/L und scheiden mehr als 1000 nmol Equol/Tag aus, während „Nicht-Equolproduzenten“ weniger als 40 nmol/L Equol im Plasma aufweisen und weniger als 250 nmol/Tag ausscheiden [17, 200, 215].

Genistein wird im ersten Schritt – analog zu Daidzein – zu Dihydrogenistein reduziert und weiter zu 6′-Hydroxy-*O*-demethylangolensin verstoffwechselt. Im Unterschied zum Metabolismus von Daidzein konnte der analoge Equolmetabolit 5-Hydroxyequol bislang nicht nachgewiesen werden. Vielmehr kann ein weiterer Abbau über 4-Hydroxyphenyl-2-propionsäure zu *p*-Ethylphenol erfolgen, das als biologisches Endprodukt angesehen wird. 4-Hydroxyphenyl-2-propionsäure konnte bisher nur in Rattenurin und in vitro-Inkubationen mit humaner Faecesflora nachgewiesen werden (s. Abb. 65.6) [44, 45].

Die Rolle der Faecesflora im Metabolismus von Genistein und Daidzein konnte eindrucksvoll demonstriert werden: So scheiden keimfrei gehaltene Ratten bei Ga-

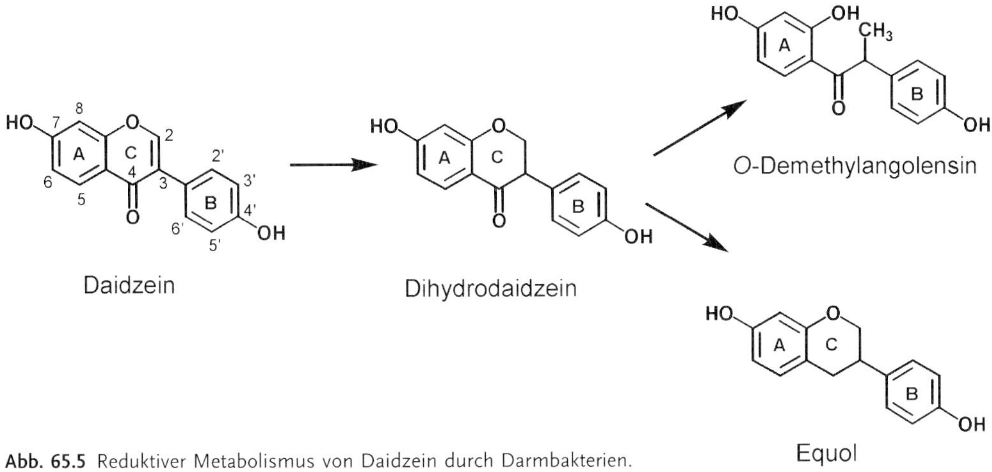

Daidzein

Dihydrodaidzein

O-Demethylangolensin

Equol

Abb. 65.5 Reduktiver Metabolismus von Daidzein durch Darmbakterien.

Genistein

Dihydrogenistein

5-Hydroxyequol

6'-Hydroxy-*O*-demethylangolensin

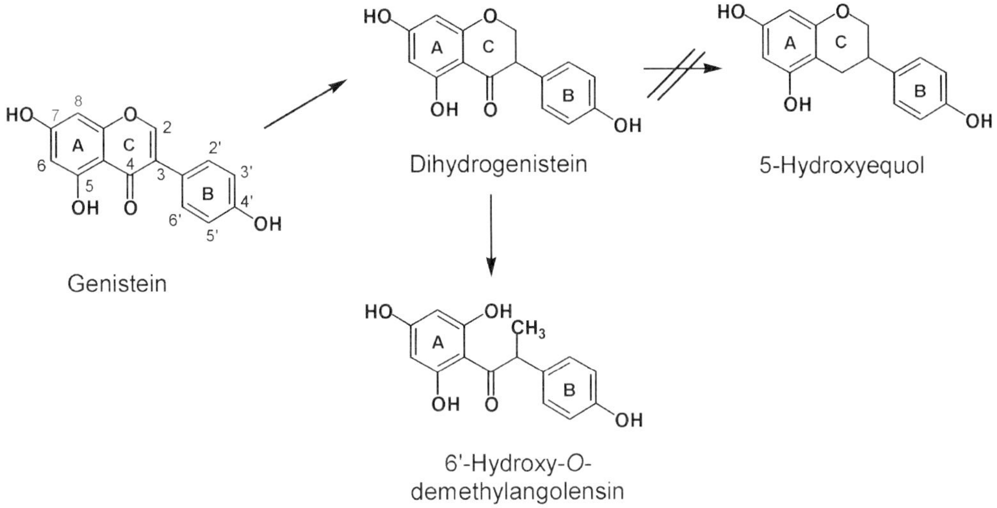

Abb. 65.6 Reduktiver Metabolismus von Genistein durch Darmbakterien. Der Metabolit 4-Hydroxyphenyl-2-propionsäure konnte bisher nur in Rattenurin und in vitro-Inkubationen mit humaner Faecesflora detektiert werden [44, 45].

be von sojahaltigem Futter keine reduktiven Metabolite der Isoflavone mit dem Urin aus. Erst nach Kolonialisierung der Ratten mit humaner Faecesflora konnten die entsprechenden Metabolite detektiert werden [32]. Darüber hinaus wurde *in vitro* die Bildung der reduktiven Metabolite durch humane Faecesflora mittels Antibiotikagabe unterbunden [19]. Die Metabolite treten im Plasma zeitverzögert erst Stunden nach Sojagabe auf. Dies ist darauf zurückzuführen, dass die nicht resorbierten Isoflavone bzw. Isoflavone aus dem enterohepatischen Kreislauf erst die Mikroflora des Dickdarms erreichen müssen. So konnte in einer Studie gezeigt werden, dass 36 h nach Gabe einer Einmaldosis an Daidzein die Maximalkonzentration von Equol im Plasma erreicht wird [198].

Die 4′-*O*-Methylether von Daidzein und Genistein – Formononetin und Biochanin A – sowie Glycitein können *in vitro* von *Eubacterium limosum* zu den entsprechenden demethylierten Verbindungen umgesetzt werden [97]. Formononetin und Biochanin A werden im Gegensatz zu Glycitein auch *in vivo* sehr schnell demethyliert, was zu hohen Plasmakonzentrationen an Daidzein und Genistein führt [213].

Der weitere Metabolismus von Glycitein, Formononetin und Biochanin A ist bisher wenig untersucht worden. Inzwischen weiß man, dass Glycitein reduktiv *in vitro* sowohl von humaner Faecesflora als auch von bovinem Pansensaft zunächst zu 6-Hydroxydaidzein demethyliert, danach zu 6-Hydroxy-dihydrodaidzein reduziert und anschließend entweder durch Spaltung des C-Ringes zu 5′-Hydroxy-*O*-demethylangolensin oder unter Erhalt des C-Ringes zu 6-Hydroxyequol verstoffwechselt wird (s. Abb. 67.7) [202]. Im Rattenurin und -faeces konnte nach Gabe von Glycitein per Schlundsonde 6-Hydroxydaidzein und 6-Hydroxy-dihydrodaidzein detektiert werden [202]. Im menschlichen Urin wurden nach zweiwöchiger Supplementierung mit Sojariegeln Dihydroglycitein, 6-Methoxyequol und 5′-Methoxy-*O*-demethylangolensin als mögliche reduktive Metabolite von Glycitein identifiziert [84]. Diese Metabolite wurden *in vitro* nicht gebildet [202].

Reduktive Metabolite von Formononetin und Biochanin wurden nach fünftägiger Aufnahme eines Nahrungsergänzungsmittels auf Rotklee-Basis im menschlichen Urin detektiert: Neben den demethylierten Verbindungen Daidzein und Genistein wurden die zugehörigen Dihydro- und *O*-Demethylangolensinverbindungen identifiziert [85]. In vitro-Untersuchungen zum reduktiven Metabolismus fehlen jedoch bisher.

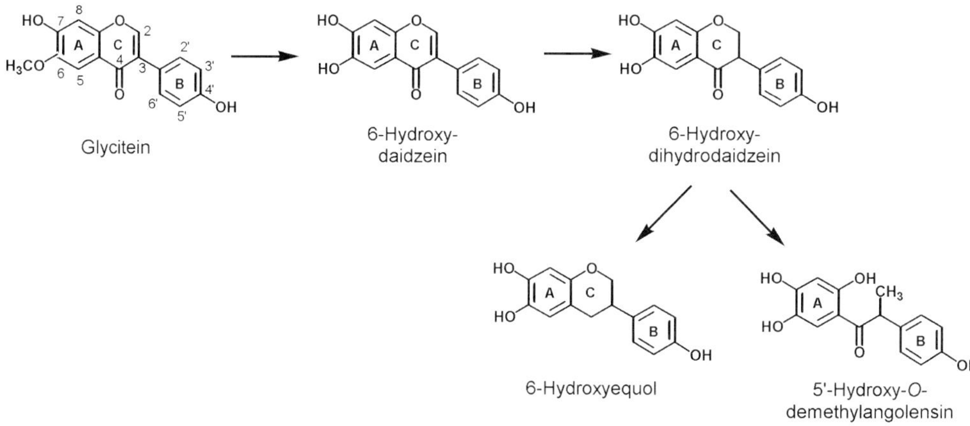

Glycitein

6-Hydroxy-daidzein

6-Hydroxy-dihydrodaidzein

6-Hydroxyequol

5′-Hydroxy-*O*-demethylangolensin

Abb. 65.7 Reduktiver Metabolismus von Glycitein durch Darmbakterien [202].

Auch Phase-I-Metabolite der Isoflavone, die oxidativ durch Cytochrom P450-abhängige Monooxygenasen (CYP) in der Leber gebildet werden (s. u.), werden *in vitro* reduktiv durch humane Faecesflora verstoffwechselt. 3′-Hydroxydaidzein wird sowohl zu dem entsprechenden hydroxylierten *O*-Demethylangolensin-Derivat als auch der Dihydroverbindung metabolisiert, bei 6- und 8-Hydroxydaidzein können hingegen nur die korrespondierenden Dihydroverbindungen detektiert werden. 3′-Hydroxygenistein wird komplett abgebaut, so dass keine Metabolite nachweisbar sind [86].

Bisher ist unklar, welche Darmbakterien für den reduktiven Metabolismus der Isoflavone verantwortlich sind. Hur und Mitarbeiter konnten zeigen, dass die *E. coli*-Stämme HGH6 und HGH21 zur Spaltung der glucosidischen Bindung der Glucoside von Daidzein und Genistein, HGH21 zur Bildung der Dihydroverbindungen und der *Clostridium*-Stamm HGH136 zur Bildung von *O*-Demethylangolensin aus Daidzein fähig sind [95, 96]. Darüber hinaus ist *Eubacterium ramulus* in der Lage, Daidzein zu *O*-Demethylangolensin und Genistein zu 6'-Hydroxy-*O*-demethylangolensin und 4- Hydroxyphenyl-2-propionsäure zu verstoffwechseln [210].

Phase-I-Metabolismus

Isoflavone werden nach ihrer Resorption im Zuge des Phase-I-Metabolismus oxidativ durch CYP der Leber verstoffwechselt. Genistein und Daidzein werden *in vitro* durch Aroclor-induzierte Rattenlebermikrosomen und Humanlebermikrosomen zu verschiedenen mono-, di- und trihydroxylierten Verbindungen umgesetzt. Im Urin konnten jeweils die 3′-, 6- und 8-monohydroxylierten und die 6,3′- und 8,3′-dihydroxylierten Verbindungen von Daidzein und Genistein nach zweitägigem Sojakonsum detektiert werden [130, 131]. Abbildung 65.8 stellt schematisch den oxidativen Metabolismus von Daidzein dar. Für Genistein konnten einige beteiligte CYP identifiziert werden, nämlich CYP 1A1, 1A2, 1B1, 2E1 und 3A4. CYP 2B6 und 2C8 zeigten keine Aktivität [195].

Glycitein wird von Lebermikrosomen Aroclor-induzierter Ratten und Humanlebermikrosomen zu verschiedenen Produkten umgesetzt, wobei zwei monohydroxylierte Glyciteinderivate und das Demethylierungsprodukt 6-Hydroxydaidzein die Hauptmetaboliten darstellen [202]. Im Rattenurin konnten nach Verabreichung von Glycitein per Schlundsonde 6-Hydroxydaidzein, 8- und 3′-Hydroxyglycitein sowie 5,6-Dihydroxydaidzein identifiziert werden [202]. Im Gegensatz zu Genistein und Daidzein wird Glycitein nur sehr gering metabolisiert, was auch *in vivo* bestätigt werden konnte: Zhang et al. fanden 55% der verabreichten Dosis an Glycitein nach Gabe eines Sojakeimlingextrakts im Urin wieder [268], Setchell und Mitarbeiter berichten über hohe Plasmakonzentrationen von Glycitein wegen geringer Metabolisierung nach Gabe einer Einmaldosis Glyciteinglucosid (s. Tab. 65.5) [213].

Formononetin und Biochanin A werden von Lebermikrosomen Aroclor-induzierter Ratten, Humanlebermikrosomen und CYP vorwiegend zu Daidzein und Genistein oxidativ demethyliert und weiter zu den 6-, 8- und 3′-Hydroxyverbin-

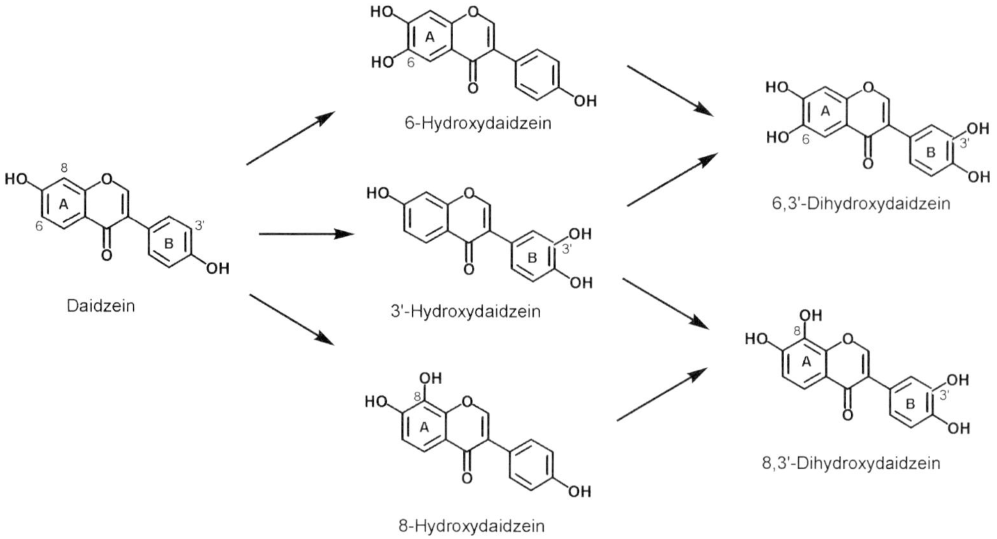

Abb. 65.8 Oxidativer Metabolismus von Daidzein durch Humanlebermikrosomen [130].

dungen von Daidzein und Genistein hydroxyliert [132, 243]. Die Hydroxylierung der Ausgangsverbindungen spielt dabei nur eine untergeordnete Rolle.

Der Phase-I-Metabolismus von Equol ist erst kürzlich untersucht worden: Equol wird *in vitro* von Aroclor-induzierten Rattenlebermikrosomen und Humanlebermikrosomen zu zahlreichen mono- und dihydroxylierten Verbindungen verstoffwechselt, wobei 3′- und 8-Hydroxyequol die Hauptprodukte darstellen [201].

Die Bedeutung der oxidativen Metabolite ist bisher unklar und entscheidend von der gebildeten Menge abhängig. Eine Quantifizierung wurde bisher noch nicht durchgeführt, weil Referenzsubstanzen nicht in ausreichender Menge zur Verfügung standen und weil die Quantifizierung zusätzlich durch die Vielzahl der gebildeten Produkte erschwert wird. Darüber hinaus muss bedacht werden, dass nicht nur die reduktiven Metabolite einer Verstoffwechselung durch CYP der Leber unterliegen, wie für Equol gezeigt werden konnte, sondern auch die oxidativen Metabolite einer weiteren Metabolisierung durch die Mikroflora des Darmes unterliegen können [84, 201]. Ein weiterer wichtiger Punkt ist, dass gerade die oxidativen Metabolite durch ihre Catechol- und Pyrogallolstruktur weit weniger stabil sein dürften als ihre Ausgangsverbindungen und sich so einer Quantifizierung entziehen. Eine grobe Schätzung ergibt, dass im Urin weniger als 10% des Gesamt-Isoflavongehalts als oxidative Metabolite vorliegen [130], so dass dem reduktiven Metabolismus mit ca. 40% eine größere Bedeutung zukommt [140]. Es sei jedoch darauf hingewiesen, dass Equol nur von ca. 30% der Bevölkerung gebildet wird, während eine oxidative Verstoffwechselung durch CYP der Leber vermutlich einen generellen Metabolisierungsweg darstellt.

Phase-II-Metabolismus

Isoflavone und ihre Metabolite werden im Zuge des Phase-II-Metabolismus effizient durch UDP-Glucuronyltransferasen (UGT) und Sulfotransferasen (SULT) konjugiert. Es entstehen vorwiegend Monoglucuronide, wobei auch Diglucuronide, Mono- und Disulfate und Sulfoglucuronide gebildet werden. Genistein beispielsweise liegt im menschlichen Urin zu ca. 1–3% in freier Form, zu 62–64% als Monoglucuronid, zu 13–19% als Diglucuronid, zu 6–12% als Sulfoglucuronid, zu 2–3% als Monosulfat und zu 3–6% als Disulfat vor [8]. Die Konjugation mit Glucuronsäure- bzw. Sulfatgruppen wird als der Hauptentgiftungsweg für die Isoflavone angesehen. Geparden, die mit sojahaltiger Nahrung gefüttert wurden, litten unter Infertilität und Leberschäden, da sie Isoflavone nicht konjugieren können [220]. Die für die Glucuronidierung und Sulfatierung der Isoflavone und ihrer Metabolite *in vitro* verantwortlichen Isoenzyme sind UGT 1A1, 1A6, 1A8, 1A9 und 1A10 sowie SULT 1A1, 1A2, 1A3, 1B1, 1E1, 1C2, 2B1a und 2B1b [58, 135]. Aufgrund der Expression der Isoenzyme in unterschiedlichen Geweben kann geschlossen werden, dass die Konjugation mit Glucuronsäure und Sulfat sowohl in der Leber als auch im Magen-Darmtrakt stattfindet. Die Beteiligung der Darmzellen an der Phase-II-Konjugation konnte auch im Tierversuch bestätigt werden. Plasma der Portalvenen enthielt hauptsächlich Genisteinglucuronid, wenn Genistein im Dünndarm per Infusion verabreicht wurde [223].

65.4.5 Verteilung

Nach Resorption, Transport via Pfortader in die Leber sowie Metabolismus in Darm und Leber treten die Isoflavone als Konjugat in die systemische Zirkulation ein und können in zahlreichen Körperflüssigkeiten nachgewiesen werden, wie Plasma, Urin, Faeces, Galle, Speichel, Muttermilch, Fruchtwasser, Plasma der Nabelschnur etc. [139]. Darüber hinaus wurden in einigen Tierstudien die Gewebekonzentrationen an Daidzein und Genistein bestimmt, die die Plasmakonzentrationen um ein Vielfaches übersteigen können [38, 46, 104, 241]. Tabelle 65.6 gibt einen Überblick über die Gewebekonzentrationen von Genistein in einer Tierstudie. Auch gibt es Hinweise, dass Isoflavone sowohl die Blut-Hirn-Schranke als auch die Plazenta passieren können [55, 59, 259]. In Plasma und Urin liegen die Isoflavone und ihre Metabolite hauptsächlich konjugiert vor [8, 58], in den Geweben können jedoch die Aglykone überwiegen, wie in Ratten nachgewiesen wurde (s. Tab. 65.6) [46]. Auch im Brustgewebe prämenopausaler Frauen und in der Prostataflüssigkeit bei Männern wurden Isoflavone nach Supplementierung mit Soja detektiert, wobei im Brustgewebe für Genistein und Daidzein zum Plasma vergleichbare Konzentrationen, für Equol jedoch höhere Konzentrationen gefunden wurden [81, 157]. In der Prostataflüssigkeit wurden höhere Konzentrationen an allen Isoflavonen gemessen [168].

Tab. 65.6 Plasma- und Gewebekonzentrationen von Genistein in männlichen und weiblichen Sprague-Dawley Ratten ($n=6$) nach Gabe von 500 mg Genistein/kg Futter nach [38].

Gewebe	Konzentration an Genistein [pmol/mg] (% Aglykon) in männlichen Ratten	Konzentration an Genistein [pmol/mg] (% Aglykon) in weiblichen Ratten
Plasma (ausgewachsen) a)	6 (<5%)	7,9 (<5%)
Plasma (gestillte Ratten) a)	1,9 (<5%)	21 (<5%)
Brustdrüse	0,8 (24%)	2,4 (49%)
Schilddrüse	0,4 (25%)	1,2 (18%)
Leber	0,7 (34%)	7,3 (77%)
Gehirn b)	u. N. b)	u. N. b)
Prostata	1,1 (45%)	
Hoden	0,6 (11%)	
Eierstöcke		1,1 (80%)
Gebärmutter		1,4 (100%)

a) Plasmakonzentrationen in µmol/L.
b) unter der Nachweisgrenze.

65.4.6 Inter-individuelle Variation

Die Pharmakokinetik und Bioverfügbarkeit der Isoflavone und ihrer Metabolite unterliegen beträchtlichen inter-individuellen Schwankungen. So unterscheidet sich die Ausscheidung beider Isoflavone Daidzein und Genistein mit dem Urin nach Sojasupplementierung um das bis zu 15fache [200]. Die Exkretion der Metabolite, wie Equol- bzw. *O*-Demethylangolensin, unterliegt sogar noch größeren Schwankungen als die ihrer Muttersubstanzen. Beispielsweise konnten Rowland et al. einen 600fachen Unterschied in der Equolausscheidung [200] und Karr et al. einen 180fachen Unterschied in der *O*-Demethylangolensin-Exkretion [111] beobachten. Ein Großteil dieser Diskrepanz kann über das verschiedene Ausmaß der Metabolisierung erklärt werden: Wie schon erwähnt ist nur etwa 1/3 der Bevölkerung der westlichen Industrienationen in der Lage, Equol zu bilden [215].

Es gibt eine Reihe von Faktoren, die die Pharmakokinetik und Bioverfügbarkeit von Isoflavonen beeinflussen können. Zu ihnen zählen neben der intestinalen Mikroflora vor allem Geschlecht, Alter, Zusammensetzung der Sojaprodukte, Ernährung und Dauer der Aufnahme. Auf diese Punkte wird im Folgenden näher eingegangen. Inwieweit Unterschiede hinsichtlich der Bioverfügbarkeit bei Asiaten und Kaukasiern bestehen, ist bisher nicht geklärt. Auch der Einfluss von Polymorphismen bei Transportproteinen, wie den Multidrug Resistance Proteinen (z. B. MDR1) oder den Glucosetransportern (z. B. SGLT1), und den fremdstoffmetabolisierenden Enzymen, z. B. CYP, UGT etc., auf die Bioverfügbarkeit ist noch ungeklärt.

Mikroflora

Die Mikroflora spielt hinsichtlich Resorption und Metabolismus der Phytoestrogene eine wichtige Rolle. Die großen inter-individuellen Unterschiede in Metabolismus und Bioverfügbarkeit gehen vermutlich auf die unterschiedliche Zusammensetzung der Mikroflora zurück. Diese wird durch physiologische, pathophysiologische und Umweltfaktoren beeinflusst, bspw. durch Verwendung von Antibiotika, Hygiene, Transitzeit des Stuhles, Stress, Redoxpotenzial des Darminhaltes etc. Das Geschlecht und das Erbgut können ebenfalls eine Rolle spielen.

Der Einfluss der Darmflora auf den Metabolismus wurde im Tierexperiment und *in vitro* gezeigt (s. Abschnitt 65.4.4): So schieden keimfrei gehaltene Ratten, die mit Sojaprotein gefüttert wurden, Genistein und Daidzein mit dem Urin aus, während Metabolite, wie Equol und *O*-Demethylangolensin, nicht detektiert werden konnten [32]. Außerdem verhindern Antibiotika die Bildung der Metaboliten *in vitro* [19].

Darüber hinaus wurde in einigen Publikationen der Einfluss der Geschwindigkeit der Darmpassage auf die Bioverfügbarkeit untersucht [258, 262, 269, 270]. Es konnte jedoch bisher kein einheitliches Ergebnis erzielt werden.

Geschlecht

Einige Tierstudien geben Hinweise auf geschlechtsspezifische Unterschiede in Bezug auf Bioverfügbarkeit und Metabolismus von Isoflavonen [24, 38, 45, 48, 139]. Dihydrogenistein wurde als der Hauptmetabolit von Genistein im Faeces weiblicher Ratten identifiziert, bei männlichen hingegen dominierte 4-Hydroxyphenyl-2-propionsäure [45]. Weibliche Ratten zeigen eine größere Bioverfügbarkeit von Genistein als männliche, die Angaben zur Eliminationshalbwertszeit sind widersprüchlich [38, 48]. Männliche Ratten scheiden sowohl Daidzeinglucuronid als auch -sulfat mit dem Urin aus, während bei weiblichen nur das Glucuronid gebildet wird [24]. Dies konnte von Coldham und Sauer bestätigt werden: Sie identifizierten in der Leber männlicher Ratten Genisteinsulfat, während in der Leber weiblicher Ratten das Aglykon dominierte [46].

Auch einige Studien am Menschen deuten auf geschlechtsspezifische Unterschiede hin: So konnten Lu und Anderson zeigen, dass sich nach einmonatigem Sojamilchkonsum die Eliminationshalbwertszeiten von Genistein und Daidzein bei Frauen verkürzten, bei Männern hingegen verlängerten [152]. Nach vierwöchigem Sojamilchkonsum stieg sowohl die Zahl der equolproduzierenden Frauen von einer auf vier ($n = 12$) an als auch die ausgeschiedene Menge von Equol im Urin; bei Männern war dies nicht der Fall [150, 151]. Wiseman et al. konnten keinen geschlechtsspezifischen Unterschied in Bezug auf die Plasma-, Urin- und Faeceskonzentration der Isoflavone nach zehnwöchiger Ernährung mit sojahaltigen Produkten feststellen. Die *O*-Demethylangolensin-Konzentrationen waren jedoch in Plasma und Urin bei Männern signifikant höher als bei Frauen [260]. Faughnan et al. beobachteten, dass tendenziell mehr postmenopausale Frauen Equol produzieren im Vergleich zu prämenopausalen

Frauen und Männern [68]. Darüber hinaus war nur bei Frauen die Wiederfindung im Urin von Genistein nach Konsum von Sojamilch höher als nach Aufnahme von texturiertem Sojaprotein. Zhang et al. stellten geschlechtsspezifische Unterschiede hinsichtlich der Plasmakonzentration von Glycitein nach einmaligem Sojamilchkonsum fest. Die männlichen Probanden wiesen einen höheren Plasmaspiegel an Glycitein auf als die weiblichen, für Genistein und Daidzein war dies nicht der Fall [268]. In mehreren anderen Studien wurden jedoch keine geschlechtsspezifischen Unterschiede sowohl bei der Konzentration der Isoflavone und ihrer Phase-I- und Phase-II-Metabolite im Urin und Plasma als auch bei der Zahl der „Equolproduzenten" beobachtet [118, 140, 212, 224].

Weitere Studien am Menschen mit größeren Probandenzahlen scheinen notwendig, um die bestehenden Diskrepanzen zu klären.

Alter

Der Einfluss des Alters auf Pharmakokinetik und Bioverfügbarkeit ist bisher wenig untersucht worden. Signifikante Unterschiede in Bezug auf den Metabolismus von Isoflavonen gibt es zwischen Neugeborenen und Erwachsenen. Säuglinge weisen niedrigere Equolkonzentrationen in Plasma und Urin auf, was auf die nicht ausgebildete Darmflora zurückgeführt werden kann [89, 171, 211, 221]. Mascarinec und Mitarbeiter beobachteten eine höhere Exkretion von Isoflavonen mit dem Urin bei 8–14-jährigen Mädchen gegenüber erwachsenen Frauen. Dies kann mit einer verstärkten Resorption und/oder einem verminderten Abbau durch die intestinale Darmflora erklärt werden [155]. Zwischen prä- und postmenopausalen Frauen konnten keine Unterschiede bezüglich Pharmakokinetik und Bioverfügbarkeit beobachtet werden [5, 68, 214]. Faughnan et al. stellten jedoch fest, dass tendenziell mehr postmenopausale als prämenopausale Frauen Equol produzieren [68].

Ernährung

Mehrere Gründe sprechen für einen Einfluss der Ernährung auf die Bioverfügbarkeit und den Metabolismus von Isoflavonen. Beispielsweise könnten Nahrungsbestandteile, wie Ballaststoffe, die Isoflavonaufnahme behindern oder die Transitzeit der Darmpassage beschleunigen, so dass weniger Zeit für die Resorption bleibt. Außerdem könnte die Zusammensetzung der Mikroflora des Darmes verändert werden, so dass die Fähigkeit zur Metabolisierung beeinflusst wird, z. B. die β-Glucosidase- oder β-Glucuronidase-Aktivität bzw. die Enzyme des reduktiven Metabolismus.

Adlercreutz et al. stellten fest, dass Personen mit einem hohen Fett- und Fleischkonsum und einem geringen Ballaststoffanteil mehr Equol ausscheiden [4]. Ein möglicher Grund ist, dass eine Ernährung reich an Fett und Fleisch die Ansiedelung der Bakterien, die für die Equolproduktion verantwortlich sind, begünstigt. In anderen Studien konnte hingegen gezeigt werden, dass die Aufnahme von weniger Fett und mehr Kohlenhydraten zu einer vermehrten Equolbildung führte [140, 199, 200, 227]. Ein Erklärungsansatz wäre, dass die vermehrte Aufnahme von komplexen Kohlenhydraten die Fermentation im Dickdarm anregt und auf diese Weise verstärkt Equol gebildet wird. Dies wurde *in vitro* bestätigt: Bei Inkubationen mit humaner Faecesflora wurde bei kohlenhydratreicher Umgebung die intestinale Fermentation angeregt und vermehrt Equol aus Daidzein gebildet, während in einer kohlenhydratarmen Umgebung praktisch kaum Equol entstand [199].

Der Einfluss einer ballaststoffreichen Ernährung wurde von Tew et al. untersucht: Sie stellten niedrigere Plasmaspiegel an Genistein und Daidzein und eine Reduktion der Genisteinausscheidung mit dem Urin bei einer ballaststoffreichen Ernährung fest, die Daidzeinexkretion war nicht betroffen [242]. Dies kann über eine Unterbrechung des enterohepatischen Kreislaufs durch Ernährung mit ballaststoffreichen Lebensmitteln und daraus resultierender schnellerer Darmpassage erklärt werden [6]. Blakesmith et al. beobachteten eine inverse Korrelation zwischen der Isoflavonausscheidung im Urin und dem Verhältnis der Aufnahme von Proteinen zu Ballaststoffen. Keine Korrelation bestand hingegen zwischen der Isoflavonexkretion und der absoluten Protein- bzw. Ballaststoffaufnahme [28]. Lampe et al. konnten hingegen keinen Einfluss von Ballaststoffen, Xu et al. keinen Einfluss von Proteinen und Fett auf die Bioverfügbarkeit von Isoflavonen im Menschen feststellen [141, 264].

Im Tierversuch an Ratten wurde eine 37%ige bzw. 60%ige Zunahme der Bioverfügbarkeit an Daidzein bzw. Genistein nach einmaliger Gabe einer Isoflavonglucosid-Präparation per Schlundsonde beobachtet, wenn das Futter 5% Fructooligosaccharide enthielt [245]. Der Futterzusatz erhöhte das Gewicht des Caecuminhalts sowie die vorhandene Konzentration an kurzkettigen Fettsäuren und erniedrigte den pH-Wert von 6,8 auf 5,2. Diese Veränderungen lassen auf eine veränderte Bakterienzahl und -aktivität schließen. Auch *in vitro* wurde Genistein vor Fermentation durch die humane intestinale Mikroflora bei Zugabe von Präbiotika geschützt [234]. Humane Interventionsstudien konnten jedoch keinen Zusammenhang zwischen einer veränderten Bioverfügbarkeit und der gleichzeitigen Gabe von Prä- bzw. Probiotika und Isoflavonen zeigen [30, 176].

Weitere Studien scheinen notwendig, um die bestehenden widersprüchlichen Ergebnisse zu klären.

Dauer der Aufnahme

Über die Auswirkungen auf die Bioverfügbarkeit einer dauerhaften Exposition des Menschen mit Isoflavonen ist wenig bekannt. Aus einer Studie geht hervor, dass die Equolbildung und die Zahl der Equolproduzenten von der Dauer der Aufnahme sojahaltiger Lebensmittel abhängig sind und sich mit ihr erhöhen [151]. Dies wurde bei Frauen, jedoch nicht bei Männern beobachtet [150]. Andere Studien konnten keinen Effekt einer wiederholten Aufnahme von Isoflavonen in Bezug auf Bioverfügbarkeit und Metabolismus von Isoflavonen zeigen [219, 260, 267].

Art der Sojaquelle

Es konnte noch nicht abschließend geklärt werden, ob die Zuckerkonjugation der Isoflavone und die Matrix (Isoflavone als Reinsubstanz, Extrakt oder Lebensmittel) die Bioverfügbarkeit und Pharmakokinetik beeinflussen. Tabelle 65.7 fasst die Ergebnisse und die Schwachpunkte der vorhandenen Studien zusammen.

Studien, in denen die Pharmakokinetik und Bioverfügbarkeit von Reinsubstanzen versus Lebensmittel verglichen werden, fehlen bisher. Zusammenfassend kann man sagen, dass keine eindeutige Aussage gemacht werden kann, ob die Matrix und die Art der Isoflavone (Aglykone bzw. Zuckerkonjugate) die Bioverfügbarkeit und Pharmakokinetik beeinflussen. Weitere Studien mit größerer Probandenzahl sind nötig, um einen möglichen Einfluss der Lebensmittelmatrix zu klären.

65.5 Wirkungen

Allgemeingültige Aussagen zu den Wirkungen von Phytoestrogenen sind in Kapitel II-44 nachzulesen.

65.5.1 Wirkungen auf den Menschen

Epidemiologische Studien

Aus internationalen Krebsstatistiken geht hervor, dass hormonabhängige Krebserkrankungen wie Brust- und Prostatakrebs in asiatischen Ländern, in denen Soja ein Bestandteil einer traditionellen Ernährung ist, seltener auftreten als in westlichen Industrieländern [145, 181, 236].

Die epidemiologischen Studien zeigen ein sehr uneinheitliches Bild hinsichtlich eines Zusammenhanges zwischen Brustkrebsrisiko und Isoflavonaufnahme. In einigen Fall-Kontrollstudien konnte gezeigt werden, dass der Verzehr von Sojalebensmitteln oder die Isoflavonkonzentration in Urin oder Plasma mit einem verringerten Brustkrebsrisiko korreliert sind. In anderen Studien wurde keine entsprechende Korrelation gefunden. Von den insgesamt sechs publizierten prospektiven Studien zeigte sich nur in einer Studie ein präventiver Effekt: Der tägliche Verzehr von mindestens drei Tassen (eine Tasse entspricht 100 mL) Misosuppe und die Aufnahme von Isoflavonen sind mit einem signifikant geringeren relativen Risiko einer Brustkrebserkrankung assoziiert [265]. Erstaunlicherweise ergab sich in der gleichen Studie aber keine Assoziation zwischen Sojalebensmitteln im Allgemeinen und einem verringerten Brustkrebsrisiko. In den anderen fünf prospektiven Studien wurde hingegen kein präventiver Effekt gefunden [182].

Nur wenige epidemiologische Studien untersuchten einen Zusammenhang zwischen einem niedrigeren Prostatakrebsrisiko und dem Verzehr von Sojalebensmitteln. In einer ökologischen Studie ergab die Auswertung von Daten

Tab. 65.7 Auswirkungen der Matrix und der Glucose-Konjugation auf die Bioverfügbarkeit und Pharmakokinetik der Isoflavone.

Sojaerzeugnis	Probandenzahl	Ergebnis	Bemerkung	Referenz
Gekochte Sojabohnen oder Tempeh	17 ♂ im Cross-Over Design	• nach 9 Tagen war die Wiederfindung an Daidzein bzw. Genistein im Urin um 70% bzw. 46% höher nach Konsum von Tempeh verglichen mit gekochten Sojabohnen ⇒ evtl. bessere Bioverfügbarkeit der Aglykone, die in dem fermentierten Sojaprodukt Tempeh überwiegen	• Verabreichung unterschiedlicher Dosen ⇒ Bioverfügbarkeit ist sättigbar! (s. Abschnitt 65.4.2) • Verhältnis der verschiedenen Konjugate von Genistein zu Daidzein und der Aglykone in den Produkten unterschiedlich • Matrixeffekte evtl. für unterschiedliche Bioverfügbarkeit verantwortlich	[98]
Tofu oder texturiertes Sojaprotein (TVP)	7 ♀ (pre) im Cross-Over Design	• kein Unterschied in der Wiederfindung der Isoflavone im Urin nach Aufnahme einer Einmaldosis	• kleine Probandenzahl • Verhältnis der verschiedenen Konjugate von Genistein zu Daidzein und der Aglykone in den Produkten unterschiedlich	[242]
Sojamilch oder Sojakeimlinge	7 ♀ (pre) und 7 ♂ im Cross-Over Design	• kein Unterschied in der Wiederfindung der Isoflavone im Urin nach Aufnahme einer Einmaldosis	• Verhältnis der verschiedenen Konjugate von Genistein zu Daidzein und der Aglykone in den Produkten unterschiedlich	[268]
Gekochte Sojabohnen, TVP, Tofu bzw. Tempeh	10 ♀ (pre) im Cross-Over Design	• kein Unterschied in der Wiederfindung der Isoflavone im Urin nach Aufnahme einer Einmaldosis	• Verabreichung unterschiedlicher Dosen ⇒ Bioverfügbarkeit ist sättigbar! (s. Abschnitt 65.4.2) • Verhältnis der verschiedenen Konjugate von Genistein zu Daidzein und der Aglykone in den Produkten unterschiedlich • kleine Probandenzahl wegen niedriger Compliance	[264]

Tab. 65.7 (Fortsetzung)

Sojaerzeugnis	Probandenzahl	Ergebnis	Bemerkung	Referenz
Sojamilch, TVP und Tempeh	20 ♀ (pre), 17 ♀ (post) und 20 ♂ im Cross-Over Design	• Wiederfindung von Genistein im Urin bei Frauen größer nach Konsum von Sojamilch verglichen mit TVP nach Aufnahme einer Einmaldosis • Wiederfindung von Genistein im Urin bei prämenopausalen Frauen größer nach Konsum von Tempeh verglichen mit Sojamilch nach Aufnahme einer Einmaldosis • ausgeschiedene Menge an Equol im Urin von Equolproduzenten größer nach Konsum von Tempeh verglichen mit TVP und Sojamilch nach Aufnahme einer Einmaldosis; evtl. durch Schutz der festen Matrix vor Abbau von Daidzein bevor Erreichen des Kolons, keine Auswirkung auf die ausgeschiedene Menge an Daidzein	• Verhältnis der verschiedenen Konjugate von Genistein zu Daidzein und der Aglykone in den Produkten unterschiedlich	[68]
Sojakeimlingextrakt vor und nach Hydrolyse zu den jeweiligen Aglykonen	8 ♀ pro Gruppe	• kein Unterschied in der Wiederfindung der Isoflavone im Urin nach Aufnahme der Produkte über 7 Tage • Plasmalevel für das hydrolysierte Produkt nach 7-tägigem Konsum höher ⇒ keine Aussage betreffend der Bioverfügbarkeit der Glucoside und Aglykone möglich	• Verabreichung unterschiedlicher Dosen ⇒ Bioverfügbarkeit ist sättigbar! (s. Abschnitt 65.4.2) • keine Pharmakokinetik bestimmt	[270]

Tab. 65.7 (Fortsetzung)

Sojaerzeugnis	Probandenzahl	Ergebnis	Bemerkung	Referenz
Sojasupplement vor und nach Hydrolyse zu den jeweiligen Aglykonen	4 ♀ und 4 ♂ im Cross-Over Design	• höhere C_{max} der Isoflavone nach Verabreichung des hydrolysierten Produkts als Einmalgabe ⇒ bessere Bioverfügbarkeit der Aglykone • t_{max} für Aglykone früher als für Glucoside	• keine Berechnung der AUCs • keine Bestimmung der Wiederfindung im Urin	[102]
Reinsubstanzen von Genistein und Daidzein und deren Glucoside	3–6 ♀ (pre)	• größere AUCs und C_{max} nach Verabreichung der Glucoside als Einmaldosis ⇒ bessere Bioverfügbarkeit der Glucoside • t_{max} für Aglykone früher als für Glucoside • Equol im Plasma von Equolproduzenten nur nach Gabe von Daidzein-Glucosid; evtl. da Daidzein bereits im Dünndarm resorbiert wird, während Daidzein-Glucosid erst im Dickdarm glykosidisch gespalten wird und so für die Metabolisierung zu Equol bereit steht	• verabreichte Dosis an Glucosiden um 30% niedriger als die der Aglykone, so dass nur dosisbereinigte AUCs berechnet werden konnten • keine Bestimmung der Wiederfindung im Urin	[213]
Sojaextrakt vor und nach Hydrolyse zu den Aglykonen	6 ♀ (post) im Cross-Over Design	• ähnliche AUCs und C_{max} für Glucoside und Aglykone und kein Unterschied in der Wiederfindung der Isoflavone im Urin nach Verabreichung der Produkte als Einmaldosis ⇒ gleiche Bioverfügbarkeit der Glucoside und Aglykone • t_{max} für Glucoside und Aglykone ähnlich		[192]

Tab. 65.7 (Fortsetzung)

Sojaerzeugnis	Probandenzahl	Ergebnis	Bemerkung	Referenz
Reinsubstanzgemisch, das die Aglykone bzw. Glucoside enthält	15 ♀ im Cross-Over Design	• ähnliche AUCs für Glucoside und Aglykone ⇒ gleiche Bioverfügbarkeit der Glucoside und Aglykone • t_{max} für Glucoside und Aglykone ähnlich • Equolkonzentration im Plasma von Equolproduzenten höher nach Gabe des Glucosidpräparates; evtl. da Daidzein bereits im Dünndarm resorbiert wird, während Daidzein-Glucosid erst noch im Dickdarm glykosidisch gespalten wird und so für die Metabolisierung zu Equol bereit steht	• keine Bestimmung der Wiederfindung im Urin	[272]

Abkürzungen: ♂, männlich; ♀, weiblich; pre, Frauen vor der Menopause; post, Frauen nach der Menopause; C_{max}, Plasma-Maximalkonzentration; t_{max} Zeit, um C_{max}, zu erreichen; AUC, Fläche unter der Kurve.

aus 42 Ländern eine signifikant inverse Assoziation zwischen dem Konsum von Sojaprodukten und der Prostatakrebsmortalität [82]. In zwei prospektiven Studien [103, 222] und sechs Fall-Kontrollstudien [124, 143, 233, 239, 240, 253] ergab sich übereinstimmend eine positive Assoziation zwischen einem geringeren relativen Risiko und der erhöhten Aufnahme von nicht fermentierten Sojalebensmitteln und damit auch von Isoflavonen. Allerdings war das Ergebnis nur in drei Studien statistisch signifikant, in den anderen Studien war lediglich ein nicht signifikanter Trend zu verzeichnen. Die Ergebnisse dieser Studien sind in einer Metaanalyse zusammengefasst [266]. Nur zwei Studien befassten sich bisher mit fermentierten Sojalebensmitteln und führten zu einem anderen Ergebnis. Eine Fall-Kontrollstudie [179] zeigte keinen Zusammenhang, während sich in einer prospektiven Studie sogar eine Assoziation zwischen einem erhöhten Risiko für Prostatakrebs und dem Verzehr von Misosuppe ergab [88].

Inwieweit aus den vorliegenden Krebsstatistiken und epidemiologischen Daten eine gesundheitsfördernde Wirkung einzelner Soja-Inhaltsstoffe wie der Isoflavone abgeleitet werden kann, ist fraglich. Hinsichtlich der Ernährungsgewohnheiten sowie weiterer Lebensstilfaktoren existieren große Unterschiede zwischen asiatischen und westlichen Industrieländern, weshalb sehr viele Faktoren für die beschriebenen Unterschiede verantwortlich sein können. Zudem ist zu bedenken, dass Soja neben Isoflavonen eine Reihe anderer bioaktiver Inhaltsstoffe enthält [67].

Klinische Studien und Interventionsstudien

Wirkungen auf die weibliche Brust

Klinische Studien am Menschen, die die Wirkung von Isoflavonen auf das Brustdrüsengewebe untersucht haben, sind selten. In einer Cross-Over-Studie mit 24 prämenopausalen Frauen zeigte eine 6-monatige Sojasupplementierung (Zufuhr von 38 mg Genistein/Tag) den Effekt einer Erhöhung des Volumens der aspirationsfähigen Mammaflüssigkeit im Vergleich zur isoflavonfreien Kontrolldiät. Darüber hinaus wurden bei der zytologischen Untersuchung epithelialer Brustzellen im Drüsensekret nach einer Supplementierung mit Soja bei 30% der Frauen hyperplastische Zellen gefunden [185]. In einer anderen Studie induzierte eine Kurzzeitsupplementierung mit einem Sojaproteinpräparat (45 mg Isoflavone über 14 Tage) in prämenopausalen Frauen ($n=19$) einen signifikanten Anstieg der Brustzellproliferation, gemessen als Thymidin-Labeling Index, sowie eine erhöhte Expression des Progesteronrezeptors [160]. In einer weiteren Studie führte eine analoge Supplementierung bei 48 prämenopausalen Frauen zu einer Erniedrigung des Apolipoprotein D-Spiegels, während das pS2-Protein in der aspirationsfähigen Mammaflüssigkeit erhöht war. Allerdings waren in den Zellen kultivierter Brustbiopsien Parameter wie Proliferationsrate, Differenzierungsgrad, Apoptoserate und Bcl-2-Expression nicht verändert [81].

Diese Ergebnisse zeigen, dass Isoflavone – in Abhängigkeit von der Konzentration und Aufnahmedauer – einen schwachen estrogenen Stimulus auf das weibliche Brustdrüsengewebe ausüben können, der als unerwünscht einzustufen ist. Allerdings war nach einer zweijährigen Intervention mit einem Sojalebensmittel (50 mg Isoflavone/Tag) bei prämenopausalen Frauen keine Veränderung der mammographischen Brustgewebedichte, die ebenfalls als Risikofaktor für die Entwicklung von Brustkrebs angesehen wird, festzustellen [155]. Mögliche Risiken als Folge einer hohen Aufnahme an Isoflavonen und potenzielle Risikogruppen werden in Abschnitt 65.6 diskutiert.

Wirkungen auf den Hormonstatus

Hinsichtlich einer Beeinflussung des Hormonstatus durch Isoflavone muss zwischen prämenopausalen Frauen mit einem hohen und postmenopausalen Frauen mit einem niedrigen endogenen Estradiolspiegel unterschieden werden. Die bisher durchgeführten Interventionsstudien und klinischen Studien belegen, dass Isoflavone auch in höherer Dosierung (2 mg/kg KG pro Tag oder 165 mg/Tag) nicht in der Lage sind, den Estradiolserumspiegel in postmenopausalen Frauen anzuheben. Auch der FSH-Spiegel blieb während der Isoflavonaufnahme in allen Studien konstant. Ein Anstieg des Sex-Hormon-bindenden Globulins (SHBG), der als estrogener Effekt zu interpretieren ist, war in der Mehrheit der Studien mit Isoflavonen nicht nachweisbar. Eine Übersicht ist bei Foth [72] gegeben.

Eine Exposition gegenüber Isoflavonen während der Reproduktionsphase der Frau führte in der Mehrzahl der Studien zu einer geringfügigen, aber nicht signifikanten Verlängerung der Menstruationszyklen für die Dauer der Intervention. Die Effekte auf den Estradiolserumspiegel sind dagegen inkonsistent, wenngleich ein Trend zu einer Erniedrigung des Estradiolspiegels vorliegt. Eine Übersicht ist bei Kurzer [137] gegeben.

Wirkungen bei menopausalen Beschwerden

Aufgrund ihrer estrogenen Aktivität (Kapitel II-44 sowie Abschnitt 65.5.3) werden Isoflavone weltweit als Alternative zur klassischen Hormonersatztherapie diskutiert. Dies hat dazu geführt, dass Isoflavonpräparate auf der Basis von Soja- oder Rotklee-Extrakten zur Linderung von klimakterischen Beschwerden angeboten werden. Klinische Studien zum Einfluss von Isoflavonen auf klimakterische Beschwerden wurden mit Frauen in der Peri- und Postmenopause durchgeführt, die Isoflavone in Dosierungen zwischen 30 und 120 mg/Tag in Form von Sojaprotein oder Soja- bzw. Rotklee-Extrakten meist über einen Zeitraum von 3–6 Monaten aufnahmen. In der Mehrzahl der Studien konnte keine oder zumindest keine signifikante Abnahme der typischen menopausalen Beschwerden wie Hitzewallungen und Schweißausbrüche im Vergleich mit einer Placebo-Behandlung beobachtet werden. Nur in wenigen Studien wurden die Beschwerden signifikant reduziert. Als Problem erwies sich, dass häufig bereits in der Placebogruppe eine deutliche Abnahme der Beschwerden festzustellen war, was das Erkennen eines möglichen soja- oder isoflavonspezifischen Effektes erschwert.

Der Vergleich der einzelnen Studien hinsichtlich einer potenziellen Wirkung ist auch deshalb schwierig, weil bei den einzelnen Studien sehr unterschiedliche Untersuchungsvoraussetzungen vorliegen. Diese betreffen den Einsatz unterschiedlicher Quellen für Isoflavone (Sojalebensmittel, Sojaextrakte, Rotklee-Extrakte) sowie die Verwendung unterschiedlicher Dosierungen an Isoflavonen, Studienkollektive und Untersuchungszeiträume. Eine systematische Auswertung der Daten findet sich bei Krebs et al. [126]. Die Autoren kommen zu dem Schluss, dass zurzeit keine Evidenz für eine Linderung von menopausalen Beschwerden durch Sojalebensmittel oder Isoflavonsupplemente auf der Basis von Soja oder Rotklee vorliegt.

Wirkungen auf den Knochenstoffwechsel

Die geringere Inzidenz von Schenkelhalsfrakturen unter Asiaten wird häufig auf den Soja- bzw. Isoflavonkonsum zurückgeführt. Inwieweit tatsächlich ein Zusammenhang gegeben ist, ist fraglich. So ist die Häufigkeit von Wirbelfrakturen unter Asiatinnen hoch und die Knochendichte geringer oder gleich jener von Europäerinnen. Ursächlich verantwortlich für die geringere Inzidenz von Schenkelhalsfrakturen sind daher eher anatomische Unterschiede [51, 164].

Hinsichtlich der Beeinflussung des Knochenstoffwechsels sind nur wenige Studien mit prä- und postmenopausalen Frauen durchgeführt worden, die sich über einen relativ kurzen Zeitraum von 3–12 Monaten erstreckten. Diese führten zu keinem einheitlichen Ergebnis und lassen deshalb keine allgemein gültigen Aussagen zu. Bei Frauen vor der Menopause beeinflusste eine Isoflavonaufnahme die Knochendichte nicht, während diese bei Frauen in der Peri- und Postmenopause in Abhängigkeit von der eingesetzten Isoflavondosis zunahm. In zwei Studien war die Zunahme der Knochendichte lediglich auf die Lendenwirbelsäule beschränkt und nur bei einer hohen Isoflavondosierung von 80 bzw. 90 mg/Tag feststellbar, während bei einer niedrigeren Dosierung von 56 mg/Tag keine Veränderungen auftraten [10, 187]. In einer dritten Studie reichte dagegen eine Isoflavondosis von 54 mg/Tag aus, um sowohl die Knochenmineraldichte der Lendenwirbelsäule als auch des Oberschenkelhalses zu erhöhen [166].

Eine positive Veränderung von biochemischen Parametern des Knochenstoffwechsels (u.a. Anstieg der Serumosteocalcinkonzentration, Rückgang der *N*-Telopeptide im Harn) wurde in zwei klinischen Studien festgestellt. Da die gemessenen Effekte aber sehr gering waren, stellt sich die Frage nach der klinischen Relevanz [208, 257]. Andere Untersuchungen zu Knochenstoffwechselmarkern und Knochendichte mit einem vergleichbaren Studiendesign bestätigen die positive Wirkung von Isoflavonen nicht [75, 94, 121, 127].

Auf der Grundlage der vorliegenden Daten kann deshalb nicht von einer Schutzwirkung der Isoflavone vor Osteoporose gesprochen werden. Zur endgültigen Klärung eines potenziell protektiven Effektes sind Studien mit größeren Probandenkollektiven und längeren Untersuchungszeiträumen notwendig. Die bisher vorliegenden Daten lassen vermuten, dass eine Wirkung von Isoflavonen auf den Knochenstoffwechsel von der Lebensphase und damit vom endogenen Hormonstatus und dem Estrogenrezeptorstatus abhängig ist. Es ist deshalb anzunehmen, dass ein protektiver Effekt eher bei Frauen in der

Perimenopause und der frühen Menopause zu erwarten ist als bei Frauen in der eigentlichen Postmenopause [191]. Untersuchungen bei Männern liegen nicht vor.

Wirkungen auf das Endometrium

In klinischen Untersuchungen über einen maximalen Zeitraum von drei Monaten zeigten Isoflavone keine Effekte auf das Endometrium. Duncan et al. konnten in einer Studie mit postmenopausalen Frauen nach Verabreichung von 2 mg Isoflavone/kg Körpergewicht/Tag über 93 Tage histologisch keine Veränderungen am Endometrium nachweisen [61]. Upmalis et al. untersuchten 177 postmenopausale Frauen, die täglich 50 mg Genistein und Daidzein über 12 Wochen aufnahmen [248]. Die sonographisch gemessenen Endometriumdicken wiesen keine Unterschiede zum Placebo auf. Drei weitere klinische Untersuchungen an postmenopausalen Frauen bestätigten unveränderte Endometriumdicken auch bei Verwendung hochdosierter Isoflavone [21, 42, 207].

In der einzigen verfügbaren Langzeitstudie (bis 5 Jahre) führte die tägliche Aufnahme von 150 mg Isoflavonen in Form eines Nahrungsergänzungsmittels auf Sojabasis in der Interventionsgruppe zu einem signifikant höheren Auftreten von hyperplastischen Veränderungen des Endometriums [247]. Allerdings weist die Studie hinsichtlich der Auswahl des Probandenkollektives Mängel auf, welche die Aussagekraft einschränken. Trotzdem wirft das Ergebnis die Frage auf, inwieweit die Aufnahme von Isoflavonen in hoher Dosierung über einen langen Zeitraum als sicher hinsichtlich unerwünschter Effekte auf das Endometrium angesehen werden kann.

Wirkungen auf die Prostata

Bei asiatischen Männern ist vor allem die Inzidenz an aggressiven, wenig differenzierten Prostatatumoren niedriger als bei Männern in den westlichen Industrienationen. Die Häufigkeit latenter, klinisch nicht in Erscheinung tretender Prostatatumore ist dagegen in beiden Bevölkerungsgruppen ähnlich [3]. Als möglicher Mechanismus wird die Induktion von Apoptose durch Isoflavone diskutiert. Es liegen bisher aber nur eine klinische Studie und ein Fallbericht vor, die diese Hypothese untermauern. In der klinischen Studie wurde gezeigt, dass bei Männern mit Prostatakrebs die Apoptoserate in den Tumorzellen mit niedriger bis mittlerer Aggressivität nach Aufnahme von 160 mg Isoflavonen in Form eines Rotklee-Extrakts für 20 Tage signifikant erhöht war [105]. Der Fallbericht beschreibt eine analoge Beobachtung [235].

Wirkungen auf die Hypothalamus-Hypophyse-Schilddrüsen-Achse

In den 1950er und 1960er Jahren wurde von einzelnen Fällen berichtet, bei denen die Verwendung von Säuglingsnahrung auf der Basis von (ballaststoffreichem) Sojamehl bei gleichzeitigem Iodidmangel zu einer Vergrößerung der Schilddrüse bei Säuglingen und Kleinkindern führte [99, 193, 225, 251]. Aus den Daten ist jedoch nicht abzuleiten, ob und in welchem Umfang Isoflavone als Sojainhaltsstoffe an der goitrogenen Wirkung beteiligt waren. In der Konsequenz führte dies zur Herstellung ballaststoffarmer Säuglingsnahrung durch Verwendung von Sojaproteinisolat und Anreicherung mit Iodid. Berichte über eine goitrogene Wirkung der modifizierten Soja-Säuglingsnahrung gibt es bis dato nicht [70]. Lediglich eine retrospektive Studie an Kindern mit autoimmunbedingten Schilddrüsenerkrankungen lässt auf einen Zusammenhang mit der Verwendung von Sojanahrung im Säuglingsalter schließen [71]. Andere klinische Studien sind nicht verfügbar.

Bei gesunden Erwachsenen mit normaler Schilddrüsenfunktion und ausreichender Iodidversorgung ist ein klinisch relevanter negativer Effekt auf die Schilddrüse durch eine moderate Aufnahme von Isoflavonen, wie sie den Verzehrsgewohnheiten asiatischer Bevölkerungsgruppen entspricht, unwahrscheinlich. Allerdings wurde ein solcher Zusammenhang nur in wenigen Studien untersucht. Bei gesunden japanischen Männern führte die Aufnahme von 30 g Sojabohnen pro Tag (dies wird interessanterweise von den japanischen Autoren als exzessiver Sojakonsum bezeichnet) nach drei Monaten bei der Hälfte der Männer zur Kropfbildung und zum Auftreten von hypometabolischen Symptomen (Unwohlsein, Verstopfung, Schlaflosigkeit), die einen Monat nach Absetzen der Sojabohnen verschwanden. Zudem war ein signifikanter Anstieg des Spiegels an thyroidstimulierendem Hormon (TSH), allerdings innerhalb des physiologischen Bereiches, zu beobachten [101]. Bei postmenopausalen Frauen führte die Aufnahme von täglich 56 mg Isoflavonen in Form von Sojaprotein über einen Zeitraum von sechs Monaten zu einem Anstieg des Thyroxins (T4), die Aufnahme von täglich 90 mg Isoflavonen zu einem Anstieg des TSH sowie des Triiodothyronins (T3). Die Veränderungen waren allerdings moderat und die klinische Relevanz ist fraglich [184]. Zu ähnlichen Ergebnissen kam auch die Studie von Duncan et al. [61]. Hier führte die tägliche Aufnahme von 65 mg Isoflavonen über drei Monate bei postmenopausalen Frauen zu einem moderaten Anstieg des thyroxinbindenden Globulins (TBG), die Aufnahme von 132 mg Isoflavonen in Form eines Sojaproteinisolates zu einer moderaten Abnahme desselben. Andere Parameter wie T3, T4, oder TSH waren nicht verändert. Die klinische Relevanz der TBG-Veränderung ist fraglich. Bei postmenopausalen Frauen war nach drei und sechs Monaten bei täglicher Aufnahme von 90 mg Isoflavonen in Form eines Nahrungsergänzungsmittels auf Sojabasis und gleichzeitiger Einnahme eines Iodidsupplements (150 µg/Tag) kein statistisch signifikanter Effekt auf den Serumspiegel an TSH, T4 und T3 festzustellen [33].

Mögliche unerwünschte Wirkungen auf die Schilddrüse bei potenziellen Risikogruppen als Folge einer hohen Aufnahme von Isoflavonen werden in Abschnitt 65.6 diskutiert.

65.5.2
Wirkungen auf Versuchstiere

Zielorgan Brust

Tierexperimentelle Studien zeigen, dass die Wirkung von Isoflavonen auf die weibliche Brust sehr stark vom Entwicklungsstadium und dem Grad der Ausdifferenzierung des Brustdrüsengewebes abhängig ist [138]. So wurde von verschiedenen Arbeitsgruppen gezeigt, dass die Gabe von sojasupplementiertem Futter oder die Gabe des isolierten Sojaisoflavones Genistein bei weiblichen Ratten die Inzidenz und Wachstumsrate von Dimethylbenzanthracen (DMBA)- sowie *N*-Methyl-*N*-Nitrosoharnstoff-(MNU-)induzierten Mammatumoren signifikant verringert, wenn diese neonatal oder vor Einsetzen der Pubertät stattfindet. Erfolgt die Verfütterung einer isoflavonreichen Diät dagegen erst in der adulten Lebensphase ist diese Schutzwirkung nicht mehr vorhanden. Eine Erklärung für diesen scheinbaren Widerspruch könnte sein, dass Genistein eine früh- bzw. vorzeitige Ausdifferenzierung des Brustdrüsengewebes induziert, welches dann gegenüber chemischen Kanzerogenen weniger empfindlich ist [138].

In anderen tierexperimentellen Studien wurde die Wirkung von Isoflavonen auf bereits vorhandene estrogenrezeptor-(ER-)positive Tumorzellen untersucht und gezeigt, dass das Wachstum der Tumorzellen durch Isoflavone stimuliert und beschleunigt werden kann. Werden athymischen Nacktmäusen weibliche Brustkrebszellen des Typs MCF-7 implantiert und die Mäuse anschließend mit Sojaproteinisolat (SPI) oder einer der im SPI enthaltenen äquivalenten Menge an isoliertem Genistein oder Genistin gefüttert, beginnen die MCF-7-Zellen im Vergleich zur isoflavonfreien Futterkontrolle verstärkt zu proliferieren [13, 14]. Die in diesen Tierversuchen erreichten Plasmakonzentrationen an Isoflavonen lagen dabei mit 1–2 μM in einem Konzentrationsbereich, der bei Einnahme von Nahrungsergänzungsmitteln erreicht werden kann. Dieser Befund wurde von einer anderen Arbeitsgruppe bestätigt [188].

In eine ähnliche Richtung weisen auch tierexperimentelle Studien, die die Wirkung von Isoflavonen auf chemisch durch MNU induzierte Mammatumoren in der ovarektomierten Ratte untersuchten [11]. Hier bewirkte genisteinsupplementiertes Futter im Vergleich zu isoflavonfreiem Futter ein schnelleres Wachstum der induzierten Tumore. Durch die Ovarektomie waren bei den Ratten die endogenen Estradiolspiegel mit denen von postmenopausalen Frauen vergleichbar. Die im Plasma der Ratten durch die Supplementierung des Futters erzeugten Plasmaspiegel an Genistein bewegten sich mit 3,4 μM in einem Konzentrationsbereich, der auch beim Menschen, vor allem bei Verwendung hochdosierter Isoflavonpräparate (Dosis >1 mg/kg Körpergewicht), erreicht werden kann.

In der Literatur liegen vereinzelt Untersuchungen hinsichtlich einer Wechselwirkung von Isoflavonen mit Tamoxifen vor. In einer tierexperimentellen Studie mit athymischen Mäusen, denen MCF-7-Zellen implantiert wurden, inhibierte Tamoxifen die durch Estradiol vermittelte Proliferation der Tumorzellen. Dieser Effekt wurde durch gleichzeitige Gabe von genisteinangereichertem Futter aufgehoben [110]. In einer weiteren Studie mit transgenen Mäusen (Wild-type erbB-2/neu) verhinderte eine Tamoxifen-Behandlung die Ausbildung von Tumoren. Dieser Effekt wurde ebenfalls durch isoflavonangereichertes Futter niedriger Dosierung aufgehoben [149].

Offensichtlich ist die biologische Wirkung von Isoflavonen in isolierter Form nicht mit der Wirkung dieser Verbindungen in einem komplexen Lebensmittel gleich zu setzen: Untersucht wurde die estrogene Wirkung eines wenig verarbeiteten Sojalebensmittels (Sojamehl) im Vergleich zu einem Sojaextrakt und dem isolierten Sojaisoflavon Genistin (Genisteinglucosid). Die verschiedenen Sojaprodukte wurden bezüglich ihres Genisteingehalts (750 ppm) normiert und an athymische, ovarektomierte Nacktmäuse mit implantierten MCF-7-Zellen verabreicht. Während die Verfütterung des Sojamehls keinen Einfluss auf das Wachstum der implantierten Tumorzellen zeigte, bewirkten sowohl der Sojaextrakt als auch das isolierte Sojaisoflavon Genistin eine Proliferation der MCF-7-Zellen [12].

Zielorgan Prostata

Die Schutzwirkung von Isoflavonen hinsichtlich Prostatakrebs ist in unterschiedlichen Tiermodellen untersucht worden. Die Verfütterung eines Sojaproteinisolats führte bei immundefizienten Nacktmäusen mit implantierten LNCaP-Prostatakrebszellen zu einem verzögerten Wachstum der Tumorzellen [36]. Des Weiteren wurde gezeigt, dass Genistein supplementiertes Futter die Entwicklung chemisch induzierter Prostatatumore inhibiert [180]. Analoge Ergebnisse wurden in einem transgenen Mausmodell für Prostatakrebs, bei dem Mäuse spontan metastasierende, wenig differenzierte Prostatatumore entwickeln, erhalten [161, 162]. Adverse Effekte wurden bisher lediglich in einer Studie beobachtet, bei der die Gabe von Sojaproteinisolat im Futter bei implantierten androgenunabhängigen Prostatakrebszellen (AT-1) im Rattenmodell keinen Einfluss auf das Tumorwachstum hatte bzw. in der hohen Konzentration sogar eine beschleunigte Proliferation der Zellen induzierte [43]. Demnach gibt es Hinweise dafür, dass Isoflavone das Wachstum androgenabhängiger Prostatakrebszellen in frühen Stadien hemmen können, während eine Schutzwirkung bei fortgeschrittenen und androgenunabhängigen Tumoren auf der Grundlage der bisher vorliegenden Daten fraglich ist.

Zielorgan Schilddrüse

Tierexperimentelle Studien zeigen einen Zusammenhang zwischen Soja, Iodidmangel und goitrogener Wirkung [246]. In einer tierexperimentellen Studie mit weiblichen Ratten zeigte die Verfütterung von entfetteten Sojabohnen bei gleichzeitigem Iodidmangel im Vergleich zu einer ioddidefizienten Diät ohne Soja und der Verfütterung von entfetteten Sojabohnen ohne Iodidmangel einen deutlich überadditiven Effekt hinsichtlich der Induktion einer vergrößerten Schilddrüse, hyperplastischen Veränderungen und einem erhöhten Serum-TSH-Spiegel. Wurden Sojabohnen als Proteinquelle bei ausreichender Iodidversorgung verfüttert, bewirkte dies zwar keine signifikante Zunahme des Schilddrüsengewichtes, führte jedoch zu einer Zunahme des Hypophysengewichtes sowie zu einem Anstieg des Serum-TSH-Spiegels [100]. In einer anderen Fütterungsstudie bewirkte die Gabe eines Isoflavongemisches zur Kontrolldiät erst bei gleichzeitigem Iodidmangel eine Schilddrüsenvergrößerung, jedoch nicht die alleinige Gabe der Isoflavone [230].

Mechanistisch könnten die beobachteten Effekte auf die Schilddrüse mit einer Hemmung der thyreoidalen Peroxidase zusammenhängen. So wurde im Tierexperiment mit Ratten in Abhängigkeit zur Genisteinkonzentration des Futters ein Aktivitätsverlust dieses Enzyms beobachtet [57]. In in vitro-Experimenten wurden die Ergebnisse bestätigt (s. Abschnitt 65.5.3).

Lediglich in einer Tierstudie wurden nach Verfütterung von entfetteten Sojabohnen bei gleichzeitigem Iodidmangel über 6–12 Monate neben hyperplastischen Veränderungen auch Schilddrüsentumore beobachtet [114]. Dagegen zeigte weder Genistein (25, 250 mg/kg Futter) noch ein Isoflavongemisch im Zwei-Stufen-Modell der *N*-Bis(2-hydroxypropyl)nitrosamin-initiierten Schilddrüsenkanzerogenese an männlichen und weiblichen, ovarektomierten Ratten einen modulierenden Effekt. Eine tumorpromovierende Wirkung von Isoflavonen konnte somit im Tierexperiment bisher nicht nachgewiesen werden [229, 231].

Zielorgan Reproduktionstrakt

Aufgrund der estrogenen Aktivität der Isoflavone und einer hohen Exposition von Säuglingen bei Verwendung von Säuglingsnahrung auf Sojabasis sind vor allem Effekte auf die Sexualentwicklung bei Kindern beiderlei Geschlechts in den Fokus des Interesses gerückt. Im Rahmen des National Toxicology Programs (NTP) wurde eine Evaluierung aller Daten vorgenommen, die sich mit einem potenziellen Risiko für die humane Reproduktion durch Genistein und Soja beschäftigen. Die gesammelten Daten sind unter http://cerhr.niehs.nih.gov/chemicals/genistein-soy/soyformula/Soy-report-final.pdf und http://cerhr.niehs.nih.gov/chemicals/genistein-soy/genistein/Genistein_Report_final.pdf verfügbar.

Da Daten aus klinischen Studien nicht vorliegen oder aufgrund von Mängeln im Studiendesign nicht für eine Bewertung herangezogen werden können, wurden tierexperimentelle Studien an neugeborenen Nagetieren, vor allem Mäusen und Ratten, durchgeführt.

Newbold et al. zeigten, dass eine hohe neonatale Exposition von CD-1-Mäusen mit Genistein (50 mg/kg KG/Tag) histomorphologische Veränderungen im Uterus verursacht, die zu einem späteren Zeitpunkt zu Adenokarzinomen führen [177]. Dabei besitzen die beobachteten histologischen Veränderungen große Ähnlichkeiten mit denen, die auch nach neonataler Exposition mit dem synthetischen Estrogen Diethylstilbestrol (DES) auftreten. In anderen Studien wurden bei weiblichen Tieren in Folge einer neonatalen Exposition mit Genistein gestörte Östruszyklen sowie Beeinträchtigungen der Ovarfunktion und der Fertilität beobachtet, bei männlichen Tieren induzierte Genistein verschiedene histologische Veränderungen der Reproduktionsorgane [106, 107, 172, 237].

Die Übertragbarkeit und Relevanz dieser Studien hinsichtlich einer Exposition von Säuglingen bei Verwendung von Säuglingsnahrung auf Sojabasis ist sehr umstritten. Wichtige Kritikpunkte, welche die Aussagekraft limitieren, sind: a) die Verabreichung erfolgte durch subkutane Injektion und nicht oral, was dazu führt, dass die Isoflavone keinen First-Pass-Metabolismus zu den Phase-II-Konjugaten durchlaufen, b) die Metabolisierung von Isoflavonen in Nagetieren und Säuglingen ist unterschiedlich, c) es wurden sehr hohe Dosierungen eingesetzt, d) anstatt der Isoflavonglucoside wurden die Isoflavonaglykone verwendet. Trotz der berechtigten Kritik zeigen die Tierstudien, dass Genistein in hoher Dosierung während kritischer Entwicklungsstadien eine toxische und potenziell kanzerogene Wirkung besitzt.

Zielorgan Knochen

Im Tiermodell der ovarektomierten Ratte wurde übereinstimmend gezeigt, dass Sojaisoflavone den Knochenabbau hemmen. Als Kritikpunkt am Studiendesign im Hinblick auf die Übertragbarkeit zum Menschen ist anzumerken, dass die Tierexperimente zur Knochengesundheit gleich nach Ovarektomie durchgeführt wurden und somit noch kein Verlust an ER eingetreten war. Im Gegensatz dazu nehmen Frauen in der Postmenopause Isoflavonpräparate meist zu einem Zeitpunkt ein, an dem bereits eine Abnahme der Anzahl an ER im Zielgewebe Knochen stattgefunden haben könnte. Dies wird als Grund angesehen, warum tierexperimentelle Studien im Modell Ratte zu recht einheitlichen Ergebnissen kommen, während die Ergebnisse aus klinischen Studien am Menschen inkonsistent sind (s. Abschnitt 65.5.1). In einer Kurzzeitstudie über sieben Monate und einer Langzeitstudie über drei Jahre mit postmenopausalen Affen, die als ein gutes Modell hinsichtlich der Vergleichbarkeit mit dem Menschen angesehen werden, konnte keine osteoprotektive Wirkung von Isoflavonen nachgewiesen werden [144, 190].

65.5.3
Wirkungen in Zellsystemen

In Zellkulturexperimenten wurde für Isoflavone eine Reihe von biologischen Effekten gezeigt, die einen Erklärungsansatz für die *in vivo* beobachteten Wirkungen dieser Verbindungen geben können. Allerdings sind sie keineswegs für alle Isoflavone gleich. Selbst kleine Unterschiede in der chemischen Struktur, bspw. eine zusätzliche Hydroxyl- oder Methoxygruppe oder das Fehlen einer Doppelbindung, können einen großen Einfluss auf die biologische Aktivität der Verbindungen nehmen.

Am besten untersucht ist sicherlich die durch den ER vermittelte Wirkung von Isoflavonen. Hierfür stehen zwei ER, die als ERα und ERβ bezeichnet werden, zur Verfügung. Im Körper sind diese unterschiedlich verteilt: ERα ist vor allem in der Brustdrüse und im Uterus, aber auch in der Leber lokalisiert, während ERβ vorwiegend in den Eierstöcken, den Hoden, der Prostata sowie im Gastrointestinaltrakt vorkommt. Die Bindung der Isoflavone an ERα und -β

kommt durch ihre mit den endogenen Estrogenen vergleichbare Struktur zustande. Der räumliche Abstand zwischen den beiden aromatischen Hydroxylgruppen am C-7 und C-4′ der Isoflavone ist nahezu identisch mit dem zwischen den Hydroxylgruppen am C-3 und C-17 von 17*β*-Estradiol [217]. Darüber hinaus ist das Vorhandensein einer phenolischen Gruppe Grundvoraussetzung für eine Bindung an die ER [142]. In Rezeptorbindungsstudien zeigten Isoflavone meist eine um ungefähr drei Größenordnungen geringere Bindungsaffinität zum ER*α* als 17*β*-Estradiol, wohingegen die Bindungsaffinität beispielsweise von Genistein zum ER*β* nur um zwei Größenordnungen unter der des 17*β*-Estradiols liegt [117, 128, 167]. Das im bakteriellen Metabolismus von Daidzein gebildete S-Equol besitzt eine mit Genistein vergleichbare Affinität zu ER*β*, R-Equol hingegen bindet schwächer und bevorzugt an ER*α* [170]. Die Bindungsstärke des Racemats liegt zwischen der der beiden Enantiomeren [259, 260]. Aufgrund der unterschiedlichen Bindungsaffinitäten zu ER*α* und ER*β* wird eine gewebespezifische Wirkung bestimmter Isoflavone diskutiert.

Das estrogene Potenzial nimmt in den meisten in vitro-Testsystemen in folgender Reihenfolge ab: Equol ≥ Genistein > Daidzein ≥ Glycitein [167]. Da jedoch die Plasmakonzentration an 17*β*-Estradiol (70–200 pM und während des Menstruationszyklus bis 1,5 nM) 1/100 bis 1/1000 von der der Isoflavone beträgt [109] und die estrogene Wirkung von Genistein bei nur etwa 1/1000 von der von 17*β*-Estradiol liegt, ist es vorstellbar, dass Isoflavone je nach Konzentration und Anzahl der ER antiestrogene und estrogene Wirkung entfalten [27].

Eine Beeinflussung des Hormonsystems durch Isoflavone kann auch unabhängig vom ER erfolgen. Diskutierte Mechanismen sind:

- Induktion der SHBG-Synthese in der Leber,
- Hemmung der Aromatase,
- Hemmung der 17*β*- und der 3*β*-Hydroxysteroid-Dehydrogenase,
- Modulation des Estrogenmetabolismus.

Daneben sind für Isoflavone, insbesondere für Genistein, *in vitro* eine Reihe von hormonunabhängigen Effekten beschrieben. Dazu zählen vor allem:

- Hemmung der Zellproliferation verschiedener Tumorzellen,
- Induktion von Apoptose,
- Hemmung der DNA Topoisomerase II,
- Hemmung verschiedener Proteintyrosinkinasen, z. B. der EGF-Rezeptor-Kinase,
- Einfluss auf die Signaltransduktion,
- Hemmung der Alkohol-Dehydrogenase,
- antioxidative Aktivität,
- Hemmung der Angiogenese,
- Aktivierung des „Peroxisome Proliferator-Activated Receptor“ (PPAR)-gamma.

Von toxikologischer Relevanz könnten die Beeinflussung des Schilddrüsenstoffwechsels, die Hemmung der Topoisomerase II und das genotoxische Potenzial einiger Isoflavone sein. Auf diese Wirkungen soll deshalb kurz eingegangen werden.

Isoflavone beeinflussen den Schilddrüsenhormonstoffwechsel über verschiedene Angriffspunkte. Beschrieben ist, dass Isoflavone als Substrate der thyreoidalen Peroxidase fungieren, d.h. sie werden selbst iodiert und können somit als kompetitive Substrate wirken [56]. Ferner wird bei Iodidmangel von einer direkten Hemmung des Enzyms durch kovalente Bindung der Isoflavone berichtet. Die halbmaximale Hemmung der thyreoidalen Peroxidase wird bereits bei einer Konzentration von 1 μM Genistein erreicht. In der Ratte konnte mit steigender Isoflavongabe auch eine ansteigende Inhibierung der thyreoidalen Peroxidase gemessen werden. Ein zweiter Angriffspunkt der Isoflavone im Schilddrüsenhormonstoffwechsel ist die Hemmung der SULT, welche an der Inaktivierung und Elimination der Schilddrüsenhormone und der lokalen Wiedergewinnung von Iod in der menschlichen Schilddrüse beteiligt sind [63]. Ein dritter Angriffspunkt der Isoflavone in der Schilddrüsenhormonachse ist Transthyretin (TTR). TTR bindet im Serum bis zu 20% des Thyroxins (T4), ist an der Verteilung von T4 im Körper und der Verhinderung der T4-Ausscheidung in der Niere beteiligt. TTR ist somit das wichtigste Schilddrüsenhormonbindungsprotein in der Cerebrospinalflüssigkeit (CSF). Genistein und verwandte Isoflavone sind in Serum und CSF hoch wirksame Hemmer der T4- und T3-Bindung an TTR und verändern die Verteilung der Schilddrüsenhormone im Körper [123, 189].

Aufgrund des Zusammenhangs einer Topoisomerase II-Hemmung mit dem Auftreten von sekundärer Leukämie und möglicherweise auch akuter Leukämie im Kindesalter spekulierten Abe sowie Strick et al. über eine Beteiligung von Genistein und anderen Flavonoiden an der Pathogenese dieser Erkrankung [1, 238]. Diese Hypothese ist bisher nicht bewiesen.

Für einige Isoflavone ist ein genotoxisches Potenzial beschrieben worden. Für Genistein konnte in einem Konzentrationsbereich zwischen 5 und 100 μM in verschiedenen Zellsystemen (V79-Zellen, humane Lymphozyten, L5178 Mauslymphomzellen) ein klastogenes und mutagenes Potenzial nachgewiesen werden, während Daidzein in Konzentrationen bis 100 μM keine genotoxischen Schäden induzierte. Endpunkte dieser Untersuchungen waren die Induktion von Mikrokernen, chromosomalen Aberrationen, DNA-Strangbrüchen und Genmutationen im *hprt*-Genlokus [31, 133, 134]. 6- und 3'-Hydroxydaidzein, die in geringen Konzentrationen in fermentierten Lebensmitteln nachgewiesen wurden und im oxidativen Metabolismus gebildet werden, induzieren in einem Konzentrationsbereich von 50–100 μM oxidative DNA-Schäden und Mikrokerne [129, 209]. Auch für die reduktiven Metabolite ist ein schwach genotoxisches Potenzial beschrieben. Diese Ergebnisse verdeutlichen, dass Metabolite bei einer Risikobetrachtung nicht außer Acht gelassen werden dürfen.

Bei allen in vitro-Effekten stellt sich die Frage nach der in vivo-Relevanz. So wird z.B. *in vitro* eine Induktion der Apoptose in aller Regel erst bei Konzentrationen >50 μM beobachtet. Diese liegen weit über den physiologischen Plasmaspiegeln, die bisher bei Personen mit einer sojareichen Ernährungsweise gemessen wurden (0,2–5 μM). Auf der anderen Seite scheint eine Akkumulation von Isoflavonen in bestimmten Zielgeweben nicht ausgeschlossen bzw. wurde bereits vereinzelt gezeigt.

65.6 Bewertung des Gefährdungspotenzials

Wie bereits in Abschnitt 65.5.2 ausgeführt wird, stehen für Substanzen mit estrogenem Potenzial zwei Arten von möglichen Gesundheitsschäden im Vordergrund, nämlich (a) Tumoren in estrogenabhängigen Geweben, vor allem der weiblichen Brust und der Gebärmutter, und (b) Störungen der Sexualentwicklung bei Kindern beiderlei Geschlechts. Neben der estrogenen Wirkung von Isoflavonen sind vor allem Effekte, die im Zusammenhang mit einer Beeinträchtigung der Schilddrüsenfunktion stehen, besonders zu berücksichtigen.

Generell gesehen kann eine Exposition mit Isoflavonen dann problematisch sein, wenn die aufgenommenen Mengen über einen längeren Zeitraum weit über den durchschnittlichen Aufnahmemengen in asiatischen Ländern liegen – diese bewegen sich in einem Bereich von 15–50 mg/Tag – und/oder wenn die Aufnahme nicht in der komplexen Matrix eines Lebensmittels erfolgt, sondern in stark aufkonzentrierter Form. Die am höchsten exponierte Gruppe sind Säuglinge und Kleinkinder, die mit Säuglingsnahrung auf Sojabasis ernährt werden. Des Weiteren können sich hohe Expositionen durch die Verwendung von Soja- und Rotklee-Extrakten ergeben, die als Nahrungsergänzungsmittel oder „Diätetische Lebensmittel für besondere medizinische Zwecke“ im Handel sind. Die Aufnahme von Isoflavonen durch den Verzehr normaler Mengen handelsüblicher Sojalebensmittel ist dagegen als unproblematisch anzusehen. Auf potenzielle Risikogruppen soll im Folgenden näher eingegangen werden.

Säuglinge und Kleinkinder

Etwa 20–25% der Säuglinge in den USA und Kanada werden gegenwärtig mit Sojasäuglingsnahrung ernährt [15], in Großbritannien wird der Anteil auf 7% geschätzt. Für die Schweiz wird ein maximaler Anteil von 5% angegeben. Als kritisch ist anzusehen, dass die Exposition von Säuglingen und Kleinkindern mit Isoflavonen bei Verwendung von Sojasäuglingsnahrung sehr hoch ist (vgl. Abschnitt 65.3.2). Expositionen, die sich bei Verwendung von Sojasäuglingsnahrung ergeben können, erreichen 6–11 mg/kg Körpergewicht. Sie sind damit bis zu 10-mal höher als die Dosen, die bei Frauen in der Menopause klimakterische Beschwerden lindern sollen (vgl. Abschnitt 65.3.2). Es ist unklar, ob derart hohe Dosen von Verbindungen mit einer nachweislich estrogenen Wirkung keinerlei schädliche Auswirkungen auf die Individualentwicklung haben. Als Argument für die Unbedenklichkeit von Sojasäuglingsnahrung wird angeführt, dass diese seit mehr als drei Jahrzehnten in den USA in Gebrauch ist und klinisch feststellbare Effekte nicht evident wurden. Jedoch sind chronische Auswirkungen sowie Effekte im subklinischen Bereich infolge der Zufuhr hoher Dosen an Isoflavonen auf Neugeborene sehr wenig erforscht. Vor allem die Effekte von Isoflavonen auf den Schilddrüsenhormonstoffwechsel (vgl. Abschnitt 65.5.3) können zurzeit in ihrer Bedeutung noch nicht eingeschätzt werden. Hierzu zählen die Befunde, dass Isoflavone hoch wirksame Hemmstoffe der T4- und

T3-Bindung an Transthyretin sind. Da transthyretingebundene und -transportierte Schilddrüsenhormone zentrale Regulatoren darstellen – vor allem während der frühen embryonalen und der postnatalen Gehirnentwicklung – müssen negative Effekte in Betracht gezogen werden [123]. Die Erfahrungen mit dem synthetischen Hormon DES, das als Medikament zur Verhinderung von Aborten während der Schwangerschaft über Jahrzehnte verabreicht wurde und bei den Nachkommen erst im Erwachsenenalter zu negativen Auswirkungen auf die Geschlechtsorgane führte, sollten in diesem Zusammenhang zu denken geben [271].

Postmenopausale Frauen und Brustkrebspatientinnen

Aufgrund der in den Abschnitten 65.5.1 und 65.5.2 dargelegten Ergebnisse ist ein estrogener Stimulus und ein damit verbundener wachstumsfördernder Effekt auf bereits vorhandene präkanzerogene Veränderungen in der Brust bei Zufuhr hoher Dosen an Isoflavonen nicht auszuschließen.

Postmenopausale Frauen besitzen das größte Risiko für das Vorhandensein einer präkanzerogenen Veränderung in der Brust. Krebsstatistiken zeigen, dass Brustkrebs bei Frauen die häufigste Krebserkrankung darstellt. Die Wahrscheinlichkeit, an Brustkrebs zu erkranken, nimmt mit steigendem Alter zu. 75% aller Brustkrebserkrankungen treten bei postmenopausalen Frauen im Alter über 50 Jahren auf [18].

Problematisch erscheinen in diesem Zusammenhang Isoflavonpräparate auf der Basis von Soja- und Rotklee-Extrakten, die als Nahrungsergänzungsmittel sowie als „Diätetische Lebensmittel für besondere medizinische Zwecke" im Handel sind. Zielgruppe der Präparate sind hauptsächlich Frauen in der Menopause, die eine Alternative zur klassischen Hormonersatztherapie suchen. Auf den Produktverpackungen, den beiliegenden Produktinformationen oder entsprechenden Werbeanzeigen werden Isoflavone und damit auch die entsprechenden Produkte häufig als wirkungsvolle und nebenwirkungsfreie Naturstoffe bzw. Naturstoffpräparate bei menopausalen Beschwerden beschrieben oder als gesundheitlich vorteilhaft für Herz, Knochen und Brust ausgelobt. Vereinzelt erfolgt auch eine Bewerbung im Zusammenhang mit der Behandlung und Prophylaxe von Brustkrebs. Durch die Art der Bewerbung wird suggeriert, dass Isoflavone unbedenklich sind und ein Risiko des Auftretens von Nebenwirkungen nicht gegeben ist. Vereinzelt wird sogar mit dem Zusatz „nebenwirkungsfrei" geworben. Es ist davon auszugehen, dass solche Präparate deshalb verstärkt zur Selbstmedikation eingesetzt werden.

Die gesundheitliche Unbedenklichkeit dieser Präparate ist keinesfalls bewiesen. Sie wird häufig daraus abgeleitet, dass es sich hierbei um Extrakte oder Inhaltsstoffe eines Lebensmittel handelt. Jedoch kann die Aufnahme von Isoflavonen in isolierter, hochdosierter oder angereicherter Form hinsichtlich ihrer biologischen Wirkung nicht mit der Aufnahme von Isoflavonen aus komplexen Lebensmitteln, wie sie etwa in asiatischen Ländern durch den Verzehr von Sojalebensmitteln erfolgt, gleichgesetzt werden. Zudem ist zu berücksichtigen, dass sich die Supplemente aufgrund der unterschiedlichen Rohstoffquellen und nicht standardisierter Herstellungsverfahren hinsichtlich ihres Isoflavongehaltes, der enthaltenen Isoflavonverbindungen und ihrer Verhältnisse zueinander, der Begleitmatrix, anderer zugesetzter Stoffe sowie der Art der Formulierung sehr stark voneinander unterscheiden. Vor allem Rotklee enthält Isoflavone, die bislang in ihrer Wirkung nicht oder sehr wenig untersucht sind. Zu berücksichtigen ist auch, dass in der Mehrzahl der Isoflavonpräparate auf Sojabasis die Isoflavone in Form ihrer Zuckerkonjugate vorliegen und wahrscheinlich besser bioverfügbar sind als Isoflavone in fermentierten Sojaprodukten, die Bestandteile einer traditionell asiatischen Ernährungsweise darstellen [203].

Unerwünschte Wirkungen von Isoflavonen können sich auch mit Medikamenten ergeben, die als ER-Antagonisten wirken. Tierexperimentelle Studien zeigen eine Interaktion mit dem Antiestrogen Tamoxifen, das zur Therapie bei hormonsensitiven Brusttumoren eingesetzt wird (vgl. Abschnitt 65.5.2). Deshalb kann nicht ausgeschlossen werden, dass bei Brustkrebspatientinnen, die mit Tamoxifen behandelt werden, der therapeutische Effekt bei gleichzeitiger Zufuhr hoher Isoflavondosen negativ beeinflusst wird.

Personen mit Schilddrüsenunterfunktion und Schilddrüsendysfunktion

Bei Personen mit einem Iodidmangel oder einer zu niedrigen Aktivität der Schilddrüse (Hypothyreose) und gleichzeitiger hoher Aufnahme von Soja bzw. Sojaisoflavonen kann ein negativer Effekt auf die Schilddrüse nach derzeitigem Kenntnisstand nicht ausgeschlossen werden [194]. Hier ist anzumerken, dass bei Frauen die Inzidenz für eine subklinische Schilddrüsenunterfunktion erhöht ist und etwa 10% aller Frauen über 55 Jahren an subklinischer Hypothyreose leiden [252]. Damit sind gerade postmenopausale Frauen, die die Hauptzielgruppe dieser Präparate darstellen, eine Risikogruppe hinsichtlich einer derartigen Nebenwirkung auf die Schilddrüse.

Darüber hinaus kann noch nicht abgeschätzt werden, welche Wirkungen Isoflavone bei Menschen haben, die lebenslänglich auf die Substitution mit dem Schilddrüsenhormon Thyroxin angewiesen sind, weil sie z. B. ohne funktionierende Schilddrüse geboren wurden (1 von 3500 Lebendgeburten weltweit) oder weil ihre Schilddrüse wegen eines Schilddrüsentumors oder einer Schilddrüsenüberfunktion vom Typ Morbus Basedow ganz oder teilweise entfernt werden musste. Diese Personengruppen, überwiegend weiblichen Geschlechts (3 : 1), haben keine Schilddrüsenhormonreserven aus der Drüse selbst. Deshalb könnten sich isoflavoninduzierte Störungen der Bindung des täglich zugeführten Thyroxins an Transthyretin möglicherweise ungünstig auf die Einstellung normaler Schilddrüsenhormonspiegel und deren Bioverfügbarkeit, insbesondere bei Anwendung von Isoflavonkonzentraten, auswirken [122, 123].

65.7
Grenzwerte, Richtwerte, Empfehlungen

Es existieren bislang weder Grenzwerte noch Richtwerte für Isoflavone in Lebensmitteln. Zufuhrempfehlungen existieren nicht. In Australien, Neuseeland, Großbritannien und der Schweiz wurde von offizieller Seite empfohlen, Säuglingsnahrung auf Sojabasis nur bei entsprechender Indikation zu verwenden [20, 49, 165, 271].

65.8
Vorsorgemaßnahmen

Säuglingsnahrung auf Sojabasis sollte nach den in Abschnitt 65.7 genannten Empfehlungen – solange sie erhebliche Mengen an Isoflavonen enthält – nur bei einer eindeutigen medizinischen Indikation und keinesfalls aus ökologischen, ideologischen oder ethischen Gründen (z. B. strenger Vegetarismus) verwendet werden. Aus den Marktanteilen von Säuglingsnahrung auf Sojabasis lässt sich schließen, dass die Verwendung aus solchen Beweggründen jedoch den Hauptanteil ausmacht. Das Auftreten von Galaktosämie (Galaktoseunverträglichkeit) und Laktoseintoleranz ist bei Säuglingen äußerst selten, die Häufigkeiten liegen schätzungsweise bei 0,004%. Für Kuhmilchallergien (Milchproteinallergien) werden die Häufigkeiten auf 2–3% geschätzt [271]. In diesem Zusammenhang sei angemerkt, dass Säuglingsnahrung auf Sojabasis keine Vorteile gegenüber Säuglingsnahrung auf Kuhmilchbasis bietet.

Es existiert keine wissenschaftliche Grundlage, die eine Empfehlung der Zufuhr von Isoflavonen über Nahrungsergänzungsmittel rechtfertigen würde. Weder die Linderung von Menopausebeschwerden noch eine prophylaktische oder gar präventive Wirkung hinsichtlich Osteoporose durch Isoflavonpräparate ist überzeugend gezeigt. Da potenzielle Nebenwirkungen zum gegenwärtigen Zeitpunkt nicht ausgeschlossen werden können, sollte im Sinne einer Vorsorge auf die Verwendung solcher Präparate – insbesondere im Rahmen einer Selbstmedikation – verzichtet werden. Es ist festzuhalten, dass Isoflavonpräparate nicht als Alternative zur klassischen Hormonersatztherapie angesehen werden können. Brustkrebspatientinnen und Frauen mit erhöhtem Brustkrebsrisiko ist vor dem Hintergrund eines möglichen proliferativen Effektes auf vorhandene präkanzerogene Veränderungen in der Brust von der Einnahme vor allem hochdosierter Isoflavonpräparate abzuraten. Personengruppen mit einer Schilddrüsenunterfunktion oder einer sonstigen Schilddrüsendysfunktion ist im Sinne einer Vorsorge die Verwendung von Isoflavonpräparaten nicht zu empfehlen. Generell ist bei einer hohen Isoflavonaufnahme auf eine ausreichende Versorgung mit Iodid zu achten.

65.9 Zusammenfassung

Isoflavone sind sekundäre Pflanzenstoffe mit einer schwachen estrogenen Wirkung. Sie gehören strukturell zur Stoffgruppe der Flavonoide, ihr Vorkommen ist weitgehend auf die Schmetterlingsblütler beschränkt. Hohe Gehalte an Isoflavonen sind in Soja und Rotklee zu finden. Isoflavone besitzen im Vergleich mit anderen sekundären Pflanzenstoffen eine hohe Bioverfügbarkeit, so dass nahrungsrelevante Aufnahmemengen bereits zu Plasmaspiegeln im niedrigen mikromolaren Bereich führen. Nach Aufnahme in den Körper unterliegen Isoflavone einer umfangreichen Metabolisierung durch körpereigene Phase-I- und Phase-II-Enzyme sowie durch die gastrointestinale Mikrobiota. Isoflavone besitzen vielfältige biologische Wirkungen, die über unterschiedlichste zelluläre Angriffspunkte vermittelt werden. In in vitro-Testsystemen zeigen Isoflavone neben ihrem estrogenen Potenzial eine Reihe hormonunabhängiger Effekte. In Abhängigkeit von den verwendeten Zellsystemen, der eingesetzten Konzentration, dem jeweiligen Isoflavon und den sonstigen Testbedingungen sind sowohl chemopräventive als auch genotoxische Wirkungen beschrieben. Da kleine Unterschiede in der chemischen Struktur die biologischen Aktivitäten maßgeblich beeinflussen, ist das Wirkungsspektrum jeder Verbindung – auch der gebildeten Metabolite – einzeln zu beurteilen. Für Isoflavone werden – vor allem auf der Basis von Krebsstatistiken, Migrationsstudien und epidemiologischen Studien – protektive Wirkungen gegen Brust- und Prostatakrebs, Osteoporose und kardiovaskuläre Erkrankungen sowie eine Linderung bei klimakterischen Beschwerden diskutiert. Die Mehrzahl der Interventionsstudien oder klinischen Studien liefert jedoch keine überzeugenden Daten, dass Isoflavone für die gesundheitsfördernden Effekte verantwortlich sind. Potenzielle Risikogruppen für unerwünschte Wirkungen bei hoher Aufnahme von Isoflavonen sind postmenopausale Frauen, Brustkrebspatientinnen, Personen mit einer Schilddrüsendysfunktion sowie Säuglinge und Kleinkinder. Von der Verwendung vor allem hoch dosierter Isoflavonpräparate ist abzuraten, da nach heutigem Kenntnisstand positive Wirkungen nicht erwiesen und mögliche Nebenwirkungen noch nicht abgeschätzt werden können. Bei Säuglingen und Kleinkindern kann die Verwendung von Säuglingsnahrung auf Sojabasis zu einer hohen Exposition mit Isoflavonen führen. Es existieren weder Grenz- und Richtwerte für Isoflavone in Lebensmitteln noch gibt es Zufuhrempfehlungen.

65.10 Literatur

1 Abe T (1999) Infantile leukemia and soybeans – a hypothesis. *Leukemia* **13**: 317–320.

2 Adlercreutz CH, Goldin BR, Gorbach SL, Hockerstedt KA, Watanabe S, Hamalainen EK, Markkanen MH, Mäkelä TH, Wähälä KT, Adlercreutz T (1995) Soybean phytoestrogen intake and cancer risk. *J. Nutr.* **125**: 757S–767S.

3 Adlercreutz H, Mazur W (1997) Phytooestrogens and Western diseases. *Ann. Med.* **29**: 95–120.

4 Adlercreutz H, Fotsis T, Bannwart C, Wähälä K, Brunow G, Hase T (1991) Isotope dilution gas chromatographic-mass spectrometric method for the determination of lignans and isoflavonoids in human urine, including identification of genistein. *Clin. Chim. Acta* **119**: 263–278.

5 Adlercreutz H, Fotsis T, Lampe J, Wähälä K, Mäkelä T, Brunow G, Hase T (1993) Quantitative determination of lignans and isoflavonoids in plasma of omnivorous and vegetarian women by isotope dilution gas chromatography-mass spectrometry. *Scand. J. Clin. Lab. Invest. Suppl.* **215**: 5–18.

6 Adlercreutz H, Hockerstedt K, Bannwart C, Bloigu S, Hamalainen E, Fotsis T, Ollus A (1987) Effects of dietary components, including lignans and phytoestrogens, on enterohepatic circulation and liver metabolism of estrogens and on sex hormone binding globulin (SHBG). *J. Steroid. Biochem.* **27**: 1135–1144.

7 Adlercreutz H, Markkanen H, Watanabe S (1993) Plasma concentrations of phytooestrogens in Japanese men. *Lancet* **342**: 1209–1210.

8 Adlercreutz H, van der Wildt J, Kinzel J, Attalla H, Wähälä K, Mäkelä T, Hase T, Fotsis T (1995) Lignan and isoflavonoid conjugates in human urine. *J. Steroid Biochem. Molec. Biol.* **52**: 97–103.

9 Adlercreutz H, Yamada T, Wähälä K, Watanabe S (1999) Maternal and neonatal phytoestrogens in Japanese women during birth. *Am. J. Obstet. Gynecol.* **180**: 737–743.

10 Alekel DL, Germain A St, Peterson CT, Hanson KB, Stewart JW, Toda T (2000) Isoflavone-rich soy protein isolate attenuates bone loss in the lumbar spine of perimenopausal women. *Am. J. Clin. Nutr.* **71**: 844–852.

11 Allred CD, Allred KF, Ju YH, Clausen LM, Doerge DR, Schantz SL, Korol DL, Wallig MA, Helferich WG (2004a) Dietary genistein results in larger MNU-induced, estrogen-dependent mammary tumors following ovariectomy of Sprague-Dawley rats. *Carcinogenesis* **25**: 211–218.

12 Allred CD, Allred KF, Ju YH, Goeppinger TS, Doerge DR, Helferich WG (2004b) Soy processing influences growth of estrogen-dependent breast cancer tumors. *Carcinogenesis* **25**: 1649–1657.

13 Allred CD, Allred KF, Ju YH, Virant SM, Helferich WG (2001a) Soy diets containing varying amounts of genistein stimulate growth of estrogen-dependent (MCF-7) tumors in a dose-dependent manner. *Cancer Res.* **61**: 5045–5050.

14 Allred CD, Ju YH, Allred KF, Chang J, Helferich WG (2001) Dietary genistin stimulates growth of estrogen-dependent breast cancer tumors similar to that observed with genistein. *Carcinogenesis* **22**: 1667–1673.

15 American Academy of Paediatrics Committee on Nutrition (1998) Soy protein based formulas: recommendation for use in infant feeding (RE9806). *Pediatrics* **101**: 148–153.

16 Andlauer W, Kolb J, Fürst P (2000) Absorption and metabolism of genistin in the isolated rat small intestine. *FEBS Lett.* **475**: 127–130.

17 Arai Y, Uehara M, Sato Y, Kimira M, Eboshida A, Adlercreutz H, Watanabe S (2000) Comparison of isoflavones among dietary intake, plasma concentration and urinary excretion for accurate estimation of phytoestrogen intake. *J. Epidemiol.* **10**: 127–135.

18 Arbeitsgemeinschaft Bevölkerungsbezogener Krebsregister in Deutschland.

Krebs in Deutschland. 4. überarbeitete, aktualisierte Ausgabe. Saarbrücken, (2004). Online: http://krebsregister.uni-muenster.de/Berichte/KID4_2004.pdf
19 Atkinson C, Berman S, Humbert O, Lampe JW (2004) In vitro incubation of human feces with daidzein and antibiotics suggests interindividual differences in the bacteria responsible for equol production. *J. Nutr.* **134**: 596–599.
20 Australian College of Paediatrics (1998) Position statement: soy protein formula. *J. Paediatr. Child Health* **34**: 318–319.
21 Baber R, Clifton-Bligh P, Fulcher G, Lieberman D, Nery L, Moreton T (1999) The effect of an isoflavone dietary supplement (P-081) on serum lipids, forearm bone density and endometrial thickness in postmenopausal women. *Menopause* **6**: 326.
22 Baker W, Robinson R (1928) *J. Chem. Soc.*
23 Barnes S, Sfakianos J, Coward L, Kirk M (1996) Soy isoflavonoids and cancer prevention. *Adv. Exp. Med. Biol.* **401**: 87–100.
24 Bayer T, Colnot T, Dekant W (2001) Disposition and biotransformation of the estrogenic isoflavone daidzein in rats. *Toxicol. Sci.* **62**: 205–211.
25 Belitz HD, Grosch W, Schieberle P (2001) Lehrbuch der Lebensmittelchemie, 5. Aufl., Springer, Berlin, 754.
26 Bennetts HW, Underwood EJ, Shier FL (1946) A specific breeding problem of sheep on subterranean clover pastures in Western Australia. *Aust. J. Agric. Res.* **22**: 131–138.
27 Bingham SA, Atkinson C, Liggins J, Bluck L, Coward A (1998) Phyto-oestrogens: where are we now? *Br. J. Nutr.* **79**: 393–406.
28 Blakesmith SJ, Lyons-Wall PM, Joannou GE, Petocz P, Samman S (2005) Urinary isoflavonoid excretion is inversely associated with the ratio of protein to dietary fibre intake in young women. *Eur. J. Clin. Nutr.* **59**: 284–290.
29 Bloedon LT, Jeffcoat AR, Lopaczynski W, Schell MJ, Black TM, Dix KJ, Thomas BF, Albright C, Busby MG, Crowell JA, Zeisel SH (2002) Safety and pharmacokinetics of purified soy isoflavones: single-dose administration to postmenopausal women. *Am. J. Clin. Nutr.* **76**: 1126–1137.
30 Bonorden MJ, Greany KA, Wangen KE, Phipps WR, Feirtag J, Adlercreutz H, Kurzer MS (2004) Consumption of Lactobacillus acidophilus and Bifidobacterium longum do not alter urinary equol excretion and plasma reproductive hormones in premenopausal women. *Eur. J. Clin. Nutr.* **58**: 1635–1642.
31 Boos G, Stopper H (2000) Genotoxicity of several clinically used topoisomerase II inhibitors. *Toxicol. Lett.* **116**: 7–16.
32 Bowey E, Adlercreutz H, Rowland I (2003) Metabolism of isoflavones and lignans by the gut microflora: a study in germ-free and human flora associated rats. *Food Chem. Toxicol.* **41**: 631–636.
33 Bruce B, Messina M, Spiller GA (2003) Isoflavone supplements do not affect thyroid function in iodine-deplete postmenopausal women. *J. Med. Food* **6**: 309–316.
34 Budavori S, O'Neil MJ, Smith A, Heckelman PE, Kinneary JF (Hrsg) (1996) The Merck Index, 12. Edition, Whitehouse Station, NJ.
35 Busby MG, Jeffcoat AR, Bloedon LT, Koch MA, Black T, Dix KJ, Heizer WD, Thomas BF, Hill JM, Crowell JA, Zeisel SH (2002) Clinical characteristics and pharmacokinetics of purified soy isoflavones: single-dose administration to healthy men. *Am. J. Clin. Nutr.* **75**: 126–136.
36 Bylund A, Zhang JX, Bergh A, Damber JE, Widmark A, Johansson A, Adlercreutz H, Aman P, Shepherd MJ, Hallmans G (2000) Rye bran and soy protein delay growth and increase apoptosis of human LNCaP prostate adenocarcinoma in nude mice. *Prostate* **42**: 304–314.
37 Cassidy A, Bingham S, Setchell KD (1994) Biological effects of a diet of soy protein rich in isoflavones on the menstrual cycle of premenopausal women. *Am. J. Clin. Nutr.* **60**: 333–340.
38 Chang HC, Churchwell MI, Delcos KB, Newbold RR, Doerge DR (2000) Mass spectrometric determination of genistein tissue distribution in diet-exposed Sprague-Dawley rats. *J. Nutr.* **130**: 1963–1970.

39 Chang YC, Nair MG (1995) Metabolism of daidzein and genistein by intestinal bacteria. *J. Nat. Prod.* **58**: 1892–1896.

40 Chen Z, Zheng W, Custer LJ, Dai Q, Shu XO, Jin F, Franke AA (1999) Usual dietary consumption of soy foods and its correlation with the excretion rate of isoflavonoids in overnight urine samples among Chinese women in Shanghai. *Nutr. Cancer* **33**: 82–87.

41 Clarke DB, Lloyd SA (2004) Dietary exposure estimates of isoflavones from the 1998 UK Total Diet Study. *Food Addit. Contam.* **21**: 305–316.

42 Clifton-Bligh PB, Baber RJ, Fulcher GR, Nery ML, Moreton T (2001) The effect of isoflavones extracted from red clover (Rimostil) on lipid and bone metabolism. *Menopause* **8**: 259–265.

43 Cohen LA, Zhao Z, Pittman B, Scimeca J (2003) Effect of soy protein isolate and conjugated linoleic acid on the growth of Dunning R-3327-AT-1 rat prostate tumors. *Prostate* **54**: 169–180.

44 Coldham NG, Darby C, Hows M, King LJ, Zhang A-Q, Sauer MJ (2002) Comparative metabolism of genistin by human and rat gut microflora: detection and identification of the end-products of metabolism. *Xenobiotica* **32**: 45–62.

45 Coldham NG, Howells LC, Santi A, Montesissa C, Langlais C, King LJ, Macpherson DD, Sauer MJ (1999) Biotransformation of genistein in the rat: elucidation of metabolite structure by product ion mass fragmentology. *J. Steroid Biochem. Mol. Biol.* **70**: 169–184.

46 Coldham NG, Sauer MJ (2000) Pharmacokinetics of [C-14]genistein in the rat: gender-related differences, potential mechanisms of biological action, and implications for human health. *Toxicol. Appl. Pharmacol.* **164**: 206–215.

47 Coldham NG, Sauer MJ (2001) Identification, quantification and biological activity of phytoestrogens in a dietary supplement for breast enhancement. *Food Chem. Toxicol.* **39**: 1211–1224.

48 Coldham NG, Zhang A-Q, Key P, Sauer MJ (2002) Absolute bioavailability of [14C]genistein in the rat; plasma pharmacokinetics of parent compound, genistein glucuronide and total radioactivity. *Eur. J. Drug Metab. Pharmacokinet.* **27**: 249–258.

49 COMA UK (2000) Committee on Medical Aspects of Food and Nutrition Policy 1999–2000 annual report.

50 Coward L, Barnes NC, Setchell KDR, Barnes S (1993) Genistein, daidzein, and their β-glycoside conjugates: antitumor isoflavones in soybean foods from American and Asian diets. *J. Agric. Food Chem.* **41**: 1961–1967.

51 Cummings SR, Cauley JA, Palermo L, Ross PD, Wasnich RD, Black D, Faulkner D (1994) Racial differences in hip axis lengths might explain racial differences in rates of hip fracture. *Osteoporos Int.* **4**: 226–229.

52 Day AJ, Canada FJ, Diaz JC, Kroon PA, Mclauchlan R, Faulds CB, Plumb GW, Morgan MR, Williamson G (2000) Dietary flavonoid and isoflavone glycosides are hydrolysed by the lactase site of lactase phlorizin hydrolase. *FEBS Lett.* **468**: 166–170.

53 Day AJ, Dupont MS, Ridely S, Rhodes M, Morgan MRA, Williamson G (1998) Deglycosylation of flavonoid and isoflavonoid glycosides by human small intestine and liver beta-glucosidase activity. *FEBS Lett.* **436**: 71–75.

54 de Kleijn MJ, van der Schouw YT, Wilson PW, Adlercreutz H, Mazur W, Grobbee DE, Jacques PF (2001) Intake of dietary phytoestrogens is low in postmenopausal women in the United States: the Framingham study (1–4). *J. Nutr.* **131**: 1826–1832.

55 Degen GH, Janning P, Diel P, Michna H, Bolt HM (2002) Transplacental transfer of the phytoestrogen daidzein in DA/Han rats. *Arch. Toxicol.* **76**: 23–29.

56 Divi RL, Chang HC, Doerge DR (1997) Anti-thyroid isoflavones from soybean: isolation, characterization, and mechanisms of action. *Biochem. Pharmacol.* **54**: 1087–1096.

57 Doerge DR, Chang HC (2002) Inactivation of thyroid peroxidase by soy isoflavones, in vitro and in vivo. *J. Chromatogr. B Analyt. Technol. Biomed. Life Sci.* **777**: 269–279.

58 Doerge DR, Chang HC, Churchwell MI, Holder CL (2000) Analysis of soy isoflavone conjugation in vitro and in human blood using liquid chromatography-mass spectrometry. *Drug Metab. Dispos.* **28**: 298–307.

59 Doerge DR, Churchwell MI, Chang HC, Newbold RR, Delclos KB (2001) Placental transfer of the soy isoflavone genistein following dietary and gavage administration to Sprague Dawley rats. *Reprod. Toxicol.* **15**: 105–110.

60 Dohrn, M, Faure W, Poll H, Blotevogel H (1970) Tokokinine, Stoffe mit sexualhormonartiger Wirkung aus Pflanzenzellen. *Medizinische Klinik* **37**: 1417–1419.

61 Duncan AM, Underhill KE, Xu X, Lavalleur J, Phipps WR, Kurzer MS (1999) Modest hormonal effects of soy isoflavones in postmenopausal women. *J. Clin. Endocrinol. Metab.* **84**: 3479–3484.

62 East J (1955) The effect of genistein on the fertility of mice, *J. Endocrinol.* **13**: 94–100.

63 Ebmeier CC, Anderson RJ (2004) Human thyroid phenol sulfotransferase enzymes 1A1 and 1A3: activities in normal and diseased thyroid glands, and inhibition by thyroid hormones and phytoestrogens. *J. Clin. Endocrinol. Metab.* **89**: 5597–5605.

64 Eldridge AC, Kwolek WF (1983) Soybean isoflavones: effect of environment and variety on composition. *J. Agric. Food Chem.* **31**: 394–396.

65 Erdman JW Jr, Badger TM, Lampe JW, Setchell KD, Messina M (2004) Not all soy products are created equal: caution needed in interpretation of research results. *J. Nutr.* **134**: 1229S–1233S.

66 Esaki H, Kawakishi S, Morimitsu Y, Osawa T (1999) New potent antioxidative o-dihydroxyisoflavones in fermented Japanese soybean products. *Biosci. Biotechnol. Biochem.* **63**: 1637–1639.

67 Fang N, Yu S, Badger TM (2004) Comprehensive phytochemical profile of soy protein isolate. *J. Agric. Food Chem.* **52**: 4012–4020.

68 Faughnan MS, Hawdon A, Ah-Singh E, Brown J, Millward DJ, Cassidy A (2004) Urinary isoflavone kinetics: the effect of age, gender, food matrix and chemical composition. *Br. J. Nutr.* **91**: 567–574.

69 Folman Y, Pope GS (1966) The interaction in the immature mouse of potent oestrogens with coumestrol, genistein and other utero-vaginotrophic compounds of low potency. *J. Endocrinol.* **34**: 215–225.

70 Fomon, SJ (2001) Infant feeding in the 20th century: formula and Beikost. *J. Nutr.* **131**: 409S–420S.

71 Fort P, Moses N, Fasano M, Goldberg T, Lifshitz F (1990) Breast and soy-formula feedings in early infancy and the prevalence of autoimmune thyroid disease in children. *J. Am. Coll. Nutr.* **9**: 164–167.

72 Foth D (2003) Der Stellenwert von Phytoestrogenen in der Therapie des klimakterischen Syndroms. *J. Menopause* **1**: 11–18.

73 Frankenfeld CL, Patterson RE, Horner NK, Neuhouser ML, Skor HE, Kalhorn TF, Howald WN, Lampe JW (2003) Validation of a soy food-frequency questionnaire and evaluation of correlates of plasma isoflavone concentrations in postmenopausal women. *Am. J. Clin. Nutr.* **77**: 674–680.

74 Friar PMK, Walker AF (1998) Levels of plant phytoestrogens in the diets of infants and toddlers, MAFF report FS2829.

75 Gallagher JC, Satpathy R, Rafferty K, Haynatzka V (2004) The effect of soy protein isolate on bone metabolism. *Menopause* **11**: 290–298.

76 Gee J, Dupont M, Rhodes M, Johnson I (1998) Quercetin glucosides interact with the intestinal glucose transport pathway. *Free Radic. Biol. Med.* **25**: 19–25.

77 Griffith AP, Collison MW (2001) Improved methods for the extraction and analysis of isoflavones from soy-containing foods and nutritional supplements by reversed-phase high-performance liquid chromatography and liquid chromatography-mass spectrometry. *J. Chromatogr. A* **913**: 397–413.

78 György P, Murata K, Ikehata H (1964) Antioxidants isolated from fermented soybeans (tempeh), *Nature* **203**: 870–872.

79 Harbone J (1995) Hormonelle Wechselbeziehungen zwischen Pflanzen und Tieren, Ökologische Biochemie, Spektrum Akademischer Verlag, Heidelberg, 123–149.

80 Harborne JB (Hrsg) (1994) The flavonoids. Advances in research since 1986. Chapman and Hall, London, 67.

81 Hargreaves DF, Potten CS, Harding C, Shaw LE, Morton MS, Roberst SA, Howell A, Bundred NJ (1999) Two-week soy supplementation has an estrogenic effect on normal premenopausal breast. *J. Clin. Endocrinol. Metab.* **84**: 4017–4024.

82 Hebert JR, Hurley TG, Olendzki BC, Teas J, Ma Y, Hampl JS (1998) Nutritional and socioeconomic factors in relation to prostate cancer mortality: a cross national study. *J. Natl. Cancer Inst.* **90**: 1637–1647.

83 Heinonen S, Wähälä K, Adlercreutz H (1999) Identification of isoflavone metabolites dihydrodaidzein, dihydrogenistein, 6′-OH-O-dma and cis-4-OH-equol in human urine by GC-MS using authentic reference compounds. *Anal. Biochem.* **274**: 211–219.

84 Heinonen S-M, Hikkala A, Wähälä K, Adlercreutz H (2003) Metabolism of the soy isoflavones daidzein, genistein and glycitein in human subjects. Identification of new metabolites having an intact isoflavonoid skeleton. *J. Steroid Biochem. Mol. Biol.* **87**: 285–299.

85 Heinonen SM, Wähälä K, Adlercreutz H (2004) Identification of urinary metabolites of the red clover isoflavones formononetin and biochanin a in human subjects. *J. Agric. Food Chem.* **52**: 6802–6809.

86 Heinonen SM, Wähälä K, Liukkonen KH, Aura AM, Poutanen K, Adlercreutz H (2004) Studies of the in vitro intestinal metabolism of isoflavones aid in the identification of their urinary metabolites. *J. Agric. Food Chem.* **52**: 2640–2646.

87 Heller W, Forkman G (1994) Biosynthesis of flavonoids, in Harborne JB (Hrsg) The flavonoids. Advances in research since 1986. Chapman and Hall, London, 499–536.

88 Hirayama T (1979) Epidemiology of prostate cancer with special reference to the role of diet. *Natl. Cancer Inst. Monogr.* **53**: 149–155.

89 Hoey L, Rowland IR, Lloyd AS, Clarke DB, Wiseman H (2004) Influence of soya-based infant formula consumption on isoflavone and gut microflora metabolite concentrations in urine and on faecal microflora composition and metabolic activity in infants and children. *Br. J. Nutr.* **91**: 607–616.

90 Hoikkala AA, Schiavoni E, Wähälä K (2003) Analysis of phyto-oestrogens in biological matrices. *Br. J. Nutr.* **89**: S5–S18.

91 Hollman PCH, Katan MB (1998) Absorption, metabolism and bioavailiability of flavonoids, in: Rice-Evans CA, Packer L (Hrsg) Flavonoids in Health and Disease. Marcel Dekker, New York, pp 483–522.

92 Horn-Ross PL, Barnes S, Lee M, Coward L, Mandel JE, Koo J, John EM, Smith M (2000) Assessing phytoestrogen exposure in epidemiologic studies: development of a database (United States). *Cancer Causes Control.* **11**: 289–298.

93 Howes JB, Howes LK (2002) Content of isoflavone containing preparations. *Med. J. Australia* **176**: 135–136.

94 Hsu CS, Shen WW, Hsueh YM, Yeh SL (2001) Soy isoflavone supplementation in postmenopausal women: effects on plasma lipids, antioxidant enzyme activities and bone density. *J. Reprod. Med.* **46**: 221–226.

95 Hur H-G, Beger RD, Heinze TM, Lay JO, Freeman JP, Dore J, Rafii F (2002) Isolation of an anaerobic intestinal bacterium capable of cleaving the C-ring of the isoflavonoid daidzein. *Arch. Microbiol.* **178**: 8–12.

96 Hur H-G, Lay JO, Beger RD, Freeman JP, Rafii F (2000) Isolation of human intestinal bacteria metabolizing the natural isoflavone glycosides daidzin and genistin. *Arch. Microbiol.* **174**: 422–428.

97 Hur H-G, Rafii F (2000) Biotransformation of the isoflavonoids biochanin A, formononetin and glycitein by *Eubacterium limosum*. *FEMS Microbiol. Lett.* **192**: 21–25.

98 Hutchins AM, Slavin JL, Lampe JW (1995) Urinary isoflavonoid phytoestrogen and lignan excretion after consumption of fermented and unfermented soy products. *J. Am. Diet. Assoc.* **95**: 545–551.

99 Hydowitz JD (1960) Occurrence of goiter in an infant on a soy diet. *N. Engl. J. Med.* **262**: 351–353.

100 Ikeda T, Nishikawa A, Imazawa T, Kimura S, Hirose M (2000) Dramatic synergism between excess soybean intake and iodine deficiency on the development of rat thyroid hyperplasia. *Carcinogenesis* **21**: 707–713.

101 Ishizuki Y, Hirooka Y, Murata Y, Togashi K (1991) The effects on the thyroid gland of soybeans administered experimentally in healthy subjects. *Nippon Naibunpi Gakkai Zasshi* **67**: 622–629.

102 Izumi T, Piskula MK, Osawa S, Obata A, Tobe K, Saito M, Kataoka S, Kubota Y, Kikuchi M (2000) Soy isoflavone aglycones are absorbed faster and in higher amounts than their glucosides in humans. *J. Nutr.* **130**: 1695–1699.

103 Jacobsen BK, Knutsen SF, Fraser GE (1998) Does high soy milk intake reduce prostate cancer incidence? *Cancer Causes Control* **9**: 553–557.

104 Janning P, Schuhmacher US, Upmeier A, Diel P, Michna H, Degen GH, Bolt HM (2000) Toxicokinetics of the phytoestrogen daidzein in female DA/Han rats. *Arch. Toxicol.* **74**: 421–430.

105 Jarred RA, Keikha M, Dowling C, McPherson SJ, Clare AM, Husband AJ, Pedersen JS, Frydenberg M, Risbridger GP (2002) Induction of apoptosis in low to moderate-grade human prostate carcinoma by red clover-derived dietary isoflavones. *Cancer Epidemiol. Biomarkers Prev.* **11**: 1689–1696.

106 Jefferson W, Newbold R, Padilla-Banks E, Pepling M (2006) Neonatal genistein treatment alters ovarian differentiation in the mouse: inhibition of oocyte nest breakdown and increased oocyte survival. *Biol. Reprod.* **74**: 161–168.

107 Jefferson WN, Padilla-Banks E, Newbold RR (2005) Adverse effects on female development and reproduction in CD-1 mice following neonatal exposure to the phytoestrogen genistein at environmentally relevant doses. *Biol. Reprod.* **73**: 798–806.

108 Joannou GE, Kelly GE, Reeder AY, Waring M, Nelson C (1995) A urinary profile study of dietary phytoestrogens. The identification and mode of metabolism of new isoflavonoids. *J. Steroid Biochem. Mol. Biol.* **54**: 167–184.

109 Jordan DC, Flood JG, LaPosata M, Lewandrowski KB (1992) Normal reference laboratory values. *New Engl. J. Med.* **327**: 718.

110 Ju YH, Allred CD, Allred KF, Karko KL, Doerge DR, Helferich WG (2001) Physiological concentrations of dietary genistein dose-dependently stimulate growth of estrogen-dependent human breast cancer (MCF-7) tumors implanted in athymic nude mice. *J. Nutr.* **131**: 2957–2962.

111 Karr SC, Lampe JW, Hutchins AM, Slavin JL (1997) Urinary isoflavonoid excretion in humans is dose dependent at low to moderate levels of soy protein consumption. *Am. J. Clin. Nutr.* **66**: 46–51.

112 Kelly GE, Nelson C, Waring MA, Joannou GE, Reeder AY (1993) Metabolites of dietary (soya) isoflavones in human urine. *Clin. Chim. Acta* **223**: 9–22.

113 Kiely M, Faughan M, Wähälä K, Brants H, Mulligan A (2003) Phyto-oestrogen levels in foods: the design and construction of the VENUS database. *Br. J. Nutr.* **89**: S19–S23.

114 Kimura S, Suwa J, Ito M, Sato H (1976) Development of malignant goiter by defatted soybean with iodine-deficient diet in rats. *Gann* **67**: 763–765.

115 King RA (1998) Daidzein conjugates are more bioavailable than genistein conjugates in rats. *Am. J. Clin. Nutr.* **68**: 1496S–1499S.

116 King RA, Bursill DB (1998) Plasma and urinary kinetics of the isoflavone daidzein and genistein after a single soy meal in humans. *Am. J. Clin. Nutr.* **67**: 867–872.

117 Kinjo J, Tsuchihashi R, Morito K, Hirose T, Aomori T, Nagao T, Okabe H, Nohara T, Masamune (2004) Interactions of phytoestrogens with estrogen receptors alpha and beta (III). Estrogenic activities of soy isoflavone aglycones and their metabolites isolated from human urine. *Biol. Pharm. Bull.* **27**: 185–188.

118 Kirkman LM, Lampe JW, Campbell DR, Martini MC, Slavin JL (1995) Urinary lignan and isoflavonoid exretion in men and women consuming vegetable and soy diets. *Nutr. Cancer* **24**: 1–12.

119 Klus K, Barz W (1998) Formation of polyhydroxylated isoflavones from the isoflavones genistein and biochanin A by bacteria isolated from tempeh. *Phytochemistry* **47**: 1046–1048.

120 Knaggs AR (2001) The biosynthesis of shikimate metabolites. *Nat. Prod. Rep.* **18**: 334–355.

121 Knight DC, Howes JB, Eden JA, Howes LG (2001) Effects on menopausal symptoms and acceptability of isoflavone-containing soy powder dietary supplementation. *Climacteric* **4**: 13–18.

122 Köhrle J (2000) Flavonoids as a risk factor for goiter and hypothyroidism. In: The thyroid and environment. Proceedings of the Merck European Thyroid Symposium. (F Péter, WM Wiersinga, U Hostalek, editors) Schattauer, Stuttgart, New York, pp. 41–63.

123 Köhrle J (2006) Persönliche Mitteilung.

124 Kolonel LN, Hankin JH, Whittemore AS, Wu AH, Gallagher RP, Wilkens LR, John EM, Howe GR, Dreon DM, West DW, Paffenbarger RSJ (2000) Vegetables, fruits, legumes and prostate cancer: a multiethnic case-control study. *Cancer Epidemiol. Biomarkers Prev.* **9**: 795–804.

125 Kosslak, RM, Bookland R, Barkei J, Raaren HE, Appelbaum ER (1987) Induction of *Bradyrhizobium japonicum* common *nod* genes by isoflavones isolated from *Glycine max.*. *Proc. Natl. Acad. Sci. USA* **84**: 7428–7432.

126 Krebs EE, Ensrud KE, MacDonald R, Wilt TJ (2004) Phyoestrogens for treatment of menopausal symptoms: a systematic review. *Obstet. Gynecol.* **104**: 824–836.

127 Kreijkamp-Kaspers S, Kok L, Grobbee DE, et al (2004) Effect of soy protein containing isoflavones on cognitive function, bone mineral density, and plasma lipids in postmenopausal women: a randomized controlled trial. *JAMA* **292**: 65–74.

128 Kuiper GG, Lemmen JG, Carlsson B, Corton JC, Safe SH, van der Saag PT, van der Burg B, Gustafsson JA (1998) Interaction of estrogenic chemicals and phytoestrogens with estrogen receptor beta. *Endocrinology* **139**: 4252–4263.

129 Kulling SE (2001) Phytoestrogene vom Isoflavontyp: Metabolismus und genetische Toxizität. Habilitationsschrift, Universität Karlsruhe.

130 Kulling SE, Honig DM, Metzler M (2001) Oxidative metabolism of the soy isoflavones daidzein and genistein in humans in vitro and in vivo. *J. Agric. Food Chem.* **49**: 3024–3033.

131 Kulling SE, Honig DM, Simat TJ, Metzler M (2000) Oxidative in vitro metabolism of the soy phytoestrogens daidzein and genistein. *J. Agric. Food Chem.* **48**: 2910–2919.

132 Kulling SE, Lehmann L, Metzler M (2002) Oxidative metabolism and genotoxic potential of major isoflavone phytoestrogens. *J. Chromatogr. B* **777**: 211–218.

133 Kulling SE, Metzler M (1997) Induction of micronuclei, DNA strand breaks and HPRT mutations in cultured Chinese hamster V79 cells by the phytoestrogen coumoestrol. *Food Chem. Toxicol.* **35**: 605–613.

134 Kulling SE, Rosenberg B, Jacobs E, Metzler M (1999) The phytoestrogens coumoestrol and genistein induce structural chromosomal aberrations in cultured human peripheral blood lymphocytes. *Arch. Toxicol.* **73**: 50–54.

135 Kulling SE, Ruefer CE, unveröffentlichte Ergebnisse.

136 Kuodu S, Fleury Y, Welti D, Magnolato D, Uchida T, Kitamura K, Okubo K (1991) Malonyl isoflavone glycosides in soybean seeds (*Glycine max* Merrill). *Agr. Biol. Chem.* **55**: 2227–2233.

137 Kurzer MS (2002) Hormonal effects of soy in premenopausal women and men. *J.* Nutr. **132**: 570S–573S.

138 Lamartiniere CA, Wang J, Smith-Johnson M, Eltoum IE (2002) Daidzein: bioavailability, potential for reproductive toxicity, and breast cancer chemoprevention in female rats. *Toxicol. Sci.* **65**: 228–238.

139 Lampe JW (2003) Isoflavonoid and lignan phytoestrogens as dietary biomarkers. *J. Nutr.* **133**: 956S–964S.

140 Lampe JW, Karr SC, Hutchins AM, Slavin JL (1998) Urinary equol excretion with soy challenge: influence of habitual diet. *Proc. Soc. Exp. Biol. Med.* **217**: 335–339.

141 Lampe JW, Skor HE, Li S, Wähälä K, Howald WN, Chen C (2001) Wheat bran and soy protein feeding do not alter urinary excretion of the isoflavan equol in premenopausal women. *J. Nutr.* **131**: 740–744.

142 Leclercq G, Heuson JC (1999) Physiological and pharmacological effects of estrogens in breast cancer.*Biochim. Biophys. Acta* **560**: 427–455.

143 Lee MM, Gomez SL, Chang JS, Wey M, Wang RT, Hsing AW (2003) Soy and isoflavone consumption in relation to prostate cancer risk in China. *Cancer Epidemiol. Biomarkers Prev.* **12**: 665–668.

144 Lees CJ, Ginn TA (1998) Soy protein isolate diet does not prevent increased cortical bone turnover in ovariectomized macaques. *Calcif. Tissue Int.* **62**: 557–558.

145 Levi F, Lucchini F, LaVecchia C (1994) Worldwide patterns of cancer mortality, 1985–89. *Eur. J. Cancer Prev.* **3**: 109–143.

146 Liggins J, Bluck L, Runswick S, Atkinson C, Coward W, Bingham S (2000) Daidzein and genistein content of fruits and nuts. *J. Nutr. Biochem.* **11**: 326–331.

147 Liggins J, Bluck LJC, Runswick S, Atkinson C, Coward WA, Bingham SA (2000) Daidzein and genistein contents of fruits and nuts. *J. Nutr. Biochem.* **11**: 326–331.

148 Liggins J, Bluck LJC, Runswick S, Atkinson C, Coward WA, Bingham SA (2000) Daidzein and genistein contents of vegetables. *Br. J. Nutr.* **84**: 717–725.

149 Liu B, Edgerton S, Yang X, Kim A, Ordonez-Ercan D, Mason T, Alvarez K, McKimmey C, Liu N, Thor A (2005) Low-dose dietary phytoestrogen abrogates tamoxifen-associated mammary tumor prevention. *Cancer Res.* **65**: 879–886.

150 Lu LJ, Grady JJ, Marshall MV, Ramanujam VM, Anderson KE (1995) Altered time course of urinary daidzein and genistein excretion during chronic soya diet in healthy male subjects, *Nutr. Cancer* **24**: 311–323.

151 Lu LJ, Lin SN, Grady JJ, Nagamani M, Anderson KE (1996) Altered kinetics and extent of urinary daidzein and genistein excretion in women during chronic soya exposure. *Nutr. Cancer* **26**: 289–302.

152 Lu LJW, Anderson KE (1998) Sex and long-term soy diets affect the metabolism and excretion of soy isoflavones in humans.*Am. J. Clin. Nutr.* **68**: 1500S–1504S.

153 Marrian GF, Haselwood GAD, Beall CXLV (1932) Equol, a new active phenol isolated from ketohydroxyestrin fraction of mare's urine. *Biochem. J.* **26**: 1226–1232.

154 Mascarinec G, Oshiro C, Morimoto Y, Hebshi S, Rovotny R, Franke AA (2005) Urinary isoflavone excretion as compliance measure in a soy intervention among young girls: a pilot study. *Eur. J. Clin. Nutr.* **59**: 369–375.

155 Maskarinec G, Takata Y, Franke AA, Williams AE, Murphy SP (2004) A 2-year soy intervention in premenopausal women does not change mammographic densities. *J. Nutr.* **134**: 3089–3094.

156 Matrone G, Smart WWGJ, Carter MW, Smart VW (1956) Effect of genistin on growth and development of the male mouse. *J. Nutr.* **59**: 235–241.

157 Maubach J, Bracke ME, Heyerick A, Depyere HT, Serreyn RF, Mareel MM, de Keukeleire D (2003) Quantification of soy-derived phytoestrogens in human breast tissue and biological fluids by high-performance liquid chromatography. *J. Chromatogr B* **784**: 137–144.

158 Maul R, Wollenweber JF, Kulling SE (2005) Phytoestrogens from soy and red clover preparations – well characterized dietary supplements? In: Eklund T, Schwarz M, Steinhart H, Thier H-P, Winterhalter P (Eds) Macromolecules and their degradation products in food – Physiological, analytical and technological aspects, Vol 1, Plenum Publishers, 68–71, ISBN 3-936028-31-1.

159 Mazur W, Fotsis T, Wähälä K, Ojala S, Salaka A, Adlercreutz H (1996) Isotope dilution gas chromatographic-mass

spectrometric method for the determination of isoflavonoids, coumestrol and lignans in food samples. *Anal. Biochem.* **233**: 169–180.

160 McMichael-Phillips DF, Harding C, Morton M, Roberts SA, Howell A, Potten CS, Bundred NJ (1998) Effects of soy-protein supplementation on epithelial proliferation in the histologically normal human breast. *Am. J. Clin. Nutr.* **68S**: 1431–1436.

161 Mentor-Marcel R, Lamartiniere CA, Eltoum IA, Greenberg NM, Elgavish A (2005) Dietary genistein improves survival and reduces expression of osteopontin in the prostate of transgenic mice with prostatic adenocarcinoma (TRAMP). *J. Nutr.* **135**: 989–995.

162 Mentor-Marcel R, Lamartiniere CA, Eltoum IE, Greenberg NM, Elgavish A (2001) Genistein in the diet reduces the incidence of poorly differentiated prostatic adenocarcinoma in transgenic mice (TRAMP). *Cancer Res.* **61**: 6777–6782.

163 Messina M (1995) Modern applications for an ancient bean: soybeans and the prevention and treatment of chronic disease. *J. Nutr.* **152**: 567S–569S.

164 Messina MJ (1999) Legumes and soybeans: overview of their nutritional profiles and health effects. *Am. J. Clin. Nutr.* **70**: 439S–450S.

165 Ministry of Health, Wellington, New Zealand (1998) Soy-based infant formula. Online: http://www.soyonlineservice.co.nz/downloads/mohsoy.pdf

166 Morabito N, Crisafulli A, Vergara C, Gaudio A (2002) Effects of Genistein and Hormone-Replacement Therapy on bone loss in early postmenopausal women: A study randomised double-blind placebo-controlled study. *J. Bone Miner. Res.* **9**: 1137–1141.

167 Morito K, Hirose T, Kinjo J, Hirakawa T, Okawa M, Nohara T, Ogawa S, Inoue S, Muramatsu M, Masamune Y (2001) Interaction of phytoestrogens with estrogen receptors alpha and beta. *Biol. Pharm. Bull.* **24**: 351–356.

168 Morton MS, Chan PS, Cheng C, Blacklock N, Matos-Ferreira A, Abranches-Monteiro L, Correia R, Lloyd S, Griffiths K (1997) Lignans and isoflavonoids in plasma and prostatic fluids in men: samples from Portugal, Hong Kong, and the United Kingdom. *Prostate* **32**: 122–128.

169 Murota K, Shimizu S, Miyamoto S, Izumi T, Obata A, Kikuchi M, Terao J (2002) Unique uptake and transport of isoflavone aglycones by human intestinal Caco-2 cells: comparison of isoflavonoids and flavonoids. *J. Nutr.* **132**: 1956–1961.

170 Muthyala RS, Ju YH, Sheng S, Williams LD, Doerge DR, Katzenellenbogen BS, Helferich WG, Katzenellenbogen JA (2004) Equol, a natural estrogenic metabolite from soy isoflavones: convenient preparation and resolution of R- and S-equols and their differing binding and biological activity through estrogen receptors alpha and beta. *Bioorg. Med. Chem.* **12**: 1559–1567.

171 Mykkanen H, Tikka J, Pitkanen T, Hanninen O (1997) Fecal bacterial enzyme activities in infants increase with age and adoption of adult-type diet. *J. Pediatr. Gastroenterol. Nutr.* **25**: 312–316.

172 Nagao T, Yoshimura S, Saito Y, Nakagomi M, Usumi K, Ono H (2001) Reproductive effects in male and female rats of neonatal exposure to Genistein. *Reprod. Toxicol.* **15**: 399–411.

173 Nagata C, Inaba S, Kawakami N, Kakizoe T, Shimizu H (2000) Inverse association of soy product intake with serum androgen and estrogen concentration in Japanese men. *Nutr. Cancer* **36**: 14–18.

174 Naim M, Gestetner B, Kirson I, Birk Y, Bondi A (1973) A new isoflavone from soybeans. *Phytochemistry* **12**: 169–170.

175 Nakamura Y, Tsuji S, Tonogai Y (2000) Determination of the levels of isoflavonoids in soybeans and soy-derived foods and estimation of isoflavonoids in the Japanese daily diet. *J. AOAC Int.* **83**: 635–650.

176 Nettleton JA, Greany KA, Thomas W, Wangen KE, Adlercreutz H, Kurzer MS (2004) Plasma phytoestrogens are not altered by probiotic consumption in postmenopausal women with and without a history of breast cancer, *J. Nutr.* **134**: 2998–2003.

177 Newbold RR, Banks EP, Bullock B, Jefferson WN (2001) Uterine adenocarcinoma in mice treated neonatally with genistein. *Cancer Res.* **61**: 4325–4328.

178 Nurmi T, Mazur W, Heinonen S, Kokkonen J, Adlercreutz H (2002) Isoflavone content of soy based supplements. *J. Pharm. Biomed. Anal.* **28**: 1–11.

179 Oishi K, Okada K, Yoshida O, Yamabe H, Ohno Y, Hayes RB, Schroeder FH (1998) A case-control study of prostatic cancer with reference to dietary habits. *Prostate* **12**: 179–190.

180 Onozawa M, Kawamori T, Baba M, Fukuda K, Toda T, Sato H, Ohtani M, Akaza H, Sugimura T, Wakabayashi K (1999) Effects of a soybean isoflavone mixture on carcinogenesis in prostate and seminal vesicles of F344 rats. *Jpn. J. Cancer Res.* **90**: 393–398.

181 Parkin DM, Whelan SL, Ferlay J, Raymond L, Young J (Hrsg) (1997) Cancer incidence in five continents, Vol 3. IARC Press, Lyon.

182 Peeters PHM, Keinan-Boker L, van der Schouw YT, Grobbee DE (2003) Phytoestrogens and breast cancer risk. *Breast Cancer Res. Treat.* **77**: 171–183.

183 Perkin AG, Newbury FG (1899) *J. Chem. Soc.* **75**: 830.

184 Persky VW, Turyk ME, Wang L, Freels S, Chatterton R, Barnes S, Erdman J, Sepkovic DW, Bradlow H, Potter S (2002) Effect of soy protein on endogenous hormones in postmenopausal women. *Am. J. Clin. Nutr.* **75**: 145–153.

185 Petrakis NL, Barnes S, King EB, Lowenstein J, Wiencke J, Lee MM, Mike R, Kirk M, Coward L (1996) Stimulatory influence of soy protein isolate on breast secretion in pre- and postmenopausal women. *Cancer Epidemiol. Biomarkers Prev.* **5**: 785–794.

186 Piskula MK, Yamakoshi J, Iwai Y (1999) Daidzein and genistein but not their glucosides are absorbed from the rat stomach. *FEBS Lett.* **447**: 287–291.

187 Potter SM, Baum JA, Teng H, Stillman RJ, Shay NF, Erdman JW (1998) Soy protein and isoflavones: their effects on blood lipids and bone density in postmenopausal women. *Am. J. Clin. Nutr.* **68** (suppl): 1375S–1379S.

188 Power KA, Saarinen NM, Chen JM, Thompson LU (2006) Mammalian lignans enterolactone and enterodiol, alone and in combination with the isoflavone genistein, do not promote the growth of MCF-7 xenografts in ovariectomized athymic nude mice. *Int. J. Cancer* **118**: 1316–1320.

189 Radovi B, Mentrup M, Köhrle J (2006) Genistein and other soy isoflavones are potent ligands for transthyretin in serum and cerebrospinal fluid. *Br. J. Nutr.* **95**: 1171–1176.

190 Register TC, Jayo MJ, Anthony MS (2003) Soy phytoestrogens do not prevent bone loss in postmenopausal monkeys. *J. Clin. Endocrinol. Metab.* **88**: 4362–4370.

191 Reinwald S, Weaver CM (2006) Soy isoflavones and bone health: a double-edged sword? *J. Nat. Prod.* **69**: 450–459.

192 Richelle M, Primore-Merten S, Bodenstab S, Enslen M, Offord EA (2002) Hydrolysis of isoflavone glycosides to aglycones by β-glycosidase does not alter plasma and urine isoflavone pharmacokinetics in postmenopausal women. *J. Nutr.* **132**: 2587–2592.

193 Ripp JA (1962) Soybean-induced goiter. *Am. J. Dis. Child* **102**: 106–109.

194 RIVM-Report 320103002/2004: Dietary intake of phytoestrogens, Online: http://www.rivm.nl/bibliotheek/rapporten/320103002.html

195 Roberts-Kirchhoff ES, Crowley JR, Hollenberg PF, Kim H (1999) Metabolism of genistein by rat and human cytochrome P450s. *Chem. Res. Toxicol.* **12**: 610–616.

196 Rolfe BG (1988) Flavones and isoflavones as inducing substances of legume nodulation. *Biofactors* **1**: 3–10.

197 Rolfe BG, Gresshoff PM (1988) Genetic analysis of legume nodule initiation. *Ann. Rev. Plant Physiol. Plant Mol. Biol.* **39**: 297–319.

198 Rowland I, Faughnan M, Hoey L, Wähälä K, Williamson G, Cassidy A (2003) Bioavailability of phyto-oestrogens. *Br. J. Nutr.* **89**: S45–S58.

199 Rowland I, Wiseman H, Sanders T, Adlercreutz H, Bowey E (1999) Metabo-

lism of oestrogens and phyto-oestrogens: role of the gut microflora. *Biochem. Soc. Trans.* **27**: 304–308.

200 Rowland IR, Wiseman H, Sanders TA, Adlercreutz H, Bowey EA (2000) Interindividual variation in metabolism of soy isoflavones and lignans: influence of habitual diet on equol production by the gut microflora. *Nutr. Cancer* **36**: 27–32.

201 Rüfer CE, Glatt H-R, Kulling SE (2006) Structural elucidation of hydroxylated metabolites of the isoflavon equal by GC/MS and HPCL/MS. *Drug Metab. Disp.* **34**: 51–60.

202 Rüfer CE, Maul R, Donauer E, Fabian EJ, Kulling SE (2006) In vitro and in vivo metabolism of the soy isoflavone glycitein. *Mol Nutr Food Res*, submitted.

203 Rüfer CE, Möseneder J, Bub A, Winterhalter P, Kulling SE (2005) Bioavailability of the soybean isoflavone daidzein in the aglycone and glucoside form. In: Macromolecules and their degradation products in food – Physiological, analytical and technological aspects. Eklund T, Schwartz M et al (Eds), Plenum Publishers, Vol 1, 53–56, ISBN 3-936028-31-1.

204 Rupp H, Zoller O, Zimmerli B (2000) Bestimmung der Isoflavone Daidzein und Genistein in sojahaltigen Produkte. *Mitteilung aus Lebensmitteluntersuchung und Hygiene* **91**: 199–223.

205 Rupp H, Zoller O, Zimmerli B (2000) Bestimmung der Isoflavone Daidzein und Genistein in sojahaltigen Produkten. *Mitteilungen aus Lebensmitteluntersuchung und Hygiene* **91**: 175–182.

206 Sachse J (1984) Quantitative HPLC-Bestimmung von Isoflavonen in Rotklee. *J. Chromatogr.* **16**: 175–182.

207 Scambia G, Mango D, Signorile PG, Angeli RA, Palena C, Gallo D, Bombardelli E, Morazzoni P, Riva A, Mancuso S (2000) Clinical effects of a standardized soy extract in postmenopausal women: a pilot study. *Menopause* **7**: 105–111.

208 Scheiber MD, Liu JH, Subbiah MTR, Rebar RW, Setchell KDR (2001) NAMS Fellowship Findings: Dietary inclusion of whole soy foods results in significant reductions in clinical risk factors for osteoporosis and cardiovascular disease in normal postmenopausal women. *Menopause* **8**: 384–392.

209 Schmitt E, Metzler M, Jonas R, Dekant W, Stopper H (2003) Genotoxic activity of four metabolites of the soy isoflavone daidzein. *Mutat. Res.* **542**: 43–48.

210 Schöfer L, Mohan R, Braune A, Birringer M, Blaut M (2002) Anaerobic C-ring cleavage of genistein and daidzein by *Eubacterium ramulus. FEMS Microbiol. Lett.* **208**: 197–202.

211 Setchell KD, Zimmer-Nechemias L, Cai J, Heubi JE (1997) Exposure of infants to phyto-oestrogens from soy-based infant formula. *Lancet* **350**: 23–27.

212 Setchell KDR (1998) Phytoestrogens: the biochemistry, physiology, and implications for human health of soy isoflavones. *Am. J. Clin. Nutr.* **68**: 1333–1346.

213 Setchell KDR, Brown NM, Desai P, Zimmer-Nechemias L, Wolfe BE, Brashear WT, Kirschner AS, Cassidy A, Heubi JE (2001) Bioavailability of pure isoflavones in healthy humans and analysis of commercial soy isoflavone supplements. *J. Nutr.* **131**: 1362S–1375S.

214 Setchell KDR, Brown NM, Desai P, Zimmer-Nechemias L, Wolfe BE, Jakata AS, Creutzinger V, Heubi JE (2003) Bioavailability, disposition, and dose-response effects of soy isoflavones when consumed by healthy women at physiologically typical dietary intakes. *J. Nutr.* **133**: 1027–1035.

215 Setchell KDR, Brown NM, Lydeking-Olsen E (2002) The clinical importance of the metabolite equol – a clue to the effectiveness of soy and its isoflavones. *J. Nutr.* **132**: 3577–3584.

216 Setchell KDR, Brown NM, Zimmer-Nechemias L, Brashear WT, Wolfe BE, Kirschner AS, Heubi JE (2002) Evidence for lack of absorption of soy isoflavone glycosides in humans, supporting the crucial role of intestinal metabolism for bioavailability. *Am. J. Clin. Nutr.* **76**: 447–453.

217 Setchell KDR, Cassidy A (1999) Dietary isoflavones: biological effects and relevance to human health., *J. Nutr.* **129**: 758S–767S.

218 Setchell KDR, Clerici C, Lephart ED, Cole SJ, Heenan C, Castellani D, Wolfe BE, Nechemias-Zimmer L, Brown NM, Lund TD, Handa RJ, Heubi JE (2005) S-Equol, a potent ligand for estrogen receptor beta, is the exclusive enantiomeric form of the soy isoflavone metabolite produced by human intestinal bacterial flora., *Am. J. Clin. Nutr.* **81**: 1072–1079.

219 Setchell KDR, Faughnan MS, Avades T, Zimmer-Nechemias L, Wolfe BE, Brashear WT, Desai P, Oldfield MD, Botting NP, Cassidy A (2003) Comparing the pharmacokinetics of daidzein and genistein with the use of [^{13}C]labeled tracers in premenopausal women, *Am. J. Clin. Nutr.* **77**: 411–419.

220 Setchell KDR, Gosselin SJ, Welsh MB, Johnston JO, Balistreri WF, Kramer LW, Dressler BL, Tarr MJ (1987) Dietary estrogens – a probable cause of infertility and liver disease in captive cheetah. *Gastroenterology* **93**: 225–233.

221 Setchell KDR, Zimmer-Nechemias L, Cai J, Heubi JE (1998) Isoflavone content of infant formulas and the metabolic fate of these phytoestrogens in early life, *Am. J. Clin. Nutr.* **68**: 1453S–1461S.

222 Severson RK, Nomura AMY, Grove JS, Stemmermann GN (1989) A prospective study of demographics, diet and prostate cancer among men of Japanese ancestry in Hawai. *Cancer Res.* **49**: 1857–1860.

223 Sfakianos J, Coward L, Kirk M, Barnes S (1997) Intestinal uptake and biliary excretion of the isoflavone genistein in rats. *J. Nutr.* **127**: 1260–1268.

224 Shelnutt SR, Cimino CO, Wiggins PA, Badger TM (2000) Urinary pharmacokinetics of the glucuronide and sulfate conjugates of genistein and daidzein. *Cancer Epidemiol. Biomarkers Prev.* **9**: 413–419.

225 Shephard TH, Pyne GE, Kirschvink JF, McLean M (1960) Soybean goiter. *N. Engl. J. Med.* **262**: 1099–1103.

226 Shutt DA, Braden AWH (1968) The significance of equol in relation to the oestrogenic responses in sheep ingesting clover with high formononetin content. *Aust. J. Agric. Res.* **19**: 545–553.

227 Slavin JL, Karr SC, Hutchins AM, Lampe JW (1998) Influence of soybean processing, habitual diet, and soy dose on urinary isoflavonoid excretion. *Am. J. Clin. Nutr.* **68**: 1492S–1495S.

228 Smith DA, Banks SW (1986) Biosynthesis, elicitation and biological activity of isoflavonoid phytoalexins. *Phytochemistry* **25**: 979–995.

229 Son HY, Nishikawa A, Ikeda T, Furukawa F, Hirose M (2000) Lack of modification by environmental estrogenic compounds of thyroid carcinogenesis in ovariectomized rats pretreated with N-bis(2-hydroxypropyl)nitrosamine (DHPN). *Jpn. J. Cancer Res.* **91**: 966–972.

230 Son HY, Nishikawa A, Ikeda T, Imazawa T, Kimura S, Hirose M (2001) Lack of effect of soy isoflavone on thyroid hyperplasia in rats receiving an iodine-deficient diet. *Jpn. J. Cancer Res.* **92**: 103–108.

231 Son HY, Nishikawa A, Ikeda T, Nakamura H, Miyauchi M, Imazawa T, Furukawa F, Hirose (2000) Lack of modifying effects of environmental estrogenic compounds on the development of proliferative lesions in male rats pretreated with N-bis(2-hydroxypropyl)nitrosamine (DHPN). *Jpn. J. Cancer Res.* **91**: 899–905.

232 Song T, Barua K, Buseman G, Murphy PA (1998) Soy isoflavones analysis: quality control and new internal standard. *Am. J. Clin. Nutr.* **68**: 1474S–1479S.

233 Sonoda T, Nagata Y, Mori M, Miyanaga N, Takashima N, Okumura K, Goto K, Naito S, Fujimoto K, Hirao Y, Takahashi A, Tsukamoto T, Fujioka T, Akaza H (2004) A case-control study of diet and prostate cancer in Japan: possible protective effect of traditional Japanese diet. *Cancer Sci.* **95**: 238–242.

234 Steer TE, Johnson IT, Gee JM, Gibson GR (2003) Metabolism of the soybean isoflavone glycoside genistin in vitro by human gut bacteria and the effect of prebiotics. *Br. J. Nutr.* **90**: 635–642.

235 Stephens FO (1997) Phytoestrogens and prostate cancer: possible preventive role. *Med. J. Aust.* **167**: 138–140.

236 Stewart BW, Kleihues P (Hrsg) (2003) World cancer report. IARC Press, London, 181–269.

237 Strauss L, Makela S, Joshi S, Huhtaniemi I, Santti R (1998) Genistein exerts estrogen-like effects in male mouse reproductive tract. *Mol. Cell Endocrinol.* **144**: 83–93.

238 Strick R, Strissel PL, Borgers S, Smith SL, Rowley JD (2000) Dietary bioflavonoids induce cleavage in the MLL gene and may contribute to infant leukemia. *Proc. Natl. Acad. Sci. USA* **97**: 4790–4795.

239 Strom SS, Yamamura Y, Duphorne CM, Spitz MR, Babaian RJ, Pillow PC, Hursting SD (1999) Phytoestrogen intake and prostate cancer: a case-control study using a new database. *Nutr. Cancer* **33**: 20–25.

240 Sung JF, Lin RS, Pu YS, Chen YC, Chang HC, Lai MK (1999) Risk factors for prostate carcinoma in Taiwan: a case-control study in a Chinese population. *Cancer* **86**: 484–491.

241 T'ein-Li Y, Hsiu-Yuan C (1977) The metabolic fate of daidzein. *Scientia Sinica* **20**: 513–521.

242 Tew B-Y, Xu X, Wang H-J, Murphy PA, Hendrich S (1996) A diet high in wheat fiber decreases the bioavailiability of soybean isoflavones in a single meal fed to women. *J. Nutr.* **126**: 871–877.

243 Tolleson WH, Doerge DR, Churchwell MI, Marques MM, Roberts DW (2002) Metabolism of biochanin A and formononetin by human liver microsomes in vitro. *J. Agric. Food Chem.* **50**: 4783–4790.

244 Uehara M, Lapcik O, Watanabe S, Adercreutz H (2000) Comparison of plasma and urinary phytoestrogens in Japanese and Finnish women using time-resolved fluoroimmunoassay. *Biofactors* **12**: 217–225.

245 Uehara M, Ohta A, Sakai K, Suzuki K, Watanabe S, Adlercreutz H (2001) Dietary fructooligosaccharides modify intestinal bioavailiability of a single dose of genistein and daidzein and affect their urinary excretion and kinetics in blood of rats. *J. Nutr.* **131**: 787–795.

246 UK-Committee-on-Toxicity. Phytoestrogens and health (2003) London, UK: Committee on Toxicity of Chemicals in Food, Consumer Products and the Environment; http://www.food.gov.uk/multimedia/pdfs/phytoreport0503.

247 Unfer V, Casini ML, Costabile L, Mignosa M, Gerli S, Di Renzo GC (2004) Endometrial effects of long-term treatment with phytoestrogens: a randomized, double-blind, placebo-controlled study. *Fertil Steril* **82**: 145–148.

248 Upmalis DH, Lobo R, Bradley L, Warren M, Cone FL, Lamia CA (2000) Vasomotoric symptom relief by soy isoflavone extract tablets in postmenopausal women: a multicenter, double-blind, randomised, placebo-controlled study. *Menopause* **7**: 236–242.

249 USDA-Iowa State University Database on the Isoflavone Content of Foods, Release 1.3–2002, http://www.nal.usda.gov/fnic/foodcomp/Data/isoflav/isoflav.html

250 van Erp-Baart M-AJ, Brants HAM, Kiely M, Mulligan A, Turrini A, Sermonta C, Kilkkinen A, Valsta LM (2003) Isoflavone intake in four different European countries: the VENUS approach. *Br. J. Nutr.* **89**: S25–S30.

251 van Wyk JJ, Arnold MB, Wynn J, Pepper F (1959) The effects of a soybean product on thyroid function in humans. *Pediatrics*, 752–760.

252 Vanderpump MPJ, Tunbridge WMG (2002) Epidemiology and prevention of clinical and subclinical hypothyroidism. *Thyroid* **12**: 839–847.

253 Villeneuve PJ, Johnson KC, Kreiger N, Mao Y (1999) Risk factors for prostate cancer: results from the Canadian National Enhanced Cancer Surveillance System – the Canadian Cancer Registries Epidemiology Research Group. *Cancer Causes Control* **10**: 355–367.

254 Walz V (1931) Isoflavon- und Saponin-Glucoside in Soja Hispida. *Justus Liebigs Ann. Chem.* **489**: 118–155.

255 Wang H-J, Murphy PA (1994) Isoflavone composition of American and Japanese soybeans in Iowa: effects of

variety, crop year, and location. *J. Agric. Food Chem.* **42**: 1674–1677.

256 Wang H-J, Murphy PA (1994) Isoflavone content in commercial soybean foods. *J. Agric. Food Chem.* **42**: 1666–1673.

257 Wangen KE, Duncan AM, Merz-Demlow BE, Xu X, Marcus R, Phipps WR, Kurzer MS (2000) Effects of soy isoflavones on markers of bone turnover in premenopausal and postmenopausal women. *J. Clin. Endocrinol. Metab. 85:3043–3048.*

258 Watanabe S, Yamaguchei M, Sobue T, Takahashi T, Miura T, Arai Y, Mazur W, Wähälä K, Adlercreutz H (1998) Pharmacokinetics of soybean isoflavones in plasma, urine and feces of men after ingestion of 60 g baked soybean powder (kinako). *J. Nutr.* **128**: 1710–1715.

259 Weber KS, Jacobson NA, Setchell KD, Lephart ED (1999) Brain aromatase and 5alpha-reductase, regulatory behaviors and testosterone levels in adult rats on phytoestrogen diets. *Proc. Soc. Exp. Biol. Med.* **221**: 131–135.

260 Wiseman H, Casey K, Bowey EA, Duffy R, Davies M, Rowland IR, Lloyd AS, Murray A, Thompson R, Clarke DB (2004) Influence of 10 wk of soy consumption on plasma concentrations and excretion of isoflavonoids and on gut microflora metabolism in healthy adults. *Am. J. Clin. Nutr.* **80**: 692–699.

261 Wiseman H, Casey K, Clarke DB, Barnes KA, Bowey E (2002) Isoflavone aglycon and glucoseconjugate of high- and low-soy U.K. foods in nutritional studies, *J. Agric. Food Chem.* **50**: 1404–1410.

262 Xu X, Harris KS, Wang H-J, Murphy P, Hendrich S (1995) Bioavailability of soybean isoflavones depends upon gut microflora in women. *J. Nutr.* **125**: 2307–2315.

263 Xu X, Wang H-J, Murphy PA, Cook L, Hendrich S (1994) Daidzein is a more bioavailable soymilk isoflavone than genistein in adult women. *J. Nutr.* **124**: 825–832.

264 Xu X, Wang H-J, Murphy PA, Hendrich S (2000) Neither background diet nor type of soy food affects short-term isoflavone bioavailability in women. *J. Nutr.* **49**: 3024–3033.

265 Yamamoto S, Sobue T, Kobayashi M, Sasaki S, Tsugane S; Japan Public Health Center-Based Prospective Study on Cancer Cardiovascular Diseases Group (2003) Soy, isoflavones, and breast cancer risk in Japan. *J. Natl. Cancer Inst.* **95**: 906–913.

266 Yan L, Spitznagel EL (2005) Meta-analysis of soy food and risk of prostate cancer in men. *Int. J. Cancer* **117**: 667–669.

267 Zhang Y, Hendrich S, Murphy PA (2003) Glucuronides are the main isoflavone metabolites in women. *J. Nutr.* **133**: 399–401.

268 Zhang Y, Wang GJ, Song TT, Murphy PA, Hendrich S (1999) Urinary disposition of the soybean isoflavones daidzein, genistein and glycitein differs among humans with moderate fecal isoflavone degradation activity. *J. Nutr.* **129**: 957–962.

269 Zheng Y, Hu J, Murphy P, Alekel DL, Franke WD, Hendrich S (2003) Rapid gut transit time and slow fecal isoflavone disappearance phenotype are associated with greater genistein bioavailiability in women. *J. Nutr.* **133**: 3110–3116.

270 Zheng Y, Lee S-O, Verbruggen MA, Murphy PA, Hendrich S (2004) The apparent absorptions of isoflavone glucosides and aglucons are similar in women and are increased by rapid gut transit time and low fecal isoflavone degradation. *J. Nutr.* **134**: 2534–2539.

271 Zimmerli B, Schlatter J (1997) Vorkommen und Bedeutung der Isoflavone Daidzein und Genistein in der Säuglingsanfangsnahrung. *Mitt. Gebiete Lebensm. Hyg.* **88**: 219–232.

272 Zubik L, Meydani M (2003) Bioavailability of soybean isoflavones from aglycone and glucoside forms in American women. *Am. J. Clin. Nutr.* **77**: 1459–1465.

66
Omega-3-Fettsäuren, konjugierte Linolsäuren und *trans*-Fettsäuren

Gerhard Jahreis und Jana Kraft

66.1
Omega-3-Fettsäuren

66.1.1
Chemie und Nomenklatur

Zu den ω-3-Fettsäuren zählen die polyungesättigten Fettsäuren (PUFA), bei denen sich die erste Doppelbindung am dritten Kohlenstoffatom – vom Methylende her gezählt – befindet (omega = letzter Buchstabe des griechischen Alphabetes). Da sich diese Fettsäurengruppe von den anderen Fettsäurenfamilien (ω-6, ω-9) sowohl aufgrund des spezifischen Stoffwechsels als auch ihrer besonderen physiologischen Eigenschaften unterscheidet, werden sie als separate Gruppe behandelt (Abb. 66.1).

Während die Chemie die Δ-Nomenklatur bevorzugt (Zählung vom Carboxylende beginnend), nutzt die Biomedizin die ω- (bzw. π-)Nomenklatur, um die spezifischen physiologischen Eigenschaften der Fettsäurengruppen zu betonen (Abb. 66.2).

66.1.2
Analytik der Fettsäuren

In der Fettanalytik sind die Methoden nach Folch et al. [40] bzw. nach Bligh und Dyer [12] die am häufigsten eingesetzten Verfahren zur Extraktion der Lipide [82]. In Abhängigkeit von der Lipidklasse (Triacylglyceride, Phospholipide, Cholesterolester) werden die Fettsäuren mithilfe von basischen oder sauren Methylierungsreagenzien in ihre entsprechenden Methylester derivatisiert [27]. Die am häufigsten angewendete Methode zur Analyse der Fettsäurenverteilung, anhand der durch Umesterung gewonnenen Fettsäurenmethylester (FAME), ist die Gaschromatographie (GC) gekoppelt mit einem Flammenionisationsdetektor (FID).

Kurze Kapillarsäulen (30 m, 60 m) mittlerer Polarität (z. B. vom Carbowaxtyp) gewährleisten die Trennung der FAME von C4 bis C25 einschließlich verzweigt-

Handbuch der Lebensmitteltoxikologie. H. Dunkelberg, T. Gebel, A. Hartwig (Hrsg.)

ISBN: 978-3-527-31166-8

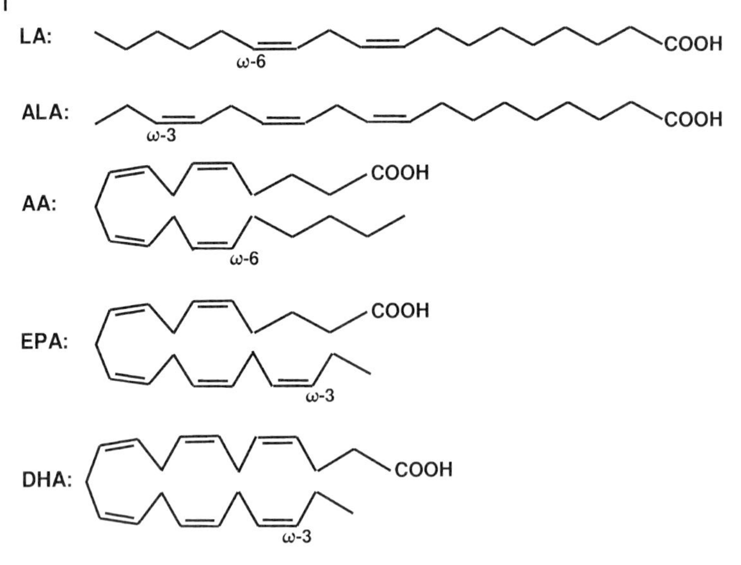

Abb. 66.1 Strukturformeln wichtiger ω-6- und ω-3-Fettsäuren: Linolsäure (LA), α-Linolensäure (ALA), Arachidonsäure (AA), Eicosapentaensäure (EPA) und Docosahexaensäure (DHA).

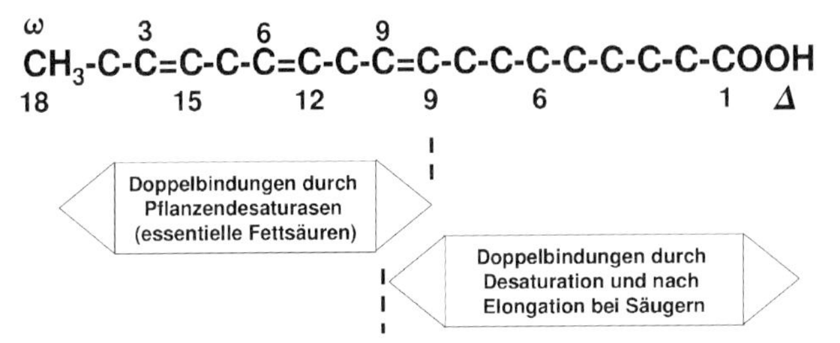

Abb. 66.2 Fettsäuren mit Doppelbindungen zwischen Δ-9 und dem Methylende werden in Pflanzen synthetisiert, damit sind Linolsäure und α-Linolensäure essenzielle Fettsäuren für den Menschen. Doppelbindungen zwischen Δ-9 und dem Carboxylende können durch Säugerdesaturasen eingefügt werden, die Effektivität ist teilweise extrem niedrig.

kettiger Strukturen. Die Separation der Positions- und Stellungsisomeren der Octadecensäure (C18 : 1) wird an hochpolaren (z. B. mit Cyanoalkylsiloxan belegte Phasen) langen Säulen (100 m, 200 m) erreicht. Als besonders hilfreiche Technik zur vollständigen Trennung der Positions- und Stellungsisomeren von Fettsäuren unterschiedlicher Kettenlänge und Doppelbindungsanzahl, die besonders in hydrierten pflanzlichen und tierischen (z. B. Fischöl) Fetten vorkommen, erweist sich die der GC-Analyse vorangehende Silberionen(Ag^+)-Dünnschichtchromatographie.

Zur vollständigen Strukturaufklärung von Fettsäuren, insbesondere von *t*FA, findet der kombinierte Einsatz von GC und Fourier-Transform-IR-Spektroskopie (GC-FTIR) sowie GC mit massenselektiven (MS) Detektoren (GC-MS) Verwendung [125].

Zur Analyse der CLA stehen gaschromatographische und flüssig-chromatographische Verfahren unter Verwendung verschiedener Detektionsmethoden zur Verfügung [104]. Für eine Gesamtanalyse der CLA werden GC-FID und Ag^+-HPLC-UV/DAD als komplementäre Techniken gewählt. Das Verfahren der GC-FID kann effektiv eingesetzt werden, um den CLA-Gesamtgehalt zu quantifizieren. Die Ag^+-HPLC-Methode ermöglicht die Trennung der CLA in ihre Positions- und Stellungsisomeren. Zur Strukturaufklärung der CLA werden MS- und FTIR-Detektoren verwendet. Die Lokalisation der Doppelbindung wird mithilfe von GC-MS identifiziert; mittels GC-FTIR kann die Doppelbindungskonfiguration im CLA-Molekül ermittelt werden.

66.1.3
Vorkommen und Gehalte in Lebensmitteln

Pflanzenöle enthalten keine LC-PUFA (LC=long chain). Als einzige ω-3-Fettsäure kommt ALA in Lein-, Raps-, Drachenkopf-, Perilla- und Sojaöl vor. Da bisher auch Margarine vorwiegend aus LA-reichen Pflanzenölen hergestellt wurde, enthalten die meisten Streichfette aus Pflanzenöl ebenfalls keine oder nur geringe Mengen an ω-3-Fettsäuren. Neuerdings werden vereinzelt reine Rapsölmargarineprodukte mit einem ALA-Gehalt von bis zu 10% der Gesamtfettsäuren angeboten. Das so genannte „ω-3-Brot" wird mit Leinöl supplementiert und ggf. weitestgehend geschmacksneutrales Lachsöl zugesetzt, so dass der Gesamtgehalt von EPA+DHA bis zu 100 mg/100 g Brot betragen kann. Außerdem werden verstärkt ALA-reiche Ölsaaten und DHA-haltige Algen in der Tierfütterung verwendet, um die Fettsäurenzusammensetzung tierischer Lebensmittel zu verbessern (Tab. 66.1).

Am besten gelingt die Anreicherung tierischer Produkte mit ω-3-FA bei Eiern (normales Hühnerei: 30 mg DHA, Anreicherung: 4–5fach) sowie Geflügel- und Schweinefleisch. Bei Wiederkäuern werden im Futter enthaltene ω-3-FA auf-

Tab. 66.1 ALA-, EPA- und AA-Gehalte in verschiedenen Käsearten (Angaben in mg/100 g) [52].

	Alpenkäse	Leinsamen-supplement [a]	Emmentaler	Cheddar
ALA	495	245	197	114
AA	37	20	19	24
EPA	39	23	20	16
ω-6/ω-3-FA [b]	1,1	1,4	1,5	2,5

a) Käse nach Fütterung von ALA-reichem Futter
b) FA = Fettsäuren.

Tab. 66.2 Gehalt an ALA, EPA und DHA im Muskelfleisch bei verschiedenen Rinderrassen (mg/100 g Muskelfleisch) [68].

	Limousin	Fleckvieh	Kreuzungstiere (Extensivrasse)	Scottish Highlands (Extensivrasse)
ALA	9,7	3,6	12,8	23,2
EPA	5,2	1,5	11,7	20,3
DHA	0,6	0,3	0,5	2,3
ω-6-/ω-3-FA	5,1	7,4	2,5	1,9

grund der Biohydrogenierung im Pansen nur zu einem sehr geringen Anteil in das Lebensmittel transferiert. Aus diesem Grunde enthalten Milch, Käse und Fleisch von Wiederkäuern nur relativ geringe Mengen an ω-3-FA (Tab. 66.1 und 66.2).

Die Lipide der Gräser und Kräuter bestehen je nach Herkunft bis zu 50% aus ω-3-FA. Besonders in höheren Lagen mit niedrigen Temperaturen wird ALA in den Membranen der Pflanzenzellen akkumuliert, um deren Funktion zu garantieren (niedriger Schmelzpunkt). Aus diesem Grunde reichern sich in Alpenkäse und Fleischlipiden von extensiv gehaltenen Rindern ALA, EPA und DHA an (Tab. 66.1 und 66.2).

Während mit der üblichen Nahrung nur geringe Mengen an LC-PUFA aufgenommen werden, enthalten fettreiche Fische etwa um zwei Zehnerpotenzen höhere Anteile an EPA und DHA (Tab. 66.3). Neben Lebertran und Fischölkonzentrat sind Makrele, Lachs, Thunfisch, Hering und Sardinen die besten Lieferanten für ω-3-FA. Wie bei Säugern ist auch bei Fischen die Synthese von LC-PUFA begrenzt. Die wichtigste ω-3-Nahrungsquelle der Meeresfische sind Mikroalgen, die in der Lage sind, LC-PUFA zu synthetisieren. In Aquakultur gehaltener Lachs enthält entsprechend weniger von diesen langkettigen Fettsäuren, wenn das Futter nicht adäquat angereichert wird.

Marine Mikroalgen, wie z. B. *Pavlova* und *Isochrysis*, sind wesentliche Lieferanten für ω-3-FA. Sie enthalten neben EPA auch hohe Anteile an DHA. Für Mikroalgen konnte die in Säugern nicht stattfindende Δ-4-Desaturation beschrieben werden (Abb. 66.3), indem zwei Gene (pavELO, IgD4) identifiziert wurden, die in einer Zwei-Schritt-Konversion EPA in DHA umwandeln [119].

Im Gegensatz dazu ist der Gehalt an DHA der zunehmend auch in Deutschland verzehrten Makroalgen nahezu zu vernachlässigen, sie sind aber reich an EPA (Tab. 66.4).

Die Palette der angebotenen Produkte umfasst neben ω-3-LC-PUFA-reichen Ölen (aus Algen oder Pilzen) hoch angereicherte Öle aus Plankton und getrocknete, ω-3-reiche Biomasse aus Algen. Die Erzeugnisse können entweder direkt Lebensmitteln im Sinne von Functional Food zugesetzt oder über das Tier in entsprechenden Produkten (z. B. Eiern) angereichert werden. Eiphospholipide dieser „ω-3-Eier" sind zwar teuere aber gut geeignete LC-PUFA-reiche Präparate zur Supplementation von Säuglingsnahrung. Es wird auch versucht, mittels

Tab. 66.3 Gehalt an ω-3-FA in Seefischen und Fischölen (Angaben in mg/100 g) [35].

	ω-3-FA	ω-6-FA	DHA	EPA
Fettarme Fische				
Barschartige Fische, gegart	190	46	107	53
Dorschartige Fische, gegart	185	23	120	55
Kabeljau, gegart	288	24	189	89
Zander, gegart	125	29	70	35
Seelachs	269	409	127	86
Heilbutt, gegart	482	147	216	150
Karpfen, gebraten	367	537	104	138
Fettreiche Fische				
Heringsfische	867	107	359	385
Flunder, gegart	884	169	322	415
Lachs, gegart	430	33	243	164
Makrele, gegart	2780	325	1500	938
Rotbarsch, gegart	853	201	482	235
Sardine, gebraten	1580	211	795	638
Thunfisch, Konserve in Öl	3550	1230	2290	847
Lebertran und Fischöl [g/100 g]				
Lebertran	–	–	8	12
Lachsöl-Konzentrat	–	–	12	18

Tab. 66.4 Ausgewählte Fettsäuren in Makroalgen (Angaben in mg/100 g getrocknete Algen) [29].

	Rotalgen		Braunalgen	
	Nori	Wakame	Konbu	Hijiki
EPA	59–1069	487–712	72–211	441–720
DHA	0	0	0	0
AA	54–450	517–656	99–138	51–95

gentechnischer Veränderung, die Synthese von ω-3-LC-PUFA in Pflanzen zu realisieren.

66.1.4
Aufnahme, Verteilung, Metabolismus

Für die USA konnte gezeigt werden, dass etwa 2/3 der Bevölkerung <100 mg ω-3-LC-PUFA pro Tag aufnehmen. Für die deutsche Bevölkerung wird ein Verzehr von fettem Seefisch in Höhe von 10 g/Tag geschätzt. Bei einem Fettgehalt von ca. 10% und einem 10%igen ω-3-FA-Anteil würde dies einer mittleren täglichen Zufuhr von ca. 100 mg entsprechen [141]. Da große Teile der Bevölke-

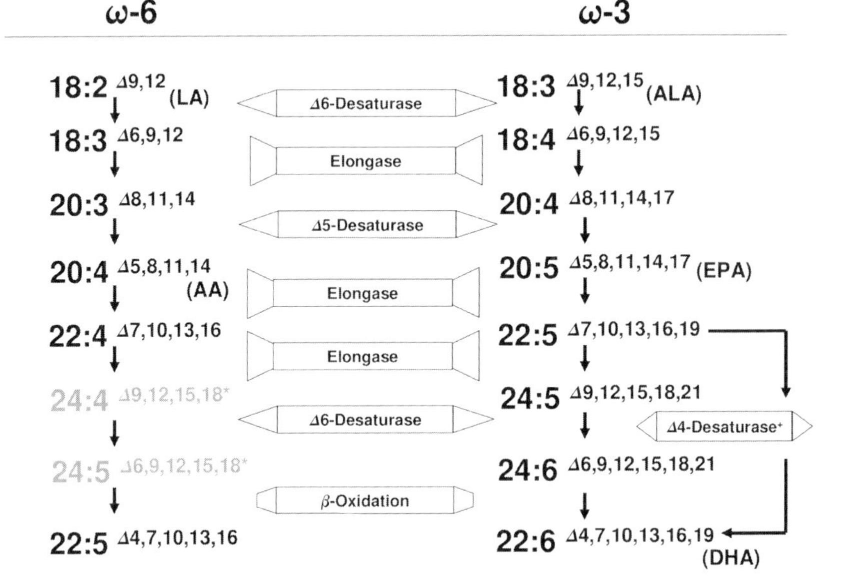

Abb. 66.3 Stoffwechselweg der ω-3- und ω-6-FA in Eukaryoten. Der ω-6-Stoffwechselpfad bis zur C22:5 ist noch nicht vollständig aufgeklärt. Die bisher unbekannten Zwischenprodukte sind grau dargestellt. Der ω-3-Stoffwechselpfad endet bei DHA. Mikroalgen verfügen über eine Δ-4-Desaturase, so dass C22:5 direkt in DHA umgewandelt werden kann. Bei Säugern ist die Umwandlung nur über den Sprecher-Stoffwechselpfad möglich, indem zunächst eine Elongation zu C24 erfolgt, wodurch die Δ-6-Desaturase wirksam werden kann. In den Peroxisomen erfolgt schließlich die Kettenverkürzung zu DHA.

rung teilweise oder gänzlich auf Fisch verzichten (müssen), besteht in Deutschland bei einem Teil der Bevölkerung eine Unterversorgung mit ω-3-LC-FA. Durch die über Jahre empfohlene Bevorzugung von LA-reichen Pflanzenölen und Margarinen wird die marginale Versorgung verstärkt, indem die überschüssigen ω-6-FA die Elongation und Desaturation von ALA inhibieren (Abb. 66.3). Nach den D-A-CH-Empfehlungen [28] sollte das ω-6/ω-3-Verhältnis 5:1 betragen. Unter üblichen Ernährungsbedingungen beträgt es >10:1.

Unter Supplementation verschiedener Dosen an Fischöl (bis 12 g/Tag) wurde während der gesamten Einnahmezeit von 28 Tagen ein Anstieg im Plasma beobachtet, der in den ersten Tagen besonders deutlich war [95]. Ein guter Biomarker für die Langzeitaufnahme einer Fettsäure ist die Anreicherung in der Erythrozytenmembran [84]. Die niedrige Einbaurate (bzw. geringe Austauschrate) von ω-3-LC-PUFA in die Zellmembranen erfordert allerdings lange Zeiten der Supplementation.

ALA galt bisher als wichtiger Präkursor (ω-3-Stoffwechselpfad), um ein konstantes Niveau an EPA und DHA in den Lipiden der Zellen zu erhalten (Abb. 66.3). In den letzten Jahren häuften sich die Hinweise, dass dieser Syntheseweg sehr ineffizient ist, zumindest wurde dies für das Gehirn gezeigt [123]. Unter Berücksichtigung der limitierenden Enzymaktivitäten sowie der inhibierenden Wirkung einer erhöhten ω-6-Fettaufnahme liegen die Angaben zur Umwandlungsrate von ALA in EPA bzw. DHA zwischen 10% und <1% [57, 141, 159]. Offensichtlich ist ALA ein wenig geeigneter Präkursor für *n*–3 LC-PUFA. Die Konversion scheint eher unter 1% zu liegen.

Damit steigt die Bedeutung der direkten Zufuhr an EPA und DHA für die effiziente Versorgung der Gewebe mit LC-PUFA. Folglich gibt es zwei Wege für den Einbau von ω-3-FA in die Zelllipide:
1. Synthese der LC-PUFA aus dem Präkursor ALA;
2. Inkorporation von ω-3-FA aus der Zirkulationssphäre (von Lipoproteinen bzw. Albumin-FA-Komplexen, aufgenommen mit der Nahrung).

Beim Vergleich verschiedener Tierspezies zeigte sich, dass der DHA-Anteil in den nicht neuronalen Geweben mit zunehmender Körpergröße abfällt, während der Prozentsatz an DHA im Gehirn unabhängig von der Spezies gleich ist. Die Trockenmasse des menschlichen Gehirns besteht zu 20% aus essenziellen Fettsäuren, davon sind 1/3 ω-3-FA. 50% der Fettsäuren in der Retina sind DHA [128]. Der Mechanismus dieser enormen Aufkonzentrierung ist bisher unbekannt.

Bei Populationen mit sehr hoher Zufuhr mariner Nahrung (Japaner, Inuit) enthält die Muttermilch bis zu 3% DHA der Gesamtfettsäuren; im Vergleich dazu beträgt der Anteil in Deutschland in Abhängigkeit von der Ernährung zwischen 0,2 und 1% DHA. Hingegen sind in den meisten Säuglingsnahrungen nach eigenen Untersuchungen in der Regel die tierischen Lipide durch pflanzliche Lipide ersetzt, so dass diese als einzige ω-3-FA nur die relativ unwirksame ALA enthalten. Nach heutigen Erkenntnissen ist es fraglich, ob ALA den ω-3-Bedarf von Säuglingen deckt oder ob nicht besser LC-PUFA supplementiert werden sollten [94, 103]. Nach der Definition wird ein Nährstoff dann als essenziell bezeichnet, wenn er direkt oder via Konversion eine lebenswichtige Funktion ausübt und wenn dieser endogen entweder nicht oder in zu geringen Mengen produziert wird, um den Bedarf zu decken. Aus diesem Grunde sollte zumindest in der Säuglings- und Kinderernährung DHA als semiessenzielle Fettsäure angesehen werden.

Bis zu einem Viertel der Fettsäuren in den menschlichen Testes ist DHA [128]. Im menschlichen Ejakulat beträgt der DHA-Anteil an den Gesamtfettsäuren über 50%. Bei Azoospermie sind in den Lipiden des Ejakulates nur 2–3% DHA enthalten.

Wirkung auf Genebene

ω-3-FA sind wichtige Regulatoren der PPAR-Expression, die für die Kontrolle von Schlüsselproteinen der Lipidhomöostase verantwortlich sind (Abb. 66.4). Infolge der Wechselwirkung zwischen PPAR und der PPRE wird die Fettsäurenaufnahme in die Zelle beeinflusst, da der Promotor von CD36 (einer Fettsäure-

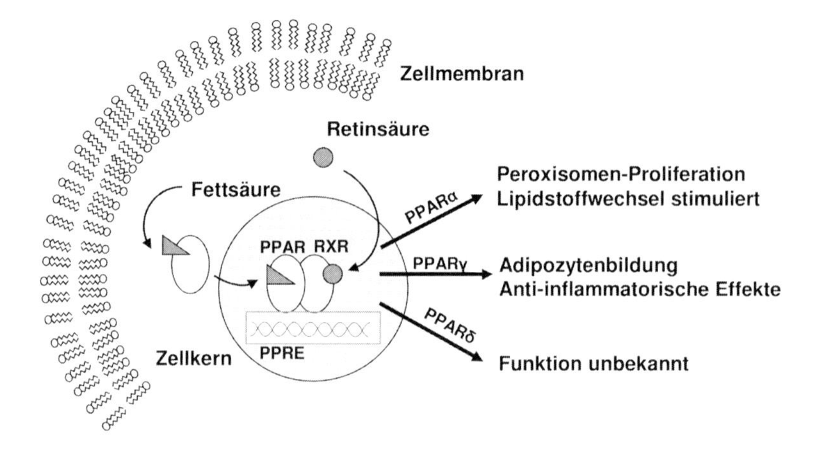

PPAR = peroxisome proliferator-activated receptor; PPRE = PPAR response elements; RXR = retinoid X receptor.

Abb. 66.4 Fettsäuren sind Liganden für PPAR. Diese bilden Heterodimere mit RXR und regulieren die Genexpression von PPRE. Es werden drei Subtypen von PPAR unterschieden: α, β (auch als δ bezeichnet) und γ.

translokase) PPARγ-Bindungsstellen (response elements) besitzt. In kultivierten Makrophagen üben EPA und DHA die stärkste induzierende Wirkung auf die CD36-mRNA-Expression im Vergleich zu anderen Fettsäuren aus [158]. Bisher gibt es allerdings noch keine Erkenntnisse zur in vivo-Regulation von CD36 durch ω-3-FA. Vorliegende Ergebnisse zeigen, dass ω-3- bzw. ω-6-FA sowohl als Agonisten als auch Antagonisten der PPAR-vermittelten Transkription fungieren können.

Bildung und Wirkung von Eicosanoiden

Aus den LC-PUFA entstehen Eicosanoide; entsprechend dem Wirkprofil wird zwischen ω-3- und ω-6-Derivaten differenziert. Die entstehenden Prostaglandine, Thromboxane und Leukotriene sind hochwirksame Mediatoren und unterscheiden sich je nach Ausgangsfamilie in ihren Wirkungen erheblich. Sie modulieren Entzündungsvorgänge, Immunantworten und beeinflussen die Thrombozytenaggregation, das Zellwachstum und die Zelldifferenzierung. Aus diesem Grunde spielen die Eicosanoide in der Genese von Krankheiten (Atherogenese, Karzinogenese, Insulinresistenz, Inflammation) eine entscheidende Rolle (Abb. 66.5).

Da unter den LC-PUFA die AA am häufigsten in den Membranen vorkommt, sind die meisten Eicosanoide Prostanoide der 2er Serie und Leukotriene der 4er Serie (zwei- bzw. vier Doppelbindungen). Sie sind besonders in der Embryonal- und frühkindlichen Entwicklung von Bedeutung. EPA ist das Substrat von Pros-

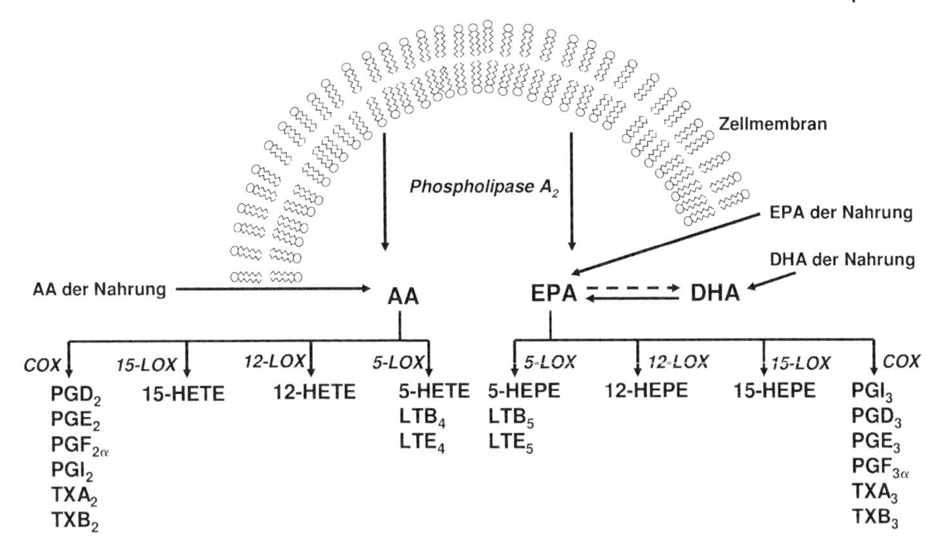

Abb. 66.5 Eicosanoide sind kurzlebige hormonähnliche Fettsäurenderivate mit einer Kettenlänge von 20 Kohlenstoffatomen (eicosa = 20). Nach Freisetzung der LC-PUFA aus der Zellmembran dienen diese als Substrate von COX, LOX oder Cytochrom-P450-Monooxygenasen. Unter dem Einfluss von COX entstehen Prostaglandine und Thromboxane. LOX generieren Leukotriene, Hydroxyfettsäuren sowie Lipoxine und unter dem Einfluss von Cytochrom-P450-Monooxygenasen werden LC-PUFA zu Hydroxy- und Epoxyfettsäuren oxidiert. In der Abbildung sind nur ausgewählte Eicosanoide aufgeführt.

tanoiden der 3er Serie und Leukotrienen der 5er Serie. Aus der Zellmembran freigesetzte EPA bzw. DHA hemmt die Aktivität der COX, wodurch u.a. die Produktion des proaggregatorisch wirkenden TXA_2 vermindert wird, d.h., die Thrombozytenaggregation und die Thrombenbildung sind weniger wahrscheinlich.

Die ω-3-LC-PUFA, besonders EPA, sind schlechtere Substrate für die Metabolisierungsenzyme als AA. Bei deren Supplementation wird folglich die Nettosynthese an Eicosanoiden vermindert. Auf diese Weise hemmt mit der Nahrung aufgenommene DHA die Bildung von PGE_2 und LTB_4 entweder direkt oder durch die Retrokonversion zu EPA [17]. DHA stellt möglicherweise eine Speicherform für EPA dar (Abb. 66.5).

Insgesamt gelten die Eicosanoide der AA als proinflammatorisch, obwohl für PGE_2 auch antiinflammatorische Eigenschaften gezeigt werden konnten [126]. Summarisch werden den Eicosanoiden der EPA antiinflammatorische Effekte zugeschrieben. PGE_2, LTB_4, TXA_2 und 12-HETE – Oxidationsprodukte der AA – stehen im Verdacht, karzinogene Prozesse zu unterstützen [134]. So fördert z.B. PGE_2 die Karzinogenese durch Hemmung der Apoptose und Stimulation der Zellproliferation [89]. LTB_4 stimuliert die Genese von reaktiven Sauerstoffspezies und damit die DNA-Schädigung [16].

66.1.5 Wirkungen beim Menschen

Zu den Wirkungen der ω-3-LC-PUFA beim Menschen gibt es eine Vielzahl von Studien. Entsprechend der Vielfalt der gebildeten Eicosanoide und deren unterschiedlicher Einflüsse auf die Signaltransduktion wird von verschiedenen Effekten berichtet (Tab. 66.5).

Inzwischen besteht Evidenz, dass ω-3-LC-PUFA verschiedene kardiovaskuläre Risikofaktoren mindern:

- Senkung der Serumtriacylglyceride
- Erhöhung von HDL-Cholesterin (langfristig)
- Abfall von (erhöhtem) Blutdruck
- Reduktion der Thrombozytenaggregation
- Verlängerung der Blutungszeit
- Verbesserung der Fließeigenschaften des Blutes
- Vorbeugung von Arrhythmien des Herzens
- Hemmung des Wachstums arteriosklerotischer Plaques
- antiinflammatorische Wirkung
- Stimulation der Endothel-abhängigen NO-Bildung.

Zwei große Interventionsstudien zeigten, dass Patienten, die täglich etwa 1 g ω-3-LC-PUFA aufnahmen, signifikant seltener an den Folgen eines Infarktes verstarben im Vergleich zur Kontrolle [31, 45]. Auch der Herztod nach Reinfarkt konnte durch die ω-3-Supplementation signifikant gesenkt werden. Die ω-3-LC-PUFA üben eine den Herzrhythmus stabilisierende Wirkung aus.

Tab. 66.5 Übersicht zu den Wirkungen der ω-3-LC-PUFA beim Menschen.

Metabolische Wirkungen
- Senkung der Plasmalipide
- Verbesserung der Insulinwirkung
- Risikominderung des Typ-2-Diabetes

Immunologische Wirkungen
- Minderung der Progression bzw. von Rezidiven bei Morbus Crohn, Lupus und anderen Autoimmunerkrankungen
- Modulation der Immunantwort

Antikarzinogene Wirkung
- Einschränkung der Proliferation bei Kolon-, Prostata- und Brustkrebs

Antiinflammatorische Wirkungen
- Verminderung der Symptome bei rheumatoider Arthritis
- Verbesserung des Verlaufes entzündlicher Darmerkrankungen
- Prävention von koronarer Herzkrankheit und Infarkt

Andere Wirkungen
- Förderung der neuronalen Entwicklung
- Minderung der Prävalenz von Lungenerkrankungen

Die durch ω-3-LC-PUFA-Aufnahme modifizierte Zusammensetzung der Zellmembran beeinflusst Mechanismen (z. B. geringere Creatinkinase-Aktivität), die pathologische Prozesse bei Diabetes und Insulinresistenz im positiven Sinne verändern [113].

Bei entzündlichen Erkrankungen können ω-3-LC-PUFA unterstützend mit dem Ziel eingesetzt werden, die Dosierung der Glucocorticoide herabzusetzen. In diesem Falle soll die proinflammatorische Wirkung der Leukotriene (hauptsächlich LTB_4 aus AA) eingeschränkt werden. Dies trifft besonders für solche Erkrankungen zu wie rheumatoide Arthritis, Asthma, Morbus Crohn und Colitis ulcerosa [145]. Die Anhebung des ω-3/ω-6-Verhältnisses ist eine gute Möglichkeit, über die Diät inflammatorische Prozesse einzuschränken [30]. Verschiedene doppelblind-placebokontrollierte Interventionsstudien mit ALA und Fischöl haben bei rheumatoider Arthritis eine signifikante Verbesserung des Krankheitsbildes erbracht [18]. Allerdings konnte in anderen Studien die Wirksamkeit der Supplementation von ω-3-LC-PUFA bei Rheumatikern nicht bestätigt werden; selbst bei relativ hohen Dosen war kein antiinflammatorischer Effekt nachweisbar [127].

Von Bedeutung sind ω-3-LC-PUFA auch für die neuronale Entwicklung und für die Sehfunktion [88]. So korrelieren z. B. bei Kindern das fetale Alkoholsyndrom, Hyperaktivität und Verhaltensstörung mit einer geringen DHA-Zufuhr [59]. DHA-Mangel wird auch in Zusammenhang mit mentalen und psychomotorischen Schäden gebracht (Lern- und Gedächtnisleistung, Motorik). Es konnte gezeigt werden, dass DHA das Neuritenwachstum fördert, während AA dieses hemmt [62]. Jüngste Untersuchungen unterstreichen, dass ein DHA-Mangel die Neuritenentwicklung einschränkt und damit Ursache für eine kognitive Retardierung sein kann [19].

Nach epidemiologischen Untersuchungen erhöht eine hohe Aufnahme von gesättigten Fettsäuren das Risiko für Kolon- und Brustkrebs, während eine hohe Zufuhr von Fischöl mit einer niedrigeren Inzidenz bestimmter Krebserkrankungen verknüpft ist [20, 149]. Andererseits erhöhte ein geringerer Fischverzehr und eine höhere Aufnahme an ω-6-reichen Ölen bei japanischen Frauen aufgrund veränderter Verzehrgewohnheiten im Laufe der letzten Jahrzehnte die Brustkrebsinzidenz [85]. Als mögliche Mechanismen werden in erster Linie die erhöhte Eicosanoidbiosynthese aus AA sowie eine veränderte Aktivierung einzelner Signaltransduktionswege diskutiert. Darüber hinaus zeigten sich auch Einflüsse der ω-3-LC-PUFA auf den Östrogenstoffwechsel, die Insulinsensitivität und die Membranfluidität [87].

Die gesundheitsfördernden Effekte von ω-3-FA sind evident; allerdings wurde in den meisten Studien nicht zwischen EPA und DHA differenziert, sondern in der Regel eine Mischung aus beiden und teilweise weiteren Fettsäuren genutzt. Auch das Verhältnis ω-3-LC-PUFA zur Gesamtfettaufnahme variierte stark. Es scheint allerdings eine Präferenz für DHA hinsichtlich der postprandialen Inkorporation in die VLDL-Triacylglyceride beim Menschen zu geben [53]. Diese Fettsäure ist offensichtlich effektiver bei der Absenkung der Triacylglyceridkonzentration und bezüglich koronarprotektiver Effekte im Vergleich zu EPA [55].

DHA hat auch auf Genebene die größte Wirkung hinsichtlich Transkription und Regulation im Vergleich zu EPA und ALA. Obwohl EPA und DHA ähnliche Bioaktivitäten aufweisen, bestehen Unterschiede in der Wirksamkeit der ω-3-FA in Abhängigkeit vom Ort der weiteren Metabolisierung. Mit den Mitteln der Zell- und Molekularbiologie sowie durch die Nutzung von transgenen Tiermodellen mit differentem Fettsäurenstoffwechsel werden zukünftig exaktere Aussagen zur Wirkung der ω-3-FA auf Zellebene bzw. in spezifischen Geweben möglich sein.

66.1.6
Gefährdungspotenzial: Unter- und Überversorgung

Es liegen verschiedene Untersuchungen zur akuten und subchronischen Toxizität sowie zum Einfluss auf die Reproduktionsleistung und zur Genotoxizität von DHA-reichen Präparaten aus marinen Mikroalgen vor [83]. DHA-Öl erwies sich als nicht mutagen im Ames-Test und im Chromosomenaberrationstest. Studien zur akuten Toxizität wurden an Labornagern mit Dosen von 2 g DHA-Öl/kg KG durchgeführt, wobei keine adversen Effekte auftraten. Die bisher vorliegenden Ergebnisse lassen die vorläufige Schlussfolgerung zu, dass Zufuhrmengen von bis zu 6 g DHA/Tag allein oder in verschiedenen Kombinationen mit EPA keine ungünstigen Effekte auf die menschliche Gesundheit hervorrufen [83]. Gezielte Interventionsstudien hinsichtlich des Gefährdungspotenzials stehen noch aus.

Aufnahmen von 3–4 g EPA + DHA pro Tag erhöhen die Blutungszeiten. Bei Personen, die hohe Dosen an diesen LC-PUFA aufnehmen, ist Vorsicht geboten, besonders wenn Störungen der Blutgerinnung und der Thrombogenese vorliegen [58]. EPA- und DHA-Supplemente können auch die Neigung zur Diarrhö erhöhen bzw. gastrointestinale Störungen hervorrufen; dies wurde besonders bei der Aufnahme von Fischölkapseln beobachtet.

66.1.7
Empfehlungen, Grenzwerte

Die D-A-CH-Referenzwerte [28] empfehlen eine Zufuhr an ω-3-FA in Höhe von 0,5% der täglichen Energiezufuhr (ω-6-FA 2,5 Energie%; ω-6/ω-3 = 5 : 1). Bei einer Energieaufnahme von 2000 kcal/Tag entspricht das 10 kcal ω-3-Fett/Tag oder 1 g ALA. Angaben zu den LC-PUFA erfolgen nicht. Die International Society for the Study of Fatty Acids and Lipids (ISSFAL) [66] empfiehlt eine Zufuhr von jeweils mindestens 200 mg EPA bzw. DHA/Tag (Tab. 66.6).

Auch der allgemein empfohlene Verzehr von zwei Fischmahlzeiten pro Woche entspricht einer Zufuhr von etwa 300–400 mg EPA + DHA/Tag (kalkuliert mit 30 g Fisch/Tag). Weitere Studien und Empfehlungen verschiedener Länder bestätigen den Wert für die wünschenswerte Zufuhr von mindestens 300 mg ω-3-LC-PUFA/Tag.

Tab. 66.6 Zufuhrempfehlung wichtiger Fettsäuren für Erwachsene [66].

Fettsäure	g/Tag (bezogen auf 2000 kcal)	Energie [%]
LA	4,4	2,0
oberes Limit	6,7	3,0
ALA	2,2	1,0
DHA+EPA	0,65	0,2
DHA minimal	0,22	0,1
EPA minimal	0,22	0,1

Die Zufuhr sollte so gestaltet werden, dass das Verhältnis von AA/EPA in den Cholesterylestern der Serumlipide <2 ist [71]. Dieses kann als Orientierungsgröße zur Einschätzung der individuellen Ernährungsstrategien dienen; bei den Eskimos liegt es bei 0,7.

Grenzwerte für eine maximale Aufnahme an ω-3-LC-PUFA gibt es in der Literatur nicht. Die früher übliche hohe Empfehlung für die Aufnahme von ω-6-Fett (LA) wurde in den letzten Jahren drastisch reduziert, und erstmalig wurde für LA ein oberes Limit von maximal 6,7 g/Tag angegeben (Tab. 66.6). Hoch ungesättigte Fettsäuren fördern die Peroxidation, und Bruchstücke der Fettoxidation (Aldehyde) können als Addukte DNA-Schäden verursachen. LC-PUFA enthalten die doppelte oder dreifache Anzahl an Doppelbindungen im Vergleich zur LA, wodurch die Oxidationsneigung signifikant steigt. Eine gleichzeitige adäquate Versorgung mit Antioxidantien (1 mg Tocopheroläquivalente pro g Pentaen-FA bzw. 1,2 mg pro g Hexaen-FA) ist daher zu gewährleisten. Eine uneingeschränkte Anwendung hoch dosierter Fischölkapseln (>1 g/d) kann nicht empfohlen werden. Ebenso wie für LA beschrieben werden entsprechende Interventionsstudien zukünftig vermutlich derartige Hinweise liefern.

66.2 Konjugierte Linolsäuren

66.2.1 Chemie und Nomenklatur

Im Jahre 1935 wurde erstmals das Vorkommen von Fettsäuren mit konjugierten Doppelbindungen beschrieben [13]. Ende der 1980er Jahre isolierte die Arbeitsgruppe von Pariza aus einem Extrakt von gegrilltem Rindfleisch eine Substanzklasse, die später als konjugierte Linolsäuren (conjugated linoleic acids, CLA) klassifiziert wurde [50]. CLA bestehen aus 18 Kohlenstoffatomen mit zwei Doppelbindungen in Konjugation an verschiedenen Positionen im Molekül. In mehrfach ungesättigten Fettsäuren liegen Doppelbindungen in der Regel isoliert vor, so dass sich zwischen den Doppelbindungen eine Methylengruppe be-

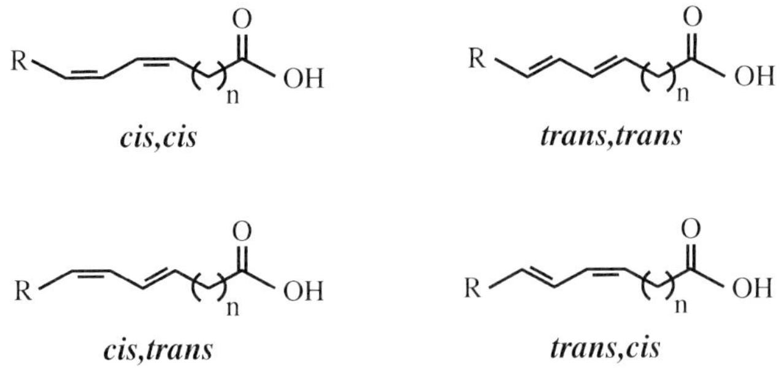

cis,cis *trans,trans*

cis,trans *trans,cis*

Abb. 66.6 Strukturvergleich der CLA.

findet (z. B. Δ-9, -12). Doppelbindungen in CLA hingegen sind nur durch eine Einfachbindung unterbrochen (lat. con-iungo: unter einem Joch, zusammenhängend). CLA bestehen aus geometrischen und Positionsisomeren. Die konjugierten Doppelbindungen können sich theoretisch an den Positionen 2,4 bis 15,17 in der Kohlenstoffkette befinden. Jede Doppelbindung in den Positionen 2,4 bis 14,16 kann in *cis,cis-(c,c-), trans,trans-(t,t-), cis,trans-*(*c,t*-) oder *trans,cis-*(*t,c*-)Konfiguration im Molekül vorliegen (Abb. 66.6). Lediglich zwei Isomeren mit Doppelbindungen an den Positionen 15 und 17 sind denkbar (die Doppelbindung an der Position 15 kann *cis-* oder *trans-*konfiguriert sein, während die Position 17 keine Doppelbindung besitzt). Folglich sind 54 Isomeren der CLA möglich.

66.2.2
Bildung

CLA werden im Pansen von Wiederkäuern als Intermediat bei der bakteriellen Hydrogenierung aus mehrfach ungesättigten Fettsäuren unter dem Einfluss der Linolsäureisomerase des Pansenbakteriums *Butyrivibrio fibrisolvens* gebildet (Abb. 66.7). Dabei werden die Lipide, die mit der Nahrung aufgenommen werden, durch mikrobielle Lipasen hydrolysiert und die mehrfach ungesättigten Fettsäuren anschließend hydrogeniert [48].

Eine weitere Möglichkeit der CLA-Bildung ist die endogene Synthese im Gewebe aus dem Präkursor *trans-*Vaccensäure (*t*VA; *t*11-C18:1). Diese wurde sowohl bei Wiederkäuern als auch bei Monogastriden nachgewiesen [49, 81, 155]. Die Umwandlung von *t*VA zu *c*9,*t*11-CLA wird durch die Δ9-Desaturase katalysiert. Mit Hilfe der Δ9-Desaturase wird zwischen dem 9. und 10. Kohlenstoffatom eine *cis-*Doppelbindung eingefügt (Abb. 66.8).

Chemisch werden CLA entweder durch alkalische Isomerisierung LA-reicher Pflanzenöle (Soja-, Saflor- oder Sonnenblumenöl) oder durch Verwendung selektiver Lipasen synthetisiert [46]. Der CLA-Gehalt im Produkt hängt von der LA-Konzentration im Ausgangsmaterial ab. Je nach Prozessführung können diese Präparationen aus sehr komplexen CLA-Gemischen bestehen. Ferner besteht die Möglichkeit der mikrobiellen CLA-Produktion mit Kulturen [124]. Der Voll-

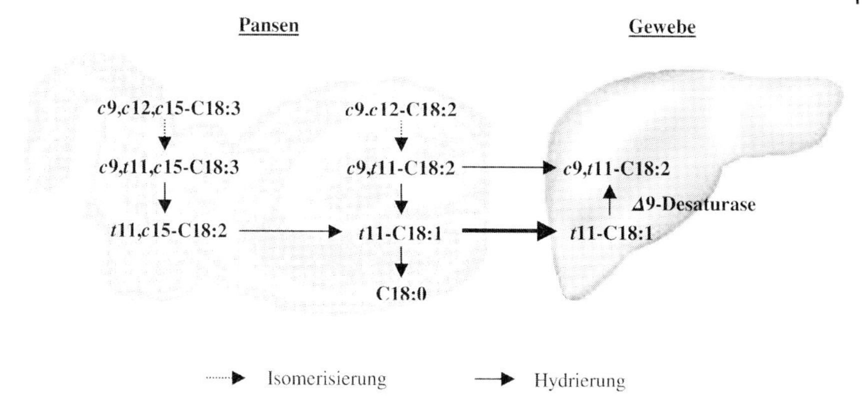

Abb. 66.7 Mikrobielle Bildung von CLA im Pansen bzw. durch Konversion aus *t*VA im Gewebe.

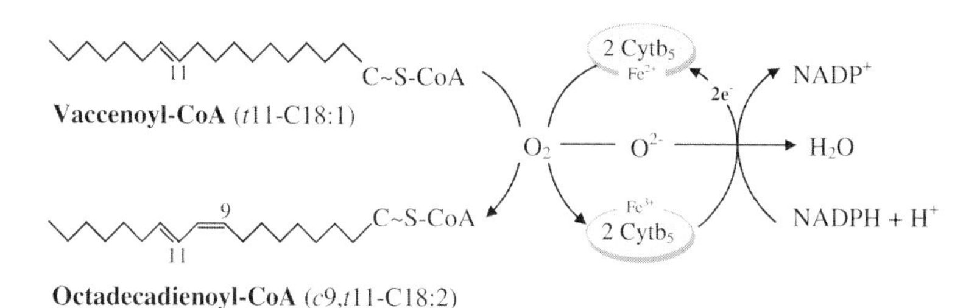

Abb. 66.8 Desaturierung von *t*VA zu *c*9,*t*11-CLA.

ständigkeit halber sei an dieser Stelle die Synthese von CLA aus freier Linolsäure unter Beteiligung von freien Radikalen und Proteinen mit schwefelhaltigen Aminosäureresten erwähnt, die sowohl *in vivo* bei oxidativen Stoffwechselmechanismen als auch *in vitro*, beispielsweise bei der Verarbeitung von Lebensmitteln, stattfindet [36].

66.2.3
Vorkommen, Verbreitung und Aufnahme

Milch und Milchprodukte sowie Fleisch und Fleischerzeugnisse von Wiederkäuern stellen die Hauptquellen der CLA-Versorgung des Menschen dar (Tab. 66.7). Eine weitere relevante CLA-Quelle sind Verarbeitungsprodukte wie Kuchen, Snacks, Gebäck und Schokolade, deren CLA-Gehalt in Abhängigkeit von der verwendeten Milchfettmenge stark variiert. Fleisch von Nichtwiederkäuern, wie Schweine- und Geflügelfleisch, enthält deutlich geringere Mengen an CLA. Fisch und maritime Produkte spielen in der CLA-Versorgung aufgrund sehr geringer Gehalte keine Rolle. Pflanzenfette enthalten nur Spuren an CLA. In Margarinen wurden CLA nachgewiesen, die scheinbar von der Prozessführung ab-

Tab. 66.7 Mittlerer CLA-Gehalt in verschiedenen Lebensmittelgruppen (mg/g Fett) [22, 43].

Lebensmittel	ΣCLA
Milchprodukte	
Milch	5,5–10,4
Butter	4,7–8,5
Käse	2,9–7,1
Joghurt	4,8–6,3
Fleisch	
Wiederkäuer	3,9–10,8
Schwein	0,4–0,6
Geflügel	0,3–1,5
Fisch und -produkte	0,1–0,8
Backwaren	0,2–4,0
Speisefette/Öle	<0,1
Süßwaren	0,1–1,2

Tab. 66.8 Geschätzte CLA-Aufnahme in verschiedenen Ländern (mg/d) [80].

Land	CLA-Aufnahme	Frauen	Männer
Australien	500–1500		
Deutschland		350	520
Finnland	40–310		
Kanada		295	332
USA		150	210
England	157		
Niederlande		200	–

hängen. Pflanzenöle und Margarinen haben aber mengenmäßig keine Bedeutung für die Gesamtzufuhr an CLA. Auffällig ist die enorme Schwankungsbreite der CLA-Gehalte in den Lebensmitteln. Im Milchfett variiert der CLA-Gehalt in Abhängigkeit von der Spezies, Rasse, genetischen Disposition, Fütterung, Haltungsbedingung (ökologisch versus konventionell) sowie von der Laktationsanzahl, dem Laktationsstadium und vom Alter der Tiere [67, 111, 144]. In Milchprodukten kann der Gehalt an CLA außerdem aufgrund unterschiedlicher Verarbeitungsparameter (Wärmebehandlung, Starterkulturen, mikrobielle Fermentation, Lagerung, Reifung) schwanken [43].

Die Angaben zur durchschnittlichen CLA-Aufnahme mit der Nahrung variieren in der Literatur in Abhängigkeit von der verwendeten Evaluationsmethode zwischen 50 bis 1500 mg CLA pro Person und Tag (Tab. 66.8). Je nach Land und Lebensmittelauswahl bestehen große Unterschiede in der zugeführten Menge an CLA. Die Schätzwerte geben einen guten Einblick in die individuellen Verzehrsgewohnheiten der Bevölkerung in Abhängigkeit von der Kultur. Es ist anzunehmen, dass Populationen, die durch einen hohen Verzehr an Schaf(milch)fett gekennzeichnet sind (z. B. Bulgaren, Neuseeländer) entsprechend mehr CLA aufnehmen. Alter und Geschlecht spielen ebenfalls eine entscheidende Rolle bei der CLA-Zufuhr. Weibliche Personen und junge Menschen nehmen weniger CLA auf als männliche Personen und Personen der Altersgruppe oberhalb von 30 Jahren [99].

66.2.4
Pharmakokinetik

Bis auf wenige Ausnahmen liegen CLA in Lebensmitteln triacylglyceridgebunden vor. Es gibt Hinweise, dass in dieser Form aufgenommene CLA besser absorbiert werden als die in freier Form [63]. Die Verdaulichkeit der CLA liegt bei ca. 95% [80]. Die fäkale Ausscheidung an CLA unterliegt einer starken individuellen Variation in Abhängigkeit von Absorption sowie von der mikrobiellen Synthese im Caecum und Kolon. Wie langkettige Fettsäuren werden CLA in der Darmmukosazelle zu Triacylglyceriden reverestert, in Chylomikronen eingeschlossen, an das Lymphsystem abgegeben und zur Leber transportiert. Dort unterliegen sie nur marginal der β-Oxidation und gelangen schließlich in das Fettgewebe. Aufgrund ihrer Kettenlänge sind CLA für die Deponierung in den Adipozyten prädestiniert. Der Einbau von CLA in die verschiedenen Gewebe hängt von den in den Geweben enthaltenen Lipidklassen ab. Sie werden überwiegend in Neutrallipide und im begrenzten Ausmaß in Phospholipide inkorporiert [63]. Ein Teil der absorbierten CLA wird analog wie Linolsäure metabolisiert (Elongation, Desaturation; Abb. 66.9) [46].

CLA wurden in zahlreichen Geweben bzw. Sekreten des Menschen wie Blutserum, Galle, Darmsaft, Fettgewebe, Lunge, Knochenmark und vor allem in der Muttermilch nachgewiesen [21, 72]. Dabei steht der CLA-Gehalt im Fettgewebe und in der Muttermilch im direkten Zusammenhang mit der nutritiven Zufuhr. Unter dem Einfluss der Δ9-Desaturase werden beim Menschen in Abhängigkeit von Geschlecht (Fettgewebsanteil, Hormonstatus), Ernährung, Genexpression, Sättigungskinetik und physiologischem Zustand des Organismus etwa 20–25% *c*9,*t*11-CLA aus *t*VA gebildet [84, 155]. Ferner gibt es Hinweise, dass CLA beim Menschen auch infolge anaerober mikrobieller Aktivitäten im Darm oder einer durch freie Radikale induzierten Isomerisierung aus Linolsäure entstehen [74]. Diese würden allerdings nur in geringen Mengen absorbiert werden.

66.2.5
Wirkungen

Zahlreiche Untersuchungen sowohl *in vitro* als auch an verschiedenen Tiermodellen (Nager, Geflügel, Schwein) und zum Teil auch Studien mit Probanden belegen positive physiologische Wirkungen der CLA (Tab. 66.9). Nachfolgend sollen die bedeutendsten Eigenschaften der CLA näher charakterisiert werden.

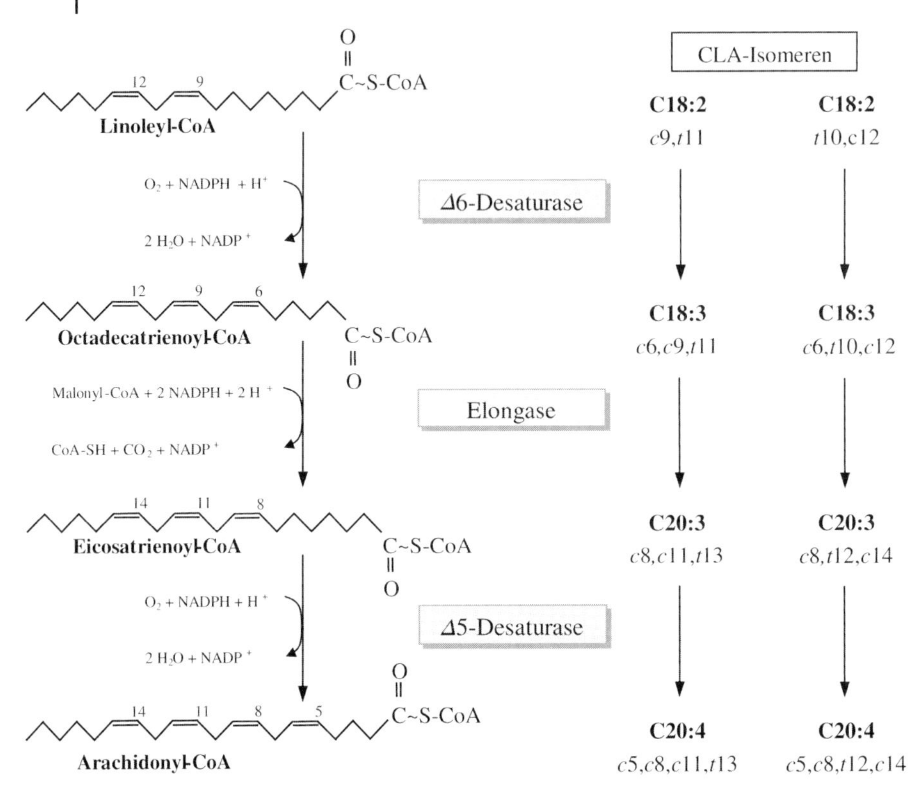

Abb. 66.9 Metabolismus der Linolsäure im Vergleich zu *c*9,*t*11- und *t*10,*c*12-CLA.

Tab. 66.9 Entdeckungsgeschichte der CLA-Eigenschaften.

Jahr	Physiologische Wirkung
1987	Antikarzinogene Eigenschaften [50]
1993	Immunmodulierende Eigenschaften [25]
1994	Antiatherogene Eigenschaften [90]
1995	Modulation der Körperzusammensetzung [115]
1997	Modulation der Knochenmasse [140]
1998	Antidiabetogene Eigenschaften [60]
1999	Antithrombotische Eigenschaften [152]

Modulation der Körperzusammensetzung

Mit verschiedenen Tiermodellen (Mäuse, Ratten, Kaninchen, Hamster, Küken, Fische und Schweine) konnte gezeigt werden, dass CLA den Körperfettansatz vermindern [117]. Als wirksames Isomere wurde *t*10,*c*12-CLA identifiziert (Tab. 66.10).

Tab. 66.10 Einflüsse von *t*10,*c*12-CLA auf die Adipogenese.

Änderung des Verzehrs
- Verminderung der Futter- oder Energieaufnahme durch Stimulation der UCP2-Expression [133, 148]

Beeinflussung des Fettsäurenmetabolismus in Leber und Fettgewebe
- Hemmung der Lipogenese durch Verminderung der Expression lipogener Enzyme (ACC, LPL, FAS, SCD) [23, 116, 153]
- Steigerung der Lipolyse durch Senkung des Leptinspiegels [101, 165] oder Aktivitätssteigerung der Triacylglyceridlipase [114]

Modulation der Zellentwicklung
- Stimulation der Apoptose durch erhöhte mRNA-Expression von TNF-α und UCP-2 [38, 135]
- Hemmung der Zellproliferation und -differenzierung infolge verminderter mRNA-Expression von PPARγ, C/EBPα und aP2 [14, 136]

Stimulation der Fettoxidation
- Stimulation der CPT-Aktivität [38, 96]
- Verminderter respiratorischer Quotient [112]

Änderung der Adipozytengröße
- Verminderung der Zellgröße infolge verminderter Fettdeposition [5, 142]; aber keine Reduktion der Zellzahl [122]

Alle Studien sind an wachsenden Tieren mit CLA-Dosen von 0,5 bis 5,0% im Futter durchgeführt worden. Mäuse sprachen unter den untersuchten Spezies auf die CLA-Applikation am stärksten an (bis zu 70% Fettmasseverlust). In jungen wachsenden Tieren hemmt *t*10,*c*12-CLA die Körperfettzunahme, vermindert aber nicht zwangsläufig den Körperfettanteil, der vor der CLA-Supplementation deponiert wurde. In ausgewachsenen Individuen scheint *t*10,*c*12-CLA nicht anabol zu wirken. Möglicherweise reagieren nicht alle Adipozyten gleichartig auf die molekularen Signale. Eventuell wirkt *t*10,*c*12-CLA nur bei wachsenden Individuen präventiv auf die Akkumulation von Fett und unterstützend auf die Proteinakkumulation. Der Körperfettgehalt, der vor der CLA-Verabreichung gebildet wurde, wird jedoch nicht kausal beeinflusst. Die Effektivität von CLA hängt neben Art und Dauer der Supplementation auch maßgeblich von der Spezies, dem Stamm, dem Geschlecht und dem Alter der Tiere ab [70]. Humanstudien zeigten äußerst unterschiedliche Ergebnisse hinsichtlich der Wirkung auf die Körperzusammensetzung [86, 147]. Die Resultate der Humanstudien sind nicht so viel versprechend, wie es die Ergebnisse der Tierversuche erwarten ließen. Die Unterschiede könnten auf verschiedene CLA-Supplemente, das unterschiedliche Studiendesign oder die unterschiedliche Wirkung von CLA bei Normal- und Übergewichtigen, Männern und Frauen zurückzuführen sein. Möglicherweise spielen auch genetische Prädispositionen eine Rolle.

Tab. 66.11 Einfluss von CLA auf die Karzinogenese.

Modulation der Zellproliferation und Apoptose
- Stimulation der Apoptose [63, 118]
- Hemmung der DNA-Synthese, Zellzyklusproteine [138]

Regulation der Genexpression
- Hemmung von bcl-2, c-myc; Induktion von p53, bax, p21WAF1/CIP21 [9, 64]
- Hemmung von Cyclin A, D (1) [39, 93]
- Induktion von PPAR (α und γ) [106, 150]

Änderung der Fettsäurenzusammensetzung
- Beeinflussung der Eicosanoidsynthese und des -stoffwechsels
  → Senkung der Konzentration von PGE_2 [8, 154]

Antioxidative Mechanismen [51, 167]

Antikarzinogene Eigenschaften

In einer Vielzahl von in vitro-Studien (Zelllinien: MCF-7, HT-29, HepG2, SGC-7901, SW480, PC-3, DU-145, A-427, SK-LU-1) wurde die Wirkung der CLA als antikarzinogenes Agens untersucht und bestätigt. Im Tiermodell konnte durch Verabreichung von CLA die Tumorinzidenz und die Metastasierung verschiedener Krebsarten (Brust-, Vormagen-, Kolonkrebs) verringert werden [50, 63]. Diese Wirkung kann dosisabhängig bis zu einem Gehalt von 1% CLA in der Nahrung erzielt werden. Eine Steigerung der Konzentration darüber hinaus zeigte keine weitere Wirkung [65].

Die absorbierten CLA werden anstelle anderer mehrfach ungesättigter Fettsäuren in die Plasma- und Zellmembranen eingebaut. Damit können sie den Zellstoffwechsel bzw. die Signaltransduktion beeinflussen (Tab. 66.11).

Der beschriebene Einfluss von CLA auf die Karzinogenese scheint viel versprechend. Dennoch gibt es bisher keine Studien, die eine antikarzinogene Wirkung von CLA am Menschen belegen. Lediglich epidemiologisch wurde eine verringerte Brustkrebsinzidenz durch eine hohe Milchaufnahme beim Menschen nachgewiesen [78]. Es ist denkbar, dass die Wirkungen von CLA nur auf bestimmte Tumorarten beschränkt sind. Unterschiede zwischen In-vivo- und In-vitro-Systemen müssen außerdem in die kritische Betrachtung einbezogen werden.

Antidiabetogene Eigenschaften

Bisher existieren nur wenige Veröffentlichungen, die eine mögliche antidiabetogene Wirkung der CLA beschreiben (Tab. 66.12). Die Beobachtung, dass CLA bei prädiabetischen fa/fa-Ratten die Glucosetoleranz normalisieren, führte zur Annahme, dass CLA bei der Prävention und Behandlung von nicht insulinabhängigem Diabetes mellitus (NIDDM) positive physiologische Wirkungen haben [60, 135].

Eine Untersuchung an Mäusen von Tsuboyama-Kasaoka et al. [153] steht im Widerspruch zu den bisherigen Ergebnissen und zeigt eher eine diabetesfördernde Wirkung (induzierte Hyperinsulinämie).

Tab. 66.12 PPAR vermittelte Mechanismen von CLA.

Normalisierung/Verbesserung der Glucosetoleranz [60, 135]
- erhöhte insulinstimulierte Glucosetransportaktivität im insulinresistenten Skelettmuskel [54]

Verminderung der Konzentration an zirkulierenden freien Fettsäuren [60]

Verbesserung der Insulinwirkung
- Stimulation der Expression von Glucosetransportern (z. B. GLUT4) [60]
- stimulierte Glykogensynthetase-Aktivität im Muskel [135]

Beeinflussung des Lipidmetabolismus (Fettsäurenoxidation, Lipolyse, *de-novo*-Synthese, Expression von Enzymen) [38]

In Humanstudien wurde die antidiabetogene Wirkung der CLA nicht bestätigt. Bei adipösen Männern wurden nach CLA-Supplementation eine Glykämie und erhöhte Insulinresistenz festgestellt [102, 130–132]. Die Widersprüche zwischen den Studien können auf die Unterschiede im Stoffwechselweg der Spezies zurückgeführt werden und auch auf Dosierungseffekten beruhen. Die Isomerenverteilung in den Präparaten spielt zudem eine wichtige Rolle. Darüber hinaus sollte die spezifische Wirkung bei verschiedenen Spezies nicht unterschätzt werden. Sowohl die Expression der verschiedenen PPAR-Subtypen, welche durch CLA moduliert wird, als auch deren Funktionsweise als Mediatoren der Gentranskription weist zwischen den Spezies erhebliche Unterschiede auf.

Antiatherogene Eigenschaften

Die Rolle der CLA im Hinblick auf die Atherogenese wird kontrovers diskutiert. In den vergangenen Jahren wurde eine Reihe von Studien an verschiedenen Tiermodellen (Maus, Ratte, Kaninchen, Hamster, Schwein) zum Einfluss von CLA auf die Atherogenese durchgeführt. So zahlreich und vielseitig die Supplementationsstudien mit Tieren sind, so unterschiedlich sind die Ergebnisse. Während verschiedene Autoren eine antiatherogene Wirkung der CLA postulieren [44, 108, 157], geben andere Studien [105, 107, 143] erste Hinweise auf eine Arteriosklerose fördernde Wirkung der CLA. Der Lipidmetabolismus der meisten verwendeten Tiermodelle (z. B. Nagetiere) unterscheidet sich deutlich von dem des Menschen, so dass die Relevanz der Ergebnisse in Bezug auf die Atherogenese des Menschen fraglich erscheint. Darüber hinaus gibt es Hinweise, dass infolge CLA-Supplementation die Lipidperoxidation beim Menschen anstieg [6]. Die Autoren erbrachten den Beweis, dass CLA die freie radikalinduzierte und COX-katalysierte AA-Oxidation modulieren und demzufolge die Isoprostan- und Prostaglandinbildung stimulieren. Eine antiatherogene Wirkung der CLA wird u. a. auch damit begründet, dass die Fettsäuren aufgrund ihrer konjugierten Dienstruktur freie Radikale und Elektronen aufnehmen und entsprechend als Antioxidans fungieren [166]. Indem CLA, ähnlich wie PUFA, selbst leicht zu Peroxiden werden und der Abbau der Derivate Glutathion verbraucht, verschiebt sich die pro- und antioxidative Balance in der Zelle zugunsten der prooxidativen Prozesse, so dass ein antioxidatives Potenzial der CLA fraglich erscheint. Theoretisch könnte unterstellt werden, dass CLA eher als Stimulus für oxidative bzw. inflammatorische Prozesse fungieren.

Es gibt Hinweise, dass CLA inflammatorische Prozesse modulieren. Erklärt werden kann dieser Effekt über PPARγ-vermittelte Mechanismen. CLA-Isomeren oder deren Metabolite besitzen eine moderate Affinität zur Bindung und Aktivierung von PPARγ, so dass als Folge eines veränderten Signaltransduktionsweges die Freisetzung von Zytokinen vermindert wird [167]. Zytokine, wie z. B. Interleukin 1 (IL-1) und Tumornekrosefaktor-α (TNF-α), gelten als zentrale Mediatoren der Entzündung und Gewebsdestruktion. Alternativ könnten CLA durch Modulation der Eicosanoidsynthese ihre antiinflammatorischen Eigenschaften entfalten. Verschiedene Untersuchungen konnten zeigen, dass CLA die Eicosanoidsynthese aus Arachidonsäure hemmen. Aufgrund der strukturellen Ähnlichkeiten mit Linolsäure können CLA ebenso Substrat für Desaturasen und Elongasen sein und vermindern somit die Umsetzung der Linolsäure zu Arachidonsäure [91]. Neben einer verminderten Bereitstellung von Präkursoren kann die Eicosanoidsynthese auch durch eine CLA-abhängige Hemmung von Enzymen moduliert werden [15]. Dies führt zu einer verminderten Synthese des stark proaggregatorischen und vasokonstriktorischen Thromboxans A_2 und des Leukotriens B_4, wodurch dessen chemotaktische, inflammatorische und aggregationsfördernde Wirkung eingeschränkt wird. Weiterhin ist bekannt, dass CLA zur Repression der Bildung von PGE_2 führt [167], welches entzündungsfördernd wirkt und die Synthese bzw. Wirkung von Zytokinen reguliert.

66.2.6
Toxikologische Befunde

CLA gehören unter physiologischem Gesichtspunkt zur Gruppe der *trans*-Fettsäuren. Dementsprechend ist es denkbar, dass CLA wie *trans*-Fettsäuren auch pathophysiologische Effekte bewirken können. Allerdings wurden bisher mögliche negative Wirkungen von CLA-Gaben nur unzureichend untersucht, da primär die positiven Eigenschaften der CLA im Vordergrund standen. In der Literatur finden potenziell pathophysiologische Eigenschaften der CLA nur am Rande Erwähnung. Von Scimeca [139] werden CLA als atoxisch eingestuft und hinsichtlich der toxikologischen Bewertung mit Haushaltszucker gleichgesetzt. In deren Untersuchungen ergab die Zulage von 1,5% eines CLA-Gemisches an Ratten über einen Zeitraum von 36 Wochen keinerlei Toxizitätsanzeichen. Dabei wurden Körpergewicht, Futterkonsum, Organgewichte sowie histomorphologische, biochemische und hämatologische Parameter geprüft [139]. Basierend auf einer subchronischen Toxizitätsstudie über 90 Tage mit Ratten wurde für ein kommerzielles CLA-Präparat (bestehend aus *c*9,*t*11- und *t*10,*c*12-CLA in Triacylglyceridform) ein NOAEL (no observed adverse effect level; höchste Dosis, bei der noch keine adversen Effekte beobachtet werden) von 2433 mg/kg Körpergewicht/d (♀) und 2728 mg/kg Körpergewicht/d (♂) angegeben [110]. Anhand von Studien an Schweinen und Hunden wurde für einen 5%igen Zusatz von CLA-Methylesterperlen ein NOAEL von 50000 ppm festgelegt. Darüber hinaus wurde für Ratten eine LD_{50} von >2000 mg/kg Körpergewicht angegeben [120, 137]. Es handelt sich hierbei nur um vorläufige Daten, die auf einem Kongress vorgestellt wurden. Bei verschiedenen Studien am Menschen führten Kurzzeitinterventionen mit 3–6 g CLA/d nicht zu nachweisbaren Effekten [2, 75, 76, 109]. Bezüglich der chronischen Aufnahme von CLA-Präparaten liegen in der Literatur bisher keine Langzeitinterventionsstudien vor, in denen der Nachweis geführt wurde, dass diese Präparate positive Effekte auf die Gesundheit ausüben und ohne jegliche negative gesundheitliche Folgen sind.

Es besteht im Allgemeinen Konsens darüber, dass die beiden bisher untersuchten CLA-Isomeren *c*9,*t*11 und *t*10,*c*12 unterschiedliche Wirkungen hervorrufen. Vermutlich bedingen die strukturellen Unterschiede der Isomeren die jeweiligen biochemischen Mechanismen. Bis heute fehlen spezifische toxikologische Untersuchungen mit reinen Einzelisomeren. Bisherige Untersuchungen wurden lediglich mit Isomerengemischen durchgeführt, die *c*9,*t*11 und *t*10,*c*12 zu jeweils gleichen Anteilen enthielten und z. T. gleichzeitig auch andere Minorisomeren aufwiesen. Dementsprechend lassen sich die Wirkungen bis heute nicht eindeutig einem einzelnen Isomeren zuordnen. Zahlreiche Ergebnisse aus tierexperimentellen Untersuchungen, aber auch aus Humanstudien, deuten jedoch darauf hin, dass *t*10,*c*12-CLA, im Gegensatz zu *c*9,*t*11-CLA, potenziell pathophysiologisch wirken kann (Tab. 66.13).

Tab. 66.13 Überblick über beschriebene negative Effekte von CLA.

Effekt	Spezies	Referenz
Vergrößerte Leber (Fettleber)	Maus, Ratte, Hamster	[10, 24, 32, 77, 146, 148, 153, 162]
Vergrößerte Milz	Maus	[24, 47, 146, 162, 163]
PPARγ-Aktivierung (begünstigt das Risiko des Auftretens von Lebertumoren)	Maus	[11]
Insulinresistenz ↑, Glykämie ↑	Maus, Mensch	[33, 102, 130, 131, 133]
C-reaktives Protein ↑	Mensch	[102, 129]
Lipidperoxidation ↑	Mensch	[129, 130–132]
Verändertes Plasma-Cholesterol (z. B. VLDL ↑, VLDL ApoB ↑, HDL ↓, LDL : HDL ↑, Gesamtcholesterol ↑)	Mensch	[129–131, 151, 160]
Plasma-Triacylglyceride ↑	Hamster, Mensch	[100, 151]
Milchfettdepression	Rind, Mensch	[7, 97]
Intramuskuläres Fett ↑	Ratte, Schwein, Fisch	[1, 73, 156]

↑ Steigerung; ↓ Hemmung

66.2.7
Empfehlungen

Aufgrund der postulierten physiologischen Wirkungen wird verstärkt angestrebt, CLA als Functional Food zu deklarieren bzw. als Nahrungsergänzung einzusetzen. Die Extrapolation der Ergebnisse aus den Untersuchungen mit Versuchstieren bedarf jedoch einer differenzierten Wertung. Basierend auf vorliegenden Befunden am Tiermodell wurde für den Menschen – Vergleichbarkeit unterstellt – eine wirksame CLA-Dosis von 3–4 g/d abgeschätzt. Dies entspricht dem 6- bis 10fachen der mit der Nahrung aufgenommenen CLA-Menge. Unter der Prämisse der empfohlenen Fettzufuhr von 80 g/d ist diese Menge selbst über den bevorzugten Verzehr CLA-reicher Lebensmittel nicht realisierbar. Theoretisch ist eine derart hohe CLA-Aufnahme lediglich über Supplemente oder über spezielle CLA-angereicherte Lebensmittel denkbar. Voraussetzung für die Empfehlung dieser Produkte ist neben einem Wirksamkeitsnachweis vor allem eine adäquate (langfristige) toxikologische Prüfung. Dazu gibt es allerdings bis heute keine verlässlichen Daten.

Trotz verstärkter Werbung haben sich CLA-Präparate lediglich als Nischenprodukt etabliert. CLA als Nahrungsergänzungsmittel werden in Form von öligen Lösungen oder als Gelatinekapseln angeboten. Während die Supplemente in Nordamerika in jedem Supermarkt oder an der Tankstelle erhältlich sind, gibt es diese in Deutschland primär im Internet, im Fitnessstudio und zum Teil in der Apotheke. Aufgrund der beschriebenen körperfettmindernden bzw. anabolen Wirkung werden CLA vor allem von übergewichtigen bzw. gewichtsbewussten Personen sowie von Kraftsportlern und Bodybuildern konsumiert. Neben der Applikationsform (Triacylglycerid oder freie Fettsäuren) variieren die CLA-Präparate insbesondere hinsichtlich des CLA-Gehaltes sowie in der Isomerenverteilung. Die Reinheit liegt zwischen 30 und 80% bezogen auf den CLA-Gehalt. Ferner ist es vorgekommen, dass als CLA-Präparate deklarierte Produkte überhaupt keine CLA enthielten. Während in der Vergangenheit vor allem CLA-Isomerengemische mit einer großen Vielfalt an Isomeren angeboten wurden, werden heute hauptsächlich Produkte mit zwei Isomeren (*c*9,*t*11- und *t*10,*c*12-CLA) vermarktet. Präparate aus dem Internet sollten trotz des günstigeren Preises weitestgehend vermieden werden, da sich diese teilweise durch einen sehr hohen Anteil an *t*,*t*-CLA auszeichnen (20–40%).

Vor dem Hintergrund der unzureichenden toxikologischen Absicherung von Isomerengemischen sollte in der Prävention ernährungsbedingter Erkrankungen eine erhöhte CLA-Aufnahme in erster Linie nicht über Supplemente sondern über CLA-reiche Milch und Milchprodukte (vorwiegend *c*9,*t*11) realisiert werden.

66.3 Bedeutung der *trans*-Fettsäuren (*t*FA) in der Ernährung

Trans-Fettsäuren sind ungesättigte Fettsäuren mit mindestens einer Doppelbindung. Polyungesättigte *t*FA enthalten entweder konjugierte Doppelbindungen (z. B. CLA) oder häufiger isolierte Doppelbindungen. Frisch gepresste pflanzliche Öle weisen hauptsächlich *cis*-Doppelbindungen auf und enthalten lediglich Spuren an *trans*-Bindungen. *Trans*-Doppelbindungen sind thermodynamisch stabiler als *cis*-Doppelbindungen und damit chemisch weniger reaktiv. Die physikochemischen Eigenschaften der *t*FA bewegen sich folglich zwischen denen von Fettsäuren mit *cis*-Doppelbindungen und gesättigten Fettsäuren.

*t*FA sind in relativ konstanten Mengen (ca. 3–5% der Gesamtfettsäuren) in Wiederkäuerprodukten, wie Milchfett und fetthaltigem Rind- und Schaffleisch, sowie in sehr unterschiedlich hohen Konzentrationen in allen aus partiell gehärteten Ölen hergestellten Lebensmitteln enthalten. Ursachen dafür sind einerseits die Biohydrogenierung von ungesättigten Fettsäuren durch die Bakterientätigkeit im Pansen von Wiederkäuern, andererseits die industrielle partielle Ölhärtung unter Verwendung von Katalysatoren mit dem Ziel, durch Erhöhung des Schmelzpunktes eines Öles ein streichfähiges Fett herzustellen: z. B. Ölsäure (*cis*-9-C18:1) – Schmelzpunkt 13,4 °C; Elaidinsäure (*trans*-9-C18:1) – Schmelzpunkt 44 °C. Die Temperaturdifferenz zwischen den Schmelzpunkten der Ölsäure und Elaidinsäure beträgt 30,6 °C, damit ist die *t*FA bei Raumtemperatur fest. Die Einwirkung hoher Temperaturen bei Erhitzungsprozessen allgemein und speziell beim Frittieren ist die dritte Möglichkeit der Entstehung von *t*FA in Lebensmitteln.

Die Vielzahl der Positionsisomeren von einfach und mehrfach ungesättigten *t*FA hat zur Folge, dass mit aufwändigen Analysenmethoden mehr als 50 *t*FA in Lebensmitteln unterschieden werden können. Anhand der Analyse ergeben sich signifikante Differenzierungsmuster zwischen den biohydrogenierten Erzeugnissen, die vorwiegend *trans*-11-Octadecensäure (Vaccensäure – bis zu 65% der *trans*-C18:1-Isomeren im Milchfett) enthalten, und den partiell hydrierten Ölen, die entsprechend der Gauß'schen Verteilung hauptsächlich aus *trans*-9- und *trans*-10-Octadecensäure bestehen, aber das gesamte Spektrum von *trans*-6- bis *trans*-16-C18:1 umfassen. Der Anteil an Elaidinsäure in teilweise gehärteten Pflanzenölen beträgt etwa ein Drittel der gesamten *trans*-C18:1-Isomeren. Neben den Isomeren der Octadecensäure kommen in Lebensmitteln sowohl *trans*-Isomeren weiterer monoungesättigter Fettsäuren (z. B. C14:1 und C16:1) als auch polyungesättigter Fettsäuren (z. B. C18:2 und C18:3) vor. Partiell hydriertes Fischöl enthält *trans*-Isomeren der C20:1, C22:1 und C24:1.

Eigene aktuelle Untersuchungen ergaben, dass der *t*FA-Anteil in Feinen Backwaren (Cracker, Pasteten, Kekse, Biskuits, Waffeln), Frühstückzerealien mit Fettzusatz, Instantsuppen, Mikrowellen-Popcorn, einigen Süßwaren und Snacks (Müsliriegel, Fruchtschnitten) variiert beträchtlich zwischen 1 und 60% der Gesamtfettsäuren. Besonders hohe Gehalte an *t*FA weisen Lebensmittel auf, bei deren Herstellung hohe Gehalte an *t*FA entstehen können (z. B. Pommes frites bis 30% *t*FA, Kartoffelchips bis 15% *t*FA, Fast-Food-Produkte bis 20% *t*FA). Niedrigere Gehalte finden sich in Erzeugnissen, die aufgrund der erforderlichen Lagerstabilität gehärtete Fette enthalten (z. B. Snacks bis 15%, Instantsoßen und -suppen bis 20%, Siede- und Backmargarine aus dem Großhandel bis 20%).

66.3.1
Aufnahme an *t*FA

In Deutschland hat sich im letzten Dezennium eine positive Entwicklung hinsichtlich der *t*FA-Aufnahme vollzogen. Die als Streichfette verwendeten Margarinen und Diätmargarinen („Bechermargarine“) sind nahezu frei von *t*FA. Allerdings korreliert der niedrige Gehalt an *t*FA mit einem ungünstigeren Verhältnis von PUFA zu gesättigten Fettsäuren. Um Öle in Streichfette zu verwandeln, ist ein höherer Zusatz gesättigter Fette nötig [161].

In Deutschland kann mit 1,9 g/Tag bei Frauen und 2,3 g/Tag bei Männern von einer sehr niedrigen *t*FA-Aufnahme ausgegangen werden [42]. Für andere europäische Länder (Belgien, Niederlande, Norwegen, Großbritannien) und besonders für Island wurden im Rahmen der europäischen TRANSFAIR-Studie wesentlich höhere Aufnahmen ermittelt [61]. In 14 EU-Ländern variierte die *t*FA-Aufnahme in den Jahren 1995 und 1996 zwischen 1,2 und 6,7 g/Tag für Männer und 1,7 bis 4,1/Tag für Frauen. Dies entspricht 0,5–2,1 bzw. 0,9–1,9% der Gesamtenergieaufnahme. Die geringsten Aufnahmen wurden in den Mittelmeerländern registriert. Die *trans*-Isomeren der Octadecensäure umfassten mit 54–82% den höchsten Anteil an den Gesamt-*t*FA.

Trotz niedriger Mittelwerte sollte in der Ernährungsberatung der *t*FA-Aufnahme auch zukünftig Bedeutung beigemessen werden. Spezifische Bevölkerungsgruppen mit stark abweichendem Ernährungsverhalten, die vorwiegend Erzeugnisse mit hohem *t*FA-Anteil verzehren (Instantsoßen/-suppen, Pommes frites, Backwaren, Fast-Food-Produkte, Snacks) und einseitig ernährte Kinder sollten weiterhin im Blickpunkt stehen. So kann z. B. bei 4–7-jährigen Kindern in Abhängigkeit von der Ernährung und besonders aufgrund der großen Schwankungsbreite des *t*FA-Anteiles in den verschiedensten Produkten die Aufnahme an *t*FA zwischen 1,5 und 3,1 g/Tag variieren [34]. Auf ein Kilogramm Körpergewicht relativiert, liegt die *t*FA-Zufuhr bei diesen Kindern mit >3 g/Tag im Vergleich zum Erwachsenen sogar relativ hoch.

Die geschätzte tägliche Zufuhr an *t*VA beträgt ca. 1 g [69]. Wenn nur ein Drittel der zugeführten *t*VA am 9. Kohlenstoffatom desaturiert würde, käme dies einer Verdopplung der CLA-Zufuhr (250–350 mg/Tag) in Deutschland gleich (vgl. Abschnitt 66.2.5).

Diskussionen zur Kennzeichnung von *t*FA finden seit geraumer Zeit auf der Codex-Ebene statt. Eine Differenzierung zwischen den einzelnen *t*FA ist bisher nicht möglich, solange keine ausreichenden Evidence-basierten Daten zu den physiologischen Wirkungen der *t*FA vorliegen. Daher trägt die teilweise praktizierte Kennzeichnung der *t*FA eher zur Verwirrung der Verbraucher als zu deren Schutz bei. Aktuelle wissenschaftliche Erkenntnisse zeigen, dass die Isomerenverteilung der *t*FA berücksichtigt werden muss. Industriell gehärtete Fette (besonders Elaidinsäure) sind kritischer zu sehen als Wiederkäuerfette (besonders VA).

66.3.2 Wirkungen beim Menschen

Zur Wirkung spezifischer *trans*-Isomeren von Öl-, Linol- und Linolensäure gibt es kaum fundierte Erkenntnisse. Lediglich für einzelne *t*FA, wie VA, Elaidinsäure und CLA-Isomeren (*c*9,*t*11- und *t*10,*c*12-CLA) liegen Untersuchungsergebnisse vor. Deshalb werden die *t*FA in epidemiologischen Untersuchungen und leider oftmals auch in Interventionsstudien in summa und nicht isomerenspezifisch behandelt. Energetisch werden *t*FA wie *cis*-Fettsäuren über die β-Oxidation verstoffwechselt, allerdings verläuft der Metabolismus verzögert. Diäten mit einem hohen Anteil an *t*FA und/oder teilhydrierten Fetten erhöhen die Konzentration an Gesamtcholesterol und LDL-Cholesterol, zusätzlich vermindert sich der Anteil an HDL-Cholesterol. Soweit eine Verminderung der HDL-Cholesterol-Konzentration in Studien nachgewiesen werden konnte, ging diese mit einem Aktivitätsanstieg des Cholesterolester-Transferaseproteins einher. Im Gegensatz zu gesättigten Fettsäuren, die den Lp(a)-Spiegel vermindern, haben *t*FA keinen Einfluss auf das atherogen wirksame Lp(a) bzw. erhöhen dessen Konzentration zusätzlich [92]. Kontrollierte Humaninterventionsstudien zeigten, dass im Vergleich zu gesättigten bzw. zu *cis*-ungesättigten Fettsäuren durch die Aufnahme an *t*FA auch die Nüchtern-Serum-Konzentration an Triacylglycerol (TAG) ansteigt [37]. Erhöhte TAG-Werte sind positiv mit dem Risiko für koronare Herzkrankheiten korreliert. Unklar bleibt, inwieweit die augenblicklich relativ geringe Aufnahme an *t*FA in den europäischen Ländern einen Einfluss auf die Insulinwirksamkeit hat [37].

*t*FA werden in die Plasma- und Gewebelipide inkorporiert. Aufgrund des oben beschriebenen physikochemischen Verhaltens verändern sie die Eigenschaften von Membranen (geringe Fluidität), vermindern die Desaturation und Elongation der essenziellen Fettsäuren und hemmen die Synthese von Arachidonsäure sowie Prostaglandinen in den Geweben. Sowohl bei Frühgeborenen als auch bei gesunden Kindern und Erwachsenen wurde über negative Korrelationen zwischen dem prozentualen Anteil an *t*FA und dem Arachidonsäuregehalt in den Phospholipiden des Plasmas berichtet [79]. Ein verminderter Arachidonsäureanteil korreliert mit einer Retardation von Wachstum und Entwicklung der Frühgeborenen und Kleinkinder. Deshalb sollte besonders im Säuglings- und Kindesalter auf eine minimale *t*FA-Aufnahme geachtet werden.

In den letzten Jahren begonnene Untersuchungen zur Wirkung einzelner *t*FA zeigen einen positiven Zusammenhang zwischen erhöhter Elaidinsäurezufuhr (teilhydriertes Pflanzenfett) und koronarer Herzkrankheit [3, 56]. Dagegen wird die Wirkung der VA (biohydrogeniertes Tierfett) weniger ungünstig eingeschätzt (Nurses' Health Study [164]; *Alpha*-Tocopherol, *Beta*-Carotene Cancer Prevention Study [121]). Diese Verbindung wird zu etwa einem Viertel unter dem Einfluss der Δ-9-Desaturase in *c*9,*t*11-CLA beim Versuchstier und auch beim Menschen umgewandelt [81, 84].

Zusammenfassend werden augenblicklich folgende gesundheitsrelevante Wirkungen von *t*FA diskutiert:

1. Erhöhung der LDL-Cholesterin-Konzentration des Plasmas [4],
2. Verschiebung der LDL-Fraktion in Richtung kleinerer, dichter, atherogener Partikel [98],
3. Verminderung der HDL-Cholesterin-Konzentration [4],
4. Suppression prä- und postnataler zentralnervöser Reifungsprozesse [26, 37],
5. Beeinflussung der Insulinsensitivität [37].

Aufgrund dieser Erkenntnisse erließ die Food and Drug Administration (FDA) der USA 2003 gesetzliche Regelungen, die eine separate Deklaration von mehr als 0,5 g *t*FA pro Portion auf der Lebensmittelpackung vorschreibt [41]. Solange es keine Evidenz für die Wirkung spezifischer *t*FA hinsichtlich gesundheitsrelevanter Risikoerhöhung gibt, bleibt der Sinn dieser Regelung fragwürdig.

Abkürzungen

AA	Arachidonsäure
ACC	Acetyl-CoA-Carboxylase
Ag^+-HPLC	Silberionen-HPLC
ALA	α-Linolensäure
ApoB	Apoprotein B
CLA	Conjugated linoleic acids
COX	Cyclooxygenasen
CPT	Carnitin-Palmitoyltransferase
DAD	Diodenarray-Detektor
DHA	Docosahexaensäure
DNA	Desoxyribonucleinsäure
EPA	Eicosapentaensäure
FA	Fettsäure
FAME	Fettsäurenmethylester
FAS	Fettsäurensynthese
GC	Gaschromatographie
GLUT	Glucosetransporter
HDL	High density lipoprotein
HEPE	Hydroxyeicosapentaensäure
HETE	Hydroxyeicosatetraensäure
IL	Interleukin
LA	Linolsäure
LC-PUFA	Langkettige polyungesättigte Fettsäuren
LDL	Low density lipoprotein
LOX	Lipoxygenasen
LPL	Lipoproteinlipase
LT	Leukotriene
mRNA	Messenger Ribonucleinsäure
MS	Massenspektrometer
NIDDM	Nicht insulinabhängiger Diabetes mellitus

NOAEL	No observed adverse effect level
PG	Prostaglandin
PPAR	Peroxisome proliferator-activated receptor
PPRE	PPAR response elements
PUFA	Polyungesättigte Fettsäuren
RXR	Retinoid X receptor
SCD	Stearol-CoA-Desaturase
*t*FA	*trans* fatty acids
TNF-α	Tumornekrosefaktor α
TX	Thromboxan
UCP-2	Uncoupeling protein 2
UV	Ultraviolett-Detektor
VA	Vaccensäure
VLDL	Very low density lipoprotein

66.4 Literatur

1 Alasnier C, Berdeaux O, Chardigny JM, Sebedio JL (2002) Fatty acid composition and conjugated linoleic acid content of different tissues in rats fed individual conjugated linoleic acid isomers given as triacylglycerols, *Journal of Nutritional Biochemistry* **13**: 337–345.

2 Albers R, van der Wielen RPJ, Brink EJ, Hendriks HFJ, Dorovska-Taran VN, Mohede ICM (2003) Effects of *cis*-9, *trans*-11 and *trans*-10, *cis*-12 conjugated linoleic acid (CLA) isomers on immune function in healthy men, *European Journal Clinical Nutrition* **57**: 595–603.

3 Ascherio A, Hennekens CH, Buring JE, Master C, Stampfer MJ, Willet WC (1994) Trans-fatty acids intake and risk of myocardial infarction, *Circulation* **89**: 94–101.

4 Ascherio A, Katan MB, Zock PL, Stampfer M, Willett WC (1999) Trans fatty acids and coronary heart disease. *New England Journal of Medicine* **340**: 1994–1999.

5 Azain MJ, Hausman DB, Sisk MB, Flatt WP, Jewell DE (2000) Dietary conjugated linoleic acid reduces rat adipose tissue cell size rather than cell number, *Journal of Nutrition* **130**: 1548–1554.

6 Basu S, Smedman A, Vessby B (2000) Conjugated linoleic acid induces lipid peroxidation in humans, *FEBS Letters* **468**: 33–36.

7 Bauman DE, Griinari JM (2003) Nutritional regulation of milk fat synthesis, *Annual Review of Nutrition* **23**: 203–227.

8 Belury MA (1995) Conjugated dienoic linoleate: a polyunsaturated fatty acid with unique chemoprotective properties, *Nutrition Review* **53**: 83–89.

9 Belury MA (2002) Inhibition of carcinogenesis by conjugated linoleic acid: Potential mechanisms of action, *Journal of Nutrition* **132**: 2995–2998.

10 Belury MA, Kempasteczko A (1997) Conjugated linoleic acid modulates hepatic lipid composition in mice, *Lipids* **32**: 199–204.

11 Belury MA, Moya-Camarena SY, Liu KL, Heuvel JPV (1997) Dietary conjugated linoleic acid induces peroxisome-specific enzyme accumulation and ornithine decarboxylase activity in mouse liver, *Journal of Nutritional Biochemistry* **8**: 579–584.

12 Bligh EG, Dyer WJ (1959) A rapid method of total lipid extraction and purification, *Canadian Journal of Biochemistry and Physiology* **37**: 911–917.

13 Booth RG, Kon SK, Dann WJ, Moore T (1935) A study of seasonal variation in butter fat: A seasonal spectroscopic variation in the fatty acid fraction, *Biochemical Journal* **29**: 133–137.

14 Brodie AE, Manning VA, Ferguson KR, Jewell DE, Hu CY (1999) Conjugated linoleic acid inhibits differentiation of

pre- and post-confluent 3T3-L1 preadipocytes but inhibits cell proliferation only in preconfluent cells, *Journal of Nutrition* **129**: 602–606.

15 Bulgarella JA, Patton D, Bull AW (2001) Modulation of prostaglandin H synthase activity by conjugated linoleic acid (CLA) and specific CLA isomers, *Lipids* **36**: 407–412.

16 Calder PC, Grimble RF (2002) Polyunsaturated fatty acids, inflammation and immunity, *European Journal of Clinical Nutrition* **56** (Suppl 3): S14–S19.

17 Calder PC, Yaqoob P, Thies F, Wallace FA, Miles EA (2002) Fatty acids and lymphocyte functions, *British Journal of Nutrition* **87** (Suppl 1): S31–S48.

18 Calder PC, Zurier RB (2001) Polyunsaturated fatty acids and rheumatoid arthritis, *Current Opinion in Clinical Nutrition and Metabolic Care* **4**: 115–121.

19 Calderon F, Kim HY (2004) Docosahexaenoic acid promotes neurite growth in hippocampal neurons, *Journal of Neurochemistry* **90**: 979–988.

20 Cave WT (1991) Dietary N-3 (Omega-3) Polyunsaturated fatty-acid effects on animal tumorigenesis, *FASEP Journal* **5**: 2160–2166.

21 Cawood P, Wickens DG, Inverson SA, Braganza JM, Dormandy TL (1983) The nature of diene conjugation in human serum, bile and duodenal juice, *FEBS Letters* **162**: 239–243.

22 Chin SF, Liu W, Storkson JM, Ha YL, Pariza MW (1992) Dietary sources of conjugated dienoic isomers of linoleic acid, a newly recognized class of anticarcinogens, *Journal of Food Composition and Analysis* **5**: 185–197.

23 Choi YJ, Kim YC, Han YB, Park Y, Pariza MW, Ntambi JM (2000) The *trans*-10,*cis*-12 isomer of conjugated linoleic acid downregulates stearoyl-CoA desaturase 1 gene expression in 3T3-L1 adipocytes, *Journal of Nutrition* **130**: 1920–1924.

24 Clement L, Poirier H, Niot I, Bocher V, Guerre-Millo M, Krief S, Staels B, Besnard P (2002) Dietary *trans*-10,*cis*-12 conjugated linoleic acid induces hyperinsulinemia and fatty liver in the mouse, *Journal of Lipid Research* **43**: 1400–1409.

25 Cook ME, Miller CC, Park Y, Pariza M (1993) Immune modulation by altered nutrient metabolism: nutritional control of immune-induced growth depression, *Poultry Science* **72**: 1301–1305.

26 Craig-Schmidt MC (2001) Isomeric fatty acids: Evaluating status and implications for maternal and child health. *Lipids* **36**: 997–1006.

27 Cruz-Hernandez C, Deng Z, Zhou J, Hill AR, Yurawecz MP, Delmonte P, Mossoba MM, Dugan MER, Kramer JKG (2004) Methods for analysis of conjugated linoleic acids and trans-18:1 isomers in dairy fats by using a combination of gas chromatography, silver-ion thin-layer chromatography/gas chromatography, and silver-ion liquid chromatography, *Journal of AOCS International* **87**: 545–562.

28 D-A-CH-Empfehlungen (2000) Referenzwerte für die Nährstoffzufuhr. Herausgeber: DGE, ÖGE, SGE, SVE. Umschau Braus, Frankfurt am Main.

29 Dawczynski C (2004) Untersuchungen zum Nährstoffgehalt und zur Bewertung der gesundheitlichen Relevanz von Makroalgen, Diplomarbeit Friedrich-Schiller-Universität.

30 De Caterina R, Basta G (2001) *N*-3 fatty acids and the inflammatory response – biological background, *European Heart Journal Supplements* **3** (D): D42–D49.

31 De Logeril M (1999) The final report of the Lyon diet Heart Study, *Circulation* **99**: 779–785.

32 DeDeckere EAM, van Amelsvoort JMM, McNeill GP, Jones P (1999) Effects of conjugated linoleic acid (CLA) isomers on lipid levels and peroxisome proliferation in the hamster, *British Journal of Nutrition* **82**: 309–317.

33 DeLany J, Blohm F, Truett AA, Scimeca JA, West DB (1999) Conjugated linoleic acid rapidly reduces body fat content in mice without affecting energy intake, *American Journal of Physiology* **276**: R1172–R1179.

34 Demmelmair H, Festl B, Wolfram G, Koletzko B (1996) Trans fatty acid contents in spreads and cold cuts usually consumed by children. *Zeitschrift für Ernährungswissenschaft* **35**: 235–240.

35 DGE-PC professional Version 3.1 (2004) Software mit kompletten Bundeslebensmittelschlüssel II.3.

36 Dormandy TL, Wickens DG (1987) The experimental and clinical pathology of diene conjugation, *Chemistry and Physics of Lipids* **45**: 353–364.

37 EFSA Report (2004) The Opinion of the Scientific Panel on dietetic Products, Nutrition and Allergies on a request from the Commission related to the presence of trans fatty acids in foods and the effect on human health of the consumption of trans fatty acids. *The EFSA Journal* **81**: 1–49.

38 Evans ME, Brown JM, McIntosh MK (2002) Isomer-specific effects of conjugated linoleic acid (CLA) on adiposity and lipid metabolism, *Journal of Nutritional Biochemistry* **13**: 508–516.

39 Fatakuchi M, Cheng JL, Hirose M, Kimoto N, Cho YM, Iwata T, Kasai M, Tokudome S, Shirai T (2002) Inhibition of conjugated fatty acids derived from safflower or perilla oil of induction and development of mammary tumors in rats induced by 2-amino-1-methyl-6-phenylimidazo[4,5-b]pyridine (PhIP), *Cancer Letters* **178**: 131–139.

40 Folch J, Lees M, Sloane Stanley GH (1957) A simple method for the isolation and purification of total lipids from animal tissues, *Journal of Biology and Chemistry* **226**: 497–509.

41 FDA – Food and Drug Administration (2003) http://www.cfsan.fda.gov/~lrd/fr03711a.html page 41469(68).

42 Fritsche J, Steinhart H (1997) Contents of trans fatty acids (TFA) in German foods and estimation of daily intake. *Fett/Lipid* **99**: 314–318.

43 Fritsche J, Steinhart H (1998) Amounts of conjugated linoleic acid (CLA) in German foods and evaluation of daily intake, *Zeitschrift für Lebensmittel-Untersuchung und -Forschung A* **2065**: 77–82.

44 Gavino VC, Gavino G, Leblanc MJ, Tuchweber B (2000) An isomeric mixture of conjugated linoleic acids but not pure *cis*-9,*trans*-11-octadecadienoic acid affects body weight gain and plasma lipids in hamsters, *Journal of Nutrition* **81**: 251–255.

45 GISSI-Prevenzione Investigators (1999) Dietary supplementation with n–3 polyunsaturated fatty acids and vitamine E after myocardial infarction: results from the GISSI-Prevenzione trail, *Lancet* **354**: 447–455.

46 Gnädig S, Xue Y, Berdeaux O, Chardigny JM, Sebedio JL (2003) Conjugated linoleic acid (CLA) as a functional ingredient, *Functional Dairy Products* 263–298.

47 Gopaul NK, Manraj MD, Hebe A, Lee Kwai Yan S, Johnston A, Carrier MJ, Anggard EE (2001) Oxidative stress could precede endothelial dysfunction and insulin resistance in Indian Mauritians with impaired glucose metabolism, *Diabetologia* **44**: 706–12.

48 Griinari JM, Bauman DE (1999) Biosynthesis of conjugated linoleic acid and its incorporation into meat and milk in ruminants. In: Advances in conjugated linoleic acid research, Vol 1. Yurawecz MP, Mossoba MM, Kramer JKG, Pariza MW, Nelson GJ (Hrsg). AOCS Press, Champaign, IL, 180–200.

49 Griinari JM, Corl BA, Lacy SH, Chouinard PY, Nurmela KVV, Bauman DE (2000) Conjugated linoleic acid is synthesized endogenously in lactating dairy cows by Delta(9)-desaturase, *Journal of Nutrition* **130**: 2285–2291.

50 Ha YL, Grimm NK, Pariza MW (1987) Anticarcinogens from fried ground beef: heat-altered derivatives of linoleic acid, *Carcinogenesis* **8**: 1881–1887.

51 Ha YL, Storkson J, Pariza MW (1990) Inhibition of benzo(a)pyrene-induced mouse forestomach neoplasia by conjugated dienoic derivatives of linoleic acid, *Cancer Research* **50**: 1097–1101.

52 Hauswirth CB, Martin MD, Scheeder RL, Beer JH (2004) High ω-3 fatty acid content in alpine cheese. The basis for an alpine paradox, *Circulation* **109**: 103–107.

53 Heath RB, Karpe F, Milne RW, Burdge GC, Wootton SA, Frayn KN (2003) Selective partitioning of dietary fatty acids into the VLDL TG pool in the early postprandial period, *Journal of Lipid Research* **44**: 2065–2072.

54 Henriksen EJ, Teachey MK, Taylor ZC (2003) Isomer-specific actions of conju-

gated linoleic acid on muscle glucose transport in the obese Zucker rat, *American Journal of Physiology* **285**: E98–E105.

55 Hirafuji M, Machida T, Hamaue N, Minami M (2003) Cardiovascular protective effects of *n*–3 polyunsaturated fatty acids with special emphasis on docosahexaenoic acid, *Journal of Pharmacological Sciences* **92**: 308–316.

56 Hodgson JM, Wahlqvist ML, Boxall JA, Balazs ND (1996) Platelet trans fatty acids in relation to angiographically assessed coronary artery disease. *Atherosclerosis* **120**: 147–154.

57 Hoffman DR, DeMar JC, Heird WC, Birch DG, Anderson RE (2001) Impaired synthesis of DHA in patients with X-linked retinitis pigmentosa, *Journal of Lipid Research* **42**: 1395–1401.

58 Holub BJ (2002) Clinical nutrition: 4. Omega-3 fatty acids in cardiovascular care, *Canadian Medical Association Journal* **166**: 608–615.

59 Horrocks LA, Yeo YK (1999) Health benefits of docosahexaenoic acid (DHA), *Pharmacological Research* **40**: 211–225.

60 Houseknecht KL, Vanden Heuvel JP, Moya-Camarena SY, Portocarrero CP, Peck LW, Nickel KP, Belury MA (1998) Dietary conjugated linoleic acid normalizes impaired glucose tolerance in the Zucker diabetic fatty fa/fa rat, *Biochemical Biophysical Research Communications* **244**: 678–682.

61 Hulshof KFAM, van Erp-Baart MA, Anttolainen M, Becker W, Church SM, Couet C, Hermann-Kunz E, Kesteloot H, Leth T, Martins I, Moreiras O, Moschandreas J, Pizzoferrato L, Rimestad AH, Thorgeirsdottir H, van Amelsvoort JMM, Aro A, Kafatos AG, Lanzmann-Petithory D, van Poppel G (1999) Intake of fatty acids in Western Europe with emphasis on trans fatty acids: The TRANSFAIR study. *European Journal of Clinical Nutrition* **53**: 143–157.

62 Ikemoto A, Kobayashi T, Watanabe S, Okuyama H (1997) Membrane fatty acid modifications of PC12 cells by arachidonate or docosahexaenoate affect neurite outgrowth but not norepinephrine release, *Neurochemical Research* **22**: 671–678.

63 Ip C, Banni S, Angioni E, Carta G, McGinley J, Thompson HJ, Barbano D, Bauman D (1999) Conjugated linoleic acid-enriched butter fat alters mammary gland morphogenesis and reduces cancer risk in rats, *Journal of Nutrition* **129**: 2135–2142.

64 Ip C, Dong Y, Thompson HJ, Bauman DE, Ip MM (2001) Control of rat mammary epithelium proliferation by conjugated linoleic acid, *Nutrition and Cancer* **39**: 233–238.

65 Ip C, Singh M, Thompson HJ, Scimeca JA (1994) Conjugated linoleic acid suppresses mammary carcinogenesis and proliferative activity of the mammary gland in the rat, *Cancer Research* **54**: 1212–1215.

66 ISSFAL International Society for the Study of Fatty Acids and Lipids http://www.issfal.org.uk.

67 Jahreis G, Fritsche J, Möckel P, Schöne F, Möller U, Steinhart H (1999) The potential anticarcinogenic conjugated linoleic acid, *cis*-9,*trans*-11 C18: 2, in milk of different species: Cow, goat, ewe, sow, mare, woman, *Nutrition Research* **19**: 1541–1549.

68 Jahreis G, Kraft J, Hernandez MR, Schöne F, Kramer JKG (2007) Fatty acid composition of German beef meat of different farming systems from a human health perspective, *Journal of Agriculture and Food Chemistry,* submitted.

69 Jahreis G, Kraft J (2002) Sources of conjugated linoleic acid in the human diet. *Lipid Technology* **14**: 29–32.

70 Jahreis G, Kraft J, Tischendorf F, Schöne F, von Löffelholz (2000) Conjugated linoleic acids: Physiological effects in animal and man with special regard to body composition, *European Journal of Lipid and Science Technology* **102**: 695–703.

71 James MJ, Cleland LG, Gibson RA, Hawkes JS (1991) Strategies for increasing the antiinflammatory effect of fish oil prostaglandins leukotrienes and essential fatty acids, 44: 123–126.

72 Jiang J, Wolk A, Vessby B (1999) Relation between the intake of milk fat and the occurrence of conjugated linoleic acid in human adipose tissue, *American Journal of Clinical Nutrition* **70**: 21–27.

73 Joo ST, Lee JI, Ha YL, Park GB (2002) Effects of dietary conjugated linoleic acid on fatty acid composition, lipid oxidation, color, and water-holding capacity of pork loin, *Journal of Animal Science* **80**: 108–112.

74 Kamlage B, Hartmann L, Gruhl B, Blaut M (2000) Linoleic acid conjugation by human intestinal microorganisms is inhibited by glucose and other substrates in vitro and in gnotobiotic rats, *Journal of Nutrition* **130**: 2036–2039.

75 Kamphuis MMJW, Lejeune MPGM, Saris WHM, Westerterp-Plantenga MS (2003 a) The effect of conjugated linoleic acid supplementation after weight loss on body weight regain, body composition, and resting metabolic rate in overweight subjects, *International Journal of Obesity* **27**: 840–847.

76 Kamphuis MMJW, Lejeune MPGM, Saris WHM, Westerterp-Plantenga MS (2003 b) Effect of conjugated linoleic acid supplementation after weight loss on appetite and food intake in overweight subjects, *European Journal of Clinical Nutrition* **57**: 1268–1274.

77 Kelly GS (2001) Conjugated linoleic acid: a review, *Alternative Medicine Review* **6**: 367–382.

78 Knekt P, Jarvinen R, Seppanen R, Pukkala E, Aromaa A (1996) Intake of dairy products and risk of breast cancer, *British Journal of Cancer* **73**: 687–691.

79 Koletzko B (1992) Trans fatty acids may impair the synthesis of long-chain polyunsaturated fatty acids and early growth in man. *Acta Pediatic* **81**: 302–306.

80 Kraft J (2004) Inkorporation von konjugierten Linolsäuren in Körperlipide unter besonderer Berücksichtigung der Isomerenverteilung, Dissertation, Universität Jena.

81 Kraft J, Hanske L, Zimmermann S, Möckel P, Härtl A, Kramer JKG, Jahreis G (2006) The conversion efficiency of *trans*-11 and *trans*-12 18:1 by Δ9-desaturation differs in rats, *Journal of Nutrition* **136**: 1209–1214.

82 Kramer JKG, Zhou J (2001) Conjugated linoleic acid and octadecenoic acids: Extraction and isolation of lipids, *European Journal of Lipid Science and Technology* **103**: 594–600.

83 Kroes R, Schaefer EJ, Squire RA, Williams GM (2003) A review of the safety of DHA45-oil, *Food and Chemical Toxicology* **41**: 1433–1446.

84 Kuhnt K, Kraft J, Möckel P, Jahreis G (2006) *Trans*-11-18:1 is effectively Δ9-desaturated compared with *trans*-12-18:1 in humans, *British Journal of Nutrition* **95**: 752–761.

85 Lands WE, Hamazaki T, Yamazaki K, Okuyama H, Sakai K, Goto Y, Hubbard VS (1990) Changing dietary patterns, *American Journal of Clinical Nutrition* **51**: 991–993.

86 Larsen TM, Toubro S, Astrup A (2003) Efficacy and safety of dietary supplements containing CLA for the treatment of obesity: evidence from animal and human studies (Review), *Journal of Lipid Research* **44**: 2234–2241.

87 Larsson SC, Kumlin M, Ingelman-Sundberg M, Wolk A (2004) Dietary long-chain *n*–3 fatty acids for the prevention of cancer: a review of potential mechanisms, *American Journal of Clinical Nutrition* **79**: 935–945.

88 Lauritzen L, Hansen HS, Jorgensen MH, Michaelsen KF (2001) The essentiality of long chain *n*–3 fatty acids in relation to development and function of the brain and retina, *Progress in Lipid Research* **40**: 1–94.

89 Leahy KM, Ornberg RL, Wang Y, Zweifel BS, Koki AT, Masferrer JL (2002) Cyclooxygenase-2 inhibition by celecoxib reduces proliferation and induces apoptosis in angiogenic endothelial cells in vivo, *Cancer Research* **62**: 625–631.

90 Lee KN, Kritchevsky D, Pariza MW (1994) Conjugated linoleic acid and atherosclerosis in rabbits, *Atherosclerosis* **108**: 19–25.

91 Li Y, Watkins BA (1998) Conjugated linoleic acids alter bone fatty acid composition and reduce ex vivo prostaglandin E2 biosynthesis in rats fed *n*–6 or *n*–3 fatty acids, *Lipids* **33**: 417–425.

92 Lichtenstein AH (1998) Trans fatty acids and blood lipid levels, Lp(a), parameters of cholesterol metabolism, and hemo-

static factors. *Journal of Nutritional Biochemistry* **9**: 244–248.

93 Liu JK, Li BX, Chen BQ, Han XH, Yang YM, Zheng YM, Liu RH (2002) Effect of *cis*-9,*trans*-11-conjugated linoleic acid on cell cycle of gastric adenocarcinoma cell line (SGC-7901), *World Journal of Gastroenterology* **8**: 224–229.

94 Makrides M, Gibson RA (2001) Specific requirements for *n*–3 and *n*–6 long-chain polyunsaturated fatty acids for preterm and term infants?, *European Journal of Lipid Science and Technology* **103**: 373–378.

95 Marsen T, Pollok M, Oette K, Baldamus CA (1991) Vergleichende Bioverfügbarkeit der Omega-3-Fettsäuren während Einnahme zweier Fischöl-Präparate. In: Omega-3-Fettsäuren in Forschung und Praxis, Schettler G (Hrsg) Schattauer, Stuttgart, 17–28.

96 Martin JC, Gregoire S, Siess MH, Genty M, Chardigny JM, Berdeaux O, Juaneda P, Sebedio JL (2000) Effects of conjugated linoleic acid isomers on lipid-metabolizing enzymes in male rats, *Lipids* **35**: 91–98.

97 Masters N, McGuire MA, Beerman KA, Dasgupta N, McGuire MK (2002) Maternal supplementation with CLA decreases milk fat in humans, *Lipids* **37**: 133–138.

98 Mauger JF, Lichtenstein AH, Ausman LM, Jalbert SM, Jauhiainen M, Ehnholm C, Lamarche B (2003) Effect of different forms of dietary hydrogenated fats on LDL particle size. *American Journal of Clinical Nutrition* **78**: 370–375.

99 McGuire MK, McGuire MA, Ritzenthaler K, Shultz TD (1999) Dietary sources and intakes of conjugated linoleic acid intake. In: Advances in conjugated linoleic acid research, Vol 1. Yurawecz MP, Mossoba MM, Kramer JKG, Pariza MW, Nelson GJ (Hrsg). AOCS Press, Champaign, IL, 369–377.

100 McLeod RS, LeBlanc AM, Langille MA, Mitchell PL, Currie DL (2004) Conjugated linoleic acids, atherosclerosis, and hepatic very-low-density lipoprotein metabolism, *American Journal of Clinical Nutrition* **79**: 1169S–1174S.

101 Medina EA, Horn WF, Keim NL, Havel PJ, Benito P, Kelley DS, Nelson GJ, Erickson KL (2000) Conjugated linoleic acid supplementation in humans: Effects on circulating leptin concentrations and appetite, *Lipids* **35**: 783–788.

102 Moloney F, Yeow TP, Mullen A, Nolan JJ, Roche HM (2004) Conjugated linoleic acid supplementation, insulin sensitivity, and lipoprotein metabolism in patients with type 2 diabetes mellitus, *American Journal of Clinical Nutrition* **80**: 887–895.

103 Moriguchi T, Lim SY, Greiner R, Lefkowitz W, Loewke J, Hoshiba J, Salem N (2004) Effects of an *n*–3-deficient diet on brain, retina, and liver fatty acyl composition in artificially reared rats, *Journal of Lipid Research* **45**: 1437–1445.

104 Mossoba MM (2001) Analytical techniques for conjugated linoleic acid (CLA) analysis, *European Journal of Lipid Science and Technology* **103**: 594.

105 Mougios V, Matsakas A, Petridou A, Ring S, Sagredos A, Melissopoulous A, Tsigilis N, Nikolaidis M (2001) Effect of supplementation with conjugated linoleic acid on human serum lipids and body fat, *Journal Nutritional Biochemistry* **12**: 585–594.

106 Moya-Camarena SY, Belury MA (1999) Species differences in the metabolism and regulation of gene expression by conjugated linoleic acid, *Nutrition Review* **57**: 336–340.

107 Munday JS, Thompson KG, James KAC (1999) Dietary conjugated linoleic acids promote fatty streak formation in the C57BL/6 mouse atherosclerosis model, *British Journal of Nutrition* **81**: 251–255.

108 Nicolosi RJ, Rogers EJ, Kritchevsky D, Scimeca JA, Huth PJ (1997) Dietary conjugated linoleic acid reduces plasma lipoproteins and early aortic atherosclerosis in hypercholesterolemic hamsters, *Artery* **22**: 266–277.

109 Noone EJ, Roche HM, Nugent AP, Gibney MJ (2002) The effect of dietary supplementation using isomeric blends of conjugated linoleic acid on lipid metabolism in healthy human subjects, *British Journal Nutrition* **88**: 243–251.

110 O'Hagan S, Menzel S (2003) A subchronic 90-day oral rat toxicity study and in vitro genotoxicity studies with a conjugated linoleic acid product, *Food and Chemical Toxicology* **41**: 1749–1760.

111 Offer NW, Marsden M, Dixon J, Speake BK, Thacker FE (1999) Effect of dietary fat supplements on levels of *n*–3 polyunsaturated fatty acids, trans acids and conjugated linoleic acid in bovine milk, *Animal Science* **69**: 613–625.

112 Ohnuki K, Haramizu S, Ishihara K, Fushiki T (2001) Increased energy metabolism and suppressed body fat accumulation in mice by a low concentration of conjugated linoleic acid, *Bioscience, Biotechnology and Biochemistry* **65**: 2200–2204.

113 Ovide-Bordeaux S, Grynberg A (2004) Docosahexaenoic acid affects insulin deficiency- and insulin resistance-induced alterations in cardiac mitochondria, *American Journal of Physiology-Regulatory Integrative and Comparative Physiology* **286**: R519–R527.

114 Pariza MW, Park Y, Cook ME (2001) The biologically active isomers of conjugated linoleic acid, *Progress in Lipid Research* **40**: 283–298.

115 Park Y, Albright KJ, Liu W, Cook ME, Pariza MW (1995) Dietary conjugated linoleic acid (CLA) reduces body fat content and isomers of CLA are incorporated into phospholipid fraction, IFT Annual Meeting Book of Abstracts: 183.

116 Park Y, Allen K, Shultz T (2001) Modulation of MCF-7 breast cancer cell signal transduction by linoleic acid and conjugated linoleic acid in culture, *Anticancer Research* **20**: 669–676.

117 Park Y, Storkson JM, Albright KJ, Liu KJ, Pariza MW (1999) Evidence that the *trans*-10,*cis*-12 isomer of conjugated linoleic acid induces body composition changes in mice, *Lipids* **34**: 235–241.

118 Park Y, Storkson JM, Ntambi JM, Cook ME, Sih CJ, Pariza MW (2000) Inhibition of hepatic stearoyl-CoA desaturase activity by *trans*-10,*cis*-12 conjugated linoleic acid and its derivatives, *Biochimica et Biophysica Acta* **1486**: 285–292.

119 Pereira SL, Leonard AE, Huang YS, Chuang LT, Mukerji P (2004) Identification of two novel microalgal enzymes involved in the conversion of the omega 3-fatty acid, eicosapentaenoic acid, into docosahexaenoic acid, *Biochemical Journal* **384**: 357–366 Part 2.

120 Pfeiffer AM, Kaufmann W, Braun J, Kaesler B (2003) Target animal safety of conjugated linoleic acid (CLA) on young growing pigs. 94th AOCS Congress, 4–7 May 2003, Kansas, USA.

121 Pietinen P, Ascherio A, Korhonen P, Hartman AM, Willett WC, Albanes D, Virtamo J (1997) Intake of fatty acids and risk of coronary heart disease in a cohort of Finnish men. The *Alpha*-Tocopherol, *Beta*-Carotene Cancer Prevention Study. *American Journal of Epidemiology* **145**: 876–887.

122 Poulos SP, Sisk M, Hausman DB, Azain MJ, Hausman GJ (2001) Pre- and postnatal dietary conjugated linoleic acid alters adipose development, body weight gain and body composition in Sprague-Dawley rats, *Journal of Nutrition* **131**: 2722–2731.

123 Qi K, Hall M, Deckelbaum RJ (2002) Long-chain polyunsaturated fatty acid accretion in brain, *Current Opinion in Clinical Nutrition and Metabolic Care* **5**: 133–138.

124 Rainio A, Vahvaselka M, Suomalainen T, Laakso S (2002) Production of conjugated linoleic acid by *Propionibacterium freudenreichii ssp shermanii, Lait* **82**: 91–101.

125 Ratnayake WMN (1998) Analysis of trans fatty acids, In Trans Fatty Acids in Human Nutrition, Sébédio JL, Christie WW (Hrsg), The Oily Press, Dundee, Scotland, 115–161.

126 Raud J, Dahlen SE, Sydbom A, Lindbom L, Hedqvist P (1988) Enhancement of acute allergic inflammation by indomethacin is reversed by prostaglandin-e2 – apparent correlation with in vivo modulation of mediator release, *Proceedings of the National Academy of Sciences of the United States of America* **85**: 2315–2319.

127 Remans PHJ, Sont JK, Wagenaar LW, Wouters-Wesseling W, Zuijderduin WM,

Jongma A, Breedveld FC, van Laar JM (2004) Nutrient supplementation with polyunsaturated fatty acids and micronutrients in rheumatoid arthritis: clinical and biochemical effects, *European Journal of Clinical Nutrition* **58**: 839–845.

128 Retterstol K (2000) Studies on the metabolism of PUFA in liver and testicular cells, Ph. Thesis, Oslo, Norwegen.

129 Riserus U, Basu S, Jovinge S, Fredrikson GN, Arnlov J, Vessby B (2002) Supplementation with conjugated linoleic acid causes isomer-dependent oxidative stress and elevated C-reactive protein – A potential link to fatty acid-induced insulin resistance, *Circulation* **106**: 1925–1929.

130 Riserus U, Arner P, Brismar K, Vessby B (2004) Treatment with dietary *trans*10,*cis*12 conjugated linoleic acid causes isomer-specific insulin resistance in obese men with the metabolic syndrome, *Diabetes Care* **25**: 1516–1521.

131 Riserus U, Vessby B, Arner P, Zethelius B (2004) Supplementation with *trans*10,*cis*12-conjugated linoleic acid induces hyperproinsulinaemia in obese men: close association with impaired insulin sensitivity, *Diabetologia* **47**: 1016–1019.

132 Riserus U, Vessby B, Ärnlöv J, Basu S (2004) Effects of *cis*9,*trans*11 conjugated linoleic acid supplementation on insulin sensitivity, lipid peroxidation, and proinflammatory markers in obese men, *American Journal of Clinical Nutrition* **80**: 279–283.

133 Roche HM, Noone E, Sewter C, McBennett S, Savage D, Gibney MJ, O'Rahilly S, Vidal-Puig AJ (2002) Isomer-dependent metabolic effects of conjugated linoleic acid – Insights from molecular markers sterol regulatory element-binding protein-1c and LXR alpha, *Diabetes* **51**: 2037–2044.

134 Rose DP, Connolly JM (1999) Antiangiogenicity of docosahexaenoic acid and its role in the suppression of breast cancer cell growth in nude mice, *International Journal of Oncology* **15**: 1011–1015.

135 Ryder JW, Portocarrero CP, Song XM, Cui L, Yu M, Combatsiaris T, Galuska D, Bauman DE, Barbano DM, Charron MJ, Zierath JR, Houseknecht KL (2001) Isomer-specific antidiabetic properties of conjugated linoleic acid – Improved glucose tolerance, skeletal muscle insulin action, and UCP-2 gene expression, *Diabetes* **50**: 1149–1157.

136 Satory DL, Smith SB (1999) Conjugated linoleic acid inhibits proliferation but stimulates lipid filling of murine 3T3-L1 preadipocytes, *Journal of Nutrition* **129**: 92–97.

137 Schulte S, Hasselwander O, Rensmann FW, Kaesler B, Pfeiffer AM (2003) Safety assessment of conjugated linoleic acid (CLA) esters in the future application field as a feed additive in growing pigs, 94th AOCS Congress, 4–7 May 2003, Kansas, USA.

138 Scimeca JA (1999) Cancer inhibition in animals. In: Advances in conjugated linoleic acid research, Vol 1. Yurawecz MP, Mossoba MM, Kramer JKG, Pariza MW, Nelson GJ (Hrsg). AOCS Press, Champaign, IL, 319–326.

139 Scimeca JA (1998) Toxicological evaluation of dietary conjugated linoleic acid in male Fisher 344 rats, *Food and Chemical Toxicology* **36**: 391–395.

140 Seifert MF, Watkins BA (1997) Role of dietary lipid and antioxidants in bone metabolism, *Nutrition Research* **17**: 1209–1228.

141 Singer P, Wirth M (2003) Omega-3-Fettsäuren marinen und pflanzlichen Ursprungs: Versuch einer Bilanz, *Ernährungs-Umschau* **50**: 296–306.

142 Sisk MB, Hausman DB, Martin RJ, Azain MJ (2001) Dietary conjugated linoleic acid reduces adiposity in lean but not obese Zucker rats, *Journal of Nutrition* **131**: 1668–1674.

143 Stangl GI, Müller H, Kirchgessner M (1999) Conjugated linoleic acid effects on circulating hormones, metabolites and lipoproteins, and its proportion in fasting serum and erythrocyte membranes of swine, *European of Journal of Nutrition* **38**: 271–277.

144 Stanton C, Lawless F, Murphy J, Devery R (2000) Animal production of CLA, CLA What's going on? European Concerted Action, Dijon (France), No. 5.

145 Stulnig TM (2003) Immunomodulation by polyunsaturated fatty acids: Mechanisms and effects, *International Archives of Allergy and Immunology* **132**: 310–321.

146 Takahashi Y, Kushiro M, Shinohara K, Ide T (2003) Activity and mRNA levels of enzymes involved in hepatic fatty acid synthesis and oxidation in mice fed conjugated linoleic acid, *Biochimica et Biophysica Acta – Molecular Cell Research* **1631**: 265–273.

147 Terpstra AH (2004) Effect of conjugated linoleic acid on body composition and plasma lipids in humans: an overview of the literature, *American Journal of Clinical Nutrition* **79**: 352–361.

148 Terpstra AHM, Beynen AC, Everts H, Kocsis S, Katan MB, Zock PL (2002) The decrease in body fat in mice fed conjugated linoleic acid is due to increases in energy expenditure and energy loss in the excreta, *Journal Nutrition* **132**: 940–945.

149 Terry PD, Rohan TE, Wolk L (2003) Intakes of fish and marine fatty acids and the risks of cancers of the breast and prostate and of other hormone-related cancers: a review of the epidemiologic evidence, *American Journal of Clinical Nutrition* **77**: 532–543.

150 Thuillier P, Anchiraico GJ, Nickel KP, Maldve RE, Gimenez-Conti I, Muga SJ, Liu KI, Fischer SM, Belury MA (2000) Activators of peroxisome proliferators-activated receptor-alpha partially inhibit mouse skin tumor promotion, *Molecular Carcinogenesis* **29**: 5067–5072.

151 Tricon S, Burdge GC, Kew S, Banerjee T, Russel JJ, Jones EL, Grimble RF, Williams CW, Yaqoob P, Calder PC (2004) Opposing effects of *cis*-9,*trans*-11 and *trans*-10,*cis*-12 conjugated linoleic acid on blood lipids in healthy humans, *American Journal of Clinical Nutrition* **80**: 614–620.

152 Truitt A, McNeill G, Vanderhoek JY (1999) Antiplatelet effects of conjugated linoleic acid isomers, *Biochimica et Biophysica Acta – Molecular and Cell Biology of Lipids* **1438**: 239–246.

153 Tsuboyama-Kasaoka N, Takahashi M, Tanemura K, Kim HJ, Tange T, Okuyama H, Kasai M, Ikemoto S, Ezaki O (2000) Conjugated linoleic acid supplementation reduces adipose tissue by apoptosis and develops lipodystrophy in mice, *Diabetes* **49**: 1534–1542.

154 Turek JJ, Li Y, Schoenlein IA, Allen KGD, Watkins BA (1998) Modulation of macrophage cytokine production by conjugated linoleic acids in influence by the dietary *n*–6 : *n*–3 fatty acid ratio, *Journal of Nutritional Biochemistry* **9**: 258–266.

155 Turpeinen AM, Mutanen M, Aro A, Salminen I, Basu S, Palmquist DL, Griinari JM (2002) Bioconversion of vaccenic acid to conjugated linoleic acid in humans, *American Journal of Clinical Nutrition* **76**: 504–510.

156 Twibell RG, Watkins BA, Brown PB (2001) Dietary conjugated linoleic acids and lipid source alter fatty acid composition of juvenile yellow perch, Perca flavescens, *Journal of Nutrition* **131**: 2322–2328.

157 Valeille K, Gripois D, Bloquit MF, Souidi M, Riottot M, Bouthegourd JC, Serougne C, Martin JC (2004) Lipid atherogenic risk markers can be more favourably influenced by the *cis*-9,*trans*-11-octadecadienoate isomer than a conjugated linoleic acid mixture or fish oil in hamsters, *British Journal Nutrition* **91**: 191–199.

158 Vallve JC, Ullaque K, Girona J, Cabre A, Ribalta J, Heras M, Masana L (2002) Unsaturated fatty acids and their oxidation products stimulate CD36 gene expression in human macrophages, *Atherosclerosis* **164**: 45–56.

159 Vermunt SHF, Mensink RP, Simonis MMG, Hornstra G (2000) Effects of dietary alpha-linolenic acid on the conversion and oxidation of C-13-*alpha*-linolenic acid, *Lipids* **35**: 137–142.

160 von Löffelholz C, Kratzsch J, Jahreis G (2003) Influence of conjugated linoleic acids on body composition and selected serum and endocrine parameters in resistance-trained athletes, *European Journal of Lipid Science Technology* **105**: 251–259.

161 Wagner K-H, Auer E, Elmadfa I (1999) *Trans*-Fettsäuren in ausgewählten Lebensmitteln. *Proceedings of the German Nutrition Society* **1**: 55.

162 West DB, Blohm FY, Truett AA, DeLany JP (2000) Conjugated linoleic acid persistently increases total energy expenditure in AKR/J mice without increasing uncoupling protein gene expression, *Journal of Nutrition* **130**: 2471–2477.

163 West DB, DeLany JP, Camet PM, Blohm F, Truett AA, Scimeca J (1998) Effects of conjugated linoleic acid on body fat and energy metabolism in the mouse, *American Journal of Physiology* **275**: R667–R672.

164 Willett WC, Stampfer MJ, Manson JE, Colditz GA, Speizer FE, Rosner BA et al. (1993) Intake of trans fatty acids and risk of coronary heart diseases among women, *Lancet* **341**: 581–5.

165 Yamasaki M, Mansho K, Ogino Y, Kasai M, Tachibana H, Yamada K (2000) Acute reduction of serum leptin level by dietary conjugated linoleic acid in Sprague-Dawley rats, *Journal of Nutritional Biochemistry* **11**: 467–471.

166 Yu L (2001) Free radical scavenging properties of conjugated linoleic acids, *Journal of Agriculture and Food Chemistry* **49**: 3452–3456.

167 Yu Y, Correll PH, Vanden Heuvel JP (2002) Conjugated linoleic acid decreases production of pro-inflammatory products in macrophages: evidence for a PPAR gamma-dependent mechanism, *Biochimica et Biophysica Acta – Molecular and Cell Biology of Lipids* **1581**: 89–99.

67
Präbiotika

Annett Klinder und Beatrice L. Pool-Zobel

67.1
Allgemeine Substanzbeschreibung

Das Konzept von Präbiotika wurde erst 1995 von Gibson und Roberfroid [54] eingeführt. Im Gegensatz zu Probiotika bedeutet der Begriff „vor (prä) dem Leben (biotikum)". Gibson und Roberfroid definieren ein Präbiotikum als „einen unverdaulichen Nahrungsinhaltsstoff, der den Wirt vorteilhaft beeinflusst, indem er das Wachstum und/oder die Aktivität einer oder einer begrenzten Anzahl von Bakterienspezies im Kolon stimuliert". Im Wesentlichen stimmt diese Definition mit der für Ballaststoffe überein, im Gegensatz zu Ballaststoffen üben Präbiotika aber selektiv Effekte auf bestimmte Bakterienspezies aus. Dies zeigt sich vor allem in einem bifidogenen Effekt aller bekannten Präbiotika, d.h. sie stimulieren selektive das Wachstum von Bifidobakterien im Kolon. Solche bifidogenen Effekte wurden bereits sehr früh beobachtet. So führte die Feststellung, dass Bifidobakterien, speziell *Bifidobacterium bifidum*, die prädominante Bakterienspezies in gestillten Säuglingen darstellen [97, 143], zu der Annahme, dass Muttermilch bifidogene Faktoren enthalten muss, die das Wachstum dieser Spezies begünstigen. György und Mitarbeiter [52, 57–59] postulierten 1954 Gynolactose, ein Gemisch aus ungefähr zehn verschiedenen Oligosacchariden, darunter *N*-Acetylglucosamin, als Bifiduswachstumsfaktor für einen aus dem Stuhl gestillter Kinder isolierten *Bifidusbacterium bifidum*-Stamm. Obwohl aufgrund fehlender klinischer Studien noch keine abschließende Aussage hinsichtlich der bifidogenen Faktoren gemacht werden kann, zeigt die Analyse von humaner Muttermilch, dass sich diese sowohl hinsichtlich Gehalt (5–8 g/L) als auch Vielfältigkeit an Oligosacchariden deutlich von der anderer Säugetiere unterscheidet [86].

Die meisten untersuchten Präbiotika gehören mit Ausnahme von Inulin und resistenter Stärke ebenfalls den Oligosacchariden (3–10 Zuckerreste) an (Tab. 67.1). So werden Bifidobakterien auch vor allem als Verwerter von Oligosacchariden, und nur selten von Polysacchariden, beschrieben [152]. Bei der Fermentation von Stärke scheint auch die Fähigkeit von Bifidobakterien, an

Handbuch der Lebensmitteltoxikologie. H. Dunkelberg, T. Gebel, A. Hartwig (Hrsg.)

ISBN: 978-3-527-31166-8

Tab. 67.1 Kohlenhydrate mit präbiotischer Wirkung.

Präbiotikum	Struktur
Galactooligosaccharide	α-D-Glu-(1 → 4)-[β-D-Gal-(1 → 6)-]$_n$ $n=2$–5
Lactulose	β-D-Gal-(1 → 4)-β-D-Fru
Fructooligosaccharide (Synthese aus Saccharose)	α-D-Glu-(1 → 2)-[β-D-Fru-(1 → 2)-]$_n$ $n=2$–4
Oligofructose (Fructo-OS, Hydrolyse von Inulin)	α-D-Glu-(1 → 2)-[β-D-Fru-(1 → 2)-]$_n$ $n=2$–9 β-D-Fru-(1 → 2)-[β-D-Fru-(1 → 2)-]$_n$ $n=1$–9
Inulin	α-D-Glu-(1 → 2)-[β-D-Fru-(1 → 2)-]$_n$ $n\geq 10$
Isomaltooligosaccharide	[α-D-Glu-(1 → 6)-]$_n$ $n=2$–5
Gentiooligosaccharide	[β-D-Glu-(1 → 6)-]$_n$ $n=2$–5
Sojabohnen-OS	[α-D-Gal-(1 → 6)-]$_n$-α-D-Glu-(1 → 2)-β-D-Fru $n=1$–2
Xylooligosaccharide	[β-Xyl-(1 → 4)-]$_n$ $n=2$–9
Resistente Stärke	Stärkefraktion, die nicht durch endogene Enzyme verdaut wird, RS_1 – physikalisch unzugänglich, RS_2 – resistente Stärkekörner, RS_3 – retrograde Stärke, RS_4 – chemisch modifizierte Stärke

Glu = Glucose, Gal = Galactose, Fru = Fructose, Xyl = Xylose, OS = Oligosaccharide.

Stärkekörner zu adhärieren, eine Rolle zu spielen, obwohl es nicht essenziell für amylolytische Eigenschaften von Bifidobakterien ist [33].

Neben dem stimulierenden Effekt auf bestimmte, gesundheitsfördende Mikroorganismen müssen Präbiotika aber noch weitere Eigenschaften aufweisen, um im Kolon wirksam zu sein. Wesentliche Kriterien für die Auswahl erfolgreicher Präbiotika sind deshalb:

- Resistenz gegenüber dem Verdau im oberen Intestinaltrakt
- Fermentierbarkeit durch die Mikroflora im Kolon
- selektive Stimulation des Wachstums von Bakterien im Kolon.

67.2 Vorkommen

Poly- und Oligosaccharide sind wesentliche Bestandteile der pflanzlichen Zellwand und kommen deshalb natürlich in Obst und Gemüse, aber auch in Honig vor. Eine weitere wesentliche Quelle für Oligosaccharide ist menschliche Muttermilch. Sie enthält eine Vielzahl verschiedener Galactooligosaccharide, die im Gegensatz zu pflanzlichen Galactooligosacchariden auch aus Zuckerresten wie *N*-Acetylneuraminsäure oder *N*-Acetylglucosamin aufgebaut sind. Menschliche Milch hat einen Gesamtgehalt von 5–8 g/L Oligosaccharide und ist damit sowohl hinsichtlich Vielfalt als auch Menge an Oligosacchariden einzigartig für Säugermilch, vergleichbar nur noch zu Elefantenmilch [86]. Natürlich vorkommende, pflanzliche Galactooligosaccharide, die als Präbiotika verwendet werden, sind Raffinose und Stachynose, bei denen Galactosereste über eine α-1,6-glycosidische Bindung an den Glucoserest der Saccharose gebunden sind [146]. Raffinose und Stachynose werden direkt aus Sojabohnen isoliert. Sie fallen gemeinsam mit Saccharose, Glucose und Fructose in Form eines wässrigen Rückstands bei der Aufreinigung von Sojaproteinen an. Dieser Rückstand wird anschließend konzentriert und der entstehende Sojabohnensirup enthält beide Präbiotika [34].

Fructane wie Inulin und Fructooligosaccharide finden sich als Reservestoff in Wurzeln und Knollen zahlreicher Korbblütlerarten. Oligofructose und Inulin sind Kohlenhydrate, die β-1,2-glycosidisch gebundene Fructosereste von 2–10 Einheiten (Oligofructose) oder bis zu 65 Einheiten (Inulin) enthalten können, wobei das nichtreduzierende Ende meist mit Glucose abschließt. Als Trisaccharide am nichtreduzierenden Ende treten sowohl 1-Ketose als auch Neoketose auf. Die höchsten Gehalte an Inulin und Oligofructose finden sich in Chicoreéwurzeln (geröstet als Kaffeeersatz 35,7–47,6 g/100 g), Topinambur (roh 16,0–20,0 g/100 g), Knoblauch (roh 9,8–16,0 g/100 g), Artischocken (gekocht 2,0–6,8 g/100 g), Zwiebeln (roh 1,1–7,5 g/100 g) und Porree (roh 3 g/100 g). Auch Schwarzwurzeln (4,2 g/100 g), Spargel (roh 2–3 g/100 g) und Bananen (roh 0,3–0,7 g /100 g) sowie Weizen- (1–4 g/100 g), Roggen- (0,5–1 g/100 g) und Gerstenmehl (0,5–1 g/100 g) enthalten nennenswerte Mengen an Inulin und Oligofructose [153]. Der Inulingehalt in gebackenem Brot ist verglichen mit den Gehalten in Mehl unverändert [153]. Während Bananen, Weizenmehl oder Zwiebeln vor allem Oligofructose mit einem niedrigen Grad der Polymerisation aufweisen, gehören in Artischocken 87% des nachgewiesenen Inulins Polysacchariden mit einem Polymerisationsgrad von über 40 Zuckereinheiten an. Oligofructose (2–10 Zuckereinheiten) tritt in Artischocken nicht auf [153]. Die tägliche Aufnahme an Inulin und Oligofructose wurde auf 1–4 g in den USA und 2–12 g in Europa geschätzt, wobei Weizen und Zwiebeln die Hauptquellen für das mit der Nahrung aufgenommene Inulin sind [153]. Industriell wird Inulin vor allem aus der Chicoreéwurzel gewonnen. Während das isolierte Inulin bereits einen gewissen Anteil an Oligofructose enthält, kann mittels kontrollierter enzymatischer Hydrolyse mit Inulinase Inulin zu Fructooligosacchariden abgebaut werden.

Auch in Lebensmitteln pflanzlichen Ursprungs sind natürlich vorkommende Oligosaccharide zu finden. So wurden Isomaltooligosaccharide im Bier [159] sowie in Miso, Sake, Sojasoße und Honig nachgewiesen [146].

Resistente Stärke stellt eine Besonderheit dar, da sie sich nicht über die Kohlenhydratstruktur, sondern über ihre Unverdaulichkeit im Dünndarm definiert. Vier Arten resistenter Stärke werden unterschieden: RS_1 – physikalisch unzugänglich, RS_2 – resistente Stärke, RS_3 – retrograde Stärke, RS_4 – chemisch modifizierte Stärke. Der Anteil an resistenter Stärke ist hoch in verschiedenen stärkehaltigen Pflanzenteilen (Tab. 67.2) und hängt vom Verhältnis von Amylose und Amylopectin ab. Pflanzliche Nahrungsmittel mit einem höheren Anteil an Amylose am Gesamtstärkeanteil weisen auch eine höhere Konzentration an re-

Tab. 67.2 Vorkommen resistenter Stärke (modifiziert nach Topping und Clifton [145]).

Typ resistenter Stärke	Beispiel
RS_1	Partiell gemahlene Körner und Samen, in der intakten Zellwand eingeschlossene Stärke
RS_2	Rohe Kartoffeln, grüne Bananen, einige Leguminosen, Stärke mit einem hohen Anteil an Amylose, z. B. Amylomaize
RS_3	Gekochte und abgekühlte Kartoffeln oder Reis, Brot, Cornflakes
RS_4	Veretherte, veresterte oder kreuzvernetzte Stärke

sistenter Stärke auf [145]. Die tägliche Aufnahme an resistenter Stärke schwankt zwischen 0,4 und 34,8 g je nach Menge und Art der konsumierten Stärke [139].

Xylooligosaccharide entstehen durch enzymatische Hydrolyse von Xylan, das vor allem aus Maiskolben isoliert wird, mittels Endo-1,4-β-Xylanase [34].

Neben diesen direkt aus Pflanzenmaterial isolierten Präbiotika werden eine Vielzahl weiterer Präbiotika mittels enzymatischer Synthese hergestellt. So können Fructooligosaccharide auch durch Transfructosylierung von Saccharose mittels β-Fructofuranosidase aus *Aspergillus niger* produziert werden. Dabei entstehen 1-Ketose (Glu-Fru_2), 1-Nystose (Glu-Fru_3) und 1-^{F}Fructosylnystose (Glu-Fru_4), die jeweils 2, 3 oder 4 Fructosereste enthalten. β-Fructofuranosidase wird auch zur Herstellung von Lactosucrose aus Lactose und Saccharose genutzt. Lactose dient ebenfalls als Ausgangsmaterial zur Produktion von Galactooligosacchariden (Transgalactooligosaccharide), die enzymatisch durch Bindung von Galactoseresten an Lactose durch β-Galactosidase entstehen. Lactulose wird durch alkalische Isomerisierung aus Lactose gebildet. Isomaltooligosaccharide werden aus Stärke hergestellt, die zuerst mittels α-Amylase zu Maltose abgebaut wird. In einem zweiten Schritt wird die Transglucosidaseaktivität von α-Glucosidase zur Produktion von Isomaltooligosacchariden benutzt. Gentiooligosaccharide, die ebenfalls nur aus Glucoseeinheiten bestehen, werden durch enzymatische Transglycosidierung aus Glucosesirup produziert [34].

67.3 Verbreitung und Nachweis

Präbiotika finden sich aufgrund ihrer gesundheitsfördernden Wirkung in funktionellen Lebensmitteln. Während auf dem japanischen Markt vor allem präbiotische Getränke, zum Beispiel das Sojabohnen-Oligosaccharidgetränk „OligoCC“ oder das Xylooligosaccharidgetränk „Bikkle“, zu finden sind [34], kommen Präbiotika in funktionellen Lebensmitteln in Deutschland vor allem in Joghurt und Milchprodukten, oft in Kombination mit probiotischen Bakterien vor. Häufig werden dabei Inulin und Oligofructose eingesetzt. Zu den präbiotischen Lebensmitteln zählen aber auch Brot, zum Beispiel „Balance"-Brot mit Apfelpektinen und Inulin oder Brot mit resistenter Stärke, präbiotische Müslis oder Fitness- und Ballaststoffriegel. Mittlerweile ist auch mit Galacto- und Fructooligosacchariden angereicherte Folgemilch für Säuglinge auf dem Markt [154]. Neben ihren präbiotischen Eigenschaften verdanken Oligosaccharide ihren Einsatz in Lebensmitteln auch ihren physiko-chemischen Eigenschaften. Aufgrund ihres leichten Süßegrades und eines niedrigen glykämischen Indexes werden unverdauliche Oligosaccharide als Zuckerersatzstoffe in Getränken, Back- und Süßwaren verwendet [48, 105, 146]. Viele Oligosaccharide werden weiterhin als Geschmacksverbesserer sowie zur Stabilisierung aktiver Substanzen (Proteine, Geschmacksstoffe, Farbstoffe) genutzt [105]. Inulin wird als Fettersatzstoff in Dressings, Soßen, fettreduzierten Milchprodukten und fettreduzierten Brotaufstrichen verwendet, da es die Textur verbessert und ein angenehmes „Mundgefühl" ergibt [31, 48].

Im Gegenzug wurden auch für klassische Gelier- und Bindemittel wie Pektine oder Guarkernmehl bereits präbiotische Effekte nachgewiesen [111, 147].

Die genannten Präbiotika werden allgemein zu den Ballaststoffen gezählt, allerdings werden die meisten der unverdaulichen Oligosaccharide durch die für Ballaststoffe verwendeten analytischen Nachweismethoden (Association of Official Analytical Chemists [AOAC] Methoden 985.29, 991.43 und 994.13) nicht erfasst, da unverdauliche Oligosaccharide durch den Ethanolextraktionsschritt entfernt werden, Inulin und Oligofructose werden durch die Ethanolextraktion partiell der Analyselösung entzogen, und resistente Stärke wird zum Teil während der Analyse abgebaut [92]. Deshalb wurden für diese Kohlenhydrate zusätzliche Analysemethoden entwickelt.

Für Fructane existieren zwei durch die AOAC anerkannte Methoden (AOAC-Methode 997.08 [64] und AOAC-Methode 999.03 [94]). Erstere Methode [64] stellt eine Kombination aus enzymatischer Hydrolyse von Aliquoten mit Amyloglucosidase oder Amyloglucosidase plus Fructanase und anschließender HPAEC (High-Performance Anion Exchange Chromatography) des unbehandelten Rohextrakts sowie der enzymatisch behandelten Aliquote dar. Der Vergleich der chromatographischen Profile der drei verschiedenen Extrakte erlaubt nach Abzug freier Glucose, Fructose und Saccharose sowie der Glucose aus Stärke eine Berechnung des Fructangehalts der Probe. Die zweite Methode [94] basiert vollständig auf dem Einsatz spezifischer Enzyme. Zuerst wird Stärke mittels eines Gemischs aus β-Amylase, Pullulanase und Maltase zu Glucose sowie Saccharose mittels Sucrase zu Glucose und Fructose hydrolysiert, und die entstehenden Monosaccharide zu Zuckeralkoholen reduziert. Inulin und Oligofructose, die durch die genannten Enzyme nicht angegriffen werden, werden nachfolgend mittels Endo- und Exoinulinase quantitativ zu Fructose und Glucose abgebaut, die durch Reaktion mit *p*-Hydroxybenzoesäurehydrazid spektrophotometrisch nachgewiesen werden können.

Zum Nachweis von Transgalactooligosacchariden (AOAC-Methode 2001.02 [38]) wird die Probe mit heißem Phosphatpuffer extrahiert und mittels HPAEC analysiert. Ein weiteres Aliquot wird mit β-Galactosidase behandelt und ebenfalls mittels HPAEC für Galactose vermessen. Anhand des Vergleichs beider Chromatogramme lässt sich der Gehalt an Transgalactooligosacchariden in der Probe kalkulieren.

Polydextrose (hauptsächlich 1,6-glycosidische Glucoseketten) kann mit der AOAC-Methode 2000.11 [32] nachgewiesen werden. Nach Extraktion mit heißem Wasser wird die Probe einer Zentrifugation sowie einer Ultrafiltration unterzogen, um hochmolekulare Substanzen zu entfernen. Anschließend werden Maltosaccharide mit Isoamylase und Amyloglucosidase und Fructooligosaccharide mit Fructanase zu Monosacchariden hydrolysiert. Der Extrakt wird dann mittels HPAEC analysiert.

Für resistente Stärke liegen verschiedene Methoden vor [43, 102], wobei bei diesen in vitro-Bestimmungen auch Faktoren, die *in vivo* für den Gehalt an resistenter Stärke eine Rolle spielen, z. B. das Kauen [101], berücksichtigt werden sollten. Bei der neuesten Methode (AOAC-Methode 2002.02 [93]), die sich in der Evaluierung durch die AOAC befindet, wird die Probe mit α-Amylase aus Pankreas und Amyloglucosidase verdaut. Anschließend wird durch Ethanolextraktion freie Glucose entfernt. Die verbleibende resistente Stärke wird in 2 M Kaliumhydroxidlösung solubilisiert und vollständig zu Glucose hydrolysiert, die photometrisch nachgewiesen wird.

67.4
Kinetik und innere Exposition

Ein wichtiges Kriterium bei der Klassifizierung von Kohlenhydraten als Präbiotika ist die Resistenz gegenüber dem Verdau durch endogene Enzyme, aber auch gegenüber saurer Hydrolyse im Magen. Präbiotika müssen den Dickdarm erreichen, um dort als spezifische Substrate für günstige Bakterien dienen zu können. Ergebnisse liegen hierzu insbesondere für den Abbau von Inulin und Fructooligosacchariden durch Pankreas- und Bürstensaumenzyme vor. In Untersuchungen mit Ileostomie-Patienten wurden 86–98% des aufgenommenen Inulins bzw. der Fructooligosaccharide im terminalen Ileum nachgewiesen [7, 42]. Auch bei Entnahme von Proben aus dem Ileum nach einer Mahlzeit mit Oligofructose mittels Dünndarmsonden konnten 89% der Fructooligosaccharide unverdaut zurückgewonnen werden [95]. Ein unveränderter Blutzucker- bzw. Insulinspiegel nach Konsum von Inulin deutet ebenfalls darauf hin, dass dieses im Dünndarm nicht abgebaut und absorbiert wird [62, 126]. Ein Teil der Oligofructose könnte durch saure Hydrolyse im Magen angegriffen werden. So zeigten Nilsson et al. [106], dass bei Inkubation mit frischer humaner Magensäure für eine Stunde bei einem pH von 1,05 10–15% verschiedener Fructanfraktionen aus Getreide hydrolysiert wurden. Allerdings lag bei einem pH-Wert über 1,8 die Hydrolyserate bei unter 1%. Auch in vitro-Versuche mit humaner Saliva, einem Homogenat aus Rattenpankreas oder homogenisierter intestinaler Mukosa von Ratten [62, 106], konnten kaum einen Verdau für Inulin und Fructooligosaccharide nachweisen.

Eine ähnlich gute Datenlage existiert für resistente Stärke. Allerdings ist hier die Feststellung etwas schwieriger, da der Begriff resistente Stärke bereits impliziert, dass diese Stärkefraktion dem Verdau im Dünndarm entgeht. Versuche von Muir et al. mit Ileostomie-Probanden haben gezeigt, dass je nach Stärke enthaltendem Lebensmittel zwischen 5,7% (gebackene Bohnen) und 0,7% (gemahlener Reis) resistente Stärke an der Gesamtstärkemenge im ilealen Effluenten nachzuweisen war [102]. Bei einer Diät, die reich an resistenter Stärke war (Brot aus hoch amylosehaltigem Mais, Mehl aus ungekochten, grünen Bananen, grob gemahlener, ungekochter Weizen), konnten sogar bis zu 38% unverdaute Stärke im Ileum zurückgewonnen werden [100]. Bei Gabe von gekochten weißen Bohnen entgingen 16,5% der Gesamtstärke dem Verdau im Dünndarm [107]. Bei Konsum retrograder, resistenter Stärke konnten mittels Dünndarmendoskopie bei sechs gesunden Probanden sogar bis zu 51±2% der Stärke im terminalen Ileum nachgewiesen werden [27]. Versuche mit kommerziell erhältlicher resistenter Stärke zeigten mittels ^{13}C-glykämischem Index und $^{13}CO_2$-Ausscheidung in der Atemluft, dass der durchschnittliche Verdau von resistenter Stärke im Dünndarm etwa 50% beträgt [160].

Wesentlich weniger Informationen liegen zur Resistenz anderer Präbiotika hinsichtlich des Verdaus durch Pankreas- und Bürstensaumenzyme vor. Versuche zum Verdau von Isomaltooligosacchariden im Jejunum der Ratte zeigten, dass Isomaltooligosaccharide mit einem höheren Grad der Polymerisation deutlich geringer abgebaut wurden, und dass modifizierte Derivate von Isomaltooligosacchariden nahezu unverdaulich sind [70]. Demgegenüber deuten Versuche mit gesunden Freiwilligen zum Vergleich von Fructooligosacchariden, Galactosylsucrose und Isomaltooligosacchariden mittels Messung des Gehalts von Wasserstoff (H_2) in der Atemluft (eine Methode, die einen Indikator für die durch die Mikroflora fermentierte Menge an Kohlenhydraten darstellt) daraufhin, dass Fructooligosaccharide nicht, Galactosylsucrose partiell, Isomaltooligosaccharide aber vollständig im Dünndarm verdaut werden [110]. Allerdings ist hierzu zu erwähnen, dass Isomaltooligosaccharide auch bei in vitro-Fermentationsversuchen deutlich geringere Mengen an Gas bildeten als Fructooligosaccharide [127].

Eine Besonderheit stellen Oligosaccharide aus Muttermilch dar, denen ebenfalls präbiotische Effekte zugeschrieben werden. So konnte nachgewiesen werden, dass ein Teil der Oligosaccharide unverdaut über die Mukosa in die Blutbahn aufgenommen wird. Etwa 0,5–1% von muttermilchspezifischen Oligosacchariden wurde im Urin der gestillten Kinder ausgeschieden. Damit kann angenommen werden, dass bestimmte Oligosaccharide möglicherweise nach Absorption – auch ohne Einfluss auf die Mikroflora bzw. ohne Verstoffwechslung durch endogene Bakterien – gesundheitsfördernde Effekte, z. B. im Hinblick auf Immunreaktionen, auslösen können [86].

Die ins Kolon gelangenden Präbiotika werden dort von den Bakterien der Mikroflora fermentiert. Die Fermentationsrate ist im proximalen Kolon am höchsten. Durch Untersuchung von Stuhlproben konnte für Inulin bzw. Fructooligosaccharide [5, 24, 95] und resistente Stärke [107] eine vollständige Fermentation durch endogene Bakterien nachgewiesen werden. Ebenso waren oral verabreichte Transgalactooligosaccharide, deren Fermentation durch endogene Bakterien im Kolon mittels H_2-Test in der Atemluft gezeigt wurde, im Faeces nicht mehr nachzuweisen, was für ihre vollständige Fermentation spricht [4].

Die anaerobe Fermentation von Kohlenhydraten durch Bakterien führt zur Bildung von Gasen (CO_2, H_2, CH_4) und organischen Säuren, darunter Milchsäure und kurzkettige Fettsäuren, wie Acetat, Propionat und Butyrat. Fast die gesamten durch die Bakterien produzierten kurzkettigen Fettsäuren werden durch die Kolonmukosa in konzentrationsabhängiger Weise absorbiert und nur weniger als 5% werden mit dem Faeces ausgeschieden. In Meerschweinchen wurde keine Sättigung der Aufnahme bis zu einer Konzentration von 120 mM erreicht. Etwa 60% der kurzkettigen Fettsäuren werden durch einfache Diffusion protonierter kurzkettiger Fettsäuren aufgenommen, während die restlichen 40% über zelluläre Transportsysteme als ionisierte kurzkettige Fettsäuren im Co-Transport mit Natrium- oder Kaliumionen, möglicherweise aber auch mit Magnesium- oder Calciumionen, in die Kolonozyten gelangen. Die aufgenommenen kurzkettigen Fettsäuren werden unmittelbar von den Kolonozyten metabolisiert und stellen 60–70% des Energiebedarfs dieser Zellen, wobei Butyrat als Hauptenergiequelle angesehen und sogar bevorzugt gegenüber Glucose verstoffwechselt wird [145]. Neben ihren metabolischen Eigenschaften haben kurzkettige Fettsäuren aber noch weitere Effekte auf Kolonozyten, so stimulieren sie das Wachstum gesunder Kolonmukosa [82, 130], während das Wachstum von Tumorzellen unterdrückt wird. Auf letztere Effekte soll in Abschnitt 67.5.4 eingegangen werden. In vitro-Fermentationsversuche mit Inokulum aus humanem Stuhl zeigten, dass verschiedene Präbiotika unterschiedliche Mengen an kurzkettigen Fettsäuren produzieren, und zwar sowohl in Bezug auf die Gesamtmenge an kurzkettigen Fettsäuren als auch im Hinblick auf die einzelnen kurzkettigen Fettsäuren (Tab. 67.3, s. Anhang am Ende des Kapitels).

Obwohl in den in vitro-Versuchen eine unterschiedliche Verteilung der kurzkettigen Fettsäuren beobachtet wurde, lässt sich diese *in vivo* in humanem Stuhl nur selten nachweisen. Als Ursache hierfür wird die bereits erwähnte, fast vollständige Absorption von kurzkettigen Fettsäuren durch die Kolonmukosa angesehen. So zeigten Versuche mit Ratten, dass im Caecum nachgewiesene, signifikante Erhöhungen von kurzkettigen Fettsäuren durch Präbiotika im Faeces nicht mehr festgestellt wurden [23, 75].

67.5
Gesundheitsfördende Effekte

67.5.1
Effekte auf Mikroflora und Darmtätigkeit

Ein wesentlicher Effekt von Präbiotika ist ihre selektive Stimulation von als gesundheitsfördernd angesehenen Bakterienspezies im Kolon. In vivo-Studien am Menschen und in Versuchtieren zeigten dabei vor allem einen quantitativen Anstieg an Bifidobakterien, in einigen Fällen aber auch von Lactobazillen (Tab. 67.4, s. Anhang am Ende des Kapitels). Allerdings ist es bis jetzt nicht möglich, einzelne Stämme, denen spezifische probiotische Eigenschaften zugeordnet werden können, selektiv in ihrem Wachstum zu stimulieren, d.h. probiotische und nicht-probiotische Bakterien werden in gleicher Weise beeinflusst. Dieses Problem könnte möglicherweise durch den Einsatz speziesspezifischer, von den Bakterien selbst synthetisierter Präbiotika überwunden werden [120], deren Entwicklung aber erst am Anfang steht. Aus in vitro-Versuchen wird außerdem deutlich, dass Präbiotika nicht nur Substrate für Bifidobakterien sind, sondern auch von weiteren Bakterien des Kolons fermentiert werden und zu deren Wachstum beitragen. So könnte zum Beispiel ein positiver Effekt aufgrund der Erhöhung der Bifidopopulation durch einen gleichzeitigen Anstieg potenziell gesundheitsschädigender Bakterien im Darm eliminiert werden. Dies macht die Komplexizität des Einflusses von Präbiotika auf die Mikroflora deutlich. Zur Einschätzung der Selektivität von Präbiotika sollten deshalb mehrere Bakterienspezies herangezogen werden. Palframan et al. [113] entwickelten deshalb den präbiotischen Index, der dazu dienen soll, präbiotische Effekte von verschiedenen Oligosacchariden miteinander zu vergleichen. In diesen Index fließen nicht nur die Bakterienanzahl für Bifidobakterien und Lactobazillen (jeweils vor und nach Fermentation), sondern auch die Veränderungen in der Zahl von Bakteroiden und Clostridien sowie die Änderung der Gesamtzellzahl an Bakterien ein. Mittels des präbiotischen Index konnte zum Beispiel aus einem vorangegangenen in vitro-Versuch geschlussfolgert werden, dass Lactulose die stärksten präbiotischen Effekte zeigt, gefolgt von Sojabohnen-Oligosacchariden, Isomaltooligosacchariden und Galactooligosacchariden, während Fructooligosaccharide, Xylooligosaccharide und Inulin geringere präbiotische Effekte aufweisen. Auch für Gentio- und bestimmte Pektinoligosaccharide wurden hohe präbiotische Indizes ermittelt. Es gilt aber zu bedenken, dass *in vivo* auch andere Effekte wie die Produktion kurzkettiger Fettsäuren, speziell Butyrat, das hauptsächlich von anderen, nicht milchsäureproduzierenden Bakterien synthetisiert wird, einen wesentlichen Einfluss hinsichtlich der Gesundheitsförderung durch Präbiotika haben.

Neben einer laxativen Wirkung von Präbiotika wie z.B. Lactulose [17], die vor allem auf osmotische Effekte der unverdaulichen Kohlenhydrate im Dünndarm zurückzuführen ist, zeigen unverdauliche Oligosaccharide auch Effekte auf die ausgeschiedenen Stuhlmengen. Resistente Stärke wies je nach Fermentierbarkeit im Kolon einen Anstieg der Stuhlmenge von 1,0–2,7 g Feuchtgewicht pro g konsumierter, resistenter Stärke auf [145]. Die Gabe von 15 g Fructooligosacchariden pro Tag erhöhte die tägliche Stuhlmenge von 136 auf 154 g [53]. Da Präbiotika im Gegensatz zu anderen Ballaststoffen fast vollständig im Kolon durch endogene Bakterien fermentiert werden, ist der beobachtete Anstieg der Stuhlmenge vor allem auf eine Zunahme der Biomasse, d.h. der Bakterien, zurückzuführen, was sich auch in einer erhöhten Ausscheidung von Stickstoff widerspiegelt [53]. Während andere Studien mit Präbiotika an gesunden Freiwilligen keinen Anstieg der Stuhlmenge, wahrscheinlich aufgrund eines bereits hohen

Konsums an Ballaststoffen, nachweisen konnten [35], wurden für eine Reihe von Präbiotika positive Effekte hinsichtlich Stuhlmenge und Stuhlfrequenz bei chronisch obstipativen Patienten beschrieben. Der Konsum von 10 g Isomalto-oligosacchariden durch sieben ältere Männer führte zu einer deutlichen Zunahme der Stuhlfrequenz sowie des Feucht- und Trockengewichts des Stuhls [28], während 30 g Isomaltooligosaccharide bei Dialysepatienten ebenfalls zur Verbesserung von chronischer Verstopfung beitrugen [161]. Auch für Lactulose [17] und Inulin [41, 76] konnte eine Verbesserung hinsichtlich Darmentleerung und Stuhlfrequenz bei obstipativen Patienten beobachtet werden.

67.5.2
Einfluss von Präbiotika auf den Mineralstoffwechsel

Verschiedene Humanstudien konnten einen Einfluss von Präbiotika auf die Absorption von Calcium feststellen. So führte die tägliche Einnahme von 10 g, nicht aber die von 5 g, Lactulose zu einer signifikanten Steigerung der Calciumabsorption bei zwölf Frauen in der Postmenopause [149]. Die Gabe von Inulin (40 g/d) an neun gesunde Erwachsene resultierte zwar in einer gesteigerten Calciumabsorption (von 21,3% auf 33,7%), hatte aber keinen Einfluss auf den Stoffwechsel der anderen untersuchten Mineralien Magnesium, Eisen und Zink [30]. In einer anderen Studie untersuchten van den Heuvel et al. [151] den Einfluss von Inulin, Oligofructose und Galactooligosacchariden auf die Absorption von Calcium und Eisen in einer Cross-over-Studie mit zwölf gesunden Probanden. Bei einer Dosis von 15 g/d der entsprechenden Kohlenhydrate konnte weder für Inulin noch für Fructo- oder Galactooligosaccharide ein Anstieg in der Calciumabsorption bei jungen Männern festgestellt werden. Dies mag aber auf ein Auslassen der Messung der späten Absorptionsphase im Kolon aufgrund der auf 24 h beschränkten Urinsammlung zurückzuführen sein [55], da ein etwas verändertes Studienprotokoll (36 h Urinproben) der gleichen Gruppe eine signifikante Erhöhung der Calciumabsorption (von 47,8% auf 60,1%) bei Gabe von 15 g/d Oligofructose im Vergleich zur Saccharose-Kontrollgruppe ergab [150]. Eine Studie an 60 gesunden Mädchen (11–14 Jahre) mit 8 g/d Oligofructose oder einem Gemisch aus Oligofructose und Inulin fand nur für das Gemisch aus Oligofructose und Inulin eine signifikante Steigerung der Calciumabsorption im Vergleich zur Saccharosekontrolle [55].

Die meisten Daten zu positiven Effekten von Präbiotika auf den Mineralstoffwechsel stammen aus Studien mit Versuchstieren (für eine Übersicht s. [136]). Die Stimulation der Calciumabsorption durch Präbiotika wurde für eine Anzahl von Modellen wie junge, im Wachstum befindliche Ratten, Ratten, denen die Ovarien entfernt wurden, magnesium- und eisendefiziente Ratten, oder Ratten, die aufgrund einer Gastrektomie eine Anämie entwickelten, untersucht. Bei Dosen zwischen 2% und 20% waren sowohl Oligofructose, Galactooligosaccharide, resistente Stärke und in geringem Maße auch Lactulose in der Lage, die Calciumabsorption zu steigern. Sowohl Oligofructose als auch Lactulose konnten die Retention von Magnesium erhöhen, wobei der Effekt von Oligofructose ein

Fünffaches gegenüber dem von Lactulose betrug [135]. Ein Futterzusatz von 10% Oligofructose führte auch zu einer höheren Eisenabsorption [39]. Außerdem konnte Oligofructose Symptome einer diätverursachten Anämie verbessern [108] und das Auftreten von gastrektomieinduzierter Anämie verhindern [109]. Die Retention von Zink war ebenfalls signifikant höher bei Ratten, die eine mit Oligofructose angereicherte Diät konsumierten [39]. Ein Einfluss auf die Absorption von Phosphor konnte nicht festgestellt werden [136]. Versuche mit älteren, ovarektomierten Ratten, die ein Modell für die weibliche Postmenopausephase darstellen, zeigten außerdem, dass die erhöhte Absorption von Calcium ebenfalls in einer erhöhten Mineralisation und Dichte der Knochen resultiert [136].

Die Mechanismen für die erhöhte Absorption von Mineralien sind noch nicht vollständig geklärt. Man nahm an, dass durch Sequestierung von Ionen an Ballaststoffe eine höhere Menge ins Kolon gelangt, Studien an Ileostomie-Patienten konnten einen solchen Effekt nicht nachweisen [42]. Ein positiver Effekt von Präbiotika scheint auch von der Menge aufgenommenen Calciums abzuhängen [135]. Es wird allgemein angenommen, dass der saure pH-Wert im Kolon nach Fermentation von Präbiotika zur Erhöhung des passiven Calciumtransports in Form von freier Diffusion aufgrund eines gesteigerten Anteils an löslichem Calcium beiträgt. Als weitere Mechanismen werden die Vergrößerung der potenziellen Diffusionsfläche durch proliferationssteigernde Effekte von Butyrat auf Kolonkrypten sowie die Induktion von am aktiven Calciumtransport beteiligten Proteinen wie Calbindin-D9k durch Butyrat diskutiert [136].

67.5.3
Effekte von Präbiotika auf den Lipidmetabolismus

Während in Tierversuchen ein Zusammenhang von Präbiotikakonsum und Lipidmetabolismus eindeutig belegt ist, ist die Datenlage aus Humanversuchen nicht so eindeutig. So wurden in einigen Studien senkende Effekte von Präbiotika auf die Gesamtcholesterolkonzentration und die Konzentration an Triacylglyceriden im Plasma beobachtet, andere Studien konnten aber keine signifikanten Veränderungen in Plasmalipiden nach Intervention mit Präbiotika nachweisen. Davidson et al. [36] berichteten nach Konsum von 18 g Inulin über eine Senkung von Gesamt- und LDL-Konzentrationen an Cholesterol, fanden aber keinen Einfluss auf die Konzentration an Triacylglyceriden. Der Zusatz von 10 g Inulinpulver zu Essen oder Getränken führte zu einer Senkung an Plasmatriacylglyceriden um 19%, zeigte aber keinen Effekt auf die anderen untersuchten Parameter [68]. Ein senkender Effekt auf Triacylglyceride wurde ebenfalls für 18 g/d Inulin berichtet [25]. 8 g/d Oligofructose hatten ebenfalls eine senkende Wirkung auf LDL- und Gesamtcholesterol [63]. Alle zuvor genannten Studien wurden an Probanden mit Hyperlipidämie durchgeführt. In Hämodialysepatienten, bei denen ebenfalls Hyperlipidämie eine der häufigen Komplikationen darstellt, konnte durch Intervention mit 30 g/d Isomaltooligosacchariden für vier Wochen die Gesamtcholesterolkonzentration um 17,6% und die Triacylglyceridkonzentration um 18,4% gesenkt werden, während HDL-Cholesterol um 39,1% anstieg [161]. Aber auch in Probanden, die normale Plasmalipidwerte aufwiesen, führte der Konsum von 50 g Frühstückscerealien, die mit 18% Inulin angereichert waren, zu einer signifikanten Senkung von Gesamtcholesterol (7,9 ± 5,4%) und Triacylglyceriden (21,2 ± 7,8%) [20].

Demgegenüber konnten andere Studien mit normolipidämischen Probanden keine Effekte von Inulin [83, 114], Oligofructose [3, 89] oder Isomaltooligosacchariden [28] auf Plasmalipidwerte nachweisen.

Versuche an Ratten, bei denen ebenfalls senkende Effekte für Phospholipide und Triacylglyceride durch Fructooligosaccharide [47, 65, 144], Xylooligosaccharide [65] und resistente Stärke [37] beschrieben wurden, geben einen Einblick, welche Mechanismen bei Beeinflussung des Lipidmetabolismus eine Rolle spielen könnten. So wurde bei diesen Studien festgestellt, dass die beschriebene Senkung von Phospholipiden und Triacylglyceriden auf eine erniedrigte Plasmakonzentration an VLDL zurückzuführen war [47]. Ursache hierfür ist wahrscheinlich eine reduzierte *de novo*-Lipogenese in der Leber, was auch durch um 50% verringerte Enzymaktivitäten für die an der Lipogenese beteiligten Enzyme in den Oligofructose konsumierenden Ratten belegt wurde [40].

67.5.4
Reduktion des Darmkrebsrisikos durch Präbiotika

Obwohl Ballaststoffe gemeinhin als protektive Nahrungsinhaltsstoffe angesehen werden, konnten krebsrisikoreduzierende Effekte in drei großen, prospektiven Studien in den USA, Finnland und Schweden [49, 117, 142] nicht nachgewiesen werden. Weiterhin wurde bei Intervention mit Kleie, löslichen Ballaststoffen oder Gemüse [2, 13, 132] kein Einfluss auf das Wiederauftreten adenomatöser, kolorektaler Polypen festgestellt. Im Gegensatz dazu konnte bei der EPIC-Studie (European Prospective Investigation into Cancer and Nutrition) ein inverser Zusammenhang zwischen Ballaststoffaufnahme und der Inzidenz von kolorektalen Krebserkrankungen nachgewiesen werden [10]. Die negativen Ergebnisse der vorangegangenen Studien im Vergleich zur EPIC-Studie, die die bisher größte Studienpopulation (519 978 Individuen) untersuchte, mag vor allem in dem allgemein wesentlich geringeren Ballaststoffkonsum in Ersteren begründet sein, da ein protektiver Effekt erst bei einer täglichen Aufnahme von 30 g/d beobachtet werden kann [45]. Eine weitere Studie konnte ebenfalls einen Zusammenhang zwischen hohem Konsum an Ballaststoffen und einem erniedrigten Risiko für kolorektale Adenome feststellen [115]. Allerdings ist weiterhin unklar, welche Arten von Ballaststoffen für die krebsrisikoreduzierenden Effekte verantwortlich sind und inwieweit andere Pflanzeninhaltsstoffe wie Flavonoide, Lignane oder Anthocyane eine Rolle spielen.

Die erste humane Interventionsstudie, bei der eine Kombination aus einem Präbiotikum (Synergy1 – Gemisch aus kurzkettiger Oligofructose und langkettigem Inulin) und zwei Probiotika (*Lactobacillus rhamnosus* GG und *Bifidobacterium* Bb12) für zwölf Wochen in die Diät von Patienten mit erhöhtem Risiko für kolorektale Karzinome (resektierte Kolonkarzinompatienten und Patienten mit kolorektalen Polypen) aufgenommen wurde, befindet sich zur Zeit in der Auswertung. Vorläufige Ergebnisse zeigen, dass die Intervention mit dem Synbiotikum in der Gruppe der Polyppatienten zu einer Reduktion der DNA-Schäden, Zellproliferation und Stuhlwassergenotoxizität führte [121].

Viel versprechende Ergebnisse hinsichtlich der Krebsprävention liegen aber vor allem aus Tierversuchen vor (vgl. Tab. 67.5 im Anhang am Ende des Kapitels). So konnte gezeigt werden, dass fermentierbare Ballaststoffe (Galactooligosaccharide) im Gegensatz zu nicht fermentierbaren Ballaststoffen (Cellulose) protektive Effekte gegenüber der Genese 1,2-Dimethylhydrazin(DMH)-induzierter Tumoren haben. Allerdings wurde die Inzidenz der Tumoren durch Galactooligosaccharide nicht verringert [162]. Demgegenüber zeigte eine Studie mit 6 g/100 g Xylo- oder Fructooligosacchariden für beide Präbiotika nach fünf Wochen eine um 81% (Xylooligosaccharide) bzw. 56% (Fructooligosaccharide) und somit deutlich verringerte Anzahl an präkanzerogenen Läsionen in DMH-geschädigten Ratten [65].

Die meisten Tierstudien hinsichtlich eines protektiven Effekts liegen für Fructooligosaccharide und Inulin vor. Die Daten stammen aus zwei Tiermodellen: zum einen aus einem Rattenmodell, bei dem chemisch durch Azoxymethan (AOM) oder DMH Tumoren vor allem im Kolon induziert werden, zum anderen aus der APC^{Min}-Maus, einem Mausmodell, bei dem das APC-Gen mutiert ist, was zur spontanen Entstehung von Tumoren, allerdings verstärkt im Dünndarm und weniger im Kolon, führt [118]. Während die Ergebnisse aus dem Min-Mausmodell widersprüchlich sind und nur zwei [88, 116] der durchgeführten vier Studien [88, 103, 112, 116] über einen protektiven Effekt berichteten, zeigten Interventionsstudien an den AOM- oder DMH-behandelten Ratten eine eindeutige Reduktion der Darmtumorinzidenzen durch Inulin und Oligofructose. Der Effekt von Fructanen ist von der Kettenlänge abhängig. So zeigt längerkettiges Inulin eine deutlich stärkere Reduktion von präneoplastischen Läsionen als Oligofructose [119, 122]. Ursache hierfür könnte sein, dass, während Oligofructose bereits vor allem im proximalen Kolon fermentiert und absorbiert wird, langkettiges Inulin zum Teil auch das distale Kolon erreicht, um dort, wo AOM verstärkt als Karzinogen wirkt, von den Bakterien zu Fermentationsprodukten abgebaut zu werden. Die effektivste Reduktion wurde allerdings mit einem Gemisch aus langkettigem Inulin und kurzkettiger Oligofructose beobachtet [157]. Man kann sich vorstellen, dass, wenn Oligofructose den Mikroorganismen im proximalen Kolon als Energiequelle dient, mehr Inulin das distale Kolon erreicht, wo es fermentiert wird.

Für langkettiges Inulin (2,5; 5 und 10 g/100 g Diät) konnte außerdem eine konzentrationsabhängige Reduktion der Inzidenz von präneoplastischen Läsionen in AOM-behandelten Ratten nachgewiesen werden [155]. Die gleiche Arbeitsgruppe schlussfolgerte weiterhin aus einer anderen Versuchsreihe, dass Inulin vor allem in der Promotionsphase präventiv wirksam war [156].

Die Mechanismen für die krebsprotektive Wirkung von Fructanen sind noch weitgehend ungeklärt. Man nimmt aber an, dass kurzkettige Fettsäuren, und speziell Butyrat, dabei eine wesentliche Rolle spielen. Von Butyrat ist bekannt, dass es das Wachstum von Tumorzellen *in vitro* unterdrückt, Apoptose in Tumorzellen induziert und die Differenzierung dieser Zellen fördert [60, 61, 79]. Der Einfluss von Butyrat auf die Genexpression, z. B. durch Inhibition von Histondeacetylasen, führt unter anderem zur Expression von p21, einem Inhibitor von cyclinabhängigen Kinasen, der in den Zellzyklus eingreift und die Zellen in der G_1-Phase arretiert [79]. Wie Butyrat üben auch komplexe Überstände von *in vitro* fermentierten Ballaststoffen aus verschiedenen nahrungsrelevanten Pflanzenteilen bzw. von Synergy1 (1:1 Gemisch aus Oligofructose und Inulin) inhibitorische Effekte auf Proliferation und weitere Marker der Tumorprogression aus [9, 78]. Auch *in vivo* konnte nach Intervention mit Oligofructose und Inulin [66] bzw. resistenter Stärke [87] eine höhere Apoptoserate als Antwort auf die Induktion von DNA-Schäden durch genotoxische Karzinogene (AOM, DMH) nachgewiesen werden. In einer Langzeitstudie an Ratten wurde die Apoptoserate durch Präbiotika zwar nicht beeinflusst, die proliferative Aktivität der Kolonmukosa in der Präbiotikagruppe (1:1 Gemisch aus Oligofructose und Inulin) war aber signifikant niedriger als in den Kontrollen [44]. In dieser Langzeitstudie konnte nach acht Monaten auch eine signifikant erniedrigte Stuhlwassergenotoxizität in den mit Präbiotika supplementierten, tumorfreien Ratten (Prä- und Synbiotikagruppe) im Vergleich zu den anderen tumorfreien Ratten (Probiotika- und Kontrollgruppe) festgestellt werden [77]. Für Lactulose wurde gezeigt, dass es epitheliale Zellen *in vivo* in einem mit Humanflora inokulierten Rattenmodell direkt gegenüber DNA-Schädigung durch DMH schützt [124]. Shin et al. [138] wiesen nach, dass der Zusatz von Präbiotika bereits beim Braten von Fleisch die Entstehung von mutagenen, heterocyclischen Aminen unterdrücken kann. Während in einigen Studien über eine reduzierte Aktivität prokanzerogener Enzyme nach Intervention mit Präbiotika berichtet wurde [22, 67, 125, 140], konnten andere Versuche einen solchen Zusammenhang nicht bestätigen [16, 76]. Weitere Studien sind notwendig, um die molekularen Mechanismen für die krebsrisikoreduzierenden Wirkungen von Präbiotika aufzuklären.

67.5.5
Synbiotika

Die neueste Entwicklung im Hinblick auf Beeinflussung der Mikroflora und gesundheitsfördernde Effekte ist die Untersuchung von Synbiotika. Als Synbiotika werden Produkte definiert, die sowohl Prä- als auch Probiotika enthalten und einen synergistischen Effekt auf den Wirt ausüben [137]. Die Vorteile des Prinzips von Synbiotika werden deutlich, wenn man bedenkt, dass oral verabreichte Probiotika sich im Kolon gegen die endogene Mikroflora durchsetzen müssen, um gesundheitsfördernde Effekte zu entfalten. Insbesondere Bifidobakterien sind empfindlich gegenüber Sauerstoff (Anaerobier) und Magensäure, was sich bei der Passage durch den oberen Verdauungstrakt negativ auf Probiotika auswirkt. Präbiotika erreichen zwar problemlos das Kolon, ihre Effekte sind aber nicht spezifisch auf probiotische Mikroorganismen, also Mikroorganismen mit gesundheitsfördernder Wirkung, beschränkt. Mit einer Kombination aus Pro- und Präbiotika, bei der das Präbiotikum das Wachstum des Probiotikums unterstützt, könnten deshalb spezifischere Effekte erzielt werden. Beispiele für synbiotische Kombinationen sind Bifidobakterien plus Fructooligosaccharide, Lactobazillen plus Lactilol oder Bifidobakterien plus Galactooligosaccharide [29]. Auch der Einschluss von stärkebindenden Bifidobakterien in Körnchen aus resistenter Stärke stellt eine interessante Variante zur sicheren Passage von Bifidobakterien ins Kolon dar [33]. Synbiotika wurden vor allem im Hinblick auf krebsprotektive Effekte untersucht. In einer Studie wurde gezeigt, dass die Kombination von Bifidobakterien und dem Fructooligosaccharid „Neosugar" zu einer Reduktion von präneoplastischen Läsionen in Karzinogen behandelten Mäusen führte [81]. Allerdings wurde keine Intervention mit den Einzelkomponenten durchgeführt, sodass eine Einschätzung hinsichtlich eines synergistischen Effekts nicht möglich ist. Rowland et al. [125] wiesen eine Reduktion von kleinen präneoplastischen Läsionen (1–3 aberrante Krypten) für *Bifidobacterium longum* (26%) und Inulin (41%) nach, eine Kombination beider war aber deutlich effektiver (80%) als die Einzelkomponenten. Eine andere Arbeitsgruppe [50] konnte zwar keine Reduktion von DMH-induzierten, präneoplastischen Läsionen für die Einzelkomponenten feststellen, die Kombination aus Bifidobakterien und Oligofructose reduzierte aber in fünf von sechs Versuchen die Anzahl an aberranten Krypten. Eine Kombination aus Weizenkleie-Oligosacchariden (Arabinoxylan) und Bifidobakterien in dieser Studie senkte ebenfalls signifikant das Auftreten von präneoplastischen Läsionen. Eine neuere Studie von Femia et al. [44], die die Langzeitwirkung von Synbiotika untersuchte, konnte zwar eine verstärkte Reduktion von Tumoren durch die synbiotische Kombination im Vergleich zu den Probiotika und dem Präbiotikum feststellen, der erreichte Effekt war allerdings eher additiv als synergistisch. Eine Humanstudie zum Einfluss von Synbiotika auf Biomarker in der Krebsprävention ist gerade in der Auswertung. Vorläufige Daten zeigen eine Reduktion von DNA-Schäden, Zellproliferation und Stuhlwassergenotoxizität bei Patienten mit Darmpolypen ([121], s.a. Abschnitt 67.5.4).

In den zwei Humanstudien, die den Einfluss von Synbiotika auf den Lipidmetabolismus untersuchten, wurde keine Kontrolle für das Präbiotikum allein durchgeführt, sodass nicht abzuschätzen ist, ob die beobachteten Effekte (signifikante Senkung von Gesamtcholesterol, LDL-Cholesterol und LDL/HDL-Ratio [131] sowie Erhöhung von Serum HDL-Cholesterol [72]) auf das Präbiotikum oder die synbiotische Kombination zurückzuführen sind. Präbiotika weisen auch allein deutliche Effekte auf den Lipidmetabolismus auf, während für Probiotika diese Effekte nicht bestätigt werden konnten.

67.5.6
Weitere gesundheitsfördernde Effekte von Präbiotika

Der immunmodulatorische Einfluss von Probiotika wurde in umfangreichen Studien nachgewiesen (vgl. Kapitel II-68). Da Präbiotika das Wachstum von Milchsäurebakterien fördern, wurde angenommen, dass sie ebenfalls, zum Beispiel indirekt über die Steigerung der Proliferation immunmodulatorisch aktiver Bakterien, Effekte auf das Immunsystem ausüben können. Bisher liegen hierzu allerdings nur wenige Daten aus Studien mit löslichen Ballaststoffen an Versuchstieren vor [133]. Studien mit Oligofructose zeigten einen Anstieg der Lymphozyten- bzw. Leukozytenanzahl im darmassoziierten Lymphgewebe [46, 51, 116] und im peripheren Blut [71]. Field et al. [46] berichteten nach Gabe eines Gemischs von fermentierbaren Ballaststoffen, darunter auch Oligofructose, über einen Anstieg an $CD8^+$-T-Zellen bei den intraepithelialen Lymphozyten, in der Lamina propria und in den Peyerschen Plaques sowie einen Anstieg an $CD4^+$-T-Zellen in den mesenterischen Lymphknoten und im peripheren Blut. Für Lactulose wurde weiterhin über eine erhöhte IgA-Sekretion und über einen Anstieg an IgA^+-Zellen im darmassoziierten Lymphgewebe [84, 85], eine Reduktion der $CD4^+/CD8^+$-Ratio in der Milz [85] sowie einen Anstieg der Phagozytenfunktion von intraperitonealen Makrophagen [104] berichtet. Ratten, die für vier Wochen eine mit einem Gemisch aus Inulin und Oligofructose supplementierte, stark fetthaltige Diät erhielten, zeigten eine erhöhte Produktion von IL-10 in den Peyerschen Plaques sowie erhöhte Konzentrationen an löslichem IgA im Caecum. Bei Gabe eines Synbiotikums, das zusätzlich zum genannten Präbiotikum *Lactobacillus rhamnosus* GG und *Bifidobacterium lactis* Bb12 enthielt, wurde eine Erhöhung an IgA im Ileum sowie eine Senkung der „Oxidative burst"-Aktivität von neutrophilen Lymphozyten im Blut nachgewiesen [123].

Die Stärkung des Immunsystems könnte auch eine mögliche Erklärung für das beobachtete, geringere Auftreten von Durchfallerkrankungen, eine verringerte Anzahl von Arztbesuchen sowie weniger erkältungsbedingte Fieberepisoden in mit Oligofructose supplementierten Kindern im Vergleich zur Kontrollgruppe sein [129]. Für die Galactooligosaccharide aus der Muttermilch wird noch ein anderer Mechanismus hinsichtlich der Verhinderung von Durchfallerkrankungen bei Säuglingen diskutiert. So wurde nachgewiesen, dass Oligosaccharide aus humaner Milch als Rezeptoranaloga für Pathogene wie Pneumokokken, *Haemophilus influenzae, Vibrio cholerae* oder verschiedene pathogene *Escherichia coli*-Stämme fungieren können und somit die Bindung dieser Pathogene an die Kolonmukosa verhindern, die für ein Ausbrechen der Infektion notwendig ist [86].

Der Effekt von Präbiotika auf chronisch entzündliche Darmerkrankungen wird vor allem dem Einfluss der entstehenden Fermentationsprodukte zugeschrieben. So reduzierte Butyrat in einigen Studien den Grad der Entzündung und führte zum Rückgang von Läsionen bei Colitis ulcerosa, andere Untersuchungen zeigten hingegen widersprüchliche Ergebnisse [145]. Der Zusatz von resistenter Stärke (RS_3), die ebenfalls große Mengen an Butyrat generiert, zur Diät verbesserte signifikant die im Dickdarm auftretenden Läsionen in einem Rattenmodell mit durch Natriumdextransulfat induzierter chronischer Enterokolitis [96]. Fructooligosaccharide wiesen demgegenüber keine heilende Wirkung in diesem Kolitismodell auf [96]. Allerdings konnten Videla et al. [158] zeigen, dass Inulin die Entzündung in Ratten mit Natriumdextransulfat verursachter distaler Kolitis verhindern und die Anzahl der Läsionen verringern konnte. Ursache dafür schien aber nicht die Butyratproduktion zu sein [158]. Lactulose, die ebenfalls nachweislich die Anzahl von Läsionen in IL10-defizienten Mäusen, einem Mausmodell für chronische Enterokolitis, verringerte, wirkt wahrscheinlich aufgrund der Normalisierung der Lactobazillenanzahl [90]. Auch die Stabilisierung der Barrierefunktion der Kolonmukosa durch Fructane [74] könnte einen möglichen Mechanismus hinsichtlich des Effekts bei chronisch entzündlichen Darmerkrankungen darstellen. Ein Humanversuch mit Galactosylsucrose in zwei Patienten mit Morbus Crohn und fünf Patienten mit Colitis ulcerosa lieferte ebenfalls, wenn auch nur geringe, Hinweise auf einen positiven Einfluss von Präbiotika [141].

Der Einsatz von Isomaltooligosacchariden als Ersatzstoff für andere Zucker scheint auch präventive Effekte bei der Ausbildung von Karies zu haben [99]. So entsteht beim Abbau von Isomaltooligosacchariden durch Kariesserreger *Streptococcus mutans* deutlich weniger Säure als bei Glucose oder Saccharose und bei der Messung des Plaque pH-Wertes waren Isomaltooligosaccharide weniger acidogen. In vitro-Versuche zeigten, dass Isomaltooligosaccharide die Glucansynthese aus Saccharose inhibieren und die saccharoseabhängige Adhäsion von *S. mutans* an die Zahnoberfläche verhindern. In Tierversuchen mit *S. sobrinus*-infizierten Ratten, in denen die Hälfte des Zuckergehalts durch Isomaltooligosaccharide ersetzt wurde, war eine signifikante Reduktion von Karies nachzuweisen [99].

67.5.7 Lactulose

Lactulose wird als einziges der hier beschriebenen Präbiotika zu therapeutischen Zwecken genutzt. Neben dem Einsatz als Laxativum bei chronischer Verstopfung gilt Lactulose seit den 1980er Jahren als Standardtherapie bei hepatischer (portosystemischer) Enzephalopathie. Lactulose und Lactitol reduzieren die Ammoniakkonzentration im Blut, indem sie durch Veränderung des Bakterienstoffwechsels die durch Darmbakterien vermittelte Produktion von Ammoniak vermindern und dessen Aufnahme durch die Darmschleimhaut behindern. Allerdings wurde bei systemischer Analyse aller durchgeführten Studien trotz Senkung von Blutammoniak kein eindeutiger therapeutischer Effekt für Lactulose nachgewiesen [6]. Weiterhin kommt Lactulose als Therapeutikum bei Salmonella-Infektionen zum Einsatz. Durch Senkung des pH-Werts schafft es ungünstige Wachstumsbedingungen für Salmonellen, und die erhöhte Transitzeit trägt ebenfalls zur Heilung bei.

67.6 Bewertung des Gefährdungspotenzials

In den in diesem Kapitel genannten Humanstudien konnten keine gesundheitsgefährdenden Effekte für Präbiotika festgestellt werden. Auch die für Fructooligosaccharide („Neosugar“) durchgeführten Toxizitätsstudien an Versuchstieren konnten keine toxischen Effekte für dieses Präbiotikum nachweisen [31]. Des Weiteren haben z. B. Inulin und resistente Stärke als Bestandteile von Gemüsen eine jahrhundertealte Geschichte hinsichtlich ihres sicheren Verzehrs und mit einer durchschnittlichen täglichen Aufnahme von 2–12 g/d [153] bzw. 1,5–15 g/d [146] machen sie einen wesentlichen Anteil der konsumierten Ballaststoffe aus.

Allerdings können große Mengen an Präbiotika aufgrund der Gasbildung durch die Fermentation sowie aufgrund ihres laxativen Effekts zu Flatulenz, Darmkrämpfen und Durchfall führen. Für Fructooligosaccharide liegt die 50% effektive Konzentration für Durchfall bei ca. 30 g/d [19]. Oku und Nakamura [110] gaben als maximal zulässige Dosis, bei der kein Durchfall ausgelöst wird, 0,34 g/kg Körpergewicht für Fructooligosaccharide, 0,6–0,8 g/kg Körpergewicht für Galactosylsucrose und mehr als 1,5 g/kg Körpergewicht für Isomaltooligosaccharide an. Ein anderer, restriktiverer Ansatz, bei dem das Befinden von fast 100 Probanden nach Konsum von unverdaulichen, aber vollständig fermentierbaren Kohlenhydraten untersucht wurde, geht von der persönlichen Einschätzung nicht akzeptabler Nebenwirkungen wie zu starke Flatulenz, starkes Völlegefühl, zu starke Darmkrämpfe und Durchfall aus. Dabei zeigte sich, dass in Abhängigkeit von der Darreichungsform (fest oder flüssig, eine große oder mehrere kleine Portionen pro Tag) 71–94% der Probanden Dosen von 30 g/d und mehr ohne nennenswerte Nebenwirkungen konsumieren konnten. Bei 5–25% traten unakzeptable Nebenwirkungen bei ≥20 g/d auf, während sehr sensitive Probanden (1–4%) starke Nebenwirkungen bereits bei weniger als 10 g/d verspürten [31]. Dies zeigt, dass die Wirkung von Präbiotika individuell stark variiert.

Hinsichtlich der Wirkung bei Kindern und Säuglingen liegen noch nicht so viele Daten vor. Bei Gabe von 3, 6 und 9 g Oligofructose an 10–13-jährige Kinder wurden keine unerwünschten Nebenwirkungen festgestellt [31]. Weiterhin stufte das europäische „Scientific Committee on Foods“ eine Milchnahrung mit 0,8 g/dL Oligosacchariden (90% Galactooligosaccharide und 10% Fructooligosaccharide) als unbedenklich für Säuglinge ein [154]. Bei einer nachfolgenden Studie mit dieser Milchnahrung wurde eine gute Verträglichkeit bei den Säuglingen festgestellt [134], und auch Moro et al. [98] konnten kein verändertes Verhalten in Bezug auf Schreien, Aufstoßen oder Erbrechen bei Säuglingen, die mit Galacto- und Fructooligosacchariden supplementierte Milchnahrung erhielten, feststellen.

67.7 Grenzwerte, Richtwerte, Empfehlungen

Für Präbiotika existieren keine einheitlichen gesetzlichen Richtlinien. So werden Inulin und Oligofructose in allen Ländern, in denen sie genutzt werden, als Lebensmittel oder Lebensmittelinhaltsstoffe und nicht als Zusatzstoffe klassifiziert [31]. Lactulose dagegen darf, da es als Arzneimittel zu therapeutischen

Zwecken eingesetzt wird, in Europa nicht in Lebensmitteln verwendet werden [146]. Präbiotika können allgemein zu den funktionellen Lebensmitteln gerechnet werden. Allerdings existiert weder in der Europäischen Union noch in den USA eine rechtsverbindliche Definition für funktionelle Lebensmittel. Die im Rahmen des FUFOSE- (Functional Food Science in Europe) Projekts erarbeiteten wissenschaftlichen Konzepte beinhalten, dass funktionelle Lebensmittel einen nachgewiesenen positiven Effekt auf eine oder mehrere Funktionen des Körpers haben, dass sie Lebensmittel bleiben und dass die postulierten Effekte bei normalen, mit der täglichen Diät konsumierten Mengen auftreten müssen, was für die meisten Präbiotika zutrifft. Lediglich in Japan existiert mit der Einführung des Konzepts „Foods for Specified Health Use“ (FOSHU) eine rechtsverbindliche Grundlage, wobei nach Vorlage umfassender, wissenschaftlicher Beweise hinsichtlich gesundheitsfördernder Effekte das entsprechende Lebensmittel durch das Ministerium für Gesundheit und Wohl gebilligt werden muss. Von den Präbiotika haben sowohl Fructo-, Galacto-, Sojabohnen-, Palatinose-, Xylo- und Isomaltooligosaccharide als auch Galactosylsucrose und Lactulose FOSHU-Status [34].

Aufgrund der individuell stark unterschiedlichen Verträglichkeit von Präbiotika ist es schwierig, Empfehlungen hinsichtlich einer täglich zu konsumierenden Dosis zu geben. Für Oligofructose und Inulin wurden 5–8 g bzw. 10 g pro Portion als gut verträglich betrachtet [31]. Offizielle Empfehlungen liegen nur für Ballaststoffe allgemein vor, wobei die empfohlene Dosis von 20–30 g/d in Form von Vollkornprodukten, Obst und Gemüse aufgenommen werden sollte [146]. Hinsichtlich der täglichen Aufnahme an Ballaststoffen wurde berichtet, dass Erwachsene mit einer westlichen Diät im Durchschnitt 16,3–43,4 g/d Ballaststoffe konsumieren, von denen 1,5–15 g resistente Stärke, 2–12 g Inulin und Oligofructose sowie 5,3–8,7 g lösliche Nicht-Stärke-Polysaccharide ausmachen [146]. Es gilt vor allem, den Konsum bei Individuen mit einer täglichen Aufnahme unter 20 g zu steigern.

67.8 Zusammenfassung

Präbiotika sind unverdauliche Nahrungsinhaltsstoffe, die den Wirt vorteilhaft beeinflussen, indem sie das Wachstum und/oder die Aktivität einer oder einer begrenzten Anzahl von Bakterienspezies im Kolon stimulieren. Als Poly- und Oligosaccharide, die durch die Enzyme des Magen-Darmtrakts nicht abgebaut werden, gelangen sie unverdaut ins Kolon, wo sie selektiv das Wachstum von Bifidobakterien, und in geringerem Maße auch von Lactobazillen, fördern und durch die dort ansässige Mikroflora zu Gasen und organischen Säuren fermentiert werden. Für ihre gesundheitsfördernden Wirkungen spielen die Veränderung der Mikroflora, die gesteigerte Produktion von kurzkettigen Fettsäuren, insbesondere Butyrat, das Wachstum und Genexpression von Kolonozyten beeinflusst, die Senkung des pH-Wertes, die Stabilisierung der Barrierefunktion der Mukosa sowie die verkürzte Transitzeit des Stuhls eine wesentliche Rolle. Präbiotika fördern die Darmtätigkeit bei Verstopfung, steigern die Calciumaufnahme und tragen zur Normalisierung des Lipidstoffwechsels bei hyperlipidämischen Individuen bei. In Studien an Versuchstieren wurden ihnen außerdem eine krebsprotektive Wirkung, heilende Effekte bei chronisch entzündlichen Darmerkrankungen sowie die Modulation des Immunsystems nachgewiesen. Die molekularen Mechanismen für die vielfältigen Aktivitäten von Präbiotika sind noch weitgehend unbekannt und es bedarf weiterer Studien, um die komplexen Zusammenhänge im Gastrointestinaltrakt zu klären sowie Grenzen, insbesondere Untergrenzen, für wirksame Konzentrationen festzulegen.

67.9 Literatur

1. Ahmed R, Segal I, Hassan H (2000) Fermentation of dietary starch in humans, *American Journal of Gastroenterology* **95**: 1017–1020.
2. Alberts DS, Martinez ME, Roe DJ, Guillén-Rodriguez JM, Marshall JR, Van Leeuwen JB, Reid ME, Ritenbaugh C, Vargas PA, Battacharyya AB, Earnest DL, Sampliner RE, The Phoenix Colon Cancer Prevention Physicians' Network (2000) Lack of effect of a high-fiber cereal supplement on the recurrence of colorectal adenomas, *New England Journal of Medicine* **342**: 1156–1162.
3. Alles MS, de Roos NM, Bakz JC, van de Lisdonk E, Zock PL, Hautvast JGAJ (1999) Consumption of fructo-oligosaccharides does not favorably affect blood glucose and serum lipid concentrations in patients with type 2 diabetes, *American Journal of Clinical Nutrition* **69**: 64–69.
4. Alles MS, Hartemink R, Meyboom S, Harryvan JL, Van Laere KMJ, Nagengast FM, Hautvast JGAJ (1999) Effects of transgalactooligosaccharides on the composition of the human intestinal microflora and on putative risk markers for colon cancer, *American Journal of Clinical Nutrition* **69**: 980–991.
5. Alles MS, Hautvast JGAJ, Nagengast FM, Hartemink R, Van Laere KMJ, Jansen JBM (1996) Fate of fructo-oligosaccharides in the human intestine, *British Journal of Nutrition* **76**: 211–221.
6. Als-Nielsen B, Gluud LL, Gluud C (2004) Non-absorbable disaccharides for hepatic encephalopathy: a systemic review of randomised trials, *BMJ* **328**: 1046.
7. Bach Knudsen KE, Hessov I (1995) Recovery of inulin from Jerusalem artichoke (*Helianthus tuberosus* L.) in the small intestine of man, *British Journal of Nutrition* **74**: 101–103.
8. Benno Y, Endo K, Shiragami N, Sayama K, Mitsuoka T (1987) Effects of raffinose intake on human faecal microflora, *Bifidobacteria Microflora* **6**: 59–63.
9. Beyer-Sehlmeyer G, Glei M, Hartmann E, Hughes R, Persin C, Böhm V, Schubert R, Jahreis G, Pool-Zobel BL (2003) Butyrate is only one of several growth inhibitors produced during gut flora-mediated fermentation of dietary fibre sources, *British Journal of Nutrition* **90**: 1057–1070.
10. Bingham SA, Day NE, Luben R, Ferrari P, Slimani N, Norat T, Kesse E, Nieters A, Boeing H, Tjonneland A, Overvad K, Martinez C, Dorronsoro M, Gonzalez CA, Key TJ, Trichopoulou A, Naska A, Vineis P, Tumino R, Krogh V, Bueno-de-Mesquita HB, Peeters PH, Berglund G, Hallmans G, Lund E, Skeie G, Kaaks R, Riboli E (2003) Dietary fibre in food and protection against colorectal cancer in the European Prospective Investigation into Cancer and Nutrition (EPIC): an observational study, *Lancet* **361**: 1496–1501.

11 Blay GL, Michel C, Blottiere HM, Cherbut C (1999) Enhancement of butyrate production in the rat caecocolonic tract by long-term ingestion of resistant potato starch, *British Journal of Nutrition* **82**: 419–426.

12 Bolognani F, Rumney CJ, Coutts JT, Pool-Zobel BL, Rowland IR (2001) Effect of lactobacilli, bifidobacteria and inulin on the formation of aberrant crypt foci in rats, *European Journal of Nutrition* **40**: 293–300.

13 Bonithon-Kopp C, Kronborg O, Giacosa A, Rath U, Faivre J (2000) Calcium and fibre supplementation in prevention of colorectal adenoma recurrence: a randomised intervention trial. European Cancer Prevention Organisation Study Group, *Lancet* **356**: 1300–1306.

14 Bouhnik Y, Attar A, Joly FA, Riottot M, Dyard F, Flourie B (2004) Lactulose ingestion increases faecal bifidobacterial counts: A randomised double-blind study in healthy humans, *European Journal of Clinical Nutrition* **58**: 462–466.

15 Bouhnik Y, Flourie B, D'Agay-Abensour L, Pochart P, Gramet G, Durand M, Rambaud JC (1997) Administration of transgalacto-oligosaccharides increases fecal bifidobacteria and modifies colonic fermentation metabolism healthy humans, *Journal of Nutrition* **127**: 444–448.

16 Bouhnik Y, Flourie B, Riottot M, Bisetti N, Gailing MF, Guibert A, Bornet F, Rambaud JC (1996) Effects of fructo-oligosaccharides ingestion on fecal bifidobacteria and selected metabolic indexes of colon carcinogenesis in healthy humans, *Nutrition and Cancer* **26**: 21–29.

17 Bouhnik Y, Neut C, Raskine L, Michel C, Riottot M, Andrieux C, Guillemot F, Dyard F, Flourie B (2004) Prospective, randomized, parallel-group trial to evaluate the effects of lactulose and polyethylene glycol-4000 on colonic flora in chronic idiopathic constipation, *Alimentary Pharmacology & Therapeutics* **19**: 889–899.

18 Bouhnik Y, Vahedi K, Achour L, Attar A, Salfati J, Pochart P, Marteau P, Flourie B, Bornet F, Rambaud JC (1999) Short-chain fructo-oligosaccharide administration dose-dependently increases fecal bifidobacteria in healthy humans, *Journal of Nutrition* **129**: 113–116.

19 Briet F, Achour L, Flourie B, Beaugerie L, Pellier P, Franchisseur C, Bornet F, Rambaud JC (1995) Symptomatic response to varying levels of fructo-oligosaccharides consumed occasionally or regularly, *European Journal of Clinical Nutrition* **49**: 501–507.

20 Brighenti F, Casiraghi MC, Canzi E, Ferrari A (1999) Effect of consumption of a ready-to-eat breakfast cereal containing inulin on the intestinal milieu and blood lipids in healthy male volunteers, *European Journal of Clinical Nutrition* **53**: 726–733.

21 Brown I, Warhurst M, Arcot J, Playne MJ, Illman RJ, Topping DL (1997) Fecal numbers of bifidobacteria are higher in pigs fed *Bifidobacterium longum* with a high amylose cornstarch than with a low amylose cornstarch, *Journal of Nutrition* **127**: 1822–1827.

22 Buddington RK, Williams CH, Chen SC, Witherly SA (1996) Dietary supplement of neosugar alters the fecal flora and decreases activities of some reductive enzymes in human subjects, *American Journal of Clinical Nutrition* **63**: 709–716.

23 Campbell JM, Fahey GC, Wolf BW (1997) Selected indigestible oligosaccharides affect large bowel mass, cecal and fecal short-chain fatty acids, pH and microflora in rats, *Journal of Nutrition* **127**: 130–136.

24 Castiglia-Delavaud C, Verdier E, Besle JM, Vernet J, Boirie Y, Beaufrère B, De Baynast R, Vermorel M (1998) Net energy value of non-starch polysaccharides isolates (sugarbeet fibre and commercial inulin) and their impact on nutrient digestive utilization in healthy human subjects, *British Journal of Nutrition* **80**: 343–352.

25 Causey JL, Feirtag JM, Gallaher DD, Tungland BC, Slavin JL (2000) Effects of dietary inulin on serum lipids, blood glucose and the gastrointestinal environment in hypercholesterolemic men, *Nutrition Research* **20**: 191–201.

26 Challa A, Rao DR, Chawan CB, Shackelford L (1997) Bifidobacterium longum and lactulose suppress azoxymethane-in-

duced colonic aberrant crypt foci in rats, *Carcinogenesis* **18**: 517–521.

27 Champ M, Molis C, Flourie B, Bornet F, Pellier P, Colonna P, Galmiche JP, Rambaud JC (1998) Small-intestinal digestion of partially resistant cornstarch in healthy subjects, *American Journal of Clinical Nutrition* **68**: 705–710.

28 Chen H-L, Lu Y-H, Lin J-J, Ko L-Y (2001) Effects of isomalto-oligosaccharides on bowel functions and indicators of nutritional status in constipated elderly men, *Journal of the American College of Nutrition* **20**: 44–49.

29 Collins MD, Gibson GR (1999) Probiotics, prebiotics, and synbiotics: approaches for modulating the microbial ecology of the gut, *American Journal of Clinical Nutrition* **69**: 1052S–1057S.

30 Coudray C, Bellanger J, Castiglia-Delavaud C, Remesy C, Vermorel M, Rayssignuier Y (1997) Effect of soluble or partly soluble dietary fibres supplementation on absorption and balance of calcium, magnesium, iron, and zinc in healthy young men, *European Journal of Clinical Nutrition* **51**: 375–380.

31 Coussement PAA (1999) Inulin and oligofructose: safe intakes and legal status, *Journal of Nutrition* **129**: 1412S–1417S.

32 Craig AS (2004) Polydextrose: analysis and physiological benefits, in: McCleary BV, Prosky L (Hrsg) Advanced dietary fibre technology, Blackwell Science Ltd. Oxford, 503–508.

33 Crittenden R, Laitila A, Forssell P, Matto J, Saarela M, Mattila-Sandholm T, Myllarinen P (2001) Adhesion of bifidobacteria to granular starch and its implications in probiotic technologies, *Applied and Environmental Microbiology* **67**: 3469–3475.

34 Crittenden RG, Playne MJ (1996) Production, properties and application of food-grade oligosaccharides, *Trends in Food Science and Technology* **7**: 353–361.

35 Cummings JH, Macfarlane GT, Englyst HN (2001) Prebiotic digestion and fermentation, *American Journal of Clinical Nutrition* **73**: 415S–420S.

36 Davidson MH, Synecki C, Maki KC, Drennan KB (1998) Effects of dietary inulin in serum lipids in men and women with hypercholesterolemia, *Nutrition Research* **3**: 503–517.

37 de Deckere EA, Kloots W, Van Amelsvoort JMM (1995) Both raw and retrograded starch decrease serum triacylglycerol concentration and fat accretion in the rat, *British Journal of Nutrition* **73**: 287–298.

38 De Slegte J (2002) Determination of *trans*-galactooligosaccharides in selected food products by ion-exchange chromatography: Collaborative study, *Journal of the Association of Official Analytical Chemists* **85**: 417–423.

39 Delzenne NM, Aertssens J, Verplaetse H, Roccaro M, Roberfroid MB (1995) Effect of fermentable fructo-oligosaccharides on mineral, nitrogen and energy digestive balance in the rat, *Life Science* **57**: 1579–1587.

40 Delzenne NM, Kok N (2001) Effects of fructan-type prebiotics on lipid metabolism, *American Journal of Clinical Nutrition* **73**: 456S–458S.

41 Den Hond E, Geypens B, Ghoos Y (2000) Effect of high performance chicory inulin on constipation, *Nutrition Research* **20**: 731–736.

42 Ellegärd L, Andersson H, Bosaeus I (1997) Inulin and oligofructose do not influence the absorption of cholesterol, or excretion of cholesterol, Ca, Mg, Zn, Fe, or bile acids but increases energy excretion in ileostomy subjects, *European Journal of Clinical Nutrition* **51**: 1–5.

43 Englyst HN, Kingsman SM, Cummings JH (1992) Classification and measurement of nutritionally important starch fractions, *European Journal of Clinical Nutrition* **46**: S33–S39.

44 Femia AP, Luceri C, Dolara P, Giannini A, Biggeri A, Salvadori M, Clune Y, Collins KJ, Paglierani M, Caderni G (2002) Antitumorigenic activity of the prebiotic inulin enriched with oligofructose in combination with the probiotics *Lactobacillus rhamnosus* and *Bifidobacterium lactis* on azoxymethane-induced colon carcinogenesis in rats, *Carcinogenesis* **23**: 1953–1960.

45 Ferguson LR, Harris PJ (2003) The dietary fibre debate: more food for thought. Commentary, *Lancet* **361**: 1487–1488.

46 Field CJ, McBurney MI, Massimino S, Hayek MG, Sunvold GD (1999) The fermentable fiber content of the diet alters the function and composition of canine gut associated lymphoid tissue, *Veterinary Immunology and Immunopathology* **72**: 325–341.

47 Fiordaliso M, Kok N, Desager J-P, Goethals F, Deboyser D, Roberfroid MB, Delzenne NM (1995) Oligofructose-supplemented diet lowers serum and VLDL concentrations of triglycerides, phospholipids and cholesterol in rats, *Lipids* **30**: 163–167.

48 Franck A (2002) Technological functionality of inulin and oligofructose, *British Journal of Nutrition* **87**: S287–S291.

49 Fuchs CS, Giovannucci E, Colditz GA, Hunter DJ, Stampfer MJ, Rosner B, Speizer FE, Willett WC (1999) Dietary fiber and the risk of colorectal cancer and adenoma in women, *The New England Journal of Medicine* **340**: 169–176.

50 Gallaher DD, Khil J (1999) Effects of synbiotics on colon carcinogenesis in rats, *Journal of Nutrition* **129**: 1483S–1487S.

51 Gaskins HR, Mackie RI, May T, Garleb KA (1996) Dietary fructo-oligosaccharide modulates large intestinal inflammatory responses to *Clostridium difficile* in antibiotic-compromised mice, *Microbial Ecology in Health and Disease* **9**: 157–166.

52 Gauhe A, György P, Hoover JR, Kuhn R, Rose CS, Ruelius HW, Zilliken F (1954) Bifidus factor. IV. Preparations obtained from human milk, *Archives of Biochemistry and Biophysics* **48**: 214–224.

53 Gibson GR, Beatty ER, Wang X, Cummings JH (1995) Selective stimulation of bifidobacteria in the human colon by oligofructose and inulin, *Gastroenterology* **108**: 975–982.

54 Gibson GR, Roberfroid MB (1995) Dietary modulation of the human colonic microbiota: Introducing the concept of prebiotics, *Journal of Nutrition* **125**: 1401–1412.

55 Griffin IJ, Davila PM, Abrams SA (2002) Non-digestible oligosaccharides and calcium absorption in girls with adequate calcium intakes, *British Journal of Nutrition* **87**: S187–S191.

56 Gu Q, Yang Y, Jiang G, Chang G (2003) Study on the regulative effect of isomaltooligosaccharides on human intestinal flora, *Wei Sheng Yan Jiu* **32**: 54–55.

57 György P, Hoover JR, Kuhn R, Rose CS (1954) Bifidus factor. III. The rate of dialysis, *Archives of Biochemistry and Biophysics* **48**: 209–213.

58 György P, Kuhn R, Rose CS, Zilliken F (1954) Bifidus factor. II. Its occurrence in milk from different species and in other natural products, *Archives of Biochemistry and Biophysics* **48**: 202–208.

59 György P, Norris RF, Rose CS (1954) Bifidus factor. I. A variant of Lactobacillus bifidus requiring a special growth factor, *Archives of Biochemistry and Biophysics* **48**: 193–201.

60 Hague A, Manning AM, Hanlon KA, Huschtscha LI, Hart D, Paraskeva C (1993) Sodium butyrate induces apoptosis in human colonic tumour cell lines in a p53-independent pathway: implications for the possible role of dietary fibre in the prevention of large-bowel cancer, *International Journal of Cancer* **55**: 498–505.

61 Hass R, Busche R, Luciano L, Reale E, von Engelhardt W (1997) Lack of butyrate is associated with induction of Bax and subsequent apoptosis in the proximal colon of guinea pig, *Gastroenterology* **112**: 875–881.

62 Hidaka H, Eida T, Takizawa T, Tokunaga T, Tashiro Y (1986) Effects of fructooligosaccharides on intestinal flora and human health, *Bifidobacteria Microflora* **5**: 37–50.

63 Hidaka H, Tashiro Y, Eida T (1991) Proliferation of bifidobacteria by oligosaccharides and their useful effect on human health, *Bifidobacteria Microflora* **10**: 65–79.

64 Hoebregs H (1997) Fructans in food and food products, ion-exchange-chromatographic method: Collaborative study, *Journal of the Association of Official Analytical Chemists* **80**: 1029–1037.

65 Hsu C-K, Liao J-W, Chung Y-C, Hsieh C-P, Chan Y-C (2004) Xylooligosaccharides and fructooligosaccharides affect the intestinal microflora and precancerous colonic lesion development in rats, *Journal of Nutrition* **134**: 1523–1528.

66 Hughes R, Rowland IR (2001) Stimulation of apoptosis by two prebiotic chicory fructans in the rat colon, *Carcinogenesis* **22**: 43–47.

67 Hylla S, Gostner A, Dusel G, Anger H, Batram H-P, Christl SU, Kasper H, Scheppach W (1998) Effects of resistent starch on the colon in healthy volunteers: possible implications for cancer prevention, *American Journal of Clinical Nutrition* **67**: 136–142.

68 Jackson KG, Taylor GRJ, Clohessy AM, Williams CM (1998) The effect of the daily intake of inulin on fasting lipid, insulin and glucose concentrations in middle-aged men and women, *British Journal of Nutrition* **82**: 23–30.

69 Kaneko T, Kohmoto T, Kikuchi H, Shiota M, Iino H, Mitsuoka T (1994) Effects of isomaltooligosaccharides with different degree of polymerization on human faecal bifidobacteria, *Bioscience, Biotechnology, and Biochemistry* **58**: 2288–2290.

70 Kaneko T, Yokoyama A, Suzuki M (1995) Digestibility characteristics of isomalto-oligosaccharides in comparison with several saccharides using the rat jejunum loop method, *Bioscience, Biotechnology, and Biochemistry* **59**: 1190–1194.

71 Kaufhold J, Hammon HM, Blum JW (2000) Fructo-oligosaccharide supplementation: effects on metabolic, endocrine and hematological traits in veal calves, *Journal of Veterinary Medicine Series A* **47**: 17–29.

72 Kießling G, Schneider J, Jahreis G (2002) Long-term consumption of fermented dairy products over 6 month increases HDL cholesterol, *European Journal of Clinical Nutrition* **56**: 843–849.

73 Kleessen B, Hartmann L, Blaut M (2001) Oligofructose and long-chain inulin: influence on the gut microbial ecology of rats associated with a human faecal flora, *British Journal of Nutrition* **86**: 291–300.

74 Kleessen B, Hartmann L, Blaut M (2003) Fructans in the diet cause alterations of intestinal mucosal architecture, released mucins and mucosa-associated bifidobacteria in gnotobiotic rats, *British Journal of Nutrition* **89**: 597–606.

75 Kleessen B, Stoof G, Proll J, Schmiedl D, Noack J, Blaut M (1997) Feeding resistant starch affects fecal and cecal microflora and short-chain fatty acids in rats, *Journal of Animal Science* **75**: 2453–2462.

76 Kleessen B, Sykura B, Zunft HJ, Blaut M (1997) Effects of inulin and lactose on fecal microflora, microbial activity, and bowel habit in elderly constipated persons, *American Journal of Clinical Nutrition* **65**: 1397–1402.

77 Klinder A, Förster A, Caderni G, Femia AP, Pool-Zobel BL (2004) Faecal water genotoxicity is predictive of tumor preventive activities by inulin-like oligofructoses, probiotics (*Lactobacillus rhamnosus* and *Bifidobacterium lactis*) and their synbiotic combination, *Nutrition and Cancer.*

78 Klinder A, Gietl E, Hughes R, Jonkers N, Karlsson P, McGlynn H, Pistoli S, Tuohy K, Rafter J, Rowland IR, Van Loo J, Pool-Zobel BL (2004) Gut fermentation products of inulin-derived prebiotics beneficially modulate markers of tumour progression in human colon tumour cells, *International Journal of Cancer Prevention* **1**: 19–32.

79 Kobayashi H, Tan ME, Fleming SE (2003) Sodium butyrate inhibits cell growth and stimulates $p21^{Waf/CIP}$ protein in human colonic adenocarcinoma cells independently of p53 status, *Nutrition and Cancer* **46**: 202–211.

80 Kohmoto T, Fukui F, Takaku H, Machida Y, Arai M, Mitsuoka T (1988) Effect of isomalto-oligosaccharides on human faecal flora, *Bifidobacteria Microflora* **7**: 61–69.

81 Koo M, Rao AV (1991) Long-term effect of bifidobacteria and neosugar on precursor lesions of colonic cancer in CF1 mice, *Nutrition and Cancer* **16**: 249–257.

82 Kripke SA, Fox AD, Berman JM, Settle RG, Rombeau JL (1989) Stimulation of intestinal mucosa growth with intracolonic infusion of short chain fatty acids, *Journal of Parenteral and Enteral Nutrition* **13**: 109–116.

83 Kruse H-P, Kleessen B, Blaut M (1999) Effects of inulin on faecal bifidobacteria

in human subjects, *British Journal of Nutrition* **82**: 375–382.

84 Kudoh K, Shimizu J, Ishiyama A, Wada M, Takita T, Kanke Y, Innami S (1999) Secretion and excretion of immunglobulin A to cecum and feces differ with type of indigestible saccharides, *Journal of Nutritional Science and Vitaminology* **45**: 173–181.

85 Kudoh K, Shimizu J, Wada M, Takita T, Kanke Y, Innami S (1998) Effect of indigestible saccharides on B lymphocyte response of intestinal mucosa and cecal fermentation in rats, *Journal of Nutritional Science and Vitaminology* **44**: 103–112.

86 Kunz C, Rudloff S, Baier W, Klein N, Strobel S (2000) Oligosaccharides in human milk: Structural, functional, and metabolic aspects, *Annual Reviews in Nutrition* **20**: 699–722.

87 Le Leu RK, Brown IL, Hu Y, Young GP (2003) Effect of resistant starch on genotoxin-induced apoptosis, colonic epithelium, and lumenal contents in rats, *Carcinogenesis* **24**: 1347–1352.

88 Lipkin M (2004) Effects of Raftilose on tumor occurrence in APC^{MIN} mice, Report to Orafti.

89 Luo J, Rizkalla SW, Alamowitch C, Boussairi A, Blayo A, Barry J-L, Laffifle A, Ouyon F, Bornet F, Slama VS (1996) Chronic consumption of short-chain fructooligosaccharides by healthy subjects decreased basal hepatic glucose production but had no effect on insulin stimulated glucose mechanism, *American Journal of Clinical Nutrition* **63**: 939–945.

90 Madsen KL, Doyle JS, Jewell LD, Tavernini MM, Fedorak RN (1999) *Lactobacillus* species prevents colitis in interleukin 10 gene-deficient mice, *Gastroenterology* **116**: 1107–1114.

91 Martin LJ, Dumon HJ, Lecannu G, Champ M (2000) Potato and high-amylose maize starches are not equivalent producers of butyrate for the colonic mucosa, *British Journal of Nutrition* **84**: 689–696.

92 McCleary BV (2003) Dietary fibre analysis, *Proceedings of the Nutrition Society* **62**: 3–9.

93 McCleary BV, Monaghan DA (2002) Measurement of resistant starch, *Journal of the Association of Official Analytical Chemists* **85**: 665–675.

94 McCleary BV, Murphy A, Mugford DC (2000) Measurement of oligofructan and fructan polysaccharides in foodstuffs by an enzymic/spectrophotometric: Collaborative study, *Journal of the Association of Official Analytical Chemists* **83**: 356–364.

95 Molis C, Flourie B, Ouarne F, Gailing MF, Lartigue S, Guibert A, Bornet F, Galmiche JP (1996) Digestion, excretion, and energy value of fructooligosaccharides in healthy humans, *American Journal of Clinical Nutrition* **64**: 324–328.

96 Moreau NM, Martin LJ, Toquet CS, Laboisse CL, Nguyen PG, Siliart BS, Dumon HJ, Champ MM (2003) Restoration of the integrity of rat caeco-colonic mucosa by resistant starch, but not by fructo-oligosaccharides, in dextran sulfate sodium-induced experimental colitis, *British Journal of Nutrition* **90**: 75–85.

97 Moro E (1900) Morphologie und bakteriologisch Untersuchung über die Darmbakterien des Säuglings: Bakteriumflora des normalen Frauenmilchstuhls, *Jahrbuch Kinderh.* **61**: 686–734.

98 Moro G, Minoli I, Mosca M, Fanaro S, Jelinek J, Stahl B, Boehm G (2002) Dosage-related bifidogenic effects of galacto- and fructooligosaccharides in formula-fed term infants, *J Pediatr Gastroenterol Nutr* **34**: 291–295.

99 Moynihan PJ (1998) Update on the nomenclature of carbohydrates and their dental effects, *Journal of Dentistry* **26**: 209–218.

100 Muir JG, Birkett A, Brown I, Jones G, O'Dea K (1995) Food processing and maize variety affects amounts of starch escaping digestion in the small intestine, *American Journal of Clinical Nutrition* **61**: 82–89.

101 Muir JG, O'Dea K (1992) Measurement of resistant starch: factors affecting the amount of starch escaping digestion *in vitro*, *American Journal of Clinical Nutrition* **56**: 123–127.

102 Muir JG, O'Dea K (1993) Validation of an in vitro assay for predicting the amount of starch that escapes digestion in the small intestine of humans, *American Journal of Clinical Nutrition* **57**: 540–546.

103 Mutanen M, Pajari AM, Oikarinen SI (2000) Beef induces and rye bran prevents the formation of intestinal polyps in *Apc*^{Min} mice: relation to *β*-catenin and PKC isozymes. *Carcinogenesis* **21**: 1167–173 (abstr).

104 Nagendra R, Venkat Rao S (1994) Effect of feeding infant formulations containing bifidus factors on *in vivo* proliferation of bifidobacteria and stimulation of intraperitoneal macrophage activity in rats, *Journal of Nutritional Immunology* **2**: 61–68.

105 Nakakuki T (2002) Present status and future of functional oligosaccharide development in Japan, *Pure and Applied Chemistry* **74**: 1245–1251.

106 Nilsson U, Oste R, Jagerstad M, Birkhed D (1988) Cereal fructans: in vitro and in vivo studies on availability in rats and humans, *Journal of Nutrition* **118**: 1325–1330.

107 Noah L, Guillon F, Bouchet B, Bulèon A, Molis C, Gratas M, Champ M (1998) Digestion of carbohydrate from white beans (*Phaseolus vulgaris* L.) in healthy humans, *Journal of Nutrition* **128**: 977–985.

108 Ohta A, Ohtsuki M, Baba S, Takizawa T, Adachi T, Kimura S (1995) Effects of fructooligosaccharides on the absorption of iron, calcium and magnesium in iron-deficient anemic rats, *Journal of Nutritional Science and Vitaminology* **41**: 281–291.

109 Ohta A, Ohtsuki M, Uehara M, Hosono A, Hirayama M, Adachi T, Hara H (1998) Dietary fructooligosaccharides prevent postgastrectomy anemia and osteopenia in rats, *Journal of Nutrition* **128**: 485–490.

110 Oku T, Nakamura S (2003) Comparison of digestibility and breath hydrogen gas excretion of fructo-oligosaccharide, galactosyl-sucrose, and isomalto-oligasaccharide in healthy human subjects, *European Journal of Clinical Nutrition* **57**: 1150–1157.

111 Olano-Martin E, Gibson GR, Rastall RA (2002) Comparison of the *in vitro* bifidogenic properties of pectins and pectic-oligosaccharides, *Journal of Applied Microbiology* **93**: 505–511.

112 Pajari AM, Rajakangas J, Päivärinta E, Kosma VM, Rafter J, Mutanen M (2003) Promotion of intestinal tumor formation by inulin is associated with an accumulation of cytosolic beta-catenin in Min mice, *International Journal of Cancer* **106**: 653–660.

113 Palframan R, Gibson GR, Rastall RA (2003) Development of a quantitative tool for the comparison of the prebiotic effect of dietary oligosaccharides, *Letters in Applied Microbiology* **37**: 281–284.

114 Pedersen A, Sandström B, Van Amelsvoort JMM (1997) The effect of ingestion of inulin on blood lipids and gastrointestinal symptoms in healthy females, *British Journal of Nutrition* **78**: 215–222.

115 Peters U, Sinha R, Chatterjee N, Subar AF, Ziegler RG, Kulldorff M, Bresalier R, Weissfeld JL, Flood A, Schatzkin A, Hayes RB, Prostate (2003) Dietary fibre and colorectal adenoma in a colorectal cancer early detection programme, *Lancet* **361**: 1401–1405.

116 Pierre F, Perrin P, Champ M, Bornet F, Meflah K, Menanteau J (1997) Short chain fructo-oligosaccharides reduce the occurrence of colon tumors and develop gut associated lymphoid tissue in *Min* mice, *Cancer Research* **57**: 225–228.

117 Pietinen P, Malila N, Virtanen M, Hartman TJ, Tangrea JA, Albanes D, Virtamo J (1999) Diet and risk of colorectal cancer in a cohort of Finnish men, *Cancer Causes Control* **10**: 387–396.

118 Pool-Zobel BL (2004) Inulin-type fructans and reduction in colon cancer risk: Review of experimental and human data, *British Journal of Nutrition.*

119 Poulsen M, Mølck AM, Jacobsen BL (2003) Different effects of short- and long-chained fructans on large intestinal physiology and carcinogen-induced aberrant crypt foci in rats, *Nutrition and Cancer* **42**: 194–205.

120 Rabiu BA, Jay AJ, Gibson GR, Rastall RA (2001) Synthesis and fermentation properties of novel galacto-oligosaccharides by β-galactosidases from *Bifidobacterium* species, *Applied and Environmental Microbiology* **67**: 2526–2530.

121 Rafter J, Caderni G, Clune Y, Collins KJ, Hughes R, Karlsson P, Klinder A, Pool-Zobel BL, Rechkemmer G, Rowland IR, Van Loo J, Watzl B (2004) Antitumorigenic activity of the prebiotic inulin enriched with oligofructose in combination with the probiotics *Lactobacillus rhamnosus* and *Bifidobacterium lactis* in polypectomised and colon cancer patients.

122 Reddy BS, Hamid R, Rao CV (1997) Effect of dietary oligofructose and inulin on colonic preneoplastic aberrant crypt foci inhibition, *Carcinogenesis* **18**: 1371–1374.

123 Roller M, Rechkemmer G, Watzl B (2004) Prebiotic inulin enriched with oligofructose in combination with the probiotics *Lactobacillus rhamnosus* and *Bifidobacterium lactis* modulates intestinal immune functions in rats, *Journal of Nutrition* **134**: 153–156.

124 Rowland IR, Bearne CA, Fischer R, Pool-Zobel BL (1996) The effect of lactulose on DNA damage induced by DMH in the colon of human flora-associated rats, *Nutrition and Cancer* **26**: 37–47.

125 Rowland IR, Rumney CJ, Coutts JT, Lievense LC (1998) Effect of *Bifidobacterium longum* and inulin on gut bacterial metabolism and carcinogen-induced aberrant crypt foci in rats, *Carcinogenesis* **19**: 281–285.

126 Rumessen JJ, Bode S, Hamberg O, Gudmand-Hoyer E (1990) Fructans of Jerusalem artichoke: intestinal transport, absorption, fermentation and influence on blood glucose, insulin, and C-peptide responses in healthy subjects, *American Journal of Clinical Nutrition* **52**: 675–681.

127 Rycroft CE, Jones MR, Gibson GR, Rastall RA (2001) A comparative *in vitro* evaluation of the fermentation properties of prebiotic oligosaccharides, *Journal of Applied Microbiology* **91**: 878–887.

128 Rycroft CE, Jones MR, Gibson GR, Rastall RA (2001) Fermentation properties of gentio-oligosaccharides, *Letters in Applied Microbiology* **32**: 156–161.

129 Saavedra JM, Tschernia A (2002) Human studies with probiotics and prebiotics: clinical implications, *British Journal of Nutrition* **87**: S241–S246.

130 Sakata T, Yajima T (1984) Influence of short chain fatty acids on the epithelial cell division of digestive tract, *Quarterly Journal of Experimental Physiology* **69**: 639–648.

131 Schaafsma G, Meuling WJ, van Dokkum W, Bouley C (1998) Effects of a milk product, fermented by *Lactobacillus acidophilus* and with fructo-oligosaccharides added, on blood lipids in male volunteers, *European Journal of Clinical Nutrition* **52**: 436–440.

132 Schatzkin A, Lanza E, Corle D, Lance P, Iber F, Caan B, Shike M, Weissfeld J, Burt R, Cooper MR, Kikendall JW, Cahill J (2004) Lack of effect of a low-fat, high-fiber diet on the recurrence of colorectal adenomas. Polyp Prevention Trial Study Group, *New England Journal of Medicine* **342**: 1149–1155.

133 Schley PD, Field CJ (2002) The immune-enhancing effects of dietary fibres and prebiotics, *British Journal of Nutrition* **87**: S221–S230.

134 Schmelzle H, Wirth S, Skopnik H, Knol J, Bockler H-M, Bronstrup A, Wells J, Fusch C (2003) Randomized Double-Blind Study of the Nutritional Efficacy and Bifidogenicity of a New Infant Formula Containing Partially Hydrolyzed Protein, a High [*beta*]-Palmitic Acid Level, and Nondigestible Oligosaccharides, *Journal of Pediatric Gastroenterology & Nutrition* **36**: 343–351.

135 Scholz-Ahrens KE, Schaafsma G, van den Heuvel EGH, Schrezenmeir J (2001) Effects of prebiotics on mineral metabolism, *American Journal of Clinical Nutrition* **73**: 459S–464S.

136 Scholz-Ahrens KE, Schrezenmeir J (2002) Inulin, oligofructose and mineral metabolism – experimental data and mechanism, *British Journal of Nutrition* **87**: S179–S186.

137 Schrezenmeir J, de Vrese M (2001) Probiotics, prebiotics, and synbiotics – approaching a definition, *American Journal of Clinical Nutrition* **73** (suppl): 361S–364S.

138 Shin H-S, Park H, Park D (2003) Influence of different oligosaccharides on heterocyclic aromatic amine formation and overall mutagenicity in fried ground beef patties, *Journal of Agricultural and Food Chemistry* **51**: 6726–6730.

139 Silvester KR, Englyst HN, Cummings JH (1995) Ileal recovery of starch from whole diets containing resistant starch measured *in vitro* and fermentation of ileal effluent, *American Journal of Clinical Nutrition* **62**: 403–411.

140 Silvi S, Rumney CJ, Cresci A, Rowland IR (1999) Resistant starch modifies gut microflora and microbial metabolism in human flora-associated rats inoculated with faeces from Italian and UK donors, *Journal of Applied Microbiology* **86**: 521–530.

141 Teramoto F, Rokutan K, Kawakami Y, Fujimura Y, Uchida J, Oku K, Oka M, Yoneyama M (1996) Effect of 4G-*beta*-D-galactosylsucrose (lactosucrose) on fecal microflora in patients with chronic inflammatory bowel disease, *Journal of Gastroenterology* **31**: 33–39.

142 Terry P, Giovannucci E, Michels KB, Bergvist L, Hansen H, Holmberb L, Wolk A (2001) Fruit, Vegetables, Dietary Fiber, and Risk of Colorectal Cancer, *Journal of the National Cancer Institute* **93**: 525–533.

143 Tissier H (1905) Repartition des microbes dans l'intestin du nourisson (Distribution of microorganisms in the newborn intestinal tract), *Annales de l'Institut Pasteur* **19**: 109–123.

144 Tokunaga T, Oku T, Hosoya N (1996) Influence of chronic intake of a new sweetener fructooligosaccharide (Neosugar) on growth and gastrointestinal function of the rat, *Journal of Nutritional Science and Vitaminology* **32**: 111–121.

145 Topping DL, Clifton PM (2001) Short-chain fatty acids and human colonic function: Roles of resistant starch and non-starch polysaccharides, *Physiological Reviews* **81**: 1031–1064.

146 Tungland BC, Meyer D (2002) Non-digestible oligo- and polysaccharides (dietary fibre): Their physiology and role in human health and food, *Comprehensive Reviews in Food Science and Food Safety* **3**: 73–92.

147 Tuohy K, Kolida S, Lustenberger AM, Gibson GR (2001) The prebiotic effects of biscuits containing partially hydrolysed guar gum and fructo-oligosaccharides – a human volunteer study, *British Journal of Nutrition* **86**: 341–348.

148 Tuohy K, Ziemer CJ, Klinder A, Knöbel Y, Pool-Zobel BL, Gibson GR (2002) A human volunteer study to determine the prebiotic effects of lactulose powder on human colonic microbiota, *Microbial Ecology in Health and Disease* **14**: 165–173.

149 van den Heuvel EGH, Muys T, van Dokkum W, Schaafsma G (1999) Lactulose stimulates calcium absorption in post-menopausal women, *Journal of Bone and Mineral Research* **7**: 1211–1216.

150 van den Heuvel EGH, Muys T, van Dokkum W, Schaafsma G (1999) Oligofructose stimulates calcium absorption in adolescents, *American Journal of Clinical Nutrition* **69**: 544–548.

151 van den Heuvel EGH, Schaafsma G, Muys T, van Dokkum W (1998) Non-digestible oligosaccharides do not interfere with calcium and nonheme-iron absorption in young, healthy men, *American Journal of Clinical Nutrition* **67**: 445–451.

152 Van Laere KMJ, Hartemink R, Bosveld M, Schols HA, Voragen AGJ (2000) Fermentation of plant cell wall derived polysaccharides and their corresponding oligosaccharides by intestinal bacteria, *Journal of Agricultural and Food Chemistry* **48**: 1644–1652.

153 Van Loo J, Coussement P, De Leenheer L, Hoebregs H, Smits G (1995) On the presence of inulin and oligofructose as natural ingredients in the Western diet, *Critical Reviews in Food Science and Nutrition* **35**: 525–552.

154 Veitl V (2004) Nachrichten aus der Nahrungsmittelindustrie: Präventive Aspekte der Darmflora bei Säuglingen – Einfluss der Ernährung, *Journal der Ernährungsmedizin* **6**: 36–37.

155 Verghese M, Rao DR, Chawan CB, Shackelford L (2002) Dietary inulin suppresses azoxymethane-induced preneoplastic aberrant crypt foci in mature Fisher 344 rats, *Journal of Nutrition* **132**: 2804–2808.

156 Verghese M, Rao DR, Chawan CB, Williams LL, Shackelford LA (2002) Dietary inulin suppresses azoxymethane-induced aberrant crypt foci and colon tumors at the promotion stage in young Fisher 344 rats, *Journal of Nutrition* **132**: 2809–2813.

157 Verghese M, Walker LT, Shackelford L, Chawan CB, Williams LL, Van Loo J (2003) Inhibitory effects of non digestible carbohydrates of different chain lengths on AOM induced abberant crypt foci in Fisher 344 rats. Proceedings of the Second Annual AACR International Conference "Frontiers in Cancer Prevention Research" Phoenix 2003; Poster B186: 73–74 (abstr).

158 Videla S, Vilaseca J, Antolin M, Garcia-Lafuente A, Guarner F, Crespo E, Casalots J, Salas A, Malagelada JR (2001) Dietary inulin improves distal colitis induced by dextran sodium sulfate in the rat, *American Journal of Gastroenterology* **96**: 1486–1493.

159 Vinogradov E, Bock K (1998) Structural determination of some new oligosaccharides and analysis of the branching pattern of isomaltooligosaccharides from beer, *Journal of Carbohydrate Research* **1**: 57–64.

160 Vonk RJ, Hagedoorn RE, de Graaff R, Elzinga H, Tabak S, Yang XY, Stellaard F (2000) Digestion of so-called resistant starch sources in the human small intestine, *American Journal of Clinical Nutrition* **72**: 432–438.

161 Wang HF, Lim PS, Kao MD, Chan EC, Lin LC, Wang NP (2001) Use of isomalto-oligosaccharide in the treatment of lipid profiles and constipation in hemodialysis patients, *Ren Nutr* **11**: 73–79.

162 Wijnands MVW, Appel MJ, Hollanders VMH, Woutersen RA (1999) A comparison of the effects of dietary cellulose and fermentable galacto-oligosaccharide, in a rat model of colorectal carcinogenesis: fermentable fibre confers greater protection than non-fermentable fibre in both high and low fat backgrounds, *Carcinogenesis* **20**: 651–656.

Tabellarischer Anhang zu Kapitel 67

Tab. 67.3 Gehalt an kurzkettigen Fettsäuren nach Fermentation von Präbiotika *in vivo* und *in vitro.*

Ref./ Tiermodell	Präbiotikum	Menge an Präbiotikum [a] Dauer	Kurzkettige Fettsäuren [b] in	Ergebnisse
Humane Interventionsstudien				
		15 g/d, 15 Tage 15 g/d, 15 Tage	Faeces	Keine Unterschiede im Gehalt an kurzkettigen FS im Stuhl zwischen beiden Interventions-gruppen
[83]	Inulin Kontrolle			Nicht signifikanter Anstieg an Acetat nach Intervention mit Inulin
[20]	Inulin Reiszereal (K)	9 g/d, 4 Wochen	Faeces	Keine Unterschiede im Gehalt an kurzkettigen FS im Stuhl zwischen beiden Interventions-gruppen
[4]	Transgalacto-OS		Faeceswasser	Keine Veränderung des Gehalts an kurzkettigen FS, weder für hohe noch niedrige Transgalacto-OS-Konzentration gegenüber Placebo
[17]	Lactulose PEG	[53]	Oligofructose Saccharose (K)	Nicht signifikanter Anstieg an Acetat und Butyrat nach Intervention mit Lactulose
[67]	Resistente Stärke: – hoch – niedrig	28 Tage, 55,2±3,5 g/d 7,7±0,3 g/d	Faeces	Keine Unterschiede im Gehalt an kurzkettigen FS im Stuhl zwischen beiden Interventions-gruppen
[1]	Resistente Stärke: – hoch – niedrig		Kolostomie-effluent	Signifikanter Anstieg des Gesamtgehalts an kurzkettigen FS (182,6 vs 116,1 μmol/g Trocken-gewicht), von Acetat (93,9 vs 65,8 μmol/g) und Butyrat (35,1 vs 17,6 μmol/g) bei hohem RS-Gehalt

Tab. 67.3 (Fortsetzung)

Ref./ Tiermodell	Präbiotikum	Menge an Präbiotikum [a] Dauer	Kurzkettige Fettsäuren [b]	
			in	Ergebnisse
In vivo-Studien an Versuchstieren				
[23] Sprague-Dawley-Ratten	Oligofructose Fructo-OS Xylo-OS Cellulose Kontrolle	6% (+5% Cellul.) 6% (+5% Cellul.) 6% (+5% Cellul.) 5% 0 14 Tage	Caecum und Faeces	Signifikanter Anstieg des Gesamtgehalts an kurzkettigen FS im Caecum für Oligofructose (238,58 µmol/Caecum), Fructo-OS (261,68 µmol/Caecum) und Xylo-OS (268,41 µmol/Caecum) gegenüber der Kontrolle (97,74 µmol/Caecum); signifikanter Anstieg von Butyrat im Caecum für Oligofructose (9,74 mM) und Fructo-OS (10,53 mM) zur Kontrolle (5,64 mM), aber keine Unterschiede im Faeces; signifikanter Anstieg von Acetat für Oligofructose im Faeces
[73] Humanflora-inokulierte Wistar-Ratten	Oligofructose Langkettiges Inulin 1:1 Mix aus Oligofructose und Inulin Kontrolle	5% 5% 5% 0%, für 8 Tage	Faeces, Caecum und Kolon	Keine signifikanten Unterschiede im Gehalt an kurzkettigen FS, weder zwischen den Interventionsgruppen noch zwischen Faeces, Caecum und Kolon innerhalb einer Gruppe
[140] Humanfloraino-kulierte F344/N-Ratten	CrystaLean (resist. Stärke) Saccharose (K)	4 Wochen 15% (+31% verdauliche Stärke) 46%	Caecum	Signifikanter Anstieg an Butyrat von 2,8 bzw. 4 (Saccharose) auf 18,2 bzw. 25,6 (CrystaLean) % Butyrat am Gesamtgehalt an kurzkettigen FS

Tab. 67.3 (Fortsetzung)

Ref./ Tiermodell	Präbiotikum	Menge an Präbiotikum[a)] Dauer	Kurzkettige Fettsäuren[b)] in	Ergebnisse
[11] Wistar-Ratten	Rohe Kartoffelstärke (RS2) Maisstärke (K)	9% resistente Stärke 0% resistente Stärke 6 Monate	Caecum, proximales und distales Kolon	Signifikanter Anstieg auf rund das 2fache für Acetat, auf mehr als das 10fache für Butyrat sowie auf das 2–3fache des Gesamtgehalts an kurzkettigen FS durch Intervention mit RS2 im Vergleich zur Kontrolle; höchste Konzentrationen im Caecum, z. B. für Butyrat 45,4 μmol/g (RS2) sowie 4,7 μmol/g Feuchtgewicht (K)

				Acetat	Propionat	Butyrat	Gesamt
In vitro-Fermentationsversuche							
[128]	Fructo-OS	0,5 g, 24 h	Statische Batch-Kultur mit humanem Faeces (mmol/L)	25,13	7,00	4,17	
	Gentio-OS	0,5 g, 24 h		34,66	7,39	2,16	
	Maltodextrin	0,5 g, 24 h		36,49	7,73	2,05	
[127]	Fructo-OS	0,5 g, 24 h	Statische Batch-Kultur mit humanem Faeces (mmol/L)	29,11[c)]	6,96[c)]	3,50	
	Inulin	0,5 g, 24 h		22,23[c)]	7,59	4,20	
	Xylo-OS	0,5 g, 24 h		26,70[c)]	7,21[c)]	1,75	
	Lactulose	0,5 g, 24 h		38,97[c)]	7,43[c)]	1,81	
	Isomalto-OS	0,5 g, 24 h		39,47[c)]	5,22	1,52	
	Galacto-OS	0,5 g, 24 h		36,00[c)]	5,22[c)]	1,15	
	Sojabohnen-OS	0,5 g, 24 h		32,87[c)]	5,64[c)]	1,20	

Tab. 67.3 (Fortsetzung)

Ref.	Präbiotikum	Menge an Präbiotikum [a)] Dauer		Acetat	Propionat	Butyrat	Gesamt
[78]	1:1 Inulin/Oligofructose + LGG	1% (w/v)+10^6 cfu/mL LGG	Statische Batch-Kultur mit humanem Faeces (mmol/L)	70,02	8,30	9,08	
	1:1 Inulin/Oligofructose + Bb12	1% (w/v)+10^6 cfu/mL Bb12		70,11	18,83	11,44	
	Glucose	1% (w/v)		68,32	7,59	4,37	
[91]	Weizenstärke	1% (w/v), 24 h	Statische Batch-Kultur mit Schweine-Caecum (mmol/L)	56%	25%	17%	297,4
	Maisstärke	1% (w/v), 24 h		62%	21%	16%	343,0
	Erbsenstärke	1% (w/v), 24 h		62%	21%	15%	329,2
	Kartoffelstärke	1% (w/v), 24 h		55%	19%	25%	289,2
	Hylon 7	1% (w/v), 24 h		47%	28%	23%	263,5
	retrogr. Hylon 7	1% (w/v), 24 h		54%	28%	14%	170,7

a) Angaben in % = g Präbiotikum/100 g Diät;
b) Konzentration an kurzkettigen Fettsäuren wie für die einzelnen Versuche angegeben oder % = Anteil von Acetat, Propionat und Butyrat am Gesamtgehalt an kurzkettigen Fettsäuren (Ratio);
c) signifikant unterschiedlich im Vergleich zum Zeitpunkt 0; OS = Oligosaccharide; (K) = Kontrollgruppe, RS = resistente Stärke, FS = Fettsäure.

Tab. 67.4 in vivo-Studien zum Nachweis des präbiotischen/bifidogenen Effekts unverdaulicher Kohlenhydrate.

Präbiotikum	Ref.	Art der Studie	Menge an Präbiotikum [a]/Dauer	Ergebnisse
Inulin	[53]	Humanstudie, 4 gesunde Freiwillige	15 g/d für 15 Tage, Kontrolle Saccharose	Signifikanter Anstieg an Bifidobakterien im Stuhl von 9,2 zu 10,1 log 10/g Faeces und Abnahme an grampositiven Kokken durch Inulin
	[76]	Humanstudie, 25 ältere, konstipative Patienten	10 Patienten: 20 g/d (Tag 1–8), graduelle Erhöhung auf 40 g/d (Tag 9–11), 40 g/d (Tag 12–19) 15 Patienten: Kontrolle Lactose	Signifikanter Anstieg an Bifidobakterien im Stuhl von 7,9 zu 9,2 log 10/g Trockengewicht, Abnahme der Anzahl an Enterokokken und der Häufigkeit von Enterobakterien durch Inulin; Lactose erhöhte Enterokokken und reduzierte Lactobazillen und Clostridien
	[20]	Humanstudie, 12 gesunde Freiwillige	9 g/d Inulin, 4 Wochen	Signifikanter Anstieg an Bifidobakterien im Stuhl und Abnahme an fakultativen Anaerobiern durch Inulin
	[83]	Humanstudie, 8 gesunde Freiwillige	22–34 g/d Inulin, 64 Tage	Signifikanter Anstieg an Bifidobakterien im Stuhl von 9,8 zu 11,0 log 10/g Trockengewicht, keine Änderung der Gesamtzahl an Bakterien durch Inulin
Fructooligosaccharide/ Oligofructose	[53]	Humanstudie, 12 gesunde Freiwillige	15 g/d Oligofructose für 15 Tage, Kontrolle Saccharose	Signifikanter Anstieg an Bifidobakterien im Stuhl von 8,8 zu 9,5 log 10/g Faeces und Abnahme an Bacteroiden, Clostridien und Fusobakterien durch Oligofructose
	[22]	Humanstudie, 12 gesunde Freiwillige	4 g/d Fructo-OS (Neosugar aus Saccharose), 25 Tage	Signifikanter Anstieg an Bifidobakterien im Stuhl durch Neosugar

Tab. 67.4 (Fortsetzung)

Präbiotikum	Ref.	Art der Studie	Menge an Präbiotikum[a)]/Dauer	Ergebnisse
	[18]	Humanstudie, 40 gesunde Freiwillige	5 Gruppen a 8 Probanden: 0 g/d, 2,5 g/d, 5 g/d, 10 g/d, 20 g/d kurzkettige Fructo-OS (aus Saccharose), 7 Tage	Signifikanter, konzentrationsabhängiger Anstieg an Bifidobakterien im Stuhl bei Konzentrationen ab 5 g/d von 8,1 zu 9,1 log 10/g Faeces (5 g), von 8,0 zu 9,5 log 10/g Faeces (10 g) und von 8,2 zu 9,5 log 10/g Faeces (20 g), keine Änderung der Gesamtzahl an anaeroben Bakterien
Lactulose	[148]	Humanstudie, 20 gesunde Freiwillige	10 g/d Lactulose oder Placebo (je 10 Probanden), 26–33 Tage	Signifikanter Anstieg an Bifidobakterien im Stuhl, geringer Anstieg an Lactobazillen sowie geringe Abnahme an Clostridien durch Lactulose
	[14]	Humanstudie, 16 gesunde Freiwillige	10 g/d Lactulose oder Placebo (je 8 Probanden), 6 Wochen	Signifikanter Anstieg an Bifidobakterien im Stuhl von 8,25 zu 8,96 (21 d) und 9,54 (42 d) log 10/g Feuchtgewicht, keine Änderung der Gesamtzahl an Anaerobiern oder Lactobazillen durch Lactulose
Galactooligosaccharide	[15]	Humanstudie, 8 gesunde Freiwillige	10 g/d Transgalacto-OS, 21 Tage	Signifikanter Anstieg an Bifidobakterien im Stuhl von 8,6 zu 9,5 log 10/g Faeces nach 21 Tagen, auch nach 7 Tagen bereits signifikanter Effekt, keine Änderung der Anzahl an Enterobakterien
	[4]	Humanstudie, 40 gesunde Freiwillige	Transgalacto-OS 8,5 g/d bzw. 14,4 g/d oder Placebo, 3 Wochen	Kein Effekt auf Bifidobakterien, nicht signifikante Erhöhung der Lactobazillen, leichte, nicht signifikante Erniedrigung von Clostridien durch Transgalactooligosaccharide
	[98]	Humanstudie, 90 Säuglinge	Gemisch aus kurzkettigen Galacto-OS und langkettigen Fructo-OS 0,4 g/d L bzw. 0,8 g/d L oder Placebo (Maltodextrin), 28 Tage	Signifikanter, konzentrationsabhängiger Anstieg an Bifidobakterien gegenüber Tag 1 sowie zum Placebo (0,4 g/d L OS 9,3 cfu/g; 0,8 g/d L OS 9,7 cfu/g vs Placebo 7,2 cfu/g, $p < 0,001$), signifikanter Anstieg an Lactobazillen nach OS-Intervention

Tab. 67.4 (Fortsetzung)

Präbiotikum	Ref.	Art der Studie	Menge an Präbiotikum [a]/Dauer	Ergebnisse
	[134]	Humanstudie, 102 Säuglinge	Gemisch aus Galacto-OS und Fructo-OS (90:10), 6 Wochen	Signifikant erhöhte Anzahl an Bifidobakterien durch OS gegenüber Tag 1 sowie zur Kontrollgruppe
Isomaltooligosaccharide	[80]	Humanstudie, 6 gesunde und 18 senile Freiwillige	13,5 g/d Isomalto-OS, 14 Tage	Signifikanter Anstieg von Bifidobakterien in Faeces durch Konsum von Isomalto-OS
	[69]	Humanstudie, 14 gesunde Freiwillige		Proportionaler Anstieg an Bifidobakterien mit steigendem Polymerisierungsgrad von Isomalto-OS
	[56]	Humanstudie, 30 gesunde Freiwillige	15 g/d Isomalto-OS, 7 Tage	Anstieg an Bifidobakterien und Lactobazillen sowie signifikante Inhibition des Wachstums von *Clostridium perfringens* durch Isomalto-OS
Xylooligosaccharide	[23]	Tierstudie 10 Sprague-Dawley-Ratten	6% Xylo-OS + 5% Cellulose; 5% Cellulose sowie Kontrollgruppe	Signifikant erhöhte Anzahl an Bifidobakterien in Xylo-OS-Gruppe (+Cellulose) im Vergleich zur Cellulose- und zur Kontrollgruppe Faeces: 10,4 vs. 9,7 vs 9,1 log 10/g Feuchtgewicht Caecum: 9,8 vs. 8,7 vs. 8,4 log 10/g Feuchtgewicht
Sojabohnen-Oligosaccharide	[8]	Humanstudie, 7 gesunde Freiwillige	15 g/d Raffinose	Signifikanter Anstieg an Bifidobakterien, Gesamtzahl an Bakterien unverändert, Bakteroiden- und Clostridienspezies gesenkt durch Raffinose
Resistente Stärke	[140]	Tierstudie, Humanflora-inokulierte F344/N-Ratten	15% resistente Stärke (+31% verdauliche Stärke), Kontrolle 46% Saccharose, 4 Wochen	10–100facher Anstieg an Lactobazillen und Bifidobakterien bei gleichzeitiger Abnahme von Enterobakterien durch resistente Stärke im Vergleich zur Saccharosegruppe
	[75]	Tierstudie, Wistar-Ratten	10% resistente Stärke (RS_2 oder RS_3), 5 Monate	Detektion von Bifidobakterien nur in den mit resistenter Stärke supplementierten Ratten
	[21]	Tierstudie, 12 junge, männliche Schweine	50% hoch oder niedrig amylosehaltige Stärke mit oder ohne *Bifidobacterium longum*	Präbiotischer Effekt von hoch amylosehaltiger Stärke (hoher Anteil an resistenter Stärke) auf gleichzeitig konsumierte Bifidobakterien

a) Angaben in % = g Präbiotikum/100 g Diät; OS = Oligosaccharide.

Tab. 67.5 Auswahl an tierexperimentellen Karzinogenitätsstudien zum krebsprotektiven Effekt von Präbiotika und Synbiotika.

Ref.	Präbiotikum	Tiermodell	Studiendesign [a)]	Ergebnisse
[12]	Inulin	Messung von AOM-induzierten ACF in männlichen Sprague-Dawley-Ratten	5% Inulin + fettarme Diät, 5% Inulin + fettreiche Diät und jeweils fettarme (5% Kornöl) und fettreiche (25% Kornöl) Kontrollen für 4 Wochen, 8 Tiere pro Gruppe	Signifikante Senkung an Gesamt-ACF im Kolon nach Intervention mit Inulin um 48% bei fettreicher Diät im Vergleich zur Kontrolle, protektiver Effekt für kleine ACF (1–3 Krypten/Focus) am deutlichsten; bei fettarmer Diät nicht signifikante Senkung an ACF durch Inulin
[26]	Lactulose	Messung von AOM-induzie rten ACF in männlichen F344-Ratten	2,5% Lactulose, *B. longum* ($1 \cdot 10^8$ Zellen/g Diät), Kombination aus Lactulose + *B. longum* und Kontrolle (AIN-76A) für 13 Wochen, 15 Tiere pro Gruppe	Signifikante Senkung an Gesamt-ACF im Kolon nach Intervention mit Lactulose (145 ± 11 ACF/Kolon) und *B. longum* (143 ± 9) allein im Vergleich zur Kontrolle (187 ± 9); deutlich additiver, antitumorigener Effekt für synbiotische Kombination (97 ± 11)
[44]	Gemisch aus Inulin und Oligofructose	Messung von AOM-induzierten Tumoren in männlichen F344-Ratten	10% Inulin/Oligofructose (1 : 1), Probiotika (LGG und Bb12, je $5 \cdot 10^8$ Zellen/g Diät), Inulin/Oligofructose + Probiotika und Kontrolle (fettreich, AIN-76), 32 Wochen, 27–28 Tiere pro Gruppe	Signifikante Reduktion von Karzinomen und Adenomen in den präbiotikasupplementierten Gruppen mit ca. 0,21 Karzinomen/Ratte und 0,8 Adenomen/Ratte in der Präbiotikagruppe sowie 0,08 Karzinomen/Ratte und 0,8 Adenomen/Ratte in der Synbiotikagruppe im Vergleich zu ca. 0,46 Karzinomen/Ratte und 1,4 Adenomen/Ratte in der Kontrollgruppe
[50]	Oligofructose Sojabohnen-OS und Weizenkleie-OS	Messung von DMH-induzierten ACF in männlichen Wistar-Ratten	2% Oligofructose, Bifidobakterien ($1 \cdot 10^8$/d), Kombinationen aus 2% Oligofructose + Bifidobakterien, 2% Sojabohnen-OS + Bifidobakt., 2% Weizenkleie-OS + Bifidobakt. und Kontrolle für 3,5–5 Wochen, 13–20 Tiere pro Gruppe	Keine Effekte durch Präbiotikum oder Probiotika allein, signifikante Senkung der Anzahl an ACF/cm^2 durch Oligofructose + Bifidobakterien bei Zusammenfassung von 6 Experimenten im Vergleich zur Kontrolle; signifikante Senkung der Anzahl an ACF/cm^2 durch Weizenkleie-OS + Bifidobakterien, aber nicht durch Oligofructose + Bifidobakterien in einer 2. Experimentserie

Tab. 67.5 (Fortsetzung)

Ref.	Präbiotikum	Tiermodell	Studiendesign[a)]	Ergebnisse
[65]	Xylo-OS und Fructo-OS	Messung von DMH-induzierten ACF in männlichen Sprague-Dawley-Ratten	6% Xylo-OS + DMH, 6% Fructo-OS + DMH, DMH und Kontrolle für 35 d, 10 Tiere pro Gruppe	Signifikante Reduktion großer ACF (≥4 Krypten/Focus) durch Xylo-OS (0,30 ± 0,15) und Fructo-OS (0,60 ± 0,27) im Vergleich zu DMH (2,80 ± 1,04); signifikante Unterschiede bei kleinen ACF für Präbiotika gegenüber DMH, außer bei ACF mit 2 Krypten/Focus für Fructo-OS, stärkere antitumorigene Effekte durch Xylo-OS
[122]	Inulin und Oligofructose	Messung von AOM-induzie rten ACF in männlichen F344-Ratten	10% Inulin, 10% Oligofructose und Kontrolle (AIN-76A) für 7 Wochen, 12 Tiere pro Gruppe	Signifikante Senkung an Gesamt-ACF im Kolon nach Intervention mit Inulin (78 ± 37 ACF/Kolon, $p < 0{,}006$) und Oligofructose (92 ± 28, $p < 0{,}024$) im Vergleich zur Kontrolle (120 ± 28); signifikante Senkung bei ACF mit 2 und 3 Krypten/Focus, aber nicht bei ≥4 Krypten/Focus
[125]	Inulin	Messung von AOM-induzierten ACF in männlichen Sprague-Dawley-Ratten	5% Inulin, *B. longum* ($4 \cdot 10^8$ Zellen/g Diät), synbiotische Kombination aus Inulin + *B. longum* und Kontrolle (fettreich, CO25) für 12 Wochen, 15 Tiere pro Gruppe	Signifikante Senkung kleiner ACF (1–3 Krypten/Focus) um 41% durch Inulin, um 26% durch *B. longum* und um 80% durch das Synbiotikum im Vergleich zur Kontrolle; signifikant gesenkte Inzidenz großer ACF um 59% durch die synbiotische Kombination
[155]	Inulin	Messung von AOM-induzierten ACF in männl. F344-Ratten	2,5%, 5% und 10% Inulin sowie Kontrolle (AIN-93M) für 11 Wochen, 12 Tiere pro Gruppe	Dosisabhängige Reduktion an ACF um 25% (2,5% Inulin), 51% (5% Inulin) und 65% (10% Inulin) im Vergleich zur Kontrolle

Tab. 67.5 (Fortsetzung)

Ref.	Präbiotikum	Tiermodell	Studiendesign [a]	Ergebnisse
[156]	Inulin	Messung von AOM-induzierten ACF und Tumoren in männlichen F344-Ratten	Experiment 1: 10% Inulin und Kontrolle (AIN-93G), 16 Wochen, 10 bzw. 15 Tiere pro Gruppe Experiment 2: 10% Inulin entweder in Initiationsphase (I), Promotionsphase (P) oder während beider (I + P) und Kontrolle (AIN-93G), 41 Wochen, 20 Tiere pro Gruppe	Experiment 1: Signifikante Reduktion an ACF/Kolon um 62,5% im proximalen und 60,1% im distalen Kolon durch Intervention mit Inulin im Vergleich zur Kontrolle Experiment 2: Signifikant verringerte Inzidenz an Kolontumoren durch Inulin mit 73% (I), 69% (P) und 50% (I + P) tumortragenden Ratten im Vergleich zu 90% tumortragenden Tieren in der Kontrolle; Anzahl der Tumoren pro Ratte ebenfalls signifikant gesenkt mit 3,09 (I), 1,36 (P) und 1,2 (I + P) zur Kontrolle mit 4,25
[157]	Inulin	Messung von AOM-induzierten ACF in männlichen F344-Ratten	Inulinfraktionen unterschiedlicher Polymerisationsgrade (PG), Mittlere PG von Inulin: (A) PG 4, (B) PG 10, (C) PG 25, (D) 1:1-Gemisch aus A und C, (E) 1:2-Gemisch aus A und C	Signifikante Reduktion um 24,8% (A), 29,6% (B), 46,3% (C), 52,0% (D) und 63,8% (E) durch Intervention mit Inulin im Vergleich zur Kontrolle
[162]	Galacto-OS	Messung von DMH-induzierten Tumoren in männlichen Wistar-Ratten	3 verschiedene Diäten mit hohem, mittlerem und niedrigem Fettgehalt, je ~ 5% (niedrig) und ~ 24% (hoch) Cellulose bzw. ~ 9% (niedrig) und ~ 27% (hoch) Galacto-OS für 9 Monate, 12 Gruppen a 39 Tiere	Signifikante Reduktion der Multiplizität von Adenomen und Karzinomen in den Tieren, die die hohe Galacto-OS-Konzentration erhielten

a) Angaben in % = g Präbiotikum/100 g Diät; ACF = Aberrant Crypt Foci; AOM = Azomethan; DMH = 1,2-Dimethylhydrazin; OS = Oligosaccharide; (K) = Kontrollgruppe.

68
Probiotika

Annett Klinder und Beatrice L. Pool-Zobel

68.1
Allgemeine Substanzbeschreibung

Als Probiotika werden allgemein lebende Mikroorganismen bezeichnet, die einen positiven Effekt auf die Gesundheit ausüben. Es war Nobelpreisträger Ilya Metchnikoff, der vor fast 100 Jahren als Erster auf die gesundheitsfördernden Effekte bestimmter Mikroorganismen hinwies [95], die heute weithin unter dem Konzept der „Probiotika" erfasst werden:

> „A reader who has little knowledge of such matters may be surprised by my recommendation to absorb large quantities of microbes, as a general belief is that microbes are harmful. This belief is erroneous. There are many useful microbes, amongst which the lactic bacilli have a honorable place" [95].

Er entwickelte seine Theorie aus der Beobachtung, dass bulgarische Landarbeiter, die große Mengen an gesäuerter Milch konsumierten, oft ein hohes Lebensalter erreichten. Seine Hypothese ging davon aus, dass die komplexe Mikroflora des Darms auch einen schädigenden Effekt auf den Wirt hat, den er „Autointoxinationseffekt" nannte. Durch den Konsum von Sauermilch kommt es zu einer Veränderung in der Aktivität der Dickdarmflora, die sich positiv auf den Wirt auswirkt. Um diese Hypothese zu belegen, isolierte er die entsprechenden Bakterien und setzte sie in humanen Interventionsversuchen, vorrangig an sich selbst, ein. Diese Versuche wurden in den 1920er und 1930er Jahren von Rettger und Mitarbeitern [125, 126] fortgesetzt, die sowohl systematische Untersuchungen als auch klinische Studien durchführten, wobei hier zur Intervention allerdings aus dem Darm gewonnene Isolate von *Lactobacillus acidophilus* eingesetzt wurden und nicht mehr die aus Joghurt isolierten Stämme, da man herausgefunden hatte, dass der „Bulgarische Bacillus" die Passage durch den Darm nicht überlebt.

Handbuch der Lebensmitteltoxikologie. H. Dunkelberg, T. Gebel, A. Hartwig (Hrsg.)

ISBN: 978-3-527-31166-8

Bereits 1917 hatte Alfred Nissle aus dem Stuhl eines Soldaten, der als einziger in einer Gruppe von Soldaten nicht an einer schwerwiegenden, pathogenen *Escherichia coli*-Infektion erkrankt war, ein Bakterium isoliert und weitergehend untersucht. Dieser nicht pathogene *E. coli*-Stamm erhielt den Namen *E. coli*-Stamm Nissle 1917 und wurde unter der Bezeichnung Mutaflor® auch als Arzneimittel registriert. Nissle setzte einen Extrakt dieser Bakterien ein, um viele chronische Darmleiden zu behandeln [103]. In ähnlicher Weise hatte Tissier die Gabe von Bifidobakterien an Kinder, die unter Durchfall litten, vorgeschlagen [150].

Einen weiteren Schritt machte die Forschung nach dem II. Weltkrieg und in den 1950er Jahren, als nachgewiesen wurde, dass die Mikroflora des Darm als eine Art Schutzschild gegenüber eindringenden, pathogenen Keimen wirkt. Sowohl Bohnhoff et al. [9] als auch Freter [31, 32] konnten zeigen, dass mit Antibiotika behandelte Versuchstiere empfindlicher gegenüber Infektionen mit *Salmonella typhimurium, Shigella flexneri* und *Vibrio cholerae* waren als ihre unbehandelten Artgenossen. Am eindrucksvollsten wird die Schutzfunktion einer gesunden Darmflora durch eine Arbeit von Collins und Carter [18] belegt, in der gezeigt wird, dass zwar eine Keimaufnahme von 5×10^6 *Salmonella enteritidis* notwendig ist, um Mäuse mit einer kompletten intestinalen Mikroflora zu töten, bei keimfrei aufgezogenen Tieren dafür allerdings weniger als zehn Bakterien des gleichen Stammes ausreichen.

Der Begriff „Probiotikum", der aus dem Griechischen kommt und „für das Leben" bedeutet, wurde zum ersten Mal 1965 von Lilly und Stillwell verwendet, um „Substanzen, die von einem Mikroorganismus sekretiert werden, um das Wachstum eines anderen anzuregen" zu beschreiben [74]. Als solches stand dieser Terminus im direkten Gegensatz zum Begriff „Antibiotikum", das das Wachstum von Mikroorganismen unterdrückt. Später wurde der Begriff „Probiotikum" auch auf andere Bereiche ausgedehnt und erhielt dadurch eine allgemeinere Bedeutung. In seiner heutigen Bedeutung wurde der Begriff zum ersten Mal 1974 von Parker genannt. Parker definierte Probiotika als „Organismen oder Substanzen, die zur Balance der intestinalen Mikroflora beitragen" [110]. Allerdings führte die Beibehaltung des Wortes „Substanzen" in der Definition dazu, dass eine Vielzahl von Stoffen, darunter z. B. auch Antibiotika, unter diese Definition fielen. 1989 versuchte Fuller Parkers Definition zu verbessern und einzuengen, wobei er Probiotika als „einen lebenden, mikrobiellen Futterzusatz, der das Wirtstier positiv durch eine Verbesserung in der Balance der intestinalen Mikroflora beeinflusst" definierte [33]. Wichtig an dieser neuen Definition war, dass die verabreichten Mikroorganismen lebend sein sollten, und dass der Wirt, in dem Fall ein Tier, von dieser Gabe profitieren sollte. Havenaar und Huis In't Veld erweiterten 1992 diese Definition auch auf den Menschen und schrieben ein „Probiotikum" sei „eine Mono- oder Mischkultur von lebenden Mikroorganismen, die angewendet bei Tier oder Mensch, den Wirt vorteilhaft durch eine Verbesserung der Eigenschaften der endogenen Mikroflora beeinflusst" [48]. Der Terminus sollte nur unter folgenden Bedingungen angewendet werden, (a) dass das Probiotikum lebende Mikroorganismen enthält

(z. B. als gefriergetrocknete Zellen oder in einem frischen oder fermentierten Produkt), (b) dass die Gesundheit und das Wohlbefinden von Mensch und Tier (einschließlich des Wachstumsschubes beim Tier) verbessert wird, und (c) dass es einen Effekt auf alle Schleimhäute des Wirts, einschließlich Mund und Gastrointestinaltrakt (z. B. verabreicht in Form von Nahrung, Pillen oder Kapseln), dem oberen respiratorischen Trakt (z. B. als Aerosol) oder dem Urogenitaltrakt (lokale Anwendung), haben kann. Erweiterungen zu dieser Definition erfolgten von Salminen und von Schaafsma. Während Salminen [131] Probiotika als „eine lebende mikrobielle Kultur oder ein kultiviertes Milchprodukt, die/das Gesundheit und Ernährung des Wirtes günstig beeinflusst" bezeichnet, beschreibt Schaafsma [133] „orale Probiotika als lebende Mikroorganismen, die nach Genuss in bestimmten Mengen, gesundheitsfördernde Effekte aufweisen, die über die normale Grundernährung hinausgehen".

Die neueste und umfassendste Definition, die sich eng an die von Havenaar und Huis In't Veld anlehnt, stammt von Schrezenmeir und de Vrese [135]. Hier werden Probiotika als „ein Präparat oder ein Produkt, das lebende, definierte Mikroorganismen in ausreichender Anzahl enthält und das die Mikroflora in einem Kompartiment des Wirtes ändert (durch Implantation oder Kolonisierung) und somit gesundheitsfördernde Effekte auf diesen Wirt ausübt", bezeichnet. Aus dieser Definition und entsprechenden technologischen Erfordernissen zur Herstellung probiotischer Nahrungsmittel ergeben sich die in Tabelle 68.1 aufgeführten Kriterien zur Auswahl effizienter Probiotika. Allerdings sollen diese Kriterien nur als Leitfaden dienen, da es wahrscheinlich kein „ideales" Probiotikum gibt. So scheint es, dass probiotische Bakterien *in vivo* nur bedingt adhärieren, und es nicht zu einer permanenten Kolonisierung des Gastrointestinaltrakts kommt [7].

Mittlerweile wird eine große Anzahl verschiedener Mikroorganismen als Probiotika in kommerziellen Produkten eingesetzt. Tabelle 68.2 gibt eine Übersicht über die zur Anwendung am Menschen gebräuchlichen Mikroorganismen. Die meisten der genutzten Mikroorganismen gehören zu den Milchsäure produzierenden Bakterien, insbesondere zu den Gattungen Bifidobakterien und Lactobazillen. In Futtermittelzusätzen für landwirtschaftliche Nutztiere finden zusätzlich noch weitere probiotische Bakterien wie *Lactobacillus gallinarum, Enterococcus faecalis, Sporolactobacillus inulinus, Bacillus cereus, Bacillus subtilis* oder *Propionibacterium freudenreicherii* Verwendung [52].

68.2 Vorkommen

Bifidobakterien und Lactobazillen gehören neben Bakteroiden, Clostridien, Eubakterien, Enterokokken, Escherischia, Peptostreptokokken, Fusobakterien und Ruminokokken zu den am häufigsten im humanen Gastrointestinaltrakt vorkommenden Mikroorganismen [144], wobei Bifidobakterien als Anaerobier den Aerobiern Lactobazillus zahlenmäßig überlegen sind [44].

Tab. 68.1 Kriterien zur Auswahl effizienter Probiotika in Lebensmitteln modifiziert nach Gibson und Fuller [37].

Allgemeine Kriterien für Mikroorganismen
- Exakte taxonomische Charakterisierung
- Übereinstimmung zwischen Ursprung des verwendetes Stammes und dem zukünftigen Wirt für bessere Überlebenschancen
- Generelle Einstufung als sicher zur Verwendung in Lebensmitteln mit geringer Wahrscheinlichkeit für Übertragung von Antibiotikaresistenzen (GRAS – generally recognised as safe)

Technologische Eigenschaften
- Möglichkeit zur Kultivierung in großer Population/Massenproduktion
- Genetische Stabilität
- Widerstandsfähigkeit gegenüber Bedingungen bei oraler Applikation
- Überlebensfähigkeit sowie Stabilität erwünschter Eigenschaften während Kultivierung, Lagerung und Auslieferung auch über das Haltbarkeitsdatum hinaus
- Keine negative Beeinflussung der sensorischen Eigenschaften des Produkts

Mikrobielle Eigenschaften
- Resistenz gegenüber Magensäure und Gallensäuren, um Passage durch den Gastrointestinaltrakt zu überleben
- Adhärenz und Kolonisierungsfähigkeit
- Durchsetzungsfähigkeit gegenüber normaler Mikroflora/Möglichkeit im gastrointestinalen Ökosystem zu überleben

Funktionelle Eigenschaften
- Eindeutig nachgewiesene gesundheitsförderde Effekte
- Effekte gegenüber pathogenen Bakterien durch Produktion von Säuren, Bakteriozinen oder durch kompetitiven Ausschluss
- Immunmodulatorische Eigenschaften
- Modulation metabolischer Aktivität/antikarzinogene und antimutagene Wirkung

Tab. 68.2 Probiotische Bakterien

Lactobacillus:	*L. acidophilus, L. casei, L. crispatus, L. gasseri, L. johnsonii, L. plantarum, L. reuteri, L. rhamnosus*
Bifidobakterium:	*B. adolescentis, B. animalis, B. bifidum, B. breve, B. infantis, B. lactis, B. longum*
Andere Milchsäure produzierende Bakterien:	*Enterococcus faecium, Lactococcus lactis, Leucococcus mesenteroides, Streptococcus thermophilus*
Weitere Mikroorganismen:	*Escherichia coli* (Nissle 1917), *Saccharomyces cerevisiae boulardii*

Bifidobakterien, die vor allem distale Bereiche des Gastrointestinaltrakts, zum Beispiel Kolon und Rektum, besiedeln, wurden erstmals 1900 aus dem Faeces eines Kindes isoliert [149]. Sie gehören zu den ersten Mikroorganismen, die den bis dahin keimfreien Darm des Neugeborenen besiedeln, wo sie wahrscheinlich einen wesentlichen Schutzfaktor gegenüber eindringenden Pathogenen darstellen sowie als Stimulus für das Immunsystem fungieren. Verschiedene Studien haben gezeigt, dass die Darmflora von gestillten Kindern von Bifidobakterien und Lactobazillen dominiert wird [5, 34, 46, 160]. Neben dem Gastrointestinaltrakt werden Bifidobakterien auch mit Abwässern, der humanen Vaginalflora, Karies und dem Darm von Honigbienen und anderen Insekten assoziiert [141]. Ihre Nutzung als Probiotika verdanken Bifidobakterien der allgemeinen Annahme, dass sie vorteilhafte Effekte auf die Darmflora haben [99], was zu ihrer Aufnahme in Joghurts führte.

Lactobazillen besiedeln als fakultative Anaerobier vor allem die oberen Regionen des Darms, das heißt Duodenum und Ileum [52]. Natürliche Habitate sind aber auch Mund- und Vaginalflora. Lactobazillen sind weit verbreitet und kommen unter anderem in Silage und vielen fermentierten Lebensmitteln wie Milchprodukten, Rohwurst oder fermentiertem Gemüse (Sauerkraut, saure Gurken, Kimchi) vor. In der Nahrungsmittelindustrie werden Lactobazillen als Starterkulturen, das heißt um einen Fermentationsprozess zu starten, und als Schutzkulturen – hier wird ihre Eigenschaft, durch Absenkung des pH-Wertes und durch Produktion von Bakteriozinen andere pathogene Bakterien zu reduzieren, genutzt – eingesetzt. Typische Starterkulturen sind zum Beispiel *Lactobacillus delbrueckii bulgaricus* und *Streptococcus thermophilus* für Joghurt, *Lactococcus lactis* für Sauermilchbutter, *Streptococcus thermophilus* und *Lactobacillus casei* für Schweizer Käse oder *Lactobacillus brevis* für Sauerteig- und Rohwurstaroma [24, 53]. Tabelle 68.3 gibt eine Übersicht über das Vorkommen einiger probiotischer Lactobazillusspezies sowohl hinsichtlich Wirtsspezies, Habitate beim Menschen und Vorkommen in Nahrungsmitteln.

Tab. 68.3 Beispiele zum Vorkommen probiotischer Lactobazillen.

Lactobacillus spezies	Wirtsspezies	Habitate beim Menschen	Vorkommen in Lebensmitteln
L. acidophilus	Mensch, Ratte, Schwein, Rind, Huhn	GIT[a]	Joghurt (Starterkultur), Sauerteig
L. casei	Mensch	GIT, Mund	Käse, Sauerteig
L. crispatis	Mensch, Huhn	GIT, Vagina	
L. gasseri	Mensch, Rind	GIT, Vagina	
L. johnsonii	Mensch, Rind, Huhn	GIT	Joghurt
L. plantarum	Mensch	GIT, Mund	Sauerkraut, saure Gurken, Sauerteig
L. reuteri	Mensch, Schwein, Rind, Huhn, Hamster, Maus, Ratte, Hund	GIT, Mund, Muttermilch, Kolostrum, Vaginalschleim	Sauerteig
L. rhamnosus	Mensch	GIT, Mund	

a) Gastrointestinaltrakt.

68.3 Verbreitung und Nachweis

Neben dem im vorherigen Kapitel diskutierten natürlichen Vorkommen probiotischer Bakterien in Lebensmitteln sind sie vor allem in so genannten probiotischen Produkten zu finden. Laut Definition müssen probiotische Bakterien, um gesundheitsfördernde Effekte aufzuweisen, in einer bestimmten Anzahl vorliegen. Um dies zu erreichen, werden diese Mikroorganismen bestimmten Nahrungsmitteln aktiv zugesetzt. Lebensmittel, die einen gewissen Gehalt an diesen Mikroorganismen aufweisen, werden demzufolge auch als probiotische Lebensmittel bezeichnet. Auf dem europäischen Markt sind diese vor allem in Form von fermentierten Milchprodukten, insbesondere Joghurt und Trinkjoghurt, aber auch Käse anzutreffen [65]. Einige typische Beispiele von kommerziell erhältlichen probiotischen Milchprodukten im Hinblick auf häufig vorkommende Lactobazillusspezies sind in Tabelle 68.4 zusammengefasst. Zu den kommerziell in Milchprodukten vorkommenden Bifidobakterien gehören *Bifidobacterium longum* und *Bifidobacterium bifidum* [65], obwohl die meisten der als *Bifidobacterium longum* deklarierten Bifidobakterien aus Milchprodukten als *Bifidobacterium animalis* identifiziert wurden [11]. Auch in Folgemilchprodukten bei der Babyernährung werden Probiotika eingesetzt. Erst kürzlich wurde in Großbritannien

Tab. 68.4 Einsatz von probiotischen Bakterienstämmen in fermentierten Milchprodukten (nach Klein et al. [65] und Holzapfel et al. [51, 52]).

Milchprodukt	Deklarierte Probiotikaspezies	Identifizierung der Lactobazillen durch DNA-DNA-Homologie	Anzahl an lebenden MO [a)]
Joghurt	*L. acidophilus* La1	*L. johnsonii*	7,1–8,0
Joghurt	*L. acidophilus* LA-7	*L. acidophilus*	3,9–6,1
Joghurt	*L. acidophilus* LA-5	L. acidophilus	7,6
	L. casei 01	*L. casei*	9,0
	L. reuteri	*L. reuteri*	5,2
	Bifidobacterium		
Joghurt	*L. acidophilus* Gilliland	L. crispatus	6,8
	L.casei	L. paracasei (casei)	6,4
Joghurt	*L. casei*	L. paracasei (casei)	8,3
Joghurt	*L. acidophilus*	L. acidophilus	6,8–8,2
	L. casei	L. paracasei (casei)	6,2–7,8
Diätjoghurt	*L. acidophilus* LA-H3	*L. acidophilus*	8,1–8,4
	L. casei LC-H2	*L. casei*	4,7–5,3
	B. bifidum LB-H1		
Trinkjoghurt	*L. casei* LGG	*L. rhamnosus*	8,0–8,4
		L. acidophilus	6,3–7,8
Trinkjoghurt	Bactolab cultures	*L. acidophilus*	5,4–6,4
Trinkjoghurt	*L. casei* Shirota	*L. paracasei (casei)*	7,9–8,9
Trinkjoghurt	*L. casei* Actimel	*L. paracasei (casei)*	7,4–8,1

a) Lebende Mikroorganismen in log cfu/g.

das erste probiotische Fruchtsaftgetränk, das *Lactobacillus plantarum* 299V als probiotischen Mirkroorganismus enthält, auf den europäischen Markt gebracht. In Japan sind bereits seit längerem probiotische Fruchtsaftgetränke wie auch mit *Bifidobacterium breve* fermentierte Sojamilch auf dem Markt. Während probiotische Müslis (Jovita von H.&J. Bruggen, Biograin von A/S Crispy Foods Int.) bereits erhältlich sind, soll eine neue Mikroeinschlusstechnologie (Probiocap^{TM}, Rossel Probiotics) bald auch den Einsatz von Probiotika in anderen Lebensmitteln, zum Beispiel Schokoriegeln möglich machen.

Neben probiotischen Lebensmitteln sind Probiotika auch in Kapseln und Tabletten kommerziell erhältlich. Allerdings werden solche „probiotischen Kulturen, die in isolierter Angebotsform zum unmittelbaren Verzehr" [1] gedacht sind, in Deutschland nicht als Lebensmittel angesehen und demzufolge auch nicht als Nahrungsergänzungsmittel eingestuft, da zu Nahrungsergänzungsmitteln nur die in der neuen „Verordnung für Nahrungsergänzungsmittel" aufgeführten Vitamine und Mineralstoffe zählen. Tabelle 68.5 gibt einige Beispiel für solche auch therapeutisch eingesetzten Probiotikapräparate.

Aus Tabelle 68.4 wird deutlich, dass die in probiotischen Lebensmitteln eingesetzten Bakterienstämme oft nicht eindeutig taxonomisch charakterisiert bzw. deklariert sind. Eine Ursache hierfür mag sein, dass es in den vergangenen Jahren durch Einsatz moderner molekularbiologischer Methoden gelungen ist, speziell Lactobazillen besser taxonomisch zu charakterisieren, was zu Veränderungen in der Nomenklatur geführt hat [65]. Während zuvor Bakterien vor allem nach ihrer

Tab. 68.5 Beispiele für kommerziell erhältliche, probiotische Präparate (modifiziert nach Kaur et al. [62]).

Name des Präparats	Probiotische Bakterienspezies
Kyo-Dophilus-Kapseln	*Lactobacillus acidophilus, Bifidobacterium bifidum, B. longum* ($1{,}5 \cdot 10^9$ lebende Zellen/ Kapsel)
Kyo-Dophilus-Tabletten	*Lactobacillus acidophilus*
Acidophilas®	*Lactobacillus acidophilus* + verschiedene Enzyme
Probiota®-Tabletten	*Lactobacillus acidophilus*
Flora Grow	*Bifidobacterium infantis, B. longum, B. bifidum*
Bifa 15	*Bifidobacterium longum*
TH1 Probiotics	*Bifidobacterium longum* (10^9), *Saccharomyces boulardii* ($0{,}5 \cdot 10^9$), *Lactobacillus casei, L. plantarum* (beide hitze-inaktiviert)
Replenish	*Lactobacillus acidophilus, L. plantarum, L. bifidus, L. bulgaricus, L. rhamnosus, L. casei, L. brevis* + Fructoseoligosaccharide
VSL#3	3 Bifidobakterienstämme, 4 Lactobazillenstämme, 1 Stamm *Streptococcus salivarius* ssp. *Thermophilus* ($5 \cdot 10^{11}$ Zellen/g)
Mutaflor	*Escherichia coli* Nissle 1917
Symbiotik (Kapseln oder Tabletten)	*Lactobacillus sporogenes* + 2 Antibiotika
Culturelle®-Kapseln	*Lactobacillus rhamnosus* GG ($>10^{10}$ lebende Zellen/Kapsel)+ Inulin
Subalin	Rekombinanter *Bacillus subtilis*

Morphologie und ihren metabolischen Eigenschaften klassifiziert wurden, spielen jetzt hauptsächlich Verwandtschaftsverhältnisse aufgrund genetischer Analysen bei der Klassifikation eine Rolle. Als wichtigste physiologische Eigenschaften bei der taxonomischen Klassifizierung von Milchsäure produzierenden Bakterien wurden in der Vergangenheit ihre Kohlenhydratfermentationsmuster, die Resistenz gegenüber verschiedenen Natriumchloridkonzentrationen, das Wachstum auf verschiedenen Nährstoffmedien, die Temperaturabhängigkeit des Wachstums sowie die Resistenz gegenüber Antibiotika herangezogen. Die frühere Einteilung von Lactobazillen hinsichtlich ihrer Wachstumstemperaturen („Thermobakterium", „Streptobakterium", „Betabakterium") und des Abbauweges von Hexosen (homo- oder heterofermentativ) stimmt nicht mit den phylogenetischen Verwandtschaftsgraden der Lactobazillusstämme überein [65]. Eine Unterscheidung der Bifidobakterienspezies erfolgte aufgrund ihrer Fähigkeit, bestimmte Kohlenhydrate (L(+)-Arabinose, D(+)-Xylose, D(+)-Mannose, D(–)-Mannitol, D(–)-Sorbitol, D(+)-Melezitose) als Nährstoffgrundlage zu verwerten [11].

Moderne taxonomische Methoden umfassen sowohl eine phänotypische Charakterisierung als auch genotypische Analysen. Häufig angewandte phänotypische Methoden sind die Analyse der Zellwandkomposition (z. B. Peptidoglykanarten), Proteinfingerprinting durch Analyse aller löslichen zytoplasmatischen Proteine, Multilocus-Enzym-Elektrophorese, bei der die relative Wanderung einer großen Anzahl wasserlöslicher Enzyme in der Elektrophorese untersucht wird, sowie die Analyse von Fettsäuremethylestern, wobei Letztere für die Milchsäurebakterien nicht als geeignet angesehen wird [65].

Genotypische Methoden der Charakterisierung beruhen vor allem auf dem Einsatz spezifischer Gensonden, verschiedenen PCR-Methoden und unterschiedlichen Varianten der Restriktionsenzymanalyse. Die häufigsten verwendeten Gensonden erkennen speziesspezifisch hochvariable Bereiche in den sonst weitgehend konservierten 16S- und 23S-rRNA-Molekülen und sind bereits für eine Vielzahl von lebensmittelassoziierten Bakterien erhältlich [92]. Gensonden kommen zum Beispiel in Colony-Blots, Dot-Blots, einschließlich reversen Dot-Blots, bei denen die Gensonde auf der Membran immobilisiert wird, und bei der Fluoreszenz-In-situ-Hybridisierung (FISH) zum Einsatz. Während FISH die direkte Auszählung von Bakterienzellen in biologischen Proben wie zum Beispiel Faeces ermöglicht [70], eignet sich die reverse Dot-Blot-Technik besonders zur Analyse von komplexen Bakterienpopulationen [28, 105].

Auf PCR beruhende Verfahren umfassen den direkten Nachweis von Bakterien über spezies-spezifische Primer, die RAPD-PCR-Methode (**R**andomly **A**mplified **P**olymorphic **D**NA), bei der sich durch Amplifikation mit kurzen Zufallsprimern ein spezifisches Fragmentprofil ergibt, sowie die Intergenic-Space-Methode, die auf der Amplifikation der intergenen Region zwischen 16S und 23S bzw. 5S mit anschließender Sequenzierung der PCR-Produkte beruht [17, 147].

Bei der Restriktionsenzymanalyse wird die DNA der Bakterien mit verschiedenen Restriktionsenzymen geschnitten, sodass sich bei der Elektrophorese ein spezifisches Bandenmuster ergibt. Zur weiteren Charakterisierung werden im Anschluss an die PCR oder die Restriktionsenzymanalyse oft Methoden wie Ribotyping (Verwendung spezifischer rRNA-Sonden), Temperatur-Gradient-Gel-Elektrophorese (TGGE) oder Denaturierender-Gradient-Gel-Elektrophorese (DGGE) speziell zur Aufklärung der Zusammensetzung komplexer Flora (community analysis) eingesetzt.

Eine spezielle Variante der Restriktionsenzymanalyse stellt die Pulsfeldgelelektrophorese dar, bei der selten schneidende Restriktionsenzyme eingesetzt werden, die wenige, relativ große DNA-Fragmente erzeugen. Diese Fragmente können nur mittels eines pulsierenden elektrischen Feldes im Agarosegel aufgetrennt werden und ergeben dabei stammspezifische Bandenmuster [128]. Obwohl diese Methode sehr aufwändig ist, kann sie als eine der genauesten und zuverlässigsten angesehen werden und erlaubt die Differenzierung bis hin zur Stammebene [65, 92].

Während der Nachweis einer Bakterienspezies/-stamm z. B. zum qualitativen und quantitativen Nachweis von zur Intervention eingesetzten Bakterien oftmals nur eine Methode, zum Beispiel FISH, erfordert, ist für die Analyse komplexer Bakterienpopulationen immer ein mehrphasiger Ansatz aus den genannten Methoden notwendig [92], bei dem auch phänotypische Analysen zum Einsatz kommen können [65, 145].

Wichtig ist der Nachweis von probiotischen Mikroorganismen nicht nur für die Deklaration auf Nahrungsmitteln, sondern auch zur eindeutigen Zuordnung bestimmter gesundheitsfördernder Effekte zu bestimmten Bakterienspezies im Hinblick auf ihren therapeutischen Einsatz. So erlauben diese Methoden die Überwachung von bei klinischen Interventionsstudien eingesetzten Mikroorganismen. Zuvor sowie bei Tierstudien wurden zur Unterscheidung von eingesetzten Mikroorganismen gegenüber den endogenen Verwandten z. B. bestimmte Antibiotikaresistenzen in die zur Intervention genutzten Mikroorganismen eingebracht. Allerdings werden diese genetischen Manipulationen besonders im Hinblick der Übertragung von Antibiotikaresistenzen auf pathogene Bakterien sowohl hinsichtlich der Zulassung in Humanversuchen als auch vom Verbraucher äußerst kritisch betrachtet. Dieses Problem kann durch die neuen molekularbiologischen Methoden gelöst werden, wobei gleichzeitig auch das breite Spektrum von Mikroorganismen im Gastrointestinaltrakt beleuchtet werden kann. Dies sollte wesentlich zur Bereicherung des Wissens hinsichtlich permanenter Beeinflussung der Mikroflora durch probiotische Bakterien beitragen.

68.4
Kinetik und innere Exposition

Verschiedene in vitro- und in vivo-Studien haben gezeigt, dass bestimmte Lactobazillus- und Bifidobakterienstämme sowohl den sauren pH-Wert des Magens als auch Gallensäurekonzentrationen von bis zu 1,5% überleben können. Die Überlebensrate hängt dabei sowohl vom pH-Wert bzw. der Gallensäurekonzentration, von der Dauer der Exposition als auch von Eigenschaften der Bakterienstämme selbst ab [7]. Die Studien machen deutlich, dass probiotische Bakterien in der Lage sind, den oberen Gastrointestinaltrakt lebend zu passieren und im Kolon in genügender Anzahl anzukommen, um dort Mikroökologie und Metabolismus beeinflussen zu können. Quantitative Analysen mittels Dünndarmsonden beim Menschen ergaben, dass Bifidobakterien, wenn sie in fermentierten Milchprodukten aufgenommen wurden, eine Überlebensrate von 23,5 ± 10,4% der eingesetzten Dosis aufwiesen [114]. Von *Bifidobacterium bifidum* und *Lactobacillus acidophilus* konnten im Caecum jeweils 30% bzw. 10% der eingesetzten Mikroorganismen wiedergefunden werden [86]. Dieselbe Arbeitsgruppe entwickelte auch ein künstliches Modell des humanen Gastrointestinaltrakts, in dem gleiche Überlebensraten wie *in vivo* ermittelt werden konnten. In diesem Modell wiesen *Bifidobacterium bifidum* und *Lactobacillus acidophilus* als widerstandsfähige Mikroorganismen gegenüber Magensäure eine Halbwertszeit von ca. 140 Minuten auf, während *Streptococcus thermophilus* und *Lactobacillus bulgaricus* nur eine Halbwertszeit von etwa 40 Minuten hatten [86]. Auch die Rückgewinnungsrate von antibiotikaresistenten Bifidobakterien aus humanem Faeces von 29,7 ± 6% [13] stimmte mit den im Darm ermittelten Überlebensraten überein und zeigt, dass die überlebenden Probiotika mit dem Stuhl ausgeschieden werden. Allerdings konnten Reid et al. [122] oral applizierte probiotische Bakterien auch in Vagina und Urogenitaltrakt nachweisen. Obwohl festgestellt wurde, dass bestimmte probiotische Bakterien wie *L. rhamnosus* GG [57] und *L. reuteri* [155], die oral aufgenommen wurden, das Kolon zumindest für einige Tage besiedeln, lassen sich bei in vivo-Studien am Menschen keine Hinweise auf eine dauerhafte Besiedlung finden [7]. In Experimenten mit Versuchstieren konnte allerdings gezeigt werden, dass die Mikroflora von antibiotikabehandelten [146] oder keimfreien Mäusen [127] dauerhaft beeinflusst werden konnte. Eine permanente Kolonisation des Darms durch gesundheitsfördernde Bakterien wird als sehr vorteilhaft angesehen.

68.5 Gesundheitsfördernde Effekte

Probiotika beeinflussen die Mikroflora des Darms, die sowohl die Quelle für Infektionen darstellt als auch entscheidend für den Schutz vor Erkrankung und die Aufrechterhaltung der Funktionen des Magen-Darm-Trakts ist. Für Gesundheit und Wohlbefinden ist ein Gleichgewicht zwischen diesen negativen und positiven Effekten der Mikroflora von Bedeutung. Es wird angenommen, dass Probiotika, insbesondere Lactobazillen und Bifidobakterien, dieses Gleichgewicht in Richtung der positiven Effekte verschieben. Als vorrangiger Mechanismus kann dabei der Schutz vor Kolonisierung des Gastrointestinaltraktes durch verschiedene pathogene Mikroorganismen angesehen werden [30, 76]. Einige probiotische Bakterien binden an Enterozyten und inhibieren dadurch die Bindung eindringender Pathogene (kompetitiver Ausschluss [104]). Gleichzeitig produzieren sie inhibitorische Substanzen, die das Wachstum anderer Mikroorganismen hemmen und ihnen einen Wachstumsvorteil verschaffen. Zu diesen

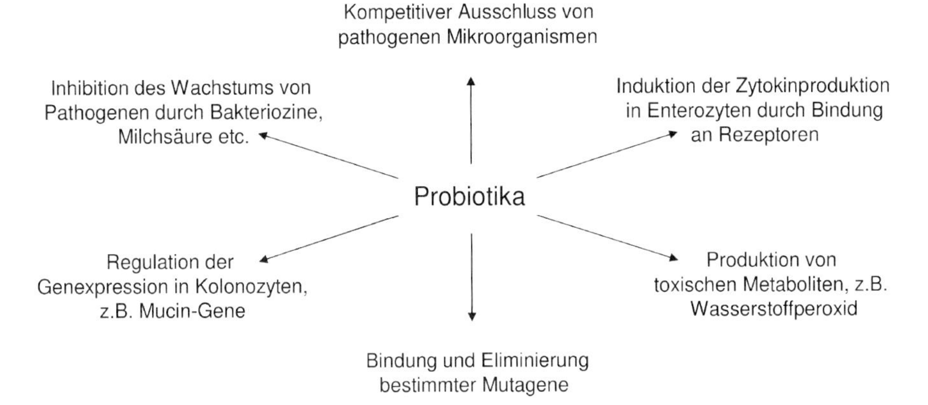

Fig. 68.1 Mögliche Mechanismen, über die Probiotika gesundheitsfördernde Effekte enfalten (modifiziert nach Kaur et al. [62]).

inhibitorischen Substanzen gehören Bakteriozine, zum Beispiel Reuterin von *L. reuteri* und Nisin von *Lactococcus lactis*, Milchsäure, was zur Absenkung des pH-Wertes im Darm und damit zu ungünstigeren Wachstumsbedingungen für viele Pathogene führt, sowie toxische Sauerstoffverbindungen. Weiterhin haben Probiotika immunmodulatorische Wirkungen, die durch Induktion von Zytokinen und Interferonen aufgrund der Bindung der Bakterien an bestimmte Rezeptoren ausgelöst werden. Abbildung 68.1 gibt einen Überblick über einige der möglichen Mechanismen, über die Probiotika zum Schutz vor und zur Therapie von Erkrankungen beitragen. Anhand von Tierversuchen und Humanstudien konnte die Wirkung von Probiotika für eine Anzahl von Erkrankungen wissenschaftlich nachgewiesen werden. Der besseren Übersicht halber wurden nachfolgend auch die Effekte auf Versuchstiere sowie Daten aus in vitro-Experimenten den jeweiligen, gesundheitsfördernden Effekten beim Menschen zugeordnet.

68.5.1 Linderung bei Lactoseintoleranz

Rund zwei Drittel der erwachsenen Weltbevölkerung leiden unter Lactoseintoleranz, bei der aufgrund von endogenem Lactasemangel Lactose aus der Milch nicht abgebaut werden kann und deshalb im Darm wie ein „osmotischer Zucker" wirkt, was zu durchfallähnlichem Stuhl, Völlegefühl, Flatulenz und Schmerzen führt [151]. In Joghurt vorliegende Lactose kann von diesen Individuen besser toleriert werden als die gleiche Menge aus Rohmilch, da durch Lyse der probiotischen Bakterien aus Joghurt im Magen und Dünndarm mikrobielle Laktase-Aktivität freigesetzt wird, die zum Abbau von Lactose beiträgt [38, 85, 88].

68.5.2
Schutz und Therapie bei Durchfallerkrankungen

Verschiedene Probiotika wurden auf ihre Fähigkeit, die Dauer und Heftigkeit von Durchfällen zu verringern, sowie auf präventive Effekte untersucht. Die vielversprechendsten Probiotika sind dabei *Lactobacillus rhamnosus* GG und *Saccharomyces boulardii*. So wurde wiederholt gezeigt, dass *L. rhamnosus* GG die Dauer einer durch Rotavirus hervorgerufenen Diarrhö bei Kindern bis zu 50% reduzieren kann [87]. Eine Verkürzung der Dauer der Diarrhö wurde in vier randomisierten, placebokontrollierten Studien auch für *Enterococcus faecium* SF68 nachgewiesen [158]. Intervention mit *Bifidobacterium bifidum* und *Streptococcus thermophilus* in Kindern, die sich regelmäßigen Behandlungen in medizinischen Zentren unterziehen mussten, reduzierte das Auftreten von Durchfall in den mit Probiotika behandelten Kindern auf 7% im Vergleich zu 31% in der Kontrollgruppe [130], bei gleichzeitig verringerter Ausscheidung von Rotavirus im Stuhl (10% vs. 39%). Präventive Gabe von *L. rhamnosus* GG reduzierte die Inzidenz von nosocomialen Durchfallerkrankungen in hospitalisierten Kindern von 33% auf 7%, wobei sich in dieser Studie die Prävalenz für Rotavirusinfektion zwischen *L. rhamnosus* GG und Kontrollgruppe kaum unterschied (20% vs. 28%), das Risiko einer durch Rotavirus verursachten Gastroenteritis aber deutlich verringert war (17% vs. 27%) [143]. Allerdings konnte in einer Studie mit unterernährten, peruanischen Kindern ein präventiver Effekt für den gleichen Bakterienstamm nur in der nicht gestillten Gruppe nachgewiesen werden [106], während die langzeitige Gabe von *L. rhamnosus* GG an Kinder in Kindertagesstätten in Finnland keinen Einfluss auf das Risiko von gastrointestinalen Infektionen hatte [47].

Bei Behandlung mit Antibiotika kommt es in 20% der Patienten zu einer antibiotikaassoziierten Diarrhö [151], bei deren Behandlung sich *Saccharomyces boulardii*, *Lactobacillus rhamnosus* GG und *Enterococcus faecium* SF68 als besonders effektiv erwiesen haben [19, 87]. *Saccharomyces boulardii* senkte in zwei placebokontrollierten Studien ebenfalls das Risiko des erneuten Aufflammens von *Clostridium difficile*-Infektionen [93, 142]. Weitere Studien haben ebenfalls Effekte auf *Clostridium difficile*-Infektionen durch *Saccharomyces boulardii*, *Lactobacillus rhamnosus* GG und *Lactobacillus plantarum* LP299V beobachtet [87].

Verschiedene Freiwilligenstudien wurden durchgeführt, um die Effizienz von Probiotika bei der Prävention von Reisedurchfall zu untersuchen. Allerdings führte die Einnahme von *Lactobacillus rhamnosus* GG in einer Studie von Oksanen et al. [108] nur in einem der beiden Ferienressorts zu einer signifikanten Reduktion der Inzidenz. In weiteren Studien mit *L. rhamnosus* GG [50] und *Saccharomyces boulardii* [153] war die Bereitschaft der Freiwilligen, das Präparat einzunehmen, gering, so dass die Studien zwar Hinweise auf präventive Effekte geben, für eine medizinische Indikation hinsichtlich eines bestimmten Probiotikums aber weitere wissenschaftliche Untersuchungen notwendig sind.

68.5.3
Einsatz bei *Helicobacter pylori*-Infektion

Infektionen durch *Helicobacter pylori* führen beim Menschen zu chronischen Entzündungen, Magengeschwüren bis hin zu Magenkrebs. Klinische Studien zeigen, dass *Lactobacillus johnsonii* LA1 die Dichte von *H. pylori* deutlich senken und die Intensität der Entzündung im Magen lindern kann [29, 96]. Zusätzliche Gabe von *Lactobacillus acidophilus* verstärkte die Ausrottung von *H. pylori* durch Antibiotika im Vergleich zur Kontrollgruppe deutlich (87 vs. 70%) [15]. Arai et al. [3] untersuchten 203 *Lactobacillus*stämme hinsichtlich ihrer antagonistischen Effekte auf *H. pylori*. Von drei durch in vitro-Experimente ausgewählten Bakterienstämmen erwies sich *Lactobacillus gasserii* OLL2716 in Versuchen mit keimfreien Mäusen, die *H. pylori* infiziert waren, am effektivsten. Dies wurde duch einen negativen Nachweis von *H. pylori* sowie mit den niedrigsten Anti-*H. pylori* IgG-Gehalten in den behandelten Mäusen belegt. In anschließenden Humanversuchen ergab die Einnahme von *L. gasserii* OLL2716 deutliche Hinweise auf eine Reduktion von *H. pylori*-Keimen und auf einen Rückgang der Entzündung, was an signifikant niedrigeren Werten im Harnstoff-Atem-Test sowie einer Verringerung im Serumpepsinogen-I/II-Verhältnis gezeigt wurde.

68.5.4
Therapie von chronisch entzündlichen Darmerkrankungen

In Tierversuchen, bei denen IL10-defiziente Mäuse, die spontan eine chronische Enterokolitis entwickeln [69], als Modell für chronisch entzündliche Darmerkrankungen eingesetzt wurden, konnte nachgewiesen werden, dass Lactobazillen das Auftreten einer Kolitis verhindern oder zumindest den Schweregrad der Erkrankung abschwächen können [79, 136]. Im Rahmen einer doppelblinden, placebokontrollierten Studie mit *Lactobacillus salivarius* und *Bifidobacterium infantis* in diesen Versuchstieren wurde gezeigt, dass die eingesetzten Bakterien die Produktion von pro-inflammatorischen Zytokinen in den Peyer'schen Plaques reduzieren [91]. Vielversprechende Ergebnisse hinsichtlich Morbus Crohn gibt es auch aus Humanversuchen. In einem doppelblinden, placebokontrollierten, randomisierten Versuch mit *Saccharomyces boulardii* war die Rückfallrate nach Therapie mit Mesalazin in den zusätzlich mit dem Probiotikum behandelten Patienten deutlich geringer [45]. Auch eine Studie mit *E. coli* Nissle 1917 wies eine deutliche Reduktion der Rezidivrate nach einem Jahr (33 vs. 63%) in den probiotikabehandelten Patienten nach [82]. Die in an Morbus Crohn erkrankten Kindern beobachtete Steigerung der mukosalen IgA-Produktion durch *L. rhamnosus* GG [84] konnte allerdings mit keinem Effekt von *L. rhamnosus* GG auf das Auftreten von Läsionen assoziiert werden [117]. Umfangreiche Studien zur Therapie der Colitis ulcerosa zeigten, dass eine Behandlung mit *E. coli* Nissle 1917 ebenso erfolgreich wie eine Standardbehandlung mit Mesalazin ist [67, 68, 123]. Damit stellt *E. coli* Nissle 1917 insbesondere bei Unverträglichkeit von 5-ASA-Präparaten eine wirksame, therapeutische Alternative dar [63].

Bei der Pouchitis, die häufig bei Kolektomie und Anlegen eines ileo-analen Pouch bei Patienten mit Colitis ulcerosa auftritt, hat sich ein Mischpräparat VSL#3 (bestehend aus drei Bifidobakterienstämmen, vier Lactobazillenstämmen und *Streptococcus salivarius* ssp. *thermophilus*) als besonders wirksam erwiesen. So konnte in einer placebokontrollierten Studie gezeigt werden, dass die tägliche Einnahme von VSL#3 das Wiederauftreten einer Pouchitis in 17 von 20 Patienten verhinderte, während in der Kontrollgruppe alle Patienten einen Rückfall erlitten [40]. Bei präventiver Gabe im Anschluss an eine Kolektomie wurde die Inzidenzrate von 8/20 (Placebo) auf 2/20 (VSL#3) reduziert [39].

68.5.5
Prävention von Krebserkrankungen, inbesondere Risikoreduktion von Darmkrebs

Sowohl in einigen epidemiologischen Studien als auch in Fall-Kontrollstudien konnte ein inverser Zusammenhang von Konsum fermentierter Milchprodukte und Darmkrebsrisiko beobachtet werden. So war in Finnland, möglicherweise aufgrund des hohen Konsums an Milch, Joghurt und anderen Milchprodukten, die Inzidenz von Darmkrebs trotz hoher Fettaufnahme deutlich geringer als in anderen Ländern [83]. Eine weitere Studie stellte einen ähnlichen Zusammenhang zu Lactobazillen oder Bifidobakterien enthaltenden Milchprodukten dar [138]. Allerdings konnte in zwei anderen epidemiologischen Studien ein solcher Zusammenhang nicht bestätigt werden [59, 60]. Erschwerend bei epidemiologischen Untersuchungen ist die Abschätzung des Probiotikaverzehrs, d.h. welche Probiotika in welcher Menge und Vitalität ins Kolon gelangen. In verschiedenen Fall-Kontrollstudien wurde aber ein inverser Zusammenhang zwischen Konsum von Joghurt und anderen Milchprodukten und dem Risiko, Darmkrebs [113, 161] bzw. große kolorektale Adenome [14] zu entwickeln, festgestellt. Eine inverse Beziehung wurde auch hinsichtlich der Entstehung von Brustkrebs berichtet [71, 152].

Die Intervention mit *Lactobacillus acidophilus* hemmte die durch eine Diät mit gebratenem Fleisch bedingte Erhöhung der mutagenen Aktivität in Stuhl- und in Urinproben. Der Anstieg von Lactobazillen im Faeces korrespondierte dabei mit einer verringerten Ausscheidung von Mutagenen [73]. Eine Reduktion der Mutagenität des Urins, die aus dem Genuss von gebratenem Hackfleisch resultierte, wurde auch durch Gabe von *Lactobacillus casei* beobachtet [49]. Durch Konsum von 300 g/d probiotischen Joghurts (10^6–10^8cfu/g *L. acidophilus*, $>10^3$cfu/g *Bifidobacterium longum*) für sechs Wochen konnte die Genotoxizität von Stuhlwasser auch bei normaler Diät signifikant gesenkt werden, wobei in der probiotischen Gruppe allerdings eine Erhöhung der oxidativen DNA-Schäden zu verzeichnen war, die wahrscheinlich auf andere Mechanismen der Probiotika zurückzuführen ist [107]. Kürzlich konnte gezeigt werden, dass die Genotoxizität von Stuhlwasser bei AOM-behandelten Ratten mit dem Auftreten von Tumoren, auch unabhängig von der Intervention korreliert [66].

Da es bis jetzt aber kaum validierte Biomarker gibt, die Aussagen über die Wirksamkeit von Probiotika auf Darmkrebs erlauben und therapeutische und präventive Maßnahmen aufgrund der langen Entwicklungsdauer von kolorektalen Karzinomen nicht direkt untersucht werden können, stammen die meisten Daten dazu aus Tiermodellen. Die orale Gabe lyophilisierter Kulturen von *Bifidobacterium longum* konnte in Ratten sowohl die Entstehung Azoxymethan-(AOM-)induzierter präneoplastischer Läsionen und Tumoren im Kolon, als auch die durch 2-Amino-3-methylimidazol-[4,5]-quinolin (IQ), einem in geröstetem Fisch und Fleisch vorkommenden Mutagen, induzierte Karzinogenese unterdrücken. Diese Effekte waren von einer deutlich verringerten Proliferationsrate, erniedrigter Ornithindecarboxylaseaktivität sowie reduzierter Expression von p21ras begleitet [120]. *Bifidobacterium longum* wurde ebenfalls mit der Reduktion kleiner, AOM-induzierter, aberranter Krypten assoziiert. In dieser Studie wurde parallel eine Reduktion von β-Glucuoronidase und Stickstoffverbindungen im Stuhl beobachtet [129]. *Lactobacillus rhamnosus* GG reduzierte die Entstehung von Tumoren in mit 1,2-Dimethylhydrazin (DMH) behandelten Ratten, wobei der Effekt am deutlichsten in der mit einer fettreichen Diät ernährten Studiengruppe zu beobachten war [42]. *Lactobacillus acidophilus* reduzierte das Auftreten von aberranten Krypten durch AOM [4] sowie die Anzahl von DMH-induzierten Tumoren in Ratten [94]. Ein wesentlicher Mechanismus hinsichtlich der beschriebenen Antitumoreffekte ist die Verhinderung von Mutationen in Kolonepithelzellen. Die im Ames-Test beobachteten antimutagenen Eigenschaften von mit verschiedenen Milchsäurebakterien fermentierten Milchprodukten [2, 55, 115, 124], spiegeln sich *in vivo* an Ratten indirekt wider. So war die orale Gabe von *Lactobacillus acidophilus, Lactobacillus gasserii, Lactobacillus confusus, Streptococcus thermophilus, Bifidobacterium breve* oder *Bifidobacterium longum* in der Lage, durch *N*-Methyl-*N'*-Nitro-*N*-Nitrosoguanidin (MNNG) oder DMH induzierte DNA-Schäden in den Kolonzellen der Ratten zu verhindern. Während hitzeinaktivierter *Lactobacillus acidophilus* keinen inhibitorischen Effekt gegenüber DMH-induzierter Genotoxizität mehr zeigte, waren Acetonextrakte desselben Bakteriums fähig, vor MNNG-induzierten DNA-Schäden zu schützen [116]. Für letzteren Effekt scheinen kurzlebige, bei der Fermentation entstandene Metabolite verantwortlich zu sein [157]. Kürzlich wurde gezeigt, dass ein probiotisches Mischpräparat aus *Streptococcus faecalis* T-110, *Clostridium butyricum* TO-A und *Bacillus mesentericus* TO-A die Bildung von DNA-Addukten im Kolonepithel von Mäusen durch das nahrungsassoziierte Mutagen 2-Amino-9H-Pyrido[2,3-B]-Indol deutlich senken konnte [54].

Als Ursache für die krebsrisikoreduzierenden Effekte von Probiotika werden unter anderem die Reduktion der Aktivität prokanzerogener Enzyme wie β-Glucuronidase, Nitroreduktase und Azoreduktase [41, 43, 75, 139], die direkte Bindung und Eliminierung von Mutagenen durch probiotische Bakterien [10, 101, 109, 162], die Senkung von freien, die Proliferation von Epithelzellen induzierenden Gallensäuren als Ergebnis eines niedrigeren pH-Wertes im Darm [72] sowie die Produktion von antitumorigenen Metaboliten, die Wachstum und Differenzierung von Tumorzellen beeinflussen [6, 8], diskutiert. Auch der Steigerung der körpereigenen Immunantwort gegenüber entarteten Zellen durch Probiotika scheint eine besondere Rolle bei der Prävention von Krebserkrankungen zuzukommen. Unbeantwortet ist nach wie vor, inwiefern intakte Organismen, deren Metabolite oder andere Faktoren zur relativen Protektion beitragen.

68.5.6
Einfluss auf das Immunsystem und allergische Erkrankungen

Die immunstimulatorischen Eigenschaften von Probiotika stellen einen Mechanismus dar, über den eine Vielzahl von Erkrankungen beeinflusst werden kann, z. B. über gesteigerte Abwehr des Immunsystems gegenüber eindringenden Pathogenen bei Durchfallerkrankungen [81] oder durch Repression von Tumoren durch Induktion der Immunantwort gegenüber entarteten Zellen [22, 61, 134, 137]. Für ausgewählte Bifidobakterien und Lactobazillen konnte nachgewiesen werden, dass sie die Produktion von IgA in der Mukosa steigern [81, 159]. Die intrapleurale Injektion von *Lactobacillus casei* Shirota induzierte die Produktion von Zytokinen wie Interferon-γ, IL-1β und Tumornekrosefaktor-α und konnte so das Tumorwachstum in Mäusen inhibieren und die Überlebensrate erhöhen [89]. Weiterhin wurde gezeigt, dass diese Induktion von Zytokinprofilen bakterienstammspezifisch ist [77, 97, 98].

Die Immunmodulation durch bestimmte probiotische Bakterien konnte auch zur Linderung von atopischen Erkrankungen beitragen. *L. rhamnosus* GG und *Bifidobacterium lactis* Bb12 verringerten die Symptome bei atopischem Ekzem und Lebensmittelallergien [56, 58, 80], wobei bei atopischen Kindern der Effekt von *L. rhamnosus* GG mit einer erhöhten Produktion von IL-10, das als antiinflammatorischer Mediator fungiert, assoziiert werden konnte [111]. In Mausmodellen konnte die Produktion von IgE durch *L. casei* Shirota [90] und durch hitzeinaktiviertes *Lactobacillus plantarum* L-137, hier aufgrund der Stimulation der IL-12-Produktion [102], unterdrückt werden.

Für die immunmodulatorischen Wirkungen scheinen keine lebenden Mikroorganismen notwendig zu sein. Zellwandbestandteile wie Peptidoglucan [140] oder Lipoteichonsäuren [100], aber auch zytoplasmatische Bestandteile [112, 148], könnten für die beobachteten Effekte verantwortlich sein. Neueste Ergebnisse zeigen, dass wahrscheinlich die DNA probiotischer Bakterien ausreichend ist, um immunstimulatorische Effekte hervorzurufen [118].

68.5.7
Weitere gesundheitsfördernde Wirkungen

Probiotika wie *L. acidophilus* und *L. rhamnosus* GG konnten erfolgreich zur Therapie von vaginalen und urogenitalen Infektionen eingesetzt werden (für eine Übersicht siehe [23]). Reid et al. [122] konnten zeigen, dass oral aufgenommene probiotische Bakterien Vagina- und Urogenitaltrakt als lebende Mikroorganismen erreichen. Für eine erfolgreiche Behandlung von Infektionen des Urogenitaltrakts mit Probiotika scheinen besonders Eigenschaften wie feste Bindung an epitheliale Zellen, Produktion von Wasserstoffperoxid und Produktion von lytischen Verbindungen von Bedeutung zu sein [121].

Vereinzelte Hinweise liegen auch zu präventiven Effekten bei respiratorischen Infektionen sowie bei Infektionen von Mund und Zähnen (Karies) vor [23].

Anfängliche Berichte über eine Senkung des Cholesterinspiegels konnten nicht bestätigt werden [21].

68.5.8
Effekte auf landwirtschaftliche Nutztiere

Der Einsatz von Probiotika in Futtermitteln geht bereits bis in die 1970er Jahre zurück. Moderne Aufzuchtmethoden führen aufgrund der unnatürlichen Bedingungen und der Anwendung bestimmter Diäten zu Stress, und infolgedessen zu Veränderungen der Mikroflora, was in einer erhöhten Anfälligkeit gegenüber Infektionen in diesen Tieren resultiert. Eines der primären Ziele des Probiotikaeinsatzes war es, diese Defizite der Mikroflora auszugleichen und die Resistenz der Tiere gegenüber pathogenen Keimen zu stärken. Das Verbot von beim Menschen angewendeten Antibiotika in der Aufzucht von Nutztieren führte zur Suche nach neuen Alternativen. Ein Vorteil der Anwendung von Probiotika liegt auch darin, dass sie keine Rückstände in Lebensmitteln tierischen Ursprungs hinterlassen, d. h. im Gegensatz zu Antibiotika gehen sie nicht in die Nahrungskette ein. Ihre weit verbreitete Anwendung verdanken Probiotika in Futtermitteln eher den positiven Erfahrungen der Bauern als wissenschaftlichen Studien.

Probiotika werden vor allem zur Prophylaxe von Durchfällen sowie zur Verbesserung zootechnischer Leistungen wie Milch- und Mastleistung eingesetzt. Ein Überblick über die Wirkung von Probiotika in landwirtschaftlichen Nutztieren ist bei Fuller [35] zu finden. Er berichtete über:

- verbesserte Resistenz gegenüber Infektion
- beschleunigtes Wachstum
- verbesserte Futterverwertung
- erhöhte Milchleistung und -qualität
- erhöhte Legeleistung bei Hühnern

Studien mit *Lactobacillus reuteri* an Truthähnen und Hühnern zeigten, dass wirtsspezifische *L. reuteri*-Stämme in diesen Tieren gesundheitsfördernd waren und die kommerzielle Leistung der Tiere erhöhten. So konnten sie die Mortalität durch *Salmonella typhimurium*-Infektionen in Truthähnen deutlich senken, die Gewichtszunahme war dagegen erhöht [16]. Einen wesentlichen Mechanismus bei der Tierernährung scheint ebenso wie beim Menschen die Immunmodulation durch Probiotika darzustellen [16, 35].

68.6
Bewertung des Gefährdungspotenzials

Lactobazillen und Bifidobakterien werden aufgrund ihres langjährigen Einsatzes in Lebensmitteln generell als nicht pathogen angesehen. Selbst der Konsum von Probiotika in Dosen von 10^{12}cfu pro Tag führt zu keiner toxischen Wirkung [52]. In Tierversuchen zur hoch dosierten, oralen Applikation der probiotischen Lactobazillusstämme *Lactobacillus acidophilus, Lactobacillus rhamnosus* und *B. lactis* konnten keine nachteiligen Effekte hinsichtlich des allgemeinen Gesundheitsstatus, der Futteraufnahme sowie der Morphologie intestinaler Schleimhäute in Mäusen festgestellt werden. Lebende Bakterien wurden weder im Blut noch in den untersuchten Geweben (Lymphknoten, Leber, Milz) nachgewiesen und behandlungsassoziierte Erkrankungen und Todesfälle traten nicht auf [163].

Allerdings wurde über Infektion mit Lactobazillen und Bifidobakterien, insbesondere Endokarditiden und Bakteriämien, berichtet; die Inzidenz von Infektionen, die durch Lactobazillen und Bifidobakterien verursacht werden, macht mit schätzungsweise 0,05–0,4% einen geringen Anteil an diesen Erkrankungen aus [36, 132]. Erhebungen in Finnland zeigten, dass der Anteil von *Lactobacillus* als Verursacher von Bakteriämien äußerst gering ist (0,2%) und trotz steigender Inzidenz von Bakteriämie und steigendem Konsums von probiotischen Milchprodukten blieb dieser Anteil über den untersuchten Zeitraum (1995–1999) konstant [12]. Bei den beschriebenen Fällen handelte es sich in der Regel um Patienten, die aufgrund einer anderen schwerwiegenden Erkrankung eine Prädisposition zur Infektion aufwiesen. Es gibt aber keine publizierten Hinweise, dass in immunsupprimierten Patienten, die im Allgemeinen als anfälliger für Infektionen angesehen werden, ein erhöhtes Risiko für Infektionen durch probiotische Bakterien vorliegt. Im Gegenteil konnten zwei klinische Studien mit immunsupprimierten Patienten (zum Beispiel HIV-Patienten) die Sicherheit der konsumierten Probiotika bestätigen [20, 156].

Als häufigstes Bakterium wurde *Lactobacillus rhamnosus* im Zusammenhang mit Endokarditiden genannt, Klein et al. [64] konnten aber zeigen, dass klinische *L. rhamnosus*-Isolate ein anderes Zellwandproteinmuster aufwiesen als die zur Herstellung fermentierter Milchprodukte eingesetzten Stämme. Nur in zwei der berichteten Fälle war keine Unterscheidung der infektionsassoziierten *Lactobacillus rhamnosus*-Stämme mit den zuvor konsumierten probiotischen Bakterienstämmen möglich. In einem Fall handelt es sich um eine 74-jährige Frau mit einem Leberabszess, in dem *L. rhamnosus*-Bakterien nachgewiesen wurden. Die Frau hatte über einen täglichen Konsum von 0,5 L Trinkjoghurt mit *Lactobacillus rhamnosus* GG in den vier Monaten vor Auftreten der Symptome berichtet [119]. Im zweiten Fall entwickelte ein 67-jähriger Mann, der regelmäßig oral lyophilisierte Probiotika aufnahm, eine Endokarditis im Anschluss an eine Extraktion eines kariösen Zahns. Ein aus dem Blut des Patienten isolierter Lactobazillus-Bakterienstamm war von dem im Produkt vorkommenden *Lactobacillus rhamnosus* GG-Stamm nicht zu differenzieren [78].

Aufgrund der häufig berichteten Beteiligung von *Lactobacillus rhamnosus* am Krankheitsgeschehen erfolgte in Deutschland eine Einstufung dieser Spezies durch die Berufsgenossenschaft der chemischen Industrie in die Risikogruppe 2, welche besagt, dass diese Bakterien, bei Einwirkung auf den menschlichen Körper Infektionen und Erkrankungen verursachen können und ein allergenes und toxisches Potenzial ebenfalls nicht auszuschließen sei. Andere Lactobazillen werden zumeist in Risikogruppe 1 und 1+ eingruppiert.

Auch für *Saccharomyces boulardii* wurde in Einzelfällen eine Beteiligung an Fungämien dokumentiert [12]. Der Einsatz von Enterokokken, mit ihrer häufigen Beteiligung an Infektionen und weitverbreiteter Vancomycinresistenz, als Probiotika wird noch immer kontrovers diskutiert [52].

Da Pathogenität eine stammspezifische Eigenschaft ist, wird die genaue taxonomische Identifizierung von klinischen Isolaten und technologisch verwendeten Bakterienstämmen als wichtiger Schritt zum Einsatz sicherer Probiotika in der Zukunft angesehen [12]. Donohue und Salminen [26] schlugen ein Schema zur Risikoabschätzung einer Gesundheitsgefährdung neuer probiotischer Stämme vor, bei dem neben metabolischen Produkten, Toxizität, Effekten auf die Mukosa, Konzentrationsabhängigkeit, klinischen Untersuchungen und epidemiologischen Studien auch intrinsische Eigenschaften der Bakterienstämme in Betracht gezogen werden.

68.7 Grenzwerte, Richtwerte, Empfehlungen

Probiotische Lebensmittel unterliegen dem allgemeinen deutschen Lebensmittelrecht, wobei probiotische Kulturen als Zusatzstoffe (Paragraph 2, Lebensmittel- und Bedarfsgegenständegesetz LMBG) eingeordnet werden, für die derzeit keine amtliche Zulassung erforderlich ist (Paragraph 11 Abs. 3 LMBG). Das zunehmende Erscheinen von Milchprodukten mit probiotischen Kulturen auf dem Markt seit Mitte der neunziger Jahre machte im September 1997 die Gründung einer Arbeitsgruppe „Probiotische Mikroorganismenkulturen in Lebensmitteln" am Bundesinstitut für gesundheitlichen Verbraucherschutz und Veterinärmedizin (BgVV, heute Bundesinstitut für Risikobewertung) notwendig. Sie sollte insbesondere zu Diskrepanzen zwischen Lebensmittelüberwachung und Produzenten hinsichtlich Auslobung probiotischer Erzeugnisse, die nach Ansicht der Überwachungsseite das Verbot einer irreführenden (Paragraph 17 (1) 5 LMBG) oder gesundheitsbezogenen Werbung (Paragraph 18 LMBG) darstellte, Stellung nehmen. Im Abschlussbericht [1] vom Oktober 1999 wurden allgemeine Richtlinien für den Einsatz von Probiotika für Verbraucher, Lebensmittelüberwachung, Hersteller und Handel aufgestellt. So konnte in dem Bericht zwar keine Mindestkeimzahl („Wirkkeimzahl") im Produkt für eine angestrebte positive Wirkung auf den menschlichen Organismus festgelegt werden, als Empfehlung war aber bei den „meisten Produkten die Aufnahme einer regelmäßigen, meist täglichen Dosis von 10^8–10^9 probiotischen Mikroorganismen erforderlich, um probiotische Wirkungen im menschlichen Organismus zu entfalten". In wissenschaftlichen Publikationen wird oft von noch höheren Dosen ausgegangen. Duggan et al. [27] empfahlen, dass, da probiotische Bakterien den Darm nicht dauerhaft kolonisieren, eine Mindestaufnahme von $>10^{11}$/d notwendig ist, damit gesundheitlich wirksame Mengen im Kolon vorliegen. Ähnlich wie das BgVV hat auch die WHO [154] Richtlinien zum Einsatz und zur Deklaration von Probiotika aufgestellt. Mit der Zuordnung von Probiotika zu den funktionellen Lebensmitteln gelten für sie ebenfalls die für Europa erstellten Konzepte für „functional foods" [25]. In Japan, einem Vorreiter beim Einsatz von funktionellen Lebensmitteln sowie der gesetzlichen Regelung hinsichtlich dieser Produkte, fallen Probiotika, deren Gesundheitseffekte wissenschaftlich belegt sind, unter die regulatorische Kategorie des „food for specified health use (FOSHU)" [3].

68.8 Zusammenfassung

Probiotika sind lebende Mikroorganismen, die einen positiven Effekt auf die Gesundheit des Wirts ausüben. Die meisten eingesetzten Probiotika gehören zu den Milchsäure produzierenden Bakterien, insbesondere zu den Genera Lactobacillus und Bifidobacterium, und stammen meist aus Isolaten humanen Ursprungs. Neben der intestinalen Mikroflora kommen den probiotischen Mikroorganismen zugeordnete Bakterien auch natürlich in fermentierten Milch-, Wurst- oder Gemüseprodukten sowie im Sauerteig vor. Probiotische Lebensmittel, die probiotische Bakterienkulturen in einer entsprechenden Menge enthalten, um eine effektive Beeinflussung der Gesundheit des Konsumenten zu erlauben, sind vor allem in Form von fermentierten Milchprodukten, speziell Joghurt und Trinkjoghurt, auf dem Markt. Eine Vielzahl gesundheitsfördernder Effekte von Probiotika wurde bereits beschrieben. Als gesichert gelten die Linderung von Beschwerden bei Lactoseintoleranz, Prävention und Verkürzung der Dauer von Durchfallerkrankungen, Verstärkung von Antibiotikaeffekten bei der *Helicobacter pylori*-Therapie sowie immunstimulatorische Effekte und damit verbunden die Linderung von Symptomen bei atopischem Ekzem und Lebensmittelallergien. Probiotika kommen auch als alternative Therapeutika bei der Behandlung von chronisch entzündlichen Darmerkrankungen zum Einsatz. Hinsichtlich der Prävention von Krebserkrankungen liegen vor allem vielversprechende Hinweise aus Tierversuchen vor.

Für prophylaktische Wirkungen sowie zur Steigerung des Wohlbefindens scheint eine lebenslange, tägliche Aufnahme von mindestens 10^8 probiotischen Mikroorganismen notwendig zu sein, da bis jetzt nicht nachgewiesen werden konnte, dass oral verabreichte Probiotika den Darm des Menschen dauerhaft besiedeln. Aufgrund des langjährigen, sicheren Einsatzes von Probiotika in Lebensmitteln werden solche Dosen als gesundheitlich unbedenklich angesehen. Sowohl BgVV als auch WHO empfehlen aber weitere Untersuchungen zur Sicherheit sowie zu gesundheitsfördernden Effekten, auch in Bezug auf „neue" Probiotika.

68.9 Literatur

1 Abschlussbericht der Arbeitsgruppe „Probiotische Mikroorganismenkulturen in Lebensmitteln" am BgVV 1999 *http://www.bfr.bund.de/cm/208/probiot.pdf*

2 Abdelali H, Cassand P, Soussotte V, Koch-Bocabeille B, Narbonne JF 1995 Antimutagenicity of components of dairy products, *Mutation Research* **331**: 133–141.

3 Arai S, Morinaga Y, Yoshikawa T, Ichiishi E, Kiso Y, Yamazaki M, Morotomi M, Shimizu M, Kuwata T, Kaminogawa S (2002) Recent trends in functional food science and the industry in Japan, *Bioscience, Biotechnology, and Biochemistry* **66**: 2017–2029.

4 Arimochi H, Kinouchi T, Kataoka K, Kuwahara T, Ohnishi Y (1997) Effect of intestinal bacteria on formation of azoxymethane-induced aberrant crypt foci in the rat colon, *Biochemical and Biophysical Research Communications* **238**: 753–757.

5 Balmer SE, Wharton BA (1989) Diet and faecal flora of the newborn: breast milk and infant formula, *Archives of Disease in Childhood* **64**: 1672–1677.

6 Baricault L, Denariaz G, Houri J-J, Bouley C, Sapin C, Trugnan G (1995) Use of HT-29, a cultured human colon cancer cell line, to study the effects of fermented milks on colon cancer cell growth and differentiation, *Carcinogenesis* **16**: 245–252.

7 Bezkorovainy A (2001) Probiotics: determinants of survival and growth in the gut, *American Journal of Clinical Nutrition* **73**: 399S–405S.

8 Biffi A, Coradini G, Larsen R, Riva L, Di Fronzo G (1997) Antiproliferative effect of fermented milk on the growth of a human breast cancer cell line, *Nutrition and Cancer* **28**: 93–99.

9 Bohnhoff N, Drake BL, Muller CP (1954) Effect of streptomycin on susceptibility of the intestinal tract to experimental salmonella infection, *Proceedings of the Society for Experimental Biology and Medicine* **86**: 132–137.

10 Bolognani F, Rumney CJ, Rowland IR (1997) Influence of carcinogen binding by lactic acid-producing bacteria on tissue distribution and in vivo mutagenicity of dietary carcinogens, *Food and chemical toxicology: an international journal published for the British Industrial Biological Research Association* **35**: 535–545.

11 Bonaparte C, Reuter G (1997) Bifidobacteria in commercial dairy products: Which species are used?, in: Reuter G, Klein G, Heidt P, Rusch V (Hrsg) Microecology and Therapy, Herborn Litterae-Verlag Herborn, 181–196.

12 Borriello SP, Hammes WP, Holzapfel WH, Marteau P, Schrezenmeir J, Vaara M, Valtonen V (2003) Safety of probiotics that contain Lactobacilli or Bifidobacteria, *Clinical Infectious Diseases* **36**: 775–780.

13 Bouhnik Y, Pochart P, Marteau P, Arlet G, Goderel I, Rambaud JC (1992) Fecal recovery in humans of viable *Bifidobacterium* sp.ingested in fermented milk, *Gastroenterology* **102**: 875–878.

14 Boutron MC, Faivre J, Marteau P, Couillault C, Senesse P, Quipourt V (1996) Calcium, phosphorus, vitamin D, dairy products and colorectal carcinogenesis: a French case-control study, *British Journal of Cancer* **74**: 145–151.

15 Canducci F, Armuzzi A, Cremonini F, Cammarota G, Bartolozzi F, Pola P, Gasbarrini G, Gasbarrini A (2000) A lyophilized and inactivated culture of *Lactobacillus acidophilus* increases *Heliobacter pylori* eradication rates, *Alimentary Pharmacolgy & Therapeutics* **14**: 1625–1629.

16 Casas IA, Dobrogosz WJ (2000) Validation of the probiotic concept: *Lactobacillus reuteri* confers broad-spectrum protection against disease in humans and animals, *Microbial Ecology in Health and Disease* **12**: 247–285.

17 Chen H, Lim CK, Lee YK, Chan YN (2000) Comparative analysis of the genes encoding 23S-5S rRNA intergenic spacer regions of *Lactobacillus casei*-related strains, *International Journal of Systematic and Evolutionary Microbiology* **50**: 471–478.

18 Collins FM, Carter PB (1978) Growth of salmonellae in orally infected germ free mice, *Infection and Immunity* **21**: 41–47.

19 Cremonini F, Di Caro S, Nista EC, Bartolozzi F, Capelli G, Gasbarrini G, Gasbarrini A (2002) Meta-analysis: the effect of probiotic administration on antibiotic-associated diarrhoea, *Alimentary Pharmacolgy & Therapeutics* **16**: 1461–1467.

20 Cunningham-Rundles S, Ahrne S, Bengmark S, Johann-Liang R, Marshall F, Metakis L, Califano C, Dunn AM, Grassey C, Hinds G, Cervia J (2000) Probiotics and immune response, *American Journal of Gastroenterology* **95**: S22–S25.

21 de Roos NM, Katan MB (2000) Effects of probiotic bacteria on diarrhea, lipid metabolism and carcinogenesis: a review of papers published between 1988 and 1998, *American Journal of Clinical Nutrition* **71**: 405–411.

22 De Simone C, Vesely R, Bianchi Salvadori B, Jirillo E (1993 The role of probiotics in modulation of the immune system in man and in animals, *International Journal of Immunotherapy* **9**: 23–28.

23 de Vrese M, Schrezenmeir J (2002) Probiotics and non-intestinal infectious conditions, *British Journal of Nutrition* **88**: S59–S66.

24 De Vuyst L (2000) Application of functional starter cultures, *Food technology and biotechnology* **38**: 105–112.

25 Diplock AT, Aggett PJ, Ashwell M, Bornet F, Fern EB, Roberfroid MB (1999) Scientific Concepts of Functional Foods in Europe: Consensus Document, *British Journal of Nutrition* **81**: S1–S27.

26 Donohue D, Salminen S (1996 Safety of probiotic bacteria, *Asian Pacific Journal of Clinical Nutrition* **5**: 25–28.

27 Duggan C, Gannon J, Walker WA (2002) Protective nutrients and functional foods for the gastrointestinal tract, *American Journal of Clinical Nutrition* **75**: 789–808.

28 Ehrmann M, Ludwig W, Schleifer KH (1994) Reverse dot blot hybridization: A useful method for the direct identification of lactic acid bacteria in fermented food, *FEMS Microbiology Letters* **117**: 143–150.

29 Felley CP, Corthesy-Theulaz I, Rivero JL, Sipponen P, Kaufmann M, Bauerfeind P, Wiesel PH, Brassart D, Pfeifer A, Blum AL, Michetti P (2001) Favourable effect of an acidified milk (LC-1) on *Heliobacter pylori* gastritis in man, *Journal of Gastroenterology and Hepatology* **13**: 25–29.

30 Forestier C, De Champs C, Vatoux C, Joly B (2001) Probiotic activities of *Lactobacillus casei rhamnosus*: In vitro adherence to intestinal cells and antimicrobial properties, *Research in Microbiology* **152**: 167–173.

31 Freter R (1955) The fatal enteric cholera infection in the guinea pig achieved by inhibition of normal enteric flora, *The Journal of Infectious Diseases* **97**: 57–64.

32 Freter R (1956) Experimental enteric *Shigella* and *Vibrio* infections in mice and guinea pigs, *Journal of Experimental Medicine* **104**: 411–418.

33 Fuller R (1989 Probiotics in man and animals, *Journal of Applied Bacteriology* **66**: 365–378.

34 Fuller R (1991) Factors affecting the composition of the intestinal microflora of the human infant, in: Heird WC (Hrsg) Nutritional needs of the 6–12 month infant, Raven Press New York, 121–30.

35 Fuller R (1999) Probiotics for farm animals, in: Tannock GW (Hrsg) Probiotics – A critical review, Horizon Scientific Press Wydmondham, 15–22.

36 Gasser F (1994) Safety of lactic-acid bacteria and their occurrence in human clinical infection, *Bulletin de L' Institut Pasteur* **92**: 45–67.

37 Gibson GR, Fuller R (2000) Aspects of in vitro and in vivo research approaches directed toward identifying probiotics and prebiotics for human use, *Journal of Nutrition* **130**: 391S–395S.

38 Gilliland SE, Kim HS (1984) Effect of viable starter culture bacteria in yogurt

on lactose utilization in humans, *Journal of Diary Science* **67**: 1–6.

39 Gionchetti P, Rizzello F, Helwig U, Venturi A, Lammers KM, Brigidi P, Vitali B, Poggioli G, Miglioli M, Campieri M (2003) Prophylaxis of pouchitis onset with probiotic therapy: a double-blind, placebo-controlled trial, *Gastroenterology* **124**: 1202–1209.

40 Gionchetti P, Rizzello F, Venturi A, Brigidi P, Matteuzi D, Bazzocchi G, Poggioli G, Miglioli M, Campieri M (2000) Oral bacteriotherapy as maintenance treatment in patients with chronic pouchitis: a double-blind, placebo-controlled trial, *Gastroenterology* **119**: 305–309.

41 Goldin BR, Gorbach SL (1984) The effect of milk and lactobacillus feeding on human intestinal bacterial enzyme activity, *American Journal of Clinical Nutrition* **39**: 756–761.

42 Goldin BR, Gualtieri LJ, Moore RP (1996) The effect of *Lactobacillus* GG on the initiation and promotion of DMH-induced intestinal tumors in the rat, *Nutrition and Cancer* **25**: 197–204.

43 Goldin BR, Swenson L, Dwyer J, Sexton M, Gorbach SL (1980) Effect of diet and *Lactobacillus acidophilus* supplements on human fecal bacterial enzymes, *Journal of the National Cancer Institute* **64**: 255–261.

44 Guarner F, Malagelada J-R (2003) Gut flora in health and disease, *Lancet* **360**: 512–519.

45 Guslandi M, Mezzi G, Sorghi M, Testoni PA (2000) *Saccharomyces boulardii* in maintenance treatment of Crohn's disease, *Digestive Disease and Science* **45**: 1462–1464.

46 Harmsen HJM, Wibleboer-Veloo ACM, Raangs GC, Wagendorp AA, Klijn N, Bindels JG, Wellings GW (2000) Analysis of intestinal flora development in breast-fed and formula-fed infants using molecular identification and detection methods, *Journal of Pediatric Gastroenterology and Nutrition* **30**: 61–67.

47 Hatakka K, Savilahti E, Ponka A, Meurman JH, Poussa T, Nase L, Saxelin M, Korpela R (2001) Effect of long term consumption of probiotic milk on infections in children attending day care centres: double-blind, randomised trial, *British Medical Journal* **322**: 1–5.

48 Havenaar R, Huis In't Veld MJH (1992) Probiotics: a general view, Lactic acid bacteria in health and disease, Elsevier Applied Science Publishers Amsterdam.

49 Hayatsu H, Hayatsu T, Ohara Y (1985) Mutagenicity of human urine caused by ingestion of fried ground beef, *Japanese Journal of Cancer Research* **76**: 445–448.

50 Hiltonen E, Kolakowski P, Singer C, Smith M (1997) Efficacy of *Lactobacillus* GG as a diarrheal preventive in travellers, *Journal of Travel Medicine* **4**: 41–43.

51 Holzapfel WH, Haberer P, Geisen R, Björkroth J, Schillinger U (2001) Taxonomy and important features of probiotic microorganisms in food and nutrition, *American Journal of Clinical Nutrition* **73**: 365S–373S.

52 Holzapfel WH, Haberer P, Snel J, Schillinger U, Huis In't Veld JHJ (1998) Overview of gut flora and probiotics, *International Journal of Food Microbiology* **41**: 85–101.

53 Holzapfel WH, Hammes WP (1989) Die Bedeutung moderner biotechnischer Methoden fur die Lebensmittelherstellung, Biotechnologie in der Agrar- und Ernährungswirtschaft, Verlag Paul Parey, Hamburg, Berlin, 47–65.

54 Horie H, Zeisig M, Hirayama K, Midtvedt T, Moller L, Rafter J (2003) Probiotic mixture decreases DNA adduct formation in colonic epithelium induced by the food mutagen 2-amino-9H-pyrido(2,3-b)indole in a human flora associated mouse model, *European Journal of Cancer Prevention* **12**: 101–107.

55 Hosoda M, Hashimoto H, Morita H, Chiba M, Hosono A (1992) Studies on antimutagenic effects of milk cultured with lactic acid bacteria on Trp-P2-induced mutagenicity to TA98 strain of *Salmonella thyphimurium*, *The Journal of Dairy Research* **59**: 543–549.

56 Isolauri E, Arvola T, Sütas Y, Moilanen E, Salminen S (2000) Probiotics in the management of atopic eczema, *Clinical and Experimental Allergy* **30**: 1604–1610.

57 Jacobsen CN, Rosenfeldt Nielsen V, Hayford AE, Moller PL, Michaelsen KF, Paerregaard A, Sandstrom B, Tvede M,

Jakobsen M (1999) Screening of probiotic activities of forty-seven strains of Lactobacillus spp. by in vitro techniques and evaluation of the colonization ability of five selected strains in humans, *Applied and Environmental Microbiology* **65**: 4949–4956.

58 Kalliomäki M, Salminen S, Arvilommi H, Kero P, Koskinen P, Isolauri E (2001) Probiotics in primary prevention of atopic disease: a randomised placebo-controlled trial, *Lancet* **357**: 1076–1079.

59 Kampman E, Giovannucci E, van't Veer P, Rimm E, Stampfer MJ, Colditz GA, Kok FJ, Willett WC (1995) Calcium, vitamin D, dairy foods, and the occurrence of colorectal adenomas among men and women in two prospective studies, *American Journal of Epidemiology* **139**: 16–29.

60 Kampman E, Goldbohm RA, van den Brandt PA, van't Veer P (1994) Fermented dairy products, calcium, and colorectal cancer in the Netherlands cohort study, *Cancer Research* **54**: 3186–3190.

61 Kato I, Yokokura T, Mutai M (1983) Macrophage activation by *Lactobacillus casei* in mice, *Microbiology and Immunology* **27**: 611–618.

62 Kaur IP, Chopra K, Saini A (2002) Probiotics: potential pharmaceutical applications, *European Journal of Pharmaceutical Sciences* **15**: 1–9.

63 Kirchgatterer A, Knoflach P (2004) Natur statt Chemie? Einsatzgebiete für Probiotika in der Gastroenterology, *Acta Medica Austriaca* **31**: 13–17.

64 Klein G, Hack B, Hanstein S, Zimmermann K, Reuter G (1995) Intra-species characterization of clinical isolates and biotechnically used strains of *Lactobacillus rhamnosus* by analysis of the total soluble cytoplasmatic proteins with silver staining, *International Journal of Food Microbiology* **25**: 263–275.

65 Klein G, Pack A, Bonaparte C, Reuter G (1998) Taxonomy and physiology of probiotic lactic acid bacteria, *International Journal of Food Microbiology* **41**: 103–125.

66 Klinder A, Förster A, Caderni G, Femia AP, Pool-Zobel BL (2004) Faecal water genotoxicity is predictive of tumor preventive activities by inulin-like oligofructoses, probiotics (*Lactobacillus rhamnosus* and *Bifidobacterium lactis*) and their synbiotic combination, Nutrition and Cancer.

67 Kruis W, Fric P, Stolte M (2001) The Mutaflor Study Group: Maintenance of remission in ulcerative colitis is equally effective with *Escherichia coli* Nissle 1917 and with standard mesalamine. *Gastroenterology* **119**: A680 (abstr).

68 Kruis W, Schütz E, Fric P, Fixa B, Judmaier G, Stolte M (1997) Double-blind comparison of an oral *Escherichia coli* preparation and mesalazine in maintaining remission of ulcerative colitis, *Alimentary Pharmacolgy & Therapeutics* **11**: 853–858.

69 Kuhn R, Lohler J, Rennick D, Rajewsky K, Muller W (1993) Interleukin-10-deficient mice develop chronic enterocolitis, *Cell* **75**: 263–274.

70 Langendijk PS, Shut F, Jansen GJ, Raangs GC, Kamphuis GR, Wilkinson MH, Welling GW (1995) Quantitative fluorescence in situ hybridization of Bifidobacterium spp. with genus-specific 16S rRNA-targeted probes and its application in fecal samples, *Applied and Environmental Microbiology* **61**: 3069–3075.

71 Le MG, Moulton LH, Hill C, Kramer A (1986) Consumption of dairy produce and alcohol in a case-control study of breast cancer, *Journal of the National Cancer Institute* **77**: 633–636.

72 Lidbeck A, Geltner-Allinger U, Orrhage KM, Ottava L, Brismar B, Gustafsson JÄ, Rafter J, Nord CE (1991) Impact of *Lactobacillus acidophilus* supplements on faecal microflora and soluble faecal bile acids in colon cancer patients, *Microbial Ecology in Health and Disease* **4**: 81–88.

73 Lidbeck A, Övervik E, Rafter J, Nord CE, Gustafsson JÄ (1992) Effect of *Lactobacillus acidophilus* supplements on mutagen excretion in faeces and urine in humans, *Microbial Ecology in Health and Disease* **5**: 59–67.

74 Lilly DM, Stillwell RH (1965) Probiotics. Growth promoting factors produced by micro-organisms, *Science* **147**: 747–748.

75 Ling WH, Korpela R, Mykkanen H, Salminen S, Hanninen O (1994) *Lactobacillus* strain GG supplementation decreases colonic hydrolytic and reductive enzyme activities in healthy female adults, *Journal of Nutrition* **124**: 18–23.

76 Lu L, Walker WA (2001) Pathologic and physiologic interactions of bacteria in the gastrointestinal epithelium, *American Journal of Clinical Nutrition* **73**: 1124S–1130S.

77 Maassen CBM, van Holten-Neelen C, Balk F, Heijne den Bak-Glashouwer M-J, Leer RJ, Laman JD, Boersma WJA, Claassen E (2000) Strain-dependent induction of cytokine profiles in the gut by orally administered *Lactobacillus* strains, *Vaccine* **18**: 2613–2623.

78 Mackay AD, Taylor MB, Kibbler CC, Hamilton-Miller JM (1999) Lactobacillus endocarditis caused by a probiotic organism, *Clinical Microbiology and Infection* **5**: 290–292.

79 Madsen KL, Doyle JS, Jewell LD, Tavernini MM, Fedorak RN (1999) *Lactobacillus* species prevent colitis in interleukin 10 gene-deficient mice, *Gastroenterology* **116**: 1107–1114.

80 Majamaa H, Isolauri E (1997) Probiotics: a novel approach in the management of food allergy, *Journal of Allergy and Clinical Immunology* **99**: 179–185.

81 Majamaa H, Isolauri E, Saxelin M, Vesikari T (1995 Lactic acid bacteria in the treatment of acute rotavirus gastroenteritis, *Journal of Pediatric Gastroenterology and Nutrition* **20**: 333–338.

82 Malchow HA (1997) Crohn's disease and *Escherichia coli*: a new approach in therapy to maintain remission of colonic Crohn's disease?, *Journal of Clinical Gastroenterology* **25**: 653–658.

83 Malhotra SL (1977) Dietary factors in a study of cancer colon from cancer registry, with special reference to the role of saliva, milk, and fermented milk products and vegetable fibre, *Medical Hypothesis* **3**: 122–134.

84 Malin M, Soumalainen H, Saxelin M, Isolauri E (1996) Promotion of IgA immune response in patients with Crohn's disease by oral bacteriotherapy with *Lactobacillus* GG, *Annals of Nutrition & Metabolism* **40**: 137–145.

85 Marteau P, Flourie B, Pochart P, Chastang C, Desjeux JF, Rambaud JC (1990) Effect of the microbial lactase (EC 3.2.1.23) activity in yoghurt on the intestinal absorption of lactose: an in vivo study in lactase-deficient humans, *British Journal of Nutrition* **64**: 71–79.

86 Marteau P, Minekus M, Havenaar R, Huis In't Veld JHJ (1997) Survival of lactic acid bacteria in a dynamic model of the stomach and the small intestine: validation and the effects of bile, *Journal of Diary Science* **80**: 1031–1037.

87 Marteau P, Seksik P, Jian R (2002) Probiotics and intestinal health effects: a clinical perspective, *British Journal of Nutrition* **88**: S51–S57.

88 Martini MC, Bollweg GL, Levitt MD, Savaiano DA (1987) Lactose digestion by yogurt beta-galactosidase: influence of pH and microbial cell integrity, *American Journal of Clinical Nutrition* **45**: 432–436.

89 Matsuzaki T (1998) Immunmodulation by treatment with *Lactobacillus casei* strain Shirota, *International Journal of Food Microbiology* **41**: 133–140.

90 Matsuzaki T, Yamazaki R, Hashimoto S, Yokokura T (1998) The effect of oral feeding of *Lactobacillus casei* strain Shirota on immunglobulin E production in mice, *Journal of Diary Science* **81**: 48–53.

91 McCarthy J, O'Mahony L, O'Callaghan L, Sheil B, Vaughan EE, Fitzsimons N, Fitzgibbon J, O'Sullivan GC, Kiely B, Collins JK, Shanahan F (2003) Double blind, placebo controlled trial of two probiotic strains in interleukin 10 knockout mice and mechanistic link with cytokine balance, *Gut* **52**: 975–980.

92 McCartney AL (2002) Application of molecular biological methods for studying probiotics and gut flora, *British Journal of Nutrition* **88**: S29–S37.

93 McFarland LV, Surawicz CM, Greenberg RN, Fekety R, Elmer GW, Moyer KA, Melcher SA, Bowen KE, Cox JL, Noorani Z, Harrington G, Rubin M, Greenwald D (1994) A randomized placebo-controlled trial of *Saccharomyces boulardii* in combination with standard antibiotics for *Clostridium difficile* disease, *Journal of the American Medical Association* **271**: 1918.

94 McIntosh GH, Royle PJ, Playne MJ (1999) A probiotic strain of *L. acidophilus* reduces DMH-induced large intestinal tumors in male Sprague-Dawley rats, *Nutrition and Cancer* **35**: 153–159.

95 Metchnikoff I (1907 The prolongation of life. Optimistic studies., Butterworth-Heinemann London.

96 Michetti P, Dorta G, Wiesel PH, Brassart D, Verdu E, Herranz M, Felley C, Porta N, Rouvet M, Blum AL, Corthesy-Theulaz I (1999) Effect of whey-based culture supernatant of *Lactobacillus acidophilus (johnsonii)* La1 on *Heliobacter pylori* infection in humans, *Digestion* **60**: 203–209.

97 Miettinen M, Matikainen S, Vuopio-Varkila J, Pirhonen J, Varkila K, Kurimoto M, Julkunen I (1998) *Lactobacilli* and *Streptococci* induce interleukin-12 (IL-12), IL-18 and gamma interferon production in human peripheral blood mononuclear cells, *Infection and Immunity* **66**: 6058–6062.

98 Miettinen M, Vuopio-Varkila J, Varkila K (1996) Production of human tumor necrosis factor alpha, interleukin-6, and interleukin-10 is induced by lactic acid bacteria, *Infection and Immunity* **64**: 5403–5405.

99 Mitsouka T (1984) Taxonomy and ecology of bifidobacteria, *Bifidobacteria Microflora* **3**: 11–28.

100 Morata de Ambrosini V, Gonzales S, de Ruiz Holgado AP, Oliver G (1998) Study of the morphology of the cell walls of some strains of lactic acid bacteria and related species, *Journal of Food Protection* **61**: 557–562.

101 Morotomi M, Mutai M (1986) In vitro binding of potent mutagenic pyrolysates to intestinal bacteria, *Journal of the National Cancer Institute* **77**: 195–201.

102 Murosaki S, Yamamoto Y, Ito K, Inokuchi T, Kusaka H, Ikdea H, Yoshikai Y (1998) Heat-killed *Lactobacillus plantarum* L-137 suppresses naturally fed antigen-specific IgE production by stimulation of IL-12 production in mice, *Journal of Allergy and Clinical Immunology* **102**: 57–64.

103 Nissle A (2004) Die Heilung der chronischen Obstipation mit Mutaflor, ihre Grundlagen und ihre Bedeutung, *Münchner Medizinische Wochenschrift* **76**: 1745–1748.

104 Nurmi IE, Rantala M (1973) New aspects of *Salmonella* infection in broiler production, *Nature* **241**: 210–211.

105 O'Sullivan DJ (1999) Methods for analysis of the intestinal microflora, in: Tannock GW (Hrsg) Probiotics – A critical review, Horizon Scientific Press Wydmondham, 23–44.

106 Oberhelman RA, Gilman RH, Sheen P, Taylor DN, Black RE, Cabrera L, Lescano AG, Meza R, Madico GA (1999) Placebo-controlled trial of *Lactobacillus* GG to prevent diarrhea in undernourished Peruvian children, *Journal of Pediatrics* **134**: 15–20.

107 Oberreuther-Moschner D, Jahreis G, Rechkemmer G, Pool-Zobel BL (2004) Dietary intervention with the probiotics *Lactobacillus acidophilus* 145 and *Bifidobacterium longum* 913 modulates the potential of human faecal water to induce damage in HT29clone19A cells, *British Journal of Nutrition* **91**: 925–932.

108 Oksanen PJ, Salminen S, Saxelin M, Hamalainen P, Ihantola-Vormisto A, Muurasniemi-Isoviita L, Nikkari S, Oksanen T, Porsti I, Salminen E, Siitonen S, Stuckey H, Toppila A, Vapaatalo H (1990) Prevention of traveller's diarrhea by *Lactobacillus* GG, *Annals of Medicine* **22**: 53–56.

109 Orrhage KM, Annas A, Nord CE, Brittebo EB, Rafter J (2002) Effects of lactic acid bacteria on the uptake and distribution of the food mutagen Trp-P-2 in mice, *Scandinavian Journal of Gastroenterology* **37**: 215–221.

110 Parker RB (1974) Probiotics, the other half of the antibiotic story, *Animal Nutrition and Health* **29**: 4–8.

111 Pessi T, Sütas Y, Hurme M, Isolauri E (2000) Inerleukin-10 generation in atopic children following oral *Lactobacillus rhamnosus* GG, *Clinical and Experimental Allergy* **30**: 1804–1808.

112 Pessi T, Sütas Y, Saxelin M, Kalloinen H, Isolauri E (1999) Antiproliferative effects of homogenates derived from five strains of candidate probiotic bacteria, *Applied and Environmental Microbiology* **65**: 4725–4728.

113 Peters RK, Pike MC, Garabrant DH, Mack TM (1992) Diet and colon cancer in Los Angeles County, California, *Cancer Causes Control* **3**: 457–473.

114 Pochart P, Marteau P, Bouhnik Y, Goderel I, Bourlioux P, Rambaud JC (1992) Survival of bifidobacteria ingested via fermented milk during their passage through the human small intestine: an in vivo study using intestinal perfusion, *American Journal of Clinical Nutrition* **55**: 78–80.

115 Pool-Zobel BL, Münzner R, Holzapfel WH (1993) Antigenotoxic properties of lactic acid bacteria in the *Salmonella typhimurium* mutagenicity assay, *Nutrition and Cancer* **20**: 261–270.

116 Pool-Zobel BL, Neudecker C, Domizlaff I, Ji S, Schillinger U, Rumney CJ, Moretti M, Villarini M, Scassellati-Sforzolini G, Rowland IR (1996) *Lactobacillus*- and *Bifidobacterium*-mediated antigenotoxicity in colon cells of rats: Prevention of carcinogen-induced damage *in vivo* and elucidation of involved mechanisms, *Nutrition and Cancer* **26**: 365–380.

117 Prantera C, Scribano ML, Falasco G, Andreoli A, Luzi C (2002) Ineffectiveness of probiotics in preventing recurrence after curative resection for Crohn's disease: a randomised controlled trial with *Lactobacillus* GG, *Gut* **51**: 405–409.

118 Rachmilewitz D, Katakura K, Karmeli F, Hayashi T, Reinus C, Rudensky B, Akira S, Takeda K, Lee J, Takabayashi K, Raz E (2004) Toll-like receptor 9 signalling mediates the anti-inflammatory of probiotics in murine experimental colitis, *Gastroenterology* **126**: 520–528.

119 Rautio M, Jousimies-Somer H, Kauma H, Pietarinen I, Saxelin M, Tynkkynen S, Koskela M (1999) Liver abscess due to a *Lactobacillus rhamnosus* strain indistiguishable from *L. rhamnosus* strain GG, *Clinical Infectious Diseases* **28**: 1160.

120 Reddy BS (1999) Possible mechanisms by which pro- and prebiotics influence colon carcinogenesis and tumor growth, *Journal of Nutrition* **129**: 1478S–1482S.

121 Reid G (2001 Probiotic agents to protect the urogenital tract against infection, *American Journal of Clinical Nutrition* **73**: 437S–444S.

122 Reid G, Bruce AW, Fraser N, Heinemann C, Owen J, Henning B (2001) Oral probiotics can resolve urogenital infections, *FEMS Immunology and Medical Microbiology* **30**: 49–52.

123 Rembacken BJ, Snelling AM, Hawkey PM, Chalmers DM, Axon ATR (1999) Non-pathogenic *Escherichia coli* versus mesalazine for the treatment of ulcerative colitis: a randomised trial, *Lancet* **354**: 635–639.

124 Renner HW, Münzner R (1991) The possible role of probiotics as dietary antimutagens, *Mutation Research* **262**: 239–245.

125 Rettger LF, Cheplin HA (1921) A treatise on the transformation of the intestinal flora with special reference to the implantation of bacillus acidophilus, Yale University Press London.

126 Rettger LF, Levy MN, Weinstein L, Weiss JE (1935) *Lactobacillus acidophilus* and its therapeutic application, Yale University Press London.

127 Romond MB, Haddon Z, Mialcareck C, Romond C (1997) Bifidobacteria and human health: regulatory effect of indigenous bifidobacteria on *Escherichia coli* intestinal colonization, *Anaerobe* **3**: 131–136.

128 Roussel Y, Colmin C, Simonet JM, Decaris B (1993) Strain characterization, genome size and plasmid content in the Lactobacillus acidophilus group (Hansen and Mocquot), *Journal of Applied Bacteriology* **74**: 549–556.

129 Rowland IR, Rumney CJ, Coutts JT, Lievense LC (1998) Effect of *Bifidobacterium longum* and inulin on gut bacterial metabolism and carcinogen-induced aberrant crypt foci in rats, *Carcinogenesis* **19**: 281–285.

130 Saavedra JM, Bauman NA, Oung I, Perman JA, Yolken RH (1994) Feeding of *Bifidobacterium bifidum* and *Streptococcus thermophilus* to infants in hospital for prevention of diarrhoea and shedding of rotavirus, *Lancet* **344**: 1046–1049.

131 Salminen S (1996) Uniqueness of probiotic strains, *IDF Nutrition News Letters* **5**: 16–18.

132 Saxelin M, Chuang NH, Chassy B, Rautelin H, Makela PH, Salminen S,

Gorbach SL (1996) Lactobacilli and bacteremia in southern Finland, 1989–1992, *Clinical Infectious Diseases* **22**: 564–566.

133 Schaafsma G (1996) State of art concerning probiotic strains in milk products, *IDF Nutrition News Letters* **5**: 23–24.

134 Schiffrin EJ, Rochat F, Link-Amster H, Aeschlimann JM, Donnet-Hughes A (1995) Immunomodulation of human blood cells following the ingestion of LAB, *Journal of Diary Science* **78**: 491–496.

135 Schrezenmeir J, de Vrese M (2001) Probiotics, prebiotics, and synbiotics – approaching a definition, *American Journal of Clinical Nutrition* **73** (suppl): 361S–364S.

136 Schultz M, Veltkamp C, Dieleman LA, Grenther WB, Wyrick PB, Tonkonogy SL, Sartor RB (2002) *Lactobacillus plantarum* 299V in the treatment and prevention of spontaneous colitis in interleukin-10-deficient mice, *Inflammatory Bowel Disease* **8**: 71–80.

137 Sekine K, Toida T, Saito M, Kuboyama M, Kawashima T, Hashimoto Y (1985) A new morphologically characterized cell wall preparation (whole peptidoglycan) from *Bifidobacterium infantis* with a higher efficacy on the regression of an established tumour in mice, *Cancer Research* **45**: 1300–1307.

138 Shahani KM, Ayebo AD (1980) Role of dietary lactobacilli in gastrointestinal microecology, *American Journal of Clinical Nutrition* **33**: 2448–2457.

139 Spanhaak S, Havenaar R, Schaafsma G (1998) The effect of consumption of milk fermented by *Lactobacillus casei* strain Shirota on the intestinal microflora and immune parameters in humans, *European Journal of Clinical Nutrition* **52**: 899–907.

140 Stewart-Tull DES (1980) The immunological activities of bacterial peptidoglycans, *Annual Reviews of Microbiology* **34**: 311–340.

141 Stiles ME, Holzapfel WH (1997) Lactic acid bacteria of foods and their current taxonomy, *International Journal of Food Microbiology* **36**: 1–29.

142 Surawicz CM, McFarland LV, Greenberg RN, Rubin M, Fekety R, Mulligan ME, Garcia RJ, Brandmarker S, Bowen KE, Borjal D, Elmer GW (2000) The search for a better treatment for recurrent *Clostridium difficile* disease: use of high-dose vancomycin combined with *Saccharomyces boulardii, Clinical Infectious Diseases* **31**: 1012–1017.

143 Szajewska H, Kotowska M, Mrukowicz JZ, Armanska M, Mikotajczyk W (2001) Efficacy of *Lactobacillus* GG in prevention of nosocomial diarrhea in infants, *Journal of Pediatrics* **138**: 361–365.

144 Tannock GW (1997) Probiotic properties of lactic-acid bacteria: plenty of scope for fundamental R & D, *Trends in Biotechnology* **15**: 270–274.

145 Tannock GW (2001) Molecular assessment of intestinal microflora, *American Journal of Clinical Nutrition* **73**: 410S–414S.

146 Tannock GW, Crichton C, Welling GW, Koopman JP, Midtvedt T (1988) Reconstitution of the gastrointestinal microflora of *Lactobacillus*-free mice, *Applied and Environmental Microbiology* **54**: 2971–2975.

147 Tannock GW, Tilsala-Timisjärvi A, Rodtong S, Munro N, Alatossava T (1999) Identification of *Lactobacillus* isolates from gastrointestinal tract, silage and yoghurt by 16S-23S rRNA gene intergenic spacer region sequence comparisons, *Applied and Environmental Microbiology* **65**: 4264–4267.

148 Tejada-Simon MV, Pestka JJ (1999) Proinflammatory cytokine and nitric oxide induction in murine macrophages by cell wall and cytoplasmic extracts of lactic acid bacteria, *Journal of Food Protection* **62**: 1435–1444.

149 Tissier H (1905) Repartition des microbes dans l'intestin du nourisson (Distribution of microorganisms in the newborn intestinal tract), *Annales de l'Institut Pasteur* **19**: 109–123.

150 Tissier H (1984) Taxonomy and ecology of bifidobacteria, *Bifidobacteria Microflora* .

151 Tuohy KM, Probert HM, Smejkal CW, Gibson GR (2003 Using probiotics and prebiotics to improve gut health, *Drug Discovery Today* **8**: 692–700.

152 van't Veer P, Dekker JM, Lamers JWJ, Kok FJ, Schouten EG, Brants HAM, Sturmans F, Hermus RJJ (1989) Consumption of fermented milk products and breast cancer: A case-control study in the Netherlands, *Cancer Research* **49**: 4020–4023.

153 von Kollaritsch H, Holst H, Grobara P, Wiedermann G (1993) Prophylaxe der Reisediarrhoe mit *Saccharomyces boulardii*. Ergebnisse einer Placebokontrollierten Doppelblindstudie, *Fortschritt Medizin* **111**: 153–156.

154 WHO. Guidelines for the Evaluation of Probiotics in Food: Joint FAO/WHO Working Group meeting, London Ontario, Canada, 30 April–1 May 2002. *http://www.who.int/foodsafety/fs_management/en/probiotic_guidelines.pdf*

155 Wolf BW, Garleb KA, Ataya DG, Casas IA (1995) Safety and tolerance of *Lactobacillus reuteri* in healthy adult male subjects, *Microbial Ecology in Health and Disease* **8**: 41–50.

156 Wolf BW, Wheeler KB, Ataya DG, Garleb KA (1998) Safety and tolerance of *Lactobacillus reuteri* supplementation to a population infected with the human immunodeficiency virus, *Food and chemical toxicology: an international journal published for the British Industrial Biological Research Association* **36**: 1085–1094.

157 Wollowski I, Rechkemmer G, Pool-Zobel BL (2001) Protective role of probiotics and prebiotics in colon cancer, *American Journal of Clinical Nutrition* **73**: 451–455.

158 Wunderlich PF, Braun L, Fumagalli I, D'Apuzzo V, Heim F, Karly M, Lodi R, Politta G, Vonbank F, Zeltner L (1989) Double blind report on the efficacy of lactic acid-producing *Enterococcus* SF68 in the prevention of antibiotic-associated diarrhoea and in the treatment of acute diarrhoea, *Journal of Internal Medicine Research* **17**: 333–338.

159 Yasui H, Nagaoka N, Mike A, Hayakawa K, Ohwaki M (1992) Detection of *Bifidobacterium* strains that induce large quantities of IgA, *Microbial Ecology in Health and Disease* **5**: 155–162.

160 Yoshioka H, Iseki K, Fujita K (1983) Development and differences of intestinal flora in the neonatal period in breast-fed and bottle-fed infants, *Pediatrics* **72**: 317–321.

161 Young TB, Wolf D (1988 Case-control study of proximal and distal colon cancer and diet in Wisconsin, *International Journal of Cancer* **42**: 167–175.

162 Zhang XB, Ohta Y (1993) Microorganisms in the gastrointestinal tract of the rat prevent absorption of the mutagen-carcinogen 3-amino-1,4-dimethyl-5H-pyrido(4,3-b)indole, *Canadian Journal of Microbiology* **39**: 841–845.

163 Zhou JS, Shu Q, Rutherford KJ, Prasad J, Gopal PK, Gill HS (2000) Acute oral toxicity and bacterial translocation studies on potentially probiotic strains of lactic acid bacteria, *Food and chemical toxicology: an international journal published for the British Industrial Biological Research Association* **38**: 153–161.

Sachregister

a

Handbuch der Lebensmitteltoxikologie. H. Dunkelberg, T. Gebel, A. Hartwig (Hrsg.)

ISBN: 978-3-527-31166-8

d

g

l

m

n

o

p

q

Beachten Sie bitte auch weitere interessante Titel zu diesem Thema

Eisenbrand, G. (Hrsg.)

Lebensmittel und Gesundheit II/ Food and Health II

Sammlung der Beschlüsse und Stellungnahmen/ Opinions. Mitteilung 7/ Report 7

2005

ISBN-13: 978-3-527-27519-9
ISBN-10: 3-527-27519-3

Schuchmann, H. P., Schuchmann, H.

Lebensmittelverfahrenstechnik

Rohstoffe, Prozesse, Produkte

2005

ISBN-13: 978-3-527-31230-6
ISBN-10: 3-527-31230-7

Schmidt, R. H., Rodrick, G. E.

Food Safety Handbook

2003

ISBN-13: 978-0-471-21064-1
ISBN-10: 0-471-21064-1

Diehl, J. F.

Chemie in Lebensmitteln

Rückstände, Verunreinigungen, Inhalts- und Zusatzstoffe

2000

ISBN-13: 978-3-527-30233-8
ISBN-10: 3-527-30233-6

Francis, F. J.

Wiley Encyclopedia of Food Science and Technology

2000

ISBN-13: 978-0-471-19285-5
ISBN-10: 0-471-19285-6